中国石油地质志

第二版・卷二

大庆油气区

大庆油气区编纂委员会　编

石油工業出版社

图书在版编目（CIP）数据

中国石油地质志．卷二，大庆油气区 / 大庆油气区编纂委员会编．—北京：石油工业出版社，2023.8
ISBN 978-7-5183-5176-3

Ⅰ．①中… Ⅱ．①大… Ⅲ．①石油天然气地质－概况－中国 ②油气田开发－概况－大庆 Ⅳ．①P618.13 ②TE3

中国版本图书馆CIP数据核字（2021）第275094号

责任编辑：孙　宇
责任校对：罗彩霞
封面设计：周　彦

审图号：GS京（2023）1433号

出版发行：石油工业出版社
（北京安定门外安华里2区1号　100011）
网　址：www. petropub. com
编辑部：（010）64253017　图书营销中心：（010）64523633
经　销：全国新华书店
印　刷：北京中石油彩色印刷有限责任公司

2023年8月第1版　2023年8月第1次印刷
787×1092毫米　开本：1/16　印张：48.5
字数：1300千字

定价：375.00元

（如出现印装质量问题，我社图书营销中心负责调换）

《中国石油地质志》

（第二版）

总编纂委员会

《中国石油地质志》

第二版·卷二

大庆油气区编纂委员会

编写组

李敬生	李景坤	杨玉华	杨庆杰	杨步增	吴河勇
吴海波	汪　佳	沈旭友	宋子学	张　利	张　革
张　顺	张大智	张文婧	张安达	张金友	张晓东
陈　杰	陈均亮	陈志鹏	陈春瑞	陈树民	邵红梅
林铁锋	金　玮	周永炳	洪淑新	徐奉学	高　翔
唐振国	黄　伟	黄　薇	黄清华	梁江平	彭　威
彭建亮	董忠良	蒋鸿亮	薛　涛	霍秋立	

序

三十多年前，在广大石油地质工作者艰苦奋战、共同努力下，从中华人民共和国成立之前的“贫油国”，发展到可以生产超过 1 亿吨原油和几十亿立方米天然气的产油气大国，可以说是打了一个大大的“翻身仗”，获得丰硕成果，对我国油气资源有了更深的认识，广大石油职工充满无限信心、继续昂首前进。

在 1983 年全国油气勘探工作会议上，我和一些同志建议把过去三十年的勘探经历和成果做一系统总结，既可作为前一阶段勘探的历史记载，又可作为以后勘探工作的指引或经验借鉴。1985 年我到石油勘探开发科学研究院工作后，便开始组织编写《中国石油地质志》，当时材料分散、人员不足、资金缺乏，在这种困难的条件下，石油系统的很多勘探工作者投入了极大的热情，先后有五百余名油气勘探专家学者参与编写工作，历经十余年，陆续出版齐全，共十六卷 20 册。这是首次对中华人民共和国成立后石油勘探历程、勘探成果和实践经验的全面总结，也是重要的基础性史料和科技著作，得到业界广大读者的认可和引用，在油气地质勘探开发领域发挥了巨大的作用。我在油田现场调研过程中遇到很多青年同志，了解到他们在刚走出校门进入油田现场、研究部门或管理岗位时，都会有摸不着头脑的感觉，他们说《中国石油地质志》给予了很大的启迪和帮助，经常翻阅和参考。

又一个三十年过去了，面对国内极其复杂的地质条件，这三十年可以说是在过去的基础上，勘探工作又有了巨大的进步，相继开展的几轮油气资源评价，对中国油气资源实情有了更深刻的认识。无论是在烃源岩、油气储层、沉积岩序列、构造演化以及一系列随着时间推移的各种演化作用带来的复杂地质问题，还是在石油地质理论、勘探领域、勘探认识、勘探技术等方面都取得了许多新进展，不断发现新的油气区，探明的油气田数量逐渐增多、油气储量大幅增加，油气产量提升到一个新台阶。截至 2020 年底（与 1988 年相比），发现的油田由 332 个增至 773 个，气田由 102 个增至 286 个；30 年来累计探明石油地质储量增加 284 亿吨、天然气地质储量增加 17.73 万亿立方米；原油年产量由 1.37 亿吨增至 1.95 亿吨，天然气年产量由 139 亿立方米增至 1888 亿立方米。

油气勘探发现的过程既有成功时的喜悦，更有勘探失利带来的煎熬，其间积累的经验和教训是宝贵的、值得借鉴的。《中国石油地质志》不仅仅是一套学术著作，它既有对中国各大区地质史、构造史、油气发生史等方面的详尽阐述，又有对油气田发现历程的客观分析和判断；它既是各探区勘探理论、勘探经验、勘探技术的又一次系统回顾和总结，又是各探区下一步勘探领域和方向的指引。因此，本次修编的《中国石油地质志》对今后的油气勘探工作具有新的启迪和指导。

在编写首版《中国石油地质志》过程中，经过对各盆地、各地区勘探现状、潜力和领域的系统梳理，催生了“科学探索井”的想法，并在原石油工业部有关领导的支持下实施，取得了一批勘探新突破和成果。本次修编，其指导思想就是通过总结中国油气勘探的“第二个三十年”，全面梳理现阶段中国各油气区的现状和前景，旨在提出一批新的勘探领域和突破方向。所以，在 2016 年初本版编委会尚未完全成立之时，我就在中国工程院能源与矿业工程学部申请设立了 “中国大型油气田勘探的有利领域和方向” 咨询研究项目，全国有 32 个地区石油公司参与了研究实施，该项目引领各油气区在编写《中国石油地质志》过程中突出未来勘探潜力分析，指引了勘探方向，因此，在本次修编章节安排上，专门增加了“资源潜力与勘探方向”一章内容的编写。

本次修编本着实事求是的原则，在继承原版经典的基础上，基本框架延续原版章节脉络，体现学术性、承续性、创新性和指导性，着重充实近三十年来的勘探发展成果。《中国石油地质志》修编版分卷设置，较前一版进行了拆分和扩充，共 25 卷 32 册。补充了冀东油气区、华北油气区（下册 · 二连盆地）两个新卷，将原卷二“大庆、吉林油田”拆分为大庆油气区和吉林油气区两卷；将原卷七“中原、南阳油田”拆分为中原油气区和南阳油气区两卷；将原卷十四“青藏油气区”拆分为柴达木油气区和西藏探区两卷；将原卷十五“新疆油气区”拆分为塔里木油气区、准噶尔油气区和吐哈油气区三卷；将原卷十六“沿海大陆架及毗邻海域油气区”拆分为渤海油气区、东海—黄海探区、南海油气区三卷。另外，由于中国台湾地区资料有限，故本次修编不单独设卷，望以后修编再行补充和完善。

此外，自 1998 年原中国石油天然气总公司改组为中国石油天然气集团公司、中国石油化工集团公司和中国海洋石油总公司后，上游勘探部署明确以矿权为界，工作范围和内容发生了很大变化，尤其是陆上塔里木、准噶尔、四川、鄂尔多斯等四大盆地以及滇黔桂探区均呈现中国石油、中国石化在各自矿权同时开展勘探研究的情形，所处地质构造区带、勘探程度、理论认识和勘探进展等难免存在差异，为尊重各探区勘探研究实际，便于总结分析，因此在上述探区又酌情设置分册加以处理。各分卷和分册按以下顺序排列：

卷次	卷名	卷次	卷名
卷一	总论	卷十四	滇黔桂探区（中国石化）
卷二	大庆油气区	卷十五	鄂尔多斯油气区（中国石油）
卷三	吉林油气区		鄂尔多斯油气区（中国石化）
卷四	辽河油气区	卷十六	延长油气区
卷五	大港油气区	卷十七	玉门油气区
卷六	冀东油气区	卷十八	柴达木油气区
卷七	华北油气区（上册）	卷十九	西藏探区
	华北油气区（下册）	卷二十	塔里木油气区（中国石油）
卷八	胜利油气区		塔里木油气区（中国石化）
卷九	中原油气区	卷二十一	准噶尔油气区（中国石油）
卷十	南阳油气区		准噶尔油气区（中国石化）
卷十一	苏浙皖闽探区	卷二十二	吐哈油气区
卷十二	江汉油气区	卷二十三	渤海油气区
卷十三	四川油气区（中国石油）	卷二十四	东海—黄海探区
	四川油气区（中国石化）	卷二十五	南海油气区（上册）
卷十四	滇黔桂探区（中国石油）		南海油气区（下册）

《中国石油地质志》是我国广大石油地质勘探工作者集体智慧的结晶。此次修编工作得到中国石油、中国石化、中国海油、延长石油等油公司领导的大力支持，是在相关油田公司及勘探开发研究院 1000 余名专家学者积极参与下完成的，得到一大批审稿专家的悉心指导，还得到石油工业出版社的鼎力相助。在此，谨向有关单位和专家表示衷心的感谢。

中国工程院院士 翟光明

2022 年 1 月　北京

FOREWORD

Some 30 years ago, under the unremitting joint efforts of numerous petroleum geologists, China became a major oil and gas producing country with crude oil and gas producing capacity of over 100 million tons and billions of cubic meters respectively from an 'oil-poor country' before the founding of the People's Republic of China. It's indeed a big 'turnaround' which yielded substantial results, allowed us to have a better understanding of oil and gas resources in China, and gave great confidence and impetus to numerous petroleum workers.

At the National Oil and Gas Exploration Work Conference held in 1983, some of my comrades and I proposed to systematically summarize exploration experiences and results of the last three decades, which could serve as both historical records of previous explorations and guidance or references for future explorations. I organized the compilation of *Petroleum Geology of China* right after joining the Research Institute of Petroleum Exploration and Development (RIPED) in 1985. Though faced with the difficulties including scattered information, personnel shortage and insufficient funds, a great number of explorers in the petroleum industry showed overwhelming enthusiasm. Over five hundred experts and scholars in oil and gas exploration engaged in the compilation successively, and 16-volume set of 20 books were published in succession after over 10 years of efforts. It's not only the first comprehensive summary of the oil exploration journey, achievements and practical experiences after the founding of the People's Republic of China, but also a fundamental historical material and scientific work of great importance. Recognized and referred to by numerous readers in the industry, it has played an enormous role in geological exploration and development of oil and gas. I met many young men in the course of oilfield investigations, and learned their feeling of being lost during transition from school to oilfields, research departments or management positions. They all said they were greatly inspired and benefited from *Petroleum Geology of China* by often referring to it.

Another three decades have passed, and it can be said that though faced with extremely complicated geological conditions, we have made tremendous progress in exploration over the years based on previous works and acquisition of more profound knowledge on China's oil and gas resources after several rounds of successive evaluations. New achievements have been made in not only source rock, oil and gas reservoir, sedimentary development, tectonic evolution and a series of complicated geological issues caused by different evolutions over time, but also petroleum geology theories, exploration areas, exploration knowledge, exploration techniques and other aspects. New oil and gas provinces were found one after another, and with gradual increase in the number of proven oil and gas fields, oil and gas reserves grew significantly, and production was brought to a new level. By the end of 2020 (compared with 1988), the number of oilfields and gas fields had increased from 332 and 102 to 773 and 286 respectively, cumulative proved oil in place and gas in place had grown by 28.4 billion tons and 17.73 trillion cubic meters over the 30 years, and the annual output of crude oil and gas had increased from 137 million tons and 13.9 billion cubic meters to 195 million tons and 188.8 billion cubic meters respectively.

Oil and gas exploration process comes with both the joy of successful discoveries and the pain of failures, and experiences and lessons accumulated are both precious and worth learning. *Petroleum Geology of China*'s more than a set of academic works. It not only contains geologic history, tectonic history and oil and gas formation history of different major regions in China, but also covers objective analyses and judgments on discovery process of oil and gas fields, which serves as another systematic review and summary of exploration theories, experiences and techniques as well as guidance on future exploration areas and directions of different exploratory areas. Therefore, this revised edition of *Petroleum Geology of China* plays a new role of inspiring and guiding future oil and gas exploration works.

Systematic sorting of exploration statuses, potentials and domains of different basins and regions conducted during compilation of the first edition of *Petroleum Geology of China* gave rise to the idea of 'Scientific Exploration Well', which was implemented with supports from related leaders of the former Ministry of Petroleum Industry, and led to a batch of breakthroughs and results in exploration works. The guiding idea of this revision is to propose a batch of new exploration areas and breakthrough directions by summarizing 'the second 30 years' of China's oil and gas exploration works and comprehensively sorting out current statuses and prospects of different exploratory areas in China at the current stage. Therefore, before the editorial team was fully formed at the beginning of 2016, I applied to the Division of Energy and Mining Engineering, Chinese Academy of Engineering for the establishment of a consulting research project on 'Favorable Exploration Areas and Directions of Major Oil and Gas Fields in China'. A total of 32 regional oil companies throughout the country participated in the research project, which guided different exploratory areas in giving prominence to analysis on future exploration potentials in the course of compilation of *Petroleum Geology of China*, and pointed out exploration directions. Hence a new dedicated chapter of 'Exploration Potentials and Directions of Oil and Gas Resources' has been added in terms of chapter arrangement of this revised edition.

Based on the principles of seeking truth from facts and inheriting essence of original works, the basic framework of this revised edition has inherited the chapters and context of the original edition, reflected its academics, continuity, innovativeness and guiding function, and focused on supplementation of exploration and development related achievements made in the recent 30 years. This revised edition of *Petroleum Geology of China*, which consists of sub-volumes, has divided and supplemented the previous edition into 25-volume set of 32 books. Two new volumes of Jidong Oil and Gas Province and Huabei Oil and Gas Province (The Second Volume·Erlian Basin) have been added, and the original Volume 2 of 'Daqing and Jilin Oilfield' has been divided into two volumes of Daqing Oil and Gas Province and Jilin Oil and Gas Province. The original Volume 7 of 'Zhongyuan and Nanyang Oilfield' has been divided into two volumes of Zhongyuan Oil and Gas Province and Nanyang Oil and Gas Province. The original Volume 14 of 'Qinghai-Tibet Oil and Gas Province' has been divided into two volumes of Qaidam Oil and Gas Province and Tibet Exploratory Area. The original volume 15 of 'Xinjiang Oil and Gas Province' has been divided into three volumes of Tarim Oil and Gas Province, Junggar Oil and Gas Province and Turpan-Hami Oil and Gas Province. The original Volume 16 of 'Oil and Gas Province of Coastal Continental Shelf and Adjacent Sea Areas' has been divided into three volumes of Bohai Oil and Gas Province, East China Sea-Yellow Sea Exploratory Area and South China Sea Oil and Gas Province.

Besides, since the former China National Petroleum Company was reorganized into CNPC, SINOPEC and CNOOC in 1998, upstream explorations and deployments have been classified based on the scope of mining rights, which led to substantial changes in working range and contents. In particular, CNPC and SINOPEC conducted explorations and researches under their own mining rights simultaneously in the four major onshore basins of Tarim, Junggar, Sichuan and Erdos as well as Yunnan-Guizhou-Guangxi Exploratory Area, so differences in structural provinces of their locations, degree of exploration, theoretical knowledge and exploration progress were inevitable. To respect the realities of explorations and researches of different exploratory areas and facilitate summarization and analysis, fascicules have been added for aforesaid exploratory areas as appropriate. The sequence of sub-volumes and fascicules is as follows:

Volume	Volume name	Volume	Volume name
Volume 1	Overview	Volume 14	Yunnan-Guizhou-Guangxi Exploratory Area (SINOPEC)
Volume 2	Daqing Oil and Gas Province	Volume 15	Erdos Oil and Gas Province (CNPC)
Volume 3	Jilin Oil and Gas Province		Erdos Oil and Gas Province (SINOPEC)
Volume 4	Liaohe Oil and Gas Province	Volume 16	Yanchang Oil and Gas Province
Volume 5	Dagang Oil and Gas Province	Volume 17	Yumen Oil and Gas Province
Volume 6	Jidong Oil and Gas Province	Volume 18	Qaidam Oil and Gas Province
Volume 7	Huabei Oil and Gas Province (The First Volume)	Volume 19	Tibet Exploratory Area
	Huabei Oil and Gas Province (The Second Volume)	Volume 20	Tarim Oil and Gas Province (CNPC)
Volume 8	Shengli Oil and Gas Province		Tarim Oil and Gas Province (SINOPEC)
Volume 9	Zhongyuan Oil and Gas Province	Volume 21	Junggar Oil and Gas Province (CNPC)
Volume 10	Nanyang Oil and Gas Province		Junggar Oil and Gas Province (SINOPEC)
Volume 11	Jiangsu-Zhejiang-Anhui-Fujian Exploratory Area	Volume 22	Turpan-Hami Oil and Gas Province
Volume 12	Jianghan Oil and Gas Province	Volume 23	Bohai Oil and Gas Province
Volume 13	Sichuan Oil and Gas Province (CNPC)	Volume 24	East China Sea-Yellow Sea Exploratory Area
	Sichuan Oil and Gas Province (SINOPEC)	Volume 25	South China Sea Oil and Gas Province (The First Volume)
Volume 14	Yunnan-Guizhou-Guangxi Exploratory Area (CNPC)		South China Sea Oil and Gas Province (The Second Volume)

Petroleum Geology of China is the essence of collective intelligence of numerous petroleum geologists in China. The revision received vigorous supports from leaders of CNPC, SINOPEC, CNOOC, Yanchang Petroleum and other oil companies, and it was finished with active engagement of over 1,000 experts and scholars from related oilfield companies and RIPED, thoughtful guidance of a great number of reviewers as well as generous assistance from Petroleum Industry Press. I would like to express my sincere gratitude to relevant organizations and experts.

Zhai Guangming, Academician of Chinese Academy of Engineering

Jan. 2022, Beijing

前言

本卷为1993年出版《中国石油地质志·卷二 大庆、吉林油田（上册） 大庆油田》的修编版，所辖范围为松辽盆地北部、海拉尔盆地以及其他外围盆地。

1993年版分区域地质概况、松辽盆地北部、海拉尔盆地和其他外围盆地共四篇，重点是松辽盆地北部。提出了松辽大型陆相盆地生油区控制油气分布的“源控论”，指出有机质干酪根生烃是油气主要来源，丰富发展了陆相生油理论。阐述了成油系统、陆相油气藏形成与分布的地质规律认识，奠定了陆相成油理论的基础。建立了重磁电综合物探、光点地震和模拟二维地震及钻井、测井、试油压裂等工程技术，创建了陆相沉积盆地勘探方法，制定了我国第一部油气地质勘探规范，发布了三个评价标准，有效指导了油气勘探部署，为大庆油田发现和构造与岩性油藏勘探及盆地含油气远景的评价提供了重要保证。

本卷按照“学术性、承续性、创新性、指导性”的修编原则，在继承原版经典的基础上，总结和补充1990年以后的近30年油气勘探成果、理论认识、勘探技术，突出盆地特色的地质特征、油气地质规律和未来勘探方向，突出勘探阶段、典型实例和大事记。篇章结构上将1993年版区域地质概况修改成绪论，新增了松辽盆地北部中浅层岩性油藏与致密油、深层火山岩气藏与致密气勘探成果认识，系统总结了海拉尔断陷盆地勘探理论成果及其他外围盆地内容，增加了典型勘探案例和大事记。更能体现勘探理念、思路的转变，认识深化、技术进步以及管理方面的有效做法对勘探发现的促进作用。本次修编所用资料上至新中国成立前，截止时间为2018年底。

回顾大庆油田的勘探发展历程，依据勘探决策、理论技术，勘探思路、领域对象，油气储量、重要事件，可划分为4个大的勘探阶段，即大庆油田发现阶段（1955—1959年）、构造油藏勘探阶段（1960—1985年）、岩性油藏勘探阶段（1986—2010年）、常规与非常规油气藏并重勘探阶段（2011—2018年）。前两个阶段主要继承了1993年版的勘探资料与成果，丰富了大庆油田发现的意义。本次修编重点总结后两个阶段的理论认识、技术成果及勘探方向，以便对今后勘探工作有所借鉴。从1955年开始国家部署松辽盆地石油普查工作，1958年2月党中央决定油气勘探战略东移。1959 年以松基三井喷油为标志，发现了大庆油田；1960 年开始松辽石油会战，丰富发展了“陆相生油”理论，创建了“源控论”，提出以二级构造带为整体的勘探部署方法，指导构造油藏勘探，只用了一年零三个月的时间就在大庆长垣探明了一个世界级陆相特大油田，仅用三年时间就建成了我国最大的石油生产基地，实现了中国石油工业的第一次飞跃。1964 年至 20 世纪 80 年代初，以建立的陆相石油地质理论为指导，加强松辽盆地北部长垣及外围构造油藏勘探，找到了一批中、小规模构造油藏和岩性—构造复合油藏，探明了朝阳沟超亿吨大油田；80 年代中期，提出科学勘探思想，创建了大型陆相坳陷湖盆向斜区岩性油藏勘探理论技术，松辽盆地北部中浅层在三肇凹陷发现了大面积岩性油藏，至 2010 年中央坳陷区实现大面积岩性油藏整体含油连片，新增石油探明地质储量 15×10^8t。20 世纪 90 年代至 21 世纪初，探索并建立火山岩油气藏勘探理论技术，加大松辽盆地北部深层火山岩气藏勘探力度，发现了中国东部地区第一大天然气田。发展海拉尔及外围复杂断陷盆地勘探理论技术，加强复杂构造及岩性油藏勘探，发现高产富油区块，实现效益增储并投入开发，形成了大庆油田勘探又一次储量增长期，支撑了油田外围上产和原油 5000×10^4t 高产稳产。2011 年以来，进入常规与非常规油气藏并重勘探阶段，油气勘探由常规油气转入非常规油气，由源外转入源内，发展富油凹陷精细勘探理论，形成致密油气和完善复式箕状断陷盆地勘探理论，发展水平井加大规模体积压裂等核心技术，展开常规油精细勘探，加强致密油气等非常规资源勘探，效益增储产能建设取得重要成果。拓展新区新领域风险勘探，松辽盆地北部深层石油、中浅层页岩油和海拉尔及外围盆地勘探取得重大突破，进一步拓宽了勘探发展空间，带来了油气储量的持续稳定增长，为油田可持续发展提供了资源基础。截至 2020 年底，已探明石油地质储量 68.55×10^8t，探明天然气地质储量 $5732.38\times10^8m^3$，累计生产原油 24.33×10^8t、天然气 $1412.04\times10^8m^3$。半个多世纪以来，在党和国家的亲切关怀下，几代石油、地质工作者艰苦创业、接力奋斗，资源储量持续稳步增长，支撑了大庆油田年产原油 5000×10^4t 以上 27 年、4000×10^4t 以上 12 年。大庆油田的发现及开发奠定了我国石油工业的基础，为中国工业的发展输送了源源不断的血液。

本次修编系统总结了松辽盆地北部、海拉尔及外围盆地石油地质条件和富集规律的研究成果。与 1993 年版对比主要有三个方面新的变化：第一，区域研究与盆地分析方面，将所辖范围的沉积盆地地层时代进行了厘定和地层统层及方案细划，搞清了白垩纪松辽断陷（火山裂谷）、陆内坳陷盆地与海拉尔复式箕状（伸展）断陷盆地和外围（残留）断陷盆地及新近纪依兰—伊通走滑拉分盆地的结构与特征，为整体统一评价不同地质时期、不同盆地类型的地质特点和规律奠定了基础。第二，地质认识与油气规律方面，一是提出了松辽中浅层大型坳陷湖盆河流—三角洲相带砂体大面积分布成因模式，揭示出岩性油藏形成条件和成藏特征，建立发展了岩性油藏大面积成藏地质理论，突破了二级构造带勘探部署思想，拓展了勘探领域。在大庆长垣及东侧实现含油连片，在齐家—古龙地区实现了“由点到片”的突破，葡萄花油层实现“满凹含油”。二是提出了松辽深层煤系烃源岩资源潜力大，不同类型火山岩均有可能形成局部优质和大面积分布的致密有效储层，断裂带控制火山岩和气藏分布，火山岩气藏具有“相—面控储、断—壳运移、复式聚集”的成藏机制的油气规律认识，建立完善了火山岩天然气成藏地质理论与配套技术，开辟了勘探新领域。2002 年徐深 1 井在火山岩获高产工业气流，发现了徐深气田，已探明天然气地质储量 $2959.48\times10^8m^3$，投入开发建设，揭开了松辽盆地在火山岩中寻找油气藏的序幕。三是系统总结了海拉尔盆地石油地质条件的研究成果。揭示了复杂断陷盆地原型的地质特征与分布规律，构建了主洼槽供源、长轴扇体供砂、断层—斜坡控圈、多层油藏叠合的成藏模式，发展完善了多期活动型复式箕状断陷盆地油气成藏地质理论，指导了断陷盆地油气勘探部署。2001 年贝 302 井日产油突破百吨大关，海拉尔盆地首次提交石油探明储量，投入开发试验。2003 年、2006 年两次加快多类型油藏立体勘探，实现规模增储和整体开发。四是揭示了外围多类型盆地特色的地质特点和分布规律，完善发展了外围走滑盆地油气成藏地质理论，拓展了勘探新领域。2007 年依兰—伊通盆地北部依兰地堑方正断陷方 4 井石油勘探取得重要突破，在外围盆地发现高产富油区块。五是提出了优质烃源岩控制主要致密油气分布，源储一体或叠置有利于非常规油气赋存，揭示了致密油与非常规油气成藏地质规律认识，拓展了盆地斜坡中心致密油、页岩油气新领域，以垣平 1 井致密油、宋深 9H 井致密气等为代表的非常规油气勘探取得工业突破，已探明致密油 1.19×10^8t、致密气 $189.24\times10^8m^3$，资源潜力大的页岩油已取得重要突破，开辟了油气勘探新领域。第三，地质评价与工程技术方面，一是建立起以盆地、圈闭、油藏“三个评价”为核心的一套勘探程序和方法，形成了盆地评价技术规范、圈闭评价技术规范和油藏评价技术规范石油天然气行业标准，于 1996 年颁布实施。2008 年修订并建立了大庆油田“盆地、区带、圈闭和油藏”四个评价的企业标准体系。二是建立了以大比例尺沉积微相制图、资源分类评价、常规油四个精细评价等为代表的精细地质评价技术。三是发展形成了薄互层砂岩岩性油藏、火山岩气藏、复杂断陷油气藏、非常规油气的精细地震勘探、高地温复杂岩性水平井钻井、复杂油气层识别评价、大规模体积压裂改造及试油工艺等工程配套技术系列，为实现勘探发现突破提供了重要保障。理论认识创新和工程技术进步，有效地指导了大庆油田的勘探生产实践，发现了一批油气田并预测出有利含油气远景区。

本卷共分五部分，即绪论、第一篇、第二篇、第三篇和大事记。各章参加编写人员如下：

前言由王玉华编写；绪论由蒙启安、李春柏编写；第一篇松辽盆地（北部），共十一章：第一章由崔宝文、黄薇、彭建亮编写，第二章由王玉华、黄薇、唐振国、杨步增、彭建亮等编写，第三章由黄清华、王辉编写，第四章由林铁锋、白忠锋编写，第五章由付秀丽、朱映康、张大智、任延广、张顺、汪佳等编写，第六章由冯子辉、霍秋立、李景坤等编写，第七章由王成、邵红梅、洪淑新等编写，第八章由张革、印长海、金成志、蒋鸿亮、李国会、杨步增、冉清昌等编写，第九章由庞彦明、王永卓、周永炳、刘国志、沈旭友、宋子学、杨玉华、陈志鹏、陈杰、杨步增、王磊等编写，第十章由王玉华、金成志、陈树民、李春柏、刘国志、李国会、张革、印长海、杨步增、张金友、杨庆杰、徐奉学、李艳杰、高翔、张文婧等编写，第十一章由王玉华、金成志、梁江平、白雪峰、付丽、王雪、包丽等编写；第二篇海拉尔盆地，共十章：第一章由吴海波、王跃文编写，第二章由李春柏编写，第三章由万传彪编写，第四章由张晓东、朱德丰、陈均亮编写，第五章由刘赫、任延广、李敬生、邓海等编写，第六章由王雪、董忠良、刘婷、张利等编写，第七章由王成、刘赫、张安达等编写，第八章由王玉华、蒙启安、张晓东、李春柏、吴海波、李军辉等编写，第九章由彭威、李春柏编写，第十章由王玉华、蒙启安、张晓东、吴海波、王雪、申文静等编写；第三篇其他外围盆地，共五章：第一章由王世辉、陈春瑞、王国臣编写，第二章由吴河勇、金玮编写，第三章由万传彪编写，第四章由金玮、陈春瑞、黄伟编写，第五章由崔宝文、吴河勇、张晓东、金玮、王洪伟、薛涛等编写；大事记由孙宏智编写。本卷初稿由蒙启安、李春柏统一审编成稿。

本卷经王玉华组织编委会集体审阅，在审阅过程中就其中的主要内容、主流观点、勘探理论及技术成果的总结和提炼进行了充分讨论，反复推敲，最后定稿。编纂过程中得到了从事大庆勘探各方面人士的大力支持，特别是勘探重大事件的亲历者提供了宝贵的资料，保证了编纂工作质量，是集体智慧的结晶；得到了中国石油勘探开发研究院陶士振等专家亲临油田具体指导和帮助；得到了翟光明院士、胡见义院士、戴金星院士、高瑞祺教授、顾家裕教授、宋建国教授等老专家的悉心指导；得到了中国石油油气和新能源分公司杜金虎教授、何海清教授的指导和大力支持，在此一并致谢。

由于基础资料跨度时间长、内容众多，编纂人员的水平有限，存在不妥之处，敬请批评指正。

PREFACE

This volume is a revised edition of *Petroleum Geology of China* (*Volume 2*, *Daqing and Jilin Oilfield*, *The First Volume*, *Daqing Oilfield*) in 1993, which covers northern Songliao Basin, Hailaer Basin and other peripheral basins.

1993 version has four chapters including regional geological profiles, northern Songliao Basin, Hailaer Basin and other peripheral basins, of which northern Songliao Basin was the most important. Terrestrial oil generation theory was developed. It was put forward with the source control theory which controlled oil and gas distribution in Songliao large continental basin and kerogen which was a kind of organic matter generating hydrocarbon was the main source of oil and gas. The petroleum system and geological law of formation and distribution of continental oil and gas reservoirs was described, which laid the foundation of terrestrial oil generation theory. Some technologies were established such as integrated geophysical method of gravitative, magnetic and electricity, light spot seismograph simulated two-dimensional earthquake, drilling, logging, testing and fracturing to form exploration method in terrestrial sedimentary basin. The first geological exploration standard in China has been formulated, which effectively guided the exploration and provided an important guarantee for the discovery of Daqing Oilfield and the evaluation of the oil and gas prospect in Songliao Basin.

According to the principle of academics, continuity, innovativeness and guilding, on the basis of inheriting the original classics, this volume-a new vision of the second volume *Petroleum Geology of China* summarized and supplemented oil and gas exploration achievements, progress in theoretical understanding and breakthroughs in exploration technology for almost 30 years since 1990, highlighting the geological characteristics, oil and gas geological laws and future exploration direction, the exploration stage, typical examples and main events. From the perspective of the structure, regional geological outline in 1993 version was changed as preface and it has supplemented the exploration understanding of lithologic reservoir and tight oil of middle-shallow layer and volcanic gas reservoirs and tight gas of deep layer in the northern Songliao Basin, expanded the contents of Hailaer Basin faulted basin and other peripheral basins and added exploration cases and main events, which can better showed promoting effect on exploration discovery from the change of exploration thought, deepening of understanding, technological progress and effective practice on management. The materials used in this revision date back to before the founding of New China and the deadline is the end of 2018.

In terms of exploration decision-making, theory and technology, exploration thinking, field and objects, reserves and important event, the exploration process of Daqing Oilfield has four stages containing the discovery of Daqing Oilfield (1955—1959), structural reservoir exploration (1960—1985), lithologic and structural reservoir exploration (1986—2010) and conventional and unconventional hydrocarbon (2011—2018). The first two stages adopted data and results of the first edition. This new vision mainly summarized the theoretical understanding, technical achievements and exploration direction of the last two stages in order to provide reference for future exploration. In 1955, China started to deploy the oil survey in Songliao Basin. In 1958, the Central Committee of CPC decided to explore the east. The theory of terrestrial facies of petroleum theory has been gradually developed in the exploration practice. Daqing Oilfield was discovered in 1959 marked by the blowout of Songji 3 well. In 1960, the oil battle in Songliao Basin began and Source Control Theory was established to guide the exploration for structural reservoir taking the second order structural belt as a whole. It took only one year and three months to prove a world - class large terrestrial oilfield and three years to build China's largest oil production base, which achieved the first leap of China's oil industry. From 1964 to early 1980s with the guidance of terrestrial petroleum geological theory, the exploration of structural reservoirs in placanticline and surrounding areas of northern Songliao Basin was strengthened. A number of small and medium oilfields were discovered. Chaoyanggou Oilfield with over 100 million tons was proved. In the mid-1980s, scientific exploration thought was put forward. The exploration theory and technique of lithologic reservoir in synclinal area of lake basin of large continental depression was built up. A large area of lithologic reservoir has been discovered in Sanzhao Sag in the middle and shallow layers in the north Songliao Basin. From then to 2010, a large area of lithologic oil reservoirs was proved in the central depression with proven oil reserves increasing by 15×10^8t. From 1990s to the early 21 century, theory and technology for volcanic hydrocarbon reservoir exploration were studied and established. The exploration of deep volcanic gas reservoirs in the north Songliao Basin has been intensified and the largest natural gas field in eastern China has been discovered. The exploration theory and technology for Hailaer and surrounding complex faulted basins were developed. The exploration for complex structures and lithologic oil reservoirs were strengthened and high-yielding and oil-rich blocks were discovered and put into development to increase benefit reserves. It formed another period of reserve growth in Daqing Oilfield exploration, which supported the production of the peripheral oilfield and the high and stable production of 50 millions of crude oil.Since 2011, Songliao Basin entered the exploration stage aiming at both conventional and unconventional resource. Exploration was shifting from conventional to unconventional, from external part of source to inside source, from shallow to deep, from old areas to new areas. Exploration theory for tight oil and gas exploration theory and double dustpan faulted basin were studied and formed. At the same time, horizontal well with large scale volume fracturing and other core technologies were developed. Fine exploration for conventional oil were carried out and unconventional resource exploration such as tight oil and gas were improved, which made great progress on reserves growth and productivity construction. Besides, risk exploration in new fields and new areas made breakthrough on oil of deep layer, shale oil of middle and shallow layer and Hailaer and other peripheral basins, which broadened exploration space and kept reserves increase stably to offer resource for sustainable development. By the end of 2020, the proved oil geological reserves was 68.55×10^8t and the proved gas geological reserves was $5,732.38\times10^8m^3$. Total production of crude oil and natural gas were 24.33×10^8t and $1,412.04\times10^8m^3$. For more than half a century with the kind care of the Party and the state, several generations of petroleum geologists have been working hard and the reserves of petroleum have been growing steadily. The annual output of Daqing Oilfield has been over $5,000\times10^4$t for 27 years and over $4,000\times10^4$t for 12 years. The discovery and development of Daqing Oilfield has laid the foundation of China's petroleum industry and provided a steady stream of blood for the development of China's industry.

This revision systematically summarized the research results of petroleum geological conditions and enrichment law in Songliao, Hailaer and other peripheral basins. There are three changes comparing to the first edition. The first is regional study and basin analysis. The stratigraphic age of the sedimentary basin was determined and universal stratigraphic classification was done with detail plans. The structure and feature of Songliao fault depression (volcanic rift valley), inland depression basin, Hailaer compound half graben (extensional) fault basin, peripheral (residual) faulted basin during Cretaceous and Yilan-Yitong strike slip-pull apart basin during Neogene period were determined, which laid foundation for evaluating the geological characteristics and laws of different basin types in different geological periods. The second is geological theory and law about hydrocarbon. (1) The model of large area distribution of fluvial delta sand body was determined in large depressed lake basins in Songliao middle-shallow layers. It revealed the formation conditions and characteristics of lithologic reservoirs, established and developed the geologic theory of large area of lithologic reservoirs, broke through the limit of secondary structural belt and expanded the exploration field. In Daqing placanticline, its east side and Qijia-Gulong sag, the oil was discovered. In Putaohua layer, oil was discovered in the whole sag. (2) Coal-bearing source rocks in deep layers of Songliao Basin has great resource potential. Different types of volcanic rocks are likely to play a role as tight effective reservoirs both locally and widely. Fault zones controls the distribution of volcanic rocks and gas reservoirs. It is proved that volcanic gas reservoirs was characterized by face-surface controlling reservoir, migrating through fault-shell and accumulating dually and the geological theory of volcanic natural gas reservoir has been established. The idea that volcanic rock is a restricted area for oil and gas exploration has been broken and a new exploration area has been opened up. In 2002, high yield industrial gas flow was obtained from volcanic rock of Xushen 1 well and Xushen Gasfield was discovered, which was a start to find hydrocarbon reservoir in volcanic rock in Songliao Basin. The proven geological reserves of natural gas are $2,959.48\times10^8m^3$, which have been put into development. (3) Research results of petroleum geological conditions in Hailaer Basin were summarized systematically. The geological characteristics and distribution of the complex faulted prototype basin are revealed. Hydrocarbon accumulation mode was set up including main sag providing oil, source long axis fan providing sand and fault and slope controlling trap to form multiple oil reservoirs. The theory of hydrocarbon accumulation in multi-stage active half graben faulted basins has been developed and guided the exploration deployment of oil and gas in faulted basins. In 2001, daily production of Bei 302 well reached over 100 tons. For the first time, Hailaer Basin has submitted proven oil reserves and began development test. (4) It reveals the geological characteristics and hydrocarbon distribution rules of the peripheral types of basins, improves and develops the hydrocarbon accumulation geological theory of the peripheral strike-slip basins and expands the new exploration field. In 2007, high yield play with large reserve was proved with Fang 4 well making a exploration breakthrough in Fangzheng Fault Depression, Yilan Graben in Yilan-Yitong Basin. (5) It is proposed that high-quality source rocks control the distribution of tight oil and gas and the integration or overlay of source and reservoir was beneficial to trap unconventional resource, which reveals the understanding of the geological laws of tight oil and unconventional oil and gas accumulation. It has expanded the new field of tight oil and gas and shale oil from the slope to the center of the basin. Unconventional resource represented by Yuanping 1 well for tight oil and Songshen 9H for tight gas made breakthrough with proven tight oil 1.19×10^8t and tight gas $189.24 \times 10^8 m^3$ reserves. Shale oil with great resource potential also made significant advances. A new battle of exploration has been opened up. The third is geological evaluation and engineering technology. (1) A set of exploration procedures and methods based on evaluations concerning basin-trap-reservoir are established to form petroleum and natural gas industry standards, which was promulgated and implemented in 1996. In 2008, Daqing Oilfield enterprise standard systems for evaluating basin, zone, trap and reservoir were reviewed and set up. (2) A large scale sedimentary microfacies mapping, resources classification evaluation, four fine evaluations of conventional oils and other fine geological evaluation technologies were developed. (3) Seismic exploration, horizontal well drilling of complex lithology with high ground temperature, evaluation and identification of complex reservoir, large-scale hydraulic fracturing, oil testing and other engineering technologies targeting at thin interbedded sandstone lithologic oil reservoir, volcanic gas reservoir, complex faulted depression oil and gas reservoirs and unconventional oil and gas. Theory innovation and engineering technology progress effectively helped exploration and production practice of Daqing Oilfield, which found a series of oilfields and predicted favorable oil and gas prospect areas.

This volume is divided into five parts which are Summary, Part 1, Part 2, Part 3 and Main Events. The writers are as following.

The foreword is written by Wang Yuhua. The Summary is written by Meng Qi'an and Li Chunbai. Part 1 Songliao Basin (Northern), including 11 chapters. Chapter 1 is written by Cui Baowen, Huang Wei and Peng Jianliang. Chapter 2 is written by Wang Yuhua, Huang Wei, Tang Zhenguo, Yang Buzeng, Peng Jianliang and etc. Chapter 3 is written by Huang Qinghua and Wang Hui. Chapter 4 is written by Lin Tiefeng and Bai Zhongfeng. Chapter 5 is written by Fu Xiuli, Zhu Yingkang, Zhang Dazhi, Ren Yanguang, Zhang Shun, Wang Jia and etc. Chapter 6 is written by Feng Zihui, Huo Qiuli, Li Jingkun and etc. Chapter 7 is written by Wang Cheng, Shao Hongmei, Hong Shuxin and etc. Chapter 8 is written by Zhang Ge, Yin Changhai, Jin Chengzhi, Jiang Hongliang, Li Guohui, Yang Buzeng, Ran Qingchang and etc. Chapter 9 is written by Pang Yanming, Wang Yongzhuo, Zhou Yongbing, Liu Guozhi, Shen Xuyou, Song Zixue, Yang Yuhua, Chen Zhipeng, Chen Jie, Yang Buzeng, Wang Lei and etc. Chapter 10 is written by Wang Yuhua, Jin Chengzhi, Chen Shumin, Li Chunbai, Liu Guozhi, Li Guohui, Zhang Ge, Yin Changhai, Yang Buzeng, Zhang Jinyou, Yang Qingjie, Xu Fengxue, Li Yanjie, Gao Xiang, Zhang Wenjing and etc. Chapter 11 is written by Wang Yuhua, Jin Chengzhi, Liang Jiangping, Bai Xuefeng, Fu Li, Wang Xue, Bao Li and etc. Part 2 Hailaer Basin, including 10 chapters. Chapter 1 is written by Wu Haibo and Wang Yuewen. Chapter 2 is written by Li Chunbai. Chapter 3 is written by Wan Chuanbiao. Chapter 4 is written by Zhang Xiaodong, Zhu Defeng and Chen Junliang. Chapter 5 is written by Liu He, Ren Yanguang, Li Jingsheng, Deng Hai and etc. Chapter 6 is written by Wang Xue, Dong Zhongliang, Liu Ting, Zhang Li and etc. Chapter 7 is written by Wang Cheng, Liu He, Zhang Anda and etc. Chapter 8 is written by Wang Yuhua, Meng Qi'an, Zhang Xiaodong, Li Chunbai, Wu Haibo, Li Junhui and etc. Chapter 9 is written by Peng Wei and Li Chunbai. Chapter 10 is written by Wang Yuhua, Meng Qi'an, Zhang Xiaodong, Wu Haibo, Wang Xue, Shen Wenjing and etc. Part 3 Other Peripheral Basins, including 5 chapters. Chapter 1 is written by Wang Shihui, Chen Chunrui and Wang Guochen. Chapter 2 is written by Wu Heyong and Jin Wei. Chapter 3 is written by Wan Chuanbiao. Chapter 4 is written by Jin Wei, Chen Chunrui and Huang Wei. Chapter 5 is written by Cui Baowen, Wu Heyong, Zhang Xiaodong, Jin Wei, Wang Hongwei, Xue Tao and etc. Main Events is written by Sun Hongzhi. The first draft of this volume is reviewed and edited by Meng Qi'an and Li Chunbai.

This volume has been examined and approved by Wang Yuhua, who made the finalization after discussing the main content, viewpoints, exploration theories and technological achievements. In the course of compilation, we have had much support by people engaging exploration in Daqing, especially the valuable information provided by the witnesses of major events guaranteed the compilation quality. This volume is a fruit of collective efforts. Thank Tao Shizhen and other experts from Research Institute of Petroleum

Exploration and Development for visiting and helping. Thank academician Zhai Guangming, Hu Jianyi, Dai Jinxing, professor Gao Ruiqi, Gu Jiayu, Song Jianguo for guidance and instruction. Thank professor Du Jinhu and He Haiqing for guidance and support.

Because of the long time span of basic information, lots of contents and limited level of members, there may be inadequacies. As a result, your comments and criticism are greatly welcomed.

目 录

第二篇　海拉尔盆地

第三篇　其他外围盆地

CONTENTS

Part 2 Hailaer Basin

Part 3 Other Peripheral Basins

绪　论

大庆油气区包括松辽盆地北部、海拉尔盆地和其他外围盆地（面积大于200km^2的28个中—新生代盆地）。位于北纬42°00′N至53°30′N，东经115°30′E至135°00′E。地处中国东北部，隶属黑龙江省、内蒙古自治区呼伦贝尔市及吉林省延边朝鲜自治州地区。

大庆油气区地形为南低北高，东低西高。平原和山地呈北北东向延伸并相间排列，自西向东是内蒙古高原、大兴安岭山地、松嫩平原、小兴安岭—张广才岭—长白山山地—三江平原。山区海拔一般为500～2000m，平原区为100～250m。气候以温带—寒温带大陆性季风气候为主，冬长夏短，年平均气温从南向北为-5～-7℃。

大庆油气区大地构造位于天山—兴蒙造山带的东部，其南侧西拉木伦河缝合带与华北板块相接，北侧蒙古—鄂霍茨克缝合带与西伯利亚板块相接，东临锡霍特—阿林构造带，整体处于多个微板块拼贴形成的复合板块。古亚洲洋的关闭导致该区古生代海相沉积的结束，蒙古—鄂霍茨克洋自西向东剪刀式关闭对东北中西部地区产生了显著作用，大洋板块西向的变化俯冲对该区产生了挤压—引张作用，中生代深源岩浆作用形成了著名的大兴安岭、小兴安岭—张广才岭岩浆岩带，构建了中生代不同时期的盆山耦合关系，两条深达岩石圈尺度的嫩江—开鲁断裂和嘉荫—牡丹江断裂将基底构造分为额尔古纳—兴安、松嫩和佳木斯三大构造单元，之上广泛发育侏罗纪—白垩纪多种不同类型盆地。古近纪古太平洋板块向西俯冲，沿着佳伊和敦密巨型断裂带发育具走滑性质的断陷盆地。中—新生代以来，发育侏罗纪断陷盆地、中晚侏罗世—早白垩世早期前陆盆地、早白垩世断陷盆地、晚白垩世坳陷盆地、新生代走滑盆地，现今盆地多具叠合盆地特点，盆地的形成、演化和油气分布规律各具特色。发育下白垩统、上白垩统和古近系三大勘探层系，侏罗纪及前侏罗纪盆地是值得重视的勘探领域。

松辽盆地是世界上以陆相油气资源丰富而著称的含油气盆地，是世界上最大陆相超级含油气盆地。位于北纬42°25′N至49°23′N，东经119°40′E至128°24′E。盆地呈北东向展布，长750km，宽330～370km，面积约$26\times10^4km^2$。纵跨黑龙江、吉林、辽宁各省，以嫩江、松花江和拉林河为界，分为松辽盆地北部和南部，其中北部面积$12\times10^4km^2$。

松辽盆地是在海西末期兴蒙海槽闭合褶皱造山基础上发展起来的，是叠置于古生界基底上的大型中—新生代陆相沉积盆地。对松辽盆地类型虽然有不同的看法，但越来越多的证据显示是与中—新生代以来北部蒙古—鄂霍茨克洋的关闭、东部太平洋板块对中国大陆的消减作用及洋壳俯冲方式的改变有关，在不同时期、不同地区，发生了上地幔对流调整，岩石圈拉薄，地壳断裂，形成时空上有序分布的大陆边缘裂谷盆地。松辽盆地的形成、发育和演变最显著的特点是：构造发育的新生性，构造旋回的完整性及构造运动与构造变动的多旋回性（钟其权等，1985）。松辽盆地经历了断陷、沉陷、构造反转三个发展过程，主要发育断陷和坳陷两套沉积层序。早白垩世早期断陷期，常形成一系列单断的箕状断陷或双断的地堑，构成凸起和凹陷分割的构造格局。岩浆沿断层活动频繁，火山活动导致上地幔热流大量外溢，为地壳所吸收，使盆地表现为高热流值和高地温梯度。早白垩世晚期—晚白垩世盆地整体下降，坳陷沉积统一了断陷期凹凸相隔的构造格局，褶皱与大断层不发育，多为平缓的披覆构造。沉积物多为河流相粗碎屑岩、湖相暗色泥岩、油页岩、粒屑灰岩和煤层，夹有碱性玄武岩和拉斑玄武岩，反映大陆边缘沉积特征（侯启军等，2009）。

松辽盆地为一地幔隆起带，莫霍面埋藏浅并存在高导层的地壳结构，使松辽盆地成为高地温场的热盆，为油气生成提供了良好的地质条件（邱中建等，1999）。发育完善的陆内裂陷与坳陷叠合型盆地，具有二元结构特征。早期为断陷盆地，可划分三个断陷带，以生气为主。晚期为坳陷盆地，划分了六个一级构造区[1]，以生油为主。松辽盆地具有丰富的油源，广泛发育的常规与非常规储层，良好的油气保存条件，区域水动力场特征为盆地坳陷区油气藏形成提供了重要条件，在新构造运动的影响下也不会引起油气资源的散失，为大油气田的形成创造了条件。

松辽盆地基底为前古生界、古生界夹有火山岩的变质岩系及中生界花岗岩与未变质和浅变质岩，沉积盖层从白垩系至新生界均有发育，但以白垩系为主，其沉积厚度达近万米。盆地内包括断陷期和坳陷期沉积地层，地表被第四系黏土所覆盖。松辽盆地北部深层指下白垩统火石岭组至泉头组一段、二段，在这些地层形成时期断陷发育；中浅层指下白垩统泉头组三段、四段，上白垩统青山口组、姚家组、嫩江组、四方台组和明水组，古近系依安组，新近系大安组和泰康组，在这些地层形成时期坳陷湖盆发育。在中浅层、深层及基底的12个层系发现了油气，根据生油层、储层和盖层的分布情况划分为5套含油气组合，即浅部、上部、中部、下部和深部含油气组合。每个组合各有其自身特征。

盆地断陷期充填了火山—沉积建造，形成了以中酸性火山岩及其碎屑岩为主的火石岭组、以沉积岩为主的沙河子组及以火山岩为主的营城组。沙河子组具有多物源、短物源、相变快的特点，扇三角洲沉积体系沿断陷陡坡带发育，缓坡带发育辫状河三角洲沉积，以砂砾岩为主，构成盆地主要储层。中央部位为浅湖、半深湖—深湖亚相黑色泥岩，沙河子组上部还发育沼泽相煤，形成盆地主要烃源岩。砂砾岩储层向湖盆中心延伸，与烃源岩密切接触，具有源储一体的特点。营城组伴随强烈的火山喷发作用，形成广泛分布的火山喷发岩，以酸性岩和中基性岩为主，形成盆地主要储层。登娄库组沉积于裂陷向坳陷转化期，沉积范围扩大，发生了大规模湖侵，冲积扇直接入湖形成扇三角洲沉积，构成良好的局部盖层及储层。

粗碎屑的沉积岩与火山岩构成深部含油气组合的储层。储层岩石类型主要为火山岩和砂砾岩，火山岩包括火山熔岩和火山碎屑岩，火山熔岩从酸性岩到中性岩，见有流纹岩、安山岩、安山玄武岩，火山碎屑岩见有凝灰岩、火山角砾岩及沉火山碎屑岩。以原生气孔、溶蚀孔和裂缝孔隙类型为主，储层物性爆发相相对较好，溢流相次之，火口区好于近火口区，酸性岩好于中基性岩。砂砾岩具低结构成熟度特征，孔隙组合主要为孔

[1] 李庆忠，1962，松辽盆地构造研究报告。

缝型，扇三角洲和辫状河三角洲前缘相带储层物性好，平原相带次之。

纵向上发育沙河子组、营城组四段两套烃源岩。沙河子组湖相泥岩和煤系地层是最主要的烃源岩，分布广、有机质丰度高、生气速率高、资源潜力大。烃类天然气绝大多数为有机成因，以Ⅲ型干酪根煤型气为主（戴金星等，1992a）。营城组湖相泥岩为生油岩，在莺山断陷双城等地区局部分布。

多个相互独立的断陷组成断陷群，控陷断裂控制断陷的规模、分布及演化，决定断陷的勘探潜力；深部断陷宏观上控制油气分布，每个断陷就是一个独立的含油气系统，但油气分布不仅受生烃主凹陷的控制（杜金虎等，2010）。发育深部含油气组合，以产天然气为主，烃源为沙河子组、营城组烃源岩，以砂砾岩、火山岩、基岩风化壳为储油气层。气藏受沙河子组烃源岩和断裂带控制呈带状分布。“新生古储”的基岩气藏主要分布在中央隆起带，花岗岩风化壳和构造角砾岩是主要储层类型；“自生自储”的沙河子组致密气藏具有源储一体、近源聚集、持续成藏的特点，有效烃源岩控制气藏分布、有利相带控制优质储层展布、储层发育程度控制气藏富集的“源控区、相控储、储控藏”的成藏特点；“下生上储”的营城组火山岩气藏主要分布于断陷内隆起和斜坡区，沙河子组源上营城组广覆式发育的火山岩厚度大、分布广，不同时代、不同类型火山岩均有可能形成局部优质和大面积分布的致密有效储层，为大面积含气奠定了储层基础。断裂带控制火山岩和气藏分布，火口区以构造气藏为主，近火口区以岩性气藏为主。具有岩相、岩性、不整合面或火山旋回、期次界面控制优质储层，气源断层控制垂向运移，风化壳控制油气侧向运移，同一成藏背景下发育多层系、多类型火山岩气藏的“相—面控储、断—壳运移、复式聚集”的成藏机制。此外，局部发育火石岭组火山岩岩性气藏、气源断层控制的登娄库组三段构造油气藏和泉头组二段构造气藏，基底石炭系—二叠系海相页岩气是未来值得重视的领域。

盆地坳陷期发育多套沉积体系，不同的沉积体在空间上叠置，为油气的形成提供了生成条件、储集空间和盖层条件。发源于盆地周边的六条水系向坳陷中心汇集，洪水期入湖形成三角洲，枯水期各水系河流交汇，泉头组三段、四段广泛发育河流—浅水三角洲沉积，中央坳陷区内砂体普遍发育，构成良好的储集空间。青山口组一段沉积期和嫩江组一段、二段沉积期是两次最大湖泛期，沉积了两套分布广泛、富含有机质、巨厚的半深湖—深湖亚相黑色页岩和油页岩，形成了盆地最重要的生油层和区域性盖层。发育于湖盆周边的四条水系长时间持续发展，其中沿盆地长轴方向发育的两条河流，形成了南北对应的由青山口组二段、三段进积和姚家组退积两段地层组成的两个大型三角洲复合体，呈楔状深入半深湖—深湖亚相黑色页岩中，为油气运、聚成藏提供了巨大的储集空间。在湖泊基准面下降期，河流—三角洲沉积向盆地内推进，在坳陷中心部位沉积了大面积分布的错叠连片的条带状、透镜状砂体，为岩性油藏形成创造了条件。

储层岩石类型多为粉砂岩和细砂岩，局部地区还发育湖相碳酸盐岩和泥岩裂缝储层。以大型三角洲—湖泊相河道砂岩为主的储层通常具有非常好的物性，构成了松辽盆地中高孔隙度、渗透率储层的主体，孔隙类型以原生粒间孔为主；以小型三角洲分流河道和扇三角洲砂体为主的储层，构成中部含油组合中低渗透储层的主体，孔隙类型为原生粒间孔、缩小粒间孔和较多的微孔；以滨浅湖亚相砂体为主的储层，构成中部含油组合特低渗透储层的主体，孔隙类型以缩小粒间孔和微孔为主。

青山口组一段和嫩江组一段烃源岩有机质丰度一般达最好烃源岩级别，生油母质主要为葡萄藻和沟鞭藻类等低等水生生物。青一段泥岩具有裂隙式和孔隙式两种主要排烃模式，裂隙式排烃效率高，排烃深度大；而孔隙式排烃效率低，排烃深度小。油气运移主要包括三种方式，一是垂向运移，如三肇凹陷和古龙凹陷中部地区；二是短距离侧向运移，如大庆长垣地区；三是长距离侧向运移，如西部斜坡地区。根据储层包裹体的研究，盆地各地区油气成藏时间和控制因素有明显差异，一般在嫩江组沉积末期至古近纪末期。

油气层纵向上发育五大含油层系，中浅层划分四套含油气组合。油藏主要分布于中央坳陷区，其次为西部斜坡区和东南隆起区。下部含油气组合，以青山口组一段为生油层及盖层，泉头组三段、四段为储油层，相应的含油层被命名为扶余油层和杨大城子油层。广泛发育河流—浅水三角洲相曲流河、网状河及分流河道砂体，储层为“汉堡包”式，横向稳定性差，单砂体规模小。一般为低—特低渗透储层，受上覆烃源岩厚度、生烃强度、古超压、断层、微裂隙分布和垂向岩性组合等的影响，生油凹陷内油层集中分布在一个包络面以上的扶余、杨大城子油层中，盆地主体埋藏深、物性差，发育致密油，边部埋藏浅、物性好，为常规油藏，构造背景下形成一个超大型岩性油气藏群。中部含油气组合的主要生油层为青山口组，次要生油层为姚家组二段、三段与嫩江组一段，储油层为青山口组二段、三段、姚家组与嫩江组一段，盖层为嫩江组一段上部与嫩江组二段，相应的含油层被命名为萨尔图油层、葡萄花油层和高台子油层。发育大型三角洲—湖泊沉积体系，沉积相带控制了油气藏类型。大庆长垣发育泛滥平原和分流平原相，储层砂地比一般大于 40%，砂体形态呈块状或不规则板状，为构造油藏带。萨尔图、葡萄花、高台子油层储层物性好，油气产量高，是大庆油田的主力生产层，以构造油藏为主。三肇、齐家—古龙凹陷葡萄花油层广泛发育大型浅水湖盆三角洲，三角洲内前缘相储层砂地比一般在 20%～40% 之间，砂体一般呈条带状，为构造—岩性复合油气藏带；三角洲外前缘相储层砂地比小于 20%，砂体类型包括透镜状砂岩和席状砂岩，为岩性油藏带；形成中低渗透构造和岩性油藏，具有满坳含油特征。萨尔图油层沉积以三角洲前缘砂体为主，储层埋藏浅，物性好，油气藏受构造控制比较明显，发育构造、岩性—构造复合油藏。高台子油层位于青山口组烃源岩内，三角洲外前缘、前三角洲亚相储层砂地比小于 10%，砂体类型为席状砂岩，形成常规岩性、构造—岩性复合油藏和非常规致密油。此外，青山口组深湖区广泛发育厚层泥岩，有机质丰度高，演化程度适中，源储一体，形成页岩油。上部含油气组合的主要生油层为嫩江组一段、二段，部分油气来自青山口组，储油气层为嫩江组三段、四段，相应的含油层被命名为黑帝庙油层。受东部物源三角洲前缘砂体和成熟烃源岩控制，形成多种类型油气藏。浅部含油气组合局部发育于明水组和四方台组，在大庆长垣上见到井喷和气显示，为次生油气藏。

松辽湖盆是白垩纪亚洲古陆上最大的湖盆，丰富的淡水藻类生油母质为油气生成提供了充足的来源。长期发育的大型深凹陷提供了丰富的油源，提出了大型湖盆陆相油气生成、运移和分布的模式，陆相沉积盆地可以生成大量石油（杨万里等，1985）。长期稳定的深水环境沉积条件和后期水文封闭条件的相对稳定，造成良好的石油生成、聚集和保存条件[1]。生油层、储层、盖层、圈闭、古构造、油气运移和保存是油气藏形成的七

[1] 胡见义，1960，松辽盆地地球化学的若干问题。

大要素，成油系统内的各个成油要素的发育完整程度、表现形式及其在时间和空间上的相互配置关系，决定油气藏形成、规模、类型及分布（胡朝元，1999）。中央坳陷区的生油区是油气分布的核心，油气分布受到生油岩的控制[1]，油气聚集的基本规律是二级构造带控制油气聚集[2]（杨继良，1985）。三肇、齐家—古龙凹陷烃源岩生烃强度大，油源丰富，构成大油田形成的物质基础。面积巨大的大庆长垣构造与盆地长轴方向大型的河流三角洲体系形成的良好空间叠置，储集了40多亿吨石油，构成了大油田形成的两个条件。有机质干酪根生烃是油气的主要来源，由浮力的达西渗流差异聚集油藏，在凹陷周边高渗透储层发育的隆起、阶地等地区，以及凹陷内部的斜坡部位，黑帝庙、萨尔图、葡萄花、高台子油层形成油水分异明显的常规构造油藏、岩性油藏和复合油藏（高瑞祺等，1997）。盆地发育四套含油气结构层系，以坳陷期含油气结构层系中油气藏类型众多，油气最为富集。松辽盆地大油田形成的各项条件，在单一沉积构造旋回内“生、储、盖”最佳的配置，具有典型性（胡见义等，1991，2002）。

大庆长垣地区油气的聚集机制与构造反转导致的差异泵吸作用有关。构造反转使生油凹陷内的烃源岩进一步熟化，沿盆地长轴方向发育的叶状三角洲复合体作为泵吸的良好通道、区域盖层为泵吸能量的保存提供了必要条件、差异升降导致圈闭与烃源岩间势能在瞬间快速增大，促使油气大规模从烃源岩向砂体快速充注成藏。

中央坳陷区的青山口组一段、二段优质烃源岩奠定了源内、源下致密油形成的物质基础。河流—三角洲沉积提供了致密油储集空间，河道砂为致密油主要储层。源下扶余油层致密储层分布广，单砂体规模小，砂层纵向集中度差，横向稳定性差。靠烃源岩不断生烃产生超压，储层中的原油在超压的驱动下，向下部和凹陷周边推排地层水而实现近距离运移、源下聚集、“甜点区”富集，形成致密油藏；源内高台子油层致密油主要分布在青山口组二段优质烃源岩中，致密油分布受沉积相及物性控制，较大的源储压差为油气进入储层提供了重要的动力条件，油层纵向上呈层状相互叠置分布，横向上呈条带状连续分布；青山口组优质烃源岩源内含有大量残留烃，泥页岩发育纳米级孔隙，具有一定的储集空间，发育薄层砂质条带、介形虫层、泥岩裂缝和纹层状页岩等多种类型储层，以过剩压力为主要动力，形成页岩油，具备规模富集的地质基础，是典型的陆相页岩油。

通过大庆油田的勘探生产实践和理论认识深化，在理论上，陆相盆地可以形成特大油田，创建并丰富发展了陆相成油理论。在勘探方法上，建立了陆相沉积盆地勘探方法[3][4]（邱中建等，1999）。应用盆地分析方法、含油气系统分析与资源评价技术、高分辨率层序地层学方法、河道砂体识别与预测技术、火山岩油气藏识别与评价技术、大比例尺沉积相制图技术、储层包裹体测年技术、油气成藏运移示踪技术、致密油气实验分析技术、钻井技术、油水层识别评价技术、增产改造技术等，系统开展了松辽盆地的构造演化、沉积过程、油气生成及成藏过程研究，提出了生油区控制油气分布的“源控论”、反转构造油藏的“泵吸”成藏机理、大型三角洲沉积和大面积河道沉积砂体分布控制油

---

❶ 胡朝元，1962，对松辽盆地油气藏形成和分布规律的初步认识。

❷ 杨继良，1977，松辽陆相沉积盆地石油地质的若干规律。

❸ 闵豫，1961，松辽地区油田勘探的程序和方法。

❹ 张文昭等，1977，陆相沉积盆地油气田勘探方法。

藏类型的相带控藏理论认识、向斜区岩性油藏与低—特低渗透砂岩储层中致密油的形成机理、火山岩油气藏成藏理论认识，这些认识不但丰富了我国陆相石油地质学理论，而且对我国其他陆相盆地石油勘探，尤其是岩性油藏和火山岩油气藏勘探也具有重要的参考价值。

海拉尔盆地位于中国内蒙古自治区东北部的呼伦贝尔市，盆地地跨中蒙两国，北部在中国，称海拉尔盆地，面积 $4.42\times10^4km^2$；南部在蒙古国，称塔木察格盆地，面积 $3.54\times10^4km^2$。区域构造位于蒙古—大兴安岭裂陷盆地群的东部，是叠置于蒙古—大兴安岭古生代碰撞造山带之上的中—新生代陆相伸展断陷盆地。盆地经历了中生代中—晚侏罗世断陷，早白垩世早期泛火山—沉积充填、伸展断陷、中期走滑断陷复合和叠加、抬升扭压变形，晚白垩世稳定坳陷、末期强烈构造反转变形及新生代构造运动的复杂构造演化过程。盆地内构造划分为 3 个坳陷、2 个隆起共 5 个一级构造单元，由 16 个凹陷 4 个凸起组成二级构造单元，其中凹陷总面积 $25260km^2$。

盆地基底为前古生界、古生界和中生界三叠系—侏罗系中下统，沉积盖层为侏罗系中上统塔木兰沟组，下白垩统铜钵庙组、南屯组、大磨拐河组、伊敏组和上白垩统青元岗组，新生界古近系古新统和新近系呼查山组。盆地沉积岩最厚达 6000m，具有生储盖层的良好组合，构成油气田形成的有利和必要条件。

海拉尔盆地为中—晚侏罗世、早白垩世两期叠合型盆地。盆地的构造演化控制了沉积充填特征，具有多幕式和多沉积旋回特点。侏罗系中上统表现为残留型断陷，塔木兰沟组火山岩与沉积岩是有利含油层系。早白垩世伸展断陷盆地，铜钵庙组沉积早期初始裂陷发育火山岩和冲积扇与滨浅湖亚相，晚期为泛盆沉积建造，呈现“广盆、浅水”沉积环境，发育火山岩和冲积扇相、扇三角洲相，以厚层凝灰质砂砾岩为主，局部为玄武岩、凝灰岩、灰黑色泥岩，形成盆地次要烃源岩和较好的储集空间。南屯组沉积早期为强烈拉张伸展断陷，伸展断裂系统控制了盆地的沉降格局，形成北东东—北东向复式箕状断陷；晚期为稳定拉张，发育扇三角洲、辫状河三角洲、湖底扇和沼泽沉积体系，呈现“窄盆、深水”到“广盆、浅水”沉积环境，两次湖泛期发育黑色泥岩，形成盆地主要烃源岩；发育含凝灰质粉—细砂岩、砂砾岩，构成良好的储集空间。大磨拐河组—伊敏组沉积期为断坳转换期，沉积范围扩大，发育三角洲相，以泥岩、砂泥岩互层和粉砂岩为主；大磨拐河组沉积期发育一次较大的湖盆扩张，形成盆地区域性盖层和局部烃源岩；伊敏组发育沼泽相煤层，这一时期具有走滑特征，其沉降和隆升格局对南屯组沉积期伸展断陷构成了切割改造。下白垩统广泛分布，是主要的含油层系。

盆地内发育塔木兰沟组、铜钵庙组、南屯组、大磨拐河组四套烃源岩，以南屯组灰黑色泥岩和煤为主。发育淡水、微咸水、咸水和沼泽环境，有机质类型Ⅰ型—Ⅲ型均有分布，母质来源有水生藻类和孢子体等高等植物，烃源岩具有早生早排特点。储油层有三套，上部含油组合以大磨拐河组二段为主，中部以南屯组和铜钵庙组为主，下部以塔木兰沟组—基岩火山岩与变质岩为主。各组合储层属于中低孔、低渗透型，局部发育高孔高渗透型，各油层差异极大。

油气藏主要分布于贝尔和乌尔逊凹陷，其次为巴彦呼舒、呼和湖、红旗及呼伦湖凹陷。在缓坡带发育的较大型扇三角洲—辫状河三角洲前缘亚相砂体为形成规模油藏奠定了基础，陡坡反转构造带与扇三角洲相砂体相叠合为油藏形成创造了条件。富含火山物质碎屑岩次生孔隙发育，构成良好的储集空间。优质烃源岩对油气运聚与成藏有重要作用，优质烃源岩上下构成好的储盖组合。油气成藏以断裂、不整合短距离运移为主，主要发育断块、岩性、潜山和复合油藏，局部发育断块气藏及基岩油气藏。南屯组沉积期低角度伸展断裂控制着早期分隔的箕状断陷规模与沉积充填和烃源岩的赋存，伊敏组沉积期高角度断裂影响伊敏组发育和剥蚀状况，决定了烃源岩的热演化程度和成熟范围。伊敏组沉积期末挤压抬升及白垩世末构造反转活动控制油气的运聚和成藏，伊敏组沉积末期主成藏期也是早期构造定型和晚期构造形成期，形成以洼槽为中心的多个运聚单元，烃源区及周边是油气主要富集区。多期叠加的复式断陷主生油洼槽控制油气的形成与分布，富烃主洼槽内或边缘的断裂隆起带和缓坡断阶带有利于形成油气富集带，稳定洼槽区易形成岩性油气聚集带。

从成盆、成岩和成藏角度，系统研究了复杂断陷盆地，揭示了原型盆地地质特征与分布规律，明确了洼槽—斜坡区是岩性或构造—岩性油气区发育的有利部位，构建了主洼槽供源、长轴扇体供砂、断层—斜坡控圈、多层油藏叠合的成藏模式，提出了复式箕状断陷盆地油气藏成藏理论认识，发展了盆地原型恢复技术，建立了快速预测扇体的地质—地球物理技术方法，指导了海拉尔—塔木察格盆地的油气勘探。

在松辽盆地和海拉尔盆地之外，大庆勘探区域内还有很多中小型盆地，称为其他外围盆地，其中面积大于 $200km^2$ 的盆地 28 个，总面积 $18.5 \times 10^4 km^2$。对依兰—伊通盆地北部依兰地堑、延吉盆地、大杨树盆地、虎林盆地等，已经做了多年勘探和研究，其中依兰地堑汤原断陷与方正断陷及延吉、大杨树、虎林和三江盆地已经发现油气，在鸡西盆地发现煤层气，在柳树河等盆地发现工业品位油页岩，其他盆地尚处于早期评价阶段。在地质资料基础上，采用中国石油天然气股份有限公司的盆地评价标准和第四轮资源评价研究成果，重点依据盆地面积、沉积岩厚度、烃源岩状况、储层和盖层条件等综合评价结果，优选出依兰地堑方正断陷和汤原断陷、虎林盆地、大杨树盆地和鸡西盆地为重点突破盆地或断陷。

由于各盆地地质特点具有较大差异，将在其他外围盆地各论叙述中分别介绍其地层、构造、石油地质条件和含油气情况。

20 世纪 30 年代至 50 年代初期，中国地质家们从陆相生油观点与不同大地构造学说预测油气远景，指出在东北地区找到石油是有可能的。1953 年提出在东部松辽平原下面可能有石油蕴藏，属尚未证实的可能含油区，为三级远景区（谢家荣，2008）。1954 年提出松辽平原的摸底工作值得进行（李四光，1954）。

松辽盆地以油气为目的的地质普查工作是从 1955 年开始的。从一开始就是以盆地整体为对象，从基底到沉积层、从边缘山岭到盆地中心进行整体研究、综合勘探。1955 年 1 月，在地质部第一次石油普查会议上，提出了在全国含油区和可能含油区内进行大规模的地质普查工作。在燃料工业部石油管理总局召开的“第六次全国石油勘探会议”上松辽盆地被列为主要含油远景区之一。同年 6 月，地质部部署松辽平原的石油普查工作。8 月派出地质队，在松辽盆地进行地面踏勘。1956 年，开始组织大规模综合物探工作。1957 年，石油工业部组建 116 地质调查队，开展地面地质调查。经过综合研究，基本搞清了盆地轮廓和构造分区，初步建立地层层序，发现杨大城子构造，提出了松辽盆地是一个含油远景极具希望的地区（大庆油田勘探 50 年编委会，2009）。

1958年2月，中央作出了石油勘探战略东移的重大决策部署，开始了地质部、石油工业部在松辽盆地相互配合协作的大规模石油勘探工作。从全盆地着眼，采用综合勘探方法，通过多工种的联合勘探，南17孔见到油砂，提高了对松辽盆地的评价。应用背斜理论，松辽石油勘探局开始部署基准井，松基二井见含油气显示并发现生油层。经过对盆内各地区地质条件的分析对比，认为中央坳陷区最有利，含油远景大，勘探工作重点向盆地中心转移。通过重磁、物探等手段，发现高台子构造，综合研究将其选作“重中之重”的突破口，确定了松基三井井位。1959年9月26日，在国庆10周年之际，松基三井喷油，从而发现了大庆油田。

大庆油田发现之后，采取了以二级构造为整体的布井方法，逐步进入全盆地构造油藏勘探阶段。1960年2月，党中央批准了石油工业部的《关于东北松辽地区石油勘探情况和今后工作部署问题》的报告。在勘探力量十分有限的条件下，采用中国特有的勘探方式，集中力量勘探，开展石油大会战。制定了“三点合一”的方针，大庆长垣划分为5个战区，构造油藏勘探全面展开。南部甩开，迅速扩大战果。挥师北上，萨66井、杏66井、喇72井三口关键的探井喷出高产油流，证实了油层厚度大、产量高的部位在长垣北部，被誉为“三点定乾坤”，发现了喇嘛甸、萨尔图、杏树岗油田。到1960年底，只用了一年零三个月的时间探明了一个世界级特大油田。在探明大庆油田的同时，对大庆长垣东西两侧地区继续勘探。至1963年，开展了两次冬季地震大会战、五次勘探会战，又发现了龙虎泡、朝阳沟等9个含油气地区，基本完成松辽盆地的石油地质普查工作。1964年，大庆勘探队伍入关，转战华北，参加胜利、大港油田的勘探工作。此后9年内，集中在构造油气藏勘探，发现敖古拉等4个含油气区。

1973年2月，重组大庆勘探队伍开始二次勘探工作。直至1985年间，以构造油藏勘探为主，探索隐蔽油气藏，逐步转向构造—岩性油藏勘探。按照“希井广探”的方针，为在大庆外围和大庆下面找“大庆”，扩大勘探领域，对松辽盆地北部滨北地区、三肇和齐家—古龙凹陷、深层，外围三江盆地、依兰—伊通盆地北部、海拉尔盆地，展开全面勘探。1975年开始，重点勘探三肇凹陷，肇3井获工业油流，对岩性油藏勘探有了初步认识，以葡萄花油层为主要目的层，在构造或构造背景下发现了模范屯、宋芳屯等油田。以扶余、杨大城子油层为主要目的层，解剖朝阳沟—长春岭地区，由于掌握了压裂技术，使渗透性较差的扶余、杨大城子油层压裂后也具有工业价值，在其附近还找到了大榆树、薄荷台等含油气区。长垣深层和古中央隆起带探索，发现了昌德、肇州西气藏。1984年海拉尔盆地乌尔逊凹陷海参4井发现工业油流，外围盆地见到含油气显示，为继续开展勘探奠定了基础。

1986年1月，石油工业部提出了要再找一个大庆油田，把五千万吨再稳产十年，并争取稳产到20世纪末。为实现这一宏伟奋斗目标，提出了科学勘探的勘探思想[1]，逐渐步入了现代勘探的轨道。之后两年编制了四阶段的勘探规划，明确了“东部找片，西部找点，稳步向深层发展，积极向外围展开”的勘探方针，确定了松辽盆地东部实现“四个一”和西部“找到100个高产点”的目标。随着勘探对象的变化，改变勘探思路，进入大面积岩性油藏勘探阶段。实施盆地、圈闭和油气藏三个评价，形成了《盆地、圈

[1] 丁贵明，1987，进行科学勘探，实现良性循环，为再找一个大庆油田而努力。

闭、油气藏评价规范》。直至2000年间，根据松辽盆地北部三个不同特征的油气成藏体系特点（高瑞祺等，1995），按照岩性油藏的勘探思路——“下洼子、找砂子”，建立大比例尺沉积微相工业制图和发展薄砂体储层预测技术，逐步探索出陆相湖盆岩性油藏成藏地质理论认识和方法，对三肇和齐家—古龙两个大型二级负向构造单元展开了大规模的岩性油藏勘探工作。1986—1995年，重点在三肇凹陷、朝阳沟阶地开展扩边扩层勘探，揭示了岩性油藏的成藏特征，建立了扶余、杨大城子油层顶生下储注入式运移成藏模式，形成与完善了向斜区岩性油藏成藏地质理论，建立了低渗透薄互层勘探技术，使榆树林、朝阳沟油田面积大大扩展，并通过发现杨大城子油层，使这些油田的油层厚度得以增加。同时，发现肇州、永乐、头台等一批新油田。1996—2000年，勘探重点转到大庆长垣以西，使已发现的龙虎泡油田面积大幅度扩张，并探明新站油田和大庆长垣西侧一系列鼻状构造油田。使得长垣东部大面积含油，西部找到高产含油区块，呈多层位大面积含油区，岩性油藏勘探带来了又一次储量增长期。深层按照构造找气思路，勘探产气层位和产量取得突破，在断陷周边找到了昌德、汪家屯和升平三个登娄库组砂岩小型构造气藏。海拉尔盆地精细断块区评价和发展三维地震与增产改造技术，探井获得产量上突破，发现多个高产油流点。依兰—伊通盆地北部深化盆地与断陷评价及目标优选，汤原断陷、方正断陷发现工业气流，延吉盆地获得工业油流突破。开展多种资源勘探，非烃天然气、铀矿等取得重要进展（萧德铭，1999）。

2001年，随着中国石油工业大规模重组与境外上市，大力实施资源战略，大庆勘探发生了从“单一油气勘探”变为“以油气为主体多种资源综合勘探”、从“追求地质储量”变为“追求商业储量”的重大转变，走效益勘探之路。为实现油田“高水平、高效益、可持续发展”战略，坚持“以经济效益为中心，以商业储量为目标，努力实现以油气勘探为主体的多种资源综合勘探新突破”的指导思想和“老区创新观念，深层加强攻关，外围积极展开，新区力求发现”的勘探方针，扩大国内勘探领域，努力进入国际勘探市场。2001—2010年，按照“持续有效发展，创建百年油田”的发展战略，加强战略勘探，突出整体勘探，强化效益勘探。深化松辽盆地北部中浅层石油精细勘探，探索扶余油层“贫中找富”，勘探部署重点从扶余油层大面积岩性油藏勘探转移到以葡萄花油层为主的精细勘探上来，深化向斜区岩性油藏认识，形成了葡萄花油层三个成藏带的认识和勘探方法，发展了相带控藏理论认识，葡萄花油层实现“满坳含油”（侯启军等，2009）；扶余油层在三肇凹陷实现含油连片，实现规模效益增储，但总体呈现勘探目标单体储量规模逐渐变小，特低渗、特低丰度已占新增探明储量主体的局面；加强深层天然气甩开勘探，认识到徐家围子断陷发育两套烃源岩，断陷中心近气源区是最有利的勘探区，发展完善高信噪比三维地震、耐高温高压欠平衡钻井和测试—压裂增产改造技术，由断陷的周边转向断陷中部，由砂砾岩转到了大面积发育的火山岩，徐深1井发现了超百万立方米高产工业气流，从而拉开了松辽深层火山岩勘探的序幕。2004年6月中国石油天然气股份有限公司作出了加快深层天然气勘探的重大决策，实践中形成了三个地质再认识和发展了三项识别评价技术，发现了我国东部陆上最大的气田——徐深气田，开启了大庆油田以气补油、油气并重的新时期；加强海拉尔盆地复杂断块勘探，完善复式油气聚集带理论认识，发展叠前深度偏移成像技术和叠前反演砂岩预测技术，贝302井、贝16井日产突破百吨大关，三年加快勘探发现高丰度油藏，实现探明储量

1×10^8t 目标。2006 年 9 月中国石油天然气股份有限公司作出了加快海拉尔—塔木察格盆地勘探的重大决策，整体研究、整体部署、整体勘探，发展复式箕状断陷成藏理论认识和配套技术，大庆首次独立勘探开发海外区块，实现规模效益增储上产。加强外围甩开勘探，方正断陷方 6 井在白垩系首次获高产工业油流，石油勘探取得历史性突破。这一时期勘探工作，形成了大庆勘探史上第三次储量增长期（冯志强，2009）。

2011 年以来，剩余油气资源低品位占主体，非常规油气已成为支撑大庆勘探发展的重要领域，页岩油气成为潜力方向，松辽盆地整体进入到常规和非常规油气并重勘探阶段。坚持“有质量、有效益、可持续”的发展方针，树立“资源为王”的发展理念，坚持常非并举油气并重的勘探思路，立足富油气凹陷领域加强精细勘探，突出新区新领域甩开勘探，瞄准可动用储量深化效益勘探，勘探从常规向非常规转变，从重储量到重经济可采可动用储量转变（王玉华，2014）。针对非常规油领域资源特点，加强非常规资源成藏富集条件研究，形成了致密油源内源下成藏理论认识，建立了“七性”评价技术和分类标准，分层、分带、分类明确了资源分布和潜力，配套完善了大型工厂化水平井钻井和体积压裂技术等核心工程技术，以提高单井产量和实现规模开发为目标，以工程地质“一体化”设计为引领，攻关勘探开发“配套工程技术”，垣平 1 井等一批水平井获得高产油流，已探明致密油 1.19×10^8t，提产增储和开发试验区产能见到好的成效。中浅层精细滚动勘探和低品位储量升级动用攻关成果显著，常规油开展精细构造、精细沉积、精细储层、精细成藏分析“四个精细”研究，构建了构造、斜坡、向斜成藏模式，建立了富油凹陷高效勘探模式，形成了有利构造主体找砂体、斜坡部位找圈闭、向斜区内找复合的老区精细勘探评价工作流程，三肇、长垣南和古龙地区取得重要成果。塔 66、龙 45 井等多井高产，展现亿吨级勘探场面。西部斜坡区一批井获得高产工业油流。老区通过创新思路、精细工作勘探仍能发现高产富集区块，是油田增储上产的重要领域。深层探索新区新类型，沙河子组致密气新领域和火山岩新类型获得突破，宋深 9H、宋深 103H 井分别在致密砂砾岩、中基性岩勘探中首获工业突破，已探明致密气 $189.24\times10^8m^3$。加强松辽盆地北部深层中央古隆起带风险勘探，隆平 1 井获工业气流，是深层天然气勘探的接替领域。加强深层石油勘探，双城断陷双 66 井登娄库组试油获得工业油流。断陷期地层不仅可形成大型气藏，还可形成油藏，进一步拓宽了勘探领域。海拉尔盆地精细勘探，形成了细分层系的断裂带构造成藏、斜坡带构造—岩性复合成藏、洼槽区岩性成藏的认识，致密油勘探获得突破，贝尔、乌尔逊凹陷多井获得高产油流。外围盆地汤原断陷、方正断陷首次提交石油探明地质储量，鸡西盆地鸡气 2 井煤层气获得工业气流。同时，超前探索和准备泥页岩油等非常规资源勘探取得重大进展，页岩油资源潜力大，古页油平 1 井获高产工业油气流，实现了陆相泥级页岩的工业突破，页岩油是油田未来发展的重要接替领域。

截至 2020 年底，大庆油田共探明油田 37 个，累计探明石油地质储量 65.25×10^8t。其中大庆长垣探明 7 个油田，探明石油地质储量 47.24×10^8t；长垣外围探明 27 个油田，探明石油地质储量 16.41×10^8t；海拉尔探明 2 个油田，探明石油地质储量 1.52×10^8t；外围探明 1 个油田，探明石油地质储量 309.86×10^4t。另外，在塔木察格盆地 19 区块、21 区块探明 2 个超亿吨油田，探明石油地质储量 3.30×10^8t。大庆油田共探明气田 16 个，累计探明天然气地质储量 $3658.51\times10^8m^3$。其中探明中浅层气田 14 个，探明天然气

地质储量 $481.10\times10^8m^3$，主要分布在松辽盆地北部大庆长垣及东西两侧，萨尔图、汪家屯、阿拉新等 12 个气田探明天然气地质储量 $451.89\times10^8m^3$；外围盆地汤原气田，探明天然气地质储量 $26.21\times10^8m^3$；延吉盆地龙井气田，探明天然气地质储量 $3\times10^8m^3$。探明昌德和徐深 2 个深层气藏，探明天然气地质储量 $3177.41\times10^8m^3$。为大庆油田高产稳产，长垣外围和海拉尔油田上产，奠定了资源基础。61 年来，大庆油田累计生产原油 24.33×10^8t，生产天然气 $1412.04\times10^8m^3$，为现代化建设和国家石油战略安全提供了有力保障（图 1）。

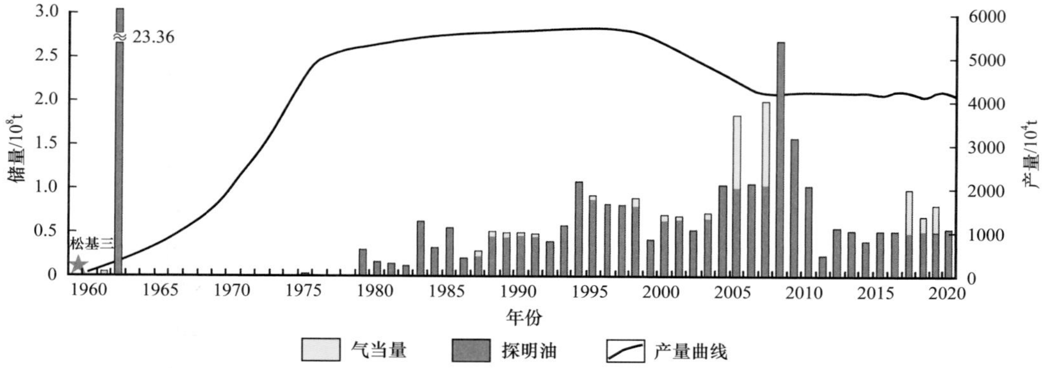

图 1　大庆油田历年油气储量产量构成图

大庆油气勘探走过了六十余年发展历程，在这一过程中，坚持高度的革命精神与严格的科学态度相结合，发扬“两论”起家、艰苦奋斗、求实创业的光荣革命传统，采取了一系列战略性举措，推动了油气勘探的快速发展。探索形成了大型陆相沉积盆地勘探理论与方法，发展了陆相生油理论，建立了岩性油藏和火山岩气藏成藏地质理论，并为我国油气勘探创新发展了新的石油地质理论与石油勘探理论。建立了石油盆地、圈闭和油气藏三个评价规范，推行多学科综合研究设计，理顺了勘探工作程序，推进了科学勘探。发展了精细研究工作技术方法，建立了以“两新、四精、一控、两突出”为核心的高效勘探模式，确立了陆相非均质致密油气“2+3”整体勘探开发模式，形成了以“一体化设计技术为引领，以实现地质目标为目的”的八大工程技术系列，“以顶层设计为引领、项目管理为核心、业务一体化推进、重点工作五定管理”的工作模式，推进了勘探与开发、地质与工程、科研与生产、增储与上产“四个一体化”，探索出非常规油气高效勘探新路径，拓展了发展的空间，构建了提高效益效率的“大勘探”格局，实现了质量效益发展，有效保障了大庆油田勘探的持续发展。

第一篇
松辽盆地（北部）

第一章　概　　况

松辽盆地北部油气勘探面积 $12\times10^4km^2$，隶属于黑龙江省。区内地形较平坦，主要为农田、草原和湖沼。铁路及高速公路、省管主干公路及油田公路贯穿整个探区，交通便利。石油勘探主要目的层为萨尔图、葡萄花、高台子和扶余、杨大城子油层，其次为黑帝庙油层；天然气勘探主要目的层为营城组、沙河子组。在陆相生油理论和陆相油气藏勘探技术基础上，形成了松辽盆地大型坳陷湖盆油气成藏地质理论、松辽盆地断陷期天然气成藏地质理论，逐步建立了大型坳陷湖盆油气藏、深层火山岩气藏、致密油气勘探技术系列，有效地促进了油气勘探的快速发展。

第一节　自 然 地 理

松辽盆地北部西为大兴安岭、东北为小兴安岭、东南为张广才岭，南部是第二松花江。盆地内部大部分地区属松花江流域，主要为大片的平原湖沼，地形平坦，只在河流附近和近盆地边部有一些垄岗。盆地内部地面海拔一般为 130～150m，相对高差一般不超过 50m（图 1-1-1）。

盆地内交通便利，有哈齐（哈尔滨—齐齐哈尔）、齐京（齐齐哈尔—北京）、沈哈（沈阳—哈尔滨）、滨北（哈尔滨—北安）、滨洲（哈尔滨—满洲里）等铁路，以及绥满、京哈、大广、嫩泰等高速公路纵贯盆地，组成铁路、公路网，形成运输干线。盆地内各市、县之间以及较大的乡、镇之间均有公路连接，各村、屯之间基本实现了村村通公路。此外，2009 年 9 月 1 日大庆萨尔图机场建成并正式投入使用，开通了前往北京、天津、上海、广州等地的航线，辅以松花江水道季节性通航，交通更加方便。

盆地内气候特点是冬季长而寒冷，夏季短而多雨，春季风大干旱，秋季凉爽早霜。年均气温 -0.6～4℃，极端最低气温 -38.1℃，极端最高气温 36.3℃，年降水量为 400～600mm。夏季由于阴雨连绵，道路泥泞，且有些地下的含油有利地带在地面上位于河网、鱼池、湖泊、沼泽等地势低洼处，以致常常被迫移动井位或暂缓施工。冬季由于严寒，须配齐全套保温设备才能进行钻井等作业，增加了施工费用和能源消耗。

松辽平原是我国重要的商品粮基地，盛产玉米、高粱、小麦等，工业除大庆、扶余两大石油基地外，还有哈尔滨、齐齐哈尔等地以重型机械、航空工业为主的重工业，以及各种轻工业。

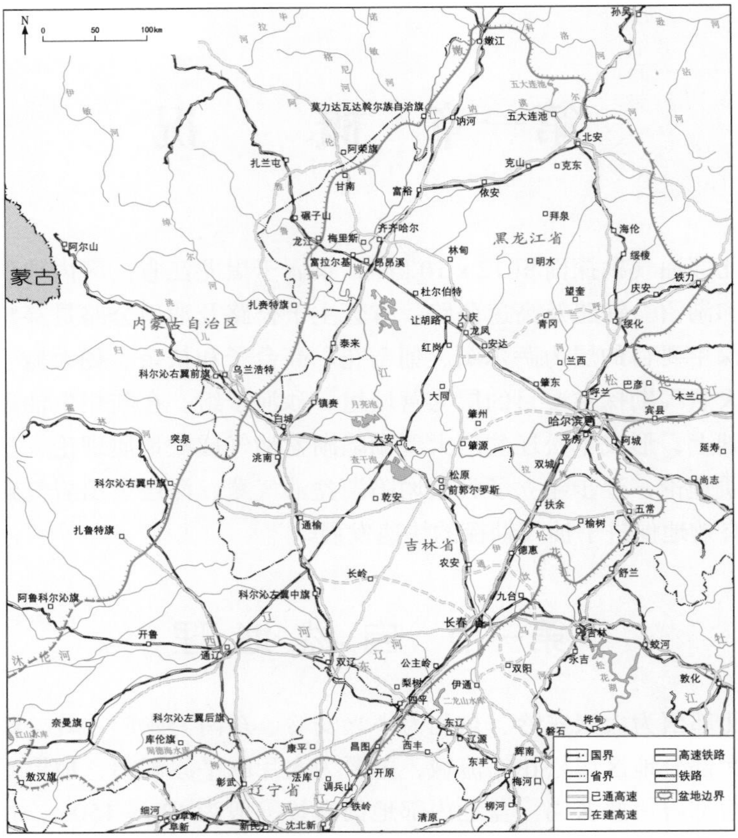

图 1-1-1　松辽盆地北部与南部地理位置图

第二节　油 气 勘 探

松辽盆地北部油气勘探投入的井震勘探工作量较大。中央坳陷区勘探程度最高，其次是西部斜坡区和东南隆起区，北部倾没区和东北隆起区勘探程度最低。油气勘探成果丰硕，是我国石油储量丰富、产量高的大油田之一。

一、勘探工作量及勘探程度

1. 勘探工作量

1）非地震物化探工作量

非地震物化探工作量主要集中在1956—1960年松辽盆地普查勘探初期，以了解盆地的宏观地质构造特征为主要目的，部署了小比例尺（1：100万—1：10万）的非地震物化探工作。20世纪80年代后，由于仪器精度的提高和解释方法上的进步，又部署了少量的非地震物化探工作，以化探为主。90年代后，非地震物化探部署工作量较少。截至2018年底，比例尺大于1：10万重磁42123km^2/85402km（物理点148569个）、电法623km^2/494km（物理点1160个），比例尺小于或等于1：10万重磁151068km^2/91231km（物理点49046个）、电法6644km^2/1466km（物理点1251个）。

2）地震

1990 年之前以光点、模拟、数字二维地震为主，仅在 1988 年和 1990 年部署少量三维地震。1990 年以后三维地震开始大面积部署，低勘探程度区及新区以二维地震为主。随着精细勘探的深入，2013 年以来开展了三维地震二次覆盖。截至 2018 年底，松辽盆地北部共完成二维地震 136987.57km、三维地震 18948.27km^2（表 1–1–1、图 1–1–2）。

3）钻探

截至 2018 年底，松辽盆地北部共完井 5166 口，总进尺 997.80 × 10^{4}m。探井 2922 口，进尺 573.12 × 10^{4}m（表 1–1–1）；其中水平井 48 口，进尺 15.49 × 10^{4}m，取心井 3075 口，进尺 27.43 × 10^{4}m，心长 24.90 × 10^{4}m，收获率 90.79%。评价井 2244 口，进尺 424.68 × 10^{4}m，其中水平井 36 口，进尺 10.19 × 10^{4}m。

4）试油压裂

截至 2018 年底，松辽盆地北部共试油探井 2374 口、7245 层，进行酸化压裂施工 1417 口井、3570 层，其中获工业油气流井 1510 口，试采井数 78 口（表 1–1–1）。

2. 勘探程度

截至 2018 年底，松辽盆地北部完成地震工作量最多的是中央坳陷区，基本上完全覆盖，二维地震测线密度 3.05km/km^2，三维地震覆盖密度 0.56km^2/km^2。其次是西部斜坡区，二维地震测线密度 0.98km/km^2，三维地震覆盖密度 0.08km^2/km^2。东南隆起区，二维地震测线密度 0.83km/km^2，三维地震覆盖密度 0.08km^2/km^2。北部倾没区和东北隆起区最少，仅有二维地震分布，未开展三维地震工作（表 1–1–2）。

探井分布以中央坳陷区最多，钻井 2340 口，占 80.08%，平均单井控制面积 11.00km^2/ 口，勘探程度最高；北部倾没区钻井最少，仅 35 口，平均单井控制面积 797.26km^2/ 口（表 1–1–3）。

整体来看，中央坳陷区勘探程度最高，其次是西部斜坡区和东南隆起区，北部倾没区和东北隆起区勘探程度最低。

二、主要勘探成果

1. 发现圈闭和钻探情况

截至 2018 年底，松辽盆地北部共识别三级、四级构造、火山岩、岩性圈闭共 2158 个。共钻探圈闭 1453 个，其中获工业油气流圈闭 669 个，圈闭钻探成功率 46.04%。

2. 钻探成功率

截至 2018 年底，松辽盆地北部共完钻探井 2922 口，获工业油气流井 1510 口，钻探成功率（获工业油气流井占探井总数）51.68%。

3. 勘探理论技术

在陆相生油理论和陆相油气藏勘探技术基础上，形成了松辽盆地大型坳陷湖盆油气成藏地质理论、松辽盆地断陷期天然气成藏地质理论，总结形成了大比例尺工业制图、岩性圈闭描述识别评价（精细构造解释、精细沉积分析、精细储层预测、精细成藏认识）、大规模体积压裂、复杂岩性测井解释等技术，逐步建立了大型坳陷湖盆油气藏勘探技术系列、深层火山岩气藏勘探技术系列、致密油勘探技术，有效地促进了油气勘探的长足发展。

表 1-1-1　松辽盆地北部历年勘探工作量统计表

年度	地震			探井		试油			圈闭				钻探效果	
	动用队数 / 个	完成二维测线 / km	完成三维面积 / km^2	完成探井 / 口	探井进尺 / 10^4m	完成层数 / 层	酸化压裂层数 / 层	试采井数 / 口	发现圈闭 / 个	新钻圈闭 / 个	获工业油气圈闭 / 个	圈闭钻探成功率 / %	新获工业油气流探井 / 口	探井成功率 / %
1959—1990	198	59077.4	319.6	1298	222.51	3055	488	26	394	497	233	552.86	432	33.28
1991	21	11040.1	81.74	102	20.64	276	94	1	93	47	28	59.57	53	51.96
1992	21	9044.4	245.64	102	20.33	294	124	3	62	43	30	69.77	70	68.63
1993	21	5998.2	388.14	98	18.99	299	198	3	6	21	12	57.14	73	74.49
1994	24	5275.74		93	17.88	328	214	5	7	33	20	60.61	86	92.47
1995	24	4853.3	278.54	84	16.53	324	198	2		31	14	45.16	60	71.43
1996	24	6025.8	157.16	69	14.81	267	163	4	5	37	16	43.24	62	89.86
1997	20	3267	332.6	59	13.22	278	188	1		37	18	48.65	52	88.14
1998	20	4997.74	291.34	55	11.84	255	174			31	11	35.48	47	85.45
1999	12	5224.6	150.43	40	8.78	145	116	1		21	9	42.86	25	62.50
2000	17	6687.6	177	69	14.74	195	155	5		22	9	40.91	45	65.22
2001	16	245.14	1018.6	66	12.75	168	153	3		23	12	52.17	47	71.21
2002	11	1458	1332	48	9.37	154	133	7		24	10	41.67	42	87.50
2003	11	2705.55	770.48	36	7.19	128	97	5		46	27	58.70	33	91.67
2004	10	3102.17	1015.12	43	11.36	109	61	6		35	26	74.29	36	83.72

续表

年度	地震			探井		试油			圈闭				钻探效果	
	动用队数 / 个	完成二维测线 / km	完成三维面积 / km^2	完成探井 / 口	探井进尺 / 10^4m	完成层数 / 层	酸化压裂层数 / 层	试采井数 / 口	发现圈闭 / 个	新钻圈闭 / 个	获工业油气圈闭 / 个	圈闭钻探成功率 / %	新获工业油气流探井 / 口	探井成功率 / %
2005	13	431.38	1407.98	48	13.41	134	71			32	21	65.63	33	68.75
2006	6	180.85	1416.95	59	13.21	124	70			42	13	30.95	33	55.93
2007	3	325.45	757.42	60	18.75	119	77			46	16	34.78	26	43.33
2008	6	1000	437.39	37	9.39	57	34		42	29	8	27.59	18	48.65
2009	5		1072.73	82	13.9	65	62		59	62	19	24.21	22	26.83
2010	4		890.92	52	12.88	60	54		28	34	18	41.18	27	51.92
2011	3		951.08	61	11.09	55	80		27	38	16	28.95	25	40.98
2012	4	307.05	575.98	34	8.3	39	41		6	23	6	75	17	50.00
2013	5		677.44	37	9.59	38	120		15	25	10	90.91	21	56.76
2014	6	1016	510.84	35	8.91	43	159		80	26	10	76.92	22	62.86
2015	5	862	705.34	21	4.8512	29	126		233	25	12	48	14	66.67
2016	6	415.08	1240	39	9.1725	36	120		238	30	17	56.67	19	48.72
2017	6	1252.39	1035.3	52	11.3759	80	182		235	25	14	56	36	69.23
2018	5	1895.6	514.51	43	7.5898	86		6	21	42	13	31	33	76.74
合计	530	136987.57	18948.27	2922	573.12	7245	3570	78	954	1453	669	46.04	1510	51.68

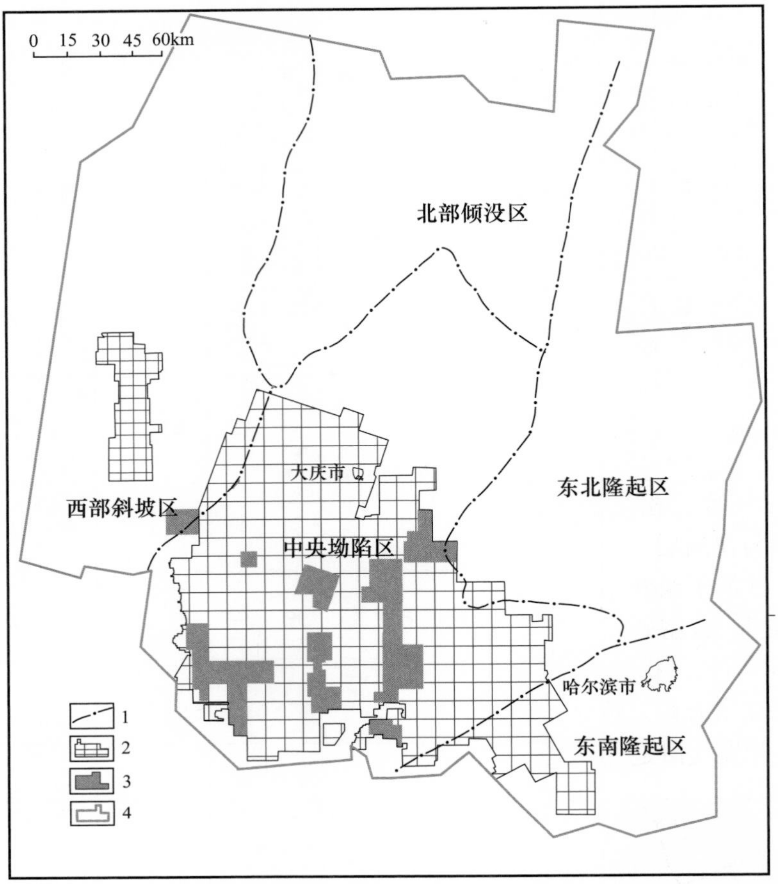

图 1-1-2　松辽盆地北部地震工区图

1—一级构造单元线；2—三维地震覆盖区；3—二次覆盖三维地震；4—二维地震工区

表 1-1-2　松辽盆地北部地震勘探工作量统计表

构造单元		二维测线长度 / km	二维测线勘探程度 / km/km²	三维面积 / km²	三维地震勘探程度 / km²/km²
一级	面积 /km²				
西部斜坡区	22157	21780.97	0.98	1863.46	0.08
中央坳陷区	25735	78396.8	3.05	14427.69	0.56
北部倾没区	27904	13188	0.47		
东北隆起区	31566	12160.1	0.39		
东南隆起区	12144	10083.73	0.83	1024.82	0.08
合计	119506	135609.6	1.13	17315.97	0.14

4. 油气田发现

截至 2018 年底，松辽盆地北部工业油气流区已提交控制储量的共有 29 个，其中已提交石油和油气控制储量的有江桥、齐家、古龙南、徐家围子、高台子等 26 个地区，已提交天然气控制储量的有汪家屯东、汪家屯、徐深气田共 3 个地区。

表 1-1-3　松辽盆地北部探井工作量统计表

构造单元		钻井		勘探程度		钻井取心			
一级构造	面积 / km^2	井数 / 口	总进尺 / m	探井 / km^2/ 口	进尺 / m/km^2	井数 / 口	进尺 / m	心长 / m	收获率 / %
西部斜坡区	22157	349	327606.95	63.49	14.79	309	24784.82	20565.71	82.98
中央坳陷区	25735	2340	5005729.91	11.00	194.51	2018	179694.59	170268.93	94.75
北部倾没区	27904	35	54994.85	797.26	1.97	31	5449.42	4588.74	84.21
东北隆起区	31566	62	123661.55	517.48	3.92	56	4517.25	4180.96	92.56
东南隆起区	12144	136	219167.34	89.29	18.05	115	8103.14	7777.42	95.98
合计	119506	2922	5731160.6	40.90	47.96	2528	222549.22	207381.76	93.18

截至 2018 年底，松辽盆地共有 11 套层系获工业油气流，分别是黑帝庙油层、萨尔图油层、葡萄花油层、高台子油层、扶余油层、杨大城子油层、泉头组一段、登娄库组、营城组、沙河子组和基岩。石油储层以砂岩为主，其次为砂砾岩、泥岩裂缝；天然气储层以火山岩、致密砂砾岩为主，其次为基岩风化壳。

截至 2018 年底，松辽盆地北部共探明油气田 55 个。其中，油田 39 个、气田 16 个。主力开发油田有萨尔图、杏树岗、喇嘛甸、太平屯、高台子、葡萄花、敖包塔等 7 个油田，主力开发气田是徐深气田（图 1-1-3、图 1-1-4）。

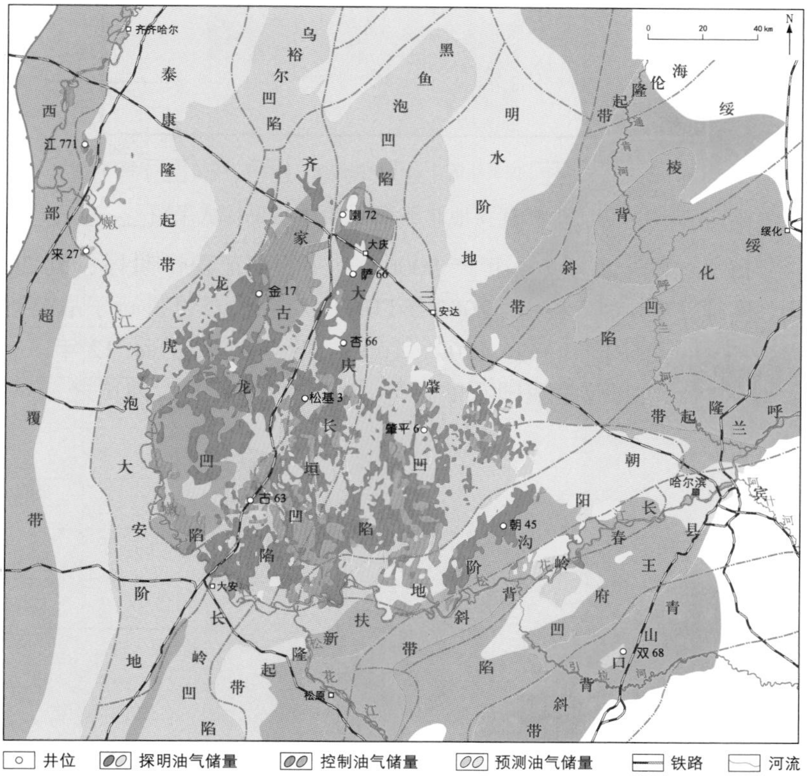

图 1-1-3　松辽盆地北部中浅层 2018 年勘探成果图

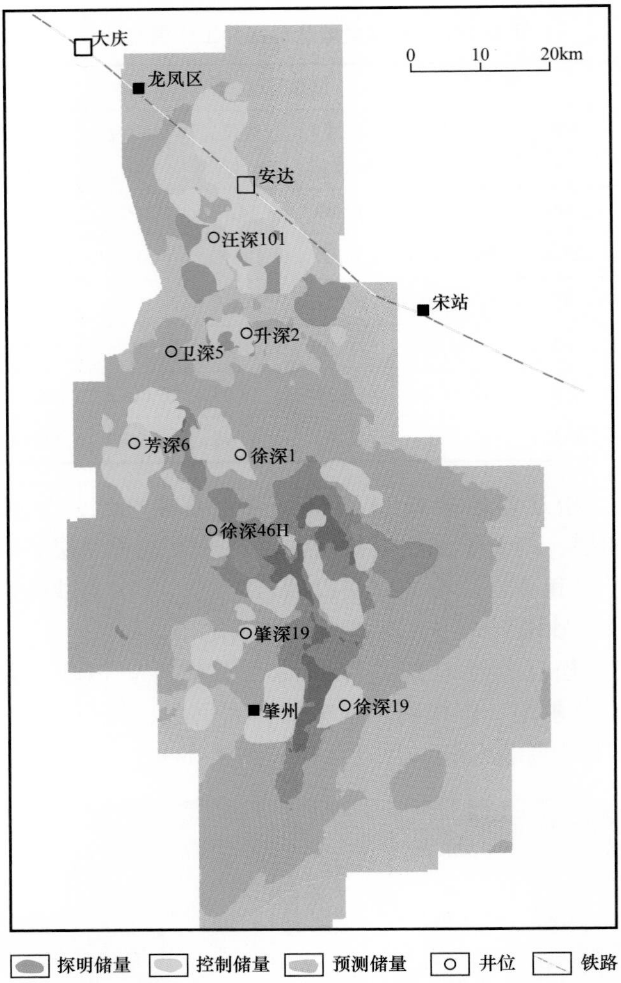

图 1-1-4　松辽盆地北部深层 2018 年勘探成果图

从 1976 年开始，大庆油田迈入年产 5000×10^4t 的高产稳产阶段；到 2002 年，实现 5000×10^4t 以上连续 27 年高产稳产；2003 年以来，对原油产量进行了战略性调整，进入 4000×10^4t 持续稳产的新阶段，并在 4000×10^4t 台阶上持续稳产了 12 年。

综上所述，松辽盆地北部是我国石油储量丰富、产量高的大油田之一。

第二章 勘探历程

松辽盆地是中国东北部的一个大型中—新生代陆相沉积盆地。我国石油地质工作者通过创造性提出陆相生油理论和创新陆相油气藏勘探技术，在松辽盆地北部发现了世界上最大的陆相油田——大庆油田。几十年来油气勘探成果丰硕，丰富和发展了陆相石油地质理论。回顾松辽盆地近60年的勘探历程，每一次油气储量增长都得益于理论及技术的不断创新进步，依据勘探理论技术、勘探思路及勘探对象等，将松辽盆地油气勘探总结为四大勘探阶段（图1-2-1）。

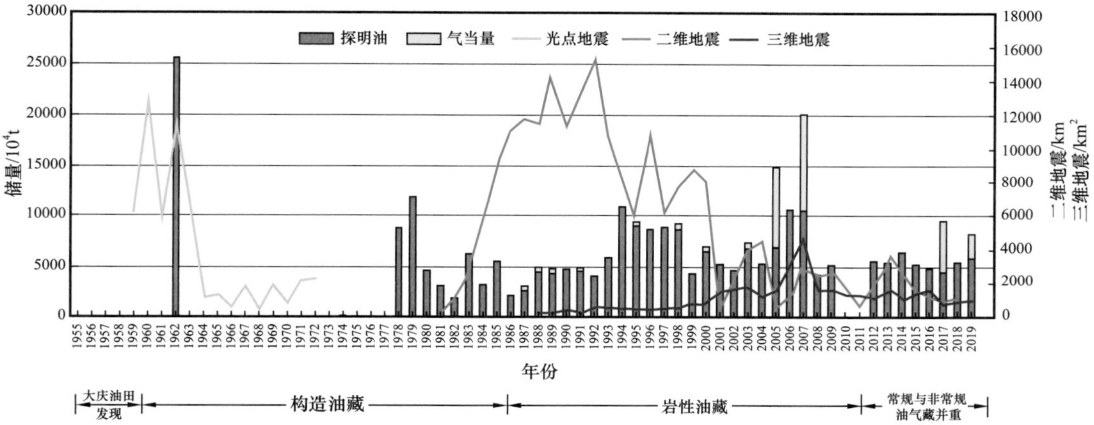

图1-2-1 松辽盆地北部油气勘探阶段划分图

第一节 大庆油田发现阶段（1955—1959年）

地质部1955年9月从石油地质踏勘开始，以大规模的综合普查发现了油气显示，肯定了松辽盆地的勘探价值。1958年，石油工业部全面介入详查，两大部门联手勘探，迅速优选出中央坳陷区作为突破口。1959年9月26日，松基3井首次喷出原油发现了大庆油田。

一、松辽盆地的概查和普查

在松辽盆地勘探之前，外国学者专家对此并不看好，他们普遍认为，这里不可能找到石油。我国石油地质学家不为外国人的“中国贫油论”论点所束缚，提出了陆相地层可以生油的观点。这些专家的意见受到中华人民共和国政府、中国共产党和国家领导人的重视，对推动松辽盆地石油勘探发挥了重要作用。1955年8月下旬，地质部东北地质局派出的以韩景行为首的踏勘组，正式开始地质调查工作。结论是松辽平原可能具有含油远景，应进一步开展石油地质普查。鉴于平原有大面积现代土层掩盖，建议尽快开展地球物理勘探和钻探。

1956 年 1 月下旬，成立松辽石油普查队（原 157 地质队）和物探局 112 物探队（又称松辽物探队），开展全盆地的石油普查工作。到 1957 年底，完成航空磁测 $47\times10^4km^2$，地面重磁测量 $21.6\times10^4km^2$；电测深区域综合大剖面 5 条，长 $1474km^2$，部分线段做了地震验证工作。同时完成线路地质概查 $67\times10^4km^2$，浅钻井 60 口。通过地质、地球物理综合大剖面，基本勾画出盆地大地构造骨架，划分出基底隆起带和坳陷带；基本建立起地层层序，凹陷区中—新生代地层厚度达 5000m 以上。通过地质调查，在白垩系的地面露头和钻孔岩心中见到较厚的黑色泥岩，其中含有丰富的介形虫、叶肢介和鱼类等化石，表明白垩纪存在着分布面积较大的湖相沉积，具有较好的生油条件。沉积旋回特征构成一套理想的生油、储油、盖层的含油体系；指出中央坳陷带和东南隆起区是最有利的含油地区。

1958 年，进一步扩大了石油普查勘探工作量，当年完成了重力测量 $2.8\times10^4km^2$，大地电流测量 $2864km^2$，电测深剖面 9 条（第 6 线至第 14 线）5064km，地震测线 3444km。通过物探、地质结合，划出松辽盆地边界，确定盆地面积为 $26\times10^4km^2$；利用物探资料编制出了盆地基底深度图、沉积岩厚度图、大地构造分区图等，当年，根据地球物理资料，先后发现了高台子、葡萄花、太平屯、杏树岗、萨尔图、扶余等 30 个局部构造，为地质研究打下了基础。

二、勘探战略东移加快了松辽盆地勘探步伐

1957 年 3 月 22 日，组建了以邱中建为队长的 116 地质调查队，进行资料收集和地质调查。1958 年 2 月 27—28 日，国务院副总理邓小平听取了石油工业部工作汇报，他要求对东北、华北等地区多做工作。为贯彻邓小平指示，1958 年 4 月，石油工业部成立松辽石油勘探大队，6 月又扩建升格为松辽石油勘探局。当年 7 月 9 日，在黑龙江安达县任民镇，由 32118 钻井队开钻了第一口基准井——松基一井，未见含油显示；8 月 6 日在吉林省前郭旗，由 32115 钻井队开钻松基二井，泥浆和岩屑都有油气显示，试油后没有获得工业油流，为松基三井的井位确定并出油发现大庆油田打下了地质基础。

三、松基三井钻探发现大庆油田

1958 年 6 月，地质部东北石油物探大队电法二队发现一个明显的隆起。根据这一情况，石油工业部松辽石油勘探局在 1958 年 7 月石油工业部玉门会议上，提出 1959 年勘探部署，计划在 8 个局部构造上部署探井，其中第一位的就是黑龙江省肇州县大同镇高台子电法隆起的参数井。1958 年 8 月，石油工业部松辽石油勘探局的地质人员，根据对松辽盆地多方面资料的综合分析，认为盆地的最深部位在中西部，深度在 5000m 以上，在这个深凹陷中可能具有较好的生油条件。大同镇附近的电法高点与重力高带基本上叠合，可能是隆起构造的反映。1958 年 9 月 3 日，石油勘探局张文昭、杨继良、钟其权会同地质部普查大队韩景行、物探大队朱大绶，对资料进行细致研究讨论，一致赞成把松基三井选定在高台子构造。

该井于 1959 年 4 月 11 日开钻，原设计井深 3200m。为了加快钻速，在浅层未取

岩心，从井深1050m开始连续取心。在白垩系姚家组（井深1112.2～1171.5m）岩心中见到油浸、含油粉、细砂岩共长3.15m，油斑粉砂岩和泥质粉砂岩共长1.91m，在青山口组（井深1353.8～1364.83m）岩屑中见油浸粉细砂岩，在岩心筒上有棕黄色油珠，并有较浓的原油味，划眼时两次从钻井液中返出原油和气泡。鉴于松基三井钻遇较好的油气显示，经石油工业部同意提前完钻试油。1959年9月6日第一次射开青山口组1357.01～1382.44m的3个薄油层，采用下深捞筒，只捞水不捞油，降低液面，疏通油层，经过近20天认真细致的试油工作，于1959年9月26日喷出了工业油流，采用8mm油嘴测试，日产油14.93m^3。揭开了发现大庆油田的序幕。

1959年10月—1960年2月，连续进行了试采，先后采用不同油嘴、不同工作制度测试，证实松基三井的产油是稳定的，能够较长期保持稳产。

1959年10月黑龙江省政府作出“关于成立大庆区和将大同镇改为大庆镇的决定”，以纪念在新中国成立十周年大庆前夕发现油田。从此，源于石油、取之国庆的名字叫响全国，传遍世界。

第二节　构造油藏勘探阶段（1960—1985年）

1960年2月开展石油工业部大会战，到1964年发现并探明了大庆特大型背斜油田，探明了主产油区喇萨杏油田储量。1965—1972年，由于原有的勘探队伍调离大庆，致使本阶段勘探工作相对较少，钻探、地震工作主要在大庆长垣和其他几个评价区进行钻探和构造细测。

一、拉开“松辽石油大会战”的序幕

在葡萄花油田重点解剖和大庆长垣甩开钻探，拉开“松辽石油大会战”的序幕。在钻探松基三井的同时，地质部东北物探大队对大庆长垣展开地震勘探。到1959年年中，已勾画出在高台子南部还有一个更大的构造——葡萄花构造，面积在200km^2以上，其东面还有一构造高点——太平屯构造。地质部石油普查大队第三区队进行了葡萄花构造浅井钻探，在同7井315m以下的伏龙泉组（现改为嫩江组）井段发现含油砂岩，经测试获得少量油流。根据这些情况，推断葡萄花构造应比高台子构造更有前景。松辽石油勘探局根据这些新情况，于1959年5月13日提出葡萄花构造预探总体设计，计划在构造中央部位上部署3条大剖面9口探井。其中北剖面为葡4、葡5、葡6井，中剖面为葡1、葡2、葡3井，南剖面为葡7、葡8、葡9井。同年10月1日，葡萄花构造预探总体设计方案开始实施，葡1井开钻。

1960年1月7日，葡7井开始喷油；到1月底，又有葡10、葡11、葡14、葡20等探井相继喷出工业油流，试采产量稳定；另外还有7口井（葡5、葡13、高3、高4、太1、太2、太6井）已经钻进油层，从取心、电测和录井资料分析，油层和已出油的井相似。以上12口井和松基三井共13口井控制的油田面积达200km^2（其中，葡萄花油田180km^2，高台子油田20km^2），地质储量可达2.5×10^8t，可采储量1×10^8t，大体上相当于克拉玛依油田初期的规模。一个大的油田已初露端倪。

1960年1月末，确定第二批探井，共37口。其中，在葡萄花、高台子、太平屯三个构造部署27口，目标是探明含油面积500km^2；在喇萨杏构造部署7口探井，探索含油情况；另外在敖包塔及以南部署3口探井，探索含油情况。这一计划因喇萨杏发现高产油流，勘探重点北移，没有全面执行，而是集中力量进行萨尔图油田的勘探和试验区开发。

1960年2月20日，党中央批准了石油工业部党组关于开展松辽石油会战的决定。全国各地的石油职工陆续调集松辽盆地。

二、“三点定乾坤”和挥师北上

1960年2月21日，即党中央批准组织大庆石油大会战的次日，部党组责成康世恩副部长到哈尔滨主持召开大庆石油会战首次筹备会议。筹备会后，各路大军，包括石油工业部机关干部的半数，于3—4月份陆续抵达大庆，分别集结在安达县、萨尔图、大同镇地区。在会战队伍集结过程中，松辽石油勘探局正在大庆长垣北部钻探的探井出现了新形势。大庆长垣北部最早开钻的萨66井自1960年2月20日开钻后，全井不取心，钻进迅速，至3月5日，钻完青山口组二段、三段后，于井深1089.4m完钻。用6.5mm的油嘴试油，日产油稳定在55t左右；用10.5mm油嘴试油，日产量达到112.4t。证明本区是个比葡萄花、高台子更好的高产大油田。研究决定调整会战部署，挥师北上，把石油大会战中心由葡萄花转移到萨尔图。萨尔图地区依傍横贯东西的哈—齐铁路，交通便利，更有利于大规模开发建设。随后，杏树岗构造上的杏66井于1960年4月10日喷出高产油流，射开葡萄花油层3个小层，厚10.6m，4mm油嘴日喷油27t，7mm油嘴日产油53t。紧跟着4月25日，大庆长垣北部喇嘛甸构造上的喇72井喷油，只射开葡萄花、高台子部分油层（共9层18.8m），用5mm油嘴日产油48t，用14mm油嘴日产量可高达148t。萨66井经50天系统测试证实，原油日产量可稳定在77t。萨66、杏66和喇72井的相继喷油，证明大庆长垣的含油面积在向北延伸、南北800余平方千米范围内，都发现工业油流，进而证实，长垣北部地区的地质条件优于南部地区，其油层厚度、油井产量远胜于长垣南部。为此，人们把萨66、杏66和喇72井3口关键探井的喷油，誉为“三点定乾坤”。

喇72井出油后，大庆长垣7个局部构造全部出油。1960年在喇萨杏地区共完成探井56口，大庆长垣南部探井38口，南北合计共有94口。并全部进行了试油，萨尔图油田中部开辟了生产试验区，基本掌握了大庆长垣7个构造的地质特点。根据这些储量计算的基本参数，用容积法计算了油田储量。1961年1月1日，大庆油田第一次向国家呈报了喇萨杏油田储量：油田面积887km^2，地质储量23.36×10^8t，可采储量7.19×10^8t。1963年5月，根据新增加的资料，再次计算储量，结果面积不变，储量修改为22.68×10^8t。这个数据一直使用到1973年喇嘛甸油田详探结束。

三、两次地震会战基本查清盆地构造

为了扩大战果，1961年1月15日，会战工委提出“发展勘探，四路进军，油田成对，储量翻番”和“区域展开，重点突破，各个歼灭”的勘探方针，成立大庆勘探指挥部，并在1961年冬和1962年冬，连续组织两次地震会战，以全面查清盆地地质构造。

通过两次地震大会战，取得三项重要地质成果。一是建立起全盆地9个反射标准层，自下而上为T_5、T_4、T_3、T_2、T_1'、T_1、T_{06}、T_{03}、T_{02}，分别代表了基底顶面、侏罗系顶面（现为营城组顶面）、登娄库组顶面、泉头组顶面（盆地主要标准层）、青山口组顶面、姚家组顶面（盆地主要标准层）、嫩江组二段顶面、嫩江组顶面、白垩系顶面。二是首次编制出盆地6大层构造图，即T_5、T_4、T_3、T_2、T_1、T_{06}构造图。这6大层盆地构造图首次展示了全盆地的构造形态；其中T_3、T_4图精度稍低，其他各层构造成果比较准确，在此后的油气勘探中发挥了重要作用。三是查清盆地三级构造。连片测量成果查清了6个一级构造单元，31个二级构造单元，115个局部构造，同时，编制出三级构造分区图。

四、五次勘探战役发现13个含油地区

1961—1964年，在两次地震会战基础上，开展了5次勘探战役，1964年在长垣以外的龙虎泡、升平等10个构造进行勘探，累计发现9个含油地区。

（1）1961年以西斜坡为中心，重点勘探泰康隆起。同时侦察北部倾没区和红岗子—安广地区。

（2）1961年冬—1962年重点勘探三肇凹陷、朝阳沟阶地。

（3）1962年冬—1963年重点勘探英台—古龙地区和东南隆起带。

（4）1963年冬—1964年春侦察长岭阶地。

（5）1964年在敖包塔、四克吉、新站一带寻找黑帝庙油藏。

截至1964年，盆地普查基本结束。在大庆长垣和扶余油田之外，共发现龙虎泡、升平、一心、他拉红、阿拉新、富拉尔基、朝阳沟、葡西、黑帝庙等9处具有工业油流的油气藏。

五、在高速建设油田中坚持勘探

1965—1972年，由于勘探队伍调离大庆，油田主要精力在快速开发上产，致使本阶段勘探工作相对较少，8年当中钻探井45口。地震工作主要在大庆长垣和其他几个评价钻探区进行构造细测，在长垣西侧、泰康等地区进行详查，并在绥化地区进行地震概查。这个阶段进行三个勘探战役。

（1）1965—1966年，重点开展深层勘探，盆地内当时最深的探井——松基六井于井深4718.77m完钻，取得了完整的白垩系登娄库组剖面。并在萨西、小庙子和李家围子三个构造上各钻一口预探井。

（2）1967—1969年，重点在升平和龙虎泡构造上以萨尔图、葡萄花油层为主要目的层进行评价钻探，控制含油面积，提交三级储量。同时在大庆长垣西侧的萨西、杏西、高西、葡西等鼻状构造进行预探。

（3）1970—1972年，重点在杏西、高西、葡西地区进行评价钻探。朝阳沟构造上第一批探井于扶余油层见到较好的含油显示后，以扶余和葡萄花油层两套含油层系为目的层，对朝阳沟构造亦进行评价钻探。此外，还在大庆长垣西侧的新肇鼻状构造、大安构造北部以及泰康地区的敖古拉、新店等构造上进行预探。

通过这一阶段的勘探工作，发现4个含油气地区。基本完成了龙虎泡、升平、杏西3个油田的评价钻探，计算了基本石油探明地质储量。并开展了朝阳沟、高西地区的评

价钻探，由于扶余油层厚度较大，且含油面积较大，在运用了压裂技术使低产井压裂后产出了工业油流，原认为物性较差的扶余油层成为朝阳沟地区的主力油层。另外，大庆油田逐步投入开发，产量增长。

该阶段在石油地质理论、地质规律认识上取得四大成果：一是认识了盆地基底结构和性质。二是查明了上中下三个含油组合及其与油气储集的关系。三是系统研究了生油、运移、聚集问题，使陆相生油理论系统化。四是提出了“成油系统”的概念，初步了解了油气分布规律。在勘探方法上有四项创新：一是着眼于全盆地，从全局到局部，逐步选准主攻方向。二是从现代沉积广泛覆盖的地理特点出发，充分实行物探先行，开展综合勘探。三是正确的勘探程序同灵活的勘探战术结合，大力提高勘探速度。四是加强综合研究，发展勘探技术，实现理论、认识的迅速提高。在勘探工程上，有五大技术进步：一是综合运用重力、磁力、电法、地震方法，形成盆地结构分析技术。二是全面查清盆地中浅层二级、三级构造，形成地震连片测量综合技术。三是大直径单筒取心，提高取心收获率技术。四是油基泥浆取心，求准油层含油饱和度技术。五是定位射孔，提高射准率技术。这些成果，标志着大庆勘探技术在短时期内有了突飞猛进的重大进步，为下步勘探工作打下了良好基础。

在科学研究上，这个阶段主要开展了三方面的研究工作：一是重点研究了松辽盆地的深层地质问题，包括深层构造、深部地层的对比划分和生储油条件，为开展深层勘探做了准备；二是深入研究了龙虎泡、升平等构造的评价钻探资料，明确了油田的石油地质特征并计算了储量；三是分析研究松辽盆地的区域地质资料，优选出有利的构造带和局部圈闭进行侦察和预探，发现了新的含油区。

六、重建勘探队伍，开展二次勘探

1973 年 2 月，重新组建了大庆油田勘探指挥部，按照石油工业部对于大庆探区要开展二次勘探的指示，逐步扩充勘探队伍，加大勘探工作量，以构造油藏勘探为主，开展构造岩性油藏勘探。1973—1977 年 5 年间共完钻探井 124 口。1978—1984 年 7 年间合计钻探井 459 口，勘探工作取得较大的发展。这个阶段在松辽盆地北部中浅层主要完成了六项勘探工作，新发现 27 个含油气地区。

1. 以葡萄花油层为重点，预探和评价三肇凹陷展开钻探

自 1975 年在模范屯鼻状构造上的肇 3 井于葡萄花油层见较好的含油显示并获工业油流后，以葡萄花油层为主要目的层，对三肇凹陷的其他局部构造进行预探和评价钻探，发现了模范屯、宋芳屯、榆树林、卫星、升平南等含油区，控制和扩大了葡萄花油层的含油面积，并提交了储量，为开发升平等油田做了准备。通过以上工作，明确了三肇地区葡萄花油层是在有利岩相带的区域背景上大面积含油，小幅度构造、断块等因素局部富集形成的复合油藏。

2. 以扶余、杨大城子油层为主要目的层，解剖朝阳沟—长春岭构造带

在朝阳沟阶地和长春岭背斜带等地区继续钻一批预探井和评价井。由于掌握了压裂技术，使渗透性较低的扶余、杨大城子油层也具有工业价值，提高了对扶余、杨大城子油层的评价，明确了朝阳沟是储量上亿吨的大油田。另外还发现了长春岭、大榆树、薄荷台等 9 个含油气地区。

3. 齐家—古龙凹陷发现 9 个工业油气流区

齐家—古龙凹陷及其附近地区，以萨尔图、葡萄花、高台子油层为重点兼探黑帝庙和扶余油层；以河流—三角洲砂体为主兼探浊积砂岩和具裂隙的泥岩；以局部构造控制的油藏为主兼探断块、岩性等复合圈闭，共发现龙虎泡、葡西、杏西、高西、喇西、哈尔温、他拉哈、龙南、金腾 9 个工业油气流地区，其中有 3 个地区是在两套以上含油层系中获得工业油气流（萨尔图、葡萄花、高台子油层算一套层系）；且有一部分井产能较高。

4. 泰康地区继续勘探又获新成果

应用地震详细解剖，重新落实构造。在泰康东部找到 4 个含油气地区。泰康隆起东北部发现构造高点上的杜 20 井，于高台子油层获工业油流；泰康隆起东部小林克构造高点上的杜 209 井，于萨Ⅱ组、萨Ⅲ组获工业油流。此外还开展了西部超覆带的勘探工作和敖古拉地区的评价钻探。

5. 区域勘探滨北地区

按照区域剖面井和局部构造预探井相结合的原则，在 9 个二级构造单元，四年内共完钻探井 38 口，并取得四项主要成果：一是明确了滨北地区的中下部组合主要是近物源的厚层砂岩，部分为砂砾岩。二是突破了“油气显示不过滨洲线”的认识。在鱼 1、鱼 2、鱼 3、鱼 4、鱼 8、鱼 9、鱼 12 等井嫩一段—青山口组岩心中见油浸、油斑显示。三是在齐家凹陷北部的霍 1 井和黑鱼泡凹陷的鱼字号井中，青一段仍为较厚的灰色泥岩，通过生油指标分析证实是具有一定生烃潜力的生油层。四是通过测试，取得了地层水和压力资料，总的看地层水矿化度偏低，部分层中含少量气，但未获得工业气流。

6. 继续开展深层勘探，获低产气流

这个阶段共完钻深层探井 14 口，在深层勘探上取得新进展。

1）深层见气显示

以登娄库组以下的深层为目的层，完钻 4 口探井，均在登娄库组见到气测异常和含气显示。

2）古中央隆起带深层获低产气流

在徐家围子断陷周围共完钻 6 口深探井，其中古中央隆起带肇州西凸起上的肇深 1 井，射开登娄库组底部和花岗岩风化壳，压裂后日产气量略大于 5000m^3，获低产气流。在古中央隆起带北部和三站构造的三深 1 井均见到低产气流。

勘探工作取得四项成果：一是通过三肇凹陷勘探，走出岩性勘探的新路子；二是探明宋芳屯、模范屯、朝阳沟、升平、龙虎泡、敖古拉、新店、杏西、高西共 9 个油田，部分探明榆树林、徐家围子两个油田，共获得探明石油地质储量 2.4442×10^8t；三是发现卫星、头台、长春岭、扶余二号、他拉哈、哈尔温、龙南、白音诺勒、阿尔什代共 9 个含油气构造或含油地区。四是在勘探成果获得的同时，勘探技术取得一系列重大进步：数字地震仪、数字测井仪、计算机、江斯顿地层测试仪开始应用，大幅度提高了资料质量，丰富了对地下的认识。勘探队伍的专业化改组使勘探能力和技术水平大幅度提高。

在科学研究上取得目标成果：一是对松辽盆地及其周围地区的中—新生界进行了对比，分区建立标准剖面，按照先后的原则将原划分的伏龙泉组改为嫩江组，将登娄库组划为下白垩统。二是从古生物组合、微量元素、沉积特征等方面论述了松辽盆地白垩系的主要生储油层段属于河流—湖沼环境下的陆相沉积。三是建立了大型湖盆和不同类型河流三角洲沉积体系的模式，划出了各时期的湖岸线，论述了湖湾沉积特征。四是应用物探资料解释了莫霍面的起伏和基底岩性，研究了盆地的形成机制和发展过程，认为盆地的发展主要经历了热隆张裂、裂陷、坳陷和萎缩褶皱四个阶段，盆地的性质属于克拉通内的复合型盆地。五是烃源岩演化、油气源对比和运移特征等均进行了较深入的研究，认为具有典型湖相成因的干酪根，叠合腐泥型干酪根为母质的生油岩，具有高生烃效率和高排烃效率特点，生油潜力大。五体复合匹配、五期同步演化的模式，是形成陆相大油田的最佳条件。六是在深入研究的基础上，总结出大庆长垣东侧以岩性因素或复合因素控制的大面积低产油藏为主，大庆长垣西侧以小幅度构造、小断块或其他复合因素控制的小面积中产油藏为主。七是应用多种方法测算了不同级别的油气资源量。

第三节　岩性油藏勘探阶段（1986—2010 年）

该阶段大庆的勘探工作进入到科学勘探阶段。从 1988 年开始全面开展葡萄花油层和扶余、杨大城子油层以岩性油藏为主的勘探，在三肇凹陷实现含油连片，在齐家—古龙地区实现“由点到片”的突破。三肇发现了榆树林、头台和永乐亿吨级油田，长垣以西发现了新站、葡西和龙西等较整装油田，形成了大庆勘探史上第二次储量增长高峰。

一、东部初现连片，西部发现高产井区，岩性油藏勘探初见成效

发现大庆油田后在三肇凹陷发现了葡萄花油层以复合油藏为特色的模范屯、宋芳屯油田，而后又陆续发现徐家围子等油田，松辽盆地的油气勘探开始了由构造油气藏向大面积构造背景下的构造—岩性复合油气藏的转变，1986—1990 年进入了一个崭新的岩性油藏勘探阶段。这一阶段由于掌握了新的勘探技术和研究工作的深入，勘探思路正确，取得了显著的勘探成效，证实三肇地区扶余、杨大城子油层大面积含油。

1. 主攻三肇凹陷扶余、杨大城子油层，证实大面积含油

1）榆树林探明整装亿吨级油田

三肇地区扶余和杨大城子油层的含油早就被证实，但没有认识到其产能潜力。1985 年新钻井 40 口，有 34 口井钻遇扶余油层，压裂后基本都获得工业油流。8 月 28 日至 9 月 15 日，树 103 井首次在泉三段中下部的杨大城子油层杨Ⅲ组（后改为杨Ⅰ组）见到较厚油层，试油日产油 6t，压裂改造后，气举日产油 14.7t。这是三肇地区具有勘探潜力的一套新层系，从此为东部地区进入以扶余、杨大城子油层为主要目标的岩性油藏勘探新阶段奠定了基础，成为大庆勘探历史性重大事件。经过六年的预探和评价钻探，到 1990 年底累计完成钻到扶余、杨大城子油层的各类探井 100 余口，榆树林油田南块有 11 口井获得工业油流，榆树林油田北块有 6 口井获得工业油流，总探明石油地质储量超过 1×10^8t，为大庆油田的产能接替准备了后备区。

2）宋芳屯、模范屯到肇州鼻状构造主体进行预探和初步评价

1988 年这一地区共有钻达扶余、杨大城子油层井 20 口，其中 17 口井钻遇油层，单

井油层厚度在4.4～15.8m之间，试油井有14口，其中2口井（芳16、芳36井）获工业油流，日产油1.5～2.0t，12口井获少量油流（只有1口井压裂过，其余11口井未压裂），展现了良好的勘探前景。为此宋芳屯地区的扶余、杨大城子油层是近几年的圈闭预探重点地区，经过3年的勘探，在近500km^{2}的面积内已完成各类探井36口，有12口井获得工业油流，日产油2～3t，初步看到连片含油的局面。

2. 朝阳沟构造发现杨Ⅲ—杨Ⅴ组油气层（现为杨Ⅰ—杨Ⅱ组）

向朝阳沟油田深部，有针对性地钻探杨Ⅲ—杨Ⅴ组油层是从1987年开始的，当年钻井7口（包括生产井加深4口），试油4口，未获工业油气流。1990年在继续对部分老井进行工作的同时，又打探井8口，钻穿泉三段的井共有11口，经过试油有4口井获工业油气流，有3口井获低产油气流，表明朝阳沟的杨Ⅲ—杨Ⅴ组油层具有一定的勘探前景，开拓出新的含油区块。

3. 肇源到茂兴地区进行预探，发现储量接替区

肇源—头台—茂兴地区在1988年完成1km×2km地震测网，由于地震技术的发展和压裂技术的提高，对该区的勘探前景有了新的评价。1990年该区获得工业油流井5口（茂501、茂801、台101、源7、源21井），原有工业井5口（台1、茂5、茂8、肇30、源15井），共有10口井获工业油流。在西部头台地区受到南北向延伸的鼻状构造控制，含油范围还可以继续扩大。是比较现实的石油勘探后备区之一。

4. 松辽盆地西部继续发现新的产油气井区

1986—1990年大庆长垣以西地区共有52口探井新获工业油流，其中在阿拉新、二站地区的评价井有21口，其他地区31口，主要分布在5个地区。一是敖古拉—哈拉海断裂带南段和英台沉积体系的前缘带，共有21口井获工业油气流，产油气层位主要是萨尔图油层、葡萄花油层和黑帝庙油层，少部分是高台子油层。二是大庆长垣西侧喇西和葡西地区有3口井获工业油流。三是齐家凹陷金腾地区到龙虎泡阶地北部有2口井获工业油流。四是泰康地区东部他拉红鼻状构造东北部的杜23和杜24井在扶余油层和高台子油层获工业气流，其中杜23井是在大庆长垣以西地区第一口在扶余油层获工业气流的探井。五是1985—1987年在西部超覆带富拉尔基到江桥和江桥—泰来地区完钻江字号和来字号地质浅井共40多口，在汤池地区的江37井于高台子油层获工业油流，在来61井萨Ⅰ组获工业气流。

这个阶段的科技攻关针对大庆探区的地质特点发展配套技术，深入进行了地质研究，取得了以下几个方面的主要成果：一是深化了扶余油层、杨大城子油层低渗透薄互层油气成藏规律认识。二是建立和发展了复合油藏勘探的配套技术和相应的勘探方法。三是开展了盆地模拟和资源量预测研究。四是初步建成了勘探数据库。五是加强了勘探生产管理，提高了经济效益。

二、长垣及以西地区见到大场面，岩性油藏勘探取得新突破

1991—1995年根据中国石油天然气总公司提出的石油工业要“稳住东部，发展西部”的方针，大庆油区要实现稳产5000×10^{4}t第二个十年，勘探需新增石油探明地质储量2.5×10^8～3×10^{8}t，天然气探明地质储量100×10^8～150×10^{8}m^3。松辽盆地北部执行“东部找片，西部找点，稳步向深层发展”的勘探方针。勘探思路是长垣及其以东地

区三肇凹陷扩大勘探，逐步扩大含油场面，预探向松花江沿岸整体部署拓展。长垣以西地区分浅中深三个带，在浅坡带寻找稠油，在中部斜坡带寻找较大面积岩性油藏和高产点，在东部深坡带探索泥岩裂缝、滚动背斜、浊流油藏及其他新领域。形成了“东部大连片，西部大改观，王府出了油”的勘探局面。

1. 三肇凹陷扩大勘探，榆树林、肇州油田规模不断扩大

1991 年榆树林油田又新钻探井 5 口（东 163、升 182、升 372、升 382、升 481 井），新老井共试油 12 口，获工业油流井 11 口，1991 年提交探明石油地质储量 4625×10^4t，含油面积 67.6km^2。在探扶余、杨大城子油层的同时，兼顾葡萄花油层进行钻探和试油，1991 年共 7 口探井和评价井钻遇葡萄花油层，试油 3 口，获工业油流 2 口（树 121、树 124 井），低产油流井 1 口（升 182 井），另有 3 口井（树 122、树 114、升 181 井）根据油层有效厚度在 2.0～3.6m 之间的情况判断也可获得工业油流。该区油田规模不断扩大。

2. 整体勘探头台、肇源鼻状构造带，三肇实现含油连片

头台油藏位于朝阳沟阶地西段头台鼻状构造，勘探面积 350km^2，主要勘探目的层为扶余油层—杨Ⅱ组。1991 年开始对头台鼻状构造开展评价勘探，至 1994 年底，共完成了探井、评价井 36 口，试油 33 口 75 层，压裂 31 口 78 层，获得工业油流井 28 口，1994 年提交石油探明储量 10865×10^4t，含油面积 188.8km^2。

肇源地区位于三肇凹陷西南部，至 1994 年共钻探井 58 口。1993 年源 7 区块扶余、杨大城子油层提交石油控制地质储量 3599×10^4t，含油面积 118.3km^2，1993 年，经充分的地质论证，在头台与肇源 2 个油藏之间优选钻探了源 353 和源 131 井，分别于扶余、杨大城子油层获日产 4.89t 和 1.62t 的工业油流。从而实现了头台油藏与肇源油藏扶余、杨大城子油层含油连片。1994 年源 15 区块扶余、杨大城子油层提交石油控制地质储量 6388×10^4t，含油面积 158.7km^2。扶、杨油层累计石油控制地质储量 9987×10^4t，同时向西北和东南方向含油面积还有进一步扩大的趋势，且其北部的源 155 等井在葡萄花油层也获得了工业油流，最终可形成一个储量规模超亿吨的含油区。实现头台、肇源和三肇含油连片。

3. 预探敖古拉—他拉哈断裂，发现龙西扶杨油层大面积含油区

龙西地区位于龙虎泡油田西侧，构造上为敖古拉断裂带东侧的大型断鼻构造，勘探面积 500km^2，扶余、杨大城子油层是主要勘探目的层，萨尔图、葡萄花、高台子和黑帝庙油层局部分布。经 1991 年和 1992 年的评价工作后，圈定扶余、杨大城子油层含油面积 200km^2，估算预测石油地质储量 4800×10^4t。1993 年，对该区继续开展了以扶余、杨大城子油层为主，兼探中部含油组合的油藏评价工作。新钻探井 17 口，其中扶余、杨大城子油层获工业油流井 6 口。该区历年累计钻探井 51 口，试油井 30 口，已获工业油流井 19 口，其中扶余、杨大城子油层 11 口井，中部含油组合 8 口井，塔 23 井两层系同时获工业油流。龙西地区进一步展现了扶余、杨大城子油层与中部含油组合互补，大面积含油错叠连片。

4. 解剖长垣南及以西地区鼻状构造带，实现了由点到片的突破

长垣南及其以西地区敖南、新站、新肇、葡西等鼻状构造，通过研究认为是油气成藏的有利地区。

敖南鼻状构造位于大庆长垣南端西侧，向西南倾伏于古龙凹陷。1992 年钻探的敖 7

井黑帝庙油层获日产 $16.4427 \times 10^4 m^3$ 的工业气流，葡萄花油层经跨隔测试获日产 2.61t 的工业油流。敖 401 井，在葡萄花油层经测试获日产 2.61t 的工业油流，黑帝庙油层获日产 $26012m^3$ 的工业气流。敖 9 井扶余、杨大城子油层压后跨隔测试获日产 1.68t 的工业油流，葡萄花油层压后跨隔测试获日产 14.75t 的工业油流。敖南地区累计钻探井 12 口，先后在 3 口井的黑帝庙、葡萄花和扶余、杨大城子油层获工业油（气）流。初步证实，敖南地区是一个多层系错叠连片含油气的有利勘探区。

葡西鼻状构造经多年地质研究和钻探工作，基本搞清了葡萄花油层砂体沉积延展方向和平面分布情况，1991 年完成探井 9 口，获工业油流井 4 口（古 10、古 58、古 112、古 116 井），新井加老井已初步控制 3 块含油面积，共 $30km^2$。

新肇鼻状构造 1991 年新钻井 6 口（古 621、古 622、古 63、古 631、古 64、古 603 井），有老井 4 口（古 6、古 601、古 602、古 62 井），经对新井试油、老井复查，已有 4 口井在葡萄花油层获工业油流（古 62、古 63、古 631、古 601 井），其中古 62 井黑帝庙油层还获得 $12412m^3$ 的工业气流。

新站鼻状构造位于松辽盆地北部龙虎泡阶地的大安构造嫩江以北部分，有利勘探面积 $310km^2$。1993 年，在新站地区甩开钻探了英 41 井，自四方台组至葡萄花油层钻遇多层含油、气显示，其中以黑帝庙油层显示最好。经钻杆测试，嫩五段 570.0～579.3m 井段获日产 2.59t 的工业油流；嫩三段 966.7～976.0m 井段获日产 $90376m^3$ 的工业气流。至 1993 年，新站地区共完钻评价井 8 口，均于葡萄花油层钻遇油层，对该区新钻的 4 口评价井进行了试油，葡萄花油层均获工业油流，2 口井日产量大于 10t，有 2 口井于黑帝庙油层也获得了工业油流。总体上看，无论是黑帝庙油层，还是葡萄花油层，都具有油气层厚度大、产量高的特点，因此，新站地区可望成为高丰度、高产的含油气区块。已基本控制含油气面积 $40km^2$。实现了由点到片的突破。

5. 预探古龙凹陷初见连片趋势

古龙凹陷已先后发现了葡西、新肇、新站、敖南等含油区，均属构造、岩性—构造或构造—岩性复合油气藏类型。在鼻状构造间鞍部位置钻探，取得了良好效果。

1994 年在敖南—新站鞍部钻探了大 420、大 421、大 423 和敖 12 井，大 420 井试油获得日产 3.2t 的工业油流。在新站—新肇鞍部钻探的古 65 井，试油获日产 6.4t 的工业油流。在葡西—英台鞍部钻探古 121 试油获得日产 4.03t 的工业油流。为了整体控制茂兴向斜，部署 7 口探井（古 605、古 608、古 691、古 67、古 69、敖 13、敖 14 井），5 口井获工业油流，2 口低产井，证实是个满洼含油的局面。老井复查发现古 11、敖 904、古 621、古 622 等一批老井在葡萄花油层都具有油层，敖 904 井葡萄花油层改造后获得日产 3.9t 的工业油流。这些钻探成果展现了古龙凹陷连片含油趋势。

6. 甩开预探见到好苗头

1）太平川地区扶余、杨大城子油层首次获工业油流

太平川地区 1992 年曾在民主 –1 号构造上钻探了川 3 井，于葡萄花油层获得日产 4.43t 的工业油流。扶余、杨大城子油层虽见显示，但试油为干层。1994 年对其相邻的太平川构造进行了圈闭描述，太平川构造为一受基底凸起控制的长期发育的背斜构造，部署钻探的川 4 井，于扶余油层获得日产 3.7t 的工业油流，葡萄花油层也见 2.2m 油层。首次在太平川地区扶余、杨大城子油层获工业油流，使三肇凹陷扶余、杨大城子油层找

油范围进一步向东扩展。

2）昌德地区双 30 井高产，证实王府凹陷含油

双 30 井于 1995 年 4 月 12 日开钻，1995 年 5 月 26 日至 6 月 16 日射开 1020.2～1117.6m 井段 6 层 16.3m，压后抽汲获日产油 33.645t 的高产工业油流，从而发现了王府凹陷为一含油凹陷。相继在凹陷中钻探的双 33、双 34、双 35 井均见到了良好的显示。钻探结果表明，在双 34—双 32—双 30 井一线油层厚度较大，储量丰度较高，经过综合评价认为，王府凹陷及其北翼具有大面积岩性油藏特征。

3）西部超覆带来 27、来 36 井获工业油气流

在西部超覆带中段，1994 年依据化探和地震解释成果，在木头岗子构造上部署来 27 井，在构造西南 6km 处部署来 36 井。来 36 井萨尔图油层获 $23.77\times10^4m^3$ 工业气流。来 27 井有 2 层获得工业油气流：一是 667.8～676.4m，采用 MFE-Ⅰ测试日产油 5.88t；二是萨尔图 2 号层 637.0～638.6m 井段，自喷求产 12mm 油嘴、24mm 挡板，日产气 $40422m^3$。来 27、来 36 井的成功，使西部超覆带含油又向南推进 16km，同时也认识到西超小幅度构造圈闭是有利的含油气圈闭，除小构造外存在着小的岩性油气藏，是今后应注意的勘探领域。

该阶段向斜区找油理论与低渗透薄互层油层勘探技术系列基本成熟。一是层序地层学和精细沉积相研究取得的新认识，以及盆地分析模拟研究、发展和完善了排烃理论，取得的新认识为凹陷找油提供了理论依据。二是在松辽盆地北部落实了头台、肇州、肇源、永乐东、长垣南—永乐西、模范屯—卫星、龙虎泡及其以西、高西—新站 8 块过亿吨、总计近 12×10^8t 的整装含油区。三是建立较为合理的资源储量序列，提高了勘探效益。

三、三肇满凹含油，长垣西侧发现规模储量区，岩性油藏勘探大发展

1996—2000 年遵照中国石油天然气总公司“以效益为中心加快发展”的要求，前两年坚持“深化松辽盆地北部中浅层勘探，强化深层勘探”，后三年坚持“老区增储连片，深层加强攻关”的油气勘探总方针。石油要立足松辽盆地北部老区拿储量，东部争取四个一，西部油田大连片，5 年要提交探明石油地质储量 3×10^8t。“九五”期间勘探进入良性发展阶段，勘探方向明确，三肇老区全面展开，长垣及以西地区实现规模增储，五年新增探明储量 3.5×10^8t。

1. 评价永乐油田，三肇凹陷向斜区探明超亿吨油田

永乐油田处于一个以向斜为中心的构造结合部，发育葡萄花、扶余两套含油层系。

1976 年甩开钻探肇 8 井，只见到含油显示。1988 年肇 30 井对扶余、杨大城子油层试油，压裂后气举，获得日产油 2.44t，成为油田的发现井。1992 年对芳 463 井葡萄花油层测试日产油 8.71t，成为永乐油田葡萄花油层发现井。1988—1998 年，进行详探和油藏评价工作，全面完成密测网地震细测，分东西两块各自钻了密闭取心井。1996 年、1997 年、1999 年分别提交探明石油地质储量，合计永乐油田葡萄花、扶余油层总含油面积 $597.2km^2$，基本探明Ⅲ类石油地质储量 15837×10^4t。这又是一个超亿吨的新油田，填补了三肇凹陷向斜区的空白。

2. 预探临江地区，基本控制了含油范围

1996 年临江地区完成探井 10 口，试油 8 口 19 层，累计该区有新老探井 25 口，试

油12口35层，获工业油流井6口，单井产油量在3.0t以上的有3口井。该区油层埋藏浅，具有较好的产能潜力，是拿储量比较现实的地区。

3. 龙虎泡地区立体勘探，展现出多层位错叠连片的含油场面

1）探明了长垣以西地区首个超亿吨油田

该区西起敖古拉油田，东至哈尔温油田，南起龙南油田，北至金腾油田，面积1000km^2，为大面积低渗透岩性油藏。该区自1984年龙14井葡萄花油层获8.7m^{3}工业油流，1991年塔28井扶余、杨大城子油层压裂后获日产2.685t的工业油流，加快了该区的勘探进程。截至1998年，地震勘探已完成了0.5km×1km、局部为1km×2km的数字地震测网，钻井155口，试油150口。1996年在该区针对葡萄花、高台子、扶余和杨大城子油层三个层位继续开展油藏评价工作，钻探井4口，试油13口27层，压裂5口7层，有8口井分别在三个层位获得工业油流。1997年，龙虎泡油田的向北延伸部分，钻探井20口，试油17口68层，在葡萄花油层有14口获得工业油流，计算探明石油地质储量1720×10^{4}t，萨尔图油层计算探明石油地质储量746×10^{4}t，合计探明石油地质储量2466×10^{4}t。1998年，针对龙26区块高台子油层，完钻探井70口，试油68口115层，有59口获得工业油流，新增探明石油地质储量5795×10^{4}t，2000年底，龙虎泡油田合计探明石油地质储量11291×10^{4}t。

2）扶余油层在敖古拉断裂带以东大面积分布

截至1996年该区有探井36口，27口已获工业油流。以断层和有效厚度（大于3m）作为含油边界，圈定面积320km^2，计算石油预测地质储量8979×10^{4}t，已获工业油流井日产量最高7.25t、最低1.19t，日产油大于3.0t的有12口井。该层仅个别井区与葡萄花油层叠合，另外还有少数萨尔图、高台子油层工业油流井点。该层油藏中部埋深1842.1m，单井平均日产油3.1t。

4. 预探和评价环古龙鼻状构造带，发现规模储量区

1）探明新站油田

1996年对该区继续进行油藏描述工作，钻探井3口，向西向北扩大了含油面积。1999年探明了新站油田，葡萄花油层探明石油地质储量1724×10^{4}t，含油面积81.2km^2；黑帝庙油层探明石油地质储量659×10^{4}t，含油面积16.0km^2。合计探明石油地质储量2383×10^{4}t，叠合含油面积85.5km^2。

2）探明葡西油田

葡西油田主要目的层为葡萄花油层，其鼻状构造整体含油，经评价钻探2000年落实葡萄花油层石油探明地质储量4966×10^{4}t；黑帝庙油藏受构造和砂体双重控制，分布较零散，落实石油探明地质储量1593×10^{4}t；黑帝庙、葡萄花油层两层共探明石油地质储量6559×10^{4}t，最大叠合含油面积284.4km^2。

3）新肇、茂兴勘探获得突破

该区主要由新肇、敖南鼻状构造和茂兴向斜组成，面积1000km^2，已钻探井39口。1991年古62井葡萄花油层10.4m厚的油层试油，获日产3.66t的工业油流后，对该区进行深入研究，并进行了整体部署，针对不同构造部位部署探井5口，重点了解凹陷内部含油状况。其中，位于茂兴向斜中心的古69井葡萄花油层经压裂后获日产4.24t的工业油流；位于凹陷边部的古655井葡萄花油层，压开6层11.0m，自喷求产，获日产3.9t

的工业油流。圈定 700km^2 的含油面积，估算石油圈闭资源量 10675 × 10^{4}t。

5. 预探齐家南地区，高台子油层展现大面积含油场面

该区指齐家凹陷南部、萨西、喇西鼻状构造和金腾地区，面积 900km^2，已完成 0.5km × 1.0km 数字地震。1995 年对地质条件与龙虎泡地区类似的南部进行了老井复查，发现该区的高台子油层仍有一定的潜力。同时结合新的研究成果，在萨西鼻状构造主体部位部署了预探井古 92 井，射开高台子油层 MFE 测试，日产油 2.13t。1996 年对该区 3 口老井试油，金 28 井高台子油层压裂日产油 7.39t；金 1 井高台子油层压裂后测试日产油 4.0t，高台子油层展现大面积含油场面。

6. 评价扩边，三肇凹陷含油场面进一步扩大

1）探明芳 38 区块

1998 年芳 38 区块扶余油层圈定含油面积 70.5km^2，提交石油探明地质储量 2241 × 10^{4}t。

2）卫星—太东地区发现葡萄花油层高产区块

卫星—太东地区位于大庆长垣太平屯构造以东、升平油田以西，勘探面积 400km^2。该区 1996 年前钻探井 19 口，仅有 6 口井在葡萄花油层获工业油流，日产量为 1～5t。1996 年该区共部署探井 9 口，7 口井于葡萄花油层见到了含油显示，卫 21 井葡萄花油层 MFE-Ⅱ+ 抽汲求产，获日产油 54.95t 的高产工业油流；太 121 井于葡萄花油层压后获日产 24.929t 的高产工业油流，扶余油层经压后获日产 4.853t 的工业油流。2000 年部署的卫 26 井葡萄花油层 11 号层经 MFE 抽汲求产，获得日产 12.93t 的高产工业油流，使卫星地区葡萄花油层含油面积向北得到了进一步的扩大。部署的芳 242、芳 122、芳 50 井于扶余、杨大城子油层均见到好显示，有望获得较好的产能。2000 年底太东—卫星地区估算含油面积 78.5km^2，石油地质储量 3418 × 10^{4}t。面积内已有 13 口探井，其中 11 口井获得了工业油流，葡萄花油层和扶余、杨大城子油层叠合，具有进一步评价潜力。

7. 预探长垣扶余油层，长垣中—南段展现整体含油场面

三肇整体连片之后，勘探重点转向长垣的扶余油层，从以往钻探分析，认识到长垣南部含油性好于北部，因此勘探从南向北逐步推进。

1）葡南地区提交了控制储量

大庆长垣扶余、杨大城子油层沉积时期受北部和南部双向物源的控制，主要发育了分流平原相和湖泛平原相，有利于油气的储集，1998 年于南部的葡 31 区块提交了 13340 × 10^{4}t 的控制石油地质储量。葡 50 区块位于其北部，同葡 31 区块有类似的成藏条件，也是在断层的配合下形成岩性和断层—岩性油藏。估算含油面积 290km^2，石油地质储量 10976 × 10^{4}t。面积内有 10 口探井，其中已有 7 口井获得了工业油流。

2）杏树岗地区多井获得工业油流

在长垣中段相继部署了太 21、太 22、杏 69、杏 70、萨 52 等 10 口探井，经试油，太 21、杏 69、杏 70、杏 71、杏 72 等 5 口井获得了工业油流，展示了从长垣南葡萄花构造到长垣中部杏树岗构造扶余、杨大城子油层具含油连片的可能。并在杏树岗构造的杏 69 井区开展油藏评价，估算含油面积 92km^2，石油地质储量 3400 × 10^{4}t，面积内有 5 口探井，其中已有 4 口井获工业油流。

8. 甩开他拉哈—古龙向斜及西侧带，多层位获工业发现

1）他拉哈向斜地区多井获得工业油流

主要目的层为葡萄花、萨尔图、黑帝庙和扶余、杨大城子油层，勘探面积 300km^2。1996 年开展老井复查工作，在向斜中心的古 11 井于葡萄花油层重新试油获得日产油 5.2t 的工业油流后，在向斜东侧新钻的古 86 井葡萄花油层获得日产油 12.35t 的工业油流，古 843 井萨尔图油层压裂后日产油 6.13t。两口井钻探不仅证实了向斜区葡萄花油层含油，也看到向斜区萨尔图油层的含油潜力。截至 2000 年末，该区已有 11 口井在黑帝庙、萨尔图、葡萄花、高台子和扶余、杨大城子油层获得工业油流，使他拉哈向斜多层位含油的局面更加明朗。

2）巴彦查干—英台扇三角洲前缘相带多口井在多层位获得工业油流

巴彦查干—英台地区中上部含油组合为扇三角洲前缘相带沉积，是寻找岩性油藏的有利地区。2000 年钻探的英 51、英 28 井在多层位见到较好显示，其中英 51 井扶余油层、高台子油层压裂分别获得 3.353t/d、26.5t/d 的工业油流，英 28 井于高台子油层、萨尔图油层分别获得 34.04t/d、3.98t/d 的工业油流。截至 2000 年底，巴彦查干—英台环古龙凹陷西侧地区，已有 40 口井获工业油流，是"十五"主要提交储量的地区之一。

该阶段科研工作深入掌握了低渗透油藏的地质规律，勘探成效进一步提高。在总结大庆长垣及其以东地区低渗透薄互层岩性油藏形成和分布的地质规律基础上，针对大庆长垣以西地区的地质特征，对形成低渗透薄互层岩性油气藏的烃源条件、储层分布和预测、构造特征和圈闭条件等做了深入的研究，进一步掌握了这类油气藏的形成条件和分布规律，使该区大面积连片含油的岩性油藏勘探成效明显提高。

四、发现中小型构造气藏

石油工业部对大庆天然气的勘探要求有两点，一是到 2000 年，实现天然气储量 $1000\times10^8m^3$，二是要对松辽盆地深层加强研究，重新认识深层地质结构，争取有新的发现。为此，加强了天然气勘探相关地质研究和配套技术攻关，实现了天然气勘探突破，这一阶段在中浅层和深层天然气勘探都取得了重要的进展和发现。

1. 三肇周边发现中浅层天然气环带

1985 年初，宋站—汪家屯地区已完成 $1km\times2km$ 测网的数字地震，构造面貌比较清楚，同时该区储层发育，物性好，且临近生油凹陷，是石油聚集的有利地区，升 61、宋 2、升 81、升 71、升 63 等井，在扶余、杨大城子油层获得工业气流，提交天然气探明地质储量 $19.8\times10^8m^3$，发现了宋站、汪家屯、羊草等气田，使松辽盆地的勘探进入了天然气发现阶段。此后，含气范围向东部的长春岭地区扩大，发现了长春岭气田。针对东南隆起带背斜构造开展老井复查，三深 1、五深 1、庄深 1 等井在扶余、杨大城子油层获得工业气流，发现了三站、五站、太平庄等气田，至此已形成了三肇凹陷周边、北—东—南方向的含气环带，加上西部阿拉新、二站、白音诺勒等气田，探明储量 $313.97\times10^8m^3$，主要含气层位为扶余油层，少量为黑帝庙、萨尔图、高台子油层，均为以构造控藏为主的构造气藏。

2. 解剖深层隆起区，发现多层位含气的构造气区

在中浅层天然气勘探的同时，认识到气源多来自深部地层，加强了深层找气的工

作。1988 年芳深 1 井登娄库组获得工业气流，是第一口深层高产井，1989 年初步控制了昌德气田，打开了深层天然气勘探的大门。1995 年，升深 2 井在 2880～2904m 钻遇一个新的层位，自然产能 326972m^3，开始认为是火山岩地层，后来证实该层位为断陷期营四段；同年，汪 903 井营城组火山岩、汪 902 井基岩获得工业气流，开辟了新的勘探领域。这一系列发现，认识到深层除登娄库组砂砾岩气藏以外，断陷期火山岩地层及基岩也可找到丰度高的气藏。1998 年，昌德气田在深层提交探明地质储量 $117.08\times10^8m^3$，是深层天然气勘探项目第一个提交探明储量的气田。2000 年，在升平气田提交探明地质储量 $44.99\times10^8m^3$。

这个阶段是中浅层天然气勘探的一个高峰时期，建立和发展了气藏勘探的配套技术，形成了中浅层天然气分布的地质规律认识。发现宋站汪家屯气田后，为继续寻找天然气藏提出了一系列的新课题，包括建立从地震资料处理、解释、录井、测井、试采到建立分析方法等一系列的配套技术，都取得了较大的进展。此外，在不同类型母质纵向上生气率的变化，不同成因的天然气类型、气源对比，盖层、断层的通道作用和封闭作用，储气圈闭类型和气藏分布规律等方面，都取得了新的认识。

“七五”至“九五”之间的 15 年中，经多轮的持续攻关研究，不仅对深层天然气地质条件有了较为清晰的认识，深层勘探配套技术也取得了长足的进步，为实现深层天然气勘探战略突破打下了坚实的基础。这一阶段针对深层勘探共完钻深探井 71 口，完成二维地震勘探 9021.8km，完成汪家屯—升平、杏山、卫深 4 三块三维地震勘探 665.2km^2。

在深层地质研究方面开展了多项研究工作，在基底岩性和构造解释、断陷分布和岩性预测、深层区域构造划分，致密气层的孔隙结构特征和储层评价、登娄库组以下深部地层的对比分层和沉积相带的展布、深部地层的生油气条件和油气源对比、盖层特征和分布、深层圈闭的类型和分布、深层和煤系地层的生烃量以及资源预测、引入煤岩学的研究对过成熟生油岩进行评价、深层油气聚集有利区带的预测等方面均有新的进展。初步认识到火山岩和砂砾岩可以作为深层储层，为深层天然气勘探大发展奠定了基础。

五、岩性油藏勘探与深层火山岩规模增储

松辽盆地经过 40 多年的勘探和综合研究，取得了丰硕的成果，石油储量探明率超过 50%，规模储量接替区不明朗。2001 年 5 月，中国石油天然气股份有限公司领导听取大庆勘探工作汇报指出，松辽盆地勘探要将岩性油藏作为今后主要的勘探目标。面对新形势，油田公司提出“持续有效发展，创建百年油田”的奋斗目标，指出松辽盆地要“加强岩性油藏勘探”：一是“大网换小网”，把勘探工作做精做细；二是搞好立体勘探，要瞄准“靶区”，兼顾“盲区”。明确了老区创新观念、深层加强攻关、新区力求发现的勘探方针，整体勘探思路是深化中浅层石油精细勘探，择优提交可升级可动用储量，加大深层天然气甩开勘探和圈闭预探力度。松辽盆地北部中浅层立足齐家、古龙、大庆长垣、三肇等 4 个亿吨级储量目标区，优选提交效益探明石油地质储量。天然气勘探争取在徐家围子探明天然气地质储量 $2000\times10^8m^3$，同时积极加大新区甩开，为长远发展做准备。2004 年提出了“持续有效发展，创建百年油田”的目标，该阶段加强了油气藏综合地质研究，重新评价勘探潜力，加大勘探投入和新技术应用，岩性油藏勘探全面展

开，深层气向火山岩挑战，石油储量稳步增长，2001—2010 年累计提交石油探明地质储量 3.66×10^8t，天然气增储超 2000×10^8m^3，形成了大庆勘探史上第三次储量增长高峰。

1. 葡萄花油层岩性油藏勘探全面展开，实现“满凹含油”

创新了葡萄花油层构造、复合、岩性油藏三个成藏带的认识，不断深化向斜区岩性油藏地质理论，在高分辨率层序地层学砂体精细预测基础上，进一步揭示了岩性油藏形成的主控因素。通过勘探评价一体化组织实施，加大对埋藏浅、产量高、易动用的葡萄花油层的岩性油藏勘探力度，大庆长垣和三肇滚动扩边，长垣以西从鼻状构造进入到向斜区，探明了新肇、敖南、古龙等规模油田，累计提交石油探明地质储量 2.8×10^8t，三角洲前缘相带呈现“满凹含油”。

1）探明新肇鼻状构造

1985—1997 年钻探 25 口评价井，19 口获工业油流。2000 年以来，通过开展高分辨率地震储层预测方法研究，不断深化储层、油藏地质认识，落实有利的含油富集区。部署评价井和开发控制井 30 口，有 28 口井获得了工业油流，体现了精细勘探评价部署的高水平。2001 年探明石油地质储量 4128×10^4t，含油面积 157.9km^2。

2）敖南地区探明规模储量

敖南地区葡萄花油层为三角洲前缘末端沉积，以岩性油藏为主，砂体是成藏主控因素。在开展精细储层预测基础上，从老井复查入手，重新试油 11 口，9 口井获工业油流（其中茂 71、茂 72、茂 73 井获高产，产量大于 20t/d；5 口井产量大于 10t/d），敖 11、敖 111 和敖 4 井获工业油流，预示含油面积向南、向西有进一步扩大的趋势，为此，甩开钻探了 7 口探井，6 口井获工业油流。在新钻井及老井复查的基础上，2004 年整体提交探明石油地质储量 5071×10^4t，含油面积 282.7km^2，面积内共有探井和评价井 66 口，65 口井获工业油流，平均日产油 7.58t，具有较好的开发动用前景。

3）勘探古龙凹陷向斜区岩性油藏，基本实现含油连片

他拉哈—常家围子地区通过精细地质研究，优选有利目标部署 5 口探井，4 口获工业油流，其中古 88 井于葡萄花油层压裂后获得自喷产油 92.28t/d、产气 5520m^3/d 的高产工业油气流，取得了该区岩性油藏单井产能的突破。在此基础上，深化成藏认识，扩大和落实含油面积，部署实施了 7 口探井、老井复查重新试油 8 口井，6 口井获工业油流，2 口井获低产油流，2007 年提交石油探明地质储量 10043×10^4t，含油面积 454km^2。

古龙南展现规模含油场面。该区油水关系复杂，应用三维地震成果开展了新一轮的精细构造解释、储层预测及岩性圈闭识别评价工作，认清了向斜区、斜坡区成藏主控因素，预探打认识、评价打规模、采油厂滚动，勘探开发一体化整体实施，英 682、英 90 井分别获得 11.8t/d、40.26t/d 的工业油流，古龙南地区葡萄花油层新增石油探明地质储量 4206.57×10^4t，实现与新站油田和新肇油田葡萄花油层整体含油连片。

4）太东—卫星油田发现优质储量

利用卫星北新工区资料和卫星油田新处理成果完成了该地区 T_{1-1} 层顶面构造图，落实了局部构造，明确了由于岩性的制约作用，使本区形成构造—岩性、断层—岩性油藏。葡萄花油层含油面积内试油 46 口井均获得了工业油流，而且大部分自然产能达到工业油流，产量在 1.48～86t/d 之间，平均为 24.52t/d，其中日产油量 40t 以上的井有 9 口，日产油量 20～40t 的井有 13 口，日产油量 10～20t 的井有 13 口。通过精细评价，

2002 年，提交石油探明地质储量 4095×10^4t。

5）老油田滚动勘探，徐家围子、宋芳屯油田含油面积继续扩大

徐家围子地区，加强整体评价，部署预探井 8 口、评价井 1 口，其中 7 口井获工业油流，同时开展 53 口井老井复查，5 口井获工业油流。整个含油面积内探井 31 口，其中工业油流井 28 口，产量在 1.10～31.9t/d 之间，平均为 5.67t/d，大部分探井为自然产能，储量品位较好，葡萄花油层提交探明石油地质储量 3006.07×10^4t，含油面积 137.09km^2。宋芳屯探明储量区块扩边取得好的效果，2003 年以来扩边新增石油探明地质储量 7627.07×10^4t。

2. 扶余、杨大城子油层整体评价、择优探明，勘探场面不断扩大

扶余、杨大城子油层勘探面临的主要问题是储层物性差、产能低、优选升级难，技术瓶颈是增产改造技术和有效储层识别预测。通过开展等时地层格架基础上的精细地质研究，深化了扶余、杨大城子油层成藏认识，明确了有利勘探目标。同时，针对制约扶余、杨大城子油层勘探的两大瓶颈——河道砂体预测和油层保护技术开展攻关，取得了较好效果，使扶余、杨大城子油层勘探经济下限深度不断加深。扶余、杨大城子油层勘探在巴彦查干、双城、齐家北、大庆长垣等地区获得了新发现，累计提交探明储量 8456×10^4t。

1）长垣以西地区发现首个超千万吨级油田——齐家北油田

2002 年在喇西鼻状构造河道砂体相对发育部位钻探的古 708 井自然产能获 19.244t/d 的工业油流，实现了扶余、杨大城子油层产能的突破，增强了在低孔、低渗、低丰度油藏中寻找相对高产富集区块的信心。对区内 21 口老井重新进行产能评价，重新压裂试油 5 口井，产量均有大幅度提高，对该区的产能和勘探效益有了新的认识。结合二维地震重新处理及三维地震资料，优选目标，部署的古 72、古 73、古 74 井，古 72 井获 14.9t/d 工业油流、古 74 井获 22.68t/d 的工业油流，2006 年扶余油层提交石油探明地质储量 1339.09×10^4t，含油面积 56.87km^2。同时，该区西北部甩开部署的金 82 井见较好的显示，扶余油层取心见含油显示 10.14m，其中油浸 5.38m、油斑 3.79m，展示了该区扶余油层向西北部扩大的潜力。

2）发现巴彦查干含油区带

巴彦查干地区，在二维地震资料基础上，整体控制扶余、杨大城子油层兼顾其他多层位进行部署。英 141 井于四个层位获得工业油流，高零组抽汲产油 28.52t/d，高四组、青一段压裂后抽汲分别产油 11.5t/d、4.68t/d，扶余油层 2209.4～2247.6m 井段产油 10.29t/d，实现了扶余、杨大城子油层 2200m 以下产能的新突破，成为西部扶余、杨大城子油层 2200m 以下获得产能最高的一口探井。提交探明石油地质储量 1580×10^4t。

3）推进大庆长垣扶余油层勘探，展现整体含油场面

南部择优探明、中北部预探证实大面积含油，在杏树岗—葡北、葡南共完成三维地震 926km^2，依据河道砂识别成果进行井位部署，完钻探井 22 口，其中葡南地区 14 口，11 口获工业油流，择优评价，提交探明地质储量 2259×10^4t。杏树岗—葡北地区 8 口井，4 口获工业油流。长垣西侧萨西、杏西鼻状构造间的陡坡带甩开钻探了杏 11、萨 95 井，均获工业油流，证实长垣中段及其西侧主要为岩性油藏，展示了大庆长垣及西侧扶余、杨大城子油层含油连片的勘探前景。

4）王府凹陷首次提交石油探明储量

双城地区扶余、杨大城子油层埋藏浅、产能相对较高，易于动用。通过部署三维地震、应用三维可视透视技术和波形分析技术，较为细致地刻画多期古河道展布特征，在此基础上，优选有利圈闭进行预探，部署探井7口，有4口井获得工业油流。其中双301井于扶余油层压后抽汲获得33.21t/d的工业油流，是继双30井后又一口高产工业油流井，双30区块提交Ⅰ类探明地质储量203×10^4t。

5）重新认识朝长地区聚油规律，扩大含油面积

朝阳沟油田以构造油藏为主，但构造之外也见含油显示，重新研究，认识到该区上倾的单斜背景和南北向断裂有利于三肇凹陷油气运移，来自南部物源条带状和透镜状河道砂易形成岩性油气藏。2006年以来，开展河道砂预测识别攻关取得突破，部署预探井12口、评价井98口，开发首钻井78口，总计部署188口井。2009年当年控制当年探明，扶余油层新增石油探明地质储量4414×10^4t。

3. 探索新区新领域取得进展

1）英台地区青一段浊积扇体岩性油藏获工业油流突破

青一段扇三角洲前缘砂体较厚，向东急剧过渡为半深湖—深湖相泥岩，扇三角洲古坡度达到3.6‰～7.2‰，这种较陡的古地形条件为扇三角洲垮塌、在半深湖—深湖相泥岩中形成浊流沉积创造了条件。2000年部署的英51井，在勘探扶余、杨大城子油层的同时兼探青一段浊积砂的含油性，青一段取心发现了半深湖—深湖相的黑色泥岩中夹几层含油砂岩，试油获3.4t/d的工业油流，底部明显冲刷接触，可看到负载构造、枕状构造、包卷层理等典型的浊积特征。之后重点针对浊积砂岩部署13口井，其中见油气显示的井9口，低产井1口（英11井2.05t/d）。

2）西部斜坡发现小型高产气藏群、稠油热采取得好效果

泰康隆起带长期以来都是甩开勘探的重点地区之一，但圈闭类型复杂（小幅度构造、断层—岩性、构造—岩性、砂岩透镜体、上倾尖灭等岩性），地震测网稀（$1km \times 2km$），记录品质差，分辨率低，不满足岩性油气藏和微幅度圈闭勘探需要，长期制约该区的勘探进展。2001年，根据东吐莫地区新采集的地震资料，优选钻探了杜53、杜54井，均获工业气流，杜53井萨一组油层获得日产气148309m^3工业气流。杜54井萨二组、萨三组油层获得日产87210m^3工业气流，萨零组、萨一组油层获得日产37307m^3工业气流。此外，江37井区稠油热采也取得了较好的效果，截至2017年底累计产油3.0235×10^4t，累计注水$6.6073 \times 10^4m^3$，日产油3.1t，综合含水84.27%。

3）加快滨北勘探

滨北地区面积大、勘探程度低和紧邻大庆长垣这一世界上最大陆相油田的事实，使任何勘探家都对在该区获得勘探突破抱有希望。2006年8月12日，中国石油领导亲临滨北现场，作出了加快滨北勘探部署的决策，开展了滨北地区石油地质条件评价及勘探潜力研究、有利勘探区带评价等。在齐家北、安达地区、黑鱼泡凹陷南部3个有利勘探区带内，开展老井复查和探井部署，安达地区达9井老井复查重新试油获得1.08t/d工业油流、新钻的达25井在扶余油层获得5.04t/d工业油流，实现安达向斜石油勘探突破；齐家北及其以西地区新探井杜85井在高台子油层获得6.67t/d工业油流，使齐家北地区

有利勘探范围向西扩展 10km，但是研究认为黑鱼泡凹陷烃源岩成熟度低，生成的原油未排出，因此没有大的发现。

4. 深层天然气发现火山岩天然气田——徐深气田

“十五”之前，按照“深层浅找”的思路，深层天然气勘探以断陷周边隆起为主要目标，但由于砂岩储层致密、产量低，形不成规模和效益。经过系统研究评价后，认识到徐家围子断陷的资源潜力，勘探重点转向断陷内部，勘探目标以火山岩为重点取得了重要突破，发现了徐深大气田。这一时期共完成针对深层三维地震 4333.87km^2，完成深层探井 112 口，获工业气流井 50 口，提交天然气探明地质储量 $2217\times10^8m^3$。

1）徐家围子断陷探明了超 $2000\times10^8m^3$ 的徐深气田

“九五”末利用二维地震资料在徐家围子中部发现“坳中隆”——兴城鼻状隆起区，2001 年在“坳中隆”上部署徐深 1 井，揭示火山岩气层 2 层 253.6m，其中上段气层厚度为 126.8m，岩性为凝灰岩；下段气层厚度 126.8m，岩性为火山角砾岩。2002 年，针对上段气层试气压后产量 195698m^3/d，无阻流量 222611m^3/d；针对下段气层试气压后产量 530057m^3/d，无阻流量 1184868m^3/d。火山岩获得无阻流量超百万立方米的高产工业气流，从而拉开了火山岩气藏勘探的大幕。徐深 6 井是兴城隆起上的第二口井，在火山岩气层之上见到厚层砂砾岩气层 6 层 89m，压后产量 522676m^3/d，无阻流量 922917m^3/d。火山岩气层之上砂砾岩获得无阻流量近百万立方米的高产工业气流，可以作为兼探层。两套高产气层的发现，得到了中国石油天然气集团公司领导的重视，做出了加快勘探评价的决策，兴城和丰乐地区部署三维地震 509.6km^2，加快资料处理解释，2003—2004 年对预测的火山岩体整体部署 9 口甩开预探井，发现了徐深 5、徐深 3、徐深 7、徐深 8、徐深 9 等气藏，接着钻探评价井 10 口，开发部门及时介入先后在徐深 1 和升深 2 区块实施了 11 口开发控制井，对 5 口井进行了系统试采，单井日稳产在 3×10^4～$20\times10^4m^3$ 之间。2005 年徐深气田提交探明地质储量 $1018.68\times10^8m^3$，含气面积 110.97km^2。

在集中勘探中部隆起带的同时，积极研究和甩开部署，勘探重点转向安达凹陷和徐东斜坡。2003 年在安达完成了三维地震，预测西部为火山岩有利区，在此部署的汪深 1、达深 3、达深 4、达深 7 等井均获工业气流；2005 年应用三维地震在徐东预测 3 个火山岩有利区带，2006—2007 年完钻的徐深 21、徐深 23、徐深 27、徐深 28 井均获日产 $10\times10^4m^3$ 以上高产气流。2007 年徐深气田在安达、徐东和丰乐三个区块提交探明地质储量 $1198.91\times10^8m^3$，含气面积 174.14km^2，其中徐深 28 井以二氧化碳气为主，含量 89.82%。

2）深层外围断陷取得新发现

随着徐家围子断陷的勘探突破，逐步向其他外围断陷甩开勘探，双城和古龙等断陷作为深层天然气勘探的重点突破领域。2005 年在古龙断陷南部敖南洼槽部署了深层三维地震 358.4km^2，并针对有利火山岩体部署风险探井古深 1 井，营城组发育火山岩储层，气测显示情况较好，压裂获低产气流，揭示古龙断陷是一个含气断陷。截至 2010 年底，古龙—林甸断陷完成二维地震 2139.28km，重磁勘探 7873km^2。

之后继续向莺山断陷甩开勘探，2005—2006 年完成高精度重磁 5664km^2，2006 年在莺山断陷中部完成深层三维地震采集 321km^2。2008 年针对有利火山岩体部署的莺深 2

井，在营城组和沙河子组都钻遇到优质烃源岩，营城组火山岩获得 46094m^3/d 的工业气流，实现了莺山—双城断陷勘探的突破。2009 年莺山—双城断陷完成了三个三维工区的连片处理及四站三维地震采集 166km^2。截至 2010 年底，共完成深探井 11 口，其中低产气流井 5 口，获工业气流井 1 口。

该阶段在科学研究上取得了一系列创新性成果。中浅层取得了七项成果：一是重新认识松辽盆地主要沉积层序界面地质特征，重新厘定了松辽盆地北部 12 个主要地层界面，为新一轮地质研究奠定了基础；二是通过盆地级细分层沉积相研究，搞清了油层砂体分布特征及与油气分布的关系，为甩开勘探指明了方向；三是深化了朝长、大庆长垣等重点区带油气运聚与成藏机理，搞清了油气分布规律；四是创新了大比例尺沉积微相工业制图技术，解决了砂体成因类型及分布规律的难题，指明了油层精细挖潜方向；五是开发了 6 项地球化学新技术，解决了朝长等地区油气来源问题，明确了勘探部署方向和勘探方法；六是研发了宽频带特高分辨率处理及解释技术，提高了薄互层砂体识别精度；七是集成配套限流法压裂、酸性压裂液、定方位射孔、CO_2 泡沫压裂、动态胶塞等单项技术，实行“精细压裂”，提高了低渗透油层产能。

深层地质研究取四项成果：一是重新确立了深层地层层序，将火石岭组、沙河子组和营城组断陷期地层划归下白垩统，细分营城组为四段，沙河子组分上下段；二是徐家围子断陷深层沉积相研究逐步深入，认识到营四段主要发育辫状河—辫状河三角洲体系、扇三角洲、河流三角洲及滨浅湖沉积体系，对营四段砂砾岩储层特征、影响控制因素也形成比较明确的认识；三是对火山岩开展了系统研究，明确了岩性、岩相、构造作用和次生改造是火山岩储层发育的主要控制因素，明确了徐家围子断陷火山岩气藏分布规律，火山岩气藏沿断裂成带分布，构造高部位富集，进一步明确了沙河子组为深层主力烃源岩，母质类型多种多样，既有湖相水生生物来源，也有陆源高等植物输入，资源潜力大；四是形成了火山岩勘探技术系列，建立了火山岩岩性和气水层井筒识别技术，建立了地震资料火山岩岩体识别和储层预测技术，同时对徐家围子 6000km^2 三维地震资料开展了连片叠前时间偏移处理和解释，创新了地震成像和连片解释技术，为整体认识徐家围子断陷油气地质特征起到重要作用。

第四节　常规与非常规油气藏并重勘探阶段（2011—2018 年）

随着勘探程度的不断提高，松辽盆地北部逐步进入常规油与火山岩精细勘探、致密油气攻坚勘探阶段。在此期间，发展了岩性油藏和火山岩气藏精细勘探方法与技术，形成了致密油气勘探理论，取得了致密油气勘探领域的新突破，保持了储量稳定增长态势。

一、常规油老区精细勘探，新区效益增储

1. 三肇和长垣南地区含油场面继续扩大

深化葡萄花油层油藏再认识，强化葡萄花、敖包塔油田周边地区地质认识，进一步落实扩边增储潜力。滚动评价宋芳屯油田主体区块，扩边评价徐家围子油田徐 25 区块

及升平油田主体区块和升74区块，三肇和长垣南地区含油场面继续扩大，2012—2016年增加探明石油地质储量11289.15×10^4t。

2. 龙西地区精细勘探再认识，发现多个高产油气藏

该区成藏条件优越，优选胡吉吐莫三维地震工区，重新开展精细构造解释及储层预测工作，部署的塔66井萨尔图油层压后自喷获得52.5t/d的高产工业油流，展示了该区精细勘探潜力。之后，在龙西地区开展了连片三维（共2515km^2）精细构造解释及储层预测攻关，以“精细沉积、精细构造、精细储层、精细油藏研究”为核心开展勘探目标综合研究，明确了龙西地区萨尔图、葡萄花油层油气富集规律及潜力区分布，新发现了一批构造、复合及岩性圈闭，2015—2018年，在龙西地区共部署完钻探井50口，获工业油流井37口，探井成功率74%，同时多口井获得产能突破，大于10t以上的高产井17口，新增石油探明地质储量3082×10^4t。

3. 落实大庆长垣下部大型岩性油藏含油区

开展19个三维工区4500km^2整体构造解释，完成了纵向细分29期次的沉积微相大比例尺工业制图，建立了长垣扶余油层“油源、构造、断裂、河道砂四位一体”控藏模式，明确了常规油和致密油分布区域。分层次实施勘探和评价，完钻探井24口，获工业油流16口，低产油流6口，其中完钻水平井9口，8口获得工业油流，日产量7.8～74.02t，是邻近直井的17倍以上。研究和钻井证实大庆长垣的扶余油层从北部的杏树岗到南部的敖包塔整体含油，构造主体更富集，从北向南、从构造主体向翼部及鼻状构造，由常规油过渡到致密油。在此期间新增石油探明地质储量5313.94×10^4t。

4. 重上西坡，发现了有利含油区

在二维资料重新处理解释基础上，开展系统成藏条件研究，在宏观油气地质规律的指导下，精细刻画河道砂体，构建了大型缓坡区油气成藏模式，明确了泰康、二站—阿拉新、平洋、江桥、富拉尔基五个有利区，重点在江桥、阿拉新两个区集中勘探，实施了江75等6个区块三维地震1158km^2，发现了江75井区S_1、S_{2+3}岩性—构造油藏、江55井区S_{2+3}岩性油藏，江93、江99、来95井等一批高产井区。形成了稠油试油试采工艺配套技术，平均热采后产量是冷试油产量的10.7倍。

5. 古龙南低丰度储量实现有效动用

古龙南葡萄花油层丰度和产量低，2008年提交的10078×10^4t控制储量一直无法升级，2012年在茂兴向斜开展茂15-1直井与水平井联合开发试验，完钻开发试验井77口（油井43口，其中水平井16口，水井34口），初期单井产量高，平均单井日产液7.4t，单井日产油6.9t，含水6.7%，其中水平井平均单井日产油10.6t，直井平均单井日产油3.6t，可以实现该区有效开发动用，古龙南地区新增探明地质储量3210.87×10^4t，已安排动用1501×10^4t。

6. 持续探索“四新”领域

古龙地区开展青山口组湖相区重力流研究，针对湖底扇钻探了4口井，其中英47、英54井分别获得2.64t/d、6.25/t/d工业油流，此外，针对古龙地区黑帝庙油层英平1井薄油层水平井提产效果明显，压后日产66.54t，带动了储量升级动用。

双城断陷位于松辽盆地深层东部断陷带，有利勘探面积550km^2。2013年，综合研究认为双城南洼槽整体埋藏浅，具有形成石油的成藏条件。双59井营城组钻遇暗色泥

岩 47 层厚度 67m，发现营四段发育两套成熟烃源岩，深层首次发现含油层。2018 年，双 68 井登娄库组获 $110.4m^3/d$ 高产油流，这是继大庆长垣之后首口自然产能超百立方米的探井，发现了高产高效区块。

二、攻关致密油勘探配套技术，水平井提产见效果

松辽盆地扶余油层和高台子油层剩余资源以致密油为主，需要借鉴国内外致密油勘探开发经验，攻关水平井部署及大规模体积压裂关键技术，探索低品位储量升级动用的有效途径。大庆油田按照“预探先行、储备技术，评价跟进、探索有效开发模式”致密油勘探开发一体化思路，通过精细落实资源和甜点，在“储层精细分类、纵向精细分层、平面精细分区”的基础上，分类、分层、分区计算扶余油层、高台子油层致密油资源量 12.7×10^8t，积极探索水平井体积压裂配套技术，逐步发展完善了“水平井 + 大规模体积压裂”和“直井 + 缝网压裂”致密油藏增产改造技术。

2011 年，位于大庆长垣葡萄花构造上，针对扶余油层分流河道砂体部署的垣平 1 井压裂改造后首次获日产 71.26t 高产工业油流。2012 年，在齐家凹陷三角洲外前缘远沙坝砂泥薄互层、前缘分流河道砂体分别部署齐平 1、齐平 2 井，通过压裂改造分别获日产 12t、31.96t 工业油流，展示了松辽盆地北部 2 套层系致密油良好的勘探前景。致密油勘探开发按照“落实长垣、齐家，展开三肇，准备齐家古龙”的思路全面展开，在大庆长垣南部、三肇、齐家、龙西先后部署水平井 34 口、直井 28 口。水平井大规模体积压裂 19 口井，均达到了“十方排量、千方砂、万方液”的施工规模，平均初期日产油 $35m^3$ 以上，是周边直井产量的 15 倍。直井缝网压裂 11 口，10 口获得工业油流，平均日产油由 0.51t 提高到 4.15t，提高了 8.2 倍。油藏评价紧跟预探发现，注重开发方式探索，开辟三个先导试验区，共完钻水平井 30 口，油层平均钻遇率达 87.7%。垣平 1、龙 26 两个试验区已压裂投产水平井 19 口，建成产能 9.94×10^4t，初期平均日产油 25.5t，累计产油 14.8×10^4t，有效开发方式探索见到一定效果，初步证实 9.2×10^8t 一类致密油资源可升级、动用。截至 2018 年底，致密油新增三级石油地质储量 4.21×10^8t，其中龙虎泡扶余油层新增探明地质储量 0.13×10^8t，长垣扶余油层新增探明地质储量 0.18×10^8t、控制石油地质储量 0.91×10^8t，三肇扶余油层新增探明地质储量 0.02×10^8t、控制石油地质储量 0.42×10^8t、预测石油地质储量 1.81×10^8t，齐家高台子油层新增控制石油地质储量 0.74×10^8t。

1. 长垣南部

垣平 1 井部署目的是针对大庆长垣扶余油层薄互层储层，探索水平井提产效果。该井位于葡萄花构造，主力目的层为 FI2 油层组，目标靶层为邻近葡 611 井的 48 号层，分流河道砂岩厚度 4.6m，有效厚度 2.8m，孔隙度 14.6%。垣平 1 井完钻井深 4300m，水平段进尺 2660m，其中钻遇砂岩 1484.4m、油层 1158.6m，砂岩、油层钻遇率分别为 55.8% 和 43.6%。该井共设计压裂 11 段，先期实施 7 段 23 簇，加压裂液 $9886m^3$，加砂 $1084m^3$，初期日产油达 71.26t。

垣平 1 井突破后，开展了致密油储层分类评价。在长垣南部分层、分类落实“甜点”目标发育区 33 个，其中Ⅰ类“甜点”目标区 24 个，Ⅰ类 +Ⅱ类叠合“甜点”目标区 3 个，Ⅱ类“甜点”目标区 6 个，落实“甜点”资源 5462×10^4t。2012 年以来，向北、

向南在大庆长垣扶余油层又钻探了葡平1、葡平2、敖平3等11口预探水平井，平均试油日产27.95t，其中葡平2井、敖平3井分别获日产74.02t和69.7t高产工业油流。为落实水平井开发前景，在垣平1井建立水平井开发试验区，共完钻水平井9口，投产9口，初期平均单井日产量12.6t，建产能4.29×10^4t。

2. 三肇凹陷

2013年，借鉴长垣致密油勘探经验，在三肇凹陷北部扶余油层钻探肇平1井，该井水平段长901m，钻遇砂岩819m、油层769m，砂岩、油层钻遇率分别为90.9%和85.3%。该井压裂8段22簇，加压裂液7369m^3，加砂922m^3，初期日产油达17.8t。

按照“先易后难、先好后差、先浅后深”的顺序，在资源、“甜点”分类评价基础上，攻关保幅高分辨率处理技术、扶余油层河道砂体储层预测技术及细分层大比例尺沉积微相制图技术，三肇水平井部署从北向南、从钻探易识别的独立砂体向复合砂体、从近物源区向凹陷中心窄小河道砂体推进。先后钻探肇平2、肇平3、肇平5、肇平6等13口水平井，完成压裂10口，平均试油日产20.5t，其中肇平6井采用体积切割、局部穿层压裂方式，压裂19段43条缝，打入压裂液24574m^3，支撑剂1906m^3，试油获日产75.66t高产油流。截至2018年底，肇平6井试采768天，初期稳定日产油17.4t，累计产油6288.8t，平均日产油8.2t。三肇凹陷预探水平井成功，进一步证实了扶余油层致密油资源的可升级动用性，为开发试验区优选建设，全面推进致密油增储上产和有效动用提供了有力支撑。

3. 龙26区块和齐家南

齐家南高台子油层位于齐家凹陷中心部位，主要发育三角洲前缘河口坝和席状砂沉积，单砂层厚度一般在0.5～3.0m之间，物性差、产量低，1999年提交的10576×10^4t石油预测地质储量一直无法升级。2012年，在三角洲外前缘远沙坝砂泥薄互层、前缘分流河道砂体分别钻探的齐平1井和齐平2井，通过压裂改造分别获日产12.0t、31.96t工业油流，坚定了该区的勘探信心。2013—2014年，先后在三角洲外前缘相带钻探了齐平1-1井和齐平1-2井，在三角洲内前缘钻探了齐平3井和齐平5井，试油平均单井日产14.5t，其中齐平5井压裂18段41条缝，打入压裂液30342m^3，支撑剂2176m^3，试油获25.9t/d工业油流。通过这些井钻探认识到内前缘河道和河口坝砂体提产效果好于外前缘远沙坝砂体，据此圈定了有利区范围。2015年，对新完钻的古303、古304井进行大规模直井缝网压裂改造，分获9.04t/d、5.12t/d工业油流，证实了直井提产的潜力。在直井和水平井大规模体积压裂技术支撑下，齐家南地区石油预测储量整体升级，新增控制地质储量7400×10^4t。

龙26区块位于齐家凹陷西侧龙虎泡构造上，1998年在龙虎泡构造高台子油层新增探明石油地质储量5537×10^4t，面积346.7km^2，平均孔隙度13.5%、渗透率0.6mD、有效厚度3.9m。该油田于1998—2000年陆续投产，动用地质储量1297×10^4t，面积62.1km^2，其中单采井区储量877×10^4t，面积41.7km^2，截至2012年底单采井区累计采出原油73.1×10^4t，初期产量2t左右，后期小于0.5t，采出程度仅为8.3%，表明常规技术动用效果差。受齐平2井成功启示，在齐家凹陷西侧的龙虎泡油田较高部位，选择与齐平2井相似的沉积相带，建立了高台子油层龙26水平井开发试验区。该区块共完钻水平井12口，平均完钻井深3683m，平均水平段长度1649m，钻遇砂岩平均1608m，钻遇含油砂岩平均 1559m，砂岩钻遇率 97.5%，油层钻遇率 94.5%，初期试油单井平均稳定日产油 16.7t，建产能 6.01×10^4t。截至 2018 年底，试验区共投产 12 口井，开井 10 口，平均日产油 4.43t，累计产油 12.94×10^4t。龙 26 开发试验区建设，为龙虎泡—齐家地区高台子油层致密油的储量升级和整体开发动用积累了宝贵经验。

三、天然气勘探多领域获新进展

天然气勘探方面，深层天然气勘探面临剩余火山岩目标隐蔽性强、接替领域不明朗的现状，勘探目标由以火山岩为重点转向火山岩、致密气、浅层气等多层位、多种类型气藏分层次进行勘探。深层天然气的勘探思路是“精细火山岩，突破沙河子致密气”，火山岩实现隐蔽火山口和溢流相水平井提产双突破，2012 年针对沙河子组致密砂砾岩钻探的宋深 9H 井获高产工业气流，实现新层系突破；长垣黑帝庙组浅层气展开评价，控制了长垣构造含气范围。这一阶段截至 2018 年底，针对深层采集三维地震 $1249.828km^2$，钻深层探井 59 口，获工业气流井 20 口，在营城组火山岩和长垣浅层气提交了天然气探明地质储量 $616.68\times10^8m^3$，沙河子组致密砂砾岩首次提交了预测储量。

1. 火山岩精细勘探隐蔽目标

随着火山岩勘探程度的不断提高，特征明显的火山岩圈闭基本勘探完毕，进入到寻找隐蔽圈闭和突破溢流相储层阶段。通过精细识别隐蔽火山口，在肇州肇深 16 井、肇深 19 井、宋站地区宋深 11 井等发现了一批规模小但产能高、效益好的气藏，其中肇深 19 井钻遇气层 3 层厚度 222.4m，岩性为流纹质角砾凝灰岩、英安岩，压后产量 $217801m^3/d$，无阻流量 $364813m^3/d$，获得高产工业气流。通过部署水平井，针对近火山口区溢流相中基性岩勘探也取得重要进展，中基性岩近火山口区溢流相物性差，直井产量一般在数千立方米，最高能达到 1×10^4～$2\times10^4m^3$，气藏具有连续分布、整体含气的特点，前期先后针对宋深 102、达深 302 井开展侧钻小井眼水平井钻探，但由于侧钻改造规模较小，改造前后产能由 1×10^4～$2\times10^4m^3$ 提高到 5×10^4～$7\times10^4m^3$，效果不理想。2012 年，针对宋深 1 井区中基性岩近火山口区溢流相部署水平井宋深 103H 井，压后产量 $117439m^3/d$，获得高产工业气流，是中基性岩第一口突破 $10\times10^4m^3$ 的工业气流井，盘活了低效储层。2017 年提交天然气探明地质储量 $502.03\times10^8m^3$。

2. 沙河子组砂岩致密气是未来增储的重要领域

由于非常规致密油气勘探理论认识逐步深化，勘探技术逐步发展，开始探索沙河子组致密砂砾岩。2011 年对达深 302 等 3 口老井开展压裂，日产气仅有几千立方米，为此探索水平井加体积压裂提产，首先在扇三角洲相平原厚层砂砾岩钻探宋深 9H 井获日产 $208102m^3$ 高产工业气流，接着在辫状河三角洲平原和前缘钻探的达深 20H、达深 21H、达深 12H 井均获日产 $10\times10^4m^3$ 以上，2013 年在徐东甩开的风险井徐探 1 井压后获日产 $91025m^3$，徐深 1 开发区块加深钻探的徐深 6-302 井压后获日产 $44053m^3$，这些成果表明沙河子组已逐步成为深层勘探的主要领域，2016 年在安达地区提交近千亿立方米天然气预测储量。

3. 加大风险勘探力度，中央古隆起带基岩勘探实现突破

中央古隆起带位于徐家围子断陷和古龙断陷之间，面积为 $2400km^2$。中央古隆起带已钻井 27 口，多数为钻探上部勘探目的层留下的口袋井，仅 11 口揭示风化壳大于

100m。整体勘探程度低，成藏条件复杂。大致经历 3 个勘探阶段，20 世纪 60—70 年代探索阶段，证实隆起带基岩具有含气性。20 世纪 80 年代至 21 世纪初兼探阶段，基底变质岩风化壳局部获得工业发现。2016 年至今风险勘探阶段，隆探 2 井压裂试气获 24315m^3/d 的工业气流，针对产量低的问题，转变勘探思路，探索水平井提产效果；针对隆探 2 井基岩层钻探获产量突破，压后日产气 $11.5\times10^4m^3$，以产量 $4\times10^4m^3$ 定产，连续试采 180 天，压力稳定、效果好，展现了中央古隆起带一定资源前景。

4. 探明大庆长垣黑帝庙油层天然气

大庆长垣黑帝庙油层的勘探总体上分为三个阶段，第一阶段为南部兼探及发现阶段（1959—1989 年），大庆油田发现之初就开展了对黑帝庙油层的探索，1967 年葡浅 1 井获得工业气流，发现了葡萄花油田天然气藏；第二阶段为南部油气并举勘探阶段（1990—2008 年），敖 7、敖浅 1 井获得工业气流，发现了敖包塔油田天然气藏，同时黑帝庙稠油勘探取得较好效果，葡浅 12 区块提交石油探明储量 448×10^4t；第三阶段为长垣浅层气整体勘探评价阶段（2009 年以后），把大庆长垣整体作为天然气有利区带开展精细地质研究，杏浅 6、萨浅 1 等井相继获得工业气流，发现杏树岗、萨尔图等黑帝庙油层浅层气藏，大庆长垣除高台子和太平屯构造不含气，其余 5 个构造均有浅层气藏，于 2017 年提交天然气探明地质储量 $114.65\times10^8m^3$。

中浅层石油勘探技术方面，发展了大比例尺沉积微相制图技术，完成了大庆长垣扶余油层 29 分、三肇地区扶余油层 12 分、齐家地区高台子油层 15 分及西部斜坡萨尔图油层 5 分的沉积微相图编制；建立了水平井部署设计的平面选区、纵向选层、建模选体的“三选三定”工作方法；完善了薄互层岩性油气藏地震预测技术，3m 以上砂体地震预测符合率达到 80%；形成了低孔渗复杂油水层解释技术，油水层解释符合率达 91.1%；形成了低丰度岩性油藏增产改造及试油评价技术，部分直井采油强度大于 0.7t/d、水平井平均产油 30.7t/d。在勘探技术进步的同时，理论方面，进一步丰富了陆相大型坳陷湖盆石油地质成藏理论。2014—2015 年开展第四轮油气资源评价，对进一步了解大庆探区资源状况，促进油气储量稳定增长提供了依据，重点勘探领域和目标更加明确清晰。

天然气勘探地质研究方面主要开展了以下几方面的工作。一是开展了四次资源评价研究，由于勘探领域和勘探目标类型的扩展，深层资源量达到 $1.5\times10^{12}m^3$，勘探潜力更大。二是精细研究火山岩，将营城组发育火山岩的营一段和营三段进一步划分为六个喷发期次，其中营一段一期和营三段二期以中基性岩为主，营一段二期、三期和营三段一期、三期主要为酸性岩，落实了各期次火山岩的平面分布。三是沙河子组细化四个三级层序，明确了各层序西侧陡坡带发育扇三角洲，东侧缓坡带发育辫状河三角洲，沙河子组各层序均发育烃源岩和致密储层，源储叠置近源聚集，具有形成致密气藏的有利条件。四是对深层外围断陷开展综合评价研究，确定外围断陷三个油气勘探层次及突破方向，第一勘探层次是东部断陷带的莺山—双城断陷，第二勘探层次是西部断陷带的古龙、林甸断陷，第三勘探层次是东部断陷带的绥化、兰西等断陷，明确了勘探方向。五是分析长垣浅层气成藏条件，对天然气成因、气藏类型进行研究，落实了储量。

随着对松辽盆地认识的深化，勘探配套技术的发展，通过坚持不懈的探索，松辽盆地北部的油气勘探必定会不断取得新的发现，为发展我国石油工业和提高石油科技水平作出应有贡献。

第三章 地 层

松辽盆地是中国东北部的一个大型中—新生代沉积盆地，白垩纪是盆地发生、发展的重要时期，沉积了厚逾万米的火山岩、火山碎屑岩、沉积岩和化学岩。1990 年以来，随着井筒资料的丰富和交叉科学的渗透与应用，生物地层、年代地层、磁性地层、地震地层、事件地层、化学地层等多元地层学应用研究都获得较大进展，为解决松辽盆地白垩系各组段的地质时代归属、白垩系统的界线划分等提供了科学依据，同时也为构建中国乃至全球陆相白垩系阶方案奠定了基础。

第一节 概 述

松辽盆地的地层研究，至今已有百余年的历史。早期的地层研究仅限于盆地边缘和松花江沿岸的露头剖面，虽然创建了一些地层单位，但完整的地层层序始终没有建立起来。中华人民共和国成立后，随着石油地质勘探工作的发展，盆地的地层基本上由井筒资料和综合物探勘探揭示出来并加以确定。特别是 1955 年以后，地质部和石油工业部在松辽盆地进行了大规模的石油地质普查和勘探工作，下中生界，尤其是白垩系地质剖面得到了完整的揭示，丰富的井筒资料为构建盆地地层层序提供了科学依据（表 1–3–1）。

1958 年，地质部第二石油普查大队把通过钻井揭露的松辽盆地白垩系自下而上分为泉头层、青山口层、姚家层、伏龙泉层和四方台层。同年该队利用地质浅孔资料，建立了渐新统依安组、中新统大安组、上新统泰康组和第四系，这种划分奠定了松辽盆地中浅层地层分组的基础。1959 年，地质部第二石油普查大队对盆地内这套地层进行了重新厘定，将“层”改为“组”，并在组内划分了若干段。同年，全国地层会议基本上采用了这套划分方案，将上部的四方台组和伏龙泉组划为上白垩统松花江群，下部的姚家组、青山口组、泉头组划为下白垩统泉头群。1974 年，在“东北三省中—新生代地层会议”上确认了松辽盆地中—新生代的地层层序及各组间的接触关系，并根据命名优先律原则取消了“伏龙泉组”一名，而采用了最早建立的“嫩江组”一名。而对盆地早期沉积地层，东部边缘和西部边缘分别采用了不同的命名系统：东部上侏罗统为营城组、沙河子组和火石岭组；西部上侏罗统为高平山组、洮南组，中侏罗统为白城组。1978 年，吉林省区域地层表编写组采用了这一套地层划分方案。此后，松辽盆地中—新生代地层层序和层组划分就没有大的改动，只是在地层组段的时代归属方面存在较大的分歧（表 1–3–1）。

近年来，基于井筒实验资料所获得的古生物化石提供了更丰富的古生物地层学信息，促进了松辽盆地沉积盖层时代归属认识的深化。沙河子组和营城组主要产有

表 1-3-1　松辽盆地白垩纪地层划分沿革表

<table>
<tr><th colspan="2">东北地质局勘探组 1955</th><th colspan="2">东北地质局 1956</th><th colspan="3">石油工业部西安地调处 1957</th><th colspan="3">地质部第二普查大队 1958</th><th colspan="3">石油工业部研究联队 1958</th><th colspan="2">全国地层会议 1959</th><th colspan="2">松辽石油勘探局综合研究大队 1959</th><th colspan="2">地质部普查大队 1959</th><th colspan="2">松辽石油勘探局研究大队 1960</th><th colspan="2">松辽石油勘探局研究大队 1961</th></tr>
<tr><td colspan="2" rowspan="3"></td><td colspan="2" rowspan="3"></td><td rowspan="7">白垩纪松花江系</td><td rowspan="3">北部层 CrS^{3}</td><td>上灰黑色岩组 CrS$_{4}^{3}$</td><td colspan="2" rowspan="2">早第三纪</td><td rowspan="2">北安层 Pg</td><td rowspan="7">白垩系</td><td rowspan="3">上部</td><td rowspan="2">CrF</td><td rowspan="4">上白垩统松花江群</td><td rowspan="3">四方台组</td><td rowspan="7">白垩纪松花江群</td><td>末定名组 Ksf</td><td rowspan="3">上白垩统</td><td rowspan="3">四方台组 e</td><td>第三系</td><td>克山组 Rk</td><td rowspan="3">上白垩统</td><td rowspan="2">明水组 Ksf</td></tr>
<tr><td>上红绿色岩组 CrS$_{3}^{3}$</td><td rowspan="2">四方台组 Kse</td><td rowspan="2">上白垩统</td><td>明水组 f</td></tr>
<tr><td>下灰黑色岩组 CrS$_{2}^{3}$</td><td rowspan="5">白垩纪松花江系</td><td>上部</td><td>四方台层 Cr$_{2}$e</td><td>CrE</td><td>四方台组 e</td><td>四方台组 Kse</td></tr>
<tr><td rowspan="4">白垩系</td><td rowspan="3">松花江统</td><td rowspan="3">下第三系</td><td rowspan="3">松花江统</td><td rowspan="3">农安层 CrS^{2}</td><td>上灰绿色岩组 CrS$_{3}^{2}$</td><td rowspan="4">下部</td><td>伏龙泉层 Cr$_{1}$d</td><td rowspan="4">下部</td><td>CrD</td><td>嫩江组（伏龙泉组）</td><td>伏龙泉组 Ksd</td><td rowspan="4">下白垩统</td><td>伏龙泉组 d</td><td rowspan="4">下白垩统</td><td>伏龙泉组 d</td><td rowspan="4">下白垩统</td><td>伏龙泉组 Ksd</td></tr>
<tr><td>红绿色岩组 CrS$_{2}^{2}$</td><td>姚家层 Cr$_{1}$c</td><td>CrC</td><td rowspan="3">下白垩统泉头群</td><td>姚家组</td><td>姚家组 Ksc</td><td>姚家组 c</td><td>姚家组 c</td><td>姚家组 Ksc</td></tr>
<tr><td>下灰绿色岩组 CrS$_{1}^{2}$</td><td>青山口层 Cr$_{1}$b</td><td>CrB</td><td>青山口组</td><td>青山口组 Ksb</td><td>青山口组 b</td><td>青山口组 b</td><td>青山口组 Ksb</td></tr>
<tr><td>泉头统</td><td>上白垩统</td><td>泉头统</td><td>泉头层 CrS^{1}</td><td>CrS^{1}</td><td>泉头层 Cr$_{1}$a</td><td>CrA</td><td>纪家岭组</td><td>泉头组 Ksa</td><td>泉头组 a</td><td>泉头组 a</td><td>泉头组 Ksa</td></tr>
<tr><td></td><td></td><td></td><td></td><td></td><td></td><td></td><td></td><td></td><td></td><td></td><td></td><td></td><td></td><td></td><td>K—J</td><td>登娄库组</td><td>K—J</td><td>登娄库组</td><td>K—J</td><td>登娄库组</td><td>K—J</td><td>登娄库组</td></tr>
</table>

<table>
<tr><th colspan="2">地质部第二普查大队 1965</th><th colspan="2">大庆油田开发研究院 1976a</th><th colspan="2">大庆油田开发研究院 1976b</th><th colspan="2">黑龙江省区域地层表编写组 1979</th><th colspan="2">叶得泉和钟筱春等 1990</th><th colspan="2">高瑞祺和张莹等 1994</th><th colspan="2">高瑞祺和赵传本等 1999</th><th colspan="2">叶得泉和黄清华等 2002</th><th colspan="2">黄清华和张文婧等 2009</th><th colspan="2">本书</th></tr>
<tr><td rowspan="2">下第三系</td><td>明水组 Em</td><td rowspan="3">上白垩统</td><td>明水组</td><td rowspan="2">上白垩统</td><td>明水组</td><td rowspan="2">上白垩统</td><td>明水组</td><td rowspan="5">上白垩统</td><td>明水组</td><td rowspan="5">上白垩统</td><td>明水组</td><td rowspan="5">上白垩统</td><td>明水组</td><td rowspan="5">上白垩统</td><td>明水组</td><td rowspan="6">上白垩统</td><td>明水组</td><td rowspan="5">上白垩统</td><td>明水组</td></tr>
<tr><td>四方台组 Es</td><td>四方台组</td><td>四方台组</td><td>四方台组</td><td>四方台组</td><td>四方台组</td><td>四方台组</td><td>四方台组</td><td>四方台组</td><td>四方台组</td></tr>
<tr><td rowspan="4">上白垩统</td><td>伏龙泉组 Kf</td><td>嫩江组</td><td rowspan="4">下白垩统</td><td>嫩江组</td><td rowspan="5">下白垩统</td><td>嫩江组</td><td>嫩江组</td><td>嫩江组</td><td>嫩江组</td><td>嫩江组</td><td>嫩江组</td><td>嫩江组</td></tr>
<tr><td>姚家组 Ky</td><td rowspan="4">下白垩统</td><td>姚家组</td><td>姚家组</td><td>姚家组</td><td>姚家组</td><td>姚家组</td><td>姚家组</td><td>姚家组</td><td>姚家组</td><td>姚家组</td></tr>
<tr><td>青山口组 Kqn</td><td>青山口组</td><td>青山口组</td><td>青山口组</td><td>青山口组</td><td>青山口组</td><td>青山口组</td><td>青山口组</td><td>青山口组</td><td>青山口组</td></tr>
<tr><td>泉头组 Kq</td><td>泉头组</td><td>泉头组</td><td>泉头组</td><td rowspan="5">下白垩统</td><td>泉头组</td><td rowspan="4">下白垩统</td><td>泉头组</td><td rowspan="5">下白垩统</td><td>泉头组</td><td rowspan="5">下白垩统</td><td>泉头组</td><td>泉头组</td><td rowspan="5">下白垩统</td><td>泉头组</td></tr>
<tr><td>下白垩统</td><td>登娄库组</td><td>登娄库组</td><td>未定</td><td>登娄库组</td><td>登娄库组</td><td>登娄库组</td><td>登娄库组</td><td>登娄库组</td><td>登娄库组</td><td rowspan="4">下白垩统</td><td>登娄库组</td><td>登娄库组</td></tr>
<tr><td rowspan="2">上侏罗统</td><td>大甸子组</td><td rowspan="3"></td><td rowspan="3"></td><td rowspan="3"></td><td rowspan="3"></td><td rowspan="3">侏罗系</td><td>营城组</td><td>营城组</td><td>营城组</td><td>营城组</td><td>营城组</td><td>营城组</td><td>营城组</td></tr>
<tr><td>沙河子组</td><td>沙河子组</td><td>沙河子组</td><td>沙河子组</td><td>沙河子组</td><td>沙河子组</td><td>沙河子组</td><td>沙河子组</td></tr>
<tr><td></td><td></td><td>火石岭组</td><td>火石岭组</td><td>J_3</td><td>火石岭组</td><td>火石岭组</td><td>火石岭组</td><td>火石岭组</td><td>火石岭组</td></tr>
</table>

Ruffordia goeppertii 葛伯特鲁福德蕨，*Acanthopteris gothanii* 高腾刺蕨，*Coniopteris burejensis* 布列亚锥叶蕨等植物化石；高瑞祺等（1994）将其划归 *Ruffordia* 鲁福德蕨 —*Onychiopsis* 锥叶蕨植物群；李星学等（1995）将其分别划归 2 个组合，即 *Pteridiopsis* 拟蕨属 —*Nilssonia sinensis* 中华尼尔桑组合（沙河子组，或包括营城组下部）和 *Neozamites* 新似查米亚属 —*Ginkgo* 银杏属组合（营城组中上部）。上述植物群化石在中国东北和俄罗斯西伯利亚勒拿盆地、布列亚盆地以及日本石彻白亚群下白垩统中有着广泛分布（高瑞祺等，1994；李星学等，1995），代表了温暖潮湿并具季节性变化气候条件下的"北方型"植物群（李星学等，1995）。火石岭组、沙河子组和营城组均产 *Cicatricosisporites* 无突肋纹孢，*Klukisporites* 克鲁克蕨孢和 *Aequitriradites* 膜环弱缝孢等早白垩世代表分子，表明火石岭组、沙河子组和营城组已属下白垩统（高瑞祺等，1999）。同时，营城组还产有少量被子植物花粉化石 *Clavatipollenites* 棒纹粉，*Polyporites* 多孔粉和 *Tricolpopollenites* 三沟粉等（王淑英，1989；万传彪等，2002），*Clavatipollenites* 棒纹粉频繁见于中国北纬约 38° 以北地区的巴雷姆阶—阿尔布阶中，而 *Polyporites* 多孔粉则频繁见于中国东北地区阿尔布阶中（李星学等，1995）。

登娄库组产 *Cicatricosisporites exilis* 小无突肋纹孢 —*Hymenozonotriletes mesozoicus* 中生代膜环孢孢粉组合，它是中国北方阿尔布期典型孢粉植物群，组合中的 *Kraeuselisporites majus* 大稀饰环孢，*Balmeisporites holodictyus* 全网巴尔姆孢等多见于北美、澳大利亚等地下白垩统上部阿尔布阶中（Li 等，1994；黎文本等，2005）。泉头组产较丰富的被子植物化石，主要有 *Trapa angulata* 角形菱、*Platanus septentrionalis* 北方悬铃木、*Protophyllum undulatum* 波边原始叶、*Viburniphyllum serrulatum* 细齿荚蒾叶等，并以 *Trapa angulata* 角形菱出现最为频繁，在美国、加拿大西部和亚洲东北部上白垩统中广泛分布，具有环北太平洋区分布的特点，可称为晚白垩世这一植物区系的典型分子（郭双兴，1984；张志诚，1985；李星学等，1995）。泉头组同时产丰富的被子植物花粉化石，如 *Cranwellia striatella* 条纹状克氏粉、*Xingjiangpollis minutus* 小新疆粉、*Lythraites debilis* 柔弱千屈菜粉、*Quantonenpollenites crassatus* 加厚泉头粉、*Scollardia trapaformis* 可变斯柯拉粉、*Beaupreaidites* sp. 美丽粉未定种、*Gothanipollis* sp. 高腾粉未定种等，这些被子植物花粉的出现，表明泉头组的地质时代不会早于晚白垩世塞诺曼期（黎文本，2001）。青山口组出现了 *Borealipollis* 北方粉、*Complexiopollis* 复合粉等具重要时代意义的被子植物花粉，*Complexiopollis* 复合粉是一种口器和壁层都较复杂的正型粉类，显示青山口组具有晚白垩世土伦期以后的被子植物花粉色彩（宋之琛等，1999）。

从年代地层学来看，不但在断陷期的营城组获得大量的火山岩锆石 U—Pb 同位素年龄，而且在坳陷期以沉积碎屑岩为主的湖相地层中也获得了较多的火山灰锆石 U—Pb 同位素年龄。从营城组火山岩、火山碎屑岩锆石 U—Pb 同位素定年分析结果统计数据来看，加权平均年龄值区间为 106.6 ± 0.5Ma～127.3 ± 4.0Ma，主峰年龄为 110～118Ma，表明营城组主体属早白垩世晚期阿普特期—阿尔布期早期（舒萍等，2007；黄清华等，2011）。茂 206 井在青山口组获得 3 个火山灰锆石 U—Pb 同位素年龄，分别为 91.35 ± 0.48Ma、90.05 ± 0.56Ma 和 90.4 ± 0.44Ma。另外，在朝阳沟地区的朝 73-87 井青山口组一段上部获得 1 个火山灰锆石 U—Pb 同位素谐和年龄 91.1 ± 0.7Ma，上述火山灰锆石 U—Pb 同位素谐和年龄证实青山口组底界已属土伦阶，而非塞诺曼阶。茂 206 井在嫩江组二段油页岩层之上获得1个火山灰（斑脱岩）锆石U—Pb同位素年龄，加权平均年龄为83.68 ± 0.47Ma；另外在杜80井、杏1-4井和杏北11-51-丙242井嫩江组一段相继获得3个火山灰锆石U—Pb同位素年龄，加权平均年龄分别为85.3 ± 0.7Ma、84.7 ± 0.95Ma和86.3 ± 0.9Ma，证实嫩江组底界已经下延至圣通期，或更早的康尼亚克期（黄清华等，2011）。

第二节　地层层序

松辽盆地基底为前古生界变质岩系及古生界变质岩、浅变质岩与火成岩系，沉积盖层以中生界为主，其次为新生界，盖层厚度累计超过10000m。中生界又以白垩系为主，沉积了巨厚层的河流相、湖泊相砂岩、泥岩、页岩，记载了全球最为完整的陆相白垩系地质信息。松辽盆地地层自下而上为：前古生界、古生界、中生界、古近系、新近系和第四系。

一、基底

关于松辽盆地基底性质及构成目前仍有不同的认识，主要表现为：（1）松辽盆地是否存在大规模的前寒武系结晶基底？（2）松辽盆地是否发育海西期褶皱变质基底？松辽盆地壳源岩石钕Nd同位素模式年龄为500～1200Ma，证实松辽盆地存在前寒武系中元古界—新元古界的变质基底（张兴洲等，2006）。东北地区的变质岩基底，如佳木斯地块的麻山群、兴安地块的兴华渡口群等岩石组合是以（含石墨）大理岩、夕线石榴片麻岩、斜长石角闪岩等为主要标志的孔兹岩系。这些高级变质岩的原岩年龄以新元古代（600～850Ma）为主，变质年龄约为500Ma（周建波等，2011，2016）。

关于松辽盆地基底高级变质片麻岩，吴福元等（2000）对一些重点探井高级片麻岩进行了详细的岩相学和锆石U—Pb同位素定年分析。研究认为井筒资料中有些片麻岩表述并不准确，这些所谓的片麻岩并不是经历高级变质的变质岩系。尽管岩石普遍发育有片麻状构造，但岩石并不具有高级变质岩所特有的变晶结构，而主要表现为岩浆结晶结构，不含有任何特征变质矿物，部分岩石的片麻理只表现为暗色矿物的定向排列，显示岩浆片麻理的特点；少部分岩石的片麻理由变形形成的云母类矿物组成，但岩石本身所具有的花岗结构仍表明它们属于侵位的花岗质侵入体。锆石U—Pb同位素定年结果显示，这些花岗岩形成于晚古生代（305 ± 2Ma）和晚中生代（165 ± 3Ma），且基本不含古老锆石残留，表明松辽盆地不具备大规模的前寒武系结晶基底（吴福元等，2000）。高福红等（2007）对松辽盆地南部基底花岗质岩石锆石U—Pb定年研究表明，中—晚侏罗世（燕山期）的花岗质岩石是构成基底花岗岩的主体，同时基底中发育有海西期和印支期的岩浆活动。

松辽盆地存在一个古老的地块核心（王鸿祯等，1990），这一地块在早古生代先后与兴安地块、佳木斯地块发生碰撞并拼合（张兴洲等，2006；刘永江等，2010），尔后形成一个稳定的东北地块群——“佳—蒙”地块（王成文等，2008；刘永江等，2010），并在晚古生代接受海相沉积，海相地层围绕“佳—蒙”地块核心呈环带状分布，其主体应属“佳—蒙”地块的大陆边缘沉积（王成文等，2009）。尤其是中二叠世，松辽盆地整体处于海相沉积环境背景，沉积了一套以砂岩、泥岩为主，局部地区发育礁灰岩的沉积建造。

如上所述，井筒资料研究表明松辽盆地存在一个复合基底，前寒武系结晶变质岩系、早古生代兴凯运动所产生的花岗岩和变质麻粒岩相、晚古生代广泛发育的近变质—浅变质砂岩、泥板岩和石灰岩，以及中生界花岗质岩石均为基底的构成部分。

1. 前古生界

变质程度较高，井筒岩心可见岩石有夕线石榴片麻岩、角闪斜长片麻岩、长英质片岩、黑云母片岩、大理岩等，与区域性广泛分布的麻山群具一致性（章凤奇等，2008）。

2. 古生界

未变质、近变质、浅变质到高级变质岩，常见绢云母、绿泥石片岩、石英片岩、绿泥石千枚岩、糜棱岩，以及大量的泥岩、砂岩、石灰岩和火成岩等（吴福元等，2000；裴福萍等，2006）。黑龙江省岩石地层（黑龙江省地质矿产局，1997）将松辽盆地古生界划归兴安地层区、乌兰浩特—哈尔滨地层分区，自下而上发育下石炭统洪湖吐河组、下二叠统大石寨组、中二叠统哲斯组和上二叠统林西组。近年来，吉林大学在松辽盆地及周边地区做了大量的区域地质调查与油气地质综合研究工作，提出了“佳—蒙”地块概念（王成文等，2008，2009；刘永江等，2010），认为松辽盆地主要发育上古生界，自下而上发育色日巴彦敖包组、本巴图组、阿木山组、寿山沟组、大石寨组、哲斯组、林西组等（邢大全等，2015）。

3. 中生界

未变质、浅变质岩，主要是侵位的花岗质岩石，如花岗岩、闪长岩、正长岩等（高福红等，2007）。从近几年来石炭系—二叠系研究过程中解剖井筒资料来看，松辽盆地内 T_5 反射层之下存在未变质或浅变质的三叠系杂色沉积组合（如盛古 1 井和新任 7 井等）。

二、中生界

松辽盆地主要发育中生界，三叠系和侏罗系均有零星报道，如松科 2 井在火石岭组之下获得一套厚逾 600m 的安山岩、安山质角砾岩，安山岩锆石同位素 U—Pb 年龄为 242Ma，属中三叠世；齐深 1 井蚀变安山岩、安山质角砾岩获得 K—Ar 同位素年龄为 154.0～159.7Ma，属晚侏罗世等。但目前已经证实的地层记录主要是白垩系，而且由于油气勘探开发井筒资料的丰富，白垩系各组段内幕信息得到了进一步丰富和完善。吉林省岩石地层（吉林省地质矿产局，1997）、中国地层典·侏罗系（《中国地层典》编委会，2000a）和中国地层典·白垩系（《中国地层典》编委会，2000b）中有关松辽盆地侏罗系表述都未曾引用白城组和洮南组，但吉林省岩石地层中将营城组大部以及沙河子组和火石岭组置于侏罗纪，这与当前所获的大量年代地层学信息相违背，且与白垩纪主流观点相佐（叶得泉等，1990，2002；高瑞祺等，1999；黄清华等，2011）。

松辽盆地白垩系发育，沉积厚度近 10000m，可分为十个组，自下而上为火石岭组、沙河子组、营城组、登娄库组、泉头组、青山口组、姚家组、嫩江组、四方台组和明水组（表 1–3–2）。盆地内白垩系产有丰富的介形类、叶肢介、双壳类、腹足类、轮藻、沟鞭藻、孢粉、植物等 20 多个门类生物化石，分别归属热河生物群、松花江生物群和明水生物群，它们具有完全不同的生物组合面貌（图 1–3–1 和图 1–3–2）和不同的岩电组合特征（图 1–3–3 和图 1–3–4）。

表 1–3–2 松辽盆地北部白垩纪地层简表

地层层序		厚度 /m	创建人及创建时间	主要岩性简述
明水组	二段	0～381	松辽石油勘探局综合研究队（1960）	灰绿、棕红色泥岩夹砂岩
	一段	0～243		灰黑、灰绿色泥岩和砂岩组成两个正旋回
四方台组		0～413	堀内（1937）	棕红色、杂色砂泥岩夹红色砂岩、砂砾岩
嫩江组	五段	0～500	谭锡畴 王恒升（1929）	灰绿色砂岩、泥岩与灰黑、红色泥岩互层
	四段	0～160		灰绿、灰黑色泥岩与砂岩互层
	三段	0～115		深灰、灰黑色泥岩与灰色砂岩组成三个反旋回
	二段	50～360		深灰、灰黑色泥岩、页岩，底部为油页岩
	一段	40～222		黑灰色泥岩、页岩夹灰绿色砂岩，底部为劣质油页岩
姚家组	二段、三段	60～150	地质部第二石油普查大队（1958）	灰绿色泥岩、砂岩夹红、灰黑色泥岩，东部为棕红色泥岩
	一段	0～78		灰绿色砂岩、泥岩与紫红色泥岩，东部为棕红色泥岩
青山口组	二段、三段	300～552	地质部第二石油普查大队（1958）	灰绿、灰黑色泥岩夹薄层砂岩，顶部红色泥岩
	一段	60～164		灰黑色泥岩、页岩夹油页岩，底部三套油页岩分布较稳定
泉头组	四段	0～128	羽田重吉（1927）	顶部绿色泥岩，中下部棕红色泥岩与砂岩互层
	三段	0～692		上部紫红色泥岩夹砂岩，下部砂岩增多，底部常有砂砾岩
	二段	0～479		暗紫红、紫褐色泥岩夹灰绿、紫灰色砂岩
	一段	0～885		灰白、紫灰色砂岩与暗紫红、暗褐色泥岩互层
登娄库组	四段	0～212	松辽石油勘探局综合研究队（1959）	灰褐、灰紫色砂质泥岩与浅灰绿、灰白和紫灰色砂岩
	三段	0～612		灰白色块状细—中砂岩与灰褐、灰绿色砂质泥岩互层
	二段	0～700		灰黑色泥岩、砂质泥岩与灰、灰白色砂岩呈不等厚互层
	一段	0～215		杂色砾岩，上部夹砂岩和泥岩
营城组	四段	0～300	森田义人（1942）	灰色砂砾岩、砂岩与灰黑、灰色泥岩、泥质粉砂岩
	三段	0～2000		安山岩、玄武岩、凝灰岩夹砂岩与灰黑色泥岩
	二段	0～200		灰黑色泥岩、粉砂质泥岩与砂砾岩、砂岩，偶见煤层
	一段	0～1000		流纹岩、安山岩、英安岩，偶夹砂岩、泥岩

续表

地层层序		厚度 /m	创建人及创建时间	主要岩性简述
沙河子组	四段	0～425	坂口重雄（1943）	灰白、灰色砂岩、粉砂岩、泥岩夹薄煤层
	三段	0～500		黑色泥岩、灰色砂砾岩、砂岩，偶夹凝灰质砂岩和薄煤层
	二段	0～350		灰白色砂岩、灰色粉砂岩、灰黑色泥岩夹工业煤层
	一段	0～345		灰、灰白色砂砾岩、砂岩与泥岩，偶夹酸性凝灰岩
火石岭组	二段	0～525	杨学林（1973）	灰色安山岩、安山玄武岩、角砾岩夹紫色泥岩与灰色砂岩
	一段	0～485		灰、灰绿色砂砾岩、砂岩夹黑色泥岩，偶夹煤层

1. 火石岭组

根据松辽盆地北部北安断陷的北参 1 井井筒资料，可将火石岭组细分为两段，其岩性构成和生物化石组成如图 1-3-1 所示。

火石岭组一段为巨厚层灰色砂砾岩、砾岩夹紫红色、灰色泥岩，偶夹紫红色凝灰岩。火石岭组二段为绿色、灰绿色、灰黑色安山岩、安山玄武岩、安山质角砾岩、凝灰岩夹紫红色、紫灰色泥岩与紫灰色砂岩等。

火石岭组产少量植物和孢粉化石，植物化石有 *Nilssonia sinensis* 中华尼尔桑，*Elatocladus manchurica* 满洲枞型枝，*Baiera* cf. *furcata* 叉状拜拉叶（比较种）等；孢粉有 *Cicatricosisporites* 无突肋纹孢，*Aequitriradites* 膜环弱缝孢，*Klukisporites* 克鲁克蕨孢等。

2. 沙河子组

传统的沙河子组据岩性分为四段，沙河子组一段俗称凝灰岩段，二段称为含煤砂泥岩段，三段为泥岩段，四段为粉砂岩段，松辽盆地北部探井揭示的岩性与传统的沙河子组划分有一定的差别，更多地表现为沉积组合的变化和生物化石组合差异化，其岩性构成和生物化石组成如图 1-3-1 所示。

沙河子组产有介形类、叶肢介、双壳类、藻类和孢粉等多门类古生物化石，介形类化石主要有 *Cypridea unicostata* 单肋女星介，*Limnocypridea abscondida* 隐湖女星介等，计有 6 属 13 种以上；叶肢介有 *Eosestheria persculpta* 精雕东方叶肢介；双壳类有 *Ferganoconcha subcentralis* 近中费尔干蚌，*Ferganoconcha* cf. *sibirica* 西伯利亚费尔干蚌（相似种）；藻类化石有 *Vesperopsis granulata* 粒面拟蝙蝠藻，*Australisphaera cruciata* 十字南球藻等；孢粉化石 *Cicatricosisporites* 无突肋纹孢在沙河子组下部常见，沙河子组上部含量丰富。

3. 营城组

营城组岩性构成二分性特征明显，下部以沉积岩为主，区域上可相变为火山岩；上部以火山喷发岩为主，夹沉积岩，区域上可相变为沉积岩。大多数研究者采用营城组二分方案（吉林省区域地层表编写组，1978；叶得泉等，1990，2002；高瑞祺等，1994，1999），而当前油田勘探生产部署采用营城组四分方案，这里涉及对营城组中同时异相沉积的认知问题、安达宋站地区火山岩与徐家围子断陷火山岩横向对比以及对区域上营

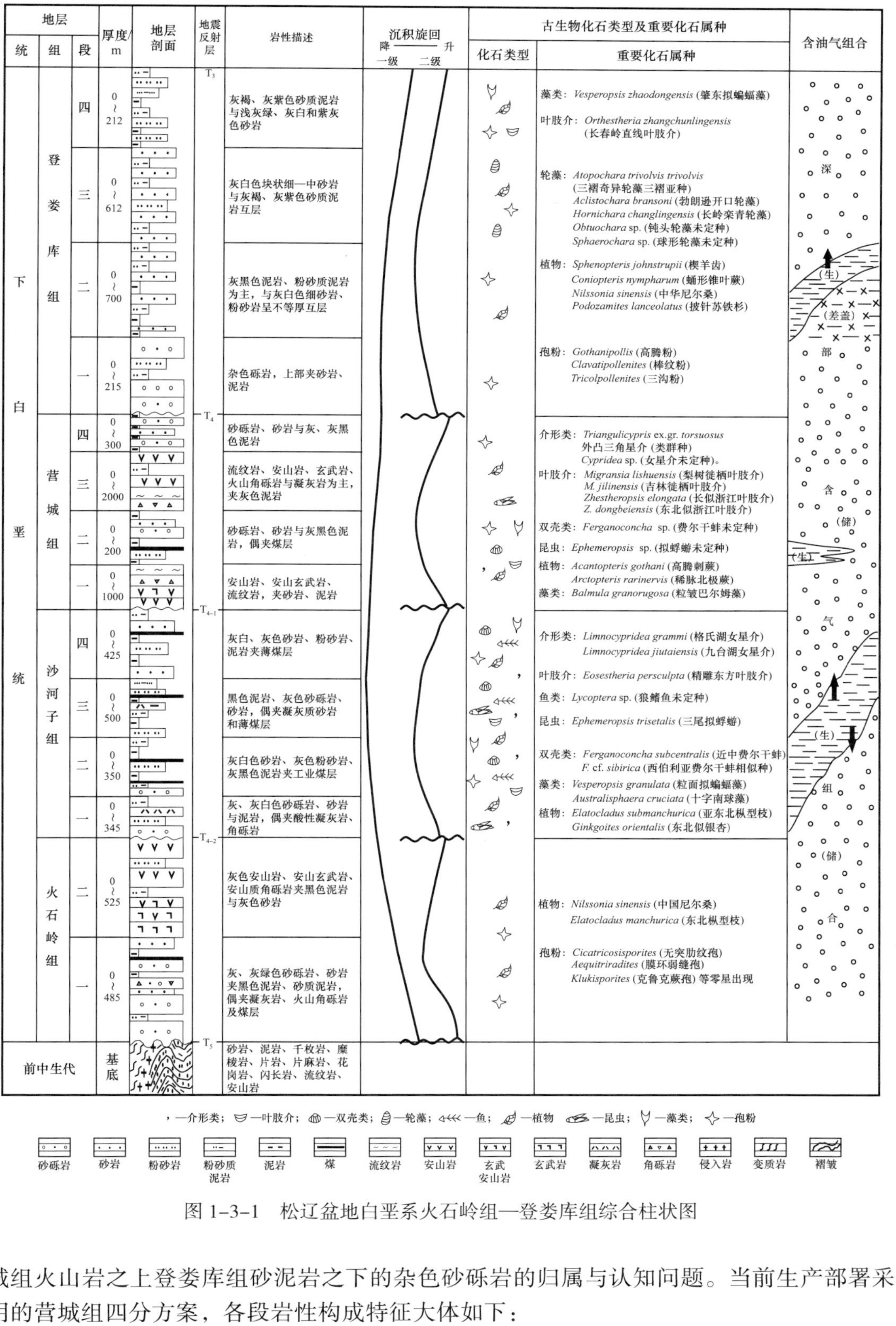

图 1-3-1　松辽盆地白垩系火石岭组—登娄库组综合柱状图

城组火山岩之上登娄库组砂泥岩之下的杂色砂砾岩的归属与认知问题。当前生产部署采用的营城组四分方案，各段岩性构成特征大体如下：

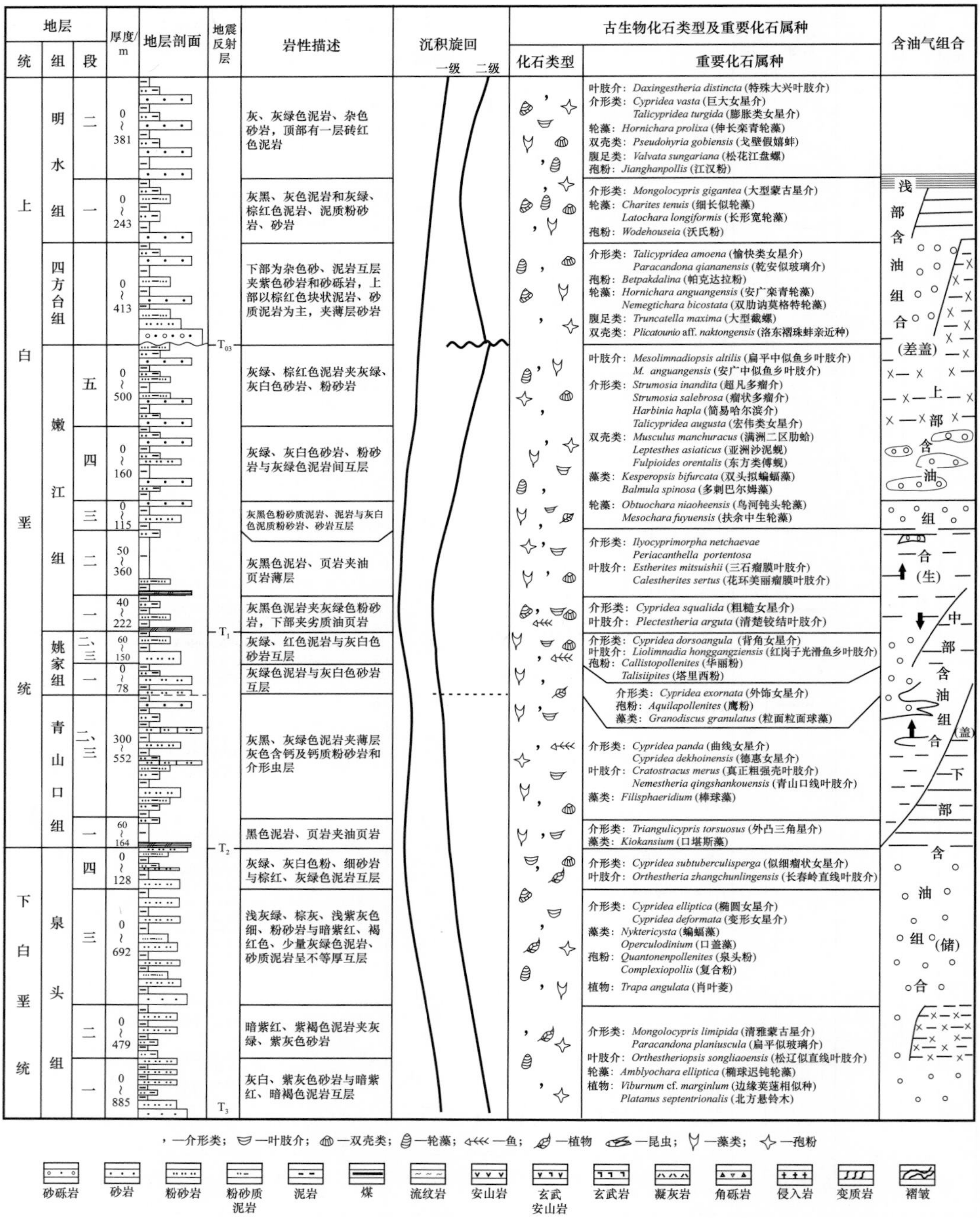

图 1–3–2　松辽盆地白垩系泉头组—明水组综合柱状图

营城组一段为灰白色、灰绿色流纹岩、安山岩、英安岩，凝灰岩、火山角砾岩，夹灰色砂岩、砂砾岩和泥岩；营城组二段为灰黑色、灰色砂砾岩、砂岩、泥岩，含可采煤层；营城组三段为灰色、紫色安山岩、安山玄武岩、玄武岩、凝灰岩和火山角砾岩，偶夹砂岩与灰黑色泥岩；营城组四段为灰色砂砾岩、砂岩与灰黑色、灰色泥岩、泥质粉砂岩。营城组火山岩锆石 U—Pb 法所获得的营城组火山岩同位素年龄大都集中在

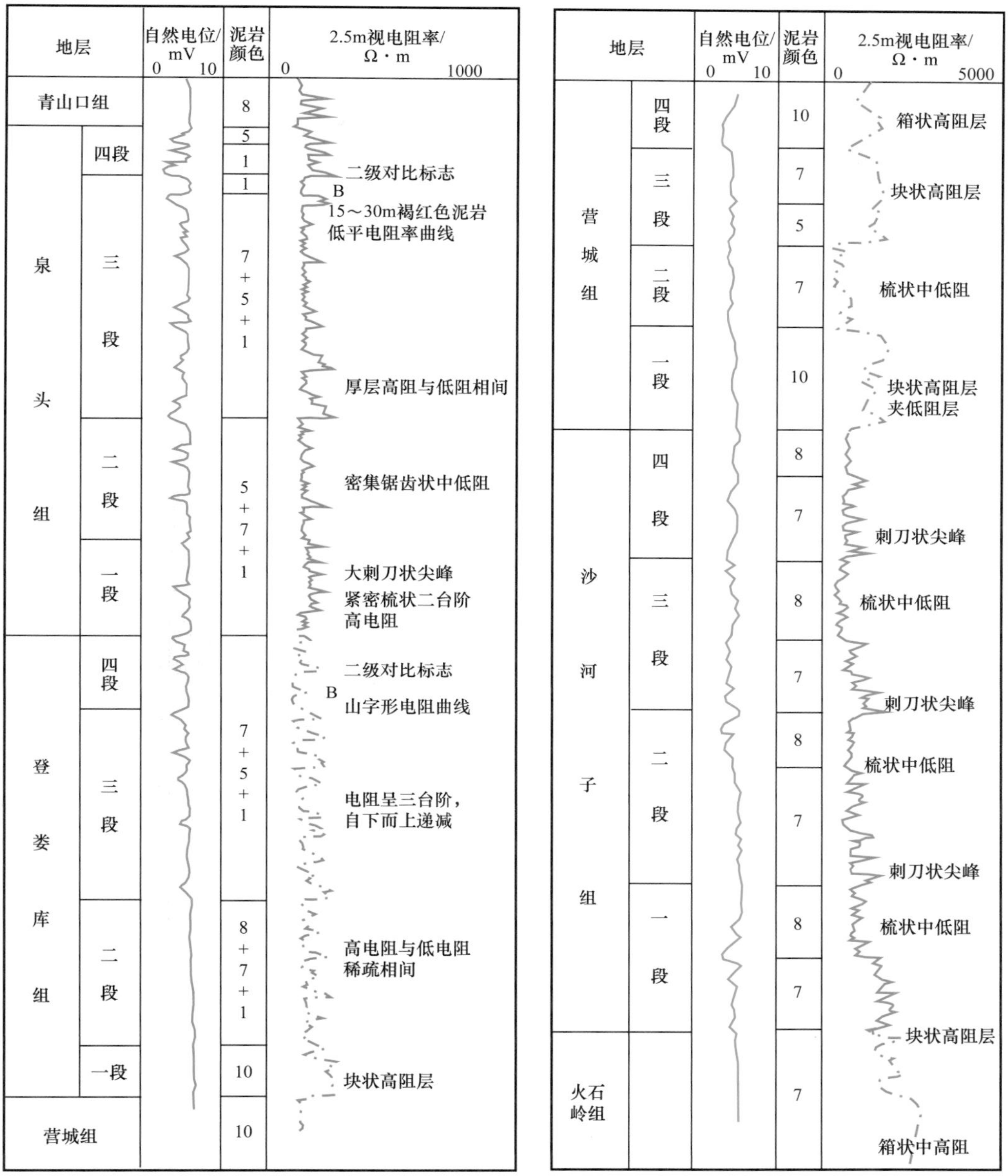

图 1-3-3 松辽盆地火石岭组—泉头组测井曲线特征示意图（据高瑞祺等，1994，修改）

泥岩颜色：1—红色，5—绿色，7—灰色，8—黑色，10—杂色；A——一级标志层；B—二级标志层

106～118Ma 之间，主峰年龄值为 112Ma，次峰年龄值为 118Ma。植物化石有 *Coniopteris burejensis* 布列亚锥叶蕨，*Acanthopteris gothani* 高腾刺蕨，*Ruffordia goepperti* 葛伯特鲁福德蕨，*Elatocladus manchurica* 满洲枞型枝等；叶肢介化石有 *Cratostracus* sp. 粗强壳叶肢介（未定种），*Migransia jilinensis* 吉林徙栖叶肢介，*Zhestheropsis elongata* 长似浙江叶肢介，*Z. dongbeiensis* 东北似浙江叶肢介等。

4. 登娄库组

登娄库组首先发现于吉林省前郭旗尔罗斯蒙古自治县东南 5km 的登娄库构造上的松

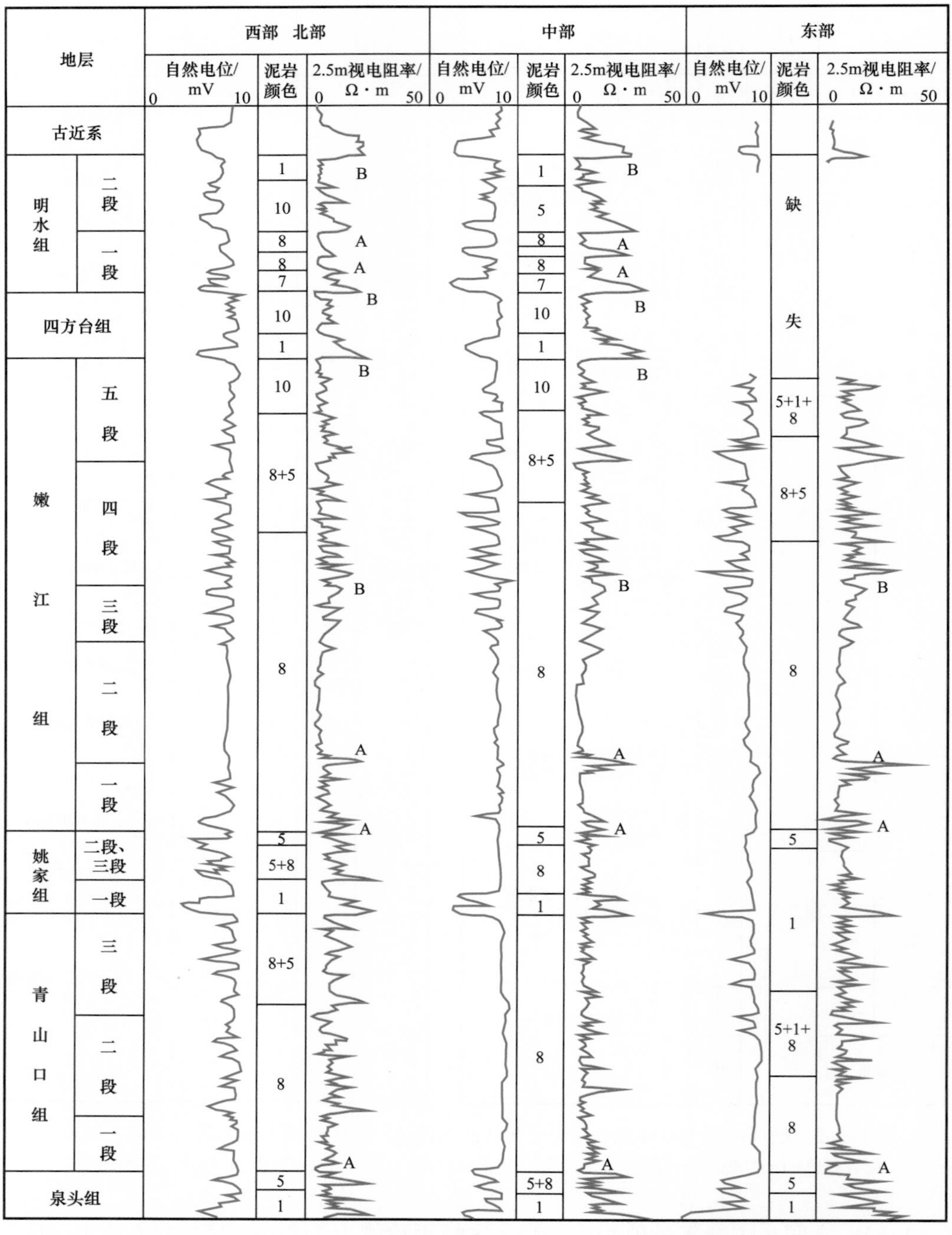

图 1-3-4 松辽盆地青山口组—明水组测井曲线特征示意图（据高瑞祺等，1994，略修改）

泥岩颜色：1—红色，5—绿色，7—灰色，8—黑色，10—杂色；A—一级标志层；B—二级标志层

基二井中，1965 年在松基六井获全剖面。登娄库组底界以地震反射面 T_4 为界，覆于营城组之上，呈不整合接触，或超覆于其他更老的地层之上。按岩性自下而上可分四段。

登一段：砂砾岩段。主要由杂色砂砾岩组成，夹灰白色砂岩和灰黑色、紫褐色泥岩。孢粉化石见有 *Clavatipollenites* 棒纹粉、*Tricolpollenites* 三沟粉、*Gothanipollis* 高腾粉等具有重要时代意义的被子植物花粉。

登二段：暗色泥岩段。岩性为灰黑、灰绿色、紫红色泥质岩与灰白色厚层细砂岩呈不等厚互层。被子植物花粉零星见有 *Clavatipollenites* 棒纹粉和 *Triporopollenites* 三孔粉等。

登三段：块状砂岩段。岩性为灰白、灰绿色块状细、中砂岩与灰黑、灰褐及暗紫红色泥质岩呈略等厚互层，最大厚度为612m。产轮藻化石 *Atopochara trivolvis trivolvis* 三褶奇异轮藻三褶亚种，*Aclistochara bransoni* 勃朗逊开口轮藻，*Hornichara changlingensis* 长岭栾青轮藻等；孢粉化石见有 *Clavatipollenites* 棒纹粉等被子植物花粉。

登四段：过渡岩性段。岩性为灰白、绿灰及少量紫灰色厚层状细砂岩与褐红、灰褐色泥质岩组成不等厚互层，电阻率曲线呈现上部、下部低，中部高的“山”字形，可作为地层划分对比的辅助标志。见少量 *Vesperopsis zhaodongensis* 肇东拟蝙蝠藻，*Orthestheria zhangchunlingensis* 长春岭直线叶肢介等化石。

5. 泉头组

按岩性和古生物化石组合特点，泉头组自下而上可分为四段。

泉一段：紫灰、灰白、绿灰色中厚层砂岩与暗紫红色砂质泥岩、泥岩互层。轮藻化石有 *Amblyochara elliptica* 椭球迟钝轮藻；孢粉化石 *Schizaeoisporites* 希指蕨孢、*Classopollis* 克拉梭粉等含量较高，出现早期被子植物花粉 *Tricolpollenites* 三沟粉、*Retitricolpites* 网状三沟粉和 *Polyporopollenites* 多孔粉等。

泉二段：以紫褐、褐红色泥岩、粉砂质泥岩为主，夹紫灰、灰白色砂岩。叶肢介 *Orthestheriopsis songliaoensis* 松辽似直线叶肢介；被子植物化石 *Viburnum* cf. *marginlum* 边缘荚蒾（相似种），*Tilia* cf. *jacksoniana* 约椴（相似种），*Platanus septentrionalis* 北方悬铃木，*Protophyllum undulatum* 波边原始叶，*Viburniphyllum serrulatum* 细齿荚蒾叶等。

泉三段：灰绿、紫灰色粉、细砂岩与紫红及少量灰绿、黑灰色泥质岩呈不等厚互层，上部距顶120m左右有一“U”形低阻，由3～4m纯黑色泥岩形成，在三肇、长垣东部地区稳定分布，可作为地层划分对比辅助标志。介形类有 *Mongolianella chaoyangouensis* 朝阳沟蒙古介，*Djungarica lunata* 新月形准噶尔介等；叶肢介有 *Orthestheriopsis* 似直线叶肢介，*Orthestheria* 直线叶肢介；双壳类有 *Plicatounio*（*P.*）cf. *mutiplicatus* 多褶褶珠蚌（相似种），*Brachydontes* cf. *songliaoensis* 松辽短齿蛤（相似种）；轮藻有 *Atopochara restricta* 缚紧奇异轮藻，*Euaclistochara mundula* 整洁开口轮藻等；藻类有 *Perticiella* 小柱藻，*Nyktericysta* 蝙蝠藻，*Operculodinium* 口盖藻等。

泉四段：灰绿、灰白色粉、细砂岩与棕红、紫红色泥岩、砂质泥岩组成正韵律层，顶部泥岩常为灰绿色，局部地区可相变为黑色。介形类有 *Cypridea subtuberculisperga* 似细瘤状女星介，*Rhinocypris quantouensis* 泉头刺星介等；叶肢介有 *Orthestheria zhangchunlingensis* 长春岭直线叶肢介；轮藻有 *Amblyochara quantouensis* 泉头迟钝轮藻，*Maedlerisphaera raricostata* 少环梅球轮藻；孢粉化石有 *Quantonenpollenites* 泉头粉，*Complexiopollis* 复合粉等。

6. 青山口组

根据岩性组合及生物群特征，可将青山口组划分为三段。

青一段：黑、灰黑色泥岩、页岩夹劣质油页岩，富含介形类等微体化石，介形类化石在局部地区可成层出现，盆地西部和北部相变为灰黑、灰绿色泥岩和砂岩互层，厚度一般为 60～135m，该段底部 10～30m 黑色泥岩夹劣质油页岩，为盆地划分对比一级标志层。茂 206 井在青一段顶部和底部获得 2 个火山灰锆石 U—Pb 同位素年龄，加权平均年龄分别为 90.05 ± 0.56Ma、91.35 ± 0.48Ma，且磁极性为稳定的正极性（黄清华等，2011）。介形类化石有 *Triangulicypris torsuosus* 外凸三角星介，*Cypridea adumbrata* 虚影女星介等；叶肢介有 *Dictyestheria prima* 初网格叶肢介，*Nemestheria lineata* 细线叶肢介；藻类化石有 *Kiokansium declinatun* 一头长口堪斯藻，*Kiokansium regulatun* 整齐口堪斯藻，*Dinogymniopsis spinulosa* 细刺拟沟裸藻；孢粉有 *Myrtaceidites* 桃金娘粉，*Gothanipollis* 高腾粉等。

青二段、青三段：灰黑、灰绿色泥岩夹薄层灰色含钙及钙质粉砂岩和介形虫层，局部夹生物灰岩。茂 206 井青二段底部获得火山灰锆石 U—Pb 同位素年龄，加权平均年龄为 90.4 ± 0.4Ma（黄清华等，2011），且磁极性为稳定的正极性。介形类有 *Cypridea dekhoinensis* 德惠女星介，*Lycopterocypris grandis* 大狼星介，*Sunliavia tumida* 肿胀松辽介，*Kaitunia andaensis* 安达开通介等；叶肢介有 *Cratostracus merus* 真正粗强壳叶肢介，*Nemestheria qingshankouensis* 青山口线叶肢介等；双壳类有 *Nakamuranaia* cf. *chingshanensis* 青山中村蚌（相似种），*Martinsonella paucisulcata* 稀瘤顶饰蚌，*Plicatounio*（*P.*）*equiplicatus* 等褶褶珠蚌等；藻类有 *Granodiscus* 粒面球藻，*Filisphaeridium* 棒球藻等；孢粉有 *Beaupreaidites* 美丽粉，*Balmeisporites* 巴尔姆孢等出现。

7. 姚家组

根据岩性和生物化石组合特征，姚家组自下而上可分为三段。

姚一段：灰绿、紫灰色泥岩与绿灰、灰白色砂岩互层，呈正韵律层。茂 206 井岩心连续测试获得的磁极性为稳定的正极性。介形类化石有 *Cypridea exornata* 外饰女星介，*C. dongfangensis* 东方女星介，*Mongolocypris infidelis* 假蒙古星介等；叶肢介有 *Dictyestheria* sp. 网格叶肢介（未定种）；轮藻有 *Aclistochara songliaoensis* 松辽开口轮藻，*Songliaochara heilongjiangensis* 黑龙江松辽轮藻等；孢粉重要分子有 *Aquilapollenites* 鹰粉等出现。

姚二段、姚三段：主要为灰绿、灰黑、红色泥岩与绿灰、灰白色砂岩互层。茂 206 井岩心连续测试获得的磁极性以正极性为主，出现 1 次短暂的反极性事件。介形类化石有 *Cypridea favosa* 蜂孔女星介，*C. dorsoangula* 背角女星介等；叶肢介有 *Nemestheria furcata* 分叉线叶肢介，*Dictyestheria grandis* 大网格叶肢介，*Liolimnadia hongangziensis* 红岗子光滑渔乡叶肢介等；轮藻有 *Obtuochara niaoheensis* 鸟河钝头轮藻，*Songliaochara heilongjiangensis* 黑龙江松辽轮藻等；鱼类有 *Plesiolycoptera daqingensis* 大庆似狼鳍鱼等；孢粉有 *Callistopollenites* 华丽粉，*Talisiipites* 塔里西粉等出现。

8. 嫩江组

按岩性和生物化石组合特征，嫩江组可细分为五段，各段之间均为连续沉积。

嫩一段：灰黑、深灰色泥岩夹灰绿色砂质泥岩、粉砂岩，下部夹劣质油页岩。其底部 5～20m 的黑色泥岩夹劣质油页岩在全盆地均有分布，为重要的区域性地层划分对比标志。茂 206 井岩心连续测试获得的磁极性为稳定的正极性（蒙启安等，2013a）。火山灰锆石 U—Pb 同位素加权平均年龄为 86.3Ma。介形类有 *Cypridea anonyma* 未名女星介，*C. gunsulinensis* 公主岭女星介，*Advenocypris definita* 清晰外星介等；叶肢介有 *Plectestheria arguta* 清楚铰结叶肢介，*Halysestheria qinggangensis* 青岗链叶肢介等；藻类有 *Dinogymniopsis minor* 小拟裸沟藻，*Cleistospharidium nenjiangense* 嫩江繁棒藻等；孢粉有重要分子 *Proteacidites* 山龙眼粉，*Songliaopollis* 松辽粉等出现。

嫩二段：下部为灰黑色泥岩、页岩夹油页岩薄层，上部为灰黑色泥岩夹薄层灰、灰白色砂质泥岩、粉砂岩。底部 5～15m 厚的油页岩在全盆地分布稳定，是区域性地层划分对比标志层。茂 206 井嫩二段底部油页岩之上获得 1 层火山灰（距嫩二段底部 6m），其锆石 U—Pb 同位素加权平均年龄为 83.68 ± 0.47Ma（黄清华等，2011），同时在茂 206 井嫩二段底部（距嫩一段 / 嫩二段界线 37m）获得稳定的正极性，其上则为长周期的反极性事件（松科 1 井北孔，蒙启安等，2013a）。介形类有 *Periacanthella portentosa* 非凡边刺介，*Ilyocyprimorpha netchaevae* 聂氏土形介，*Bicorniella bicornigera* 双角双角介等；叶肢介有 *Estherites mitsuishii* 三石瘤模叶肢介，*Glyptostracus rarus* 珍奇雕壳叶肢介等；双壳类有 *Musculus manchuricus* 满洲二区肋蛤，*M. subrotundus* 近圆二区肋蛤，*Fulpioides orientalis* 东方类傅蚬等；藻类有 *Dinogymniopsis minor* 小拟裸沟藻，*Cleistosphaeridium nenjiangense* 嫩江繁棒藻等。

嫩三段：灰黑色泥岩，灰、灰白色泥质砂岩与砂岩，自下而上为三个由细到粗的反旋回韵律。松科 1 井北孔岩心连续测试获得稳定的反极性（蒙启安等，2013a）。介形类化石主要有 *Strumosia sungarinensis* 松花多瘤介，*Cypridea kerioformis* 蜂房女星介，*Mongolocypris magna* 大蒙古星介等；双壳类有 *Musculus manchuracus* 满洲二区肋蛤，*Leptesthes asiaticus* 亚洲沙泥蚬，*Fulpioides orentalis* 东方类傅蚬等；叶肢介有 *Mesolimnadiopsis qianangensis* 中似鱼乡叶肢介，*Mesolimnadiopsis altilis* 扁平中似鱼乡叶肢介等；藻类有 *Kesperopsis bifurcata* 双头拟蝙蝠藻，*Balmula spinosa* 多刺巴尔姆藻等。

嫩四段：灰绿、灰白色砂岩、粉砂岩与灰绿色泥岩呈间互层，上部夹紫红、棕红色泥岩，下部夹灰黑、灰色泥岩。松科 1 井北孔岩心连续测试获得稳定的反极性（蒙启安等，2013a）。介形类化石有 *Talicypridea augusta* 宏伟类女星介，*Daqingella bellia* 秀丽大庆介，*Rinocypris prodigiosa* 稀罕刺星介等；双壳类有 *Musculus subrotundus* 近圆二区肋蛤，*Brachidontes sinensis* 中华短齿蛤，*Fulpioides huaideensis* 怀德类傅蚬等；藻类有 *Kesperopsis bifurcata* 双头拟蝙蝠藻，*Balmula spinosa* 多刺巴尔姆藻等；轮藻有 *Obtuochara niaoheensis* 鸟河钝头轮藻，*Mesochara fuyuensis* 扶余中生轮藻等。

嫩五段：灰绿、棕红色泥岩夹灰绿、灰白色砂岩、粉砂岩。松科 1 井北孔岩心连续测试获得稳定的反极性（蒙启安等，2013a）。介形类化石有 *Talicypridea ranaformis* 蛙形类女星介，*T. elevata* 凸隆类女星介，*Mongolocypris magna* 高大蒙古星介等；被子植物有 *Trapa angulata* 角形菱等。

9. 四方台组

四方台组岩性主要由砖红色、紫灰色砂泥岩与棕灰色、灰绿色砂岩、粉砂岩和泥质粉砂岩构成。与下伏嫩江组以地震反射面 T_{03} 为界，呈不整合接触。松科 1 井北孔岩心连续测试获得稳定的正极性磁条带，中间出现 1 次磁极性反转事件。介形类有 *Talicypridea amoena* 愉快类女星介，*Mongolocypris gigantea* 大型蒙古星介，*Cypridea cavernosa* 穴状女星介，*C. tuberculorostrata* 瘤喙女星介，*C. triangula* 三角女星介等；双

壳类有 *Plicatounio* aff. *naktongensis* 洛东褶珠蚌（亲近种），*Lanceolaria* sp. 矛蚌（未定种）等；腹足类有 *Truncatella maxima* 大型截螺，*Viviparus grangeri* 格氏田螺等；轮藻有 *Neochara primordialis* 原始新轮藻，*Sinochara praecursoria* 先行中华轮藻等。

10. 明水组

依据岩性构成和生物化石组合特点，自下而上可分成两段。

明一段：由灰绿色砂岩、泥质砂岩与两层灰黑色泥岩组成两个旋回，夹少量棕红色泥岩。两层黑色泥岩为全盆地区域地层划分对比标志层。松科 1 井北孔岩心连续测试获得的磁极性带为下部正极性，上部反极性。介形类化石有 *Talicypridea amoena* 愉快类女星介，*Renicypris bullata* 膨大肾星介，*C. myriotuberculata* 多细瘤女星介，*Cyclocypris calculaformis* 小卵石球星介等；双壳类有 *Pseudohyria gobiensis* 戈壁假嬉蚌；叶肢介有 *Daxingestheria datongensis* 大同大兴叶肢介，*D. distincta* 特殊大兴叶肢介等；轮藻有 *Atopochara ulanensis* 乌兰奇异轮藻，*Latochara dongbeiensis* 东北宽轮藻等。

明二段：由灰、灰绿、杂色砂岩及灰绿色、紫红色泥岩组成，顶部有一层砖红色块状泥岩，分布稳定，可作为区域性辅助标志层。松科 1 井北孔岩心连续测试获得混合磁极性带，下部为反极性，上部正极性和顶部反极性。介形类化石有 *Cypridea cavernosa* 穴状女星介，*Talicypridea amoena* 愉快类女星介，*Mongolocypris gigantea* 大型蒙古星介等；双壳类有 *Pseudohyria gobiensis* 戈壁假嬉蚌，*Sphaerium rectiglobosum* 横球形球蚬等；腹足类有 *Valvata sungariana* 松花江盘螺，*Physa kuhuensis* 库湖膀胱螺等；轮藻有 *Hornichara prolixa* 伸长栾青轮藻，*Neochara taikangensis* 泰康新轮藻等。

三、新生界

松辽盆地白垩系之上主要被古近系、新近系和第四系覆盖，在北部倾没区的北部，东北隆起区的北部、东部，东南隆起区的东部、南部及西南隆起区的大部分地区，被第四系直接覆盖。1987 年版石油地质志出版以来，由于第四系未开展实质性的研究工作，故本书就不再赘述。

1. 古近系依安组

依安组岩性主要由灰白色、黄绿色砂岩与黑色泥岩、碳质页岩及灰绿色、杂色泥岩组成，偶夹红色泥岩和薄层煤。地层分布不稳定，与下伏地层呈不整合接触。介形类化石有 *Candona declivis* 倾斜玻璃介，*Candoniella suzini* 苏氏小玻璃介，*Lycopterocypris crossata* 带边狼星介等；双壳类有 *Pseudohyria cardioformis* 心形假嬉蚌，*P. sungarana* 松花假嬉蚌，*P.* aff. *gobiensis* 戈壁假嬉蚌（亲近种）等。

2. 新近系大安组

据井筒资料，大安组岩性主要为灰白色松散砂岩、砾岩与暗灰色、灰绿色泥岩、页岩，岩性岩相变化大，区域分布局限，与下伏地层为微角度不整合接触。植物化石有 *Castanea miomolissima* 大叶板栗，*Tilia miohenryana* 斜叶椴，*Salvinia* 槐叶苹；介形类化石有 *Candoniella ablicans* 愉快小玻璃介，*Eucypris* cf. *stagualis* 沼真金星介（相似种），*Cyprinotus* aff. *pandus* 弯曲美星介（亲近种）等。

3. 新近系泰康组

泰康组岩性主要为灰白色、灰绿色砂岩、砾岩与砂质泥岩、泥质粉砂岩，厚度一般为 21～110m。在不同地区分别与下伏大安组、依安组甚至白垩系呈不整合接触。介形类化石有 *Candoniella* aff. *suzini* 苏氏小玻璃介（亲近种），*C. albicans* 纯净小玻璃介，*Eucypris* aff. *privis* 独特真星介（亲近种），*Ilyocypris biplicata* 双析土星介，*I. gibba* 隆起土星介等；植物化石有 *Qucrcus* sp. 栎（未定种），*Ulmus* sp. 榆（未定种），*Populus* sp. 杨（未定种），*Acer* sp. 槭（未定种），*Corylus* sp. 榛（未定种）；轮藻化石有 *Amblyochara styloides* 似柱状迟钝轮藻，*Charites inula* 略突似轮藻等。

四、上白垩统、下白垩统的界线划分

关于松辽盆地上白垩统、下白垩统的界线划分，是松辽盆地白垩系中争论最大的问题，问题的焦点主要集中在泉头组—嫩江组的地层时代归属上。长期以来，不同门类化石研究者对此问题存在着较大的分歧（郝诒纯等，1972；赵传本，1976；王振等，1985；崔同翠，1987；高瑞祺等，1999；陈丕基，2000；黎文本，2001；叶得泉等，2002；黄清华等，2009），主要出现了 4 种不同的划分意见（表 1-3-3），下面分别予以简要介绍。

1. 界线划分在四方台组与嫩江组之间

划分依据：（1）根据地层不整合接触关系。四方台组与嫩江组之间存在着大区域的微角度不整合，是盆地内白垩系沉积过程中最为明显的构造运动（黑龙江省区域地层表编写组，1979）。（2）根据介形类化石研究，认为四方台组和明水组的化石面貌明显区别于泉头组—嫩江组的化石面貌（郝诒纯等，1972；大庆油田开发研究院，1976b）。

2. 界线划分在嫩江组与姚家组之间

持有这种划分意见的主要是孢粉、轮藻、双壳类化石等部分研究者（大庆油田开发研究院，1976a；王振等，1985；顾知微等，1999）。

3. 界线划分在青山口组与泉头组之间

根据被子植物花粉演化提出的一条界线。通过与北美的对比，泉头组沉积期的被子植物花粉与北美阿普特期—阿尔布期的三沟粉阶段相当，青山口组沉积期的被子植物花粉与北美塞诺曼期的紫树粉阶段相当（高瑞祺，1982）。这是当前部分地层研究工作者（叶得泉等，1990，2002；高瑞祺等，1992，1994，1999；孙革等，2000）和勘探生产部署采用方案，也是本书暂时采用方案。

4. 界线划分在泉头组与登娄库组之间

划分依据主要有：（1）沉积旋回；（2）古生物化石组合特征；（3）火山岩锆石年代学特征等。泉头组中发现一些晚白垩世重要孢粉、大孢子、叶肢介、植物等化石（黎文本，2001；赵传本，1976；张文堂等，1976；崔同翠，1987；陈丕基等，1998，2000；郭双兴，1984；张志诚，1985），同时青山口组底部的火山灰锆石 U—Pb 年龄 91.35Ma 证实青山口组底界并非上白垩统的底（黄清华等，2009，2011）。张志诚（1985）认为泉头组的被子植物化石时代不会超出阿尔布期晚期至塞诺曼期。

根据最近的生物地层和年代地层综合研究成果，第 4 种划分方案证据更充分，具体证据如下：

据已有文献资料报道，泉头组产有丰富的被子植物花粉化石，其上部的被子植物花粉已知有 19 属近 30 种，其中有一些中—晚白垩世常见种 *Cranwellia striatella* 条纹状克氏粉，*Xingjiangpollis minutus* 小新疆粉，*Lythraites debilis* 柔弱拟千屈菜粉，*Quantonenpollenites*

表 1-3-3　松辽盆地白垩系上、下统划分意见表

<table>
<tr><th rowspan="2">化石门类
划分人单位及时间
时代意见
地层</th><th colspan="5">介形类</th><th colspan="3">孢粉</th><th>瓣鳃类</th><th>腹足类</th><th>鱼类</th><th colspan="2">爬行类</th><th colspan="2">轮藻</th><th>被子植物</th><th>被子植物花粉</th><th>巴尔姆孢</th><th>恐龙</th><th colspan="3">叶肢介</th><th rowspan="2">黑龙江省区域地层表编写组 1979</th><th rowspan="2">叶德泉、钟筱春等 1990</th><th rowspan="2">高瑞祺、张莹等 1994</th><th rowspan="2">黄清华、张文婧等 2009</th><th rowspan="2">本书</th></tr>
<tr><th>聂恰耶娃 1959</th><th>北京石油科学研究院 1960</th><th>郝诒纯、苏德英 1972</th><th>叶得泉 1976</th><th>叶德泉、黄清华等 1976</th><th>郭正英 2002</th><th>高瑞祺、赵传本 1976</th><th>高瑞祺、赵传本等 1999</th><th>顾知微 1976</th><th>余汶 1963</th><th>张弥曼 1976</th><th>杨钟健 1961</th><th>孙艾玲 1959</th><th>王振、卢辉楠等 1985</th><th>赵传本 1978</th><th>李星学 1959</th><th>高瑞祺 1978</th><th>赵传本 1976</th><th>黑龙江博物馆 1976</th><th>张文堂 1964</th><th>张文堂、陈丕基 1976</th><th>崔同翠 1986</th></tr>
<tr><td>明水组</td><td rowspan="5">K_1</td><td rowspan="2">K_2</td><td rowspan="2">K_2</td><td rowspan="2">K_2</td><td rowspan="5">K_2</td><td rowspan="3">K_2</td><td rowspan="3">K_2</td><td rowspan="5">K_2</td><td rowspan="3">K_2</td><td rowspan="3">K_2</td><td rowspan="2"></td><td rowspan="4"></td><td rowspan="3">K_2</td><td rowspan="3">K_2</td><td rowspan="3">K_2</td><td rowspan="2"></td><td rowspan="5">K_2</td><td rowspan="6">K_2</td><td rowspan="6">K_2</td><td rowspan="3">K_2</td><td rowspan="6">K_2</td><td rowspan="6">K_2</td><td rowspan="2">K_2</td><td rowspan="5">K_2</td><td rowspan="5">K_2</td><td rowspan="6">K_2</td><td rowspan="5">K_2</td></tr>
<tr><td>四方台组</td></tr>
<tr><td>嫩江组</td><td rowspan="5">K_1</td><td rowspan="5">K_1</td><td rowspan="5">K_1</td><td>K_2</td><td>K_2</td><td rowspan="5">K_1</td></tr>
<tr><td>姚家组</td><td rowspan="4">K_1</td><td rowspan="4">K_1</td><td rowspan="4">K_1</td><td rowspan="4"></td><td rowspan="4"></td><td rowspan="4"></td><td rowspan="4">K_1</td><td rowspan="4">K_1</td><td rowspan="2"></td><td rowspan="4">K_1</td></tr>
<tr><td>青山口组</td><td>K_2</td></tr>
<tr><td>泉头组</td><td rowspan="2"></td><td rowspan="2">K_1</td><td rowspan="2">K_1</td><td rowspan="2"></td><td>K_2</td><td rowspan="2">K_1</td><td rowspan="2">K_1</td><td rowspan="2">K_1</td><td rowspan="2">K_1</td></tr>
<tr><td>登娄库组</td><td></td><td>K_1</td><td>K_1</td><td>K_1</td><td>K_1</td><td>K_1</td></tr>
</table>

crassatus 加厚泉头粉，*Q. tarimensis* 塔里木泉头粉，*Scollardia trapaformis* 可变斯柯拉粉，*Beaupreaidites* sp. 美丽粉，*Gothanipollis* sp. 高腾粉等。*Cranwellia striatella* 条纹状克氏粉是泉头组上部孢粉组合中最常见的一种被子植物花粉，在俄罗斯西伯利亚至远东地区最早出现于土伦期晚期，泉头组上部所见的 *Xinjiangpollis minutus* 小新疆粉在库克拜组上部已有少量出现。*Lythraites* 拟千屈菜粉属花粉在江汉盆地则产于上白垩统塞诺曼阶—土伦阶中（黎文本，2001）。泉头组所产孢粉特征分子 *Quantonenpollenites* 泉头粉也见于江苏上白垩统浦口组和塔里木盆地喀什地区的库克拜组，后者以海相为主，产塞诺曼期菊石化石；青山口组的叶肢介带化石 *Nemestheria* 线叶肢介属也见于喀什地区的库克拜组和美国得克萨斯州 Woodbian 组陆相夹层中，后者也产塞诺曼期菊石，因此，松辽盆地的泉头组似可归入塞诺曼阶（陈丕基等，1998）。且就当前泉头组上部所产孢粉类群的已知地质分布而言，其时代不可能早于塞诺曼期，其地质时代无疑应归土伦期（黎文本，2001）。泉头组下部常见的被子植物花粉有 *Polyporites* 多孔粉、*Tricolpopollenites* 三沟粉和 *Tricolpites* 三沟粉，前两属在个别样品中的含量分别可达 17.9% 和 30.3%，同时偶见 *Gothanipollis* 高腾粉等。早期被子植物花粉的高含量和 *Gothanipollis* 高腾粉属的出现，证实泉头组下部的时代已属晚白垩世，且泉头组下部的时代应不会比塔里木盆地库克拜组中、下部的时代（塞诺曼期）更早（黎文本，2001）。

被子植物花粉中，正型粉类花粉（*Normapolles*）的出现与繁盛也具有十分重要的时代意义。正型粉类花粉一般出现于塞诺曼期晚期，并在土伦期及其之后得到迅速发展并繁盛。高瑞祺（1982）在研究加拿大阿尔伯达地区的被子植物花粉时建立了三孔粉—正型粉组合，其时代为塞诺曼期晚期。而有些研究者指出正型粉类中的某些先驱分子出现于土伦期—圣通期（宋之琛等，1999）。中央坳陷区朝阳沟阶地的朝 73-87 井泉头组四段、三肇地区的树 162 井泉头组三段中均发现少量正型粉类，证实泉头组三段、四段的时代已属晚白垩世塞诺曼期，而非早白垩世阿尔布期。

火山岩锆石 U—Pb 同位素年龄数据证实营城组的地质时代已属阿普特期晚期—阿尔布期早期（舒萍等，2007；黄清华等，2011）；登娄库组的孢粉化石则显示了阿尔布期的植物群面貌；泉头组所产被子植物和被子植物花粉化石表征其时代已属晚白垩世（李星学，1995；郭双兴，1984；张志诚，1985），而正型粉类花粉在泉头组三段、四段的发现，则证实了泉头组上部地层至少已属塞诺曼期晚期（黎文本，2001；黎文本等，2005）；青山口组下部火山灰锆石 U—Pb 同位素年龄为 90.05 ± 0.56～91.35 ± 0.48Ma，对应于白垩纪古海洋土伦期—康尼亚克期（黄清华等，2009，2011）。

第三节　白垩纪地层发育特征及其分布规律

松辽盆地主要盖层沉积为白垩系。白垩系自下而上分别为火石岭组、沙河子组、营城组、登娄库组、泉头组、青山口组、姚家组、嫩江组、四方台组和明水组。火石岭组为强烈的火山喷发形成的火山岩系，喷发间隙有湖泊河流沉积，这一期火山喷发岩的分布受以北北东向为主干的断裂网络控制，是大规模裂陷作用的标志；沙河子组以不整合关系上覆于火石岭组火山岩系之上，为典型的地堑、半地堑充填，明显地受控于盆缘断裂活动，近盆缘断裂侧有巨厚的扇三角洲沉积，垂向上构成完整的裂陷旋回，也形成了重要的湖相烃源岩；营城组以不整合关系上覆于沙河子组，这一时期的沉积明显受控于裂陷作用，期间有火山喷发活动。登娄库组超覆于其下伏沉积，并在范围上较前期断陷明显扩大，其边缘沉积物有扇三角洲及冲积扇沉积，其后期沉积具有向坳陷过渡的特点。泉头组沉积时期，松辽盆地开始形成了大型坳陷，并以整合或假整合关系叠置于裂陷期的断陷盆地群之上。泉头组之上依次为青山口组、姚家组、嫩江组、四方台组和明水组，记载了我国陆相晚白垩世最完整的地质学信息（图 1-3-5 和图 1-3-6）。

火石岭组最早见于营城附近和长春以东的石碑岭、大顶子山一带，后来在找煤和石油勘探过程中，盆地内许多地区都有发现，为盆地最早期火山间歇喷发—沉积产物。火石岭组为以火山岩为主的断陷式充填沉积，主要分布于盆地中部的断陷带中，呈孤立的分割状，如西部斜坡区的富参 1 井，其岩性主要为安山岩、凝灰岩，同位素锆石年龄为 124.9 ± 2.5Ma；中央坳陷区的常家围子断陷为安山岩、安山玄武岩夹沉积岩薄层；东南隆起区的德惠断陷、莺山断陷则为砂泥岩、砂砾岩夹煤层。

沙河子组广泛分布于东部边缘的宾县、营城、九台、长春以东的石碑岭、四平及辽宁省昌图县沙河子、铁岭一带等地。沙河子组在盆地各断陷区几乎都有分布，但厚度差别较大。在莺山断陷、德惠断陷，其岩性以沉积岩为主，夹有火山岩、凝灰岩；在北部倾没区、西部斜坡区和中央坳陷区则以沉积岩为主，火山岩不发育；在西南隆起区，主要为一套含凝灰质的沉积岩。一般厚度为 0～815m，局部地区可达千米以上。沙河子组以湖泊相的滨浅湖亚相为主，同时广泛发育扇三角洲相、冲积平原相和湖沼相。

营城组在盆地内断陷带几乎都有分布，但其岩性构建具有差异性。徐西断裂带近古中央隆起带区、宋站地区的营城组下部多为沉积碎屑岩，上部多为火山岩的二元结构；徐西次凹和安达次凹区主体营城组则表现为以火山岩为主，偶夹沉积碎屑岩；而林甸断陷的林深 4 井、北安断陷的北参 1 井和宾县断陷的宾参 1 井则揭示了以灰白、灰黑、灰绿色砂砾岩、砂岩、泥岩为主的沉积碎屑岩组合。在盆地断陷带边缘，营城组下部以砾岩和火山岩与沙河子组呈不整合接触；在盆地断陷带内，营城组可相变为湖相，与沙河子组之间呈假整合接触；在盆地内古隆起带上，营城组不整合于海西期花岗岩或古生界之上。区域上，营城组的岩性、岩相变化较大，既有火山岩相，也有半深湖—深湖相、滨浅湖相和冲积扇相、辫状河三角洲相等多种沉积相体系。

登娄库组在盆地内广泛分布，主要由灰绿、灰褐、杂色砂砾岩、砂岩、粉砂岩间夹紫色、紫灰色、黑色泥岩组成，局部夹厚煤层或煤线。登娄库组主要分布于盆地中部和东部，在盆地北部倾没区、东北隆起区（除绥化凹陷南部）、西南隆起区、开鲁坳陷区及西部斜坡区均缺失登娄库组，而在盆地东缘的东南隆起区的东部宾县、舒兰的汪屯和四平东北部有零星出露。登一段分布局限，主要分布在古中央隆起以东的东部断陷带，以杂色砂砾岩、灰白色砂岩为主；登二段除主要分布于古中央隆起带以东地区外，沉积范围也波及古中央隆起带以西地区，由灰黑、灰褐、灰绿色泥岩、粉砂质泥岩与灰白色砂岩互层组成；登三段、登四段的沉积范围明显扩大，而且覆盖了古中央隆起，以灰绿色、浅灰色砂岩与褐棕色、紫红泥岩互层组成。登娄库组以冲积扇相、冲积平原相和河流—三角洲相为主，局部地区、局部时期（登二段沉积时期）发育半深湖—深湖相和滨浅湖相。

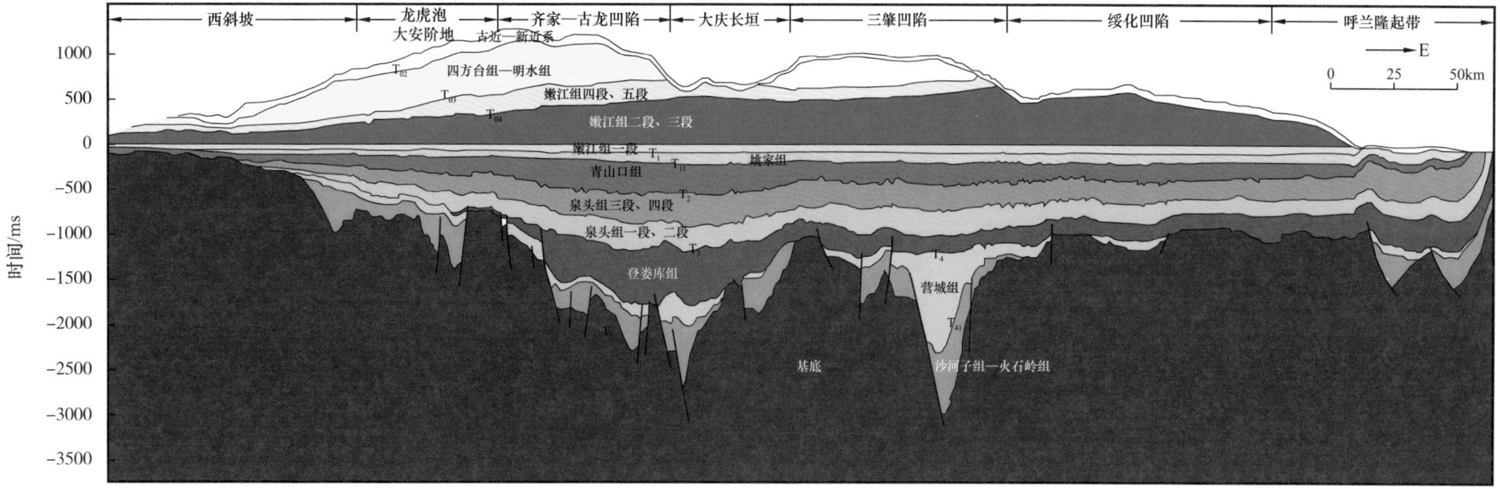

图 1-3-5　松辽盆地北部东西向（SL3 测线 T_{07} 拉平地震地层解析）白垩系分布示意图

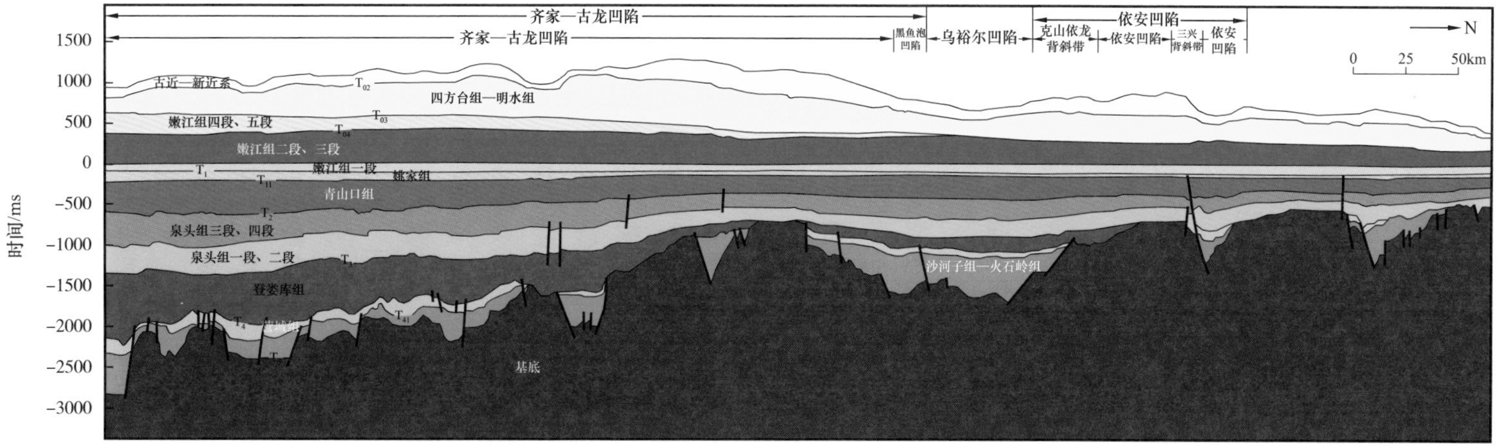

图 1-3-6　松辽盆地北部南北向（SL5 测线 T_{07} 拉平地震地层解析）白垩系分布示意图

泉头组在盆地内分布广泛，沉积范围要比登娄库组明显扩大，为一套红色碎屑岩，由棕红、紫红、紫褐色泥岩、砂质泥岩与灰绿、灰白、紫灰色砂岩、泥质粉砂岩组成。在盆地边缘地区，底部的砂岩、砾岩较发育；在盆地中心，紫红、紫褐、灰绿色泥岩发育。泉头组以曲流河、辫状河形成的河道砂和泛滥平原相为主，局部地区存在泛滥平原湖相。

青山口组为一套以灰黑、深灰色页岩为主，夹油页岩、灰色砂岩和粉砂岩的层位。青一段在盆地中部以灰黑、深灰色页岩夹油页岩为主；在西部和北部地区，为灰色砂岩、粉砂岩间夹灰黑、灰绿、棕红色泥岩。青二段、青三段粒度明显变粗，在盆地中部为灰黑色泥岩夹粉砂岩、介形虫岩；在盆地东部则为杂色泥岩；盆地西部和西北部为灰白色砂岩、粉砂岩夹杂色泥岩和介形虫岩；在盆地边缘地区可见有砂砾岩。本组在盆地中心与泉头组为连续过渡沉积，而且自上而下构成一个粒度由细变粗的反旋回。盆地内青山口组厚度变化较大，一般为300～500m，最厚可达639.5m，最薄仅有数十米。除开鲁坳陷区至今未见确切的青山口组外，在盆地内其他地区均有广泛分布，但在绥棱、富拉尔基、泰来、白城至太平川一带，青山口组底部不全，其上部直接超覆于前白垩系之上。

姚家组横向相变较大，东部以棕红色泥岩为主，中部以灰绿色、灰黑色泥岩为主，西部和北部则以杂色砂砾岩、砾岩夹紫红色泥岩为主，厚度一般为80～140m，最厚为228m。与下伏青山口组在坳陷中部为整合接触，在北部和西部地区为假整合接触，西部地区姚家组超覆于前白垩系之上。在盆地隆起部位，姚一段底部发育不全，边部缺失，与青山口组成微角度交切，为假整合接触。该段厚度变化较大，一般为40～60m，最大厚度在80m左右。姚一段岩性整体偏粗，颜色浅，生物化石稀少，暗色泥岩不发育，生油条件差，但储层发育良好，是松辽盆地白垩系的主力油层——葡萄花油层。现已在喇嘛甸、萨尔图、杏树岗、太平屯、葡萄花、高台子、敖包塔、杏西、高西、龙虎泡、朝阳沟、升平、红岗子等地区获工业油气流。姚二段、姚三段区域上岩性变化较大，盆地中部为灰黑色泥岩夹薄层油页岩、灰绿色泥岩、灰白色粉砂岩；东南部为棕红色泥岩夹灰绿色泥岩；西北部为灰白、灰绿色砂岩、粉砂岩与棕红色泥岩间互层；盆地边缘相变为厚层砂岩、砾岩，砂岩多具斜层理，厚度一般为17～140m，最厚达150m。姚二段、姚三段暗色泥岩不发育，但储层发育，是松辽盆地重要的产油层系——萨尔图油层，现已在喇嘛甸、萨尔图、龙虎泡、红岗子、阿拉新、他拉红、敖古拉、杏树岗、太平屯、杏西构造、富拉尔基等地区获工业油气流。

嫩江组在盆地中部和东部地区发育较全，盆地边缘地区因后期隆起多被剥蚀，中部地区厚度一般为500～1000m，三肇、大庆、古龙等地大于1000m。与下伏姚家组为整合接触。嫩一段暗色泥岩、油页岩发育，是盆地最有利的生油层之一，同时也是大庆油田的主力产油层之一（萨尔图油层上部），因此，本段是松辽盆地白垩系生、储油的重要层系。目前已在喇嘛甸、萨尔图、龙虎泡、红岗子、阿拉新、他拉红、敖古拉构造、阿尔十代、新店等地区获工业性油气流。松辽盆地北部长垣及其以西地区，地震前积反射结构特征清晰，嫩二段展布总体表现为东厚西薄、北厚南薄的特点，长垣以东地区最大厚度可达350m以上。嫩二段分布范围很广，盆地北部已超出现今盆地边界，但盆地东部边缘一些隆起地区却被剥蚀，如东北隆起区的海伦、东南隆起区的九台地区等。嫩三段分布范围明显小于嫩二段，主要分布于北部倾没区、中央坳陷区和西部斜坡区等。东北隆起区除绥化地区外，其他地区均被剥蚀；东南隆起区除王府和梨树地区外，其余地区均被剥蚀；而在西南隆起区和开鲁坳陷区则见有零星分布。嫩三段岩性变化不大，盆地边缘出现细砂岩，颜色变浅呈灰绿色，一般厚 60～100m，最大厚度可超过 130m，其中以中央坳陷区的古龙地区南部、长岭地区的北部和三肇地区西部最厚，沉积中心大体在大安—黑帝庙一带。本段储层较发育，已在新北地区、葡西构造等获工业性油气流，命名为黑帝庙油层。相对于嫩三段而言，嫩四段岩性明显变粗，岩石颜色变浅，厚度为 0～300m，三肇和古龙地区本段厚度最大。本段储油层发育，已在新北地区、葡萄花、萨尔图、黑帝庙、大安构造获工业性油气流（属黑帝庙油层）。嫩五段在盆地中部保存较全，边缘地区多被剥蚀，厚度为 0～355m。以中央坳陷区的古龙地区南部、三肇、长岭、大庆地区南部、大安地区、西部斜坡区东南与中央坳陷区邻接地区发育较好；而东部地区除凹陷部位有残存外，其余地区均缺失；北部倾没区、西南隆起区、开鲁坳陷区则未见本段沉积物。嫩五段生油岩不发育，但已在大安构造获工业性气流。

四方台组和明水组是盆地隆升、湖泊萎缩期的充填产物。四方台组主要由棕红色泥岩、砂质泥岩及砂砾岩、灰绿色砂质泥岩组成，主要分布于盆地的中部和西部，即中央坳陷区、北部倾没区南部、西部斜坡区中东部，盆地东部局部地区如绥化地区也有分布。其沉积中心大体在黑帝庙—乾安一带，厚度一般为 200～400m，由此向两侧厚度变薄。盆地南部绿色泥岩增多，夹薄层黑色泥岩。在西部斜坡区东南部、中央坳陷区西南部的黑帝庙、大安、平安镇一带，厚度达 200m 以上，以灰黑、灰绿色泥岩为主，夹棕红色泥岩、泥质粉砂岩和粉砂岩，含化石较多。黑帝庙以东则以砂岩、砂砾岩为主。东北隆起区的四方台、青岗一带的岩性为棕红色泥岩、灰绿色细砂岩、粉砂岩。

明水组分布范围较四方台组略大一些，主要分布于盆地中部和西部、西南隆起区、开鲁坳陷区，东部地区仅局部次级凹陷中有沉积。其岩性主要由灰绿色、灰黑色、棕红色泥岩与灰、灰绿色砂岩及少量杂色砂岩组成，岩石粒度整体较粗，含钙质，化石丰富。厚度一般为 200～400m，最大厚度超过 600m。在盆地南部，与下伏四方台组之间为整合接触，北部则为假整合接触，而与上覆古近系之间则为不整合接触。明一段盆地北部和南部岩性组成差别较大，北部地层薄，两个正旋回清楚，黑色泥岩纯而厚（15～40m），化石丰富，下部为砂岩，底部常见砾岩；南部地层厚，以灰绿色泥质岩为主，夹棕红、灰绿色砂岩，其中部和顶部黑色泥岩薄（2～9m），两个正旋回模糊。明二段泥岩特点是：颜色较杂，以砖红色为主，泥岩富含钙质，具结核，并可富集成层，小韵律多而清晰，底部砾岩常见泥砾等冲刷现象。厚度一般为 200m 左右，最大厚度超过 380m，总体表现为南厚（350m 左右）北薄（多小于 100m）现象，沉积中心大体位于中央坳陷区长岭附近一带。

第四章　构　　造

中国石油地质志首版完成后，松辽盆地北部构造研究的进展主要集中在20世纪90年代和21世纪初的一批研究成果中，重点体现在三个方面：一是对于松辽盆地基底的认识，认为松辽盆地为海西期—印支期推覆褶皱基底，发育以韧性变形为主的基底拆离带（朱德丰等，2003）；二是新增了深层断陷的研究成果，主要包括断陷结构特征、构造单元划分、徐家围子断陷构造特征等；三是系统研究总结了盖层断裂特征，划分了裂陷期同生断层、坳陷期生长断层、反转期断层和长期活动断层，分析了构造形成机制。这些成果大部分已收入1997年出版的《松辽盆地油气田形成条件与分布规律》及2009年出版的《松辽盆地陆相石油地质学》中。

第一节　区域构造背景

一、构造背景

松辽盆地位于中朝板块和西伯利亚板块复杂的构造演化带内（图1-4-1），自元古宙至古生代末，两大板块及其中间地块（体）的不同期次、不同规模的俯冲、碰撞，最终

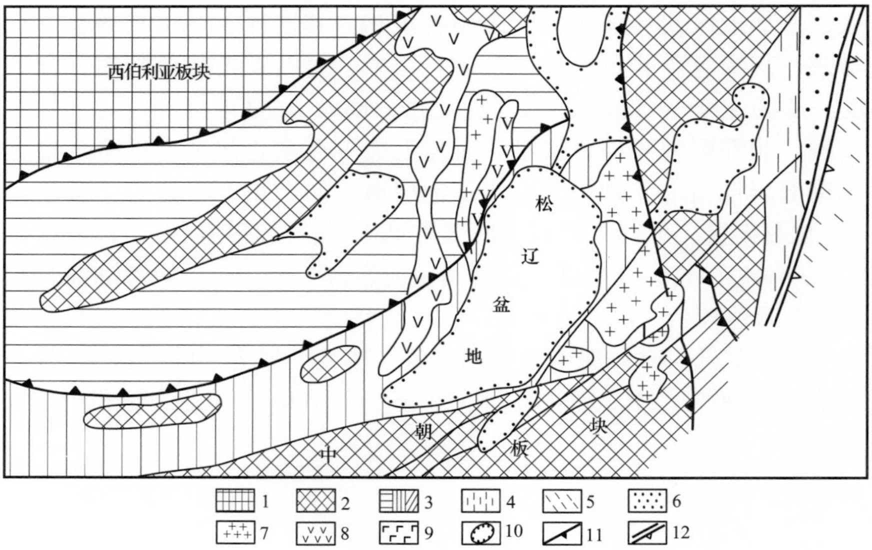

图1-4-1　松辽盆地及邻区大地构造略图

1—太古宙—元古宙克拉通；2—新元古代—早寒武世克拉通；3—古生代沟孤系岩石组合；4—J—K_1 蛇绿混杂堆积；5—K_2—E 蛇绿混杂堆积；6—鄂霍茨克板块残片；7—晚海西期—印支期花岗岩；8—侏罗纪—白垩纪CA火山岩带；9—新生界幔源玄武岩；10—中—新生代非海相盆地；11—板块缝合线或陆—陆碰撞造山带；12—地体拼贴带

导致海西末期兴蒙海槽闭合，褶皱造山形成统一的欧亚大陆。

1. 重力场展布特征

松辽盆地及赤峰—开原深断裂以北地区（松辽及其周围）的重力场具有明显的分区性。根据重力异常强度、梯度、分布范围、形态和轴向等基本特征，可将此区重力场分成西部、中部和东部三个区，它们之间大致以嫩江断裂带、牡丹江断裂带为界。

重力异常的数值及其变化的主要趋势基本与地形成镜像反映，与区域地质结构有密切的关系（图 1-4-2）。松辽盆地位于三区的中部区偏西。

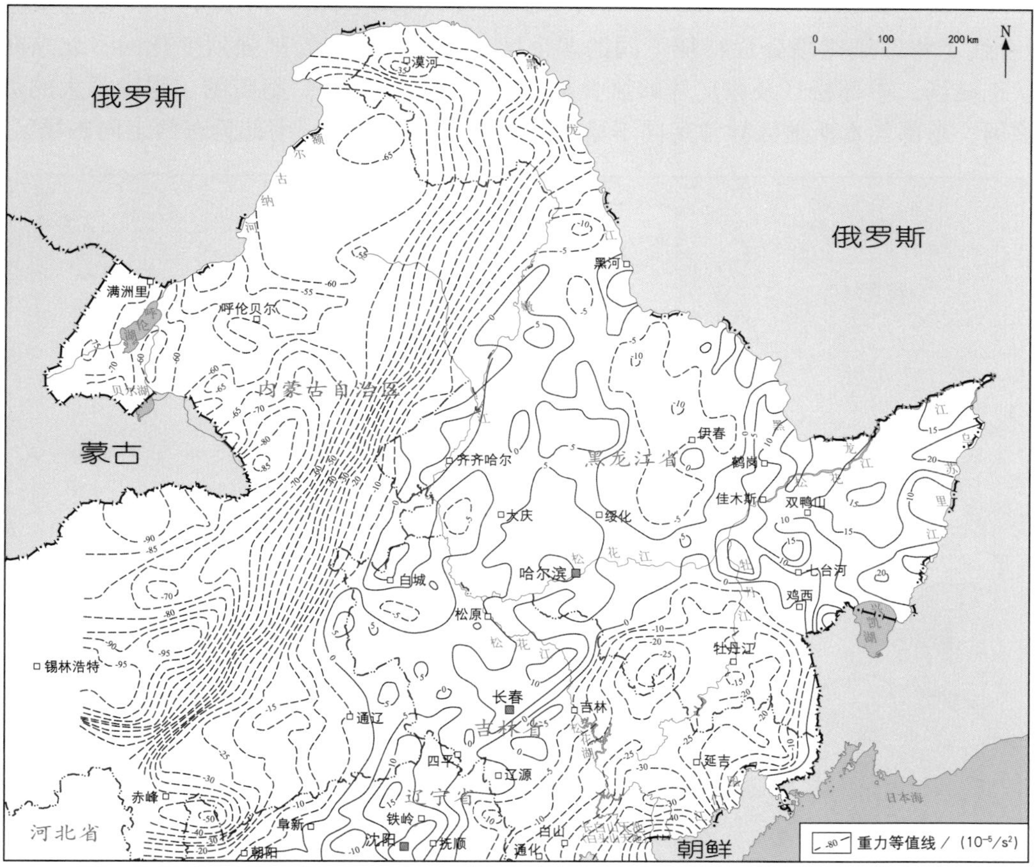

图 1-4-2　东北地区北部重力区域场图（据侯启军等，2009）

西部区位于嫩江断裂带以西，为一巨大的重力负异常区，异常梯度大［大兴安岭东坡可达 1×10^{-5}m/（$s^2\cdot$km）］，强度大（极值达 -95×10^{-5}m/s^2），走向北北东（北东 20°～30°）。异常区东侧为著名的大兴安岭重力异常梯级带；异常区北端对应漠河盆地，异常走向北北西，异常值较高；异常区西部为北北东走向，相对高的重力异常对应海拉尔盆地。

中部区位于嫩江断裂带和牡丹江断裂带之间，是以正异常为主的重力异常区，异常梯度比较小，局部异常轴向变化频繁，异常多由 1～2 条等值线圈闭，面积大小不一且形态变化较大。松辽盆地以正异常为主，异常值为 -5×10^{-5}～10×10^{-5}m/s^2，局部异常轴向不规则，总体呈北北东—北东向，异常形态变化较大；小兴安岭以负异常为主（异常

值为 -10×10^{-5}～$5\times10^{-5}m/s^2$），异常整体呈北西走向，局部异常多呈单线圈闭，规律性差；张广才岭为负异常，异常值为 -25×10^{-5}～$-5\times10^{-5}m/s^2$，异常走向北东；依兰—伊通地堑和敦化—密山断裂带为异常梯级带。

东部区位于牡丹江断裂带以东，重力异常特征南北有别。北部为正异常，异常值为 5×10^{-5}～$25\times10^{-5}m/s^2$，局部异常高低相间排列，形态多为等轴状，方向性不明显；南部为负异常，异常值为 -20×10^{-5}～$-5\times10^{-5}m/s^2$，异常走向近南北向。

2. *磁场展布特征*

区域磁场较好地反映了松辽盆地及邻区的区域地质结构（图 1-4-3），以三条断裂（缝合线）将区域磁场分成特征不同的四个区，即西部兴安岭区强烈变化的、北东向条带状正磁场；中部松辽及张广才岭区叠加有宽缓正磁异常的、稳定的、强度不大的负背景磁场；东部佳木斯地区异常走向不稳定、平缓低值正磁场；南部近东西走向磁场区。

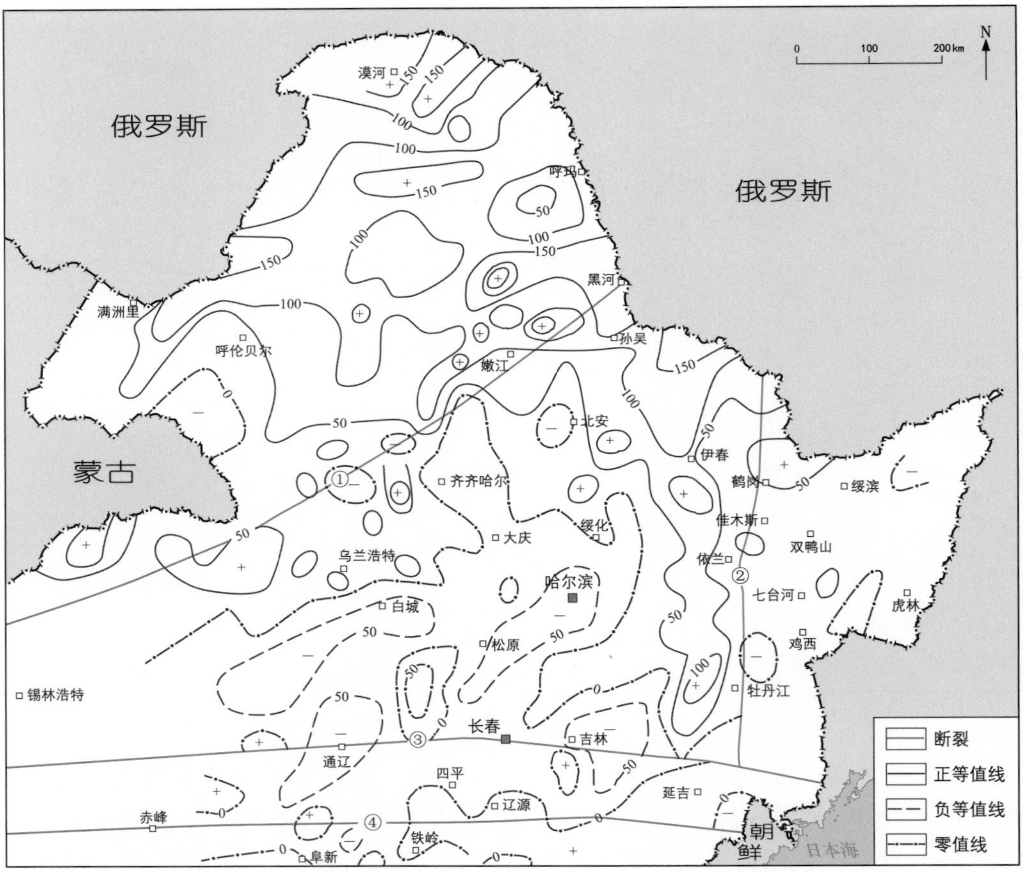

图 1-4-3　东北地区区域磁场（单位：nT）（据侯启军等，2009）

①—贺根山—黑河深断裂；②—牡丹江深断裂；③—西拉木伦深断裂；④—赤峰—开原深断裂

西部区磁异常以正负局部条带分布为特征，方向以北北东为主，异常峰值变化范围为 −200～500nT。异常区北端漠河盆地表现为近东西向异常；西部海拉尔盆地为平缓的负异常区，异常值为 0～−100nT，局部有 100nT 的正异常。

中部区磁异常特征是松辽盆地为负背景场，分布有宽缓的正异常。异常变化表明存在北北东和北西西向两组近正交的构造线；小兴安岭和张广才岭则为宽缓的正异常背景场，无规律分布，局部有强正磁异常，异常排列紧密。

东部区以平缓正异常、没有稳定走向为特征，局部叠加有规模不大的线性正异常。

3. 莫霍面展布特征

研究区及邻区莫霍面走向基本呈北东向展布（图 1-4-4）。从莫霍面深度变化趋势看，松辽盆地为一地幔隆起带，从中间向东西两侧逐渐变深，最浅的位置在明水—安达—长岭一线，最浅深度小于 29km，这条连线向东西两侧，莫霍面的深度逐渐增大，但莫霍面下降的梯度有所不同。西部从大兴安岭的东坡向西深度变化梯度比较大，在 100km 宽的范围内，莫霍面深度增大 7km，在大兴安岭山脉处出现两个北东向宽缓的局部凹陷区，最大深度达 46km；东侧莫霍面平缓下降，其中有两个凹陷，一个与张广才岭位置一致，最大深度达 38km，另一个与长白山脉对应，深度达 42km；在佳木斯地块上为莫霍面隆起，最浅部位在三江盆地的绥滨断陷，深度 31km。

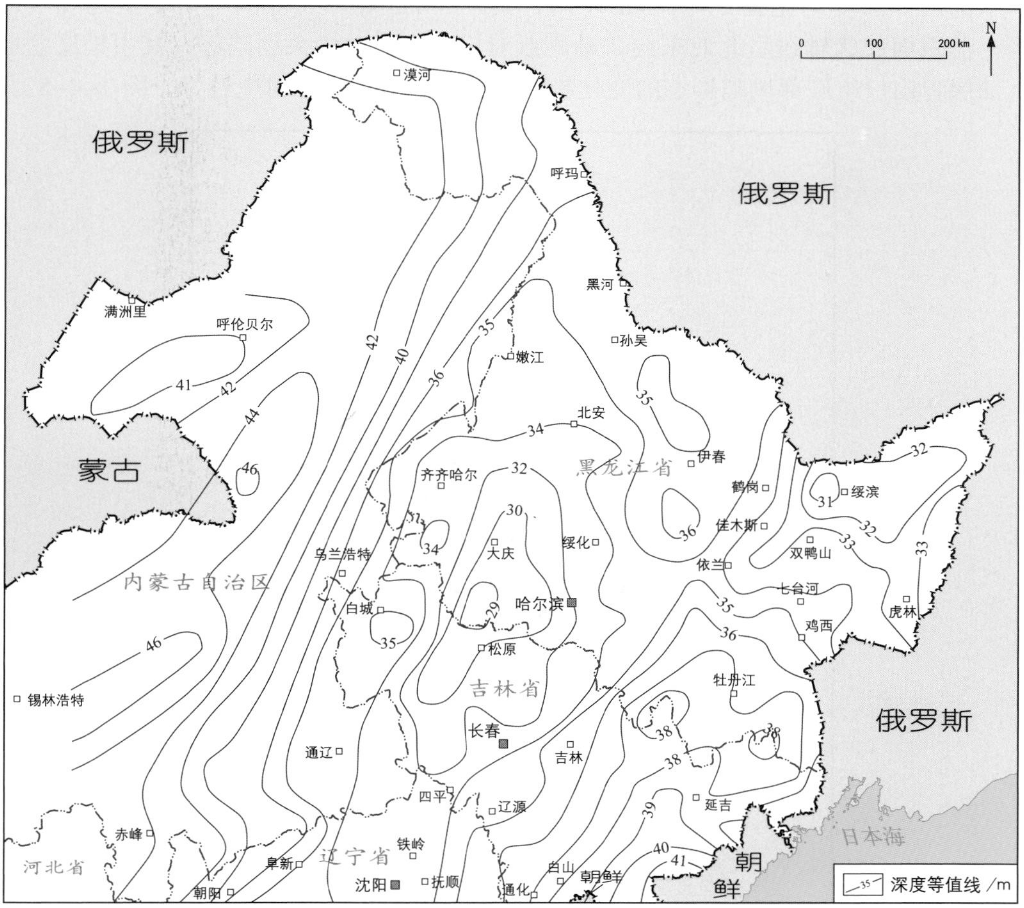

图 1-4-4　东北地区莫霍面深度图（单位：km）

莫霍面的起伏与上覆构造关系密切，主要表现为：

（1）莫霍面的隆起和凹陷分别对应中—新生代沉积区和褶皱山区，如松辽盆地、海拉尔盆地、三江盆地分别对应着莫霍面隆起，而大小兴安岭、张广才岭、长白山则分别对应莫霍面凹陷。

（2）莫霍面深度图以北东、北北东向线性构造最为清晰、完整，而东西、南北向构造线表现为被北东、北北东向改造、破坏，呈断续分布的特点。

（3）莫霍面的起伏与现代地形之间具有密切的镜像关系，是地壳现代均衡的表现，但也有个别地区例外，如哈尔滨以东地区，这一地区的地壳仍处于一种重力的不均衡状态，可能是新构造运动的活跃区。

（4）深大断裂与莫霍面变化带对应，如依兰—伊通断裂、敦化—密山断裂带。

依据莫霍面深度、起伏变化及形态特征将研究区划分成三个区，与重力和磁场展布特征相对应。莫霍面起伏是新生代以来调整的产物，但它继承了中生代构造面貌，具体特征如下。

西部区：深度变化在 36～46km 之间，总体向西倾斜，走向北北东，北端漠河盆地为北西西走向，西部海拉尔盆地呈局部凸起。

中部区：深度变化在 29～35km 之间，其中 35km 等深线范围与松辽盆地现今边界相当，莫霍面起伏轴线呈北北东向，最高点对应松辽盆地中央坳陷区，其中松辽盆地主要生油层青山口组底部坳陷形态的变化趋势与莫霍面起伏形态对应较好（图 1-4-5）。

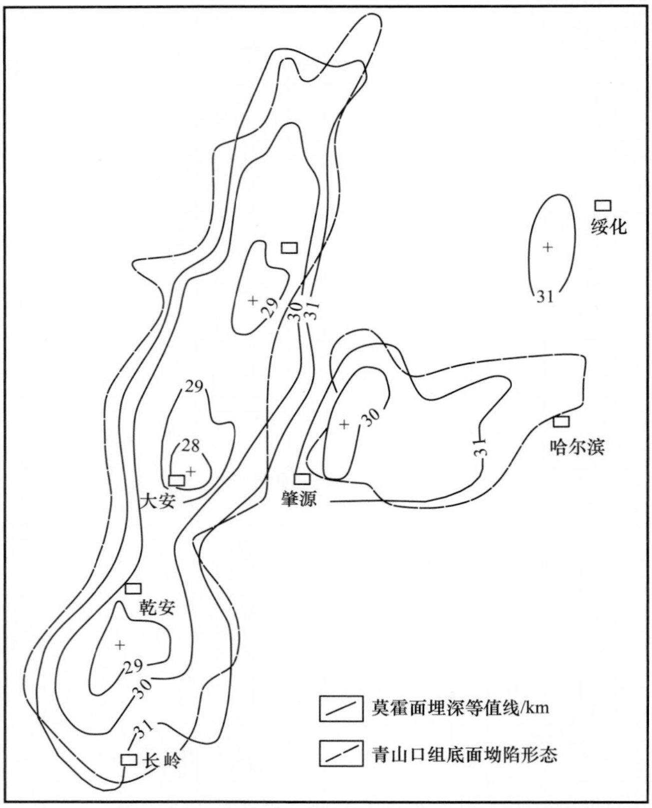

图 1-4-5　松辽盆地莫霍面隆起带与青山口组底面坳陷形态的镜面对称关系（据高瑞祺等，1990）

东部区：深度变化在 31～38km 之间，北部对应三江盆地，为莫霍面局部凸起，凸起中心在绥滨断陷，最高点 31km；南部为莫霍面局部凹陷，中间为过渡带。

二、基底岩性

据盆地内钻遇基岩的200余口探井和盆地周边露头岩性标定重磁资料预测结果，基岩岩性以泥质板岩、千枚岩、结晶灰岩等浅变质岩为主，其次为片岩、片麻岩和中酸性侵入岩。基底变质岩以两条深变质岩带为界，平面上分为三区：呼兰—前郭—乾安片麻岩—片岩带，以南以片麻岩、变质砂岩为主，西拉木伦河以南为华北板块北缘加里东褶皱带的片麻状花岗岩；盆地北部由克山—大庆—乾安片麻岩—片岩带分为东西两区，西区以板岩、碳酸盐岩为主，东区以板岩、千枚岩为主（图1-4-6）。

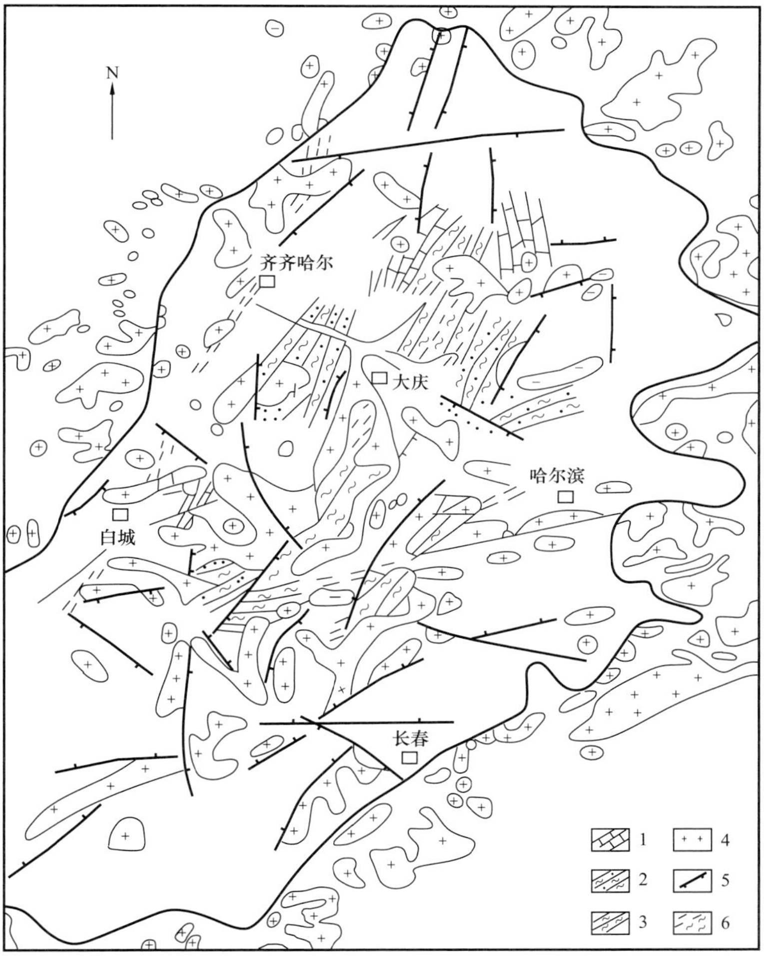

图1-4-6　松辽盆地基底构造纲要图（据高瑞祺等，1990）

1—碳酸盐岩；2—板岩、千枚岩；3—片麻岩、片岩；4—花岗岩；5—基底断裂；6—韧性、脆性剪切带

1. 浅变质岩

浅变质岩的原岩沉积环境为深海、半深海相。据朝深4井发现的早志留世四射海绵骨针硅质岩和存在大量大理岩化碳酸盐岩推测，早古生代为浅海台地相和典型深海相沉积环境。刘立等（1993）依据上古生界浅变质岩以黑色泥质板岩、碳质板岩、硅质板岩、千枚岩和石灰岩为主，夹有少量变质火山岩，在保6井发现有石炭纪—二叠纪䗴科化石，在杜101井发现有腕足类化石，并与盆地周边沉积环境对比认为，原岩沉积属于

深海—半深海复理石建造。说明石炭纪—早二叠世松辽地区大洋还没有完全闭合，仍存在残余海槽。

2. 海西期花岗岩

基底侵入岩主要为花岗岩和闪长岩类。据同位素年龄资料分为加里东期、海西期、印支期—燕山期三期，以海西期和印支期—燕山期为主，有少量加里东期或更老的岩体。加里东期为片麻状花岗岩或花岗片麻岩，均遭受区域变质和动力变形变质叠加，脆性和韧性变形明显（如克 2、通 2 井），断续零星分布，在盆地西北缘嫩江—白城和东部九台以北构成两个岩带。磁场特征为内部杂乱的强磁性特征。海西期花岗岩以肉红色花岗岩为主，并有黑云母花岗岩和闪长岩，普遍受区域变质和动力变质变形作用影响。在盆地内分布最广，构成三条规模较大的花岗岩分布带。自西而东是三兴—德都、明水—大安和哈尔滨—扶余—杨大城子花岗岩带。前两条呈北东 20°～30° 展布，长 200～250km，宽 25～30km；后一条长 300km，宽 50km，北东 30°～40° 展布，并与盆地东北缘伊春花岗岩带相接。明水—大安和哈尔滨—扶余花岗岩带与盆地内两条片麻岩—片岩带平行分布，海西期基底花岗岩类在岩石成分多阳离子参数 R_1—R_2 图解上（图 1-4-7），大部分落在同碰撞造山期深熔花岗岩（相当于 S 型）和碰撞前破坏性活动板缘花岗岩（相当于 I 型）范围，个别落在造山后抬升期花岗岩区。反映了松辽盆地基底岩浆活动与板块或地块（体）俯冲、碰撞造山机制有关。印支期—燕山期侵入岩以闪长岩、花岗岩及辉长岩为主，主要分布于盆地东部，构成海伦—尚志、肇东—尚志、宾县—乾安、宾县—农安四个条带。各条带长 200～300km，宽 30～50km。宾县—乾安花岗岩带和哈尔滨—扶余花岗岩带与呼兰—前郭片麻岩—片岩带平行分布，可能与沿构造薄弱带岩浆侵入作用有关。在盆地西北部沿嫩江断裂带还分布有强磁性的基性、超基性岩体，埋藏浅，具紧密的航磁异常。

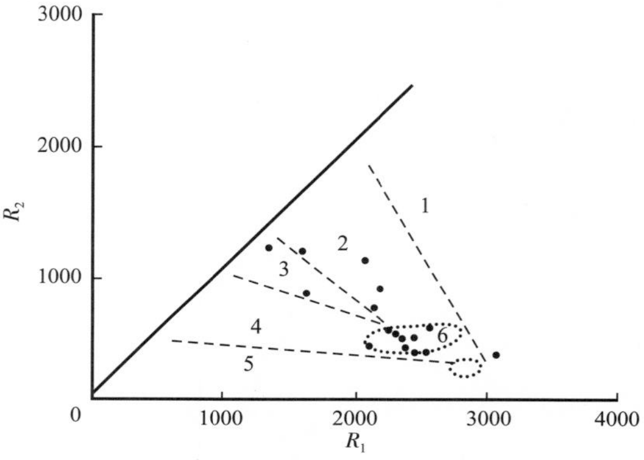

图 1-4-7 松辽盆地基底海西期花岗岩类岩石成分 R_1—R_2 多离子判别图解（据刘立等，1993）

1—地幔斜长花岗岩（相当于 M 型）；2—破坏性活动板块边缘岩浆作用（板块碰撞前，相当于 I 型）；3—加里东期“允许的”深成岩体（碰撞后的抬升，相当于 I 型；4—次碱性深成岩体（造山晚期，相当于 S 型；5—非造山碱性—过碱性岩浆作用（造山后期，相当于 A 型；6—深熔岩浆作用（同碰撞期，相当于 S 型）

基岩中可识别出三条脆性、韧性变形变质岩带，一条是齐齐哈尔—白城脆性形带，由具碎裂结构花岗岩、闪长岩及碳酸盐岩组成碎裂结构，在杜Ⅰ-4、杜Ⅰ-7 和来 33 井等基岩中均有变形现象。北安—肇州和哈尔滨—扶余两条构造岩带具有韧性和脆性两期变形。早期为韧性变形，发育有糜棱岩化的花岗岩、闪长岩（如克 2 井）和原岩为花岗岩、闪长岩的初糜棱岩、糜棱岩（通 2、拜 3、肇深 5 和二深 1 井）；晚期脆性变形以碎裂蚀变为主（通 2 井）。

基岩同位素年龄有四个峰值。据满洲里—绥芬河地学断面地质组收集的盆地基岩 40 多个同位素年龄数据（主要为 K—Ar 年龄）分析，大致有四个年龄峰值，分别为

600～700Ma、290～350Ma、180～230Ma 和 90～160Ma，它们分别代表了：(1) 深变质岩系区域变质年龄；(2) 松嫩地体与大兴安岭地块沿嫩江断裂带叠接及小兴安岭与张广才岭地块对接年龄；(3) 印支期—燕山早期伊泽那吉—库拉板块向北、北西向强烈俯冲导致盆地基底北北东向、北东向左行走滑剪切；(4) 晚侏罗世—早白垩世早期盆地基底的强烈拆离伸展断陷。

三、基底结构

通过对松Ⅰ大剖面的解释研究，结合区域重磁电资料分析，认为松辽盆地基底为海西期—印支期推覆褶皱，基底中发育以韧性变形为主的基底拆离带。这在对松辽其他深剖面的研究中得到了印证。

1. 海西期—印支期推覆褶皱基底

松辽盆地基底为海西期—印支期推覆褶皱，依据是：(1) 钻至基底的钻孔 60% 以上揭露的是海西期—印支期的花岗岩；(2) 钻孔揭露的沉积地层主要为石炭系、二叠系中酸性火山碎屑岩，并普遍褶皱变形。

最新地震资料表明，松辽盆地基底存在一系列海西期—印支期的推覆断层，其下具大型底板断裂，为 J_3—K_1^1 断陷主边界断层的基底拆离面。海西期—印支期推覆断层走向为北东—北北东，与大兴安岭同期褶皱轴向一致。

海西期—印支期推覆断层在地震剖面上表现为低角度中强振幅反射，连续性较好。从上、下缺少与其平行的反射以及错开海西期花岗岩体，可排除地层界面反射的可能。松Ⅰ区域地震大剖面上解释出 6 条这样的断层（图 1-4-8），剖面上延伸长度（由基岩顶面至基底拆离带）见表 1-4-1。

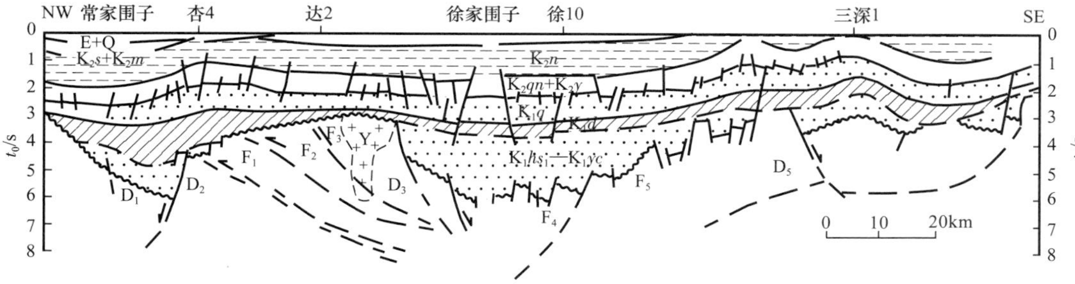

图 1-4-8　松辽盆地松Ⅰ区域地震剖面（据高瑞祺等，1990）

表 1-4-1　松Ⅰ区域地震大剖面低角度逆冲断层特征表（据朱德丰等，2003）

断层编号	延伸长度 / km	倾向	倾角 / (°)	断层编号	延伸长度 / km	倾向	倾角 / (°)
F_1	31.3	东	0～17.2	F_4	29.6	西	2～20
F_2	38.6	东	0～22.4	F_5	26.6	西	0～16.1
F_3	14.3	东	29.7	F_6	34.9	西	9.4～30.2

逆冲推覆断层平面走向为北东—北北东，平面延伸最长 180km（有地震资料范围内）。走向由北向南发生顺时针方向旋转，北部走向北东 40°，南部转为北东 60°，向东呈弧状散开。

2. 基底拆离带

在松Ⅰ区域地震大剖面上 4～7.5s 处，存在一系列近水平的中、强振幅近连续反射（图 1-4-8）。反射的顶部包络面有较大起伏，底部包络面相对平缓。在Ⅰ-1—Ⅰ-7 七段底部包络面，于 6.3～7.5s 之间有起伏；东南部的Ⅰ-8—Ⅰ-10 三段向东抬起，至Ⅰ-10 南端达到 4.5s。从盆地盖层及盆地东部新生代强烈的构造抬升分析，基底拆离带卷入了新生代的变形。底部包络面构成 3 个背形和 3 个向形（表 1-4-2）。分别是：大庆长垣背形、中央古隆起向形、中央古隆起东背形、杏山断陷西部向形、朝阳沟阶地背形、长春岭背斜带向形。总体由北西向南东东方向抬升。该反射带代表地壳中部的拆离带。松Ⅰ区域地震大剖面中，J_3—K_1^1 断陷的主边界断层均呈铲形向下消失于拆离带。海西期—印支期推覆断层除 F_4 下延方向仍有一些缓倾的反射外，其余均至拆离带变平而未切割拆离带。

表 1-4-2　基底拆离带底部包络面形态特征表（据朱德丰等，2003）

背向形名称	双程反射时间 / s	深度 / km	背向形名称	双程反射时间 / s	深度 / km
大庆长垣背形	6.65	17.8	杏山断陷西部向形	7.29	20.0
中央古隆起向形	7.25	19.9	朝阳沟阶地背形	6.67	17.9
中央古隆起东背形	6.73	18.1	长春岭背斜带向形	7.52	10.8

杏山—莺山大地电磁测深表明，12～18km 深处是一低阻层，视电阻率为 1.96～17.98Ω·m，深度与基岩内幕反射带一致。电磁测深剖面上，低阻层表现为一级向形。而地震剖面上基岩内幕反射带底界面是一个二级向形，二者在形态和深度上都大致吻合。反射带底界略深，约 19km。

高温高压物理实验及野外资料表明，花岗质岩石发生韧性变形的温压条件是 250～300℃、0.275～0.35GPa。基岩内幕反射带的深度为 10～20km，其压力达 0.275～0.55GPa。据重磁资料计算的松辽盆地居里面以上平均地温梯度为 2.5℃ /100m，按此计算，基岩内幕反射带所处的温压条件完全可以满足花岗质岩石发生韧性变形的条件。

综合分析地震和大地电磁测深资料，基岩内幕反射带为一条以韧性变形为主，由一系列近水平的糜棱岩层及低变形或未变形的岩石组成的地壳中部的一个软弱带，是介于地壳深、浅层各自相对独立变形的递变带。由于它的存在及长期活动使地壳深、浅层既相对独立变形又存在着有机的联系，也使地壳深部变形对浅层的影响和控制更富于变化。

基底拆离带主要有三次活动，经历了两次挤压、一次伸展。首先是晚海西期—印支期挤压，形成低角度逆冲断裂的大型底板断裂；晚侏罗世—早白垩世早期伸展，成为控制断陷边界断层的滑脱底板；晚白垩世、古近纪区域性挤压作用，沿基底拆离带地壳收缩，松辽盆地发生构造反转，盖层中形成大量反转构造。

第二节　断 裂 体 系

松辽盆地断裂体系分为基底断裂和盖层断裂。基底断裂依据其规模分为壳断裂和一般的基底断裂；盖层断裂依据其在不同构造层的分布与活动划分为断陷期、坳陷期、反转期和长期活动断裂。基底深断裂在不同时期的活动，对松辽盆地深层断陷和中浅层坳陷的构造格局具有重要的控制作用，是构造单元划分的主要依据之一。

一、深断裂特征

依据地球物理、地质、钻井资料分析得出四组基底断裂，即北北东—北东向、北北西—北西向、近东西和近南北向（图 1-4-9）。

1. 北北东—北东向壳断裂

盆地西缘和东南边界分别为大兴安岭东缘断裂和依兰—伊通断裂带，盆地内组成三条规模较大的北北东向断裂带，即嫩江断裂带、孙吴—双辽断裂带和哈尔滨—四平断裂带。每条断裂带又由多条北北东向、北东向次级断裂组成。嫩江断裂带由三支平行发育的北北东向基底断裂组成；孙吴—双辽断裂带由三支或四支平行分布的基底断裂组成；哈尔滨—四平断裂带由一系列右行雁列的北东向基底断裂通过北西向基底断裂交织联络组成。

2. 北北西—北西向基底断裂

从北向南依次为加格达奇—鸡西断裂、讷河—绥化断裂、滨州断裂（龙江—哈尔滨断裂）、扎赉特—吉林断裂、科右前旗—伊通断裂、突泉—四平断裂和扎鲁特—开原断裂。

3. 近东西向壳断裂

有讷莫尔河断裂、哈拉木图断裂、西拉木伦断裂和赤峰—开原断裂。

4. 近南北向壳断裂

有通榆—康平（八面山）断裂等。此外，还有一系列规模较小的基

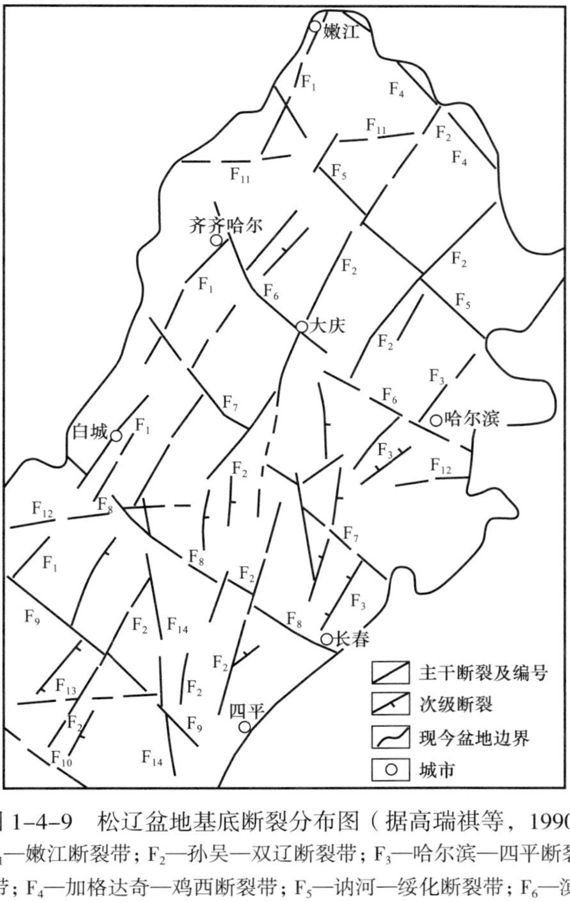

图 1-4-9　松辽盆地基底断裂分布图（据高瑞祺等，1990）
F_1—嫩江断裂带；F_2—孙吴—双辽断裂带；F_3—哈尔滨—四平断裂带；F_4—加格达奇—鸡西断裂带；F_5—讷河—绥化断裂带；F_6—滨州断裂带；F_7—加赉特—吉林断裂带；F_8— 科右前旗—伊通断裂带；F_9—突泉—四平断裂带；F_{10}—扎鲁特—开原断裂带；F_{11}—讷莫尔河断裂带；F_{12}—哈拉木图断裂带；F_{13}—西拉木伦断裂带；F_{14}—康平—通榆断裂带

底断裂，地球物理—地质综合解释为犁式断层或板状断层，在基底浅部倾角较陡者也称为高角度基底断层。

根据盆地基底断裂的地质地球物理特征、相互切割关系、区域应力场分析，在时间上，近东西和近南北向断裂形成最早，可能是新元古代—古生代。其次是北北东和北东向断裂，形成于晚古生代—中生代早期，具有双重或多重继承性，与基底早期左行走滑剪切或逆掩推覆、后期伸展拆离作用有关。北西向断裂略晚于北东向基底断裂，形成于左行剪切作用和伸展拆离过程，多为走滑性质，为协调断层或传递断层。在空间上，北北东向和北东向基底断裂浅部较陡、深部平缓，多表现为犁式断层或板状断层；北西向断裂较陡，多为走滑性质的传递断层；平面上北北东、北东向断裂常被北西向断裂错开，呈“X”网状相交，切割盆地呈东西分带、南北分块特征。

二、盖层断裂特征

松辽盆地盖层断裂按构造层的不同划分为四类断层，即断陷期同生断层、坳陷期生长断层、反转期断层和长期活动断层（图 1-4-10）。

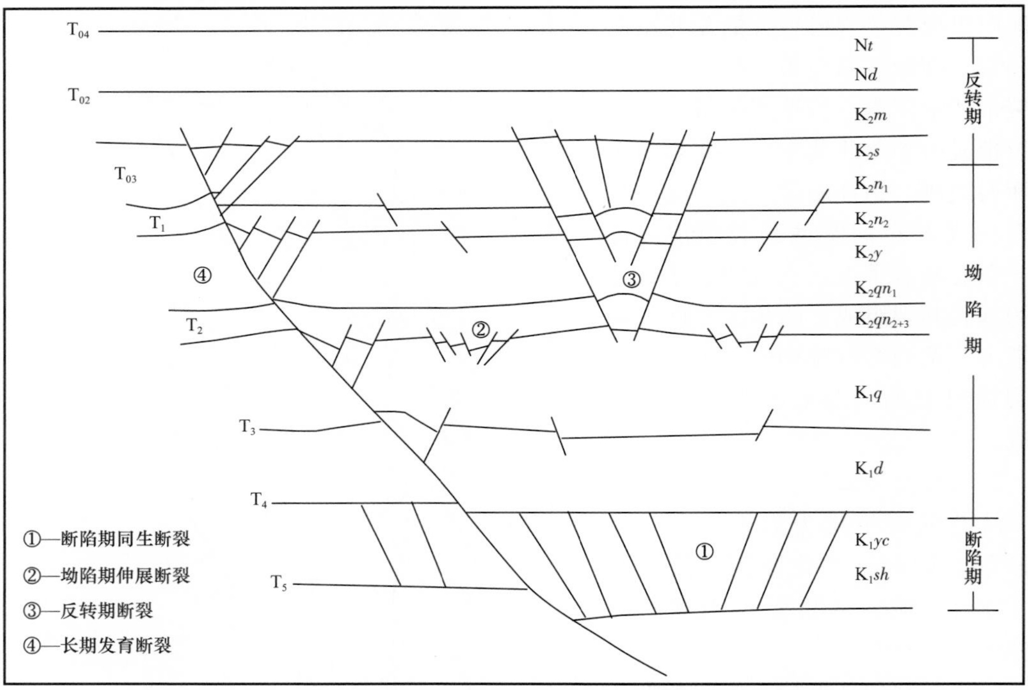

图 1-4-10　松辽盆地断裂系统模式图（据侯启军等，2009）

1. 断裂特征

1）断陷期同生断层

发育于盆地盖层的深层，在基岩顶面、断陷期地层广泛分布。断陷期同生断层为张性正断层，断层延伸长、断距大。断层剖面上呈犁形，部分构成断陷的边界。平面上，近南北向走向断层数量最多，北北东及北东向深断裂上方断层密度相对大，断层延伸长、断距亦较大，构成北北东向断裂带，如敖古拉—哈拉海断裂带、黑鱼泡—大安断裂带、北安—大庆断裂带、嫩江断裂带、海伦—肇州断裂带、绥棱—肇东断裂带，北东向断裂带如莺山断裂带等。断裂带具长期活动的特点，对盆地的建造及构造格局具控制作用。

2）坳陷期伸展断层

形成于盆地发育的沉陷期，主要分布于泉头组、青山口组、姚家组内，断距和延伸长度与裂陷期断层相比小得多，但数量多，以 T_2 层断层为代表。断层统计结果表明以近南北向为主，断层具明显的伸展特征：剖面上，断层具三种组合形式，即垒、堑式断层组合，同向倾斜式断层组合，Y 字或反 Y 字形断层组合；平面上，断层呈侧列式带状展布，单个断层呈弧状弯曲，尖端分叉。T_2 断层平面上广泛分布，但分布密度不均，呈密集带状展布，构成断裂带。长垣以西地区，北部发育北北东向断裂带，南部发育北西向断裂带，三肇地区发育了北东、北西向网格状断裂带。这些断裂带的形成是基底断裂活动控制的结果。

根据 T_2 断层剖面特征及拉张应力传递状态，松辽盆地 T_2 断层概括起来有 5 种主要的分布模式（图 1-4-11），主要包括：继承性断裂直接传递、先存断裂与新生断裂间接传递、基底隆起（可能是断裂引起）导致盖层拉张、水平拉张量顺基底顶面迁移和水平拉张以盖层层间滑动方式传递。

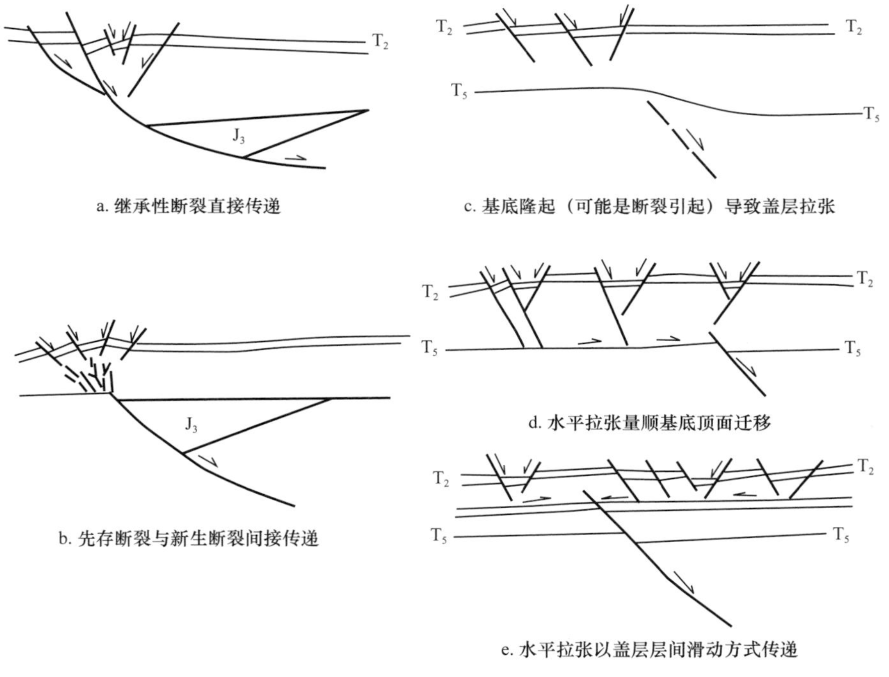

图 1-4-11　T_2 断层拉张应变的传递方式示意图（据侯启军等，2009）

3）反转期断层

发育于盆地的浅层盖层，包括 T_{06} 标准层及以上发育的断层，形成于反转期。盆地反转期，在区域性近南北向左行压扭应力场的作用下，以先期北北东向基底断裂为边界条件，形成以北西向为主的次级张扭性断层，这类断层规模小，平面分布不均，在背斜轴部分布较多。在孙吴—双辽断裂以东地区断层走向北东、北西向均有。

4）长期活动断层

主要为北北东向的正反转断层，是盆地内先期发育的张性正断层在反转期发生逆冲反转活动，形成正反转断层。这类断层纵向上断穿层位多，大多从基岩顶面断穿至嫩江组甚至以上地层；断层数量极少，但规模大，长期活动，主要分布于长期活动的基底深断裂之上。如林甸反转断层、长垣北部正反转断层、敖古拉正反转断层、大安正反转断层、红岗正反转断层、孤店正反转断层、柳条正反转断层等（图 1–4–12、图 1–4–13）。

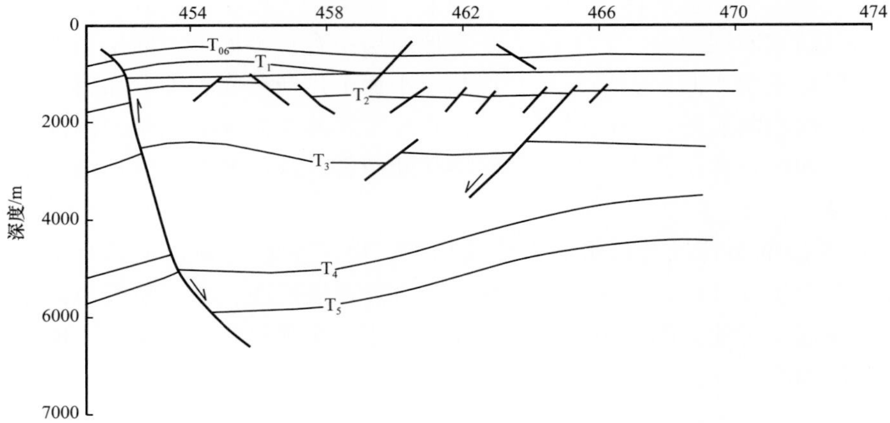

图 1–4–12　大庆长垣北部喇嘛甸正反转构造剖面（183.75 线）

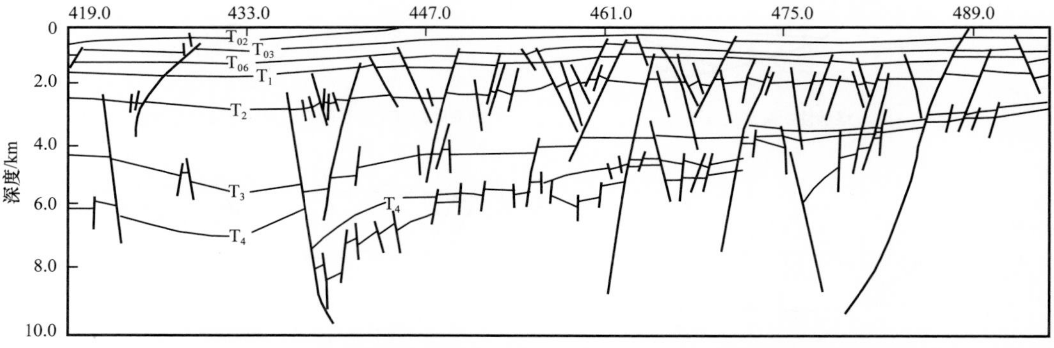

图 1–4–13　松辽盆地北部松Ⅲ地震大剖面（G66.0 线）（据高瑞祺等，1990）

2. 断裂带

受基底断裂控制，坳陷期发育 5 条北北东向的区域性断裂带：自西向东依次为齐西—敖古拉—哈拉海断裂带、黑鱼泡—头台断裂带、任民镇—肇州断裂带、太平山—肇东断裂带、永安镇—双城断裂带（图 1–4–14）。

单一断裂带长度为 150～250km，宽为 3～20km，带间距为 40～50km。在断裂带上，断层密度大，继承性断层数量多。稳定延伸的阶状断层带是断裂带主体的平面特征之一。断裂带还具有明显的侧向分带特征。

1）齐西—敖古拉—哈拉海断裂带

该断裂带位于中央坳陷区和西部斜坡区交接部位。北起泰康，南至大安。自北而南可划分为三段：齐西断层带、敖古拉断层带、哈拉海断层带（图 1–4–15）。

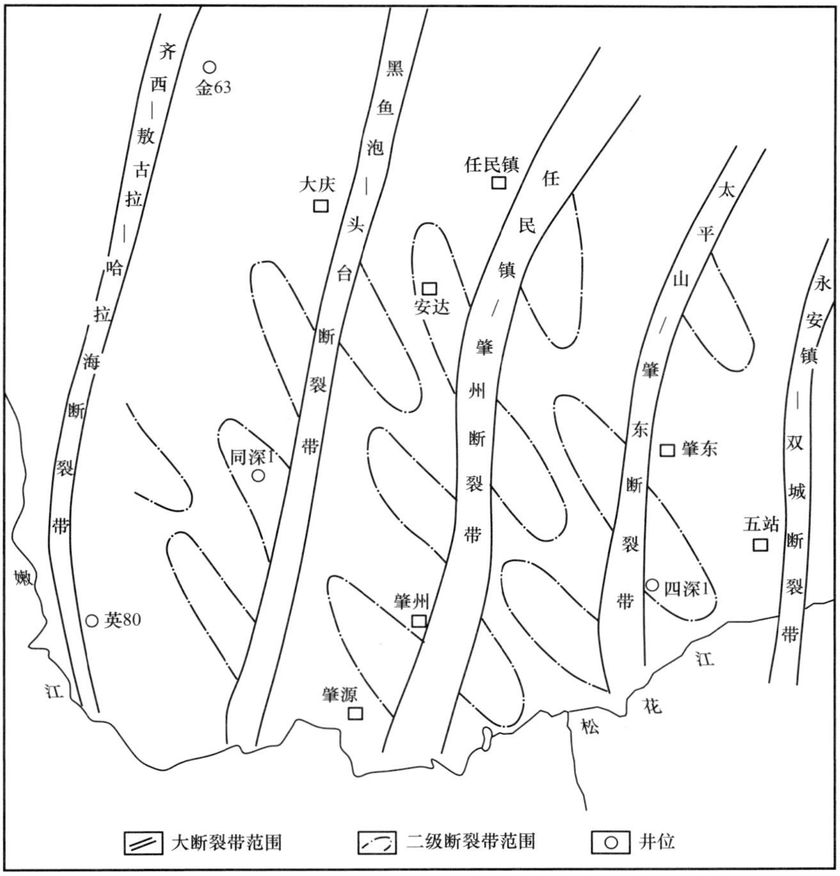

图 1-4-14　松辽盆地北部断裂带分布纲要图

各断层带长度一般为 20～30km，断层带走向与西部斜坡走向相近。断面大多西倾，构成反向正断层。断陷期垂直断距在 1000m 以上，向上减小。断层带内断层呈左行雁列状排布，断层长度一般为 1～5km。

齐西断层带在小林克地段其基岩顶面断层的最大垂直断距可达 1870m，最大断距点位于主断层与分支地堑交会处。泉头组顶面断层的最大垂直断距达 115m，最大断距点也位于主断层与分支地堑交会处。

从分支地堑与主断层所夹之锐角可判定：主断层可能发生过东盘向北、西盘向南的平移活动。换言之，断层及伴生的地堑是在逆时针扭动应力场作用下产生和发展起来的。

敖古拉断层带继承性好，绝大多数断层从 T_5 标准层一直延伸到 T_{06} 标准层。平面上走向为 35°，长度为 29km，倾向北西，略呈反“S”形展布。断层带由 7 条呈左行雁列状排布的断层构成。断层单体长 1.5～4.5km，平均为 3km，走向 17°～54°，倾角 50°～73°，平均为 53°。

齐西断层带位于敖古拉断层带北北东方向，全长 41km，走向为北东—北北东，倾向西，断层倾角 40°～60°。基岩顶面为一条长 41km 的大断层，断距 1000～1250m，断距向两端减少至 200～800m。泉头组顶面由 5 条左行雁列状断层组成断层带，单体长

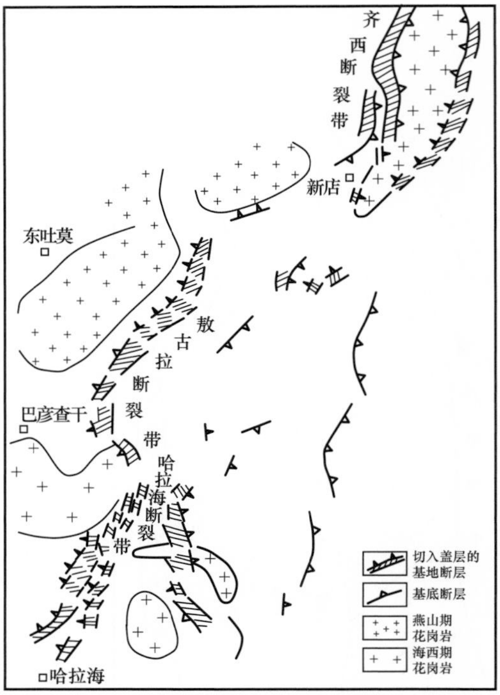

图 1-4-15　松辽盆地北部齐西—敖古拉—哈拉海断裂带与基岩关系图

3～14km，断距 10～70m。姚家组顶面由 9 条左行雁列状断层组成断层带，单体长 1.5～6km，断距 10～35m。嫩江组二段顶面由 3 条断层组成断层带，断距为 10～20m。可以看出，断裂强度由下向上减弱。还可以看出断层带两侧不易形成良好构造圈闭。

2）黑鱼泡—头台断裂带

该断裂带是 20 世纪 60 年代确定的松辽深断裂之一段，即孙吴—双辽壳断裂的一部分。

该断裂带南段长 50km，呈断阶状（图 1-4-16）。在基岩顶面上最大垂直落差达 1570m，在登娄库组顶面上最大垂直落差为 700m。南段的基底背景是带状延伸的片麻岩带，说明在古生代就开始有断裂活动。

分支断裂带呈左行雁列状排布，与主断裂带夹角稳定在 40°～50° 之间，还有一类呈右行雁列状排布的张扭性分支断裂带，可能发育较早。因而，由主断裂带和两侧的张扭性及压扭性分支断裂带共同组成了黑鱼泡—头台断裂带。

断陷地层残余厚度大的部位基本上受张扭性分支断裂带控制，一条断层控制一个小断陷。

黑鱼泡断裂带长 195km，其中最长一条断层长 125km，余者为 20～60km，断距为 50～80m，最大断距为 250m。呈西倾的断阶带形式展布。

3）任民镇—肇州断裂带

断裂带主体断层密度大，由基岩上延的继承性断层出现频率高。泉头组顶面上，由任民镇向南出现多条长达 40～50km 的西倾断层。值得注意的是：在任民镇以东 15km 处出现一条长 25km 的逆断层，其上升盘由东向西逆冲。逆断层两侧登娄库组顶部断距大于泉头组顶部断距，泉头组顶部断距大于姚家组顶部断距。从地层厚度看，断陷地层上升盘厚度大，姚家组、青山口组、泉头组在下降盘厚度大，这表明逆断层在泉头组沉积前还是正断层，在泉头组沉积以后才向逆断层转化。

4）永安镇—双城断裂带

该断裂带是由一系列北西向基底断层组成的右行雁列状的断裂带，其分支断裂带内的断层多呈北东—北北东向展布。在登娄库组顶面上，个别断层长达 20km，断层多呈南北向。在泉二段顶面和泉头组顶面构造图上，双城以北断裂带也以南北向断层为主，断层密度较大。

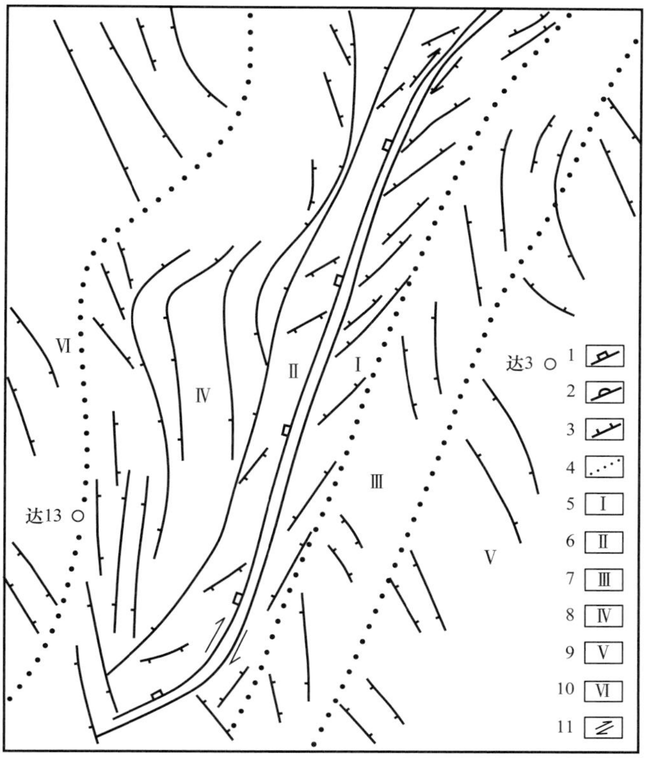

图 1-4-16 黑鱼泡—头台断裂带主断裂亚带划分图

1—基岩顶面断层；2—侏罗系边界断层；3—泉头组顶面断层；4—断裂亚带界限；5—上盘压扭性左行断裂亚带；6—下盘压扭性左行断裂亚带；7—上盘张扭性第一右行地堑断裂亚带；8—下盘张扭性右行同倾向断裂亚带；9—上盘张扭性第二右行地堑断裂亚带；10—下盘张扭性地堑断裂亚带；11—作用力方向

第三节 构造演化

松辽盆地的形成主要受两种动力控制：一是地壳深部地幔物质的热动力，上地幔隆起引起大陆壳张裂；二是太平洋板块向亚洲大陆俯冲形成的动力。盆地早期发育主要受第一种动力控制，中、晚期发育主要受第二种动力控制，由于两种动力性质的改变，在盆地发展过程中，具有张、压两重性，表现为早期裂谷、中期坳陷和晚期褶皱的特点。

一、盆地演化

根据板块环境、构造与沉积特征，松辽盆地的形成演化可划分为五个阶段（图 1-4-17）。

1. 成盆先期褶皱阶段（P_2—T）

古生代末期欧亚板块向南东方向运动，与古太平洋板块碰撞，造成大陆向海洋方向的倾斜，使整个中国东北和日本诸岛发生大规模褶皱，松辽地区大范围抬升，伴随有强烈的岩浆活动，有大规模的花岗岩浆侵入，深部莫霍面可能发生起伏，三叠纪早期经过

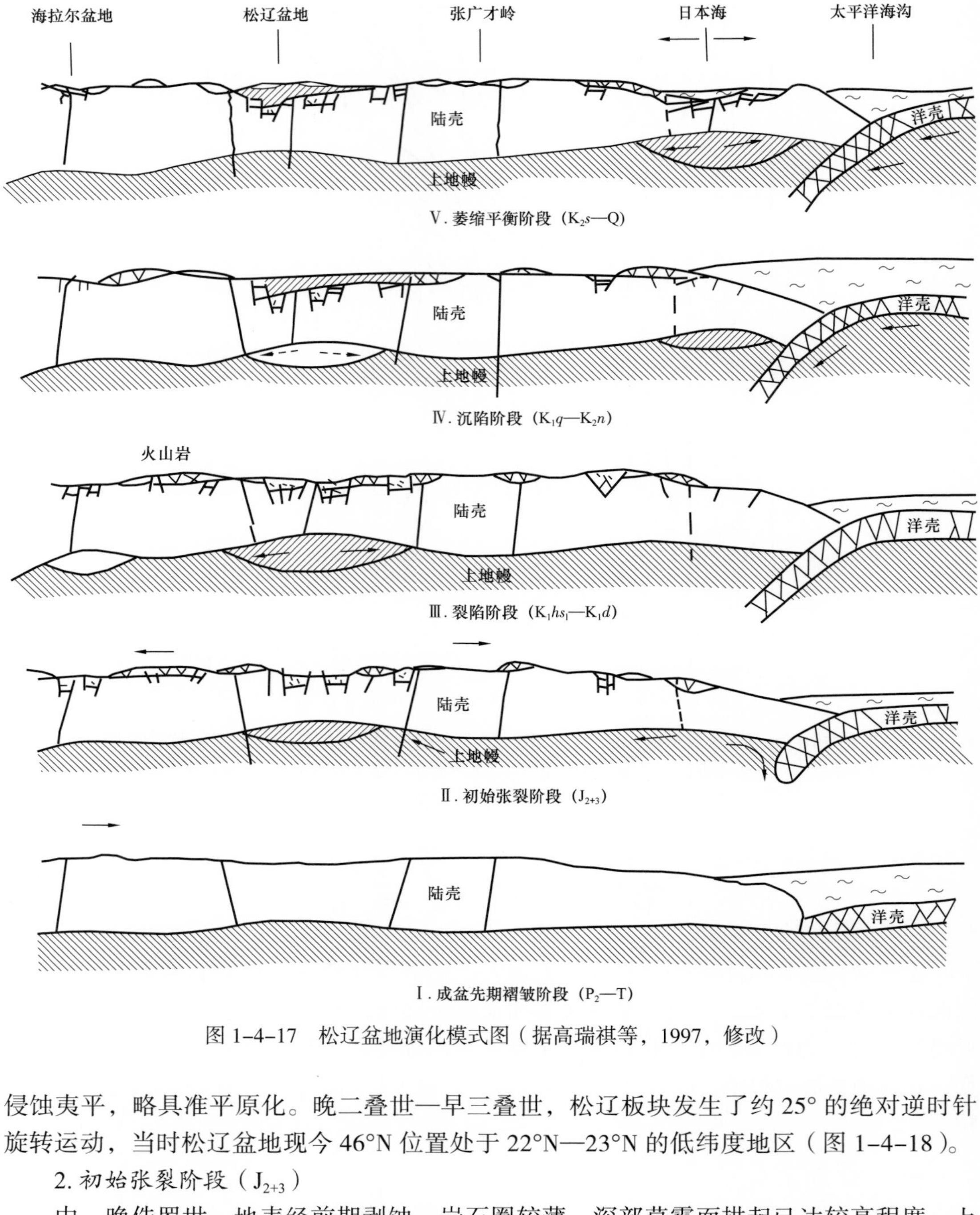

图 1-4-17　松辽盆地演化模式图（据高瑞祺等，1997，修改）

侵蚀夷平，略具准平原化。晚二叠世—早三叠世，松辽板块发生了约 25° 的绝对逆时针旋转运动，当时松辽盆地现今 46°N 位置处于 22°N—23°N 的低纬度地区（图 1-4-18）。

2. 初始张裂阶段（J_{2+3}）

中—晚侏罗世，地表经前期剥蚀，岩石圈较薄，深部莫霍面拱起已达较高程度，上地幔造成局部异常，产生热点，导致盆地早期的初始张裂，形成规模不等的裂陷。沿断裂发生较强烈的岩浆活动，用脉动构造学的观点，可解释壳内能量的积聚与释放形成两个喷发旋回，此时盆地西部地壳破裂较强，火山活动强烈，而东部地壳破裂不完全，以产生裂陷为主，充填了巨厚的裂谷式补偿沉积。自早三叠世开始，松辽板块发生了大规模的北向漂移。

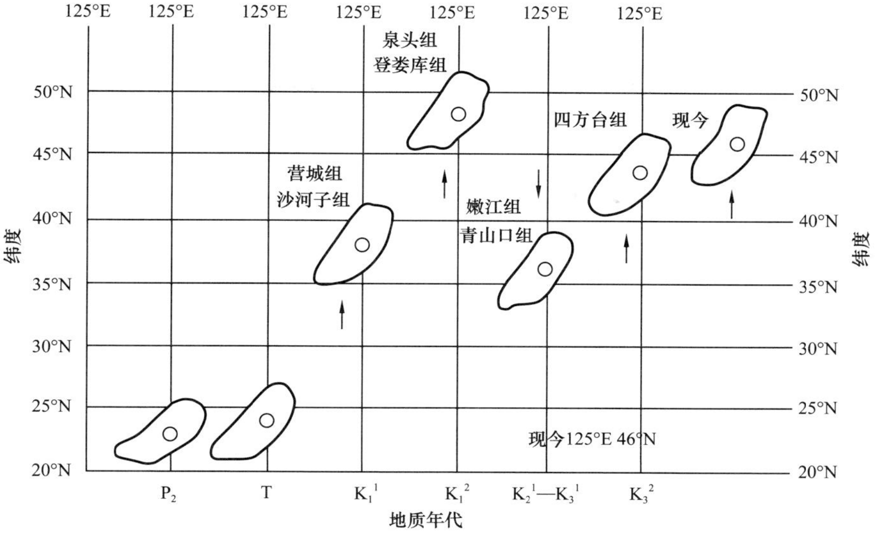

图 1-4-18　松辽盆地古纬度变迁图（据高瑞祺等，1997）

3. 裂陷阶段（K_1hs_1—K_1d）

早白垩世早期，盆地中部莫霍面拱起使异常地幔作用明显，造成持续拉张。此时孙吴—双辽壳断裂活跃，中央断裂隆起上升，两侧形成拉张裂陷，陡峻断崖地形明显，呈现出与贝加尔湖、红海形态近似的裂谷。裂陷沉降速度快、物源多、水动力强，沉积补偿作用好，因而沉积物以较粗屑类复理石建造为主，并形成目前盆地的雏形。

沙河子组沉积时期以伸展为主，形成新的断陷，主要为北东、北北东向展布，莫霍面上升幅度较大，又发生了一次火山活动。

营城组和登娄库组沉积时期，初始张裂的松辽早期裂谷未能继续大规模裂开，而呈现出封闭趋势，逐渐结束其裂谷阶段。此期断陷趋于萎缩，伸展率变小，构造沉降幅度降低，盆地周缘开始隆起，热流值最大达到 108.37mW/m^2。

此期松辽板块继续向北漂移，松辽盆地古纬度为 40.65°（现今 46°N 位置），与早三叠世相差 17.38°，漂移距离约 1738km。

4. 沉陷阶段（K_1q—K_2n）

进入早白垩世中期，由于岩石圈逐渐冷却，产生热收缩（弹性回降），此时在全球板块控制作用下，地壳呈不均一的整体下沉，进入到裂陷基础上的叠覆沉陷。

此时由于太平洋板块向中国大陆俯冲作用的加强，在松辽盆地形成左旋转换引张应力体制，导致盆地大幅度沉降加速，沉陷面积和幅度不断增大，在 35Ma（100—65Ma）内沉积了一套厚达 3000m 的砂泥岩互层的河湖三角洲相含油建造。在上地幔拱起的最高地带，均衡调整作用最强烈，形成中央深坳陷。在引张应力作用下再次伸展，发生断裂及岩浆活动，再次出现高地温，遭受两次海侵。

地壳运动平面上的差异造成沉陷的不均一性，表现为前期有东部和中部两个沉降中心，中后期东部沉降中心逐渐消失，造成东部发育早期断陷，中部多数发育长期凹陷，西部为长期的斜坡带，大面积缓慢沉降，地层逐层超覆，表现出沉积范围和轴线摆动以及西移。

早白垩世末，松辽板块与西伯利亚板块相碰撞，产生强烈挤压，之后由于部分变形松弛，应力释放，产生了一定幅度的“反弹”运动或侧向蠕动，松辽板块向南漂移运动了 6.6°。

晚白垩世中期，日本海开始扩张，向西的推挤力波及盆地，即所谓的“嫩江运动”，产生压扭应力场后发生褶皱运动，盆地普遍上升，东部地区更为明显，局部构造及二级构造带形成，结束了这一阶段。

5. 萎缩平衡阶段（K_2s—Q）

嫩江运动以后，盆地深部地质结构逐渐趋于调整均衡，盆地全面上升，湖盆规模收缩，仅为前期的四分之一。挤压运动一方面使先期地层发生褶皱，另一方面，挤压力也可使盆地边缘差异性隆起、盆地中心差异性沉降。因此在总体上升的背景下，盆地东部差异性抬升，沉积中心再次西移，沉降速度缓慢，盆地的构造运动为被动升降。日本海进一步扩张，并伴随有轻微的褶皱运动，盆地东、中部构造幅度进一步加大，西部形成一批浅层构造。

在挤压应力体制下，形成特殊类型的叠加构造样式——反转构造。一种是断裂型正反转构造，即下部为正断层，上部为逆断层，如孤店、大安、林甸、任民镇断层等；另一种为背斜型正反转构造，即下部为断陷式（向斜）构造，上部为背斜构造，如大庆长垣。

古近系、新近系、第四系是在侵蚀夷平的基础上沉积的一套磨拉石建造，此时活动性很弱，盆地呈现出渐趋消亡的特征。

二、构造层划分

将松辽盆地早白垩世以来的构造演化划分为三个大的阶段，相对应盆地盖层的三大构造层，分别为断陷层（K_1hs_1—K_1d）、坳陷层（K_1q—K_2n）和反转层（K_2m—Q）。

1. 断陷层（K_1hs_1—K_1d）

包括断陷期火石岭组、沙河子组、营城组和登娄库组，期间构造活动频繁，发育 3 个不整合面。

2. 坳陷层（K_1q—K_2n）

包括坳陷期的泉头组、青山口组、姚家组、嫩江组。坳陷层的沉积速率、沉积物厚度和持续沉积、沉降时间最长，盆地的主要生油层、储层、盖层均在这一构造层内。坳陷层具有三个快速沉积阶段，泉头组一段、二段（K_1q_{1+2}），青山口组二段、三段（K_2qn_{2+3}），嫩江组三段—五段（K_2n_{3+5}），与超层序有较好的对应关系，即每一个快速沉积时期对应一个超层序的高位体系域。

3. 反转层（K_2s—Q）

包括四方台组、明水组、古近系、新近系、第四系。这一时期是松辽盆地的反转期、构造定型期，明水组、古近系、新近系之间的两期区域不整合所代表的构造运动致使松辽盆地构造定型。

三、构造运动

松辽盆地三大构造层内可划分出 6 次挤压构造事件（构造活动时期），造成 6 个重要的不整合面，即 K_1s/K_1hs_1、K_1ych/K_1s、K_1d/K_1ych、K_2s/K_2n、$E_{2+3}y/K_2m$ 和 $N_1d/E_{2+3}y$（表 1-4-3）。

表 1-4-3　松辽盆地地震标准层与地层界面对比表

地层			地层代号	接触关系	地震反射层
第四系			Q		
新近系			N		
古近系			E		T_{02}
上白垩统	明水组	二段	K_2m_2		
		一段	K_2m_1		
	四方台组		K_2s		T_{03}
	嫩江组	五段	K_2n_5		
		四段	K_2n_4		T_{04}
		三段	K_2n_3		T_{06}
		二段	K_2n_2		T_{07}
		一段	K_2n_1		T_1
	姚家组	二段、三段	K_2y_{2+3}		
		一段	K_2y_1		T_1^1
	青山口组	二段、三段	K_2qn_{2+3}		
		一段	K_2qn_1		T_2
下白垩统	泉头组	四段	K_1q_4		T_2^1
		三段	K_1q_3		T_2^2
		二段	K_1q_2		
		一段	K_1q_1		T_3
	登娄库组	四段	K_1d_4		
		三段	K_1d_3		T_3^1
		二段	K_1d_2		
		一段	K_1d_1		T_4
	营城组		K_1ych		T_4^1
	沙河子组		K_1sh		T_4^2
	火石岭组		K_1hs_1		T_5

前三个构造事件主要影响断陷层序，其中，K_1ych/K_1s 之间的不整合较强，在徐家围子断陷和德惠断陷有逆断层活动。

后三个构造事件决定了对松辽盆地坳陷构造层的褶皱、断裂等变形特征；$E_{2+3}y/K_2m$ 及 $N_1d/E_{2+3}y$ 的两次事件影响的深度和广度最大，对松辽盆地的油气生成、运移和聚集起了决定性的作用。

四、构造发育史

晚侏罗世—早白垩世早期，东北亚地区广泛发育了中小型断陷盆地，松辽盆地北部深层的断陷便是这一区域性断陷群的一部分。早白垩世中期，即登娄库组沉积时期，由于东北亚地区地质格局的变革，松辽地区发育了大型坳陷盆地，自此拉开了与周边地区差异性的地质发展历史。早白垩世中小型断陷盆地在松辽地区也被埋藏于厚逾数千米的坳陷期地层之下。

1. 火石岭组沉积时期

火石岭组沉积时期为断陷早期，伴随着基底断裂的活动，形成了以裂隙式喷发为主的火山岩。火石岭组分布不受控陷断裂控制，在古地形低凹处较厚，在较高处则较薄。面积大于 1000km^2 的有茂兴断陷、林甸断陷、莺山断陷、双城断陷、安达—昌五断陷、徐家围子断陷、绥化断陷、兰西断陷、呼兰北断陷、黑鱼泡断陷，中部断陷地层较厚，最大可达 1500m 左右，其他断陷地层厚度均不大，多为 200～500m，并有由东向西逐渐减薄的趋势。

2. 沙河子组沉积时期

沙河子组沉积时期为断陷发育的鼎盛时期，以持续沉降阶段为特点。沙河子组以湖相碎屑为主，夹有少量火山岩。沙河子组地层分布面积大于 1000km^2 的有茂兴断陷、莺山断陷、双城断陷、安达—昌五断陷、徐家围子断陷、兰西断陷、呼兰北断陷、绥化断陷、林甸断陷、黑鱼泡断陷、梅里斯断陷、北安断陷、依安断陷，中部断陷地层较厚，最大可达 1000m 以上，其他断陷地层厚度均不大，多为 300m 左右（图 1–4–19）。

3. 营城组沉积时期

营城组沉积时期是断陷盆地的萎缩阶段，区域性裂陷逐渐减弱。该时期区域性沉积—沉降格局发生了变化，不仅沙河子组沉积时期沉积区发生沉积作用，部分隆起地区也下降接受沉积，断陷间隆起区变窄。地层中夹有两期火山岩，早期以酸性岩为主，晚期以基性岩为主。营城组分布面积大于 2000km^2 的有常家围子—古龙地区中北部断陷区、茂兴断陷区、莺山断陷区、双城断陷区、安达—昌五断陷区、徐家围子断陷区、绥化断陷、黑鱼泡断陷、梅里斯断陷和北安断陷。营城组厚度变化不大，厚度相对较大的地区有安达—昌五断陷、徐家围子断陷区等，厚度一般为 300～700m，最大为 1500m。其他断陷营城组厚度多为 200～300m。

4. 登娄库组沉积时期

下白垩统登娄库组沉积时，松辽盆地开始形成与周围地区差别较大的构造单元。孙吴—双辽壳断裂向上延伸到古生界基底形成泰康—北正镇和明水—孤店两条断裂带。受这一断裂带的控制，在齐家—古龙—乾安一带形成面积约 17200km^2 的裂谷型断陷。东部断陷在太平川—朝阳沟一带，面积 8100km^2。两个断陷之间有一条呈北北东向展布的古中央隆起带。

登三段、登四段的沉积范围基本上还是受断陷控制，而又逐渐扩大，并超覆到古中央隆起带之上。到登娄库组沉积末期，基本上将古中央隆起带覆盖，形成中间连通的两个大坳陷，面积大于 50000km^2，具有向大型坳陷过渡的特点（图 1-4-20）。

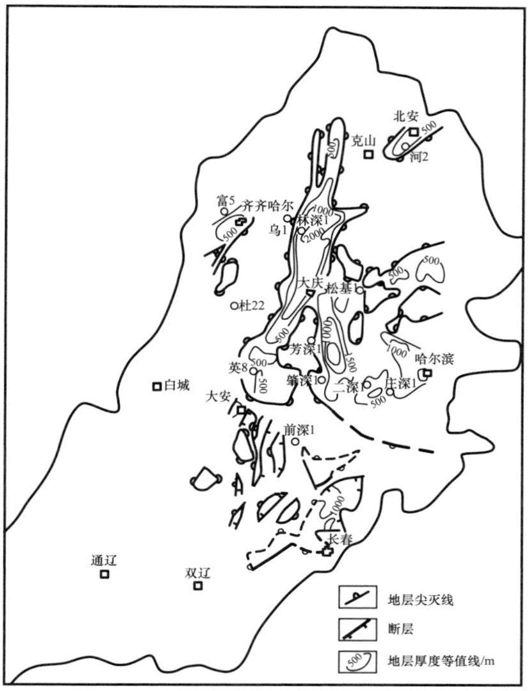

图 1-4-19　松辽盆地沙河子组地层厚度图

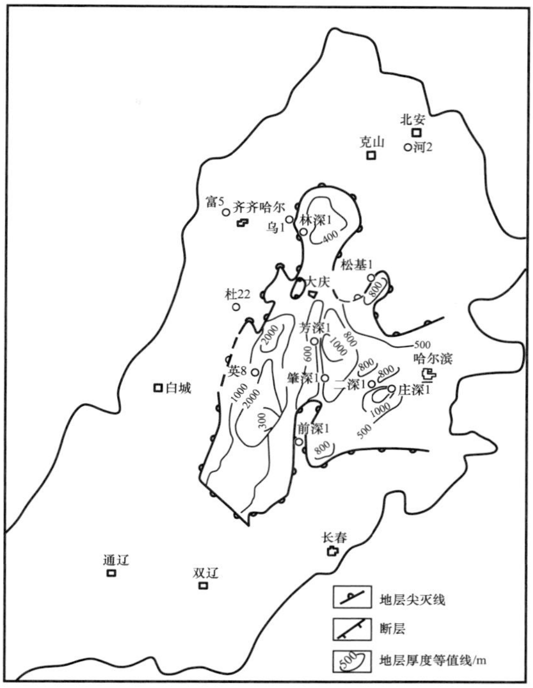

图 1-4-20　松辽盆地登娄库组地层厚度图

登娄库组的构造面貌与泉头组以上的构造面貌差别较大，如大庆长垣，泉头组顶部以上为大型背斜构造带，登娄库组则为向西断落的断阶带。

泉头组底面（T_3）的构造形态，总的是介于 T_4 和 T_2 的过渡类型，大部分断层到 T_3 层已消失或断距明显减小，呈现出更接近于具有平缓褶皱的大型坳陷的面貌。

5. 泉头组—嫩江组沉积时期

该时期是大型沉积坳陷发展的全盛时期。沉积范围均超出断陷的边界而逐渐扩大，各组段地层向边缘超覆。到嫩二段沉积时沉积范围最大（约 20×10^4km^2），有些地区（如盆地西北部的嫩江附近）甚至可超出现今盆地边界以外，以后又逐渐缩小。在发展过程中，西部坳陷扩大，东部坳陷缩小，形成一个包括齐家、古龙、乾安、三肇等地区的大型沉积坳陷（图 1-4-21、图 1-4-22）。

深坳以西是平缓东倾的斜坡，地层倾角一般小于 1°，地层厚度向西逐渐减薄，在盆地东北部也发现地层向东逐渐减薄，说明在长期发育的深坳陷两侧是长期发育的古斜坡。

此时构造运动总的是以沉降作用为主，由于深层断裂的持续活动形成了某些层段的局部增厚或减薄区。并由于古构造和下伏断块的持续活动，形成了一些同生构造。

嫩江组沉积后，松辽盆地经历了一次褶皱运动，初步形成了坳隆相间的平缓的褶皱

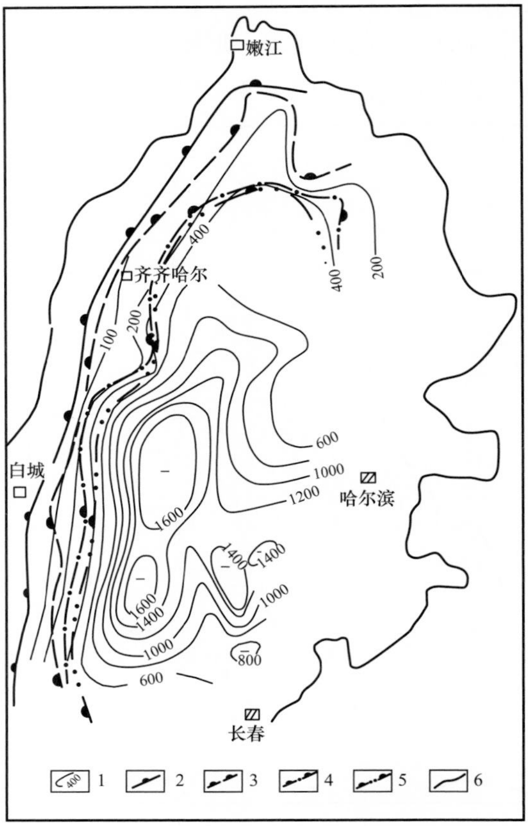

图 1-4-21　松辽盆地泉头组地层厚度图
1—地层等厚线 /m；2—泉四段超覆边界；
3—泉三段超覆边界；4—泉二段超覆边界；
5—泉一段超覆边界；6—盆地边界

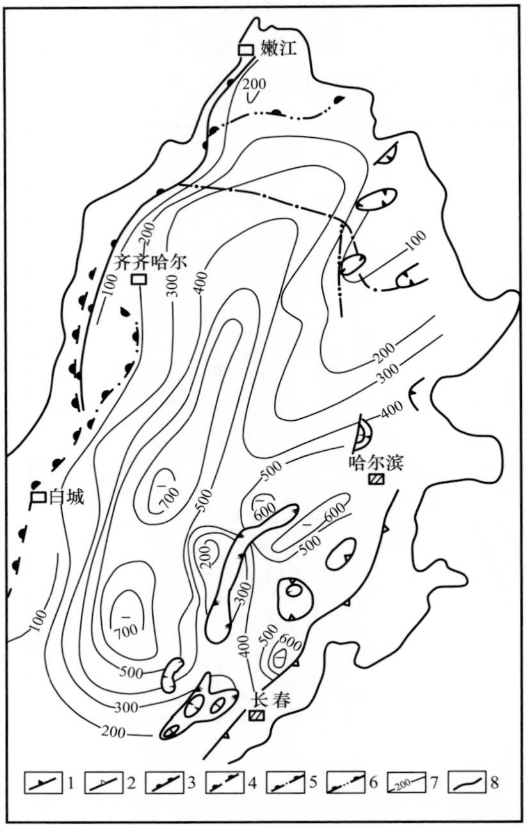

图 1-4-22　松辽盆地青山口组、姚家组地层厚度图
1—青山口组剥蚀零线；2—姚家组开始剥蚀线；
3—青一段超覆边界；4—青二段、青三段超覆边界；
5—姚一段超覆边界；6—姚二段、姚三段超覆边界；
7—地层等厚线 /m；8—盆地边界

构造面貌，并形成了嫩江组和四方台组之间的不整合（图 1-4-23）。

6. 四方台组—依安组沉积时期

四方台组和明水组沉积时期，坳陷中心向西移到齐家—古龙和长岭坳陷的西部，依安组仅分布在盆地北部，上述层段的分布范围均小于嫩四段，四方台组沉积范围为 73000km^2，到依安组为 21000km^2，反映出大型坳陷发育后期逐渐收缩的特点（图 1-4-24）。

在白垩纪与古近纪之间、古近纪和新近纪之间经历了两次褶皱构造运动，使依安组以前的构造基本上定型，从而结束了坳陷的发展阶段。

7. 新近纪—第四纪

新近纪—第四纪，松辽盆地呈现出与现代类似的平原沼泽面貌，大型坳陷已基本上消失，只在盆地西部沉降幅度较大，发育了较厚的以河流相为主的新近系。这些地层呈近似水平的产状，不整合覆盖于下伏古近系和白垩系之上。

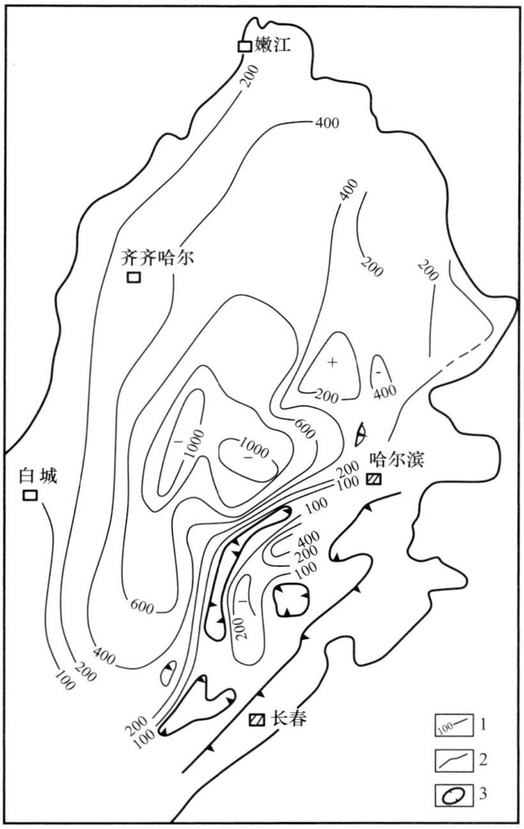

图 1-4-23　松辽盆地嫩江组残余厚度图

1—地层等厚线 /m；2—盆地边界；3—剥蚀零线

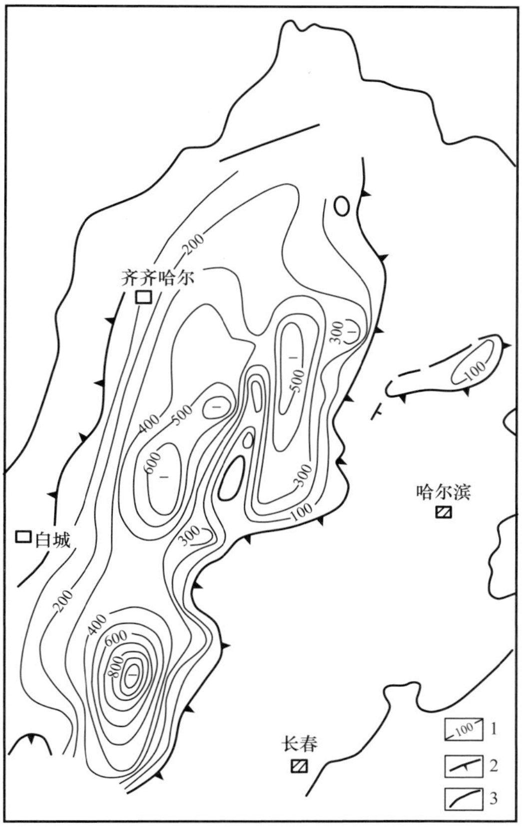

图 1-4-24　松辽盆地四方台组和明水组厚度图

1—地层等厚线 /m；2—剥蚀零线；3—盆地边界

第四节　构造单元划分

松辽盆地坳陷期与断陷期的构造、沉积特征具有较大的差异性，因此对松辽盆地坳陷层和断陷层分别进行了构造单元的划分。

一、坳陷层构造单元划分

松辽盆地坳陷层在空间展布上总体呈蝶形，构造面貌以宽缓褶皱构造为特征，构成正向构造和负向构造相间排列的构造格局，总体走向为北东、北北东向，是盆地坳陷期沉积作用和反转期构造运动变形改造的综合表现（图 1-4-25）。盆地内的油田主要分布在这一构造层中。关于这套地层构造单元的划分，前人曾做了大量卓有成效的研究工作，归纳起来构造划分的主要依据如下：

（1）基底的岩性、断裂、结构、时代和起伏特点；

（2）岩浆活动的时期、性质、规模、次数；

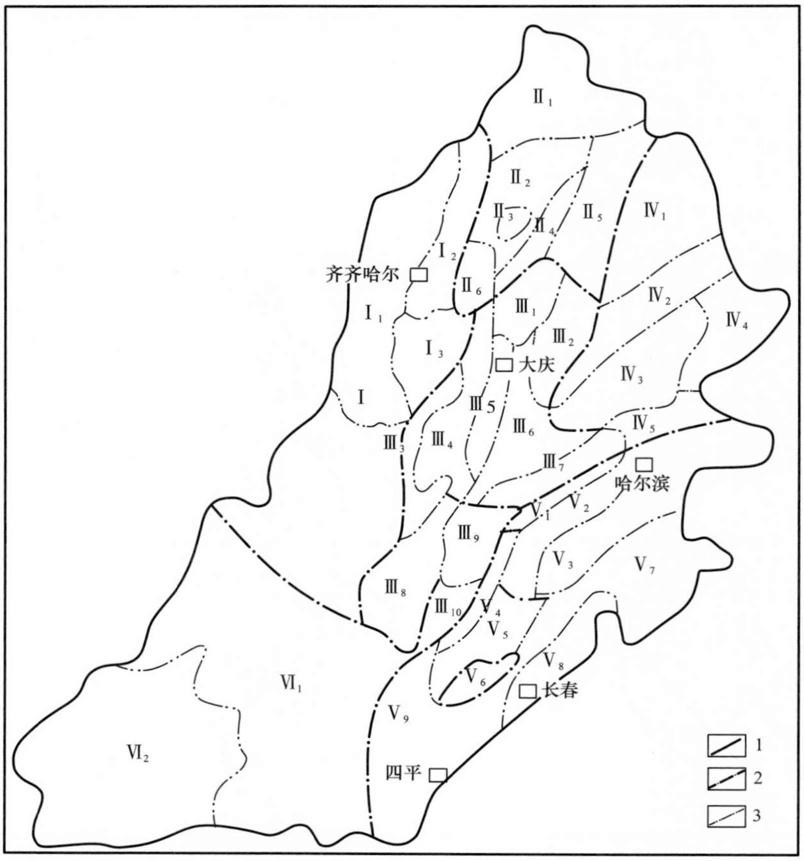

图 1-4-25　松辽盆地构造区划图

1—盆地边界；2——级构造分区线；3—二级构造分区线

（3）区域地质发展史；

（4）区域地层层序、厚度、分布及变化规律；

（5）盖层构造的形态、发育特点、形成时间、分布规律及构造成因类型。

根据上述原则，把松辽盆地坳陷层划分为 6 个一级构造单元和 35 个二级构造单元，以及众多的局部构造（表 1-4-4）。其中一级和二级构造单元的平面分布情况如图 1-4-25 所示。这一划分结果充分展示了坳陷层的构造面貌。

需要说明的是对盆地各构造单元的认识程度，是随着勘探工作的开展而逐渐加深的，而且在划分各级构造单元时的侧重点也有所不同。划分盆地内一级构造单元时，着重在前 4 点；划分二级构造单元时，着重在第 5 点。对含油、气盆地内构造单元的划分最有意义的是第 4 点，即沉积岩厚度巨大，有很好的生油层和生、储、盖组合的地区是有利的含油、气地区；而沉积岩厚度薄、缺少生油层，生、储、盖组合发育不好的地区就较差。

1. 一级构造单元

松辽盆地内的区域隆起、坳陷为盆地的一级构造单元，它们组成了盆地地质构造的基本格架。6 个一级构造单元包括：中央坳陷区、西部斜坡区、北部倾没区、东北隆起区、东南隆起区和西南隆起区。

表 1-4-4　松辽盆地构造区划表

一级构造	面积 / km^2	二级构造	面积 / km^2	局部构造（部分）
Ⅰ西部斜坡区	41982	$Ⅰ_1$ 西部超覆带	13390	平安镇构造
		$Ⅰ_2$ 富裕构造带	4587	拉哈鼻状构造、边屯构造、二道湾子构造、水师营鼻状构造
		$Ⅰ_3$ 泰康隆起带	4180	汤池鼻状构造、阿拉新构造、二站鼻状构造、新发构造、一心构造、他拉红鼻状构造、小林克鼻状构造、敖古拉鼻状构造、白音诺勒构造、烟筒屯鼻状构造、马场鼻状构造、刘家窑构造、广胜鼻状构造、前后代构造、波贺岗子构造、冈亚构造
Ⅱ北部倾没区	27904	$Ⅱ_1$ 嫩江阶地	9185	
		$Ⅱ_2$ 依安凹陷	6700	通宽鼻状构造、三兴南构造
		$Ⅱ_3$ 三兴背斜带	512	三兴构造新屯构造、二中构造、二中西构造
		$Ⅱ_4$ 克山—依龙背斜带	2427	克山构造、宝泉构造、依龙构造、林甸构造
		$Ⅱ_5$ 乾元背斜带	7050	大河鼻状构造、乾元构造、拜泉鼻状构造
		$Ⅱ_6$ 乌裕尔凹陷	2030	三合堡鼻状构造、三合堡东鼻状构造、王梳屯构造、林甸西构造
Ⅲ中央坳陷区	39265	$Ⅲ_1$ 黑鱼泡凹陷	3410	通达构造、新村十一号构造、林甸南鼻状构造
				胜利鼻状构造、李家围子构造
		$Ⅲ_2$ 明水阶地	3555	双兴构造、中和鼻状构造、劳动构造
				十八家户鼻状构造、东风鼻状构造
		$Ⅲ_3$ 龙虎泡—大安阶地	3055	龙虎泡构造、英台构造、红岗子构造、大安构造
		$Ⅲ_4$ 齐家—古龙凹陷	5687	向前构造、霍地房子鼻状构造、新村构造
				喇西鼻状构造、萨西鼻状构造、杏西鼻状构造
				高西鼻状构造、葡西鼻状构造、小庙子构造
		$Ⅲ_5$ 大庆长垣	2472	喇嘛甸构造、萨尔图构造、杏树岗构造、高台子构造
				太平屯构造、葡萄花构造、敖包塔构造
		$Ⅲ_6$ 三肇凹陷	5775	升平构造、宋芳屯构造、榆树林构造
				模范屯鼻状构造、永乐构造
		$Ⅲ_7$ 朝阳沟阶地	3156	对青山构造、太平川构造、四站构造、朝阳沟构造
				大榆树鼻状构造、薄荷台鼻状构造、裕民状构造
				肇源鼻状构造、头台鼻状构造
		$Ⅲ_8$ 长岭凹陷	6712	乾安构造、情字井构造、黑帝庙构造
		$Ⅲ_9$ 扶余隆起带	3595	四克吉构造、富裕三号构造、木头鼻状构造
				白棱花鼻状构造、孤店构造、孤店西构造、大坨子构造
		$Ⅲ_{10}$ 双坨子阶地	1848	大老爷府构造、双坨子构造

续表

一级构造	面积/km^2	二级构造	面积/km^2	局部构造（部分）
Ⅳ东北隆起区	31566	Ⅳ$_1$ 海伦隆起带	9300	北安构造、宁泉镇构造
		Ⅳ$_2$ 绥棱背斜带	6922	望奎构造、任民镇构造、宋站构造
		Ⅳ$_3$ 绥化凹陷	7762	隆盛合构造、永安构造、尚家鼻状构造
		Ⅳ$_4$ 庆安隆起带	4837	
		Ⅳ$_5$ 呼兰隆起带	2745	团山子构造、呼兰鼻状构造
Ⅴ东南隆起区	52192	Ⅴ$_1$ 长春岭背斜带	1605	五站构造、三站构造、长春岭构造、扶余二号构造
		Ⅴ$_2$ 宾县—王府凹陷	9375	太平庄构造、大三井子构造、小城子构造
		Ⅴ$_3$ 青山口隆起带	5372	朱尔山构造、兰棱构造、青山口构造
		Ⅴ$_4$ 登娄库背斜带	1875	扶余一号构造、登娄库构造、伏龙泉构造、顾家店构造
		Ⅴ$_5$ 钓鱼台隆起带	4228	三盛玉构造、农安西构造、万金塔构造
				农安构造、钓鱼台构造
		Ⅴ$_6$ 杨大城子背斜带	1505	怀德构造、杨大城子构造
		Ⅴ$_7$ 榆树—德惠凹陷	10419	
		Ⅴ$_8$ 九台阶地	4526	大房身构造、小合隆构造
		Ⅴ$_9$ 怀德—梨树凹陷	13287	
Ⅵ西南隆起区	62408	Ⅵ$_1$ 伽玛吐隆起带	37658	金山西鼻状构造、金山鼻状构造、保康鼻状构造
				前七号鼻状构造、茂林鼻状构造、新安镇构造
				新安北鼻状构造
		Ⅵ$_2$ 开鲁凹陷	24750	舍伯图鼻状构造、巨兴构造、乌兰花构造
总计	255317			

中央坳陷区：位于盆地中部，是盆地发展过程中沉降相对占优势的大型负向构造单元，长期为盆地的沉降、沉积中心。现今构造形态为略有起伏的大型复向斜。地层发育齐全，白垩系至新近系沉积岩厚度达7000～10000m。发育多套生储盖组合，成藏条件好。是盆地中最重要的油气源区和油气田分布区。

东北隆起区：位于盆地东北部，基岩起伏大，埋藏深度为500～3000m。地层发育不全，上白垩统基本缺失，在隆起西侧缺失泉头组一段及二段的一部分。向北到绥棱、海伦一带，青山口组或姚家组直接超覆于基岩之上，地层厚度显著变薄。

东南隆起区：位于盆地的东南部，基岩起伏较大，断裂发育。基岩埋藏深度500～3000m。基岩性质以海西期花岗岩为主，局部地区可能有前古生界及古生界变质岩。地层发育不全，上白垩统缺失。

西南隆起区：位于盆地的西南部，基岩埋藏浅，深度在250～1000m之间，白垩纪为一隆起区，没有登娄库组，泉头组、青山口组分布范围不广，厚度较小，姚家组超覆于基岩之上。

西部斜坡区：位于盆地的西部，基底岩性以海西期花岗岩为主，局部地区有上古生界和前古生界变质岩。下白垩统发育地堑式充填沉积。白垩系自东而西逐层超覆，白垩系总厚度为1000～1500m。基岩埋藏较浅，为2000～2500m，呈区域性大单斜，倾角1°左右，构造平缓，断层不发育，在斜坡区的中部临近深坳陷部位，具有较好的生储油条件。

北部倾没区：位于盆地的北部，基岩埋藏深度为100～3500m，其形态为南北向近方形，与隆起区相似。盖层构造呈北北东—北东向，二级构造隆凹相间，且向西南延伸，倾没于中央坳陷区。

2. 二级构造单元

二级构造单元是指发育在一级构造背景上的面积较大的盖层褶皱构造，是若干个具有共同发展史、相同成因联系和地质结构的局部构造的总和。松辽盆地内二级构造单元划分为正向和负向两种类型。正向构造带有长垣、背斜带、隆起带、阶地。负向构造带即凹陷。

大庆长垣：是呈长条形的较大型背斜隆起，由一系列局部构造组成，并为同一等高线所圈闭，长达数十至百余千米以上，隆起幅度为数十米至数百米，是十分有利的油气聚集带。

背斜带：由具成因联系的、方向明显的长轴背斜与短轴背斜组成，在形态上与长垣相似，但不为同一等高线所圈闭。盆地内共划出7个背斜带，即克山—依龙、三兴、乾元、绥棱、长春岭、登娄库、杨大城子。

隆起带：是指在区域性隆起上发育的有成因联系的局部构造，这些构造多呈穹隆或短轴背斜，但方向性不明显。盆地划分出8个隆起带，即海伦、庆安、呼兰、泰康、扶余、青山口、钓鱼台、伽玛吐隆起带。

构造阶地：位于坳陷区与隆起区过渡地带，或盆地边缘地带平缓的构造台阶，其上发育的构造方向性不明显。盆地划分出6个阶地，即嫩江、龙虎泡—大安、明水、朝阳沟、双坨子、九台阶地。

凹陷：是二级负向构造单元，一般形成较大的向斜构造，并通常是盆地发育过程中的沉降中心。它可以由1个或2个以上的向斜组成。盆地内共划分出11个凹陷，即齐家—古龙、长岭、三肇、绥化、黑鱼泡、乌裕尔、依安、宾县—王府、榆树—德惠、怀德—梨树、开鲁凹陷。

二、断陷层构造单元划分

松辽盆地断陷层总体呈中隆侧坳、隆坳相间特点。断陷层序表现为早期分隔断陷，晚期联合形成北北东向断陷带，具有明显的东西成带、南北分段的构造格局（图1-4-26）。

关于断陷期地层构造单元的划分，主要依据如下：

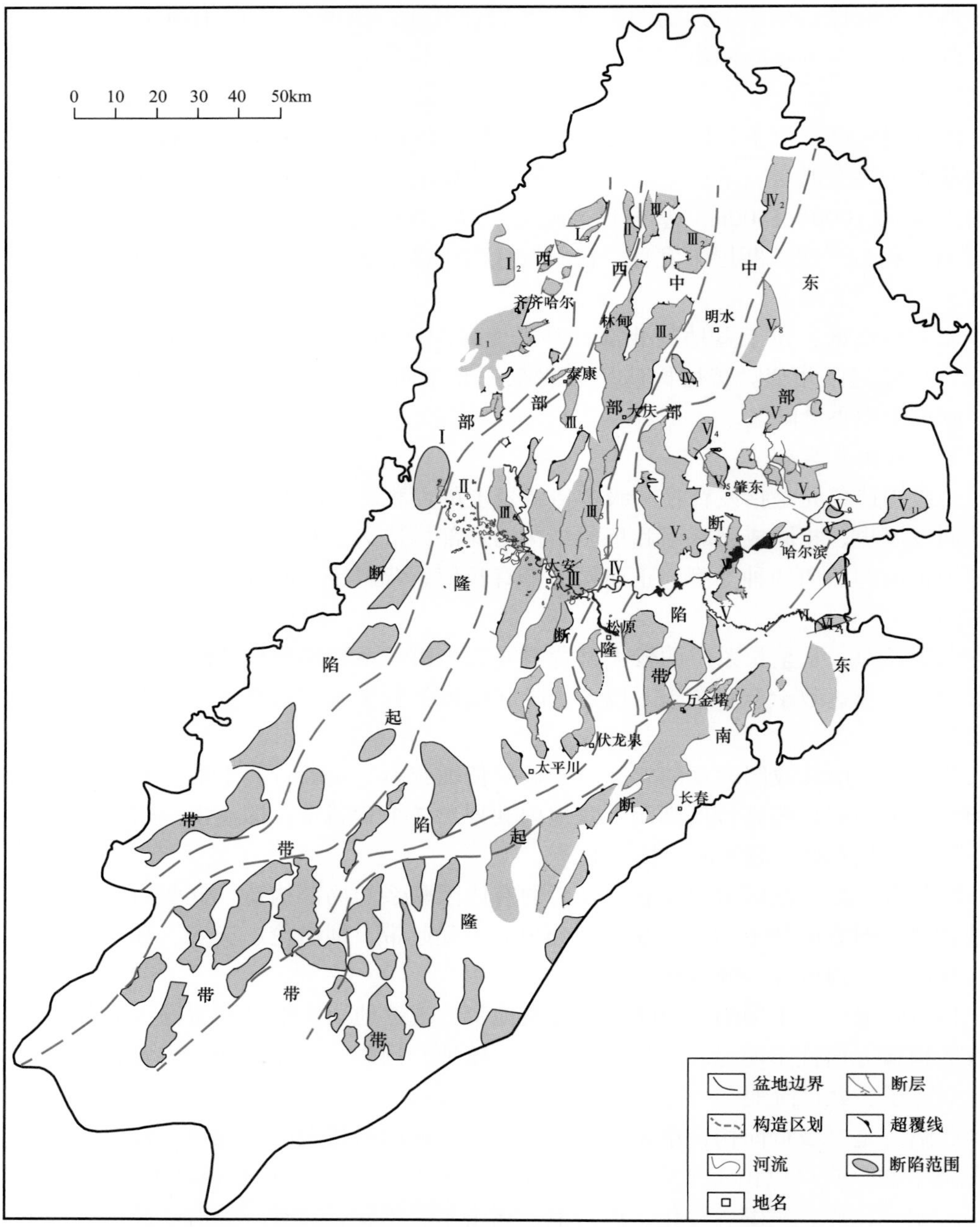

图 1-4-26　松辽盆地断陷层构造单元划分图

（1）基底顶面构造特征；

（2）各个断陷地层厚度；

（3）各个断陷的分布情况；

（4）基底深大断裂的控制作用；

（5）区域地质发展史。

根据上述原则，将松辽盆地北部断陷层划分为 5 个一级构造单元和 20 个二级构造单元（表 1-4-5）。

表 1-4-5 松辽盆地北部断陷层构造单元划分表

一级构造	面积 / km^2	二级构造	面积 / km^2	平均埋深 / m	断陷期地层厚度 /m		
					最小	一般	最大
西部断陷带	5115	梅里斯断陷	2547	−1100	100	400	900
		宝山断陷	790	−500	200	400	700
		富裕断陷	749	−1400	100	400	1000
		林甸断陷	1029	−2900	200	800	1600
西部隆起带	302	依安西断陷	302	−2700	100	300	500
中部断陷带	7026	依安中断陷	483	−2400	100	300	500
		依安东断陷	812	−2500	100	250	400
		黑鱼泡断陷	2087	−3200	200	900	2300
		小林克断陷	270	−2300	100	500	800
		古龙断陷	3374	−5700	100	1200	2900
中部隆起带	2767	中和断陷	484	−1800	300	700	1300
		北安断陷	2283	−700	100	700	2100
东部断陷带	12871	莺山断陷	1661	−3100	300	1100	2300
		双城断陷	980	−2600	300	800	1400
		徐家围子断陷	3079	−3900	300	1200	2200
		任民镇断陷	678	−1400	100	400	1400
		兰西断陷	1156	−1000	300	600	800
		呼兰北断陷	1036	−1000	200	700	1200
		绥化断陷	3523	−1300	400	600	900
		兴华断陷	758	−700	200	300	500

注：断陷面积、埋深以 T_4^1 顶面数据统计。

1. 一级构造单元

松辽盆地断层划分为 5 个一级构造单元，包括：西部断陷带、西部隆起带、中部断陷带、中部隆起带、东部断陷带，整体构造呈北北东向。

1）西部断陷带

沿北北东向展布，包括梅里斯、富裕、宝山等多个断陷，断陷结构以箕状断陷为主，构造活动以早期断裂活动时间短、强度小为特点，断陷后期一直处于不断抬升状态。断陷规模普遍较小，地层发育不完整，沉积厚度薄，存在明显的沉积间断。

2）西部隆起带

沿北北东向展布，主要包括依安西断陷，断陷结构以箕状断陷为主。隆起区为早期形成，且形成后一直处于不断抬升状态。

3）中部断陷带

沿北北东向展布，断陷分割发育，包括古龙、依安等多个断陷，断陷结构以箕状断陷为主，控陷断裂为多条断裂。南部断陷规模较大，埋藏较深，地层发育完整，例如古龙断陷敖南地区沙河子组平均厚度为800m，最厚可达2000m，且后期改造弱。

4）东部断陷带

沿北北东向展布为主，断陷结构以不对称双断结构和复式箕状为主，包括徐家围子、莺山、双城、绥化等8个断陷，构造活动具有多期叠合特征，沙河子期发育多条控陷断裂，沙河子组平均沉积厚度为300～800m，最厚可达1600m。

5）中部隆起带

沿北北东向展布，与西部隆起区共同分割了三个断陷区。中部隆起区包括中和断陷、北安断陷，断陷结构以箕状断陷为主。隆起区为早期形成，且形成后一直处于不断抬升状态，发育断陷数量少。

2. 二级构造单元

松辽盆地北部断陷层二级构造单元是指发育在一级构造背景上的面积较大的20个断陷（图1–4–26、表1–4–5）。

断陷规模较大的断陷包括：徐家围子断陷、莺山断陷、双城断陷、绥化断陷、古龙断陷、林甸断陷、黑鱼泡断陷、梅里斯断陷和北安断陷等，断陷期地层厚度一般在800m以上，最大厚度在2000m以上。

三、构造发育特征

1. 坳陷层构造特征

1）局部构造特征

松辽盆地的坳陷层构造主要指T_1（相当于姚家组顶面）和T_2（相当于泉头组顶面）反射层所反映出来的构造（图1–4–27）。总的看来，总貌为坳隆相间的平缓褶皱，自东而西主要有：榆树—德惠凹陷、青山口—农安—杨大城子背斜带、宾县—王府凹陷、长春岭—登娄库背斜带、三肇凹陷、大庆长垣、齐家—古龙—长岭凹陷和龙虎泡—大安阶地。各正向构造带与负向构造带高差小于1500m，东部较高而西部较低。据钻井和物探资料，松辽盆地坳陷层目前共落实局部构造200多个，有长、短轴背斜、穹隆和鼻状构造等几种类型，局部构造常被断层切割成许多小断块、断鼻。具体特点如下：

（1）构造形态以中低幅度的长、短轴背斜和鼻状构造为主，占80%以上。圈闭构造以短轴背斜为主，面积大小不一，大于100km^2的小于18%，20～50km^2的约占一半，小于20km^2约占1/3。

（2）具有一定方向性，以北北东向和北东向为主，占构造总数的85%。往往成串组成统一的北北东向或北东向二级背斜带或长垣。北北东向构造主要分布于中央坳陷区及其边缘，北东向局部构造主要发育在东北隆起区和东南隆起区。

（3）一般两翼不对称，一翼陡、一翼缓，如大庆长垣是西陡东缓。

（4）构造形态与深层不一致。主要有两种情况：一是呈上凸下凹或高点偏移。深层为断陷或斜坡，中浅层为正向构造，这种类型占绝大多数，如大庆长垣、龙虎泡构造、

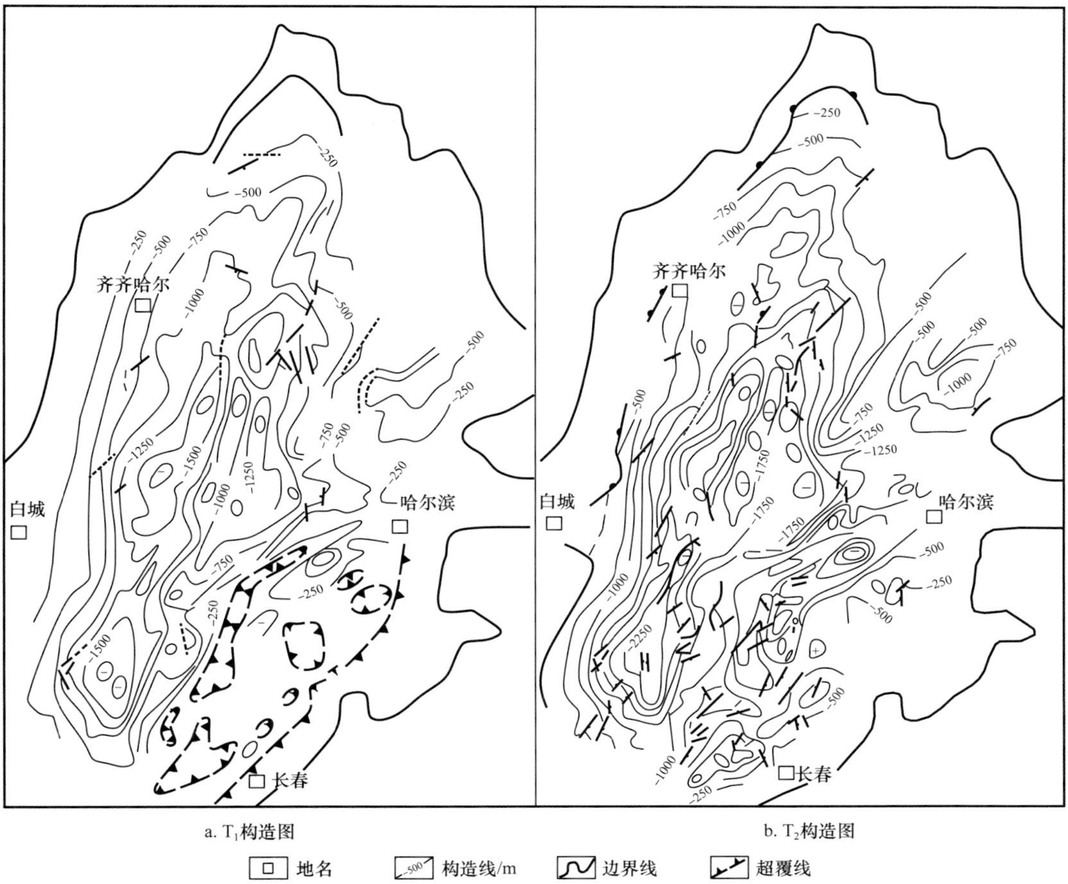

图 1-4-27　松辽盆地 T_1、T_2 层构造图

任民镇构造、肇源鼻状构造、榆树林鼻状构造等。二是构造幅度深层大，向上减小或消失。如模范屯鼻状构造深层大，中浅层小，深层昌德构造也是如此。

（5）局部构造往往与基底断裂（带）密切伴生，基底断裂（带）常位于构造陡翼，二者走向一致，平行发育，如大庆长垣上的喇嘛甸构造、萨尔图构造、杏树岗构造等。

（6）不同构造单元局部构造特点不同。走向和形态上，东部隆起区为北东、北北东向排列的窄长构造；中央坳陷区为北北东向、似箱状大面积高幅度构造；西部斜坡区为小面积小幅度构造，方向性较差。

（7）不同形态的局部构造具有不同的发育部位，具成带性。据形态特征和轴向可分为穹隆状构造、背斜型构造和鼻状构造。

穹隆状构造多发育于基底隆起带上，具顶薄侧厚、下陡上缓的特点，深层规模较中浅层大，走向不定，面积、幅度较小，成带分布。如中央隆起带上有宋芳屯、模范屯、扶余三号等构造。背斜型构造走向明显为北北东至北东东向，与区域构造走向一致，中央坳陷区内多为北北东向，东部隆起区内多为北东或北东东向。这类构造幅度较大，中浅层构造之下多为基底斜坡或基底凹陷，具有上陡下缓、构造幅度上大下小的特点。剖面形态呈一翼陡、一翼缓的单侧箱状或两翼均陡的箱状构造。鼻状构造的特点与背斜型构造类似，走向多呈北东、北北东或北北西向。多发育在二级正向构造的边缘部位或者在凹陷的周边。

2）构造展布特征

（1）构造发育具分区性和成带性。西部斜坡区主要发育面积较小的小幅度构造和鼻状构造，以北北东向为主，也有北北西和近南北向，零散分布。大型构造主要发育于中央坳陷区及其以东地区，规模大、幅度大、成带发育，构造带走向明显受基底断裂控制。中央坳陷区内受孙吴—双辽断裂系的北北东向分支基底断裂控制，构造带均呈北北东向展布。如大庆长垣、大安构造、龙虎泡构造和齐西—敖古拉构造带。大致以孙吴—双辽东支断裂为界，以东的东北隆起区和东南隆起区的正向构造带均呈北东向或北东东向。如朝阳沟构造带、长春岭背斜带。登娄库背斜带为北北东向，主要是受孙吴—双辽断裂东侧的北北东向基底断裂控制，它在扶余以东受莺山断裂控制，长春岭构造带转为北东向。

（2）构造发育东强西弱。西部斜坡区为平缓的小幅度构造，数量少；东部的隆起区构造规模大，地层倾角陡，可达 10° 以上，构造带呈狭长带状展布；中央坳陷区构造发育强度居中。

（3）构造形成东早西晚。古中央隆起带上与基底差异沉降有关的中浅层同生构造，在泉头组—姚家组沉积时期开始发育，经嫩江组沉积末期、明水组沉积末期和古近纪末期的多期改造形成。如扶余三号构造，泉头组沉积时期开始发育，至姚家组沉积末期形成隆起，泉头组顶面圈闭面积达 800km^2，经嫩江组沉积期和明水组沉积末期基底断裂活动改造，构造高点向东侧偏移，形成了现今扶余三号构造。北安—明水—任民镇—肇州—扶余—登娄库一线以东的北东—北东东向构造，多是嫩江组沉积期末开始发育，以孙吴—双辽断裂带东支断裂为边界，在区域南东—北西向挤压派生的压扭应力场、北东—北东东向基底断裂共同作用下形成褶皱构造，明水组沉积末期、古近纪末期构造活动进一步加强。中央坳陷区内的北北东向后生构造，除大庆长垣在嫩江组沉积末期开始发育外，其余主要是明水组沉积末期才开始发育的正反转构造，如大安构造、登娄库背斜等。

3）构造形成机制

松辽盆地形成过程经历了印支运动、燕山运动和喜马拉雅运动（表 1-4-6）。印支运动在松辽盆地形成前主要表现为断裂变动、变质作用、岩浆活动，对盆地形成有重要影响。燕山运动对松辽盆地的作用分为五期。早白垩世早期表现为较强烈的褶皱、断裂、岩浆活动和变质作用；早白垩世晚期表现为一定程度的区域变质作用；晚白垩世早期是坳陷层构造的显著发育阶段，古龙和三肇沉降区的负向构造幅度亦同期发生显著增长；晚白垩世早、晚期之间的构造运动以挤压褶皱、断裂作用为主，形成了嫩江组和四方台组之间的区域性角度不整合；晚白垩世末期的构造运动，垂直升降作用显著，形成了白垩系与古近系的区域不整合，使盆地内绝大多数正向构造隆起和定型。喜马拉雅运动是松辽盆地萎缩期发生的构造运动，是古近纪和新近纪间的构造运动，形成了古近系和新近系之间的区域不整合。

坳陷层构造主要形成于晚白垩世早期、晚白垩世末期和古近纪末期，构造形成是多期构造运动重复作用的结果。根据基底断裂对盖层褶皱的控制作用、基底与盖层的变形方式和区域应力场的不同，分为四种成因机制（图 1-4-28）。

表 1-4-6　松辽盆地构造运动分期表

构造运动名称	构造运动分期	构造运动时代	距今年龄 / Ma	构造运动特点
喜马拉雅运动		第四纪		
	新近纪末期		2	断裂变动
	古近纪末期	新近纪	23	褶皱变动，断裂活动，白垩纪盆地消亡
燕山运动		古近纪		
	明水组沉积末期		65	垂直升降运动，构造反转
		晚白垩世晚期		
	嫩江组沉积末期		86	褶皱变动，断裂活动，轻微变质作用
		晚白垩世早期		明显区域变质作用，断裂活动，火山喷发，坳陷盆地发育达到顶峰
			125	区域变质作用
	登娄库组沉积末期	早白垩世	145	强烈褶皱断裂，岩浆侵入活动，断裂变质作用，形成了盆地
	晚侏罗世末期	侏罗纪		
印支运动			199	断裂变动，变质作用
		晚三叠世		
			215	岩浆侵入，中基性火山喷发活动
		早—中三叠世		

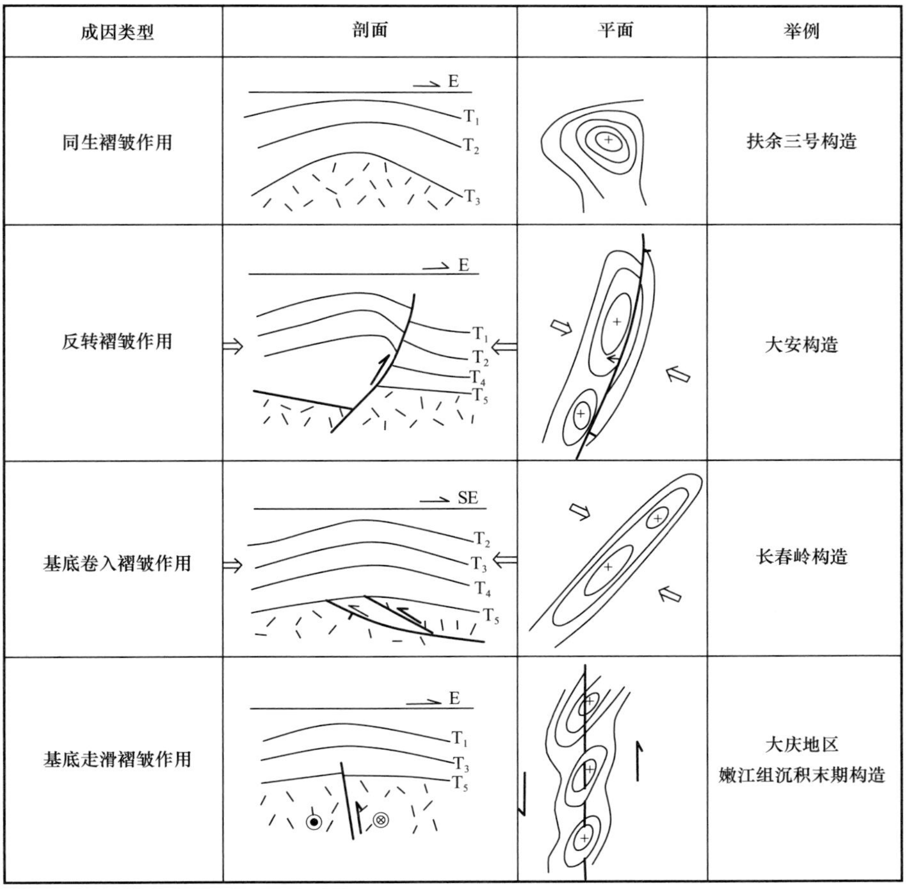
成因类型
剖面
平面
举例
同生褶皱作用
E
T1
T2
T3
扶余三号构造
反转褶皱作用
T4
T5
大安构造
基底卷入褶皱作用
SE
长春岭构造
基底走滑褶皱作用
大庆地区
嫩江组沉积末期构造

图 1-4-28　松辽盆地坳陷层构造成因机制（据高瑞祺等，1990）

（1）同生褶皱作用。

在盆地沉降过程中，由于沉降和沉积压实差异而形成同沉积背斜或隆起。所形成的构造具有顶薄侧厚的特点，构造幅度上大下小。如扶余油田所在的扶余三号构造就由同生褶皱作用形成的。它发育在基岩隆起上，无沙河子组、营城组，顶部登娄库组较薄。泉头组至姚家组沉积时期是盆地古中央隆起的一部分，在差异沉降作用下形成同沉积褶皱，姚家组沉积末期在泉头组顶面形成面积约 800km^2、幅度 250m 的圈闭。嫩江组沉积以后，扶余三号构造受到后期改造而加强。

同生褶皱作用主要发生在盆地强烈沉降阶段，对坳陷层而言主要是泉头组至姚家组沉积时期在古中央隆起带或基底隆起上发育。所形成的同生构造均受到嫩江组沉积以后的构造运动改造。

（2）反转褶皱作用。

指由于构造运动反转所产生的构造变形，分为正反转和负反转两种形式。近年来石油地质学家侧重于盆地研究，将这一概念限定在张性—张扭性盆地在压性—压扭性背景下发生的变形。这类构造识别有两个标志：一是深层断陷的发育明显受断层控制，有可识别的同生断陷层序；二是区域应力体制由张性变为压扭性时，原有的正断层两盘向相反方向运动，上盘上升形成反转构造。

松辽盆地构造反转作用主要受基底断裂走向、基底岩性刚性程度、坳陷层序厚度和反转期挤压应力方向控制。正反转构造主要沿基底断裂带发育，在平面形态上呈短轴或长轴背斜或鼻状构造，剖面上因单侧或两侧基底断层反转不同，而呈单侧箱状或箱状。

受基底断裂的走向和反转期主压应力轴向控制，松辽盆地内的正反转构造为北北东向、北东向或近南北向，具明显的分区分带性。反转构造主要发育在中浅层的中央坳陷区、北部倾没区和东部隆起区范围。大致沿拜泉—明水—肇州—扶余一线为界，西侧中央坳陷区的反转构造主要为北北东向，大庆长垣上的喇嘛甸、萨尔图、杏树岗构造也是在部分反转作用下形成的。这些反转构造在齐家—古龙凹陷、长岭凹陷东西两侧各形成两条反转构造带。在中央坳陷区以东，反转构造主要为北东向，如任民镇构造、四站构造、农安构造等。

松辽盆地的正反转作用有两个阶段。一是营城组沉积后，断陷层序发生反转，断陷内地层发生挤压褶皱变形，地层遭受剥蚀。这次反转作用仅发生在盆地东部断陷带，即孙吴—双辽断裂带以东，见于东南隆起区榆树—德惠断陷和梨树断陷内。

另一阶段构造反转作用发生在嫩江组沉积末期至明水组沉积以后，它对松辽盆地内坳陷层构造的形成起着决定性作用。嫩江组沉积末期盆地受到近南北向逆时针直扭应力场作用，北北东向基底断裂带（如黑鱼泡—头台断裂带）发生压扭活动，沿断裂带在坳陷层形成一系列扭动构造；而盆地东部的北东向基底断裂发生逆冲，在东南隆起区和东北隆起区形成一些正反转构造雏形。晚白垩世明水组沉积后，在近东西向或南东—北西向区域挤压应力场作用下，松辽盆地发生整体反转，形成一系列反转构造带。西部斜坡区反转作用较弱，仅在阿拉新、汤池见到局部小断陷反转，在坳陷层中有小型正反转构造发育；在中央坳陷区、北部倾没区，反转作用受孙吴—双辽断裂系内的北北东向基底断裂控制，形成一系列北北东向反转构造（带）；在东北隆起区、东南隆起区和中央坳陷区的三肇凹陷内，受北东向基底断裂控制形成北东向反转构造带。明水组沉积末期的构造反转对盆地坳陷层构造形成起到至关重要的作用。依据东南隆起区普遍缺失嫩江组上部及以上地层，认为东南隆起区隆起较早，大部分构造形成于嫩江组沉积末期；依据盆地东部构造均属反转构造，与大庆长垣为同一成因机制，应具统一的应力场背景；从绥化凹陷、三肇凹陷和梨树断陷杨大城子背斜带附近都有较厚的四方台组来看，东南隆起强烈抬升剥蚀和北东向反转构造的形成应在明水组沉积末期，构造的定型期也应在这一时期。

（3）基底卷入褶皱作用。

在区域压扭性应力场作用下，基底和上部盖层共同发生褶皱，即为基底卷入褶皱。褶皱的发育不受基底断裂直接控制，而受区域压应力场方向、基底刚性程度和基底构造薄弱带的延伸方向控制。基底卷入褶皱作用主要发生在东部隆起区，受晚古生代形成的基底拆离带和北东—北东东向低角度断层控制。如长春岭背斜带的形成主要与隐伏的莺山断裂和本区的北东东向基底低角度断层有关。

（4）基底走滑褶皱作用。

基底断裂两盘发生水平移动时，基底断裂上方及附近的盖层在派生应力场作用下发生褶皱变形，形成定向斜列的扭动构造。基底断裂带进一步扭动将撕裂盖层，形成复杂断鼻或断块构造。这种类型的构造见于盆地中部的齐西—敖古拉断裂带和黑鱼泡—头台断裂带上。嫩江组沉积末期在区域北北西—南南东向压应力场作用下，北北东向基底断裂带发生左行走滑，沿黑鱼泡—头台断裂带形成了喇嘛甸、萨尔图、杏树岗等北东向背斜，沿断裂带左行斜列。背斜构造轴向为北东 30°～40°，与基底断裂带夹角为 10°～20°。与现今的喇嘛甸、萨尔图、杏树岗构造相比，老构造轴向偏向北东向（与现今局部构造轴向交角约 15°）；向北延伸超出长垣，两翼对称，形态受基底断裂控制。

松辽盆地的局部构造多数不是单一机制形成的，而是以一种或两种机制为主，多期发展、多成因复合形成的。当两种或多种褶皱作用相加强时，则形成圈闭面积大、幅度高、形态完整的大型背斜构造。如大庆长垣，在嫩江组沉积末期形成一系列左行斜列扭动构造，经明水组沉积末期反转作用形成整体背斜，古近纪末进一步扭动作用加强而最终定型。仅一种机制形成或两种机制相抵形成的构造一般规模不大或早期构造消失。前者如敖古拉鼻状构造，为东西向挤压形成的正反转构造，古近纪末齐西—敖古拉断裂带左行走滑，应力被释放，构造没有得到加强；后者如古中央隆起带上的昌德构造，它是坳陷期形成的同生沉积构造，明水组沉积末期反转作用下大庆长垣褶皱隆起，位于长垣东翼的昌德构造受到消减，至中浅层发展成为宋芳屯鼻状构造的翘起端。

2. 断陷层构造特征

1）断陷结构特征

根据断陷期地层的现今特征，松辽盆地北部断陷层可划分为箕状结构、复式箕状结构和双断结构三类断陷（表 1–4–7）。

（1）箕状断陷。

箕状断陷有林甸断陷、任民镇断陷、中和断陷、北安断陷、兰西断陷、黑鱼泡断陷南部、徐家围子断陷北部和古龙断陷等。这类断陷箕状结构明显，沙河子组沉积期控陷断裂活动性较强，断陷期地层在断裂根部较厚，远离控陷断裂逐渐超覆尖灭。

表 1-4-7　松辽盆地北部断陷结构类型划分表

断陷结构类型	箕状断陷	复式箕状断陷	双断断陷
典型剖面	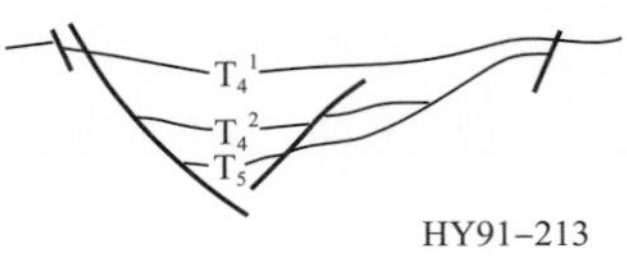	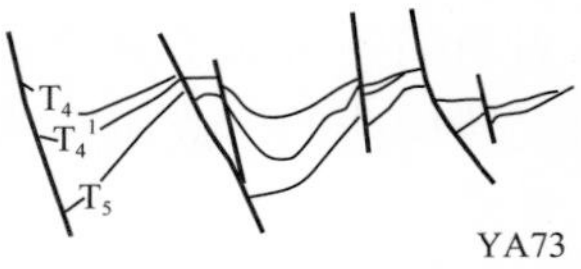	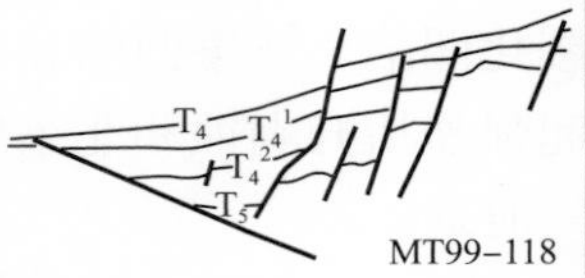
实例	中和断陷	依安断陷	莺山断陷

中和断陷位于黑鱼泡断陷以东地区，断陷规模不大，沙河子组沉积期呈断块式下陷，具有箕状特征，沙河子组厚度西厚东薄，现今埋藏西深东浅。中和断陷在沙河子组沉积期主要受到了西边界断裂的控制，东边界断裂对断陷期地层的沉积控制程度相对较弱。

（2）复式箕状断陷。

复式箕状断陷有徐家围子断陷中部、梅里斯断陷和依安断陷等。这些断陷是由在火石岭—沙河子组沉积期发育的若干个次级箕状断陷组合而成的统一断陷。

依安断陷是受古隆起分割，主要由三个次级小断陷组成的断陷群，结构为复式箕状断陷。断陷西部为西断东超的箕状断陷；断陷中部为西断东超的箕状断陷，具有两个沉降中心；断陷东部为东断西超的箕状断陷。

（3）双断断陷。

双断式断陷有莺山断陷、双城断陷、绥化断陷、呼兰北断陷、兴华断陷、中兴断陷、富裕断陷、宝山断陷、小林克断陷、黑鱼泡北部断陷和徐家围子断陷南部等。这些断陷多为沙河子组沉积期断裂活动造成的断块式沉降，断陷为边界断裂所围限，断陷期地层厚度较均一。

莺山—庙台子地区发育两个长约 60km、宽约 20km、规模中等的深层断陷，即莺山断陷和双城断陷。断陷整体呈北东—北北东向展布，西部的莺山断陷和东部的双城断陷之间夹有对青山凸起，致使该地区在沙河子组沉积期呈现莺山断陷、对青山凸起和双城断陷两断夹一隆的构造格局。这两个断陷在古近纪末卷入了长春岭—青山口背斜带，原形保持程度相对较差。莺山断陷中沙河子组是由相向对倾的四站断裂和临江断裂控制，总体上呈近北北东向展布，断陷原形呈“双断”的地堑特征。双城断陷沙河子组是由相向对倾的太平庄断裂和朝阳断裂控制，总体上呈北东—北北东向展布，断陷原形表现为“双断”的地堑特征。

2）徐家围子断陷

松辽盆地北部断陷众多，研究认识程度差别较大。目前系统开展了构造研究的仅有徐家围子断陷，因此构造发育特征主要针对徐家围子断陷论述，其他断陷以及深层断陷的整体构造特征认识有待以后的进一步研究。

徐家围子断陷位于东部断陷区的中部，是一个近南北向发育的断陷，长约 90km，中部最宽约 55km，面积为近 4300km^2，其上叠加后期发育的三肇凹陷，具有典型的“下断上坳”的二元结构。徐家围子断陷为陆相火山岩—沉积岩盆地，具有火山活动与构造运动双重成因机制。

（1）主要断裂特征。

徐家围子断陷发育四条大断裂，即徐西断裂、宋西断裂、徐中断裂和徐东断裂（图 1-4-29）。

徐西断裂总体走向为北北西，断面东倾 10°～50°，总长度 79km，平面上近“S”形延伸，水平断距为 3～17km，基岩顶面垂直断距 1100～4100m。断裂发展经历三个阶段，始于火石岭组沉积时期，在沙河子组沉积时期强度最大，在营城组沉积末期结束。

宋西断裂总体以北西走向为主，断面东倾且倾角较陡，总长 55.6km，平面上呈“S”形展布。基岩顶面在北部垂直断距 3600m、水平断距 9.5km，中南部垂直断距 400m、水平断距 3.5km。徐家围子断陷是宋西断裂与徐西断裂控制形成的复式箕状断陷。

徐中断裂位于徐家围子断陷的中部，北西向延伸贯穿整个断陷，长度 119.2km。平面上基本呈直线延伸，部分区域表现为辫状形式。

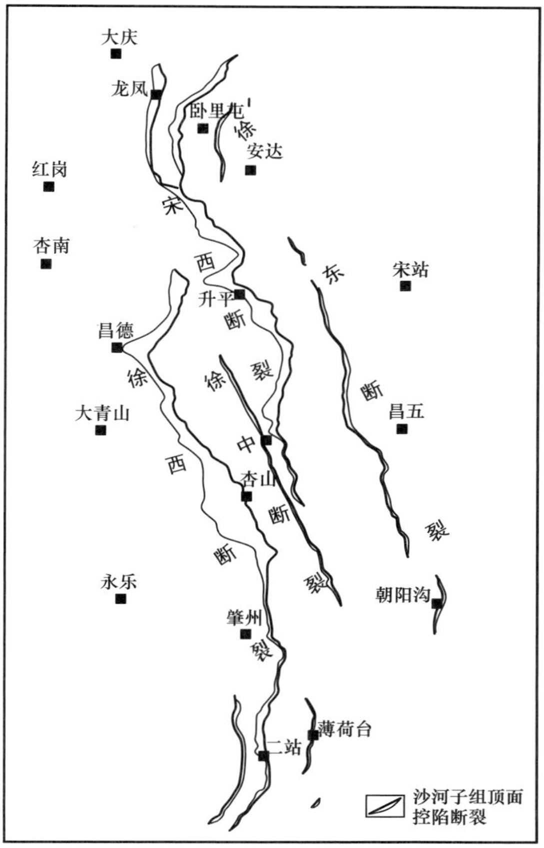

图 1-4-29　徐家围子断陷控陷断裂分布图

徐东断裂由一系列断层构成，发育多条分支断层，断层沿徐东斜坡带走向展布，总体上西侧分支断层多而小，东侧发育较大断层。

（2）断陷结构。

徐家围子断陷结构存在南北差异性，北部为箕状断陷，中部为复式箕状断陷，南部为不对称双断式断陷（图 1-4-30）。

北部箕状断陷表现为楔状沉积，沉降中心沿控陷断裂展布，地层在控陷断裂根部最厚，向远端变薄，或者超覆尖灭、或者终止于另一条控陷断裂。

中部复式箕状断陷由近平行的徐西断裂、宋西断裂和徐东断裂共同控制，在剖面上常见“凹—隆”形态。

断陷结构类型	典型剖面	分布
箕状	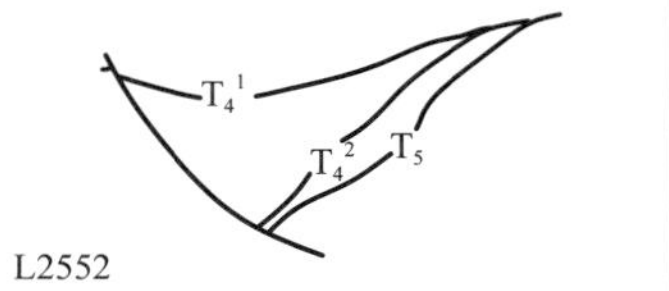	北部
复式箕状	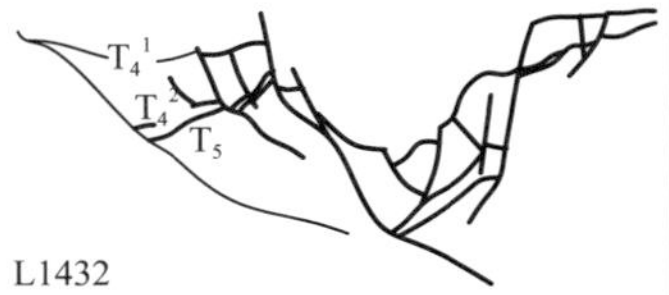	中部
双断	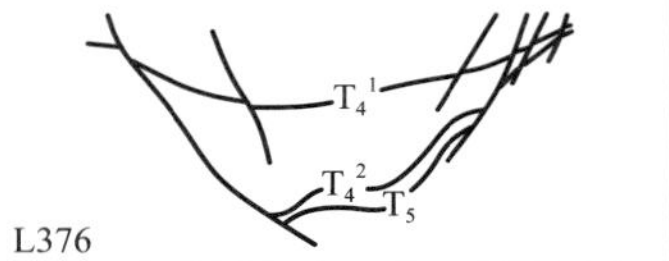	南部

图 1-4-30　徐家围子断陷结构图

南部不对称双断式断陷受两条对倾的边界断裂控制，西侧的控陷断层明显控制了主沉降中心发育。

3. 构造演化特征

徐家围子断陷经历了 4 个建造期和 4 个改造期，建造期为火石岭组初始张裂和沙河子组、营一段及营城组二段、三段沉积建造期；改造期为火石岭组沉积末期、沙河子组沉积末期、营一段沉积末期及营城组沉积末期改造期。断陷格局在营城组沉积末期基本定格，营城组沉积之后的构造活动较弱，对断陷的构造格局影响较小。

断陷期地层发育主要受徐西断裂、宋西断裂和徐东断裂共同控制。在沙河子组沉积期，断距越来越大。盆地呈不对称双断结构。沙河子组沉积过程中伴生反向正断层，沙河子组沉积末期近南北向挤压过程形成大量正断层，其中一部分为早期断层再次活动，另一部分为新生断层；营一段沉积末期遭受挤压反转，徐东断裂上盘岩层发生反转。

第五章　沉积环境与相

1993 年出版《中国石油地质志·卷二 大庆、吉林油田》后，松辽盆地北部沉积环境与沉积相研究的进展主要集中在 20 世纪 90 年代和 21 世纪初的一批研究成果中，重点体现在三个方面：一是系统研究总结了松辽盆地中浅层的层序与地层格架，对基准面旋回识别标志与划分进行了系统的阐述；二是新增了中浅层沉积体系与充填演化特征的研究成果，以及对松辽盆地不同时期沉积相的系统分析；三是分析了沉积体系与油气聚集的关系。这些成果大部分已收入 1997 年出版的《松辽盆地油气田形成条件与分布规律》及 2009 年出版的《松辽盆地陆相石油地质学》，以及相关论文和地质研究报告中。关于松辽盆地深层沉积环境与相的认识相对较少，主要成果收录在 2010 年出版的《松辽盆地中生界火山岩天然气勘探》中，区带级营城组和沙河子组沉积相认识相关成果主要出现在科研报告和期刊论文中。

第一节　层 序 划 分

20 世纪 90 年代以前，对于层序地层的研究主要是基于二维资料和井资料，针对不同层位划分方案不统一；1990 年以后，随着地震资料品质的提高，陆续开展了松辽盆地中浅层和深层的层序研究工作，不同学者建立了不同的层序格架；近十年来，随着松辽盆地二维和三维地震资料日益丰富和地震沉积学学科的发展，逐渐建立了目前比较公认的松辽盆地白垩系层序地层格架。

松辽盆地发育 SB5、SB3、SB03 和 SB01 共 4 个一级层序界面；在下部断陷期地层里发育 SB42、SB41 和 SB4 共 3 个层序组（二级层序）界面；在坳陷期地层内发育 SB11、SB02 和 SB012 共 3 个层序组（二级层序）界面。将白垩系坳陷型一级构造层序划分为 3 个二级层序，进一步划分出 19 个三级层序（图 1-5-1）。

一、层序界面特征

松辽盆地断陷期和坳陷期共识别出 SB5、SB3、SB03 和 SB01 共 4 个一级层序界面，都是大的不整合构造界面。在下部断陷期地层里识别出 SB42、SB41 和 SB4 共 3 个层序组（二级层序）界面。在坳陷期地层内识别出 SB11、SB02 和 SB012 共 3 个层序组（二级层序）界面。

1. 一级层序界面特征

1）SB5

该界面对应松辽盆地地震剖面上强反射波轴 T_5，T_5 界面为基岩顶界面反射，反映中生代盆地与基底之间的区域不整合，代表着较长时间的侵蚀间断。地震剖面上是一个连续性好、振幅强的基底反射，在地震剖面上表现为区域性地层削截关系。其上覆地层为火石岭组的中性、中基性及部分酸性熔岩、凝灰岩及沉积岩。下伏地层，即盆地的结晶基底，由前中寒武统中深变质岩或石炭系—二叠系浅变质岩及各时期的花岗岩构成。

在 1993 年出版的《中国石油地质志·卷二 大庆、吉林油田》中，将火石岭组的形成时代定为晚侏罗世，但是依据徐深 1 井和升深 5 井以及火石岭组的露头剖面上发现的孢粉组合将该组确定为白垩纪的最早期，其时代为 135Ma 左右，断陷层序的延续时间为 18Ma，为一级层序界面。

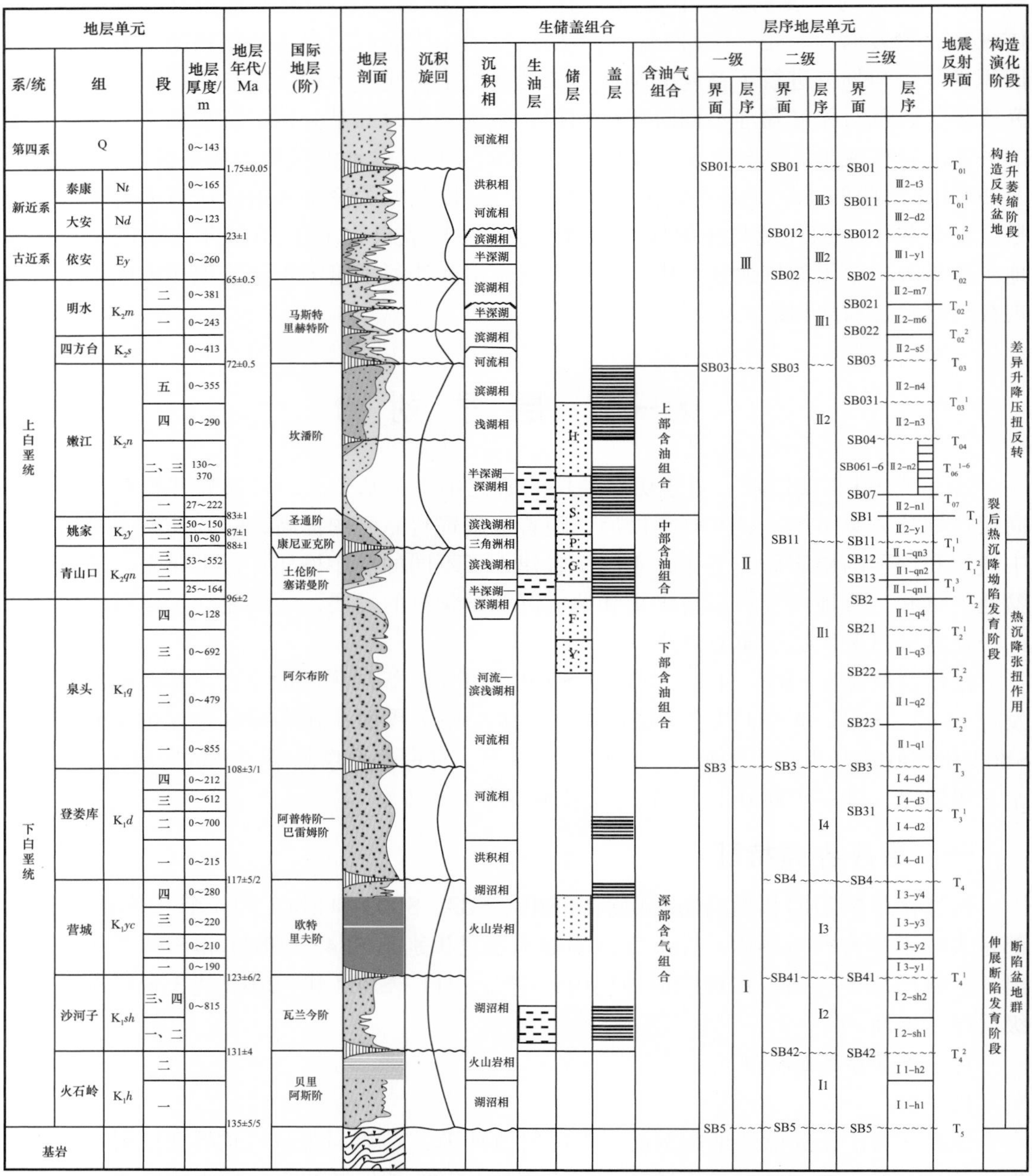

图 1-5-1　松辽盆地层序地层划分综合柱状图

2）SB3

该界面对应于松辽盆地地震剖面上强反射波轴 T_3，为登娄库组与泉头组的地层分界面，SB3 界面为一裂后不整合界面，其下为大量的小型断陷盆地，其上为坳陷盆地。地震剖面上 T_3 界面表现为向下伏基岩超覆，其上泉头组下部为中强振幅反射特征，下部的登娄库组则为弱反射特征。T_3 反射波组在盆地西部、北部地区地震反射弱，连续性较差，泉头组上超在登娄库组和断陷期地层之上，下伏地层局部被削蚀，表现为不整合；在盆地中部、南部和东部反射振幅较强、连续性好，与下伏地层表现为整合或假整合接触。

SB3 界面的时代为 108Ma 左右。坳陷期层序的延续时间为 52Ma，为一级层序界面。

3）SB03

该界面在地震剖面上表现为连续性好、强振幅的反射同相轴。在凸起或斜坡上为微角度削截反射，而凹陷内表现为平行反射或显著的削截反射。在大庆长垣以东 SB03 界面表现为削截反射，且嫩江组一段、二段表现为由东向西的前积反射结构。在大庆长垣以西，SB03 由微角度不整合逐渐变化为平行整合反射。此外，在 SB03 界面上，局部地区可以清晰地识别出显著的由侵蚀作用所产生的大型凹槽。

T_{03} 界面在合成地震记录上表现为显著变化的台阶，从上至下，在通过该界面时，声波曲线急剧减小，同时密度和波阻抗曲线也达到最高值，随后，声波曲线逐渐增大，密度和波阻抗逐渐减小，反映在细粒沉积中夹有较薄的粗粒沉积。

SB03 界面形成时代为 65Ma，为一级层序界面。

4）SB01

该界面对应于松辽盆地地震剖面上反射波轴 T_{01}，为新近系与第四系地层分界面，是一局部构造不整合面，地震上表现为较强的反射波层，存在上超、削截等终端反射关系，较易识别；岩性上位于大套砂岩的顶部，其下为洪积相、上为河流相。

SB01 界面的时代为 1.75Ma 左右，为一级层序界面。

2. 二级层序界面特征

1）SB42

该界面对应于松辽盆地地震剖面上强反射波轴 T_4^2，T_4^2 反射层相当于火石岭组顶面（沙河子组底面）反射，总体上为一套连续性较好岩层的底面，是火石岭组杂乱反射地层的包络面，上、下两套地层内部反射结构和特征有很大的差异。沿一组杂乱反射最上面的同相轴追踪，沙河子组沿该界面的底超现象比较普遍。T_4^2 在徐家围子地区主要有两种反射特征，在断陷中心区相对较深的部位，表现为一组杂乱断续反射波组的顶面。在断陷的西坡，为具有丘状外形，内幕反射杂乱、能量相对较低的火山机构包络面。

SB42 界面形成的时代为 131Ma 左右，为二级层序界面。

2）SB41

该界面对应于松辽盆地地震反射轴 T_4^1，T_4^1 反射层相当于沙河子组顶面（营城组底面）反射，为一区域性重要的角度不整合面。界面上、下地层的上超、削截反射特征在多数剖面上表现清楚。在徐家围子地区为中、强振幅，连续性较好，是上部反射波组的上超面、下部反射波组的削截面。T_4^1 反射波在徐家围子地区的西部反射特征明显，界面上、下两套地层反射特征清楚，连续性、能量差异较大，易于对比解释。但 T_4^1 反射波全区变化较大，主要依靠上、下波组的接触关系来追踪对比，当遇到火山通道时，根据其周围探井揭示地层层位情况进行对比追踪。

SB41 界面形成的时代为 123Ma 左右，为二级层序界面。

3）SB4

该界面对应于松辽盆地地震反射轴 T_4，T_4 相当于营城组顶面（登娄库组底面）反射，是又一重要的不整合界面。不同地区，该界面具有不同的地震反射波组特征。徐家围子地区，T_4 界面之上常有上超和顶超现象，界面之下地层常被削截。全工区波形特征明显、连续性好，表现为一组 3～4 个强反射波组的底界波峰，在断陷边缘具有明显的上超特征，隆起区该界面超覆到 T_5 之上。界面上、下常伴随弱、中振幅的反射波，与其呈平行反射结构。在工区内火山岩发育带为中振幅，局部为弱振幅。双城断陷莺山次凹，T_4 界面之上常有上超现象，界面之下地层常被削截，如三深 1 井区营城组和沙河子组四段全部被削截。全工区波形特征明显、强反射，连续性好。古龙地区，T_4 反射层在本区地震剖面上多表现为一组谷—峰—谷强反射波的波峰，界面之下有明显的削截现象，界面之上有明显的上超特征，构造高部位（断陷边缘）该界面超覆到 T_5 之上。林甸地区，T_4 地震反射层总体表现为一套弱振幅、低频、连续性较差的反射波组，而其上覆登娄库组也为一套较弱反射波组。界面之下具明显的削截现象，至断陷边缘，该界面直接超覆于 T_5 之上。

SB4 界面形成的时代为 117Ma 左右，为二级层序界面。

4）SB11

青山口组的顶（SB11）界面在地震剖面上表现为中—低振幅、中连续特征的反射同相轴。该界面之上反射波组连续，振幅高或较高；界面之下，反射波组连续性差，振幅小或中等，为弱反射特征。该界面在盆地西部削截现象明显，青山口组上部地层有削蚀现象，姚家组上超于青山口组上部地层的不同层位上，在盆地中部表现为整合接触，局部显示对下伏地层的削截关系。岩心上则表现为厚层古土壤层的发育。合成地震记录上，界面上下曲线形态、值的大小均发生突变，界面以下，声波时差急剧增大，密度和波阻抗显著减小。该界面合成地震记录的特征受构造单元影响较大，在盆地边缘曲线变化幅度低；而在中央坳陷区，界面上下曲线形态、值均发生突变，界面以下，声波时差急剧增大，密度和波阻抗显著减小。可能与下部青山口组，特别是青山口组二段、三段沉积含砂等粗粒沉积物增多有关。

在近南北向的区域地震剖面上，南部的古 534 井和齐深 1 井以及滨北地区，SB11 界面均显示显著的对青山口组的削截点。该界面之下的青山口组实际上为一套大型的向南斜向叠置的沉积体，从北向南青一段、青二段和青三段依次加厚，总体形成向南倾的大型斜向叠置体。此外在盆地西部削截现象也很明显，在界面之上，姚家组上超于青山口组上部地层的不同层位上，在盆地中部表现为整合接触，局部显示对下伏地层的削截关系，界面上介形类大量灭绝、磁极性翻转。

各类测井曲线在界面上下显示突变，总体趋势是，由上到下，跨过该界面，声波时差变大，密度和波阻抗减小。不过在盆地边缘，由于靠近沉积物源，砂岩与泥岩厚度相当，曲线变化不明显；而在中央坳陷区，由于远离沉积物源，且下部青山口组与上部姚家组沉积体系不同，界面上下声波时差和密度曲线形态、值均发生突变，这与下部青山口组上部粗粒沉积物增多有关。

岩心上该界面可以发现广泛分布的、厚层的古土壤层，位于姚家组底界之上不到20m，发育于盆地边缘以及中下部姚一段和姚二段，其中尤以姚一段下部砖红色古红壤层分布最为广泛，厚度一般为4～10m。古红壤层以暗红色泥岩为主，其顶部通常为较致密的泥岩，没有明显的原始沉积纹层或生物作用痕迹。古土壤层是界面长期暴露的重要证据。

此外该界面也是一个重要的全球性海平面下降界面，界面上下沉积相发生了突变，盆地总体变浅，该界面之后，盆地东北方向的物源体系开始发育，并逐渐增强。

SB11 界面形成的时代为 88Ma 左右，为二级层序界面。

5）SB02

SB02：该界面对应于松辽盆地地震反射轴 T_{02}，在地震剖面上表现为连续性好、较强振幅的反射同相轴，盆地整体为不整合地震反射特征。

SB02 界面是构造反转、盆地抬升萎缩时期发育的界面，其下为明水组，发育滨浅湖、深湖—半深湖及河流沉积；上为古近系依安组，发育滨浅湖及半深湖沉积。

6）SB012

该界面在地震剖面上表现为连续性好、较强振幅的反射同相轴。在凸起或斜坡上为微角度削截反射，而凹陷内表现为平行反射。

$T_{01}{}^{2}$ 界面是构造反转、盆地抬升萎缩时期发育的界面，其下为古近系，发育滨浅湖、深湖—半深湖沉积；上为新近系，发育河流相和洪积相。

SB012 界面形成时代为 23Ma，为二级层序界面。

3. 三级层序界面特征

不同级别层序单元的顶界面通常指示了一定时间暴露或间断，所以，并不是所有暴露面都代表三级层序界面。松辽盆地三级层序界面在不同构造带表现出明显差异，有些地带显示陆上较长期的暴露，而有些则显示水下间断面。

1）三级层序界面地表暴露特征

三级层序界面识别标志取决于沉积区古地貌环境。不同环境带具有不同的特征，如长期暴露面可以形成大量的暴露地表的标志，如根土岩、瘤状结核，甚至古土壤层。松辽盆地三级层序界面具有以下特点：（1）形成一定厚度的古红壤层，一般在 50cm 以上；（2）具有较大的钙质结核，一般直径在 2cm 以上，甚至可达 5cm；（3）可见根土岩或瘤状结核。

2）三级层序界面水下特征

坳陷期大型湖盆发育具有明显的继承性，在湖盆中央三级层序，如青山口组内部三级层序、嫩江组内部三级层序、甚至姚家组与嫩江组之间的三级层序都表现为整合接触，研究区具有以下 3 种样式的层序界面。

（1）在滨湖地带三级层序界面：发现短期暴露的标志，如泥裂层、少量植物根、受波浪改造的贝壳碎片层或介形虫层等。

（2）在滨湖极浅水地带三级层序界面：尽管在这种情形下没有发现暴露地表的标志，但发育一些极浅水标志，如垂直潜穴、强烈生物扰动、富介形虫层；有时可见砂屑灰岩或藻灰岩。

（3）在较深水地带三级层序界面：通常表现为藻灰岩或泥灰岩层，指示该时期陆源碎屑补给不充分，而形成的水下沉积间断，如茂206井青一段、青二段层序分界面。

3）层序界面岩石学标志识别

在陆相盆地中由于沉积盆地内多物源、相带窄、相变快、沉积体系空间配置样式复杂，往往缺少盆地级稳定的等时标志层，因此，层序界面的识别和对比的难度较大，对层序界面识别总结出如下规律。

（1）暴露标志。

层序界面代表一定时间间断，或者暴露于地表，形成某些土壤化标志，如硅结层、钙质结核、含“石英漂砾”组构的粉砂岩和泥岩、泥裂、瘤状植物根、根土岩等，这些特征均代表暴露于地表风化的岩石学标志，这类暴露标志在三级层序和二级层序均可见到，有时在准层序界面也可见到这类暴露标志。

另一类代表较长期暴露于地表形成独特的岩石标志——风化壳相，暴露于地表的地层经历一定时间的风化淋漓往往形成古风化壳。风化壳的岩石构成特征主要受控于古气候条件和原岩类型。温带主要是生物化学风化作用，热带、亚热带主要是地球化学风化作用，原岩通过上述风化作用形成原地残积或异地堆积的风化壳相岩石。如古红壤层、高岭土层等。古红壤层主要发育于二级层序界面附近，如姚家组近底部的砖红色土壤层，盆地内广泛发育。

（2）冲刷滞留物沉积。

在岩心中，可见到层序边界有少量的湖侵滞留物沉积，通常其厚度较小，为5～30cm厚的较粗沉积物，由贝壳、介形虫、贝壳碎屑、破裂泥岩碎屑、钙裂泥岩碎屑、钙质团块、硅质碎屑砾岩组成。这种物质是湖侵期间由于临滨的侵蚀作用，从下伏地层中带上来的，并且在湖侵面顶部聚积成一不连续层。在岩心观察描述中见到大量湖泛面，其标志是底部为一明显的冲刷界面，其上堆积薄的滞留物沉积。根据滞留物发育部位及其沉积特征，可以划分出如下四种类型。

第一种类型为富含钙质团块类的滞留物沉积，底部为明显冲刷接触关系，之上由不连续、不规则形状的钙质团块组成。滞留物分布于湖泛面上，该面与位于深切谷底部或河谷间地区的层序边界重合。这种滞留物是在层序边界暴露于地表时期从土壤层内部形成的钙质壳或分散的钙质团块中衍生出来的。后续的湖泛作用搬走了较容易侵蚀的土壤而在湖泛面上留下作为滞留物的团块。

第二种类型为具有变形层理的滞留物沉积，下伏准层序顶部遭受强烈的生物挠动以及波浪或水流改造作用产生的。

第三种类型滞留物是由生物化石或化石碎屑富集层构成的。在湖平面上升之后有机质或无机质的碳酸盐岩堆积于湖泛面之上。有机碳酸盐多以介形虫层出现。区内常见这类滞留物有介形虫层、含生物碎屑碳酸盐岩。这些介形虫或贝壳层受风暴的筛选和改造作用带到水下沉积，姚家组和嫩江组三级层序或五级准层序界面常见，镜下观察发现生物碎屑往往具有明显的定向性。

第四种类型滞留物是河道底部的滞留沉积物。这种河道滞留物由不同颗粒类型组成，通常由不等粒砂砾岩所组成，含燧石、石英或石英质卵石。厚度范围从只有几厘米薄透镜体至数十厘米厚的滞留层。

（3）古红壤层。

古红壤是成土母质在古湿热气候条件下，经强烈风化作用形成，因含氧化铁较多，有明显的红色，又称“红色风化壳”。红壤层是指岩石经过成土过程所形成的砖红、赤红、褐红色土壤，主要分布在热带或亚热带地区。严格意义来讲，通常所说的“红层”可分为两类，即红土和红壤，前者代表沉积物在地表湿热条件下形成的或剥蚀区为红色沉积物被搬运到沉积区堆积的红色沉积物，而后者则为沉积物在湿热气候条件下经过一定的成土过程所形成的红色土壤。

红层广泛发育于松辽盆地中浅层地层中，特别是泉头组、姚家组。其红层发育与气候变化是一致的，松辽盆地中浅层经历了两个大气候旋回，即从泉头组到青山口组，从姚家组到嫩江组经历了从半干热到温湿的古气候演变。

泉头组红层广泛发育于冲积平原、三级层序和准层序的顶界面，厚度变化较大，这种厚度不等的红层部分也经历过时间不等的成土作用。通常情况下，泉头组红层以亮红色泥岩为主，有时可见植物根等生物作用标志和原始沉积作用所形成的纹层。

姚家组红层发育于盆地边缘以及中下部姚一段和姚二段、姚三段下部。其中尤以姚一段下部砖红色古红壤层分布最为广泛，厚度一般为4～10m。古红壤层以暗红色泥岩为主，其顶部通常为较致密的泥岩，没有明显的原始沉积纹层或生物作用痕迹。

与其他层位砂岩所不同的是，在树118井红层底部的砂岩层为灰白色，滴酸起泡明显，反映砂岩中碳酸钙含量较高。这意味着古风化淋漓的钙质进入砂岩，形成钙质砂岩层。

（4）磁化率变化。

磁化率是描述物质被磁化的难易程度，质量磁化率的单位是m^3/kg。由于岩石所含磁性矿物量的大小而导致磁化率变化。研究发现不同岩性具有不同磁化率，通常砂岩中磁化率低于泥岩磁化率，尤以油浸或油斑砂岩最低；不同颜色泥岩和不同体系域岩石也具有较大差异，特别是三级层序界面往往具有较高的磁化率；此外，泉头组和姚家组红色泥岩通常具有较高的磁化率，相比而言，位于三级层序顶界面的红色泥岩往往具有更高的磁化率，这可能归结于红壤化过程导致岩石中磁铁矿或褐铁矿的富集。岩石中磁化率的变化为层序界面的识别提供一个有效方法，这种方法在一定程度上反映了沉积物暴露于地表的时间长短和氧化程度。

T_2^2、T_2^1、T_1、T_{04}、T_{07}是地震剖面上比较容易能识别和追踪的三级层序界面，T_2^2和T_2^1界面为局部不整合，分别为泉三段底部不整合和泉四段底部不整合，为中振幅中连续反射。在盆地中心表现为整合特征，在盆地边缘其下可见到顶超和削蚀现象，其上可见到上超反射层；嫩江组与姚家组的分层标志T_1反射波组由连续性好的高振幅双轨反射波组成，在横向上分布非常稳定。T_1之上有微弱下超反射结构。T_1上覆地层与下伏地层的接触关系类似于T_2，在盆地中部大部分地区，上下岩相、岩性突变，反映水体突然变深的特点，但沉积是连续的；但在盆地边缘，上覆嫩江组直接与青山口组或更老地层接触，中间缺失姚家组（图1-5-2）。

T_{07}是嫩二段层序的底界面，嫩二段表现为一组平行连续、中高振幅的反射波组，盆地中部为连续沉积，整合接触，到盆地边部有上超反射结构现象。T_{04}为嫩三段层序的底界面，也表现为沉积不整合的特征。

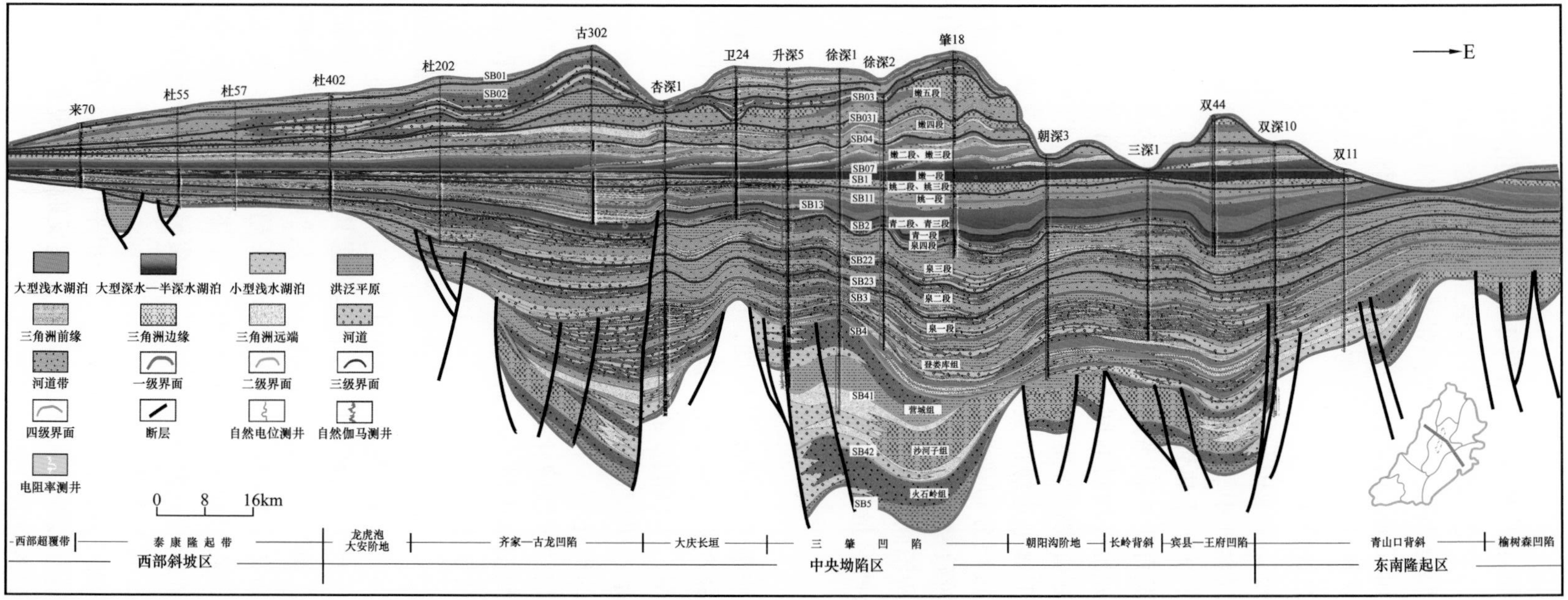

图 1–5–2　松辽盆地北部中生界 WE5 连井沉积相剖面图

二、层序组成特征

在松辽盆地白垩系中识别出SB5、SB3、SB03、SB01共4个一级层序界面，在下部断陷期地层里识别出SB42、SB41、SB4共3个层序组界面，在坳陷期地层内识别出SB11层序组界面，在上述界面的识别基础上将断陷期和坳陷期地层划分为3个一级层序、9个二级层序（对应层序组），其中坳陷期地层内可进一步分为19个三级层序（图1-5-2）。

1. 一级层序——构造层序

松辽盆地是由断陷和坳陷盆地原型垂向叠加形成的大型叠合盆地，其间被破裂不整合面分隔。在每个盆地原型内部被次级不整合面分隔，这些不整合界面分别对应于不同级别构造事件。根据盆地形成机制及其大地构造背景将松辽盆地垂向演化划分为三个构造幕，火石岭组沉积晚期—登娄库组沉积期为引张构造幕，该时期整个中国东北部进入以裂陷作用为主导的构造运动时期，形成断陷盆地群；泉头组—嫩江组沉积期为裂后沉降幕，形成统一的大型坳陷盆地；四方台组沉积期和明水组沉积期为构造反转幕，形成反转盆地。上述三个构造演化阶段直接控制盆地不同演化期的沉积建造，每个构造演化阶段构造活动的沉积响应构成一个构造层序。由此，松辽盆地充填序列中可识别出3个构造层序：即断陷型构造层序、坳陷型（坳陷期）构造层序和反转型构造层序（萎缩期），并被4个一级层序界面所限制。

1）断陷型构造层序（Ⅰ）

下白垩统的火石岭组（K_1sh）、沙河子组（K_1sh）、营城组（K_1y）和登娄库组（K_1d）处于松辽盆地的断陷阶段，其底界面T_5和顶界面T_3为区域性不整合界面，T_5界面为基岩顶界面反射，代表着较长时间的侵蚀间断，其上覆地层为火石岭组的中性、中基性及部分酸性熔岩、凝灰岩及沉积岩。下伏地层为盆地的结晶基底，由前中寒武统中深变质岩或石炭系—二叠系浅变质岩及各时期的花岗岩构成。

SB3界面顶部泉三段底部形成了发育较为广泛而又稳定的古土壤层，形成了区域性二级层序界面。在该层序界面之上，发育低位体系域，以河流体系沉积为主体，随后形成洪泛平原沉积，甚至灰绿色滨浅湖沉积。

断陷型构造层序由一个完整的旋回构成，下部火石岭组到沙河子组为正旋回层。火石岭组主要为湖沼相，发育火山岩；沙河子组主要为湖相、湖沼相，岩性为暗色或灰色湖相泥岩、粉砂岩，与下伏火石岭组构成了一个正旋回层。营城组发育火山岩相，顶部发育砂砾岩，整体上组成了一个上升的反旋回层。本组为断续型沉积旋回。

2）坳陷型构造层序（Ⅱ）

由泉头组（K_1q）、青山口组（K_2qn）、姚家组（K_2y）和嫩江组（K_2n）组成，处于松辽盆地的裂后热沉降阶段，表现为中间厚两边薄的大型碟状地层。该层序嫩江组湖泊灰色细碎屑岩与四方台组粗碎屑岩之间为一区域性不整合SB03界面，地震合成记录上表现为界面上下曲线形态突变；界面以上曲线垂向变化幅度较界面以下大，声波时差值在该界面显著增大，向两端减小，密度和波阻抗曲线则相反。此层序沉积时间持续52Ma，下部沉积了断坳转换期的登娄库组，发育辫状河、辫状河三角洲，岩性以红色、紫红色泥岩和灰色细砂岩、粉细砂岩为主；向上变为泉头组的河流相—三角洲相，岩性为紫、紫红色泥岩和灰色粉砂岩；后随沉积基准面上升，青山口组一段主要发育半深湖—深湖相，岩性以黑、灰、灰黑色泥岩和灰色粉砂岩为主，青山口组二段、三段沉积基准面下降，主要发育三角洲—湖相，岩性以灰色、深灰色泥岩和灰色粉砂岩为主。到了姚家组，基准面再次上升，主要发育三角洲—湖相，岩性以紫色泥岩、浅灰色泥岩和灰色粉砂岩为主，属于暴露面沉积，此阶段发育一个局域型不整合面 T_1^1。这个层序是松辽盆地沉积较厚、持续时间最长的一个层序。

3）反转型构造层序（萎缩阶段）（Ⅲ）

由四方台、明水组、古近系和新近系组成，处于盆地的构造反转阶段，伴随着区域性挤压构造运动，逐步萎缩而形成了以不对称坳陷型浅湖为特征的红色碎屑岩。

2. 二级层序——层序组

1）断陷型构造层序中的层序组

分布于松辽盆地深部，由 4 个二级层序组成。

（1）Ⅰ1 二级层序——火石岭组。

主要为火山岩和火山角砾岩堆积，零星分布于断陷底部；有些断陷在火山岩中夹有碎屑岩层，以滨浅湖沉积为主，夹凝灰岩，其岩性、岩相显示为突变，故属间断型沉积旋回。该二级层序主要分布于盆地中央和西部断陷带，如陆家堡断陷九佛堂组；SB42 界面为该层序组的顶界面，地震剖面上为一组强反射轴的顶界。

（2）Ⅰ2 二级层序——下白垩统沙河子组。

主要为冲积扇、扇三角洲、三角洲体系的砂砾岩、砂岩夹粉砂岩、泥岩和湖泊体系的泥岩及深水重力流沉积，代表断陷早期扩张沉积。SB41 为该层序组的顶界面，为一比较明显的角度不整合界面，新的研究成果显示该界面发生过比较强烈的构造反转。

（3）Ⅰ3 二级层序——下白垩统营城组。

主要为扇三角洲、三角洲体系的含砾砂岩、砂岩和湖泊体系的细粒沉积，松辽盆地深部营城组可以四分，其一段、三段为火山岩。SB4 界面为该层序的顶界面，在东侧和西部斜坡带超覆于断陷两侧的基岩之上，中部和东南隆起带受控于断陷盆地。振幅弱，横向对比追踪难。

（4）Ⅰ4 二级层序——下白垩统登娄库组。

主要为大型砾质辫状河、三角洲及湖泊体系沉积，该二级层序为红色砂砾岩、砂岩、粉砂岩和泥岩，主要分布于中央断陷带，东部断陷带少数盆地发育有登娄库组。

2）裂后热沉降型（坳陷型）构造层序中的层序组

在坳陷层序内，根据盆地构造演化幕、沉积旋回及其伴随的在各构造幕之间发育的较大规模不整合，可划分出 4 个二级层序。从下到上为Ⅱ1、Ⅱ2、Ⅱ3 和Ⅱ4。

（1）Ⅱ1 二级层序——下白垩统泉头组—青山口组。

为裂后早期快速热沉降阶段的产物，与下伏地层为假整合接触。该二级层序以河流及洪泛平原沉积为主，局部发育有泛滥平原湖或滨浅湖沉积。底界面为 SB3，顶界面为 SB11。

该时期松辽盆地进入了大型陆相湖盆发育阶段，形成沉积范围较大的湖相沉积。其下部以深湖—半深湖相泥岩、页岩为主，夹油页岩。上部为黑色、深灰色泥岩夹灰色、灰绿色粉砂岩和细砂岩。旋回下部泉头组表现为正旋回层。泉一段为河流相及滨浅湖相的灰白色、褐色中厚层砂岩与紫褐色、暗紫红色泥岩互层组成正旋回层。泉二段、泉三段为河流相、湖泛平原相夹滨浅湖相的灰绿、棕灰、紫灰色砂岩与暗紫、褐红色泥岩组成正旋回。泉四段为滨浅湖相及湖泛平原相灰绿、灰白色粉细砂岩与红、紫红色泥岩组成4～8个小的正旋回层，向顶部则过渡为浅湖相灰绿、深灰色含黄铁矿的泥岩。旋回中部青一段与泉四段呈岩性渐变关系，为深湖相黑色泥岩、页岩夹油页岩，富含介形虫及黄铁矿。旋回上部青二段、青三段由深湖相、浅湖相的黑色、灰黑色、灰绿色泥岩夹薄层砂岩及介形虫层，向上过渡为三角洲相、滨浅湖相厚层粉砂岩夹灰绿、灰色泥岩，组成明显的反旋回层。青一段—青二段、青三段早期还发育浊流相。本组为连续型复合沉积旋回。

（2）Ⅱ2二级层序——上白垩统姚家组—明水组。

主要为三角洲、滨浅湖和半深湖—深湖沉积。该二级层序的底界面为全球性海退面（SB11界面），本区形成了较为稳定的古红壤层，而顶界面为SB02。SB02界面在地震剖面上表现为连续性好、强振幅的反射同相轴。该界面在凸起或斜坡上为削截反射，而凹陷内表现为平行反射或微角度削截反射。位于构造反转的高峰期，层序组的延续时间为5Ma左右。

旋回下部姚家组表现为正旋回层。姚一段为三角洲相、浅湖相的灰绿、灰白色厚层、块状中、细砂岩与紫红、灰绿色泥岩组成3个小的正旋回层。姚二段、姚三段由三角洲相及浅湖相的灰白、灰绿色厚层粉、细砂岩夹灰色、灰绿色泥岩组成正旋回层。但在较深水地区出现反旋回层（如萨尔图油田南部、杏树岗、龙虎泡油田等地区）；姚二段、姚三段顶部以块状灰绿色泥岩与嫩一段黑色泥岩、页岩接触。旋回中部嫩一段、嫩二段与姚二段、姚三段为岩性渐变关系，为深湖相及半深湖相的灰黑、黑色泥、页岩及油页岩，下部夹浊流相的粉砂岩。旋回上部嫩三段—嫩五段的嫩三段是由滨浅湖相、较深湖相的灰黑、黑色泥岩夹三角洲相、浊流相的灰白色粉、细砂岩组成的明显的反旋回层。嫩四段、嫩五段是由滨浅湖相、三角洲相的灰绿色、红色块状泥岩和砂岩组成的反旋回层，向上（嫩五段）出现明显的以红色泥岩为主的淤积相。四方台组由河流相、滨浅湖相紫色砂岩、砂砾岩与红色块状泥岩组成正旋回层，冲刷面较多。明一段为滨浅湖相与较深湖相交替的灰色砂岩与灰黑色泥岩组成的2个小正旋回层。旋回上部明二段为淤积相灰色、杂色砂岩与红色、灰绿色泥岩组成的正旋回，冲刷面较发育，泥岩中富含钙质结核。为间断型沉积旋回，且剖面上岩相分异不甚明显，但总体上仍属沉积旋回性质。

3）构造反转型构造层序中的层序组

嫩江运动导致盆地构造反转，进入盆地萎缩期沉积。以SB02界面为界，构造反转型构造层序可划分为2个二级层序。Ⅲ1、Ⅲ2二级层序分别对应于古近系依安组、新近系大安组和太康组。以太康组分布广泛，主要为河流相灰绿、黄绿或深灰色泥岩与砂岩、砾岩互层。

3. 三级层序——层序

在上述二级层序地层内根据基准面在测井、录井剖面上的特征，可划分出不同的三级层序单元（图1-5-1）。断陷期三级层序在盆地内断续分布，是一个完整的大沉积旋回，共划分了10个三级层序，分别是Ⅰ1-h1、Ⅰ1-h2、Ⅰ2-sh1、Ⅰ2-sh2、Ⅰ3-y1、Ⅰ3-y2、Ⅰ4-d1、Ⅰ4-d2、Ⅰ4-d3和Ⅰ4-d4；坳陷层三级层序的厚度在中央坳陷区较厚，但是到盆地的斜坡带则明显变薄，其厚度一般在30～50m之间，在地震剖面上只有一个同相轴，识别难度较大，只有通过精细的钻井连井对比进行识别和划分。在坳陷地层中共划分出了19个三级层序（图1-5-1、图1-5-2）。

对于每一个层序根据初始湖泛面和最大湖泛面可划分出体系域。以嫩江组为例，嫩江组四级以上层序界面总体上有11个，包含1个二级层序界面、2个三级层序界面及8个能够记录湖平面变化的四级层序界面，分为构造不整合、沉积不整合、湖泛面及强制性水退界面4种类型。构造不整合与沉积不整合的区别主要是成因机制不同，构造作用导致的地层缺失、削截等为构造不整合，沉积作用导致的上超、下超等为沉积不整合，共同点是存在不同程度的地层缺失。SB03为盆地反转形成的构造不整合界面，SB1和SB07是湖泛期形成的初始湖泛面和最大湖泛面，SB04是沉积不整合面，$SB06^1$、$SB06^2$、$SB06^3$、$SB06^4$、$SB06^5$、$SB06^6$及$SB03^1$是盆地水退期形成的强制性水退背景下的次级水进面。四级层序界面$SB06^5$分布范围较广，横向分布相对稳定，前积体向西推进至西部斜坡区。四级层序界面$T_{06}{}^6$延伸至西部斜坡区，西部飘曳至SB04界面，后被嫩江组五段底界削截，东部顶超于SB04界面，构成一个透镜状地质体。整体上嫩江组是在沉积基准面上升和下降旋回控制下形成以SB07界面为对称的水进—水退型层序，与下伏姚家组共同构成一个完整的二级层序。

嫩江组以SB03及SB1为顶底界面，包含2个三级层序，嫩江组一段为水进体系域，属于退积型层序；嫩江组二段至五段为高位及低位体系域，属于强制性水退进积型层序。SB03界面分隔了四方台组与嫩江组，也是二级层序Ⅱ2和Ⅱ3的分界面，覆盖大部分坳陷区和斜坡带，在隆起区遭受剥蚀，该界面是盆地进入反转期构造抬升形成的构造不整合界面。层序Ⅱ2在T_{07}层拉平地震剖面上呈东部厚、西部薄的楔状，东部遭受抬升剥蚀程度较大。

依据各界面的结构特征及所代表的地质事件可将嫩江组划分为10个四级层序，四级层序的空间展布特征具有规律性。大庆长垣以东发育较早期的四级层序，例如$SB06^1$、$SB06^2$、$SB06^3$四级层序界面，在三肇凹陷及以东地区分隔了较早期的三个前积体。因此，每一个四级层序界面代表一次等时的物源供应。在每一套四级层序内部，由东到西横向上表现出三角洲前缘砂体—前三角洲湖相的相迁移。纵向上由下至上表现出前三角洲—三角洲前缘—三角洲平原的相连续或者前三角洲—三角洲平原的相跃迁（图1-5-2）。

第二节　沉积环境与演化

松辽盆地在漫长的沉积演化过程中，发育了多类型的沉积环境，在此基础上形成了不同的沉积体系。在断陷期有火山活动，并发育湖泊碎屑沉积和辫状河沉积。坳陷期发育了两次大规模的湖侵，发育延伸长的河流、大型三角洲和湖泊沉积环境。萎缩平衡期主要为冲积扇和河流沉积环境（侯启军等，2009）。

一、断陷期（火石岭组—登娄库组）

盆地发育初期，形成众多互相分割、独立的断陷，其后逐步扩大。充填了冲积扇相与河流相砾岩、砂砾岩以及火山岩和火山碎屑岩，夹有湖相砂岩、泥岩及沼泽相煤层沉积。地层厚度较大，一般为1500～2000m，据地震资料推算在徐家围子断陷最厚可达5000m，是松辽盆地深层的主要气源岩。该时期的沉积特点是多物源，近物源，多沉积中心，分散小水系，相带窄而变化快，水上部分不发育，但边缘相较发育。

1. Ⅰ1 二级层序——火石岭组

火石岭组沉积时期为裂陷初期，断陷湖盆开始形成，各断陷相对独立、分割性强，形成了一系列规模不等、孤立分布的中小型箕状断陷。岩性主要为安山岩、安山质角砾岩、凝灰岩等火成岩与杂色砂砾岩、灰绿色角砾岩、灰色泥岩等沉积岩互层沉积，表明该时期火山活动频繁、强烈，沉积环境以扇三角洲、浅湖沉积体系为主。

2. Ⅰ2 二级层序——沙河子组

沙河子组沉积时期为强烈断陷期，随着湖平面的上升，沉积范围明显增大，其砂砾岩成分复杂，大小不均，磨圆较差，杂乱分布，具短距离搬运、快速沉积的特点，扇三角洲沉积体系沿盆地边缘陡坡带发育，盆地中央部位为浅湖、半深湖—深湖，局部发育湖底扇，辫状河三角洲沿盆地边缘缓坡带发育。

3. Ⅰ3 二级层序——营城组

营城组沉积时期为大规模火山岩喷发时期，全区广泛发育一套中基性、酸性火山岩。营城组沉积晚期，火山活动逐渐停止，火山之间形成相互独立的小型洼地，发育一套砾岩、含砾砂岩、泥岩，发育近岸水下扇、扇三角洲、湖泊相，随着沉积充填持续发生，火山间洼地被逐渐填平，全区地层趋于连片分布，发育一套辫状河三角洲沉积体系。

4. Ⅰ4 二级层序——登娄库组

登娄库组沉积时期为断陷萎缩期，断陷沉降速度减缓，逐步从断陷到坳陷过渡，这个时期的湖盆水体范围逐步缩小，水体变浅，整个盆地地层连成一体，主要发育河流三角洲、河流相沉积体系。登娄库组不整合覆盖于下伏营城组火山岩之上，并在范围上较前期断陷明显扩大，但仍明显地受控于同生断裂活动，其边缘沉积物也有大量扇三角洲及冲积扇沉积，中部有内陆湖盆。其晚期沉积具有向坳陷过渡的特点，即断坳转换期一级层序对应的地层相当于登娄库组，岩性以沉积岩为主，夹有少量火山岩，最大湖泛面位于登娄库组中上部，为灰褐色及灰色泥岩。

1）坳陷初期的断裂活动导致多个沉降中心

登娄库组沉积初期，从断陷向坳陷转化，反映到沉积上为断陷末期沉积体系至断坳转化沉积体系至坳陷初期沉积体系。通过数据统计，从总厚度、黑色泥岩厚度、单层最大厚度层数及分布范围来看，登二段泥岩发育最好，其次为登一段。在松辽盆地北部登一段沉积时期，由于断裂控制，以古中央隆起为界，分东西两个沉积区，其面积分别为4200km^2和2100km^2，之后由于断裂继续活动，使古中央隆起开始接受登二段沉积，沉积面积约为16000km^2，沉积的地层以泥质岩为主，表明当时断裂活动较为剧烈。登三段、登四段沉积时期，盆地范围逐渐扩大，开始接受坳陷型盆地沉积。

登娄库组沉积时期，存在4个沉降中心，分别是：萨尔图地区，沉积地层厚度为1000～1500m；古龙—大安地区，沉积地层厚度大于2000m；徐家围子地区，沉积地层厚度大于1000m；三站地区，沉积地层厚度大于1000m。此外，在林甸和青冈地区还存在两个次一级的沉降中心，它们的沉积地层厚度一般大于 500m。

2）多物源、多沉积体系

登三段、登四段沉积时期发育有 4 个主要物源方向，并相应形成 4 个沉积体系，各体系之间被砂岩低值区或砂地比低值区分隔。

北部沉积体系影响范围较大，包括古中央隆起的大部。

英台沉积体系分布于同深 1、同深 2 井以西的地区，由盆地西部边缘向沉积区，反映出冲积扇相向河流相过渡的沉积特点。

南部沉积体系包括朝阳沟和三站—五站地区。

兰西—宋站沉积体系位于卫深 3—肇深 5 井东北方向的广大地区。

二、坳陷期（泉头组—嫩江组）

松辽湖盆在发展过程中所经历的两次大湖侵均发生在此时期。青一段沉积时期，湖水面积近 $10\times10^4km^2$，嫩一段、嫩二段沉积时期，湖水面积超过 $15\times10^4km^2$。在这两个时期，气候温热潮湿，盆地稳定沉降，沉积速度较慢，补偿条件较差，形成了巨大的深水静水体，沉积了一套富含有机质的半深湖—深湖相黑色泥岩，成为良好的烃源岩。沉陷期的沉积特点为源远流长的大水系，单沉积中心，大型三角洲相砂体楔入深湖相黑色泥岩中，相带宽展且平面分异性好。

1.Ⅱ1 二级层序——泉头组—青山口组

该时期为盆地裂后早期快速热沉降阶段，表现为沉降速率快、沉积物颗粒粗等特点。

1）泉头组

泉头组一段、二段沉积期比登娄库组沉积期沉积范围扩大，厚度最大在中央坳陷的古龙、三肇凹陷中央，并向凹陷两侧均匀减薄，总体呈向上超覆的牛角状。其低位体系域主要分布于东、西两侧坡折限定的中央坳陷带。东北物源为主要物源，主砂体发育于中央坳陷两侧的古龙凹陷、三肇凹陷和宾县—王府凹陷，形成近南北向延伸的古河道带，低位体系域时期形成河道下切深、单砂层厚度大，其间洪泛泥岩分隔较少，多期交织叠覆成一复合河道带；湖扩和高位体系域时期，河道下切变浅、单砂层厚度变小变宽，其间洪泛泥岩分隔明显，显示从低位体系域向高位体系域由复合河道向单一河道摆动带的演变；而在坡折带和东南隆起上则为冲积—洪泛平原和古土壤沉积。以此形成以冲积扇、辫状河、滨浅湖相为主的沉积体系。晚期在安达断陷及其邻区有河湖交替现象。

泉三段沉积属于下部超层序低位体系域，以河流相为主，并且在下部地层以发育下切河谷沉积为特征，这是古地形较陡造成的。从古生物资料中也反映出这一点，植被类型为针叶长绿阔叶林、草丛，属于南亚热带半湿润—湿润型气候。

泉四段沉积期基本上继承了泉三段沉积期的沉积格局，只是南部物源有加强的趋势，此时的古地理形态较泉三段沉积期变得较缓，属于下部超层序的水进体系域，湖泊也有了一定的分布范围。泉头组三段超覆规模明显加大，沉积范围进一步扩大，湖扩和高位体系域越过西北缘挠曲坡折，明显地超覆到西部斜坡带上，但厚度最大带仍在古龙凹陷和三肇凹陷中。盆地边缘发育了辫状河沉积，向盆内汇集，形成河流相，局部发育泛滥平原湖，主要在安达断陷以及齐家—古龙凹陷北部。其体系域分布及沉积相构成也继承了泉一段、泉二段层序的特征。低位和高位期中央坳陷的东、西凹陷古河道带变浅、变宽、交织和复合性变弱。

泉头组三段、四段沉积时期总体为一次湖侵过程，地层在西部斜坡带超覆明显，最大厚度在齐家—古龙凹陷和三肇凹陷，盆地边缘发育的辫状河向盆内汇集，依次演化成曲流河、网状河、浅水三角洲及浅水湖泊，整体表现为河控特征，河道砂体在盆地边缘地区，底部的砂岩、砾岩较发育。在盆地中心地层顶部发育灰黑色泥岩，总体呈向上变细的水进沉积旋回特点。

2）青山口组

从青山口组沉积期开始，松辽盆地开始形成了大型湖泊，该组各三级层序以快速的湖平面上升和稳定的沉积相发育为特征，从而形成由大面积的厚层黑色页岩、油页岩（湖扩体系域）和强制性湖退进积三角洲体系（高位体系域）构成的“二元体系域”层序结构（图 1–5–2）。松辽盆地在该时期主要发育了北部、英台、保康、齐齐哈尔、东部共 5 个物源，并相应地形成 5 个沉积体系。

北部沉积体系是松辽盆地最大的一个沉积体系。北部物源分为东西两支，东支位于北安—克东一线，西支位于讷河—依安一线，它们在依 1 井附近会合，在喇 72 井附近形成三角洲沉积的主体。从北向南明显地存在着 4 个沉积相区，即洪积相、河流相、三角洲相或滨浅湖相、半深湖—深湖相。

英台沉积体系主要指泰来—白城地区物源形成的堆积体。其北界在滨洲铁路线以南，南界位于通榆附近，向东延伸到古龙地区。英台沉积体系的内部结构与北部沉积体系不一样，从西到东只存在三个带。近盆地边缘为洪积相，主要是紫红色的砾岩及含砾泥岩。缺失了宽展的河流相带，辫状河直接伸入湖中，供给了大量粗碎屑物，使得扇三角洲沉积中的砂层厚度大，多具正韵律性，不同于一般的三角洲砂体。这种沉积相格局反映了物源离湖岸线近及地表坡降大等古地貌特点。

保康沉积体系西北界位于通榆附近，东界大约在长春市附近。体系内部的结构基本上类似于北部沉积体系。根据现有的资料，从南到北大致可划分为河流相、三角洲相或滨浅湖相、较深湖—深湖相三个沉积带，但其沉积规模较小，沉积物供给较少，三角洲前缘与滨浅湖相带的宽度较北部沉积体系窄得多。

齐齐哈尔沉积体系位于盆地的西北部，东界在齐 1 井附近，西界在杜 9 井附近，沉积的规模和影响范围都较小，是一个次要物源，但其滨浅湖相是松辽湖盆最典型的湖湾沉积。物源来自西北的富拉尔基一带，从西北向东南，有四个沉积相带。西北边缘为洪积物，主要为一套红、灰、灰白色泥质胶结的砾岩，粒径一般为 1～5cm，最大可达 15～20cm，均为棱角、次棱角状。河流相主要为灰绿色泥岩、红色泥岩、薄层灰色泥岩与砂岩构成的正旋回层。滨浅湖相由泥岩、粉砂岩、生物碎屑岩等组成。半深湖—深湖相由黑色泥岩和薄层介壳灰岩组成。该体系位于北部三角洲和英台扇三角洲之间，北部三角洲体伸向西南的沙堤，使泰康地区的湖水处于半封闭状态，湖水的物理、化学性质与开阔湖泊有较大差异，因此它的滨浅湖相具有典型的湖湾特征，因发育在泰康一带，称之为泰康湖湾。

东部沉积体系是泛指北自海伦、南抵怀德的广大地区，如此广大的地区绝非一个物源所能堆积，但考虑到该地区具有一致的沉积特征，基本上沉积了一套泥岩，只是不同的沉积环境泥岩颜色各有差异，可以划为一个体系。沉积物大部分是片流搬运入湖的，其岩块的含量一般较高，当湖水深度不大的情况下，可与相邻沉积体系的沉积物互相掺杂，三肇地区的岩屑含量较大庆长垣高，而且向东岩屑有增高的趋势，是受东部物源影响的结果。

青一段沉积时期的最厚区位于中央坳陷东、西凹陷的齐家—古龙凹陷和三肇凹陷中，向西超覆减薄明显，尤其是湖扩体系域，而高位体系域在凹陷内明显加厚。湖相非常发育，在黑鱼泡凹陷、明水阶地、绥化凹陷以及齐家—古龙凹陷、大庆长垣、三肇凹陷北部为半深湖—深湖相。围绕半深湖—深湖相向西、西北为滨浅湖相、三角洲前缘亚相，向北、东北为滨浅湖相、三角洲相、河流相、冲积扇相。

青二段、青三段沉积范围缩小，最厚区则向东迁移到中央隆起的东侧三肇凹陷中，在东北隆起区厚60～150m。其湖扩范围与青一段类似，但略有萎缩，东、西两侧坡折对沉积相带控制明显，湖扩期，坡折上主要为红层或杂色泥岩滨岸平原沉积，坡折内的深凹中主要为灰色泥岩和油页岩等浅湖—半深湖—深湖相。而高位三角洲体系的前缘近端或远端河口坝主要发育在西北缘挠曲坡折内。研究区北部冲积扇、辫状河发育，向盆内则形成三角洲—滨浅湖相环带状的展布，仅在明水阶地南部可见半深湖相。

2.Ⅱ2 二级层序——姚家组和嫩江组

青山口组沉积末期的全球性大海退，在松辽盆地形成了较长时间的间断，并形成了区域性构造不整合界面，比如西部斜坡带和东部隆起区的抬升剥蚀、坡折内层序底界面上低位底块砂的发育及界面下厚层古土壤层的形成。

姚一段沉积时期，湖水覆盖面积较小。河流相及三角洲相发育，盆地边缘冲积扇相少见，湖相面积缩小，仅在滨洲铁路线附近见小范围的滨浅湖相。它是在青山口组沉积末期经过短暂的侵蚀间断之后沉积的，其沉积时期古气候已由青二段、青三段沉积时期的湿热气候转向炎热的半干燥气候。姚二段、姚三段湖相面积有所扩大，但仍以南部滨浅湖相为主，向盆地边缘依次为三角洲相、曲流河相及辫状河相，边缘冲积扇仍少见。

嫩一段、嫩二段沉积时期湖相面积迅速扩大，具巨厚的深湖—半深湖相的泥岩和油页岩。西缘的挠曲坡折和东南隆起边缘坡折在该剖面中对体系域和沉积相已无明显的控制。嫩一段在南部为半深湖相，向中部渐变为滨浅湖及三角洲相，仅在北部、东北边缘发育河流相。嫩二段沉积时期湖水覆盖整个滨北，沉积了大范围的深湖—半深湖相黑色、灰黑色泥岩。

嫩三段—嫩五段底部以SB04界面为界，代表了松辽盆地开始向压扭转化，沉积环境也从深湖向滨浅湖转化，形成大型三角洲、滨浅湖—半深湖沉积。沉积范围明显缩小，仅在嫩三段沉积时黑鱼泡凹陷局部可见半深湖相，但在东部发育了较大范围的滨浅湖及三角洲相。三兴背斜带、依安凹陷北部、嫩江阶地中南部以河流相为主，河流体系局限在盆地北部边缘。

三、反转期（四方台组—新近系）

嫩江运动导致盆地构造反转。自四方台组沉积时到新近纪，整个盆地缓慢上升，沉降中心和沉积中心逐步向西转移，沉积范围逐渐缩小。以河流相的红色沉积和浅水湖相为主，沉积厚度较薄。沉积特点为近物源、分散的小水系，相带平面分异性差。

第三节 沉积相与沉积体系展布

松辽盆地北部沉积相与沉积体系展布研究重点体现在以下方面：以组段为尺度，基于岩心粒度、重矿物和地震相等资料系统总结了各组段的沉积体系与沉积特征，这些成果大部分已收入 1997 年出版的《松辽盆地油气田形成条件与分布规律》及 2009 年出版的《松辽盆地陆相石油地质学》中，深层沉积相与沉积体系的认识还没有出版专著，下面将按照组段和对应的层序来总结松辽盆地不同地质历史时期的沉积相与沉积体系展布特征。

一、火石岭组—营城组（Ⅰ1、Ⅰ2 和Ⅰ3）

包括火石岭组、沙河子组和营城组等断陷期地层，其中火石岭组主要为火山岩；沙河子组为砂砾岩；营城组分为四段，营一段、营三段为火山岩，营二段、营四段为砂砾岩。断陷期沉积相类型主要为扇三角洲、辫状河三角洲。

松辽盆地北部发育徐家围子、古龙、林甸、莺山、绥化、北安等 18 个断陷，各个断陷勘探程度存在较大差异，认识程度也有所不同，沉积特征主要以勘探程度相对较高的徐家围子断陷进行阐述。

1. 火石岭组沉积时期沉积体系展布特征

火石岭组处于断陷初期，地层分布范围较小，目前还没有开展全区的沉积体系研究工作。从岩性特征上看，火石岭组属于以中性火山喷发为主的一套火山岩系，火山活动间歇期沉积了一些碎屑岩，构成两个火山喷发旋回。因此，该时期总体发育火山岩相，火山喷发间歇期发育扇三角洲、辫状河三角洲相。

2. 沙河子组沉积时期沉积体系展布特征

沙河子组处于强烈断陷期，古地貌对沉积相的控制作用具有“沟谷控源，断坡控砂”的沉积响应机制。关于松辽盆地北部全区的沉积工作所做不多，总体上，各断陷沉积特征相似，发育扇三角洲、辫状河三角洲相，在局部断陷，如富裕、北安、宝山等断陷，依据地震反射特征认为发育冲积扇相，但目前无井证实，下面以研究程度相对较高的徐家围子断陷为例说明。

徐家围子断陷为西断东超的断陷结构，该区沟谷和断槽控制主要沉积物源和水系，古斜坡与同沉积断层控制砂体的时空间展布。斜坡上的峡谷控制着短轴扇体的发育，而盆地内的峡谷则控制着长轴扇体的发育。在徐中构造转换带、徐西、宋西及徐东断裂坡折带形成大规模的储集体。利用钻井、测井和岩心资料，并结合地震相分析，在徐家围子断陷沙河子组识别出了多个扇三角洲沉积体系。它们的形成与边界断层、同沉积断层及古地貌有关。物源主要来自断陷两侧，在断陷西部发育扇三角洲前缘和扇三角洲平原相，沿徐西、宋西控陷断层形成的陡坡带展布，东部缓坡带发育辫状河三角洲前缘和平原相带，沿徐东控陷断层和徐东斜坡带展布，不同时期扇体叠置发育。在中部洼槽区发育浅湖亚相、半深湖亚相（图 1–5–3）。

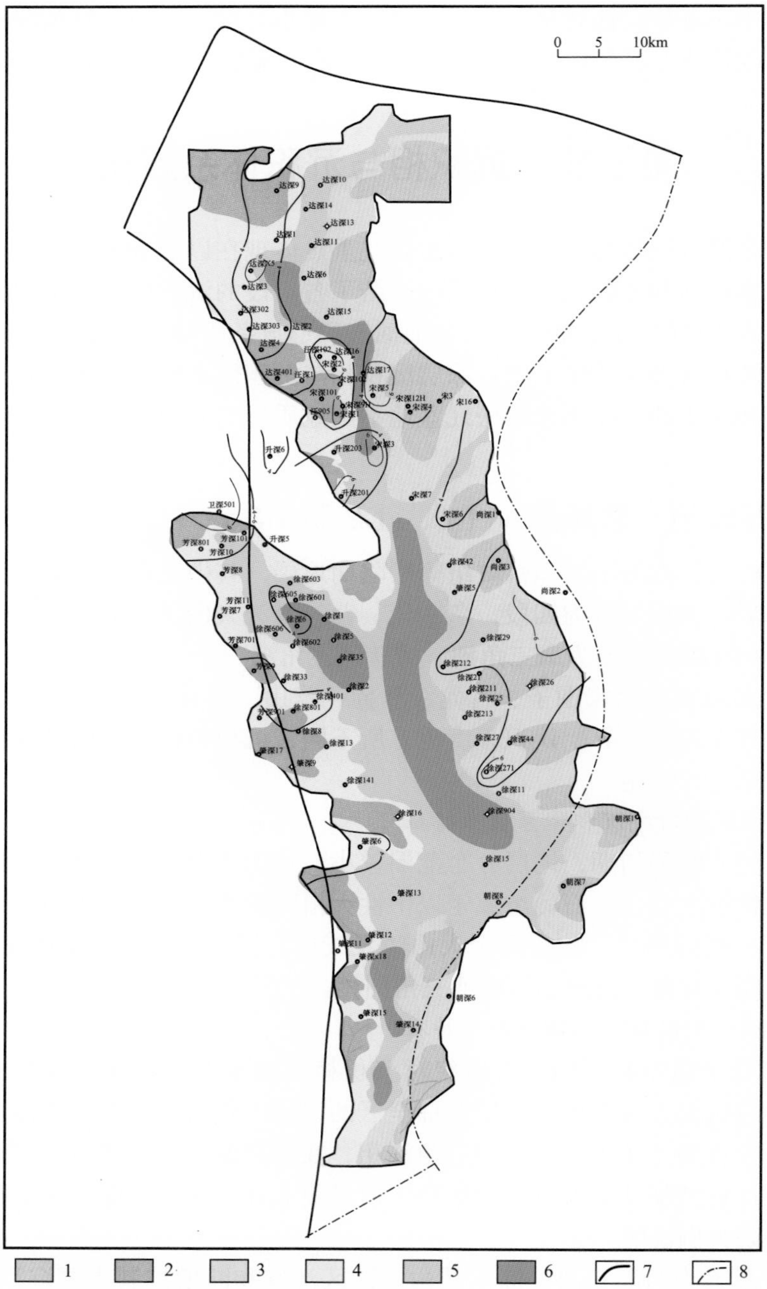

图 1-5-3　徐家围子断陷沙河子组沉积相图

1—辫状河三角洲平原；2—扇三角洲平原；3—辫状河三角洲前缘；4—扇三角洲前缘；5—滨浅湖；6—深湖—半深湖；7——级构造边界；8—二级构造边界

3. 营城组沉积时期沉积体系展布特征

营城组沉积时期，火山岩大规模喷发，徐家围子断陷徐中、徐东两条断裂是该时期主要的火山喷发通道，火山喷发中心总体上沿断裂分布，其两侧一定范围内分布近火山口爆发、喷溢相带。在火山喷发的间隙期，局部发育营二段，发育一套扇三角洲、辫状河三角洲、湖泊相。此后营三段沉积时期火山岩持续喷发，亦发育火山岩相。营四段沉积时期，区域性的构造活动基本停止，由于古火山地貌基本被剥蚀夷平，物源充足，物源供应速率依然大于湖平面扩展与构造沉降使可容纳空间增加的速率，整体表现为“广盆、浅盆、浅水”的沉积水体环境，砂砾岩全区分布，面积较大，但厚度较薄。全区大面积分布辫状河三角洲，在徐西北部发育冲积扇，北部升深 7 井区、南部朝深 6 井区辫状河三角洲规模比较大，其他相对较小，向中部过渡为辫状河三角洲前缘沉积，局部低洼部位发育湖泊沉积（图 1–5–4）。

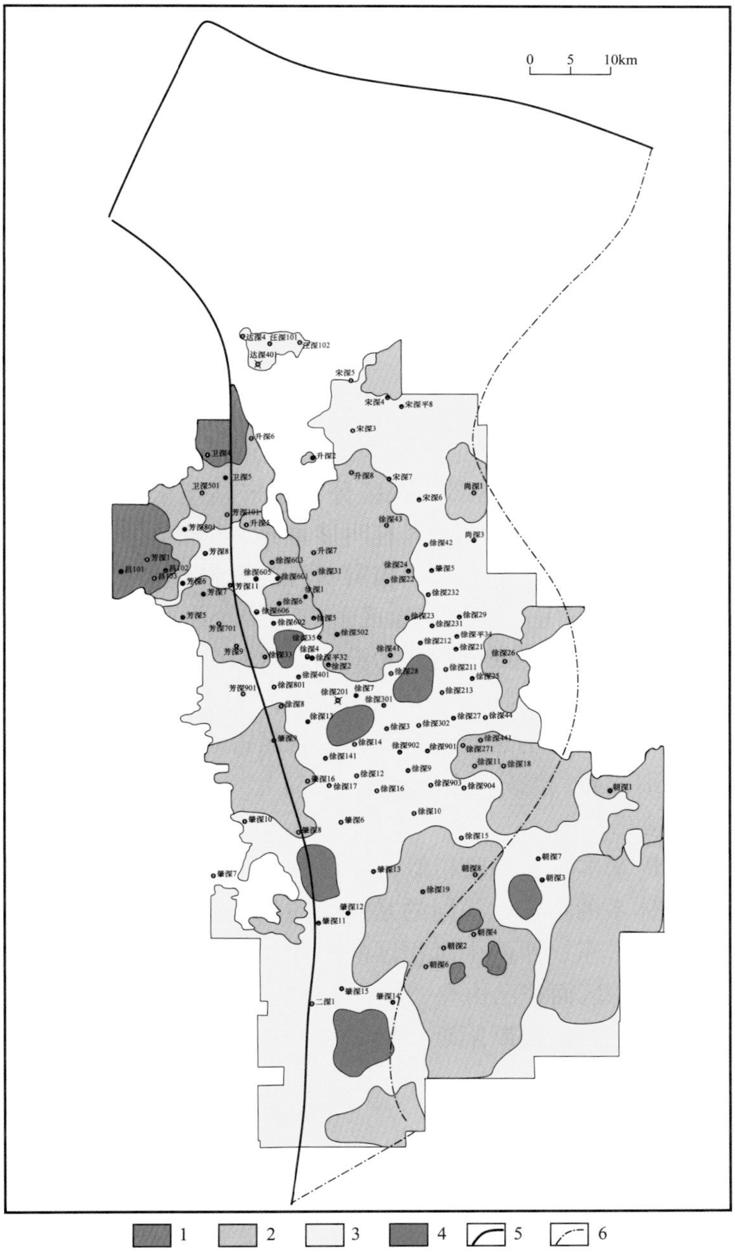

图 1–5–4 徐家围子断陷营四段沉积相图

1—冲积扇；2—辫状河三角流平原；3—辫状河三角洲前缘；4—浅湖；5——一级构造边界；6—二级构造边界

二、登娄库组（Ⅰ4）

登娄库组沉积时期，盆地构造演化阶段控制沉积体系组合特征，盆地发生了两次沉降速度波动，形成了两个湖进旋回，第一次发生于登一段、登二段沉积时期，登一段是在区域构造抬升之后开始沉降接受沉积的，沉积范围局限于原断陷的中心部位。登娄库组—泉头组沉积时期，沉降范围逐渐扩大，形成统一的坳陷盆地，以持续的河流沉积和短暂的湖泊、三角洲沉积为特征，盆地沉降平稳，碎屑供应充足，为补偿型沉积。此后沉降速度加快，气候转为潮湿，沉积范围迅速扩大，湖泊扩张，植被繁茂，减缓了碎屑供应速度，形成一套非补偿型沉积，以辫状河三角洲沉积为主，在宋站南的肇深5井附近发育湖相沉积。登娄库组具有多沉降中心、多物源、多沉积体系的特点。发育四个主物源、四个沉积体系，古中央隆起属于北部沉积体系；登娄库组有17种岩相，5种生物钻孔遗迹相和9种地震相。沉积类型为冲积扇相、河流相、洪泛盆地相、滨浅湖相、扇三角洲相和水下重力流沉积，其中洪泛盆地相和河流相为主要沉积相带。

1. 登一段沉积相演化特征

登一段沉积时期，发育8个小型物源供应，具有近、多、环带型分布体系的特点，发育环断陷近、多、粗源—分割型断陷浅—深湖陡坡，冲积扇、扇三角洲、湖泊三种类型的沉积体系。该时期，盆地已由侏罗纪的众多小断陷沉积转化为由古中央隆起相隔的东、西两个长条状沉积区，沉积中心由多个减至两个，沉积区面积约6300km^2，西部沉积区分布在黑鱼泡至大安一线，东部沉积区分布在宋站至松基四井一线。该时期以洪积相和河流相为主，但东、西两个沉积区有明显差异。东部沉积区主要发育了北部、东部、南部三个物源，形成三面环绕的洪积相辫状河道砾岩、砂砾岩；西部沉积区可能只有一个东北部物源，在其作用下于大庆地区形成一个小洪积体，其余均为曲流河的砂岩、泥岩交互沉积。根据沉积特征分析认为：东、西两个沉积区的古地形差异较大，东部沉积区的古地形高差大，导致物源区剥蚀速度快，河流流量变化大，而且迅速，河流进入沉积区后卸载快，沉积物迅速堆积；西部沉积区古地形坡度小，河流流量低且变化小，因此，沉积颗粒细，砂、泥分异好（图1-5-5a）。

2. 登二段沉积相演化特征

登二段的沉积格局基本与登一段相似，发育9个中型、13个小型物源供应，仍具有近、多、环带型分布体系的特点，不同的是发育冲积扇、扇三角洲、湖泛平原、滨浅湖泊四种类型的沉积体系，东、西两个沉积区的沉积范围均有扩大，其中古中央隆起上无沉积带的宽度变窄，沉积区面积已由登一段的6300km^{2}扩大到16000km^2。沉积相由河流相转变为湖相或湖泛平原相，环断陷近、多、粗源—分割型断陷为浅湖，陡坡发育冲积扇体与扇三角洲相（图1-5-5b）。

3. 登三段沉积相演化特征

登三段沉积时期，沉积范围逐渐扩大，东、西两个沉积区已连为一体，沉积面积已达30000km^2。但古中央隆起仍起分割作用，继续保持东、西两个沉降和沉积中心。沉积边界向北扩大到明水附近，向东扩大到哈尔滨以东。该时期主要发育东北、北部、西北和东南四个大物源，在其边缘形成了三个洪积体。古中央隆起上沉积了颗粒相对较粗的砂质岩，其两侧主要为砂岩、泥岩交互沉积。经沉积相分析认为：除湖相和河流相外，

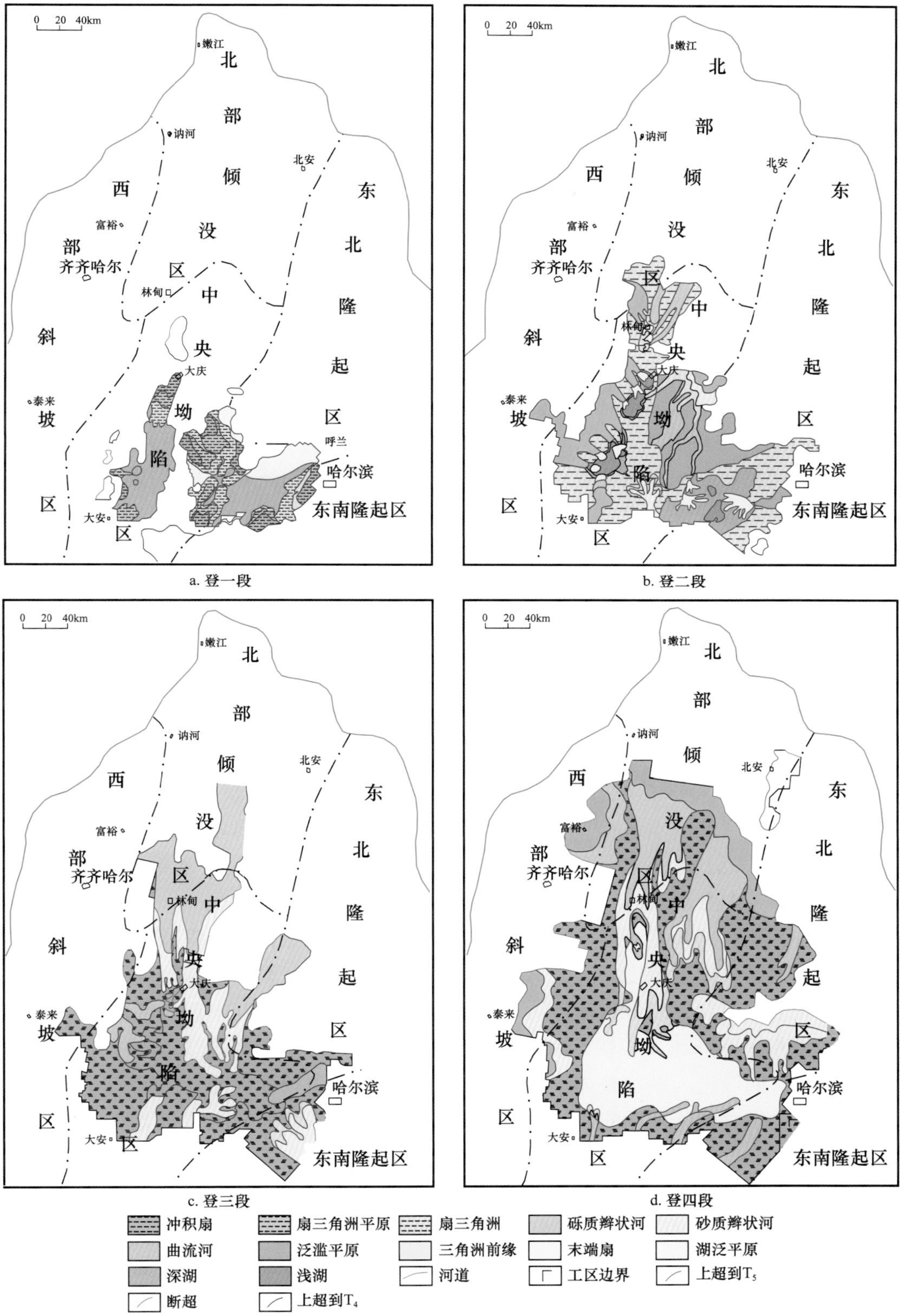

图 1-5-5　松辽盆地北部登娄库组沉积相图

其余大部分为河、湖交替的湖泛平原相，因此该时期的沉积体系类型更加多元，包括辫状河、末端扇、湖泛平原、滨浅湖，环不规则盆缘短与中距离、多方向、中粒源区发育几个短暂浅水湖泛区，属于中等坡度沉积体系，中远距离、多物源区发育冲积扇、辫状河、湖泛三角洲体系（图 1–5–5c）。

4. 登四段沉积相演化特征

登四段与登三段的沉积特征完全相似，不同的是气候转为干旱，沉积范围略有缩小，砂岩相对较发育，以河流相为主。该时期的沉积体系类型更加多元，包括冲积扇、辫状河、曲流河、湖泛三角洲、湖泛平原，环不规则盆缘短与中距离、多方向、中粒源区发育几个短暂浅水湖泛区，属于中等坡度沉积体系，中远距离、多物源区发育冲积扇、辫状河、湖泛三角洲体系（图 1–5–5d）。

综上所述，登一段至登四段的沉积范围不断扩大。登一段、登二段分东、西两个沉积区，具有两个沉积和沉降中心。登三段、登四段东、西两个沉积区合并为统一的沉积整体，但仍保持着东西两个沉积和沉降中心的沉积格局。登一段主要为河流相，登二段—登四段湖相和湖泛平原相发育。河流相的河道亚相和湖泛平原相的浅水河道亚相沉积颗粒粗，泥质含量低，成岩作用相对较弱，物性较好，距油、气源近，有利于油、气的聚集。

三、泉头组（Ⅱ1–q）

泉头组是松辽盆地坳陷早期阶段的沉积，泉头组一段沉积范围进一步扩大，古中央隆起对东西部沉降区仍有分割作用，西部沉降中心位于大庆长垣南部，东部沉降中心位于哈尔滨以南地区。泉头组二段沉积时期构造沉降趋于稳定，地形较为平缓。泉头组三段、四段沉积时期，盆地周边发育六个水系。南北长轴方向发育的讷河水系、拜泉水系、通辽水系和长春水系为四个源远流长的大型主体水系，控制着松辽盆地沉积作用。其分别来自盆地南北的水系在坳陷中心三肇凹陷交汇，向东流出盆地，交汇点由早期的朝阳沟阶地逐渐北迁至三肇凹陷，西部齐齐哈尔、白城及通辽三个水系河流规模较小，流经距离短，为次要水系。

泉头组沉积初期，逐渐形成了统一的稳定坳陷沉积盆地，但沉积范围仍局限于中央坳陷及周边地区，地层厚度差异减小，具多沉降中心、多沉积中心的特点，沉降、沉积作用受基底断裂控制，以各类河流沉积和分割的滨浅湖沉积交互出现为特色，缺乏稳定的较深水湖相，沉降速度较快，物源供应充足，为快速沉降、快速充填的补偿型沉积。泉头组三段、四段进入湖泊整体坳陷时期，地层分布范围较下伏的泉头组一段、二段有所扩大，主要发育辫状河、曲流河、浅水三角洲及浅水湖泊四种沉积相类型，其中以曲流河相和浅水三角洲沉积相最为发育。平面上冲积扇相分布于盆地西北部边缘，辫状河相分布于盆地北部与西部，曲流河及浅水三角洲依次向盆地内部推进，分布面积较大。湖泊相则主要分布于齐家—古龙凹陷和三肇凹陷（图 1–5–6、图 1–5–7）。泉头组三段沉积时期在广泛分布的河流相沉积环境下发育零星小型浅水湖泊，广泛发育紫红色、暗紫色及紫灰混合色泥岩，在泉头组三段中部有薄层暗色泥灰岩发育，但分布范围仅限于中央坳陷内部，且连片较差。泉头组四段沉积时期，盆地整体表现为边缘地形高、中心低，湖泊面积逐渐增大，泉头组四段沉积末期在中央坳陷内形成统一的浅水湖泊水体，反映在泥岩颜色上盆地边缘以紫红色为主，向中央坳陷区出现大段灰绿色泥岩，泉头组四段上部出现湖相暗色泥岩及介形虫层。因此，泉头组四段除河流相外，浅水三角洲相与湖泊相较泉头组三段明显发育（张庆国等，2007；邓宏文等，2007）。

因此，泉头组的生油岩较少，油气分布的有效储层较发育，主要为河流相河道砂体、三角洲分流平原相点坝砂体、三角洲分流平原相分流河道砂体和三角洲前缘相分流河道砂体。物性相对较好，成岩作用中等，多发育有原生粒间孔和溶蚀扩大孔。

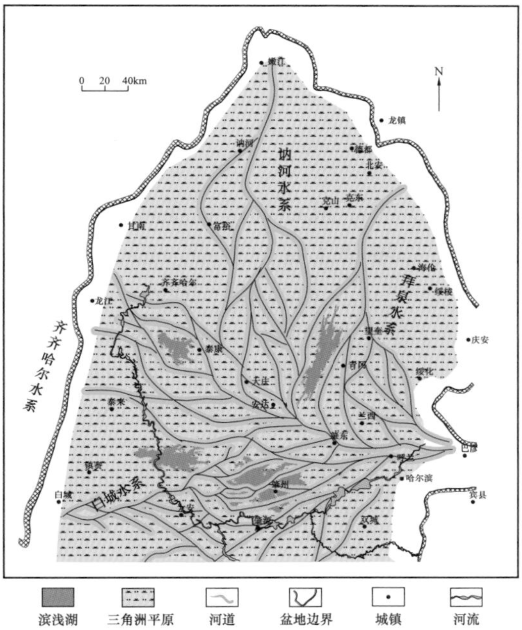

图 1-5-6 松辽盆地北部泉三段沉积相图

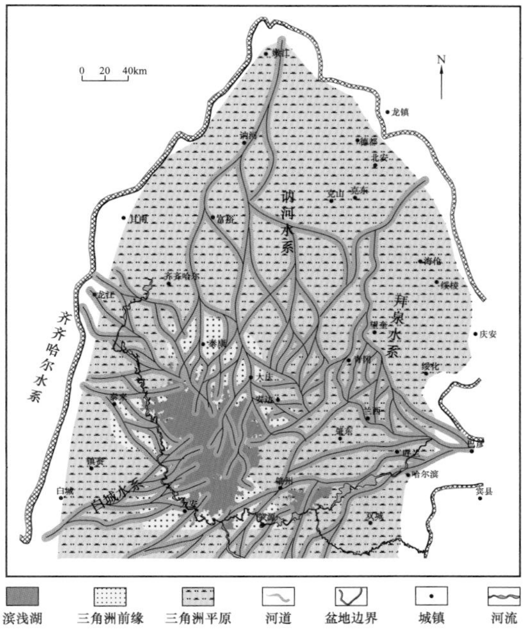

图 1-5-7 松辽盆地北部泉四段沉积相图

四、青山口组（Ⅱ1-qn）

该时期盆地处于坳陷深陷期，是松辽古湖盆发展的全盛期。湖区深、广，沉积范围大。大量岩心资料揭示，富含陆相淡水生物化石叶肢介、轮藻，具有淡水湖相的地球化学指标和岩石矿物特征，为一大型的内陆淡水湖盆沉积。湖盆周围有 5 个物源向盆内供应碎屑物质。其中以平行盆地长轴方向的北部和保康两个物源为主。

1. 青山口组一段（Ⅱ1-qn_1）

松辽盆地下白垩统青一段沉积时期，整个湖盆快速下沉，湖盆急剧扩张，沉降速度大于沉积速度，是一个广泛湖进时期，湖区以半深湖—深湖为主，滨浅湖相带较窄，湖区在泰康地区向北延伸到富裕一带，湖泊面积约 68000km^2。沉积中心和沉降中心十分吻合，主要分布在齐家—古龙及三肇地区。地层厚度为 50～130m，局部最大厚度达到 150m，主要分布在中央坳陷区。沉积了大面积厚约 70m 的黑色泥岩，黑色泥岩的页理发育，富含介形虫、叶肢介及鱼类等化石，与下伏泉头组的红色、灰绿色岩层形成了鲜明对照。绕深湖相四周为三角洲相、扇三角洲相及滨浅湖相，呈环状展布。平行盆地长轴方向的河流从上游的辫状河—中上游的顺直河—中下游的曲流河—三角洲分流平原的网状河发育完整，这种河流源远流长，聚水面积大，三角洲相发育，相带宽展且平面分异好；垂直盆地长轴方向的河流仅发育辫状河流段，距物源近，辫状河流直接入湖形成扇三角洲相（舒巧等，2008；王卓卓等，2011），相带窄且平面分异差。在盆地北部的依安—黑鱼泡地区由北部水系作用形成了一个大型三角洲复合体，面积达 7200km^2，砂岩总厚度 35m，主要为一套粉细砂岩、粉砂岩与灰色、黑色泥岩交互沉积。南部水系于保康地区形成了一个小型三角洲体。在盆地西部的英台地区发育了重力流浊积扇沉积（王颖等，2009；刘彩燕等，2011；付秀丽等，2014；潘树新等，2013）。三角洲相和扇三角洲相之间为滨浅湖相，但发育程度较差。再向外为河流相沉积环带，这个带的展布特点是南北宽、东西窄。最外圈为洪积相沉积带。由上述可知，相带呈环状展布，自盆地边缘至沉积中心相带的展布规律为：洪积相—河流相—三角洲相—深湖相—浊积扇（图 1-5-8a）。

2. 青山口组二段和三段（Ⅱ1-qn$_2$ 和Ⅱ1-qn$_3$）

青二段和青三段沉积时期是一个明显的湖退期，处于沉积基准面下降时期，沉积中心和沉降中心均位于齐家—古龙和三肇地区，总体继承了青山口组一段环状分布的特点，发育大型河流三角洲相—湖相（赵翰卿，1987；王树恒等，2006；朱筱敏等，2012），但由于地壳沉降速度的减缓和气候变化等因素，大量陆源碎屑物充填入湖，沉积速度不小于沉降速度，使湖水覆盖面积逐渐缩小，湖相沉积环境发生了很大变化，湖区面积大幅度缩小，不到最大时的三分之一（图 1-5-8b、c），地层厚度为 100～450m，中央坳陷区厚度超过 200m。

在湖退的总背景上，还发生了多次不同规模的湖侵，使得河流和湖泊沉积互相穿插，交织在一起，构成了复杂的沉积体。相带继承了青一段环状展布的特点，平面分异更为明显，由盆地边缘至沉积中心依次为洪积相—河流相—三角洲相或滨浅湖相—半深湖相—深湖相四个环带。顺盆地长轴方向发育的三角洲体呈多分支状向湖中延伸。北部三角洲向南推进至杏树岗地区，其主体部位在黑鱼泡地区，面积近 1×10^4km^2。砂岩最厚达 280m，一般厚 150～250m。三角洲呈三个分支向南伸展，中支受孙吴—双辽壳断裂控制，顺大庆长垣伸向杏树岗地区；西支沿齐家凹陷西部的小林克断裂带向南延伸；东支可能伸向安达凹陷。南部保康三角洲体也较青一段沉积时发育，面积达 3500km^2，砂岩厚 180m。这两个三角洲体的沉积条件是古地形坡度小，聚水面积大，古河流源远流长，河流能量大于湖泊能量，碎屑物质供给充足。垂直盆地长轴方向发育了英台扇三角洲体，其规模较青一段有所扩大，扇三角洲前缘又向东推进 20km，在扇三角洲前缘前端常发育有浊流相。其沉积条件和沉积特征与北部、南部两个正常三角洲体比较有较大差别，主要区别是古坡度陡，距离物源近，河流相不发育，因此，具有沉积颗粒粗、相带狭窄、发育规模小等特点。在三角洲体和扇三角洲体之间为滨浅湖相，特别是泰康地区，由于水下沙坝的分隔作用，使得该区与开阔湖泊分隔，处于半封闭状态，碳酸盐的饱和度较开阔湖泊高，水体浅而清澈，水动力条件弱，有利于生物的繁殖和碳酸盐沉淀。因此，广泛发育了钙藻灰岩和生物灰岩等碳酸盐岩相。此时的半深湖、深湖区的面积比青一段沉积时小，青三段沉积末期缩至 1600km^2，分布在三肇—葡萄花—古龙一带，青三段在湖盆东部发育了滨浅湖淤积相的杂色、红色及灰绿色泥岩。外环的洪积相、河流相较青一段沉积时更为发育。此时，在盆地的北边缘和西边缘均有洪积相发育，河流

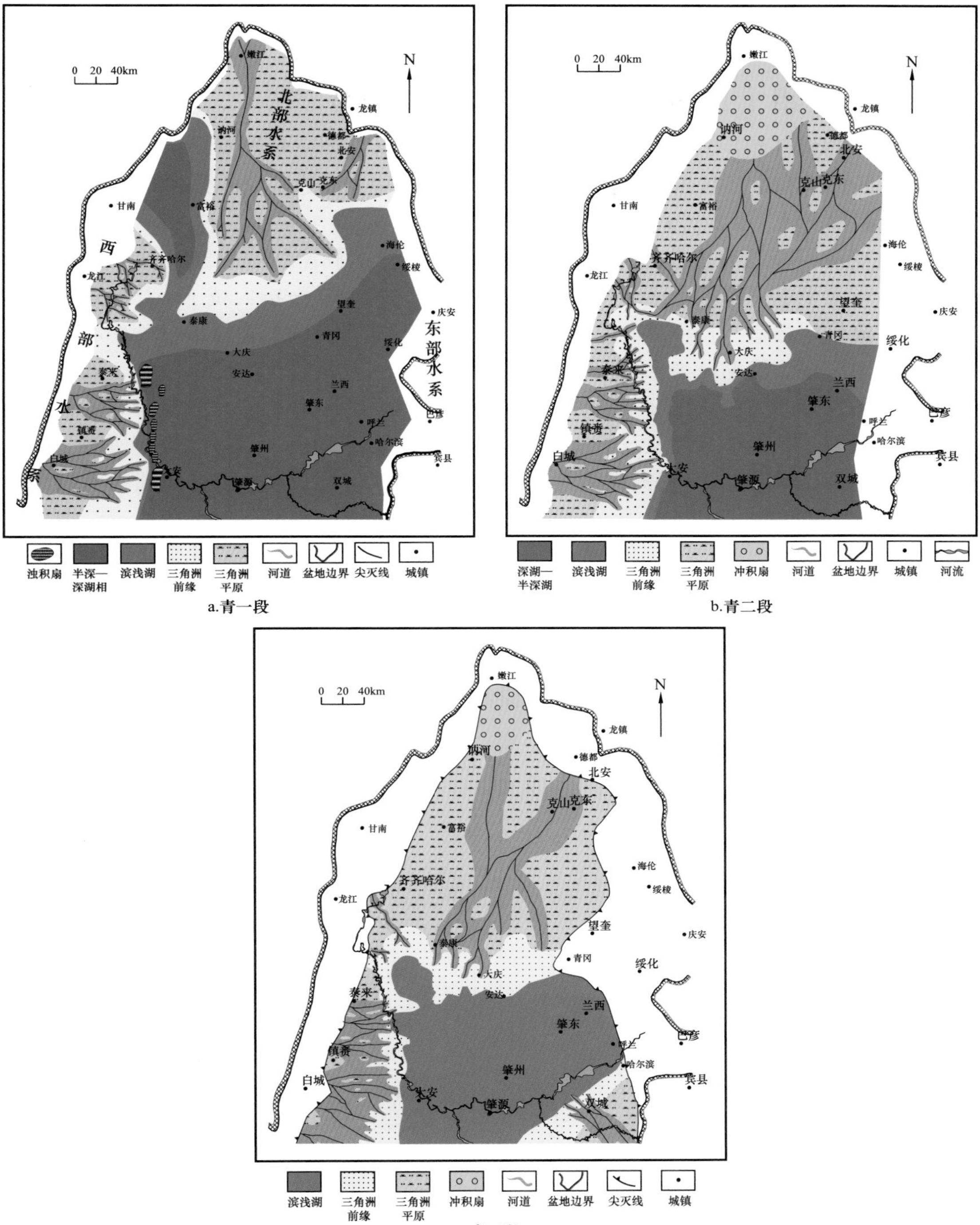

图 1–5–8　松辽盆地北部青山口组沉积相图

相的环带也较为宽展。青山口组大型三角洲复合体构成了高台子油层的主要储层，泉头组浅水三角洲与河流相砂体构成了扶余和杨大城子油层的主要储层，这些储层不同类型的砂体与湖相泥岩及成熟烃源岩交互叠置形成了 2 套下生上储、上生下储良好的含油组合。盆地长轴方向发育的青山口组及姚家组大型三角洲复合体成为油气藏集中发育的良好场所，是松辽盆地成为巨型陆相含油气盆地的重要地质条件。

五、姚家组（Ⅱ2–y）

姚家组与嫩江组一段是湖进形成的大型湖泊与退积型三角洲沉积，姚家组具多物源、多沉积体系和半环状相带分布特点，地层整体呈中间厚边部薄的分布特征。

1. 姚家组一段（Ⅱ2–y_1）

该时期沉积范围明显收缩，湖泊面积大范围减小，湖岸线收缩至四站—榆树林中部—卫星—太平屯—齐家南—哈拉海—大安—乾安—黑帝庙—杨大城子—德惠这一环形带内，河流作用强盛，长距离向盆地中心推进。沉积相带自盆地边缘向盆地中心依次为河流—三角洲—滨浅湖—半深湖沉积组合。发育四个方向的大型三角洲沉积，四个水系中北部水系发育的大型三角洲复合体是松辽盆地最大的沉积体，三角洲相带宽展，相分异明显，特别是在盆地北部发育宽展的三角洲前缘带，三角洲前缘达大安—肇源—四站一线，宽达60～70km。三角洲类型为鸟足状、干枝状，可明显分出三角洲内前缘和外前缘，内前缘砂体以水下河道为主，席状砂居次，外前缘砂体以席状砂为主。其次为齐齐哈尔方向的三角洲沉积体，在泰康地区与北部的三角洲发生会合。东北部的三角洲沉积体系主要发育在肇东—肇州的中间地带。西部的三角洲延伸长度小，主要在齐家—古龙及以西地区发育（图1–5–9a）。与青二段、青三段的主要区别是缺少半深湖相、深湖相和边缘的洪积相，河流相和滨浅湖相发育，砂岩或砂岩、泥岩薄互层覆盖在青二段、青三段大面积黑色泥岩之上。

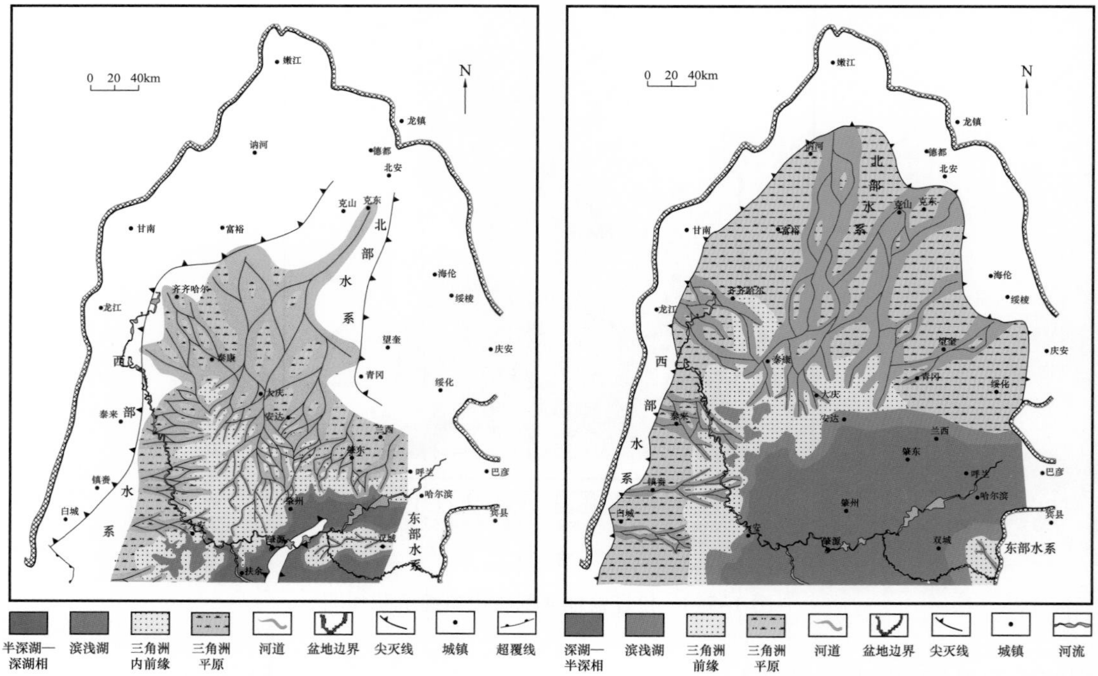

a. 姚一段　　b. 姚二段+姚三段

图1–5–9　松辽盆地北部姚家组沉积相图

2. 姚家组二段、三段（Ⅱ2-y_{2+3}）

姚家组二段、三段沉积时期古气候转向温暖、潮湿，水系有继承性，但主次有变化，整体上姚家组是以北部水系为主要物源，发源于讷河、北安地区的水系并列形成统一的三角洲平原，并分别控制齐家与安达地区，南部保康物源进一步收缩。西部短轴方向虽然物源较多但规模不大，东部在农安及双城地区继承性地发育两个小物源，虽然延伸较远但相带较窄对总体沉积环境影响不大（图 1-5-9b）。

总体上姚家组与嫩江组一段是湖进形成的大型湖泊与退积型三角洲沉积，姚家组具多物源、多沉积体系和半环状相带分布特点，地层整体呈中间厚边部薄的分布特征。姚家组二段、三段总体为退积型沉积组合，地层厚度平均在 130m，沉积相带整体上与姚家组一段具有相似的环带状分布特征，但相比三角洲相带变窄，缺少冲积扇相，湖相区扩大一倍以上，半深湖、深湖相的黑色泥岩又复出现，黑色泥岩厚 80m，覆盖在姚一段三角洲相、滨浅湖相之上。向外为三角洲相、扇三角洲相、滨浅湖相沉积带，再向外为河流相沉积环带。

六、嫩江组（Ⅱ2-n）

1. 嫩江组一段（Ⅱ2-n_1）

继姚家组二段、三段沉积之后，湖进作用加速，湖水迅速覆盖了整个盆地，盆地边界基本上代表了湖岸线，是松辽古湖盆发展过程中最大的一次湖侵期，也是第二次短暂的海侵期。

嫩江组一段沉积了大面积的深湖相黑色泥岩。物源主要来自盆地北部，三角洲属于湖控型，坡度较缓，具有宽缓的前缘相带和较小的平原相带，前缘发育的众多水下分流河道使三角洲呈现前端较平直，湖岸线在齐齐哈尔—大庆—哈尔滨以北呈“S”形延伸。在西部、南部及东部三个方向湖泊面积已超过现今的盆地边界，最大水深超过 150m。嫩江组一段沉积末期，湖盆面积进一步扩大，现今盆地范围内几乎全部为半深湖—深湖区，盆地湖泊面积超过 $20\times10^4km^2$，地层最大厚度超过 150m。在三肇凹陷、大庆长垣、齐家—古龙凹陷低角度退积型三角洲前缘水下分流河道直接入湖，形成了湖相泥岩中发育的大型湖底重力流水道系统，水道主要来自北部和东部。东部水道源头在现今地层边界之外，各水道末端发育规模不等的湖底扇，岩性以泥质粉砂岩夹少量粉砂岩为主，沉积厚度在 0.5～8m 之间。大型重力流水道及其末端湖底扇主要发育在大庆长垣及其两侧以及三肇凹陷的周边地区。大庆长垣的重力流水道总体由北向南延伸，直线延伸距离为 50～100km，在深湖区形成水道末端湖底扇。左侧发源于泰康的水道呈外凸的弧状，向内发育一个分支，右侧来自安达的水道呈“S”形，在端部转向西延伸，中部发源于大庆的水道结构较复杂，由 3 个主干水道和 3 个末梢分支水道构成，沿大庆长垣自北向南延伸最大直线距离超过 64km，水道最大宽度 600m（图 1-5-10a）（Feng Z Q 等，2010）。

2. 嫩江组二段—五段（Ⅱ2-n_2—Ⅱ2-n_5）

嫩江组二段—五段沉积时期由于盆地东部构造抬升，导致了盆地开始强制性水退。盆地古地理格局有了改变，沉积范围自东向西逐渐减小，沉降中心逐渐向西迁移并收缩，物源方向发生了重大改变，由原来的南北向转变为东西向。在盆地东部快速抬升的背景下沉积物快速向湖区推进，形成高角度进积型三角洲。在三角洲前缘形成的高角度

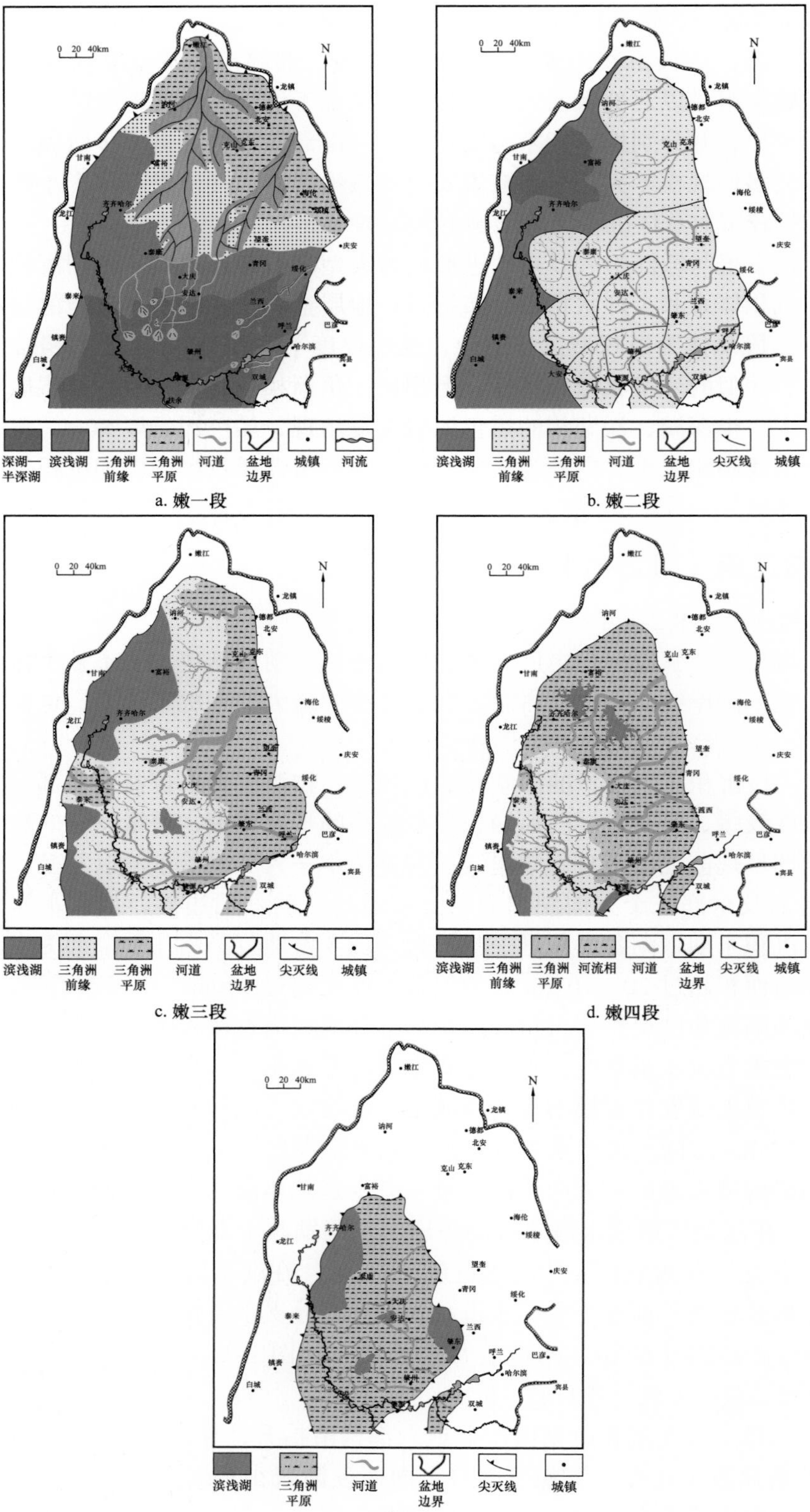

图 1-5-10 松辽盆地北部嫩江组沉积相图

沉积体，在重力作用下发生滑动，形成了众多的滑塌扇体（张顺等，2012）。总体上嫩江组东部物源体系对盆地沉积影响最大，始终是主要的物质供给区，随着湖平面下降和沉积中心迁移，沉积物逐渐向西推进，最后湖盆消失河流相覆盖整个盆地，但还存在局部零星的小型淡水湖泊，整体属于河流相。嫩江组之后盆地发生了一次构造活动，发育SB03不整合界面，由此盆地进入新的演化旋回，并在四方台组及明水组内部有较短暂的基准面上升期，但这只在盆地西部留有湖相沉积地层。

嫩江组二段—五段三角洲与嫩江组一段明显不同，主要发育朵状及鸟足状河控型三角洲，其坡度远较嫩江组一段陡，导致平原相带宽缓、前缘相带窄小的特点，发育的河流以规模小密度大的网状河为主（图1-5-10），在地震属性图片上河流呈柳枝状分布，储层砂体薄、粒度细、含泥较高，但由于湖相泥岩的覆盖和包裹可形成岩性圈闭油气藏。嫩江组二段—五段三角洲属于河控型，由于坡度大，层序结构在地震剖面上具有清晰的前积特征，易于识别。同时因其前缘相带窄小，导致水下分流河道不发育，宽缓的分流平原上发育大型曲流河，其点坝砂体规模大、粒度粗、物性好，是良好的储层，若与断层或构造组合可形成构造圈闭油气藏。

第四节　火山机构与火山岩相

一、火山机构类型及特征

1. 火山机构类型与分布特征

1）徐家围子断陷火山机构类型

徐家围子断陷发育四种类型的火山机构，即熔岩火山机构（盾状火山）、复合火山机构（锥状）、碎屑火山机构（碎屑锥）及基性熔岩火山机构（王翔飞等，2012）。

熔岩火山机构（盾状火山）：主要分布在升平地区，典型代表为升深201—升深202井火山机构。升深201—升深202井火山岩段几乎全部由流纹岩、英安岩和安山岩组成，厚度分别为370m和300m，岩相类型以喷溢相为主，夹薄层爆发相。这类火山机构主要沿着区内北北西向断裂带发育，熔浆经由裂隙溢出并顺着两侧斜坡流动而形成。从与断裂的关系看，以裂隙溢出型为主，兼有沿火山口喷溢型。该类火山机构的岩性、岩相类型单一，岩性主要为流纹质、英安质、安山质、玄武质熔岩，岩相以喷溢相为主，可夹有爆发相的热碎屑流亚相及侵出相。

复合火山机构（锥状）：中心式喷发，由爆发和喷溢交互作用形成，其中构成火山机构主体的碎屑岩层广而薄，层数较多；而熔岩层一般短而厚，层数较少。熔岩与碎屑岩常呈互层，熔岩层在其中起着格架的作用；喷溢相与爆发相交替的序列十分明显。本区复合火山机构个体规模通常较大，相邻火山口的喷出物常常交错叠置，形成较大规模的复式火山机构。典型代表为徐深5井火山机构。钻井揭示，徐深5井火山岩厚448m，岩石类型有流纹质含角砾熔结凝灰岩、流纹岩、流纹质火山角砾岩、流纹质沉凝灰岩等，其中火山碎屑岩约占82%；岩相序列主要为爆发相与喷溢相交替。

碎屑火山机构（碎屑锥）：火山碎屑锥是由火山爆发形成的小规模堆积，坡度通常较大，可达30°左右。几乎全部由火山碎屑岩组成，熔岩含量极少。岩相类型以爆发相的空落亚相和热碎屑流亚相为主，其次为火山通道相的火山颈亚相。典型代表为徐深1井火山机构。徐深1井火山机构位于断裂边缘，钻遇火山岩259m，岩石类型有流纹质晶屑凝灰岩、流纹质沉凝灰岩、流纹质集块熔岩和流纹岩，其中火山碎屑岩比例高达95%，岩相以爆发相的空落亚相和热碎屑流亚相为主。

基性熔岩火山机构：岩石类型以玄武岩为主，夹玄武安山岩，岩相类型以喷溢相为主，其次为火山通道相，爆发相和侵出相少见。爆发相主要集中在火山喷发中心区，分布范围小，形态上多为丘状、锥状。溢流相的玄武岩、安山玄武岩分布广，平面规模大，呈大面积溢流特征，厚度较薄，一般为几十米至100m左右。

2）火山机构分布特征

松辽盆地徐家围子断陷发育的营城组火山机构主要受北北西向徐西、徐中和榆西三条区域大断裂控制，在平面上具有沿断裂呈串珠状展布的特点。通常越靠近基底断裂，火山岩厚度越大。

2. *火山机构识别方法*

常见的识别火山机构的方法有：构造趋势面分析、三维体切片分析和最直观的地震剖面特征识别火山机构（王璞珺等，2003）。

1）三维地震剖面特征识别火山机构

三维地震剖面识别是通过对常规地震剖面反复浏览、对比观察来发现火山口、火山锥。火山口与近火山口所处位置地震反射特征与周围地层有很大的不同，特别是火山通道则更是不同。火山机构地震反射特征很明显，顶面常呈丘状反射外形，内部多呈杂乱反射结构，同相轴不连续，地层厚度大，火山机构上方常伴随披覆构造，两翼表现为沉积地层的上超。一些火山通道沿着断层上涌的特征经常存在，下部围岩常被破坏，形成下凹形态（陈树民等，2011）。

2）构造趋势面分析识别火山机构

该方法是通过对构造趋势面和古构造发育史的分析，研究局部构造起伏来识别火山机构发育情况。由于地层界面的趋势变化是区域构造背景的反映，因而在此背景上由于构造活动、沉积、压实作用、火山活动等原因可以引起地层界面的局部变化，形成地层的凸起或下凹。通过层拉平剖面可以很直观地反映出这种变化的部位，从而识别出火山机构的发育。这种方法的局限性是在复杂的构造区往往不够准确，在火山原始形态保存比较完好、后期构造变动小的情况下，实用性较好。

3）三维体切片分析识别火山机构

由于火山机构在地层界面上常表现出凸起的特征，营四段砂砾岩常上超于火山岩凸起之上，因而在层切片或时间切片上火山口表现出火山岩内部地震反射特征，非火山口处则是上部砾岩内部反射特征。这种由于岩性的变化使得地震波形发生变化，其振幅值和相干数据也将发生变化，导致沿岩性突变处存在振幅值横向突变或弱相干的轮廓。由下向上轮廓由大变小，反映出火山锥的特征。这种方法尤其适用于分辨火山机构中心部位或火山口的分布范围。

在趋势面振幅切片上，火山锥处振幅值呈现出强弱相间、横向突变、连续性差、杂乱分布特点，在非火山岩处振幅连续性好，而且切片特征比构造趋势面层切片更加明显。在地震反演数据体切片上，各种层切片上也可以看出火山锥处具有能量较弱、零乱分布的特点。

二、火山岩相类型及特征

1. 火山岩岩相和亚相特征

按照成因机制火山岩可划分为五种岩相：火山通道相、爆发相、溢流相、侵出相、火山沉积相，进一步可细分为15个亚相（冯子辉等，2011b）。

1）火山通道相

火山通道相位于整个火山机构的下部，可以划分为火山颈亚相、次火山岩亚相和隐爆角砾岩亚相。它们可形成于火山旋回的整个过程中，但保留下来的主要是后期活动产物。

火山颈亚相：大规模的岩浆喷发、地壳内部能量的释放造成岩浆内压力下降，后期的熔浆由于内压力减小不能喷出地表，在火山通道中冷凝固结。同时，由于热沉陷作用，火山口附近的岩层下陷坍塌，破碎的坍塌物被持续溢出冷凝的熔浆胶结，形成火山颈亚相。火山颈亚相规模较大，产状近于直立，通常穿切其他岩层，多发育在深断裂带附近。其代表岩性为熔岩、角砾熔岩和/或凝灰熔岩、熔结角砾岩和/或熔结凝灰岩。岩石具斑状结构、熔结结构、角砾结构或凝灰结构，具环状或放射状节理。火山颈亚相的鉴定特征是不同岩性、不同结构、不同颜色的火山岩与火山角砾岩相混杂，其间的界限往往是清楚的。

次火山岩亚相：可形成于火山旋回的同期和后期，以后期为主。它是同期或后期的熔浆侵入到围岩中、缓慢冷凝结晶形成的，多位于火山机构下部几百米到一千五百余米，与其他岩相和围岩呈指状交切或呈岩株、岩墙及岩脉形式嵌入。次火山岩亚相的代表岩性为次火山岩（玢岩和斑岩等），具斑状结构至全晶质不等粒结构，冷凝边构造，流面、流线构造，柱状、板状节理。常见的柱状节理火山岩即为次火山岩亚相的代表。次火山岩亚相中常见围岩捕虏体。该亚相的代表性特征为岩石结晶程度高于所有其他火山岩亚相，以及由于岩浆后期的流体活动使得其斑晶常具有熔蚀现象。

隐爆角砾岩亚相：形成于岩浆地下隐伏爆发条件下，是由富含挥发分的岩浆入侵到岩石破碎带时由于压力得到一定释放又释放不完全而产生地下爆发作用形成的。该亚相可形成于岩浆旋回的同期和后期，以中、后期为主。隐爆角砾岩亚相位于火山口附近或次火山岩体顶部，经常穿入其他岩相或围岩。其代表岩性为隐爆角砾岩，具隐爆角砾结构、自碎斑结构和碎裂结构，呈筒状、层状、脉状、枝杈状和裂缝充填状。角砾间的胶结物质是与角砾成分及颜色相同或不同的岩汁（热液矿物）或细碎屑物质。隐爆角砾岩亚相的代表性特征是岩石由“原地角砾岩”组成，即不规则裂缝将岩石切割成“角砾状”，裂缝中充填有岩汁或细角砾岩浆，充填物岩性和颜色往往与主体岩性相似但颜色不同。

火山通道相由于其特殊的产状，一般地震资料很难识别，但一般比较大型的火山机构从地震剖面上可以看到岩浆上涌的通道，据此可大致判断火山通道相的位置（王璞珺等，2006）。

2）爆发相

该相可形成于火山作用的不同阶段，但以早期及喷发高潮时最为发育。以火山碎屑物为主，在火山口附近形成碎屑锥。爆发相分为3个亚相：热碎屑流亚相、热基浪亚相、空落亚相。

热碎屑流亚相：主要构成岩性为含晶屑、玻屑、浆屑、岩屑的熔结凝灰岩；熔结凝灰结构、火山碎屑结构；块状构造，凝灰支撑，受熔浆冷凝胶结与压实共同作用而形成，以熔结为主；垂向剖面多见于爆发相中上部，冷凝快速流动距离很短，主要堆积在火山斜坡上。地震特征为弱振幅、断续反射，中—高频，斜交结构、叠瓦状结构，楔状外形。

热基浪亚相：主要构成岩性为含晶屑、玻屑、浆屑、岩屑的凝灰岩；火山碎屑结构、凝灰结构；压实作用成岩；多形成于爆发相末期，由于呈悬浮状气固相乳浊态发光云，降落较慢、漂浮相对距离远，近地表部分堆积在火山过渡区，远距离可以降落到任何地区，包括其他火山锥体的顶部。因此，该亚相基本可以定性为远源火山强烈爆发的产物。地震特征为中强振幅，短轴断续，中—高频，波状—亚平行结构，外形楔形或透镜状。

空落亚相：主要构成岩石类型为含火山弹和浮岩块的集块岩、火山角砾岩。热基浪亚相岩石类型晶屑凝灰岩同样是空落的产物，实际是从空落亚相中分离出的颗径小于2mm 的岩性类的一个亚相。鉴于此，将空落亚相岩石类型定为含火山弹和浮岩块的集块岩、火山角砾岩以及熔结的集块岩、火山角砾岩；主要分布在火山口附近，为集块结构、角砾结构和熔结结构；块状和递变粒序；多形成于爆发相下部。一般处于火山口—近火山口区，火山口周围一定范围内，地震反射特征为中等振幅、断续趋于杂乱的反射结构，一般为丘状外形，同时也是其上沉积岩层披覆构造的高部位区。地震相图上对应于火山口区地震相特征。

3）溢流相

溢流相形成于火山喷发的各个时期，但以强烈喷发后出现为主，熔浆从火山口喷溢而出，形成面状泛流的岩被，或呈线状流动的岩流，在熔岩流的顶、底面或前缘形成气孔状熔岩、角砾状熔岩等。厚度较大的熔岩层分为下部亚相、中部亚相、上部亚相。

下部亚相：代表岩性为细晶流纹岩及同生角砾的角砾流纹岩，玻璃结构、细晶结构、斑状结构、角砾结构，具块状或流纹构造，位于溢流相熔岩下部，原生孔隙较少，具自生破裂角砾间缝。地震为强振幅连续反射，平行结构。

中部亚相：岩性为流纹构造流纹岩，细晶结构、斑状结构，具有流纹构造、纹理层缝隙、气孔构造。气孔拉长，沿流纹构造定向排列，气孔稀疏岩性致密。中部亚相为弱振幅—连续反射，在倾向剖面厚层为斜交结构、叠瓦状结构，火山附近倾角大，远离火山倾角小，在走向剖面为平行—亚平行、低角度—水平结构；外形为楔状、透镜状。

上部亚相：岩石类型为气孔流纹岩、球粒流纹岩，气孔分布均匀，气孔浑圆、半月形，球粒结构、细晶结构，气孔构造、杏仁构造、石泡构造，是溢流相原生孔隙最发育的相带，有效孔隙较低，在裂缝沟通下，上部亚相一般是储集物性最好的相带。

溢流相一般位于火山锥的侧翼，也可位于火山口附近，厚度较大。地震相特征为楔状结构、中弱振幅、较连续反射，低频。受地震分辨能力限制，很难分辨溢流相薄层流纹岩上、中、下亚相。

4）侵出相

侵出相主要形成于火山喷发旋回的晚期。本地区的珍珠岩类都属于侵出相火山岩。侵出相岩体外形以穹隆状为主，可划分为内带亚相、中带亚相和外带亚相。

内带亚相：位于侵出相岩穹的内部，代表岩性为枕状和球状珍珠岩，玻璃质结构，岩球、岩枕构造，总体产状呈穹隆形。该亚相的原生裂缝最为发育，在微观和宏观尺度上原生裂缝均呈环带状。在宏观尺度上玻璃质珍珠岩沿着环带状裂隙破碎成火山玻璃球体，这些球状堆积物之间充填着较细的玻璃质碎屑，使得大的珍珠岩球体松散地胶结或堆砌在一起。由于这种堆积物的骨架坚硬，同时有侵出相中带珍珠岩和外带角砾熔岩作为坚硬的外壳披覆其上，起到保护作用，所以，在一个大的侵出相火山岩穹隆的内部往往发育有大规模的“岩穹内松散体”。这种松散体的物性通常是非常好的。

中带亚相：位于侵出相岩穹的中部，内带亚相和中带亚相均是由于高黏度熔浆在内力挤压作用下流动，遇水淬火、逐渐冷凝固结在火山口附近堆砌而成。常见结构有玻璃质结构、珍珠结构、少斑结构和碎斑结构。代表岩性为致密块状珍珠岩和细晶流纹岩，块状构造，岩体呈层状、透镜状和披覆状。该亚相的岩石脆性极强，构造裂缝极易形成同时也易于再改造，最终能够保留下来的构造裂缝不如喷溢相下部亚相发育。

外带亚相：位于侵出相岩穹的外部，其代表岩性为具变形流纹构造的角砾熔岩。它们是（高黏度）熔浆舌在流动过程中，其前缘冷凝、变形并铲刮和包裹新生和先期岩块，在自身重力和后喷熔浆作用下流动，最终固结成岩而成。岩石具熔结角砾结构、熔结凝灰结构，常见变形流纹构造。

侵出相在徐家围子见到较少，在徐深 8 井发现了较典型的侵出相。其地震相特征为透镜状外形，中低频、弱振幅、差连续性，位于火山口附近较高的部位。亚相不能进一步区分。

5）火山沉积相

火山沉积相是火山灰、火山砾、碎屑岩经水搬运一定距离至边缘区的正常沉积物中，或者直接落入沉积水体中，以火山碎屑为主有其他陆源碎屑物质加入形成火山沉积岩，属火山沉积相。可形成于火山作用的不同阶段，多形成于火山岩体的远端。火山锥体之间低洼部位的主要相带类型，分布范围局限在火山之间和火山岩层之间，成岩于压实作用。具有块状构造、层理构造。亚相类型含外碎屑亚相、再搬运亚相、沉凝灰岩亚相，主要岩石类型为凝灰质沉积岩、沉凝灰岩。

火山沉积相地震相特征：位置上在火山过渡区向外的火山边缘区，一般原始构造位置较低，地震反射特征为中强振幅，较连续—连续反射，平行结构。

2. 火山岩相带识别模式

不同亚相火山岩可以通过井约束反演，井间地震局部追踪，但是无法进行大面积的岩相解释预测。而不同相或相组合在地震剖面上具有明显的特征，通过地震相可以进行火山岩平面相分布预测，而且这种预测具有科学性和实用性。依据火山喷发后残留的火山形态、距离火山口的位置，火山岩相带可分为三种类型：火山口相、近火山口相和远火山口（蔡东梅等，2010）（图 1-5-11）。

1）火山口相（火山锥）

通常与火山通道相、侵出相和含火山弹的爆发相空落亚相对应，岩性变化大，在地震剖面上多为穹隆—丘状。可进一步分为四种模式：（1）爆发相为主，储层发育，地震相特征丘形，内部极短轴杂乱—空白反射，无连续性，中弱振幅，例如徐深 1 井 3532～3622m 井段岩性为流纹岩、流纹质晶屑凝灰岩，以爆发相为主；（2）爆发相—溢流相多层交互发育，储层发育，地震相特征丘形，内部短轴、中强振幅、差连续性，例如升深 2–7 井营一段火山岩；（3）爆发相—溢流相交互发育，储层发育，地震相特征丘形，内部短轴、弱振幅、弱连续反射，例如徐深 5 井 3591～3782m；（4）以溢流相为主，夹少量爆发相，储层发育较差，地震相特征丘形，内部接近空白反射，例如徐深 2 井 4052～4263m 厚层流纹岩段。

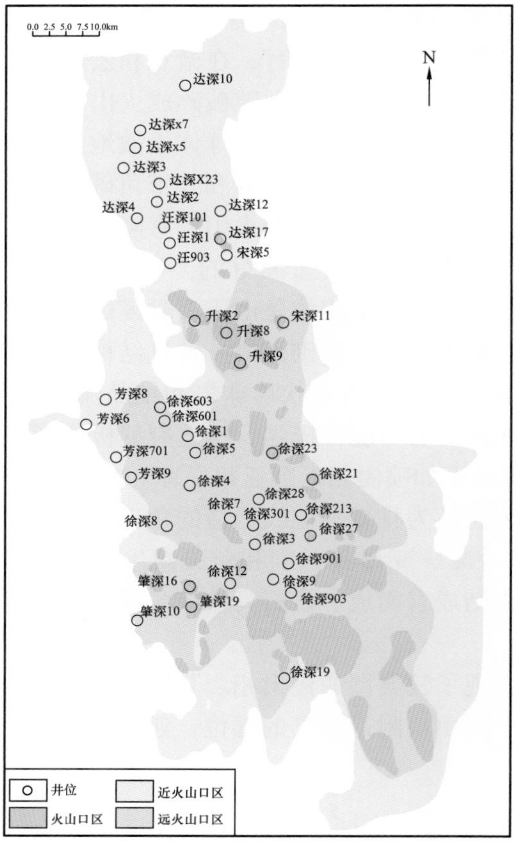

图 1–5–11　徐家围子断陷营城组下部火山岩岩相分布图

2）近火山口相（近源相组）

指距离岩浆源较近、通常是熔岩所能够覆盖到范围的岩相组合，多与喷溢相、爆发相热碎屑流亚相对应。在地震剖面上通常呈楔状、断续层状。可进一步分为四种模式：近火山口爆发相与喷溢相叠置区，以爆发相为主，火山岩由于距离火山口较近，物性相对较好，地震相特征楔形，内部中强振幅、弱连续—相对较连续，例如徐深 14 井 3780～3845m 井段流纹岩；近火山口爆发相与喷溢相叠置区，爆发相—溢流相交互发育，储层较发育，地震相特征接近板状外形，内部中弱振幅、弱连续，例如徐深 4 井营一段；近火山口爆发相与喷溢相叠置区，距离火山口较近，爆发相与喷溢相火山岩储层物性好，地震相特征近丘形，单一旋回内部接近无反射，旋回间出现强振幅、中高连续反射，例如升深 2–1 井；近火山口爆发相与喷溢相叠置区，由于距离火山口较远，爆发相与喷溢相火山岩储层物性较差，地震相特征楔形，内部近平行（反射同相轴有起伏、倾斜变化）、中强振幅、断续—中等连续反射，例如宋深 1 井。

3）远火山口相（远源相组）

指距离岩浆源较远的相组，岩性以层状火山碎屑岩为主，多与爆发相热基浪亚相和细碎屑空落亚相对应。在地震剖面上呈层状。远火山口爆发相区可分为 2 种模式：①以爆发相为主，地震相特征板状，中弱振幅、较连续反射；②以爆发相为主，地震相特征薄板状，中强振幅、连续反射。

3. 相带展布规律

对营城组下段火山岩预测了火山岩相带的展布（图 1–5–11），可以看出沿着徐中、徐东两条断裂是营城组沉积时期主要的火山喷发通道，火山喷发中心总体上沿断裂分布，其两侧一定范围内分布近火山口爆发、喷溢相带。火山喷发中心爆发、喷溢及火山通道叠合相区面积 $604km^2$，近火山口爆发、喷溢叠合相区面积 $1060km^2$，远火山口爆发相面积为 $1086km^2$（姜传金等，2010）。

第六章 烃 源 岩

烃源岩地球化学特征研究是探讨油气形成与演化的最重要部分。从石油的有机成因学说出发，研究油气形成与演化，主要应包括五个环节，即有机质→生烃母质→烃类中间产物→油→气。在地质历史中，这是一个连续的演变过程，人们要了解油气形成的全过程，就要把每个环节有机地联系起来，找出它们之间内在的成因关系。烃源岩各项有机地球化学指标可以指示出地质体中有机质在时间和空间上的性质、在含量和组成上的变化，反映油气形成过程中的地球化学特征。因此，深入研究烃源岩的地球化学特征，研究引起烃源岩的地球化学特征变化的地质、物理、化学和生物因素，来探求它们与现代沉积物中烃类形成的关系，是解决油气生成的基本途径。

陆相环境下形成的油气，都具有独特的性质。因此进行陆相油气形成与演化研究在生油理论研究中具有重要的实际意义。松辽盆地属于世界上大型的淡水—半咸水沉积湖盆，盆地面积大，构造变动小，巨厚的沉积物在深凹陷中基本未遭到破坏。随着埋藏深度的增加，烃类的演化规律十分清楚，是目前研究大型湖盆陆相生油的最理想地区。松辽盆地早白垩世主要发育营城组和沙河子组两套烃源岩，晚白垩世主要发育青山口组的青一段、青二段和嫩江组的嫩一段和嫩二段、嫩三段下部烃源岩。

松辽盆地生油研究的发展过程，大体可分为五个阶段：

（1）20 世纪 60 年代的生油研究多采用还原硫（S^{2-}）、K 值（铁的还原系数）、氯离子（Cl^-）、有机碳（C）、荧光沥青含量（B）及类型（B_{Φ}）、沥青馏分、沥青组分、有机元素及沥青演化系数等有效地球化学指标。利用有效的地球化学指标确定了松辽盆地主要生油岩的岩性，划分出主要的生油层及最有利的生油区，详细研究了其生油规律。

（2）20 世纪 70 年代的生油研究采用的有效地球化学指标有：沥青组分、有机元素、腐殖酸、有机碳、总烃、转化系数（总烃 / 有机碳）及气相色谱各项参数（OEP、主峰碳、Pr/Ph、Pr/nC_{17}、Ph/nC_{18}）等。利用以上地球化学指标完成松辽盆地下白垩统湖盆水化学条件、地球化学相、有机物的分布、生油母质与石油的形成、各组段的生油条件的详细研究。

（3）20 世纪 80 年代由于引进了大量先进仪器设备如色谱—质谱仪、核磁共振波谱仪、同位素质谱仪、傅里叶红外光谱仪等，为在大庆地区开展生油理论研究提供了良好的条件。此时期正是大庆地区开展生油理论研究的最活跃时期。该阶段利用先进的地球化学方法深入探讨了陆相油气的生成、排出和运移特征，建立了陆相盆地生油的一系列模式，并把石油地球化学与石油地质学紧密地联系起来，运用油气生成和分布理论，指出有利勘探区域，减少钻探投资风险，提高钻探的成功率。

（4）20 世纪 90 年代油气地球化学研究处于提高阶段，主要特点是采用新仪器、新手段，实验技术向微量、微区方向发展。该阶段不断发展和完善了干酪根生油理论，开展了大型近海陆相盆地烃源岩形成条件、未成熟—低成熟油形成机制及煤成油的研究。该阶段深入研究了大型近海陆相盆地多套烃源岩形成的地质条件、烃源岩地球化学特征、油气地球化学特征；尤其对松辽及外围盆地未成熟—低成熟油的油源问题，未成熟—低成熟烃源岩的形成环境、成油母质和原油类型，未成熟—低成熟油的形成机理、排驱过程、分布规律、成藏控制及资源量计算等分别进行了系统研究。

（5）21世纪油气地球化学从定性向定量发展、地球化学评价逐渐向精细发展，开发出了含氮、含氧和含硫化合物分析技术，建立了特殊生物标志化合物及同位素分析技术，注重了优质烃源岩和有效烃源岩的评价，开展了油藏地球化学研究、混源天然气来源比例研究等。利用以上地球化学技术精细研究烃源岩的有机岩石学、成烃潜力、成烃方向、成烃模式等成烃条件，系统研究了松辽盆地的油气地球化学特征，油气的初次运移、二次运移、油气运移的优势通道、运移方向和保存条件等，并初步开展了青山口组泥（页）岩油含油性评价研究。

第一节 烃源岩分布特征

一、烃源岩形成环境

1. 沉积时期古气候条件

研究认为大型陆相湖盆具有油气生成所需要的气候环境、水介质、水动力、古地温等地质条件，以及有利于形成油气藏的生储盖组合条件。根据陆地植被的性质，即陆地植物组合或其孢粉面貌来恢复古气候条件。通过孢粉组合特征、水生生物发育、海侵等指标在垂向上的变化特征研究松辽盆地形成过程的古气候变化（图1–6–1），结果表明白

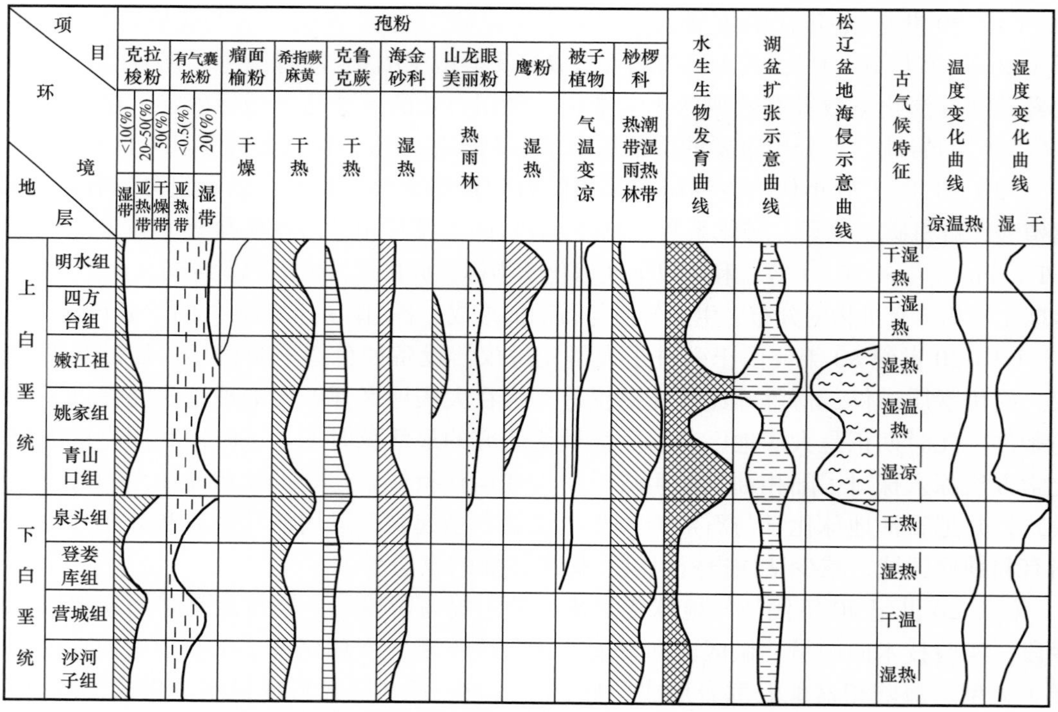

图1–6–1 松辽盆地白垩纪古气候变化图（据高瑞祺等，1997）

垩纪松辽盆地的古气候与今日亚热带洼地气候相似。

松辽盆地自下而上各组段地层沉积时期的气候，冷热干湿变化情况如下：

沙河子组沉积时期，气候湿热；

营城组沉积时期，气候干湿；

登娄库组沉积时期，气候湿热；

泉头组沉积时期，气候属于干热性质，其程度介于干燥—半干燥；

青山口组下部沉积时期，被子植物迅速分化，表明气温变凉，空气透明度变好，气候属潮湿、湿热性质；

青山口组上部沉积时期，气候属湿热性质；

姚家组沉积时期，水体缩小，空气相对变干，气候属潮湿性质；

嫩江组沉积时期，气候以潮湿为主。

从整体来看，青山口组至嫩江组沉积时期，气候以潮湿为主，雨量充沛，桫椤科植物高度繁盛，可能有雨林存在，有利于陆地和水生生物迅速繁衍，为生油物质创造了有利的生存条件。

四方台组沉积时期，气候属干热性质；

明一段沉积时期，气候属湿热性质；

明二段沉积时期，气候属干热性质。

在湖泊水体稳定时期，陆地植被分布一般具有明显的分带性。如果湖泊发生快速水侵，陆地植被的分带性将遭到破坏；当湖泊再次处于稳定或湖水逐渐收缩时，陆地植被也将不断恢复，并逐渐重新形成分带。生油研究认为，陆地植被的演变与生油层中生油母质的类型有密切关系。

2. 湖盆演化阶段与烃源岩性质

白垩纪松辽湖盆发展演化大体经历了淡水湖泊、海侵前近海湖泊、受海侵影响的近海湖泊和海退后淡水湖沼四个演化阶段（高瑞祺等，1994）。各阶段由于受生物发育程度、古气候条件、海水侵入导致的咸度变化等因素的影响（图 1–6–1），形成了性质各异的烃源岩。

淡水湖泊期沉积了下白垩统沙河子组和营城组，烃源岩的形成环境和海洋的关系不大。烃源岩在彼此分割的断陷内分布，岩性、厚度变化大，岩性为煤系地层和薄煤层，有机质来源主要是陆源植物和淡水湖生生物。

海侵前的近海湖泊期沉积了下白垩统登娄库组和泉头组，湖泊由淡水湖向近海湖演变，受海泛影响水体盐度由淡水向微咸水变化。烃源岩沉积时有多个沉降中心，地层厚度变化大，岩性主要是暗色泥质岩，有机质来源以陆源植物为主，泥岩内含丰富的孢粉和浮游生物化石，盆地边缘见植物化石。

受海侵影响的近海湖泊期沉积了上白垩统青山口组至嫩江组。伴随海侵、海退的交替，湖水盐度有淡水—微咸水—半咸水的变化。烃源岩分布面积大，在盆地内一般呈连续分布，厚度大，暗色泥岩累计厚度达几百米，发育多套油页岩；半深湖和深湖相暗色泥岩是主要烃源岩，有机质来源包括大量微咸水、半咸水湖生生物和陆源植物。

海退后淡水湖沼期沉积的四方台组和明水组是海退后湖盆萎缩的产物。岩性为泥质岩，烃源岩分布面积小，厚度薄，陆源有机质较多，有淡水藻类。

3. 生产力水平

在早白垩世晚期泉头组四段沉积时期，湖泊生产力非常低，普遍小于 5g/（$m^2 \cdot a$），属贫营养湖，反映此时湖中水生生物不发育；晚白垩世早期青一段沉积时期湖泊生产力最高，普遍大于 600g/（$m^2 \cdot a$），藻类繁殖呈勃发状态，湖泊处于富营养—超营养状态。青二段、青三段沉积时期湖泊生物的数量有所降低，生产力明显低于青一段，且生产力有逐渐降低的趋势，总体上为中至富养湖。姚家组一段沉积时期湖泊生产力平均为 365g/（$m^2 \cdot a$），为中营养湖。姚家组二段、三段沉积早期和晚期生产力均较低，一般低于 100g/（$m^2 \cdot a$），属贫营养湖，而在沉积中期生产力有明显增大，达到了姚一段时期的水平。嫩江组一段沉积期生产力较高，为富养湖；向嫩江组二段、三段下部湖泊生产力下降，转为富养—中养湖；嫩江组二段、三段上部，嫩江组四段、五段为贫营养湖。高的古湖泊生产力为优质烃源岩形成提供了物质条件，咸化、厌氧、富硫的湖底水环境为有机质保存提供了优良的条件。

二、断陷层烃源岩

1. 泥质烃源岩

徐家围子断陷沙河子组泥岩从南到北都有分布，面积为 3007.06km²，南部和北部较窄、中部宽。泥岩厚度整体呈南北两翼薄、中部厚的分布特征，南部最厚地区位于肇深 14 井以南，为 300m；北部最厚地区位于达深 1 井附近，达 450m；中部总体较厚，厚度大于 300m 分布范围大，偏北部达深 17—宋深 3 井区最大厚度达 950m，偏南部徐深 212—徐深 27 井区最大厚度可达 1100m，为沙河子组泥岩最发育井区（图 1-6-2）。

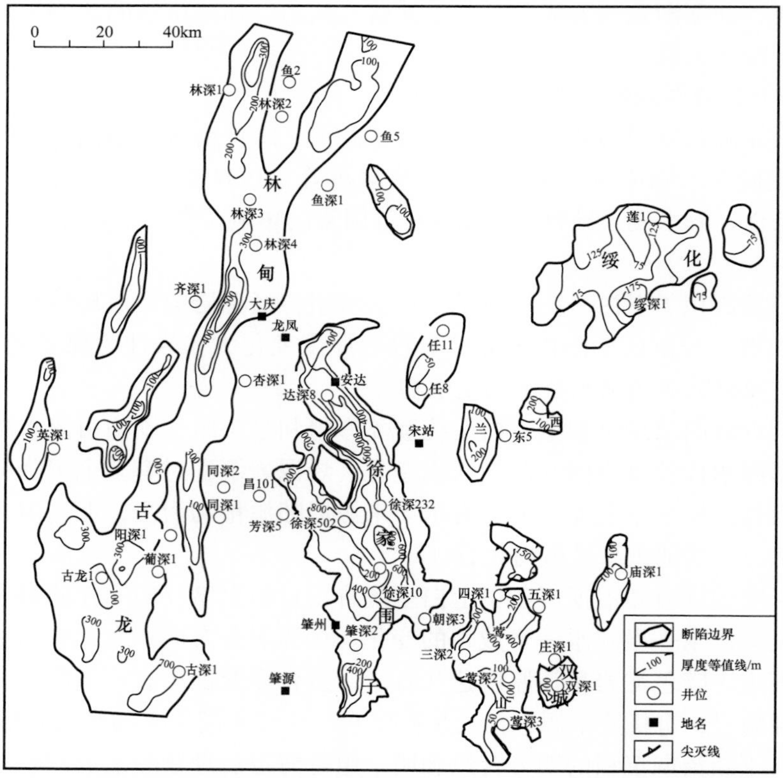

图 1-6-2　松辽盆地北部深层断陷沙河子组暗色泥岩厚度分布图

徐家围子断陷营城组四段泥岩主要发育于断陷中部，徐深22—徐深24井区泥岩最发育，最大泥岩厚度可达120m。卫深5井—升深8井以北泥岩不发育；南部朝深3井偏北泥岩最大厚度40m，肇深14—肇深15井区最大泥岩厚度70～95m。

莺山断陷沙河子组泥岩分布范围面积为920.94km²，主要发育于断陷北部，泥岩厚度普遍大于100m，北部泥岩最厚处位于三深1—莺深5井区，最厚达500～600m，南部泥岩主要发育于莺深1井附近，泥岩厚度50～100m，南部其他地区泥岩厚度在50m左右；双城断陷沙河子组泥岩分布范围面积为369.25km²，泥岩厚度不大，厚度普遍在50～100m之间，最大厚度位于北部断陷中心，达到150m。

古龙—林甸断陷沙河子组泥质烃源岩分布广泛，分布面积达到6525.88km²，厚度普遍大于100m，具有呈南北走向的条带状分布特征，且从北到南泥岩厚度有逐渐增大的趋势。泥岩最发育地区位于最南部古深1—古深3井区，厚度最大达到500～900m；另外林深4—萨5—垣深1井以西泥岩也较为发育，厚度达到300～600m；其他地区厚度普遍在100～300m之间。

任民镇断陷沙河子组泥岩最大厚度为100m，分布面积为341.23km²；兰西断陷沙河子组泥岩厚度普遍大于100m，泥岩分布面积为481.42km²，任深1井区附近最大厚度可达200～400m；中和断陷沙河子组泥岩分布面积为371.57km²，北部泥岩较为发育，特别是双深4井以西一带，厚度达到200～300m；绥化断陷沙河子组泥岩分布面积达到1675.26km²，厚度普遍大于50m，最大达到200m。

2. 煤层

松辽盆地北部断陷层钻遇煤层最多的是徐家围子断陷，整个沙河子组煤层分布面积为1665.08km²，主要发育于徐东地区，其他地区只在安达西、徐中北部和南部局部分布（图1-6-3）。沙河子组煤层最大厚度发育区位于宋深3—宋3井区域，最大厚度可达50～125m。北部达深1—达深3井区，煤层厚度达15m；达深12井以北，达深13井以东最厚达30m；宋深2—达深15井区煤层最大厚度达50m；徐深42—尚深3井区最大厚度达45m；升深5井区最大厚度达45m；徐深6井区最大厚度达55m；徐深15井以南煤层厚度在5～30m之间，最厚可达40m。

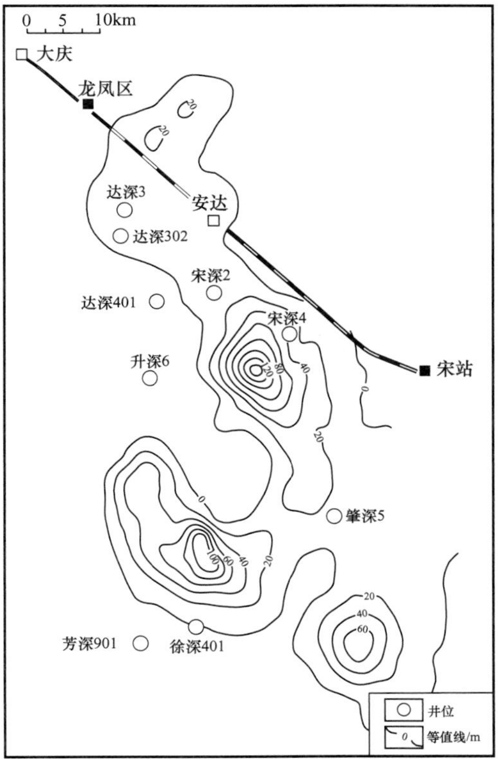

图1-6-3　徐家围子断陷沙河子组煤层厚度分布图

三、坳陷层烃源岩

松辽盆地经历了长期的坳陷阶段，晚白垩世发生了两次大的海侵事件，对应湖水面积呈现两次大的波动，一次是在青山口组一段沉积时期（相当于早塞诺曼期），湖泊最大面积达87000km²；另一次在嫩江组一段—三段沉积时期（相当于早坎潘期），湖泊面积超过 $20\times10^4km^2$。大范围的水体形成了大面积深湖相暗色泥岩，成为松辽盆地最重要的烃源岩，为大油田的形成提供了物质保障。

1. 青山口组烃源岩

松辽盆地北部青山口组暗色泥岩主要发育在中央坳陷区，较厚的区域沿齐家—古龙凹陷经长垣和三肇凹陷南部至朝长地区呈“Y”字形特征（图 1-6-4）。其中，齐家—古龙凹陷、长垣、三肇凹陷及朝长地区青山口组暗色泥岩总厚度一般超过 300m。

自下而上，青一段暗色泥岩厚度介于 0～105m，平均为 34m，最厚的区域分布在齐家—古龙凹陷、长垣北部及朝长地区，一般大于 70m（图 1-6-4a）；青二段暗色泥岩厚度介于 0～244m，平均为 72m，最厚的区域分布在齐家南—古龙凹陷、长垣、三肇凹陷及朝长—王府地区，一般大于 140m（图 1-6-4b）；青三段暗色泥岩厚度介于 0～264m，平均为 69m，最厚的区域分布在齐家—古龙凹陷、长垣南部及三肇凹陷，一般大于 100m（图 1-6-4c）。

青山口组中还广泛发育多层的油页岩，一般见于青一段的底部，层数为 3～5 层，单层厚度一般为 0.1～1.5m。青一段油页岩的厚度和分布范围较青二段、青三段大，青一段油页岩主要分布在长垣及以东地区，尤其在三肇和朝长—王府地区发育厚度大，一般为 9～14m，而青二段、青三段只在王府凹陷发育厚度较大，介于 9～12m，在三肇地区一般只有 2～4m 厚，明显小于青一段。总体上，油页岩厚度分布具有从盆地东南向西北逐渐减薄的趋势。

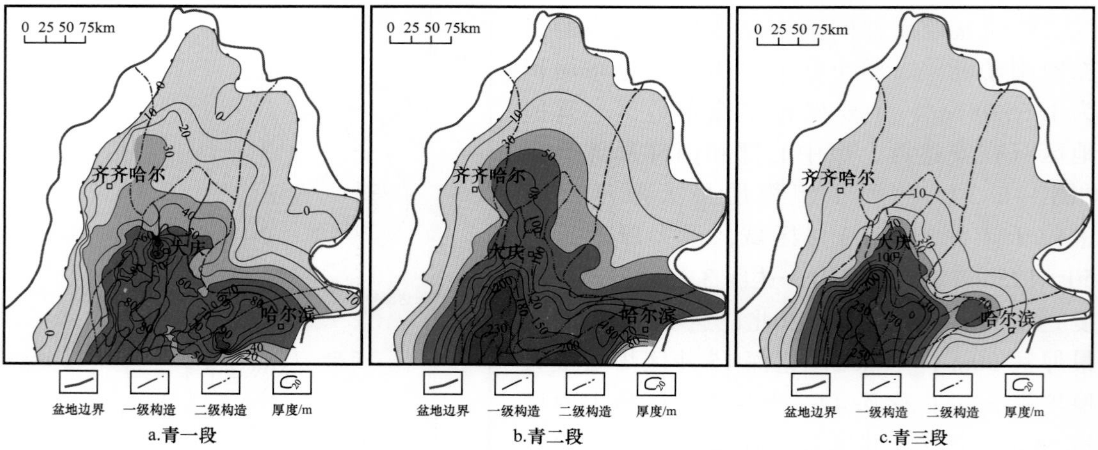

图 1-6-4 松辽盆地北部青山口组暗色泥岩厚度分布图

2. 嫩江组烃源岩

松辽盆地北部嫩一段暗色泥岩分布呈现三个厚度中心，分别位于滨北、古龙凹陷—长垣中部及三肇凹陷东部—朝长地区（图 1-6-5a），厚度一般大于 100m，最高可达 130m 左右。嫩二段暗色泥岩厚度大于嫩一段（图 1-6-5b），主要分布在中央坳陷区、齐家—古龙和三肇地区，厚度超过 160m，向盆地边缘暗色泥岩厚度变薄，滨北与嫩一段大体相当。

嫩江组中也广泛发育多层的油页岩，主要见于嫩一段及嫩二段底部。嫩一段油页岩在嫩江组一段的上、中、下部位置均有分布；嫩二段在底部发育一层标志性的油页岩。平面上（图 1-6-6a），嫩一段油页岩厚度大于嫩二段，厚度较大的地区主要位于长垣、古龙以及三肇地区，一般厚度为 8～12m，最厚可达 31m，厚度高值区分布呈现出北东—南西的带状特征，在西部斜坡和三肇以东地区油页岩不发育。嫩二段油页岩在齐家—古龙及黑鱼泡地区较为发育，厚度一般为 4～8m，古龙凹陷油页岩厚度最大达到 16m（图 1-6-6b）。

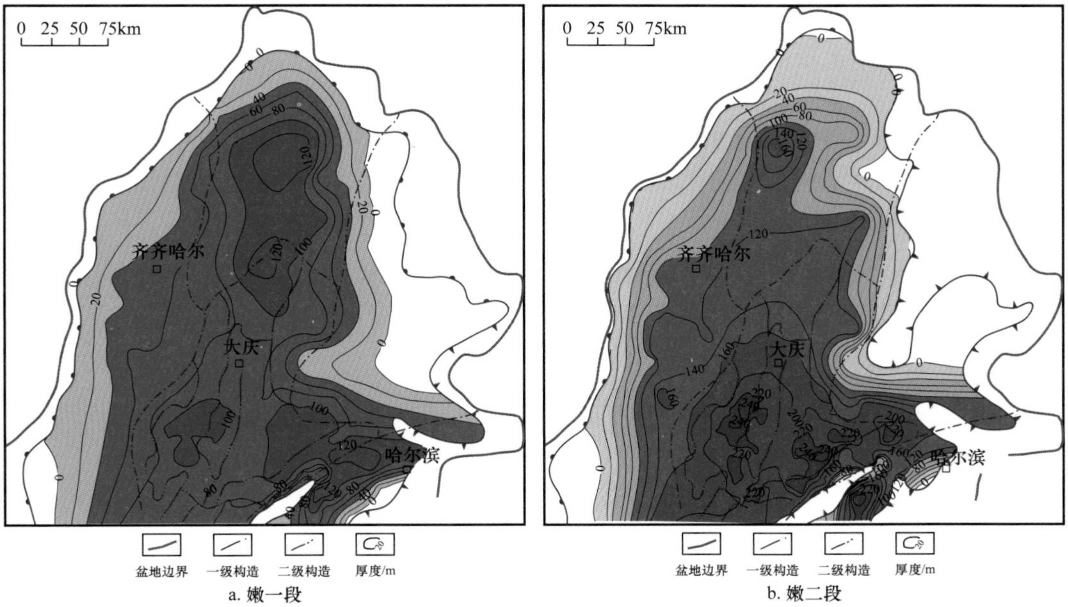

图 1-6-5　松辽盆地北部嫩江组暗色泥岩厚度分布图

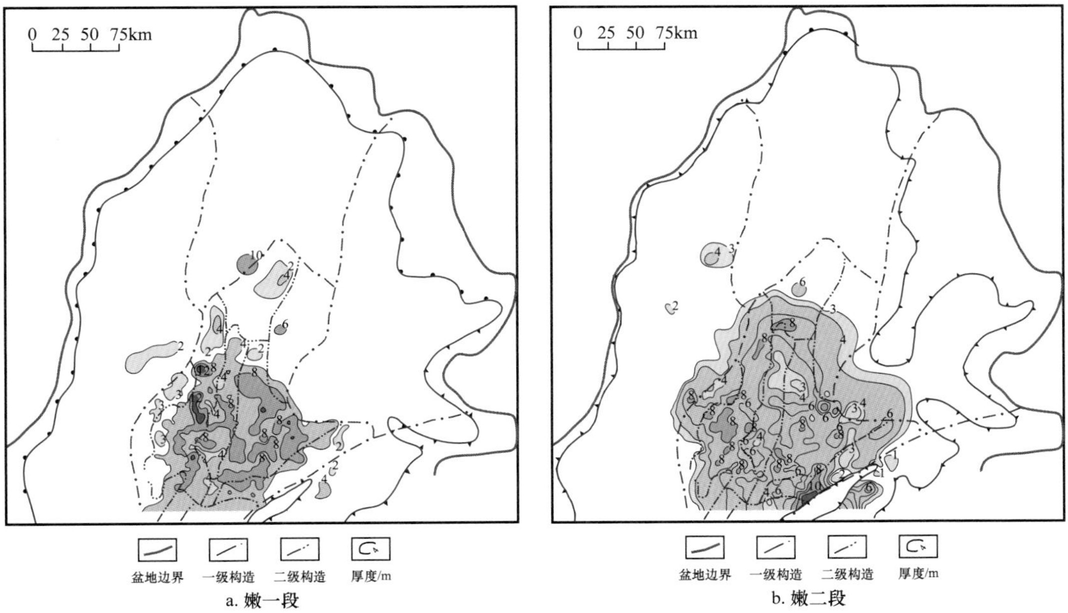

图 1-6-6　松辽盆地北部嫩江组油页岩厚度分布图

第二节　烃源岩有机地球化学特征

一、烃源岩有机质丰度

有机碳是生烃的物质基础，只有足够的有机碳才能生成大量的油气，因此有机质丰度是评价烃源岩优劣的重要参数之一。一般采用总有机碳、氯仿沥青“A”、总烃、热解生烃潜量（S_1+S_2）等有机地球化学指标来评价烃源岩中的有机质丰度及划分烃源岩的级别。

目前国内陆相烃源岩有机质丰度评价标准将烃源岩按有机质丰度指标划分为五类（表 1–6–1）。松辽盆地湖相烃源岩适用于淡水—半咸水湖盆水体类型，生油岩的有机碳丰度下限为 0.4%。

表 1–6–1　陆相烃源岩有机质丰度评价指标（SY/T 5735—1995）

指标	湖盆水体类型	非生油岩	生油岩类型			
			差	中等	好	最好
TOC/%	淡水—半咸水	＜0.4	0.4～0.6	＞0.6～1.0	＞1.0～2.0	＞2.0
	咸水—超咸水	＜0.2	0.2～0.4	＞0.4～0.6	＞0.6～0.8	＞0.8
氯仿沥青“A”/%	—	＜0.015	0.015～0.050	＞0.050～0.100	＞0.100～0.200	＞0.200
HC/μg/g	—	＜100	100～200	＞200～500	＞500～1000	＞1000
S_1+S_2/mg/g	—	—	＜2	2～6	＞6～20	＞20

注：表中评价指标适用于烃源岩成熟度较低（R_o 为 0.5%～0.7%）阶段的评价，当烃源岩热演化程度高时，由于油气大量排出以及排烃程度不同，导致上列有机质丰度指标失真，应进行恢复后评价。

1. 断陷层烃源岩

徐家围子断陷沙河子组泥质烃源岩的有机质丰度较高，TOC 为 0.1%～28.76%，平均为 2.74%，是松辽盆地北部断陷层最主要的烃源层。营城组泥质烃源岩的有机质丰度（TOC）为 0.10%～8.53%，平均为 1.37%，低于沙河子组泥质烃源岩有机质丰度。沙河子组煤的有机质丰度为 40.72%～84.44%，平均为 59.61%。从残余 TOC 平面分布图上看（图 1–6–7），沙河子组在断陷北部有机质丰度高于南部，营城组高丰度烃源岩主要分布在徐东凹陷北部和徐西凹陷中部。

其他断陷由于样品数据较少，只有兰西和中和断陷各自一口井的数据（表 1–6–2），可看出沙河子组泥质烃源岩有机质丰度较高，TOC 为 0.51%～6.99%，平均为 2.50%。

2. 坳陷层烃源岩

1）坳陷层烃源岩有机质丰度特征

松辽盆地北部坳陷层主要指泉三段及以上地层。从有机质丰度来看（表 1–6–3、

图 1-6-8），松辽盆地北部坳陷层烃源岩发育在青山口组和嫩江组，其中青一段、青二段和嫩一段烃源岩有机质丰度高，平均有机碳分别为 2.67%、1.75% 和 2.36%，是松辽盆地北部的主力生油层。青三段烃源岩有机碳丰度较低，平均为 1.06%；嫩江组二段、三段下部烃源岩有机碳丰度较高，平均为 1.61%，总烃含量偏低，为潜在的有利生油层。其他各层有机质丰度指标均较低，生油能力较差。如图 1-6-8 所示，纵向上，青山口组沉积时期，高有机质丰度烃源岩主要发育在青一段和青二段底部，有机碳最高可达 6% 以上，自下而上有机质丰度逐渐降低。嫩江组沉积期，高有机质丰度烃源岩主要发育在嫩一段和嫩二段、嫩三段底部，也具有自下而上有机碳丰度降低的趋势，高有机碳丰度烃源岩与油页岩的发育密切相关。

青山口组泥（页）岩自下而上 TOC 和热解 S_1 均呈现出逐渐降低的特点，青一段泥（页）岩有机质丰度高，含油量大，是松辽盆地北部泥页岩油富集层，没有轻烃损失的泥页岩含油量（S_1）最高可达 19.36mg/g，是泥页岩油勘探的有利层位。按照 TOC 大于 2.0%，R_o 大于 1.0%，残留 S_1 大于 2.0mg/g，含油饱和度指数大于 80mg/gTOC 及压力系数大于 1.2，圈定青一段泥（页）岩油有利区为齐家南和古龙地区，在该地区针对青一段泥（页）岩油钻井已获得了工业油流，展示出松辽盆地泥（页）油资源潜力大。嫩一段和嫩二段、嫩三段底部埋深浅、有机质丰度高、类型好、原始氢指数高、成熟度低，是页岩油原位开采的主力层位。

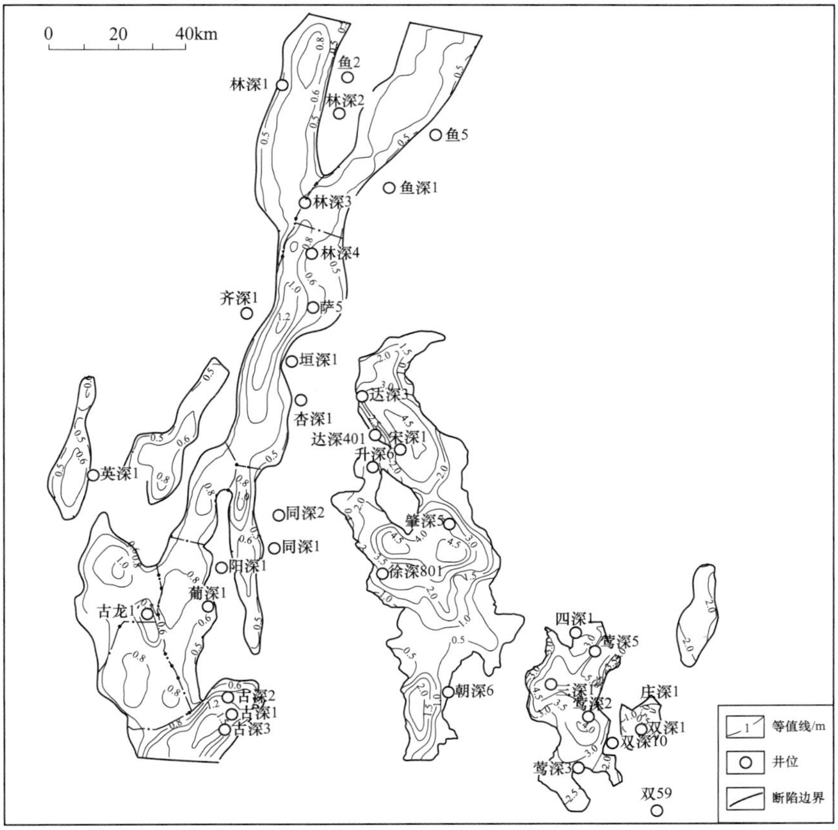

图 1-6-7　松辽盆地北部深层断陷沙河子组泥岩有机碳丰度平面分布图

表 1–6–2　断陷层其他断陷沙河子组泥岩有机质丰度统计表

井号	断陷	岩性	样品数 / 块	TOC/%		
				最小值	最大值	平均值
任深 1	兰西	泥岩	22	0.64	6.99	2.67
双深 4	中和	泥岩	5	0.51	4.36	1.75
合计			27	0.51	6.99	2.50

表 1–6–3　松辽盆地北部各组段地层有机质丰度数据

层位	有机碳 / %	氯仿沥青"A" / %	总烃 / μg/g	残留烃（S_1）/ mg/g	裂解烃（S_2）/ mg/g
明水组	0.686	0.0096	51	—	—
四方台组	0.201	—	—	—	—
嫩江组四段	0.7	0.0228	62	0.16	0.49
嫩江组二段、三段下部	1.61	0.059	264	0.19	5.86
嫩江组一段	2.36	0.198	2082	0.58	13.46
姚家组二段、三段	0.99	0.070	790	0.24	2.98
姚家组一段	0.53	0.037	99	0.12	0.84
青山口组三段	1.06	0.189	2102	0.27	3.45
青山口组二段	1.75	0.304	2503	0.84	7.71
青山口组一段	2.67	0.471	3689	1.5	14.52
泉头组四段	0.142	0.0034	30	0.02	0.33
泉头组三段	0.319	0.0039	28	0.02	0.26
泉头组二段	0.302	0.0033	26	微	0.08
泉头组一段	0.301	0.0056	38	0.03	微
登娄库组四段	0.465	0.0053	14	—	—
登娄库组三段	0.365	0.0079	107	—	—
登娄库组二段	0.74	0.088	213	—	—
登娄库组一段	0.399	0.0069	43	微	0.023
营城组	2.192	0.0455	299	0.07	0.45
沙河子组	1.216	0.0043	157	0.03	0.15

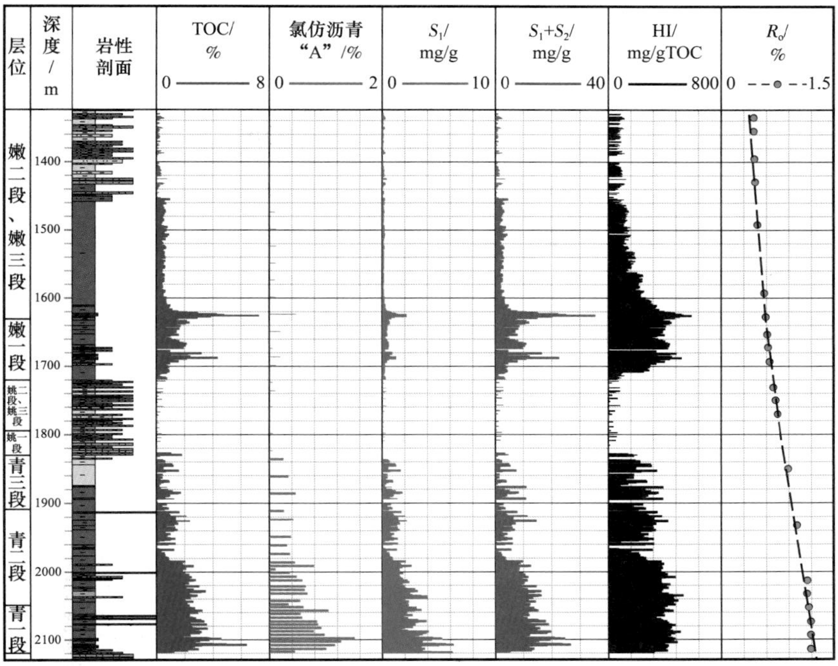

图 1-6-8 松辽盆地北部中浅层烃源岩地球化学特征剖面图

2）坳陷层主要生油层有机质平面分布

主要生油层为青一段、青二段和嫩一段，其有机质丰度平面分布情况如下。

（1）青一段：该段沉积时为湖泊先成期的快速水进时期，为受海侵影响的近海湖泊，有机质主要富集在深湖相，盆地东部受海侵影响，有机质丰度也较高。总体来看，深湖相有机碳含量一般大于 2.5%，浅湖相有机碳含量一般大于 2%。北部和西部地区受物源影响，有机碳含量一般小于 1%。从图 1-6-9a 可以看出，有机碳高值区主要分布在齐家—古龙凹陷以东地区，呈现多个富集中心。

（2）青二段：该段沉积时为湖泊同生期的缓慢水退期，有机碳高值区分布范围较青一段大幅缩小，呈现多个富集中心，有机质富集中心有机碳含量一般大于 2%。从图 1-6-9b 可以看出，有机碳高值区主要分布在齐家—古龙凹陷、龙虎泡阶地、三肇凹陷北部及朝阳沟阶地西侧。

（3）嫩一段：该段沉积时为湖泊先成期的快速水进时期，为受海侵影响的近海湖泊，有机质主要富集在深湖相。深湖相有机碳含量一般大于 2%，最大可达 6% 以上。从图 1-6-9c 可以看出，中央坳陷区有机碳含量一般大于 2%，有机碳高值区沿龙虎泡阶地、齐家南、长垣中南部、三肇凹陷南部至朝阳沟阶地呈"V"字形条带状分布，有机质富集中心有机碳含量一般大于 4%。

（4）利用测井烃源岩有机质丰度评价方法，分级评价了青一段不同有机碳含量烃源岩的厚度分布。结果表明，青一段高有机碳含量的烃源岩厚度大，分布范围广。有机碳大于 2% 的高丰度烃源岩主要分布在盆地长垣及其以东地区，如三肇、朝长和王府凹陷等，厚度一般大于 40m，最厚超过了 70m，齐家—古龙凹陷一般多在 30～50m 之间。有机碳含量大于 3% 的烃源岩主要分布在三肇凹陷和朝长地区，累计厚度一般大于 20m；其次是长垣，厚度为 5～20m。

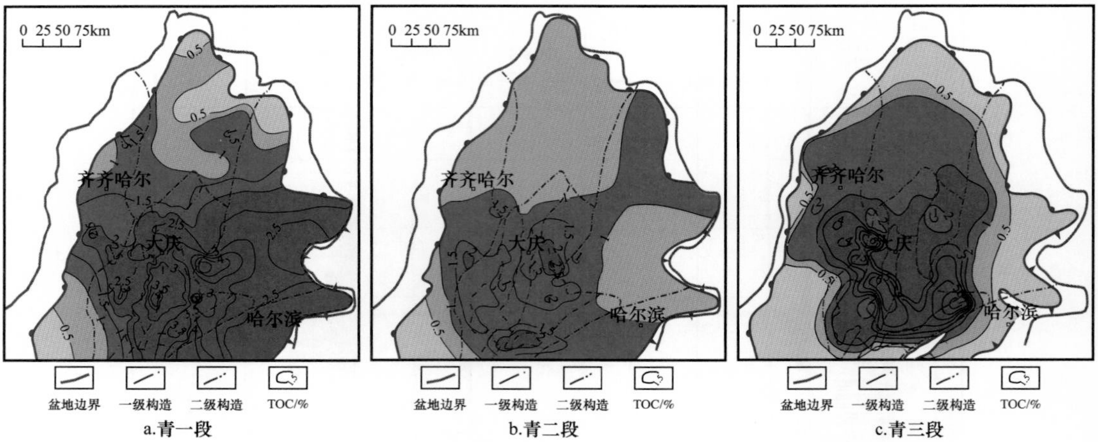

图 1-6-9　松辽盆地北部坳陷层主力烃源岩有机碳丰度平面分布图

二、烃源岩有机质类型

根据松辽盆地北部的实际资料，参照石油行业有机质类型划分标准（表 1-6-4），结合岩石热解参数、干酪根有机元素、有机岩石学镜下鉴定等综合指标对松辽盆地北部断陷层及坳陷层烃源岩的有机质类型特征进行评价。

表 1-6-4　有机质类型划分表（三类四分法）

项目			Ⅰ型（腐泥型）	Ⅱ型		Ⅲ型（腐殖型）
				$Ⅱ_1$型（腐殖—腐泥型）	$Ⅱ_2$型（腐泥—腐殖型）	
岩石热解参数		HI/（mg/gTOC）	＞700	350～700	150～＜350	＜150
		（S_1+S_2）/（mg/g）	＞20	6～20	2～＜6	＜2
饱和烃色谱特征		峰型特征	前高单峰型	前高双峰型	后高双峰型	后高单峰型
		主峰碳	C_{17}、C_{19}	前 C_{17}、C_{19}、后 C_{21}、C_{23}	前 C_{17}、C_{19}、后 C_{27}、C_{29}	C_{25}、C_{27}、C_{29}
干酪根	元素分析	H/C	＞1.5	1.2～1.5	0.8～＜1.2	＜0.8
		O/C	＜0.1	0.1～0.2	＞0.2～0.3	＞0.3
	镜检	壳质组 /%	＞70～90	50～70	10～＜50	＜10
		镜质组 /%	＜10	10～20	＞20～70	＞70～90
		Ti	＞80～100	40～80	0～＜40	＜0
生物标志化合物		5α-C_{27}/%	＞55	35～55	20～＜35	＜20
		5α-C_{28}/%	＜15	15～35	＞35～45	＞45
		5α-C_{29}/%	＜25	25～35	＞35～45	＞45～55
		5α-C_{27}/5α-C_{29}	＞2.0	1.2～2.0	0.8～＜1.2	＜0.8

1. 断陷层烃源岩

从有机元素分析看（图 1–6–10），徐家围子断陷沙河子组和营城组烃源岩有机质类型以Ⅲ型为主，存在部分Ⅱ型有机质。根据有机元素随成熟度的演化趋势，可以看出大部分烃源岩已处于过成熟演化阶段（R_o>2.0%）。干酪根镜下鉴定表明，营城组烃源岩存在部分Ⅰ型—$Ⅱ_1$型有机质，而沙河子组烃源岩存在部分$Ⅱ_2$型有机质。从热解参数看（图 1–6–11），徐家围子断陷沙河子组和营城组泥岩有机质类型以$Ⅱ_2$型和Ⅲ型为主，存在部分$Ⅱ_1$型有机质；沙河子组煤有机质类型为Ⅲ型。综合分析，徐家围子断陷沙河子组及营城组泥岩有机质类型主要为Ⅲ型，部分为Ⅱ型。

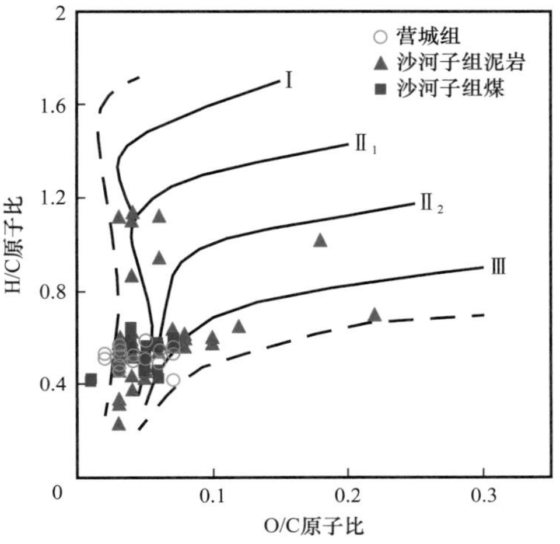

图 1–6–10　徐家围子断陷烃源岩有机质类型划分图

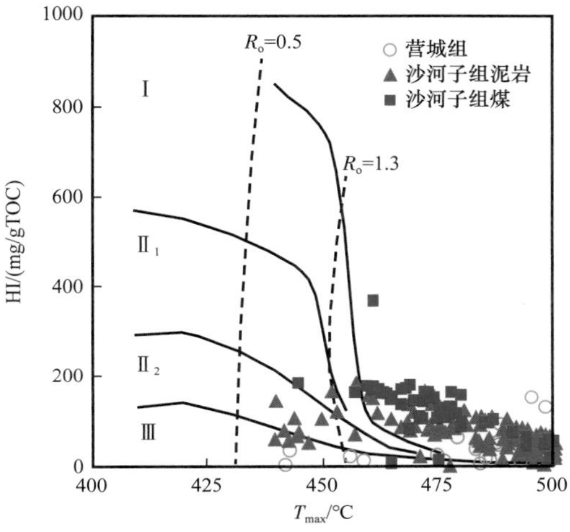

图 1–6–11　徐家围子断陷烃源岩有机质类型划分图

根据烃源岩有机元素分析，莺山—双城断陷沙河子组及营城组泥质烃源岩有机质类型为Ⅱ型—Ⅲ型（图 1–6–12）。根据烃源岩热解参数分析，莺山—双城断陷泥质烃源岩有机质类型以Ⅲ型为主，部分为$Ⅱ_2$型和$Ⅱ_1$型（图 1–6–13）。而干酪根镜检结果表明，莺山—双城断陷沙河子组烃源岩主要是Ⅲ型，营城组部分为Ⅱ型。从有机元素分析看，古龙—林甸断陷沙河子组泥岩有机质类型为Ⅲ型；干酪根镜检结果显示，古龙—林甸断陷沙河子组泥岩有机质类型主要为Ⅲ型和$Ⅱ_1$型。从热解参数看，古龙—林甸断陷沙河子组泥岩有机质类型以Ⅲ型为主，存在部分$Ⅱ_2$型有机质。综合分析，莺山—双城断陷及古龙—林甸断陷沙河子组泥岩的有机质类型主要为Ⅲ型，部分为Ⅱ型。

从有机元素分析看，断陷层外围其他断陷有机质类型为Ⅲ型。从热解参数看，断陷层外围其他断陷沙河子组泥岩有机质类型以Ⅲ型为主，存在部分$Ⅱ_1$型和$Ⅱ_2$型有机质。

2. 坳陷层烃源岩

坳陷层烃源岩是松辽盆地北部的主力生油岩，采用干酪根有机元素、岩石热解、同位素和有机岩石学分析等资料，进行有机质类型划分及母质来源鉴定。从岩石热解参数及干酪根碳同位素看（图 1–6–14、图 1–6–15），松辽盆地北部坳陷层主力烃源岩的有机质类型从Ⅰ型至Ⅲ型均有分布；纵向上，青山口组和嫩江组内自下而上，有机质类型变差。其中，青一段、青二段有机质类型以Ⅰ型—$Ⅱ_1$型为主，Ⅲ型相对较少；嫩一段有机质类型分布与青一段、青二段相似，但Ⅲ型有机质分布明显增多。

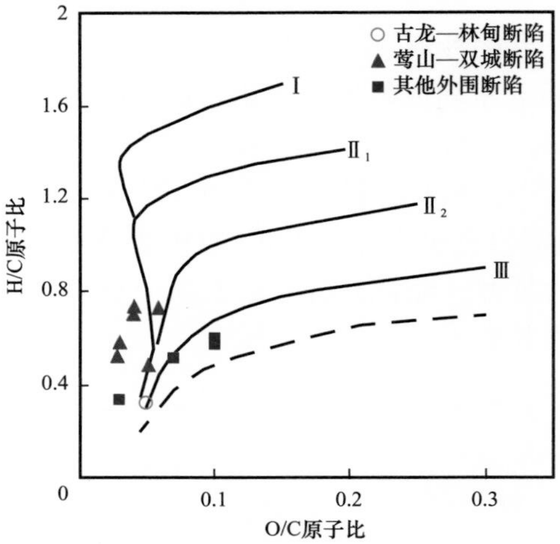

图 1-6-12　外围断陷烃源岩有机质类型划分图

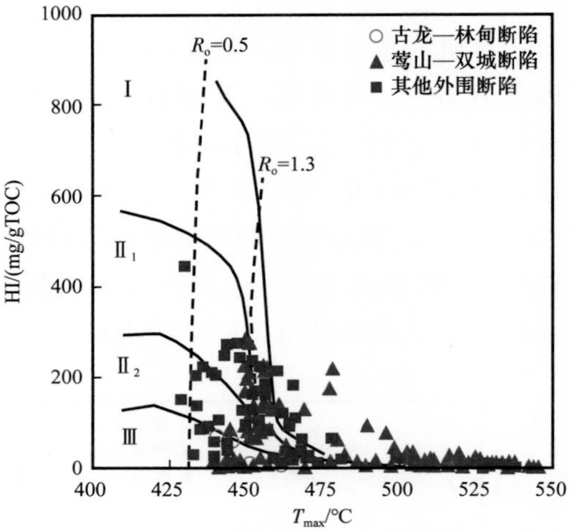

图 1-6-13　外围断陷烃源岩有机质类型划分图

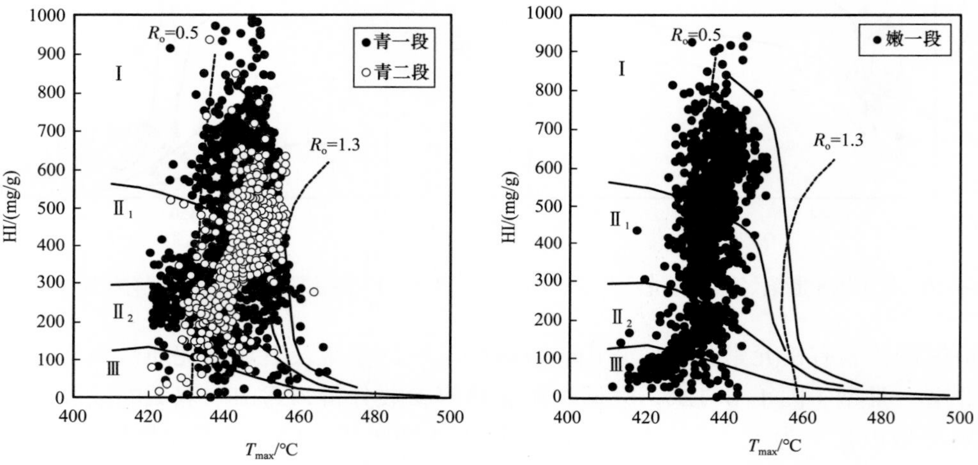

图 1-6-14　松辽盆地北部坳陷层烃源岩有机质类型划分图

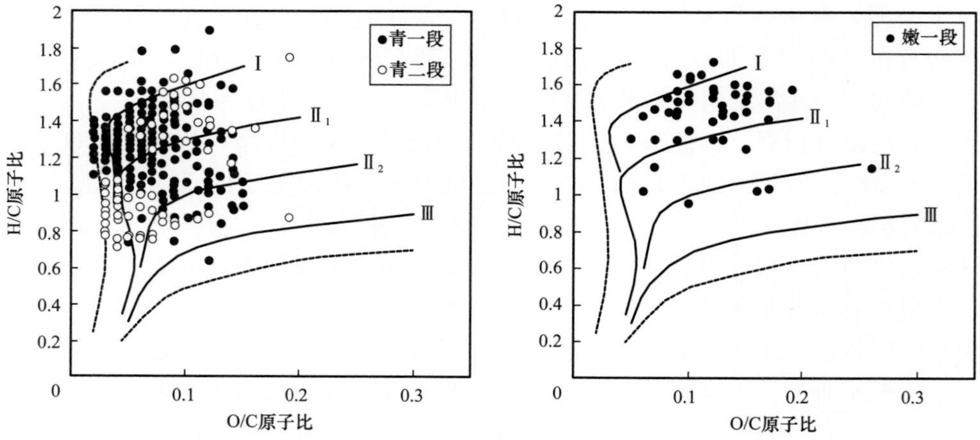

图 1-6-15　松辽盆地北部坳陷层烃源岩有机质类型划分图

从干酪根有机元素看，松辽盆地北部湖相Ⅰ型有机质的H/C原子比一般大于1.2，氢指数（HI）一般大于600mg/g。从氢指数与有机碳的相关图上可以看出（图1-6-16），坳陷层主力烃源岩有机碳丰度小于2%时，氢指数随着有机碳丰度的升高而升高，有机质类型非均质较强；有机碳丰度大于2%时，氢指数变化较小，有机质类型比较一致，主要为Ⅰ型。氢指数与有机碳丰度的协变关系揭示出坳陷层有机碳丰度可以反映有机质类型的变化，结合有机碳的分布规律，青山口组和嫩江组优质烃源岩相主要发育在中下部。从干酪根碳同位素来看（表1-6-5），青山口组自下而上，干酪根碳同位素逐渐变重，反映青一段烃源岩有机质类型最好，向上变差；嫩江组干酪根碳同位素变化规律与青山口组相似，嫩一段烃源岩干酪根碳同位素比嫩二段、嫩三段下部烃源岩干酪根碳同位素轻。

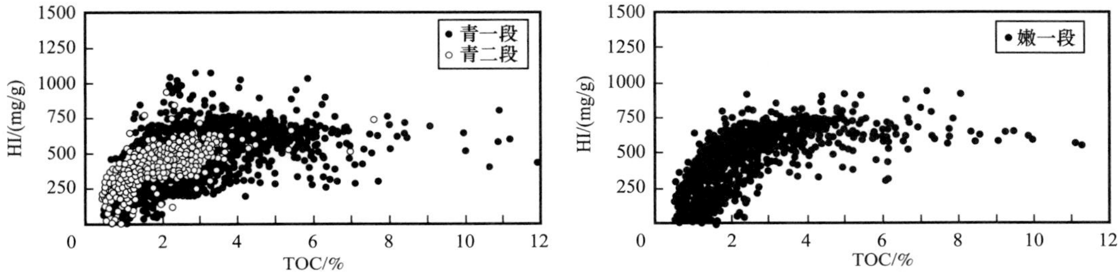

图1-6-16　松辽盆地北部坳陷层烃源岩氢指数与有机碳相关关系图

表1-6-5　松辽盆地北部坳陷层各层位烃源岩干酪根碳同位素特征

层位	样品数	碳同位素/‰
青一段	126	-33.06～-24.37（-28.67）
青二段	11	-29.13～-24.04（-27.38）
青三段	27	-30.52～-22.43（-26.94）
嫩一段	77	-30.83～-24.77（-28.25）
嫩二段、嫩三段下部	27	-29.21～-24.13（-26.57）

通过有机岩石学分析，松辽盆地北部坳陷层主力烃源岩母质来源以层状藻为主（图1-6-17），藻类细小，单个藻的形态不明显，纵向上多呈层状分布；在蓝光激光下，藻类体荧光颜色随热演化程度的增加依次呈黄绿色→金黄色→暗黄色变化直至无荧光。从表1-6-6可以看出，青一段烃源岩中有机显微组分占全岩比例高，平均为74.7%，反映烃源岩中具有丰富的有机质。烃源岩中主要的显微组分是腐泥组，主要由藻类体和矿物沥青基质构成。通常矿物沥青基质是未成熟—低成熟烃源岩中常见的一种组分，其中的有机物质往往是亚显微尺度的，在光学显微镜下无法直接分辨，这部分显微组分是有机质被矿物颗粒混杂吸附或有机质浸染矿物，使其发荧光的结果，相对易于生油（李贤庆，1997）。嫩一段烃源岩中有机显微组分占全岩比例也比较高，平均为70.16%，有机显微组分以腐泥组为主，主要为矿物沥青基质和藻类体。青二段和嫩二段、嫩三段下部

烃源岩中显微组分含量相对较低，特别是嫩二段、嫩三段下部含有相对较高的镜质组，反映烃源岩受陆源碎屑有机质输入影响较大。

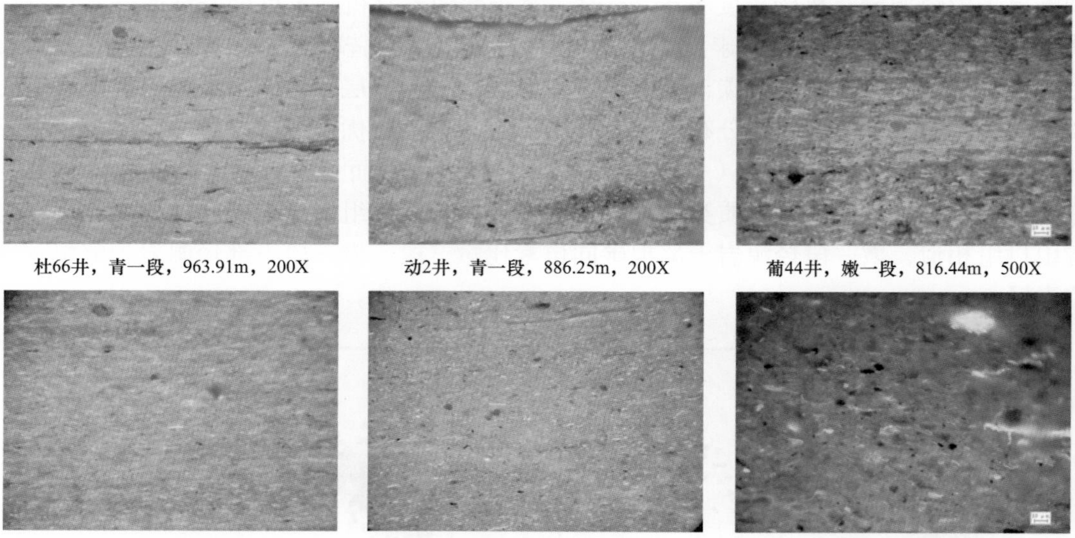

杜66井，青一段，963.91m，200X　动2井，青一段，886.25m，200X　葡44井，嫩一段，816.44m，500X

金88井，青一段，2007.83m，200X　川10井，青一段，1293m，200X　四103井，嫩二段、嫩三段，367.03m，500X

图 1–6–17　松辽盆地北部烃源岩全岩显微组分照片

表 1–6–6　松辽盆地北部坳陷层烃源岩干酪根显微组分特征

层位	显微组分总量占全岩体积 /%	镜质组 /%			惰质组 /%	壳质组 /%			腐泥组 /%		
		合计	基质镜质体	镜屑体		合计	孢子体	壳屑体	合计	藻类体	矿物沥青基质
青一段	74.7	0.3	0.13	0.18	0	5.05	4.18	0.88	69.35	3.63	65.73
青二段	13.65	0.1	0	0.1	0	0.75	0.55	0.20	12.8	1.65	11.15
嫩一段	70.16	0.99	0.99	0	0.08	4.56	3.13	1.43	64.54	2.24	62.30
嫩二段、嫩三段下部	11.23	2.77	2.77	0	0.31	0.22	0.13	0.09	7.93	0.03	7.90

三、烃源岩中可溶有机质的性质

烃源岩中可溶有机质的组成取决于母质来源、沉积环境及热演化程度，是了解烃源岩形成条件、品质及生排烃过程的重要依据。松辽盆地北部主力烃源岩层的形成环境是微咸水—半咸水湖泊、还原—强还原条件，藻类富集沉积，其在烃源岩可溶有机质上的反映主要体现在以下几个方面。

1. 族组成特征

青一段烃源岩饱和烃含量较高，一般在 50%～80% 之间，芳香烃含量低，一般小于 30%，非烃和沥青质的含量变化较大，主要受有机质成熟度的影响，成熟度较低的样品非烃和沥青质含量较高。青二段烃源岩总体上饱和烃含量较低，一般在 30%～60% 之间，非烃和沥青质含量相对较高，一般在 20%～60% 之间。

2. 饱和烃色谱特征

松辽盆地北部主力烃源岩中饱和烃主峰碳主要为 nC_{23} 左右（表 1–6–7），与海相以藻类为主的烃源岩具有明显区别，后者饱和烃主峰碳一般以 nC_{15} 或 nC_{17} 为主，反映大型陆相湖盆藻类的化学组成具有特殊性。从异构烷烃的组成来看，松辽盆地北部主力烃源岩姥鲛烷 / 植烷（Pr/Ph）介于 0.1～3.83，大多数在 1.0 左右，反映水体为微咸水—半咸水，弱还原—还原沉积环境。从图 1–6–18 可以看出，青一段、青二段烃源岩沉积环境和母质来源相对比较单一，主要为弱还原—还原沉积环境，母质来源主要为湖相藻类；嫩一段烃源岩母质来源与青一段和青二段相似，但陆源碎屑有机质的贡献比例明显增大，沉积环境差异较大，从弱氧化到强还原均有所体现。

表 1–6–7　松辽盆地（北部）主力烃源岩可溶有机质地球化学特征

层位	主峰碳数	Pr/Ph	三环 / 五环萜烷	伽马蜡烷 /C_{30} 藿烷	C_{27}/C_{29} 甾烷	甾烷 / 藿烷
青一段	17～32（23）	0.24～3.83（1.12）	0.01～3.82（0.29）	0.03～9.71（0.37）	0.24～7.09（1.17）	0.05～0.90（0.18）
青二段	16～27（22）	0.32～2.22（1.20）	0.04～2.46（0.28）	0.09～0.87（0.31）	0.41～2.14（1.14）	0.05～0.22（0.10）
嫩一段	19～31（24）	0.1～2.40（0.70）	0.01～0.17（0.07）	0.03～0.50（0.21）	0.34～1.30（0.70）	0.17～1.27（0.54）

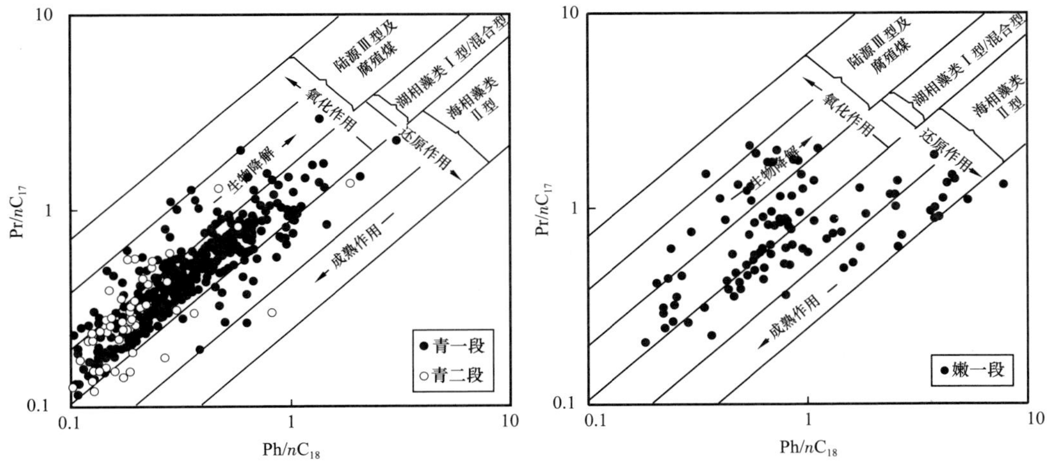

图 1–6–18　松辽盆地北部主力烃源岩饱和烃 Pr/nC_{17}—Ph/nC_{18} 交会图判断沉积环境

3. 生物标志物特征

松辽盆地北部主力烃源岩生物标志物特征比较相似（表 1–6–7），反映有机质来源以湖相藻类为主，陆相高等植物碎屑具有一定的贡献。具体表现在：（1）如图 1–6–19 所示，藿烷分布（m/z=191）以 17α、21β–C_{30} 藿烷为主峰，三环萜烷含量相对较低；伽马蜡烷含量较高，局部地区伽马蜡烷相对含量甚至高于 C_{30} 藿烷，是水体盐度分层的重要标志。生物标志物绝对量上，低成熟青一段烃源岩中 C_{30} 藿烷、Ts 和 Tm 含量高，分别为1242.3～4068.3μg/g、167.1～624.1μg/g和27.2～425.3μg/g；低成熟的青二段烃源岩中上述生物标志物含量相对较低，分别为63.7～1352.8μg/g、8.4～160.4μg/g和23.6～68.6μg/g；同样地，伽马蜡烷在低成熟青一段烃源岩中含量为85.4～731.2μg/g，在青二段为23.9～189.1μg/g，反映青一段沉积时期湖盆长期处于高盐度或水体分层的环境，而青二段则水体变浅，湖盆水体盐度下降。（2）C_{27}、C_{28}、C_{29}规则甾烷分布以不对称"V"字形为典型特征，C_{27}、C_{29}甾烷含量相对较高，C_{28}甾烷含量相对较低。一般认为湖相藻类来源的有机质C_{27}甾烷含量相对较高，陆相高等植物来源的有机质C_{29}甾烷含量相对较高，而高丰度的C_{28}甾烷与海相沉积环境有关（K.E. Peters等，2005）。从表1-6-7不难看出，青一段和青二段烃源岩C_{27}/C_{29}甾烷比值较大，反映低等藻类对有机质贡献大，而嫩一段烃源岩C_{27}/C_{29}甾烷比值相对较小，反映陆源有机质碎屑贡献比例相对较大。（3）甲藻甾烷和C_{31}甾烷反映咸水环境的特殊藻类生源贡献，是海侵环境的指示（侯读杰，1999；袁文芳，2008）。松辽盆地北部东南部青一段烃源岩可溶有机质中检测到丰富的甲藻甾烷和C_{31}甾烷（图1-6-20），指示海侵方向，反映近海湖盆的特征。

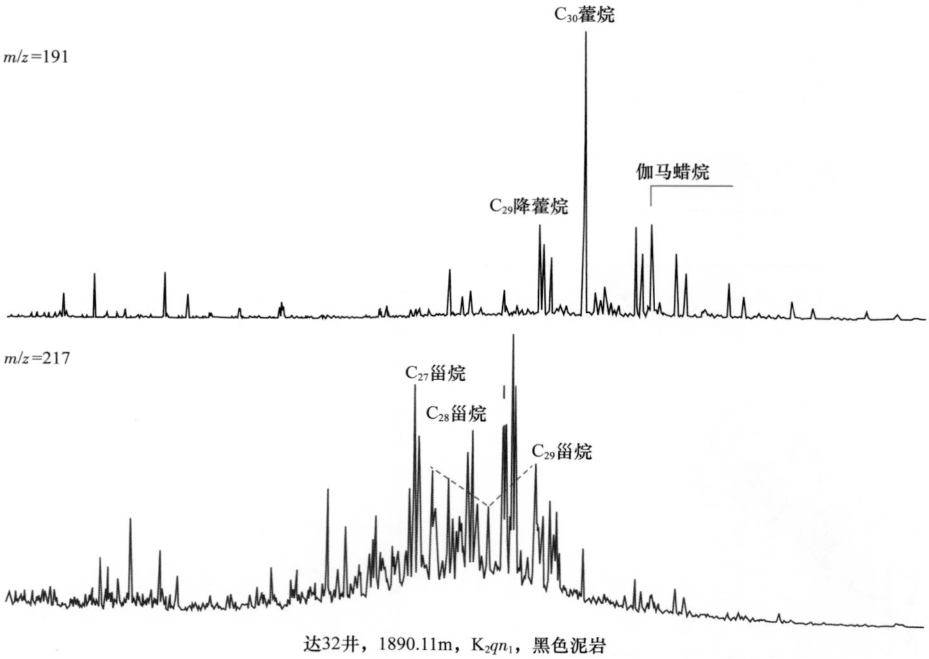

图1-6-19　青一段烃源岩典型甾萜烷分布特征

部分地区青一段烃源岩具有芳基类异戊二烯烃含量高的特征，并检测到单质硫和羊毛甾烷等特殊化合物，反映湖泊盐度高、水体分层的潟湖型沉积环境（冯子辉等，2011a；霍秋立等，2010）；甲藻甾烷、C_{31}甾烷和芳基类异戊二烯烃在青一段烃源岩中含量分别为5.2～332.2μg/g、1.4～90.6μg/g和2.1～190.5μg/g，在青二段分别为0.09～20.53μg/g、未见C_{31}甾烷、0.02～1.6μg/g，在嫩一段烃源岩中含量分别为0.07～0.7μg/g、6.97～21.46μg/g和0.99～8.22μg/g，反映出青一段烃源岩沉积时期沟鞭藻发育且水体盐度高，而嫩一段和青二段沉积时期，水体盐度低、分层性差，为细菌发育并对有机质改造强烈的淡水—微咸水开放湖泊型沉积环境。

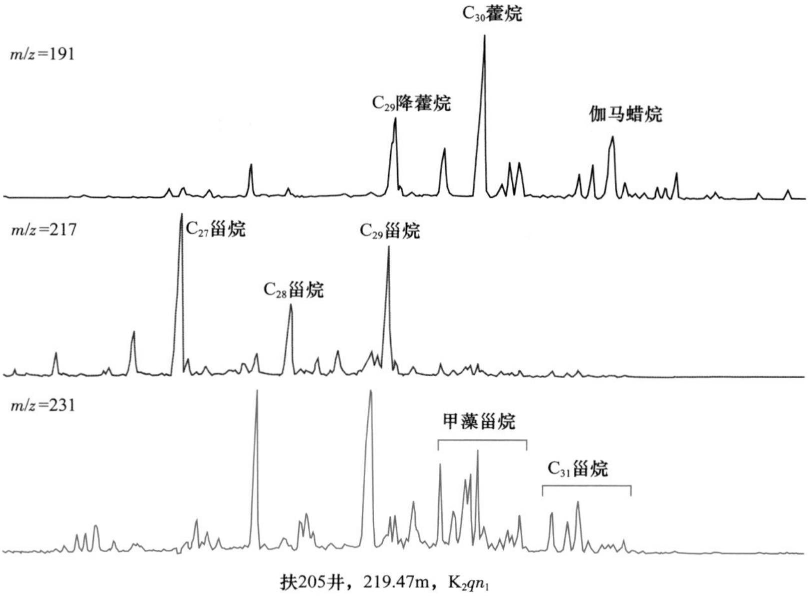

图 1-6-20　扶 205 井青一段烃源岩中甲藻甾烷和甲基甾烷分布特征

4. 同位素特征

青一段烃源岩可溶有机质中饱和烃碳同位素多分布在 -33‰～-29‰之间，芳香烃分布在 -32‰～-28‰之间；组分碳同位素及干酪根碳同位素之间的关系一般有 $\delta^{13}C_{饱}<\delta^{13}C_{芳}<\delta^{13}C_{非}<\delta^{13}C_{沥青质}<\delta^{13}C_{干酪根}$。饱和烃单体烃碳同位素总体较轻（图 1-6-21），分布在 -35‰～-29‰之间，低碳数和高碳数单体烃碳同位素差异较小，反映有机质来源较为单一，主要为湖相藻类，陆源高等植物碎屑输入较少。

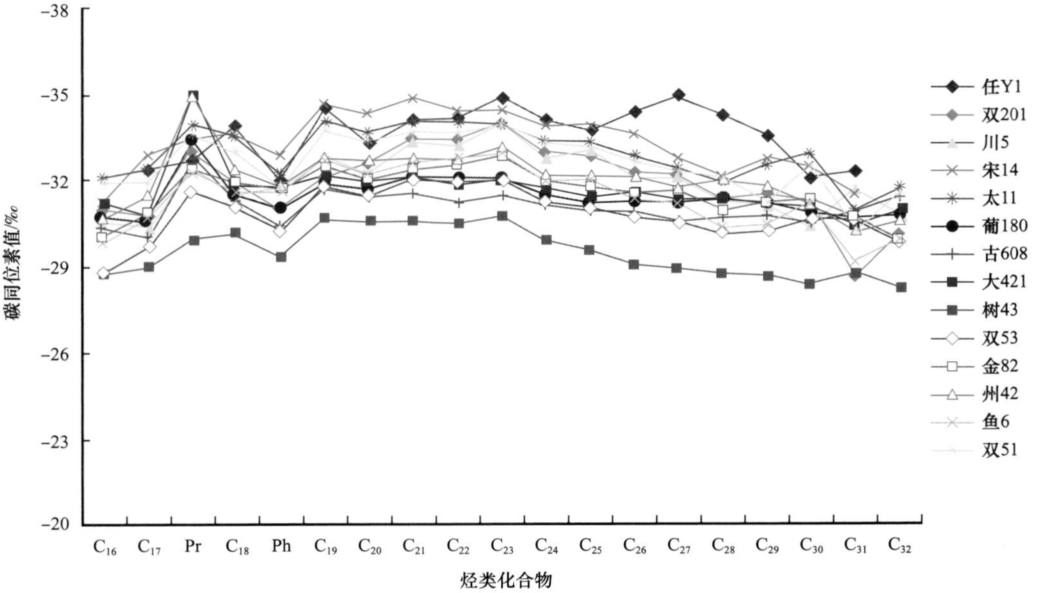

图 1-6-21　松辽盆地北部青一段烃源岩单体烃碳同位素分布图

四、有机质热演化与油气形成阶段

1. 盆地经历的多次高热过程有利于有机质向油气转化

1）盆地地热史曾出现三次高热流期

松辽盆地现今大地热流值约为 1.70HFU（1HFU=41.8mW/km^2），但在盆地演化过程中曾有过三个高热流期（图 1–6–22），分别是沙河子组沉积时期、泉头组—青山口组沉积时期和古近纪开始时期，其热流值分别为 1.96HFU、2.10HFU 和 1.82HFU，这种高热流值的原因可能与裂陷的影响和太平洋板块俯冲的加强有关。

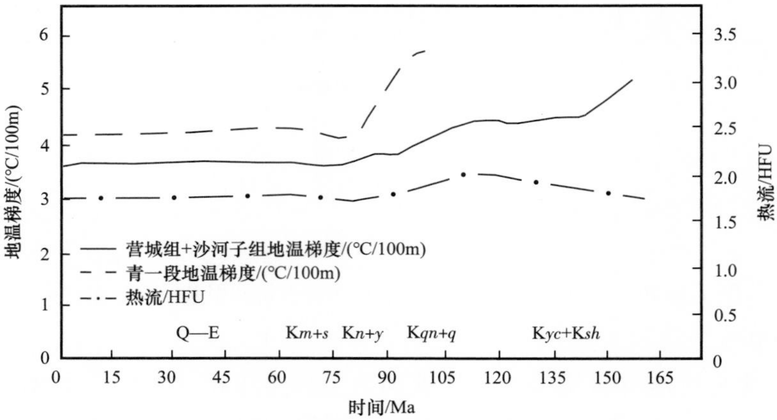

图 1–6–22　松辽盆地热流及地温梯度演化曲线

2）地温梯度古高今低

松辽盆地现今平均地温梯度为 3.8℃ /100m。若考虑到盆地边缘地表水的影响，按盆地主要生油区和产油区计算，平均地温梯度为 4.2℃ /100m。平面上，地温梯度具有北低南高的特点：滨北地区地温梯度一般小于 4℃ /100m，平均为 3.65℃ /100m；齐家—古龙及三肇凹陷地温梯度一般大于 4℃ /100m；再往南，朝长地区地温梯度平均可达 5.41℃ /100m。盆地模拟结果显示，盆地地温梯度从古到今总的变化呈降低趋势（图 1–6–22）。一般在嫩江组沉积末期以前，古地温梯度较高并呈迅速降低趋势，嫩江组沉积末期以后，地温梯度变化较缓。

3）嫩江组泥岩覆盖在盆地之上构成的“被盖式”盆地有利于热能保存

嫩江组沉积时，最大湖侵期形成的嫩江组二段、三段大面积泥岩区域性覆盖在盆地之上，加之盆地属封闭型无泄水区，构成了特殊的被盖式封闭盆地。嫩江组大面积厚层泥岩具有良好的聚热和隔热性能，使得大量的热能聚集在其下的青山口组—嫩一段黑色泥质烃源岩中，造成这个地层段地温梯度偏高，显然该特殊条件使盆地可以保存充足的热量，促使有机质成熟，加速有机质的演化。

2. 有机质热演化阶段

根据有机质的成熟特征，可划分为如下几个演化阶段（图 1–6–23）。

1）未成熟阶段

深度范围为 1100～1300m，地温范围为 60～70℃。有机地球化学特征为：总烃 / 有机碳小于 30mg/g，正构烷烃奇偶优势大于 1.2，类异戊间二烯烷烃含量相对较高，孢粉

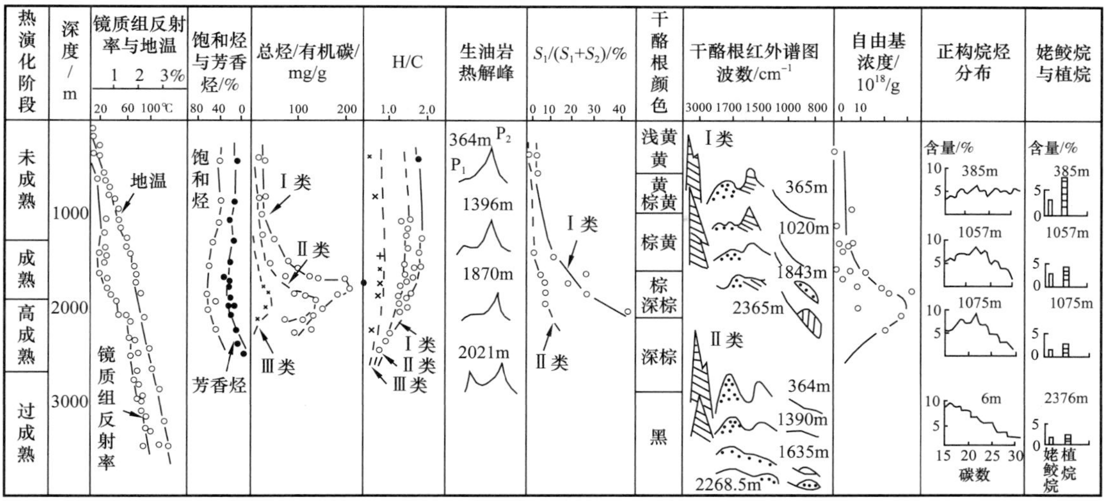

图 1-6-23　松辽盆地烃源岩热演化阶段划分图（据高瑞祺等，1997）

颜色一般是黄—棕黄色，镜质组反射率（R_o）小于 0.5%，有机质主要受细菌降解作用和低温热作用，形成生物气。

2）成熟阶段

深度范围为 1100～1300m 到 1900～2500m，实测地温为 70～90℃。有机地球化学特征为：总烃 / 有机碳从 30mg/g 迅速增到 120～160mg/g，正构烷烃奇偶优势小于 1.2，正构烷烃含量增加，类异戊间二烯烷烃相对含量减少，孢粉颜色为棕黄—棕色，镜质组反射率为 0.5%～1.3%，此阶段干酪根主要发生热降解作用，形成成熟原油和天然气。

3）高成熟阶段

深度范围为 1900～2300m 到 2900m，地层温度为 90～120℃。有机地球化学特征为：随深度增加，总烃 / 有机碳逐渐减少至 50mg/g 以下，正构烷烃奇偶优势一般为 1.0～1.1，孢粉颜色一般为棕—棕黑色，镜质组反射率为 1.3%～2.0%，此阶段干酪根发生高温热裂解，同时成熟阶段生成的液态烃也发生 C—C 键断裂，两者均向轻质油和湿气转化。

4）过成熟阶段

深度范围大于 2900m，地层温度大于 120℃。有机地球化学特征是：总烃 / 有机碳一般小于 10mg/g，正构烷烃分布以低碳数烃为主，孢粉颜色从棕黑到黑色，镜质组反射率大于 2.0%，此阶段干酪根中各种键的断裂虽还在继续，但产率相对较低，主要产物以干气为主，可能为液态烃高温裂解而成。

3. 有机质成熟度平面分布特征

镜质组反射率（R_o）记录了烃源岩经历的最高温度，是了解烃源岩热演化的重要指标，结合油气形成演化阶段，指出勘探的油气类型。

1）断陷层烃源岩

徐家围子断陷营城组烃源岩有机质成熟度为 1.5%～2.94%，平均为 2.18%，处于高成熟—过成熟演化阶段；沙河子组烃源岩有机质成熟度为 1.68%～3.56%，平均为 2.60%，处于高成熟—过成熟阶段。从烃源岩 R_o 成熟度平面分布图可看出（图 1-6-24），

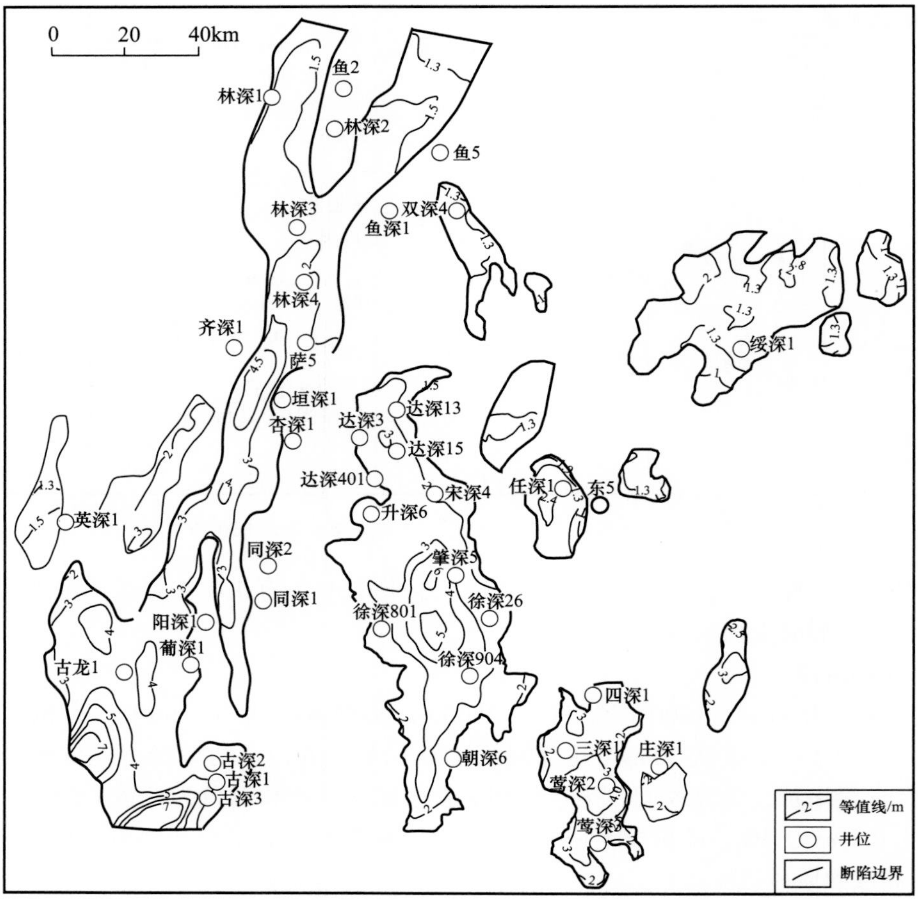

图 1-6-24　松辽盆地北部深层断陷沙河子组泥岩 R_o 平面分布图

营城组和沙河子组烃源岩的热演化程度均较高。

莺山—双城断陷沙河子组烃源岩有机质成熟度为 1.58%～4.91%，平均为 3.11%。从烃源岩 R_o 成熟度平面分布图可以看出断陷大部分泥岩处于高成熟—过成熟演化阶段。

古龙—林甸断陷沙河子组烃源岩有机质成熟度为 2.14%～5.05%，平均为 3.40%，通过分析烃源岩 R_o 成熟度平面分布图看出，断陷大部分泥岩处于高成熟—过成熟演化阶段。

外围其他断陷沙河子组烃源岩有机质成熟度为 0.70%～2.09%，平均为 1.03%。通过分析烃源岩 R_o 成熟度平面分布图看出，任民镇—兰西断陷中部泥岩处于高成熟—过成熟演化阶段，其他地区泥岩都已成熟；中和断陷大部分泥岩处于高成熟演化阶段。

2）坳陷层烃源岩

根据烃源岩镜质组反射率实测数据结合与埋深的关系绘制有机质成熟度平面分布图（图 1-6-25、图 1-6-26）。从平面上来看，松辽盆地北部中央凹陷青一段烃源岩普遍达到成熟演化阶段（R_o>0.7%），仅在朝长地区南部烃源岩成熟度较低（图 1-6-25a）。

松辽盆地北部青一段烃源岩的成熟区（R_o>0.7%）范围主要分布在齐家—古龙凹陷、三肇凹陷、黑鱼泡凹陷、长垣南及王府凹陷，而其他地区均处于未成熟—低成熟范围，R_o 大于 0.8% 的烃源岩分布与成熟区分布基本相似，范围略有缩小。青二段烃源岩成熟区范围总体略小于青一段，成熟区主要分布在齐家—古龙凹陷、三肇凹陷和黑鱼泡凹陷南部，王府凹陷烃源岩未成熟（图 1-6-25b）。嫩一段烃源岩的成熟区范围主要分布在齐家—古龙凹陷和三肇凹陷中部，而其他地区均处于未成熟—低成熟范围，R_o 大于 0.8% 的烃源岩主要分布在古龙凹陷（图 1-6-26a）。嫩二段、嫩三段下部烃源岩 R_o 大于 0.7% 范围主要分布在古龙凹陷，整体上成熟区的范围略小于嫩一段（图 1-6-26b）。从烃源岩成熟区分布来看，嫩一段及嫩二段、嫩三段下部烃源岩能够大量生油的范围主要在齐家—古龙凹陷，且以古龙凹陷为主。

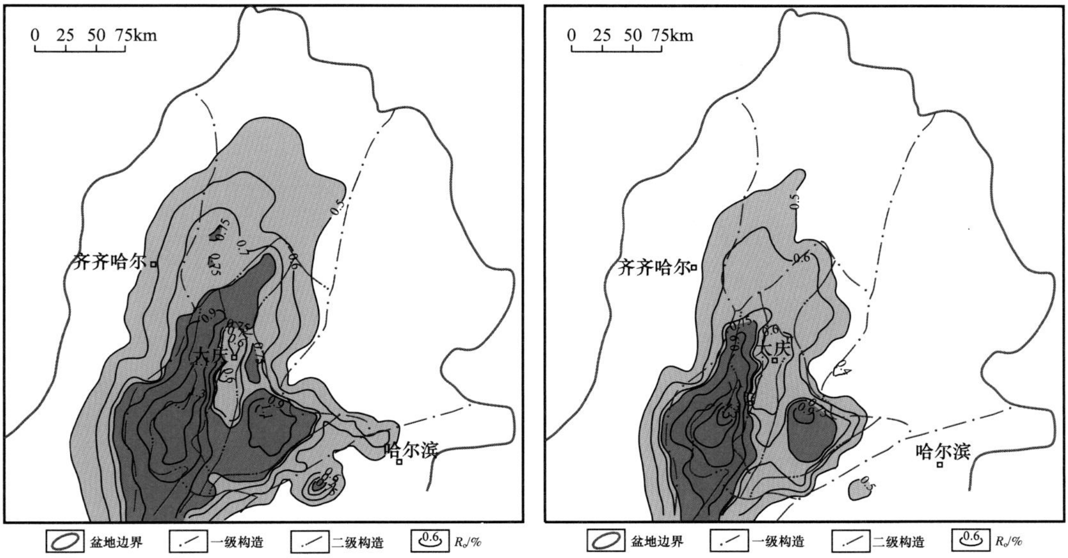

a.青一段　　b.青二段

图 1-6-25　松辽盆地北部青一段、青二段烃源岩镜质组反射率平面分布图

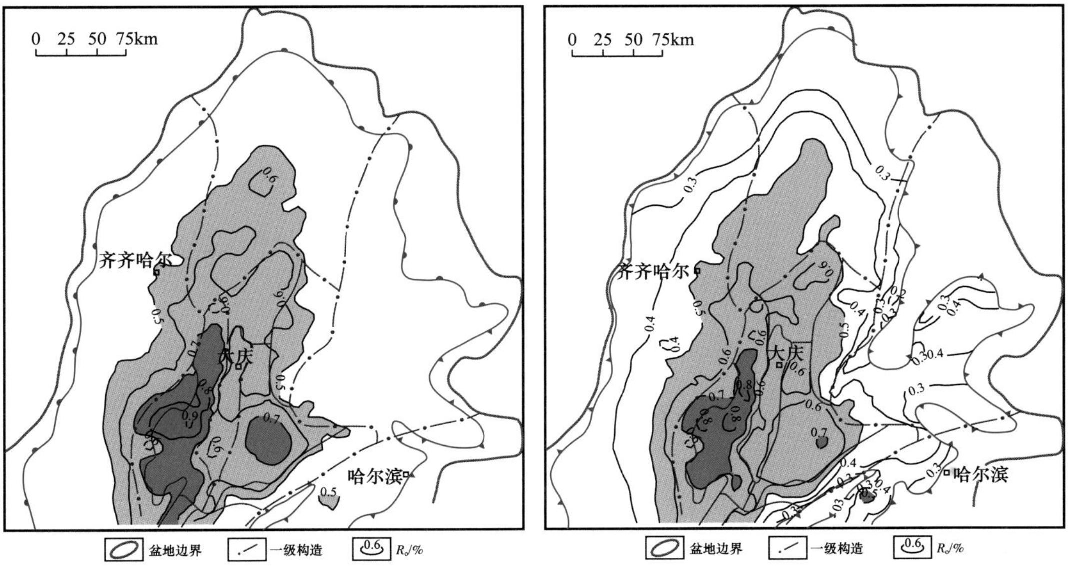

a.嫩一段　　b.嫩二段、嫩三段下部

图 1-6-26　松辽盆地北部嫩一段、嫩二段、嫩三段下部烃源岩镜质组反射率平面分布图

五、烃源岩生排烃模式

1. 生排烃门限

由于平面上各个凹陷地温梯度存在差异，松辽盆地北部坳陷层主力生油凹陷的生排烃门限略有不同（表 1–6–8、图 1–6–27）。不难看出，受地温梯度南高北低特征的影响，北部的齐家凹陷和黑鱼泡凹陷生排烃门限深度普遍较深，而南部古龙凹陷、三肇凹陷和王府凹陷生排烃门限深度较浅。

表 1–6–8 松辽盆地北部主力生油凹陷生排烃门限

凹陷	生烃门限 /m	排烃门限 /m
齐家凹陷	1600	1900
古龙凹陷	1300	1600
三肇凹陷	1325	1500
王府凹陷	1200	1400
黑鱼泡凹陷	1800	2000

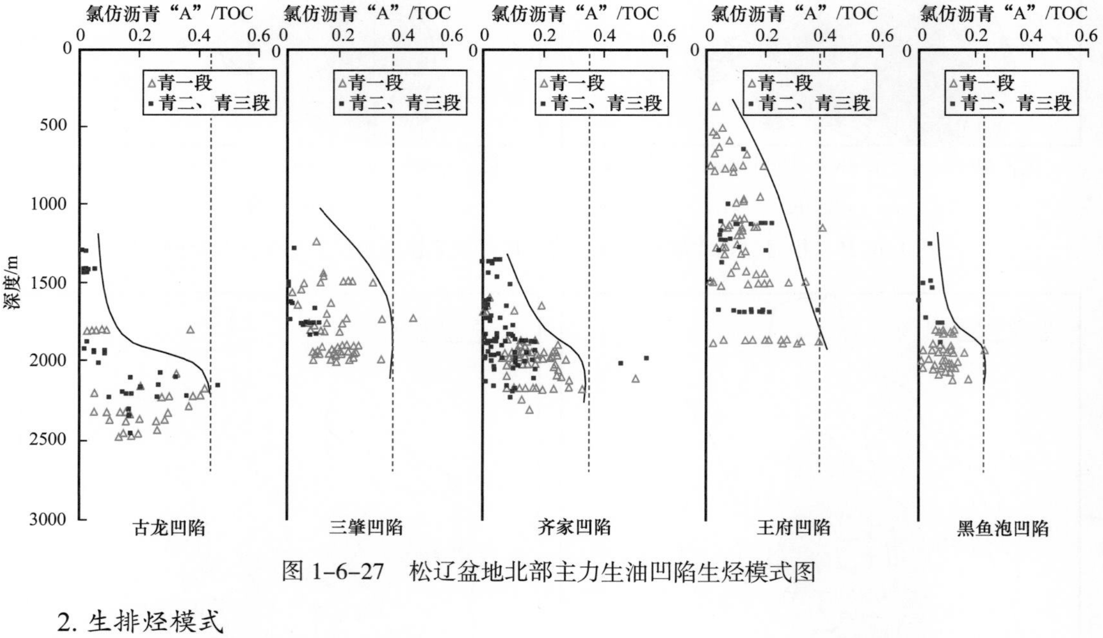

图 1–6–27 松辽盆地北部主力生油凹陷生烃模式图

2. 生排烃模式

1）含水模拟实验

采用典型青一段未成熟的烃源岩开展含水热模拟实验，从实验结果来看，油气生排烃可划分成三个阶段（图 1–6–28）。

第一阶段为 330℃之前，为生排油早期阶段，干酪根首先转化成为沥青，而岩石部分沥青又进一步转化为油排出，当两者转化量大体相同时，岩石中沥青量则显示出不变的特点。该阶段总的生排油量较低，岩石中氯仿沥青抽提物含量基本保持不变，排油量略有升高，干酪根含量略有降低。

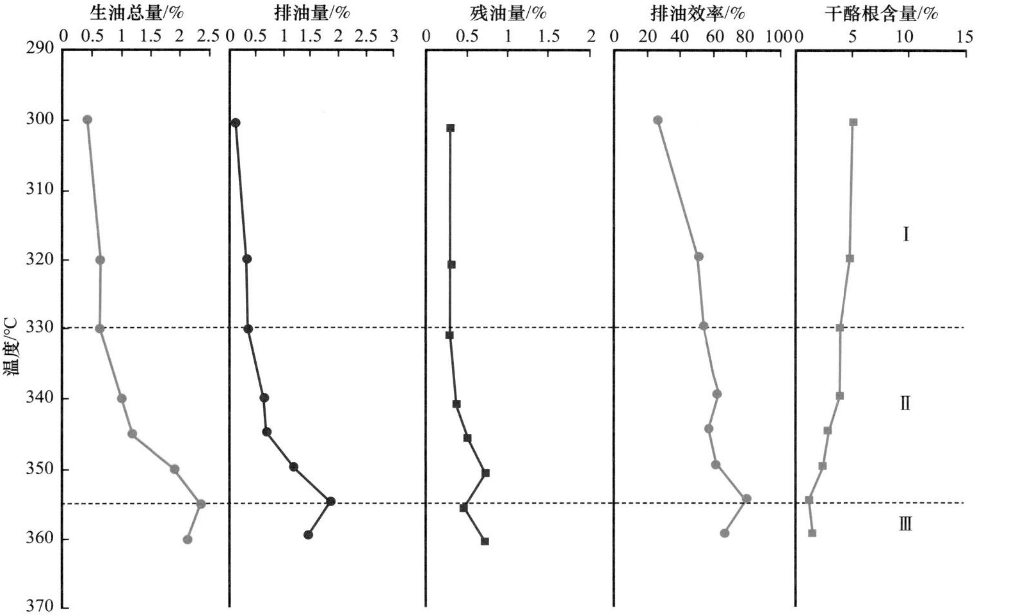

图 1-6-28　含水热模拟实验产物产率变化图

Ⅰ—生排油早期阶段；Ⅱ—主要生排油阶段；Ⅲ—生油排晚期阶段

第二阶段为 330～355℃，为主要生排油阶段，干酪根开始大量裂解向沥青和油转化，同时油从岩石中排出。该阶段生油总量快速增加，同时岩石氯仿抽提物含量也增加，但最高值出现在 350℃，与排油高峰所对应的温度不一致，在 350℃以后开始下降，反映此时沥青向油转化的速度要超过了干酪根裂解生成沥青的速度。排油效率可达 60%～80%，反映优质烃源岩的排油效率较高。

第三阶段为大于 355℃，为生排油晚期阶段，生油总量、排油量及排油效率均开始下降，岩石氯仿抽提物含量及干酪根含量基本保持不变，反映此时油开始裂解生气，并且主要为已生成油的裂解，干酪根和沥青裂解并不明显。

2）显微组分热模拟生烃实验

采用小玻璃管热模拟方法，对粒状无定形体、菌解无定形体 A、藻类体、壳屑体及孢子体单一显微组分进行了油气生成模拟实验。从结果来看（表 1-6-9），藻类体具有生烃晚、产油率高的特征，其他显微组分产油率较低。

表 1-6-9　不同显微组分生烃门限及产油率

组分	生烃门限 R_o/%	生油高峰 R_o/%	最高产油率 / mg/g
藻类体	0.6	0.95	79.84
壳屑体	0.5	1.0	49.92
孢子体	0.65	0.95	48.88
镜质体	0.7	1.0	8.6
角质体	0.8	1.15	70

3）生烃动力学

采用开放体系进行有机质生烃动力学模拟，并拟合出生烃活化能分布。从结果来看（图 1–6–29），松辽盆地北部坳陷层湖相Ⅰ型烃源岩活化能分布窄（48～50kcal/mol），反映大量生油需要的温度范围窄，对应的成熟度区间 R_o 为 0.75%～1.1%（图 1–6–30）。断陷层煤系烃源岩生烃活化能分布宽（46～63kcal/mol），生烃较早，大量生烃需要的温度范围大，对应的成熟度区间 R_o 为 0.8%～2.0%。

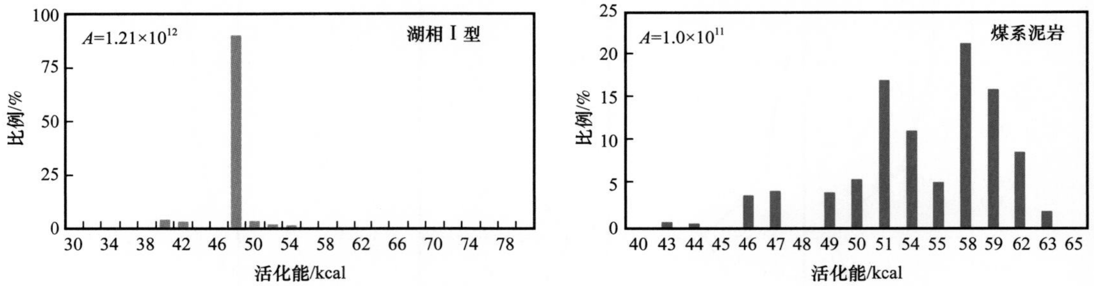

图 1–6–29 松辽盆地北部主力烃源岩生烃活化能分布图

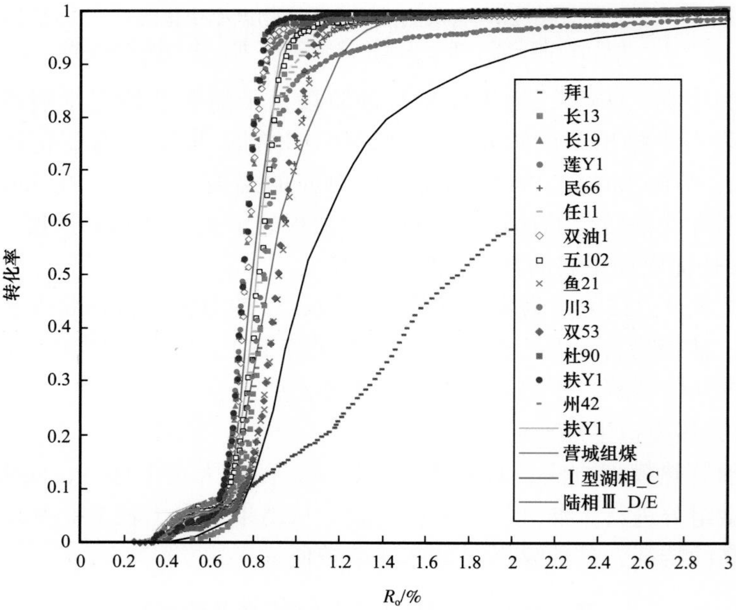

图 1–6–30 松辽盆地北部烃源岩转化率与 R_o 关系图

4）烃源岩的生烃模式

根据三种不同类型烃源岩的热模拟实验取得的液态、气态产物和成熟度的关系，结合残样的 R_o 测定、氯仿沥青“A”/有机碳、干酪根 H/C 原子比以及热解等有机地球化学分析，高瑞祺等（1997）建立了松辽盆地Ⅰ型、Ⅱ型和Ⅲ型干酪根生烃量模式（图 1–6–31）。其中在未成熟—低成熟阶段，低熟油的生成量是根据现今未成熟—低成熟地质体中可溶有机质的含量确定的。模式图中反映的主要信息有：未成熟阶段，Ⅰ型干酪根的生油率大于Ⅱ型和Ⅲ型，最大产油率为 100kg·烃/（t·有机碳）；有机质

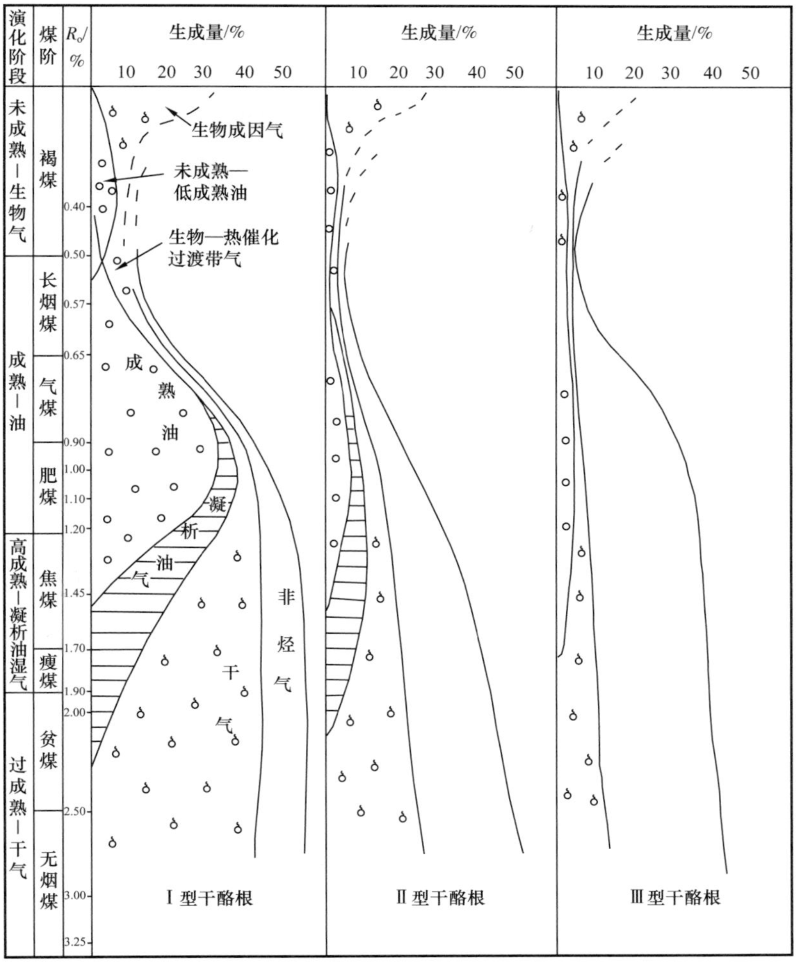

图 1–6–31　松辽盆地北部烃源岩生烃模式图

演化最后阶段，Ⅰ型、Ⅱ型和Ⅲ型干酪根的生烃潜力分别为 385kg·烃 /（t·有机碳）、278kg·烃 /（t·有机碳）和 185kg·烃 /（t·有机碳）；Ⅰ型干酪根演化有明显的阶段性，可清楚地划分出液态窗和气态窗，Ⅲ型干酪根无明显阶段性，Ⅱ型干酪根介于两者。

根据松辽盆地有机地球化学分析资料，高瑞祺等（1995）建立了松辽盆地坳陷层主力烃源岩生烃模式（图 1–6–32）。从油气生成理论的发展以及新的分析资料来看，前述生烃模式还有待完善。一是模式中未考虑未成熟阶段油气的生成；二是将液态烃生成高峰定在 R_o 为 1.0% 有些偏早，根据烃源岩层中可溶有机质的实际演化剖面，液态烃生成高峰应该在深度 2000m 处，由镜质组反射率与深度关系推断，液态烃生成高峰应该在 R_o 为 1.05%～1.1%；三是该模型在液态烃生成高峰之后，液态烃和气态烃的总量开始下降，这与油气生成实际有一定误差。实际上达到液态烃生成高峰以后，干酪根仍然可以生烃，液态烃和气态烃的总量还应该增加，只是增加的速度越来越慢。

基于以上分析，根据烃源岩自然演化剖面及烃源岩生烃模拟实验结果，建立了松辽盆地坳陷层烃源岩有机质的成烃模式。在深度小于 800m 的范围内，镜质组反射率小于

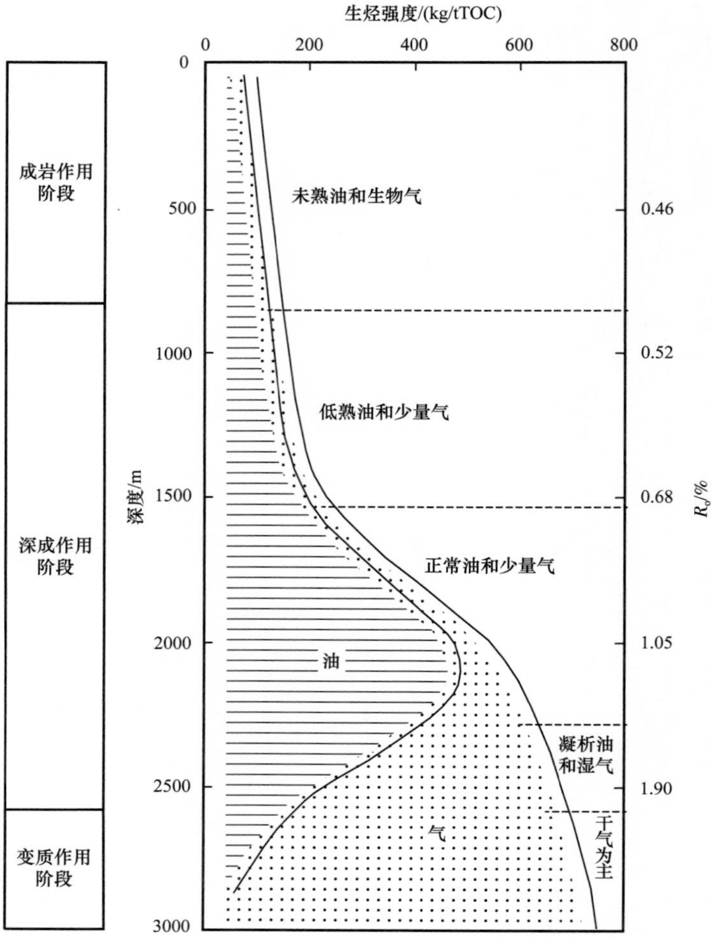

图 1–6–32　松辽盆地坳陷层烃源岩生烃模式图

0.5%，烃源岩处于未成熟阶段，能生成少量未成熟油和生物气；在深度 800～1500m 范围内，R_o 为 0.5%～0.7%，烃源岩处于低成熟阶段，能生成一定量的低成熟油和气；埋深大于 1500m，液态烃开始大量生成，烃源岩进入主生油带，深度为 2000～2100m，R_o 为 1.05%～1.1%，烃源岩达到液态烃生成高峰；进一步埋深到 2200m，R_o 达到 1.3%，液态烃开始逐渐裂解，进入凝析油和湿气阶段；烃源岩埋深超过 2600m，R_o 大于 2.0%，液态烃开始裂解，地层中的烃类以干气为主。

六、有效烃源岩评价标准

有效烃源岩是指能够生成并排出油气的烃源岩，是对烃源岩有机质类型、丰度及热成熟度的综合评价，根据松辽盆地北部湖相烃源岩的地球化学统计特征，建立了松辽盆地北部湖相有效烃源岩的判识标准（表 1–6–10）。

根据烃源岩生排烃过程遵守质量守恒原理，即排烃量 = 生烃量 – 残烃量，建立残余有机碳与生烃转化率的关系曲线。烃源岩生烃转化率与成熟度的关系根据松辽盆地北部湖相 I 型烃源岩生烃动力学确定，由此建立残余有机碳与成熟度的关系曲线，该曲线即为烃源岩的临界排烃线（图 1–6–33；霍秋立等，2012），即生烃量刚好达到残烃量。为了便于考察烃源岩的排烃程度，图 1–6–33 额外计算了生烃量达到 2 倍和 4 倍残烃量的曲线。根据有效烃源岩定义，在临界排烃线以上的烃源岩为有效烃源岩。从结果来看，松辽盆地北部青一段有效烃源岩主要分布在齐家—古龙凹陷和三肇凹陷，其次是长垣和宾县王府；黑鱼泡凹陷大部分烃源岩未达有效烃源岩标准。

表 1–6–10　松辽盆地北部湖相有效烃源岩判识指标

成熟阶段	HI/ mg/gTOC	TI/ mg/gTOC	$S_1/(S_1+S_2)$	R_o/ %	备注
未成熟	650～750 显示初始氢指数值	小于 20	<0.05	<0.5	未生烃
低成熟	650～750 HI 并没有明显降低	大于 20 在 20～40 之间	0.05～0.1	0.5～0.75	低转化率生成烃未排出
成熟	650～100 HI 降低	大于 40 在 40～100 之间	>0.1	0.75～1.2	生成烃已排出
生油窗底界	70～100	大于 40 在 40～100 之间	>0.1	>1.2	生成烃已大量排出

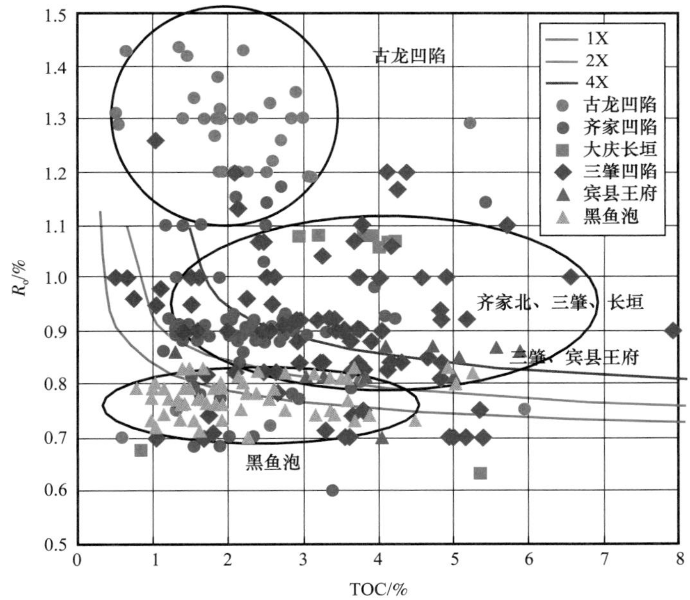

图 1–6–33　松辽盆地北部青山口组有效烃源岩识别图版

通过盆地模拟计算出各层的排烃强度，根据有效烃源岩定义，排烃强度大于 0 的烃源岩范围为有效烃源岩范围，据此绘制了青一段和嫩一段有效烃源岩的分布范围（图 1–6–34）。从结果来看，青一段有效烃源岩分布范围大，除个别凹陷外，松辽盆地北部中央坳陷区大部分烃源岩为有效烃源岩；相比之下，嫩一段有效烃源岩面积比青一段大大缩小，主要分布在齐家—古龙凹陷。

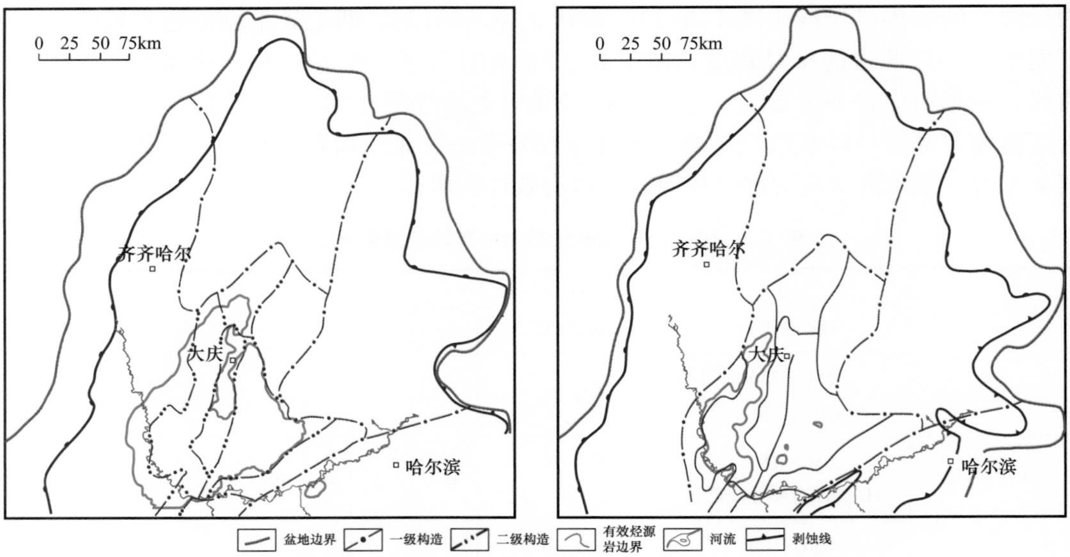

a.青一段　　　　b.嫩一段

图 1-6-34　松辽盆地北部青一段和嫩一段有效烃源岩范围分布图

第三节　油气地球化学特征

经过近 60 年的勘探，松辽盆地坳陷层发现了沉积地层中丰富的陆相石油资源，由于陆相有机质成烃的特殊性，油气也表现出不同的地球化学特征。本节主要对原油的物理性质和原油的有机地球化学特征进行研究分析。

一、坳陷层油气地球化学特征

1. 原油物理性质及地球化学特征

1）物理性质

原油的物性主要包括密度、黏度、含蜡量、含胶量、含硫量、凝固点等。松辽盆地北部主要生产层原油的物性具有“三高一低”特征，即高黏度、高凝固点、高蜡和低硫。

（1）密度。

松辽盆地北部原油的密度分布区间为 0.695～0.980g/cm^3，主要分布在 0.85～0.88g/cm^3 之间，平均值为 0.86g/cm^3。从各油层原油密度分布看（表 1-6-11），萨尔图油层的原油密度平均值最高，葡萄花油层的原油密度平均值最低，古龙凹陷的葡萄花油层存在凝析油。其他油层原油密度介于二者且大于 0.86g/cm^3。萨尔图油层原油密度偏大主要是次生作用导致的，如盆地西部斜坡区萨尔图油层的原油受水洗和生物降解作用，是导致原油密度升高的重要因素。

平面上，黑帝庙油层、萨尔图油层和高台子油层的原油以齐家—古龙凹陷为中心，向西北和东部原油密度逐渐增大，呈不规则的半环状分布，特别是向西部斜坡区原油密度增大幅度较大。葡萄花油层、扶余油层和杨大城子油层的原油密度分布相似，长垣和长垣以西地区仍以齐家—古龙凹陷为中心向外原油密度逐渐增大；大庆长垣以东的三肇凹陷和朝长地区，原油密度变化较小。

（2）黏度。

松辽盆地北部原油的黏度分布范围为 1～762.60mPa·s，大部分为 10.0～50.0mPa·s。

原油黏度纵向分布表明（表 1-6-11），萨尔图油层原油黏度平均值最高，黑帝庙油层原油黏度平均值最低，高台子、扶余、葡萄花和杨大城子油层介于二者。各油层原油黏度平面分布规律与原油密度分布规律相似。

表 1-6-11　松辽盆地北部各油层原油物理性质数据表

油层	密度 / g/cm^3	黏度 / mPa·s	凝固点 / ℃	含蜡量 / %	胶质含量 / %	含硫 / %
H	0.82～0.93 / 0.86（82）	4.78～219.00 / 32.27（52）	1.0～46.0 / 35.6（84）	15.10～40.05 / 26.36（77）	6.1～36.8 / 16.4（77）	0.02～1.62 / 0.259（40）
S	0.82～0.96 / 0.88（109）	8.90～605.30 / 86.78（81）	9.0～43.0 / 27.0（106）	10.77～66.80 / 26.3（101）	2.8～54.0 / 17.5（100）	0.01～0.34 / 0.13（57）
P	0.69～0.91 / 0.85（412）	1.73～762.60 / 35.53（273）	4.0～62.0 / 33.6（414）	5.80～47.20 / 25.27（396）	2.2～78.3 / 14.2（394）	0.01～1.19 / 0.16（195）
G	0.81～0.94 / 0.86（133）	3.40～727.1 / 48.81（106）	5.0～48.0 / 30.4（133）	10.00～39.63 / 25.46（129）	2.7～43.4 / 13.4（129）	0.03～1.05 / 0.12（65）
F	0.80～0.91 / 0.86（329）	1.20～354.3 / 40.61（251）	21.0～55.0 / 35.0（327）	9.80～41.49 / 25.99（321）	1.2～28.9 / 14.1（322）	0.01～1.24 / 0.16（202）
Y	0.76～0.89 / 0.86（230）	1.00～254 / 34.41（198）	34.0～59.0 / 34.4（230）	9.27～49.10 / 26.00（225）	2.1～26.3 / 14.0（224）	0.02～0.39 / 0.14（155）

注：数据格式为 $\frac{最小值～最大值}{平均值（块数）}$。

（3）凝固点。

松辽盆地北部原油的凝固点主要分布在 30～40℃之间，平均值为 33.4℃。原油的凝固点与密度呈正相关，西部斜坡区少部分受到水洗或生物降解的原油凝固点与密度呈负相关。萨尔图油层的原油凝固点平均值较低，为 27.0℃；黑帝庙油层、扶余油层和杨大城子油层的原油凝固点平均值较高，介于 34.4～35.6℃。

（4）含蜡量。

松辽盆地北部原油的含蜡量高，含蜡量介于 5.8%～66.8%，主要分布在 22.0%～32.0% 之间，平均值为 25.75%。原油的含蜡量纵向分布表明（表 1-6-11），黑帝庙油层和萨尔图油层的原油含蜡量平均值较高，葡萄花油层的原油含蜡量平均值最低。

（5）含硫量。

松辽盆地北部原油的硫含量低，含硫量介于 0.0165%～1.6220%，主要分布在 0.04%～0.22% 之间，平均值为 0.159%。黑帝庙油层原油的含硫量最高，高台子油层原油的含硫量最低，其他油层原油的含硫量平均值在 0.135%～0.166% 之间。含硫量大于 0.4% 的原油主要分布在齐家—古龙凹陷的黑帝庙油层和葡萄花油层、三肇凹陷的葡萄花油层和扶余油层，在大庆长垣也有少量分布。

依据物性的差异，原油可划分为重质油、中质油、轻质油、挥发油或凝析油四种类型。重质油主要分布在西部斜坡区的萨尔图油层和高台子油层；中质油在盆地广泛分布，是最常见的一种原油类型；轻质油主要分布在齐家—古龙凹陷及长垣南部的葡萄花油层和扶杨油层；挥发油主要分布在古龙凹陷葡萄花油层和高台子油层，凝析油主要见于古龙凹陷古 109 井和英 51 井的葡萄花油层，密度分别为 0.745g/cm^3 和 0.6947g/cm^3。

2）地球化学特征

原油的化合物组成主要由饱和烃、芳香烃、非烃和沥青质构成。饱和烃主要包括正构烷烃、异构烷烃和环烷烃；芳香烃主要包含纯芳香烃、环烷芳香烃和环状硫化物；非烃和沥青质主要由含氮、硫和氧原子的高分子量的多环烷烃馏分构成。

（1）原油族组成特征。

原油是一种复杂的混合物，根据有机化合物的结构和性质可以分为饱和烃、芳香烃、非烃和沥青质 4 个组分。松辽盆地北部原油中饱和烃含量主要分布在 55.0%～75.0% 之间，芳香烃含量主要分布在 14.0%～24.0% 之间，非烃和沥青质含量主要分布在 10%～20% 之间。饱 / 芳比主要分布在 2.0～5.0 之间。在垂向上，原油随埋深增加饱和烃含量呈增大的趋势，非烃含量呈下降的趋势，芳香烃和沥青质含量变化不大，饱 / 芳比略有上升。

从不同油层原油的族组成分布看（表 1–6–12），黑帝庙原油的族组成可分成两类，第一类具有饱和烃和沥青质含量低，芳香烃和非烃含量高的特征；第二类具有饱和烃含量高，芳香烃、非烃和沥青质含量低的特征。第一类原油的物性具有高密度和高黏度的特征，以葡 318 井、敖浅 4 井和古 20–10 井原油为典型，均遭受了生物降解，生物降解是使原油中饱和烃含量降低和非烃含量增高的重要因素。

表 1–6–12　松辽盆地北部原油族组成分析数据表

层位	饱和烃 /%	芳香烃 /%	非烃 /%	沥青质 /%	饱和烃 / 芳香烃
H	39.20～87.46 64.35（63）	3.11～28.12 15.53（63）	2.70～32.30 13.13（63）	0.40～31.07 3.70（63）	1.50～13.44 4.22（63）
S	32.20～84.77 58.87（64）	9.69～37.1 21.96（64）	1.90～37.4 15.90（64）	0.40～9.10 2.43（64）	0.83～8.75 3.17（64）
P	40.60～90.26 68.52（80）	8.04～28.70 16.98（80）	0.83～23.30 10.32（80）	0.60～26.60 3.31（80）	1.72～13.20 4.18（80）
G	42.2～83.20 66.12（42）	9.80～32.30 17.73（42）	0.60～26.40 11.87（42）	0.39～9.80 2.53（42）	1.22～7.85 3.91（42）
F	44.43～90.30 64.91（124）	1.30～30.50 17.52（124）	0.80～23.75 11.15（124）	0.50～25.2 4.14（124）	1.70～19.21 3.6（124）
Y	41.84～92.60 64.98（109）	1.03～26.00 17.83（109）	2.55～22.50 10.43（109）	0.60～24.73 5.79（109）	2.13～22.80 4.11（109）

注：数据格式为 $\frac{\text{最小值～最大值}}{\text{平均值（块数）}}$。

萨尔图油层原油的族组成具有饱和烃和沥青质含量低，芳香烃和非烃含量较高的特征。萨尔图油层原油的饱和烃含量之所以最低，主要是因为西坡地区原油普遍受到生物降解。对萨尔图原油的族组成进行了分类统计，其中第一类原油为降解原油，具有饱和烃含量低和非烃含量高的特征；第二类原油为正常油，具有饱和烃含量中—高，非烃和沥青质含量低的特征。

葡萄花油层原油具有饱和烃含量高，芳香烃、非烃和沥青质含量低的特征，与高台子、扶余油层和杨大城子油层原油族组成特征相似。

在平面上，原油饱和烃含量高值区（$>75\%$）主要分布在齐家—古龙凹陷，饱和烃含量低值区（$<50\%$）主要分布在西部斜坡区的萨尔图油层。黑帝庙油层、萨尔图油层和高台子油层原油大体上以古龙凹陷为中心，向外饱和烃含量依次减小，芳香烃、非烃和沥青质含量逐渐增大；葡萄花油层原油分别以齐家—古龙凹陷和三肇凹陷为中心，向南、北逐渐变小；扶余油层和杨大城子油层原油饱和烃分布大体上相似，齐家—古龙凹陷的高值区被分为南北两半，中间有一段低值区贯通东西，东部的三肇凹陷和朝长—王府地区原油饱和烃含量分布较均匀，没有明显的趋势。

（2）原油正构烷烃和类异戊间二烯烷烃的分布特征。

松辽盆地北部典型湖相原油饱和烃气相色谱特征表明，正构烷烃分布范围主要为 nC_{14}—nC_{36}，以中碳数正构烷烃为主，低碳数及高碳数正构烷烃相对丰度低，呈现馒头型，并随着原油成熟度的增加，主峰碳前移（图 1-6-35），Pr/Ph 主要分布在 0.87～1.8 之间。各层原油饱和烃色谱参数统计结果见表 1-6-13。从统计结果看，黑帝庙油层原油的色谱参数变化大，可能是由于黑帝庙油层的原油来自两套成熟度不同的烃源岩。萨尔图油层与其他油层相比，原油的 OEP 值高，（nC_{21}+nC_{22}）/（nC_{28}+nC_{29}）和 Pr/Ph 的平均值低，Pr/nC_{17} 和 Ph/nC_{18} 的平均值高，主要是因为存在生物降解作用或者是原油成熟度相对低引起的。葡萄花油层的原油主峰碳数低，nC_{21-}/nC_{22+} 比值和 Pr/Ph 值高，Pr/nC_{17} 和 Ph/nC_{18} 的平均值低，原油的低分子量成分多，反映原油成熟度高。高台子油层、扶余和杨大城子油层原油色谱参数具有相同的特征。

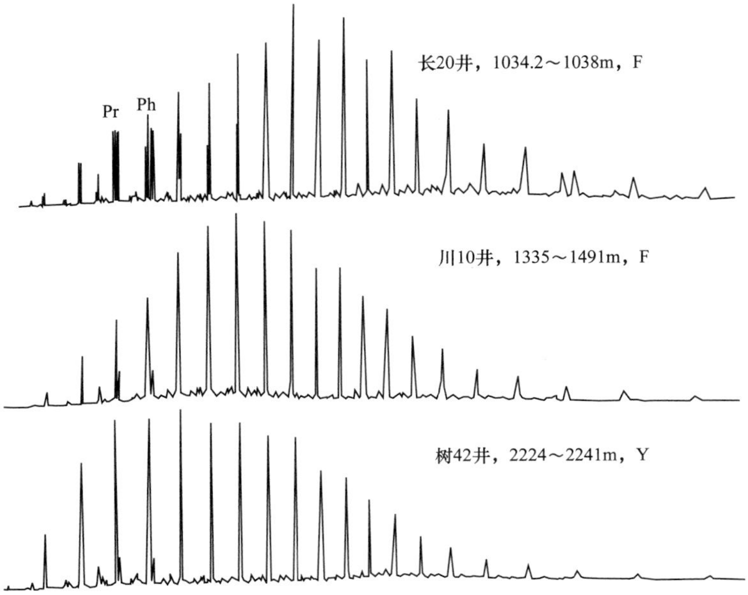

图 1-6-35　松辽盆地北部不同成熟度原油的色谱图

表 1-6-13　松辽盆地北部原油色谱特征数据

层位	样品块数	主峰碳	OEP	$\frac{C_{21}+C_{22}}{C_{28}+C_{29}}$	$\frac{nC_{21-}}{nC_{22+}}$	Pr/Ph	Pr/C_{17}	Ph/C_{18}
H	52	nC_{19}、nC_{23}	$\frac{0.84～1.47}{1.10}$	$\frac{1.19～2.68}{2.06}$	$\frac{0.41～2.19}{1.02}$	$\frac{0.78～1.6}{1.21}$	$\frac{0.15～0.89}{0.36}$	$\frac{0.11～1.01}{0.30}$
S	28	nC_{23}、nC_{25}	$\frac{0.99～2.18}{1.20}$	$\frac{0.94～3.25}{1.94}$	$\frac{0.42～3.58}{1.21}$	$\frac{0.62～1.6}{1.10}$	$\frac{0.12～0.71}{0.39}$	$\frac{0.09～0.84}{0.37}$
P	147	nC_{11}、nC_{13}、nC_{19}、nC_{23}	$\frac{0.51～1.48}{1.07}$	$\frac{1.38～2.89}{2.00}$	$\frac{0.58～4.67}{1.54}$	$\frac{0.87～1.7}{1.34}$	$\frac{0.13～0.71}{0.23}$	$\frac{0.09～0.4}{0.18}$
G	77	nC_{23} 为主	$\frac{0.86～1.53}{1.11}$	$\frac{1.16～2.99}{1.97}$	$\frac{0.38～3.14}{1.25}$	$\frac{0.33～1.8}{1.20}$	$\frac{0.14～1.14}{0.30}$	$\frac{0.09～1.33}{0.27}$
F	137	nC_{23} 为主	$\frac{0.8～1.25}{1.11}$	$\frac{1.2～3.47}{2.05}$	$\frac{0.41～3.04}{1.07}$	$\frac{0.79～1.8}{1.21}$	$\frac{0.12～0.9}{0.33}$	$\frac{0.09～0.78}{0.27}$
Y	95	nC_{23} 为主	$\frac{0.91～1.24}{1.09}$	$\frac{0.73～4.1}{2.10}$	$\frac{0.26～3.1}{1.09}$	$\frac{0.41～1.6}{1.17}$	$\frac{0.09～0.89}{0.29}$	$\frac{0.07～0.83}{0.24}$

注：数据格式为$\frac{\text{最小值～最大值}}{\text{平均值}}$。

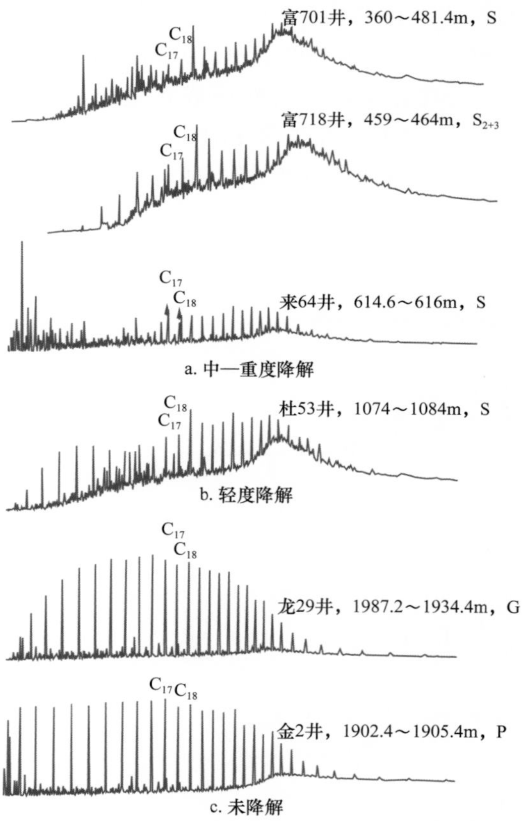

图 1-6-36　松辽盆地北部西部斜坡区不同类型原油色谱图

松辽盆地北部存在生物降解的原油，主要分布在西部斜坡区的油层。原油色谱分析显示，该地区的原油包括正常原油以及轻度、中度和重度降解原油（图 1-6-36），东向西原油的降解程度有增大的趋势。该地区的原油主要来自其东部齐家—古龙凹陷成熟的青山口组烃源岩，原油具有从东向西长距离运移的特征，且原油的运移距离越远，埋深越浅，受生物降解的程度越高。

在古龙凹陷的古 109 井和英 51 井的葡萄花油层及古 31 井黑帝庙油层均见到凝析油，与正常原油相比，这类原油的色谱分析表现出三个明显特征：一是主峰碳数低，一般在 C_8 以下，正常油主峰碳数一般大于 10；二是碳数范围窄，最高碳数小于 25，正常油最高碳数普遍大于 30；三是 nC_{21-}/nC_{22+} 比值明显较大，最小值大于 133.3，正常油一般小于 4。

（3）原油碳同位素特征。

松辽盆地北部原油碳同位素值主要分布在 −33‰～−30‰之间，平均为 −31.45‰。陆地植物的碳同位素为 −34‰～−24‰，海洋生物的碳同位素偏重，一般介于 −19‰～−6‰。松辽盆地北部原油是淡水湖相石油，与我国其他地区陆相地层生成的原油相比，原油的碳同位素偏轻。纵向分布上看，由浅至深原油碳同位素略有变轻的趋势。

松辽盆地北部原油组分碳同位素分析表明（表 1–6–14），饱和烃碳同位素值主要分布在 –33.5‰～–30.5‰之间；芳香烃碳同位素值主要分布在 –31.5‰～–29‰之间；非烃碳同位素值主要分布在 –31‰～–28.5‰之间；沥青质碳同位素值主要分布在 –31.5‰～–29‰之间。总体上碳同位素有饱和烃＜芳香烃＜非烃，沥青质碳同位素略小于非烃碳同位素。

表 1–6–14　松辽盆地北部不同油层原油组分碳同位素数据表

油层	碳同位素 /‰（PDB）				
	原油	饱和烃	芳香烃	非烃	沥青质
H	$\frac{-31.77\sim-27.12}{-30.16（15）}$	$\frac{-32.53\sim-30.14}{-31.39（19）}$	$\frac{-31.44\sim-29.09}{-30.08（20）}$	$\frac{-30.78\sim-26.55}{-29.1（18）}$	$\frac{-30.01\sim-28.28}{-29.24（8）}$
S	$\frac{-32.68\sim-30.02}{-31.22（9）}$	$\frac{-33.36\sim-29.9}{-31.49（9）}$	$\frac{-31.17\sim-28.98}{-30.33（6）}$	$\frac{-30.48\sim-28.24}{-29.56（3）}$	$\frac{-29.6\sim-28.65}{-29.17（3）}$
P	$\frac{-33.31\sim-29.53}{-31.03（42）}$	$\frac{-33.43\sim-29.62}{-31.55（27）}$	$\frac{-31.76\sim-27.87}{-30.13（32）}$	$\frac{-31.07\sim-26.55}{-29.69（29）}$	$\frac{-31.61\sim-27.3}{-29.8（26）}$
G	$\frac{-33.44\sim-28.16}{-31.14（37）}$	$\frac{-33.52\sim-29.06}{-31.71（30）}$	$\frac{-30.27\sim-28.35}{-30.07（37）}$	$\frac{-31.65\sim-26.81}{-29.78（25）}$	$\frac{-31.21\sim-24.46}{-29.37（23）}$
F	$\frac{-34.85\sim-30.06}{-31.96（77）}$	$\frac{-34.02\sim-30.04}{-32.4（86）}$	$\frac{-35.11\sim-28.52}{-30.75（86）}$	$\frac{-34.4\sim-26.3}{-30.28（72）}$	$\frac{-31.63\sim-26.86}{-30.31（80）}$
Y	$\frac{-34.62\sim-26.25}{-31.6（81）}$	$\frac{-35.11\sim-27.9}{-32.01（81）}$	$\frac{-32.37\sim-27.77}{-30.36（85）}$	$\frac{-33.99\sim-27.34}{-29.9（70）}$	$\frac{-31.23\sim-20.06}{-29.81（65）}$

注：数据格式为$\frac{最小值\sim最大值}{平均值（块数）}$。

在不同产油层中，随层位的加深碳同位素总体变化不大或略有变轻趋势，萨尔图油层、葡萄花油层和高台子油层的碳同位素平均值相差不大，最大值和最小值之差小于 1.0‰，说明盆地不同地区不同油层原油碳同位素平均值变化范围小，反映各油层原油生油母质和地质背景相似。

（4）生物标志化合物特征。

饱和烃生物标志化合物特征显示，松辽盆地北部原油萜烷分布以藿烷为主，一般以 C_{30} 藿烷为峰，三环萜烷类相对丰度较低，伽马蜡烷含量中等，升藿烷随分子量的增加相对丰度依次降低；甾烷分布以规则甾烷为主，呈不对称“V”字形分布，为典型的湖相藻成原油特征。少量地区原油可见 β- 胡萝卜烷，反映局部存在干旱咸水沉积环境下的烃源岩。

原油的生物标志化合物成熟度参数 Ts/Tm、重排藿烷 / 藿烷、重排甾烷 / 甾烷、甾烷的 $20S/(20S+20R)$ 和 $\beta\beta/(\alpha\alpha+\beta\beta)$ 比值总体上随层位的加深而增大，符合一般的成熟演化规律。主要特征是以萨尔图油层为分界，黑帝庙油层的部分原油样品成熟度参数较小，Ts/Tm 小于 1，重排藿烷 / 藿烷一般小于 0.1，重排甾烷 / 甾烷一般小于 0.2，甾烷 $20S/(20S+20R)$ 一般在 0.3～0.5 之间，甾烷 $\beta\beta/(\alpha\alpha+\beta\beta)$ 在 0.21～0.5 之间，一般小于 0.4，另外伽马蜡烷 /C_{30} 藿烷小于 0.14，C_{29}Ts/C_{29} 藿烷小于 0.2，24–C_{26} 甾烷 /27–C_{26} 甾烷值也较小，在 1.40～2.05 之间，萨尔图油层的各项指标低主要是因为嫩一段低成熟烃源岩的浸染。葡萄花油层、高台子油层和扶余油层原油生物标志化合物成熟度参数相对较高，尤其是葡萄花油层，原油的 Ts/Tm 大于 2，重排藿烷 / 藿烷一般大于 0.2，重排甾烷 / 甾烷一般大于 0.4，甾烷 20*S*/（20*S*+20*R*）一般大于 0.4，甾烷 $\beta\beta$/（$\alpha\alpha+\beta\beta$）一般大于 0.5，伽马蜡烷 /C_{30} 藿烷大于 0.14，C_{29}Ts/C_{29} 藿烷大于 0.24，24–C_{26} 甾烷 /27–C_{26} 甾烷值也较高，在 1.63～2.41 之间。

（5）芳香烃化合物特征。

原油中芳香烃化合物的菲系列、䓛系列、三芳甾烷系列等含量丰富。黑帝庙油层原油菲系列和䓛系列含量相对较低，菲系列含量在 30.81%～41.80% 之间，䓛系列含量小于 4%，而三芳甾烷系列、甲基三芳甾烷系列和三甲基三芳甲藻甾烷系列含量相对较高，相对含量分别大于 20%、大于 19% 和大于 5%；高台子油层、扶余油层原油的菲系列和䓛系列含量相对较高，菲系列含量在 63.90%～74.84% 之间，䓛系列含量在 8.43%～11.70% 之间，而三芳甾烷系列、甲基三芳甾烷系列和三甲基三芳甲藻甾烷系列含量相对较低，相对含量分别小于 4%、小于 5% 和小于 4%。

2. 天然气地球化学特征

1）天然气组成特征

松辽盆地北部坳陷层天然气大多以烃类气体为主（表 1–6–15），总烃含量一般在 44.20%～99.99% 之间。甲烷含量为 34.34%～98.96%。甲烷含量在 90%～99% 之间的高值区主要分布在西部斜坡、三肇凹陷、朝阳沟阶地、长春岭背斜带、龙虎泡阶地和大庆长垣地区。其中西部斜坡甲烷高值区的产气层为萨尔图油层和高台子油层，以生物甲烷气为主；盆地东南部主要是成熟—高成熟的煤型气，主要产气层为扶杨油层。甲烷含量在 60%～90% 之间变化的地区主要是西部斜坡、三肇凹陷和古龙凹陷等，主要产气层为葡萄花油层、高台子油层、扶杨油层和黑帝庙油层。甲烷含量小于 60% 的地区主要有古龙凹陷、大庆长垣以及榆树林油田的扶杨油层。

表 1–6–15　松辽盆地北部不同油层天然气组分数据表

层位	样品数	甲烷 /%	乙烷 /%	丙烷 /%	异丁烷 /%	正丁烷 /%	氮 /%	二氧化碳 /%	氦 /%
H	119	44.01～98.67 / 86.94	0～22.63 / 2.39	0～17.21 / 1.64	0～1.85 / 0.26	0～3.34 / 0.54	0.16～49.38 / 0.56	0～5.23 / 0.70	0～0.28 / 0.04
S	231	34.34～98.96 / 86.82	0～59.98 / 2.35	0～11.70 / 1.51	0～1.70 / 0.19	0～8.14 / 0.64	0～51.05 / 7.01	0～6.12 / 0.62	0～0.29 / 0.04
P	410	47.88～98.95 / 75.68	0～22.02 / 9.08	0～17.35 / 6.04	0～1.97 / 0.64	0～9.35 / 2.07	0.16～49.38 / 0.56	0～4.12 / 0.70	0～0.19 / 0.04
G	157	45.03～98.86 / 82.06	0～25.72 / 5.42	0～15.49 / 3.16	0～2.02 / 0.31	0～7.29 / 0.99	0～45.7 / 6.34	0～11.10 / 0.73	0～0.15 / 0.01
F	277	47.85～98.94 / 87.71	0～19.88 / 2.41	0～19.70 / 1.51	0～2.18 / 0.17	0～6.55 / 0.48	0～40.55 / 6.31	0～22.74 / 0.80	0～0.12 / 0.04
Y	234	45.70～97.50 / 89.08	0～18.38 / 2.11	0～15.77 / 1.17	0～1.46 / 0.13	0～6.18 / 0.43	0～53.43 / 6.05	0～5.25 / 0.54	0～0.3 / 0.04

注：数据格式为 $\frac{\text{最小值～最大值}}{\text{平均值}}$。

2）同位素特征

松辽盆地北部黑帝庙油层 45 个天然气甲烷碳同位素统计结果（图 1–6–37），甲烷碳同位素值（$\delta^{13}C_1$）一般在 –52‰～–44‰之间，不同地区天然气 $\delta^{13}C_1$ 值虽有差别，但以原油伴生气为主。碳同位素较轻的天然气主要分布在古龙凹陷的敖古拉油田和大庆长垣的葡萄花油田，敖 403 井黑帝庙油层天然气的甲烷碳同位素最轻为 –79.46‰，为典型的生物甲烷气特征。

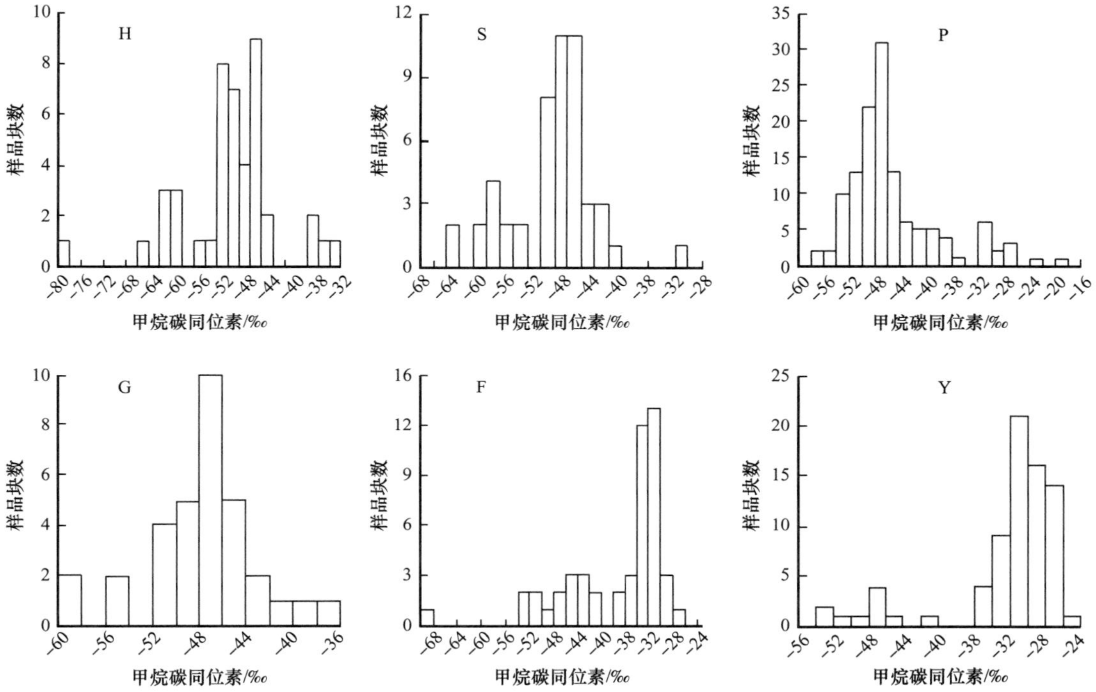

图 1–6–37 松辽盆地北部坳陷层不同层位天然气甲烷碳同位素分布直方图

萨尔图油层天然气 $\delta^{13}C_1$ 值主要分布在 –55‰～–42‰之间，占样品总数的 76%，统计结果表明，萨尔图油层天然气以油型气为主，其次为生物甲烷气。

葡萄花油层天然气 $\delta^{13}C_1$ 值一般多在 –55‰～–42‰之间，属于油型气范畴。$\delta^{13}C_1$ 大于 –30‰的主要分布在三肇凹陷和古龙凹陷，这些地区的天然气混有深层向上运移来的成分。

高台子油层天然气 $\delta^{13}C_1$ 一般在 –55‰～–36‰之间，属于油型气范畴。

扶余油层天然气 $\delta^{13}C_1$ 范围值在 –70‰～–26‰之间，主要分布在 –34‰～–30‰之间，属于煤型气，天然气主要分布在宋站、升平和汪家屯地区。

杨大城子油层天然气 $\delta^{13}C_1$ 值在 –54‰～–24‰之间，主要分布在 –32‰～–26‰之间，接近深层天然气甲烷碳同位素值，属于煤型气，主要分布在三肇凹陷和长春岭背斜带等地区。

松辽盆地北部黑帝庙、萨尔图、葡萄花和高台子油层天然气组分碳同位素大部分分布呈正碳同位素序列，表现为 $\delta^{13}C_1 < \delta^{13}C_2 < \delta^{13}C_3 < \delta^{13}C_4$，属有机成因的烷烃气，少量有序列倒转现象为不同来源天然气的混合造成的。扶余油层 16 个天然气组分碳

同位素组成分析结果表明，组分碳同位素重于上部油层天然气，其中甲烷碳同位素在 –49.84‰～–30.35‰之间，乙烷碳同位素值在 –39.82‰～–24.28‰之间，丙烷碳同位素也有相似特点，丁烷碳同位素个别出现反转现象，与深层天然气碳同位素特征相似，表明扶余油层天然气部分来自深层。

二、断陷层天然气地球化学特征

1. 天然气组成

在徐家围子断陷 391 个试气井段中，355 个烷烃气含量超过 80%，占试气井段的 91%，断陷层天然气以烃类气为主。在 391 个试气井段中，甲烷占烃气 95% 以上的有 366 个，比例为 94%，可见断陷层天然气绝大部分为干气。在 391 个试气井段中，20 个井段 CO_2 含量超过 50%，占总试气井段数的 5%。在 57 口工业气流探井中，7 口井二氧化碳含量超过 50%，占井数的 12.3%。CO_2 气探明储量 $196.91\times10^8m^3$，约占总探明天然气储量的 8%。由此可见，在徐家围子断陷二氧化碳气所占比例不高。

昌德、升平—安达地区甲烷在烃气中的含量相近，兴城地区甲烷含量略低。昌德、升平—安达地区乙烷在烃气中的含量相近，兴城地区乙烷含量明显较高。断陷中部烃源岩成熟度高于边部，天然气湿度较大反映烃源岩母质类型较好，生气潜力相对较大。

徐家围子断陷高含量 CO_2 气藏以点状分布，从宏观上看，高含量二氧化碳在深大断裂附近（图 1–6–38），但并不是整个深大断裂带上都有 CO_2 成藏，CO_2 可能只分布在深大断裂与地幔沟通的活动部分。从图 1–6–38 还可看出，CO_2 分布与火山岩厚度关系不大，说明 CO_2 气藏并非火山喷发时期形成，而且火山口也并非一直与地幔沟通。

2. 天然气碳同位素

徐家围子断陷甲烷碳同位素范围为 –36‰～–18‰，主要分布在 –30‰～–26‰之间（图 1–6–39）。昌德、升平—安达地区甲烷碳同位素相近，兴城地区甲烷碳同位素略偏轻。同一地区的气藏甚至同一气藏，甲烷碳同位素也存在较大差异。如汪 901 井所在的气藏和宋深 1 井所在的气藏虽然相邻，但甲烷碳同位素相差较大，前者为 –26.5‰，后者为 –29.1‰。在徐东地区已探明的气藏，南部（徐深 21 井）甲烷碳同位素较轻，北部（徐深 23 井处）碳同位素较重。徐深 19 井和徐深 28 井均产高含量 CO_2 气，其甲烷碳同位素在其所在地区均明显偏轻，前者为 –34.6‰，后者为 –33.6‰。这些差别可能与多种因素有关，如烃源岩有机质类型在平面上的非均质性和天然气的成藏期等。烃源岩早期生成的天然气甲烷碳同位素偏轻，晚期生成的天然气甲烷碳同位素偏重。腐泥型有机质生成的天然气甲烷碳同位素偏轻，腐殖型有机质生成的天然气甲烷碳同位素偏重。成因意义更大的乙烷碳同位素存在明显的地区性差异（图 1–6–40），兴城地区乙烷碳同位素最轻，主要分布在 –36‰～–28‰之间，昌德、升平—安达地区乙烷碳同位素相近，明显偏重。由于乙烷碳同位素更能反映母质类型，随演化程度变化不大，这种地区性差异表明，断陷中部（徐中、徐东、徐南）为沙河子组沉积中心，湖相烃源岩更为发育，有机质类型更偏向腐泥型，具有相对更大的生烃能力。

徐家围子断陷天然气的发现从徐家围子断陷的边部（昌德、升平—汪家屯气田）开始。近年来，随着断陷中部更多的发现，越来越认识到断陷层天然气在成因上的复杂。

一些学者认为，徐家围子断陷的烃类天然气一部分为无机成因，主要依据是烃类碳

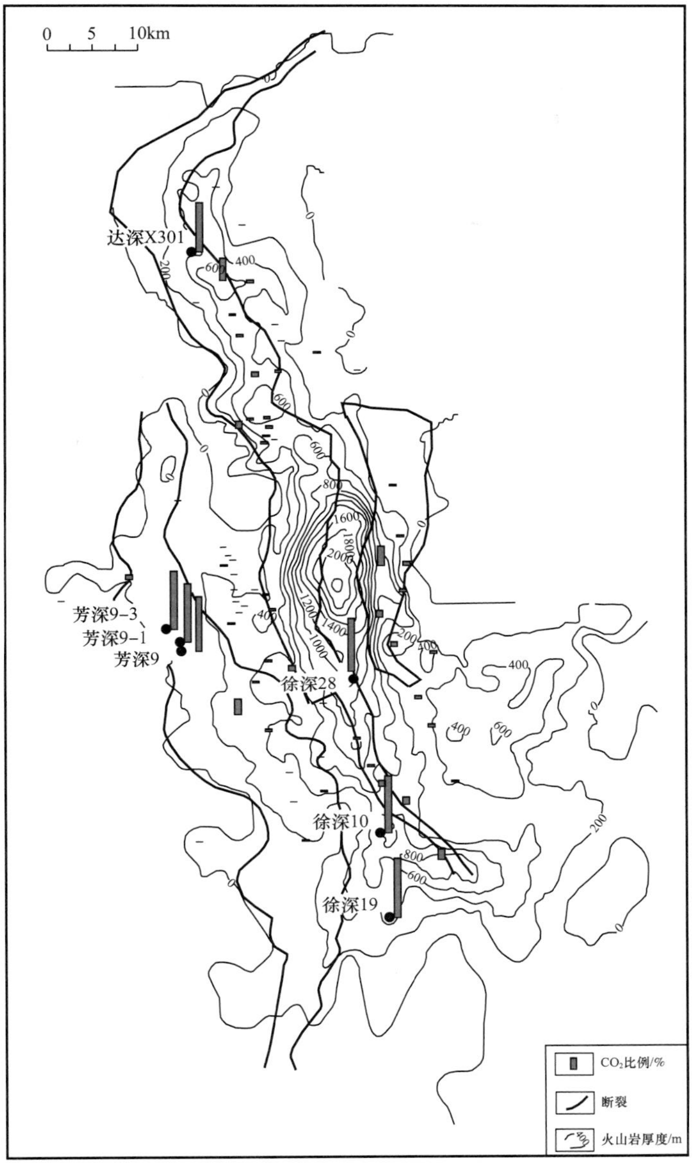

图 1-6-38　徐家围子断陷二氧化碳气分布图

同位素序列为反序，即碳同位素由重到轻的顺序为甲烷、乙烷、丙烷、丁烷。

从探明天然气最多的徐中地区看（表 1-6-16），断陷层天然气的甲烷—乙烷—丙烷碳同位素既有局部倒转（6 块样品），也有完全反序（12 块样品），没有一块样品为正常碳同位素顺序，而且表 1-6-16 中所有样品的甲烷—乙烷均发生了碳同位素倒转。

在徐东地区的 15 块样品中有 2 块样品甲烷—乙烷碳同位素出现反序，其余 13 块样品全部发生了甲烷—乙烷碳同位素倒转，没有发现碳同位素正常顺序的天然气。

徐南地区只有 8 块天然气样品检测出丙烷碳同位素，2 块样品乙烷—丙烷碳同位素倒转，其他 6 块样品碳同位素反序，没有发现碳同位素为正常顺序的天然气。徐深 10、徐深 19 两口井高含 CO_2 天然气未能检测出丙烷碳同位素，徐深 19 井甲烷和乙烷碳同位

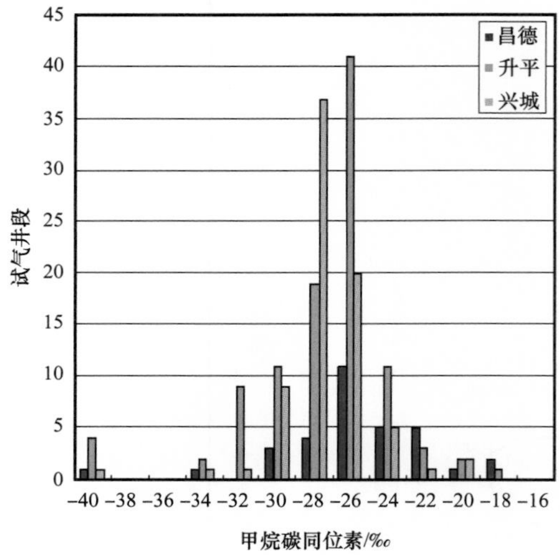

图 1-6-39　徐家围子断陷层天然气
甲烷碳同位素分区统计图

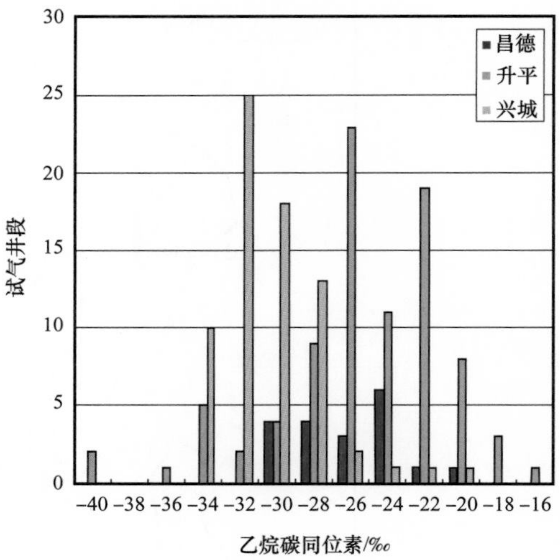

图 1-6-40　徐家围子断陷层天然气
乙烷碳同位素分区统计图

素分别为 −34.91‰和 −35.86‰，也发生了倒转。

升平—安达地区 28 块样品有 8 块出现碳同位素反序，16 块样品发生碳同位素倒转，其中 6 块甲烷—乙烷碳同位素倒转，10 块乙烷—丙烷碳同位素倒转，4 块样品碳同位素为正常顺序。

表 1-6-16　徐家围子断陷天然气碳同位素特征

井号	层位	深度 /m	碳同位素组成 /‰（PDB）					碳同位素序列
			C_1	C_2	C_3	C_4	CO_2	
徐深 14	K_1yc	3787.5～3808.5	−28.81	−33.59	−34.58	−35.49		反序
徐深 9	K_1yc	3592～3675	−27.45	−33.46	−34.41		−6.91	
徐深 7	K_1yc	3779～3880	−28.06	−34.08	−34.15		−14.61	
徐深 6-2	K_1yc	3520～3528	−25.66	−32.38	−33.56		−11.45	
徐深 1-3	K_1yc	3534～3542	−29.1	−32.12	−33.05			
徐深 903	K_1yc	3861～3866	−27.99	−31.97	−32.01	−34.48		
徐深 2	K_1yc	4076	−26.64	−30.5	−30.73		−12.42	
徐深 603	K_1yc	3514	−22.85	−25.64	−29.83	−32.66		
徐深 9-1	K_1yc	3717～3761	−27.81	−33.75	−34.24		−4.54	
徐深 9-2	K_1yc	3820～3886	−26.68	−33.72	−34.25	−35.58	−4.15	
徐深 9-2	K_1yc	3740～3730	−26.77	−32.52	−33.81	−36.19	−9.77	
徐深 9-4	K_1yc	3818～3826	−24.04	−32.2	−32.95	−34.69	−4.69	

续表

井号	层位	深度 /m	碳同位素组成 /‰（PDB）					碳同位素序列
			C_1	C_2	C_3	C_4	CO_2	
徐深 4	K_1yc	3723～3783	−29.56	−35.81	−35.32	−34.49	−7.8	倒转
徐深 6−1	K_1yc	3613～3640	−29.48	−34.63	−34.52	−31.71		
徐深 902	K_1yc	3770～3778.5	−28.71	−33.55	−33.22	−36.13	−6.66	
徐深 801	K_1yc	3992	−25.78	−35.5	−32		−2.96	
徐深 6	K_1yc	3629	−26.27	−31.31	−30.64			
徐深 1	K_1yc	3379	−27.9	−28.27	−26.38		−7.16	

第四节 油 源 对 比

一、坳陷层原油的族群划分与油源对比

1. 原油的族群划分

原油族群划分的依据主要基于相同母质类型、演化过程及其沉积环境的烃源岩，生成的原油具有相似性。原油族群划分为油源对比和油气运移分析提供了重要依据。

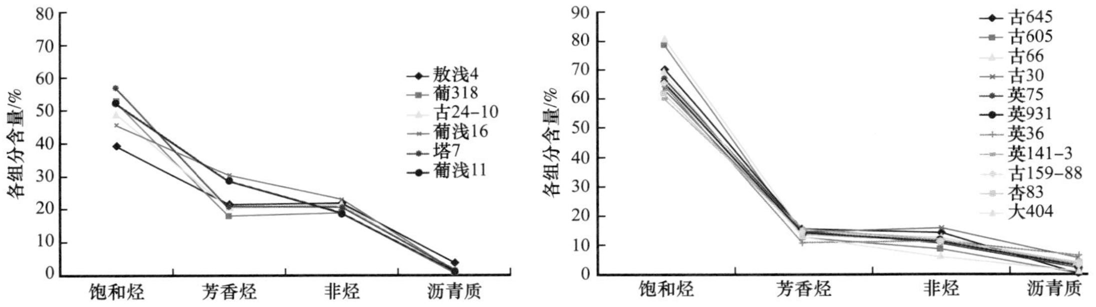

图 1−6−41　黑帝庙油层原油饱和烃族组分含量图

1）利用原油族组成特征进行族群划分

如图 1−6−41 所示，利用原油的族组成特征可将原油分为两类：一类为黑帝庙油层的第一类原油，具有饱和烃和沥青质含量低、芳香烃和非烃含量高的特征，该类原油的族组分特征可能是由嫩一段烃源岩或者生物降解造成的；二类为黑帝庙油层的第二类原油及萨尔图油层、葡萄花油层、高台子油层、扶余和杨大城子油层的原油，该类原油都具有饱和烃含量高、芳香烃和非烃含量低的特征。

2）利用 Pr/nC_{17} 和 Ph/nC_{18} 关系进行族群划分

从原油的 Pr/nC_{17} 和 Ph/nC_{18} 关系图上可以看出（图 1−6−42），两个成熟度参数呈线性关系，以原油的 Pr/nC_{17} 和 Ph/nC_{18} 比值为 0.4 作为分界点，可将原油分为两类：一类原油的 Pr/nC_{17} 和 Ph/nC_{18} 比值较小，一般小于 0.4，说明成熟度较高；二类原油的 Pr/nC_{17} 和 Ph/nC_{18} 比值大于 0.4，说明该类原油成熟度不高。黑帝庙油层原油有一半属于

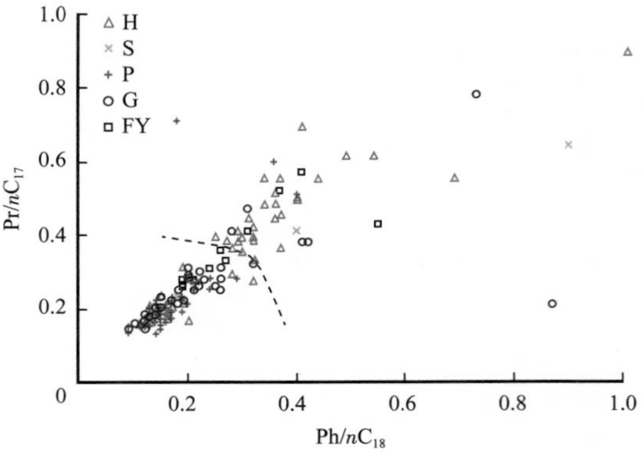

图 1-6-42　松辽盆地北部原油 Pr/*n*C17 和 Ph/*n*C18 关系图

一类原油，另一半属于二类原油；萨尔图油层、葡萄花油层、高台子油层、扶余和杨大城子油层的原油大部分属于一类原油，仅少部分属于二类原油。

3）利用饱和烃生物标志化合物进行族群划分

根据饱和烃萜烷分布特征可将黑帝庙油层原油分成两类，如图 1-6-43 所示：一类原油三环萜烷相对丰度低；Ts＜Tm，Ts/Tm 值多分布在 0.3～0.89 之间，且二者之间无 *x* 未知峰；伽马蜡烷含量极低，伽马蜡烷 /C_{30} 藿烷值一般小于 0.20。二类原油三环萜烷相对丰度高；Ts＞Tm，且二者之间有 *x* 未知峰；伽马蜡烷含量相对较高，伽马蜡烷 /C_{30} 藿烷值一般大于 0.20。

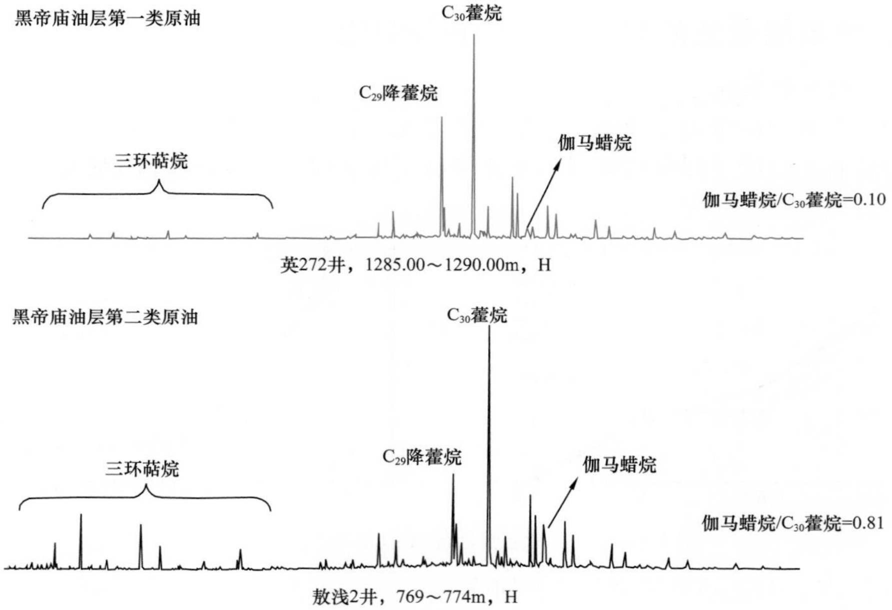

图 1-6-43　黑帝庙油层原油生物标志化合物特征（*m*/*z*=191）

萨尔图油层、葡萄花油层、高台子油层、扶余和杨大城子油层的原油生物标志化合物特征相近（图 1-6-44）。三环萜烷相对丰度比黑帝庙油层的原油高；Ts＞Tm，二者之间有 *x* 未知峰；伽马蜡烷含量相对较高；空间上，由东向西，萜烷的相对丰度不断增加。

总体上，根据饱和烃生物标志化合物特征可将松辽盆地北部坳陷层原油划分为两类：一类原油三环萜烷相对丰度低；Ts＜Tm，二者之间无 *x* 未知峰；伽马蜡烷含量极低，总体成熟度较低。这类原油主要为黑帝庙油层一类原油。二类原油三环萜烷相对丰度高；Ts＞Tm，二者之间有 *x* 未知峰，伽马蜡烷相对丰度高，总体成熟度较高。这类原

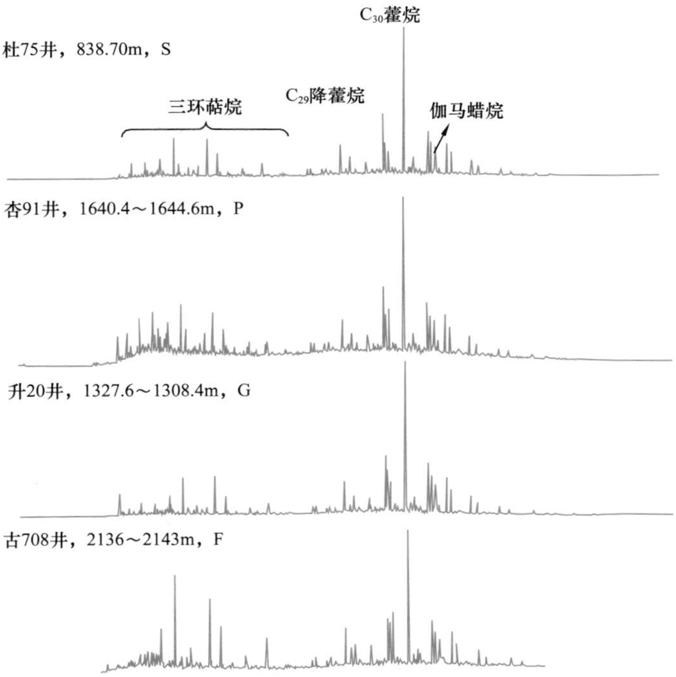

图 1-6-44　萨尔图油层、葡萄花油层、高台子油层、扶余和杨大城子油层代表性原油 *m/z*=191 质量色谱图

油主要包括黑帝庙油层二类原油和萨尔图油层、葡萄花油层、高台子油层、扶余和杨大城子油层的原油。

4）利用芳香烃化合物进行族群划分

根据原油芳香烃化合物分布的差异，可以将松辽盆地北部坳陷层原油分为两类（图 1-6-45）。一类是黑帝庙油层的第一类原油，另一类是黑帝庙油层的第二类原油、高台子油层和扶杨油层的原油。一类原油菲系列含量相对较低，而惹烯、三芳甾烷系列、甲基三芳甾烷系列和三甲基三芳甲藻甾烷系列含量相对较高；二类原油的菲系列含量相对较高，而三芳甾烷系列、甲基三芳甾烷系列和三甲基三芳甲藻甾烷系列含量相对较低。

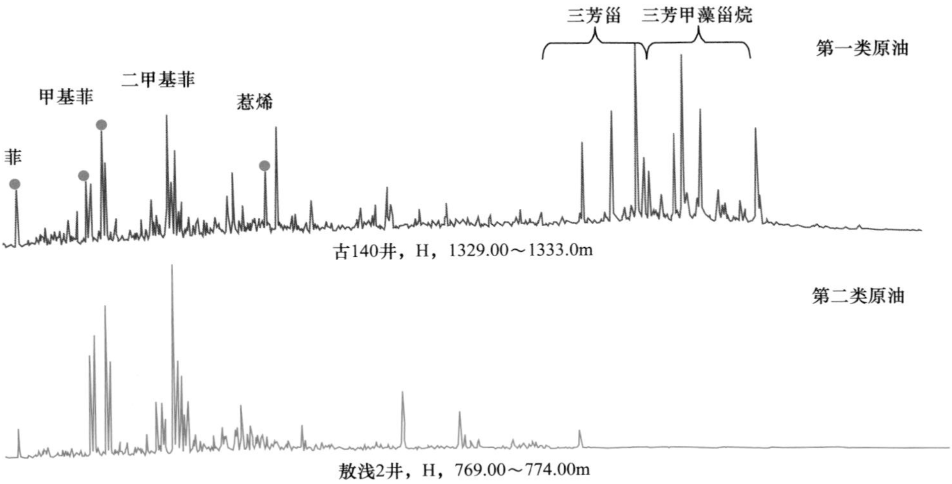

图 1-6-45　松辽盆地北部两类原油芳香烃色谱质谱的典型特征

2. 原油的来源分析

通过高温气相色谱分析、单体烃碳同位素分析、饱和烃的色谱—质谱（GC—MS）分析、芳香烃的色谱—质谱分析等方法研究了松辽盆地北部原油的来源，结果如下。

1）高温气相色谱对比

高温气相色谱是近几年发展起来的应用于油岩对比的新技术，以松辽盆地古龙凹陷黑帝庙油层为例，利用高温气相色谱分析讨论了原油的来源特征。根据高温气相色谱的峰形特征可将该地区黑帝庙油层的原油分成三类，油岩对比分析表明它们分别来自不同层系的生油层，特征如下（图 1–6–46）：

第一类原油正构烷烃呈三角形分布，主峰碳为 nC_{25}，在 nC_{34} 和 nC_{35} 之间有较高含量的甾萜类分布；nC_{40} 以后有明显的双峰，其组成是高分子长链烷基环戊烷。这类原油主要分布在古龙凹陷及龙虎泡阶地，油源对比结果表明这类原油主要来源于嫩一段生油岩。第二类原油正构烷烃呈钟形分布，主峰碳为 nC_{19} 和 nC_{23}，在 nC_{34} 和 nC_{35} 之间甾萜类分布不明显，C_{40} 以后的正构烷烃与异构烷烃成对出现，这类原油主要分布在长垣及长垣南，油源对比结果显示这类原油主要来自青山口组生油岩。第三类原油饱和烃中低碳数烷烃相对比例高，nC_{40} 以后无明显的双峰，这类原油的典型井是英 81 井、台 111 井、古 60 井和葡浅 20 井，油源对比结果表明这类原油来自青山口组和嫩一段生油岩的混源。

从各种来源的黑帝庙油层的原油平面分布规律看，来自嫩一段的原油 93% 位于鼻状构造上，成藏与构造有关。来自青山口组的原油 70% 位于向斜区构造的低部位或单斜上，成藏与岩性有关。

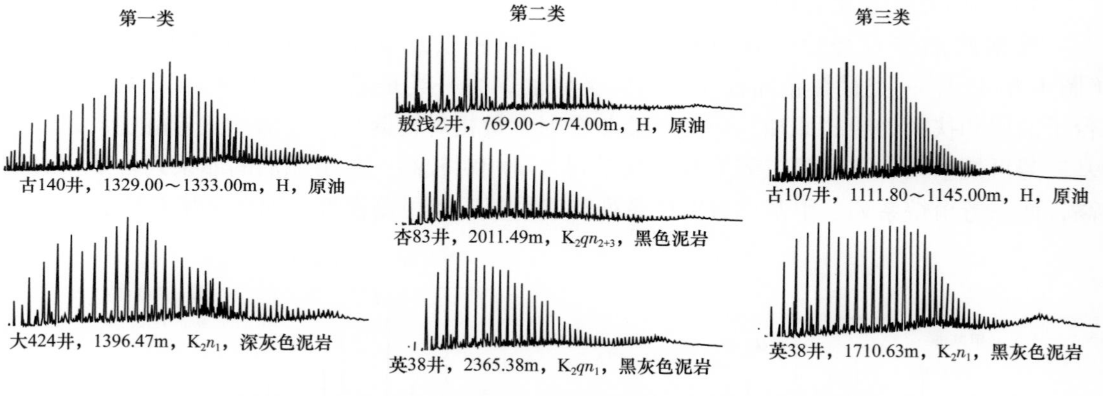

图 1–6–46　黑帝庙油层原油与典型烃源岩高温气相色谱对比图

2）单体烃碳同位素

利用原油单体烃碳同位素可以追溯其母质来源，进而可以进行油源对比。松辽盆地北部原油及潜在生油岩有机质单体烃碳同位素对比结果表明（图 1–6–47），原油的单体烃碳同位素普遍偏轻，原因可能是烃源岩在排烃后成熟度进一步增加或原油运移发生同位素分馏的结果。从油和烃源岩单体烃碳同位素分布形态看，黑帝庙油层的一类原油碳同位素轻，与嫩江组烃源岩较接近，反映油源以嫩江组为主；二类原油中以葡萄花、扶余油层为例，葡萄花、扶余油层原油的单体烃碳同位素分布与青山口组烃源岩的单体烃碳同位素分布形态较接近，反映了二者具有亲缘关系。

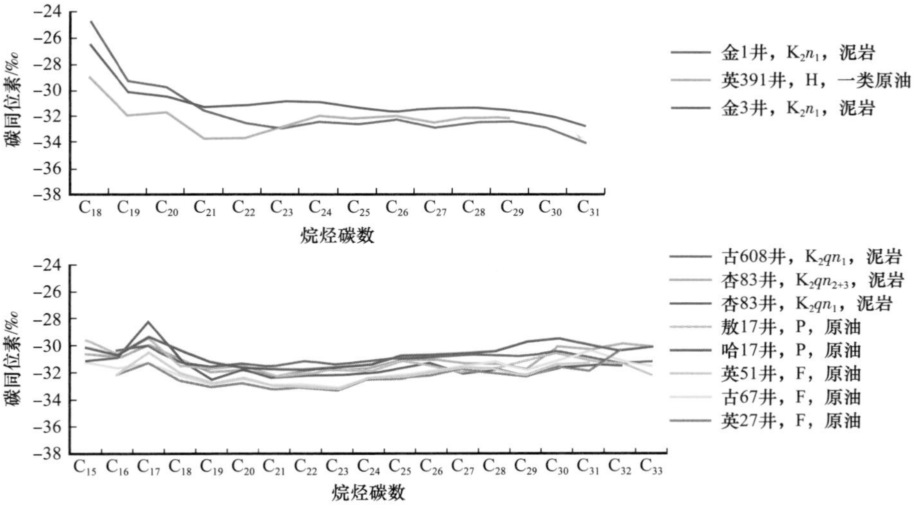

图 1-6-47　松辽盆地北部各类原油单体烃同位素油岩对比图

3）饱和烃生物标志化合物

饱和烃的色谱—质谱分析是油源对比的主要手段，在扶杨油层和黑帝庙油层都开展了相应研究，以黑帝庙油层和扶杨油层为例，探讨原油的来源特征。

对齐家北地区金 84 井扶余油层原油和金 82 井烃源岩的生物标志化合物进行了对比研究，结果表明原油和烃源岩存在很高的相似性（图 1-6-48）。在萜烷分布上，扶余油层原油和青一段烃源岩的三环萜烷含量、x 未知化合物含量、17α（H）重排藿烷含量、18α（H）-30- 降新藿烷含量相近；在甾烷分布上，扶余油层原油和青一段烃源岩 C_{27} 重排甾烷含量、$\alpha\beta\beta$-C_{27} 甾烷含量都较高。由于齐家北地区扶杨油层的原油与本地区青一段烃源岩相近，与齐家凹陷内部青一段烃源岩差别较大，说明齐家北地区扶杨油层原油

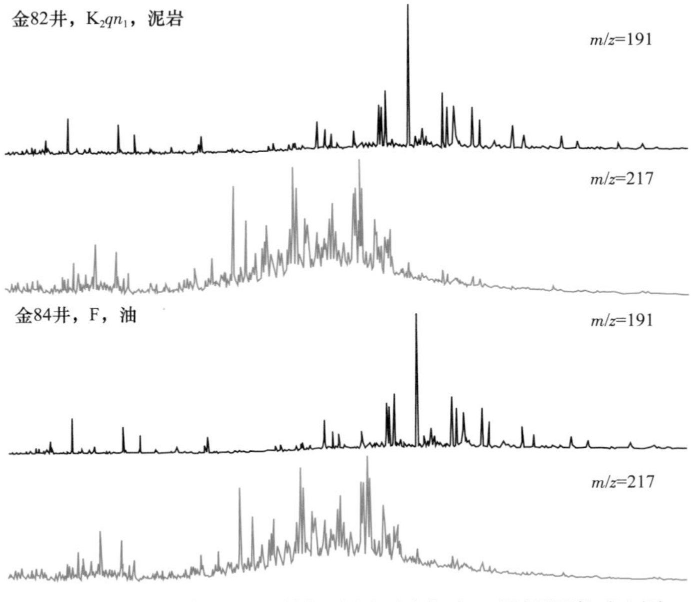

图 1-6-48　齐家北地区扶杨油层原油与青一段烃源岩对比图

主要来自本地区青一段烃源岩。

黑帝庙油层三类原油的来源分析表明，分布在古龙凹陷及龙虎泡地区的一类原油与嫩江组烃源岩具有相似的地球化学特征，即普遍都具有低三环萜烷、低伽马蜡烷，认为这类原油来源于嫩一段烃源岩。分布于长垣及长垣南的第二类原油与葡萄花油层的原油相似，饱和烃生物标志化合物特征与青一段烃源岩相似，都具有高的三环萜类、Ts＞Tm 和高伽马蜡烷的特征，认为该类原油来源于青一段烃源岩（图 1–6–49）。主要分布在古龙凹陷边缘、长垣及长垣南地区的第三类原油具有低三环萜系列、低伽马蜡烷和 Ts＜Tm 的特征，其芳香烃化合物具有高的三芳甾烷和三芳甲藻甾烷含量，与黑帝庙油层一类原油相近，而低惹烯含量与葡萄花油层的原油特征相近，由此认为该类原油来源于嫩一段和青山口组烃源岩的混源。

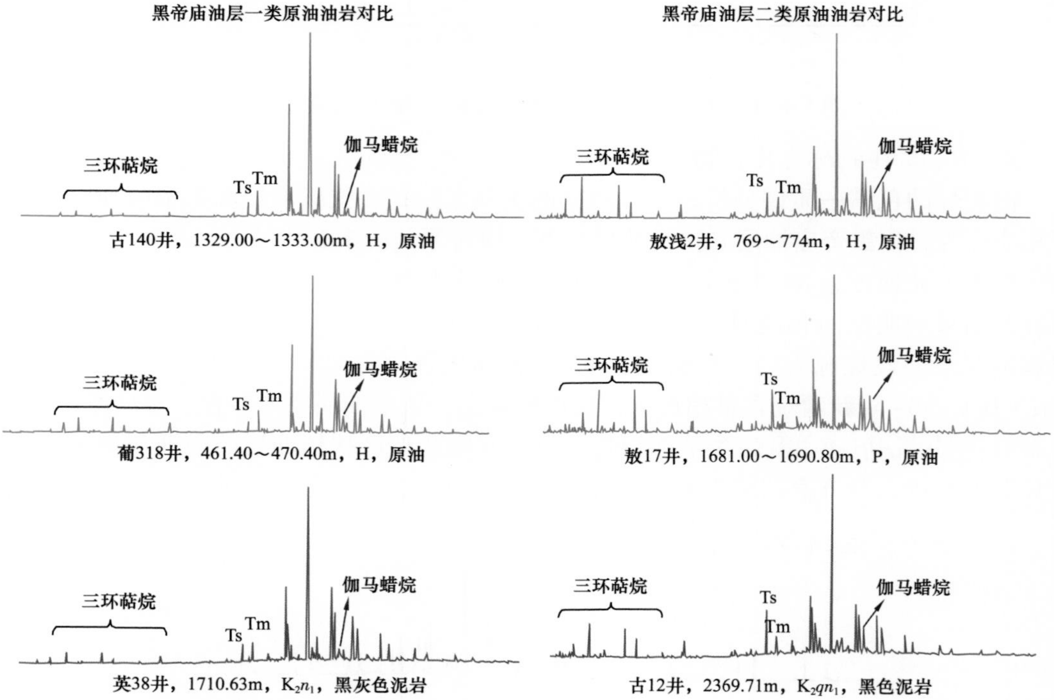

图 1–6–49　黑帝庙油层原油饱和烃色谱—质谱 m/z=191 油岩对比图

4）芳香烃化合物

通过芳香烃色谱—质谱进行油岩对比，结果表明松辽盆地北部高台子油层和扶余油层原油的三芳甾烷含量和甲基三芳甾烷含量均较低，一般低于 6%，而三甲基三芳甲藻甾烷 / 三芳甾烷比值和䓛系列化合物的含量相对较高，特征与青山口组烃源岩相近。黑帝庙油层一类原油的三芳甾烷含量和三芳甲藻甾烷系列含量较高，都大于 20%，可能是由于成熟度低的缘故，推断这类原油来源为嫩一段烃源岩。黑帝庙油层二类原油惹烯含量相对较低，仅含微量的三芳甾烷系列，该类原油与葡萄花油层原油的特征相近，都来源于青山口组烃源岩。第三类原油的三芳甾烷含量和三芳甲藻甾烷含量中等，菲相对含量高，惹烯相对含量低，推测该类原油为来源于嫩一段和青山口组烃源岩的混源原油（图 1–6–50）。

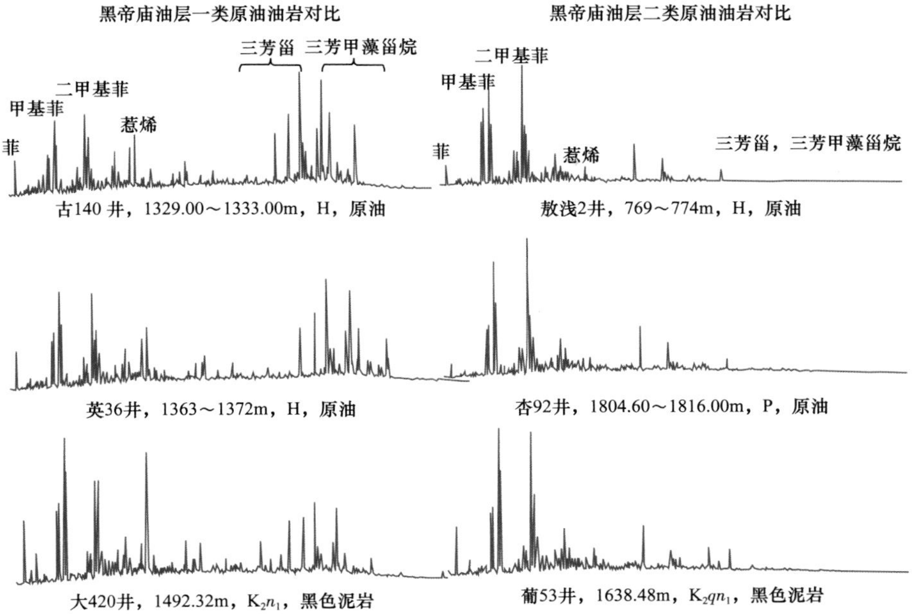

图 1–6–50　黑帝庙油层原油芳香烃油岩对比图

二、坳陷层天然气成因类型及来源

1. 天然气成因

通过天然气甲烷碳同位素与干燥系数成因类型识别图版（戴金星等，1992b），判定松辽盆地北部坳陷层天然气成因类型主要为原油伴生气，其他成因类型的天然气也有所分布（图 1–6–51）。不同油层天然气的成因类型分布存在差异，分述如下。

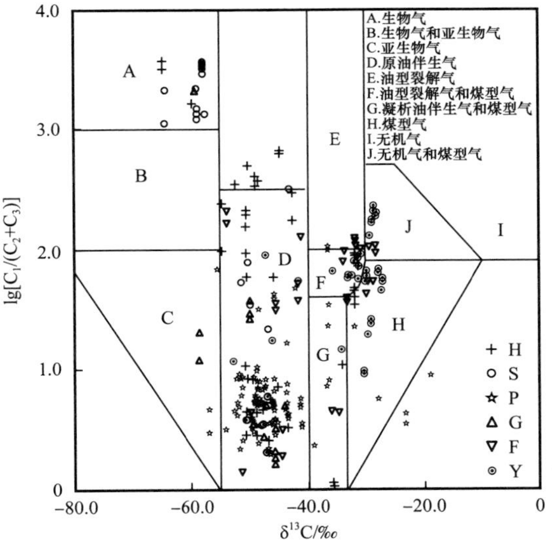

图 1–6–51　松辽盆地北部坳陷层天然气成因类型划分图（据戴金星等，1992b）

1）黑帝庙油层

天然气成因类型主要为原油伴生气和生物气。原油伴生气主要分布于白音诺勒、齐家—古龙地区、大庆长垣等，具有甲烷含量低、重烃气含量高、重烃系数大的特点。生物气主要分布在三肇凹陷的茂702井井区，其化学组成以甲烷为主，重烃气含量低，干燥系数大于1000。

2）萨尔图油层

天然气成因类型主要为原油伴生气，见少量生物气。原油伴生气主要分布在西部斜坡、龙虎泡阶地和齐家—古龙地区。生物气分布在西部斜坡区，代表井有富40、富42、富703、富708、江37、杜613、来63和来61井。

3）葡萄花油层

天然气成因类型主要为原油伴生气，见少量凝析油伴生气。天然气主要分布在古龙凹陷、龙虎泡阶地和大庆长垣。

4）高台子油层

天然气成因类型为原油伴生气。天然气主要分布在古龙凹陷、龙虎泡阶地、齐家凹陷、泰康隆起带等地区。

5）扶余和杨大城子油层

天然气成因类型主要为原油伴生气，见油型裂解气和煤型气，含少量凝析油伴生气。天然气主要分布在三肇凹陷、长春岭背斜带、古龙凹陷和绥化凹陷等。

利用天然气甲烷和乙烷碳同位素对松辽盆地北部坳陷层天然气的成因类型划分结果与上述结果大致相同。

2. 天然气来源分析

松辽盆地北部坳陷层天然气有生物成因气、油型气和煤型气等多种成因，反映盆地存在多套气源岩。根据有机质类型和热演化程度大体可以分为三套：即嫩二段、嫩三段及以上地层低成熟—未成熟的腐殖—腐泥型上部气源岩，嫩一段至青一段成熟的腐泥型中部油型气源岩，泉二段及其以下的腐殖型下部煤型气源岩。

根据甲烷碳同位素，通过 $\delta^{13}C_1$—R_o 的关系式可以判断气源岩的成熟度，实现间接推断天然气的来源。本次气源对比采用冯子辉（1991）[1] 建立的 R_o 与 $\delta^{13}C_1$ 相关方程，即 $\delta^{13}C_1=14.18\ln R_o-43.5$（油型气），$\delta^{13}C_1=5.41\ln R_o-33.25$（煤型气），结果如下。

黑帝庙油层天然气成因类型包括油型气和生物气。生物气主要分布在古龙凹陷，根据 R_o 与 $\delta^{13}C_1$ 回归方程推算，天然气 R_o 值在 0.2%～0.3% 之间，处于未成熟阶段，这与盆地上部气源岩成熟度相当，说明黑帝庙油层生物气主要来源于嫩三段、嫩四段气源岩。成熟的油型气主要分布在龙虎泡阶地、大庆长垣和古龙凹陷，天然气成熟度与盆地中部气源岩相当，主要来自下伏青山口组和嫩一段气源岩。

萨尔图油层天然气主要分布在西部斜坡区和泰康隆起带上，该区天然气大多数与生物降解油伴生，因而可能来源于该区浅部原油。龙虎泡阶地和古龙凹陷萨尔图油层天然气以油型气为主，甲烷碳同位素一般在 −54.13‰～−43.08‰之间，对应烃源岩的 R_o 为 0.50%～1.07%，与嫩一段和青山口组烃源岩的成熟度相当，说明萨尔图油层的天然气有自生自储的，即有来源于嫩一段烃源岩本身，也有来源于下伏青山口组的烃源岩。

葡萄花油层天然气成因类型为油型气和煤型气。油型气甲烷碳同位素为 −52.48‰～−42.08‰，对应烃源岩的 R_o 为 0.53%～1.10%，处于成熟阶段，反映油型气主要来源于下伏青山口组的烃源岩。煤型气主要分布在三肇凹陷和朝阳沟阶地，天然气甲烷碳同位素为 −31.94‰～−27.84‰，对应烃源岩的 R_o 为 1.2%～2.7%，处于高成熟—过成熟阶段，说明主要来源于下部煤型气源岩，属于深生浅储。

高台子油层天然气成因类型主要为油型气，甲烷碳同位素值在 −50.35‰～−43.71‰之间，对应烃源岩的 R_o 为 0.62%～0.98%，处于成熟阶段，反映天然气主要来源于自身的青山口组烃源岩。

[1] 冯子辉等，1991，松辽盆地天然气碳同位素与油气生成运移定量研究，内部资料。

扶余和杨大城子油层天然气成因类型主要为煤型气，其次为油型气。煤型气主要分布在三肇凹陷、长春岭背斜带和朝阳沟阶地等，甲烷碳同位素值在 –35.80‰～–25.97‰之间，对应烃源岩的 R_o 为 0.83%～2.94%，处于成熟—高成熟阶段，说明主要来源于深层气源岩，属于深生浅储。古龙凹陷和龙虎泡阶地扶余和杨大城子油层天然气主要为成熟油型气，碳同位素值在 –53.80‰～–42.59‰之间，对应烃源岩的 R_o 为 0.51%～1.06%，说明主要来自青一段烃源岩。

三、断陷层天然气成因类型及来源

1. 天然气成因类型

1）烃类气

徐家围子断陷天然气地球化学特征具有多样性和复杂性，烃类天然气碳同位素较重，且部分呈现出碳同位素反序的现象。因此，烃类天然气的成因是多年来一直争论的话题。国内一些学者认为（王先彬等，2006，2009），徐家围子断陷天然气碳同位素反序现象是无机成因的证据。

大庆油田研究院采用芳深 9 井幔源二氧化碳进行费托合成实验证实（李景坤等，2011），幔源合成的烷烃气碳同位素并不一定反序，因此不能说徐家围子断陷碳同位素反序的天然气具有无机成因特征。大庆油田研究院通过自己的研究发现，徐家围子断陷沙河子组泥岩和煤生成的烷烃气进行混合，可以导致天然气碳同位素反序，由此证实了徐家围子断陷烃类天然气为有机成因。

从来源于地幔的泉水逸出气的组成看，几乎都以二氧化碳为主，甲烷含量甚微。如五大连池泉水气 CO_2 含量达到 90% 左右，甲烷含量不到 0.1%；腾冲热海地热流体逸出气体 CO_2 含量大都超过 90%，甲烷含量大都低于 1%（上官志冠等，2000）；长白山天池火山区泉水逸出气 CO_2 含量大都超过 90%，在 14 个样品中甲烷最大含量为 5.71%，平均值为 1.2%（高玲等，2006）。因此，从地幔气体的组成看，烃类气体的数量不足以成藏，这与目前世界上尚未发现已经证实的无机成因烃类气藏的事实是相符的。由此推测，徐家围子断陷烃类天然气为无机成因的可能性并不大，该地区烃类气碳同位素反序是由于天然气的混合造成的。

徐家围子断陷已发现的断陷层天然气明显受烃源岩分布控制，断陷边缘烃源岩不发育的地区未发现大规模天然气聚集。断陷内储层普遍发现沥青（油裂解痕迹），边部埋深小于 3000m 的储层，多口井见到油，也是天然气有机成因的有力证据（表 1–6–17）。

表 1–6–17　断陷层原油的化学组成

井号	深度 / m	层位	族组成 /%				碳同位素 /‰	
			饱和烃	芳香烃	非烃	沥青质	饱和烃	原油
芳深 1	2926.0～2940.2	K_1d	86.3	8.5	5.0	0.2	–30.50	–30.23
芳深 2	2720.2～3038.4	K_1d	94.5	2.7	2.4	0.4	–31.00	–30.41
升深 1	2645.2～2824.2	K_1d	98.1	0.1	1.4	0.4	–27.40	–27.40
宋 3	2649.0	K_1sh	59.7	27.2	12.2	1.0	—	—

戴金星等（1992b）、张义纲等（1991）通过碳同位素和天然气组成编制的天然气成因类型图版，在国内被广泛应用于天然气成因类型划分及判断天然气的混合。

用甲烷碳同位素和天然气组成划分（图 1-6-52），徐家围子断陷天然气绝大多数为煤型气。安达和徐西地区天然气较干，徐中和徐东地区天然气明显相对较湿。用甲烷、乙烷碳同位素划分（图 1-6-53），安达地区天然气大多数为煤型气，碳同位素未发生倒转。徐中、徐东和徐南地区碳同位素倒转，表现为断陷层混合气特征，乙烷表现为油型气特征，说明在徐家围子断陷中部发育生烃潜力更大的腐泥型烃源岩。两种图版的划分结果并不矛盾，图 1-6-52 采用的甲烷碳同位素和天然气组成参数，无法判别天然气的混合。图 1-6-53 采用甲烷和乙烷碳同位素参数，把碳同位素倒转的 I 区确定为断陷层混合气，该混合气以煤型气为主。

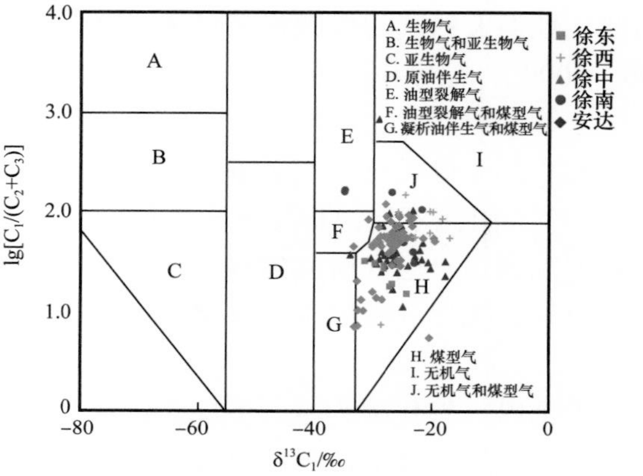

图 1-6-52　徐家围子断陷天然气成因类型划分图（据戴金星等，1992b）

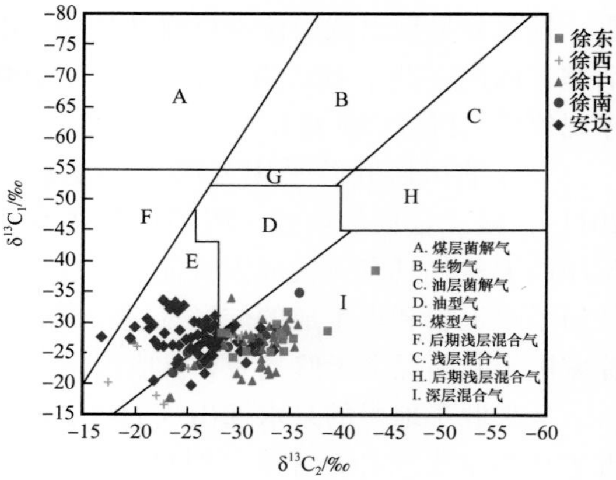

图 1-6-53　徐家围子断陷天然气成因类型划分图

综上所述，徐家围子断陷烃类天然气绝大多数为有机成因，以煤型气为主，来自不同烃源岩和不同成熟阶段的天然气混合现象极为普遍。

2）非烃气

目前普遍认为（戴金星等，1992），在天然气中含量大于 50% 的 CO_2 基本上是无机成因，含量大于 60% 的 CO_2 都是无机成因的。徐家围子断陷有 7 口井 CO_2 基本含量超过 60%（表 1-6-18），这些 CO_2 都是无机成因。

一般说来，无机 CO_2 有两种具体成因，一种是岩浆成因，即岩浆在上升过程中，由于温度和压力降低析出 CO_2；另一种是碳酸盐化学成因，即碳酸盐受热分解生成的 CO_2。下面从几方面具体分析。

国内外研究成果表明，上地幔来源 CO_2 的 $\delta^{13}C$ 值域为 -8‰～-4‰，海相碳酸盐热分解产生的 CO_2，$\delta^{13}C$ 值域为 -3.7‰～+3.7‰；沉积碎屑岩中碳酸盐胶结物或碳酸盐矿物分解产生的 CO_2，$\delta^{13}C$ 值域为 -15‰～-9‰。

徐家围子断陷不发育碳酸盐岩地层，没有海相碳酸盐热分解产生 CO_2 的物质来源，而且表 1-6-18 中天然气二氧化碳碳同位素值均在幔源气范围内，因此徐家围子断陷高含量的二氧化碳（含量大于 60%）来自地幔，为无机成因。

氦都是无机成因的。天然气中的氦有地幔成因和放射性成因两种。判别氦气成因一般采用氦同位素比值，即 $^3He/^4He$。上地幔成因氦 $^3He/^4He$ 的正常值为 1.2×10^{-5}。地壳中放射性成因氦的 $^3He/^4He$ 因岩石类型不同有很大变化，值域为 10^{-7}～10^{-9}，其典型值为 1×10^{-8}～3×10^{-8}。

芳深 9 井 2 个井段天然气中氦的 $^3He/^4He$ 分别为 3.9×10^{-6} 和 4.5×10^{-6}，介于两种成因氦的 $^3He/^4He$，推测应为两种成因氦的混合。用下式进行估算幔源氦占 34.9%。

$$幔源氦(\%)=\frac{\dfrac{^3He}{^4He_{样}}-\dfrac{^3He}{^4He_{壳}}}{\dfrac{^3He}{^4He_{幔}}-\dfrac{^3He}{^4He_{壳}}}\times100$$

表 1–6–18　徐家围子断陷高含量二氧化碳地球化学特征（括弧内数据是参加统计的样品数）

井号	层位	顶界深度 / m	底界深度 / m	CH_4 含量平均值 /%	CO_2 含量平均值 /%	CO_2 碳同位素平均值 /‰
芳深 701	K_1yc	3575.8	3602	19.31（12）	79.07（12）	—
芳深 9	K_1yc	3602	3632	15.95（9）	82.39（9）	–5.24（3）
芳深 9	K_1yc	3602.2	3620	15.11（1）	84.2（1）	—
芳深 9	K_1yc	3612	3632	9.73（1）	89.24（1）	—
徐深 10	K_1yc	3802	3812	3.76（4）	90.41（4）	–4.55（4）
徐深 19	K_1yc	3541	3573	4.59（3）	94.29（3）	–4.55（2）
徐深 19	K_1yc	3775.55	—	6.46（12）	93.02（12）	–5.29（4）
徐深 19	K_1yc	3778	3819	3.91（6）	94.97（6）	–4.57（2）
徐深 19	K_1yc	3813.5	—	35.33（1）	64.39（1）	—
徐深 19	K_1yc	3984	3995	3.34（3）	95.78（3）	–4.93（3）
徐深 28	K_1yc	4167	4201	9.25（6）	89.25（6）	–7.02（1）
徐深 28	K_1yc	4174	—	17.01（2）	80.73（2）	—
徐深 28	K_1yc	4271	4284.5	10.11（16）	88.23（16）	–7.19（2）
芳深 9–3	K_1yc	3601	3609	11.91（3）	87.14（3）	–4.52（1）
达深 X301	K_1yc	3623	3633	23.61（2）	75.23（2）	–5.95（2）
达深 X301	K_1yc	3751	3771	21.80（2）	74.79（3）	–6.50（2）

2. 天然气来源分析

天然气组成简单，包含的信息量少，尤其对于断陷层干气更是如此，这就使得气源对比的可用指标较少。另外，由于天然气具有易流动性，在地下的混合非常普遍，无法找到来源于单层气源岩的气藏（即使来源于单层气源岩，也无法确认，除非研究区只有一套气源岩）。因此，气源对比的难度大于油源对比。

松辽盆地北部断陷层共有 6 套地层，其中泉头组泥岩主要为红色，为氧化环境下的沉积物，有机质丰度较低，其生气量与其他层位相比可以忽略不计，因此在研究断陷层时只考虑5套气源岩，从上至下分别是登娄库组、营城组、沙河子组、火石岭组和石炭系—二叠系。

泥质气源岩比较致密，断陷层气源岩更是如此，外来天然气一般无法进入。因此，可以认为泥质气源岩中残留的气态烃为单一来源气。尽管可能与排出的气在组成上具有一定的差别（由于生成时间不同和排出过程中的组成分异），烃源岩中吸附气的某些指标仍然可以反映从该烃源岩排出的天然气的特征。所以，为了追溯气源，可以将烃源岩吸附气与天然气进行对比。

按照已经发现的松辽盆地北部断陷层天然气在平面上的分布，分3个地区（升平—汪家屯—兴城、昌德、肇州），共选取了41块烃源岩样品，对吸附气进行了气组分分析、烃气组分碳同位素分析和C_{5+}重烃组成分析。样品的选取最大限度地考虑了地区和层位，火石岭组暗色泥岩发育非常局限，因此只采集到1块样品。石炭系—二叠系样品未受以上3个地区的限制，采集了所有可以取到的烃源岩样品。

煤在松辽盆地北部断陷地层较为发育，单井最大累计厚度超过100m，是断陷层天然气的重要源岩。由于断陷层钻井遇到煤层很少取心，无法采集到煤岩样品。因此，在做岩石吸附气的断陷层岩石样品只包括泥岩，对断陷层天然气的来源分析及混合比例计算可能会产生一定影响。

从组分分析结果看，断陷层烃源岩中吸附气甲烷在烃类气体中的含量变化范围很大，从30%到100%，而且很大一部分吸附气C_2以上烃类气体含量超过5%，这与断陷层天然气的差别很大。在绝大部分断陷层天然气中，甲烷在烃类气体中的含量超过95%。造成岩石吸附气和天然气这一差别的原因可能是C_2以上烃类在岩石中吸附能力比甲烷强，不容易从烃源岩中排出。

从组分分析结果还可以看出另一个特点，即石炭系—二叠系烃源岩样品的吸附气组成相对较干。10块样品中只有2块吸附气中甲烷含量低于95%，这可能是因为石炭系—二叠系烃源岩热演化程度更高，C_2以上烃类绝大部分已经裂解的原因。

断陷层烃源岩吸附气甲烷碳同位素值分布范围比较宽，在−47‰～−16‰之间。其中碳同位素轻于−30‰的基本全部为二叠系四站板岩组样品，在该层位样品中只有3块碳同位素重于−30‰。在二叠系四站板岩组样品中，分布在徐家围子断陷以外地区的甲烷碳同位素较轻，徐家围子地区的有重有轻。徐家围子断陷烃源岩吸附气甲烷碳同位素的分布范围为−32‰～−16‰，与断陷层天然气甲烷碳同位素的主要分布范围比较接近，后者为−32‰～−18‰。按地区对比，吸附气和天然气甲烷碳同位素也比较接近。因此，断陷层天然气与断陷层烃源岩具有亲缘关系，也表明天然气从气源岩排出前后的碳同位素值变化不大。

由于松辽盆地北部断陷层天然气可能的烃源岩层多达5层，为了减少计算时会存在的多解性，计算混合比例需要的指标相对较多（最好多于5个）。对于断陷层天然气，一般常规气组分分析只能鉴定出C_4以前的烃类，可以利用的指标很少，无法用于计算天然气的混合比例。C_5以上烃类具有众多的异构体，可以组成用于气源对比的很多指标，适用于天然气混合比例的计算。C_5以上烃类在断陷层天然气中的含量甚微，在烃源岩吸附气中的相对含量也是如此，其绝对含量更低（因为制备的吸附气量很少），一般无法直接用气相色谱检测。因此，采用液氮冷冻的方法富集吸附气和天然气中的重烃，然后用气相色谱分析鉴定。

选取21块断陷层烃源岩样品进行了吸附气重烃分析，共检测到C_5—C_7之间20余种化合物（图1-6-54、表1-6-19）。天然气混合比例计算之前，首先要选取指标。为了最大限度地减小分析检测上的误差和天然气在运移过程中的组成分异对指标值的影响，应该用分子量相同或接近的化合物比值作为指标。如果各烃源岩层的指标相同，就无法得到混合比例。因此在指标选取上，尽量选用在不同层之间存在差别的指标。由于火石岭组只取到一块泥岩样品，其指标特征与沙河子组相近，把火石岭组与沙河子组视为一层。表1-6-20为各层烃源岩6个重烃指标和1个碳同位素指标的平均值。为了使平均值能够尽量客观地反映单层气的特征，求平均值时舍弃了个别偏离大多数检测值的数据。可以看出，各层烃源岩之间指标值具有一定差别。

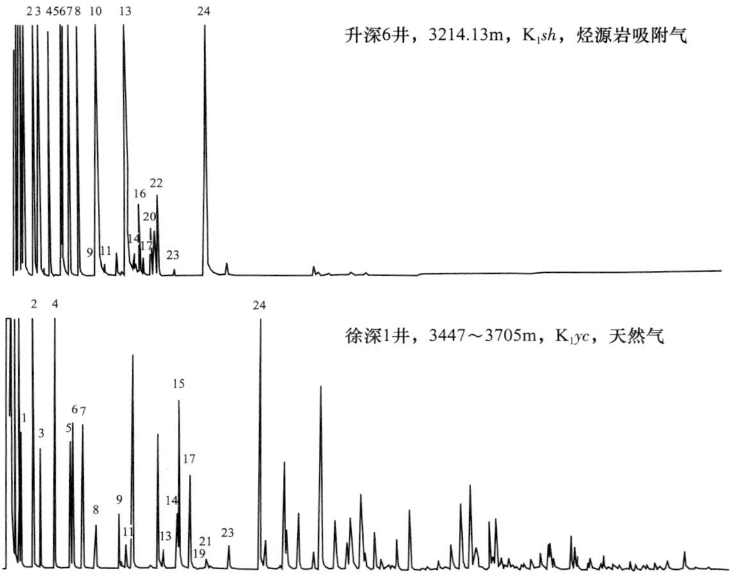

图1-6-54　典型天然气和烃源岩吸附气样品的重烃气相色谱图（化合物鉴定见表1-6-19）

表1-6-19　图1-6-54中所鉴定出的化合物

峰号	化合物	峰号	化合物	峰号	化合物
1	2，2-二甲基丙烷	9	2，2-二甲基戊烷	17	3-甲基己烷
2	异戊烷	10	甲基环戊烷	18	—
3	正戊烷	11	2，4-二甲基戊烷	19	1顺，3-二甲基环戊烷
4	2，2-二甲基丁烷	12	苯	20	1反，3-二甲基环戊烷
5	环戊烷	13	环己烷	21	3-乙基戊烷
6	2-甲基戊烷	14	2-甲基己烷	22	1反，2-二甲基环戊烷
7	3-甲基戊烷	15	2，3-二甲基戊烷	23	正庚烷
8	正己烷	16	1，1-二甲基戊烷	24	甲基环己烷

由于各指标具有加权性，已知比例的各单层气混合后，混合气的指标值可以通过计算得到。以一个固定的比例为间隔，人为地改变每个单层气所占的比例，可以得到很多假想的已知混合比例的天然气，然后根据各单层气所占比例和单层气的 7 个指标值，用加权平均的方法求出每种混合比例天然气的指标值。如果上述的比例间隔为 5%，可以得到 1770 种假想的已知比例混合的天然气和对应的 1770 组指标值。然后将天然气藏中未知混合比例的天然气样品的指标值与上述 1770 组指标对比，在规定误差范围内，选取与天然气样品最接近的一组指标，将对应的混合比例作为实际天然气的混合比例。

表 1-6-20　各气源岩层重烃指标平均值

层位	2/3	5/6	24/23	11/10	4/6	2/5	$\delta^{13}C_1$/‰
K_1d	1.76	1.03	7.44	9.10	1.17	4.00	−23.70
K_1yc	3.17	1.91	38.60	1.61	2.13	3.33	−25.82
K_1sh+Jhs_1	2.10	1.74	19.78	3.24	1.00	2.76	−26.47
P_3s	0.80	0.65	5.27	1.55	0.81	2.10	−30.70

从计算结果看（表 1-6-21），断陷层天然气主要来源于沙河子组，该地层提供的比例最大可达 99%。不同地区石炭系—二叠系对断陷层天然气的贡献比例差异较大，在芳深 1 井和芳深 2 井天然气中，石炭系—二叠系提供的比例大于 80%。

表 1-6-21　断陷层天然气混合比例计算结果

井号	深度 /m	层位	各层烃源岩提供的比例 /%			
			K_1d	K_1yc	K_1sh+Jhs_1	C—P
芳深 1	2926～2940.2	K_1d_3	10.97	1.22	2.56	85.25
芳深 2	2768.8～3038.4	K_1d_3	10.68	1.65	3.66	84.01
芳深 4	2823.6～3229.8	K_1d_3	42.08	11.34	20.59	25.99
芳深 5	3045	K_1d_2	23.90	1.10	70.00	5.00
芳深 6	3210.4～3409.8	K_1d_1—K_1yc	22.00	8.00	65.00	5.00
芳深 8	3546～3723	K_1yc—K_1sh	0.00	4.71	82.18	13.11
升深 1	2727.4～2824.2	K_1q_1—K_1yc	12.10	1.76	85.08	1.06
卫深 501	3197～3207	K_1d_1	37.88	9.93	23.69	28.50
徐深 1	3447～3705.2	K_1yc	0	0.11	99.09	0.80

第七章 储 层

《中国石油地质志》首版完成后，松辽盆地北部储层研究的进展主要集中在20世纪90年代和21世纪初的一批研究成果中，重点体现在四个方面：一是对于松辽盆地坳陷期砂岩类储层的研究，增加了致密储层压实作用和胶结作用定量评价内容，按新的行业标准划分成岩阶段；二是新增了火山岩储层研究成果，主要包括火山岩储集岩石类型、火山岩储集空间组合及储集性能、火山岩储层成岩主控因素分析、火山岩储层分类与评价；三是增加了断陷期砾岩储层研究成果，包括砾岩岩石学特征、孔隙类型与孔隙结构、储层物性及控制因素、储层分布与评价；四是泥页岩研究成果，包括泥页岩宏观储集特征、泥页岩的物性特征和泥页岩微观储集特征。坳陷期砂岩类储层研究成果大部分已收入2009年出版的《松辽盆地陆相石油地质学》中；火山岩储层研究成果大部分已收入2016年出版的《松辽盆地北部火山岩储层特征及成岩演化规律》中；断陷期砾岩储层和青山口组泥页岩储层研究成果主要应用内部研究成果。

第一节 储 层 类 型

松辽盆地以陆相湖盆沉积为主，由于陆相环境碎屑来源的复杂性、沉积相态的多样性，以及后生成岩作用的影响，发育了各种类型的储层，为油气成藏提供了储集空间。松辽盆地储层包括常规砂岩储层、致密砂岩储层、泥页岩储层、致密砂砾岩储层、碳酸盐岩储层、火山岩储层和基岩裂缝型储层，层系从中生界到上白垩统均有分布，以白垩系砂岩储层为主，范围大、层系多。

油气勘探结果显示，松辽盆地从浅至深共发育12个含油气层（表1–7–1），其中坳陷沉积6个含油气层，以产石油为主；断陷沉积（包括基岩）5个含油气层，以产天然气为主。坳陷沉积中储层岩石类型主要为粉砂岩和细砂岩，局部地区还发育湖相碳酸盐岩和泥岩裂缝储层；断陷沉积中储层岩石类型复杂，碎屑岩类有砂岩、砾岩以及二者的过渡岩类，此外还有火山岩和基岩裂缝型储层。储层在空间分布上，由于受构造发育特征的影响，坳陷沉积和断陷沉积的储层分布明显不同，其中受湖盆大小和物源方向等多种因素的控制，坳陷沉积中储层空间展布也明显不同。

表 1-7-1　松辽盆地储层与含油气组合表

地层				储层厚度/m	油气层	油气组合	储层岩石类型及孔隙类型
系	统	组	段				
第四系 Q				＜50			
新近系 N		泰康组 N_2t					
		大安组 N_1d					
古近系 E		依安组 $E_{2-3}y$					
白垩系 K	上白垩统 K_2	明水组 K_2m	K_2m_2	＜120		浅部含油气组合	砂岩、砾岩；原生粒间孔隙
			K_2m_1				
		四方台组 K_2s		＜140			
		嫩江组 K_2n	K_2n_5	＜180		上部含油气组合	砂岩；原生粒间孔隙
			K_2n_4		黑帝庙		
			K_2n_3	＜70			
			K_2n_2	＜60			
			K_2n_1	＜100	萨尔图	中部含油气组合	砂岩，局部为湖相碳酸盐岩和泥岩裂缝；砂岩以原生孔隙为主，其次为缩小粒间孔和次生孔隙，湖相碳酸盐岩以次生孔隙为主
		姚家组 K_2y	K_2y_{2+3}	＜50			
			K_2y_1	＜40	葡萄花		
		青山口组 K_2qn	K_2qn_{2+3}	＜240	高台子		
			K_2qn_1	＜30			
	下白垩统 K_1	泉头组 K_1q	K_1q_4	＜50	扶余	下部含油气组合	砂岩；原生孔隙、缩小粒间孔和次生孔隙
			K_1q_3	＜100	杨大城子		
			K_1q_2	＜100		深部含油气组合	火山岩、砂岩、砾岩；火山岩为原生气孔、裂缝和风化淋滤形成的次生孔隙；砂岩主要为缩小粒间孔，有利储层孔隙为次生孔隙，其次为缩小粒间孔和正常粒间孔；砾岩为裂缝和砾间砂质内孔隙
			K_1q_1	＜120	泉一段		
		登娄库组 K_1d	K_1d_4	＜100			
			K_1d_3	＜160	登三段		
			K_1d_2	＜140			
			K_1d_1	＜50	登一段		
		营城组 K_1yc		＜400	营城组		
		沙河子组 K_1sh		＜360	沙河子组		
		火石岭组 K_1hs	K_1hsl				
石炭系—二叠系 C—P			基底	＜300	基底		基岩风化壳；以裂缝为主

第二节　坳陷期砂岩类储层

一、砂岩分布

1. 常规砂岩分布

1）黑帝庙油层

嫩江组二段至四段沉积时期，东部物源体系对盆地沉积影响最大，始终是主要的物源供给区，主要发育朵状及鸟足状河控型三角洲，整体控制黑帝庙油层东部砂岩比西部发育。在松花江和嫩江以南湖相发育区，砂岩累计厚度通常小于80m，砂地比为10%～20%；在江北河道比较发育的地区，砂岩厚度达到120m以上，个别地区达到200m以上（图1-7-1），砂地比为40%～60%；在三角洲前缘相（江北），砂岩厚度主要介于80～120m，砂地比为20%～40%（侯启军等，2009）。

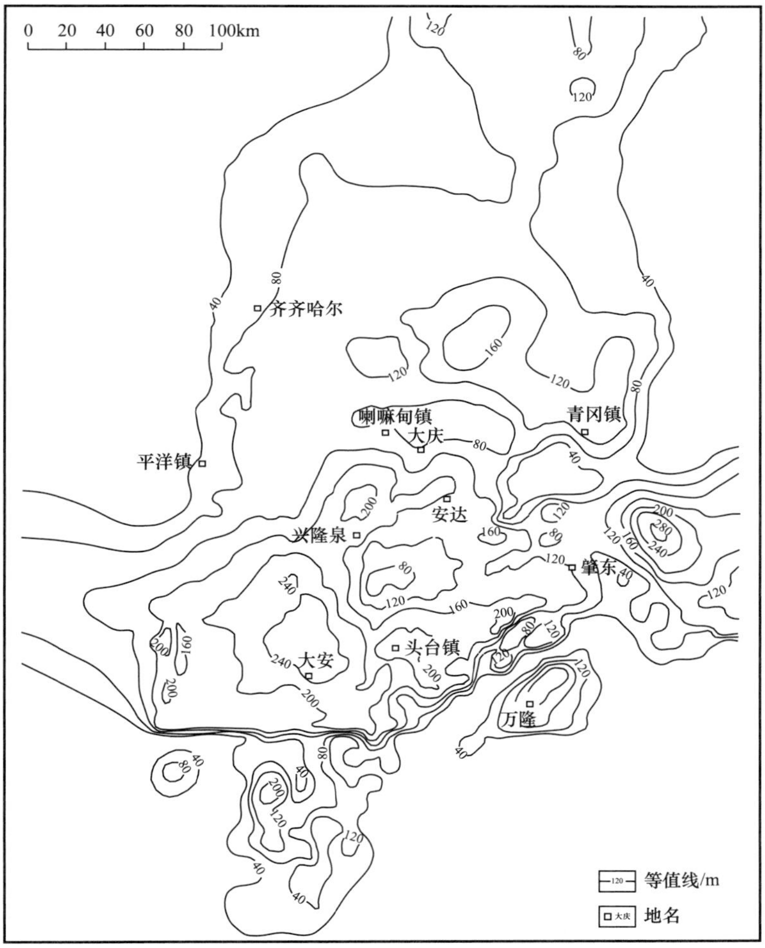

图1-7-1　黑帝庙油层砂岩等厚图

2）萨尔图油层

姚家组二段、三段沉积时期整体上是以北部水系为主要物源，发源于讷河、北安地区的水系并列形成统一的三角洲平原，砂岩厚度受北部物源区和沉积相控制更明显。在安达以南的三肇等湖相发育区，砂岩累计厚度通常小于30m，砂地比为10%～20%；在河道比较发育的盆地北部地区（大庆以北），砂岩厚度达到60m以上，个别地区达到100m以上，砂地比为40%～60%；在三角洲前缘相（安达北、大安西等地），砂岩厚度主要介于30～60m（图1-7-2），砂地比为20%～40%。

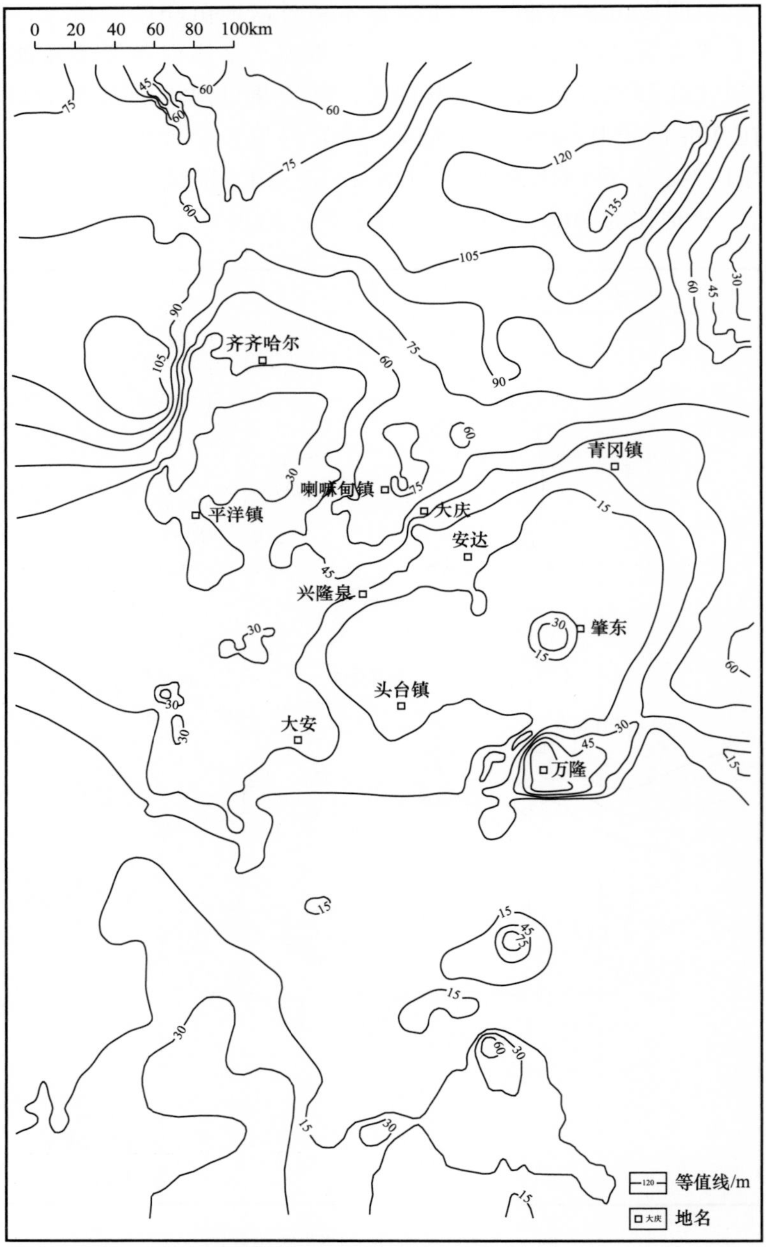

图1-7-2　萨尔图油层砂岩等厚图

3）葡萄花油层

葡萄花油层沉积时期具多物源、多沉积体系分布特点，地层整体呈中间厚、边部薄的分布特征，控制了葡萄花油层储层的发育。葡萄花油层砂岩发育程度明显不如萨尔图油层，砂岩厚度通常小于20m，局部达到40m以上。沉积相对砂岩厚度的控制作用明显，三肇北部等湖相发育区，砂岩累计厚度通常小于10m，砂地比小于30%；在河道比较发育的安达以北地区，砂岩厚度通常大于20m，个别地区达到40m以上，砂地比为40%～70%，局部达到90%；在三角洲前缘相，砂岩厚度主要介于10～20m（图1-7-3），砂地比为20%～40%。

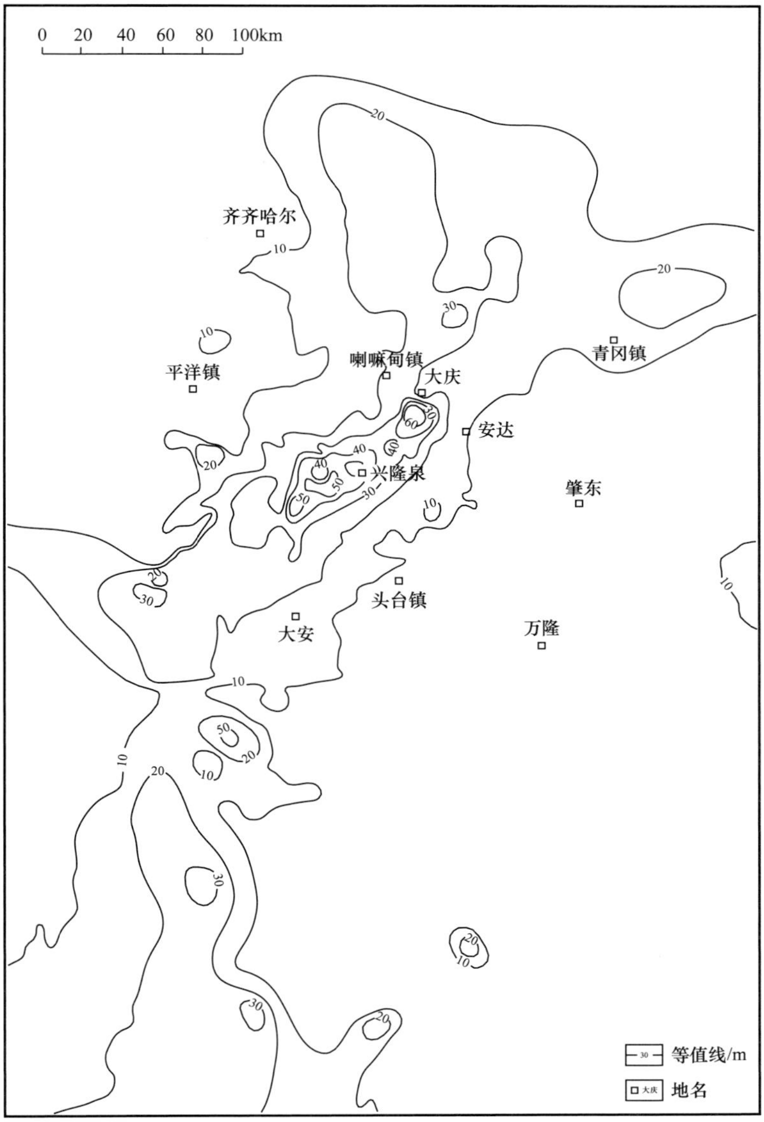

图1-7-3　葡萄花油层砂岩等厚图

4）高台子油层

高台子油层砂岩非常发育，砂岩厚度与沉积相的关系非常明显。北部三角洲向南推进至杏树岗地区，其主体部位在黑鱼泡地区，砂岩厚150～250m。在河道发育的方向（大庆以北），砂岩累计厚度一般超过150m，砂地比达到40%～60%；在安达以北湖相区，砂岩厚度小于50m，砂地比低于15%；其他沉积相区，砂岩累计厚度为50～150m（图1-7-4），砂地比为15%～40%。

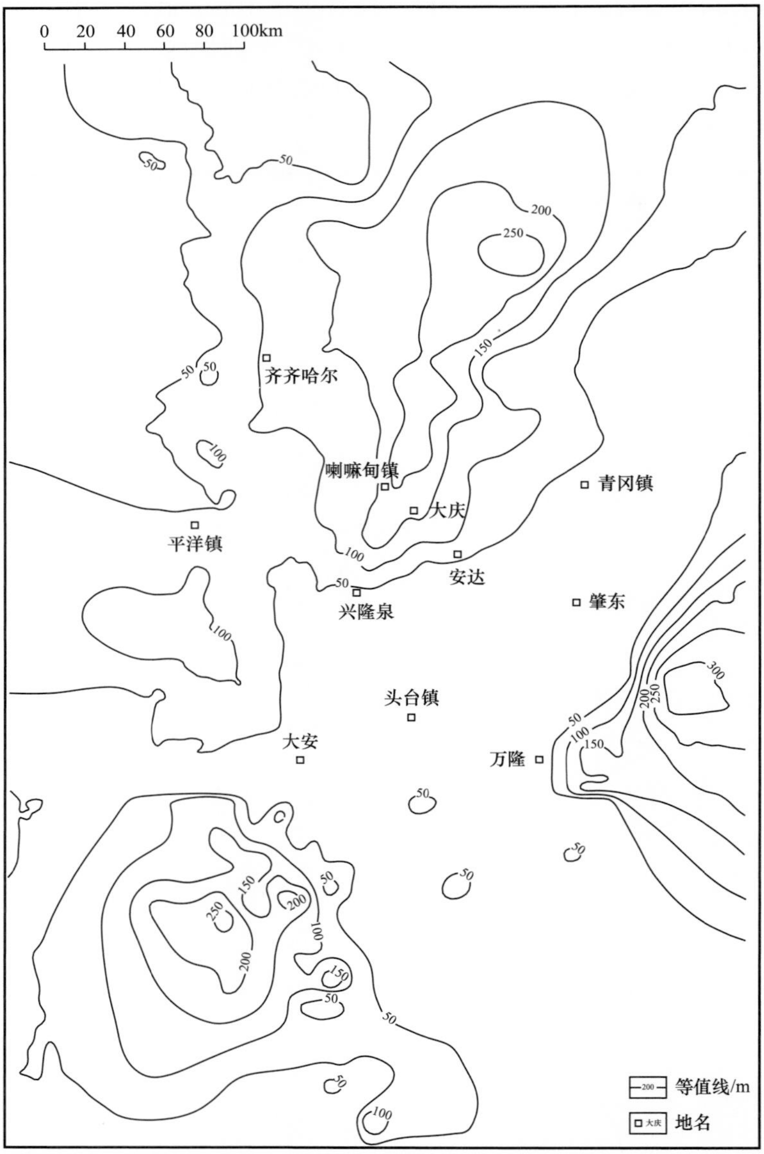

图1-7-4　高台子油层砂岩等厚图

2. 致密砂岩分布

1）扶余油层

泉头组三段沉积晚期至四段沉积时期，盆地周边发育六个水系。南北长轴方向发育讷河水系、拜泉水系、通榆水系和长春水系共四个源远流长的大型主体水系，控制着松辽盆地沉积作用，以三角洲平原相和河流相砂岩为主，具有多物源。扶余油层砂岩发育厚度受沉积相控制明显，在盆地最北部克山地区为洪积相，砂岩厚度最大，达到 40m 以上；在河流相分布区（大庆以北），砂岩厚度为 30～40m；在三角洲及湖相地区（大庆以南）砂岩厚度为 10～20m（图 1-7-5）。

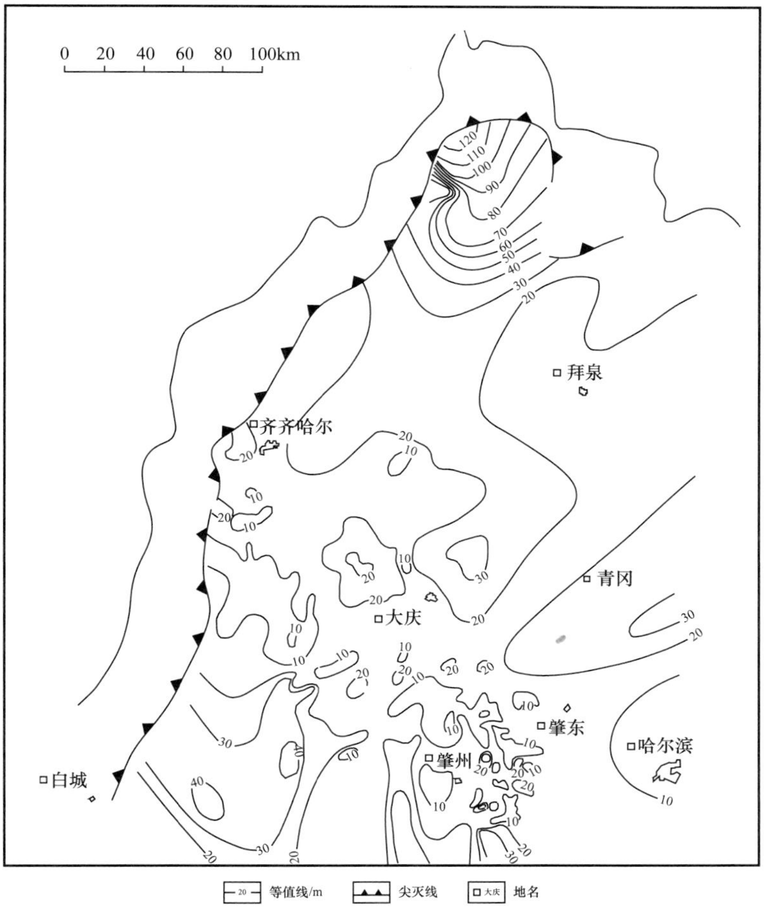

图 1-7-5 扶余油层砂岩等厚图

2）杨大城子油层

泉头组三段沉积中早期物源与泉头组三段沉积晚期至四段沉积时期基本一致，物源主要为北部和西部，以三角洲平原相和河流相为主，控制了砂岩分布。杨大城子油层砂岩比较发育，在大庆长垣以东及以西大部分地区砂岩厚度超过 50～60m，在克山、拜泉一带砂岩厚度达到百米以上，砂岩厚度与沉积相关系密切（图 1-7-6）。

3）登娄库组三段

登娄库组三段沉积时期主要发育东北、北部、西北和东南四大物源，在其边缘形成了三个洪积体，控制了该期的沉积体系和砂岩分布。沉积相以冲积扇相和扇三角洲相为主，其次为湖相、三角洲相和泛滥平原相。钻井揭示登娄库组三段砂岩比较发育，累计厚度通常在 40～120m 之间，丰乐—五里明地区厚度超过了 120m（图 1-7-7），砂地比一般介于 25%～40%。岩石薄片分析其粒度为 0.10～0.30mm，主要为细砂岩。砂岩粒度明显变粗，粗砂占 2%，中砂占 13%，细砂占 47%，粉砂占 23%，黏土占 14%。

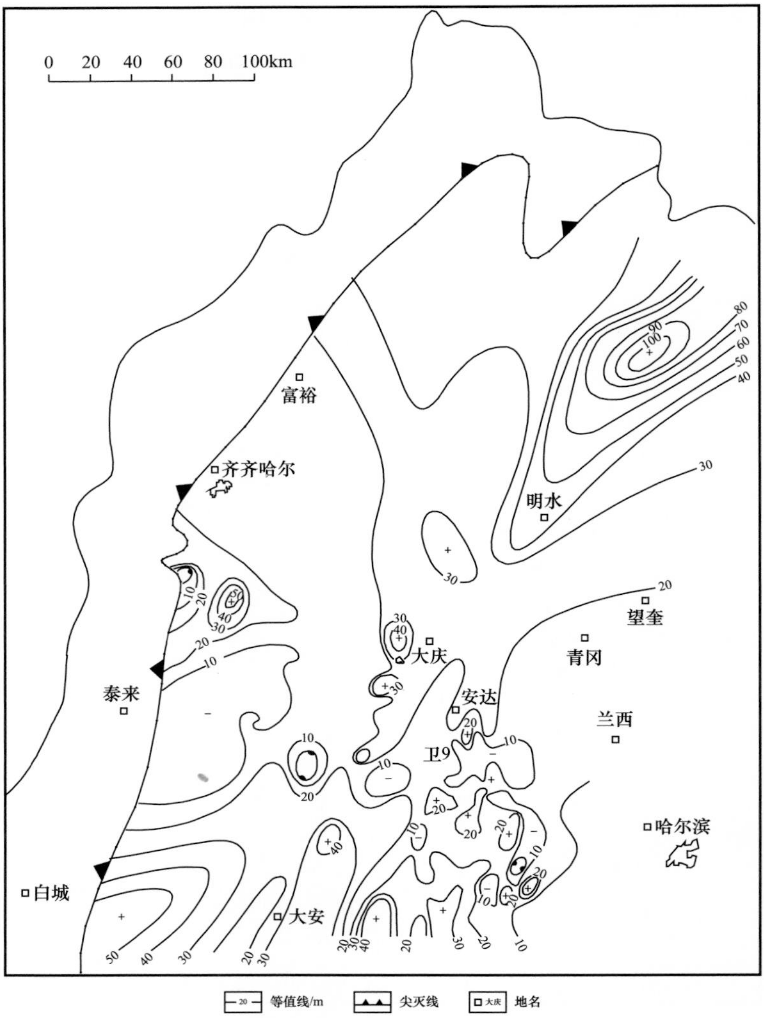

图 1-7-6 杨大城子油层砂岩等厚图

二、砂岩岩石学特征

1. *碎屑成分与岩石类型*

松辽盆地砂岩碎屑主要由石英、长石、岩屑组成，有少量云母和重矿物。碎屑粒级以粉砂和细砂为主，少量中砂及粗砂。

石英含量一般为 28%～40%，以单晶石英为主，普遍含有排列无定向的微小气液包裹体和固相包裹体（如电气石、磷灰石和黑云母等），反映了碎屑石英多为酸性岩浆岩风化崩解后的产物。

长石含量一般为 27%～45%，以酸性斜长石和正长石为主，中部含油气组合常规砂岩长石含量最高。长石是相对不稳定的矿物，一般当气候干燥、以物理风化作用为主，剥蚀、搬运和堆积速度较快，且搬运距离较短时才能大量保存下来。松辽盆地砂岩长石高含量是陆相河湖沉积的特征。

岩屑含量一般为 18%～40%，个别可达 10% 或 50%，不同地层砂岩中的岩屑含量有

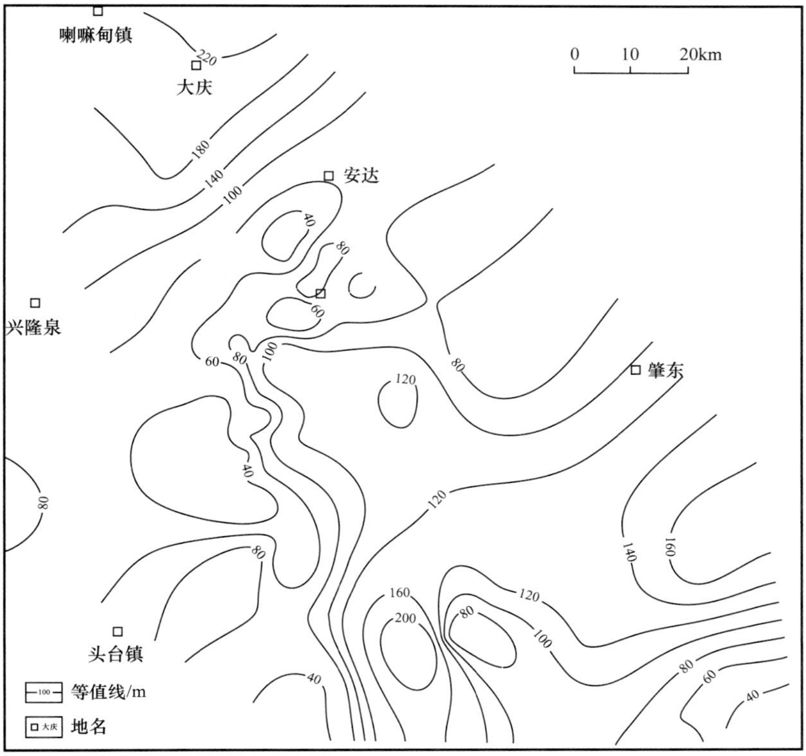

图 1-7-7　松辽盆地北部登三段砂岩等厚图

所差别，从中部常规储层到下部致密油储层再到深部致密气砂岩储层，岩屑含量逐渐增多。岩屑成分以酸性喷发岩为主，占岩屑总量的 80% 以上，其余为安山岩、花岗岩、千枚岩、板岩、片岩及沉积岩等。

根据薄片定名统计，松辽盆地砂岩岩石类型主要为长石岩屑砂岩、岩屑长石砂岩和长石砂岩，少量岩屑砂岩（图 1-7-8）。

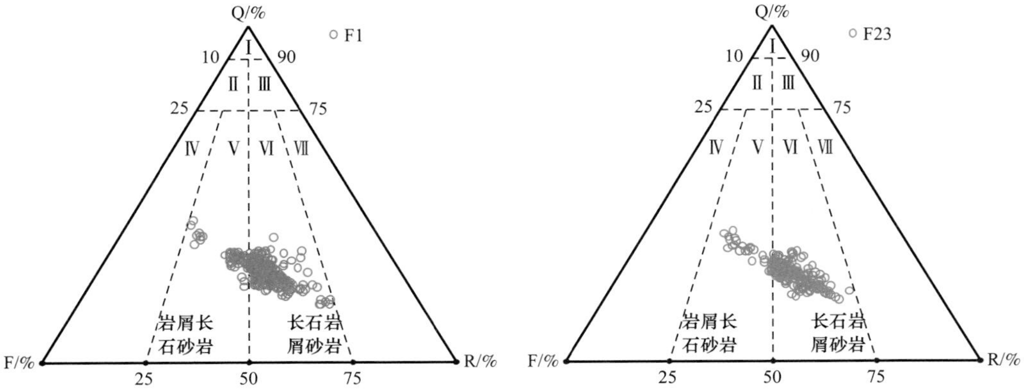

图 1-7-8　扶余油层储层砂岩类型三角图

常规砂岩储层主要分布在中部组合萨尔图、葡萄花、高台子油层，长石含量相对较高，长石砂岩和岩屑长石砂岩比例也相对较高。致密油储层主要分布在下部含油气组合扶余和杨大城子油层，岩屑含量通常要高于中部含油气组合。致密气储层主要分布在泉头组一段及以下的深部含油气组合，岩屑含量更高，主要岩石类型为长石岩屑砂岩和岩屑砂岩。

2. 填隙物

填隙物是指碎屑之间的充填物质，包括杂基和胶结物。

1）杂基

是砂岩中小于0.03mm的非化学沉淀颗粒，也叫基质。杂基的主要成分为陆源黏土矿物和细小的碎屑颗粒，如石英、长石、云母等。松辽盆地砂岩中杂基主要为泥质杂基和碳酸盐杂基两种。泥质杂基主要由各种陆源黏土矿物组成，在扫描电镜下常见的是碎屑伊利石，晶体形态为叶片状单晶，似六边形晶体，晶体的边缘因受磨蚀而不整齐，略呈圆化的花边状或花边饼干状，晶体厚度小于0.1μm，直径为0.5～1.5μm。此类叶片状伊利石的集合体常近于平行碎屑颗粒表面呈鳞片状排列，并贴附于其表面上。

碳酸盐杂基又称泥碳酸盐，主要为菱铁矿微晶集合体呈不规则的团块状填隙于粒间，有的与泥质杂基相混。其分布基本局限于水下低能环境（如湖湾）的砂岩中，呈凝块状零星分布。

杂基存在于各类砂岩储层中，但在致密油和致密气储层中，由于成岩作用较强，泥质和碳酸盐杂基往往具重结晶，向自生矿物转化。

2）胶结物

主要是成因作用条件下生成的化学沉淀物质和化学交代生成的物质，并对碎屑成分起着胶结作用的各种自生矿物。松辽盆地砂岩自生胶结物主要有以下几种。

（1）硅质胶结物：自生石英和长石常呈碎屑颗粒的次生加大边或在孔隙内呈自形晶体产出，一般多出现在原生粒间孔隙发育的砂岩内，即在含泥质杂基填隙物少的砂岩内或砂岩中含泥少的部分。在松辽盆地随着埋藏深度的增加，砂岩中石英和长石的次生加大和再生胶结也明显增强，因此在致密油和致密气储层中，硅质胶结物非常普遍。

（2）自生黏土矿物：主要有蒙皂石（S）、高岭石（K）、绿泥石（Ch）、自生伊利石（I）、蒙皂石—伊利石混层（S/I）、蒙皂石—绿泥石混层（S/Ch）6种。总的来说，常规砂岩中黏土矿物总量不高，碎屑伊利石和自生黏土矿物总量一般为6%～9%，部分地区和层段含量大于10%。随着深度增加、成岩作用增强，蒙皂石和高岭石逐渐转化为其他类型黏土矿物。

（3）碳酸盐：主要为方解石和铁白云石。方解石在常规砂岩储层中一般含量较少，多在1%，仅在个别地区及层段含量稍高（小于10%），如含量过高则不能成为储层。铁白云石在致密油储层（如扶余油层）的滨浅湖相砂岩中常见。

（4）硫酸盐：为重晶石和硬石膏，仅出现在部分地区中部及下部组合的某些层段内，一般含量很低，在1%～2%之间，零星分布。

（5）浊沸石：主要分布在埋藏较深的致密气砂岩储层中，下部组合仅见于杨大城子油层底部致密油储层砂岩内。在泉一段、泉二段及登三段、登四段砂岩中较发育，一般含量为2%～8%，部分可达10%～18%。浊沸石是深层致密气砂岩主要胶结物之一。

3）填隙物产状和岩石胶结类型

砂岩胶结类型主要有再生式、接触式、孔隙式、薄膜式、充填式等。当砂岩中自生石英较多时为再生式。扶余、杨大城子油层砂岩及深部组合砂岩常具此种胶结类型。砂岩中泥质杂基和胶结物均很少时为接触式胶结，中部组合萨尔图、葡萄花、高台子油层砂岩常具此种胶结类型。自生高岭石多为粒间充填物，呈孔隙式胶结，其他黏土矿物多呈套膜状包围颗粒表面，呈薄膜式胶结。方解石和浊沸石常溶蚀交代长石或岩屑颗粒并充填孔隙，在砂岩中分布不均匀，多呈斑块状局部富集，呈孔隙式或充填式胶结。

三、孔隙类型与孔隙结构

1. 储层孔隙类型划分

在储层孔隙类型划分上，一般遵循以下原则，一是反映不同沉积、成岩阶段所形成孔隙的差别；其次是反映不同类型孔隙在成因上的联系，并注重适用和易于识别；同时规定使孔隙减小的无机成岩作用和机械压实成因的孔隙为原生孔隙，使孔隙增加的有机成岩作用和其他过程成因的孔隙为次生孔隙，两个过程都发生的为混合成因孔隙。按上述原则可将松辽盆地含油气储层中的孔隙分为三种成因类型 9 个亚类。

1）原生孔隙

原生孔隙包括 3 类，分别是原生（或正常）粒间孔隙、缩小粒间孔隙、黏土矿物晶间孔隙。

原生粒间孔隙：沉积期间由碎屑颗粒和杂基之间构成的孔隙空间为正常粒间孔，是机械压实作用的产物。砂岩的原始孔隙度一般可以达到 40% 以上，粒度、分选、颗粒球度、圆度、排列方向和杂基填集情况等因素对原始粒间孔隙影响很大。若砂岩分选差，在大颗粒中充填了小的颗粒或较多的杂基，孔隙度则明显下降；若砂岩分选好而又缺乏杂基充填时，孔隙度较高。在中上部常规砂岩储层中以该类孔隙为主。

缩小粒间孔隙：正常粒间孔隙在砂岩进入以胶结作用为主的成岩期后，一些自生矿物（主要为自生石英、方解石、浊沸石和伊利石等黏土类矿物）沉淀于颗粒表面或向孔隙内生长，使粒间孔隙不断缩小。致密油和致密气储层该类孔隙比例明显增加，甚至达到以该类孔隙为主。

黏土矿物晶间孔隙：由于黏土矿物晶体非常小，矿物晶体之间的孔隙最大的个体也仅有几微米（如高岭石晶体），构成的孔隙空间也很小，因此对于黏土矿物晶间孔隙这类微孔隙很难做到定量统计。黏土矿物在砂岩中的绝对含量与微孔隙的含量有正相关关系，因此原始沉积条件是控制黏土矿物晶间孔隙数量的最主要因素。黏土矿物的含量和产状对储层性质也有较大的影响，例如，高孔低渗储层或具有较高束缚水孔隙度的砂岩往往与黏土矿物的含量和产状有关：如果有少量黏土矿物分布于连通的孔隙喉道中，虽然对孔隙度影响不大，但对砂岩的渗透性影响很大；如果有较多的黏土矿物充填孔隙，束缚水孔隙度一定很高。该类孔隙在常规储层、致密油和致密气储层中均常出现，与黏土矿物含量密切相关。

2）次生孔隙

次生孔隙在松辽盆地各油气层均有分布，主要包括粒内溶孔、铸膜孔、胶结物溶孔和裂缝孔隙。其中朝长地区扶杨油层次生孔隙最发育，以粒内溶孔、铸膜孔及混合成因的溶蚀扩大粒间孔隙为主；升平和汪家屯地区登娄库组浊沸石胶结物溶孔最发育，构成气藏主要储集空间；徐家围子沙河子组部分层段砂砾岩发育凝灰质填隙物溶孔。

粒内溶孔：砂岩不稳定碎屑颗粒（主要为长石，少量岩屑）内部被部分溶蚀而产生的孔隙，是识别次生孔隙的主要标志。

铸膜孔：粒内溶孔进一步发展，使原来组分完全被溶蚀掉，仅残留颗粒外部形状的孔隙空间。最常见的是长石颗粒组分被全部溶蚀后，残留长石颗粒表面上的黏土套膜所显示出的原颗粒的形貌。

胶结物溶孔：颗粒间充填的胶结物被部分或全部溶蚀后形成的孔隙空间。松辽盆地致密气砂岩储层胶结物溶孔主要是浊沸石和方解石胶结物溶孔。

裂缝孔隙：由机械破裂作用或溶蚀作用所产生的裂缝孔隙空间。松辽盆地砂岩储层裂缝类型主要有岩石裂缝、粒间（粒边）裂缝、粒内裂缝和胶结物内裂缝。胶结物内裂缝有三种成因，第一种由机械破裂作用产生，如压裂或构造运动；第二种由溶蚀作用产生，例如大庆长垣以西地区生物灰岩内方解石胶结物内裂缝主要由溶蚀作用产生；第三种为矿物节理缝，致密气储层浊沸石胶结物内该类裂缝通常较发育。裂缝对提高孔隙空间的作用通常较小，但对改善砂岩的渗透性作用很大。

3）混合成因孔隙

溶蚀扩大粒间孔隙：由于溶解作用使构成正常粒间孔的孔隙壁被局部溶蚀，而使正常粒间孔进一步扩大后形成的孔隙空间。由于溶蚀作用具有选择性，因此该孔隙的几何形态常常是不规则的。易溶组分孔隙壁常呈港湾状，而未被溶蚀的孔隙壁仍为规则的再生晶面。

特大孔隙：指孔隙直径超过相邻颗粒直径 1.2 倍以上的孔隙空间。该类孔隙是在溶蚀扩大粒间孔隙的基础上进一步发展而形成的，当孔隙间易溶碎屑颗粒被全部或大部被溶蚀后，使孔隙空间达到颗粒直径的 1.2 倍，溶蚀扩大粒间孔就演化成了特大孔隙。因此该类孔隙是溶蚀扩大粒间孔的一种特殊表现形式。特大孔隙分布较少，主要具有成因意义。

2. 储层孔喉组合特征

不同成因的孔隙与喉道构成的孔喉组合特征各异。松辽盆地砂岩储层主要有以下几种孔喉组合关系。

机械压实作用产生的正常粒间孔一般较大，喉道较宽，孔喉连通性好，配位数通常较高。喉道半径中值可达几微米，通常不低于 0.5μm，孔喉直径比通常介于 3～20。因此，以正常粒间孔为主体的砂岩，通常是物性很好的储层。大庆长垣中部含油气组合、大庆长垣以西泰康地区中下部含油气组合及大庆长垣以东部分地区葡萄花油层和安达东局部扶杨油层砂岩属于该类孔喉组合。

成岩作用形成的缩小粒间孔在孔隙缩小的同时，喉道宽度也被缩小，连通性明显变差，孔喉配位数变小，该特征在扶杨油层表现最明显。以缩小粒间孔为主体的砂岩孔喉半径中值一般小于 0.4μm，孔喉直径比通常为 20～60。

大庆长垣以西中部含油气组合（泰康地区除外）正常粒间孔与缩小粒间孔并存，其孔喉特征既不同于其他地区中部组合也不同于扶杨油层孔喉特征。孔喉半径中值一般为 0.3～2μm，孔喉直径比通常为 10～40。

胶结物溶孔对于改变孔喉组合特征起着重要的作用，使孔隙和喉道及相互配置关系变得更复杂；如果溶孔仅是少量的，储层的孔喉组合表现为以缩小粒间孔为主的孔喉组合具有的特征；如果是大量的，孔隙和喉道内的胶结物绝大部分被溶蚀，形成次生的粒间孔，其孔喉组合会一定程度上表现出以正常粒间孔为主的孔喉组合特征。

四、储层物性及控制因素

1. 储层物性特征

岩石的储油物性是评价储层储集性质的重要参数，包括孔隙度、渗透率、比表面、饱和度等，其中最重要和常用的参数是孔隙度和渗透率。

松辽盆地砂岩储层的孔隙度和渗透率变化范围很大，孔隙度从小于5%至高达35%，渗透率从小于0.01mD至9000mD。一般来说，储层物性的变化与埋藏深度及其岩性（岩石学特征）有关。埋藏深度较浅时，物性最好，随着埋藏深度的增加物性显著变差。通常浅部含油气组合砂岩物性好于上部，上部好于中部，中部好于下部，下部好于深部。

1）常规砂岩储层

浅部、上部和中部含油气组合属于常规砂岩储层。

浅部含油气组合发育于上白垩统明水组和四方台组，埋深仅数百米，是一套次要的含油气组合。该组合储层为砾岩及中—粗砂岩，机械压实和成岩弱，胶结非常疏松，孔隙类型均为单一的原生粒间孔隙，非常发育。储层物性非常好，孔隙度可以达到30%以上，渗透率达到1000mD以上。但该组合因为上部地层厚度小、成岩弱、砂泥岩都比较疏松，所以封闭性差，对气层的保存不利。

上部含油气组合位于上白垩统嫩江组，是以下部嫩江组一段、二段为生油层，中部嫩三段、嫩四段为储层，上部嫩四段、嫩五段为盖层构成的含油气组合。该组合储层物性好，孔隙度一般在20%～25%之间，渗透率一般大于50mD。砂岩成岩作用弱，胶结疏松，孔隙类型为原生粒间孔。嫩江组四段、五段以灰绿、棕红、灰色泥岩为主，夹白色砂岩。该段在盆地中部保存较全，边缘地区多被剥蚀，构成具有一定厚度的泥岩盖层。目前在大庆长垣西部及盆地南部等地区获得了商业油气流，发现了一些中小型油田，如葡萄花气藏、龙南油气田、葡西油田和新北油田等。

上部含油气组合黑帝庙油层孔隙度在10%～30%之间，平均为20.4%；渗透率主要分布范围为0.04～1280mD，平均渗透率为193.4mD。孔隙度与渗透率具有较好的线性正相关关系。黑帝庙油层主要储层位于大庆长垣及以西地区，大庆长垣地区物性略好于其他地区（图1-7-9）。

中部含油气组合位于上白垩统姚家组和青山口组，是以青山口组一段为生油层，以青山口组二段、三段（高台子油气层）、姚家组一段（葡萄花油气层）和二段、三段（萨尔图油气层）为储层，上部嫩江组一段、二段为盖层所构成的松辽盆地最好的含油气组合。除常规砂岩储层外，中部含油气组合还发育湖相碳酸盐岩和泥岩（裂缝）储层，是今后勘探方向之一。该组合砂岩以细砂—粉砂岩为主，通常含有泥质或钙质，孔隙度介于10%～30%，渗透率为几毫达西至几百毫达西，湖相碳酸盐岩孔隙度为5%～24%，平均为15%左右，渗透率多数小于1mD。砂岩孔隙类型以原生孔隙为主，其次为缩小粒间孔和次生孔隙，湖相碳酸盐岩以次生孔为主。萨尔图、葡萄花、高台子油层是大庆油田的主力生产层。萨尔图和高台子油层主要分布在盆地西部和安达杏树岗以北，葡萄花油层在盆地北部大部分地区均有分布。

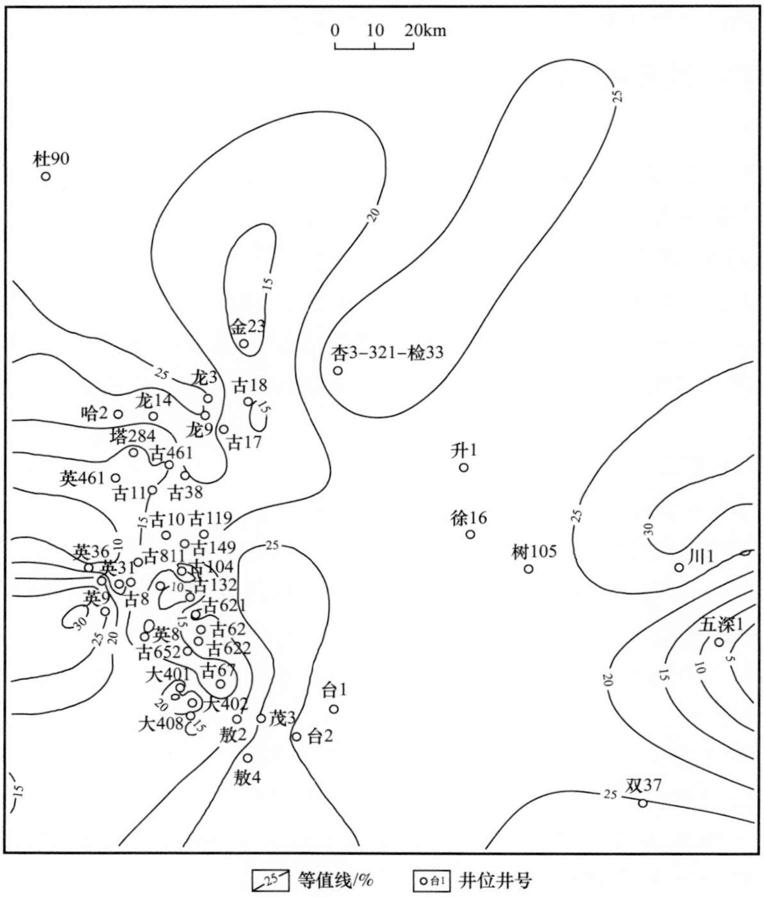

图 1-7-9　黑帝庙油层孔隙度等值线图

萨尔图油层孔隙度主要介于 14%～32%，平均为 20.7%；渗透率主要分布范围在 0.16～2560mD 之间，平均为 284.7mD。孔隙度与渗透率具有较好的线性正相关关系。萨尔图油层主要储层位于安达以北和大安—乾安以西地区。除个别地区砂岩由于含钙或泥质含量高造成储层物性变差外，大部分地区物性较好，并且以大庆长垣及以北地区物性最好，这与萨尔图油层自大庆以北主要为河流相和河道分布较广密切相关。安达以南萨尔图油层主要为湖相沉积，单层砂岩薄，泥质含量高，储层的整体性能变差（图 1-7-10）。

葡萄花油层孔隙度主要介于 10%～26%（图 1-7-11），平均为 18.2%；渗透率主要分布范围在 0.08～1280mD 之间，平均为 151.5mD。孔隙度与渗透率具有较好的线性正相关关系。葡萄花油层储层分布比萨尔图油层要广，主要储层分布向南延伸到肇源一带。物性与沉积相有较大关系，河道及河流相分布区域物性要明显好于三角洲前缘相带分布区的物性。

高台子油层孔隙度主要介于 4%～30%（图 1-7-12），平均为 18.8%；渗透率主要分布范围在 0.02～2560mD 之间，平均为 203.0mD。孔隙度与渗透率具有较好的线性正相关关系。高台子油层主要储层位于安达以北和大安—扶余以西地区。物性相对好的区域分布在大庆—泰来以北，与河流相或河道分布相符，三角洲前缘相和湖相砂体物性明显

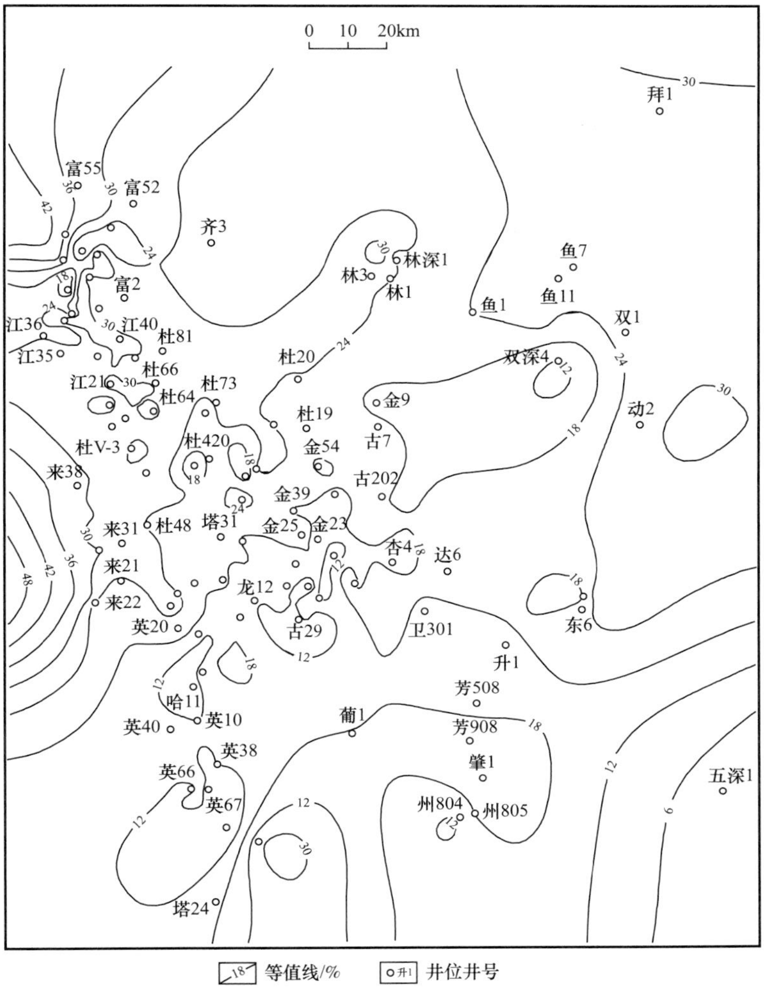

图 1–7–10　萨尔图油层孔隙度等值线图

变差。

2）下部致密油储层

下部含油气组合为致密油储层，位于下白垩统泉头组三段、四段，是以青山口组一段为主要生油层，泉头组三段砂岩（杨大城子油气层）和泉头组四段砂岩（扶余油气层）为储层，青山口组为盖层构成的含油气组合。青山口组泥岩厚度大，分布范围广，是非常好的盖层，同时又是非常好的生油层。构成了顶生式供油的生储模式。泉头组三段、四段分布广泛，除盆地西南外其他大部分地区均有分布。泉三段厚度最厚可以达到621m，岩性为灰绿、紫灰色粉、细砂岩与紫红及少量灰绿、黑灰色泥岩呈不等厚互层，组成正韵律层。泉四段厚度最大为128m，由灰绿、灰白色粉、细砂岩与棕红色泥岩、砂质泥岩组成正韵律层。砂岩为泥质、硅质胶结，泉三段底部有浊沸石胶结。砂层一般较薄，物性通常较差，孔隙类型为原生孔隙、缩小粒间孔和次生孔隙，在宋站及朝长地区次生孔隙较发育，泰康地区原生孔隙发育。该组合砂岩孔隙度为8%～20%，局部高于20%或低于8%；渗透率除泰康和宋站及朝长地区外，一般低于10mD，因此自然产能一般较低。该油气组合生储盖组合关系配合较好，目前在盆地南部和大庆长垣以东三肇、

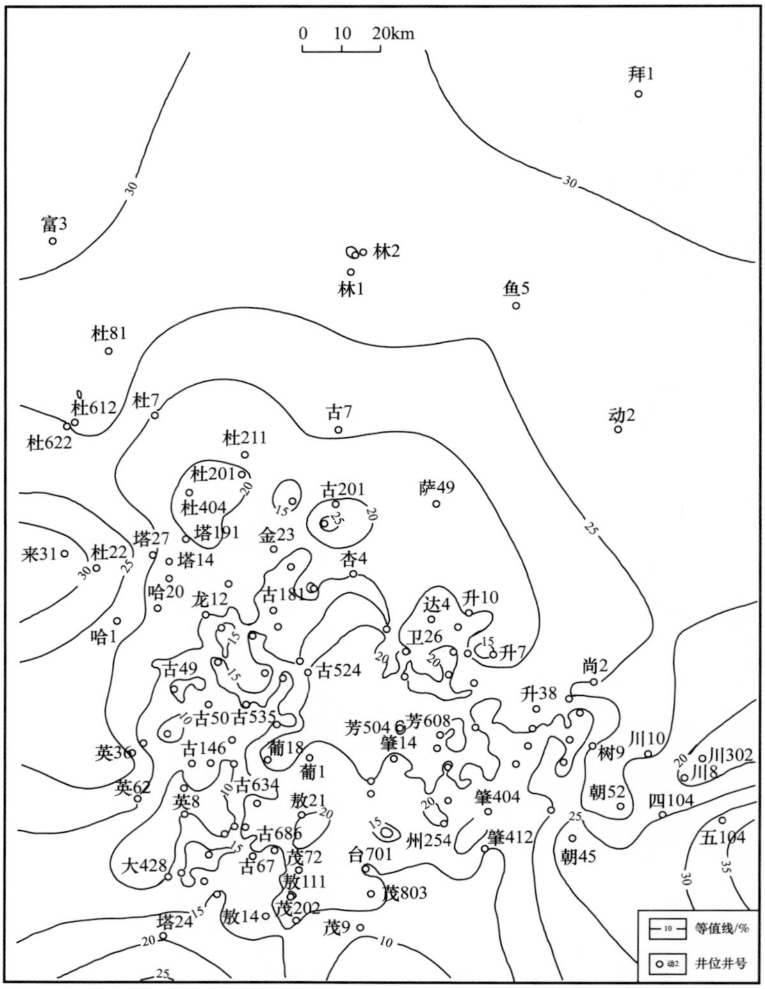

图 1-7-11　葡萄花油层孔隙度等值线图

朝阳沟地区，大庆长垣以西地区获得了商业油气流。

扶余油层孔隙度主要介于 6%～22%，平均为 13.6%，渗透率通常低于 100mD，平均为 30.3mD。孔隙度与渗透率具有较好的线性正相关关系。扶余油层物性较好的储层主要分布于埋藏深度较浅或次生孔隙较发育的地区，例如西部斜坡和宋站及朝长次生孔隙较发育的地区物性要明显好于齐家—古龙、三肇等其他扶余油层埋藏深度较大、成岩作用强的地区（图 1-7-13）。

杨大城子油层孔隙度主要介于 6%～18%，平均为 12.1%；渗透率通常低于 20mD，平均为 10.4mD。孔隙度与渗透率具有较好的线性正相关关系。杨大城子油层物性分布特征与扶余油层物性有些相似性，但同一地区物性通常比扶余油层略差（图 1-7-14）。

3）深部致密气储层

深部致密气储层组合位于下白垩统泉头组以下，是以登娄库组一段及泉头组一段为主要生油层，登娄库组三段、四段砂岩为储层，泉头组一段为盖层构成的含油气组合。砂岩分布广泛，矿物成分成熟度低。颗粒大小范围一般为 0.01～0.25mm。胶结类型以孔

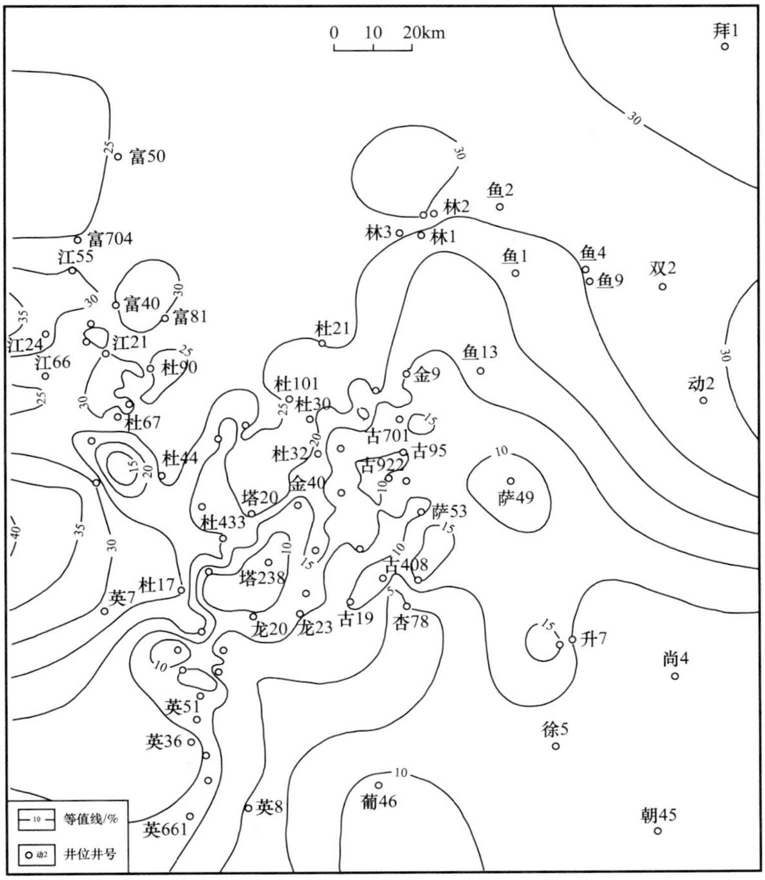

图 1-7-12　高台子油层孔隙度等值线图

隙式胶结、孔隙—再生式胶结和再生式胶结为主、登娄库组四段砂岩物性最好的地区为升平—汪家屯和大庆长垣，孔隙度平均值可以达到8.5%以上。该段砂岩高孔隙成因与溶蚀作用密切相关，并以长石及岩屑粒内溶孔为主、浊沸石胶结物溶孔为辅。登娄库组三段砂岩孔隙度主要介于2%～12%，平均为6.74%；渗透率主要分布范围为0.01～10mD，平均渗透率为1.76mD。孔隙度与渗透率具有大致的线性正相关关系。登三段砂岩物性最好的地区为升平—汪家屯地区，其他地区物性明显低于该区（图 1-7-15）。升平—汪家屯地区砂岩高孔隙成因是由大量浊沸石胶结物和长石及岩屑颗粒溶蚀造成的，其他地区虽然也有该类溶孔，但仅在个别井的个别井段发育。

2. 储层物性控制因素❶

影响松辽盆地砂岩储层物性的因素主要有两方面，一是成岩作用，二是原始沉积条件。成岩作用主要受砂岩所经历的最大埋藏深度的控制，埋藏深度越大，成岩作用越强，物性越差。原始沉积条件包括砂岩所处的沉积相带、砂体类型及岩石学特征，如碎屑矿物成分、粒度、分选、胶结物成分及含量等。无论从纵向上还是平面上讲，砂岩储层的物性都受这两种因素的影响。但在一定条件下，可能某种因素起着主要作用。一般

❶ 张安达，王成，邵红梅等，2015，大庆长垣扶余油层及齐家—古龙高台子油层储层特征及成岩控制因素研究，内部科研报告。

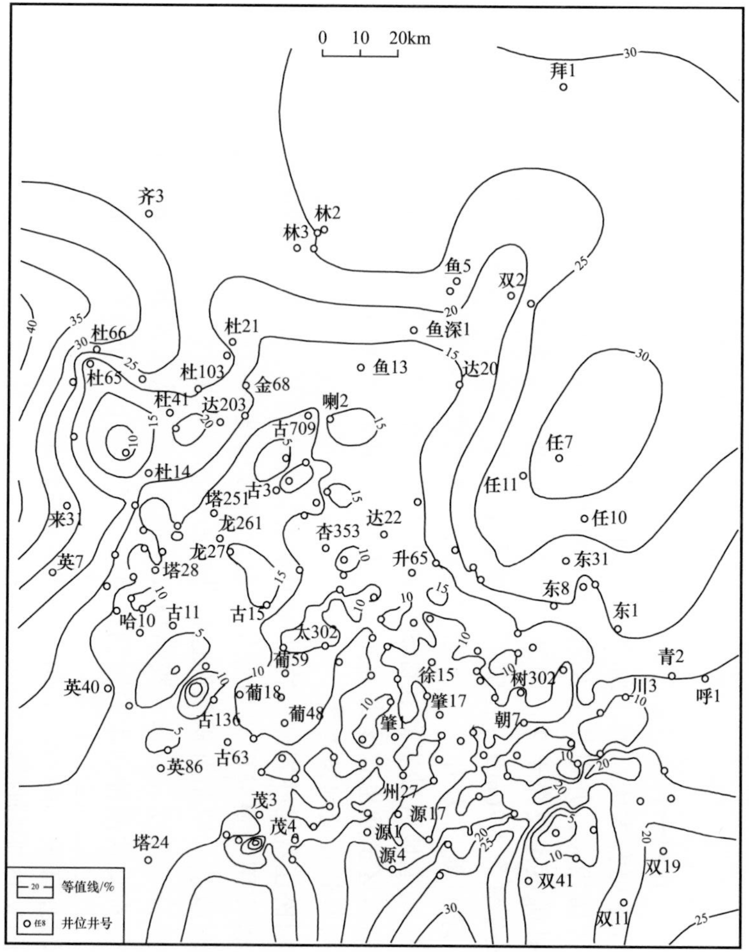

图 1-7-13 扶余油层孔隙度等值线图

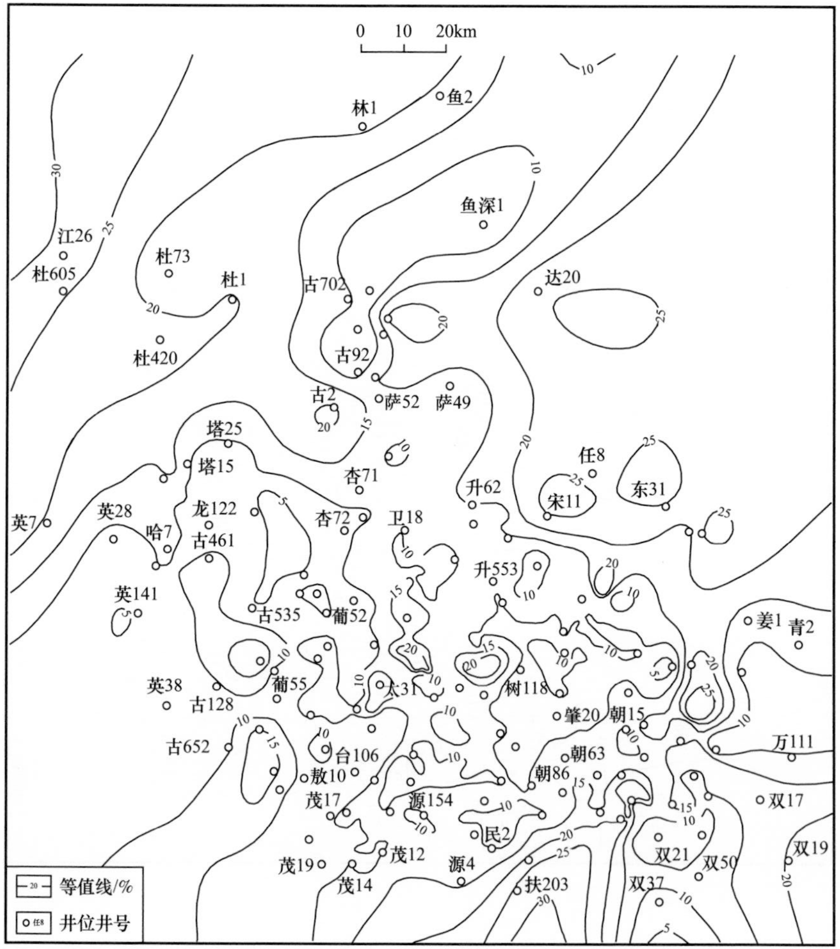

图 1-7-14 杨大城子油层孔隙度等值线图

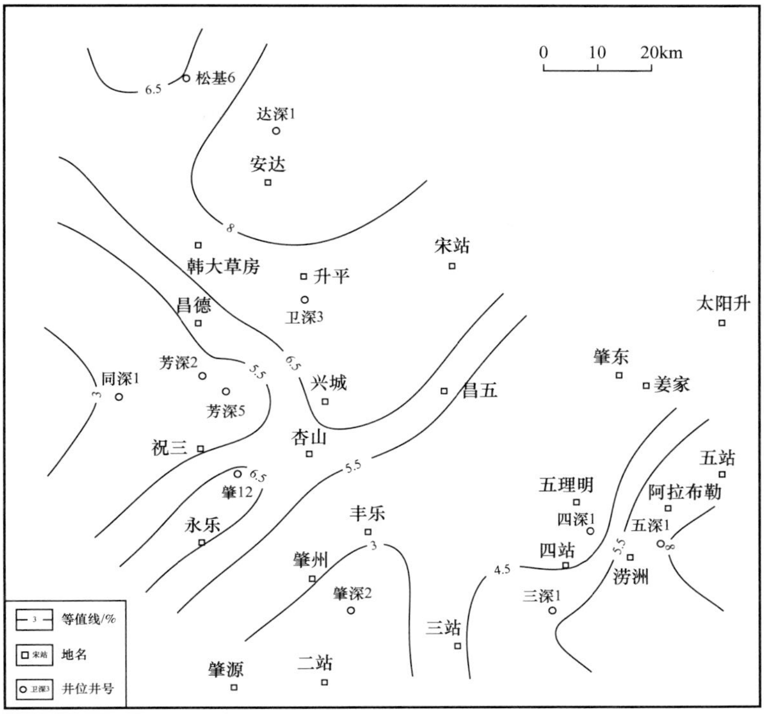

图 1-7-15 登娄库组三段砂岩孔隙度等值线图

来说，纵向上不同层位砂岩储层的物性主要受成岩作用的控制，而平面上埋藏深度相同的储层物性主要受原始沉积条件的控制。

1）无机成岩作用对砂岩储层物性的影响

成岩作用对砂岩储层物性的影响是十分明显的，其总的趋势是，随着埋藏深度的增加，砂岩压实作用和胶结作用增强，岩石变得致密，孔隙度降低，储层物性变差。

（1）压实作用对储层物性的影响。

压实作用对储层物性的影响主要体现在埋深和储层物性的关系上。从含油气层物性随埋深变化看，随着埋藏深度的增加，机械压实作用不断使原生粒间孔隙遭到破坏，孔隙度明显降低，对于常规砂岩储层，压实作用对物性的影响最明显，在深度小于 1500m 范围内，孔隙度损失为 10%～15%。

（2）胶结作用对储层物性的影响。

胶结作用对储层物性影响也非常明显，它不仅降低了孔渗条件，同时也造成储层非均质性变强。胶结作用对储层物性的影响程度与胶结物总量密切相关，一般情况下，随着深度的增加，成岩作用增强，各类自生矿物也随着增多。主要自生矿物包括自生石英、长石及以石英和长石次生加大形式出现的自生矿物、自生黏土矿物、方解石、浊沸石等。自生石英和长石随着深度的增加数量明显增多，致密气储层自生矿物数量可以达到 10% 以上。自生黏土矿物不但堵塞砂岩的粒间孔隙，使孔隙度降低，而且形成大量的束缚孔隙，产生高束缚水饱和度，使砂岩储层渗透率大为降低。方解石可分为早期方解石和晚期方解石，早期方解石具有双重作用，在其充填孔隙的同时，增加了砂岩的抗压实性，对原生粒间孔隙的保存有利；晚期方解石对粒间孔的破坏是致命的，由于在较深埋藏阶段，砂岩粒间孔隙已经被大大缩小，此时只要少量晚期方解石就能使储层变得很致密。浊沸石主要发育在泉一段和登娄库组三段、四段，是上述层段主要的致密因素之一。但浊沸石在偏碱性条件下才比较稳定，因此，当流体中含有一定数量有机酸时，浊沸石就会发生溶蚀。登娄库组三段、四段浊沸石溶蚀非常普遍，是构成致密气储层的主要储集空间。

通过对压实作用和胶结作用定量评价发现，松辽盆地主要储集层段压实作用对储层的影响要大于胶结作用（图 1-7-16），胶结作用仅在个别层段起主导作用。

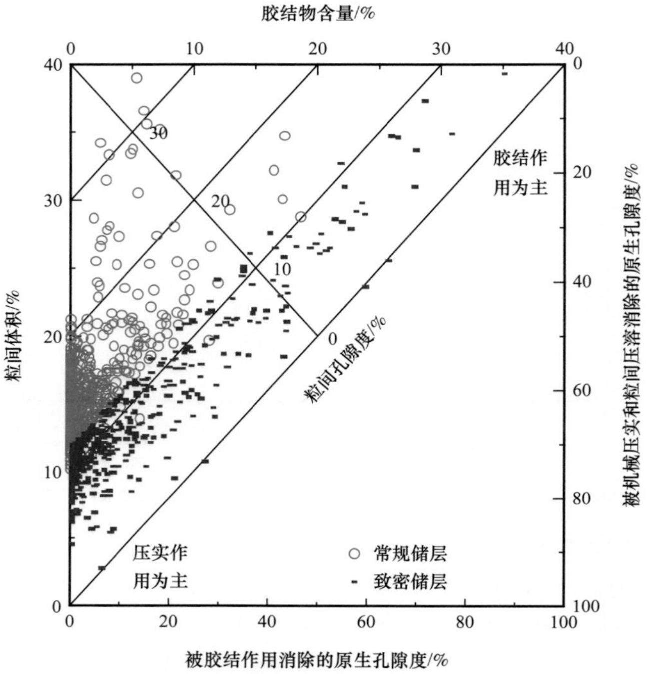

图 1-7-16　扶余油层机械压实与胶结作用相对重要性评价图

2）原始沉积条件对砂岩储层物性的影响

砂岩储层物性的好坏和砂岩的碎屑成分、结构、胶结物种类和含量有关。总的趋势是砂岩成分成熟度和结构成熟度越高，储层物性越好。不同储集性能的砂岩所受影响物性的因素也是不同的。萨尔图、葡萄花、高台子和扶杨油层大量岩心分析资料研究表明，砂岩粒度、分选和胶结物含量是影响砂岩储层物性最主要的因素。通常粒度越粗、渗透率越大，粒度中值与渗透率成正比关系，中砂、细砂含量越高，渗透率越大；分选系数与渗透率成反比关系，分选系数越大，渗透率越低；胶结物（包括泥质杂基）含量越高，渗透率越低。但当胶结物含量小于 6% 时，则对渗透率影响不大。此外，胶结物种类、胶结类型对砂岩物性也有一定的影响，一般来讲，当胶结物含量相同时，泥质胶结的砂岩比钙质（方解石）胶结的砂岩物性要好，接触式胶结的砂岩比孔隙式胶结的砂岩物性要好，基底式胶结的砂岩物性最差。

砂岩沉积相带和沉积类型对储层砂岩粒度、分选、胶结物（填隙物）含量有直接影响，因此也是影响砂岩储层物性的主要因素。从盆地周边至盆地中心，沉积相带呈环状分布，不同相带沉积了不同的储层，其变化顺序为厚层状砂砾岩、块状砂岩、条带状砂岩、席状砂岩、浊积砂岩和泥岩。储集砂岩的物性明显受沉积相带的控制，由盆地边缘向中心逐渐变差。通过对沉积相与含油性及含油性与砂岩物性关系分析，发现不同沉积类型的砂岩，以河道砂岩和分流河道砂岩物性和含油性最好（图 1–7–17），而含油性越好的砂岩，储层物性也越好（图 1–7–18）。

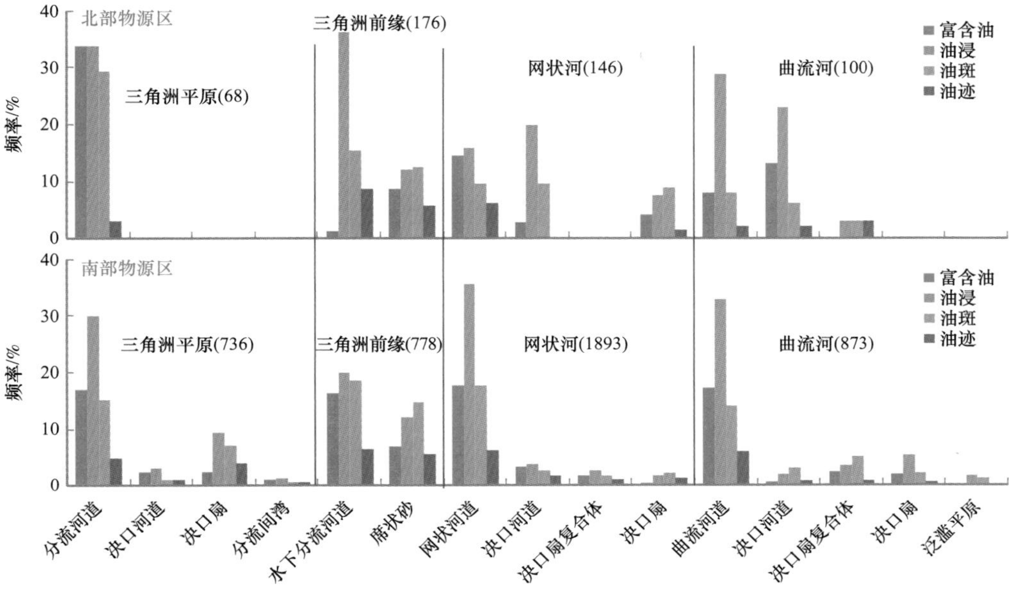

图 1–7–17　扶余油层各沉积微相砂岩储层含油性分布频率图

3）有机成岩作用对储层物性的影响

有机成岩作用主要使储层产生次生孔隙。从各含油气储层次生孔隙与储层物性的关系看，黑帝庙油层次生孔隙很不发育，通常只能见到零星的粒内溶孔，其比例一般低于5%，这部分溶孔对孔隙增加非常有限，特别是在原生孔隙很发育的情况下，使其显得更不重要。因此，黑帝庙油层次生孔隙对物性的影响很小，不足以明显改变储层物性。

萨尔图、葡萄花、高台子常规砂岩储层次生孔隙明显多于黑帝庙油层，次生孔隙比例可以达到 10%～20%，主要为粒内溶孔和溶蚀扩大粒间孔。次生孔隙对孔隙度的增加具有一定的作用，但因为次生孔隙主要为粒内溶孔，所以对渗透性的改善非常有限。但对于大庆长垣以西地区高台子油层碳酸盐岩储层，次生孔隙具有决定性作用，它几乎成为碳酸盐岩储层唯一的储集空间。

扶余和杨大城子致密油储层次生孔隙在不同地区发育程度变化很大。以次生孔隙占总孔隙的比例为例，在大庆长垣以西地区，次生孔隙通常低于 15%，局部达到 25%，而在宋站和朝长地区，次生孔隙可以达到 15%～30%。在这些地区次生孔隙对储层物性的影响非常大，在孔隙度与深度关系中也清楚地表现出来。次生孔隙的形成虽然明显地增加了孔隙度，但一般对储层渗透性的影响仍然较小。

大庆长垣以东地区登娄库组致密气储层在临近 T_4 大断裂带的砂岩局部次生孔隙非常发育，比例可以达到 80%，为浊沸石胶结物溶孔和粒内溶孔，构成了天然气主要储集空间，次生孔隙发育段通常即为气层段（王成等，2004）。

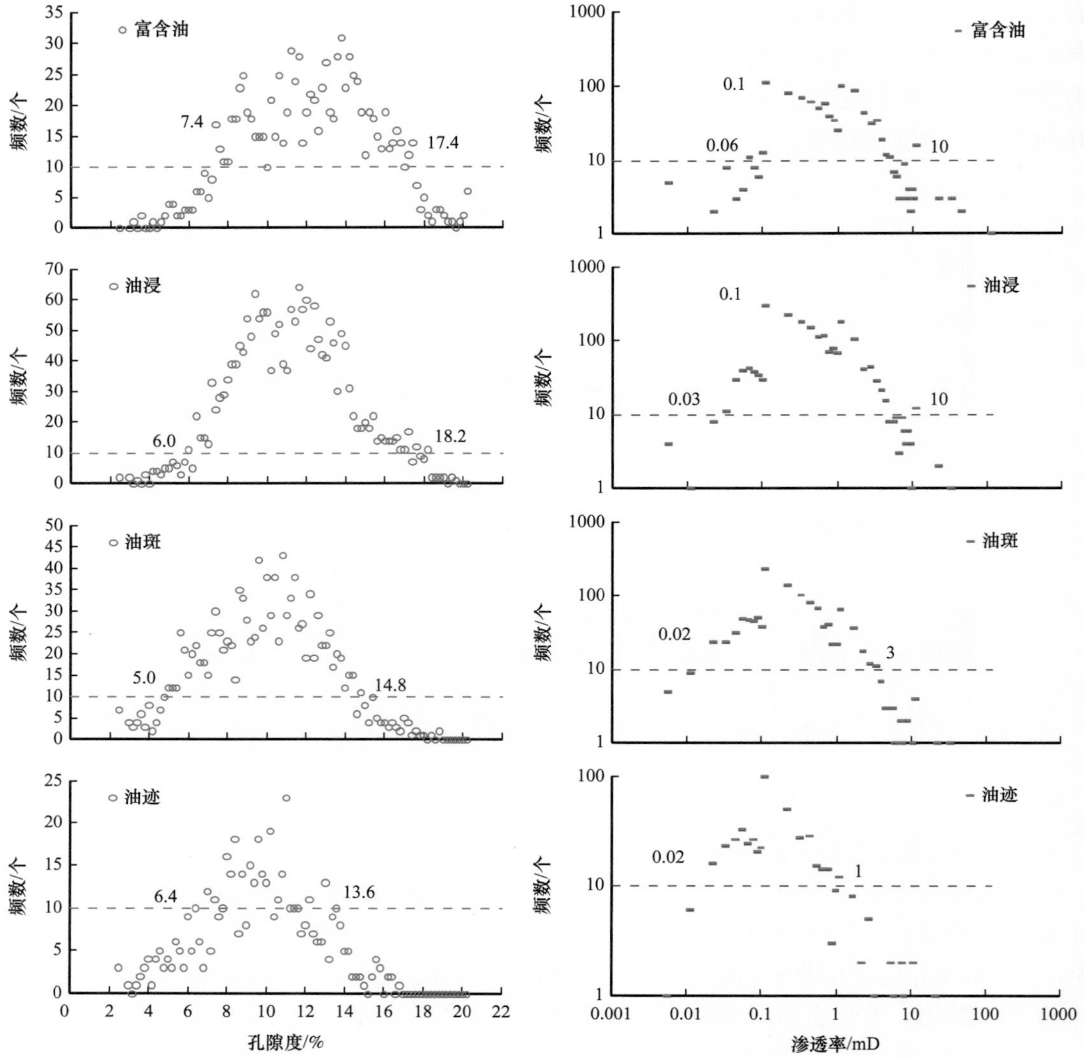

图 1-7-18 扶余油层含油性与物性关系图

五、砂岩成岩作用与孔隙演化

1. *砂岩成岩演化*

1）热演化

成岩温度不仅控制着砂岩中各种自生矿物的形成和分布，还决定着有机质的成熟度和变质作用等。砂岩自生矿物中气液包裹体的均一温度基本代表成岩古地温。自生石英（次生加大边）中气液包裹体均一温度测定表明，松辽盆地是高地温场盆地，与实测井温特点一致。古地温高于现地温，古地温梯度约为 4.45℃ /100m，明显高于现地温梯度 3.8～4.2℃ /100m（邢顺洤等，1992）。

2）长石的成岩演变——钠长石化

根据电子探针分析结果，砂岩中碎屑长石成分随深度有规律地变化。在埋深较浅（＜600m）时，钾长石含量高，可多于斜长石或两者相近。斜长石以酸性斜长石为主，其中钠长石占40%～70%。随深度增加钾长石含量逐渐减少，在1600～2200m之间消失，同时斜长石中钙长石减少，钠长石增加。当埋深在2000～2700m之间储层进入致密化阶段时（因不同地区现埋深的差异），斜长石几乎变成纯钠长石。

3）黏土矿物的成岩作用

随着埋藏深度的增加和温度压力的升高，砂岩中黏土矿物会发生转变，如蒙皂石转变成混合层黏土，最后变成伊利石或绿泥石等。松辽盆地蒙皂石一般出现深度小于1000m；高岭石主要发育在埋深小于1800m；伊利石在早成岩阶段以叶片状它生伊利石为主，至中成岩阶段开始向自生的纤维状伊利石转化，晚成岩阶段自生纤维状伊利石大量发育；蒙皂石/伊利石混层和蒙皂石/绿泥石混层黏土矿物主要分布在中成岩阶段，埋藏深度为1000～2200m（蒙皂石/绿泥石混层约在1800m内消失）；绿泥石主要出现在中成岩阶段和晚成岩阶段，埋深1700m以下较为发育。绿泥石形成时间一般晚于长石次生加大或被溶蚀之后，早于浊沸石的沉淀。

4）自生石英晶体及石英次生加大

砂岩随着埋深增加会出现碎屑石英次生加大和自生石英晶体在孔隙中析出。在小于1100m时，电镜下可观察到孔隙内有小的自生石英晶体出现，薄片下碎屑石英出现小的加大边；深度逐渐增加到2200m时，石英加大程度逐渐加强，砂岩孔隙内自生石英晶体大量出现；深度大于2200m时，石英普遍加大，呈再生式胶结。

5）浊沸石的出现与分布

浊沸石在很长一段时间被人们当作埋藏变质相的标志，认为它形成于200～250℃的温度条件下，事实上浊沸石既可在较高的温度下形成，又可在较低温度下形成，它的形成不但与温度有关，而且和岩石成分及流体性质有关。

松辽盆地浊沸石在泉头组一段、二段及登娄库组三段、四段砂岩中较为发育，登一段、登二段逐渐消失。其出现顶界深度为1900～2200m，古地温为120～140℃。浊沸石可作为晚成岩阶段的标志矿物。

2. 储层孔隙纵向演化

松辽盆地储层孔隙类型与储层埋深或成岩阶段有密切关系。据近百口井大量铸体薄片观察和图像定量统计，中上部含油气组合的常规砂岩储层正常粒间孔隙通常占总孔隙的50%～90%甚至90%以上，是该含油气组合中最主要的孔隙类型。因此，上部和中部含油气组合的原始沉积条件（沉积相）决定了砂岩的物性。下部致密油和深部致密气含油气组合由于成岩作用较强，典型的正常粒间孔比例明显变低，这类孔隙在不同程度上受到改造，正常粒间孔隙通常小于30%。

随着深度的增加正常粒间孔隙比例逐渐减小，缩小粒间孔逐渐增多。黑帝庙油层在方解石胶结物存在的砂岩中和部分埋藏深度大、成岩较强的样品中有一定量的缩小粒间孔，中部含油气组合缩小粒间孔隙比例通常也较低，但大庆长垣以西地区萨尔图、葡萄花、高台子油层埋藏深度较大，该类孔隙的比例一般为10%～20%，英台地区可以达到30%。下部含油气组合扶余和杨大城子油层缩小粒间孔隙是最主要的孔隙类型，该类孔隙即使在埋藏较浅、次生孔隙比较发育的宋站和朝长地区至少也达到50%以上。其他地区的扶余和杨大城子油层，缩小粒间孔隙通常要占80%以上。深部致密气砂岩孔隙类型缩小粒间孔比例均较高。

微孔隙存在于各油层或成岩作用的各阶段，在泥质（包括高岭石）含量较高的样品中微孔隙发育。成岩作用的强度对该类孔隙也有一定的影响。例如，在黏土矿物包裹颗粒表面并向孔隙中生长，未完全充填孔隙时，该类孔隙属于缩小粒间孔隙；但如果在粒间搭桥，把大孔隙分割成微孔，则属于黏土矿物晶间孔隙。

粒内溶孔在黑帝庙油层通常很少，主要分布在中部含油气组合常规砂岩、下部致密油砂岩和深部致密气砂岩中。粒内溶孔是松辽盆地陆相富长石砂岩储层中最常见的孔隙类型之一，中部含油气组合常规砂岩该类孔隙一般占总孔隙的 10% 以下，宋站和朝长地区下部含油气组合扶余和杨大城子油层粒内溶孔占总孔隙最高可以达到 10%～20%。深部致密气砂岩长石和岩屑粒内溶孔也普遍发育。

铸模孔在各油层中零星出现，一般占总孔隙的 5% 以下，宋站和朝长地区下部含油气组合扶余和杨大城子油层相对较多（朝 46、长 38、长 43 等井）。

溶蚀扩大粒间孔主要在粒内溶孔比较发育的层段出现，例如大庆长垣以东宋站和朝阳沟地区扶杨油层、大庆长垣以西地区中部含油气组合次生孔隙发育层段，溶蚀组分以长石为主。溶蚀扩大粒间孔隙占总孔隙的比例一般不高于 30%（朝 46、长 38、长 43 等井），由于该类孔隙是在原生粒间孔基础上增加了部分次生溶孔后形成的，因此很难定量描述溶蚀扩大粒间孔隙中溶孔所占的比例，估计溶孔比例不会超过该类孔隙的 20%～25%。

方解石胶结物溶孔主要发育于大庆长垣以西高台子油层的碳酸盐岩储层中，构成了该类储层的主要（几乎是唯一的）储集空间，面孔率最高达到 12%（杜 402、杜 414、哈 20 等井）。浊沸石胶结物溶孔主要发育在泉头组一段和登娄库组，是有利储层的主要储集空间，杨大城子油层底部也有少量分布。

浊沸石胶结物溶孔发育在致密气砂岩储层中，其中升平和昌德地区登三段、登四段相对最发育。

裂缝在上、中、下部含油气组合砂岩中比较少见，在泥岩和碳酸盐岩储层中常见。

3. *成岩阶段划分*

根据包裹体测试成岩温度、镜质组反射率、石英次生加大程度、长石和黏土矿物的成岩演化、浊沸石的出现等成岩标志及其与砂岩最大埋藏深度的关系，将砂岩的成岩作用划分为早、中、晚三个阶段 4 期。

1）早成岩阶段 B 期

埋藏深度小于 900m，由于压实作用及碳酸盐类等矿物的胶结作用，岩石由半固结到固结，孔隙类型以原生粒间孔为主，有少量次生孔隙。古地温为 65～85℃，镜质组反射率小于 0.5%，T_{max} 为 430～435℃。可见石英小雏晶，碎屑石英具很小的加大边，钠长石化弱，黏土矿物以蒙皂石、高岭石和它生伊利石为主，蒙皂石明显向伊 / 蒙混合层转化。

2）中成岩阶段 A 期

埋藏深度范围为 900～2100m，古温度为 85～140℃，镜质组反射率为 0.5%～1.3%，T_{max} 为 435～460℃。钾长石大量钠长石化，并逐渐减少甚至消失。石英普遍具次生加大。黏土矿物以高岭石、伊利石、绿泥石及伊 / 蒙、绿 / 蒙混层为主，伊利石由它生向纤维状转化。由于压实作用及硅质、碳酸盐类等矿物的胶结作用岩石固结，孔隙类型以原生粒间孔、缩小粒间孔及次生孔隙为主，局部见次生孔隙发育带。常规砂岩储层和部分致密油储层处于该成岩阶段。

3）中成岩阶段 B 期

埋藏深度范围为 2100～3300m，古温度为 140～175℃，镜质组反射率为 1.3%～2.0%，T_{max} 为 460～490℃。石英、长石普遍具次生加大，多呈镶嵌状。黏土矿物以伊利石、绿泥石为主，混合层中蒙皂石层小于 15%，高岭石很少或基本消失，出现浊沸石，钾长石基本钠长石化。岩石致密，以缩小粒间孔为主，有裂缝发育。致密油和致密气储层处于该成岩阶段。

4）晚成岩阶段

埋藏深度大于 3300m，古温度大于 175℃，镜质组反射率大于 2.0%，T_{max} 大于 490℃。岩石非常致密，颗粒呈缝合接触或有缝合线出现，孔隙很少而有裂缝发育。黏土矿物为伊利石和绿泥石，并有绢云母、黑云母，黏土混层基本消失。致密气储层处于该成岩阶段。

六、储层分布与评价

1. 砂岩储层分类

根据砂岩储层的物性指标，将松辽盆地砂岩储层分为 3 大类 6 亚类（表 1-7-2）。

表 1-7-2　松辽盆地砂岩储层分类标准表

类型	大类	常规储层		低—特低渗透储层		致密储层	
	亚类	Ⅰ	Ⅱ	Ⅰ	Ⅱ	Ⅰ	Ⅱ
孔隙度 /%		＞25	20～25	15～18	12～15	8～12	5～8
渗透率 /mD		＞100	＞10	10～50	1～10	0.1～1	0.03～0.1

1）常规储层

常规储层的孔隙度平均值大于 20%，渗透率大于 10mD，是松辽盆地北部高产及中高产油气层。常规储层多属于大型河流三角洲相、滨浅湖相砂体，单层厚度一般大于 2m，最厚可达 7m。埋藏深度小于 1700m。常规储层主要分布在大庆油田中部含油气组合萨尔图、葡萄花、高台子油层内及宋站、朝长地区的扶杨油层中。

2）低—特低渗透储层

低—特低渗透储层的孔隙度平均值为 12%～18%，渗透率平均值为 1～50mD。多数经过压裂及酸化处理后可获得工业性油气流，个别井可获得高产油气流。砂体类型以游动性滨浅湖相砂体为主，其次为水下分流河道砂体。单砂层厚度多数小于 2m，埋藏深度在 1700～2000m 之间。该类储层主要分布在大庆长垣及以东扶杨油层、西部英台地区中、下部含油气组合中。

3）致密储层

指孔隙度平均值为小于 12%，渗透率平均值小于 1mD 的储层。埋藏深度一般大于 2000m，主要分布在下部及深部含油气组合。

2. 储层分布与综合评价

1）中部常规砂岩储层

中部含油气组合萨尔图、葡萄花、高台子储层是松辽盆地油气勘探的主要目的层，也是大庆油田的主力生产层，以常规储层为主，局部发育低渗透储层。储层砂岩以粉—细砂岩为主，填隙物以泥质为主，含量较低，胶结类型多为孔隙式或接触式。砂岩主要分布在盆地的南部、西部和北部，有明显的砂岩尖灭区。北部砂体萨尔图、高台子油层砂岩只分布在杏树岗以北的地区，而葡萄花油层砂岩分布较广，盆地北部地区均有分布。中部组合由于埋藏相对较浅，物性通常较好，以常规储层为主。储层类型随深度增加由常规Ⅰ类逐渐变为Ⅱ类直至低渗透储层。Ⅰ类、Ⅱ类储层除受深度控制外，还与大型河流三角洲和滨浅湖相砂岩有关，主要分布在砂体的近物源方向上。也就是说，砂体的核部是储层物性最好的地区，前缘和翼部次之。在埋藏较深的大庆长垣以西英台、古龙等地区，也发育低渗透储层（冯子辉等，2015）。

（1）萨尔图油层。

萨尔图油层以常规储层和低渗透储层为主，北部发育常规储层，南部为低渗透储层。储层类型从东北至西南方向具有常规Ⅰ类→常规Ⅱ类→低渗透Ⅰ类的逐渐变化规律，在低渗透Ⅰ类发育区局部出现低渗透Ⅱ类储层（图 1-7-19）。

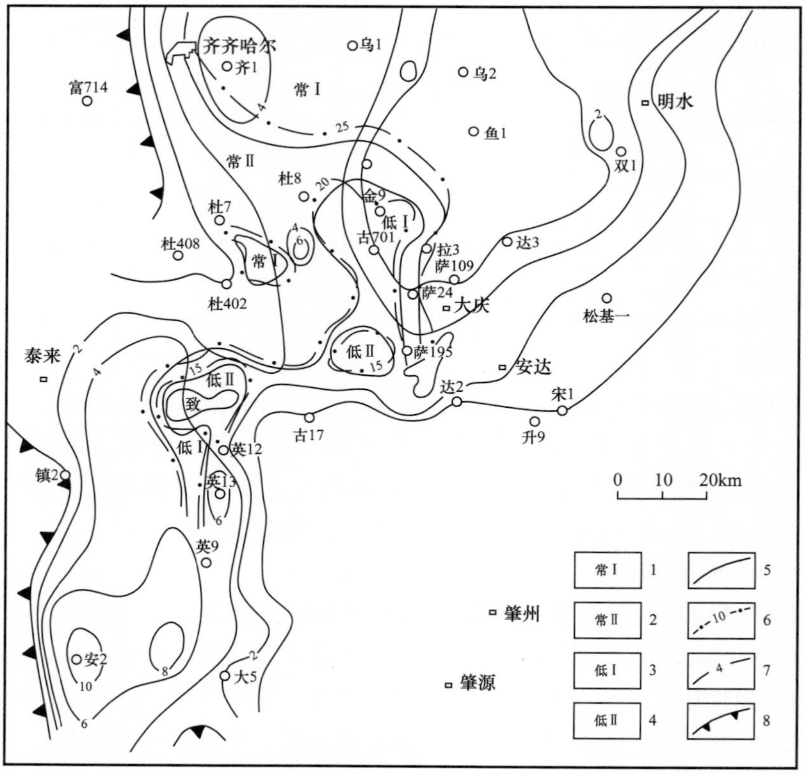

图 1-7-19　萨尔图油层储层评价平面图

1—孔隙度大于 25%，渗透率小于 100mD 储层分布区；2—孔隙度 20%～25%，渗透率 10～100mD 储层分布区；3—孔隙度 15%～20%，渗透率 1～10mD 储层分布区；4—孔隙度 10%～15%，渗透率 0.1～1mD 储层分布区；5—储层类型分区线；6—孔隙度等值线 /%；7—砂层等厚线 /m；8—砂层尖灭线

（2）葡萄花油层。

葡萄花油层发育常规和低渗透两类储层，储层类型发育具有较明显的规律性，从东北到西南储层类型逐步由常规Ⅰ类变为常规Ⅱ类到低渗透Ⅰ类、Ⅱ类（图1-7-20）。

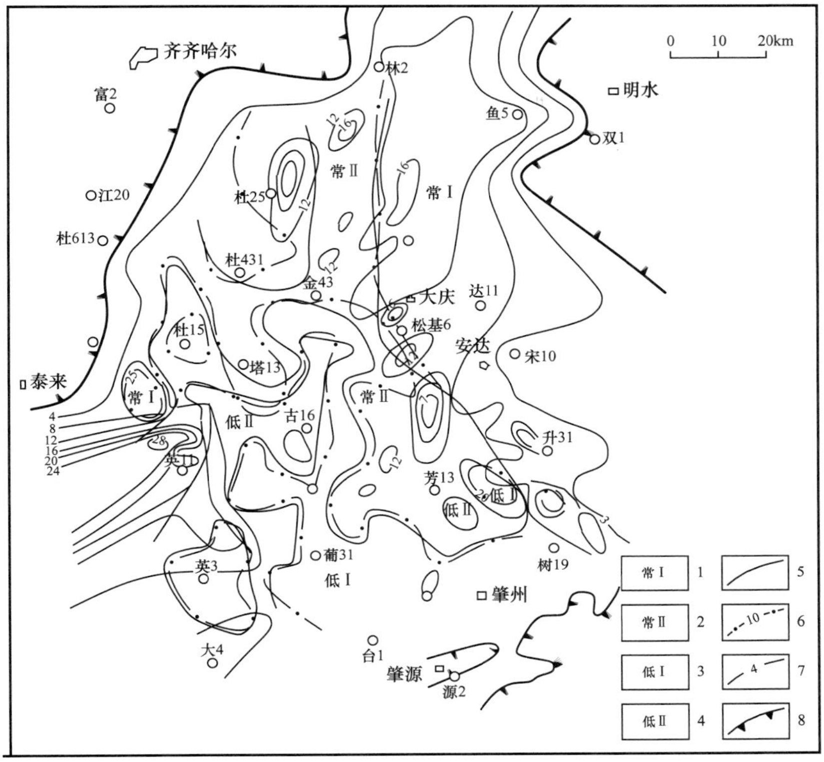

图1-7-20 葡萄花油层储层评价平面图

1—孔隙度大于25%，渗透率小于100mD储层分布区；2—孔隙度20%～25%，渗透率10～100mD储层分布区；3—孔隙度15%～20%，渗透率1～10mD储层分布区；4—孔隙度10%～15%，渗透率0.1～1mD储层分布区；5—储层类型分区线；6—孔隙度等值线/%；7—砂层等厚线/m；8—砂层尖灭线

（3）高台子油层。

高台子油层主要发育常规和低渗透储层，局部出现致密储层，从分布规律上看，由北向南储层逐渐变差，由常规Ⅰ类到Ⅱ类到低渗透Ⅰ类、Ⅱ类，在低渗透Ⅱ类发育区局部出现致密储层（图1-7-21）。

2）下部致密油气储层

下部组合扶余、杨大城子储层是目前盆地北部勘探的主要目的层之一，主要属于低—特低渗透和致密储层，局部由于溶蚀作用发育，能形成Ⅱ类常规储层。自然产能较低，多数需经过酸化压裂后才能达到工业油流标准。扶余、杨大城子储层以粉—细砂岩为主，填隙物含量较高，以泥质为主，通常达到10%以上，胶结类型以再生—孔隙式为主。砂岩在盆地内广泛分布，南部和北部沉积体系砂岩比较发育，砂体规模较大。在盆地北部扶余、杨大城子油层主要分布的三肇地区，砂层较薄，单砂层厚度2～4m。不同地区的砂岩埋藏深度相差很大。盆地北部三肇地区扶余、杨大城子油层埋藏深度范围1000～2300m。由于后期构造运动的影响，朝长地区和盆地东部、南部扶余、杨大城

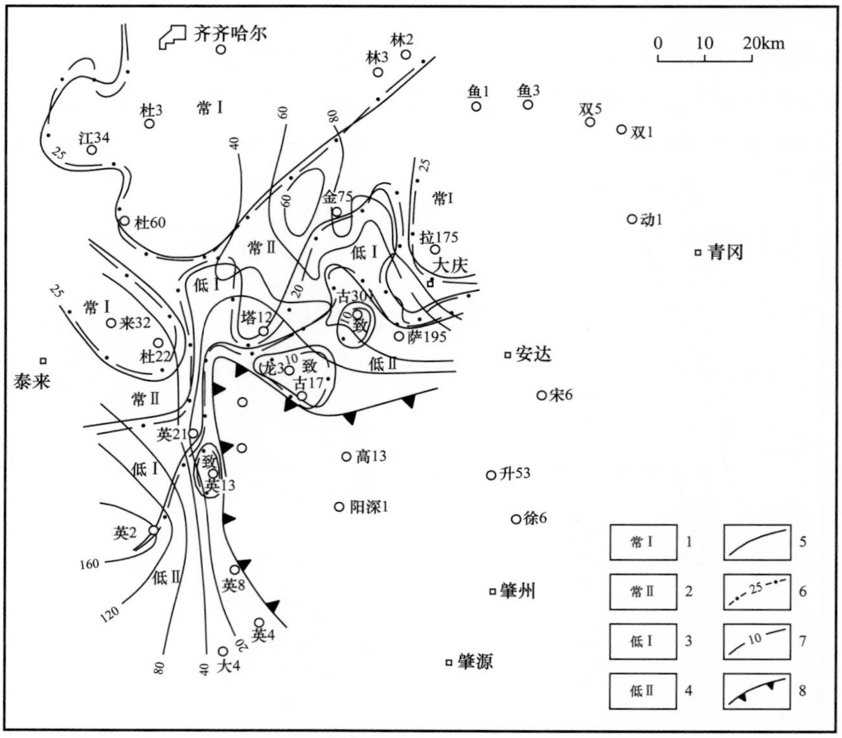

图 1-7-21 高台子油层储层评价平面图

1—孔隙度大于 25%，渗透率小于 100mD 储层分布区；2—孔隙度 20%～25%，渗透率 10～100mD 储层分布区；3—孔隙度 15%～20%，渗透率 1～10mD 储层分布区；4—孔隙度 10%～15%，渗透率 0.1～1mD 储层分布区；5—储层类型分区线；6—孔隙度等值线 /%；7—砂层等厚线 /m；8—砂层尖灭线

子油层的埋藏深度均小于 1000m，长春岭背斜最浅，仅 100 多米。不同深度的砂岩，其成岩条件也有较大差异。在盆地北部扶余、杨大城子储层已进入中成岩阶段，化学胶结作用较强，石英和长石普遍具次生加大和再生胶结，自生黏土矿物大量沉淀在粒间孔隙内。孔隙堵塞较多形成“缩小粒间孔”，致使渗透性变差，孔喉变窄，纳米级孔隙数量明显增加。另一方面在部分地区由于长石和其他不稳定矿物的溶解形成扩大粒间孔，从而使储集物性得以改善。孔隙度和渗透率变化范围大，大庆长垣以东宋站地区储层物性最好，可形成常规Ⅰ类、Ⅱ类储层，朝长地区主要为低渗透储层，大庆长垣，大庆长垣以东升平、榆树林、肇州地区，大庆长垣以西地区物性大多较差，均以低—特低渗透和致密储层为主。

（1）扶余 F1-1 油层。

扶余 F1-1 油层储层以常规Ⅱ类—致密储层为主，局部发育常规Ⅰ类储层。储层整体上具有从东北向西南逐渐变差的趋势，由常规储层变为低渗透储层到致密储层（图 1-7-22）。扶余 F1-2 油层储层类型及宏观分布规律与 F1-1 油层接近，仍具有从东北向西南逐渐变差的趋势。扶余 F1-3 油层储层类型与 F1-1 油层更为接近，从东北到西南储层类型由常规储层逐步变为低渗透储层到致密储层。

（2）扶余 F2 油层。

扶余 F2 油层储层与 F1 油层储层比要明显变差，以低渗透和致密储层为主，其中发

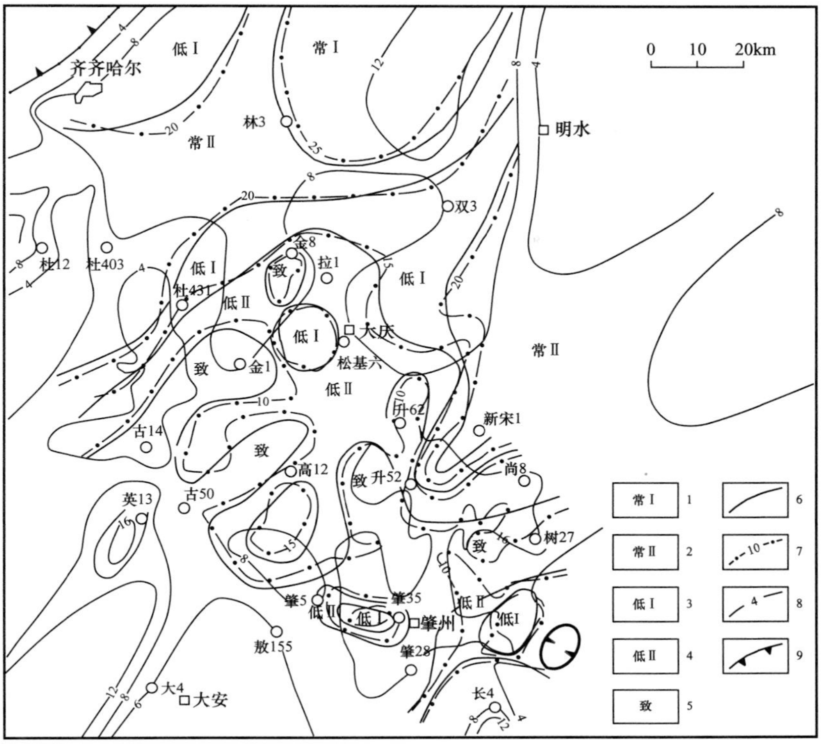

图 1-7-22 扶余 F1-1 油层储层评价平面图

1—孔隙度大于 25%，渗透率小于 100mD 储层分布区；2—孔隙度 20%～25%，渗透率 10～100mD 储层分布区；3—孔隙度 15%～20%，渗透率 1～10mD 储层分布区；4—孔隙度 10%～15%，渗透率 0.1～1mD 储层分布区；5—孔隙度小于 12%，渗透率 0.1～1mD 储层分布区；6—储层类型分区线；7—孔隙度等值线 /%；8—砂层等厚线 /m；9—砂层尖灭线

育最广的是低渗透Ⅱ类储层。致密储层发育在西部和低渗透储层区，东部发育低渗透Ⅰ类储层，东北局部见常规储层（图 1-7-23）。扶余 F3 油层储层进一步变差，以低渗透Ⅱ类和致密储层为主，低渗透Ⅰ类储层在东部局部发育。

（3）杨大城子 Y1 油层。

杨大城子 Y1 油层储层基本为低渗透和致密储层，在东北部安达地区发育常规储层，在肇州地区发育致密储层，朝长地区发育低渗透储层（图 1-7-24）。杨大城子 Y2 油层储层类型分布与 Y1 油层具有相似性，各类储层在纵向上具有继承性，但致密储层范围有所扩大。

（4）杨大城子 Y3 油层。

杨大城子 Y3 油层储层仅发育低渗透和致密储层，并以低渗透Ⅱ类和致密储层为主，在宋站发育低渗透Ⅰ类储层（图 1-7-25）。

3）深部致密气储层

深部组合砂岩主要分布在泉头组一段、二段和登娄库组，由于埋藏深度大，一般都经历了强烈而复杂的成岩后生作用，所以储层物性通常很差，纳米级孔隙数量明显增加，形成典型的致密储层。下部组合泉头组一段、二段砂岩整体上不发育，仅在局部砂岩较发育，主要储层是登娄库组砂岩。储层以粉—细砂岩为主，填隙物以泥质和浊沸石和自生石英为主，胶结类型以再生—孔隙式为主。砂岩物性主要受成岩作用控制，在溶

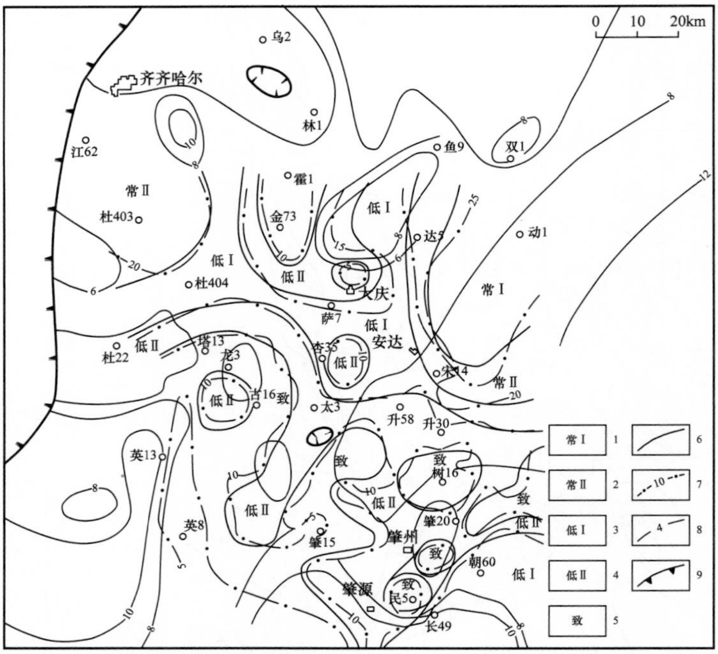

图 1-7-23 扶余 F2 油层储层评价平面图

1—孔隙度大于 25%，渗透率小于 100mD 储层分布区；2—孔隙度 20%～25%，渗透率 10～100mD 储层分布区；3—孔隙度 15%～20%，渗透率 1～10mD 储层分布区；4—孔隙度 10%～15%，渗透率 0.1～1mD 储层分布区；5—孔隙度小于 12%，渗透率 0.1～1mD 储层分布区；6—储层类型分区线；7—孔隙度等值线 /%；8—砂层等厚线 /m；9—砂层尖灭线

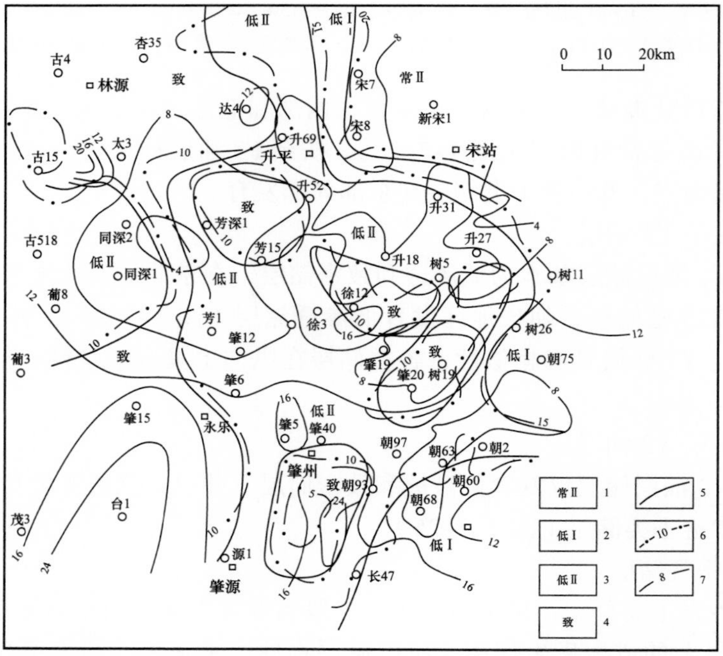

图 1-7-24 杨大城子 Y1 油层储层评价平面图

1—孔隙度大于 20%，渗透率大于 100mD 储层分布区；2—孔隙度 15%～20%，渗透率 1～10mD 储层分布区；3—孔隙度 10%～15%，渗透率 0.1～1mD 储层分布区；4—孔隙度小于 12%，渗透率 0.1～1mD 储层分布区；5—储层类型分区线；6—孔隙度等值线 /%；7—砂层等厚线 /m

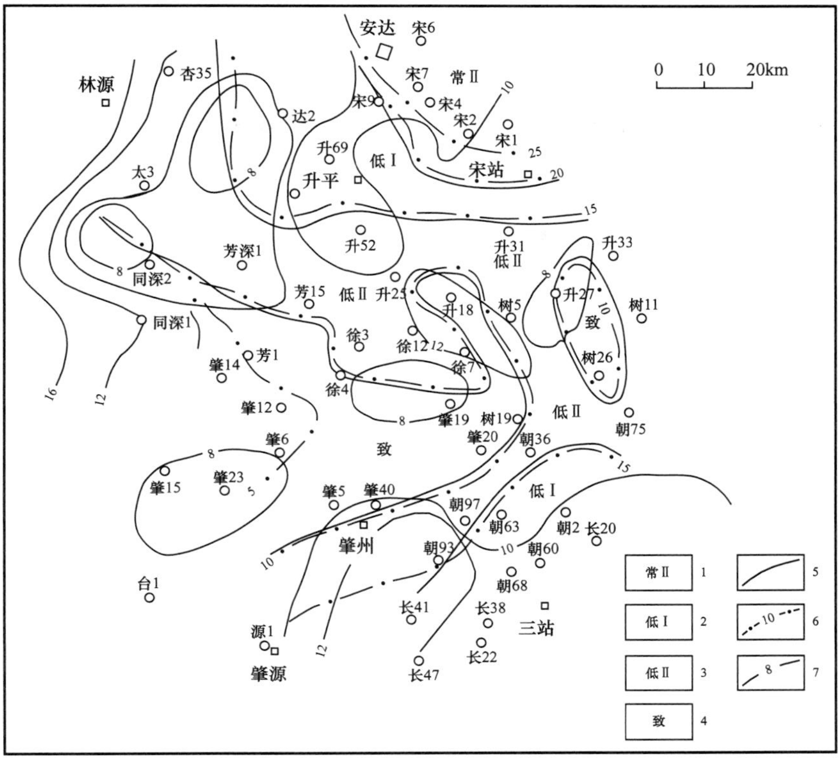

图 1-7-25 杨大城子 Y3 油层储层评价平面图

1—孔隙度大于 20%，渗透率大于 100mD 储层分布区；2—孔隙度 15%～20%，渗透率 1～10mD 储层分布区；3—孔隙度 10%～15%，渗透率 0.1～1mD 储层分布区；4—孔隙度小于 12%，渗透率 0.1～1mD 储层分布区；5—储层类型分区线；6—孔隙度等值线 /%；7—砂层等厚线 /m

蚀作用较弱的地区，以Ⅱ类致密储层为主，仅在升平—汪家屯和昌德地区发育Ⅰ类致密储层，孔隙主要为浊沸石胶结物溶蚀孔。高孔渗带在纵向上具有继承性，平面上沿 T_4 深大断裂展布。

第三节 断陷期砂砾岩储层❶❷

一、砾岩岩石矿物学特征

松辽盆地北部砾岩分布在登娄库组、营城组和沙河子组，以营城组四段、沙河子组砾岩储层最为重要。松辽盆地砾岩以细—中砾为主，普遍含砂，具有低结构成熟度和低成分成熟度、非均质性较强的特征。

1. 砾石成分

松辽盆地砾岩多为复成分砾岩，成分复杂，岩浆岩、变质岩和沉积岩均可出现。营

❶ 王成，邵红梅，洪淑新等，2005，松辽盆地北部大庆长垣及以东地区深层碎屑岩储层特征研究，内部科研报告。

❷ 王成，邵红梅，洪淑新等，2008，徐家围子段岩火山岩、砾岩储层特征及演化研究，内部科研报告。

四段砾石成分以酸性岩浆岩为主，北部中基性增多，断陷边部以变质岩为主。沙河子组砾石成分以酸性、中性岩浆岩为主，其次为变质岩，还有少量沉积岩砾石，西北部、东部和西南部变质岩含量增加。

2. 填隙物

砾岩中的填隙物由杂基和胶结物两部分组成，杂基主要由泥及砂级碎屑物质组成，胶结物包括碳酸盐、自生石英、黏土矿物、浊沸石等。营四段砾岩中砂级碎屑物的总量在20%～50%之间，泥质含量在15%～8%之间，胶结物主要为方解石和以石英次生加大形式存在的自生石英，总量在1%～6%之间。沙河子组砾岩中砂级碎屑填隙物的总量在2%～32%之间，泥质为2%～8%，胶结物主要为方解石，局部为硅质胶结和火山灰充填，少量菱铁矿和黏土矿物胶结，偶见浊沸石胶结，其中方解石含量为1%～49%，平均为7%，硅质含量为1%～5%，平均为3%，仅局部发育，火山灰含量为1%～32%，平均为8%，仅局部发育。填隙物的含量以及充填方式对砾岩储层的孔隙类型和储集性能影响很大。

3. 结构

深层砾岩具低结构成熟度的特征，砾石大小混杂，分选中—差，磨圆度为次棱角—次圆状，砾径一般为2～10cm，个别达10cm以上，属于中—细砾岩。砾石之间以点、点—线接触为主，砾石支撑，胶结类型为孔隙式。杂基含量通常较高，有的过渡为砾质砂岩、含砾砂岩。在杂基含量较高时，砾石颗粒一般较小，往往漂浮于砂泥基质之中，这类储层的性质与砂岩储层性质非常相近。登娄库组砾岩以细砾岩为主，营城组和沙河子组砾岩以中砾岩为主，沉积微相与砾岩粒度关系较大。

二、孔隙类型与孔隙结构

根据铸体薄片和扫描电镜观察，松辽盆地深层砾岩储层的储集空间按孔隙的几何形态和成因划分为粒间孔、溶蚀孔隙、微孔及裂缝共四大类九种类型。

1. 孔隙类型

1）粒间孔

包括正常粒间孔、粒间扩大溶蚀孔隙、缩小粒间孔隙。

（1）正常粒间孔：压实作用的产物，是碎屑颗粒之间的孔隙空间。受颗粒成分和组构的控制，是粒度、分选、颗粒球度、圆度、颗粒排列方向和杂基填集情况等因素综合影响的结果。

（2）粒间扩大溶蚀孔隙：压实与溶解作用产物。是围绕原生粒间的颗粒被部分溶蚀而形成的孔隙空间。从成因上讲，为原生粒间孔和次生扩大孔之和，为一种原生加次生混合成因的孔隙类型。

（3）缩小粒间孔隙：胶结作用和充填作用的产物。是自生矿物向正常粒间孔中生长后所形成的孔隙空间。

2）溶蚀孔隙

包括粒（砾）内溶孔、胶结物内溶孔。

（1）粒（砾）内溶孔：溶解作用产物，是碎屑颗粒被部分溶蚀形成的孔隙空间。若全部被溶，仅残留黏土套膜，则称为印模孔。

（2）胶结物内溶孔：溶解作用产物。是颗粒间胶结物被溶蚀而形成的孔隙空间。最常见的为浊沸石胶结物溶孔、凝灰质溶孔。

3）微孔

黏土矿物晶间孔：充填作用产物。是充填在孔隙中的黏土矿物晶粒间的微孔。

4）裂缝

包括构造裂缝、成岩收缩缝、压裂缝。

（1）构造裂缝：是岩石在构造应力作用下产生的岩石裂缝。这种裂缝可以是剪切作用形成，也可以是张性作用形成。一般较平直，可切穿颗粒。

（2）成岩收缩缝：重结晶作用产物。是充填在砂砾间的泥质在重结晶作用下，体积缩小而产生的成岩裂缝。

（3）压裂缝：压实作用产物，常见的有砾缘缝、粒（砾）内裂缝。

2. 孔隙组合

砾岩储层面孔率一般低于2%，少数达到4%～5%。孔隙类型有砾缘缝、砾内缝（压裂缝）和砾内溶孔及砾间砂质内的正常粒间孔、缩小粒间孔、粒内溶孔、胶结物溶孔、微孔。营城组四段砾岩主要孔隙类型为正常粒间孔、缩小粒间孔、砾边缝、砾内缝，其次为次生溶蚀孔隙，包括碎屑颗粒的溶蚀以及各种胶结物的溶蚀。沙河子组砾岩以次生孔隙为主，发育砾内溶孔、长石（岩屑）粒内溶孔、砾缘缝；其次为火山碎屑溶孔、黏土矿物晶间孔、砾内缝、填隙物内裂隙，少量正常粒间孔等。砾岩孔隙成因与砂岩孔隙成因类似，但砾岩储层孔隙大小不等，几何形态不规则，分布极不均匀。

砾岩储层的孔隙组合主要为孔缝型组合。孔缝型组合是指孔隙和裂缝共存的储层孔隙组合，比较致密的砾岩储层该组合特征明显。以孔隙为主的砾岩，如果粒间孔和溶孔较发育，该储层的储集性能往往较好；如果以微孔为主，则储集性能很差。当孔隙较发育时，裂缝一般不发育，但应用激光共聚焦显微镜对铸体薄片详细观察后发现，微裂缝是普遍存在的，只是相对比例变小。

中砾岩裂缝一般要比细砾岩发育，岩心观察主要为砾内裂缝和砾缘裂缝。薄片下常见到比较细小的裂缝，岩性越致密裂缝越发育。在部分较宽的砾间裂缝内充填黄铁矿和磁铁矿，剩下20～30μm宽的裂缝。裂缝面孔率很低，一般低于0.1%，对总面孔率高于1%的样品，裂缝比例一般低于10%。

3. 孔隙结构

孔隙结构主要是指孔隙及喉道的形态、大小、发育程度及其相互关系。致密储层的孔隙结构是决定其储层物性及油气产能的重要因素。根据铸体薄片、扫描电镜和压汞等测试分析，营四段、沙河子组砾岩孔隙结构总体较差，以沙河子组为例：分选较差，孔喉大小分布不均；孔径较小，喉道普遍狭窄，孔隙半径中值较小，主要为0.004～0.04μm；排驱压力高，为6～30MPa；最大汞饱和度较小，为20%～60%，进汞曲线和退汞曲线差异大，表明储层孔喉连通性差。

三、储层物性及控制因素

1. 营四段砾岩储层物性特征

根据20口井砾岩样品物性统计，营四段砾岩储层物性大多较差，孔隙度一般低于4%，渗透率低于0.5mD，孔渗随深度增加而减小。平均岩心分析孔隙度高于4%的仅有8层，占总层数的28.6%。单层孔隙度最高可达12.4%，单个样品孔隙度高的可达16%以上。水平渗透率高于0.1mD的有18层，占总数的69.2%，单层渗透率最高为24.0mD，垂直渗透率均低于1.0mD，最高为0.74mD。兴城地区营城组四段砾岩储层物性相对较好，尤其是渗透性普遍较高。

2. 沙河子组砾岩储层物性特征

根据沙河子组572块样品物性统计，沙河子组砾岩储层孔隙度分布范围为0.3%～10%，主要集中在0.3%～4%之间，渗透率分布范围为0.001～10mD，主要集中在0.01～0.1mD之间。孔隙度与渗透率呈弱正相关性。

通过对比不同地区各层序的物性特征，表明在平面上安达—宋站物性好于徐东、徐西；纵向上层序三、层序四物性好于层序一、层序二（图1-7-26）。层序四安达—宋站地区孔隙度平均值达5.01%，好于徐东、徐西地区，其中达深16井、达深303井、宋深4井区物性较好。层序三安达—宋站、徐西地区孔隙度好于徐东地区，其中达深1井、芳深10井区物性较好。层序二物性总体较差，但安达—宋站、徐西地区好于徐东地区，其中肇深20井、宋深4井区物性较好。层序一样品主要分布在徐东地区，安达—宋站、徐西地区样品较少，但徐探1井、升深6井区物性相对较好。

3. 物性控制因素

1）构造运动对储层物性的影响

构造运动可以使比较致密的砾岩产生裂缝，因此位于晚期构造断裂带附近的砾岩层可以产生大大小小的裂缝。松辽盆地研究区砾岩中构造裂缝主要为早期裂缝，这种裂缝比较平直，基本上被次生矿物如石英和方解石充填。早期构造裂缝由于充填作用很难保存下来，对目前储层渗透性的影响很小，但早期裂缝对于油气运移可能产生影响。

2）搬运与沉积作用对原始孔隙度的控制

沉积物中碎屑颗粒的粒度、圆度和堆积排列方式等，都会直接控制着颗粒之间的原始孔隙发育情况。

（1）粒度与分选对孔隙的影响：徐家围子深层中—细砾岩段，砾石大小不一，砾间充填砂质和泥质，原始沉积条件很差，很难具有好的原始物性；细砾岩段分选性要明显好于中砾岩，原始孔隙度较高，目前孔隙度通常也相对较高。

（2）磨圆度对孔隙的影响：深层砾岩磨圆程度一般都为次圆状，因此磨圆度对原始孔隙的负面影响较小。

（3）杂基含量对孔隙的影响：登娄库组以下的砾岩中泥质杂基较多，一般物性较差。砾岩中砂级碎屑含量即含砂量对孔隙度影响较大，一般含砂量越高，孔隙度越大。

（4）骨架成分对孔隙的影响：松辽盆地深层砾岩骨架颗粒主要为岩浆岩，具有较强的抗压实能力。以等粒级支撑的较细砾级砾岩，对于保存砾间的原生孔隙最为有利，该

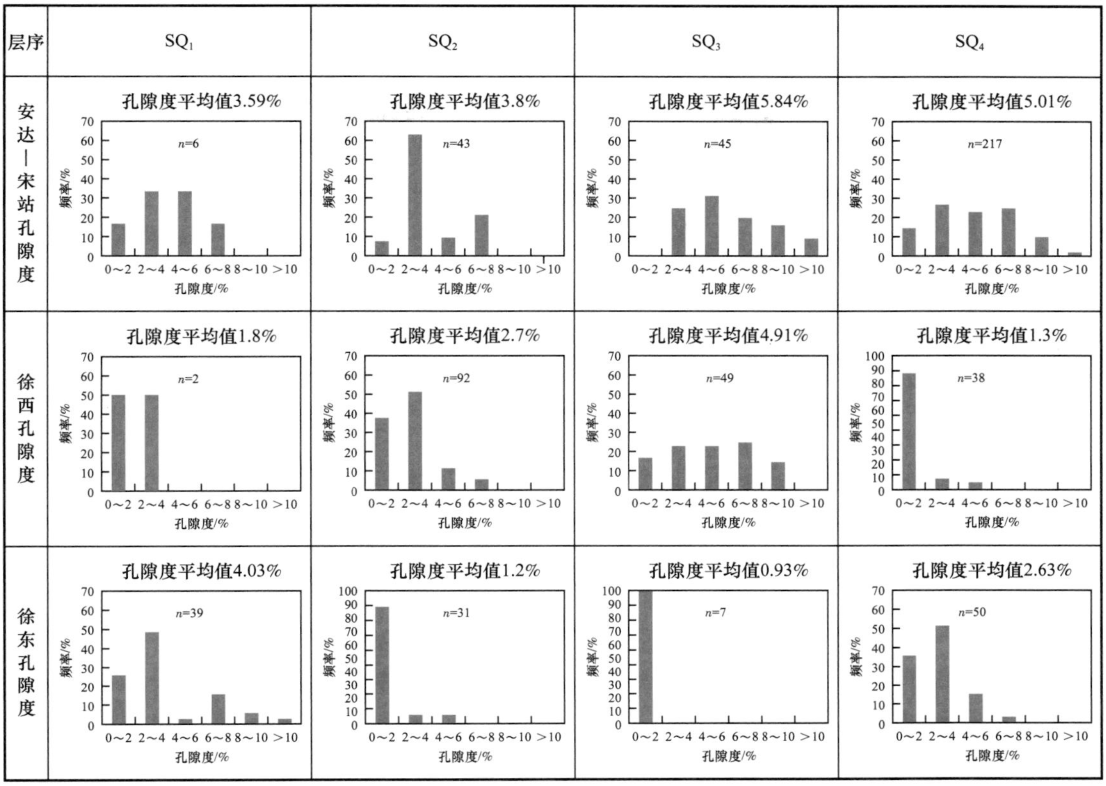

图 1-7-26　沙河子组不同地区各层序物性对比图

类岩石如果泥质杂基含量低，很可能会有较好的储集性能。

3）成岩作用对物性的影响

成岩作用是改造储层储集性能的重要因素，其中压实作用和胶结作用是破坏原生孔隙的成岩作用，溶蚀作用是次生孔隙发育的必要条件。

（1）机械压实作用对孔隙的控制作用：压实作用与粒间孔隙度关系表明，压实作用是深层砾岩孔隙度降低的最主要因素，压实作用引起的减孔率为 19%～38%。相对于同等埋深的深层砂岩，砾岩中砾石之间具有较强的支撑作用，有利于砾间砂质内孔隙的保存。在砾岩的次生孔隙中微裂缝占很大比例，裂缝主要为压裂成因，分布在砾内及砾缘，压裂缝的形成是以孔隙减少为代价的，但可以大大提高渗透性。

（2）化学固结作用对原生孔隙的改造：化学固结作用包括胶结作用和化学压实作用，其中胶结作用对深层砾岩的影响最大。常见的胶结物有碳酸盐类（如方解石、菱铁矿、铁白云石等）、硅质及硅酸盐（如自生石英、长石、浊沸石和各种自生黏土矿物）、硫酸盐（重晶石、硬石膏等）及含铁矿物（黄铁矿、褐铁矿等）。化学固结作用使原生孔隙转化成原生粒间缩小孔隙，使孔隙度降至很低或基本消失。越是晚期的化学固结作用，对储层的破坏性就越大。

（3）溶解作用对孔隙的改善

溶解作用是一种很重要的成岩作用，它是改善储层储集性能的重要因素。松辽盆地深层砾岩常见的易溶矿物有长石、浊沸石和方解石，局部发育凝灰质、黏土矿物的溶蚀。深层碎屑岩储层发育部位往往和次生孔隙有关，高孔隙带往往就是次生孔隙发育带。

4）营四段、沙河子组砾岩储层主控因素分析

营四段砾岩孔隙类型以原生粒间孔隙为主，含砂量即原始沉积环境是控制储层孔隙度的主要因素。通常含砂量越高，孔隙度越大，因为含砂量高的砾岩砂粒间不仅原生孔隙发育，次生溶蚀孔也相对发育。对比兴城和升平南两地区砾岩的含砂量，兴城含砂量变化较小，泥质、钙质和铁质填隙物比例低，晚期成岩作用对孔隙发育程度影响大。升平南含砂量变化较大，泥质、钙质和铁质填隙物比例高，沉积和晚期成岩作用对孔隙发育程度影响大。营四段砾岩储层具有多种溶蚀作用类型，以长石和岩屑溶蚀多见，填隙物（方解石、菱铁矿、浊沸石、黏土矿物）溶蚀对孔隙度增加具重要作用。

沙河子组砾岩孔隙类型以次生孔隙为主，压实作用是减孔主因，其次为胶结减孔，在 2770～2776m、3153～3717m、3940～4152m、4526～4530m 发育相对高孔段，因长石岩屑、火山碎屑溶蚀孔隙改善物性。研究表明沙河子组储层凝灰质填隙物含量高的砂砾岩次生孔隙更为发育，其溶蚀机理如下（图 1-7-27）：凝灰质成分对孔隙的影响表现为三种途径，一是因凝灰质填隙物不稳定，较易于发生脱玻化作用形成微孔，在充足的酸性水和粒间孔隙及裂缝沟通的开放环境下发生溶蚀作用，形成次生孔隙；二是凝灰质脱水收缩，形成单支或多支收缩缝，可作为后期溶蚀作用的通道；三是凝灰质填隙物固结成岩后，抗压能力增强，将使压实作用受阻，减少原生孔隙的损失，也为后期流体提供流通空间。

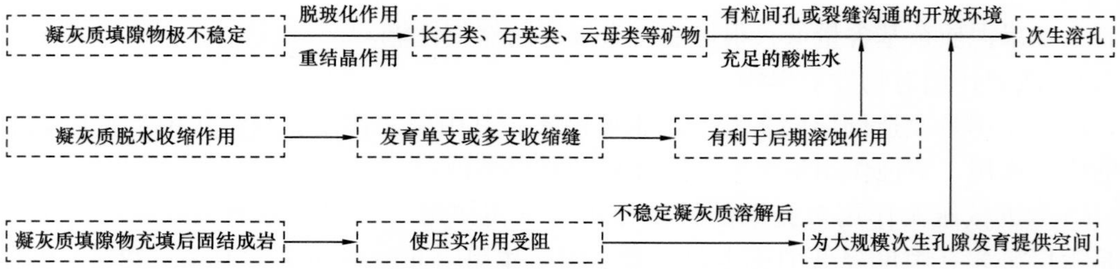

图 1-7-27 凝灰质填隙物溶蚀机理

四、储层分类与评价

1. 营四段砾岩储层

根据松辽盆地营四段砾岩具有产能井的储层物性资料及砾岩物性下限（孔隙度 2.7%，渗透率 0.05mD），将松辽盆地营四段砾岩储层分为 4 类（表 1-7-3）。营四段砾岩以大砾岩为主，分布于升平—昌德—杏山—昌五地区，物性均较差。整体看储层类型为三类，但大段砾岩的不同部位储集性能具有一定的差异，局部可以达到二类。

2. 沙河子组砾岩储层

采用核磁共振、压汞、试气和物性分析等资料，综合利用与试气产能相结合的经验统计法、最小流动孔喉半径法、束缚水饱和度法、物性试气法确定了沙河子组砾岩的物性下限：孔隙度 3%，渗透率 0.03mD，将沙河子组砾岩储层分为 3 类，见表 1-7-4。

表 1-7-3 松辽盆地营四段砾岩储层分类表

类型	孔隙度 /%	渗透率 /mD	代表井情况				
			井号	井段 /m	岩性	孔隙度 /% 和渗透率 /mD	产能情况 /（m^3/d）
Ⅰ类 压后中高产层	≥6	≥1.0	徐深 601	3461～3471.5	细—中砾岩	7.2/1.28	压后自喷 262641
			徐深 6	3561～3570	中砾岩	测井孔 4.0 总厚约 90m	压后自喷 522676
Ⅱ类 压后中低产层	4～6	0.2～1.0	芳深 5	3186～3210	细砾岩	5.1/0.25	自然产能 2128，压后自喷 49191
			徐深 1	4435～4480	细砾岩	4.9/0.39	自然产能 1000，压后自喷 6×10^4～8×10^4，保持 1×10^4 左右
			徐深 1	3364～3379	中砾岩	2.8/0.31 总厚约 140m	压后自喷 54758
			徐深 401	3766～3881	中砾岩	3.7/0.56 总厚约 115m	
Ⅲ类 低产气层或干层	2.7～4	0.1～0.5	徐深 5	3411～3422	中砾岩	1.9/0.165，总厚约 180m	压后自喷 6619
			尚深 3	2888～2996	细砾岩	3.5/0.35	MFE-Ⅱ气 46
Ⅳ类干层	≤2.7	≤0.1	徐深 2	3774～3783	中砾岩	测井孔隙度 1.6	微量

Ⅰ类砂砾岩储层优势成岩相为火山灰、长石、砾石岩屑溶蚀相，Ⅱ类砂砾岩储层火山灰及砾石岩屑溶蚀分布不均，压实、胶结相导致主要发育微孔缝，Ⅲ类砂砾岩非储层以压实、胶结相发育为特征，孔隙不发育，各类储层特征及分布见表 1-7-4。

表 1–7–4　松辽盆地沙河子组致密砾岩气储层分类表

分类参数		储层类别								
		Ⅰ			Ⅱ				Ⅲ	
物性特征	孔隙度 /%	6～12			3～6				＜3	
	渗透率 /mD	0.07～1			0.03～0.07				＜0.03	
孔喉结构参数	平均孔喉半径 /μm	＞0.1			0.04～0.1				＜0.04	
	排驱压力 /MPa	＜2			2～8				＞8	
	最大汞饱和度 /%	＞70			40～70				＜40	
孔隙类型		次生溶蚀孔、原生粒间孔			次生溶蚀孔、微裂隙、微孔				微裂隙、微孔	
岩石类型		凝灰质砂砾岩、含砾砂岩、砂质砾岩			砂质砾岩、凝灰质砂砾岩、砾岩，少量含砾砂岩				砾岩、含泥砂砾岩、砂质砾岩	
产能		徐探 1 井，工业气流 91025m^3（3940～4048m）			宋深 4 井，低产气层 8795m^3（2775～2783m）				非储层	
代表井段		徐探 1 井 3940～3943.4m	达深 16 井 3618.04～3620.31m	宋深 4 井 2771.23～2776.18m、3152.54～3152.88m	徐探 1 井 3938m、3958.5～3960.5m	尚深 1 井 2825.91m、2957.94m	达深 302 井 3447.68～3448.02m	达深 14 井 3677.31～3677.55m	徐探 1 井 3403m、3483m、3821.47～3828.0m	芳深 8 井 4145.35～4155.97m
岩性（代表井段）		凝灰质砂砾岩	凝灰质砂砾岩	砂砾岩	凝灰质砂砾岩	砂砾岩	砂砾岩	砂砾岩	砂砾岩	砂砾岩
储集空间类型（代表井段）		火山灰溶孔为主	砾（长石岩屑）内溶孔、黏土矿物晶间孔为主，局部方解石胶结物溶孔	砾（长石岩屑）内溶孔、黏土矿物晶间孔等为主	火山灰溶孔为主	砾内缝和砾缘缝为主	砾石内溶蚀微孔为主	粒缘缝及长石岩屑粒内溶孔为主	孔隙不发育，少量砾缘缝	孔隙不发育，少量微裂隙
成岩相（代表井段）		火山灰强溶蚀相	方解石胶结相，局部砾石、长石岩屑溶蚀相	砾石、长石岩屑溶蚀相	火山灰溶蚀相，溶蚀分布不均	泥质充填强压实相，孔隙不发育，局部裂隙发育	局部砾石溶蚀相	钙质胶结相，胶结后在粒缘残留缝，局部岩屑长石溶蚀相	泥质充填—强压实相或钙质胶结相	泥质充填—强压实相或钙质胶结相

第四节　火山岩储层特征

徐家围子断陷营城组火山岩主要包括火山熔岩和火山碎屑岩。火山熔岩从酸性岩至基性岩均有分布，见有流纹岩、珍珠岩、英安岩、安山岩、粗安岩、粗面岩、玄武安山岩、安山玄武岩、玄武岩等；火山碎屑岩见有凝灰岩、熔结凝灰岩、火山角砾岩、火山集块岩和沉火山碎屑岩等（冯子辉等，2015）。

一、火山岩储层岩石类型

徐家围子断陷营城组火山岩可以作为储层的超过 40%，基性—中性—酸性火山岩中除沉凝灰岩外均可以作为储层。不同地区储层岩石类型有差别：安达—汪家屯地区营城组火山岩地层酸性、中性、基性火山岩均有一定比例分布，其中流纹岩、玄武岩、凝灰岩、安山岩、火山角砾岩为优势储层岩石类型。徐东、徐中地区以酸性火山岩为主，流纹岩、凝灰岩、火山角砾岩为优势储层。徐南地区以酸性火山岩为主，流纹岩、凝灰岩为优势储层。

1. 流纹岩

流纹构造。斑状结构，斑晶主要为石英和碱性长石，暗色矿物少见，斑晶溶蚀可形成斑晶内溶孔；玻璃质基质大部分已脱玻化成长英质物质，若基质为球粒结构，则为球粒流纹岩，并形成球粒内脱玻化微孔。气孔发育，并沿流纹构造多呈定向分布。

2. 安山岩

气孔—杏仁构造，气孔被绿泥石、硅质和碳酸盐充填。斑状结构，斑晶含量低，主要为斜长石，呈板柱状，暗色矿物斑晶几乎全部被绿泥石交代。基质具交织结构、玻晶交织结构，主要由条状斜长石微晶和火山玻璃组成，部分火山玻璃已脱玻化。

3. 玄武岩

气孔—杏仁构造，杏仁体有绿泥石、方解石、石英、沸石、葡萄石等。斑状结构，斑晶主要为斜长石，呈板柱状，部分轻微绢云母化。基质具显微嵌晶含长结构、拉斑玄武结构，局部具间粒结构，主要由条状斜长石微晶和不规则粒状辉石组成。

4. 凝灰岩

以流纹质为主，少量安山质、玄武质。晶屑成分主要为石英、碱性长石、斜长石等，呈棱角—次棱角状，石英多具裂纹，部分长石受熔蚀、交代作用；岩屑成分主要为流纹岩、安山岩、粗面岩、粉砂质泥岩、片岩等，多为次棱角—次圆状；碎屑间充填火山尘，长英质常发生脱玻化成霏细结构。

5. 火山角砾岩

以流纹质为主，少量安山质、玄武质。角砾成分主要为流纹岩、流纹质（熔结）凝灰岩、安山岩，少量粉砂岩、浅变质岩等，晶屑主要为斜长石碎屑和少量石英碎屑。角砾间充填石英、长石晶屑、细小的中酸性喷发岩岩屑及火山尘。

二、火山岩储层空间组合及储集性能

1. 储层空间类型及特征

按成因划分为原生孔隙、次生孔隙和裂隙三类十二种亚类（表 1-7-5）。其中原生气孔、脱玻化孔、斑晶溶蚀孔、火山灰溶蚀孔、裂缝等是主要的孔隙类型。各类储集空间一般不单独存在，而是以组合形式出现。

表 1-7-5　徐家围子断陷营城组火山岩储层孔隙类型及成因表

类	亚类	成因描述	微观特征
原生孔隙	原生气孔	富含气体的岩浆喷溢到地面时，由于压力降低，气体发生膨胀和逃逸，当岩浆凝固后在熔岩中保留下来的一些空洞。流纹岩、玄武岩中多见（微观特征见照片：升深 2-25 井，3022.91m，流纹岩，营城组）	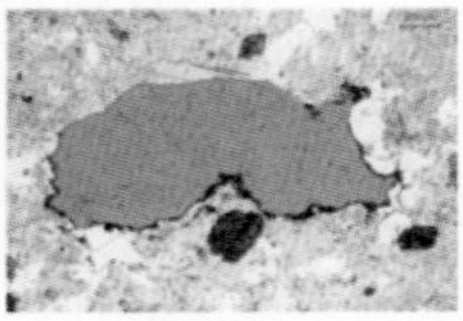
	石泡空腔孔	由于酸性熔岩凝固时气体多次逸出，并且在冷凝过程中冷凝体积收缩，产生的具有空腔的多层同心球状体称为石泡。石泡每层常由放射纤维状长英质组分组成，空腔内常有微细的次生石英、玉髓等矿物充填	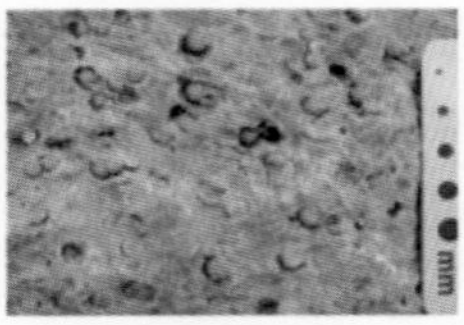
	杏仁体内孔	气孔被后期矿物充填，充填物称为杏仁体。气孔内未被杏仁体完全充填的残余孔隙称为杏仁体内孔（微观特征见照片：达深 X5 井，3784.62m，安山玄武岩，营城组）	
	晶间孔	微晶矿物之间的孔隙，多发育在火山岩的基质中（微观特征见照片：徐深 25 井，4023.15m，流纹质角砾凝灰岩，营城组）	
	粒间孔	火山碎屑杂乱堆积，经成岩作用后残余的孔隙。形态不规则，大小不等，通常连通性较好（微观特征见照片：升深更 2 井，2909.09m，火山角砾岩，营城组）	
次生孔隙	斑晶溶蚀孔	斑晶常见有长石、石英、橄榄石、辉石、角闪石等矿物，它们被溶蚀产生的孔隙称为斑晶溶蚀孔。斑晶溶蚀孔形状多样，常见有蜂窝状或筛孔状，如果斑晶被完全溶蚀，其形状保留原始矿物的外形（微观特征见照片：徐深 801 井，3854.09m，流纹质晶屑凝灰岩，长石斑晶溶孔，营城组）	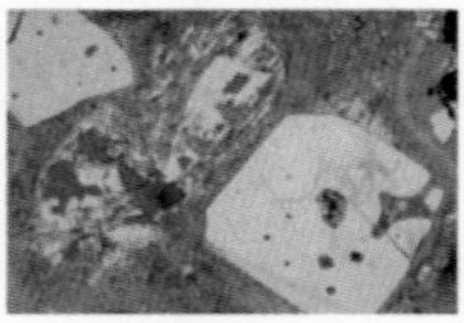
	杏仁体溶蚀孔	气孔被后期矿物充填为杏仁体后又发生溶蚀。其形态多为长形、多边形或围边棱角状不规则形态（微观特征见照片：达深 4 井，3266.14m，玄武安山岩，杏仁体溶蚀孔，气孔充填物碳酸盐溶蚀，营城组）	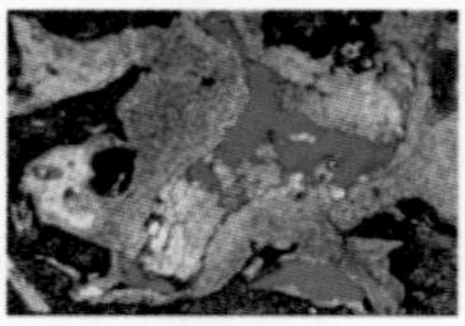

续表

类	亚类	成因描述	微观特征
次生孔隙	基质溶蚀孔	火山玻璃脱玻化形成矿物发生体积的缩小，从而形成微孔隙，称为脱玻化孔；另外火山玻璃脱玻化形成的铝硅酸盐等矿物在酸性流体的作用下可发生溶蚀（微观特征见照片：升深更 2 井，2955.97m，球粒流纹岩，球粒脱玻化孔，营城组）	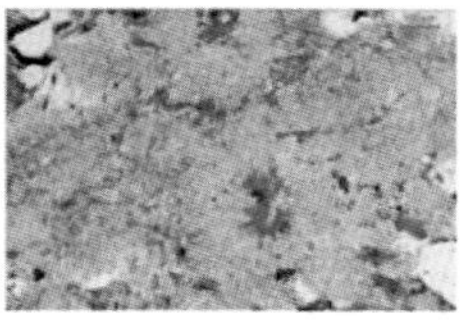
	溶蚀裂缝	岩石受构造应力作用后，产生裂缝，在成岩作用下被充填，后经溶蚀重新开启成为有效储集空间（微观特征见照片：升深 203 井，3330.88m，球粒流纹岩，裂缝充填物碳酸盐后期溶蚀重新开启，营城组）	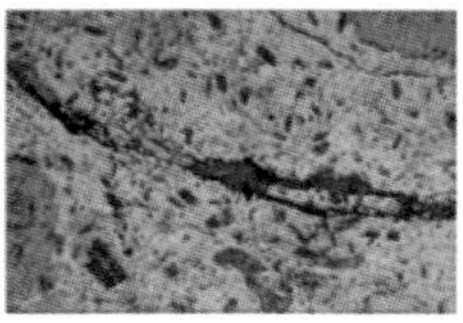
裂缝	构造裂缝	火山岩成岩后，由于后期构造应力的作用而形成的裂缝。规模不等，既有穿切整个火山岩体的巨型裂缝，也有数毫米的微裂缝，常连通已有的储集空间（微观特征见照片：升深 2-25 井，2991.41m，球粒流纹岩，营城组）	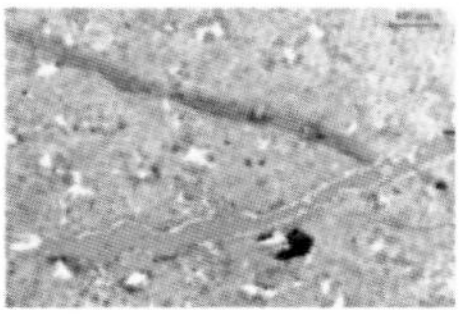
	收缩缝	火山碎屑岩在地表堆积后，由于温度与压力的快速下降，基质的各向异性导致不均匀收缩而开裂，形成基质收缩缝。互相交错成网状或平行带状（微观特征见照片：升深更 2 井，3000.89m，流纹质凝灰岩，珍珠裂理状冷凝收缩缝，营城组）	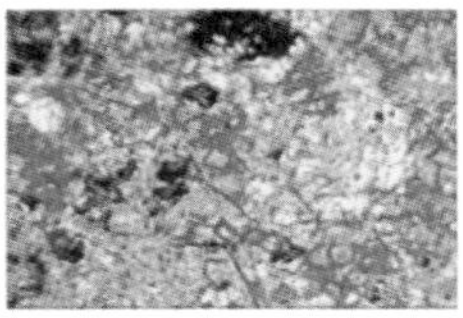
	炸裂缝	由岩浆喷发时岩浆上拱力、岩浆爆发力引起的气液爆炸作用而形成的裂缝或由于温压的快速下降，矿物晶体沿解理爆裂形成。包括矿物解理缝、砾内网状裂缝、角砾间缝、晶间缝（微观特征见照片：徐深 8 井，3731.46m，流纹质凝灰岩，营城组）	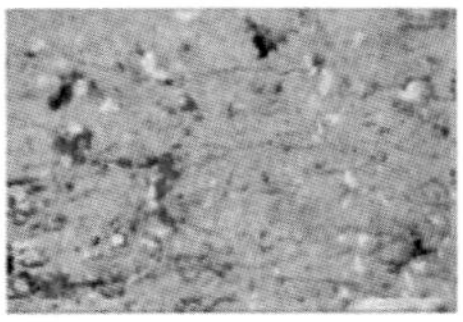

1）原生气孔—杏仁体内孔—裂缝型

原本互相独立、互不连通的气孔和杏仁体，被后期构造作用产生的裂缝所连通，形成有效的储集空间。

2）石泡空腔孔—裂缝型

具石泡构造的酸性熔岩被后期构造运动改造，彼此相对孤立的石泡被裂缝连通，形成有效的储集空间。

3）粒间孔—收缩缝—裂缝型

火山碎屑熔岩中较为常见，火山碎屑间孔隙、基质收缩缝被后期的构造裂缝所改造。

4）基质溶蚀孔—斑晶溶蚀孔—裂缝型

由于热液活动而形成的基质溶蚀孔、斑晶溶蚀孔被后期或同期的构造裂缝所切割连通。

5）纯裂缝型

多发育于致密、脆性强的火山岩，原生孔隙不发育，但在后期构造作用的影响下，岩石发生严重破碎，产生大量的裂缝，彼此间纵横交织，连通性好。

2. 火山岩储层物性特征

营城组火山岩储层岩石类型多样，不同岩石类型具有不同的物性特征。流纹岩、火山角砾岩、凝灰岩物性较好，凝灰熔岩、熔结凝灰岩次之，玄武岩、安山岩等中基性火山熔岩、火山集块岩物性相对较差。

火山角砾岩孔隙度分布范围为0.4%～20.08%，平均值为7.37%；渗透率分布范围为0.004～4.032mD，平均值为0.196mD。流纹岩孔隙度分布范围为0.1%～24.19%，平均值为7.05%；渗透率分布范围为0.001～52.71mD，平均值为0.998mD。凝灰岩孔隙度分布范围为0.08%～18.1%，平均值为6.86%；渗透率分布范围为0.001～17.2mD，平均值为0.594mD。凝灰熔岩孔隙度分布范围为0.17%～15.1%，平均值为6.49%；渗透率分布范围为0.01～8.32mD，平均值为0.267mD。熔结凝灰岩孔隙度分布范围为0.4%～20.2%，平均值为6.27%；渗透率分布范围为0.001～5.57mD，平均值为0.232mD。安山岩孔隙度分布范围为0.2%～16.9%，平均值为6.18%；渗透率分布范围为0.013～4.032mD，平均值为0.196mD。玄武岩物性普遍较差，孔隙度分布范围为1.1%～11.3%，平均值为4.71%；渗透率分布范围为0.01～51.1mD，由于样品较少，平均值较高，为2.625mD。火山集块岩物性普遍差，孔隙度分布范围为0.5%～7%，平均值为3.55%；渗透率分布范围为0.01～2.24mD，平均值为0.288mD。

三、火山岩储集性控制因素分析

1. 岩相对火山岩储集性的影响

1）不同亚相相带的孔隙类型组合（表1-7-6）

（1）火山通道相孔隙组合：火山颈亚相主要孔隙类型有角砾间孔、角砾内孔缝、基质收缩孔缝；次火山岩亚相储集空间为原生柱状、板状解理；隐爆角砾岩亚相多见隐爆角砾间孔。

（2）爆发相孔隙组合：空落亚相和热基浪亚相均以粒间孔为主。热碎屑流亚相见有原生气孔、流纹层间收缩缝、角砾间孔等。

（3）溢流相孔隙组合：流动单元或冷凝单元的下部，原生孔隙不发育，岩石脆性强易形成裂缝，是裂缝最发育相带；中部一般气孔小，较均匀；流动单元上部，主要储集空间为气孔、杏仁体内孔、石泡壳间孔，是气孔最发育的相带。

（4）侵出相孔隙组合：内带由于发育大型珍珠岩体内部的松散层，球体内部的原生环带状裂缝特别发育；中带与内部呈过渡或互层，岩石脆性强因而构造裂缝较发育；外带孔隙不发育。

（5）火山—沉积相孔隙组合：相比其他岩相带，孔隙发育程度较差。

2）不同亚相相带的物性特征

火山岩储层物性不随深度的增加而变差，而与岩相有密切关系。不同类型火山岩物性差别较大，即使同一岩石类型由于所处岩相部位不同，其物性差别也较大（表1-7-7）：安山岩处于溢流相上部亚相物性最好，溢流相夹火山岩通道相的复合相区物性次之，溢流相中部亚相物性相对较差；流纹岩处于不同岩相部位物性变化较大，溢流相夹侵出相或爆发相的复合相区和溢流相上部亚相物性相对较好；凝灰岩处于复合相区和溢流相上部亚相的物性相对较好。在复合式火山岩机构中，物性条件较好的为溢流相，其中溢流相上部亚相物性条件最好；中基性火山机构的爆发相物性条件相对较好，其中空落亚相物性最好；碎屑火山机构的各个岩相带物性条件差别不大，爆发相中的热碎屑流亚相物性条件较好；熔岩火山机构爆发相中的热碎屑流亚相物性条件最好，溢流相的上部亚相和中部亚相物性条件相对较好。

表 1-7-6　徐家围子断陷营城组火山岩岩石类型、结构、孔隙类型与岩相关系

相	亚相	代表岩石类型	典型结构	主要储集空间类型
Ⅴ 火山—沉积相		沉凝灰岩、沉角砾岩	陆源碎屑结构	粒间孔和各种次生孔缝
Ⅳ 侵出相 （旋回后期）	Ⅳ$_3$ 外带亚相	具变形流纹构造的角砾熔岩	熔结角砾结构、熔结凝灰结构	角砾间孔缝、微裂缝
	Ⅳ$_2$ 中带亚相	致密块状珍珠岩和细晶流纹岩	玻璃质结构、珍珠结构、少斑结构、碎斑结构	原生微裂隙、构造裂隙
	Ⅳ$_1$ 内带亚相	枕状和球状珍珠岩		岩球间空隙、岩穹内大型松散体
Ⅲ 溢流相 （旋回中期）	Ⅲ$_3$ 上部亚相	气孔状熔岩	球粒结构、细晶结构	气孔、石泡空腔、杏仁体内孔
	Ⅲ$_2$ 中部亚相	致密熔岩	细晶结构、斑状结构	流纹层理间缝隙
	Ⅲ$_1$ 下部亚相	细晶及含同生角砾的熔岩	玻璃质结构、细晶结构、斑状结构、角砾结构	板状和契状节理缝隙和构造裂缝
Ⅱ 爆发相 （旋回早期）	Ⅱ$_3$ 热碎屑流亚相	含晶屑、玻屑、浆屑、岩屑的熔结凝灰岩	熔结凝灰结构、火山碎屑结构	粒间孔同冷却单元上下松散中间致密，底部可能发育几十厘米松散层
	Ⅱ$_2$ 热基浪亚相	含晶屑、玻屑、浆屑的凝灰岩	火山碎屑结构（晶屑凝灰结构为主）	有熔岩围限且后期压实影响小则为好储层（岩体内松散层），以晶粒间孔隙和角砾间孔缝为主
	Ⅱ$_1$ 空落亚相	含火山弹和浮岩块的集块岩、角砾岩，晶屑凝灰岩	集块结构、角砾结构、凝灰结构	浮岩岩屑内气孔、火山灰溶孔、冷凝收缩缝
Ⅰ 火山通道相 （火山机构下部）	Ⅰ$_3$ 隐爆角砾岩亚相	隐爆角砾岩	隐爆角砾结构、自碎斑结构、碎裂结构	角砾间孔、原生微裂隙
	Ⅰ$_2$ 次火山岩亚相	次火山岩、玢岩和斑岩	斑状结构、全晶质结构	柱状和板状节理缝、接触带的裂隙
	Ⅰ$_1$ 火山颈亚相	熔岩、角砾 / 凝灰熔岩、熔结角砾岩 / 凝灰岩	斑状结构、熔结结构、角砾 / 凝灰结构	角砾间孔、环状和放射状解理缝

表 1-7-7　徐家围子断陷营城组火山机构中不同岩相带的物性特征

火山机构	岩石类型	岩相	亚相	孔隙度 /%	渗透率 /mD	厚度 /m
复合火山机构	流纹岩、凝灰岩	溢流相	上部亚相	8.95～10.14	0.44～2.76	168
	流纹岩、火山角砾岩		中部亚相	2.36～3.26	0.04～1.26	202
	流纹岩		下部亚相	3.81	—	15
	火山角砾岩、流纹岩	爆发相	空落亚相	3.26	—	44
	凝灰岩、流纹岩		热碎屑流亚相	2.57	—	102
	流纹岩		热基浪亚相	2.52	—	16
	火山角砾岩	火山通道相	火山颈亚相	3.25	0.04	29
中基性岩火山机构	玄武岩、安山岩	溢流相	上部亚相	2.5～9.99	0～0.01	39
	火山角砾岩	爆发相	空落亚相	13.54～20.08	0～1.27	93.9
	凝灰岩		热基浪亚相	7.12	—	3.56
	安山岩	溢流相	上部亚相	9.15	—	48.48
碎屑火山机构	凝灰岩	爆发相	空落亚相	4.45	—	23
	凝灰岩、集块岩、火山角砾岩		热碎屑流亚相	0.6～14.2	0.004～0.8	115
	火山角砾岩、凝灰岩		热基浪亚相	4.45	—	161
	集块岩	火山通道相	火山颈亚相	2.2～5.1	0.01～0.6	36
	凝灰岩、集块岩、火山角砾岩	侵出相	外带亚相	0～5.2	0～0.173	22
熔岩火山机构	流纹岩	溢流相	上部亚相	2.73～4.86	0.01	209
	流纹岩		中部亚相	4.28	—	103
	流纹岩		下部亚相	3.15	—	132
	火山角砾岩	爆发相	空落亚相	3.5	—	10
	火山角砾岩、流纹岩		热碎屑流亚相	6.15～16.8	0～1.44	100
	火山角砾岩		热基浪亚相	4.3	—	12

安达地区爆发相空落亚相和热碎屑流亚相、溢流相上部亚相物性好；升平地区复合相区（喷溢夹爆发相）的空落亚相和上部亚相、火山通道相火山颈亚相物性最好；兴城地区复合相区（爆发相夹火山通道相）和溢流相上部亚相物性最好。

2. 成岩作用对火山岩储集性的影响

各类成岩作用对火山岩储层形成的作用不尽相同（表 1-7-8），控制着火山岩储层原生孔隙的保存和次生孔隙的发育与分布。

表 1-7-8　徐家围子断陷营城组火山岩成岩作用类型及对储集空间的影响

成岩作用类型		对储集空间的影响	发育的岩性
致密化	充填作用	表生矿物、热液矿物充填孔、缝	各种类型火山岩
	熔结、压结作用	岩石变得致密、孔隙减小	熔结角砾岩、熔结凝灰岩
	熔浆胶结作用	熔浆胶结火山碎屑，孔隙减小	流纹岩、角砾熔岩
	压溶作用	堆积物体积缩小、孔隙减小	火山角砾岩、熔结角砾岩
	交代作用	绿泥石化、方解石化、碱交代作用，孔隙减小	各种类型火山岩
扩容性	冷却收缩作用	形成收缩缝	熔岩、碎屑熔岩
	挥发分逸散作用	形成气孔	熔岩、碎屑熔岩
	气相结晶	形成管状孔缝	凝灰熔岩、熔结凝灰岩
	脱玻化作用	形成微孔隙，增大储集空间和连通性	各种类型火山岩
	溶蚀作用	斑晶、晶屑、岩屑、火山灰等溶蚀，形成溶孔	各种类型火山岩
	构造作用	形成构造缝，增大储集空间和连通性	各种类型火山岩
	风化淋滤作用	形成溶孔、溶缝，增大储集空间和孔隙连通性	各种类型火山岩

常见的致密化作用有充填作用、熔结作用、熔浆胶结作用、压结及压溶作用、交代作用。充填作用较为普遍，火山岩中的孔隙和裂缝常被石英、长石、菱铁矿、绿泥石、方解石等矿物充填，降低储层的孔渗性，不利于火山岩储层的发育；压结、压溶作用不利于储层的形成、保存及发展，特别是对于火山碎屑岩影响显著，强烈的压实及压溶作用使火山碎屑岩的原生砾（粒）间孔和裂缝空间大幅度降低甚至消失；蚀变、交代作用包括绿泥石化、方解石交代、沸石化、碱交代等，其对火山岩储层形成既有消极影响，也有积极作用，其一方面使矿物体积膨胀堵塞孔隙，另一方面为后期溶蚀创造了条件。

常见的扩容性成岩作用有冷凝收缩作用、挥发分的逸散作用、溶解作用、构造作用、风化作用等。其中冷凝收缩作用、挥发分的逸散作用是火山岩特有的成岩作用。而溶解作用是火山岩发育大量溶蚀孔缝的重要作用类型，次生溶孔的形成使储层储渗条件得以改善，是火山岩成为良好储层的重要因素。

四、火山岩储层分类与评价

1. 火山岩储层分类标准

依据大量岩心全直径物性分析、测井解释孔隙度和渗透率数据、普通薄片鉴定、铸体薄片鉴定、火山岩岩相和火山岩厚度、单位厚度产能等资料，综合考虑火山岩岩石类型、火山岩相、次生矿物组合、孔隙度、渗透率、面孔率、孔隙组合等各项指标，制定了火山岩储层分类标准（表 1–7–9）。

表 1–7–9 徐家围子断陷营城组火山岩储层分类与评价标准

储层类型	孔隙度 / %	渗透率 / mD	面孔率 / %	孔隙组合	岩性	火山岩相
Ⅰ类优质储层	≥10	≥0.5	≥5	残余气孔 + 砾间孔 + 微裂缝 + 溶蚀孔 + 砾内溶孔 + 基质溶孔	火山角砾岩、角砾熔岩、流纹岩、英安岩、安山岩	爆发相、火山通道相、溢流相
				残余气孔 + 砾间孔 + 微裂缝 + 溶蚀孔	流纹岩、安山岩、玄武岩、火山角砾岩、火山凝灰岩、火山角砾熔岩	溢流相、火山通道相、侵出相
Ⅱ类较好储层	[6，10)	[0.05，0.5)	[2，5)	残余气孔 + 微裂缝 + 溶蚀孔	流纹岩、英安岩、玄武岩、凝灰岩、火山角砾岩	溢流相、爆发相
Ⅲ类中等储层	[4，6)	[0.01，0)	[1，2)	残余气孔 + 微裂缝 + 溶蚀孔	流纹岩、英安岩、玄武岩、凝灰岩、火山角砾岩	溢流相、爆发相
Ⅳ类差储层	[2，4)	[0.005,0.01)	[0.5，1)	残余气孔 + 微孔	流纹岩、安山岩、玄武岩	溢流相
Ⅴ类非储层	<2	<0.005	<0.5	微孔	凝灰岩、熔结火山角砾岩	爆发相边缘、溢流相、火山沉积相

Ⅰ类储层：孔隙度和渗透率均较高，孔隙度大于 10%，渗透率大于 0.5mD，薄片面孔率大于 5%。以位于火山通道相与爆发相的火山角砾岩、火山碎屑熔岩、火山凝灰岩和溢流相的流纹岩、英安岩、安山岩为主。孔隙组合有两类：一类为残余气孔 + 砾间孔 + 裂缝 + 溶蚀孔 + 砾内溶孔 + 基质溶孔组合；另一类为残余气孔 + 砾间孔 + 微裂缝 + 溶蚀孔组合，为优质火山岩储层，也是工业气流产层。

Ⅱ类储层：孔隙度为 6%～10%，渗透率为 0.05～0.5mD，薄片面孔率为 2%～5%。主要为溢流相流纹岩、英安岩、玄武岩与爆发相的火山角砾岩和凝灰岩，可见少量火山角砾熔岩。孔隙组合为残余气孔 + 微裂缝 + 溶蚀孔组合。为研究区较好的火山岩储层。

Ⅲ类储层：孔隙度为 4%～6%，渗透率为 0.01～0.05mD，薄片面孔率为 1%～2%。位于溢流相，岩石类型包括流纹岩、英安岩、玄武岩，以及爆发相的火山角砾岩和凝灰岩。孔隙组合为残余气孔 + 微裂缝 + 溶蚀孔组合，属于中等火山岩储层。

Ⅳ类储层：孔隙度为 2%～4%，渗透率为 0.005～0.01mD，薄片面孔率为 0.5%～1%。位于溢流相带，岩石类型以流纹岩、安山岩、玄武岩为主。孔隙组合为残余气孔 + 微孔组合，属于差储层。

Ⅴ类储层：孔隙度小于 2%，渗透率小于 0.005mD，薄片面孔率小于 0.5%。位于爆发相边缘、溢流相与火山沉积相带，岩石类型以熔结火山角砾岩、凝灰岩为主。孔隙主要为少量微孔，属于非储层。

2. 储层分布规律

1）储层纵向分布规律

火山岩在纵向上厚度可达到数百米，但物性均一性较差，孔隙度高值和低值之间可相差 5～10 倍，渗透率相差可达到两个数量级以上，高孔渗带的厚度可以达到几米到几十米，在大段岩相的中部，物性通常比岩相变化较快的部位物性要差，高孔渗带似乎与岩相（包括亚相）的交替变化有关。

高孔渗带的次生孔隙很发育，基质和长石斑晶普遍具有溶蚀特征。在岩石类型或岩相交替部位，因为岩石之间结合相对较弱，所以该部位容易发生风化淋滤作用和后期的溶蚀作用（该部位沟通流体的能力相对强）。因此，对于厚度较大的火山岩，其岩石类型和岩相变化部位应该是有利储层发育部位。

2）储层平面宏观分布规律

最有利（Ⅰ类储层）储集区：徐家围子中部兴城—丰乐地区，火山岩的孔隙组合以气孔 + 溶孔 + 砾间孔 + 微裂缝的最佳孔隙组合为主，是火山岩最有利的储集区。

有利（Ⅱ类储层）储集区：徐家围子北部安达地区、中部兴城镇—昌五镇—丰乐镇所围区域，火山岩孔隙组合以气孔 + 微裂缝为主，为火山岩有利的储集区。

较有利（Ⅲ类储层）储集区：徐家围子南部地区火山岩以气孔 + 溶孔 + 微裂缝的较好孔隙组合为主，是火山岩较有利的储集区。南部肇州地区主要为溢流相，孔隙组合以气孔 + 微裂缝为主，也是火山岩较有利的储集区。

火山岩储层（测井孔隙度大于 3%）的厚度与火山口的距离具有负相关性，即离火山口越远，火山岩厚度变小，储层的厚度也越小。但从火山岩储层占火山岩总厚度的比例关系上看，储层的比例与火山口的距离基本无关。这一宏观特征从另一方面说明，火山岩的次生改造作用是决定火山岩能否成为储层的关键。

第五节　其他类型储层特征

一、泥页岩油储层特征❶

1. 泥页岩宏观储集特征

通过对大量钻井岩心观察，在许多井的青一段、青二段和青三段泥页岩中见到油的存在，宏观上在泥岩的层理缝、微裂缝、介形虫层表面及方解石脉中均可见到油。反映了泥岩油可以存在于上述储集空间内。本次观察时，由于有些岩心放置时间较长，普通光下不易见含油显示，但有些含油重的仍能闻到油味，在荧光下滴氯仿可见较明显含油显示，但在葡 53 井、松页油 2 井、金 341 井、金 57 井、古 303 井及英 X58 井青山口组泥页岩中肉眼可见油的存在。其中葡 53 井和金 341 井青一段泥岩中，将岩心掰开新鲜面后可见到轻质组分挥发后的油滴，反映泥页岩油在青山口组泥岩中富集且呈现不连续

❶ 霍秋立，曾花森，赵海波等，2017，古龙地区青山口组泥页岩油赋存条件及资源潜力研究，内部科研报告。

状分布的特点；在金341井青二段、青三段下部的泥岩中将泥岩岩心掰开新鲜面后，油呈现出浸湿状，没有明显的滴状，反映出不同部分泥岩油的储集状态存在差异。

在青一段泥岩中含有许多方解石脉，其产状有的与泥页岩层理平行，有的与泥页岩层理斜交，大部分厚度小于10cm，多数为0.2～2cm，多为白色，也可见由于含油呈现黑色。但白色方解石脉中通过制备出包裹体薄片在镜下观察也见许多油包裹体GOI，一般超过20%，部分在50%左右，反映方解石脉中的含油性高将对泥页岩油开采有利。

层间裂缝是青山口组中最常见的裂缝类型，区内许多取心井均大量发育层间缝。这类裂缝分布在泥岩、粉砂岩和介形虫层之中，而且在泥岩中分布的较多。哈14井和哈18井中均有几段质纯性脆的黑色泥岩呈“酥饼状”破碎，主要分布在青一段和青二段，说明这类泥岩的层间裂缝相当发育。此外松辽盆地青一段中还发育有纵向裂缝、不规则裂缝、剪切缝等，这些裂缝的存在为泥页岩的储集提供了较好的空间。对松页油1井青一段岩心进行观察，发现泥岩层理发育，在钻井取心上，可见气泡溢出，岩心油味浓，但荧光不明显。

2. 泥页岩的物性特征

松辽盆地青山口组泥页岩成层性好、页理发育，进行钻取孔隙度样品时成功率非常低，较难取得满足分析测定的样品，因此获得的数据相对较少。古龙地区青山口组泥页岩总孔隙度测定结果表明，孔隙度在4.06%～11.9%之间，平均为7.94%，大部分在6%～10%之间，反映泥岩中存在一定的孔隙，这些孔隙的存在为泥页岩油的储集提供了空间。有效孔隙度分析表明，泥岩有效孔隙度变化在0.3%～10.06%之间，平均为4.81%，主要分布在3%～7%之间。与泥岩相对比，介形虫层有效孔隙度介于0.52%～5.56%，平均为2.41%，低于泥岩；同样地，钙质胶结的粉砂岩或砂泥互层有效孔隙度也不高，在0.67%～15.7%之间，平均为4.38%，与泥岩相当。对比青山口组泥页岩总孔隙度与有效孔隙度，总孔隙度较有效孔隙度平均高2.43%，说明泥岩存在一定量的孔隙，但孔隙的连通性较差。

3. 泥页岩微观储集特征

对泥页岩微观孔隙空间的研究有助于了解页岩油气赋存形式、滞留机理及其与孔隙空间、孔隙结构的关系，以及页岩油气在开采过程中的渗流机理与可动性等方面的认识。

首先对泥岩进行了镜下观察，利用普遍薄片、全岩光片及荧光薄片均难以观察到泥岩中的孔隙。只是在介形虫层铸体薄片中可见到少量孤立的孔隙，孔隙不发育，且连通性差。

通过采用氩离子抛光+FE-SEM二次电子成像及CT技术等对青山口组泥页岩中的孔隙及微裂缝进行大量观察研究，发现在松辽盆地白垩系青山口组泥页岩中发育基质晶间孔、溶蚀孔、粒间孔和微米—纳米级微裂缝（图1-7-28）。

基质晶间孔：基质晶间孔是松辽盆地白垩系泥页岩中常见的一种孔隙类型，通常指黏土矿物薄片及集合体、胶结物晶体及大岩屑颗粒之间的孔隙。扫描电镜下观察到具有较大弯曲度且定向排列的伊利石薄片，伊利石薄片之中包裹其他岩屑颗粒。测得图中伊利石薄片集合体间孔隙的孔径主要为1.0～3.5μm。样品中除了发育大量定向排列的伊利石薄片集合体外，还发育大量霉球状黄铁矿集合体，其主要为立方体黄铁矿晶体组成

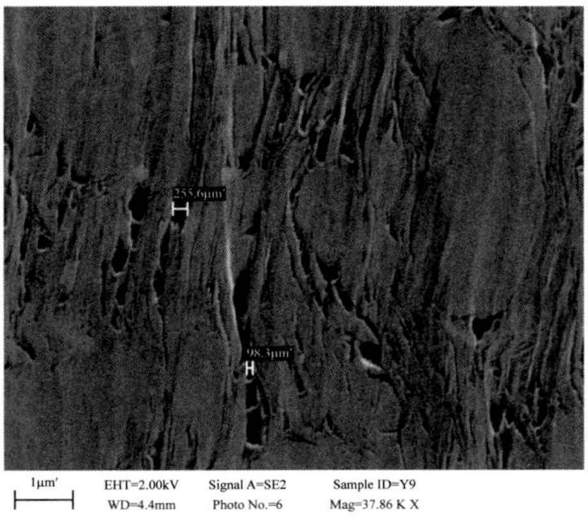

英X58井，K_1qn_1，2107.93m，片层状黏土矿物充填粒间，纳米级晶间孔发育

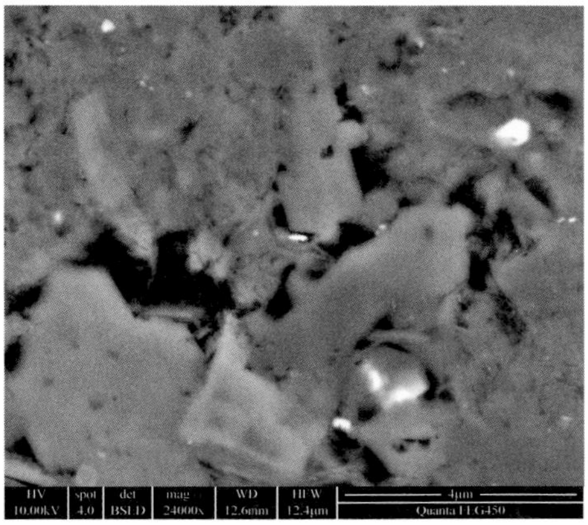

英78井，K_1qn_1，2358.15m，粒间溶蚀孔

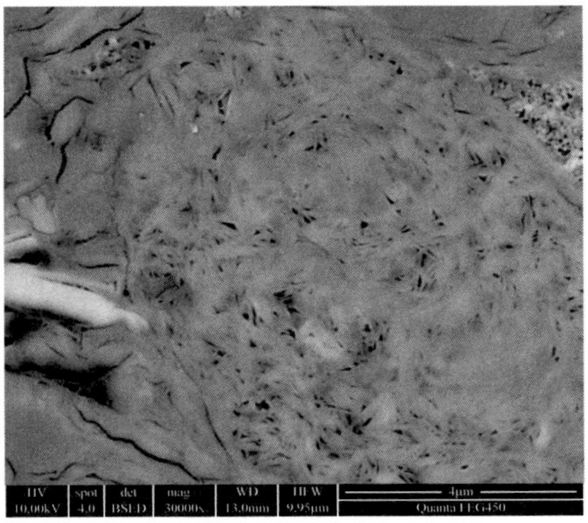

英X58井，K_1qn_1，2107.33m，黏土矿物晶间孔

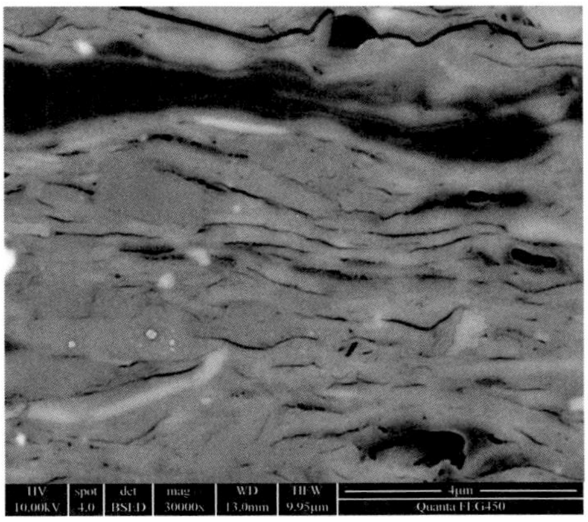

英47井，K_1qn_1，2351.82m，纹层间微缝

图 1-7-28　松辽盆地青山口组泥页岩中主要孔隙类型

的显微“球体”，此外还发育单晶黄铁矿及单晶立方体黄铁矿，在伊利石集合体和霉球状黄铁矿等矿物之间存在大量的微小孔隙，基质晶间孔以纳米孔为主，存在部分的微米孔。

溶蚀孔：溶蚀孔主要是泥页岩中方解石、磷灰石等碳酸盐、磷酸盐或硅铝酸盐在溶蚀作用下（主要是由于页岩生烃过程中生成的有机酸或 CO_2 溶于水形成碳酸，产生溶解作用）产生的孔隙。为了研究溶蚀孔变化特征，对不同埋深的青一段泥岩进行了取样分析，通过总孔隙度与有机酸含量变化图可以看出（图 1-7-29），泥岩的总孔隙度随着深度增加呈现逐渐降低的特征，反映出泥岩孔隙度主要受压实作用影响，但埋深 2000m 以后泥岩总孔隙度出现先增大后降低的特点，此时对应烃源岩大量生烃时期，泥岩中产生了大量的有机酸，从图中也可看出泥岩中有机酸含量也在 2000m 后出现一个先增加后降低的现象，总孔隙度增大幅度最高可达到 5%，烃类大量排出后孔隙又快速减小，分析认为一方面有机质生烃后可以产生大量的有机质孔隙（主要为有机质收缩孔），另一方面有机酸对矿物的溶蚀作用可以改造孔隙，形成溶蚀孔，但当烃类排出后孔隙又由于压实作用而变小。

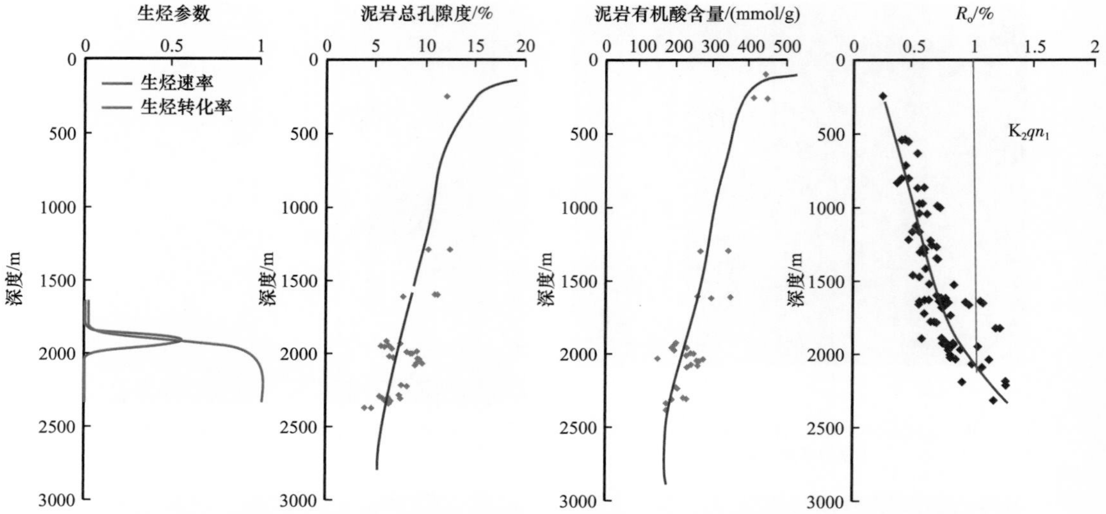

图 1-7-29　泥岩总孔隙度与有机酸含量、R_o、生烃转化率关系图

粒间孔：粒间孔的典型特征是矿物颗粒间的孔隙构成了连通的体系，这种孔隙可以存在于黏土矿物骨架中，也可以存在于较大的矿物晶体堆积体中。扫描电镜下可观察到泥页岩样品中单晶立方体黄铁矿和单晶球体黄铁矿之间的孔隙。

微裂缝：泥页岩样品中发育大量微米—纳米级微裂缝，可为泥页岩油的存贮提供良好的空间。

通过对电镜图像处理统计其孔隙分布，结果显示出古龙地区青一段泥岩中孔隙半径主要分布在 500nm 以下，存在部分近微米级至微米级孔隙，但数量相对较少。

对研究区泥页岩进行了 FIB-SEM 扫描分析，英 X58 井青一段（2069.59m）泥岩扫描显示孔隙较发育，孔隙既有无机孔也有有机孔，孔隙以纳米孔为主，具一定的连通性。对英 X58 井青一段（2066.64m）泥质粉砂岩进行了 CT 扫描，样品扫描区域大小为 65μm，电镜观察该样品孔隙以黏土矿物无机孔为主，因此重点对该类孔隙进行 CT 扫描，结果显示，孔隙较发育，但孔隙连通性差，基本不连通，孔径分布以纳米为主，并有部分微米孔。同时对松页油 1 井青一段泥岩进行了 CT 扫描，结果可以看出，松页油 1 井泥岩中孔隙较发育，但孔隙的连通性差，多为纳米孔，存在部分微米孔。

二、湖相碳酸盐岩储层特征

松辽盆地北部泰康地区上白垩统青山口组二段、三段中沉积了大量的以生物灰岩为主的碳酸盐岩，从这些碳酸盐岩中多处发现了油气显示，其中杜 402 井介形虫灰岩与砂岩互层段获得了商业气流，说明该区碳酸盐岩也可以作为良好的油气储层（王成等，1998）。

根据钻井统计结果，松辽盆地青二段、青三段碳酸盐岩储层内介形虫化石个体数量丰富，分布广泛，保存完整，15 口井累计厚度均超过 5m，单井累计厚度最大为 21m（杜 206 井），单层平均厚度为 0.3～0.4m，单层最厚为 2.56m（杜 206 井），厚度最大的地区为小林克—东吐莫—白音诺勒一带（图 1-7-30）。

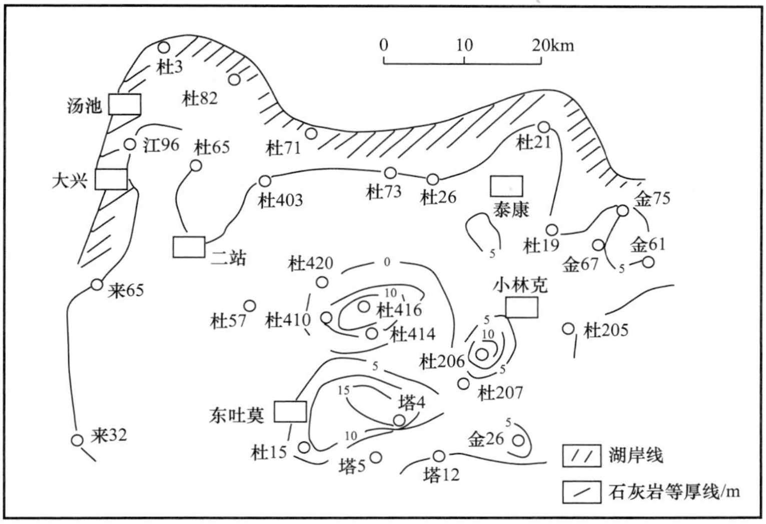

图 1-7-30　泰康湖湾高台子油层介屑灰岩平面分布

1. *碳酸盐岩储层岩石矿物学特征及成岩作用*

松辽盆地湖相碳酸盐岩储层岩石结构组分由粒屑、泥晶、亮晶三端元组合结构和藻粘结结构组成。主要岩石类型有：泥晶介形虫灰岩、泥晶（或亮晶）介屑灰岩、亮晶（或泥晶）鲕粒灰岩、钙藻灰岩。除上述 4 类岩性外，尚有少量蚌壳灰岩、叶肢介灰岩、泥灰岩和一些与碎屑岩过渡类型有关的岩石，如粉砂质介屑灰岩等。

松辽盆地湖相碳酸盐岩经历的几种成岩作用对储层物性均有不同程度的影响，改变了储层孔隙度和渗透率。

白云石化作用：在准同生成岩期和成岩早期形成的白云石呈自形菱面体微晶，选择性地交代泥晶或亮晶方解石，其结果可使矿物晶粒变得粗大，增加了储层晶间微孔隙，提高了储层孔隙度和渗透率，例如杜 402 井 1180.24m 灰色介屑灰岩和杜 412 井 1205.26m 介屑灰岩，由于白云石化作用和溶解作用使物性得到很大改善。

重结晶作用：泥晶方解石均具有重结晶作用，使晶粒变得粗大，并常出现联晶胶结，其结果同样增加了储层晶间微孔隙，改善了储层物性，例如杜 410 井 1100.4m 鲕粒灰岩中的泥晶重结晶后产生了少量微孔。

胶结作用：胶结作用形成于准同生成岩期—成岩期，常见两个世代胶结物，与重结晶方解石同时出现时难以区分。例如，杜 402 井 1116m 亮晶介屑灰岩第一世代的方解石围绕介形虫壳周围分布。胶结作用在缩小了原生孔隙的同时，增强了沉积物的抗压实性，对保存原生孔隙有利。

自生矿物海绿石形成作用：松辽盆地碳酸盐岩中有湖相海绿石自生矿物产出，其含量低于 2%，主要是在成岩早期由伊利石黏土矿物转变而成。该矿物由于含量低，形成时间早，对物性影响甚微。例如杜 414 井 1192.2m 亮晶介屑灰岩中鱼骨腔内的孔隙被自生海绿石充填。

溶解和压溶作用：碳酸盐岩的溶解和压溶作用十分明显，是一种重要的成岩作用。一方面溶解作用使岩石产生了大量的多种粒内溶孔和胶结物溶孔，大大提高了岩石的孔隙度，薄片分析次生孔隙的面孔率可达 12% 左右；另一方面压溶作用使粒屑间产生缝合线，改善了渗透性，为油气运移提供了通道。压溶和溶解作用在泰康地区石灰岩中非常普遍，例如杜402井1180.2m介屑灰岩、杜414井1199.38m表鲕灰岩和哈20井1406.55m泥晶粒屑灰岩的溶孔、溶缝非常发育。

2. 碳酸盐岩储集空间类型及物性特征

泰康地区碳酸盐岩储层次生孔隙极其发育，其储集空间基本上是由溶解作用造成的，真正的原生孔隙已很少。根据铸体薄片观察，本区碳酸盐岩孔隙主要有6类：介壳粒内溶孔、鲕粒内溶孔、介形虫叠壳间的溶孔、胶结物内溶孔、溶解缝和裂缝、收缩缝，并且以介壳粒内溶孔为主，以胶结物内溶孔最重要。胶结物内溶孔不但可以产生较高的孔隙度，而且对渗透性也有所改善。

介壳粒内溶孔：介壳内的碳酸盐充填物被溶蚀后形成的孔隙，例如杜402井1180.2m介屑灰岩中该类孔隙非常发育，镜下可见少量溶蚀残留物。

鲕粒内溶孔：鲕粒内的某一同心层被溶蚀后形成的孔隙，一般富屑层易被溶解，而富藻层因含有机质不易被溶解。杜414井1199.38m表鲕灰岩和杜23井1197.34m鲕粒灰岩内溶孔主要为该类溶孔。

介形虫叠壳间的溶孔：介形虫叠壳之间的碳酸盐充填物部分被溶蚀后形成的一层或多层形状与叠壳外形轮廓相近的孔隙。与鲕粒内溶孔类似，层状分布，在杜402井溶孔发育的样品中常见该类孔隙。

胶结物内溶孔：粒屑之间的泥晶或亮晶胶结物被溶蚀后形成的孔隙。如果粒屑间胶结物全部被溶蚀，则可形成次生粒间孔隙。在介壳粒内溶孔和鲕粒内溶孔比较发育的样品内通常可以见到该类孔隙。

溶解缝和裂缝：溶解缝是溶解作用造成的，裂缝是应力作用形成的，缝宽均在0.01～0.02mm之间，可成为油气运移通道。杜402井介屑灰岩内该类孔隙比较发育。

收缩缝：由某些碳酸盐岩组分失水收缩龟裂而形成的裂缝。在杜402井1180.2m介屑灰岩内见该类孔隙。

松辽盆地湖相碳酸盐岩储油物性较之同区砂岩物性略差，孔隙度为5%～24%，平均为15%左右；渗透率多数小于1mD，为中孔低渗型。同层砂岩孔隙度一般要高于20%，渗透率比石灰岩高2个数量级。产生上述差异的原因在于，碳酸盐岩孔隙类型是以次生溶孔为主，孔隙度和渗透率的好坏完全取决于溶解作用和压溶作用的强度，而本区砂岩由于埋藏浅，成岩作用弱，所以粒间孔隙发育，连通性好，两者在孔隙类型及成因上的差异造成它们在储油物性上的不同。

3. 碳酸盐岩储层次生孔隙成因

次生孔隙的成因是比较复杂的，不同作者提出了不同的次生孔隙成因机制，它们包括：大气水的渗透；混合侵蚀作用；有机酸热成熟期间产生的CO_2所形成的酸性流体；页岩中由黏土矿物反应生成的酸性流体；有机质在热成熟期间产生的羧酸。从20世纪80年代中期以后，国内外通过室内模拟实验证实，有机酸可由干酪根通过氧化大量生成，并且有机酸的溶解能力也很强，供酸能力比碳酸大6～350倍，因此，用地层水中含有的有机酸来解释次生孔隙成因受到越来越多人的认可。

大气淡水的渗透淋滤作用通常可使暴露地表的海相碳酸盐岩产生大量的溶孔，但松辽盆地的湖相碳酸盐岩却不同于通常的海相碳酸盐岩，它形成于与大气淡水性质相近的淡水介质，对大气水应该具有一定的稳定性。从杜 402、杜 414、杜 420、杜 23、哈 20 等多口井样品镜下观察发现，松辽盆地碳酸盐岩的压实和胶结作用较强，原生孔隙很少。如果次生孔隙是在近地表的淋滤作用下形成的，当时的原生孔隙应该非常发育，原生孔隙也应当与次生孔隙一样被大量保存下来，而目前观察情况并非如此。另外，在次生孔隙中未见到新的充填物，这也说明次生孔隙形成期较晚，即应该是在埋藏较深的成岩期形成的，而不是近地表淋滤作用形成的。

松辽盆地古龙凹陷的生油层不但厚度巨大，而且有机质非常丰富，既是非常好的生油层，也是非常好的有机酸源。从干酪根热解产酸结果来看，当埋深达 1300～1400m 时，干酪根产酸率迅速降低（图 1-7-31），说明在此深度下地层中干酪根已经大量脱羧产生有机酸。另外，从地层水中脂肪酸含量来看，在埋深 1100～1900m 之间地层水中脂肪酸含量最高，与干酪根产酸率迅速降低深度段是吻合的。从有机酸构成来看，松辽盆地地层水中乙酸含量最高，约占总有机酸的 90% 以上，而乙酸对矿物的溶解能力也强于其他酸类。泰康地区位于古龙凹陷的边部，具有优越的地理条件，凹陷中产生的大量有机酸通过运移可以源源不断地向这里供给，此外，该区青一段生油层自身也可以提供大量的有机酸，使青二段、青三段的碳酸盐岩产生大量的次生孔隙。

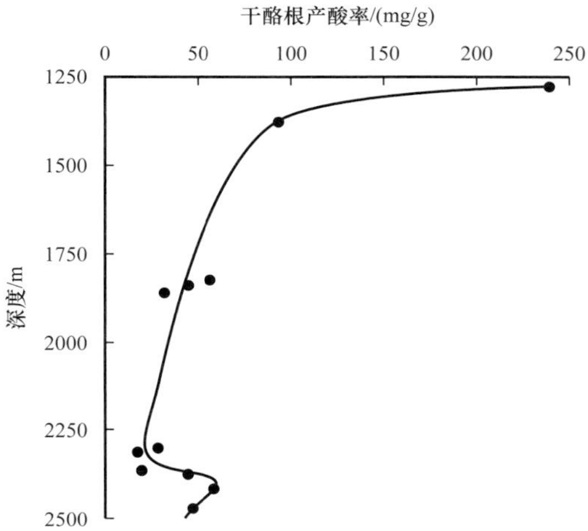

图 1-7-31　古 17 井泥岩干酪根产酸率变化

三、基岩储层特征

目前基岩作为良好的天然气储层在松辽盆地已被钻探所证实。在肇深 1 井位于 2860～2870m 的花岗岩风化壳中获得了工业性气流，经压裂、酸化后日产天然气 13611m^3。基岩由于风化剥蚀等地质作用可产生多种次生溶蚀孔隙、裂缝等。盆地内广泛分布海西期花岗岩，经构造破碎形成裂缝，加上风化淋滤作用，大量长石溶蚀和沿构造裂缝的溶蚀可形成较多的孔隙空间，构成了良好的储层。因此基岩风化壳也是深层天然气重要的储层类型。

松辽盆地基岩主要由二叠系花岗岩、海陆沉积的碳酸盐岩及砂泥岩和火山岩构成，不同地区原岩变质程度有较大差异，变质作用为区域变质作用叠加动力变质作用，整体变质程度较低，原岩大多都能恢复。目前岩性主要为区域变质成因的变质火山岩、片岩、变质（砾、砂）泥岩等，动力变质成因的糜棱岩、糜棱岩化花岗岩、构造角砾岩、碎裂花岗岩等，以及岩浆侵入成因的花岗岩、闪长岩等。海西期花岗岩及花岗质动力变质岩分布广泛，松辽盆地几乎全区可见，以该时期花岗岩为基础的风化壳储层是松辽盆地深层天然气勘探的重要层段。

松辽盆地基岩储层物性差，基质孔隙度以小于 1% 为主，渗透率小于 0.1mD。

基岩风化壳储层是最重要的储层类型，厚度能达到 100m 以上，岩性为花岗岩和浅变质的火山岩，储层物性相对较好，平均孔隙度最高可达2.2%，平均渗透率可达2.82mD，孔隙类型主要为次生的构造裂缝、溶蚀孔缝和矿物晶间微孔缝，裂缝的存在沟通了各类孔缝，连通性略好。

裂缝型储层是比较有利的储层，主要发育在构造应力破碎带，主要岩石类型为构造角砾岩、碎裂花岗岩等，基质孔隙不发育，基本以大小不一的裂缝为主，破碎带的厚度能达到数十米。

基底内幕变质岩储层相对较差，岩性主要为片岩、石英岩等，母岩主要为变质程度较高的火山岩和砂泥岩。基质平均孔隙度低至0.33%，平均渗透率低至0.06mD，孔隙类型主要为成岩片理缝、矿物晶间微孔、微缝，孔缝零星分布，几乎不连通。

轻微变质的海陆沉积岩也是深层天然气勘探的目标，岩石类型主要为砂岩和泥岩，平均孔隙度为2.0%，平均渗透率为0.01mD，砂岩孔隙类型主要为次生溶蚀孔，泥岩孔隙以裂缝为主，不同层段孔隙发育不同，孔隙类型也有差异。

第八章 油气藏形成与分布

《中国石油地质志》首版完成后，松辽盆地北部油气藏形成与分布的进展主要集中在20世纪90年代和21世纪初的一批研究成果中，重点体现在四个方面：一是系统梳理了断陷期—坳陷期的生储盖组合特征，新增了断陷期生储盖内容；二是补充完善中浅层油气藏类型，新增了深层断陷期气藏类型分类方案；三是完善了油气运移方式，新增了成藏期、匹配关系及成藏模式研究新成果；四是更加强调了油气分布主控因素和油气分布规律主流认识，特别是新增了坳陷期扶余油层致密油藏的分布及主控因素以及断陷期营城组火山岩气藏和沙河子组致密气藏分布主控因素及天然气分布规律研究新成果。石油成果大部分已收入1997年出版的《松辽盆地油气田形成条件与分布规律》和2009年出版的《松辽盆地陆相石油地质学》中；天然气成果部分已收入《松辽盆地北部火山岩气藏特征与分布规律》中。

第一节 油气藏形成的基本条件

油气藏是沉积盆地生、储、盖、圈闭、运移、保存等诸多条件相互联系，密切匹配形成的综合产物。松辽盆地由深至浅共发育3套主力烃源岩层、4套区域性盖层、2套局部盖层和多套储层，划分为五套生储盖油气组合（表1-8-1），为形成大型—特大型油气田提供了十分有利的条件。

表1-8-1 松辽盆地生储盖组合与含油气组合表

地层			段	储层厚度/m	生油层	储层（油气层）	盖层	油气组合
系	统	组						
第四系Q				0～50				
新近系N		泰康组N_2t		0～70				
		大安组N_1d						
古近系E		依安组$E_{2-3}y$						
白垩系K	上统K_2	明水组K_2m	K_2m_2	0～120				
			K_2m_1				局部盖层	浅部含油气组合
		四方台组K_2s		0～140				

续表

地层			段	储层厚度 / m	生油层	储层（油气层）	盖层	油气组合
系	统	组						
白垩系 K	上统 K_2	嫩江组 K_2n	K_2n_5	0～180		（黑帝庙）		上部含油气组合
			K_2n_4					
			K_2n_3	0～70				
			K_2n_2	0～60			区域盖层	
			K_2n_1	0～100		（萨尔图）	局部盖层	中部含油气组合
		姚家组 K_2y	K_2y_{2+3}	0～50				
			K_2y_1	0～40		（葡萄花）		
		青山口组 K_2qn	K_2qn_{2+3}	0～240		（高台子）		
			K_2qn_1	0～30			区域盖层	
	下统 K_1	泉头组 K_1q	K_1q_4	0～30		（扶余）		下部含油气组合
			K_1q_3	0～120		（杨大城子）		
			K_1q_2	0～100			区域盖层	深部含油气组合
			K_1q_1	0～120		泉一段		
		登娄库组 K_1d	K_1d_4	0～100				
			K_1d_3	0～160		登三段		
			K_1d_2	0～140			区域盖层	
			K_1d_1	0～50		登一段		
		营城组 K_1yc		0～400		营城组		
		沙河子组 K_1sh		0～360		沙河子组		
		火石岭组 K_1hs						
石炭系—二叠系 C—P						基底		

一、生储盖组合

1. 生油层

1）嫩江组

嫩江组下部为深湖—半深湖相，是坳陷期次要烃源岩层，以嫩一段为主，嫩二段次之。岩性以深灰色—黑色泥岩、深灰色—黑色粉砂质泥岩为主，局部含介形虫层。嫩一段厚度一般大于 100m，最大可达 130m 左右。嫩二段、嫩三段下部暗色泥岩厚度大于嫩一段，主要分布在中央坳陷区及齐家—古龙、三肇地区，厚度超过160m，向盆地边缘暗色泥岩厚度变薄，滨北与嫩一段大体相当。

嫩一段深湖相区泥岩有机碳含量一般大于2%，最高可达6%以上，中央坳陷区有机碳含量一般大于2%，有机碳高值区沿龙虎泡阶地、齐家南、长垣中南部、三肇凹陷南部至朝阳沟阶地呈“V”字形条带状分布，有机质富集中心有机碳含量一般大于4%。嫩二段有机碳含量大于2.0%的烃源岩主要分布在大庆长垣北部，呈长条状分布，最厚达到90m；有机碳含量大于1.0%的烃源岩主要分布在大庆长垣北部和三肇凹陷，大致呈环状分布，最厚达到200m；有机碳含量平均为1.56%，氯仿沥青“A”平均为0.0365%，S_2值仅有0.31mg/g，生烃潜力比较低。嫩江组烃源岩R_o一般为0.5%～0.9%，其中嫩一段烃源岩R_o大于0.7%主要分布在齐家—古龙凹陷、三肇凹陷局部地区；嫩二段烃源岩R_o大于0.7%范围局限，仅在齐家—古龙凹陷零星分布，绝大部分地区处于未成熟—低成熟阶段。

2）青山口组

青山口组为坳陷期主要烃源岩发育层位，以青一段为主、青二段次之。沉积环境为深湖—半深湖相，岩性以深灰色—黑色泥岩、深灰色—黑色粉砂质泥岩为主，发育少量的灰色泥岩，局部含介形虫层。青一段暗色泥岩厚度介于0～105m，平均为34m，最厚的区域分布在齐家—古龙凹陷、长垣北部及朝长地区，一般大于70m；青二段暗色泥岩厚度介于0～244m，平均为72m，最厚的区域分布在齐家南—古龙凹陷、长垣、三肇凹陷及朝长—王府地区，一般大于140m；青三段暗色泥岩厚度介于0～264m，平均为69m，最厚的区域分布在齐家—古龙凹陷、长垣南部及三肇凹陷，一般大于100m。

青一段深湖相泥岩有机碳含量一般大于2.5%，浅湖相区泥岩有机碳含量一般大于2%。北部和西部地区受物源影响，有机碳含量一般小于1%。有机碳高值区主要分布在齐家—古龙凹陷以东地区，呈现多个富集中心。青二段呈现多个富集中心，有机质富集中心有机碳含量一般大于2%。从图1-6-9b可以看出，有机碳高值区主要分布在齐家—古龙凹陷、龙虎泡阶地、三肇凹陷北部及朝阳沟阶地西侧，中央坳陷区整体处于成熟阶段。

3）沙河子组

沙河子组为断陷期主要烃源岩发育层位。以徐家围子断陷为例，沙河子组下部沉积环境为深湖—半深湖相，烃源岩岩性以深灰色—黑色泥岩、煤线、深灰色—黑色粉砂质泥岩为主，少量发育灰色泥岩。烃源岩占地层相当大的比例，最高达99%，一般为40%～50%，最大厚度为300～1100m。上部沉积环境为冲积平原沼泽、滨浅湖—半深湖，发育的煤及暗色泥岩不具备生成液态烃的能力，可以作为良好的气源烃（煤成气）。沙河子组有机质类型为Ⅱ型—Ⅲ型，徐家围子断陷沙河子组泥质烃源岩的有机质丰度（TOC）为0.1%～28.76%，平均为2.74%；营城组泥质烃源岩的有机质丰度（TOC）为0.10%～8.53%，平均为1.37%，低于沙河子组泥质烃源岩有机质丰度；沙河子组煤的有机质丰度为40.72%～84.44%，平均为59.61%。整体处于高成熟—过成熟阶段。

4）营城组

营城组四段以砂砾岩为主，在部分地区存在细相带暗色泥岩，也是深层一套重要的烃源岩，在莺山断陷双城地区和徐家围子断陷比较发育。双城地区营城组暗色泥岩分布面积 300km^2，厚度一般在 50～120m 之间，分布较稳定。有机质类型为Ⅱ型—Ⅲ型，有机碳含量为 0.94%～5.84%，平均为 2.81%，R_o 平均为 0.97%，处于生油阶段，为该区登娄库组成藏提供了烃源岩基础。徐家围子断陷营四段局部发育暗色泥岩，分布面积为 794km^2，暗色泥岩在徐东凹陷沉积厚度可达 160m，厚度大于 50m 的面积为 169km^2。

2. 储层

1）黑帝庙油层

黑帝庙油层砂岩比较发育，主要受东北部、东部物源控制。在松花江和嫩江以南湖相发育区，砂岩累计厚度通常小于 80m，砂地比为 10%～20%；在江北河道比较发育的地区，砂岩厚度达到 120m 以上，个别地区达到 200m 以上，砂地比为 40%～60%；在三角洲前缘相，砂岩厚度主要介于 80～120m，砂地比为 20%～40%。黑帝庙油层孔隙度主要介于 10%～30%，平均为 20.4%；渗透率主要分布范围为 0.04～1280mD，平均渗透率为 193.4mD。

2）萨尔图油层

萨尔图油层砂岩发育程度不如黑帝庙油层，主要受北部物源控制，其次是西部物源。在安达以南的三肇等地区为湖相发育区，砂岩累计厚度通常小于 30m，砂地比为 10%～20%；在河道较发育的盆地北部地区（大庆以北），砂岩厚度达 60m 以上，个别地区达 100m 以上，砂地比为 40%～60%；在三角洲前缘相（安达北、大安西等地区），砂岩厚度主要介于 30～60m，砂地比为 20%～40%。萨尔图油层孔隙度主要介于 14%～32%，平均为 20.7%；渗透率主要分布在 0.16～2560mD 之间，平均为 284.7mD，大部分地区都为Ⅰ类高孔高渗储层。

3）葡萄花油层

葡萄花油层砂岩发育程度明显不如萨尔图油层，主要受北部物源控制，其次是西部物源，砂岩厚度通常小于 20m，局部可达 40m 以上。在河道较发育的北部地区，主要发育三角洲分流平原相，砂岩厚度通常大于 20m，个别地区达 40m 以上，砂地比为 40%～70%，局部达到 90%。凹陷主体绝大部分地区为三角洲前缘相，砂岩厚度主要介于 10～20m，砂地比为 20%～40%。向南部的肇源、茂兴地区砂岩累计厚度通常小于 10m，砂地比小于 30%。葡萄花油层孔隙度主要分布在 10%～26% 之间，平均为 18.2%；渗透率主要分布在 0.08～1280mD 之间，平均为 151.5mD。

4）高台子油层

高台子油层砂岩非常发育，主要受北部物源控制，其次是西部物源。砂岩主要发育在齐家凹陷及以北地区，砂岩累计厚度超过 150m，砂地比达 40%～60%；其他沉积相区，砂岩累计厚度在 50～150m 之间，砂地比为 15%～40%；向南砂岩厚度小于 50m，砂地比低于 15%。高台子油层孔隙度主要介于 4%～30%，平均为 18.8%；渗透率主要分布在 0.02～2560mD 之间，平均为 203mD。高台子油层主要储层位于安达以北和大安—扶余以西地区。

5）扶余油层

扶余油层砂岩厚度相对较小。在盆地最北部的克山地区为洪积相，砂岩厚度最大，达到 30m 以上；在河流相分布区（大庆以北），砂岩厚度为 20～30m；三角洲及湖相地区（大庆以南）砂岩厚度在 10～20m 之间。扶余油层孔隙度主要介于 6%～22%，平均为 13.6%；渗透率通常低于 100mD，平均为 30.3mD。扶余油层物性较好的储层主要分布于埋藏深度较浅或次生孔隙较发育的地区。

6）杨大城子油层

杨大城子油层砂岩比较发育，在大庆长垣以东及以西大部分地区砂岩厚度超过 50～60m，在克山、拜泉一带砂岩厚度达到百米以上。杨大城子油层孔隙度主要介于 6%～18%，平均为 12.1%；渗透率通常低于 20mD，平均为 10.4mD。杨大城子油层物性分布特征与扶余油层物性有些相似性，但同一地区物性通常比扶余油层略差。

7）泉头组一段、二段

松辽盆地北部泉头组发育完整，自下而上均可分为四段。与深层有关的是泉一段、泉二段。泉一段为灰白、紫灰色砂岩与暗紫红、暗褐色泥岩互层，泉二段为暗紫红、紫褐色泥岩夹灰绿、紫灰色砂岩，整体物性较差。

8）登娄库组

登娄库组在盆地东缘宾县、舒兰的舍岭、汪屯和四平一带有零星露头，松基六井获完整剖面。该组主要岩性为灰白色块状砂岩，暗色砂质泥岩，杂色砂、泥岩和砂、砾岩等呈薄互层沉积，底部为砂、砾岩，层内见少量凝灰岩薄层，与下伏营城组为不整合接触，厚达 1700m 以上，自下而上划分为四段，以三角洲沉积为主，孔隙度一般为 5%～13%，渗透率为 0.01～10mD。

9）营城组

营城组分为四段，自下而上岩性特征为：营一段以酸性火山岩为主，常见类型有流纹岩、紫红、灰白色凝灰岩；营二段为灰黑色砂泥岩，绿灰和杂色砂砾岩，有时夹数层煤；营三段以中性火山岩为主，常见类型有安山岩、安山玄武岩；营四段为灰黑、紫褐色砂泥岩，绿灰、灰白色砂砾岩。徐家围子地区营城组发育较好，分布广，主要储层为火山岩，其次为砾岩、砂砾岩、砂岩。营四段砂砾岩孔隙度主要分布在 2%～6% 之间，个别井可达 8% 以上；渗透率主要分布在 0.1～0.5mD 之间，总体上储层较致密。

10）沙河子组

沙河子组上段为砂泥岩，局部地区见蓝灰、黄绿色酸性凝灰岩，靠近断陷边缘地区砂砾岩增多，下段为砂泥岩夹煤层。沙河子组主要发育冲积扇、扇三角洲、滨浅湖、半深湖、辫状河三角洲相。主要储层为砾岩、砂砾岩、砂岩。三角洲前缘相以含砾砂岩为主，粒内溶孔、粒缘缝发育，其次为火山碎屑溶孔。三角洲平原相以砂砾岩和砂岩为主，砾（粒）内溶孔、砾缘缝发育。滨浅湖相以细粉砂岩为主，裂缝发育，沉积相带控制储层物性。扇（辫状河）三角洲前缘亚相物性最好，孔隙度一般为 5%～7%，平原亚相次之，孔隙度一般为 3%～6%。

11）火石岭组

火石岭组上部和下部是中基性火山岩，中部是碎屑岩夹煤层。依据在徐深 1、升深 5 井发现的孢粉化石组合确定火石岭组为早白垩世最早期沉积。盆地内本组自下而上划分为二段，下段岩性为碎屑岩夹碳质泥岩或煤层，上段岩性主要为安山岩夹碎屑岩。目前松辽盆地北部尚未钻遇相当火石岭组层型剖面的下部地层。火石岭组二分性在北参 1、任 11、杜 22、杜 607、杜 613、徐深 1 和坨深 6 井均有体现，物性差，以裂缝为主。

12）基底

基底主要由元古宇、下古生界、上古生界组成。其中钻遇前古生界的探井很少，林甸地区鱼5井钻遇16.71m片麻岩。上古生界变质程度中等，以绢云母、绿泥石片岩、石英片岩、绿泥石千枚岩为主。见有加里东期杂色花岗岩分布在盆地西北部边缘嫩江—白城地区及盆地东部九台及其以北地区的几个零星地点。上古生界目前能确认的主要为二叠系，变质程度较浅，以黑色泥板岩、结晶灰岩为主，有海西期肉红色花岗岩和黑色云母花岗岩侵入，并见少量变质程度略高的变质砂岩、蚀变安山岩、辉绿岩等，物性差，以裂缝为主。中央古隆起带揭示的基底岩性南部主要是花岗岩、糜棱岩化花岗岩，北部多为千枚岩、片岩和变质安山岩等变质岩。

3. 盖层

松辽盆地发育的几套大范围盖层控制了盆地油气主要富集层位，如嫩江组一段、二段及青山口组一段泥岩盖层，为区域性盖层（图1-8-1）。青山口组二段、三段盖层在少数地区有缺失，虽没有嫩江组一段、二段和青一段分布广，但盖层厚度比较大，也可视为区域性盖层。明水组一段分布在西部斜坡区和中央坳陷区部分构造上，属局部盖层；明水组二段，嫩江组三段、四段、五段，姚家组一段，泉头组一段、二段，泉头组三段、登娄库组三段，登娄库组一段、二段连续性较差，厚度较薄，属于局部盖层。

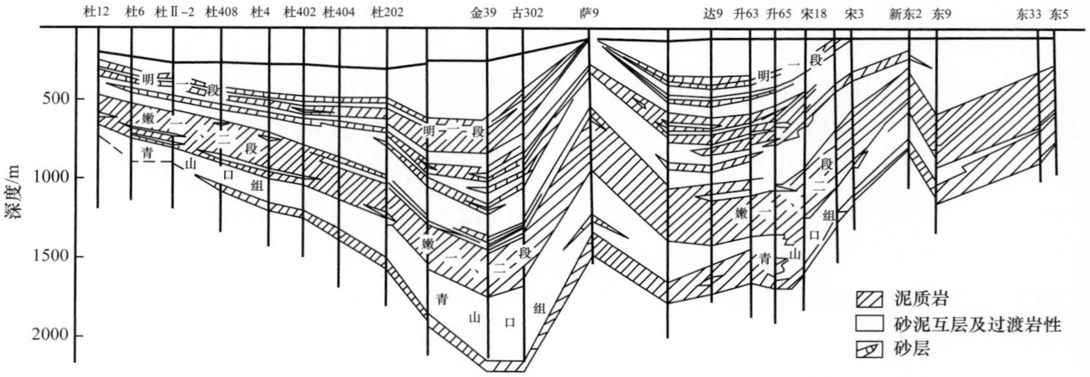

图1-8-1 松辽盆地杜12—东5井盖层剖面示意图（据高瑞祺等，1997）

1）区域性盖层

嫩江组二段沉积时期是盆地最大水侵时期，沉积了较厚的滨浅湖—深湖相暗色泥岩，在中央坳陷区大多属于半深—深湖相，泥岩沉积面积广、厚度大。嫩二段黑色泥岩分布面积约$20\times10^4km^2$，嫩二段泥岩累计厚度变化范围较大，在齐家—古龙、三肇凹陷沉积厚度最大可达到240m，除在中央坳陷区南端的长岭凹陷及坳陷层东侧边缘等部分地区沉积厚度小于140m外，大部分区域沉积厚度不少于140m。嫩二段沉积厚度由坳陷中心向四周减薄，在西部斜坡区最大沉积厚度可达到130m，北部倾没区中心厚度可达到120m，嫩二段的巨厚沉积为油气的保存提供了条件。

嫩一段沉积期与嫩二段沉积期类似，属于滨浅湖—深湖相，泥岩沉积面积广，沉积厚度介于20～120m。在齐家—古龙、三肇凹陷沉积厚度最大可达到120m，大庆长垣沉积厚度为80～120m，长岭凹陷沉积厚度一般在50～60m之间，在朝阳沟阶地顶端沉积厚度可达130m，西部斜坡区最大可达到80m，北部倾没区沉积厚度介于70～100m，一般由盆地边缘向盆地中心沉积厚度逐渐增加。其中嫩一段泥岩在中央坳陷区及其他部分地区发育的厚层泥岩对盆地油气成藏起到了重要作用。

青山口组二段、三段属于滨浅湖—深湖相，泥岩发育范围广，沉积厚度大。在中央坳陷区一般介于200～450m，其中齐家—古龙凹陷沉积厚度最大可达450m，一般不低于200m；三肇凹陷沉积厚度最大可达300m；长岭凹陷沉积厚度一般在190～400m之间；西部斜坡区沉积厚度最大可达150m；青山口组二段、三段巨厚泥岩可在盆地大部分区域构成有效封盖。

青山口组一段沉积时期，是湖盆发育的第一个兴盛期，盆地内沉积了滨浅湖—深湖相大面积暗色泥岩，泥岩较纯。除在齐齐哈尔—依安地区分布有灰绿—红色泥岩以外，在齐家—古龙凹陷到三肇凹陷及其以东地区全部为暗色泥岩。西部超覆带、长岭凹陷及滨北地区含有砂岩，但砂岩含量小于30%。中央坳陷区泥岩厚度一般大于50m，由盆地边部向盆地中部增厚，最厚可达到130m，其分布面积达8104km^{2}以上，仅在盆地边缘有缺失。

登二段沉积时期盆地处于断陷向坳陷转化的过渡时期，主要为弱补偿条件下的扇三角洲—湖泊相，沉积环境稳定，岩性细，泥岩发育，基本覆盖全区。登二段泥岩累计厚度较大，一般为100～200m，高值区主要分布在断陷中部偏东地区，徐深25井附近泥岩累计厚度最大，达205.4m；另外，中部以西地区泥岩累计厚度也较大，局部能达到170～180m。在凹陷内部，也存在泥岩厚度较薄的区域，如达深3井附近泥岩累计厚度仅39m。登二段泥岩小层厚度普遍比较小，主要厚度为0～1m、1～2m，泥岩横向连续性相对较差。

泉头组一段、二段沉积时期，主要为曲流河、滨浅湖与辫状河沉积环境，岩性以泥岩、薄层泥质粉砂岩为主，泥质岩占地层的百分比最大可达到90%以上。泉头组一段、二段泥岩累计厚度相对较大，绝大部分都在250m以上，高值区集中在中部，泥岩累计厚度可达600m以上，低值区位于东北部及西南部，但厚度也达到300m左右。泉头组一段、二段泥岩小层厚度也比较小，主要为0～1m，其次为1～2m，大于10m的泥岩小层可达到7%左右，泥岩横向连续性相对较好。

此外，明水组一段主要是河流—滨浅湖相，发育的两套黑色泥岩较纯，而且较厚。该地层埋深较浅，泥岩塑性高，除在部分地区缺失外，分布很稳定，对其下伏储油空间形成了区域性封盖。上部含油气组合除明水组一段区域性盖层外，还发育了四方台组、嫩江组三段—五段局部盖层。

2）盖层封闭有效性

松辽盆地北部几套主要盖层微孔结构类型大多呈单峰和双峰结构分布。单峰结构优势孔隙半径范围一般在1～2.5nm之间，主峰值在2nm附近；双峰结构孔隙半径优势范围一般在0.5～5nm之间，最大峰值在2.5nm附近，次峰位在0.5～1.5nm之间，反映矿物层间的微孔隙，该部分孔隙体积含量较高，一般大于50%。粗孔分布在2.5～50nm之间，孔径中值半径在3nm附近，个别孔径中值半径在4～5nm之间。反映松辽盆地主要盖层均有很好的封盖能力（图1-8-2）。

松辽盆地坳陷期不同盖层之间岩石比表面、扩散系数差异较大，几套主要盖层都表现出较高的排替压力（突破压力）特征（表1-8-2）。

表 1-8-2　松辽盆地北部泥质岩盖层微观参数统计表

井号	井段 / m	层位	扩散系数 / $10^{-6}cm^2/s$	相对渗透率 / mD	比表面 / m^2/g	孔径中值 / nm	突破压力（吸附法）/ MPa	捕气高度 / m
喇 8- 检 29、四 103	600.00～920.00	嫩一段、嫩二段	$4\frac{12.8}{8.4\sim18.0}$	$3\frac{0.014}{0.01\sim0.02}$	$8\frac{47.9}{27.4\sim100.1}$	$8\frac{3.7}{2.6\sim5.3}$	$8\frac{5.0}{3.5\sim6.0}$	$\frac{515}{361\sim618}$
喇 8- 检 29、英 16	1000.00～1150.00 1900.00～2020.00	青二段、青三段	$3\frac{4.4}{2.4\sim5.6}$	$4\frac{0.018}{0.01\sim0.04}$	$3\frac{19.2}{8.4\sim33.1}$	$3\frac{4.1}{2.1\sim7.2}$	$3\frac{3.9}{2.7\sim5.9}$	$\frac{411}{284\sim622}$
英 16	2030.00～2100.00	青一段	$6\frac{7.0}{4.5\sim10.5}$	$7\frac{0.035}{0.01\sim0.14}$	$4\frac{9.1}{4.6\sim13.6}$	$4\frac{4.5}{1.9\sim7.0}$	$4\frac{3.9}{2.2\sim4.9}$	$\frac{414}{233\sim520}$
肇深 1	1670.00～1700.00	泉四段	$5\frac{18.5}{5.2\sim46.3}$	$7\frac{0.14}{0.02\sim0.56}$	$2\frac{14.2}{9.0\sim19.4}$	$2\frac{5.8}{4.8\sim5.8}$	$2\frac{2.9}{2.2\sim3.6}$	$\frac{303}{230\sim377}$
肇深 1	1850.00～1860.00	泉三段	$3\frac{14.7}{3.6\sim36.5}$	$6\frac{0.16}{0.02\sim0.28}$	$2\frac{7.9}{7.3\sim8.5}$	$2\frac{4.9}{2.8\sim7.0}$	$2\frac{4.0}{2.5\sim5.6}$	$\frac{421}{263\sim590}$
芳深 1、芳深 2、芳深 4、芳深 5、芳深 6、升深 101	2200.00～2860.00	泉一段、泉二段	$5\frac{4.6}{2.0\sim8.2}$	$5\frac{0.05}{0.02\sim0.08}$	$9\frac{8.4}{5.2\sim11.9}$	$9\frac{3.3}{3.3\sim7.5}$	$9\frac{7.6}{2.2\sim12.0}$	$\frac{825}{239\sim1304}$
芳深 4、芳深 5	2747.50～2810.78	登四段	$2\frac{3.4}{0.9\sim5.9}$	$3\frac{0.073}{0.03\sim0.13}$	$2\frac{6.7}{5.7\sim7.4}$	$2\frac{3.5}{2.3\sim4.6}$	$2\frac{7.0}{5.0\sim9.0}$	$\frac{760}{543\sim978}$
芳深 2、芳深 3、芳深 4、芳深 5、芳深 6、升深 1、升深 2、卫深 4	2600.00～3000.00	登三段	$11\frac{3.1}{0.4\sim6.8}$	$17\frac{0.034}{0.01\sim0.06}$	$17\frac{10.8}{0.01\sim0.06}$	$17\frac{3.2}{2.0\sim4.9}$	$17\frac{5.8}{1.9\sim12.0}$	$\frac{636}{208\sim1316}$
芳深 2、芳深 4、芳深 5、芳深 8、芳深 701、朝深 4、达 2、升深 4	2000.00～3200.00	登二段	$9\frac{1.5}{0.2\sim3.3}$	$15\frac{0.03}{0.01\sim0.07}$	$13\frac{9.1}{3.7\sim23.9}$	$13\frac{3.4}{2.0\sim6.2}$	$13\frac{6.7}{3.4\sim15.0}$	$\frac{742}{376\sim1661}$

注：样品数$\frac{平均值}{最小值\sim最大值}$。

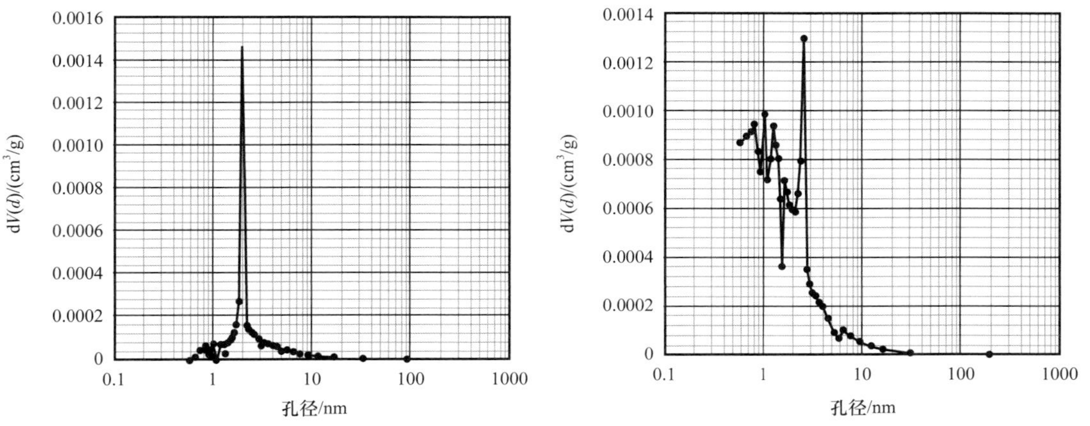

图 1-8-2 孔隙结构分布图（据侯启军等，1997）

嫩江组一段、二段（8 块样品），岩石比表面最大可达 100.1m^2/g，最小为 27.4m^2/g，平均为 47.9m^2/g；青山口组一段（4 块样品），岩石比表面最大为 13.6m^2/g，最小为 4.6m^2/g，平均为 9.1m^2/g；泉头组一段、二段（9 块样品），岩石比表面最大为 11.9m^2/g，最小为 5.2m^2/g，平均为 8.4m^2/g。泥岩微观特征参数显示嫩江组一段、二段微小孔隙比青山口组一段，泉头组一段、二段发育。嫩江组一段、二段岩石扩散系数基本在 10^{-5} 数量级上，最大为 18.0×10^{-6}cm^2/s，最小为 8.4×10^{-6}cm^2/s；青山口组一段扩散系数介于 4.5×10^{-6}～10.5×10^{-6}cm^2/s，平均值为 7.0×10^{-6}cm^2/s；位于中央坳陷区的青山口组二段、三段顶部泥质粉砂岩，可能由于钙质胶结的影响，扩散系数较小，一般均小于 5.6×10^{-6}cm^2/s。泉头组三段、四段扩散系数大于青山口组和嫩江组盖层，同时也大于泉头组一段、二段盖层，平均值一般在 14.7×10^{-6}～18.5×10^{-6}cm^2/s 之间，原因可能是泥质没有上部坳陷沉积盖层纯，成岩作用没有下部盖层强的原因。

松辽盆地坳陷层几套主要盖层都表现出较高的排替压力（突破压力）特征，平均突破压力一般均大于 3MPa。不同层位盖层突破压力存在差异，如嫩江组一段、二段突破压力最大为 6MPa，平均为 5.0MPa；青山口组最大为 5.9MPa，平均为 3.9MPa；泉头组一段、二段平均为 7.6MPa，登三段平均为 5.8MPa，登二段平均为 6.7MPa。在不考虑储层的情况下，理论上各层段平均捕气高度在 300m 以上。比较而言，泉头组四段泥岩的排替压力最低，显示其封盖性相对最差。

松辽盆地嫩江组一段、二段，青山口组一段，泉头组一段、二段等盖层渗透率分析表明，大部分岩石样品渗透率均在 0.08mD 以下，而且青山口组一段盖层大部分样品渗透率小于 0.01mD。实验结果得出如下研究认识，嫩江组泥岩样品渗透率普遍低于 10^{-4}mD，与近一半样品小于 10^{-5}mD 的特征相吻合，反映这些盖层具有较强的封盖能力。

二、含油气组合

松辽盆地北部从浅至深发育浅部、上部、中部、下部、深层五套含油气组合，各套含油气组合在岩性、空间分布范围及含油气性上均存在一定差别。浅部含油气组合以发育气藏为主。上部、中部、下部含油气组合油藏、气藏均发育，以油藏为主。深部含油气组合以发育气藏为主，局部埋藏相对较浅部位发育油藏。

1. 浅部含油气组合

浅部含油气组合发育于上白垩统明水组和四方台组，埋深仅数百米，是一套次要的含油气组合。这套含油气组合是以中上部含油气组合烃源岩为生油层，砂岩、砾岩为储层，上部古近系、新近系为盖层的生储盖含油气组合。四方台组主要分布于盆地中部和西部，即中央坳陷区、北部倾没区的南部、西部斜坡区中东部，在西南隆起区、开鲁坳陷区的次一级凹陷中和盆地东部局部地区也有分布。四方台组下部为杂色砂岩、泥岩互层夹紫色砂岩和砂砾岩，上部为棕红色块状泥岩、砂质泥岩，夹薄层砂岩，厚度0～413m。明水组分布范围较四方台组略大一些，主要分布于盆地的中部和西部，西南隆起区、开鲁坳陷区、东部地区仅局部次级凹陷中有沉积。该组共分为两段：明一段厚度 0～243m，明二段厚度 0～381m。明一段岩性主要为灰黑、灰色泥岩和灰绿、棕红色泥岩、泥质粉砂岩和砂岩；明二段岩性主要为灰、灰绿色泥岩，杂色砂岩，顶部有一层砖红色泥岩。浅部含油气组合是一套含气组合，该组合在大庆长垣上多处见到井喷和气显示，并于萨尔图、大安、红岗子等构造上获得商业性气流。气源来自中上部含油气组合，沿断层运移，构成次生气藏。该组合储层为砾岩及中—粗砂岩，机械压实和成岩弱，胶结非常疏松，孔隙类型为单一的原生粒间孔隙，非常发育。储层物性好，孔隙度可达 30% 以上，渗透率 1D 以上。但该组合由于上部地层厚度小，成岩弱，砂泥岩都比较疏松，因此封闭性差，对气层的保存并不十分有利。

2. 上部含油气组合

上部含油气组合位于上白垩统嫩江组，是以下部嫩江组一段、二段为生油层，中部嫩三段、嫩四段为储层，上部嫩四段、嫩五段为盖层构成的含油气组合。嫩江组分布广泛，基本上全盆地均有分布。嫩江组下部一段、二段沉积范围大，多为黑色泥岩，具有底生式生油条件。其中嫩一段厚度 27～222m，在全盆地广泛分布，仅在盆地东北隆起区的庆安隆起和呼兰隆起的东缘、东南隆起区的东部边缘和长春岭、登娄库等局部地区有缺失。该段岩性为灰黑、深灰色泥岩夹灰绿色砂质泥岩、粉砂岩，下部夹劣质油页岩，具菱铁矿条带和薄层或条带状膨润土。嫩二段厚度 50～252m，分布范围很广，盆地北部已超出现今盆地边界，在盆地东部边缘一些地区被剥蚀。该层下部为灰黑色泥岩、页岩夹油页岩薄层，中部为灰色、灰黑色泥岩，上部为灰黑色泥岩夹薄层灰、灰白色砂质泥岩、粉砂岩。中部嫩三段、嫩四段多为灰白色砂岩和灰绿、灰黑色泥岩互层，嫩三段厚度 47～118m，嫩四段厚度 0～300m，是主要的储层（黑帝庙油气层）。嫩三段分布范围比嫩二段略小，嫩四段分布范围比嫩三段略小，在盆地北部南移约 400km。该组合储层物性好，孔隙度一般在 20%～25% 之间，渗透率一般大于 50mD。砂岩成岩作用弱，胶结疏松，孔隙类型为原生粒间孔。嫩江组四段、五段（嫩五段厚度 0～355m）以灰绿、棕红、灰色泥岩为主，夹白色砂岩。该段在盆地中部保存较全，边缘地区多被剥蚀，构成具有一定厚度的泥岩盖层。目前在大庆长垣西部及盆地南部等地区获得了商业油气流，发现了一些中小型油田，如葡萄花气藏、龙南油气田、葡西油田和新北油田等。

3. 中部含油气组合

中部含油气组合位于上白垩统姚家组和青山口组，是以青山口组一段为生油层，以青山口组二段、三段（高台子油气层）、姚家组一段（葡萄花油气层）、姚家组二段、三段及嫩一段下部（萨尔图油气层）为储层，以嫩一段上部、嫩二段为盖层构成的松辽盆地最好的含油气组合。下部青山口组一段除盆地西南部外均有分布，厚度25～164m，是松辽盆地最好的生油层。岩性主要为黑、灰黑色泥岩、页岩夹劣质油页岩，含薄层菱铁矿条带（透镜体）及分散状黄铁矿。青山口组二段、三段分布范围比青山口组一段略有缩小，厚度53～552m，岩性为灰黑、灰绿色泥岩夹薄层灰色含钙及钙质粉砂岩和介形虫层，局部夹生物灰岩。该段泥岩可以成为较好的生油层，砂岩为储层，局部发育泥岩裂缝储层。砂岩以细砂—粉砂岩为主，通常含有泥质或钙质，孔隙度介于10%～30%，渗透率几毫达西至几百毫达西，湖相碳酸盐岩孔隙度为5%～24%，平均为15%左右，渗透率多数小于1mD。姚家组分布范围比青山口组二段、三段有所缩小，但仍然很广，厚度小于210m。岩性为紫红、灰绿、棕红色泥岩与灰绿、灰白色砂岩，呈略等厚互层。砂岩以细砂—粉砂岩为主，孔隙度和渗透率通常略高于青山口组二段、三段储层。该组合砂岩孔隙类型以原生孔隙为主，其次为缩小粒间孔和次生孔隙，湖相碳酸盐岩以次生孔为主。盖层是上部嫩江组一段、二段。该油气组合具有顶生、底生、侧生三种供油方式，有较发育的砂岩为储层，又有较厚的泥岩作盖层，是生储盖组合关系配置最好的层系。萨尔图、葡萄花、高台子油层是大庆油田的主力生产层。萨尔图和高台子油层主要分布在盆地西部和安达—杏树岗以北，葡萄花油层在盆地北部大部分地区均有分布。

4. 下部含油气组合

下部含油气组合位于下白垩统泉头组三段、四段，是以青山口组一段为主要生油层，泉头组三段、四段砂岩（扶余、杨大城子油气层）为储层，青山口组为盖层构成的含油气组合。青山口组泥岩厚度大，分布范围广，是非常好的盖层，同时又是非常好的生油层，构成了顶生式供油的生储模式。泉头组三段、四段分布广泛，除盆地西南外其他大部分地区均有分布。泉三段厚度最厚可达621m，岩性为灰绿、紫灰色粉、细砂岩与紫红及少量灰绿、黑灰色泥岩呈不等厚互层，组成正韵律层。泉四段厚度最大为128m，为灰绿、灰白色粉、细砂岩与棕红色泥岩、砂质泥岩组成正韵律层。砂岩为泥质、硅质胶结，泉三段底部有浊沸石胶结。砂层一般较薄，物性通常较差，孔隙类型为原生孔隙、缩小粒间孔和次生孔隙，在宋站及朝长地区次生孔隙较发育，泰康地区原生孔隙发育。该组合砂岩孔隙度为8%～20%，局部高于20%或低于8%，渗透率除泰康和宋站及朝长地区外，一般低于10mD，因此自然产能一般较低。该油气组合生储盖组合关系配合较好，大面积连片含油，目前主要分布在大庆长垣中南部、三肇凹陷、头台—朝阳沟、齐家北、龙西及巴彦查干等地区。

5. 深部含油气组合

徐家围子断陷除了发育有登二段和泉一段、泉二段区域性泥质岩盖层之外，在营四段底部与营一段还存在局部性盖层，主要封盖徐家围子断陷南部气藏，岩性主要为高声波时差火山岩和泥岩，火山岩以泥质砾岩为夹层，在区内分布范围较小。区域性盖层决定了徐家围子气田具有满坳含气的特点，局部性盖层决定了气藏类型的丰富性，气藏呈现上下错叠、立体成藏。徐家围子断陷共有四套次一级组合。

第一套组合其生气层位主要为沙河子组，基底石炭系—二叠系海相地层也是潜在的烃源岩，其储层主要为基岩风化壳，主要分布在中央古隆起带，其上覆地层为登娄库组，区域盖层为登二段泥岩。该组合目前获得工业气流的井有汪904、隆探2、隆平1井等，基岩风化壳以动力变质岩和花岗岩为有利储层。

第二套组合生气层和储层都是沙河子组，其中烃源岩为沙河子组湖沼相暗色泥岩和煤层，储层主要为辫状河（扇）三角洲沉积砂砾岩，形成自生自储成藏组合，目前徐家围子断陷勘探效果较好，提交了三级储量。

第三套组合为徐家围子断陷主要勘探层系，其生气层主要为沙河子组暗色泥岩和煤层，储层主要为营城组一段、三段火山岩和营四段砂砾岩，上覆区域盖层为登娄库组。该套组合在徐家围子断陷内部均有分布，其中火山岩储层尤以近火山口爆发相和喷溢相为好，其岩性主要为火山角砾岩、流纹岩等，孔隙度一般为7%～8%。

第四套组合其生油气层位也主要是沙河子组和营城组，储层主要为登三段、登四段砂岩，泉二段砂岩；盖层为泉一段、泉二段泥岩；该套组合相对来说对于气藏的贡献要小，目前仅在昌德、升平、汪家屯等地区有所发现。该组合在埋藏浅、营城组烃源岩有机质丰度高、达到成熟阶段的双城地区，形成了营城组烃源岩生油，以登娄库组含油为主的深层油藏，双68井在登娄库组测试获得日产110.4m^3高产工业油流，双城登娄库组油藏为典型的构造油藏，2018年提交了预测储量。

第二节　油气藏形成机制与成藏模式

松辽盆地北部油气藏形成机制与成藏模式受坳陷和断陷范围、构造特征、生储盖特征、运聚成藏时空匹配及运移方式等条件控制。坳陷层青山口组有效烃源岩分布范围广，三角洲前缘砂体与有效烃源岩密切匹配，区域盖层稳定，油气成藏时空配置关系良好，有多种油气运移方式，具下生上储、自生自储、上生下储成藏模式，为形成大型构造油气藏、大面积错叠连片岩性油气藏、复合油气藏创造了十分有利的条件。断陷层以沙河子组为主要烃源岩层，沙河子组形成的天然气与凹陷区岩性圈闭、周边基岩古凸起和背斜构造等各类圈闭形成有效的时空匹配，构成古隆起顶部古潜山风化壳和登娄库组构造成藏模式、断陷内部营城组火山岩和砾岩构造—岩性成藏模式以及沙河子组致密砂砾岩自生自储成藏模式。此外深层还存在深部流体供气、深大断裂导气的无机成因天然气成藏模式。

一、油藏形成机制与成藏模式

1. 成藏地质条件的时空配置

1）时间上的有效配置

松辽盆地北部泉三段及以上地层发育四套含油气组合，油气成藏在时间匹配关系良好。以松辽盆地北部中、下部含油气组合成藏为例，主要烃源岩层青山口组在嫩江组沉积末期开始生烃，在明水组沉积末期达到生烃高峰，期间大庆长垣、朝阳沟构造、龙虎泡—大安阶地等大型构造圈闭基本形成，在时间上也表现出超期或同步特征，为油气在葡萄花、萨尔图、高台子油层已形成的构造圈闭中聚集成藏创造了十分有利的条件。

上部和浅部油气聚集与晚期构造调整作用密切相关。研究表明，嫩一段、嫩二段烃源岩演化程度比青山口组烃源岩低，嫩江组沉积末期，嫩一段、嫩二段烃源岩尚未成熟，明水组沉积末期开始生烃，在埋藏相对较深的齐家—古龙凹陷黑帝庙油层局部聚集成藏，总体上生烃量小，油藏规模小。此外在嫩江组—四方台组沉积时期，形成的断穿 T_2—T_{06} 油源断裂，也使青山口组生成的油气垂向上运移到黑帝庙油层或更浅部地层单元。

2）空间上的有效配置

松辽盆地北部为一长期稳定发育的陆相含油气盆地，构造运动相对稳定，大型坳陷型湖盆脉动式升降作用为形成有效的生储盖组合奠定了基础。

（1）自生自储式组合。

主要发育在青山口组、嫩江组有效烃源岩内部，在三角洲前缘、外前缘相带的薄层状、透镜状砂体与厚层烃源岩紧密接触，是油气优先聚集的有利部位。应当指出，如果砂体侧向连通比较好，油气会沿砂体上倾方向继续运移，在合适的圈闭内重新聚集成藏。在运移过程中，如果存在不封闭的输导断层，油气也会运移到其他含油气组合内。

（2）垂向叠置式组合。

主要发育在临近烃源岩且有油源断裂沟通作用的含油气组合内。中部含油气组合的葡萄花、萨尔图油层和上部含油气组合的黑帝庙油层，属于下生上储配置类型，其中葡萄花油层最为有利，萨尔图油层次之，部分黑帝庙油层来自青山口组油气也属于此类情况。下部含油气组合扶杨油层紧邻青山口组主力烃源岩，油气沿断穿 T_2 的主要断裂，在超压作用下，在烃源岩下部聚集成藏，属于下生上储配置类型。此外，断陷期沙河子组烃源岩生成的天然气，也有可能在深大断裂的沟通下，从深部含油气组合垂向运移到上中下含油气组合或浅部含油气组合，长春岭背斜、宋站扶杨油层天然气聚集应属于此类情况。

（3）侧向式组合。

主要发育在有效烃源岩周边或远油源区，如三肇周边地区、西部斜坡区等地区。一般情况下，这些地区主力烃源岩未成熟，油气聚集主要是侧向长距离运移结果。从理论上讲，该类组合应为下生上储式组合，运移距离越远，油气越容易在烃源岩上部储层中聚集，由砂体与断裂构成的复杂输导体系和优势运移网络起到了关键作用。

2. 油气成藏过程

1）油气的生烃增压作用

烃源岩在逐渐成熟生烃过程中，地层超压也不断形成，根据测井资料计算，青一段、青二段古超压平面分布不均，坳陷中部区超压值一般为 4～15MPa，最大超压值位于古龙、三肇、乾安等凹陷区内，可达 10～15MPa，向坳陷周边地区超压值逐步降低直至消失。青一段泥岩应力破裂实验表明，当超压大于青一段泥岩围压（10MPa）时，泥岩产生微裂隙，排放异常高压（超压值可达 10MPa 以上）流体（萧德铭，1999）。计算现今压力，从姚家组向下至青一段压力梯度逐渐增大，在青一段底部和扶杨油层中压力梯度突然降低，推断在嫩江组沉积期末、明水组沉积期末至古近纪的生排油高峰期，产生的异常压力超过了泥岩的破裂压力，青一段的超压流体向下部扶杨油层排放，导致泥岩中的超压释放。

扶余油层顶面（T_2 反射层）发育了多期断裂，其中以青山口组沉积末期在区域性伸展应力场作用下，为调节基底断裂伸展作用而产生的张性断层最发育，断层不但使烃源岩和储层横向对接，而且为超压烃源岩直接向更深层的储层排烃提供了通道。理论计算及实际统计分析表明，青一段、青二段的暗色泥岩厚度、异常高压大小控制了向下排烃距离，即超压泥岩段以下的油气显示最大高度。因此，烃源层超压是烃类流体排出的动力，超压值的大小决定扶杨油层是否富集油气和含油气高度。青一段、青二段烃源岩的超压平面分布范围控制了扶杨油层致密油平面分布，坳陷边部因青一段、青二段暗色泥岩厚度较薄，生烃强度和超压较低，烃源岩不存在超压，油气以侧向运移为主，表现为常规油特征。

2）储层过剩压力及流体势增量分布

对松辽盆地北部中部含油气组合过剩压力研究表明，过剩压力对油气运移和聚集有重要的驱动作用。如葡萄花油层过剩压力一般小于 7.5MPa，其中古龙凹陷的过剩压力最高，可达 7.5MPa，属高过剩压力区，而大庆长垣地区过剩压力相对较低，一般小于 0.5MPa，属正常压力区；高西地区过剩压力小于 1.00MPa，属正常压力区；龙虎泡和英台地区过剩压力也相对较低，为正常压力区；葡西地区过剩压力为 2.00～5.50MPa，属高过剩压力区。萨尔图油层和高台子油层过剩压力的分布与葡萄花油层大致相似。由于流体流动受过剩压力的影响，油气运移方向从相对高过剩压力区指向低过剩压力区，反映出总体上油气从齐家—古龙凹陷向大庆长垣及西部斜坡运移，同时在长垣上油气从南向北运移的一般特征。

通过流体势及流体势增量的计算，恢复出大庆长垣及其以西地区各油层组在各地质时期的流体势场史。如高台子油层在嫩江组沉积末期，高势区位于齐家—古龙凹陷，向东西两侧流体势增量逐渐减小，但向西减小幅度大、向东降低幅度小。在大庆长垣只有太平屯和葡萄花两地形成两个很小的等势空间，说明此时大庆长垣上各局部构造刚具雏形，还没有形成。四方台组沉积末期，高势区移向古龙凹陷，齐家凹陷相对较小，此时的流体势增量值比嫩江组沉积末期要小，说明嫩江组沉积末期地层抬升，流体压力释放，因而使流体势增量减小。在四方台组沉积末期，在大庆长垣南部形成三个较大的低势等势空间。到明水组沉积末期，流体势增量达到最大值，在古龙凹陷流体势增量值达 2.8MPa，齐家凹陷达 2.4MPa，此时流体势增量向大庆长垣急剧减小，大庆长垣流体势增量值仅 0.2MPa，这时大庆长垣形成一个统一的低势等势空间，在龙虎泡阶地也形成一个低势等势空间。在此时期齐家—古龙凹陷生成的油气大量向长垣运移，同时部分油气也向西坡运移。

从各油层组在各地质时期的流体势增量趋势来看大致相似，表现出高势区位于齐家—古龙凹陷，以齐家—古龙凹陷为中心呈放射状分布，流体势增量减小的方向为东西向，但以向东为主，说明齐家—古龙凹陷生成的油气在流体势的作用下主要向东运移，即向大庆长垣运移，而大庆长垣为一继承性的低势区等势空间，因而成为油气聚集的良好场所。

3）油气运移的地球化学特征

油气在二次运移过程中，由于输导层岩石矿物的吸附，造成某些化合物随运移距离的增加出现了规律性的变化，利用化合物或组分的平面变化可以反映出油气运移的方向性。松辽盆地北部原油物性、族组成、色谱参数及碳同位素平面分布上均表现出规律性的变化，指示了油气的运移特征（杨万里等，1985）。

原油物性在平面分布上呈规律性变化。以葡萄花油层原油密度为例，古龙凹陷原油密度在 0.80～0.84g/cm^3，向大庆长垣方向变为 0.84～0.88g/cm^3，向西部斜坡方向原油密度也呈现出增大的特点；在齐家—古龙凹陷内原油从南向北总体上有密度增大的趋势；三肇凹陷葡萄花油层原油密度在 0.86～0.88g/cm^3 之间，向朝阳沟地区原油密度增大到 0.9g/cm^3。由上述变化可以看出，烃源岩早期生成的原油首先进入到储层中且运移距离较远，而后期生成的原油则进入储层较晚且运移距离相对较近。由于先期生成的原油成熟度较低，原油密度相对较高；而后期生成原油的成熟度较高，原油密度相对较低，因此原油密度由低向高的方向也就指示了原油的运移方向。

原油的族组成在平面分布上也呈规律性变化。以葡萄花油层饱和烃含量为例，在古龙凹陷原油的饱和烃含量较高，一般在 70% 以上，最高可以超过 88%，向大庆长垣和西部斜坡方向，原油饱和烃含量呈降低的趋势，长垣一般为 57%～64%，西部斜坡一般小于 60%；在齐家—古龙凹陷内从南向北原油的饱和烃含量总体上呈现出降低的趋势；从三肇凹陷向朝长地区原油饱和烃含量亦呈降低的特点。因此，排除水洗和生物降解的影响，原油饱和烃含量降低的方向也大致指示了原油的运移方向。

异戊间二烯烷烃含量的降低趋势指示了油气运移的方向。原油中异戊间二烯烷烃虽然具有相当稳定的物理化学性质，但是在油气运移过程中，由于岩石孔隙的吸附效应，使异戊间二烯烷烃的含量随运移距离增加而减少。如松辽盆地葡萄花油层的原油异戊间二烯烷烃化合物含量从凹陷向周边是降低的趋势，进一步证实大庆油田的原油主要来自临近的古龙、三肇、长岭生油凹陷。

原油在运移过程中，由于储层岩石矿物的吸附作用及油气碳同位素之间化学性质的差异性，使原油的碳同位素发生明显的分馏效应。如 ^{12}C 较 ^{13}C 的分子量小，因此在运移方向上 $\delta^{13}C$ 呈逐渐减小的趋势。齐家—古龙凹陷的原油 $\delta^{13}C$ 在 −29.5‰～−30‰之间，向长垣方向 $\delta^{13}C$ 逐渐变轻为 −31‰左右，同时向西斜坡和齐家北方向逐渐变轻，由此反映了原油从齐家—古龙凹陷向长垣及西部斜坡运移的特点。三肇凹陷内原油也总体上表现出从深洼部位向边部碳同位素变轻的趋势，反映出油气环生油洼槽向周边运移的特点。

综上各种地球化学指标的变化特征表明，在松辽盆地中齐家—古龙凹陷原油具有向大庆长垣和西部斜坡运移的特点，在齐家—古龙凹陷内有由南向北运移的趋势；大庆长垣上原油以由南向北运移为主；三肇凹陷原油一方面向长垣方向运移，另一方面向朝长地区运移。

4）油气运移方式

以松辽盆地三肇地区扶杨油层油气运移方式为例，根据地球化学研究，油气的运移方式总体为发散流运移式，部分地区有汇聚流和平行流运移形式，在三肇凹陷如果原油成熟度和上覆泥岩成熟度相当，表明原油是垂向运移而来；原油成熟度高于上覆泥岩成熟度，则反映原油是由凹陷内部相当成熟度的泥岩区侧向运移而来，两者之间的距离相应也代表了原油运移距离，原油成熟度降低方向代表原油的运移方向。

从青一段泥岩抽提物饱和烃和扶杨油层原油饱和烃生物标志化合物成熟度参数 C_{29}

甾烷 20*S*/（20*S*+20*R*）曲线平面分布特点上看，原油总体是发散流运移。榆树林油田原油成熟度和青一段泥岩基本相当，反映原油主要由上覆青一段泥岩纵向运移而来，具有平行流的运移形式。原因是这个地区在原油由西向东部斜坡运移过程中，遇到了同这个方向近于垂直的北北东向和南北向断层以及呈北北西向展布的砂体，运移中的原油遇到断层阻挡，即通过断层以发生垂向运移为主；原油运移方向与砂体展布方向呈大角度斜交，导致侧向运移距离不大。朝阳沟油田原油成熟度高于上覆青一段泥岩，反映原油是由凹陷中心侧向运移而来，推断原油运移方向近南北向，主要为平行流或汇聚流式运移特征。原因是从断裂和砂体展布看，原油运移方向与 T_2 断裂系走向一致，与砂体展布方向（北北东或北东向）斜交，此时砂体可作为原油侧向运移的主要通道，断层次之。肇州和肇源地区原油运移方向呈北北东或南北向，该地区断层和砂体展布方向亦为北北东或南北向，三者在空间具有良好的匹配关系，构成了侧向运移的良好途径，油气基本以发散流为主要运移形式。

依据油源方向、断层走向及砂体展布方向三者的关系，三肇地区原油运移方式可划分为三类。其一是垂向运移方式，原油运移方向与断裂和砂体的展布方向垂直，侧向运移受阻，运移距离一般不大，原油多呈原地生储特征，如榆树林地区原油。其二是中距离侧向运移方式，当运移方向与断裂走向一致，而与砂体展布方向垂直或斜交；或运移方向与砂体展布方向一致，而与断裂走向垂直或斜交时，由于受到一方因素的阻挡，故原油侧向运移距离不大，一般为十几千米，如朝阳沟地区和太平川地区原油。其三是长距离侧向运移方式，运移方向与断裂走向和砂体展布方向三者一致，空间上具有良好的匹配关系，有利于油气运移，一般运移距离可达几十千米，如肇州和肇源地区原油。

3. 油气藏成藏期次

在油气成藏过程研究中，油气成藏时间是一个重要的研究环节，通过采用油藏饱和压力法、流体包裹体均一化温度法、包裹体显微傅立叶变换红外光谱法及储层自生矿物年代学分析法等，结合构造演化史、沉积埋藏史、烃源岩热演化史和成藏条件相互匹配关系，综合分析了大庆长垣、齐家—古龙凹陷、临江地区及西部斜坡区的油气成藏期次，反映出不同地区成藏期次及成藏时间的差异性。

1）大庆长垣油气成藏期次

松辽盆地中央坳陷区主力烃源岩在 77.4Ma 进入生油门限，在 73Ma 进入生排油高峰，随着地质时间的增长、埋深的增加，有机质热成熟度逐步增高，生、排烃强度持续增长。推断大庆长垣地区油藏成藏年代最早极限是 77.4Ma，大规模油气聚集发生于 73Ma 以后。

从储层自生伊利石年龄推断，喇嘛甸油藏成藏年代为古近纪初期。其中萨尔图、葡萄花、高台子油层自生伊利石 K—Ar 同位素年龄分别在 61.5—50.8Ma、52.1—45.4Ma、53—41Ma 之间，代表了大庆长垣北部喇嘛甸、萨尔图、杏树岗构造油藏的成藏年龄。

大庆长垣七个油藏的埋藏深度、饱和压力各不相同，而且各油藏的原始饱和压力与现今上覆地层静水压力均存在一定差值。以背斜构造为主控因素的喇嘛甸、萨尔图、杏树岗三个油田以萨尔图油田构造高点最高，高点海拔高度为 −632.2m，上覆地层的静水压力为 7.69MPa，饱和压力为 8.83MPa，成藏时油藏的埋藏深度为 901m，对应的成藏地质时间为62Ma。喇嘛甸油藏构造高点海拔高度为 –787.6m，上覆地层静水压力为8.13MPa，饱和压力为10.26MPa，成藏时油藏的埋藏深度为1047m，对应的成藏地质时间为63.2Ma。杏树岗油藏构造高点的海拔高度为 –780.6m，上覆地层静水压力为8.26MPa，饱和压力为7.67MPa，成藏时油藏的埋藏深度为783m，对应的成藏地质时间为60Ma。以岩性和构造为主控因素的太平屯、高台子、葡萄花、敖包塔油藏，其位置越靠近充足油源区，成藏时间越早。如高台子和葡萄花油藏与古龙凹陷生排油中心区距离最近，其成藏时间最早，分别为75.2Ma和75.7Ma。而太平屯和敖包塔油藏距离油源区较远，成藏时间则相对较晚，分别为74.7Ma和74.8Ma。

从总体上看，具有岩性—构造油藏形成时间早，构造油藏形成晚的成藏规律。位于大庆长垣南部的岩性—构造油藏成藏年龄在77.4—73.0Ma之间，基本为白垩纪末期，而位于大庆长垣北部的喇嘛甸、萨尔图、杏树岗油藏成藏年龄在65.0—40.0Ma之间，属古近纪初期。由此反映出大庆长垣上油气从南向北充注的特点，成藏时间上也体现出南早北晚的特点。

2）齐家—古龙凹陷油气成藏期次

齐家—古龙凹陷发育青山口组和嫩一段、嫩二段两套主力生油岩，含油气层位多。从下向上有杨大城子、扶余、高台子、葡萄花、萨尔图和黑帝庙油层，具有多期成藏特点。

根据有机包裹体的荧光颜色和发育状况，英51井储层有机包裹体可以划分为三类，主要发育于石英次生加大边和胶结物中、石英或长石的次生溶蚀孔隙和裂隙中及胶结物的裂隙中。对英51井三类有机包裹体进行显微傅立叶红外光谱分析，计算的有机质结构参数反映三期成藏过程中对应不同的油气性质。第一期形成的有机包裹体其CH_{2a}/CH_{3a}值大于10，X_{inc}、X_{std}值分别大于100和37，表明有机质的平均分子量大，油气的成熟度很低，属烃源岩早期生油的产物。第二期形成的有机包裹体CH_{2a}/CH_{3a}值在6～8之间，X_{inc}、X_{std}值分别介于59～80和23～30，仅从有机质正构烷烃直链碳原子数看，与目前的正常原油非常相似。第三期形成的有机包裹体其CH_{2a}/CH_{3a}值在1.54～4.25之间，X_{inc}、X_{std}值分别介于8～38和6～16，反映有机质中甲基相对丰富、成熟度高，有机质正构烷烃直链碳原子数较小，与凹陷目前发现的轻质油和凝析油接近。从有机包裹体成分特征推断，齐家—古龙凹陷的三期油气成藏过程，第一期以重质油为主，第二期以中质油为主，第三期以轻质油和凝析油为主。

英51井各套油层储层包裹体的均一温度校正结果成藏温度在60～120℃之间，进一步可以明显地分为3个成藏期次，对应的主要成藏温度段分别为60～70℃、80～90℃、110～120℃。结合松辽盆地齐家—古龙凹陷储层埋藏史与热演化史，初步确认第一次成藏期发生在嫩江组沉积末期（嫩江组三段—五段沉积期）；第二次成藏期发生在白垩纪末期（四方台组—明水组沉积期）；第三次成藏期发生在古近纪末。

3）临江地区油气成藏期次

临江地区位于王府凹陷的北缘，该区构造高部位是气藏，构造低部位是油藏。地球化学研究已经证实，天然气和原油的来源不同，分别是深部断陷期烃源岩和上部坳陷期烃源岩。

临江地区双301井石英碎屑成岩愈合微裂隙中，或晚期胶结石英及方解石矿物中发现有一期油气包裹体，包裹体中液态烃呈淡黄色、褐黄色，显示强浅黄色荧光；气态烃呈灰黑色，显示弱浅黄色荧光；同时粒间孔隙也普遍见连续的强黄色荧光（饱含油气）。而其他井仅在石英、方解石胶结物中发现有一期气态烃包裹体，很少找到气液烃包裹体，砂岩粒间孔隙也见到了浅黄色荧光，表明圈闭中气先于油注入，油的成藏时间晚。

从储层包裹体的均一温度分布看，油藏形成温度主要在 79～93℃之间，气藏形成温度范围为 58～98℃。二者相比，反映气藏形成特征是开始时间早、结束时间晚，结合该地区的沉积埋藏史和热史，可以确定出油气的主要成藏时间在 88—84Ma 之间，天然气主要成藏期在姚家组沉积末期，原油主要成藏期在嫩江组沉积末期。

4）西部斜坡区油气成藏期次

西部斜坡区位于松辽盆地西部，已见到稠油、正常油和天然气资源。油源对比证实，西部斜坡区分布的原油主要来源于齐家—古龙凹陷。

从 14 口探井中取储层自生伊利石样品进行了 K—Ar 同位素分析，西部斜坡区油藏成藏可能至少经历三期。第一期为 50～57Ma，如新店附近油田的成藏年龄大约为 57Ma。第二期为 44～45Ma，如阿拉新附近地区的油气藏，这两次成藏油气运移的最大距离基本一致，可达江 43 井附近。最后一期为 31～39Ma，这次可能是西部斜坡已有的油藏经构造活动破坏以后，油气发生三次运移形成的，如富拉尔基和平洋油气田就是形成于这一时期。大体上在西部斜坡区油气成藏时间由东向西有变晚的趋势。

4. 油气成藏模式

松辽盆地发育有两套主力烃源岩，青山口组和嫩一段、嫩二段泥岩，而在两套烃源岩之上、之间和之下均发育有含油层段。由于烃源岩与储层的空间配置关系不同，从而造成了油气运移方式上的差异，主要表现为两种油气成藏模式。

1）下生上储、自生自储模式

松辽盆地黑帝庙油层相当于嫩江组三段和四段，下部嫩一段和嫩二段泥岩非常发育，油源对比表明黑帝庙油层原油主要来自嫩一段烃源岩。通过黑帝庙油层已发现的获工业油层和低产油层的储层类型研究发现，河道砂岩、河口坝（包括远沙坝）砂岩和浊积扇砂岩为黑帝庙油层主要的储油砂体。嫩三段属于湖盆收缩体系域，进积叠加组合的各准层序之间以湖相泥岩相互分隔，每层砂体之上均有泥岩覆盖，成为直接盖层。

断层在黑帝庙油层的成藏过程中起关键的作用。它一方面是油气向上运移的通道，又可与构造、砂体配合形成圈闭。在斜坡地带或构造上的 T_1—T_{06} 断层使嫩江组生油岩与黑帝庙油层的储层砂岩在断层面直接接触，可以起到使油气侧向运移的作用。分析表明，盆地中 T_1、T_{06} 断裂形成时间较晚，一般呈北西向右行式排列，以张性为主。大约在晚白垩世末期—古近纪末活动开启，而此期正是嫩一段烃源岩大量排烃时期，当发育的 T_1（或 T_2）断裂向上断至 T_{06} 层时，有利于青山口组和嫩一段生油岩生成的油气沿着在此期间形成的 T_2—T_{06}、T_1—T_{06} 断裂向上运移，并在黑帝庙油层中聚集成藏。因此，晚期形成的 T_{06}、T_2—T_{06}、T_1—T_{06} 断层是黑帝庙油层油气成藏的主要控制因素。黑帝庙油层的烃源岩埋深相对较浅，成熟度低，油气从烃源岩排出后通过断层或砂体进入圈闭成藏，油气一般运移距离较短。油藏类型一般多为岩性—构造油藏。

松辽盆地中部含油组合萨尔图、葡萄花和高台子油层纵向上以嫩一段、嫩二段和青一段为分隔层。以中部含油组合的姚一段为例，该段沉积时期在盆地边缘发育 4 个水系，分别为北部水系、北西部水系、西部水系及西南部水系，其中以来自北部的水系流域最长，影响面积最大。在高西、葡萄花地区及三肇北部形成扇三角洲，呈环状分布；向南依次为三角洲分流平原、三角洲内前缘、三角洲外前缘，发育了厚层的条带状分流河道砂体、水下河道砂、席状砂体及透镜状砂体等。萨尔图、葡萄花、高台子油层储层物性好，多为Ⅰ类高孔、中—高渗储层，孔隙度一般大于20%，渗透率一般大于100mD。该套系统形成了良好的生储盖组合，油气既有来自下部青一段烃源岩的，也有来自嫩一段烃源岩的，油气在储层中可以进行较长距离的侧向运移，一方面油气的供应量较大，有充足的油气来源，另一方面砂岩的累计厚度较大，储层物性好，砂体横向连通好。如齐家—古龙凹陷中部油气一方面向东运移，在长垣圈闭中聚集成藏；另一方面向西，沿西部斜坡运移，最远距离可达富拉尔基油田。

2）上生下储模式

扶杨油层沉积时期正是松辽盆地坳陷加速沉降、湖泊首次逐渐扩张时期，如盆地西部在齐家—古龙地区形成大面积坳陷区，在总体上自西向东平缓降低的古地形背景下，来自盆地周边的河流进入浅水湖盆，由于湖泊水体较浅，湖浪作用较弱，湖泊水体不能造成对河流明显的顶托作用，而表现为河流仍以河道的形式继续向前流动，延伸较远，形成了扶杨油层独具特色的浅水湖泊三角洲沉积体系，主要发育三角洲分流平原、三角洲前缘和滨浅湖亚相，沉积了三角洲分流平原河道砂及三角洲前缘水下分流河道砂，砂体在平面上错叠连片，为扶杨油层形成大面积岩性油藏提供了良好的储集空间。下部含油气组合与中部含油气组合相比储层物性一般变差，储层类型多以Ⅱ类—Ⅲ类为主，但在个别地区有次生孔隙发育时储层物性可以大大改善，局部地区储层物性较好，如宋站和朝阳沟地区扶扬油层可出现Ⅰ类储层。

松辽盆地 T_2 断裂相对比较发育，断裂在活动期开启，一方面对油气运移起到了良好的通道作用，另一方面断裂与扶杨油层河道砂体配合可形成与断裂有关的各种圈闭，从而决定了 T_2 断裂是扶杨油层油气成藏不可缺少的重要条件之一。青一段泥岩覆盖于扶扬油层之上，即是非常好的生油层也是良好的封盖层。青一段泥岩在进入生油门限后，在超压作用下油气向上排烃进入中部含油组合萨尔图、葡萄花、高台子油层，向下排烃进入下部含油组合扶余、杨大城子油层。由于扶杨油层物性差，砂体横向连通性差，油气进入到下部储层后一般作短距离侧向运移，通常以通过断裂向下运移为主，形成了上生下储的成藏模式。

二、气藏形成机制与成藏模式

松辽盆地北部泉三段之下发育一套含油气组合。从生储盖组合特征来看，深层天然气具有三类成藏组合。一类是以沙河子组烃源岩为主，隆起区基岩风化壳、火石岭组火山岩为储层，登娄库组为盖层形成新生古储的成藏组合；另一类是以沙河子组暗色泥岩、煤层为烃源岩，沙河子组砂砾岩、砂岩为储层的自生自储成藏组合；还有一类是以沙河子组为主兼有部分营城组暗色泥岩为烃源岩，营城组火山岩、砂砾岩及登娄库组、泉一段、泉二段砂岩为储层形成的古生新储成藏组合，徐家围子地区深层天然气成藏过程具有代表性。

1. 徐家围子地区深层天然气成藏过程❶

1）主要生烃高峰期

主要烃源层沙河子组的生气高峰期主要出现在120—83Ma之间，相当于泉头组沉积末期—嫩江组沉积时期，也就是说这一时期是深部含气系统的关键时刻，天然气的聚集成藏作用主要发生在这一时期。

2）圈闭形成时期

松辽盆地深层不同含气组合的圈闭形成时期不同，古生新储登娄库组和泉头组内部的断块圈闭、背斜圈闭及断鼻圈闭形成时间主要在青山口组沉积末期。这些圈闭一般能够有效捕集沙河子组烃源岩形成的天然气。沙河子组自生自储组合和营城组古生新储组合圈闭主要是砂砾岩体、火山岩体岩性圈闭。火山岩岩性圈闭的形成一是取决于火山岩相，二是后期构造改造，构造活动使火山岩体抬升剥蚀形成风化面，改善其储集物性，更重要的是断裂活动使火山岩体形成裂缝系统，成为沟通原始孔隙的网络通道。营城组、沙河子组砂砾岩岩性圈闭的形成一方面取决于原始沉积环境，同时受后期成岩作用影响。这两类岩性圈闭在上覆盖层成岩以后即可成为有效圈闭，均可有效捕集沙河子组形成的天然气。新生古储组合古潜山风化壳圈闭形成时间早，基底的花岗岩、变质岩经受长期风化剥蚀使储集物性得以改善，一方面成为油气运移的通道，另一方面成为深层天然气的重要储集体。

3）油气主要运移期

深层主力烃源层的排烃时间在泉头组沉积末期，断陷盆地周边的古隆起与断陷中间坳中隆成为天然气运移的主要指向，不整合面和砂砾岩体构成油气运移的侧向通道，深大断裂及其伴生的断裂体系构成了油气运移的垂向运移通道。

由于深层断陷盆地内部的构造格局在演化过程中整体没有巨大的改变，仅在青山口组沉积末期和明水组沉积末期或古近纪末发生了晚期的构造运动，除双城地区外，后期构造活动在其他断陷并没有从根本上破坏早期的构造形态，因而，油气的运移是连续的，与烃源岩的排烃及圈闭的形成都是配套的，从徐家围子断陷天然气具有油裂解气的特征来看（组分和沥青均已证实），说明现今气藏就是原来古油藏的位置，天然气保存条件好，具有连续成藏的特征。青山口组沉积末期的构造运动对早期的断层有一定激活作用，早期的气藏受到一定破坏，营城组和沙河子组的天然气沿断层在垂向上在此发生过运移。

2. 徐家围子断陷天然气成藏期次

流体包裹体系统分析的结果与埋藏史研究和热史研究的成果相结合，可以有效地确定出各期次天然气充注发生的时间。徐家围子断陷区营城组发生的第一次天然气充注成藏是在泉头组沉积早期，第二次天然气充注成藏发生在泉头组沉积中期，第三次天然气充注成藏发生在泉头组沉积末期—青山口组沉积中晚期，第四次天然气充注成藏发生在姚家组—嫩江组沉积时期（图1-8-3）。从时间上看，这四次天然气充注发生在120—85Ma之间，各次充注的持续时间一般都小于10Ma。

❶ 罗霞等，2006，松辽盆地北部深层特殊岩性储层天然气藏的成藏条件分析，内部科研报告。

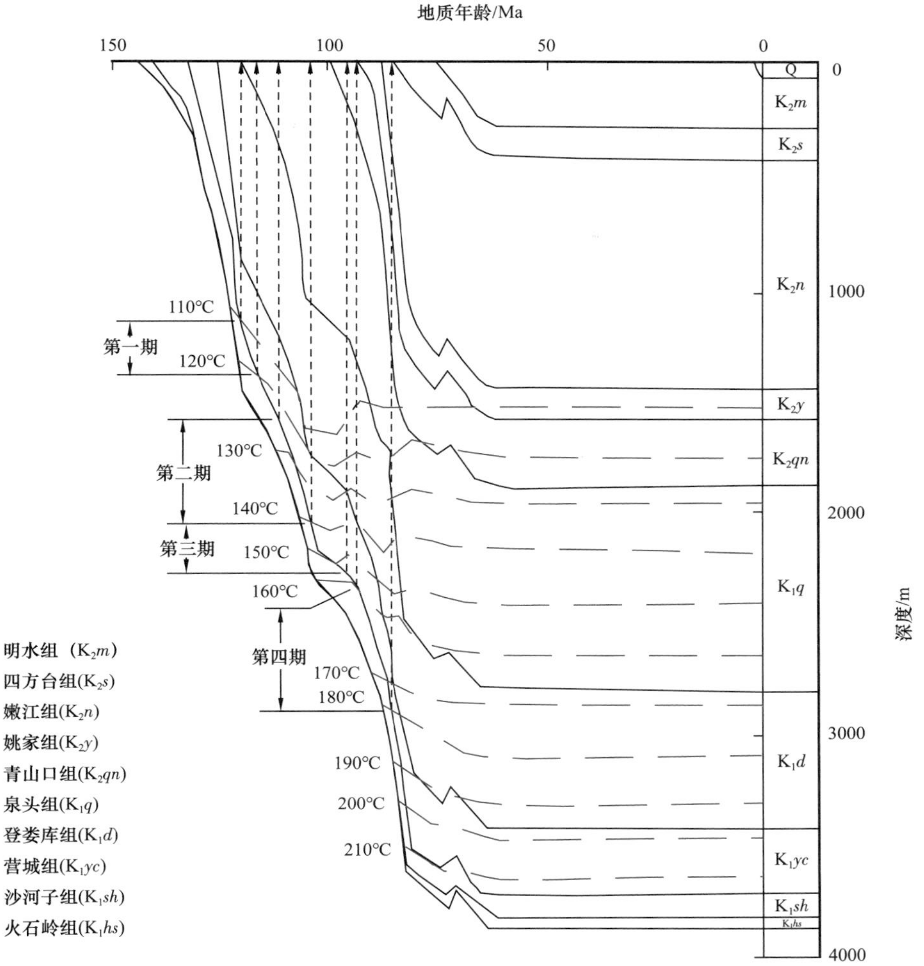

图 1-8-3　徐家围子断陷区营城组天然气充注时期（据付广等，2003）

结合生储盖组合进一步分析可知，第一期天然气发生充注时期，泉头组这一区域性盖层刚刚开始沉积，因此，该期天然气充注由于封盖条件不成熟而不能形成有效的气藏；第二期天然气发生充注时期，泉头组已经沉积了一定的厚度，具有一定的封盖能力，可以形成气藏，但此时能封盖住的天然气量有限；第三期天然气发生充注时期，泉头组沉积已达末期，此时区域性盖层分布广，其封盖能力基本上完全形成，能够大量封盖由烃源岩生成排出的天然气并形成有效的天然气藏；第四期天然气发生充注时期，虽然封盖能力等均已存在，但由于处于烃源岩排气高峰期末，因此不能形成大规模的天然气藏。

因此，徐家围子断陷区深层营城组天然气成藏的主成藏期为第三期天然气充注期，即泉头组沉积末期—青山口组沉积中晚期。

将徐家围子断陷沙河子组的包裹体分为安达—宋站和徐西—徐东两个区块进行分析。由徐家围子断陷沙河子组包裹体均一温度的分布图（图 1-8-4）可知：安达—宋站地区储层包裹体均一温度分布范围在 90～160℃之间，主要在 110～150℃之间，徐西—徐东地区储层包裹体均一温度分布范围在 100～200℃之间，表现为三个峰值分布，分别为 180～190℃、140～170℃、120～130℃。据此可知：（1）两个地区均一温度分布范围宽度大，表明沙河子组油气长期持续充注特点；（2）徐西—徐东地区均一温度高于安达—宋站地区，这与徐西—徐东地区地层的快速沉降有关❶。

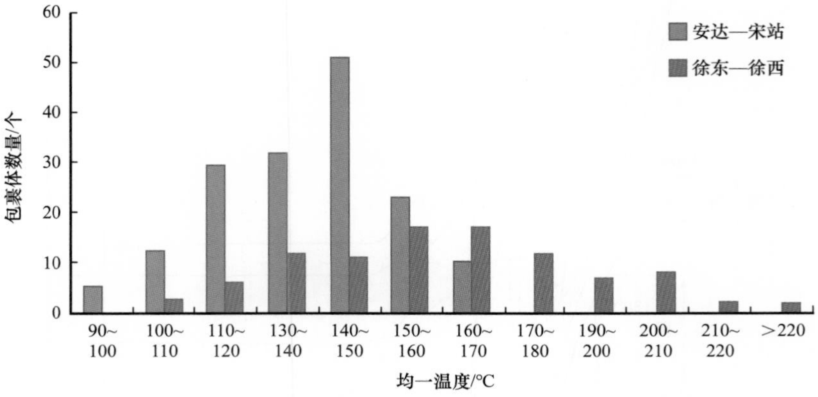

图 1-8-4　徐家围子断陷沙河子组包裹体均一温度分布

在埋藏史、热史和生烃史研究的基础上，结合包裹体均一化温度分布综合分析，沙河子组致密砂砾岩气藏主成藏期在 97—72Ma 之间，与营城组气藏基本同期成藏。徐西、徐东地区成藏相对较早，在 97—84Ma 之间；安达地区成藏相对较晚，在 90—72Ma 之间。

3. 徐家围子地区深层天然气成藏模式

依据源储时空关系和运聚特征，徐家围子地区深层天然气具有四种成藏模式。

1）古隆起顶部古潜山风化壳和登娄库组构造成藏模式

断陷周边的基岩凸起在地壳抬升中遭受风化剥蚀，形成大量的裂缝与孔隙网络，有效地改善了基岩的储集物性，在后期地壳沉降中古隆起被埋藏形成古潜山。断陷中气源层排出的天然气沿古潜山表面的不整合面运移至风化壳圈闭中成藏。松辽盆地目前已发现的古潜山风化壳气藏主要有昌 401、昌 102、二深 1、汪家屯、肇州西气藏，这些气藏都是以沙河子组—营城组煤层和暗色泥岩为气源岩，营城组沉积末期气源岩开始排烃，排出的天然气沿不整合面的裂缝与孔隙网络侧向运移至古潜山风化壳中成藏。

2）断陷内部营城组火山岩和砾岩构造—岩性成藏模式

断陷盆地中，火山岩主要受深大断裂控制，沿断裂带成带分布，不同类型的岩浆在不同构造时期沿深大断裂带上涌，在地表形成中基性—酸性的各类喷发岩，火山岩储层储集物性的好坏一方面受火山岩相的控制，另一方面受断层活动的影响。沙河子组沉积末期和营城组沉积末期断层活动剧烈，在火山岩中形成大量的伴生裂缝，这些裂缝不但使孤立的原生气孔得以连通，而且还增大了火山岩的储集空间。伸入到断陷中的火山岩体被有利的烃源层所包围，气源层排烃期生成的天然气极易沿裂缝运移至火山岩中，形成气藏，因而火山岩体能够优先捕获排出的天然气。营城组砂砾岩叠置于火山岩之上，与火山岩具有相似的运聚条件，多形成叠置发育的气藏。

---

❶ 张晓东等，2016，徐家围子断陷天然气富集规律、勘探方向及关键技术研究，内部科研报告。

3）沙河子组致密砂砾岩自生自储成藏模式

沙河子组为断陷张裂鼎盛时期形成的一套陆相碎屑岩，发育辫状河（扇）三角洲与滨浅湖、半深湖与煤系沼泽沉积，辫状河（扇）三角洲平原、前缘相带发育较好的砂砾岩、砂岩储层，与湖沼相暗色泥岩交错或叠置发育，源储一体，随埋深加大及后期成岩作用加强，成熟、过成熟烃源岩形成的天然气就近储集于致密的砂砾岩、砂岩储层中，形成致密砂砾岩岩性气藏。

4）深部流体供气、深大断裂输导的无机成因天然气成藏模式

松辽盆地的无机成因天然气主要是指 CO_2 及其伴生的 He、CH_4、N_2 等，目前在昌德东、宋芳屯等地已发现具有一定规模的 CO_2 气藏，这些气藏主要沿深大断裂分布，并与岩浆活动密切相关。

松辽盆地基底主要是花岗岩和变质岩，没有可生成 CO_2 的碳酸盐岩，CO_2 主要来自深部幔源。晚侏罗世发生的大陆俯冲—地幔拆沉作用，使岩浆侵入地壳，形成的岩浆房储气库是无机天然气的主要来源，松辽盆地西部的齐家、古龙、徐家围子地区都存在明显的地幔上隆。地幔上隆使莫霍面之下的物质发生强烈的相互作用，使幔壳物质熔融形成岩浆，岩浆发生上侵甚至喷发、重结晶作用等。在岩浆的形成和发育过程中，均可能伴随有不同程度的脱气作用，构成松辽盆地无机成因气的主要来源。

松辽盆地的地壳具有网状结构的拆离带，同时配合伸展、挤压构造活动形成的深大断裂带，构成了沟通深部与浅部的运移通道，幔源生成的天然气经过拆离带、构造活动期形成的低角度、高角度断层，幕式向上运移，在合适的圈闭中聚集成藏。

第三节　油气藏类型

松辽盆地油气藏类型丰富多样。泉三段及以上地层（中浅层）以油藏为主，也有气藏发育，共发现三大类、七类、十二亚类油气藏，以大型构造油气藏、向斜区大面积岩性油气藏和复合油气藏为主。泉三段以下地层（深层）以气藏为主，少见油藏，共发现四大类、八类、十一亚类气藏，以大型构造—岩性气藏、岩性气藏为主。

一、中浅层油气藏类型划分

松辽盆地北部中浅层各类油气藏分类见表 1-8-3，主要特征是以油藏为主，现分述如下。

表 1-8-3　松辽盆地北部中浅层油气藏分类表

大类	类	亚类	代表性油气藏	典型剖面
构造油气藏	背斜油气藏	块状	喇嘛甸、萨尔图、杏树岗	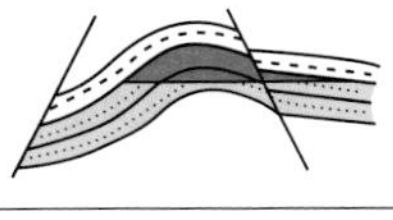
		层状	扶余、朝阳沟、龙虎泡、葡萄花、汪家屯、升平、三站（气）、五站（气）	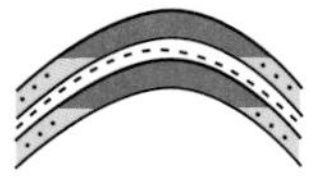

续表

大类	类	亚类	代表性油气藏	典型剖面
构造油气藏	断层油气藏	断层	新站、宋芳屯东、新肇、古 62 井区、巴彦查干	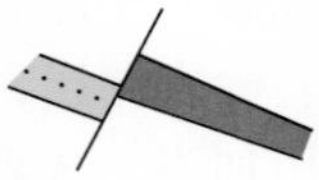
		断块	宋站（气）、羊草（气）、榆树林树 25 井区	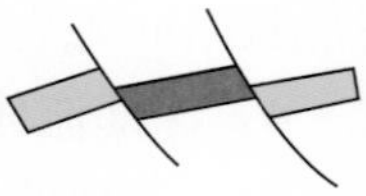
		断鼻	萨西、杏西、喇西、高西、新肇、新站、龙南、英台、葡西等	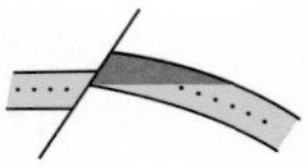
岩性地层油气藏	地层不整合遮挡油气藏		江桥（G）	
	岩性上倾尖灭油气藏		杏西古 504 井区、江桥、宋芳屯东	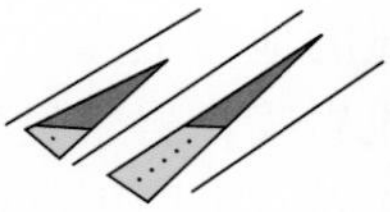
	砂岩透镜体油气藏		敖南、永乐、肇州、阿尔什代、哈尔温	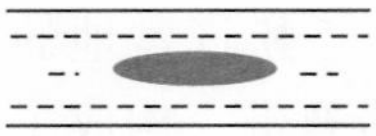
复合油气藏	岩性—构造油气藏	岩性—背斜	扶Ⅱ号、茂兴、龙虎泡等	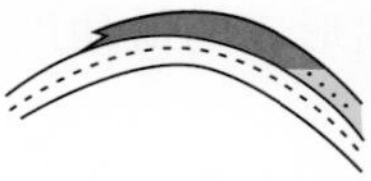
		岩性—断层	卫星、宋芳屯、德新	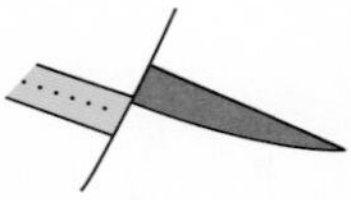
	构造—岩性油气藏	背斜—岩性	平洋、长春岭、小林克、头台	
		断层—岩性	巴彦查干、龙西、徐家围子、齐北、榆树林、齐家南等	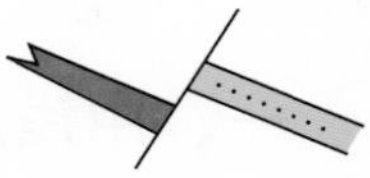

1. 背斜油藏

在构造作用下，地层发生弯曲变形，形成向周围倾伏的背斜称背斜圈闭，油气在背斜圈闭中聚集形成的油气藏称为背斜油气藏。这类油气藏在盆地分布较多，按形态可进一步划分为块状背斜和层状背斜两个亚类。

1）块状背斜油藏

松辽盆地北部大庆长垣上的喇嘛甸、萨尔图、杏树岗三个构造组成一个大型块状油藏。其特点是：背斜构造完整，储层砂岩厚、物性好，各砂层间连通性好，成一个块体式油藏；全油田具有统一的油水边界，具有底水，无水夹层，油藏高度与油柱高度一致；油藏具有统一的压力系统。喇嘛甸、萨尔图、杏树岗油田由北部鸟足状三角洲的主足构成油田储层，萨尔图、葡萄花、高台子油层连成一体，储层总厚度达 300m，其

油水边界为 -1050～-1020m，具有底水，无夹层水。在喇嘛甸地区有气顶，气油界面为 -770m，油田压力系统一致，压力系数为 1.02 左右（图 1-8-5）。

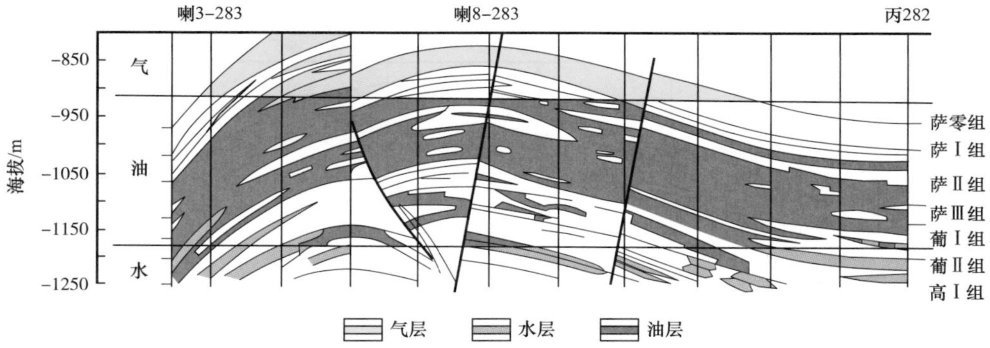

图 1-8-5　喇嘛甸油田油气藏剖面图

2）层状背斜油藏

松辽盆地已发现 30 多个此类油气藏，例如阿拉新、二站、白音诺勒等气田，龙虎泡、朝阳沟、葡萄花等油田。这类油气藏的特点是：油气藏面积完全受背斜构造圈闭面积所控制，即油藏面积不大于构造闭合面积；油气藏高度与油柱高度不一致，例如白音诺勒气田，高台子气层气藏高度仅 12m，而气柱高度则可达 99m；油藏只有边水，没有底水，有的有水夹层；在一个油田上可以有不同的压力系统，例如龙虎泡油田，萨Ⅰ组、萨Ⅱ组、萨Ⅲ组和葡萄花油层压力系统不完全一致，其压力系数分别为 0.980、1.007 和 1.036（图 1-8-6）。

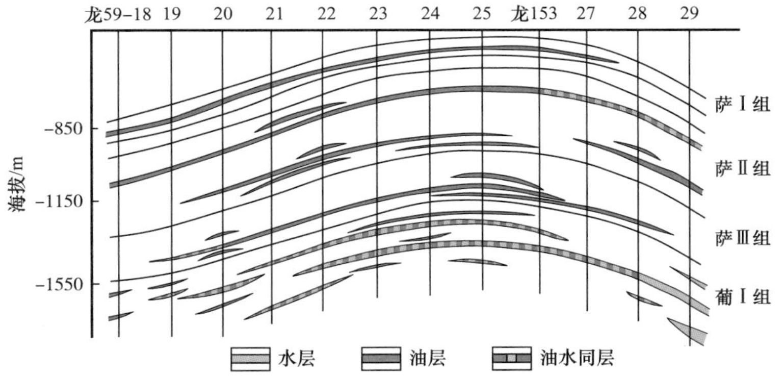

图 1-8-6　龙虎泡油田油藏剖面图

2. 断层油藏

断层圈闭是指沿储层上倾方向受断层遮挡所形成的圈闭，在断层圈闭中的油气聚集称为断层油气藏。近年来的勘探实践证实，松辽盆地生油凹陷周边的斜坡部位和青山口组以下地层断层发育，与断层有关的断层油气藏已成为盆地油气勘探重要的油藏类型之一。根据断层与其他遮挡因素的组合情况，断层油气藏分为三个亚类。

1）断层遮挡油藏

这类油藏是储层倾向与断层交叉切割的结果。在盆地中这类油藏有以下几个特点：纵向上含油层多，往往多套层系含油气。即在油层剖面上一个含油组合的几个砂层组都含油，如新站油田，不同含油组合均含油，如巴彦查干地区黑帝庙、萨尔图、葡萄花、高台子、扶杨油层均含油；油水关系复杂，一般为层状油气藏特点；油气田的压力系统不一致（图 1–8–7）。

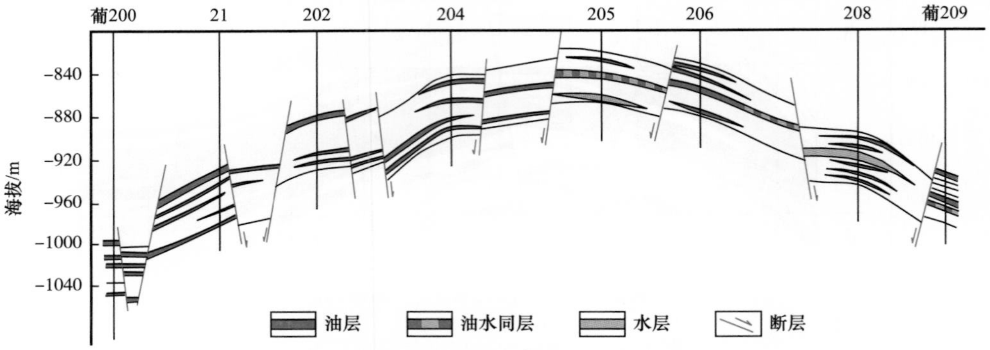

图 1–8–7　葡萄花油田油藏剖面图

2）断块油藏

松辽盆地扶余和杨大城子油层断层比较发育。在多组断裂交叉的部位，往往形成较多的地堑和地垒，有的地方四周均有断层而被切成垒块，从而形成油气圈闭。宋站气田宋 2 井区块和榆树林油田的树 1 井葡萄花油层均是比较典型的例子。断块油气藏一般面积不大，宽度一般为 1～2km，含油气面积为 3～5km^2。

3）断鼻油藏

在区域倾斜的背景上，鼻状构造的上倾方向被断层封闭而构成圈闭，在其中聚集了油气则为断鼻油气藏。松辽盆地典型的断鼻油气藏包括新肇、新站、英台、龙南等油气藏。以新肇油田为例，葡萄花油层顶面主体为向南西倾伏的宽缓鼻状构造（图 1–8–8），受断层切割，具有东西分带的构造特征，东西方向构造落差达 600m。断层走向以北西向、近南北向为主，延伸长度为 2～10km，一般为 5km，断距一般为 30.0m，最大可达 70.0m。在断层切割下，新肇鼻状构造进一步复杂化。这类油藏一般具有以下特点：一是油层的有效厚度变化大。新肇油田位于东、西部地堑的古 634、古 648—古 62 井区油层比较发育，有效厚度大于 6.0m；中部古 652、古 628、新 160–76 井区透镜状砂体形成局部油层发育区，有效厚度大于 5.0m；东南部古 605—古 69 井区有效厚度较小，由 4.0m 逐渐减为 2.5m。二是不同断块含油性差别大，油水分布复杂，压力系数为 1.114～1.363。三是油气富集受多种因素控制。新肇油田在区域鼻状构造背景下，油气富集受断层、岩性等因素影响，在局部形成断块油藏、断块—岩性复杂油藏和岩性油藏三种类型（图 1–8–8）。

3. 地层—岩性油藏

1）地层不整合遮挡油藏

地层圈闭是指储层由于纵向沉积连续性中断而形成的圈闭，即与地层不整合有关的圈闭。在地层圈闭中的油气聚集称为地层油气藏（胡见义等，1986）。松辽盆地地层油气藏目前发现较少，仅见于西部斜坡区的中、下部含油组合。据油气层与不整合面纵向分布关系，包括地层超覆油气藏和地层不整合遮挡油气藏两类。前者如江桥地区的江 37 井由泉头组和青山口组超覆在不整合面上形成的油气藏。后者仅从理论上推断，高台子油层由于受到剥蚀作用，在西部斜坡的泰康等地区可能形成不整合遮挡油气藏，目前尚处于识别和发现之中（图 1–8–9）。

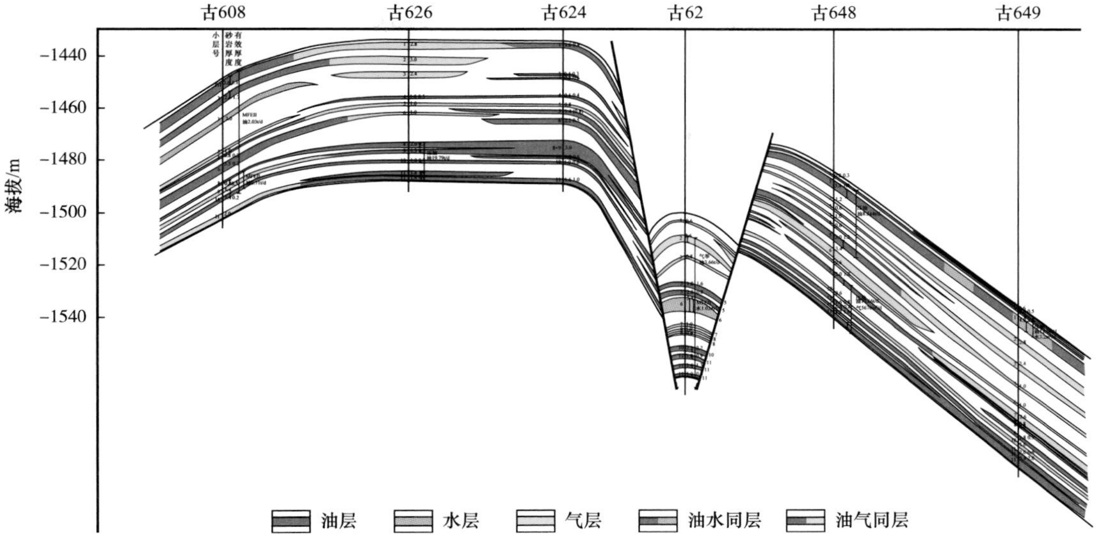

图 1–8–8　新肇油田断鼻油藏剖面图

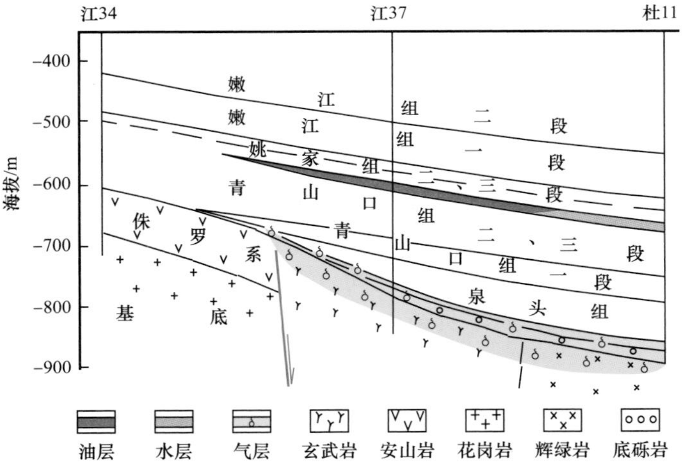

图 1–8–9　江 37 地区地层超覆油藏剖面图

2）岩性油藏

岩性圈闭指因储集油气层的岩性或储层物性空间变化而形成的圈闭，在其中聚集了油气即为岩性油气藏。松辽盆地目前发现的岩性油藏从形态上看，包括上倾尖灭及砂岩透镜体岩性油藏。从油藏的圈闭成因特征看，储层物性的纵横向变化可以在沉积作用过程中产生，也可以在成岩作用过程中形成，盆地葡萄花和扶余、杨大城子油层大面积、错叠分布的砂岩透镜体油藏提供了最好的例证。

葡萄花油层大面积分布的岩性油藏以永乐油田、肇州油田和敖南油田为代表。这些油田主要位于大庆长垣和三肇凹陷以南、松花江以北地区，储层砂岩形成于三角洲外前缘相，以河口坝和席状砂为主。以敖南油田为例，这类油田具有以下特点：一是油层有效厚度薄，一般为1.3～4.8m，平均为2.6m。二是储层物性差，横向连通性差。储层孔隙度在11.0%～28.0%之间，平均为18.0%，渗透率在0.23～132.67mD之间，平均为13.4mD。三是纵向上油水分布关系简单，以全段纯油为主，无油水倒置现象。平面上无论高断块、低断块均有含油显示，整个油田属于一套油水系统，油底海拔在-1541.8～-961.9m之间，油柱高度在1.4～42.2m之间，平均为12.7m。四是油藏具有超压特征。敖南油田异常压力与油藏成因类型有关，油田北部敖10、葡364井断层—岩性油藏区压力系数在1.082～1.196之间，油田南部茂702、敖7井岩性油藏区，压力系数在1.226～1.414之间。

扶余、杨大城子油层岩性油藏以肇州油田为例，这类油田具有以下特点：一是油藏受构造控制不明显，油层分布与岩性有关。肇州油田位于三肇凹陷裕民—模范屯鼻状构造北部，扶余油层顶面构造倾角仅1.5°，以-1600m构造等高线计算其鼻状构造高差为100m。构造上有105条断层，均为正断层。平面上断层相互切割，使鼻状构造形成若干断块，并在断层附近形成局部小圈闭（图1-8-10）。油藏在分布上不受鼻状构造或局部小圈闭的控制，主要与断层附近的砂岩有关。这类油藏断层提供油气运移通道，砂体提供储集空间，砂体周缘地层提供遮挡条件，表现为岩性油藏特征。二是储层成岩作用强，储集物性差。肇州油田扶余、杨大城子油层砂岩为粉砂质长石砂岩、混杂砂岩，碎屑成分中石英占32%，长石占30%，岩屑占25%。胶结物以泥质为主，黏土矿物主要为伊利石/绿泥石及蒙皂石/伊利石、蒙皂石/绿泥石混层。胶结类型以再生—孔隙式为主，胶结致密—中等。孔隙喉道中值为0.076～0.238μm，喉道半径为0.55～0.66μm，喉道分选较差，分选系数为1.48～2.67，喉道细而分散。有效孔隙度为9%～16%，空气渗透率为0.1～3.7mD，属特低渗透性储层。三是油藏油水分异好，具有正常—超压特征。肇州油田扶余、杨大城子油层油水垂向分异较好，绝大部分井为上油下水两套油水组合。多数井于扶余油层至杨Ⅰ组中部为纯油，以下为水层；少数井于杨Ⅱ组、杨Ⅲ组才见水层。平面上各井间油水界面随构造变化而起伏不平。扶余、杨大城子油层不具统一压力系统，各井压力系数在1.02～1.26之间。在压力深度关系图上实测点位于正常水压趋势线上方，不呈线性关系，属不具统一压力系统的正常压力—超压油藏。

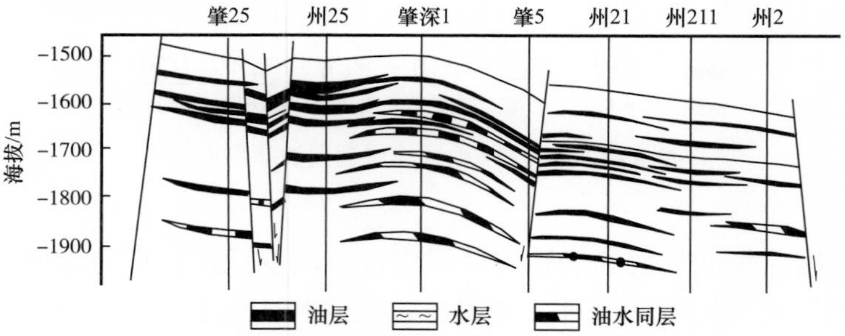

图1-8-10　肇州油田扶余油层岩性油藏剖面图

4. 复合油藏

储层在空间上由构造、地层、岩性等因素中两种或两种以上因素共同封闭而形成的圈闭为复合圈闭，在其中形成的油气藏为复合油气藏。松辽盆地复合油气藏可分为2类，一类以构造因素为主导的称为岩性—构造油气藏，另一类以岩性为主控因素的称为构造—岩性油气藏。近年来，松辽盆地油气勘探以发现复合型油气藏为主，而且在一个油田内往往有多种类型油藏“复合”的特征。

岩性—构造油气藏以卫星油田（葡萄花油层）为例（图 1-8-11），这类油藏主要有以下特点：一是油田平面上位于一级、二级构造单元的过渡地带，构造变动强烈。卫星地区整体呈西高东低的单斜，海拔深度为 -1390～-950m，高差约 440m。全区受近南北向断裂切割，垒堑相间，呈条带状排列分布，断层延伸长度一般在 2～12km 之间，垂直断距一般为 10～30m，最大为 45m。二是油藏砂体相对发育，储集物性相对较好。卫星地区葡萄花油层属三角洲前缘相，河道主体走向为北西向，被南北向断裂切割形成断层遮挡圈闭。累计砂岩厚度在 6.8～29.4m 之间，一般在 10～20m 之间。砂岩孔隙度分布范围为 15%～30%，一般在 18%～25% 之间，平均孔隙度为 22%；渗透率一般分布在 10～400mD 之间，平均渗透率为 141mD，属高孔高渗储层。三是油藏中油水关系复杂，油层属正常压力系统。卫星油田葡萄花油层纵向油水分布有 4 种形式：全段纯油；上油下水；油水同层；全段水层。平面上无论高断块、低断块均有含油显示，纵向上整个葡萄花油层属一套油水系统，平均压力系数为 1.01，属正常压力。油底海拔在 -1379.5～-1048.8m 之间，油柱高度为 3～68.8m，水顶海拔在 -970.1～-1338.0m 之间，无统一油水界面。由于众多断层切割形成地堑、地垒及小幅度构造，使油藏中油水再分配，横向上形成了纯油区、油水同产区和水区相间分布的格局。

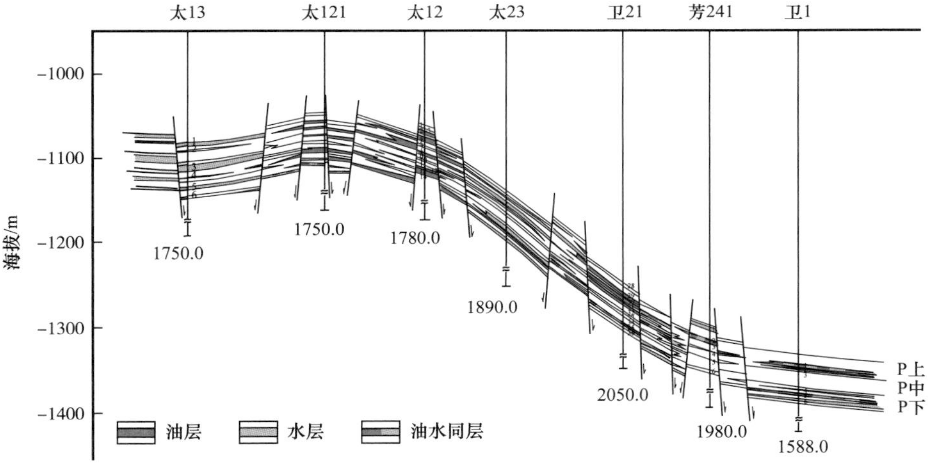

图 1-8-11　卫星油田葡萄花油层岩性—构造油藏剖面图

构造—岩性油藏以徐家围子油田（葡萄花油层）为例，油藏主要特点如下：一是位于生油凹陷中部地区，发育多组断裂。构造最低点（徐 5 井附近）海拔深度为 -1460m，构造最高点海拔深度为 -1280m（图 1-8-12）。该区断裂十分发育，有延伸方向不同的四组断裂，即北西向、北东向、近南北向和近东西向，以北西和北东向断裂为主。这些断层把地层切割为大小不同的块体，形成地垒和地堑块相间格局。主要断层断距一般在 20～50m 之间，延伸长度为 1～4km，倾角较大，达 40°～70°。二是油藏砂体发育程度一般，孔隙条件中等。徐家围子油田葡萄花油层砂体受北部物源的影响，北厚南薄、西厚东薄，砂岩厚度变化范围在 3～22.0m 之间，一般在 7.0～16.0m 之间变化，单砂岩展布形态为小片状、条带状，单砂体厚度一般为 0.6～2.4m。葡萄花油层有效孔隙度分布在 6.4%～28.1% 之间，平均孔隙度为 21.6%；渗透率分布在 0.1～791mD 之间，平均渗透率为 108mD，为中孔中渗储层。三是油水关系多样，包括全段纯油层（夹干层）、上油下水、上为水层下为油层或油水同层、或上为油水同层下为纯油层、全段油水同层。油藏埋深在 1419.2～1641.4m 之间，油柱高度在 1.0～43.0m 之间。断块之间油水界面不统一，地堑块多上油下水，地垒块和断层遮挡区油柱高度相对较大，油底相对较低。在断块内部，向斜区部位油水分异较差，表现为上水下油或油水同层，随着构造抬升，油水分异作用明显表现为上油、下油水同层和水层，压力系数在 0.87～0.97 之间，平均为 0.90，属低压型油藏。砂体与构造匹配，形成了以岩性为主的复合油藏。

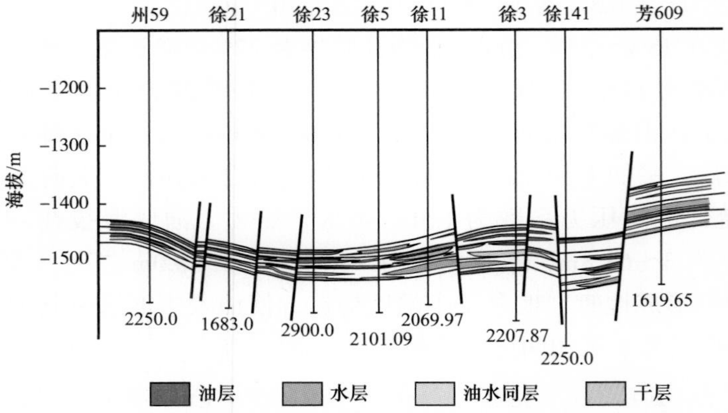

图 1–8–12　徐家围子油田葡萄花油层构造—岩性油藏剖面图

二、气藏类型划分

天然气在松辽盆地北部分布非常广泛，纵向上从基底至浅层明水组、四方台组均有天然气产出，但具有工业开采价值的气藏主要分布于深层和中浅层的黑帝庙油层、萨葡高油层、扶杨油层。深层目前在泉一段、泉二段、登娄库组、营城组、沙河子组、火石岭组和基底均见工业气流，其中营城组、沙河子组气藏规模大、气产量高，是天然气勘探的重点层位。

从天然气平面分布上看，中浅层天然气主要分布于西部斜坡区、大庆长垣、朝阳沟—长春岭背斜带等正向构造区，部分分布于齐家—古龙凹陷和三肇凹陷，形成富拉尔基—阿拉新、泰康—英台、齐家—古龙、大庆长垣、汪家屯—宋站—兰西、朝阳沟—长春岭和宾县—王府七个含气带。深层天然气主要分布于徐家围子断陷，部分发育于中央古隆起和莺山断陷。

从成因类型看，松辽盆地北部天然气主要包括菌解生物气、热解油型气、热解煤型气和深源非烃气几种类型。菌解生物气主要分布于中浅层富拉尔基—阿拉新含气带，热解油型气主要分布于中浅层泰康—英台、齐家—古龙、大庆长垣等含气带，热解煤型气主要发育在深层徐家围子断陷、莺山断陷和中央古隆起，部分发育于中浅层汪家屯—宋站—兰西、朝阳沟—长春岭和宾县—王府含气带扶杨油层。

从气藏数量和规模上看，中浅层气藏数量占到总数的 56%，深层气藏占总数的 44%。但中浅层气藏规模相对小，深层气藏规模相对较大，目前已提交的三级气藏储量以深层天然气藏为主。

1993 年以来，松辽盆地北部天然气勘探发现主要以深层为主，出现许多新的储层类型、气藏类型，这里主要介绍深层天然气藏类型及特征。

本书以《中国石油地质志》首版关于天然气藏类型的划分方案为基础，结合近20年来天然气勘探新成果新认识做适当调整和补充。共划分构造气藏、岩性气藏、地层气藏和复合气藏四大类气藏，以形态和油气水状态等划分亚类，如构造气藏划分有背斜气藏、断层气藏，地层气藏划分出不整合面下的风化壳气藏，岩性气藏划分原生的砂岩岩性气藏、非常规致密岩性气藏等。以层位、储层岩性因素再分细类，如深层火山岩岩性气藏、深层非常规致密砂砾岩岩性气藏等。将松辽盆地北部勘探已发现的主要气藏列于表1-8-4。

表1-8-4　松辽盆地北部深层气藏分类表

大类	类	亚类	代表性气藏	备注
构造气藏	背斜气藏	砂岩背斜气藏	汪家屯汪9-12井区（q_1）	q_1—泉头组一段；d—登娄库组；yc—营城组；hsl—火石岭组；sh—沙河子组；B—基岩风化壳
	断层气藏	砂岩断层气藏	汪家屯汪9-12井区（d）	
岩性气藏	原生岩性气藏	砂岩、砂砾岩岩性气藏	徐深气田徐深1井区（yc_4）、徐深13井区（yc_4）、肇深12井区（yc_4）、徐深19井区（yc_4）；昌德气田芳深6井区（yc_4）、芳深8井区（d、yc）	
		火山岩岩性气藏	徐深气田达深17井区（yc_3）、达深10井区（yc_3）、宋深11井区（yc_3）、徐深8井区（yc_1）、达深x301井区（yc_3）、肇深12井区（yc_1）、徐深19井区（yc_1）；汪家屯东升深101井区（hsl）；昌德气田芳深9井区（yc_1）	
	后生岩性气藏	致密砂砾岩岩性气藏	徐深气田宋深9井区（sh）、达深20HC井区（sh）、达深24井区（sh）	
地层气藏	风化壳气藏		肇深1井区（B），汪家屯汪902井区（B）	
复合气藏	背斜—断层气藏	砂砾岩背斜—断层气藏	徐深气田徐深7（yc_4）	
		火山岩背斜—断层气藏	徐深气田徐深7（yc_1）	
	岩性—构造气藏	砂岩岩性—构造气藏	昌德气田芳深1井区（d）、芳深2井区（d）；升平气田升深1井区（q_1、d）、升深2井区（yc_4）	
		火山岩岩性—构造气藏	徐深气田升深2-1井区（yc_3）	
	构造—岩性气藏	火山岩构造—岩性气藏	徐深气田徐深1井区（yc_1）、肇深16井区（yc）、肇深19井区（yc）、达深3井区（yc_3）、汪深1井区（yc_3）、徐深21井区（yc_1）、徐深27井区（yc_1）、徐深9井区（yc_1）、徐深12井区（yc_1）、徐深28井区（yc_1）	

需要特别说明的是，深层沙河子组致密砂砾岩气藏是一种特殊类型的气藏，含气范围已没有常规圈闭概念，是大面积分布的连续气藏，天然气富集既与原始沉积环境有关，但后期成岩演化对致密储层的形成具有非常重要的作用，暂将其归入后生岩性气藏类别。

深层泉一段、登娄库组砂岩气藏构造控制作用大，以构造和岩性—构造气藏为主；营四段砂砾岩气藏、营城组火山岩气藏以岩性和构造—岩性复合气藏为主；沙河子组砂砾岩气藏为非常规致密岩性气藏。

1. 岩性—构造气藏

深层岩性复杂、物性差，导致储层岩性物性变化较大，很难形成纯构造气藏，但可以形成岩性—构造复合气藏。这种气藏类型主要发育在背斜构造上，高部位井的气柱高度大，低部位井的气柱高度小，总体呈上气下水的特征，气水界面基本一致，说明构造对含气性具有主要控制作用。但由于构造圈闭内岩性变化大，导致物性差异较大，天然气分布、分异存在一定差异，也说明岩性对气藏具有控制作用。这种气藏类型在徐家围子断陷发现很少，主要发育在升平地区升深 2-1 井区营三段火山岩气藏（图 1-8-13）。而徐深 7 井区营四段砂砾岩和营一段火山岩断层和背斜复合，形成了断层—背斜复合气藏。

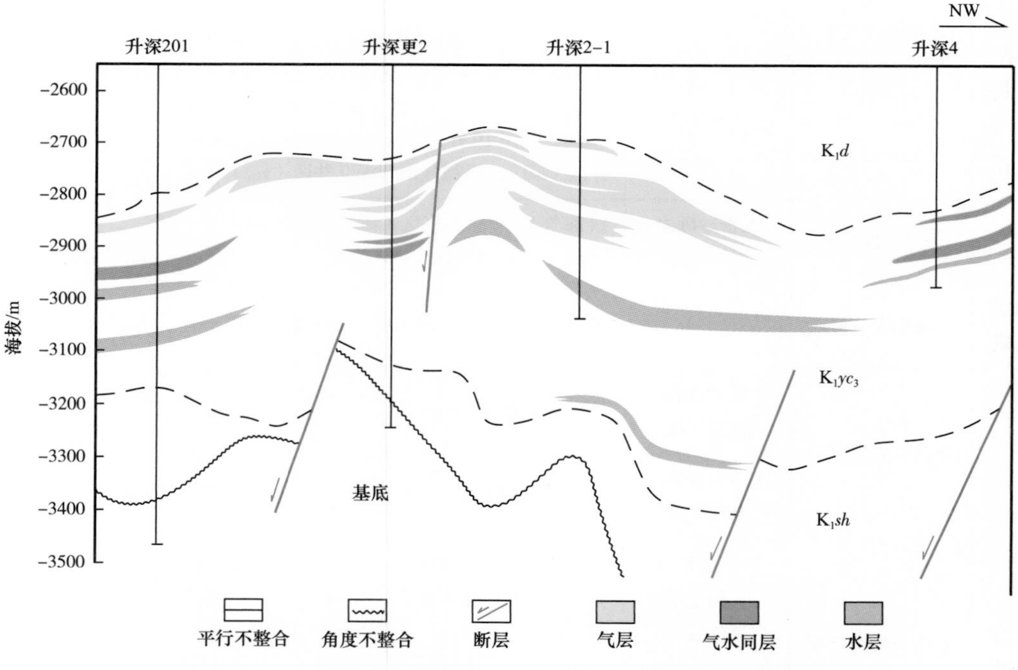

图 1-8-13　徐深气田升深 2-1 井区岩性—构造气藏剖面图

2. 岩性气藏

深层火山岩、砂砾岩储层的岩性和物性横向变化很大，易于形成岩性气藏。岩性气藏在徐家围子断陷深层较为发育，含气受岩性变化控制，没有明显一致的气水界面。从下部的火石岭组到上部的登娄库组都有分布，包括升平地区升深 101 井火石岭组火山岩气藏，营一段火山岩岩性气藏发育最多，如昌德芳深 9 井区，徐深气田营一段徐深 8 井区、肇深12井区，营三段达深17井区、达深10井区等（图1–8–14）。莺山断陷莺深2井区营一段火山岩气藏也属于这种类型。

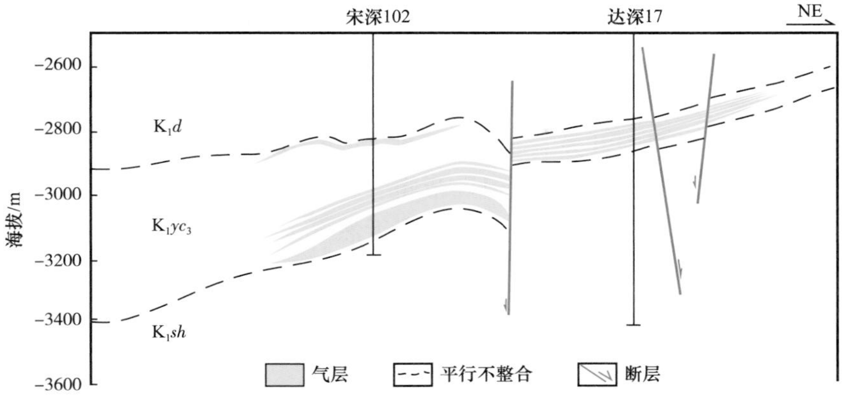

图1–8–14 安达中基性火山岩岩性气藏剖面图

岩性气藏里比较重要的一类是沙河子组致密砂砾岩岩性气藏，含气主要受岩性、物性控制。没有明确的圈闭界限，大面积连续分布，在有利气源区范围有好储层就是含气层；气产量低，自然产能一般数百至数千立方米，需要通过水平井或直井大规模压裂改造才具有工业开采价值，不产水；压力系数一般较高，为1.1～1.2，最高可达1.5。在安达地区勘探控制了一定的含气规模，局部提交了探明储量（图1–8–15），徐西、徐东地区也取得勘探突破。

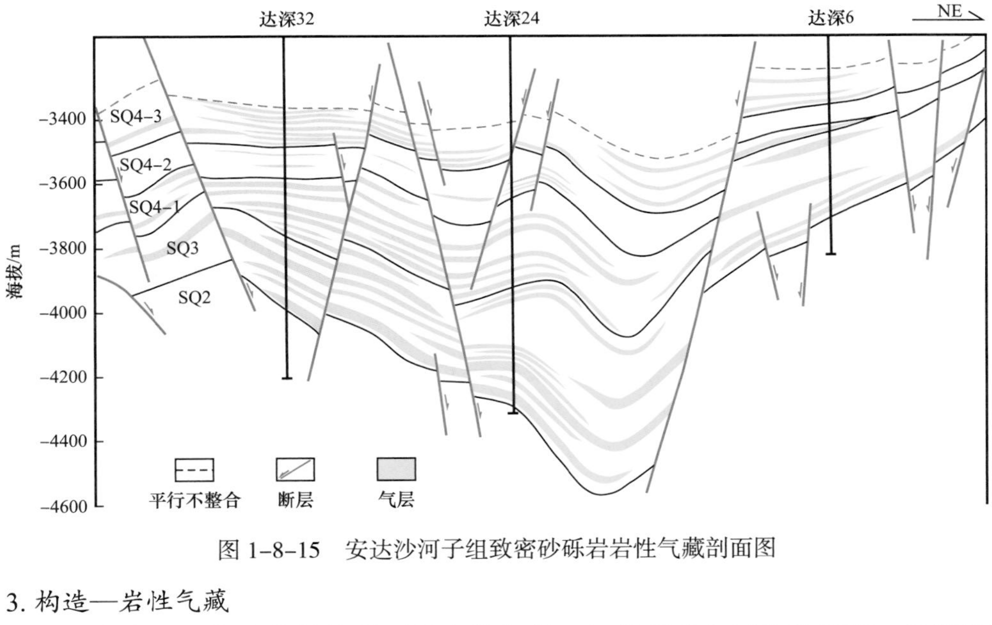

图1–8–15 安达沙河子组致密砂砾岩岩性气藏剖面图

3. 构造—岩性气藏

这种气藏类型是构造背景控制下的岩性气藏，气藏高度大于构造幅度，气藏并不严格受构造圈闭控制，没有统一的气水界面，构造高部位气柱高度大，气水界面高；构造低部位气柱高度小，气水界面低，但上气下水的特征又说明构造位置对含气性具有一定的控制作用。这种气藏类型在徐家围子断陷火山岩最为发育，主要分布在徐家围子断陷中部和北部安达地区，如徐深气田徐深1井区营一段火山岩气藏，达深3井区营三段火山岩气藏等。

第四节 油气藏的分布及主控因素

松辽盆地北部从浅至深共发育12个含油气层，其中泉三段及以上地层（中浅层）发育6个含油气层，以产原油为主，但黑帝庙、萨葡高和扶杨油层也发现有气藏；泉三段以下地层（深层）发育6个含油气层，以产天然气为主，仅在双城断陷登娄库组三段和营城组四段发现有油藏。目前已发现的油气藏数量众多、资源量大小悬殊、类型各异，但在分布上仍表现出一定的规律性。而这种分布特征是多方面因素综合作用的结果。松辽盆地油气藏空间分布主要受有效烃源岩发育区、沉积岩（或火山岩）沉积相带、构造作用等多方面因素的影响，形成中浅层以生油凹陷为中心，平面上由内向外依次为岩性油藏—复合油藏—构造油藏的环带状分布特点；深层以生气断陷为中心，平面上一般徐家围子断陷区和断陷斜坡区多形成岩性气藏，周边隆起区形成构造或构造—岩性复合气藏。

一、中浅层油气藏分布的主控因素及分布规律

1. 油气藏分布特征

1）油气藏垂向分布特征

松辽盆地纵向上已发现油气藏的层段有：泉头组三段、四段，青一段，青山口组二段、三段，姚家组，嫩江组，明水组。这些含油气层段分属下、中、上、浅部含油气组合，油气藏分布主要受生、储、盖匹配关系的制约。

下部含油气组合（泉头组）：油藏数量多，分布范围广。下部含油气组合油源条件较好，但储层成岩作用强，单砂体分布范围局限，多砂体横向错叠连片，所形成的油藏一般面积大，油层厚度薄，油层物性差，油水关系简单，产能较低。油气藏类型主要为断层—岩性油藏、岩性油藏，其次为构造油藏、构造—岩性油藏，扶杨油层已成为盆地主力勘探的目的层之一。

中部含油气组合（青山口组—嫩江组一段）：油气藏数量多，资源富集程度高。中部含油气组合生储盖条件配合好，为成藏提供了有利条件。从整个盆地看，中部含油气组合油气藏数量占总数的60%，储量占总量的近90%。举世闻名的大庆油田即主要由中部含油气组合的油藏构成，其中喇嘛甸、萨尔图、杏树岗油田主要由萨尔图、葡萄花和高台子油层的油藏组成，含油高度超过500m，含油面积虽然只占大庆油田总面积的68%，但地质储量却占90%以上，反映资源的较高富集程度。中部含油气组合油气藏类型以构造油藏为主，其次是构造—岩性油藏和岩性油藏。储层物性好，油气产能高。从各层含油性比较看，姚家组一段优于姚家组二段、三段和青山口组二段、三段，葡萄花油层中油藏数量多、分布范围广。

上部和浅部含油气组合（嫩江组二段—明水组）：油气藏数量较少，分布局限。并且由于受生油条件和盖层条件的限制，油气藏发现的数量少，单个油藏规模小。油藏类

型有构造油藏、岩性—构造油藏。储层物性好，油层厚度薄，产能较低。

2）油气藏平面分布特征

松辽盆地油气藏平面分布广泛。在地理位置上北自林甸、明水，南到长岭、通榆，西自富拉尔基、白城一线，东达隆盛河、对青山，均有分布，面积在 7200km^2 以上。在区域构造上主要分布于中央坳陷区，其次为西部斜坡区和东南隆起区。油气藏类型分布主要受控于区域构造面貌和沉积相带特征。主要表现在以下两个方面：

一是以中央坳陷区为主要背景，油气藏分布呈条带性。松辽盆地的区域构造面貌由于受太平洋板块活动的影响，在近东西向拉张和挤压应力作用下，构造线方向为北北东和北东向。油气藏在一级或二级构造带的控制下，也呈北北东和北东向条带状分布。每个带的油气藏具有相近的构造面貌，大致相同的油气圈闭特点和大致相似的油气藏形成过程。西部斜坡区是在区域单斜构造背景下分布岩性油藏与局部构造油藏；龙虎泡—红岗阶地在构造转折部位断裂数量多、构造发育，形成背斜油藏和岩性—断层油藏；齐家—古龙凹陷在区域向斜构造背景下，砂岩在断裂的配合下形成岩性油藏和断层—岩性油藏；大庆长垣形成背斜油气藏；三肇凹陷以岩性油藏为主，包括断层—岩性和构造—岩性油气藏；朝阳沟阶地—扶新隆起—华字井阶地以岩性—构造油气藏为主，背斜等构造对油气聚集起诱导作用，岩性影响油气富集程度；东南隆起区背斜构造对油气聚集起控制作用，为构造油藏。

二是以生油凹陷为主要背景，油气藏类型分布呈环状展布。以齐家—古龙凹陷和三肇凹陷为例，凹陷的构造面貌和沉积相带的有机结合，决定了生油凹陷及周边油气藏类型的平面分布模式。生油凹陷中心为岩性油藏分布区，向外依次为偏岩性的复合油藏、偏构造的复合油藏、构造油藏的环带状分布特点。而断层油藏的分布受断裂带制约明显，多分布在砂岩相对发育的断裂带，如敖古拉—哈拉海断裂带上就发育有一串断层油藏，类似的还有长垣东侧的断裂带也发育有断层油藏，而齐西—小庙子断裂带上则主要发育岩性油藏或偏岩性的复合油藏，因该断裂带位于齐家—古龙凹陷中部砂岩相对不发育区。纵观两区可看出，三肇凹陷中心的徐家围子、宋芳屯、永乐、肇州为岩性油藏分布内环，向外的头台、榆树林、升平为复合油藏分布中环，再向外为朝阳沟、尚家、宋站、汪家屯、大庆长垣分布外环。齐家—古龙凹陷的哈尔温、齐家南、高西、葡西等区为岩性油藏分布内环，他拉哈、新站、巴彦查干、齐家北、大庆长垣西侧为复合油藏分布中环，最外圈为英台、阿拉新、新发、大庆长垣构造油藏分布外环。

3）油气藏分布的差异性

松辽盆地除油气藏主要分布在中央坳陷区，而其他地区分布较少外，中央坳陷区相似的构造单元油气藏分布也有较大的差异性。以大庆长垣两侧的三肇凹陷和齐家—古龙凹陷为例，油气藏分布的差异性主要表现在以下几个方面：

一是油气藏的分布层位上“有深有浅”。三肇凹陷油气藏主要分布在下部含油组合扶余及杨大城子上部油层，在中部含油组合葡萄花油层也广泛含油，但萨尔图油层和上部组合黑帝庙油层仅零星见工业油气流，成藏规模小，凹陷中油藏的成藏层位相对较“深”。齐家—古龙凹陷油气藏分布层位除扶余和杨大城子油层外，中部含油组合萨尔图、葡萄花和高台子油层也普遍含油，其中上部黑帝庙油层在古龙凹陷中部也形成了工业性油气藏，凹陷中油藏的成藏层位相对较“浅”。

二是油气藏中原油的性质“有轻有重”。三肇凹陷原油密度一般在0.86～0.879g/cm^{3}之间，属正常原油；齐家—古龙凹陷原油密度一般在0.82～0.859g/cm^{3}之间，属轻质油和正常原油。

三是油气藏成藏时间“有早有晚”。区域构造发育史研究表明，盆地的东部沉积层比西部沉积层构造发育得早。东部地区的隆起及隆起与凹陷的转折带均在嫩江组沉积末期定型，四方台组及其上覆地层处于剥蚀状态，而大庆长垣以西地区构造面貌和局部构造则在嫩江组沉积时期仅有雏形，定型在四方台组及明水组沉积末期，凹陷中部和西部的部分构造在古近纪才最后完成。由于油气运移往往是伴随构造运动而致，由此推测，油藏在形成时间上是盆地东部早于西部，即油气藏形成呈现了自东向西逐次形成的规律。

2. 油气藏分布的主控因素

松辽盆地北部中浅层油气藏的分布与油气富集是多方面因素综合作用的结果，但某些关键因素决定了油气藏的某些重要特征。有效烃源岩、有利沉积相带、与油气生成同期或之前形成的反转构造带及断裂带等对大油气田的形成与分布起到了重要的控制作用。

1）有效烃源岩控制油气藏平面分布范围

松辽盆地青山口组和嫩江组一段是最主要的生油层。经研究，仅青山口组一段达到成熟的有效烃源岩厚度为70～100m，分布面积大于3.3×10^4km^2；各套烃源岩累计厚度400～800m，合计有效生烃面积可达5.2×10^4km^{2}以上。生油岩有机质类型好，以Ⅰ型、Ⅱ$_1$型为主，有机质丰度高，转化能力强，生烃强度大，根据第四次资源评价结果，松辽盆地北部总生油量为1032.55×10^8t，总排油量为687.58×10^8t，其中青山口组生油量为914×10^8t，占总生油量的88.5%。平面上中央坳陷区的齐家—古龙凹陷和三肇凹陷的生油量分别为635.3×10^8t、241×10^8t，占总生油量的84.87%，构成了两个重要的生油区，预测石油总资源量为101.47×10^8t，为盆地油气藏形成提供了丰富的资源基础。

由于陆相沉积岩性变化较大，砂岩连通性不好，油气长距离运移比较困难，故有利生油区内及其附近地区含油气最丰富。勘探实践表明，盆地生油岩主要分布在中央坳陷区，已找到的90%以上油藏和地质储量都分布在有利生油区内，反映二者的因果联系。有利生油区不仅仅要求烃源岩达到成熟，具生烃潜力，更重要的是排出烃并且达到一定强度能满足运聚损失形成油气藏。从排烃强度和油藏的分布关系看，排油强度大体上控制了坳陷层主力油层油气藏的平面分布范围。

从青山口组烃源岩排油强度与萨尔图、葡萄花、高台子油层油藏的关系看（图1-8-16），油气藏大体上分布在高排油强度范围内。排油强度两个高值区分别是齐家—古龙凹陷、三肇凹陷，排油强度最高达13.0×10^6t/km^2，举世闻名的大庆油田就在这两个排油强度高值区的包围之下。在无排油区域内有少量油藏存在，如西部斜坡区的富拉尔基油田、江桥油田、平洋油气田、敖古拉油气田、朝阳沟油田等。这些油田的原油也来自中央坳陷区的生油岩，由于存在长距离的运移通道，在远离生油区或在排油强度较低的地区形成了油藏。

从青山口组青一段烃源岩排油强度与扶余、杨大城子油层油藏的关系看（图1-8-17），

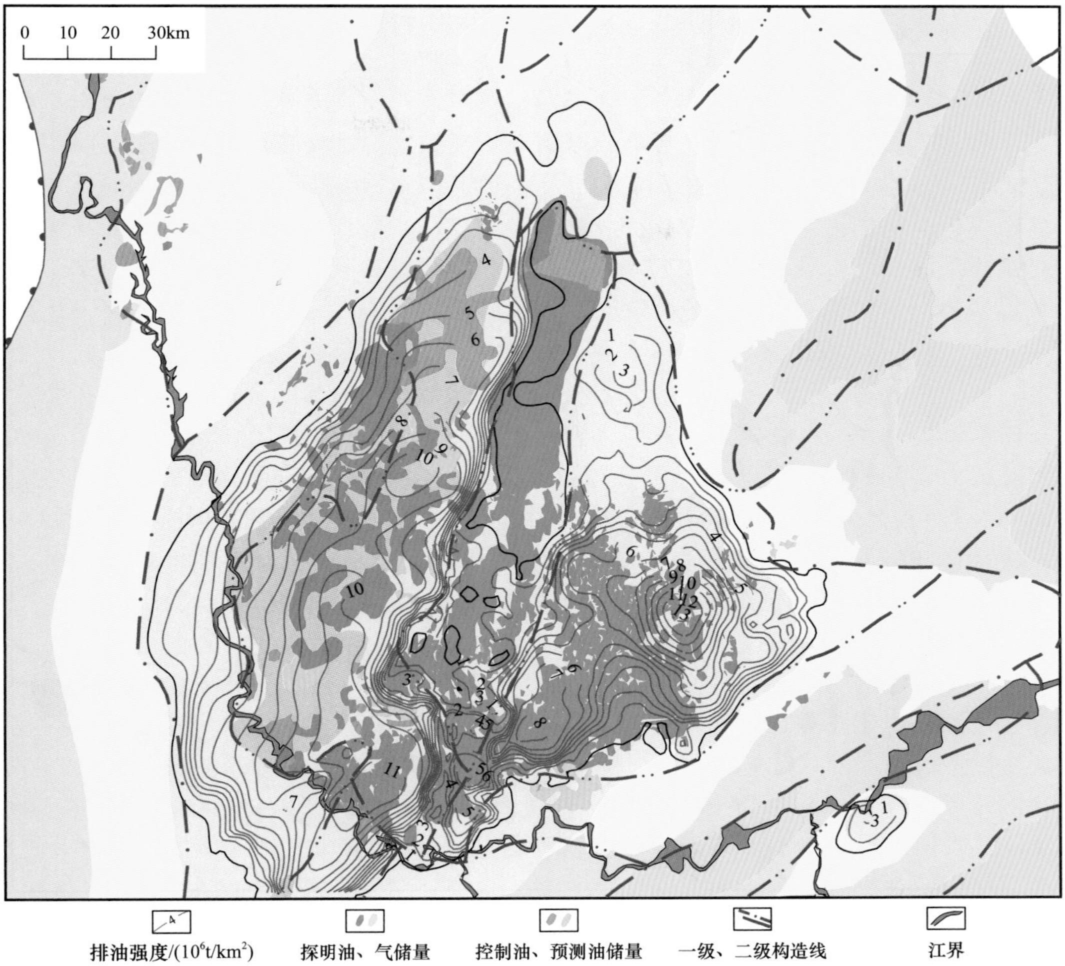

图 1-8-16　松辽盆地北部青山口组烃源岩排油强度与萨、葡、高油层含油面积叠合图

排油强度控制着扶余和杨大城子油层油藏的分布范围。油源对比证实，扶余、杨大城子油层的原油来自青一段生油岩，二者具有亲缘关系，烃源岩排油强度大于 2.0×10^6t/km^2 的区域主要包括齐家—古龙凹陷和三肇凹陷，排烃强度最大值分别为 5.0×10^6t/km^2、4.5×10^6t/km^2，目前扶余、杨大城子油层发现的油藏主要分布在这两个地区。部分油田超出范围，显示为油气成藏过程中发生侧向运移的结果，但运移的距离一般不大，如龙虎泡油田、朝阳沟油田、榆树林油田等，油藏部分在区域内、部分在区域外。

2）沉积相带控制不同油藏类型带

松辽盆地坳陷层两次大的湖泛期间形成的低位和水进体系域沉积，为油气成藏提供了储集空间。如葡萄花油层所在的姚家组一段沉积期，盆地基准面旋回处于低位体系域演化阶段，此时以河流为主体的三角洲沉积发育，其中盆地北部沿盆地长轴方向从克山→杏树岗→敖南发育了大型浅水湖盆三角洲沉积体系。该时期地形平缓，由于受构造运动、气候变化、沉积物供给等因素的影响，湖岸线变化迅速、频繁，且幅度较大，季节性或小周期性的岸线变迁可达 20～30km 以上，不同地质阶段湖面可大到超过 10×10^4km^2，也可小至不足 1×10^4km^2。正是这种具有特色的三角洲沉积背景，发育了

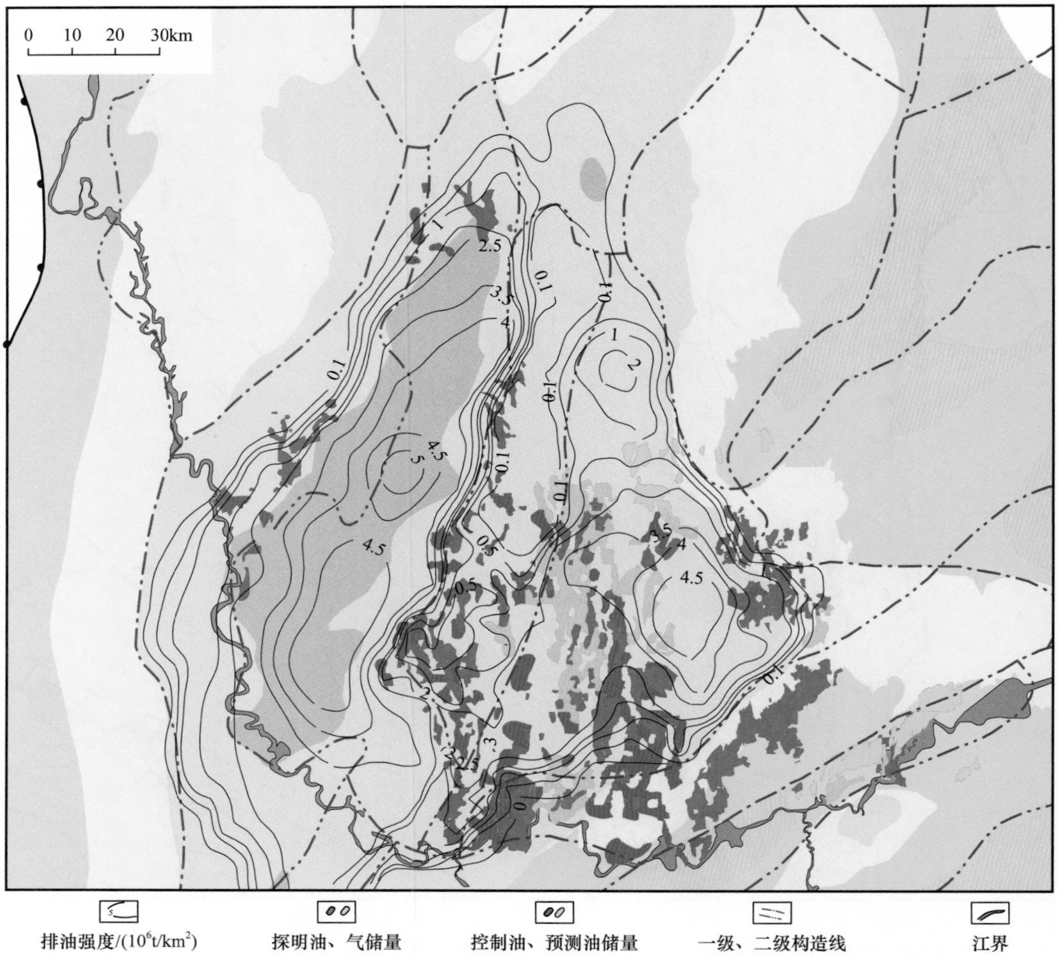

图 1-8-17　松辽盆地北部青一段烃源岩排油强度与扶杨油层含油面积叠合图

不同类型沉积砂体，控制了不同类型油气藏的形成。

（1）三角洲沉积体系不同沉积相带砂体形成不同的油气藏类型。

三角洲沉积体系主要包括泛滥平原、分流平原、三角洲前缘和前三角洲沉积。根据油田开发井的验证，在这些沉积相带中发育的砂岩展布形态、分布范围、侧向连通性及其对油气藏类型的影响等均呈规律性变化（表 1-8-5）。

表 1-8-5　三角洲沉积体系砂岩特征表

沉积相带	砂体形态	砂地比 / %	砂岩层数	单层厚度 / m	粒度中值 / mm	孔隙度 / %	渗透率 / mD
泛滥平原	块状	60～80	3～6	4～9	＞0.15	＞24	＞250
分流平原	不规则板状	40～60	1～18	3～7	0.13～0.15	21～24	60～250
三角洲内前缘	薄互层状	20～40	2～13	1.5～6	0.10～0.13	18～21	10～60
三角洲外前缘、前三角洲	透镜状、席状（局部层状）	＜20	1～9	＜2	＜0.10	＜18	＜10

块状—板状砂岩厚度大，横向连通性好，往往需要构造匹配形成构造油气藏；板状—席状砂岩规模小，横向连通性差，往往与构造配合形成复合油气藏；席状—透镜状砂岩横向连通性较差，一般形成岩性油气藏。区域上不同相带发育的砂体与构造相配合，形成不同类型的油气藏。构造按其大小划分为大型背斜、中小型背斜及断层和小幅度构造及小断层三种，勘探结果表明，松辽盆地中部含油组合有如下配置关系、油藏类型和油藏实例（表 1–8–6）。

表 1–8–6　砂岩带与构造配制关系及油气藏类型表

砂体形态	砂地比 / %	配置关系	构造	油气藏类型	实例
块状	60～80		大型背斜	大型块状构造油气藏	喇萨杏油田
				大型层状构造油气藏	葡萄花油田
不规则板状	40～60		中小型背斜、断层	中小型构造油气藏	龙虎泡油田
				断层油气藏	新店油气田
薄互层状	20～40		小幅度构造、小断层	岩性—构造油气藏	宋站屯油田
				构造—岩性油气藏	徐家围子油田
席状、透镜状（局部层状）	<20		不明显	岩性油气藏	永乐、肇州、敖南油田

（2）沉积相带总体上围绕湖泊呈环带状展布，形成了油藏类型也呈带状分布的格局。

以松辽盆地北部葡萄花油层为例，姚家组一段沉积时期主要受北部和西部物源的控制，来自盆地北部的河流流程长，流域面积大，为主控水系，形成了大面积分布的扇形低位三角洲复合体，与西部英台物源方向的三角洲沉积体配合，形成环带状的相分布格局。从整体上看，榆树林北—升平—大庆长垣北部和嫩江以西地区为块状或板状曲流河砂体；昌五—大庆长垣中部等地区主要发育不规则板状网状河砂体，呈错叠条带状分布；大庆长垣南部、他拉哈、葡西、徐家围子南部等地区主要发育三角洲内前缘相河口坝砂体；在丰乐—肇州—永乐—头台和英台东、大安等地区发育三角洲外前缘相席状砂体，向南逐渐减薄并尖灭，相变为前三角洲—浅湖相泥质岩。沿沉积相带发育了构造、复合、岩性等不同类型油气藏带（图 1–8–18）。

构造油气藏带：该带内储层形成于泛滥平原相和分流平原相，储层砂地比一般大于40%。砂体形态呈块状或不规则板状，单层厚度一般为 3～7m，宽度为几百米至几千米。砂岩孔隙度一般大于 21%，渗透率大于 60mD。这种类型的砂体在平面上和纵向上互相叠置，连通性较好，往往需要与构造匹配形成油气藏。典型的油气田有大庆长垣上的喇嘛甸、萨尔图和杏树岗油田。这种类型的油藏具有统一的油水界面和统一的压力系统，一般无水夹层。

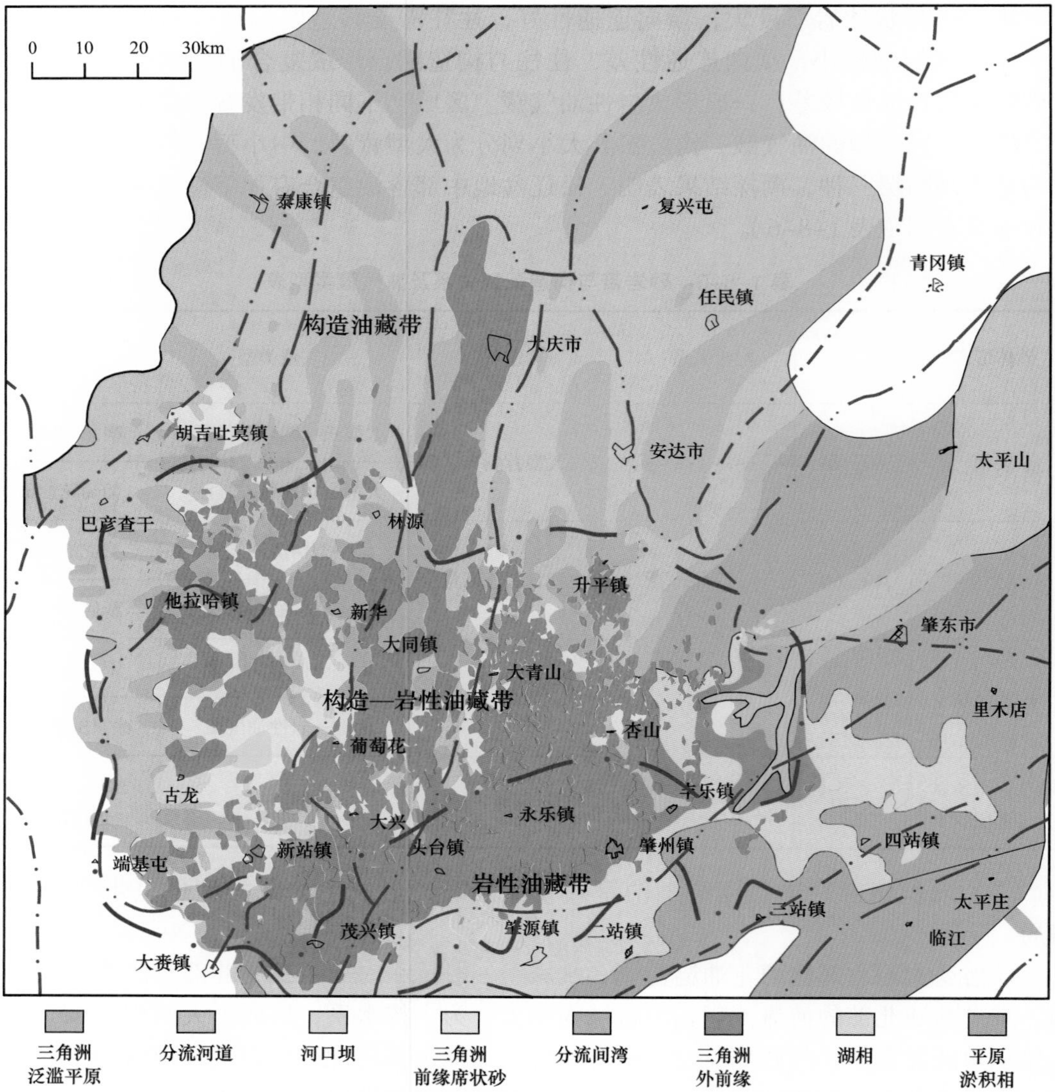

图 1-8-18 松辽盆地北部葡萄花油层沉积相带不同类型油气藏分布图

复合油气藏带：该带内储层主要形成于分流平原相和三角洲内前缘相，储层砂地比在 20%～40% 之间。砂体一般呈条带状，宽度几十米至几百米，单层厚度一般为 3～6m。砂岩孔隙度一般为 21%～18%，渗透率为 6～10mD。这类砂体的横向连通性相对变差，一般与断层或有一定构造背景形成复合油气藏。最常见的油气藏类型是断层—岩性或岩性—断层油藏，一般分布在凹陷周边的构造转折部位。这种类型油气藏是松辽盆地中浅层发育最多的油气藏类型，油藏中油水关系复杂，无统一油水界面。

岩性油气藏带：该带内储层主要形成于三角洲外前缘相、前三角洲相，储层砂地比小于 20%。砂体类型包括透镜状砂岩和席状砂岩。透镜状砂岩一般与河口坝沉积有关，由于湖水的冲刷和簸箕作用，砂岩的分选、磨圆都较好，单层厚度一般在 2m 左右，呈透镜状向湖及两侧迅速变薄。席状砂以粉砂岩为主，湖浪、岸流作用对已沉积的水下分流河道、河口坝进行破坏，在分流河道间沉积而成，砂体单层厚度一般为 1～2m。储层孔隙度一般小于 18%，渗透率小于 10mD。由于砂岩相对不发育，且物性较差，横向连通性不好，主要形成岩性油藏。这种类型的油气藏属异常高压油藏，压力系数可达 1.4（如敖南地区），单井产能较高，基本上无水层发育，往往能形成大面积连片的岩性油藏区，如敖南、永乐和肇州等油田。

3）反转构造带是油气聚集的有利区带

松辽盆地构造反转表现为三种类型，其一为断陷边界正断层重新逆向活动，构成断裂反转；其二是在深层断裂不发育或向上没有延伸到浅层的地方，主要表现为褶皱反转；其三是上述两种情况的混合。松辽盆地中浅层反转构造是多期反转叠加作用的结果。盆地构造反转发生于嫩江组沉积末期，全胜于白垩纪末期，萎缩于古近纪，构造圈闭的最后定型期，与油气生成、聚集条件的匹配有很密切的联系，反转构造构成大型油气田的重要油气藏。

（1）坳陷层经历了三期构造反转期，构造反转作用为油气成藏提供了圈闭条件。

受基底断裂多次活动的影响，嫩江组沉积末期，盆地开始收缩并发生小规模反转。在北北西—南南东向的区域挤压作用下，孙吴—双辽断裂发生左行走滑，断裂系以东派生压扭应力场形成了一定幅度的右行排列的北东向褶皱，如任民镇、朝阳沟和长春岭等构造是在此期形成雏形。黑鱼泡—头台断裂的右行扭动在中浅层盖层中形成一排左行排列的扭动构造——喇嘛甸、萨尔图和杏树岗等，形成了大庆长垣的雏形。

四方台组和明水组沉积时期，盆地再度沉降，此时坳陷中心在齐家—古龙凹陷和长岭凹陷。明水组沉积末期，由于太平洋板块的俯冲，区域挤压应力变为南东东—北西西向，这次是盆地内最强的一次挤压性构造扭动，大多数北北东向、北东向和近南北的断陷期控陷基底断裂开始反转，中央坳陷区和东部隆起区形成了大量正反转构造，尤其嫩江组沉积末期形成的小幅度反转构造重新激活，反转加剧。长春岭地区沿莺山断裂形成长春岭背斜带。这次构造运动决定了中浅层构造格局。东部隆起区大幅度抬升剥蚀，大部分构造在此期定型。这一时期也是盆地最重要的油气运移期和聚集期。

古近纪依安组沉积时期，盆地西北部有小幅度沉陷，依安组分布局限。古近纪末期，松辽盆地又受到一次近南北向或南南东—北北西向的区域挤压。东部隆起区和三肇凹陷边缘的北东—北东东向背斜褶皱进一步加强。北北东向断裂带发生左行走滑，夹在两条北北东向断裂带之间的齐家—古龙凹陷、长岭凹陷和大庆长垣、龙虎泡—大安阶地上发育了大量北西向张扭性断层，并在大庆长垣西侧和齐家—古龙凹陷内发育了一排北东东向鼻状扭动构造。大庆长垣也在这一时期得到进一步加强而最终定型。

在多期构造反转作用下，松辽盆地反转构造带自东南向西北呈雁行状展布，分别为哈尔滨—犁树反转带、青岗—安达反转带、克山—大庆—乾安反转带、龙虎泡—红岗反转带（图 1-8-19）。反转构造走向均为北东向或北北东向，反转强度自东南向西北方向衰减。盆地东南区构造反转强烈，自哈尔滨至长春南，依次形成朝阳沟—长春岭复式背斜、登娄库—伏龙泉背斜带、青山口—农安—杨大城子背斜带。东北隆起区北安附近有北东轴向的褶皱，其南部的北东走向绥棱背斜带为大型盖层滑脱褶皱，幅度虽较小，但波长较大，绥化断陷中央次级断裂形成的正反转构造比绥棱背斜变形强烈。大庆—乾安反转带的变形弱于盆地东部反转带，比较而言，大庆背斜带的变形幅度较大，据松 I 剖面平衡正演模拟，嫩江组底（T_1）、青山口组底（T_2）、泉头组底（T_3）的背斜幅度分别

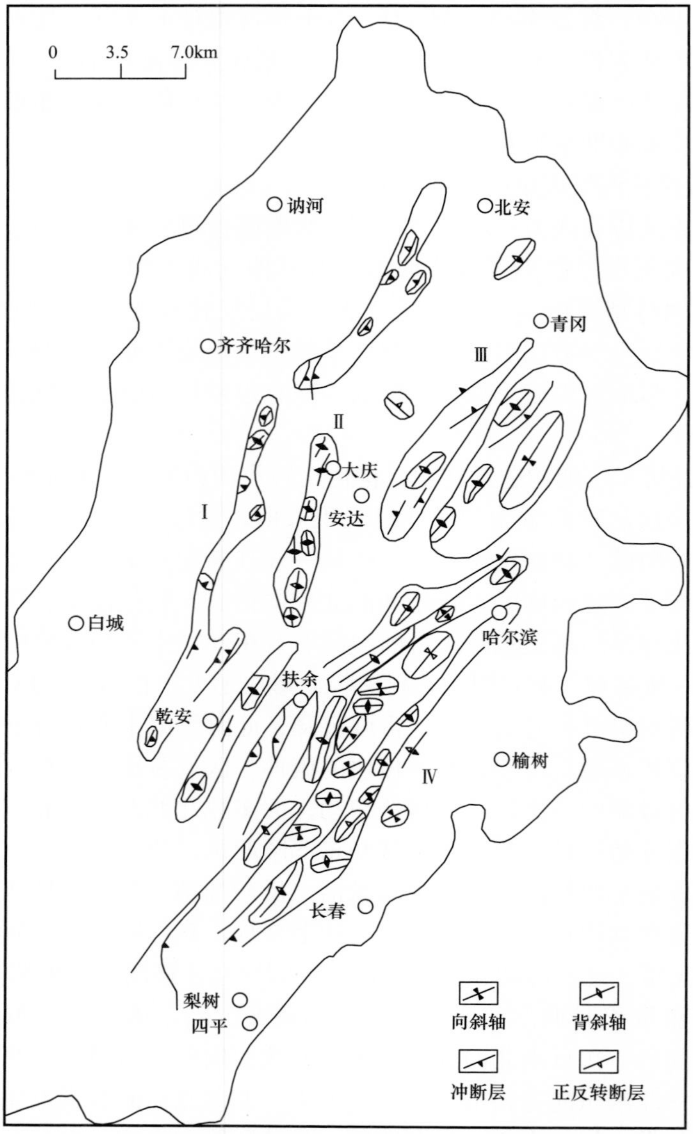

图 1-8-19　松辽盆地反转构造展布图

Ⅰ—龙虎泡—红岗背斜带；Ⅱ—克山—大庆—乾安反转带；Ⅲ—青岗—安达背斜带；Ⅳ—哈尔滨—梨树背斜带

为 930m、770m 和 644m。盆地西部的构造反转最弱，褶皱幅度很小，且背斜零星分布，为北北东—北东轴向的短轴背斜。

反转构造的发育特征与盆地油气藏的类型分布特征相吻合。大庆长垣及以东地区构造圈闭发育，油气藏类型以构造油气藏为主，如大庆长垣背斜带、长春岭背斜带、朝阳沟背斜带等；大庆长垣以西地区，构造反转量不大，以岩性—构造、构造—岩性复合油气藏为主，其中盆地西部斜坡区受反转构造作用影响较小，目前发现的油气藏数量少、规模小。

（2）反转构造对油气富集有重要的影响。

这种影响主要表现在以下三个方面：一是反转构造形成时间与烃源岩大规模生排烃

时间匹配良好，有利于油气的聚集。松辽盆地的构造反转始于嫩江组沉积末期，而在白垩纪末期—始新世初期反转幅度达到最大，古近纪末期最终定型。圈闭形成雏形的时间与油气初次运移时间一致，圈闭幅度最大的时间与油气大规模排烃和运移的时间一致，这种优良的匹配关系以大庆长垣为典型代表，表现为“五期同步演化”。二是反转构造带是油气运移的指向区和聚集区。盆地内部的隆起带具有低势特点，周边烃源岩生排出的油气在浮力作用下自坳陷向隆起带，自下部向上部，自高势区向低势区运移。松辽盆地的所有圈闭基本上均定型于松辽盆地的构造反转期。由于构造反转作用导致圈闭与有利烃源岩区势能差快速增大，促使油气大规模从烃源岩向砂体快速充注，并向构造高部位运聚。三是由于构造反转使储层埋深变浅，储层得以保存大量的孔隙空间；同时反转构造作用使地层拱张，产生了许多裂缝，改善了储集性能，为油气富集提供了场所。

4）断裂对油气运聚成藏具有重要的控制作用

松辽盆地断裂发育，在坳陷层中有小林克—哈拉海、大庆长垣西侧、明水—头台—孤店、任民镇—榆树林—肇州、肇东—莺山等较大断裂带，这些断裂带一般均是砂岩发育带，也是断裂所产生的断裂构造带，对油气运聚成藏有重要影响。

（1）断裂及断裂坡折带对盆地沉积体系和油气成藏的影响。

盆地内深大断裂控制盖层断裂带的形成，如 T_1、T_2 断裂带沿深大断裂形成一系列断裂密集带。这些断裂带相当于盖层的破裂带，易于受侵蚀形成河道，通常地堑带对分流平原的分流河道摆动具有控制作用。头台油田利用开发井资料对扶余油层的旋回性及砂体发育规模研究发现，分流河道展布受 T_2 断裂形成的地堑带控制，河道砂体平面上与断裂带重叠，走向上一致（图 1-8-20），油气富集范围或开发井主要分布于上述区域。

坳陷周边深大断裂的长期活动可以形成构造坡折带，构造坡折带存在许多油气成藏有利条件，一是断裂坡折带是砂岩厚度和砂岩层数的加厚带，沿坡折带走向的碎屑体系供给部位可找到加厚的储集砂岩体；二是断裂坡折带多位于油气运移的上倾方向，同沉积断裂是重要的油气运移通道，同时由于这些断裂生长系数大，容易造成侧向岩性封堵，形成有利的断层圈闭；三是断裂坡折带上除断块圈闭发育外，同沉积断裂活动和砂体发育还有利于滚动背斜的形成；四是盆地构造反转作用中，构造坡折带是应力易于集中的部位，形成构造反转背斜或反转强化先存滚动背斜圈闭。如齐家—古龙凹陷西部敖古拉—小林克断裂带，长期发育，具有同生断层的特点，在断裂带附近往往形成古沉降带，相应地形成古河流经常流过的摆动带和砂岩发育带，断裂带附近又是滚动背斜和断块圈闭的发育部位，因而沿着断裂带形成了油气聚集带。

（2）断裂作为运移通道在油气成藏中的作用。

断裂作为油气运聚输导系统的重要组成部分，在油气成藏中的作用主要有两个方面：一是沟通烃源岩和储层，二是沟通储层内互不连通的砂体，使油气在输导层中运移并在有利的圈闭部位富集、成藏。松辽盆地坳陷层烃源层与储层的接触关系、储层的展布情况、成藏运移过程等综合研究表明，储层一般均需要断裂与烃源岩沟通才能成藏，对于砂岩横向连通性较差的储层（如扶余、杨大城子油层）或砂岩不发育的部分相区（如三肇地区葡萄花油层），断层与砂体配合构成空间连通网络对油气富集成藏也起到了重要作用（图 1-8-21）。

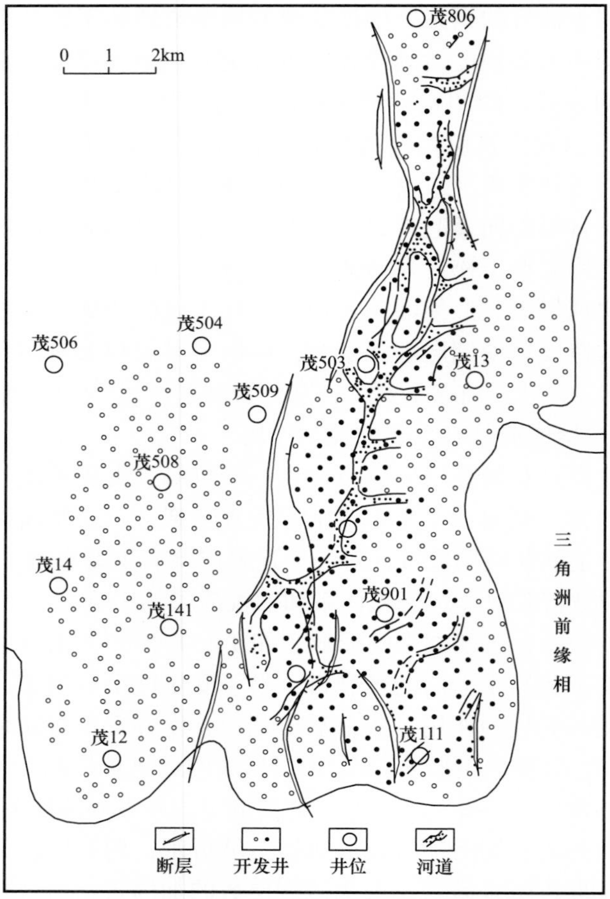

图 1-8-20 头台油田 FⅡ5 上层分流河道与 T_2 层断层关系图

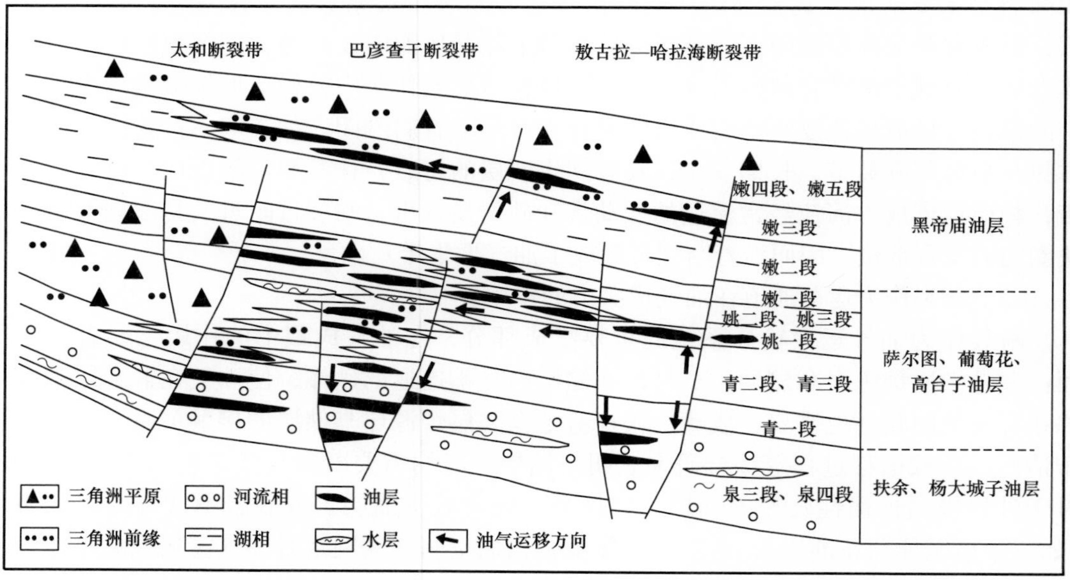

图 1-8-21 断层在中浅层成藏系统中的作用

以三肇凹陷扶余、杨大城子油层为例，大量发育的 T_2 断裂是油气向下运移的通道。构造发育史研究表明，青山口组沉积时期的盆地伸展作用，导致北东和北西向两组基底断裂带继承性活动，形成了大量断开青一段烃源岩和扶余、杨大城子油层储层的 T_2 层断层，构成网格状断层发育密集带。据不完全统计，三肇地区 T_2 层断层有 4230 条，主要为近南北向走向，均为正断层，一般断距为 20～60m，最大为 150m。断层长度为 2～5km，最长达 25km。在东西方向测线上 T_2 层断层的发育密度为 0.5～1.8 条 /km，断层发育密集带上断层的发育密度为 1.0～1.8 条 /km。在嫩江组沉积末期、明水组沉积末期和古近纪末期构造反转期，大部分 T_2 层断层都曾开启复活；同时青一段泥岩在明水组沉积末期—古近纪早期达到生烃、排烃高峰，烃源层地层超压在明水组沉积末期达到高峰值（约 25MPa）。明水组沉积末期 T_2 层断裂复活开启与青一段泥岩大量生烃、排烃和地层超压高峰期的有机配合，使之成为油气向下排泄、垂向运移的良好通道，构成了青一段泥岩“注入式”的油气向下运移模式。

同时，T_2 断裂也是油气在透镜砂体之间侧向运移的“桥梁”。扶余、杨大城子油层短条带状和透镜状河道砂体宽度一般不超过 1000m，仅在砂体中油气横向运移距离不大，有利于形成岩性油气藏。而在有断层连通的砂体之间，尤其是断层与砂岩发育带匹配较好的构造斜坡部位，垂向运移来的油气沿断层向构造上倾方向侧向运移，在深度相近、层位更低的砂体中聚集，使生油岩下面的含油高度增大。如榆树林油田位于三肇凹陷东北尚家鼻状构造的前缘陡坡带，断层、砂体、构造有机地配合，形成了距青一段泥岩底有近 500m 的油柱高度。

（3）中小断距的断层对遮挡封闭油气的作用。

通过升平、汪家屯、宋站和榆树林等地区的油气藏剖面分析，在相对高部位的 Y 字或反 Y 字形断层组合地段，往往具有较好的油气聚集，究其原因可能是 Y 字形的主断层一般较大，是自下而上的气源或自上而下的油源的主要通道，其派生的断裂一般断距较小，断穿层位亦少，它在油气藏形成过程中只起封闭作用。如升平地区葡萄花油层升 32 井区，尚家油田葡萄花油层、扶杨油层以及宋站和羊草气田均是小断层遮挡油气藏。因此，Y 字形或反 Y 字形断裂两侧的地垒是最有利的油气聚集部位。

（4）断裂的展布特征与油气藏分布的依存关系。

断裂对油气运聚成藏起重要的控制作用，断裂影响沉积体系，断裂为油气运移提供通道，断裂为油气聚集成藏提供遮挡条件，因此断裂的展布特征与油气藏分布有密切的关系。以三肇凹陷扶杨油层以例，统计 T_2 层断层的长度、密度和垂直落差三项指标发现，断层的平面展布情况与油气藏分布关系密切。在扶余、杨大城子油气藏与断层长度关系上，来源于深层的气田分布在断层延伸长度大于 7km 范围内，来源于中部组合的油田分布在断层延伸长度 4～7km 范围内。在扶余、杨大城子油气藏与断层密度关系上，油气藏并不分布在密度最高值区，而是分布在中值区，即分布在每 6.25km^2 有 2～4 条断层的地区，说明在三肇凹陷油气藏形成中，断层是必不可少的条件，但断层密度太大，可能对油气藏起破坏作用，例如长春岭地区。在扶余、杨大城子油气藏与断层垂直落差关系上，升平—汪家屯气田区与垂直落差大于 50m 的北东向断层有关，榆树林油田和朝阳沟油田区与垂直落差小于 50m 的北西向断层有关，反映来源于深层的气田与大断层关系较密切。

3. 有利油气聚集带及主要地质特征

由于生储盖组合成藏因素的差异形成了不同的油气聚集带，这些油气聚集带受相似地区因素控制有规律的分布。根据油气成藏条件和成藏特征分析，松辽盆地北部以中央坳陷为主的含油区可划分为 12 个有利含油气带（图 1–8–22）。这些含油气带形成的共性特征是：高生油强度的坳陷是含油气带形成的基础；良好的各类圈闭是含油气带形成的重要条件；圈闭与生油坳陷的生、排、运、聚时空配置是含油气带形成的关键。另外，这些含油气带由于构造发育历史和发育程度不同，烃源岩的生烃、排烃强度或距主力烃源岩区的距离不同等，各含油气带油气的聚集程度和分布特征各异，大体上可以归纳为五类，主要包括：有利生油区间的正向构造含油气带；有利生油区边部的正向构造含油气带；有利生油区内的复合圈闭含油气带；有利生油区内的岩性圈闭含油气带；有利生油区外的大型缓坡区复合圈闭含油气带。各类含油气带具有不同的油气成藏条件和分布规律。

1）有利生油区间的正向构造带是块状背斜型大油田油气聚集带

松辽盆地大庆长垣正向构造南北长约 145km，东西宽为 20～40km，总体呈北北东向展布，具有北窄南宽的特点，按嫩江组底面构造，由 7 个背斜组成，以萨尔图构造高点海拔最高，依次为葡萄花、杏树岗、喇嘛甸、敖包塔和太平屯构造，最低的是高台子构造。–1050m 构造等高线把各局部构造统一圈闭起来，闭合面积达 2500km^2。这个大型构造带夹持于齐家—古龙凹陷与三肇凹陷之间，为典型的“坳中隆”，其独特的地质条件使其成为目前世界上陆相沉积盆地中所发现的最大油田。

（1）夹持在两个主要生油凹陷中间，油源充足。

生油岩研究表明，大庆长垣及其周围生油凹陷的生油岩厚度大、体积大、生油母质类型好，且烃产率高。单位生油岩的最大生烃潜量为 17.9kg/t，仅青一段的生油量即可达 200×10^8t 以上，且排烃效率也非常高。大庆长垣周围生油岩体的最高排烃系数在 60% 左右，其中以长垣西侧葡萄花油层（起输导作用）分布区和长垣南部地区排烃状况最好（表 1–8–7），从而保证了大油田形成的良好供油条件。

表 1–8–7　大庆长垣及其周围岩体排烃系数比较表

地区	长垣西侧			长垣		长垣东侧	
距长垣距离 /km	2	10	30	杏树岗	葡萄花	10	35
排烃系数 /%	59.5	34.2	15.4	52.1	62.1	50.0	3.0

（2）大庆长垣构造与大型河流三角洲砂体叠置，形成大规模的储油气空间。

松辽盆地青山口组二段、三段和姚家组沉积时期，顺长轴发育的北部河流在入湖处形成了巨大的三角洲复合砂岩体，砂体总厚度可达 500～600m，由分流河道砂、河口沙坝砂、席状砂、滨浅湖透镜状砂组成。砂岩体主发育区恰为大庆长垣的主体，即大庆长垣构造与大型复合三角洲砂体相叠置。构造带北部河道发育时间长，横向摆动不大，砂岩厚度较大，构造带南部砂岩展布面积大，厚度变薄。构造带西侧，由于齐家—古龙凹陷沉降和沉积速度大，砂岩分布相对集中。构造带东侧，三肇凹陷沉积速度小，岸线变迁迅速，砂岩散布面积大，厚度薄。一般砂岩急剧增厚与背斜构造陡窄相对应，砂岩均

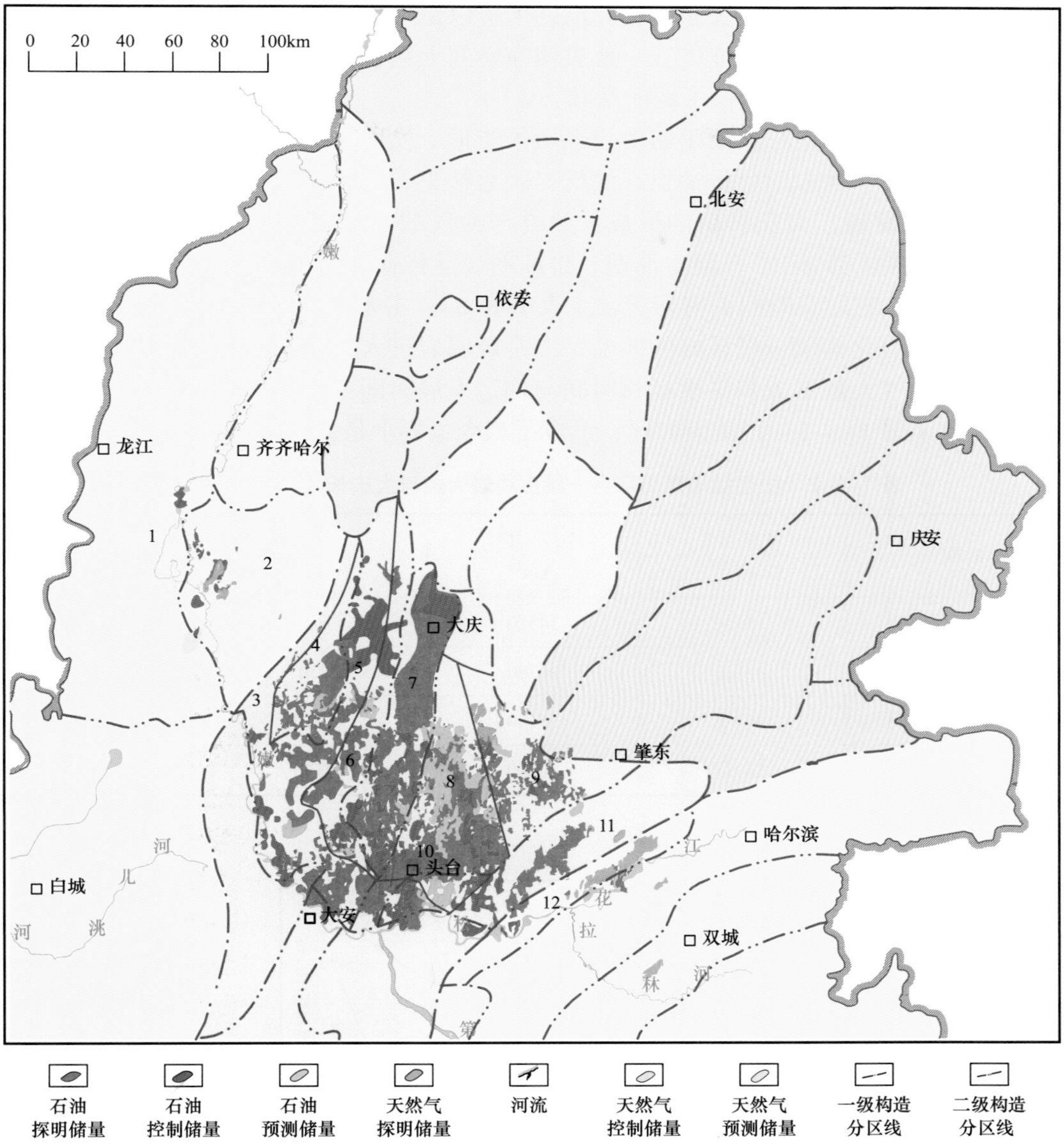

图 1-8-22　松辽盆地北部含油气带分布图

1—西部超覆带地层—岩性油藏含油气带；2—泰康构造—岩性油藏含油气带；3—敖古拉构造油藏含油气带；4—龙西构造—岩性油藏含油气带；5—齐家—古龙岩性油藏含油气带；6—大庆长垣西侧构造—岩性油藏含油气带；7—大庆长垣构造油藏含油气带；8—宋芳屯—肇州岩性油藏含油气带；9—升平—榆树林岩性油藏含油气带；10—肇源构造—岩性油藏含油气带；11—朝阳沟构造油藏含油气带；12—长春岭构造油藏含油气带

一分布与背斜构造宽缓相匹配。二者的有机配合为含油气带的发育提供了巨大的储集空间。

（3）大庆长垣空间上的“五体匹配”和时间上的“五期同步”演化是大油田形成的关键。

大庆长垣南部姚家组二段、三段和青山口组二段、三段相变为黑色泥岩，在两侧伸入凹陷生油岩体中，储层与生油岩体紧密连接，使生油层和储层呈楔状或犬牙接触，形成了底生式和侧生式的生储关系，在储层之上覆以嫩一段区域泥岩盖层，使生油体、输油体、储油体、圈闭体和盖油体五个地质体在空间上组合为一体，形成“五体匹配”的格局，为含油气带的形成提供了地质基础。

从时间上看，大庆长垣圈闭的形成经历了雏形、发展、定型三个阶段。通过定性与定量相结合，对生油岩的生排油史、油气二次运移史、油气聚集史与大庆长垣构造生长史的关系研究发现，大庆长垣的形成，始终与油气的生成、排出、运移和聚集紧密配合，形成“五期同步演化”，即生油期、排油期、运移期（二次运移）、聚集期和构造生长期同步发展，它们在时间上密切配合（表 1-8-8），主要表现在：一是生油期与排油期相一致，同步演化构成排烃最好的匹配；二是烃源岩进入生油门限时间与构造雏形形成时间一致，油气大量形成和二次运移时间与构造发展时间一致，油气聚集时间与构造定型时间一致（图 1-8-23），正因如此，形成了当今世界上最大的陆相油田。

表 1-8-8　松辽盆地青山口组一段生油岩生烃与大庆长垣构造生长数据

时期	生烃量 / 10^8t	生烃面积 / km^2	闭合面积 / km^2	闭合高度 / m
嫩江组沉积末期	131.4	14570	650	66
明水组沉积末期	351.3	26780	930	196
依安组沉积末期	464.2	33140	1410	296
现今	559.0	39600	2550	421

注：闭合高度为葡萄花油田资料。

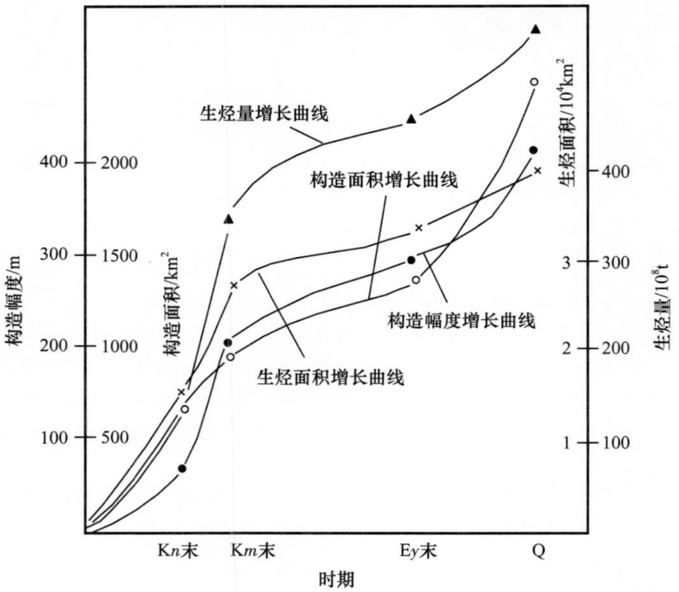

图 1-8-23　松辽盆地青一段烃源岩生油史与大庆长垣构造生成史同步发展关系图

（4）局部构造和沉积条件的差异，使大庆长垣南北油藏特征不同。

大庆油田的油藏特征，总的是二级构造带控制整体含油，但由于局部沉积和构造条件的差异，造成大庆长垣南北部油气富集程度和油藏类型的不同。

大庆长垣北部姚家组和青山口组二段、三段处于大型复合三角洲主体部位，砂岩发育，在长达300m至500m以上的井段内主要由厚层砂岩和薄层泥岩交互组成，成为一个连通块体，在喇嘛甸、萨尔图、杏树岗形成块状背斜油气藏，在构造范围内含油气程度受构造高度控制，具有统一的油气界面和油水界面，从上而下依次分布纯油段（有时见气顶）、稠油段、油水过渡段和含水段。在纯油段中没有夹层水，整个油田压力系统一致。油藏的含油面积大，含油高度大，构成了大庆油田储量最丰富的部分。

大庆长垣南部构造条件与北部差别不大，但砂岩只分布在葡萄花油层的40～60m井段内，单层厚度1～3m，累计厚度约10m，并且断层发育，油水关系复杂，每个断块有各自的油水界面，相邻之间断块油水界面不同，形成断块复杂化的层状背斜油藏。此外，由于砂岩厚度变化大，局部地区形成岩性或构造—岩性复合油藏，在剖面上表现为油水层间互。

大庆长垣除了主力萨尔图、葡萄花和高台子油层外，其上黑帝庙油层发育浅层次生油气藏，其下扶余油层发育岩性油藏（图1-8-24）。

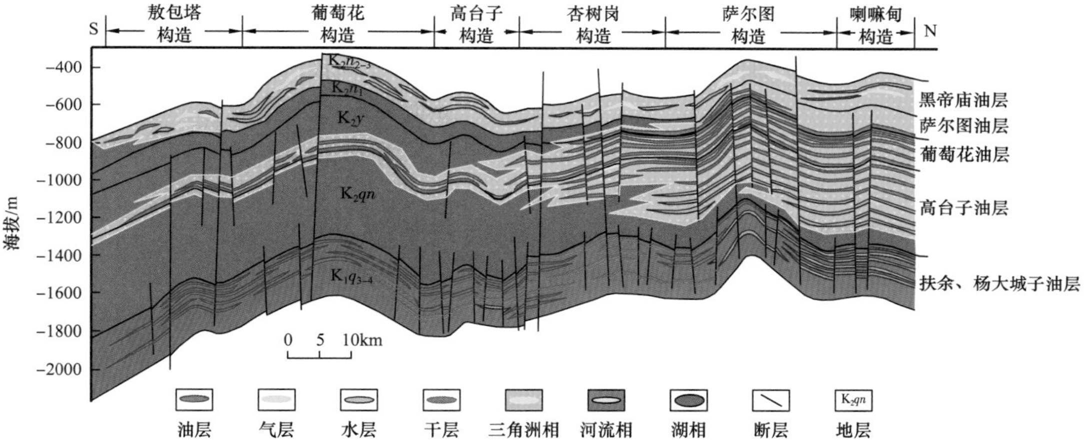

图1-8-24 大庆长垣黑帝庙—扶余油层剖面模式图（南北向）

大庆油田的断层一般切过了主要含油、气层，向上延伸切过了嫩江组一段、二段生油层和盖层。由于断层的通道作用，油气可以向上再运移，储集于嫩二段顶部、嫩三段—嫩五段，形成次生油气藏。黑帝庙油层砂岩较发育且埋藏浅，储层物性较好，决定了黑帝庙油层天然气主要受构造圈闭控制。根据盖层条件不同又分为两种情况：有嫩三段泥岩作为稳定的盖层时，嫩二段顶部的砂岩含气层位亦较稳定。嫩三段以上由于没有较厚而稳定的泥岩盖层，砂岩多数呈透镜状，连通性较差，含油气层位不稳定，油气水分异也不好，油、气、水分布复杂，形成油层、气层或油水同层、气水同层。现已发现的浅层气藏平面上主要分布在葡南、敖南、杏树岗、萨尔图、喇嘛甸地区的构造高部位。浅层气具有生物气和伴生气两种成因类型。长垣南部的敖南地区为烃源岩菌解生物气，葡南地区为原油菌解生物气，均混合少量油型气，气源来自嫩二段低成熟烃源岩和嫩一段成熟烃源岩。长垣北部的杏树岗、萨尔图、喇嘛甸地区为油型伴生气，气源来自下伏萨尔图、葡萄花、高台子油层油藏。由于北部相比南部构造圈闭规模大、生气条件好，气源充足，因此气藏规模也较大。

大庆长垣油田之下的扶余油层油源主要也是来源于两侧的凹陷，长垣南部青山口组烃源岩也已成熟，可在超压作用下向下运移至扶余油层，受有效供烃区的控制，含油性具有西好东差、南好北差的特点。长垣扶余油层物源来自北部和南部，在中部高台子地区两大物源交会，发育曲流河、网状河及分流河道砂体，成为有利的储层，但由于河道砂体单层厚度小，横向摆动快，油气难以沿扶余油层作长距离的侧向运移，T_2层发育的一系列具张扭性质的北西向断裂带与砂体构成了输导体系，大庆长垣在反转期大规模抬升，势必成为齐家—古龙凹陷和三肇凹陷油气运移的有利指向区，在运移路径上北西向反向断层又起到良好的遮挡作用，易在其下盘富集成藏。在油源、构造、断裂和河道砂体等要素的匹配关系控制下，形成长垣扶余油层大面积的岩性油藏区，成为油田以外最重要的勘探层系（张革等，2014）。

2）有利生油区边部的正向构造带是层状背斜型大油田油气聚集带

这类含油气带以敖古拉构造油藏含油气带和朝阳沟构造油藏含油气带为代表，其成藏主控因素是长期发育的构造与砂体发育带配合，使油气田由烃源岩区向构造带作定向运移并聚集成藏。以朝阳沟构造油藏含油气带为例，该含油气带位于盆地中央坳陷朝阳沟阶地，朝阳沟油田由朝阳沟背斜、翻身屯背斜、薄荷台鼻状构造、大榆树鼻状构造 4 个三级正向构造组成。整个构造北东高、南西低，北西翼陡而南东翼缓，全长约 50km，宽 5～20km。油气勘探实践表明，这个含油气带是层状背斜型油田的有利勘探区，油气成藏的石油地质条件有以下几方面特点。

（1）含油气带邻近有利生油区，在流体势作用下油气定向充注成藏。

朝阳沟构造位于三肇凹陷有利生油区的南端，由于含油气带处于隆起部位，含油气层（扶余、杨大城子油层）埋深浅，一般小于 1000m，其上覆青山口组一段黑色泥岩镜质组反射率小于 0.5%，处于未成熟阶段，因此油气主要来自邻近的三肇凹陷。盆地模拟表明，嫩江组沉积末期至泰康组沉积末期是烃源岩主要生、排烃阶段，盆地内流体势总的趋势是从凹陷中心向周边地区呈环状降低。以三肇地区流体势为例（图 1-8-25），明水组沉积末期凹陷中心流体势为高值区，一般大于 16kJ，最高达 20kJ；而朝阳沟油田为低势能区，流体势值小于 6kJ，含油气带与有利烃源岩区之间的高势能差是推动油气进入构造带的主要动力，促使油气由凹陷中心经朝阳沟断坡带向构造带进行侧向运移。油气充注方向由北向南，表现为原油成熟度逐渐增高的趋势，油气运移通道包括断层和砂体。油源对比分析已证实朝阳沟油田扶余、杨大城子油层的原油来源于凹陷中青山口组的黑色泥岩，属于侧向运移来的成熟型原油。

（2）构造形成时间早、延续时间长，为油气聚集提供了储集空间。

构造发育史研究表明，朝阳沟油田的构造受基底隆起的控制，具有一定的继承性。盆地断陷沉积期，朝阳沟地区为夹持在杏山和莺山断陷中间的隆起带。青山口组沉积末期，由于盆地的短暂抬升，朝阳沟地区处于隆起部位，但幅度较小，朝阳沟油田顶面的朝阳沟、翻身屯、薄荷台和大榆树四个正向构造具有雏形。嫩江组沉积末期，盆地整体抬升，朝阳沟地区抬升幅度较大，并且遭受剥蚀，朝阳沟构造基本定型，而且闭合高度较大。朝阳沟背斜闭合高度为 107m，圈闭面积为 359km^2，成为盆地最早定型的构造之

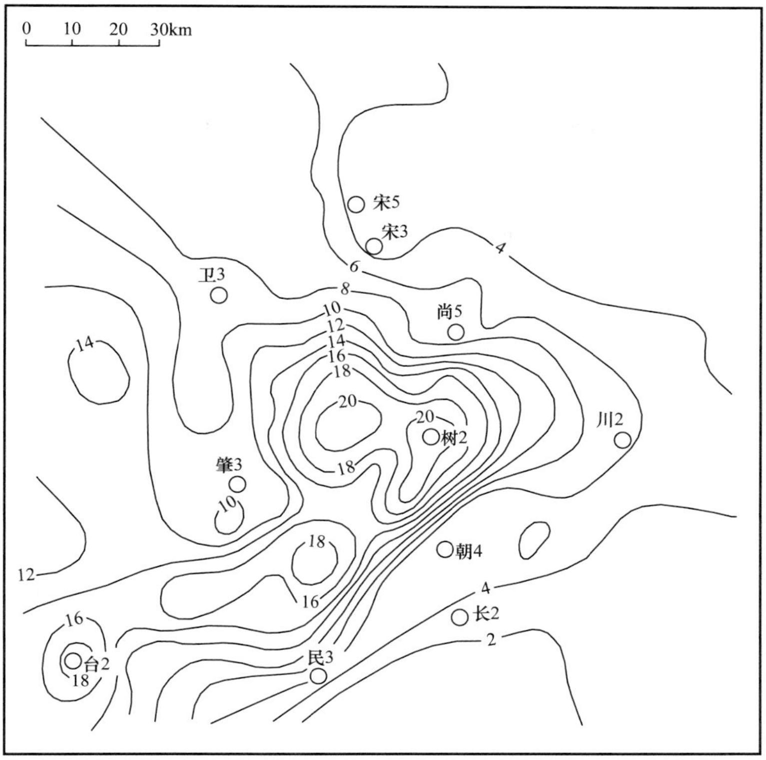

图 1-8-25　三肇地区明水组沉积末期扶余、杨大城子油层流体势图（单位：kJ）

一。朝阳沟构造圈闭断层发育，主要为北东向和近南北向的正断层，延伸长度一般为3～5km。由于断层的作用，分布有67个构造高点。整个圈闭呈地堑、地垒相间排列。泉头组四段沉积时期，受南部保康—长春沉积体系的控制，由于临近物源，分流河道砂体相当发育，累计厚度一般为10～20m，砂岩发育带与构造相匹配，为含油气带的形成提供了储集空间。正是由于朝阳沟构造油藏含油气带由于构造定型时间（嫩江组沉积末期）早于有利生油区大量生油、排油期（明水组沉积末期），且构造幅度大，储层和断裂发育，这样以流体势为动力，通过凹陷中油气的侧向运移形成了目前的朝阳沟油田（图 1-8-26）。

（3）长期继承性发育的含油气带，油水分布复杂、油藏类型多样。

朝阳沟油田是长期继承性发育的构造，断层十分发育、分割性强。加上砂岩体分布不稳定，呈短条带和透镜状分布的分流河道砂体横向上变化快，使含油气带油水分布复杂、油藏类型多样。

油水分布概括起来有以下特点：① 垂向上油水重力分异明显，自上而下为气层—油层—油水同层—水层分布。气层主要分布在油田北部少数断块的高部位。② 平面上油水分布受构造控制。在朝阳沟、翻身屯背斜范围内，构造高部位为纯油区，翼部为油水过渡带，外边为含水区。③ 全油田无统一的油气、油水界面，总趋势是东南高、西北低。不同断块油水界面不同，随断块埋深加大油水界面加深。同一断块两翼油水界面亦不同，一般东翼高、西翼低。

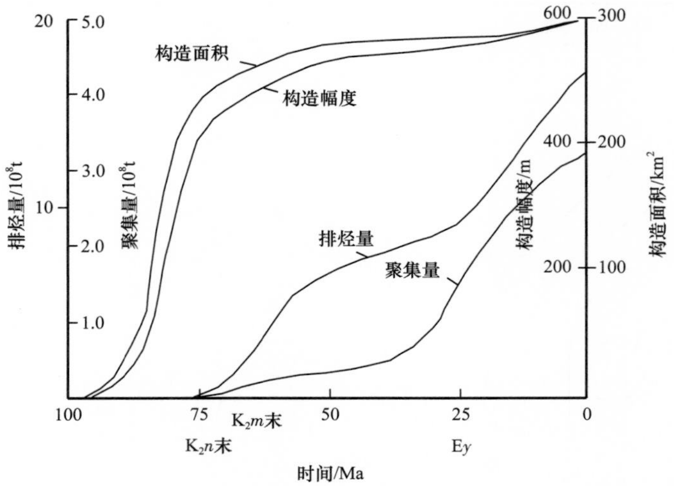

图 1-8-26　朝阳沟油田构造发育史与排烃运聚量关系图

朝阳沟油田油气聚集受多种因素控制，构造、断层、岩性三种因素在不同地区有不同程度的影响，因而形成多种油藏类型（图 1-8-27）。① 被断层复杂化的背斜油藏。朝阳沟及翻身屯构造属于这种油藏类型，其特点是油水分布受背斜控制，油水分异明显，高部位为气区或纯油区，有统一的油水界面和压力系统。② 岩性—断层油藏。薄荷台及朝阳沟东北部（朝 55、朝 53 井区）属于这种类型。断层发育，常形成地垒、地堑相间的断块，加上岩性变化而形成油气圈闭。③ 构造—岩性油藏。大榆树属于这种油藏类型，油水分布与鼻状构造有关，但控制油气聚集的主要因素是岩性。构造东翼受南北向断层控制，其西翼受岩性控制，构造南部主要由于砂岩上倾尖灭形成含油圈闭。④ 岩性油藏。油田西翼斜坡地带，砂体沿油源方向延伸，处于油气运移通道上，容易捕集油气，由于岩性变化而形成油气圈闭。

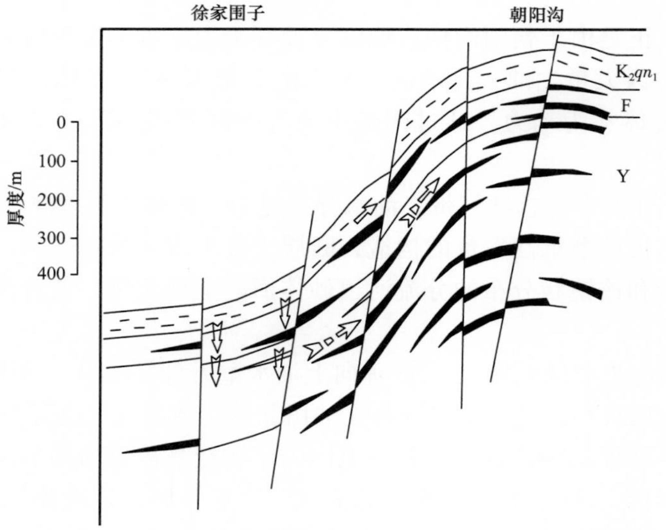

图 1-8-27　朝阳沟油田扶余和杨大城子油层油气运聚模式图

3）有利生油区内的鼻状构造带是复合型大油田油气聚集带

在三肇凹陷、齐家—古龙凹陷周边发育了一系列鼻状构造。大庆长垣西侧发育喇西、萨西、杏西、高西、葡西及新肇六个鼻状构造；齐家—古龙凹陷西部发育敖古拉鼻状构造；西南部发育大安、新站鼻状构造；三肇凹陷的西南部发育裕民、肇源、头台和新立四个鼻状构造。各鼻状构造由于靠近油源，与各类沉积砂体相匹配，形成复合型大油田石油聚集带。

（1）含油气带发育的鼻状构造倾没于有利生油区内，具有“近水楼台”的油源条件。

构造发育史研究表明，长垣东侧的鼻状构造，如头台、裕民鼻状构造在青山口组沉积末期开始形成，嫩江组沉积末期具有雏形，明水组沉积末期基本定型。长垣西侧的鼻状构造，以及大安、新站鼻状构造等，形成时间相对较晚，一般出现于嫩江组沉积末期，发育于明水组沉积末期，新近纪后定型。由于鼻状构造定型期总体上早于或同步于烃源岩大量生油、排油气期（图 1-8-28），因此具有优越的油源基础。油气向鼻状构造中运移，既可以通过砂体，也可以通过切割鼻状构造的断层。以头台油田为例，在头台鼻状构造上断层数达 35 条，断距一般为 20～60m，由于断层的作用，形成了地垒和地堑相间排列，使上覆青山口组一段生油岩与扶余、杨大城子油层储层相对峙，有利于油气进入鼻状构造。

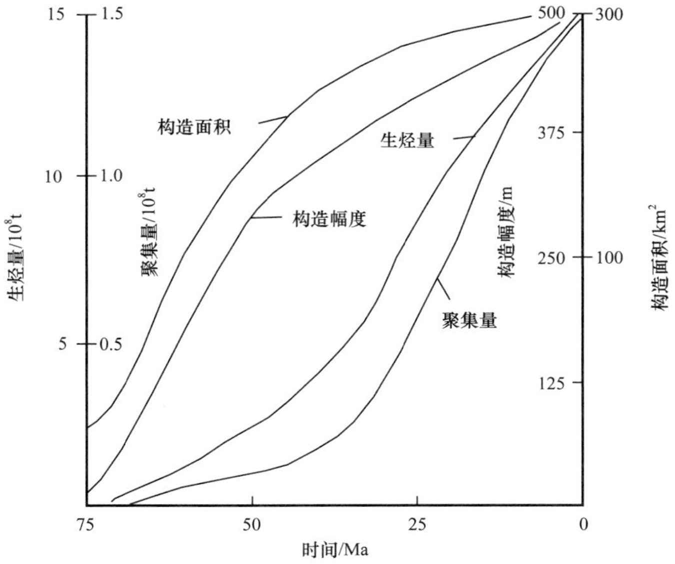

图 1-8-28　头台鼻状构造发育史与油气运聚关系图

（2）鼻状构造与各类沉积砂体配置，构成油气储集空间。

三肇地区裕民—肇源—头台—新立鼻状构造群，在泉头组三段、四段（扶余、杨大城子油层）沉积时期，主要受盆地南部保康—长春沉积体系的控制，该体系的水流经新立地区由头台、肇源向肇州汇集，形成了新立—头台—肇源砂岩发育带，而在鼻状构造的倾没区砂岩相对不发育。如头台鼻状构造位于三肇凹陷的西南部，倾没于永乐向斜，构造轴向为北北西向，东翼宽缓（倾角＜1°）、西翼陡（倾角 4°～6°），勘探面积 350km²。扶余油层沉积时期，由南部物源而来的水系在该鼻状构造上形成了三条分流河道摆动带，在该带上砂岩相对发育，单层厚度大于 2m，累计厚度大于 6m，最大可达 20m（茂 14 井）；而在构造北部的倾没端砂岩相对不发育，累计厚度一般小于 6m。砂岩发育带与鼻状构造相匹配，为含油气带的形成提供了储集空间。

西部地区的敖古拉鼻状构造从泉头组至姚家组一直处于北部物源和西部物源的交会区，发育各种沉积类型砂体，不同层位的砂岩叠合在一起，在构造上形成了丰富的储集空间。大安—新站鼻状构造位于英台物源附近，葡萄花油层沉积时期，物源从北西部进入该区，形成了三角洲前缘沉积，砂岩厚度一般大于 10m，明显比鼻状构造的南东部（小于 10m）发育，鼻状构造与砂岩富集区相重叠，构成油气储集空间。

（3）鼻状构造含油气区带油水分布的控制因素复杂多样，以构造—岩性油藏为主。

从目前已发现的敖古拉、新站—大安和肇源—头台—新立鼻状构造油气田特征看（图 1-8-29），这类含油气带的成藏具有以下特征。① 鼻状构造上断层发育，构造一端倾没于生油凹陷中，另一端具有一定的封堵条件，是油气聚集的良好场所。② 鼻状构造一般靠近物源区或位于两物源的交会区，砂岩发育，多呈短条带状和透镜体，平面上和纵向上相变较快，单砂体连通性差，含油性与储层物性关系密切。③ 纵向上可出现多套含油层系，如敖古拉鼻状构造就有扶余、萨尔图、葡萄花和高台子四个含油层位，大安—新站鼻状构造也有扶余、葡萄花和黑帝庙三个含油层位。同一个含油层系油水在纵向上的重力分异明显，一般为油层、干层或上油下水。④ 含油层位在平面上各井油柱高度差别较大，如头台地区扶杨油层含油井段为 35.6～223.8m，各井无统一的油水界面，变化趋势与构造形态相一致，即构造高部位油水界面高、构造低部位油水界面低，同一海拔深度上油水层不受构造控制，主要受岩性的影响。⑤ 含油气带的油藏类型总体上为构造—岩性油气藏。

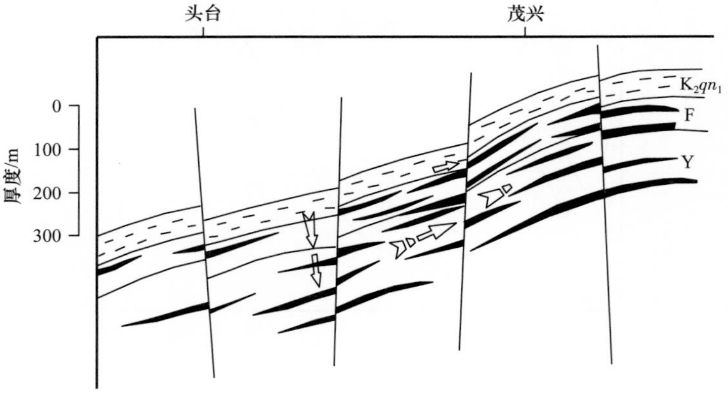

图 1-8-29　头台油田油气运聚模式图

4）有利生油区内的向斜区是岩性油藏油气聚集带

松辽盆地北部发育有两个主要的生油凹陷，分别为齐家—古龙凹陷和三肇凹陷，每个凹陷面积都大于 5000km²，累计面积达 18000km²。在这两个凹陷内分别发育了以岩性圈闭为主的含油气带，包括齐家—古龙岩性油藏含油气带、宋芳屯—肇州岩性油藏含油气带。油气勘探实践表明，这些含油气带不但具有良好的油气生成条件，而且具有油气成藏条件，是油气勘探的有利地区。

（1）低位体系域砂体在凹陷中广泛分布，为油气成藏提供储集条件。

松辽盆地在其演化发展过程中有过两次大规模的湖侵（嫩江组一段、二段和青山口组一段沉积期），并沉积了区域性的暗色泥岩，在凹陷中为上百米厚的生油岩。同时凹陷中还发育有姚家组一段低位体系域和泉头组三段、四段低位体系域，沉积特点受构造运动影响，在盆地整体抬升的背景下于现今的凹陷中沉积了大规模的河流三角洲体系。

姚家组一段（葡萄花油层）低水位沉积时期，来自北部物源的三角洲主体与正常时期的三角洲主体相比，向南推进了60km以上，由于古地形平缓，湖水较浅，三角洲以长垣为轴呈扇形展布，砂岩分布几乎贯穿整个松辽盆地北部。以三肇凹陷为例，物源自北向南，在卫星、汪家屯一带以北地区砂岩非常发育，到宋芳屯和徐家围子一带明显变差，而到肇州及其以南已近区域性尖灭。在砂岩发育极好区，由于地下水动力作用即使有小幅度构造和断块，也无油气藏分布，而大面积砂岩较差地区却普遍见到含油，含油丰度北好南差、西好东差。

泉头组三段、四段（扶余、杨大城子油层）低水位沉积时期，以三肇凹陷为例，主要受周边物源三条水系的控制。第一条是讷河—依安物源水系，大约在林甸附近分成东、西两条支流，东部支流流向大庆地区，分流河道影响到宋芳屯、徐家围子地区。第二条是拜泉—青岗物源水系，大约在安达以北地区分流，西面两支分别自安达、宋站地区注入三肇凹陷，控制着升平、榆树林地区，东边一支流入肇东后继续东流。第三条是盆地南部怀德—长春物源水系，其主要影响肇源、肇州、朝阳沟及榆树林南部地区。三条古河流流经地带，都形成了河道砂体发育带，砂体单层厚度3～5m，最厚10m，孔隙度为10%～15%，渗透率为0.1～5mD。不同时期的砂体在纵向上错叠，平面上连片，为在三肇凹陷内形成大面积的岩性油气藏提供了丰富的储集空间。

（2）断层为通道，超压为动力，为岩性油藏形成提供重要条件。

有利生油区内青山口组烃源岩生成的油气进入扶余和杨大城子油层或葡萄花油层的主要通道是断层，通过断穿青一段生油层至 T_1 断层进入葡萄花油层，通过断穿 T_2 断层进入扶余和杨大城子油层，一般在断层附近油气也相对富集，断层是岩性油藏形成的重要条件。

油气通过断层运移的动力是烃源岩产生的超压。以三肇凹陷为例，扶余和杨大城子油层上覆青一段生油岩厚度上百米，并普遍存在超压（图1-8-30），一般压力梯度为1.2MPa/100m，应用盆地模拟技术对压力史进行恢复表明，超压形成与油气生成有良好的一致性。青山口组一段超压形成于嫩江组沉积末期，到明水组沉积末期超压最高，达25MPa，远远超过围岩的压力，导致围岩产生裂缝，并向外排烃，从而为青山口组一段生油岩生成的油气向下运移提供了动力（图1-8-31）。

（3）含油气带油水分异好，油水界面分布复杂。

含油气带内于扶余和杨大城子油层和葡萄花油层分布的岩性油气藏分别以宋芳屯、肇州油田和宋芳屯、模范屯油田为例，主要特点有：① 岩性油藏油水分异一般较好。如葡萄花油层自上而下为油层、油水同层、无油水夹层。② 油水界面复杂。平面上单斜高部位油水界面高，低部位油水界面低，没有统一的油水界面。如榆树林油田的油水界面总体上随单斜降低而降低，油田北块油层底界为杨Ⅲ组，南块在杨Ⅳ组，东块主要在杨

V组，局部可达泉头组二段上部。葡萄花油层平面上的油水分布不受构造高低制约，没有统一的油水界面，油区、水区相间出现，油水分布情况复杂。含油气带油田范围受断层及岩性控制，一般属于断层—岩性油藏。

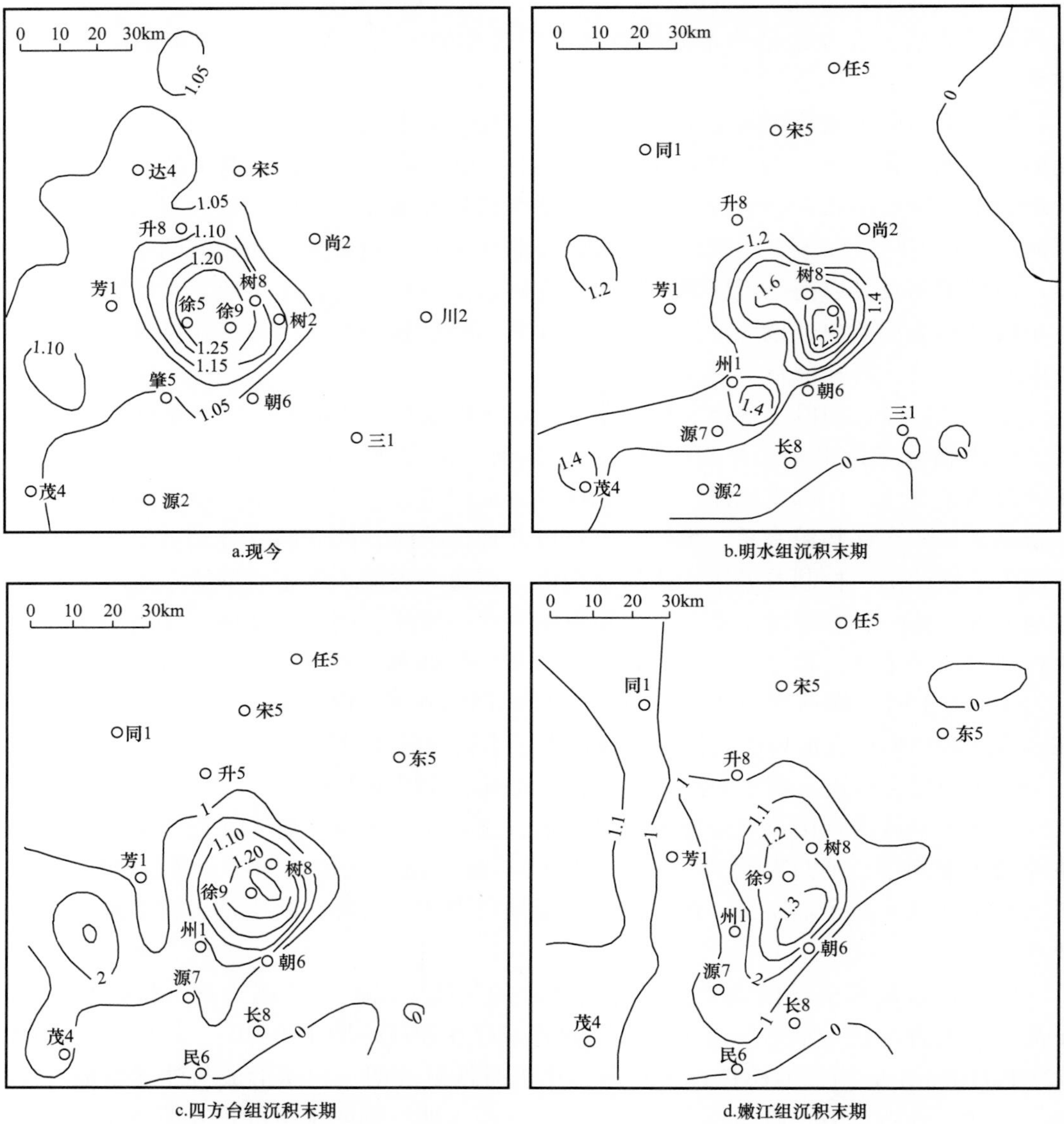

图 1-8-30　三肇—朝长地区青山口组一段超压分布图（单位：MPa/100m）

5）有利生油区外的大型缓坡区是多类型小型油藏油气聚集带

这类含油气区带以泰康隆起带和西部超覆带含油气带为代表。西部斜坡区自白垩纪以来一直为一个平缓的东倾单斜，西部边缘与泰康隆起带东缘的高差大约在1000m左右，地层倾角较小，一般小于2°。泰康隆起带比西部超覆带构造相对发育，在泰康隆起带内发育新发、白音诺勒、阿拉新、二站、江桥等鼻状构造；在西部超覆带自东而西发育木头岗子构造、智家围子构造、大榆树构造。这个含油区区带是多类型小油藏有利勘探区。

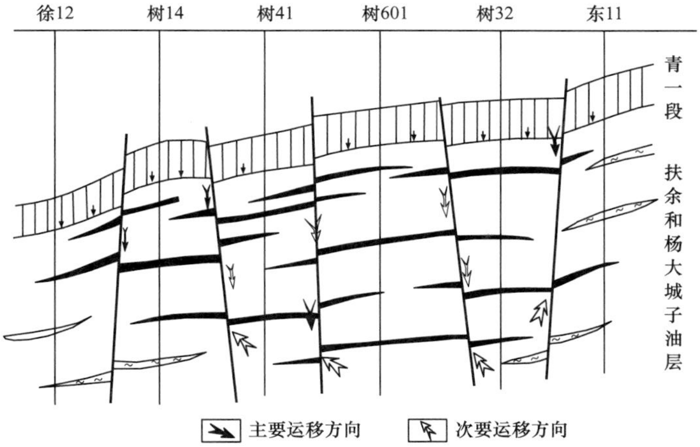

图 1-8-31　三肇地区扶余和杨大城子油层原油运聚模式

（1）油气主要来源于成熟烃源区，断裂、砂体及不整合面提供了油气长距离运移的地质条件。

西部斜坡区青山口组暗色泥岩有机质丰度比较高，平均有机碳含量为 1.458%，但成熟度比较低，仅在杜 26、杜 24、杜 45 井以东地区刚刚进入生油门限，其他大部分地区处于未成熟阶段。生物标志化合物证实西部斜坡的油主要为成熟原油，油气来自齐家—古龙凹陷成熟的烃源岩，并经过较长距离的运移在西部斜坡聚集成藏，特别是富拉尔基稠油油藏的发现及西南部龙江地区露头处沥青的发现，表明原油运移距离可达到 100km 以上。

区域性的单斜构造背景具有油气做长距离运移的地质条件，这些条件包括：一是断层少，有利于油气的侧向运移；二是有区域性、连续性很好的广泛分布的盖层，即嫩江组一段、二段泥岩；三是离物源区较近，主要目的层储层厚度大，连通性好；四是姚家组底部是松辽盆地最重要的一个不整合面，地层的不整合甚至延续到了凹陷中心部位；五是长期处于单倾的斜坡，幅度高差大，油气运移的势能高。

结合沉积体系、构造特征、咔唑类含氮化合物、地层水酚含量和钻井油气显示，西部斜坡区北部预测出三大运移路径，一是由太和断裂带北端由南向北运移至杜 22、杜 26 井，之后向西沿英台物源向来 31、来 27 井方向运移的西部运移通道；二是由巴彦查干断裂带、敖古拉断裂带由南向北运移至杜 54、杜 418、杜 321 井，形成三个分支运移通道并在他拉红鼻状构造附近会聚，向杜 408 井方向会聚而成的中部运移通道；三是在杜 19 井处一分为二，向西、向北运移而成的北部运移通道。三大运移路径在阿拉新、二站地区会聚以后沿北西方向向江桥地区运移，形成西北运移通道，位于油气通道上的有利圈闭是油气聚集的主要场所（图 1-8-32）。

（2）鼻状构造带与三角洲前缘及滨浅湖相各类砂体良好配置，有利于油气富集。

西部斜坡区虽整体上是一长期发育的简单单斜，但从构造演化史分析看，本区在嫩江组二段沉积末期就开始受左行压扭应力场下的构造反转作用影响，在嫩江组沉积末期，在近南北向区域挤压作用下，形成了江桥左行走滑逆断裂和汤池、阿拉新、二站、他拉红—白音诺勒等一系列北东向展布的鼻状构造，这些晚期形成的鼻状构造持续

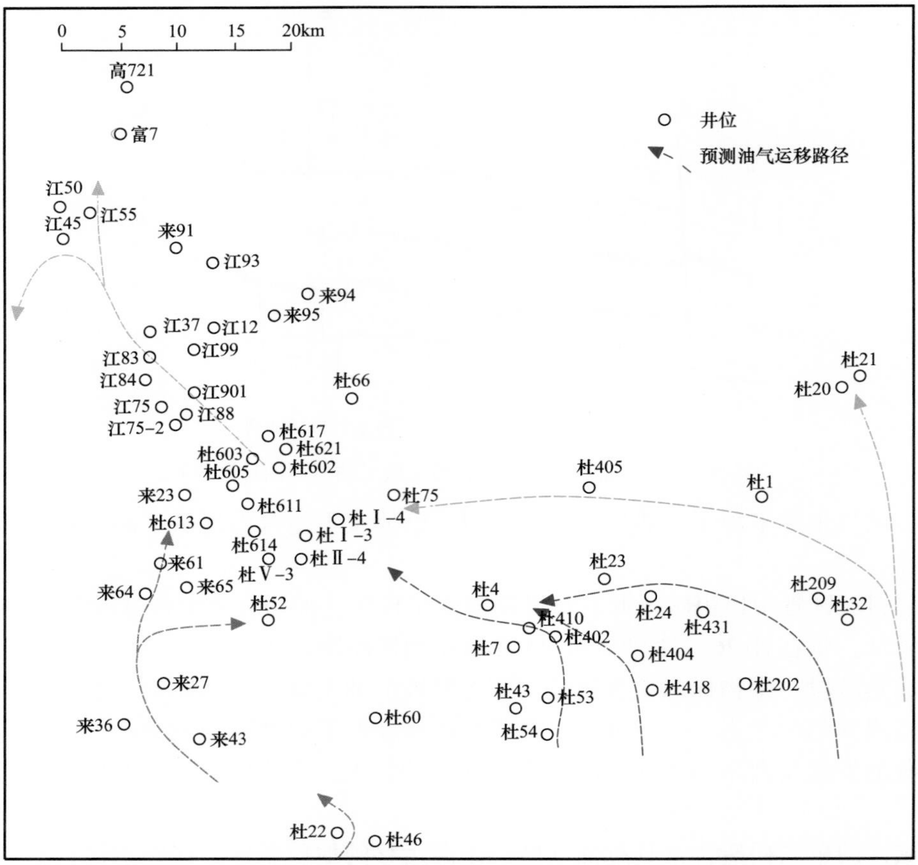

图 1-8-32　西部斜坡油气运移路径预测图

发育，其定型期略早于或同步于大规模的油气运聚期，有利于油气由高势区向低势区运移，为油气的聚集成带创造了有利条件。

西部斜坡区主力目的层为萨尔图油层，该沉积时期自下而上湖盆面积逐步扩大，水体深度加深。沉积主要受三大沉积体系控制，即北部沉积体系、齐齐哈尔沉积体系和英台沉积体系，萨二、萨三油层组沉积时期，齐齐哈尔沉积体系作用相对较弱，北部三角洲沉积体系和英台三角洲沉积体系前缘相分布在泰康隆起带和英台的大部分地区。萨零、萨一油层组沉积时期，英台沉积体系已消失，以北部沉积体系为主，在泰康隆起带以北的大部分地区为三角洲前缘相，泰康隆起带南部、泰来以东地区发育滨浅湖沙坝、席状砂。萨尔图油层广泛分布的三角洲前缘相及滨浅湖相砂体为岩性、复合油气藏的形成提供了良好的储集空间。

西部斜坡区的油气主要来自齐家—古龙凹陷，油气通过砂体、断裂、不整合面阶梯式自东向西运移，油气富集程度明显受构造和沉积砂体类型的共同控制，发育多种类型油气藏，平面上形成 5 个有利油气聚集区，即白音诺勒油气聚集区、二站油气聚集区、阿拉新油气聚集区、江桥油气聚集区和富拉尔基油气聚集区（图 1-8-33）。❶

❶　张庆石等，2011，西部斜坡区油气分布规律研究，内部科研报告。

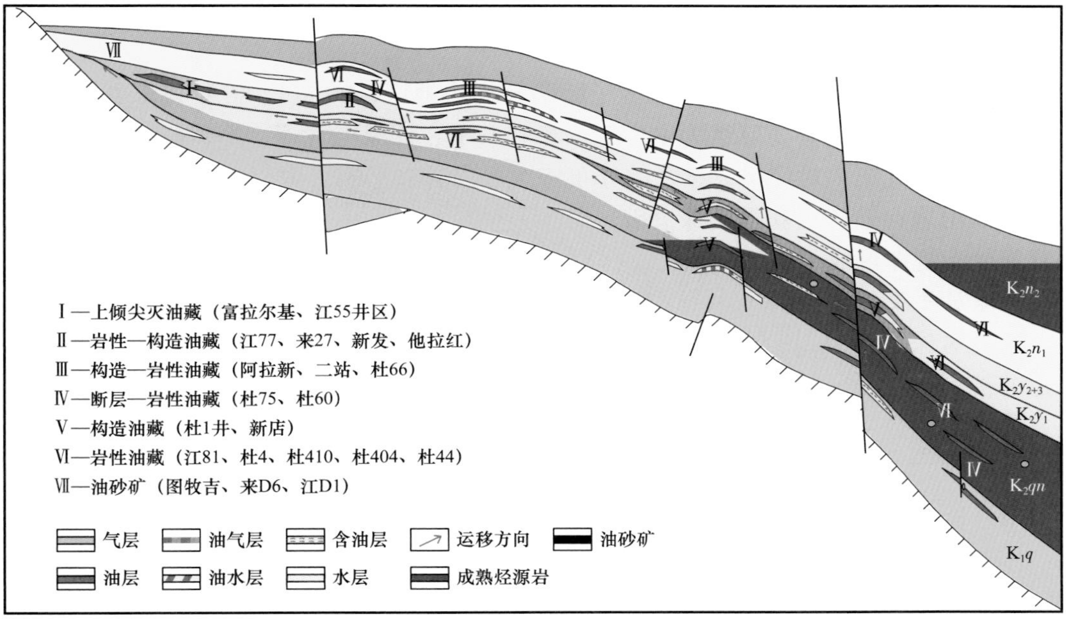

图 1-8-33　西部斜坡区油气运聚成藏模式图

（3）西部斜坡区油水分布较复杂，发育岩性—构造、构造—岩性及岩性多种小型油气藏。

目前已发现的油藏主要分布在阿拉新、二站、江桥三个较大型的鼻状构造带上，且在斜坡部位发育众多的微幅度构造。在西部超覆带的西部存在砂体尖灭带，形成了有效的岩性圈闭，有利的构造及岩性圈闭是该区油气聚集的有利场所。这类含油气带的成藏具有以下特征：① 萨尔图油层各油层组平面上具分带性，其中富拉尔基—江桥地区主要含油层位为萨二、萨三和萨一油层组；阿拉新—二站地区主要含油层位为萨零、萨一油层组；平洋主要含油层位为萨零、萨一油层组，局部为萨二、萨三油层组；泰康地区含油气层位主要为萨零、萨一油层组。② 不同构造带油气富集因素不同，断鼻构造中油气富集于断层附近和近南北向砂体中；断背斜构造最有利油气富集；宽缓鼻状构造油气富集在鼻状构造主体及缓坡部位；简单斜坡油气富集于砂体尖灭部位。③ 油气水分布较复杂，江桥、阿拉新、二站等鼻状构造带表现为构造对油水分异起到一定的控制作用。以江桥油田为例，萨二、萨三油层组高部位为油层，低部位为油水同层、水层，成藏主要受构造控制，为岩性—构造油藏；萨一油层组近南北向展布的河道砂体与北东方向鼻状构造斜交，构造高部位为油层，低部位过渡为油水同层，各条河道油底埋深均不同，油底随构造加深而加深，无统一油水界面，说明各条河道具有各自独立的油水系统，为构造—岩性油藏。④ 西部斜坡区发育微幅度构造、岩性—构造、构造—岩性及砂岩上倾尖灭、砂岩透镜体岩性等多种类型油气藏，油气藏规模小。

综上所述，松辽盆地坳陷层可以划分出多个含油气带，各含油气带由于生、储、盖条件和成藏过程的差异性，具有不同的油气成藏基础。在平面上围绕有利生油区油气藏总的分布格局是：凹陷内低水位砂体形成岩性圈闭油气藏；凹陷周边由大量鼻状构造与砂体匹配形成复合圈闭油气藏；坳陷周边或坳陷内背斜带形成背斜圈闭油气藏，西部大型缓坡区低幅度鼻状构造与砂体匹配形成多类型油气藏。

二、深层气藏分布的主控因素及分布规律

深层天然气藏主要分布在徐家围子断陷及周边地区，20 世纪 80 年代末到 90 年代，在断陷周边隆起区以登娄库组为主发现昌德和升平、汪家屯气藏，肇州西基岩凸起花岗岩也获得工业气流，对深层天然气的分布特点形成了初步的认识。2000 年以后在断陷区营城组火山岩、砂砾岩获得勘探突破，发现徐深气田，对深层天然气的分布特征、控制因素和分布规律形成了明确的认识。

1. 深层气藏分布规律

通过对深层已知气藏和基本地质条件的研究可知，松辽盆地北部深层天然气在区域构造的控制下，受区域盖层、砂体分布及断裂的影响，在基岩凸起、火石岭组、沙河子组、营城组、登娄库组和泉头组一段、二段几套地层聚集成藏，具有以下分布特征。

1）含气受生烃断陷控制，从凹陷区到隆起区形成不同类型的气藏

（1）油气区围绕生烃强度大的断陷分布，生气强度大的断陷是油气分布区。

勘探成果已表明，深层油气分布，根本上受到生气断陷的控制，烃源岩分布控制天然气的平面分布。徐家围子断陷规模大、生烃层位多，营城组、沙河子组、火石岭组均为重要的烃源岩层，登娄库组二段对生烃可能也有贡献，暗色泥岩发育，还有累计厚度大的煤层，评价为较好的烃源岩，计算资源量最大，该断陷为目前深层勘探成果最好的断陷。

（2）深层天然气沿断陷周边隆起及斜坡带分布。

通过对徐家围子断陷的解剖分析可以明显看出，断陷边部隆起与斜坡带是油气运聚的有利地区。在断陷西部隆起带，已发现昌德、昌德东、肇州西、汪家屯、汪家屯东、升平等气藏；东部斜坡带在肇深 5、朝深 2 井等都发现气层。一般在隆起区多形成基岩凸起或与构造有关的气藏，斜坡区多形成岩性气藏。

（3）构造—岩性复合气藏分布于区域性隆起部位。

从深层油气聚集条件分析，大的区域性隆起是油气运聚的指向区。同一区带内，构造高部位天然气最富集，但岩性对天然气圈闭保存起重要的作用。目前发现的深层天然气藏大多数属于岩性气藏，隆起区的构造圈闭气藏也不是纯构造因素控制，往往是构造与岩性复合气藏。徐家围子断陷中部升平—兴城鼻状隆起就是一个最好的例子。同样，南部肇州—丰乐鼻状隆起为油气的有利聚集区。

（4）断层是深层油气运聚成藏的一项重要条件。

断层一方面是深层油气运移的通道，使断陷期烃源岩形成的油气沿断层、不整合面等运移至营城组、登娄库组等较浅层位形成气藏；同时，断层又能起到遮挡作用形成圈闭，如汪家屯登娄库组气藏。断层既可改善深层储层的储集条件，有利于油气成藏，同时也对深层气藏破坏有一定的作用，汪家屯、三站、五站地区，深层气藏受断层的破坏，使部分已聚集的天然气运移至中浅层扶杨油层形成气藏。

（5）沙河子组源储叠置，近源聚集形成非常规致密岩性气藏。

沙河子组生成的天然气在向隆起区基底、登娄库组和垂向向上覆营城组等各类圈闭运聚成藏的同时，沙河子组本身源储叠置发育，近源聚集，形成连续大面积含气的致密岩性气藏。各种类型气藏分布具有一定的规律性。一般在断陷隆起周边部位发育基岩风

化壳气藏和构造、断块、断鼻等与构造有关的气藏，斜坡区和凹陷区发育砂砾岩岩性气藏、火山岩岩性气藏。

2）火山岩气藏分布于火山机构有利岩相发育区

（1）不同断裂样式具有不同的火山岩气藏剖面分布特征。

火山岩油气富集成藏条件研究证实，烃源岩与火山岩圈闭空间配置是成藏关键。徐家围子断陷是沙河子组作为烃源岩，断裂作为输导体系，火山岩储层作为圈闭体构成的成藏系统。天然气主要成藏期为晚白垩世，岩浆侵入体或喷出的火山岩体形态多样，但岩浆活动通道大都与断裂有关。中心式喷发，岩浆多沿交叉断裂交会处喷发，易形成火山锥；裂隙式喷发，岩浆缓和地沿裂隙流出，火山口多呈线状排列，可形成熔岩被或熔岩台地。徐家围子断陷不同断裂样式可能构成了不同的岩浆喷发通道，其中拉张断裂构成了点状喷发通道，走滑断裂构成了线状喷发通道。徐中断裂火山岩从北向南逐期喷发和徐东断裂火山岩从南向北逐期喷发的过程，即是火山岩沿走滑断裂通道线状喷发的反映。因此，断裂样式既控制了火山岩的喷发方式，也决定了火山岩体的形态和分布范围。这些火山岩体与烃源岩和断裂的不同匹配关系最终控制了原位火山岩气藏的分布特征。

徐西断裂为早期控陷断裂，控制沙河子组烃源岩的发育与分布范围，因此这个地区烃源条件优越，气藏形成的关键是火山机构。该地区由于火山岩为中心式点状喷发，火山喷发规模小，火山岩厚度薄。局限分布的火山机构在断层的沟通下，形成孤立分布的气藏，目前共发现 2 处零散分布的小型气藏。

徐中断裂带近邻烃源岩，气源相对丰富。这个地区由于火山为裂隙式喷发，火山机构沿断裂带呈条带状展布，火山岩分布广、厚度大。优越的储集条件和充足的气源条件为火山岩大气藏的形成奠定了坚实基础。这个地区呈条带状发育的火山机构体在大型走滑断裂的沟通下，有利于形成沿断裂分布的火山岩气藏，目前共发现 8 处呈带状分布的大型气藏，为徐家围子断陷主力产气区。

徐东断裂带相对远离烃源岩区，同时火山岩受到多期次、多通道的复合式喷发的影响，裂隙式喷发带状分布的火山岩和中心式喷发零散分布的火山岩横向连片纵向叠置，导致火山喷发规模大，火山机构极为发育，成藏关键在于火山机构与烃源岩的有效匹配。复合式喷发形成的火山机构规模一般较小，且各火山机构连通性差，只有在烃源岩发育且有断裂沟通的火山岩体中才能发育气藏，且有一体一藏的特征，目前主要发现 3 处小型气藏。

（2）不同火山机构的火山岩体，气藏平面发育规模不同。

不同火山机构火山岩体上发育火山口相带、近火山口相带和远火山口相带，有利的油气储集体主要发育于前两个相带，反映火山岩体的大小、岩相带的展布范围与气藏的规模密切相关。火山岩体的大小既与喷发方式有关，也受岩性的影响，原因是基性岩 SiO_2 含量低，喷出时温度高、黏度低、流动性好，火山岩体一般分布面积大、厚度薄；酸性岩 SiO_2 含量高，喷出时温度低、黏度大、流动性差，岩浆在火山口处堆积，火山岩体分布面积小、厚度大。受到喷发方式和岩性的双重影响，不同地区分布的火山岩体，火山口相带和近火山口相带发育空间各异，从而决定了不同规模的火山岩气藏。如徐家围子断陷肇深 19 井区，为营城组酸性火山岩体气藏，含气面积 5.96km^2，单井火山岩厚度超过 268m，有效厚度达 222.4m，类似还有肇深 16、徐深 8、徐深 28 等井区气藏。安达达深 17 井区安山岩气藏含气面积 18.69km^2，单井有效厚度 37.6～65.8m。

（3）不同火山岩岩相具有不同的储层物性，气层纵向发育厚度不同。

火山岩喷发的初期过程决定储层的孔隙度和渗透率，表现为不同的火山岩相具有不同的储集能力。火山口相带主要为火山通道相、爆发相和喷溢相叠置区，近火山口相带以爆发相和溢流相叠置为主，远火山口相带有爆发相和火山沉积相，各火山岩相带的岩相组合差异，决定了不同的储集物性。火山口相带储集物性通常较好，如火山口爆发相形成的火山碎屑角砾岩，发育大量的孔隙和裂隙，尽管这些孔隙和裂隙可能被后期次生矿物所充填，但随后的溶解作用可以带走这些矿物并恢复或使孔隙增大。随着远离火山口，火山岩孔隙的发育程度和溶解作用呈减弱趋势，各火山岩相带的储层厚度在不断减薄的同时物性也逐渐变差，从而影响了油气层的发育程度与分布。如安达地区达深 3 井区气藏，位于火口区的达深 3 井有效厚度为 48.7m，孔隙度 13.13%；达深 X5 井有效厚度为 51.3m，孔隙度 11.37%；而近火口相的达深 1 井有效厚度为 9.7m，孔隙度 7.8%。

① 火山岩有利相带控制了火山岩储层的发育，进而控制了火山岩气藏的富集。

徐家围子断陷不同类型火山岩相的火山岩储集物性特征差异很大，火山通道附近及爆发相和多个火山口交会处的溢流相是最有利的火山岩相，其次为近火山口溢流相区，在这些有利相带中，火山岩厚度大，储集物性好，天然气优先在此富集，断陷内多口井获工业气流，也是主要储量提交区（图 1-8-34、图 1-8-35）。

② 火山岩喷发期次控制了储层的展布，影响了气藏的分布。

徐家围子断陷火山岩通常具有多期次喷发的特征，通过对比分析发现，营一段沉积期火山由北向南依次喷发，营三段沉积期火山由南向北依次喷发，在徐东地区火山岩喷发期次最多可分为 11 期。每一期次火山喷发的上部其储层均比较发育，而中部和下部相对要差，因此，火山喷发期次直接控制了火山岩储层的发育部位，因而也最终影响了气藏的分布。

（4）盖层影响火山岩气藏的纵向分布。

通过徐家围子断陷深层盖层与天然气分布之间时空匹配关系研究得到，该断陷各套盖层封闭性形成时期与沙河子组泥岩大量排气期匹配关系（图 1-8-36）相对较好，对于封闭沙河子组烃源岩生成排出的天然气是有效的，天然气的聚集与分布主要受到盖层分布的控制。

2. 气藏分布控制因素

徐深气田分布规律研究揭示，构造部位、烃源岩发育区、火山岩岩相、储层和盖层条件的有效匹配是深层气藏分布的主要控制因素。

1）烃源岩发育区是控制气藏分布的首要因素

徐家围子断陷已发现的气藏均分布在沙河子组烃源岩有利发育区及周边隆起，这表明，只有位于烃源岩有利区内及其附近的圈闭，才能捕获到丰富的天然气，有利于聚集成藏。通过徐家围子断陷目前已发现的火山岩气藏与烃源岩区关系的统计发现，该断陷火山岩气藏得以形成的基本条件是离沙河子组烃源岩近，一般不超过 10km。

2）构造作用是气藏分布的根本要素

构造作用在松辽盆地断陷深层天然气生成与聚集成藏过程中均起到了重要的作用。

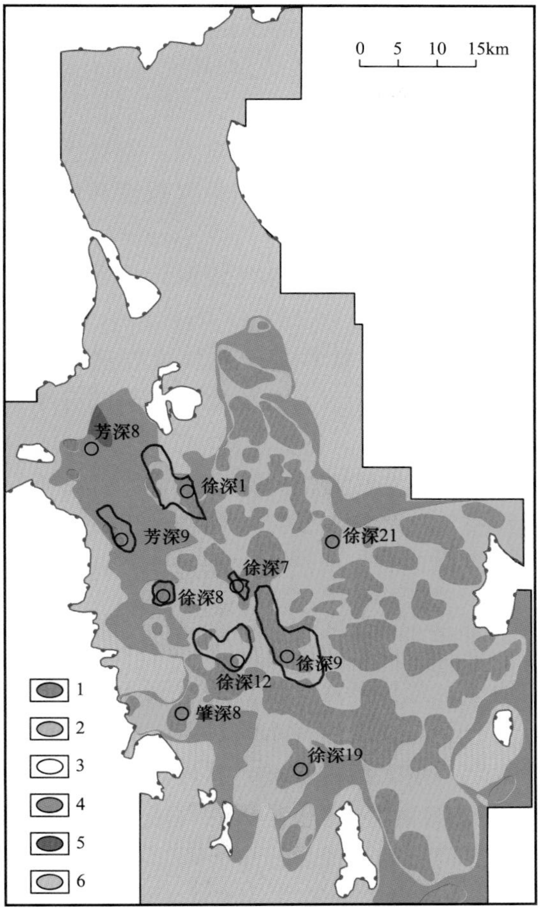

图 1-8-34 徐家围子断陷营一段火山岩岩相与探明储量区叠合图

1—火山口爆发、溢流及火山通道叠合相区；2—近火山口爆发、喷溢叠合相区；3—天然气探明储量区；4—远火山口爆发相区；5—火山沉积相区；6—营城组分布范围

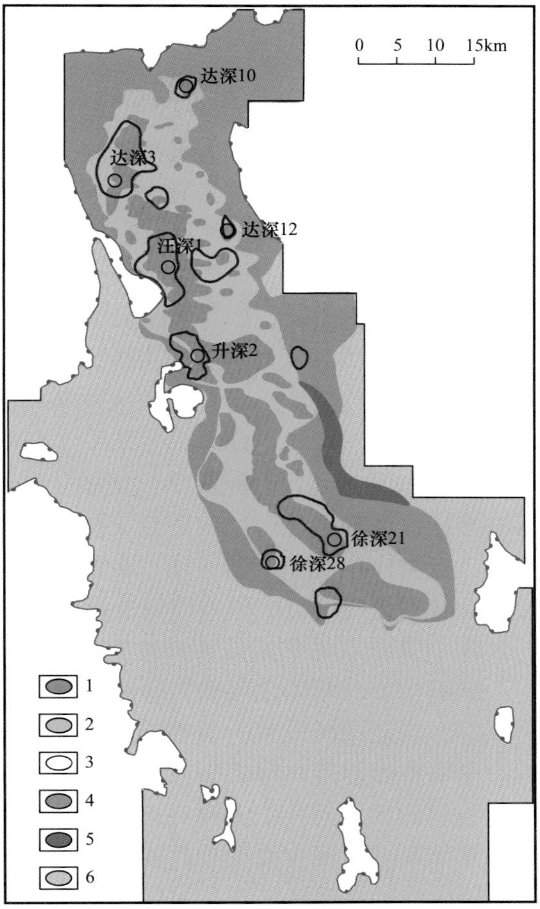

图 1-8-35 徐家围子断陷营三段火山岩岩相与探明储量区叠合图

1—火山口爆发、溢流及火山通道叠合相区；2—近火山口爆发、喷溢叠合相区；3—天然气探明储量区；4—远火山口爆发相区；5—火山沉积相区；6—营城组分布范围

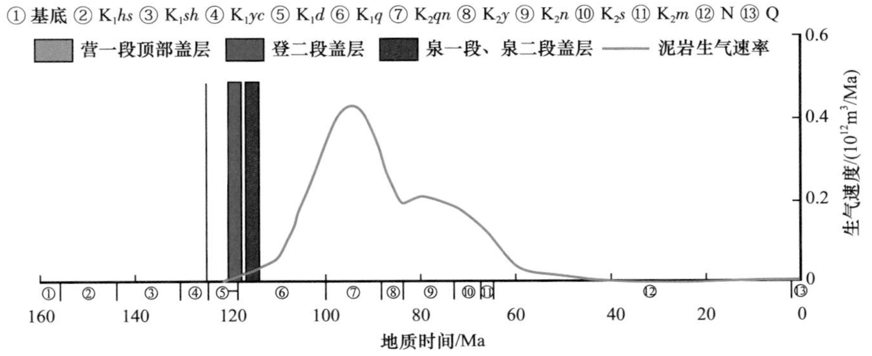

图 1-8-36 徐家围子断陷烃源岩生气期与盖层形成时期匹配关系图

控盆断层的规模、活动强烈程度和持续时间长短决定了断陷盆地的面积、沉积厚度、充填特征、有机质丰度、类型及演化程度，从而决定了盆地油气资源结构及资源量。

（1）构造作用对天然气运移的影响。

① 断陷构造类型决定了天然气运移指向。

单断型断陷，缓坡区为天然气主要运移指向区，聚集天然气资源量大。断坡区为次要运移指向区，聚集资源量较小。缓坡区聚集天然气资源量的大小与生气强度和地层坡度呈正比，如徐北凹陷东部榆西断展褶皱带聚集资源量最大。

双断型断陷，中央隆起带为天然气主要运移指向区，聚集天然气资源量最大，断坡区为次要运移指向区，如双城断陷中央隆起区。

复式断陷内，天然气运移指向复杂多变，其中断隆区常常是天然气主要运移指向区，聚集天然气资源丰富，缓坡区及断坡区为次要运移指向区，如徐家围子断陷升平—兴城转换斜坡。

② 每次构造运动都是天然气调整分布、再次运移聚集成藏的时期。

松辽盆地深层经历了四期对天然气成藏有重要影响的构造运动，即营城组沉积末期运动、登娄库组沉积末期运动、嫩江组沉积末期运动和明水组沉积末期运动。这几期构造活动特别是明水组沉积末期构造活动造成了深层断陷保存条件的迥异。

③ 古隆起、古构造或古斜坡是天然气运移聚集的重要指向区。

断陷中或两断陷之间的古隆起以其优越的地理位置具有双向供烃的有利条件，同时形成早，构造圈闭发育，各种成藏条件最为有利，是有利的油气富集场所，如丰乐低凸起、中央古隆起等。深部领域成藏主要受控因素之一是大型古斜坡，斜坡区为天然气长期运移指向区，而且沿上倾尖灭方向易形成地层—岩性圈闭，也是天然气成藏的有利场所。深部领域成藏主要受控因素之二是古构造，古构造处于烃源岩中，可以长期聚集烃源岩所生成的天然气，并且保存条件好，此类气藏天然气常具有连续充注的特征。

（2）反转构造一方面形成大量圈闭，为油气聚集提供场所，另一方面也造成油气的重新分布，甚至导致油气藏破坏。

松辽盆地北部深层不同时间的反转对油气聚集的影响不同，沙河子组沉积末期和营城组沉积末期的挤压造成的反转作用，利于形成圈闭和进行储层的改造，如升平—兴城转换斜坡，有利于深层天然气的成藏。但成藏期后的反转作用，则是对先期形成气藏的破坏，已聚集成藏的油气经破坏后，可能会在新形成的圈闭中再次聚集成藏，但更多的情况是油气遭到破坏，资源散失，如长春岭背斜构造带，不利于天然气成藏。

（3）断层是深层油气纵向运聚的通道。

断层一方面是深层油气运移的通道，使断陷期烃源岩形成的油气沿断层、不整合等运移至营城组、登娄库组等较浅层位形成气藏，同时断层又能起遮挡作用形成圈闭，如汪家屯登娄库组气藏。断层既可改善深层储层储集条件，有利于油气成藏，同时也对深层气藏破坏有一定的作用，汪家屯、三站、五站地区深层气藏就是受断层的破坏，使部分已聚集的天然气运移至中浅层扶余和杨大城子油层形成气藏。断层的控制作用表现在四个方面：① 断层作为天然气运移通道，连接烃源岩与圈闭；② 断层空间延伸层位控制天然气在垂向上的运聚层位；③ 断层活动时期控制着天然气的垂向运聚时期；④ 强充注气源断裂控制了火山岩气藏的分布。

3）优质火山岩储层是控制火山岩气藏富集和高产部位的关键因素

油气成藏机理研究表明，储层孔隙度、渗透率或孔喉半径决定油气的渗流方式和油气藏类型。储层孔隙度大、渗透率高，油气受到的浮力大于毛细管力，油气运移动力以浮力为主，油气藏类型以构造油气藏为主。储层孔隙度小、渗透率低，油气受到的浮力小于毛细管力，油气运移动力以超压驱动，油气藏类型为岩性油气藏或非常规油气藏。徐深气田火山岩储层物性总体偏差，所形成的原位火山岩气藏大都与岩性有关。

第五节　致密油气藏的分布及主控因素

松辽盆地北部具有形成大规模致密油气藏的有利地质条件。致密油藏主要发育在中浅层扶余油层，受油源、超压、断裂及河道砂体成藏期有机配置控制了扶余油层中央坳陷区内整体大面积连片含油分布的特征（蒙启安等，2014）。致密气藏主要发育在深层沙河子组，目前在徐家围子断陷取得勘探突破并提交了三级储量。沙河子组源储叠置、近源聚集，具有有效烃源岩发育区控制含气范围、辫状河（扇）三角洲前缘等沉积相带控制有利储层发育、储层发育程度控制气藏富集的三控成藏发育特点，形成大面积连续分布的致密气藏。

一、致密油藏的分布及主控因素

2011—2017年，松辽盆地北部按源内高台子致密油和源下扶余致密油来开展研究及勘探工作。2018年在中国石油页岩油勘探推进会上，统一页岩油概念，将烃源层内的非常规油藏统称页岩油。按源储比特征，高台子油层致密油主要划归Ⅰ类页岩油，部分为Ⅱ类页岩油。以下致密油的论述，主要针对扶余油层致密油。

1. 致密油藏的分布特征

松辽盆地北部扶余油层致密储层主要为河流—浅水三角洲沉积体系的砂体。盆地边部砂岩厚度普遍大于50m，砂地比大于45%，埋藏浅、物性好，且远离成熟烃源岩，受局部构造控制，主要形成小规模的常规油藏。中央坳陷区的大庆长垣、三肇凹陷及齐家—古龙凹陷，砂岩厚度为10～50m，砂地比一般为15%～45%，储层致密，且主体均位于成熟烃源岩分布范围内，具有形成大面积致密油的地质条件。

青山口组烃源岩生成的油气能够下排至扶余油层主要取决于三个因素。一是青山口组烃源岩普遍存在超压，具备下排动力。压力演化史模拟表明，青山口组烃源岩在嫩江组沉积末期出现第一个压力高峰，过剩压力最大在10MPa；明水组沉积末期达到极值，过剩压力最大在15～20MPa之间。二是晚期构造活动使扶余油层顶面广泛发育的断层复活开启，油气具备下排通道。扶余油层顶面发育大量断层，断裂规模小、密度大，平面密集成带、剖面垒堑相间，在明水组沉积末期油气大量生排烃期成为油气垂向运移的输导通道。三是扶余油层发育的良好储层，为油气下排运聚提供了储集空间。扶余油层为河流—浅水三角洲沉积体系，发育曲流河、三角洲平原和三角洲前缘亚相，具有曲流河道、分流河道、水下分流河道等各种河道砂体类型。储层成岩演化表明，压实和胶结作用是储层致密的主要因素，明水组沉积早期储层已开始致密。油气能否进入储层进行二次运移，需要克服毛细管阻力、浮力和排驱压力。研究表明油气需克服的阻力主要是排驱压力。以卫星—升平地区为例，22 个压汞资料分析表明，扶余油层排驱压力介于 0.691～12.538MPa，平均为 5.87MPa，而青一段烃源岩在明水组沉积末期剩余压力普遍在 16～18MPa 之间，远大于需克服的各种阻力，可以推动石油进入致密储层成藏。

油气沿广泛分布的通源断裂下排，断砂匹配的输导体系决定了油气平面及纵向分布。平面上整体表现为大面积含油的特点，在局部构造高部位、地垒块物性好，油气相对富集；纵向上油气主要分布在扶余油层，杨大城子油层分布较为局限，只发育在三肇凹陷东部构造高部位。油气下排深度存在差异，长垣以东地区下排的距离明显大于长垣以西地区，最大下排深度可达 500m，宏观上存在超压下排的包络面，包络面以上有效储层普遍含油。油水关系相对简单，整体上在盆地边部及油层底部见水（图 1-8-37）。

综合有效烃源岩、储层物性及油水关系等因素，划分常规油与致密油分布范围。扶余油层致密油孔隙度一般小于 12%，以纯油为主，主要分布在大庆长垣中南部、三肇凹陷及齐家—古龙凹陷的主体部位，有利区面积 1.3×10^4km^2。常规油孔隙度一般大于 12%，油水关系复杂，主要分布在齐家凹陷北部、三肇凹陷东部的尚家—太平川地区等，面积 8000km^2。

2. 致密油藏分布的主控因素

1）青一段、青二段优质烃源岩奠定了致密油形成的物质基础

松辽盆地青山口组发育青一段、青二段烃源岩，青一段更优。青山口组烃源岩厚度为 200～300m，有效烃源岩分布范围为 1×10^4km^2，有机质丰度高，为 2%～4%，R_o 为 0.75%～1.3%，总体达到成熟阶段。青一段 TOC 平均大于 2%、R_o 大于 1%、S_1+S_2 一般大于 9mg/g，属于优质烃源岩。青二段烃源岩质量较好，TOC 一般大于 1.2%、R_o 一般大于 0.9%、S_1+S_2 一般大于 7mg/g，TOC 大于 2% 的层段主要分布在下部，属于好烃源岩。平面上青一段、青二段成熟烃源岩主要分布于中央坳陷区齐家—古龙凹陷和三肇凹陷。青一段成熟烃源岩控制着扶余油层致密油的分布。青一段烃源岩镜质组反射率与扶余油层探井油气显示叠合分析表明，扶余油层致密油整体分布在 R_o 大于 0.75% 的范围内部，主体分布在 R_o 大于 0.9% 的范围内，此范围内部烃源岩排油强度一般大于 200×10^4t/km^2，在成熟烃源岩范围内的探井油层发育，纯油区连片。

2）河流—三角洲沉积提供了致密油储集空间

扶余油层致密储层主要为河流—三角洲沉积体系中的各类河道砂体，单一砂体规模较小，纵向不集中，横向不连续，空间上表现为多层砂泥相互叠置的“汉堡包”式特点。开发区致密油储层精细解剖表明，不同类型砂体发育规模不同，其中曲流河道砂体厚度为 4～12m，砂体宽度为 300～1000m；网状河道砂体厚度为 3～6m，砂体宽度为 200～500m；分流河道砂体厚度为 3～4m，砂体宽度为 100～300m。中央坳陷区以三角洲分流平原河道砂体为主，单井一般发育 5～10 层，30m 地层中一般仅发育 1～2 期河道砂体，多个油层组多期叠置，错叠连片分布。

3）致密储层物性控制致密油含油性

扶余油层岩性主要为细砂岩、粗粉砂岩，岩石类型主要为岩屑长石砂岩、长石岩屑砂岩，碎屑总量为 19%～91%，平均为 76.8%；填隙物总量平均为 23.2%。致密砂岩储层孔隙度为 5%～13%，平均为 9.5%，小于 13% 的样品占 93%；渗透率为 0.01～0.5mD，

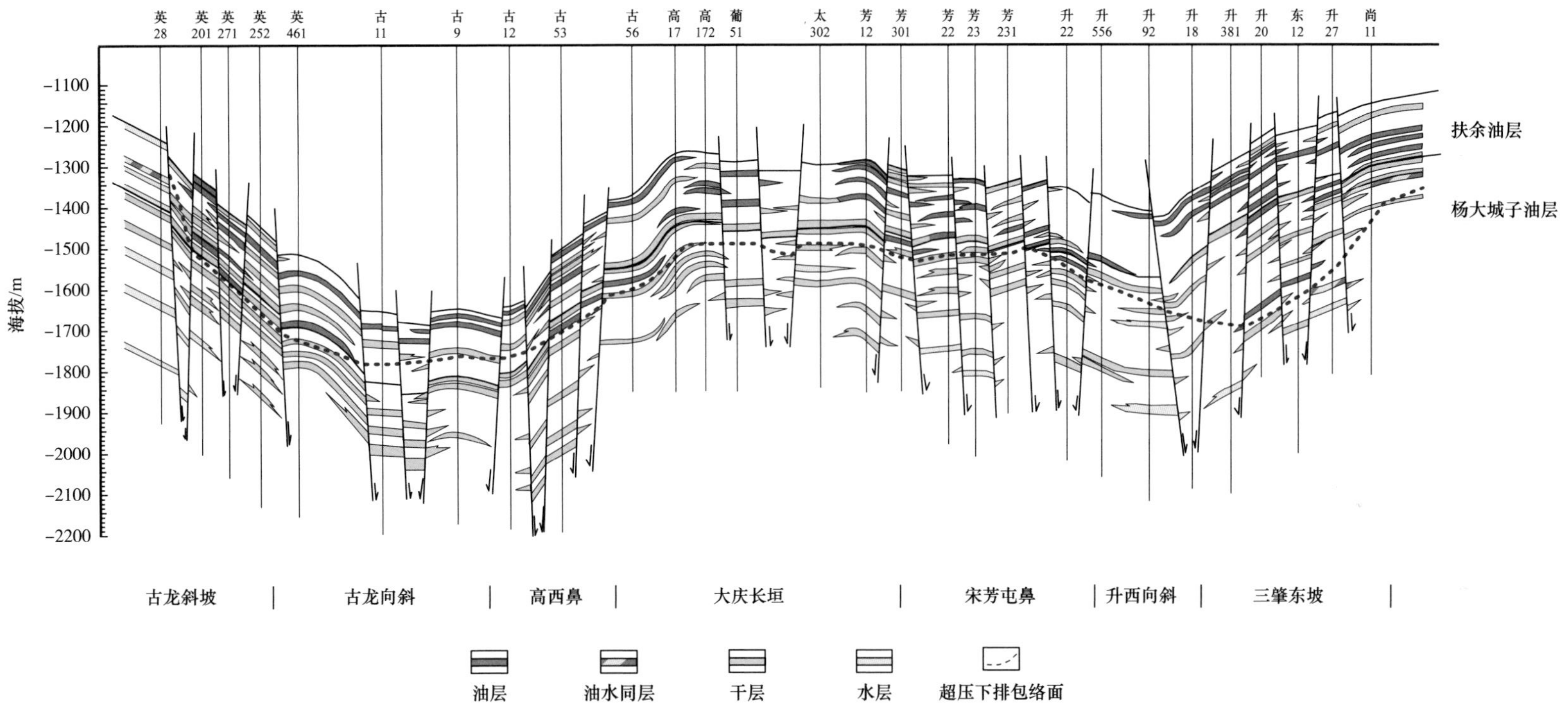

图 1-8-37　松辽盆地北部英 28—葡 51—尚 11 井扶余油层油藏剖面图（东西向）

平均为 0.2mD，小于 1mD 的样品占 95%。

微米级孔隙和纳米级喉道构成主要储集空间和渗流通道。孔隙度大于 10%，渗透率大于 0.1mD 的储层，孔隙半径以 1～8μm 为主。当储层孔隙度小于 10%，渗透率小于 0.1mD 时，孔隙半径以 0.5～4μm 为主，喉道半径主要在 30～800nm 之间。

喉道半径、物性、含油性具有较好的相关性，孔喉半径 50nm 是含油下限，孔喉控制物性，物性决定含油性。孔喉半径大，储层物性好。一般情况富含油、油浸储层孔隙度大于 10%，孔隙度在 4%～5% 之间、渗透率小于 0.02mD 基本没有显示，孔喉半径小于 50nm 基本无可动油。

4）生烃增压多期充注，致密油经历了边致密边成藏过程

通过成岩作用研究、包裹体测温实验、包裹体荧光光谱分析、古压力分析、埋藏史及孔隙度演化史等分析，认为扶余油层紧邻青山口组烃源岩，源储匹配好，常规储层流体流态近达西渗流、致密储层呈非达西渗流。

扶余油层砂岩储层致密化主要是由沉积和成岩作用造成的。沉积方面，由于距离物源相对较远，砂岩粒度细，岩屑和泥质杂基等塑性强的物质含量高，细颗粒更易被压实而紧密排列，导致原生孔隙减少、物性变差。压实和胶结破坏性成岩作用也是导致储层致密化的重要因素，主要表现为机械压实、方解石胶结、黏土矿物沉淀、石英次生加大。根据孔隙度随埋藏深度演化曲线，结合埋藏史分析表明，明水组沉积早期储层已经致密。

青山口组烃源岩过剩压力为致密储层连续充注的动力条件。利用包裹体测压技术对成藏时期的储层古压力进行了恢复。嫩江组沉积时期和古近纪末期捕获的油包裹体压力系数显示出常压的特征；在明水组沉积末期捕获的油包裹体压力系数最大为 1.38，最小为 1.27，平均为 1.32，表现出高压异常的特征。明水组沉积末期的致密储层之所以会出现异常高压，是因为该时期烃类的大量生成产生异常高压并传递至储层。现今地层压力源内与源外存在差异，源内超压、扶余油层常压。

致密储层成藏具有多期多幕特点。成藏期分析揭示，扶余油层为 2 期 4 幕成藏，时间为嫩江组沉积末期和四方台组—明水组沉积期。扶余油层油气平面充注差异性不明显，嫩江组沉积末期储层尚未致密，形成少量常规油聚集，明水组沉积早期储层已经致密，边致密边成藏。

5）致密油富集受有效烃源岩、构造、断裂及砂体控制

源下扶余油层致密油富集受有效烃源岩、断裂、砂体及构造控制，在大庆长垣、三肇、齐家—古龙的河道砂体内富集。有效烃源岩控制扶余致密油分布，其内储层物性受埋深影响显著，埋深小于 1800m 的河道砂，孔隙度大于 12%，渗透率大于 0.5mD。埋深大于 2300m，孔隙度小于 8%，渗透率小于 0.15mD。构造高部位的河道砂体发育区物性好，凹陷内部储层埋深超过 2400m 的地区储层物性整体变差。平面上看，构造越平缓含油越稳定，相对较高部位油层厚度大，大庆长垣、龙西、三肇凹陷的卫星—肇州、榆树林等构造高部位河道砂体孔隙度在 8%～12% 之间，为Ⅰ类储层，油层厚度一般大于 10m；齐家—古龙凹陷内、兴城和榆西等地区受构造、沉积等控制，砂体规模小，且孔隙度普遍小于 8%，为Ⅱ类储层发育区，油层厚度一般小于 5m。

二、致密气藏的分布及主控因素

徐家围子断陷沙河子组以往主要作为烃源岩进行评价，沙河子组主要为营城组火山岩的兼探层位。近年随着水平井和体积压裂改造技术的推广应用，2012 年针对沙河子组部署的水平井宋深 9H 井、直井徐探 1 井相继获得突破，拉开了致密气勘探的序幕。勘探思路发生了相应的转变，一是从兼探层转变为针对性部署层；二是水平井部署转变为直平结合部署；三是从烃源岩评价转变为烃源岩、储层、工程三品质评价。经过近 6 年的勘探，徐家围子断陷沙河子组安达、徐东、徐西均获得突破，平面上“多点开花”，整体展现了满凹含气的规模场面。但仍属于勘探早期，开发方面正在进行针对性试采。

大庆探区对致密气形成主控因素及分布规律的研究始于 2012 年，最有标志性的研究成果是在股份公司层面设立的“松辽盆地北部致密砂砾岩气资源潜力及富集规律研究”课题，初步对致密气形成主控因素及富集规律进行了系统总结。

1. 致密气藏分布特征

徐家围子断陷沙河子组致密气藏与我国西部前陆型、中部克拉通型致密气藏具有相似的地质特征，一是储层物性差，分布面积大；二是资源丰度低，局部“甜点”发育；三是含气不完全受圈闭控制，沙河子组致密气藏不含水；四是普遍存在压力异常，含气性好，沙河子组致密气藏存在局部超压。

徐家围子断陷沙河子组致密气藏为大面积致密岩性气藏，具有源储叠置、近源聚集、持续成藏的特点。

1）源储叠置、近源聚集

砂砾岩储层纵向上与烃源岩呈“三明治”式接触，平面上储层向湖盆中心延伸，与烃源岩密切接触，气藏具有近源聚集、匹配成藏的特点。致密砂砾岩纳米孔隙及包裹气与相邻烃源岩中的天然气组分碳同位素对比，认为大部分深层致密砂砾岩气具有近源聚集的特征。

2）成藏跨度大，持续成藏

沙河子组天然气成因多为煤型气，其次为深层混合气，成藏期为 98—83Ma，相当于泉头组—青山口组沉积时期，成藏期跨度较大，持续成藏。

3）天然气充注与致密期同步

根据成熟度、古地温、黏土矿物类型、成岩作用等指标划分徐家围子成岩阶段，沙河子组致密储层属于中成岩阶段 B 期和晚成岩阶段。沙河子组天然气充注时间为晚成岩阶段开始，基本属于同一时期。

2. 致密气藏成藏主控因素

沙河子组致密气源储匹配关系好，但非均质性强，其天然气富集主要受烃源岩、相带、储层三因素控制。

1）有效烃源岩控制气藏发育区

沙河子组烃源岩主要岩性为暗色泥岩和黑色煤层。具有分布面积广、厚度大、地球化学指标好、生烃强度高的特点。最大生气强度超过 $400\times10^8m^3/km^2$，大于 $20\times10^8m^3/km^2$ 面积为 $1824.1km^2$，生气强度大的区带，探井产气量高。如安达凹陷单井产量高的探井主要分布于有机碳含量高、生烃强度大于 $20\times10^8m^3/km^2$ 的控制范围内，单井试气产量一般为 4×10^4～$20\times10^4m^3/d$。

2）有利相带控制有利储层发育带

沙河子组以扇三角洲相、辫状河三角洲相、湖相为主，广泛发育的扇（辫状河）三角洲砂体为致密气藏形成提供了储集空间。沙河子组为断陷湖盆沉积，陡坡带发育扇三角洲，缓坡带发育辫状河三角洲。有利储层主要发育在扇三角洲、辫状河三角洲前缘相带，以含砾砂岩、砂质砾岩为主，沉积相带控制储层物性。前缘亚相物性最好，孔隙度一般为5%～7%，扇三角洲前缘平均为5.2%，辫状河三角洲前缘平均为5.1%；平原亚相一般为3%～6%，扇三角洲平原平均为4%，辫状河三角洲平原平均为4.9%。在各沉积微相类型中，扇三角洲前缘水下分流河道砂体、席状砂和辫状河三角洲前缘水下分流河道、河口沙坝孔隙度最好。

3）储层发育程度控制气藏富集

沙河子组优质储层的发育机制与我国大多数致密气盆地类似，主要受压实作用、溶蚀作用、胶结作用控制。沙河子组中压实强溶蚀成岩相、中压实弱溶蚀成岩相影响下的三角洲平原、前缘亚相中的储层更发育。中压实强溶蚀成岩相物性最好，孔隙度一般为6%～9%，中压实弱溶蚀成岩相一般为5%～7%，具有有利储层平面上呈带状分布的特点。如安达地区在区域北西—南东向挤压应力的作用下，大部分地区发生褶皱隆起，表现为东部斜坡带的掀斜作用，使东部斜坡带埋藏浅，压实作用较弱，原生孔隙发育。另一方面，东部斜坡区沉积期地层平缓，发育沼泽相煤层，煤层产生的有机酸长期持续溶蚀砂砾岩储层，次生孔隙发育。因此形成安达地区大面积分布的天然气富集区。

4）致密气“甜点”发育区及含气部位分布

沙河子组主要“甜点”发育在有效烃源岩控制区、三角洲前缘相带、中压实强溶蚀成岩相的储层发育范围内；纵向上主要含气部位为上部层序。从宏观上看，沙河子组具有山高源足，满凹含砂的断陷盆地砂体分布特点。烃源岩大面积分布，生烃指标好，断陷东西两带多物源短物源，物源供应充足，砂砾岩储层具有源储叠置、近源聚集、持续成藏的特点。安达凹陷、徐东斜坡区、徐西地区构造高部位均为天然气富集区。沙河子组致密气属于低孔低渗储层，目前发现的有利储层主要发育于4500m以上，工业性气流井均发育在这个深度范围以内。但是徐西地区在4500m以下的探井也发现较好储层，其特点为溶蚀孔隙发育、地层超压。因此今后勘探应特别注意4500m以下的储层发育及主控因素分析。

总之，松辽盆地作为大型中—新生代陆相沉积盆地蕴含着丰富的油气资源，在60年的勘探进程中，不断深化对盆地油气藏形成的基本条件、形成机制与成藏模式、油气藏类型、油气分布及主控因素等方面的认识，不但丰富和完善了大型陆相湖盆油气成藏地质理论和深层天然气成藏地质理论，而且有效地指导了油气勘探工作思路和部署方向，取得了丰硕的油气勘探成果。截至2018年底，松辽盆地北部已探明石油地质储量 63.13×10^8t，控制石油地质储量 5.05×10^8t，预测石油地质储量 2.33×10^8t；已探明天然气地质储量 $3625.40\times10^8m^3$，控制天然气地质储量 $319.99\times10^8m^3$，预测天然气地质储量 $1774.38\times10^8m^3$，从而证实了其研究成果所具有的理论意义和实际应用价值。

第九章　油气区各论

松辽盆地北部位于黑龙江省境内，包括中央坳陷区、西部斜坡区、北部倾没区和东南隆起区共4个一级构造，大庆长垣、三肇凹陷和齐家—古龙凹陷等26个二级构造，总面积$11.95 \times 10^4 km^2$。截至2018年底，在黑帝庙、萨尔图、葡萄花、高台子、扶余和杨大城子等7个油层发现敖包塔、宋芳屯、龙虎泡和朝阳沟等34个油田，含油面积$6918.83km^2$，探明石油地质储量$63.1 \times 10^8 t$。发现16个气田，含气面积$967.76km^2$，探明天然气地质储量$3440.91 \times 10^8 m^3$。大庆油田勘探开发范围广、含油层位多、油气田多，资料丰富，受篇幅所限，本次修编有两点说明：一是区内大庆长垣的萨尔图、葡萄花和高台子油层发现早，开发程度高，1990年以后大庆长垣萨尔图、葡萄花和高台子油层开始全面实施“稳油控水”系统工程，二次加密、三次加密和三次采油工作，通过密井网解剖，进一步深化了油田构造、储层及油气藏特征的认识，并在2013年出版的《中国油气田开发志·大庆油气区油气田卷》上册的萨尔图油田志、喇嘛甸油田志、杏树岗油田志和葡萄花油田志，以及下册的敖包塔油田志和高台子油田志中进行了详细描述，因此，本书中只对后期勘探获得新发现的扶余油层构造、储层、油气藏特征及开发简况进行描述（图1–9–1）。二是考虑松辽盆地北部大庆油田油气分布主要受齐家—古龙、三肇、王府三个生油凹陷和大庆长垣、长春岭背斜带、朝阳沟阶地及各生油凹陷发育的大型鼻状构造控制，其次受三角洲平原、三角洲前缘、滨浅湖沉积的曲流河、点坝、水下分流河道、席状砂、远沙坝砂体控制，大型油气藏分布在较大的背斜或鼻状构造上，构造低部位以大面积构造—岩性油气藏为主。因此，在对油气藏特征进行描述时，根据油气分布规律划分的油气区进行论述。

第一节　大庆长垣扶余油层油气区

大庆长垣位于黑龙江省大庆市境内，呈南北向分布，东与安达市、肇州县接壤，西与杜尔伯特蒙古族自治县毗邻，南与肇源县交界，北与林甸县相连。油田东距哈尔滨市160km，西距齐齐哈尔市约140km。大庆长垣是松辽盆地最大的正向构造，勘探面积$2472km^2$（图1–9–1）。

一、勘探简史

大庆长垣扶余油层钻探工作始于20世纪50年代末。1959年10月首先在葡萄花构造上钻探了葡1井，完钻井深3270.27m，该井于1522.45～1533.45m井段取心见1.8m含油饱满的油砂。至1972年，相继有12口井兼探下部扶余油层，均见不同程度含油显示，但由于储层物性差，限于当时压裂工艺水平，基本无工业价值。

20世纪70年代后期至80年代，在长垣局部构造高点扶余油层勘探相继获得发

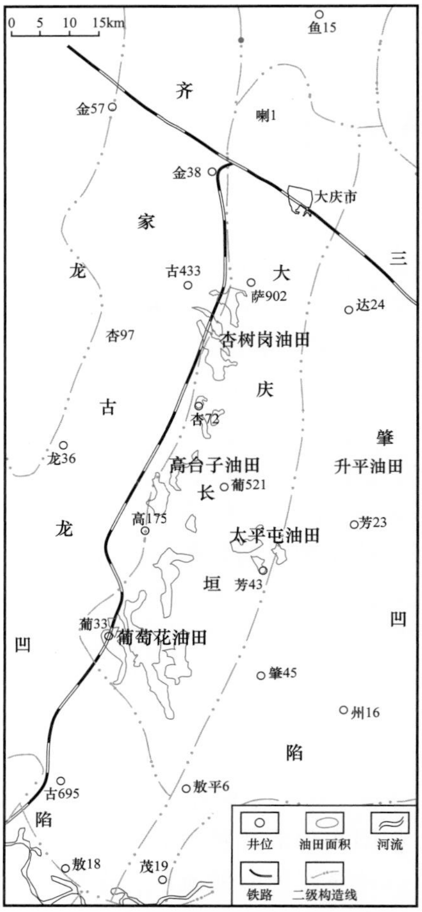

图 1-9-1　大庆长垣扶余油层油田分布图

现。其中，太平屯构造的太 3 井于 1977 年在 1754.6～1794.4m 井段压裂后气举日产油 1.759t，是大庆长垣扶余油层第一口工业油流井。随后萨尔图、高台子、葡萄花构造探井压裂相继获得工业油流，当时认为大庆长垣三级构造是扶余油层油气成藏的主控因素。1985 年萨 9 区块提交石油控制地质储量 414×10^4t，含油面积 8.6km^2；高 11 区块提交石油控制地质储量 567×10^4t，含油面积 15km^2；1986 年高 12 区块提交石油控制地质储量 268×10^4t，含油面积 7.1km^2。

20 世纪 80 年代末至 90 年代，在三肇凹陷扶余油层大面积含油认识的启示下，首先在长垣南部的葡萄花和敖包塔构造上开展了大规模勘探，发现了葡 31 区块大面积含油区。葡 33 井于 1996 年在 1594.2～1764.6m 井段压裂后抽汲获日产油 13.832t 高产工业油流，1997 年葡 31 区块提交石油预测地质储量 13108×10^4t，含油面积 307km^2；1998 年升级石油控制地质储量 13340×10^4t，含油面积 317km^2。

葡 31 区块发现后，继续向大庆长垣中部扩大勘探，相继部署了葡 42、太 21、杏 69、古 531 等井，日产油 1.1～18.563t，逐步实现了杏树岗—葡萄花构造含油连片。杏树岗构造的杏 69 井于 1997 年在 1494.1～1617.6m 井段压裂后抽汲获日产油 18.563t，为大庆长垣扶余油层产量最高的一口井；高西鼻状构造的古 531 井于 1997 年在 2339.0～2416.8m 井段压后 MFEII 测试日产油 3.23t，是大庆长垣扶余油层在当时获工业油流井中埋藏最深的一口井。这些探井进一步证实了大庆长垣扶余油层具备形成大面积岩性油藏的地质条件。

2001—2004 年，在葡 31 区块提交石油探明地质储量 1145×10^4t，含油面积 12.8km^2；葡 462 区块提交石油探明地质储量 1114×10^4t，含油面积 18.3km^2。合计石油探明地质储量 2259×10^4t。

“十一五”期间，为了使预探、油藏评价、开发实现有序衔接和良性互动，贯彻落实勘探开发一体化工作理念，有效整合预探、评价、开发技术和资源，开展地质、地震、测井、油藏工程多专业联合攻关，实施一体化勘探。实施过程中体现三个一体化，即地质研究一体化、井位部署一体化、组织运行一体化。

根据“整体研究、整体认识、整体勘探”的一体化工作思路，按照“二级构造普遍含油、三级构造聚油、断层带富油”的地质认识，进行分区划带、整体部署。2006—2011 年，在长垣杏树岗、高台子、葡萄花、敖包塔以及西侧萨西、杏西、高西、葡西鼻状构造共完钻探井 30 口，12 口井获工业油流，6 口井获低产油流。其中位于葡萄花构造北部的葡 61 井，于 2009 年在 1412.0～1490.6m 压裂后抽汲获得日产油 9.36t 工业油流；位于葡萄花构造南部的葡 403 井，于 2009 年在 1634.0～1742.0m 通过 CO_2 压裂后抽汲获得日产油 9.19t 工业油流；萨西鼻状构造的萨 951 井，于 2010 年在 2335.0～2338.0m 压裂后抽汲获得日产油 16.72t 的工业油流，随后古 433 井突破 2400m 深度下限，压后抽汲获得日产油 6.293t 的工业油流。同时，抓住大庆长垣上部萨尔图、葡萄花油层已开发区三次加密调整、聚驱产能建设的有利时机，利用加密井、聚驱井、扩边井等，在需要实施勘探评价的区域大胆实施"百井工程"加深评价，到 2010 年底，共实施评价控制井 103 口，66 口井获工业油流，节省进尺 10×10^4m。这些井的钻探成功展示了大庆长垣扶余油层低渗透储层较好的勘探潜力，增强了进一步勘探的信心。

2006—2011 年，在葡 46 区块提交石油探明地质储量 1708.83×10^4t，含油面积 26.88km^2。合计石油探明地质储量 5675.83×10^4t。

在勘探取得突破的同时，为加快开发动用步伐，围绕地质认识相对清楚、高产探井区块，开辟开发先导试验，探索低渗透扶余油层有效动用技术。先后开辟了葡 333、葡 462、杏 69 三个开发先导试验区。通过开发先导性试验，初步落实了长垣低渗透扶余油层技术动用界限，即空气渗透率大于 2.0mD 油层具有连续产油能力，证实了长垣扶余油层具有较好的增储和开发潜力。

"十二五"以来，按照"预探先行、储备技术，评价跟进、探索有效开发模式"致密油勘探开发思路，通过引进消化，自主创新适用的水平井钻探技术，在建立了扶余油层致密油"甜点"优选方法基础上，逐步发展完善了"水平井 + 大规模体积压裂"和"直井 + 缝网压裂"致密油藏增产改造技术，在大庆长垣扶余油层系统开展致密油勘探评价工作。

先后部署钻探了垣平 1、萨平 953、高 26H、葡平 1、葡平 2、葡平 3、葡平 5、敖平 1、敖平 2、敖平 3、敖平 5、敖平 6、高平 1 共 13 口井，其中 12 口井获工业油流。长垣中部葡萄花构造的垣平 1 井获得 71.26t/d 的高产工业油流，葡萄花构造南部的葡平 2 井获得 74.02t/d 的高产工业油流；南部敖平 3 井获得 69.3t/d 的高产工业油流；北部高台子构造的高 26H 井获得 44.04t/d 的高产工业油流。同时，为落实分布特征，钻探直井 22 口，其中有 10 口获工业油流，取得了良好的提产效果。

评价紧跟预探发现，系统梳理，明确扶余油层储量分类，按照"先易后难、先好后差"的顺序，分类、分区开辟开发先导性试验。2013 年，优先围绕垣平 1 高产探井，开辟了垣平 1 水平井开发先导试验区，探索利用立体水平井井网有效动用纵向多层致密油藏，尝试建立工厂化作业模式降低投资，共部署 8 口水平井，其中平台井 5 口、独立井 3 口，储量动用率达到 70% 以上，投产初期单井日产油 12.6t，三年累计产油 5.37×10^4t。在垣平 1 先导试验区成功的基础上，2014—2015 年在砂体规模小、储层物性差的葡 34 区块开辟了 I_2 类致密储层开发试验区，部署 14 口水平井，实施 10 口井，已投产 8 口井，初期日产油 13.6t。同时，为了解决扶余油层储层纵向层数多、发育分散，水平井开发储量损失大的问题，发展了"直井 + 缝网压裂"技术，在已开发的葡 333 区块，分三批优选了储层发育好、周围注水井注水状况好、产量低的 34 口井开展直井缝网压裂试验，单井初期平均日增油 4.3t，平均单井累计产油 1461t，预计有效期单井累计增油 2068t，投入产出比为 1：1.87～1：3.94，取得了显著的提产效果。试验区取得

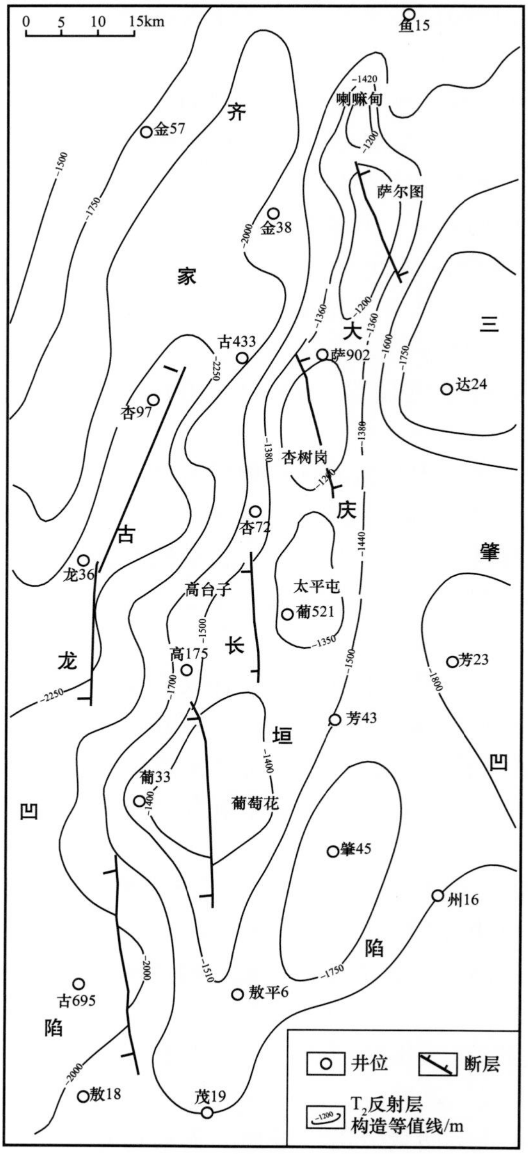

图 1–9–2　大庆长垣扶余油层顶面构造图（T_2）

的阶段认识，为实现松辽盆地北部扶余油层有效开发积累了宝贵经验。

截至 2018 年底，大庆长垣扶余油层累计提交探明储量 15021.92×10^4t，面积 299.23km^2，开发试验区动用地质储量 1883.6×10^4t，动用面积 40.33km^2。

二、构造

大庆长垣整体精细构造解释表明，大庆长垣扶余油层构造走向为北北东向，面积 2473km^2（–1620m 等高线圈闭），T_2 层由六个背斜构造组成。由北向南分别是喇嘛甸、萨尔图、杏树岗、高台子、太平屯和葡萄花（图 1–9–2），各构造单元的相关参数见表 1–9–1。

三、储层

大庆长垣中上部含油系统自下而上钻遇地层为下白垩统泉头组，上白垩统青山口组、姚家组、嫩江组、四方台组、明水组，新近系大安组、泰康组和第四系。扶余油层分属下白垩统泉头组三段上部和泉四段，泉三段上部岩性主要为一套紫红、紫红杂灰绿、灰绿色泥岩、泥质粉砂岩与棕、灰棕色含油粉砂岩组合，泉四段岩性主要为紫红、灰绿色泥岩夹灰、绿灰色粉砂岩、泥质粉砂岩与灰棕、棕色含油粉砂岩不等厚互层。

扶余油层约 170m，划为 3 个油层组 7 个砂岩组，即扶一组 3 个砂岩组 7 个小层，扶二组 2 个砂岩组 5 个小层，扶三组 2 个砂岩组 5 个小层（图 1–9–3）。扶一组地层厚度 95～120m，扶二组、扶三组地层厚度一般在 60～70m。扶余油层沉积时期，主要受北部和南部物源控制，沉积了一套以浅水湖泊为背景的三角洲平原及三角洲前缘亚相薄互层砂泥岩。到扶一组沉积水进型末期古湖泊发育规模最大。通过岩、电特征和相标志，本区三角洲平原亚相主要发育分流河道、泛滥平原、决口河道，三角洲前缘亚相主要发育水下分流河道、水下分流间湾、河口坝和小片席状砂微相。扶余油层砂岩厚度一般为 25～50m，砂体呈带状、透镜状展布，长垣西部发育一近南北方向砂岩富集带，南部连片发育的砂岩富集带，展布方向为北东至南西向，砂岩厚度大于 50m 的高值区分布在萨 95–2 井区，向东北部砂岩逐渐减至 15m，与长垣扶余油层沉积微相展布特征相一致。

表 1-9-1　大庆长垣扶余油层构造要素表

构造名称	制图层位	圈闭类型	闭合面积/km^2	闭合高度/m	闭合线/m	轴向	构造长度/km	构造宽度/km	构造部位及其倾角				所属油田
									翼	倾角/(°)	翼	倾角/(°)	
喇嘛甸	T_2	背斜	27	225	−1420	北北东	15	5.9	西翼	9.1	东翼	3.6	喇嘛甸
萨尔图	T_2	背斜	129	350	−1360	北北东	27	9.7	西翼	7.3	东翼	3.5	萨尔图
杏树岗	T_2	背斜	148	500	−1380	南北	31	13	西翼	3.9	东翼	2.6	杏树岗
高台子	T_2	背斜	19	125	−1500	北北东	17	7.4	西翼	4.6			高台子
太平屯	T_2	背斜	68	125	−1440	南北	16	5.9	西翼	2.7	东翼	1.5	太平屯
葡萄花	T_2	背斜	426	425	−1510	南北	30	14	西翼	4.3	东翼	2.5	葡萄花

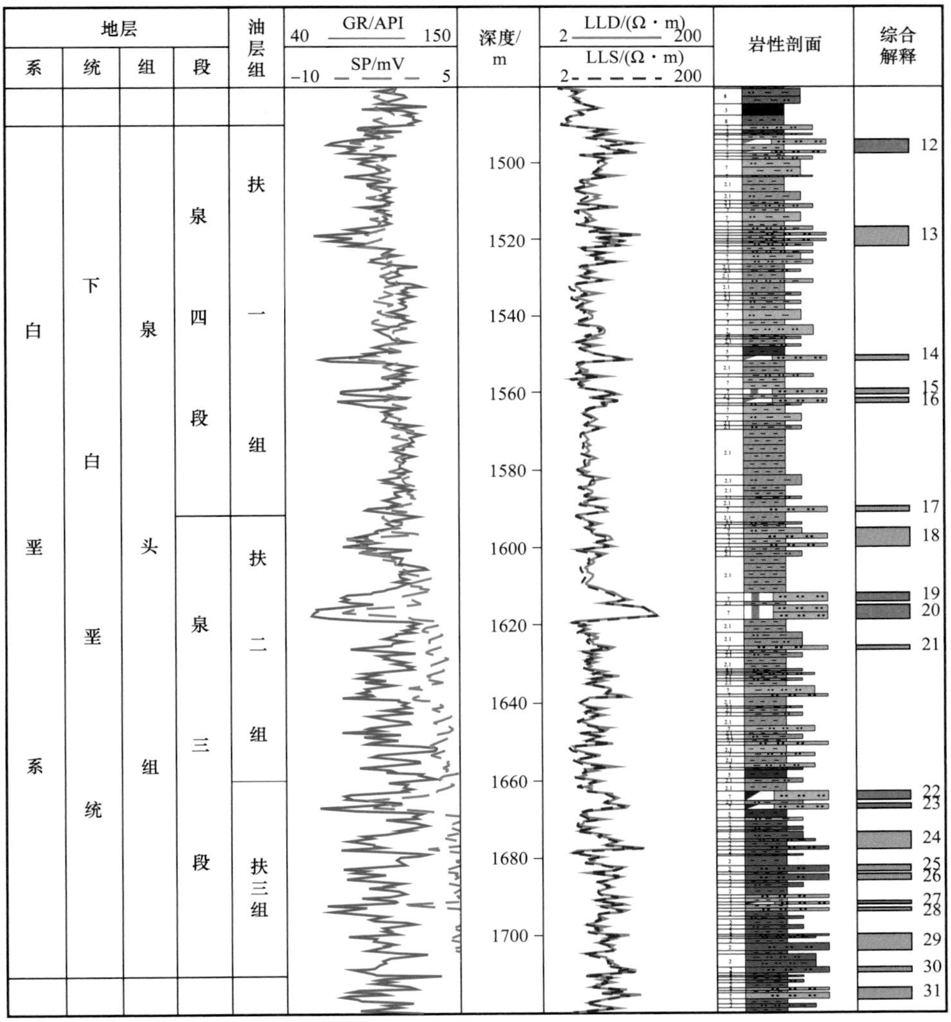

图 1-9-3　大庆长垣扶余油层综合柱状图

长垣扶余油层最大古埋藏深度在1900～2000m之间，处于晚成岩作用A、B期。砂岩碎屑成分中石英含量占20.4%～29.0%，长石占18.1%～35.5%，岩屑含量占13.4%～37.0%，粒度中值为0.03～0.25mm；泥质含量为10%～40%，属含泥长石质岩屑砂岩和含泥岩屑质长石砂岩，胶结物以泥质胶结为主，分选程度中等—好。萨尔图油田扶余油层有效孔隙度分布在15%～20%之间，平均为18%，空气渗透率分布在3～100mD之间，平均为3.5mD；杏树岗油田扶余油层有效孔隙度分布在10%～20%之间，平均为15.2%，空气渗透率分布在0.1～80.4mD之间，平均为3.2mD；高台子、太平屯油田扶余油层有效孔隙度分布在9%～16%之间，平均为13.7%，空气渗透率分布在0.1～38.2mD之间，平均为1.3mD；葡萄花油田扶余油层有效孔隙度分布在9%～16%之间，平均为13.4%，空气渗透率分布在0.1～10.0mD之间，平均为1.4mD，均属低孔、特低渗储层。平面上看，大庆长垣由北向南扶余油层各砂岩组沉积的砂岩粒度逐渐变细，泥质含量逐渐增高，储层有效孔隙度、空气渗透率逐渐降低，储层物性具有北好南差的特点（表1-9-2）。长垣扶余油层孔隙有两种类型：其一是残余粒间孔—粒间溶孔—粒内溶孔组合，以原生孔隙为主，孔喉连通性较差，物性较差，渗透率一般为0.1～10mD，孔隙度为10%～15%，孔隙半径为0.5～2.0μm，一般具有油浸以上含油产状，这类储层主要发育分流河道、水下分流河道砂岩，是长垣扶余油层的主力油层；其二是晶间孔—粒内溶孔—残余粒间孔组合，以黏土矿物晶间微孔为主，喉道狭窄，物性很差，渗透率为0.01～1.0mD，孔隙度以小于9%为主，该类储层仅具油斑、油迹产状，主要发育于河间薄层砂岩，一般为干层。由于储层物性特低，渗流能力差，油井自然产能低，压裂后才可达到工业产能。

表1-9-2　长垣地区扶余油层物性参数统计表

油田	孔隙度/%			渗透率/mD		
	最小值	最大值	平均	最小值	最大值	平均
萨尔图	15	20	18.0	3	100.0	3.5
杏树岗	10	20	15.2	0.1	80.4	3.2
高台子、太平屯	9	16	13.7	0.1	38.2	1.3
葡萄花	9	16	13.4	0.1	10.0	1.4
长垣	9	20	15.1	0.1	100.0	2.4

长垣扶余油层微观孔隙结构特征由北向南逐渐变差，北部萨尔图油田储层平均孔隙半径中值为0.26μm，排驱压力为0.97MPa；南部葡萄花油田储层平均孔隙半径中值为0.02μm，排驱压力为18.2MPa。微观孔隙结构参数反映的储集岩孔隙结构越好，宏观孔渗值越高，其渗流能力越强。纵向层系扶一组中部砂岩明显好于其他非主力油层，平均孔隙半径为0.9μm，最大孔隙半径为3.08μm，排驱压力为0.74MPa。

四、流体

总体上，长垣扶余油层流体性质变化不大。各油田原油性质为轻质油，具有低密度、低凝固点、低黏度、不含硫的特点。

1. 地面及地层原油性质

根据扶余油层地面原油性质分析资料统计，原油密度一般在0.8454～0.8719g/cm^{3}之间，平均为0.8634g/cm^3；原油黏度一般在18.2～38.9mPa·s之间，平均为31.2mPa·s；凝固点一般在31.0～35.8℃之间，平均为33.9℃；含胶质一般在22.2%～25.4%之间，平均为23.7%；含蜡量一般在10.3%～18.2%之间，平均为15.8%。

根据扶余油层高压物性取样分析统计，地层原油密度一般在0.7893～0.8097g/cm^{3}之间，平均为0.8000g/cm^3；原油黏度一般在5.21～7.09mPa·s之间，平均为6.06mPa·s；饱和压力一般在4.89～6.05MPa之间，平均为5.47MPa；体积系数一般在1.0934～1.1032之间，平均为1.0977；气油比一般在17.30～22.40m^3/t之间，平均为19.01m^3/t。

2. 地层水性质

根据扶余油层地层水分析资料，Cl^-含量一般在965.8～2098.7mg/L之间，平均为1333.5mg/L；总矿化度一般在3461.1～5828.0mg/L之间，平均为4487.2mg/L；pH值一般在7.1～7.7之间，平均为7.4；水型为$NaHCO_3$型。

五、油气藏

1. 油水分布特征及油藏类型

受东西两侧生油凹陷烃源岩类型、排烃强度及砂岩富集区控制，大庆长垣扶余油层具有含油富集西好东差、南连片北狭长的格局。中部杏树岗油田西翼以油层为主，东翼则以水层为主；北部萨尔图—喇嘛甸构造则发育水层；南部敖包塔地区以油层和干层为主，葡萄花油田和太平屯油田以油层为主，下部发育水层和油水同层。

1）断层—岩性复合油藏

杏树岗油田和高台子油田油水纵向上表现为上油下水分布特点，杏树岗油田西翼较东翼含油性好，高台子油田双翼含油性好。早期形成的近北北西向展布断裂及同生断层，对沉积具有控制作用，对油气运移具有通道和遮挡作用。构造、断裂、砂体展布与油气运聚在时间、空间上的有机配合，各断层内高部位油层发育，低部位上油下水，在大庆长垣构造背景下形成了断层—岩性油藏（图1-9-4）。

2）岩性油藏

葡萄花油田和太平屯油田为大面积岩性油藏，油层发育程度主要受砂体发育状况及储层物性的控制，物性条件好的构造高部位富油，物性不好的以干层为主。靠近南部沉积物源，扶余油层河道砂体发育，具有形成大面积岩性油藏的条件（图1-9-5）。

2. 油层压力、温度

大庆长垣扶余油层压力和温度特征整体变化不大，各油田均属于正常压力系统、较高地温梯度油藏。

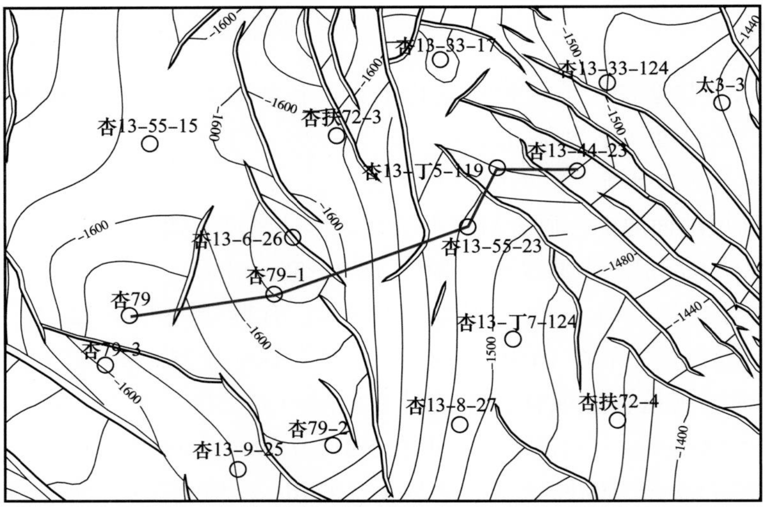

a. 油藏剖面位置图

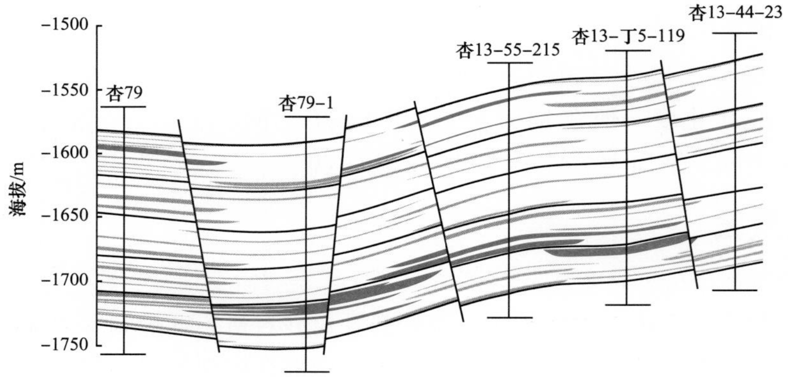

b. 油藏剖面图

图 1-9-4 杏树岗油田扶余油层断层—岩性复合油藏剖面图

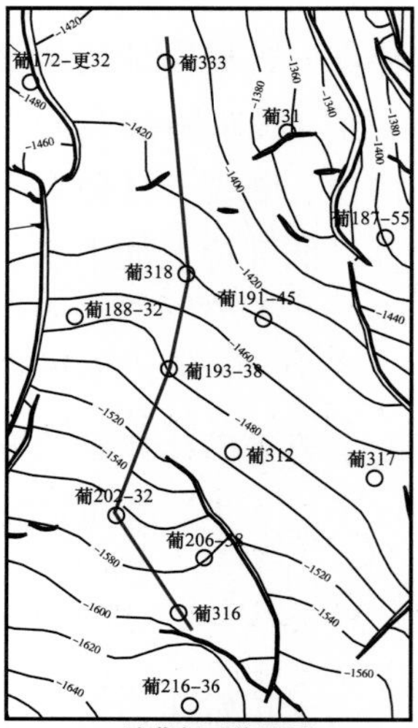

a.油藏剖面位置图

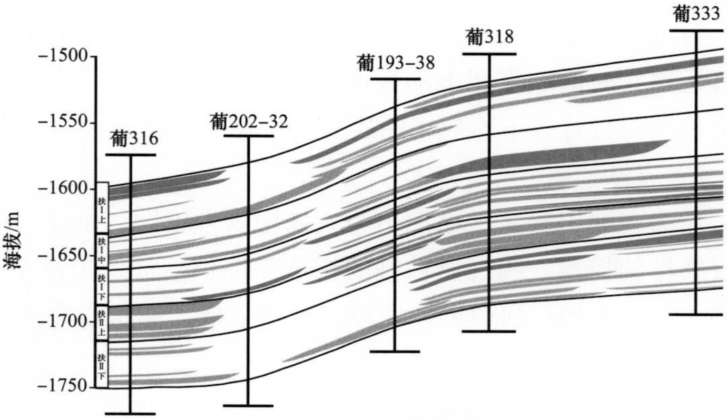

b. 油藏剖面图

图 1-9-5 葡萄花油田扶余油层岩性油藏剖面图

根据 27 口试油测试井测得稳定地层压力统计，压力系数在 1.04～1.23 之间，油层压力与测试海拔深度有较好的线性关系，平均压力系数为 1.09，属于正常压力系统。

根据扶余油层 61 口井地温资料统计，地温梯度在 4.68～4.98℃ /100m 之间，平均地温梯度为 4.88℃ /100m，属于较高地温梯度油藏。

六、产能评价

大庆长垣扶余油层探明储量面积内有直井 160 口，工业油流井 147 口 187 层。平均单井射开有效厚度 6.8m，试油产量为 1.1～40.2t/d，平均试油产量为 4.5t/d，采油强度为 0.7t/d·m（表 1–9–3）。

表 1–9–3 大庆长垣扶余油层直井试油情况统计表

油田	井数 / 口	试油方式	试油		日产油 /t			射开有效厚度 / m	采油强度 / t/（d·m）
			工业 / 口	层数 / 层	最小	最大	平均		
杏树岗	60	压裂	57	67	1.1	40.2	6.3	5.5	1.2
高台子	13	压裂	13	16	1.1	11.3	2.9	6.2	0.5
太平屯	16	压裂	11	15	1.0	9.0	4.3	7.1	0.6
葡萄花	71	压裂	66	89	1.0	22.3	4.6	7.8	0.6
合计	160		147	187	1.1	40.2	4.5	6.7	0.7

大庆长垣扶余油层探明储量内有水平井 3 口。平均砂岩钻遇率 76.8%，平均油层钻遇率 67.1%，平均试油产量 59.83t/d。

为大幅度提高扶余油层低渗透储层单井产量，改善扶余油层开发效果，提升油田开发效益，大庆长垣完钻了垣平 1 井、葡平 1 井和葡平 2 井，应用水平井大规模压裂技术，3 口井试油产量分别为 71.26t/d、34.20t/d 和 74.02t/d，初步见到了较好效果。

七、油田开发简况

大庆长垣扶余油层葡萄花油田 2002 年优选葡 31、葡 333 和葡 462 含油富集区投入开发。截至 2018 年底，基建油水井 282 口，动用地质储量 895.8×10^4t，其中油井 180 口、水井 102 口，平均年产油 0.6211×10^4t、年产液 $2.8241\times10^4m^3$，年注水 $4.009\times10^4m^3$，年注采比 2.32，累计产油 43.17×10^4t，累计注水 $321.1132\times10^4m^3$，累计注采比 3.74，平均采油速度 0.21%，平均采出程度 5.72%，平均综合含水 72.5%。自葡萄花油田扶余油层开发以来，又先后开辟了杏 76 葡扶结合分时开采试验，杏 71 不同井网注水开发和垣平 1 水平井大规模体积压裂弹性开采试验区 6 个，根据扶余油层地质特征和新工艺技术，采用矩形井网、菱形井网、超前注水和水平井体积压裂弹性开采试验，已动用地质储量 987.8×10^4t，综合含水 56.7%（表 1–9–4）。合计动用地质储量 1883.6×10^4t。

表 1-9-4 大庆长垣扶余油层直井试验区开发基础数据统计表

区块	层位	投产时间	动用地质储量 / 10^4t	井数 / 口			年产油 / 10^4t	年产液 / 10^4m^3	年注水 / 10^4m^3	年注采比	综合含水 / %	累计产油 / 10^4t	累计注水 / 10^4m^3	累计注采比	采油速度 / %	采出程度 / %
				油井	水井	合计										
葡 31	扶余	2002.11	78.62	11	3	14	0.2062	0.7894	2.7141	3.15	73.9	6.6353	53.4631	3.8	0.26	8.44
葡 333	扶余	2005.1	623.57	119	74	193	1.4061	6.9916	7.0697	0.94	79.9	28.5034	176.5352	2.23	0.23	4.57
葡 462	扶余	2005.1	193.61	50	25	75	0.251	0.6912	2.2431	2.88	63.7	8.0313	91.1149	5.18	0.13	4.15
小计			895.8	180	102	282	0.6211	2.8241	4.009	2.32	72.5	43.17	321.1132	3.74	0.21	5.72
杏 69	扶余	2007.6	28.4	7	2	9	0.5107	0.8157	0.9641	0.88	37.38	5.1	4.919	0.42	1.41	17.9
杏 71	扶余	2012.1	72.2	25	16	41	2.5116	3.8787	8.3608	1.58	35.25	14.6	50.054	1.52	0.91	20.2
高 45-16	扶余	2011.12	46.94	21	12	33	0.7257	2.7969	4.894	1.65	74.1	6.5632	36.0294	1.83	1.55	14
杏 76	扶余	2015.5	99.26	27	17	44	1.4544	5.4829	10.9181	1.87	73.5	6.5543	29.4016	1.46	1.47	6.6
垣平 1	扶余	2013.10	444	13		13	1.7675	3.719			52.5	9.9596			0.4	2.24
葡 34	扶余	2015.4	297	10		10	0.837	2.5922			67.7	3.7757			0.28	1.27
小计			987.8	103	47	150	1.3012	3.2142	6.2843	1.5	56.7	46.5528	120.404	1.31	1	10.37
合计			1883.6	283	149	432	0.9612	3.0192	5.1467	1.91	64.6	89.7228	441.5172	2.53	0.61	8.05

第二节　三肇凹陷油气区

三肇凹陷油气区位于黑龙江省大庆市境内，区域构造位置属于中央坳陷区的三肇凹陷内，西接大庆长垣，东北临明水阶地，东南为朝阳沟阶地，面积 5743km^2，区内分布升平、宋芳屯、肇州、榆树林、卫星、永乐、徐家围子共 7 个油田（图 1-9-6）。主要发育葡萄花、扶余和杨大城子油层。

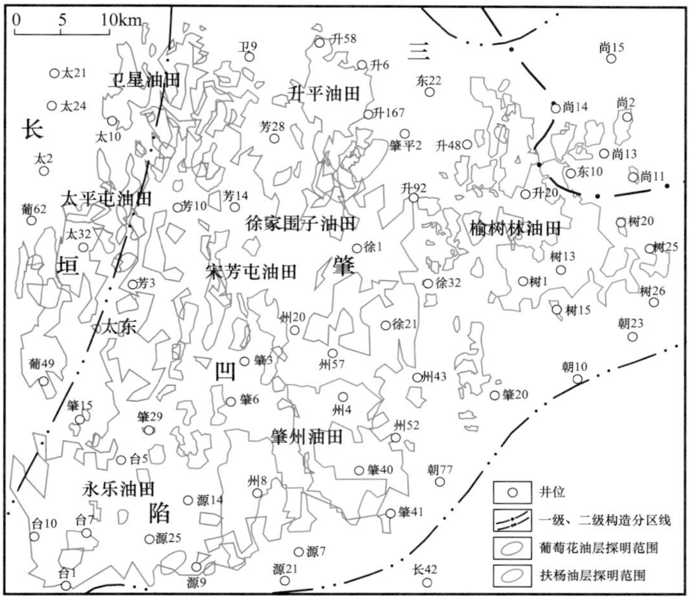

图 1-9-6　三肇凹陷油气区油气田分布图

一、勘探简史

1959 年松基三井获得工业油流，发现大庆油田，同时也开始了以葡萄花油层发现构造油田为主的勘探进程。1960 年，在三肇油气区的升平鼻状构造上完钻第一口探井——升 1 井，9—11 月该井葡萄花油层 1457.6～1475.8m 试油，日产油 13t，从而肯定了葡萄花油层的工业价值，发现了升平油田。也拉开了三肇凹陷油气区葡萄花油层构造油藏发现史的序幕。

1962 年于肇州鼻状构造上钻探了第一口探井肇 1 井，由于该井未钻遇油层，裸眼完井；尚家—榆树林鼻状构造上钻第一口探井尚 1 井，因未见油气显示而报废。因此暂缓了三肇凹陷油气区的勘探工作。加强葡萄花、扶杨油层油气富集规律研究，整体再解剖三肇凹陷油气区，认识到应以钻探小幅度构造为主要勘探目标，1975 年宋芳屯鼻状构造上完钻以扶杨油层为目的层的肇 3 井，扶杨、葡萄花油层合层试油，气举求产日产油 8.34m^3，证实了宋芳屯鼻状构造南部葡萄花油层具有工业开采价值。同年芳 1 井完钻并在葡萄花油层试油获得工业油流，证实了北部地区葡萄花油层具有工业开采价值，从而发现了宋芳屯油田。利用小幅度构造勘探成功的勘探经验，1976 年在卫星地区部署了卫

1井，于1981年射开井段1489.2～1493.6m和1523.8～1528.8m，在1532.18m深度气举求产，获得日产油31.45t、水11.30m^{3}的含水工业油流，从而发现了卫星油田。1976年8月徐1井葡萄花油层取心见4.04m的含油显示，提捞试油获得日产油1.75t的工业油流，发现徐家围子油田。

在葡萄花油层小幅度构造油藏勘探不断取得突破的同时，也加大了构造—岩性油藏的勘探力度，开启了葡萄花、扶余油层兼顾、立体勘探模式。1978年钻探井树1井，1979年4月该井在扶余油层试油，自然产量0.32t/d，1979年5月该井在葡萄花油层试油，获得日产油17.6t的工业油流；1979年7月树2井在扶余油层试油，压裂后气举日产油3.61t，证实该地区扶余油层具有工业产能，发现榆树林油田。1987年在肇州鼻状构造的东翼完钻肇40井，同年对葡萄花、扶杨油层进行了试油。葡萄花油层日产油3.8t，扶杨油层日产油2.5t，均获得工业油流，从而发现肇州油田。葡萄花、扶余油层兼顾、立体勘探取得成功，三肇凹陷油气区出现了第一个储量增长高峰期，1988—1992年5年间分别于榆树林、肇州油田合计提交探明地质储量18649×10^{4}t，含油面积262.4km^2。

油田发现后，先导开发试验陆续展开，1982年首先在宋芳屯油田进行注水开发试验，为后期三肇凹陷油气区葡萄花油层的有效开发奠定了坚实基础。在油田开展开发试验的同时，随着向斜成藏理论的不断完善，开始了向斜区岩性油藏的勘探。永乐地区的勘探工作较早，在1976年探区内完成了第一口探井肇8井，未获得工业油流。由于该井位于宋芳屯鼻状构造和永乐向斜的相交部位，当时认为该区的油水分布主要受构造的控制，在下倾的永乐低部位为含水区，勘探工作也随之减慢。1982年前向斜区的勘探没有取得实质性的进展。1990年在永乐向斜中心附近完钻了芳463井，葡萄花油层MFE测试获得日产油8.710t的工业油流，发现了永乐油田，也进一步证实了向斜成藏理论。向斜区岩性油藏勘探成功，带来了三肇凹陷油气区第二个储量增长高峰期，1996年、1997年和1999年三年合计提交探明地质储量15837×10^{4}t，含油面积511.2km^2。

三肇油气区各个油田于20世纪80年代初逐步开始投入开发，90年代进入大规模上产阶段。各油田在不断加大开发规模的同时，在油田的周边精细油藏评价工作逐步实施，滚动外扩挖潜相继展开。打破厂界、油田界线，勘探开发一体化，整体评价、精细研究，创建分别以“种子区块”和“种子井”为中心的滚动增储新模式，实现了快速增储，2003—2018年间持续评价，合计滚动新增探明地质储量23026.26×10^{4}t，含油面积865.68km^2。

截至2018年底，三肇凹陷油气区已累计新增探明地质储量79189.44×10^{4}t，技术可采储量17101.26×10^{4}t，含油面积2293.75km^2。

二、构造

三肇凹陷油气区位于松辽盆地中央坳陷区三肇凹陷二级构造带上。葡萄花和扶余油层顶面构造继承性发育，区内细分为宋芳屯鼻状构造、升平鼻状构造、肇州鼻状构造和尚家—榆树林鼻状构造共4个三级正向构造单元，永乐向斜、徐家围子向斜、升西向斜共3个三级负向构造单元（图1-9-7），各三级正向构造单元要素的相关参数见表1-9-5。

表 1-9-5　三肇凹陷油气区构造要素表

构造名称	油层顶界层位	圈闭类型	闭合高度（构造落差）/m	闭合线（包络线）/m	轴向	构造长度/km	构造宽度/km	构造部位及其倾角				分布油田
								翼	倾角	翼	倾角	
宋芳屯鼻状构造	葡萄花	鼻状构造	60	-1380	北西—南东向	34.7	—	南东翼	48′	北西翼	56′	宋芳屯油田
	扶余	鼻状构造	85	-1710	北西—南东向	31.4	—	南东翼	24′	北西翼	28′	宋芳屯油田
升平鼻状构造	葡萄花	鼻状构造	80	-1380	北北东	9.8	—	东翼	1°14′	西翼	1°05′	升平油田
	扶余	鼻状构造	80	-1660	北北东	13.2	—	东翼	1°09′	西翼	1°01′	升平油田
肇州鼻状构造	葡萄花	鼻状构造	55	-1380	北西—南东向	14.2	—	南东翼	54′	北西翼	51′	肇州油田
	扶余	鼻状构造	90	-1690	北西—南东向	11.8	—	南东翼	42′	北西翼	40′	肇州油田
尚家—榆树林鼻状构造	葡萄花	鼻状构造	200	-950	北东向	16.7	—	东翼	1°54′	西翼	1°06′	榆树林油田
	扶余	鼻状构造	300	-1290	北东向	16.5	—	东翼	2°42′	西翼	1°30′	榆树林油田

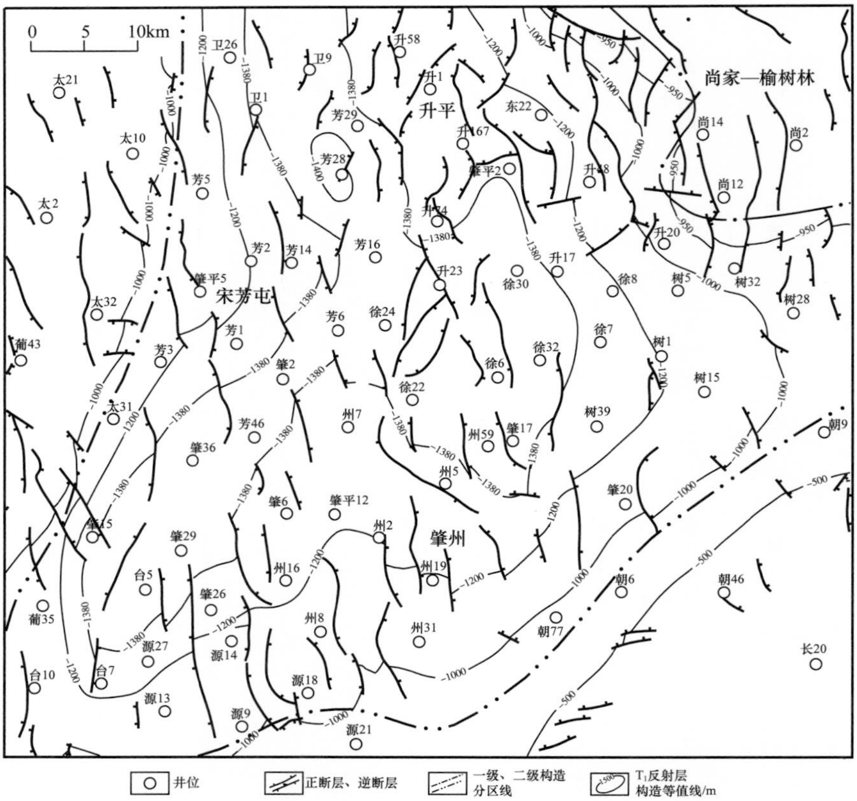

图 1-9-7　三肇凹陷葡萄花油层顶面构造图

三、储层

三肇凹陷油气区中浅层主要发育三套油气层，葡萄花、扶余和杨大城子油层，扶余和杨大城子油层也简称扶杨油层。

三肇凹陷葡萄花油层属于姚一段，地层厚度一般在 30～60m 之间，呈北部厚南部薄的特点，划分为 2 个砂岩组 9 个小层。储层岩性为粉砂岩、细砂岩夹杂色泥岩、灰黑色泥岩薄层的岩性组合（图 1-9-8）。受北部物源控制，为典型的大型浅水河控三角洲沉积，以水下分流河道和席状砂微相为主，北部水下分流河道砂较发育，呈条带状展布，横向变化快，南部肇州、永乐油田一带席状砂较发育，砂岩厚度薄，连续性较好。单层砂岩厚度一般为 0.6～2.2m，层数一般为 4～8 层，单井砂岩厚度在 3.2～41.8m 之间，整体上呈西北厚、东南薄的趋势。有效厚度一般在 2.4m 左右，高值区主要分布在宋芳屯、升平鼻状构造内。葡萄花油层取心井样品分析有效孔隙度一般分布在 16%～24% 之间，平均为 21.2%；空气渗透率一般分布在 10.0～500.0mD 之间，平均为 123.4mD，属中孔、中低渗储层。据 X 射线衍射资料，葡萄花油层储层黏土矿物以伊利石为主，平均含量为 54.3%；其次为绿泥石，平均含量为 22.5%；略含伊 / 蒙混层及高岭石。从岩石扫描电镜分析来看，葡萄花油层孔隙较发育，连通性较好，颗粒孔隙中共生绿泥石与次生石英，表面共生绿泥石与伊利石，主要发育原生粒间孔型储层、原生粒间孔 + 粒内孔型储层、原生粒间孔 + 粒间缩小孔型储层（表 1-9-6）。

表 1-9-6　三肇凹陷油气区油层物性参数统计表

油田	油田（区块）	层位	孔隙度 /%			渗透率 /mD		
			最小	最大	平均	最小	最大	平均
宋芳屯	宋芳屯主体	葡萄花	16.0	24.0	21.9	1.0	500	149.03
升平	升 74	葡萄花	15.6	25.8	22.4	1.8	568	209.7
肇州	肇 60-64、肇 405- 斜 2	葡萄花	14.0	24.5	19.8	1.3	500.6	98.2
榆树林	榆树林	葡萄花	15.0	25.0	22.7	1.0	500.0	61.8
卫星	主体区块	葡萄花	15.0	30.0	23.0	1.1	1800	252.7
永乐	肇 42	葡萄花	14.0	24.5	19.4	1.0	94.7	40.0
徐家围子	徐 25	葡萄花	18.0	25.0	19.5	0.9	465.2	52.7
平均		葡萄花	15.4	25.5	21.2	1.2	632.6	123.4
宋芳屯	宋芳屯主体	扶余	9.0	16.1	11.4	0.1	34.7	1.19
升平	升 22	扶余	9.0	15.6	13.4	0.1	26.8	1.86
肇州	州 201、州 31	扶余	9.0	15.5	11.3	0.1	11.1	1.5
榆树林	榆树林	扶余、杨大城子	8.0	16.0	12.3	0.1	10.0	2.71
永乐	肇 42	扶余	9.0	15.5	11.8	0.1	5.3	0.8
平均		扶余、杨大城子	8.8	15.7	12.0	0.1	17.6	1.6

扶余和杨大城子油层分属下白垩统泉头组三段、四段，主要受南、北两个物源的控制。杨大城子油层以分流平原亚相为主，主要发育近南北向的分流河道和天然堤、决口扇、分流间湾等沉积微相类型，地层厚度一般在 260m 左右，划分为 3 个油层组 7 个砂岩组 22 个小层，岩性主要为紫红、紫红杂灰绿、灰绿色泥岩、泥质粉砂岩与棕、灰棕色含油粉砂岩组合（图 1-9-9）。扶余油层沉积时期水体逐步扩张，扶余油层顶面沉积时期湖泛面达到最大。以三角洲前缘亚相为主，发育水下分流河道、天然堤、决口扇、分流间湾等沉积微相类型。地层厚度一般在 210m 左右，划分为 3 个油层组 7 个砂岩组和 17 个小层，岩性主要为一套紫红、灰绿色泥岩夹灰、绿灰色粉砂岩、泥质粉砂岩与灰棕、棕色含油粉砂岩不等厚互层。从常规物性分析资料统计结果来看，扶杨油层为低孔、特低渗储层，其常规岩心分析孔隙度为 8.0%～16.1%，平均为 12.0%；渗透率为 0.10～34.7mD，平均为 1.6mD。扶杨油层黏土矿物以伊利石为主，相对含量为 60.21%，其次为绿泥石，相对含量为30.12%。扶杨油层颗粒表面及粒间生长发丝状伊利石，一些粒间孔隙充填绿泥石或贴附在颗粒表面。伊利石和绿泥石充填使孔隙变差，孔隙中次生石英较为发育。扶杨油层主要有原生粒间孔型储层、粒间缩小孔型储层、原生粒间孔 + 粒内孔型储层、原生粒间孔 + 粒间缩小孔型储层（表 1-9-6）。值得指出的是，榆树林油田杨大城子油层杨三组出现浊沸石胶结物，造成杨三组油层视电阻率具有异常高阻特征，油层视电阻率一般在 37～90Ω·m 之间，100Ω·m 以上也常见。仅举树 61-61 井为

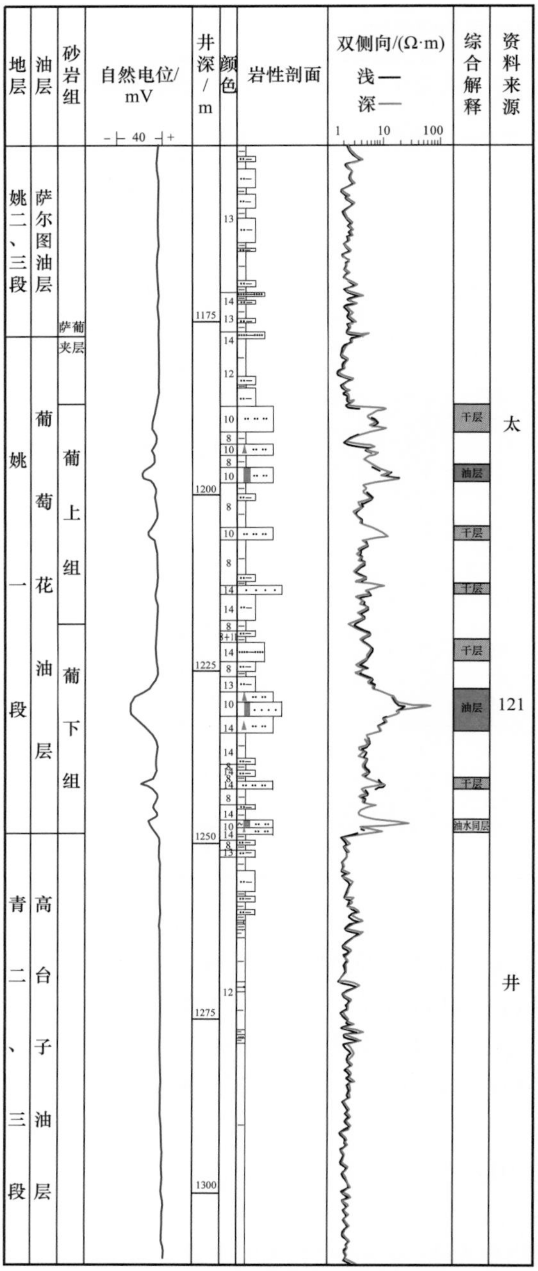

图 1-9-8　三肇凹陷葡萄花油层综合柱状图

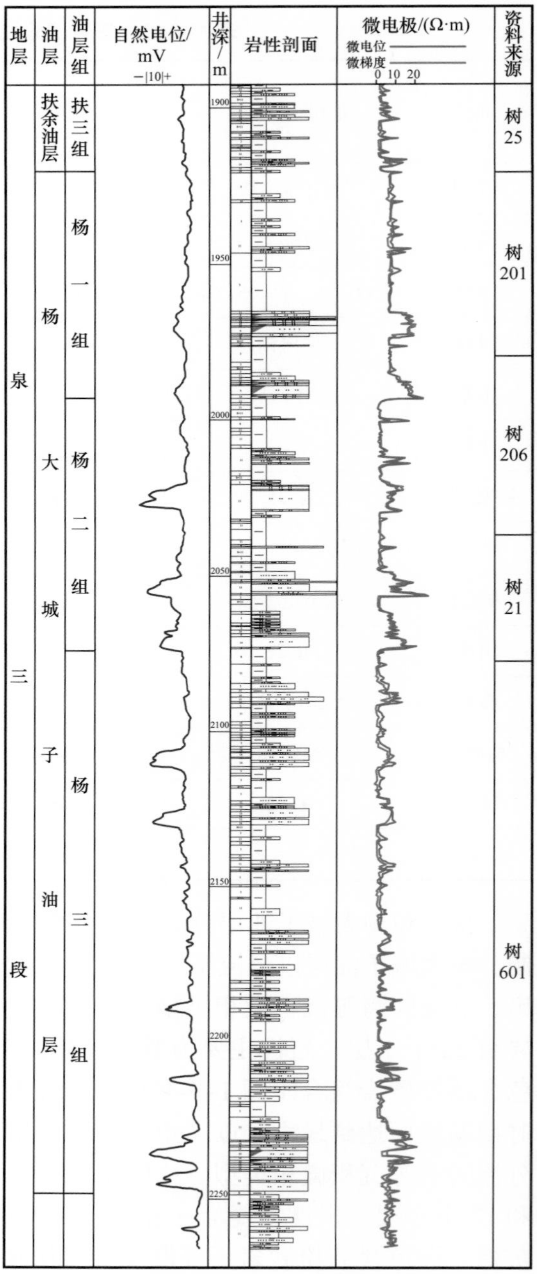

图 1-9-9　三肇凹陷扶杨油层综合柱状图

例说明：1983.2～1988.8m 井段，杨二组不含浊沸石胶结物，有效厚度 5.3m，58 块样品平均有效孔隙度为 12.4%，56 块样品平均空气渗透率为 4.50mD，深三侧向视电阻率最大值 120Ω · m，采用厚度权衡法计算视电阻率平均值为 60Ω · m；杨三组含浊沸石胶结物，有效厚度 10.5m，100 块样品平均有效孔隙度为 10.3%，96 块样品平均空气渗透率为 2.61mD，深三侧向视电阻率最大值 200Ω · m，采用厚度权衡法计算视电阻率平均值约为 90Ω · m。

四、流体

1. 原油性质

1）地面原油性质

葡萄花油层地面原油密度在0.8537～0.8837g/cm^{3}之间，平均为0.8679g/cm^3；地面原油黏度在21.4～95.9mPa·s之间，平均为43.1mPa·s，凝固点在29～43℃之间，平均为36.2℃；含胶质量在12.4%～24.2%之间，平均为18.0%；含蜡量在17.2%～33.2%之间，平均为25.0%。扶杨油层地面原油密度在0.8507～0.8831g/cm^{3}之间，平均为0.8678g/cm^3；地面原油黏度在16.1～77.5mPa·s之间，平均为38.6mPa·s；凝固点在29～45℃之间，平均为35.2℃；含胶质量在8.9%～22.0%之间，平均为14.4%；含蜡量在17.4%～36.6%之间，平均为26.4%。

2）地层原油性质

葡萄花油层地层原油密度在0.7901～0.8350g/cm^{3}之间，平均为0.8087g/cm^3；黏度在5.76～13.46mPa·s之间，平均为8.81mPa·s；原始气油比在14.66～29.78m^3/m^{3}之间，平均为21.08m^3/m^3；原始地层饱和压力在3.77～7.46MPa之间，平均为5.04MPa；体积系数在1.0620～1.1183之间，平均为1.0886。扶杨油层地层原油密度在0.7848～0.8123g/cm^{3}之间，平均为0.8009g/cm^3；黏度在3.54～8.19mPa·s之间，平均为5.17mPa·s；原始气油比在16.48～27.78m^3/m^{3}之间，平均为21.51m^3/m^3；原始地层饱和压力在3.76～8.43MPa之间，平均为5.70MPa；体积系数在1.0783～1.1230之间，平均为1.1015。

2. 地层水性质

葡萄花油层地层水性质一致，水型均为$NaHCO_3$型。葡萄花油层圈闭的封闭条件较好，水动力相对停滞，地层水浓缩程度较高。根据油田地层水分析资料，氯离子含量在3324.3～5194.7mg/L之间，平均为4195.1mg/L；总矿化度在8325.4～12755.1mg/L之间，平均为10712.6mg/L；pH值在6.7～8.9之间，平均为7.8。扶杨油层地层水主要为$NaHCO_3$型，其次为Na_2SO_4型；地层水氯离子含量在1676.9～3547.1mg/L之间，平均为2755.9mg/L；总矿化度在3927.3～8631.6mg/L之间，平均为6490.5mg/L；pH值在6.4～9.2之间，平均为7.4。

五、油气藏

1. 油水分布特征

葡萄花油层发育4个鼻状构造和3个向斜区，断层十分发育。储层主要为三角洲平原及前缘分流河道砂、水下分流河道砂、小片席状砂，砂体分布不稳定。油气水分布在构造、断层、岩性变化的影响下复杂化，概括起来有以下特点。

一是油水垂向上遵循重力分异规律，自上而下为油层—油水同层—水层分布，整体表现为葡萄花油层上砂岩组为油层，下砂岩组为油水同层和水层。向斜区个别断块受岩性因素的影响出现油水倒置现象，如肇39井油层发育在下砂岩组底部，上砂岩组发育水层。

二是平面上油水分布受四级构造宏观控制，四级构造油气差异富集，在鼻状构造范围内，构造高部位为纯油区，翼部为油水过渡带，同时，受到断层和岩性因素影响，不同断块油水界面不一致。斜坡区及向斜区整体表现为上砂岩组为油层，下砂岩组为水层。

三是受断层和岩性控制，各油田均无统一的油水界面，不同断块油水界面不同，随着断块深度加大，油水界面也加深。以岩性控制为主的断块，不但鼻状构造两翼油水界面不相同，而且同一翼的油水界面随油层埋藏深度增大而加大，因而出现油水界面深度超过构造圈闭深度的现象。

扶杨油层包含榆树林、肇州、宋芳屯鼻状构造和永乐向斜含油区，油气富集区断层发育，砂体纵向错叠分布，横向连续性差，油水分布主要有以下特点。

一是垂向上重力分异较明显，纵向油水分布简单，自上而下为油层—油水同层—水层分布。肇州、宋芳屯鼻状构造和永乐向斜含油区油层主要发育在扶一组和扶二组上砂岩组，水层主要发育在扶二组下砂岩组及以下层位；榆树林鼻状构造油层主要发育在扶一组至杨一组，水层主要发育在杨二组及以下层位。

二是平面上油水分布主要受储层岩性和物性变化控制，油气差异富集。油气平面上连续分布，富集程度差异较大。

三是宏观上油气分布受构造诱导，在岩性和断层的共同控制下，各油气田均无统一的油气、油水界面，不同断块油水界面不同，随着断块深度加大，油水界面也加深。如榆树林油田扶杨油层油水分布受构造因素诱导，同时受断层切割、岩性砂体分割作用的控制，全油田无统一的油水界面，各个断块形成相对独立的油水系统，总体上油水界面变化与构造变化一致，不同断块的含油井段长度、含油层位趋于一致。

2. 油藏类型

三肇凹陷油气区葡萄花、扶杨油层的油气聚集受构造、岩性和断层等多种因素控制，形成了多种油气藏类型（图 1-9-10）。

1）构造油藏

宋芳屯、升平及肇州鼻状构造轴部葡萄花油层属于这种油藏类型。其特点是油水分布整体受背斜构造控制，油水分异明显，高部位为油层，低部位发育油水同层和水层。受断层影响，各断块不具有统一的油水界面。同一油田油水界面与该油田鼻状构造闭合线呈正相关关系，宋芳屯鼻状构造闭合线为 –1385m，油水界面在 –1362m 左右；升平鼻状构造闭合线为 –1360m，油水界面在 –1343m 左右；肇州鼻状构造闭合线为 –1380m，油水界面在 –1368m 左右。

2）岩性油藏

永乐、徐家围子油田葡萄花油层和三肇凹陷油气区扶杨油层由于储层岩性、物性变化捕获油气，形成岩性油藏。葡萄花油层斜坡区由于岩性的上倾尖灭作用聚集成藏，亦可形成岩性油藏，整体上表现为上砂岩组发育油层，下砂岩组发育水层，个别井也表现为油水倒置。扶杨油层表现为纵向多层叠置发育、横向连片分布的油藏特征。

3）复合油藏

对于葡萄花油层，卫星油田位于大庆长垣向三肇凹陷过渡的斜坡区或者是宋芳屯、榆树林、肇州等油田鼻状构造翼部，这些区块处于单斜斜坡位置，分布在油气运移的优势通道上，受断层、岩性和构造等多因素影响，斜坡区发育构造—岩性和断层—岩性复合油藏，鼻状构造翼部发育微幅度构造—岩性和断层—岩性复合油藏。宋芳屯、永乐、

油藏类型	典型区块	油藏剖面位置图	油藏剖面图	同类油藏分布区域
构造油藏	升平油田升4区块	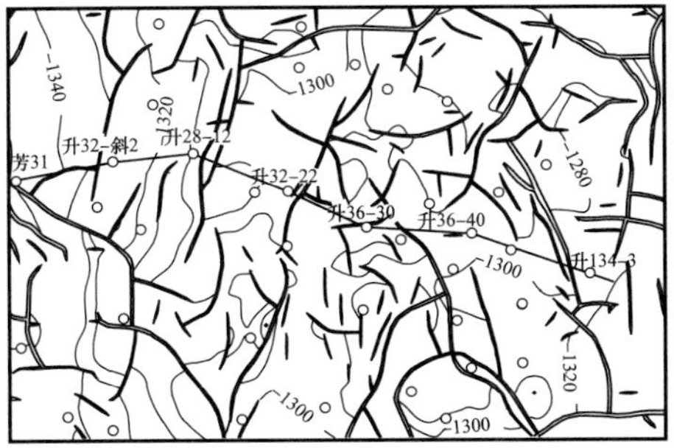	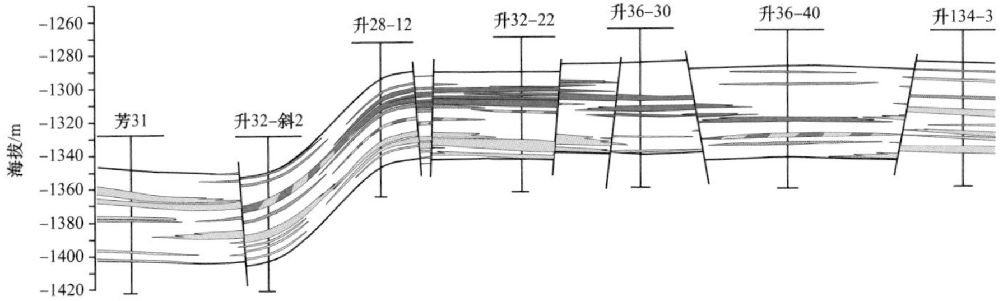	升平、宋芳屯、肇州油田
岩性油藏	徐家围子油田徐10-3区块	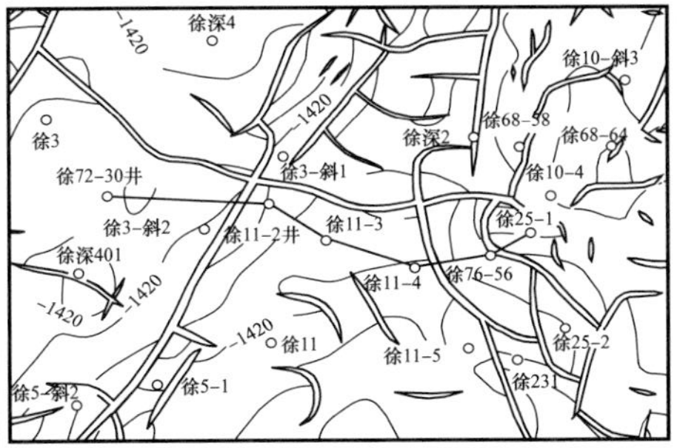	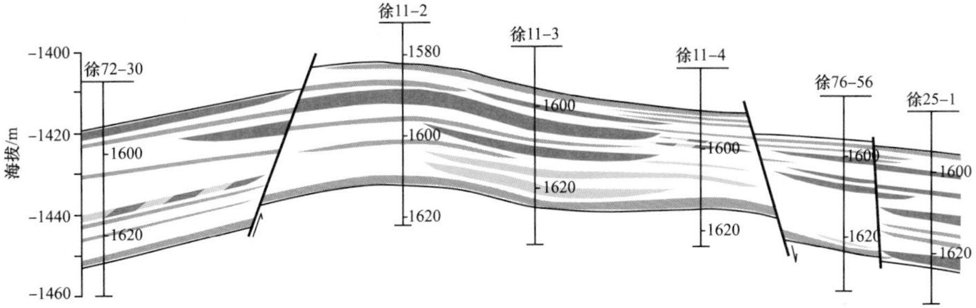	永乐、徐家围子油田
复合油藏	宋芳屯油田芳28-2区块	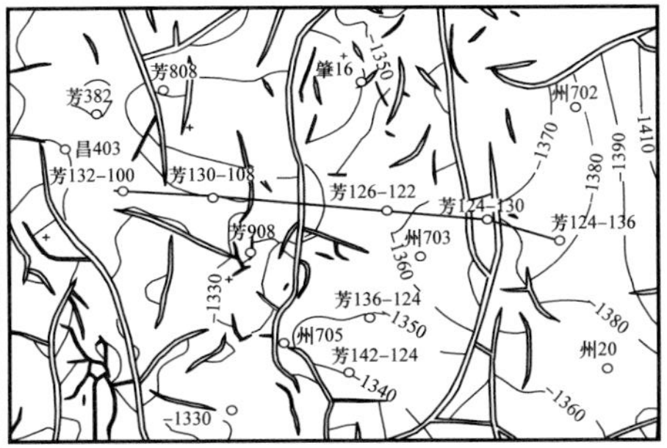	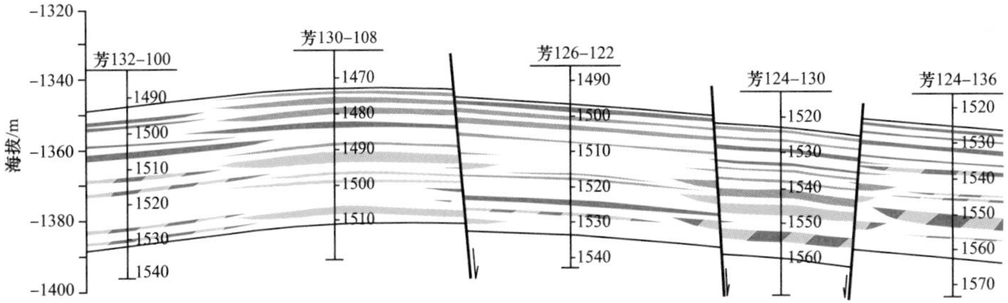	升平、宋芳屯、肇州油田

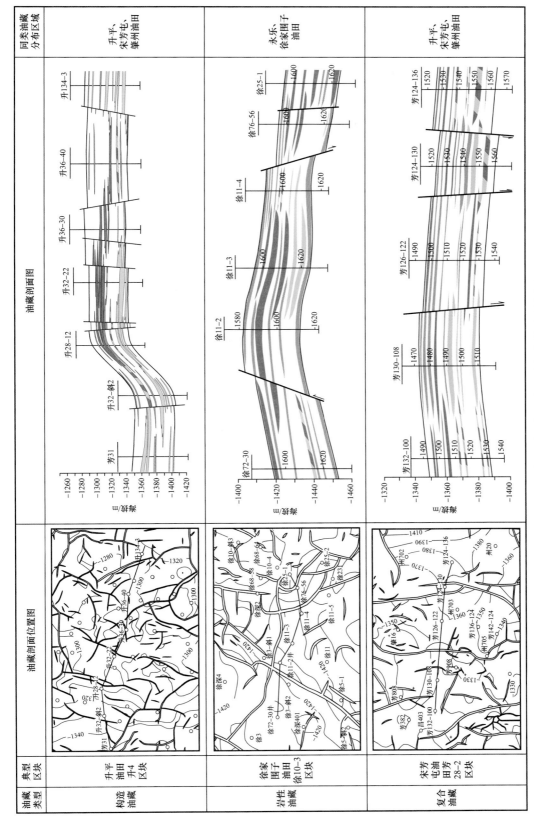

图 1-9-10　三肇凹陷油气区主要油气藏类型及其分布

肇州、榆树林等油田扶杨油层的油气聚集主要受岩性和断层因素控制，形成断层—岩性复合油藏。

3. 油层压力、温度

1）压力系统

葡萄花、扶余和杨大城子油层，由于油藏为独立的油水单元，故全区无统一的压力系统。从测得压力资料看，葡萄花油层压力系数在 0.89～1.08 之间，平均为 0.95；扶杨油层平均压力系数在 1.01～1.09 之间，平均为 1.05；均为正常压力油藏。

2）温度系统

葡萄花油层地层温度梯度为 3.97～4.44℃ /100m，平均为 4.24℃ /100m；扶杨油层地层温度梯度为 4.33～4.80℃ /100m，平均为 4.26℃ /100m；属较高地温梯度油藏。

六、产能评价

葡萄花油层试油井多为自然产能获得工业油流。永乐和肇州油田部分井经压裂改造后获得工业油流。从各个油田的试油结果看，卫星、宋芳屯、榆树林和徐家围子油田自然产能平均单井日产油大于 10.0t，升平、永乐和肇州油田试油日产油平均在 7.32～9.64t 之间。由于试油井的试油时间跨度较大，试油工艺、试油制度都有比较大的差别，各油田的平均试油产量与油田产油能力差距较大。

扶杨油层自然产能很低，主要为压裂后达到工业产能标准。榆树林油田试油产量相对较高，73 口井压裂后试油产量平均为 6.59t。宋芳屯、永乐和肇州油田平均试油产量在 2.64～3.79t 之间（表 1–9–7）。

表 1–9–7　三肇凹陷油气区试油数据统计表

油田	层位	井数 / 口	试油或措施	油 /t		
				最小	最大	平均
卫星	葡萄花	42	MFE+ 抽汲	1.03	67.08	19.99
宋芳屯	葡萄花	266	MFE（Ⅰ）+ 抽汲	1.14	79.224	12.12
升平	葡萄花	63	气举	1.003	57.44	8.35
榆树林	葡萄花	12	MFE（Ⅱ）+ 抽汲	3.3	42.4	12.9
永乐	葡萄花	58	抽汲、压裂	1.06	37.41	9.64
肇州	葡萄花	101	抽汲、压裂	1.15	45.49	7.32
徐家围子	葡萄花	95	自然产能	1.02	66.50	12.07
宋芳屯	扶余	48	压裂	1.06	8.00	3.79
榆树林	扶杨	73	压裂	1.11	41.3	6.59
肇州	扶余	28	压裂	1.07	15.68	2.64
永乐	扶余	32	压裂	1.06	7.32	2.65

为大幅度提高扶杨低渗透储层单井产量，改善扶杨油层开发效果，提升油田开发效益，三肇凹陷2013—2015年部署、完钻了肇平1、肇平2、肇平5和肇平6井，应用水平井大规模压裂技术，4口井试油，日产油分别为17.60t、13.33t、26.34t和75.66t，初步见到了较好效果。

七、油田开发简况

三肇凹陷油气区葡萄花油层7个油田均已经投入开发，各油田开发的基本情况见表1-9-8。

其中，卫星、徐家围子油田仅开发葡萄花油层；宋芳屯、升平、肇州、永乐油田以葡萄花油层为主要开发层系，扶余油层为辅助开发层系；榆树林油田扶杨油层为主要开发层系，葡萄花油层油藏零散分布也已开发动用。油田自1985年以来陆续投入开发，截至2018年底，动用地质储量54255.47×10^4t，含油面积$1625.20km^2$，共投产油水井20659口，其中油井14230口、水井6429口，年产油319.98×10^4t、年产液1452.65×10^4t，累计产油6441.95×10^4t，采油速度0.59%，综合含水71.75%，采出程度11.87%。

表1-9-8　三肇凹陷油气区开发基础数据统计表

油田	类型	层位	投产时间	开发面积/km^2	动用地质储量		井数/口			年产油/10^4t	综合含水/%	累计油/10^4t	采油速度/%	采出程度/%
					油/10^4t	气/10^8m^3	油井	水井	合计					
卫星	油	葡萄花	1999	74.49	4388.65	—	980	439	1419	33.38	74.53	533.07	0.76	12.15
宋芳屯	油	葡、扶余	1985	479.66	15398.17	—	3594	1694	5288	93.45	79.10	1927.82	0.61	12.52
升平	油	葡、扶余	1987	92.23	4248.36	—	737	370	1107	17.02	88.38	678.89	0.40	15.98
肇州	油	葡、扶余	1999	287.82	7480.34	—	2261	1190	3451	50.38	74.98	879.06	0.67	11.75
永乐	油	葡、扶余	1997	364.61	10238.59	—	3907	1671	5578	54.87	71.49	1106.77	0.54	10.81
榆树林	油	葡、扶杨	1991	169.53	9241.45	—	1858	675	2533	36.00	42.38	934.74	0.39	10.11
徐家围子	油	葡萄花	1996	156.86	3259.91	—	893	390	1283	34.88	62.31	381.60	1.07	11.71
合计				1625.20	54255.47	—	14230	6429	20659	319.98	71.75	6441.95	0.59	11.87

第三节　齐家—古龙凹陷油气区

齐家—古龙凹陷油气区位于黑龙江省大庆市杜尔伯特蒙古族自治县和肇源县境内，西南以嫩江为界；区域构造位置位于中央坳陷区齐家—古龙凹陷和龙虎泡—大安阶地的北部，面积约$7200km^2$；区内已探明齐家、新店、金腾、萨西、龙虎泡、敖古拉、杏西、哈尔温、龙南、古龙、他拉哈、高西、葡西、新肇和新站15个油田（图1-9-11）。

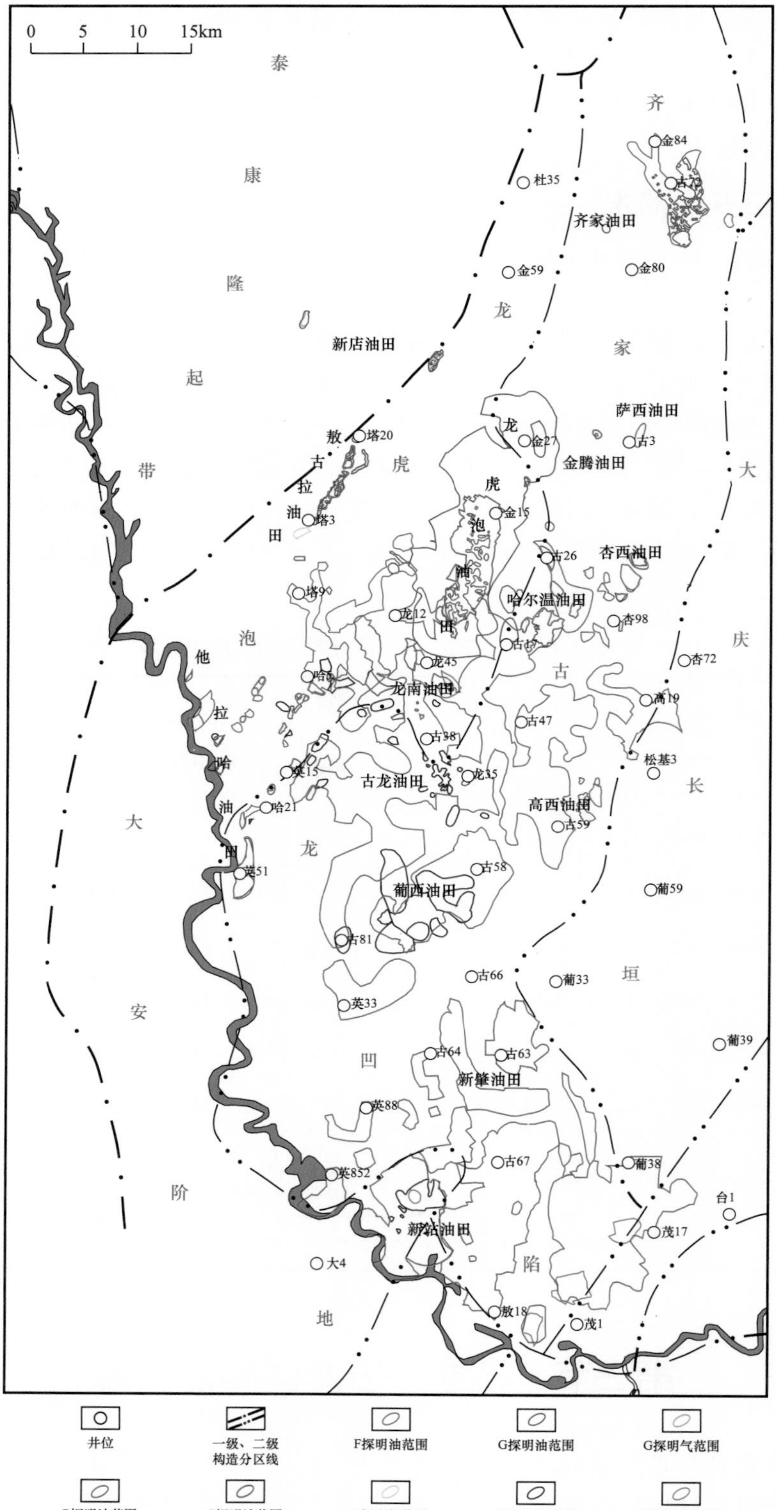

图 1-9-11 齐家—古龙凹陷油气区油田分布图

一、勘探简史

齐家—古龙凹陷油气区勘探工作始于20世纪50年代末，通过重、磁、电及地震普查，发现了龙虎泡背斜构造及敖古拉、杏西、葡西、高西等鼻状构造，拉开了萨尔图、葡萄花、高台子油层构造油藏勘探的序幕。1960年在龙虎泡构造上钻探龙1井，萨尔图、葡萄花油层合试，间喷日产油1.5t，从而发现了龙虎泡油田，证实萨尔图、葡萄花油层具有工业价值；1963年在葡西鼻状构造钻探古1井，葡萄花油层试油获得自喷日产油3.4t的工业油流，发现葡西油田；1968年在高西鼻状构造上完钻的古5、古502井葡萄花油层气举试油获1.8t、5.5t工业油流，发现高西油田；1971年在新店断鼻构造上完钻杜202井，在萨尔图、葡萄花、高台子油层试油分别获得2.1t、2.8t和7.7t的工业油流，发现新店油田；1971—1974年在敖古拉鼻状构造上完钻的塔2井萨零组试油获日产油8.87t的工业油流，塔5井萨尔图、葡萄花、高台子油层试油获日产油5.1t、气$18.9 \times 10^4 m^3$的工业油气流，发现敖古拉油田；1969年在杏西鼻状构造上完钻古4井萨尔图、葡萄花油层合试，自喷日产油26.5t、日产气$6.6 \times 10^4 m^3$，由此发现了杏西油田。1979—1993年通过二维地震详查、精查及古17、古13、金2、金6、古301、古62、大401等探井钻探成功，发现了哈尔温、龙南、金腾、齐家、萨西、新肇和新站油田。通过构造油藏勘探，齐家—古龙凹陷油气区新增石油探明地质储量$28197.33 \times 10^4 t$，天然气探明地质储量$12.58 \times 10^8 m^3$。

进入20世纪90年代中后期，随着松辽盆地向斜区找油理论的成熟及勘探技术的进步，逐步认识到齐家—古龙地区具有多层位含油的地质条件，在此认识指导下，他拉哈、齐家地区多层位立体勘探获得新突破。1990年以前，在他拉哈地区中部组合发现了一批自然产能高的“小而肥”油气藏，如哈10井在葡萄花油层获日产油77.16t、日产气$2.0 \times 10^4 m^3$的高产工业油气流，英19井在萨尔图油层获日产油70.6t、日产气$6.0 \times 10^4 m^3$的高产工业油气流，展示了该区中部含油组合的良好勘探前景，但受油藏范围小、油水关系复杂等因素制约，勘探步伐一度放缓。1995年哈5井在扶余油层压裂后求产获日产油3.2t的工业油流，从而认识到该区扶杨油层的勘探价值。1996年针对扶余油层开展老井复查，并在此基础上指导新井钻探，先后有哈6等5口老井和英27等3口新钻探井试油获得工业油流，扶余油层含油场面得到扩大。2000年英27、英28井在高四组获得工业油流，英51井在青一段获得工业油流，使该区又增加两个新的含油层位。2002年完成巴彦查干工区三维地震采集，2003年按照重点评价中上部含油组合兼顾青一段、扶余油层多层位立体评价的原则，部署评价井38口，完钻25口，试油15口，12口井达工业油流，其中英141-3井黑帝庙油层试油日产油12.48t，英25-1井萨尔图油层试油日产油27.6t、日产气$7.9 \times 10^4 m^3$，塔284-1井葡萄花油层试油日产油13.1t，英42-1井扶余油层试油日产油20.88t。通过开展多层位兼顾、立体评价，在他拉哈油田黑帝庙、萨尔图、葡萄花、高台子、青一段和扶余油层6个层位和齐家油田古708区块扶余、高台子油层共新增石油探明地质储量$3324.25 \times 10^4 t$（图1-9-12）。

2007年以后，将古龙、古龙南、龙西等地区作为重点勘探区，应用三维地震资料开展了新一轮的精细构造解释、储层预测及岩性圈闭识别评价工作，勘探部署大胆由鼻状构造区向斜坡区及向斜区扩展，大面积岩性油藏勘探取得成功，迎来储量增长的高峰

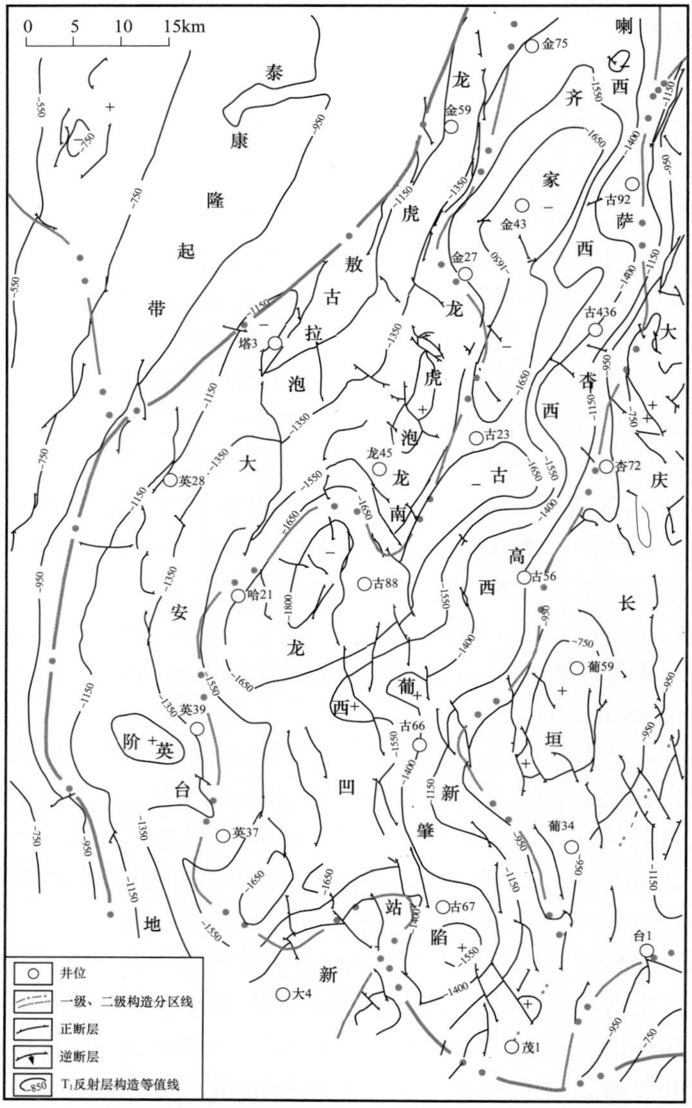

图 1-9-12 齐家古龙凹陷油气区构造图（T_1）

期，同时开展了低丰度油藏和致密油藏经济有效动用现场试验，为外围油田上产提供了有力支撑。2003 年部署的古 88 井于葡萄花油层压后自喷获得日产油 92.28t 高产工业油流，坚定了向古龙地区岩性油藏探索的信心；2007 年在成藏主控因素分析及薄层砂体预测技术攻关基础上，开展预探、评价联合部署，设计评价控制井和开发首钻井 194 口，完钻 167 口，试油 84 口，获工业油流 49 口，其中葡 45-77 井 MFE Ⅱ + 自喷试油获日产油 31.55t 的高产工业油流，进一步证实了凹陷区整体含油的规律，展示了亿吨级储量规模。2007—2008 年针对古龙、茂兴向斜葡萄花油层，应用精细储层预测成果部署探井 12 口、评价井 7 口，试油 11 口，8 口井获得工业油流，其中英 854 井葡萄花油层压裂后自喷，获日产油 27.9t 的高产工业油流，进一步证实古龙—茂兴向斜区的整体含油性，实现与新站油田和新肇油田葡萄花油层含油连片。2012 年针对古龙南地区葡萄花油层储量丰度低、单井产量低、经济有效动用难的实际，在茂兴向斜区开辟茂 15-1 区块水平井规模应用示范区，应用水平井—直井联合开发模式、采用穿层压裂工艺提高储量动用程度。水平井初期单井日产油 10.6t，直井初期单井日产油 3.4t，取得较好效果，带动了低丰度储量规模升级动用。塔 28、塔 26、塔 281 等井相继获工业油流，打开了龙西地区扶余油层的勘探局面，但由于储层致密，常规压裂单井产量低，开发效益差，严重制约了近亿吨石油控制储量的升级步伐。2016—2017 年，通过不断总结规律认识，持续优化压裂工艺，在塔 283 井区的 5 口典型开发井开展直井缝网压裂试验，提产效果显著，初期单井平均日产油 4.9t，采油强度 0.38t/（d·m），是常规压裂的 2 倍，实现了该区效益增储。通过大面积岩性油藏勘探实践及难采储量有效动用现场试验，在古龙油田葡萄花、萨尔图、黑帝庙油层，新站油田英 852、茂 23 区块葡萄花油层，龙西地区扶余油层共新增石油探明地质储量 17505.61×10^4t。

50 多年来，齐家—古龙凹陷油气区经历了构造油藏勘探、多层兼顾立体勘探和大面积岩性油藏勘探三个阶段，至 2018 年底，累计探明石油地质储量 48458.10×10^4t，含油面积 2027.29km^2，天然气地质储量 13.12×10^8m^3，含气面积 11.60km^2。

二、构造

齐家—古龙凹陷油气区位于松辽盆地中央坳陷区齐家—古龙凹陷和龙虎泡—大安阶地两个二级构造带上。在 T_1、T_{1-1}、T_2 顶面构造图上看，整体构造特征由深到浅具有良好的继承性，其三级构造格局表现为龙虎泡背斜和喇西、萨西、杏西、高西、葡西、新肇、新站、英台、龙南、敖古拉、金腾鼻状构造共 12 个正向构造单元，齐家北、齐家南、常家围子、他拉哈、古龙、茂兴向斜共 6 个负向构造单元。已发现油田主要分布在背斜及鼻状构造上，各三级正向单元的构造要素见表 1-9-9。

三、储层

齐家—古龙凹陷油气区主力含油层位为葡萄花、高台子和扶余油层，分布范围较广，黑帝庙、萨尔图和青一段油层仅在局部发育。

黑帝庙油层属于嫩江组嫩三段，主力油层集中于黑二组，地层厚度一般为100～175m，岩性为黑灰、灰黑色泥岩与棕灰、灰色粉砂岩、细砂岩组成三个明显的反旋回（图 1-9-13a）。受北部物源控制，发育三角洲前缘亚相河口坝、远沙坝微相。黑帝庙油层主要集中于断层附近的微幅度圈闭内，平面分布零散，有效厚度一般为2.0～8.0m，平均为 2.2m。有效孔隙度分布区间为 13.5%～27.4%，平均为 19.7%，空气渗透率分布区间为 0.9～332.3mD，平均为 80.5mD（表 1-9-10）。岩石类型属于长石岩屑砂岩或岩屑长石砂岩，石英平均含量为 26%，长石为 32%，岩屑为 32%，填隙物含量一般为 10%～20%。黏土矿物以伊利石为主，平均含量为 54.1%，其次为高岭石，平均含量为 22.6%，绿泥石为 14.0%，伊 / 蒙混层为 8.4%。

萨尔图油层属于姚二段、姚三段和嫩一段，地层厚度一般为 160～220m，整体呈东南向西北逐渐减薄的特点，划分为萨零、萨一、萨二、萨三 4 个组。岩性为灰黑色、深灰色泥岩与粉砂岩互层（图 1-9-13b）。萨尔图油层主要受北部沉积物源影响，萨零组和萨一组发育深湖—半深湖亚相，主要发育长条带状重力流水道砂体，萨二组和萨三组发育三角洲前缘亚相水下分流河道、席状砂微相，单层砂岩厚度在 0.6～4.0m 之间，

表 1-9-9　齐家—古龙凹陷油气区构造要素表

构造名称	油层顶界层位	圈闭类型	闭合高度（构造落差）/m	闭合线（包络线）/m	轴向	构造长度/km	构造宽度/km	构造部位及其倾角				分布油田
								翼	倾角	翼	倾角	
龙虎泡背斜构造	葡萄花	背斜构造	69	-1375	北北东向	16.3	3.9	东	3.1°	西	1.5°	龙虎泡油田
喇西鼻状构造	扶余	鼻状构造	80	-2000	南北向	9.8	3.8	东	2.7°	西	3.3°	齐家油田
萨西鼻状构造	葡萄花	鼻状构造	200	-1550	北北东向	10.5	5.4	东	2.9°	西	3.0°	萨西油田
杏西鼻状构造	葡萄花	鼻状构造	300	-1550	北北东向	16.0	10.0	东	3.5°	西	6.0°	杏西油田
高西鼻状构造	葡萄花	鼻状构造	250	-1550	近东西向	12.0	10.0	南	1.9°	北	2.9°	高西油田
葡西鼻状构造	葡萄花	鼻状构造	200	-1550	近东西向	15.0	10.2	南	2.1°	北	2.2°	葡西油田
新肇鼻状构造	葡萄花	鼻状构造	500	-1400	北东向	21.7	14.7	东	3.7°	西	2.1°	新肇油田
新站鼻状构造	葡萄花	鼻状构造	150	-1400	北东向	23.0	12.1	东	1.6°	西	2.5°	新站油田
英台鼻状构造	葡萄花	鼻状构造	300	-1550	北西向	25.8	18.5	东	1.9°	西	1.5°	
龙南鼻状构造	葡萄花	鼻状构造	275	-1650	北北东向	15.6	8.2	东	2.6°	西	2.3°	龙南油田
敖古拉鼻状构造	葡萄花	鼻状构造	100	-1150	北东向	20.0	7.5	东	1.7°	西	1.5°	敖古拉油田
金腾鼻状构造	葡萄花	鼻状构造	275	-1650	北东向	10.5	6.7	东	2.8°	西	1.5°	金腾油田

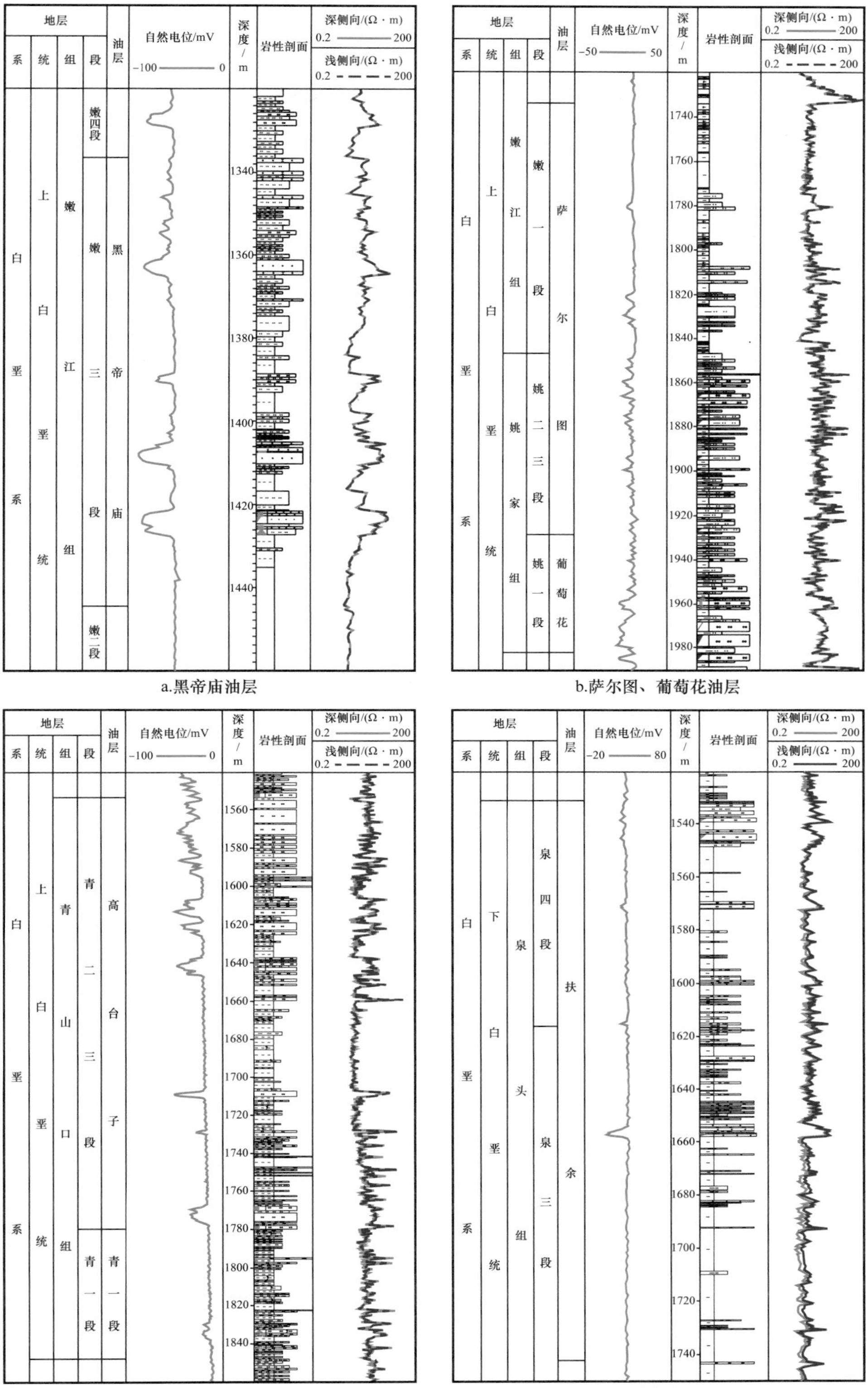

图 1-9-13　齐家—古龙凹陷油气区油层综合柱状图

层数为 4～36 层，单井砂岩厚度为 1.1～85.0m，总体上呈西北厚、东南薄的趋势，有效厚度分布特征与构造有较好的一致性，大于 4.0m 高值区主要发育在背斜及鼻状构造带上，而斜坡区圈闭内有效厚度在 1～3.5m 之间，构造低部位有效厚度不发育，一般在 1m 以下。有效孔隙度一般分布在 8%～22.0% 之间，平均为 15.0%；空气渗透率分布在 0.1～230.0mD 之间，平均为 12.7mD（表 1-9-10）。物性分布特征也与构造吻合较好，构造轴部物性较好；往构造两翼，物性变差。岩石类型主要为硬砂质长石砂岩，碎屑成分中石英含量平均为 30.4%，正长石含量为 30.2%，斜长石含量为 10.6%，岩屑含量为 16.9%，岩块以酸性喷发岩为主，泥质含量平均为 10.4%。粒度为 0.005～0.15mm，砂岩以泥质杂基为主，胶结物以方解石为主，分选程度中等—好。黏土矿物以伊利石为主，平均含量为 48.2%；其次为绿泥石，平均含量为 26.7%，伊 / 蒙混层为 18.5%，高岭石为 7.9%。

表 1-9-10　齐家—古龙凹陷油气区油层物性参数统计表

层位	油田	孔隙度 /%			渗透率 /mD		
		最小	最大	平均	最小	最大	平均
黑帝庙	古龙	15.0	25.0	19.6	10.0	150.0	61.7
	葡西、新站	13.5	27.4	19.8	0.9	332.3	99.2
	平均	13.5	27.4	19.7	0.9	332.3	80.5
萨尔图	杏西	8.0	21.4	12.8	0.1	213.0	0.4
	龙虎泡	11.0	20.0	16.5	0.4	230.0	31.9
	古龙	12.0	22.0	15.8	0.5	20.0	5.7
	平均	8.0	22.0	15.0	0.1	230.0	12.7
葡萄花	杏西	8.0	22.6	15.1	0.1	157.0	2.2
	龙虎泡	9.0	22.7	17.1	0.4	248.0	29.5
	古龙	11.2	24.6	18.2	0.4	176.9	14.9
	葡西	9.0	17.0	12.7	0.1	10.0	2.5
	新肇	10.0	23.0	15.5	0.3	99.2	11.3
	新站	11.0	15.0	13.8	0.3	10.0	3.1
	平均	8.0	24.6	15.4	0.1	248.0	10.6
高台子	龙虎泡	—	—	13.5	0.1	1.0	0.6
	齐家	8.0	24.0	16.0	0.1	100.0	11.3
	平均	8.0	24.0	13.1	0.1	100.0	4.1
青一段	他拉哈	6.0	12.0	10.5	0.1	1.0	0.5
扶余	齐家	11.0	17.0	14.5	0.1	10.0	5.2
	龙虎泡	8.0	18.0	11.8	0.1	73.5	1.9
	平均	8.0	18.0	13.2	0.1	73.5	3.6

葡萄花油层属于姚一段，地层厚度一般在30～80m之间，呈中部厚、北部和南部薄的特点，划分为3个砂岩组和8个小层。岩性为灰色、灰绿色泥岩与粉砂岩呈不等厚薄互层，局部发育紫红色泥岩，与下伏地层呈不整合接触（图1-9-13b）。受北部、西部沉积体系共同影响，沉积了一套三角洲平原—三角洲前缘亚相，以水下分流河道和席状砂微相为主，北部水下分流河道砂较发育，呈条带状展布，横向变化快，南部新站油田一带席状砂较发育，砂岩厚度薄，连续性较好。单层砂岩厚度一般为0.6～3.8m，层数一般为4～11层，单井砂岩厚度为1.2～41.8m，整体上呈西北厚、东南薄的趋势。有效厚度一般在3m左右，高值区主要分布在构造圈闭和斜坡区断层遮挡圈闭内。有效孔隙度分布在8%～24.6%之间，平均为15.4%；空气渗透率分布在0.1～248.0mD之间，平均为10.6mD（表1-9-10）。平面上，主要受原始沉积体系的影响，北部水下分流河道砂发育区物性较好，南部前缘席状砂发育区物性较差。储层岩石类型以长石岩屑砂岩和岩屑长石砂岩为主，碎屑成分中石英含量在20.0%～34.0%之间，平均为27.3%，长石含量在21.0%～48.4%之间，平均为33.4%，岩屑含量在20.0%～61.1%之间，平均为29.2%。以碳酸盐胶结物和黏土矿物杂基为主，粒度为0.03～0.30mm，分选以中等—较好为主，磨圆度以次棱角—次圆状为主。储层黏土矿物以伊利石为主，平均含量为47.0%；其次为绿泥石，平均含量为24.5%；高岭石平均含量为16.2%；伊/蒙混层平均含量为10.6%。

高台子油层属于青二段、青三段，地层厚度一般在200～360m之间，总体趋势为西北薄、东南厚，划分为高零、高一、高二、高三、高四5个油层组，油层集中于高三组、高四组。岩性为一套深灰色、灰色泥岩和灰、深灰色含泥、含钙粉砂岩组合（图1-9-13c）。高台子油层属高位体系域沉积，主要受北部物源控制，自北向南由三角洲前缘亚相过渡到前三角洲—浅湖亚相，沉积微相以河口坝、远沙坝、席状砂为主，砂体呈条带状、透镜状和席状分布，平面错叠连片。高三组、高四组储层表现为“三明治”式特点，砂岩层数多，单层厚度薄，一般为1～3m，砂泥岩互层，砂地比为30%～50%，砂体横向连续性较好，延伸范围可达3～5km。有效孔隙度在8.0%～24.0%之间，平均为13.1%，空气渗透率为0.1～100.0mD，平均为4.1mD（表1-9-10），齐家北及龙虎泡背斜物性相对较好，齐家南向斜储层致密、物性差，平均空气渗透率为0.4mD。岩石类型为岩屑砂岩或长石岩屑砂岩，石英平均含量为23.4%，长石含量为30.2%，岩屑含量为22.8%，泥质含量为6.9%，钙质含量为16.7%。黏土矿物以伊利石为主，平均含量大于70%，其次是绿泥石，含少量伊/蒙混层，为2%～10%。

青一段厚度一般在60～100m之间，该沉积时期松辽盆地发生一次大规模湖侵，本区处于半深湖—深湖亚相，岩性以大段灰黑色泥岩夹薄层黑色介形虫层为主（图1-9-13c）。他拉哈地区受古地形影响，三角洲前缘砂体伸入深湖区迅速尖灭，因滑塌等因素形成局部的湖底扇、浊积体，在青一段底部发育一组砂岩，砂岩厚度在5～15m之间，主要分布在英205、英14井一带，向东砂体尖灭。有效孔隙度分布在6.0%～12.0%之间，平均为10.5%，空气渗透率分布在0.1～1.0mD之间，平均为0.5mD（表1-9-10）。岩石类型为长石岩屑砂岩或岩屑长石砂岩，石英平均含量为23.1%，长石含量为28.2%，岩屑含量为35.0%，泥质含量为4.8%，钙质含量为8.9%。黏土矿物以伊利石为主，平均含量为 70.3%，发丝状伊利石充填孔隙导致孔隙发育较差，连通性差，其次是绿泥石，平均含量为 15.4%，伊 / 蒙混层为 9.5%，高岭石为 5.0%。

扶余油层属于泉三段上部和泉四段，地层厚度为 130～170m，划分为扶一、扶二、扶三 3 个油层组 17 个小层，岩性为灰绿、紫红色泥岩与灰色粉砂岩不等厚互层（图 1–9–13d）。受西部和北部物源影响，发育三角洲平原—三角洲前缘亚相，以分流河道沉积微相为主，主要呈北北东向、北西向条带状分布，受断层遮挡和有利储层砂岩富集带控制，有效厚度大于 10.0m 的高值区在敖古拉断裂带以东呈宽条带状和透镜状分布。有效孔隙度分布区间为 8.0%～18.0%，平均为 13.2%，空气渗透率分布在 0.1～73.5mD 之间，平均为 3.6mD（表 1–9–10），平面孔隙度分布由西北向东南逐渐减小。砂岩类型为细粒混合砂岩和长石岩屑砂岩，石英含量在 14.0%～28.0%之间，平均为 21.1%；长石含量在 18.0%～40.0% 之间，平均为 28.2%，岩屑含量在 32.6%～51.8%之间，平均为 37.2%，岩屑成分主要为酸性喷出岩；岩石成分成熟度较低，以泥质杂基为主；胶结物以方解石为主，平均含量为 2.9%。黏土矿物以伊利石为主，平均含量为 55.7%；其次是绿泥石，平均含量为 32%；伊 / 蒙混层为 1.5%；高岭石为 10.8%。

四、流体

1. 原油性质

1）地面原油性质

齐家—古龙凹陷油气区原油性质好于长垣及以东地区。葡萄花油层地面原油密度为 0.8437g/cm^3，黏度为 21.6mPa.s，凝固点为 33.3℃，胶质含量为 11.3%，含蜡量为 25.1%。萨尔图、高台子、扶余油层原油性质与葡萄花油层相近，黑帝庙油层地面原油黏度略高，平均为 35.6mPa·s（表 1–9–11）。

2）地层原油性质

葡萄花油层地层原油密度为 0.7341g/cm^3，黏度为 2.35mPa·s，原始气油比为 62.89m^3/m^3，原始地层饱和压力为 8.93MPa，体积系数为 1.197。萨尔图、高台子、扶余油层地层原油性质与葡萄花油层相近，黑帝庙油层差异较大，原油密度为 0.8203g/cm^3，黏度为 16.00mPa·s，原始气油比为 22.63m^3/m^3，原始地层饱和压力为 6.02MPa，体积系数为 1.075（表 1–9–12）。

2. 地层水性质

齐家—古龙凹陷油气区各油层的地层水主要为碳酸氢钠型。葡萄花油层分布范围广，平面上地层水性质差异较大，古龙油田及以北氯离子平均含量 1748.4mg/L，总矿化度 6938.0mg/L；古龙油田以南氯离子平均含量 3884.8mg/L，总矿化度 11269.7mg/L。萨尔图油层氯离子平均含量 1951.3mg/L，总矿化度 7150.3mg/L。高台子油层氯离子平均含量 1981.4mg/L，总矿化度 6619.4mg/L。齐家油田扶余油层氯离子平均含量 1326.1mg/L，总矿化度 11678.1mg/L；龙虎泡油田扶余油层氯离子平均含量 1450.0mg/L，总矿化度 4012.0mg/L。黑帝庙油层氯离子平均含量 3226.2mg/L，总矿化度 8472.2mg/L（表 1–9–13）。

表 1-9-11 齐家—古龙凹陷油气区地面原油性质统计表

层位	地面原油密度 / (g/cm³)			黏度 / (mPa·s)			凝固点 /℃			胶质含量 /%			含蜡量 /%		
	最小	最大	平均	最小	最大	平均	最小	最大	平均	最小	最大	平均	最小	最大	平均
黑帝庙	0.8186	0.8896	0.8537	5.1	167.3	35.6	26.0	45.0	34.9	5.1	25.3	13.1	18.6	33.8	24.7
萨尔图	0.8180	0.8763	0.8550	8.8	45.7	24.4	29.0	43.0	33.0	0.8	20.7	13.4	17.2	39.5	25.1
葡萄花	0.7768	0.8872	0.8437	3.4	47.7	21.6	19.3	46.0	33.3	4.0	25.4	11.3	12.4	36.2	25.1
高台子	0.8225	0.8990	0.8540	8.2	89.8	24.3	25.0	49.0	34.3	3.3	23.2	13.1	16.7	54.8	30.2
扶余	0.8351	0.8835	0.8562	9.5	66.2	24.2	31.0	42.0	35.9	8.3	24.8	15.5	10.7	44.0	23.4

表 1-9-12 齐家—古龙凹陷油气区地层原油性质统计表

层位	原油密度 / (g/cm³)			黏度 / (mPa·s)			原始气油比 / (m³/m³)			饱和压力 /MPa			体积系数		
	最小	最大	平均	最小	最大	平均	最小	最大	平均	最小	最大	平均	最小	最大	平均
黑帝庙	0.8010	0.8370	0.8203	8.80	34.25	16.00	8.40	34.20	22.63	3.56	9.65	6.02	1.054	1.086	1.075
萨尔图	0.7310	0.7890	0.7528	1.47	3.90	2.76	12.80	63.93	44.55	5.80	11.60	8.14	1.084	1.245	1.175
葡萄花	0.6618	0.8083	0.7341	0.57	5.40	2.35	27.90	106.80	62.89	4.45	14.31	8.93	1.096	1.359	1.197
高台子	0.7230	0.8162	0.7575	0.81	9.46	2.49	18.02	67.02	47.13	3.89	9.79	6.99	1.088	1.266	1.304
扶余	0.7500	0.7843	0.7710	1.74	3.64	2.61	13.90	40.76	31.76	3.18	10.84	6.79	1.093	1.178	1.144

表 1-9-13　齐家—古龙凹陷油气区地层水性质统计表

层位	分布范围	氯离子含量 / (mg/L)			总矿化度 / (mg/L)			水型
		最小	最大	平均	最小	最大	平均	
黑帝庙	古龙及以南	1547.0	5592.0	3226.2	4525.0	12802.0	8472.2	$NaHCO_3$
萨尔图	古龙及以北	603.0	3550.0	1951.3	4516.0	9510.0	7150.3	$NaHCO_3$
葡萄花	古龙及以北	556.0	3640.0	1748.4	4149.0	10200.0	6938.0	$NaHCO_3$
	古龙以南	1894.4	6859.8	3884.8	7432.8	16817.0	11269.7	$NaHCO_3$
高台子	齐家、龙虎泡	282.0	4160.0	1981.4	2953.0	13900.0	6619.4	$NaHCO_3$
扶余	齐家	573.0	4570.0	1326.1	5910.0	25000.0	11678.1	$NaHCO_3$
	龙虎泡	931.0	2134.0	1450.0	2444.0	6510.0	4012.0	$NaHCO_3$

五、油气藏

1. 油水分布特征

齐家—古龙凹陷油气区位于齐家—古龙凹陷生油中心和毗邻的龙虎泡构造带，油源十分充足，圈闭条件优越。区内长期发育的同生断层较多，为油气垂向运移提供了良好通道。围绕向斜发育的一系列鼻状构造群对油气侧向运移起诱导和富集作用。该区受构造、断裂、砂体等多种因素制约，油水分布非常复杂，不同层位、不同区块特点各异。

黑帝庙油层主要分布在他啦哈、古龙、葡西和新站油田局部井点或构造高部位。垂向上黑Ⅱ$_1$为水层，黑Ⅱ$_2$、黑Ⅱ$_3$为油层或油水同层，是黑帝庙油层主力含油层段，黑Ⅱ$_2$、黑Ⅱ$_3$油水分布比较复杂，油藏总体受断穿 $T_{1\text{-}1}$ 至 T_{06} 断层、小层河口沙坝和微幅度构造控制，不同小层透镜状砂体构成独立的富集单元，油气在各透镜状砂体单元内聚集，由于河口沙坝规模较小，所以形成一个个孤立的小型油藏。

萨尔图油层主要分布在敖古拉、龙虎泡、杏西及哈尔温油田。除萨零组河道砂体不稳定，油层仅在构造高点局部发育外，萨二组、萨三组分流河道、席状砂平面上发育较稳定，以小层砂体为富集单元，每个单元在构造圈闭轴部为油层，翼部过渡为油水同层或水层，形成独立的油水系统，油层组或断块油水界面参差不齐。

葡萄花油层分布范围广，无论正向构造还是负向构造均有油气显示，油水分布主要受构造、断层、岩性共同控制。在龙虎泡背斜及敖古拉、萨西、杏西、葡西、新肇和新站等鼻状构造主体区，葡萄花油层主力层河道砂岩发育，单砂体连续性较好，构造轴部或高部位为纯油区，翼部或低部位为水层或油水同层，油水分布符合重力分异原理，但各断块之间无统一的油水界面，油水分布受构造和岩性控制。在背斜及鼻状构造向向斜过渡的斜坡区，北东、北西向断裂带切割葡萄花油层近南北向河道砂，微幅度圈闭、断层加之有利的砂体配合，易于出现高产井，但斜坡带油水同层发育，油水关系复杂，形成沿断裂带串珠状分布的隐蔽油藏群。在他拉哈、常家围子等向斜区油水分布主要受岩性控制。

高台子油层主要分布在龙虎泡、齐家油田。龙虎泡油田高台子油层砂体类型以河口坝和席状砂为主，储层发育较稳定，平面上具有大面积连片含油特点，主要含油层位为高三组，背斜轴部含油富集程度高，南部、西部由于高三组相变为浅湖泥，岩性尖灭；东部随着油层埋藏加深，高三组、高四组储层物性变致密，有效孔隙度小于12%，空气渗透率为0.1～1.0mD，含油性受物性控制；北部构造陡坡带圈闭不发育，含油富集程度差，油水关系较复杂，高台子油层油水分布主要受构造、岩性控制。齐家油田高台子油层油藏受烃源岩、沉积砂体类型和储层物性控制，平面上由北向南逐渐由常规油藏过渡至致密油藏，大致以金53—齐深1—古95井一线为界。齐家油田北部，靠近沉积物源，砂岩发育，油水分布复杂，以油水同层、水层为主，油层主要在高四组中下部。喇西鼻状构造有利于油气聚集成藏，但圈闭类型仍以岩性圈闭为主，油水分布受构造、岩性共同控制。在齐家北向斜西斜坡，由于构造简单，缺少有利的构造圈闭，仅在局部井点处受岩性尖灭和物性圈闭形成小规模油藏。齐家油田南部，远离沉积物源，砂体呈大面积席状分布且与烃源岩指状接触，埋藏深，物性差，高三组上部为水层，油层集中在高三组下部和高四组，油水分布主要受岩性和物性共同控制。

扶余油层主要分布在龙虎泡和齐家油田。油层多集中在扶余油层中上部的扶一组和扶二组，全区无统一的油水界面。垂向上油水分布遵循重力分异原理，以油—干、油—干—水为主。平面上油水分布主要受断裂带、岩性控制，在敖古拉断裂带和齐西断裂带遮挡处油层层数增多，但油气富集程度主要取决于砂岩发育状况及储层物性的好坏；距离断层较远则油层层数少，见油水同层或水层，因此扶余油层成藏主控因素是断层和物性好的储层砂体的有机配合。

2. 油藏类型

齐家—古龙凹陷油气区储层砂体类型多样，构造特征复杂，油水分布主要受构造、断层、岩性等多重因素控制，以复合油藏为主，但主要控藏作用在不同构造单元、不同层位有所差异，因而形成了多种油藏类型。主要包括层状构造油藏、构造—岩性油藏、断层—岩性油藏。

1）层状构造油藏

龙虎泡油田萨尔图油层萨二组、萨三组储层平面上发育较稳定，油水分布受背斜构造控制，构造高部位为油层，低部位为水层。龙虎泡背斜东翼较陡，油水分异较好，油水界面为-1390m；龙虎泡背斜西翼构造较平缓，且局部受断层切割及岩性变化影响，油水界面参差不齐。总体为较典型的层状构造油藏（图1-9-14）。

2）构造—岩性油藏

龙虎泡油田葡萄花油层油水分布总体受背斜构造控制，构造高部位发育油层，低部位发育油水同层和水层，但由于储层多为条带状和透镜状砂体，发育较零散，岩性控藏作用也十分明显，油水界面参差不齐，油藏类型属于构造—岩性油藏（图1-9-15）。敖古拉、萨西、杏西、葡西、新肇和新站等鼻状构造主体区的葡萄花油层，龙虎泡背斜和喇西鼻状构造的高台子油层，葡西和新站鼻状构造的黑帝庙油层，均属于该油藏类型。

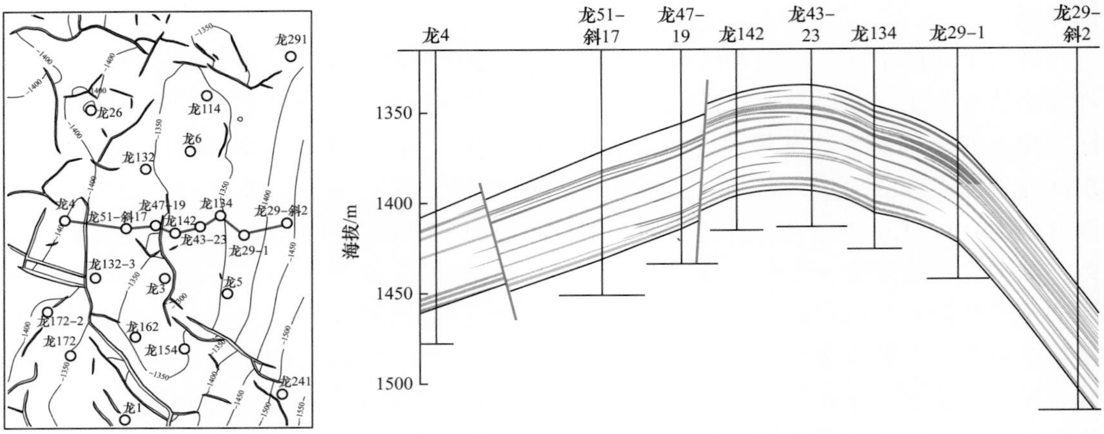

a. 剖面位置图　　　　b. 剖面图

图 1–9–14　龙虎泡油田萨尔图油层油藏剖面图

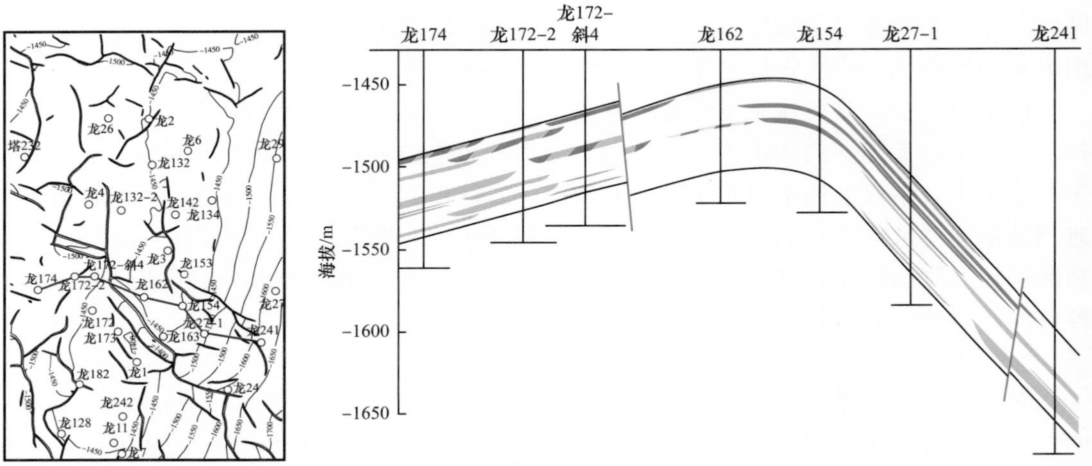

a.剖面位置图　　　　b. 剖面图

图 1–9–15　龙虎泡油田葡萄花油层油藏剖面图

3）断层—岩性油藏

龙虎泡油田扶余油层在东倾斜坡的构造背景下，北东向和近南北向断层与北西向河道砂体有效匹配控制含油富集，油藏类型为断层—岩性油藏（图 1–9–16）。齐家—古龙凹陷油气区在背斜及鼻状构造向向斜过渡的斜坡区葡萄花油层也发育该类油藏。

3. 油层压力、温度

1）压力系统

葡西、新肇和新站油田葡萄花油藏在鼻状构造形成过程中，部分应力传递给储层中的流体，同时受断层和岩性作用，储层的横向连通性及物性较差，增加了封闭状态下流体所承受的压力，使储层内部压力不易释放，形成异常高压油藏，压力系数在 1.20～1.49 之间，平均为 1.29。其他油田葡萄花油藏以及黑帝庙、萨尔图、高台子、扶余油藏均为正常压力油藏，压力系数在 0.94～1.14 之间，平均为 1.02。

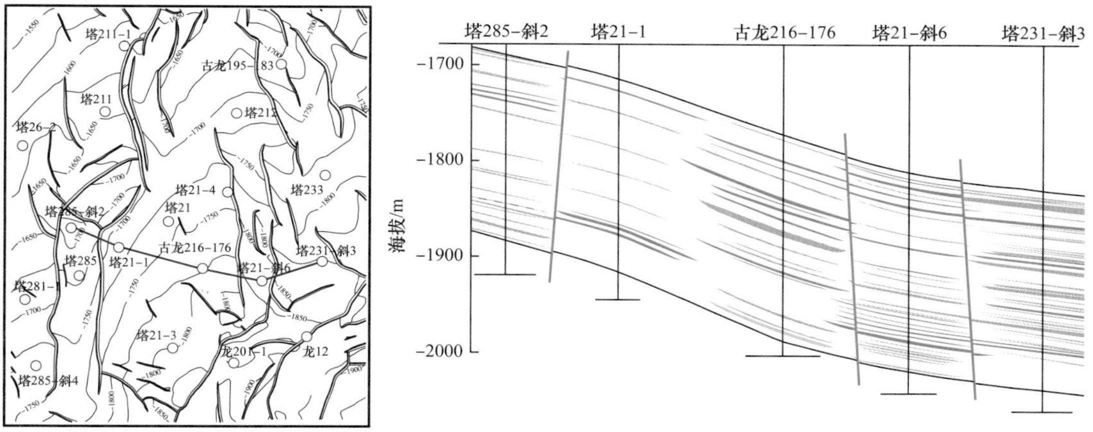

a.剖面位置图　　b.剖面图

图 1-9-16　龙虎泡油田扶余油层油藏剖面图

2）温度系统

齐家—古龙凹陷油气区各油层地温梯度在 3.72～5.33℃ /100m 之间，平均为 4.37℃ /100m，属较高地温梯度油藏。

六、产能评价

齐家—古龙凹陷油气区黑帝庙油层试油日产油在 1.04～6.94t 之间，平均日产油 2.77t。萨尔图油层试油日产油在 1.14～19.03t 之间，平均日产油 6.26t。葡萄花油层试油日产油在 1.01～92.28t 之间，平均日产油 7.96t。高台子油层试油日产油在 1.09～18.32t 之间，平均日产油 4.74t。扶余油层试油日产油在 1.01～24.25t 之间，平均日产油 6.79t（表 1-9-14）。

表 1-9-14　齐家—古龙凹陷油气区试油数据统计表

层位	油田	试油或措施	井数 / 口	日产油 /（t/d）		
				最小	最大	平均
黑帝庙	古龙	自然产能	5	1.04	3.12	1.92
		压裂	8	1.04	6.94	3.30
		合计	13	1.04	6.94	2.77
萨尔图	杏西—哈尔温	自然产能	4	4.19	13.55	7.30
		压裂	1	—	—	13.29
	龙虎泡	自然产能	15	1.14	19.03	6.15
		压裂	7	1.20	15.12	6.76
	古龙	自然产能	1	—	—	5.31
		压裂	5	1.21	9.10	3.83
	合计		33	1.14	19.03	6.26

续表

层位	油田	试油或措施	井数 / 口	日产油 /（t/d）		
				最小	最大	平均
葡萄花	杏西—哈尔温	自然产能	5	1.44	7.86	5.20
		压裂	11	1.62	53.87	16.07
	龙虎泡	自然产能	9	1.05	51.84	13.7
		压裂	10	1.03	34.8	6.50
	古龙	自然产能	53	1.01	31.55	7.22
		压裂	68	1.02	92.28	6.92
	新站	自然产能	5	1.13	11.89	5.42
		压裂	44	1.08	40.26	8.20
	合计		205	1.01	92.28	7.96
高台子	齐家	自然产能	4	1.41	11.43	6.64
	龙虎泡	自然产能	3	1.52	4.5	2.75
		压裂	37	1.09	18.32	4.69
	合计		44	1.09	18.32	4.74
扶余	龙虎泡	自然产能	2	1.20	8.64	4.92
		压裂	35	1.01	15.42	5.10
		缝网压裂	8	7.80	24.25	14.63
	合计		45	1.01	24.25	6.79

七、油田开发简况

齐家—古龙凹陷油气区内的齐家、新店、金腾、龙虎泡、敖古拉、杏西、哈尔温、龙南、古龙、他拉哈、高西、葡西、新肇、新站 14 个油田已投入开发或部分投入开发，截至 2018 年底，动用石油地质储量 17461.04×10^4t，含油面积 754.68km^2，共有油水井 5651 口，其中油井 4112 口、水井 1633 口。年产油 77.09×10^4t，年产液 270.12×10^4t，累计产油 2023.85×10^4t，累计注水 $10631.70\times10^4m^3$，累计注采比 1.01～3.07，综合含水 35.88%～88.47%，采出程度 2.37%～24.73%（表 1–9–15）。

第四节　朝阳沟—长春岭油气区

朝阳沟—长春岭油气区位于黑龙江省大庆市肇州县、肇源县和肇东市境内的松花江以北，东北以对青山为界，西南毗邻头台；区域构造位置属于中央坳陷区朝阳沟阶地的大部分和东南隆起区长春岭背斜带的一部分，面积约 3955km^2，区内分布朝阳沟、头台、双城、肇源 4 个油田和长春岭、四站、涝洲、三站、五站 5 个气田（图 1–9–17）。

表 1-9-15　齐家—古龙凹陷油气区开发基础数据统计表

油田	类型	层位	投产年份	开发面积 / km^2	动用石油地质储量 /10^4t	井数 / 口			年产油 / 10^4t	综合含水 / %	累计产油 / 10^4t	采油速度 / %	采出程度 / %
						油井	水井	合计					
齐家	油	高、扶	1987	69.66	1594.09	448	161	609	9.86	58.45	141.91	0.62	8.90
新店	油	萨、葡、高	1996	2.82	260.23	32	16	48	0.52	80.38	39.00	0.20	14.99
金腾	油	萨、葡	1994	0.80	22.00	5	0	5	0	—	4.01	—	18.23
龙虎泡	油	萨、葡、高、扶	1985	183.66	5769.04	1061	447	1508	23.35	83.43	906.86	0.40	15.72
敖古拉	油	萨、葡、高	1988	11.61	515.94	101	54	155	2.60	78.58	127.58	0.50	24.73
杏西	油	萨、葡	1982	15.31	413.92	57	32	89	0.61	88.47	78.37	0.15	18.93
哈尔温	油	萨、葡	2010	21.73	739.17	124	18	142	2.24	52.24	17.52	0.30	2.37
龙南	油	黑、葡	1998	7.30	189.00	61	41	102	0.45	66.17	31.74	0.24	16.79
古龙	油	黑、萨、葡	2008	69.28	2211.53	400	162	562	7.54	67.90	79.86	0.34	3.61
他拉哈	油	黑、萨、葡、高、扶	2002	16.12	353.09	198	23	221	1.36	59.76	63.66	0.39	18.03
高西	油	葡	1995	6.90	199.00	80	14	94	0.84	35.88	34.67	0.42	17.42
葡西	油	黑、葡	2001	49.74	764.40	299	86	385	3.37	49.78	77.92	0.44	10.19
新肇	油	葡	2000	73.99	1657.46	435	164	505	4.96	61.79	144.94	0.30	8.74
新站	油	黑、葡	1996	225.76	2772.17	811	415	1226	19.39	38.52	275.81	0.70	9.95
合计				754.68	17461.04	4112	1633	5651	77.09	71.46	2023.85	0.44	11.59

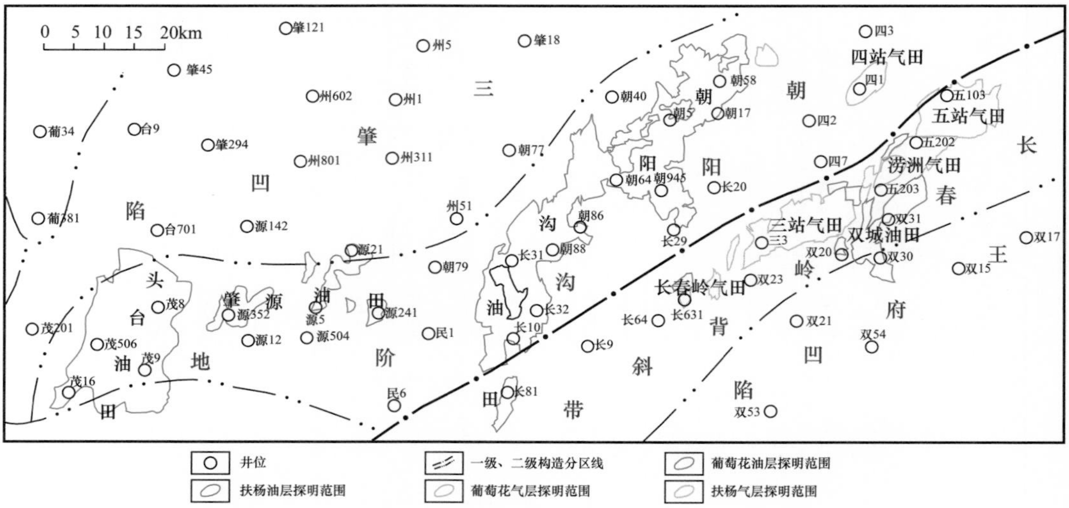

图 1-9-17 朝阳沟—长春岭油气区油气田分布图

一、勘探简史

朝阳沟—长春岭油气区的普查始于 1956 年的航磁测量，先后进行了大地电磁、重力、高精度航磁勘探，从 1960 年开始采用模拟磁带仪对全区进行地震普查，测网为（4～5）km×（10～12）km，至 1985 年底全区基本完成地震普查，并在此基础上对部分地区又做了详查或精查，发现了朝阳沟、翻身屯背斜构造以及薄荷台、大榆树和头台鼻状构造。

在区域普查阶段，1961 年朝阳沟背斜构造钻探的朝 1 井在葡萄花油层和扶余油层见到了油气显示，其中葡萄花油层 441.0～448.0m 井段，射开厚度 2.0m，试油获日产油 0.9t 的工业油流，扶余油层 925.0～1014.5m，射开厚度 8.8m，经酸化压裂后试油，只获得了 117～125L 油，从而发现了朝阳沟油田。1973—1974 年，在朝阳沟背斜和翻身屯背斜构造钻探井 27 口，其中 4 口井（朝 4、朝 31、朝 44、朝 64 井）于扶余油层压裂后获工业油流（日产油 6.7～14.4t），15 口井（未压裂）获低产油流（日产油 0.006～0.93t），从而证实了扶余油层的工业价值。1973 年，在长春岭构造钻探的长 3 井扶余油层 406.6～469.2m 井段，射开砂岩厚度 11.8m，试油获日产油 1.63t、气 4431.0m^3 工业油气流，发现了长春岭气田。1981 年在头台鼻状构造钻第一口井台 1 井于扶余油层见到含油显示，酸化压裂后试油，获日产油 1.76t 的工业油流，发现了头台油田。1987—1989 年基本完成了 0.5km×1.0km 测网地震精查，为进一步落实朝阳沟、翻身屯、大榆树和薄荷台构造圈闭提供了依据，同时新发现了三站、四站、五站和涝洲等含油气低幅度构造圈闭。1987 年朝阳沟油田在实施扶余油层开发井网钻井时，在朝阳沟背斜构造开发井中的朝 116-56、朝 88-74、朝 76-88 和朝 90-56 井加深至泉二段顶部完钻。1988 年 3 月朝 88-74 井 1141.4～1256.6m 井段，射开厚度 12.6m，压裂后气举，首先获得日产油 3.5t 工业油流，随后朝 90-56 井和朝 116-56 井经压裂分别获工业油流和工业气流。从而证实了杨大城子油层的工业价值。1987—1992 年朝阳沟油田葡萄花、扶杨油层探明石油地质储量 20634×10^{4}t，含油面积 359.3km^2。天然气探明地质储量 7.43×10^{8}m^3，含气面积 24.1km^2。经过 1995 年储量复算，探明石油地质储量 21301×10^4t，含油气面积 305.2km^2。

头台油田 1988 年完成了 1km×2km 测网数字地震，1988 年 5 月完钻茂 5 井扶余油层并见到良好的含油显示，在 1615.0～1738.7m 井段，射开厚度 16.5m，压裂试油获得日产油 1.54t 工业油流。1990 年开始油藏评价，1991 年完成沿江一带的数字地震。1992 年在头台油藏东南沿江部位的茂 111 井，扶余、杨大城子油层 1191.8～1267.1m 井段，射开厚度 24.8m 油层和差油层，压裂后气举求产，获日产油 34.82t 工业油流。1994 年探明石油地质储量 10865×10^4t，含油面积 188.8km^2。

朝阳沟—长春岭油气区除了探明朝阳沟和头台两个超亿级大油田以外，还探明了一批中小气田，1986—1995 年，先后探明了三站、四站、五站、涝洲和长春岭 5 个中浅层气田，含气面积 167.86km^2，天然气地质储量 91.26×$10^8$$m^3$。

1995 年以前，长春岭背斜带勘探过程中，一直以找气为主。1995 年 6 月 15 日，在王府凹陷向长春岭背斜带过渡鞍部小幅度构造上完钻双 30 井，在扶余油层 1020.2～1117.5m 井段，射开 6 层 16.3m，压后抽汲获日产油 33.64t 高产工业油流，从而发现了双城油田，2003 年探明石油地质储量 387.43×10^4t，含油面积 12.3km^2。2002 年，在肇源地区进行了高分辨率三维地震采集处理解释，同时开展综合地质研究工作，优选储层发育区钻探了源 35-1 等 16 口开发首钻井，获得了较好的效果。试油 11 口，有 9 口井获得了工业油流，其中源 121-3、源 35-5 等井试油分别获得了日产油 9.12t 和 9.89t 的工业油流，从而发现了肇源油田，2003 年探明石油地质储量 901.00×10^4t，含油面积 40.50km^2。

2005 年以来，在地震采集、处理解释、地质研究和井位部署等方面工作实施一体化，开展综合地质研究，对老油田及其周边油、气、水分布规律进行再认识。2006 年复查老井 50 口，压裂试油 9 口井，6 口井获工业油流，其中朝 59 井扶余油层 1098.4～1107.2m 井段，压后抽汲试油，获日产油 11.52t 工业油流。2009 年提交石油探明地质储量 4414.00×10^4t，含油面积 94.85km^2。

朝阳沟—长春岭油气区经历区域普查、区带预探、油藏评价、岩性和小幅度构油气藏勘探阶段，以及老油田滚动扩边阶段，一共发现了朝阳沟油田、头台油田、双城油田和肇源油田 4 个油田，长春岭气田、四站气田、涝洲气田、三站气田、五站气田 5 个气田。截至 2018 年底，累计探明石油地质储量 31787.56×10^4t，含油面积 542.57km^2；天然气地质储量 93.14×$10^8$$m^3$，含气面积 175.02$km^2$。

二、构造

朝阳沟—长春岭油气区位于松辽盆地中央坳陷区朝阳沟阶地和东南隆起区长春岭背斜带两个二级构造带上。在 T_2 构造图上，进一步划分出朝阳沟背斜、翻身屯背斜、薄荷台鼻状构造和大榆树鼻状构造等 9 个三级构造单元（图 1-9-18），各构造单元的相关参数见表 1-9-16。

三、储层

朝阳沟—长春岭油气区主要储层是扶余油层，其次为葡萄花油层和杨大城子油层。

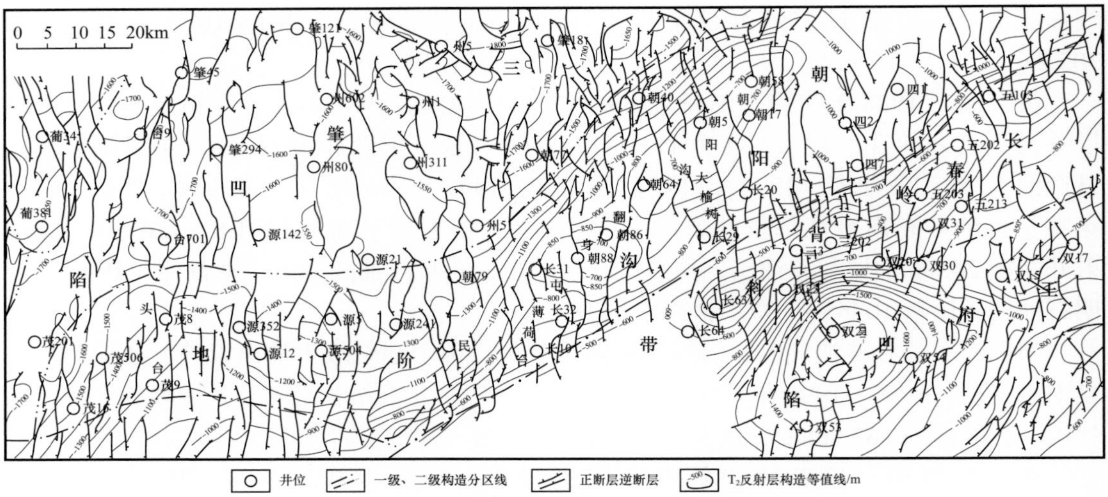

图 1-9-18 朝阳沟—长春岭油气区构造图

表 1-9-16 朝阳沟—长春岭油气区构造要素表

名称	制图层位	圈闭类型	闭合面积 / km^2	闭合高度（构造高差）/ m	闭合线（低点埋深）/ m	轴向	构造长度 / km	构造宽度 / km	构造部位及其倾角				所属油田
									翼	倾角	翼	倾角	
朝阳沟	T_2	背斜构造	93.4	167.0	–800.0	北东向	25.5	6.5	东翼	3°12′	西翼	9°30′	朝阳沟
翻身屯	T_2	背斜构造	7.6	75.0	–850.0	北东向	5.0	3.0	东翼	3°35′	西翼	4°20′	
薄荷台	T_2	鼻状构造	—	（310.0）	（–800.0）	北北西	—	—	东翼	3°30′	西翼	3°	
大榆树	T_2	鼻状构造	—	（50.0）	（–800.0）	北东向	—	—	东翼	1°15′	西翼	1°22′	
头台	T_2	鼻状构造	—	（530.0）	（–1500.0）	北北西	—	—	东翼	1°	西翼	4°30′	头台
长春岭	T_2	背斜构造	23.4	96.0	–500.0	北东向	8.7	3.2	东翼	7°45′	西翼	2°40′	长春岭
涝洲	T_2	背斜构造	28.0	75.0	–550.0	北东向	6.7	4.5	南翼	1°20′	北翼	1°	涝洲
三站	T_2	背斜构造	75.0	125.0	–550.0	北东向	16.0	6.0	东翼	2°30′	西翼	3°20′	三站
五站	T_2	背斜构造	60.0	150.0	–600.0	北东向	12.6	4.3	南翼	3°42′	北翼	2°26′	五站
合计			287.4	—	—	—	—	—	—	—	—	—	

葡萄花油层属于姚一段，地层厚度为 8.0～40.0m（图 1-9-19），受东部物源控制，沉积环境为三角洲前缘相—浅湖相。微相以水下河道、席状砂、远沙坝为主，单砂体厚 0.6～5.0m，平均为 3.2m。油层主要发育在朝阳沟背斜构造上，有效厚度为 0.4～3.4m，平均为 2.1m。岩性为粉砂岩、细砂岩夹杂色泥岩、灰黑色泥岩不等厚薄互层组合。砂岩类型为硬砂质长石细粉砂岩，岩石成分石英含量占 33.3%，长石含量占 40.6%，岩屑含量占 12.7%，粒度中值 0.083mm。胶结物以泥质为主，泥质含量平均为 16.5%，其次为少量的方解石，占 2.6%。黏土矿物中，伊利石占 44.6%，绿泥石占 23.0%，蒙 / 绿混层占 19.6%，高岭石占 6.9%，蒙皂石占 3.7%，蒙 / 伊混层占 2.0%。葡萄花油层储层物性好，有效孔隙度在 14.3%～35.0% 之间，空气渗透率在 27.4～2500.0mD 之间（表 1-9-17），属于高孔、中渗储层。孔隙类型以原生粒间孔为主。

扶余油层属于泉三段上部和泉四段，地层厚度为 220～260m（图 1-9-19），主要受西南物源影响。盆地经历了进积—快速进积—稳定退积—快速退积的充填过程，沉积环境也经历了浅湖—三角洲平原、三角洲前缘、滨浅湖相的演化过程。储层以分流河道、决口扇微相为主，单砂体厚 1.0～9.6m，平均为 3.7m。扶余油层分布范围大，其中朝阳沟油田储层发育最好，有效厚度为 1.5～25.9m，平均为 8.5m。纵向共划分为 3 个油层组（扶一组—扶三组），岩性主要由鲜紫红、紫色泥岩、紫灰色粉砂质泥岩及中厚层灰白、灰色正韵律粉—细砂岩组成，钙质底砾岩发育。储层以硬砂质长石细粉砂岩和混杂砂岩为主，碎屑中石英占 30.1%，长石占 34.3%，岩屑占 25.2%。胶结物以泥质为主，泥质含量占 14.9%；其次为方解石，占 2.5%；硬石膏和自生石英占 3.5%。黏土矿物中，蒙皂石—绿泥石占 40.7%，高岭石占 30.1%，伊利石占 25.1%。黏土矿物在孔隙中的产状主要是内衬式和桥塞式。扶余油层储层物性在平面上分布差异较大，在朝阳沟油田主体和大榆树鼻状构造储层物性较好，孔隙度在 13.2%～23.7% 之间，空气渗透率在 4.2～67.2mD 之间（表 1-9-17），属于中孔、低渗储层。头台、肇源和双城油田物性较差，如头台有效孔隙度为 9.0%～16.1%，平均为 11.4%；空气渗透率为 0.1～34.7mD，平均为 1.19mD（表 1-9-17），属于低孔、特低渗透储层。

杨大城子油层属于泉三段中下部，地层厚度为 300～370m（图 1-9-19），受东西两支沉积水系影响，储层主要以河流相的曲流河点坝为主，但受古气候影响，河流能量变化具有周期性，致使曲流河点坝分段集中发育，单砂体厚度为 1.5～8.3m，平均为 4.3m。杨大城子油层分布在中朝阳沟油田和长春岭背斜带的油气田内，有效厚度为 2.0～18.4m，平均为 13.2m。纵向共划分为三个油层组（杨一组—杨三组），岩性由暗紫红色、紫灰色泥岩、过渡岩，灰色、紫灰色厚层粉—细砂岩组成。岩石类型为岩屑质长石混杂砂岩，长石含量占 28%～34%，石英含量占 24%～28%，岩屑含量占 24%～30%。胶结物以泥质为主，泥质含量占 17.9%，其次为方解石、硬石膏和自生石英。黏土矿物以伊利石为主，其次是蒙 / 绿和蒙 / 伊混层，高岭石含量较少，为中成岩阶段产物。黏土矿物呈薄膜式或凝块式胶结，自生石英呈再生式胶结，方解石、硬石膏呈充填式或嵌晶式胶结。胶结类型主要为薄膜—再生和再生—孔隙式。长春岭背斜带上的三站、涝洲和长春岭气田扶余和杨大城子油层储层物性较好，孔隙度在 12.3%～34.3% 之间，空气渗透率在 6.1～126.2mD 之间，属于中孔低渗储层（表 1-9-17）。

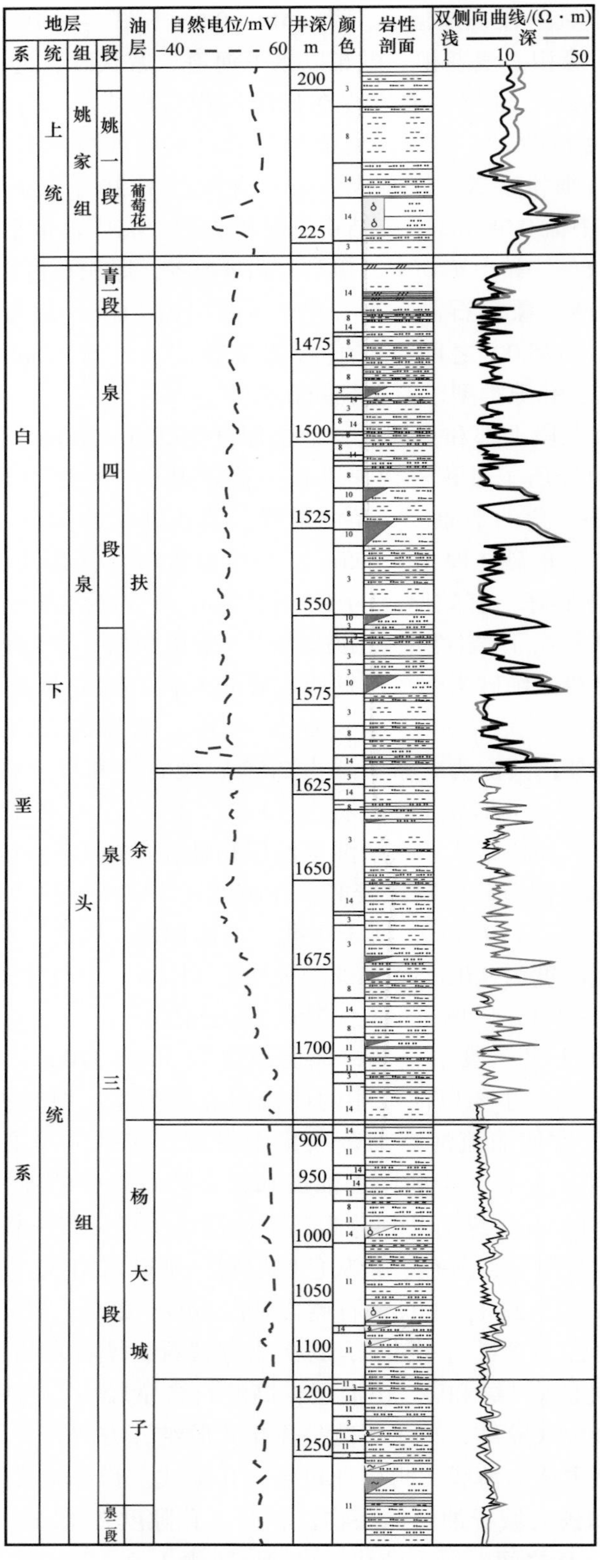

图 1-9-19　朝阳沟—长春岭油气区油层综合柱状图

表 1-9-17 朝阳沟—长春岭油气区油层物性参数统计表

油（气）田	油田（区块）	层位	孔隙度 /%			渗透率 /mD		
			最小	最大	平均	最小	最大	平均
朝阳沟	朝阳沟背斜	葡萄花	15.0	35.0	27.6	30.0	2500.0	483.0
	朝阳沟主体	扶余	13.2	18.1	16.5	4.2	20.8	11.3
	薄荷台	扶余	12.6	21.6	15.7	5.6	36.3	15.4
	大榆树	扶余	13.9	23.7	17.8	7.2	67.2	22.8
头台	头台	扶余	9.0	16.1	11.4	0.1	34.7	1.19
双城	双 301	扶余	10.0	18.0	14.3	1.0	10.0	6.4
肇源	源 35	扶余	10.5	14.9	12.5	0.53	3.73	1.15
长春岭	长春岭	扶余	13.7	25.9	19.7	8.3	126.2	63.3
四站	四站	葡萄花	14.3	33.7	25.2	27.4	1967.0	448.8
涝洲	涝洲	扶、杨	13.1	27.3	19.9	6.1	41.2	16.9
三站	三站	扶、杨	12.3	34.3	20.8	6.3	103.7	44.3
五站	五站	扶、杨	12.7	22.8	15.8	1.0	25.0	6.5

四、流体

1. 原油性质

1）地面原油性质

葡萄花油层地面原油密度为 0.8632g/cm^3，黏度为 15.8mPa·s，凝固点为 25.1℃，胶质含量为 15.9%，含蜡量为 16.9%。从整体上看，扶余油层原油性质基本一致，但在朝阳沟油田油水过渡带上，油水长期接触发生氧化，导致原油密度增大。原油性质由构造轴部向翼部逐渐变差，距油源三肇凹陷较近的朝 43 井原油密度为 0.8474g/cm^3，相对较低，处于油水过渡带上的翻 132-46 井和朝 59-1 井原油密度相对较高，分别为 0.8932g/cm^3 和 0.8840g/cm^3。朝阳沟油田主体原油密度为 0.8579～0.8629g/cm^3，平均为 0.8603g/cm^3；地面原油黏度为 18.1～26.8mPa·s，平均为 21.9mPa·s；含蜡量为 20.8%～23.3%，平均为 22.2%；胶质含量为 13.0%～16.2%，平均为 14.4%；凝固点为 31.1～32.8℃，平均为 32.0℃。薄荷台鼻状构造原油密度为 0.8602～0.8932g/cm^3，平均为 0.8667g/cm^3；地面原油黏度为 16.3～96.1mPa·s，平均为 33.2mPa·s；含蜡量为 20.7%～33.7%，平均为 25.7%；胶质含量为 11.2%～19.3%，平均为 16.1%；凝固点为 32.0～43.0℃，平均为 37.1℃（表 1-9-18）。

2）地层原油性质

葡萄花油层地层原油密度为 0.8403g/cm^3，黏度为 14.5mPa·s，原始气油比为 2.5m^3/m^3，原始地层饱和压力为 1.41MPa，体积系数为 1.016。扶余油层地层原油密度为 0.8041g/cm^3，黏度为 9.4mPa·s，原始气油比为 24.1m^3/m^3，原始地层饱和压力为 5.33MPa，体积系数为 1.090（表 1-9-19）。杨大城子油层地层原油密度为 0.8340g/cm^3，黏度为 18.0mPa.s，原始气油比为 10.7m^3/m^3，原始地层饱和压力为 5.70MPa，体积系数为 1.064。

表 1-9-18 朝阳沟—长春岭油气区地面原油性质统计表

油田	油田（区块）	层位	地面原油密度 /（g/cm³）			黏度 /（mPa·s）			凝固点 /℃			胶质含量 /%			含蜡量 /%		
			最小	最大	平均	最小	最大	平均	最小	最大	平均	最小	最大	平均	最小	最大	平均
朝阳沟	朝阳沟背斜	葡萄花	0.8564	0.8789	0.8632	12.4	25.7	15.8	12.0	38.0	25.1	12.2	20.3	15.9	13.2	23.7	16.9
	朝阳沟主体	扶余	0.8579	0.8629	0.8603	18.1	26.8	21.9	31.1	32.8	32.0	13.0	16.2	14.4	20.8	23.3	22.3
	薄荷台	扶余	0.8602	0.8932	0.8667	16.3	96.1	33.2	32.0	43.0	37.1	11.2	19.3	16.1	20.7	33.7	25.7
	大榆树	扶余	0.8633	0.8742	0.8680	19.2	35.9	25.2	30.0	37.0	34.5	12.4	16.2	14.1	21.1	24.9	23.0
头台	头台	扶余	0.8474	0.8932	0.8603	12.7	89.1	32.0	21.0	43.0	35.0	12.4	21.6	13.4	21.1	36.5	25.1
肇源	源 35	扶余	0.8493	0.8801	0.8697	20.1	129.6	67.2	32.0	44.5	37.4	10.8	19.9	15.8	22.1	33.5	27.1
双城	双 301	扶余	0.8620	0.8854	0.8704	15.2	79.9	26.6	28.0	37.0	32.7	16.4	23.2	19.8	15.9	35.2	21.8

表 1-9-19 朝阳沟—长春岭油气区地层原油性质统计表

油田	油田（区块）	层位	原油密度 /（g/cm³）			黏度 /（mPa·s）			原始气油比 /（m³/m³）			饱和压力 /MPa			体积系数		
			最小	最大	平均	最小	最大	平均	最小	最大	平均	最小	最大	平均	最小	最大	平均
朝阳沟	朝阳沟背斜	葡萄花	0.8310	0.8504	0.8403	13.8	15.2	14.5	2.0	3.0	2.5	1.23	1.59	1.41	1.004	1.027	1.016
	朝阳沟主体	扶余	0.784.	0.828.0	0.8100	3.8	16.0	9.4	8.5	29.7	24.1	4.3	8.3	6.51	1.063	1.121	1.089
	薄荷台	扶余	0.7930	0.8218	0.8059	9.68	16.59	14.27	15.4	27.3	20.8	2.63	4.55	3.55	1.062	1.109	1.082
	大榆树	扶余	—	0.8090	0.8090	—	13.0	13.0	—	9.13	9.13	—	2.11	2.11	—	1.075	1.075
头台	头台	扶余	0.7870	0.8218	0.8061	2.7	11.6	4.2	14.9	47.5	24.1	2.63	8.30	4.53	1.062	1.132	1.086
肇源	源 35	扶余	0.7900	0.8300	0.7988	5.1	13.35	8.7	16.6	23.7	17.9	3.54	7.60	4.51	1.060	1.100	1.090
双城	双 301	扶余	0.7884	0.8178	0.8082	7.7	12.0	10.0	14.0	20.2	15.7	2.53	3.68	3.30	1.065	1.091	1.078

3）天然气

葡萄花油层天然气相对密度为0.5837，甲烷含量93.39%，乙烷含量0.61%，丙烷含量0.17%，丁烷含量0.01%，氮气含量2.42%，二氧化碳含量0.09%，不含硫化氢。

扶余、杨大城子油层天然气类型为深层与浅层混合气。天然气相对密度为0.5855，甲烷含量93.28%，乙烷含量0.87%，丙烷含量0.16%，丁烷0.02%，氮气含量3.36%，不含硫化氢（表1–9–20）。

表1–9–20　朝阳沟—长春岭油气区天然气性质统计表

气田	层位	相对密度	甲烷/%	乙烷/%	丙烷/%	丁烷/%	氮气/%	二氧化碳/%	硫化氢/%
朝阳沟	葡萄花	0.5700	96.60	0.30	0.20	0	0	0	0
四站	葡萄花	0.5890	91.69	0.28	0.03	0.02	7.25	0.26	0
涝洲	葡萄花	0.5920	91.87	1.26	0.27	0	0	0	0
平均	葡萄花	0.5837	93.39	0.61	0.17	0.01	2.42	0.09	0
长春岭	扶余、杨大城子	0.5845	94.01	0.79	0.27	0	微量	0	0
涝洲	扶余、杨大城子	0.5844	93.21	0.89	0.15	0	3.59	0	0
三站	扶余、杨大城子	0.5787	95.22	0.79	0	0	0	0	0
五站	扶余、杨大城子	0.5942	90.66	1.03	0.21	0.09	6.48	0	0
平均	扶余、杨大城子	0.5855	93.28	0.87	0.16	0.02	3.36	0	0

2. 地层水性质

朝阳沟—长春岭油气区主要有葡萄花、扶余和杨大城子三套油水系统，各油水系统的地层水性质也略有不同，葡萄花油层主要发育在朝阳沟和四站两个背斜构造上，圈闭的封闭条件较好，水动力相对停滞，地层水浓缩程度较高。根据油田地层水分析资料，朝阳沟背斜氯离子含量为7755.7mg/L，总矿化度为13774.6mg/L，pH值为7.8。地层水水型为$NaHCO_3$型，其次为$CaCl_2$型。扶余油层在全区除四站气田以外的其他油气田均有发育，而且多数油气田扶余油层的地层水性质基本一致，如三站氯离子含量为3277.2mg/L，总矿化度为7805.6mg/L，pH值为7.6（表1–9–21）。地层水主要为$NaHCO_3$型，其次为Na_2SO_4型（表1–9–21）。杨大城子油层地层水氯离子含量为3711.23mg/L，总矿化度为8515.34mg/L，水型为Na_2SO_4和$CaCl_2$型。

五、油气藏

1. 油水分布特征

朝阳沟—长春岭油气区发育多个背斜和鼻状构造，断层十分发育。断层分割，加上砂体分布不稳定，使油气水分布复杂化，概括起来有以下特点：

一是垂向上重力分异明显，自上而下为气层—油层—油水同层—水层分布。在构造翼部储层非均质性较强的断块，流体分异较差，出现油水倒置现象，如朝57井扶余油层出现油夹层。

表 1-9-21 朝阳沟—长春岭油气区地层水性质统计表

油（气）田	油田（区块）	层位	氯离子含量 /（mg/L）			总矿化度 /（mg/L）			pH			水型
			最小	最大	平均	最小	最大	平均	最小	最大	平均	
朝阳沟	朝阳沟背斜	葡萄花	4881.1	11081.3	7755.7	9134.9	19124.4	13774.6	6.5	8.5	7.8	$NaHCO_3$
	朝阳沟主体	扶余	568.42	7666.45	3477.1	3016.4	13708.2	7600.5	6.0	9.1	7.8	$NaHCO_3$
	薄荷台	扶余	1710.0	4317.0	2832.0	4890.0	8631.0	6329.0	6.1	8.6	7.7	$NaHCO_3$、Na_2SO_4、$CaCl_2$
	大榆树	扶余	3927.0	6755.0	4586.0	7970.0	12658.0	9578.0	6.0	8.7	7.5	$NaHCO_3$、Na_2SO_4、$CaCl_2$
头台	头台	扶余	1850.9	2619.3	2084.7	5228.2	7355.6	6666.1	6.2	8.7	7.7	$NaHCO_3$、Na_2SO_4
肇源	源 35	扶余	1909.5	9115.7	4345.8	4938.7	18933.4	19381.3	7.6	8.5	8.0	$NaHCO_3$、Na_2SO_4
双城	双 301	扶余	4636.8	11231.8	7908.8	9152.0	23029.9	15318.2	6.0	8.4	7.3	$NaHCO_3$、Na_2SO_4、$CaCl_2$
长春岭	长春岭	扶余	2446.5	6260.6	3664.7	5864.5	14186.3	8488.3	7.0	8.3	7.4	$NaHCO_3$、Na_2SO_4、$CaCl_2$
四站	四站	葡萄花	5891.2	12151.3	11074.8	9734.5	22127.4	19427.6	6.6	8.4	7.8	$NaHCO_3$
涝洲	涝洲	扶余、杨大城子	8846.0	10565.0	9469.3	16315.0	18735.0	17361.0	6.3	8.4	7.7	$NaHCO_3$、Na_2SO_4、$CaCl_2$
三站	三站	扶余、杨大城子	576.2	7666.5	3277.2	3016.5	13900.0	7805.6	6.0	12.0	7.6	$NaHCO_3$、$CaCl_2$
五站	五站	扶余、杨大城子	1917.3	5878.5	3711.3	6479.4	12352.2	8515.3	6.2	12.3	7.9	Na_2SO_4、$CaCl_2$

二是平面上油水分布受三级构造宏观控制，四级构造油气差异富集，如朝阳沟油田的朝阳沟、翻身屯背斜构造范围内，构造高部位为纯油区，翼部为油水过渡带，出现油水同层或油夹层、水夹层。

三是受构造和岩性控制，各油气田均无统一的油气、油水界面，不同断块油水界面不同，随着断块深度加大，油水界面也加深。如头台油田扶余油层油水分布由于受到断层的切割作用，全油田无统一的油水界面，各个断块形成相对独立的油水系统，总体上油水界面变化与构造变化一致，位于构造高部位的东南部油水界面亦高，处在构造位置较低的西北部油水界面亦低。双城油田扶余油层油气水分布宏观上受构造因素控制，构造高部位为气，各断块没有统一的油水界面。

四是长春岭、三站、五站和涝洲等 4 个气田都是具有油环的气田，油气水分布较复杂，纵向上油气水分布为油—水、气—水等组合形式，但气田没有统一的气水和油水界面，油水、油气界面随各断块油层埋深而加深。油气藏内也无统一的压力系统，说明岩性和断层对油气水分布起到重要控制作用。四站气田目的层是葡萄花油层，砂体分布范围要大于圈闭范围，气水分布主要受构造控制，具有统一的气水界面。

2. 油藏类型

朝阳沟—长春岭油气区的油气聚集受构造、岩性、断层和油源等多种因素控制，其中构造、岩性和断层这 3 种主要因素在不同地区有不同程度的影响，因而形成了多种油气藏类型。

1）被断层复杂化的背斜油气藏

朝阳沟油田的朝阳沟和翻身屯背斜构造，以及长春岭背斜带上的油气田属于这种油气藏类型。其特点是油水分布受背斜构造控制，油水分异明显，高部位为气区或纯油区，受断层影响，各断块可能不具有统一的油水界面，局部受岩性影响，出现有些工业油流井点超出构造圈闭线，如朝 64 井油水界面为 –900.1m，超出 –800m 构造圈闭线（图 1–9–20）。

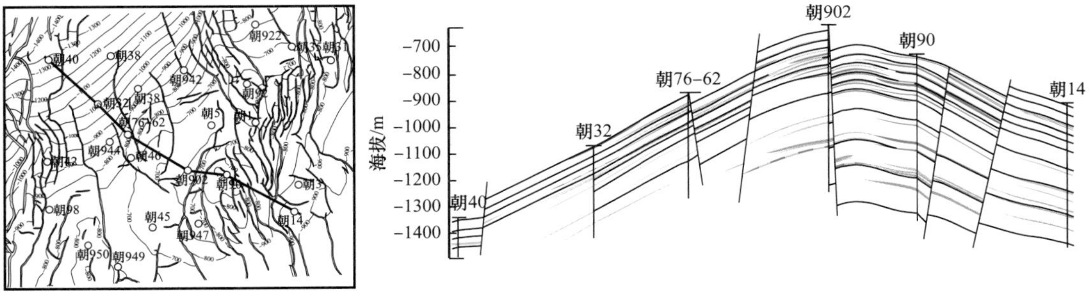

a. 朝1区块油藏剖面位置图　　b. 扶余油层油藏剖面图

图 1–9–20　朝阳沟油田朝阳沟背斜油藏剖面图

2）构造—岩性油气藏

头台、双城和朝阳沟油田的大榆树鼻状构造属于这种油藏类型。油水分布与鼻状构造有关，但控制油气聚集的主要因素是岩性。朝阳沟油田构造翼斜坡带上的朝 32、朝 65、长 47、长 23 区块，以及双城油田的五 213、五 105 区块，这些区块处于单斜斜坡位置，分布在油气运移通道上，由于岩性、物性变化和断层遮挡，捕集部分油气，形成构造—岩性油藏（图 1-9-21）。

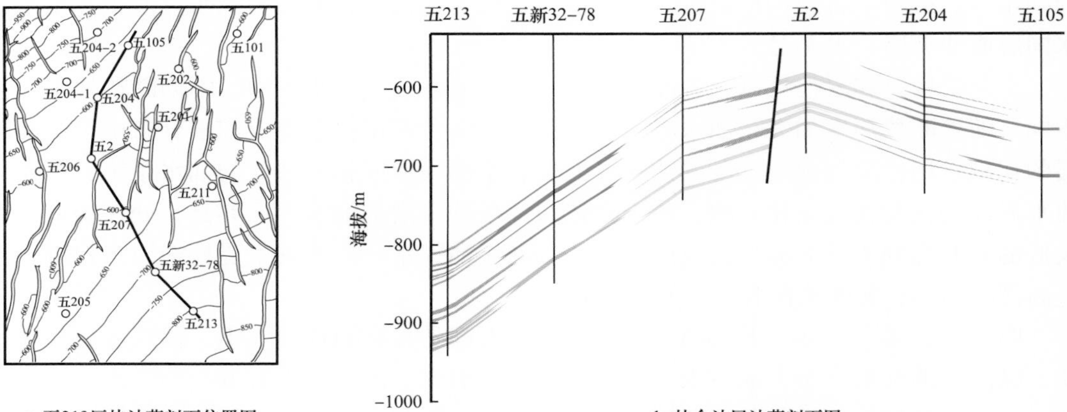

a. 五213区块油藏剖面位置图

b. 扶余油层油藏剖面图

图 1-9-21　双城油田油藏剖面图

3）断层—岩性油气藏

肇源、双城油田东部，以及朝阳沟油田的薄荷台鼻状构造、朝阳沟背斜构造东部（朝 55、朝 53 井区）断层发育，形成地垒、地堑相间的断块，加上岩性变化而形成的油气圈闭，油藏类型为岩性—断层油气藏（图 1-9-22）。

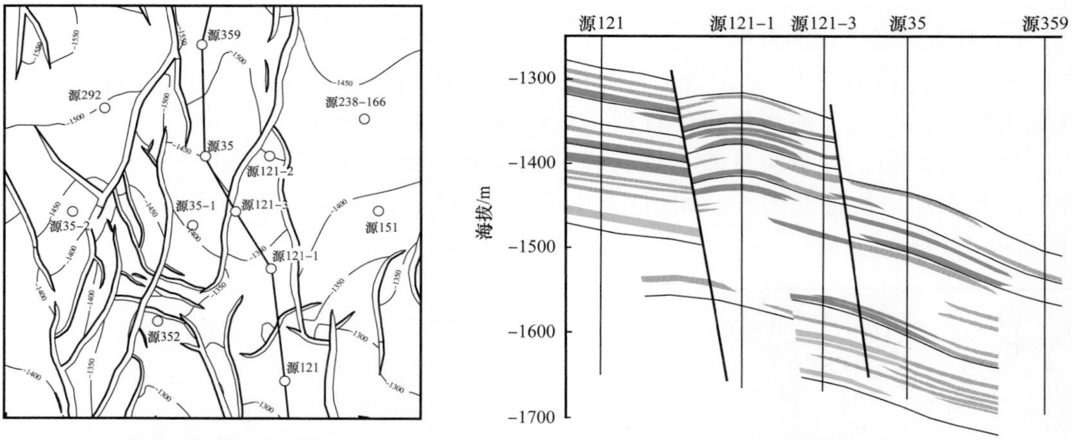

a. 源35区块油藏剖面位置图

b. 扶余油层油藏剖面图

图 1-9-22　肇源油田油藏剖面图

3. 油层压力、温度

1）压力系统

朝阳沟、头台油田扶余油层，以及四站气田葡萄花油层，压力系数在 0.83～1.002 之间，平均为 0.870，属正常压力油藏。双城油田和长春岭、涝洲、三站、五站气田，压力系数在 0.64～0.79 之间，平均为 0.72，属欠压系统。

2）温度系统

朝阳沟—长春岭油气区葡萄花、扶杨油层的温度梯度在 3.9～7.6℃ /100m 之间，而 5.2℃ /100m 即属较高地温梯度油藏。

六、产能评价

1. 试油产能

朝阳沟—长春岭油气区葡萄花油层试油自然产能，日产油在1.05～4.40t之间，平均日产油2.42t。扶余油层自然产能很低，达不到工业油流，酸化压裂后试油，日产油在1.0～65.35t之间。杨大城子油层酸化压裂后试油，日产油在1.0～5.6t之间（表1-9-22）。

2. 试气产能

朝阳沟—长春岭油气区葡萄花油层测试，日产气在30060.0～247232.0m^3之间，扶余、杨大城子油层两套含气组合，日产气在1944～182641.0m^3之间，均达到工业气流标准（表1-9-22）。

表1-9-22 朝阳沟—长春岭油气区试油数据统计表

油（气）田	层位	井数/口	试油或措施	油/t			气/m^3		
				最小	最大	平均	最小	最大	平均
朝阳沟	葡萄花	3	自然产能	1.05	4.40	2.42			
朝阳沟	扶余	76	酸化压裂	1.0	27.9	7.3			
朝阳沟	杨大城子	11	酸化压裂	1.0	5.6	2.3			
头台	扶余	29	酸化压裂	1.09	34.82	5.13			
肇源	扶余	14	酸化压裂	1.081	9.89	5.1			
双城	扶余	23	酸化压裂	1.35	65.35	9.79			
长春岭	扶余	9					1664	26900	16279.8
四站	葡萄花	3					30060	247232	104297.3
涝洲	葡、扶、杨	12					1154	57882	21053.2
三站	扶、杨	11					1944	182641	50159.4
五站	扶、杨	8					3119	39708	13677.6

七、油田开发简况

截至2018年底，朝阳沟—长春岭油气区的朝阳沟、头台、肇源和双城4个油田已经投入开发，共计动用石油地质储量27296.35×10^4t，含油面积452.98km^2，累计产油3399.56×10^4t。各油田开发的基本情况见表1-9-23，其中规模最大的朝阳沟油田已投入开发面积316.95km^2，动用地质储量19765.76×10^4t，共有油水井5859口，其中油井4068口。平均单井日产油1.0t，年产油61.68×10^4t，年产液150.62×10^4t，累计产油2768.62×10^4t，累计产液3987.29×10^4t，综合含水58.97%，采油速度0.31%，采出程度14.01%。注水井1791口，开井982口，日注水1.31×10^4m^3，累计注水15195.83×10^4m^3，月注采比2.16，累计注采比2.64。

表 1-9-23　朝阳沟—长春岭油气区开发基础数据统计表

油（气）田	类型	层位	投产时间	开发面积 / km^2	动用地质储量		井数 / 口			年产油（气）/ 10^4t（10^8m^3）	综合含水 / %	累计产油（气）/ 10^4t（10^8m^3）	采油速度 / %	采出程度 / %
					油 / 10^4t	气 / 10^8m^3	油（气）井	水井	合计					
朝阳沟	油	葡、扶	1986	316.95	19765.76	—	4068	1791	5859	61.68	58.97	2768.62	0.31	14.01
头台	油	扶余	1993	89.04	5459.25	—	2324	833	3157	13.60	61.19	435.43	0.25	7.98
肇源	油	扶余	2004	11.32	454.40	—	236	102	338	1.57	49.84	17.81	0.35	3.92
双城	油	扶余	2004	32.17	1341.94	—	372	163	535	6.24	63.52	169.55	0.46	12.63
长春岭	油	扶余	2006	3.50	275.00		29	16	45	0.18	50.13	8.15	0.07	2.96
合计	油	—	—	452.98	27296.35	—	7029	2905	9934	83.27	—	3399.56	—	—
长春岭	气	扶余	1991	0.94	—	0.32	5	—	5	0.01	—	0.21	0.26	5.69
四站	气	葡萄花	1990	14.60	—	4.80	2	—	2	0.01	—	1.48	0.27	30.78
五站	气	扶余、杨大城子	1993	16.88	—	5.65	13	—	13	0.14	—	2.00	0.88	12.95
三站	气	扶余、杨大城子	1996	22.15	—	13.47	35	—	35	0.27	—	4.38	0.81	13.09
合计	气	—	—	54.57	—	24.24	57	—	57	0.43	—	8.07	—	—

截至 2018 年底，朝阳沟—长春岭油气区已发现长春岭、四站、涝洲、三站和五站 5 个气田，其中有长春岭、三站、四站、五站等 4 个气田已投入开发（表 1-9-23）。四站气田 1990 年 11 月投入开发，截至 2018 年底，动用天然气地质储量 $4.8\times10^8\mathrm{m}^3$，含气面积 $14.6\mathrm{km}^2$。共有气井 2 口，开井 1 口，平均日产气 $0.6144\times10^4\mathrm{m}^3$，年产气 $0.01\times10^8\mathrm{m}^3$，累计生产天然气 $1.48\times10^8\mathrm{m}^3$，采气速度 0.27%，已采出探明地质储量的 30.78%。

第五节　西部斜坡油气区

西部斜坡油气区位于黑龙江省齐齐哈尔市和大庆市境内，区域构造横跨松辽盆地泰康隆起带和西部超覆带两个二级构造，勘探面积约 $3000\mathrm{km}^2$，区内分布富拉尔基油田、阿拉新气田、二站油气田、泰康油田、白音诺勒油气田共 2 个油田、2 个油气田和 1 个气田（图 1-9-23），其含油气层位主要为萨尔图油层，局部发育高台子油层。

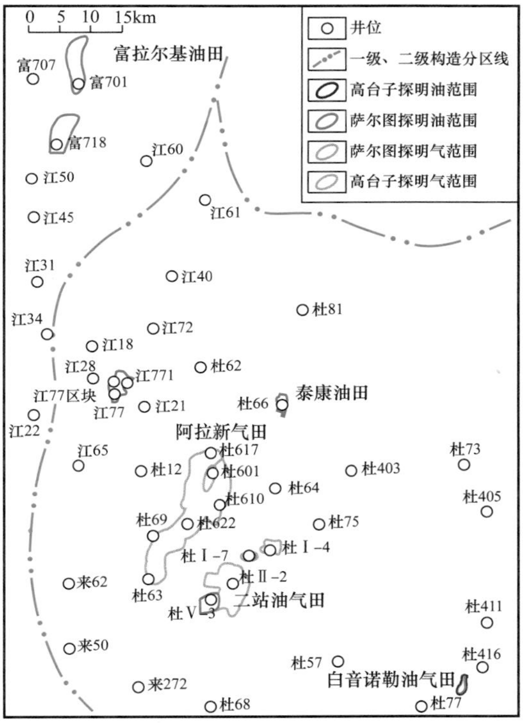

图 1-9-23　西部斜坡区油田分布图

一、勘探简史

1. 区域普查多个构造获发现

早在 20 世纪 60 年代西部斜坡油气区先后完成重力普查、重磁力详查、电测深、电法等普查工作，确定了松辽盆地西部为一由西向东倾没的斜坡。第一口探井杜 1 井位于泰康隆起带一心构造上，于 1961 年 3 月完钻，完钻井深 1679m。该井在扶余油层获含水工业油流；同年 4 月阿拉新构造上的第一口探井杜 6 井在萨尔图油层获得工业油流，在 737.0～746.0m 井段射开萨二、三组油层 2 层 3.0m，采用 5～10mm 挡板，日产气 7.9×10^4～$37.3\times10^4\mathrm{m}^3$；同年 10 月，西部斜坡带上的富 7 井在 491.2～493.4m 井段射开 1 层 2.2m，提捞求产获得日产油 0.465t、水 $1.755\mathrm{m}^3$ 的含水工业油流；11 月他拉红构造上的杜 4 井在 985.8～990.09m 井段射开萨一组油层 1 层 2.8m，测试获得日产油 1.2t、水 $0.2\mathrm{m}^3$ 的工业油气流，揭示了该区的含油气前景。

2. 区带详探探明阿拉新和富拉尔基一批中小油气田

1983 年泰康从重点勘探到放缓节奏，1984 年为扩大富拉尔基地区含油规模及解剖西部超覆带地质结构，在富拉尔基及周边地区开展大规模勘探，整体评价、解剖，共钻井 85 口，其中评价井 23 口，但仅有 5 口井获工业油流。1984—1987 年在江桥—阿拉新—

二站—泰来地区共钻探井 77 口，16 口井获工业油气流，其中大部分为阿拉新、二站构造上的工业气流井。1989—1994 年根据钻探成果及认识，在阿拉新地区萨尔图油层提交天然气探明储量 $23.57\times10^8m^3$；二站地区萨尔图油层提交天然气探明储量 $22.26\times10^8m^3$、石油探明储量 139×10^4t；白音诺勒地区高台子油层提交天然气探明储量 $4.12\times10^8m^3$、石油探明储量 44×10^4t；富拉尔基地区萨尔图油层提交石油探明储量 1578×10^4t（1988 年齐齐哈尔市政府与大庆石油管理局谈判协商，大庆石油管理局同意将富拉尔基油田交由齐齐哈尔市地方管理，国家计委下发了计工［1988］986 号文件正式批复将富拉尔基油田交给齐齐哈尔市管理）。

3. 小幅度构造油气藏勘探

1995—2007 年主要进行岩性和小幅度圈闭勘探探索，并取得了一些成果，共钻探井 47 口，获工业油气流井 8 口，也显示出该区地质条件的复杂性。平洋油气田于 1996 年提交萨尔图油层石油预测储量 2298×10^4t，含油面积 $76.2km^2$；天然气预测储量 $17.06\times10^8m^3$，含气面积 $59.1km^2$。

4. 重点解剖与开发先导试验

2010—2013 年完成 6 个三维地震工区，满覆盖面积 $1155.97km^2$ 地震资料采集。开展二维、三维连片解释，在泰康隆起带至西部超覆带共识别出白音诺勒、白音诺勒北、二站、阿拉新、江桥和富拉尔基共 6 个低幅度鼻状构造带，是油气聚集有利区。部署完钻探井 14 口，其中已试油 13 口，获工业油、气流井 8 口。其中江 77 井钻遇厚油层单层 9.6m，于萨二、三组油层 572.0～581.0m 井段射开厚度 9.0m，蒸汽吞吐获日产油 51.84t 的高产工业油流，西部斜坡区稠油产能获得突破。2012 年部署实施探井、评价井共 12 口，试油 7 口，5 口获工业油流。2011 年开辟杜 66 开发先导试验区，部署、完钻开发井 31 口，其中水平井 6 口。同年在江桥油田共提交石油预测地质储量 10632×10^4t，含油面积 $235.5km^2$。2012 年江桥油田江 77 等区块萨尔图油层新增石油控制地质储量 6328×10^4t，叠合含油面积 $130.9km^2$。2015 年泰康油田杜 66 区块萨尔图油层提交石油探明储量 82.39×10^4t，含油面积 $1.70km^2$。2017 年，开展了 7 个工区共 $1158km^2$ 三维地震精细解释攻关，总结出萨尔图油层 3 个油层组细分 6 个砂层组鼻状构造背景 + 河道、构造 + 河道、断层 + 河道、岩性等 4 种油藏类型，其中针对复合圈闭目标钻探，多口探井获得新的高产突破。2018 年泰康油田江 77 区块萨尔图、高台子油层提交石油探明储量 382.3×10^4t，含油面积 $4.34km^2$。

截至 2018 年 12 月，西部斜坡油气区历经区域普查、区带详探、小幅度构造油气藏勘探和开发先导试验四个阶段，共发现富拉尔基油田、阿拉新气田、二站油气田、泰康油田、白音诺勒油气田共 5 个油气田，在萨尔图油层和高台子油层提交石油探明储量 2225.69×10^4t，提交天然气探明储量 $49.95\times10^8m^3$。

二、构造

松辽盆地西部斜坡油气区自白垩纪以来一直为由西向东倾的缓坡，构造上由西部超覆带、泰康隆起带和富裕构造带三个二级构造单元组成（图 1-9-24）。西部边缘与泰康隆起带东缘的高差大约在 1000m，地层倾角较小，一般小于 2°。在泰康隆起带内发育有白音诺勒、阿拉新、二站和江桥鼻状构造。这些构造在嫩二段沉积末期已具雏形，在明水组沉积前已基本定型，这些早期发育的构造为油气运移富集提供了有利条件。各构造单元的相关参数见表 1–9–24。

表 1–9–24　西部斜坡油气区构造要素表

构造名称	油层顶界层位	圈闭类型	闭合高度 / m	闭合线 /m	轴向	构造长度 / km	构造宽度 / km	构造部位及其倾角				分布油（气）田
								翼	倾角	翼	倾角	
阿拉新鼻状构造	萨二、三组	鼻状构造	59.4	–650.0	北东向	16.5	6.8	西	0.8°	东	0.6°	阿拉新气田
二站鼻状构造	萨二、三组	鼻状构造	30.0	–700.0	北东向	12.3	6.3	西	0.5°	东	0.5°	二站油气田
白音诺勒鼻状构造	高台子	鼻状构造	50.0	–950.0	东西向	14.0	11.3	南	0.4°	北	0.7°	白音诺勒油气田
江桥鼻状构造	萨二、三组	鼻状构造	60.0	–450	东西向	9.8	3.7	南	0.9°	北	1.3°	

三、储层

西部斜坡油气区主力含油层位为萨尔图油层，分布较广，高台子油层仅在白音诺勒油气田发育。

萨尔图油层划分为萨零组、萨一组及萨二、三组 3 个油层组（图 1–9–25），岩性为灰、灰绿色砂岩、泥质粉砂岩、泥岩不等厚互层。与下伏地层呈不整合接触。

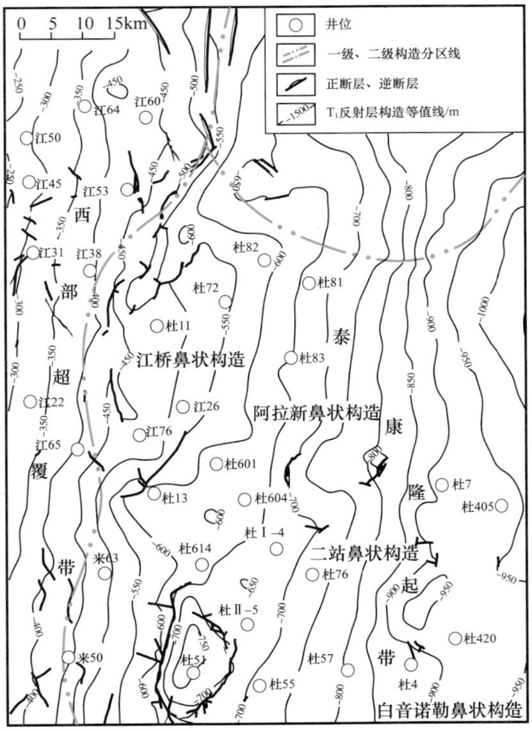

图 1–9–24　西部斜坡区萨二、三组油层顶面构造图

萨零组、萨一组厚度一般在 30～40m 之间，地层呈东厚、西薄特点。砂体展布主要受北部及齐齐哈尔物源控制，砂体以大面积席状砂为主，一般砂体厚度为 1～2m，局部发育浅湖沙坝，砂体厚度为 3～4m，砂体厚度大于 5m 的高值区主要在泰康隆起带局部发育，以分流河道沉积为主。西部超覆带萨一组、萨零组北部为湖相，砂岩不发育，有效厚度一般在 3m 左右。孔隙度一般在 25%～33.4% 之间，平均为 28.6%；空气渗透率一般为 50～2538mD，平均为 929.7mD（表 1–9–25）。储层岩石类型为长石岩屑砂岩，石英含量一般在 20%～30% 之间，平均为 27.8%；长石平均为 33.3%，主要为正长石，少量斜长石；岩屑含量一般在

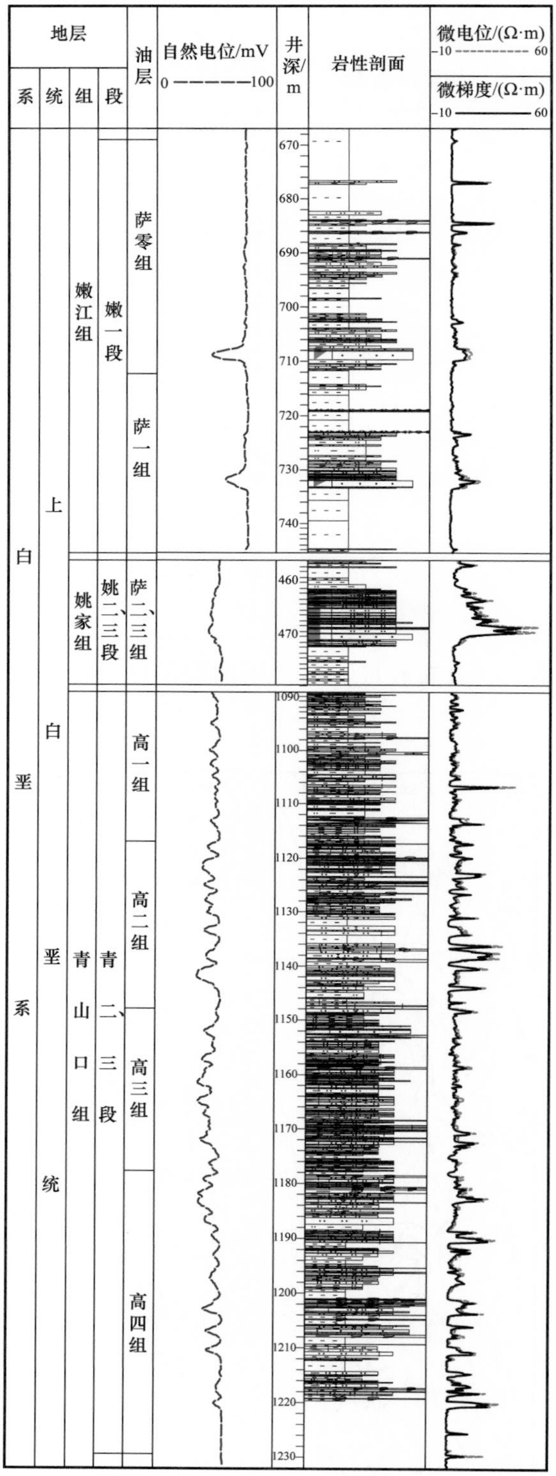

图 1-9-25　西部斜坡油气区油层综合柱状图

20%～40% 之间，平均为 30.8%。粒度一般为 0.02～0.3mm，以泥质杂基为主，胶结物以方解石为主，分选程度好—中等，胶结类型主要为孔隙、薄膜—孔隙、再生—孔隙、接触—孔隙等。黏土矿物以伊利石和高岭石为主。储层中伊利石平均含量为 31.8%，绿泥石为 12.7%，伊 / 蒙混层为 6.0%，高岭石为 33.8%。

萨二、三组厚度一般在 15～30m 之间，受北部沉积体系控制，由北向南发育三角洲平原—三角洲前缘相及滨湖—浅湖相，砂体以曲流河、水下分流河道、席状砂、沙坝及小片席状砂为主。单砂体厚度为 0.8～6.0m，层数为 1～4 层。西部超覆带发育曲河流点坝砂体和水下分流河道砂体，厚度最厚可达 10～13m；泰康隆起带砂体厚度较薄，多在 2～4m 之间，以浅湖沙坝及席状砂为主。有效厚度一般在 4m 左右。油层孔隙度一般在 23%～39.49% 之间，平均为 32.8%；空气渗透率一般在 62.11～7650mD 之间，平均为 980.8mD（表 1-9-25）。储层中岩矿特征与萨零组、萨一组相似，石英含量平均为 25.2%，长石含量平均为 32.7%，岩屑含量平均为 36.2%。黏土矿物以伊利石和高岭石为主。伊利石平均含量为 28.5%，绿泥石为 16.4%，伊 / 蒙混层为 5.9%，高岭石为 34.0%

高台子油层划分高一组、高二组、高三组及高四组 4 个油层组（图 1-9-25），地层厚度为 16～161m，岩性为一套灰黑色粉砂岩、灰色泥岩、过渡岩性、生物碎屑岩及生物灰岩的岩性组合。与上覆萨二、三组为不整合接触关系。受北部沉积体系控制，为浅湖相沙坝、小片席状砂微相。单层砂岩厚度一般小于 5m，单井砂岩厚度平均为 48.8m。单井有效厚度平均为 17.6m。空气渗透率一般在 142～381mD 之间，孔隙度一般在 17.1%～24.6% 之间（表 1–9–25），岩石类型为岩屑砂岩，岩矿成分中石英平均含量为 35.3%，长石平均含量为 36.7%，碳酸盐岩及生物碎屑成分占 22.3%，砂岩泥质含量为 7.3%，分选系数为 2.15，粒度中值为 0.177mm，碳酸盐含量为 18.1%。黏土矿物以伊利石和绿泥石为主。储层中伊利石平均含量为 31.8%，绿泥石为 38.6%，伊 / 蒙混层为 8.2%，高岭石为 11.9%。

表 1–9–25 西部斜坡油气区油层物性参数统计表

油气田（区块）	层位	孔隙度 /%			渗透率 /mD		
		最小	最大	平均	最小	最大	平均
富拉尔基	萨尔图	23.0	39.49	34.1	62.11	7650	851.6
阿拉新	萨尔图	25.0	29.5	27.3	416.7	499.9	617.16
二站	萨尔图	26	30	27.3	205.1	647.0	438.26
杜 66	萨尔图	27.2	33.4	31.4	516.0	2538.0	1415.0
杜 402	高台子	17.1	24.6	22.4	142.0	381.0	255.5

四、流体

1. 原油性质

1）地面原油性质

西部斜坡区萨尔图油层平面上受原油降解程度的影响，原油性质从东向西密度变大、黏度变稠。根据萨尔图、高台子油层地面原油分析资料统计，地面原油密度为 0.852～0.963g/cm^3，平均为 0.921g/cm^3；原油黏度为 25～4242mPa·s，平均为 4242mPa·s；含蜡量为 15.4%～37.6%，平均为 26.1%；胶质含量为 12.7%～34.1%，平均为 24.2%；凝固点为 15.0～28.0℃，平均为 15.1℃。

2）地层原油性质

西部斜坡区萨尔图油层有 6 口井的高压物性测试结果，分析结果表明平均原始饱和压力为 1.97MPa，平均原始气油比为 5.03m^3/m^3，平均体积系数为 1.020，地层原油黏度平均为 734.5mPa·s，地层原油密度为 0.9298t/m^3，压缩系数为 3.6，收缩率为 0.02%。

3）天然气

萨尔图油层天然气成因类型为生物甲烷气和生物降解气的混合气。天然气相对密度为 0.5646～0.5896，甲烷含量为 90.5%～94.6%，乙烷含量为 0.18%～0.21%，丙烷含量为 0.33%，氮气含量为 4.53%～7.8%，二氧化碳含量为 0.12%～0.28%，不含硫化氢（表 1–9–26）。

高台子油层天然气成因类型为齐家—古龙凹陷运移来的凝析气。天然气相对密度为 0.5764，甲烷含量为 95.54%，乙烷含量为 0.5%，丙烷含量为 0.03%，丁烷含量为 0.07%，氮气含量为 3.48%（表 1–9–26）。

2. 地层水性质

根据区内萨尔图油层地层水分析资料，氯离子含量为 1291.0～4127.0mg/L，平均为2445.64mg/L，总矿化度为3047.0～8899.03mg/L，平均为5589.29mg/L；高台子油层地层水氯离子含量为3000.3～3432.35mg/L，平均为3232.35mg/L，总矿化度为6605.67～7337.18mg/L，平均为6832.35mg/L，地层水均为$NaHCO_3$型。

表1-9-26　西部斜坡油气区天然气性质统计表

气田	层位	相对密度	甲烷/%	乙烷/%	丙烷/%	丁烷/%	氮气/%	二氧化碳/%	硫化氢/%	气源
阿拉新	萨尔图	0.5896	90.5	0.18	0.33	0	7.8	0.12	0	生物甲烷气和生物降解气
二站	萨尔图	0.5646	94.6	0.21	0	0	4.53	0.28	0	生物甲烷气和生物降解气
白音诺勒	高台子	0.5764	95.54	0.5	0.03	0.07	3.48	0	0	凝析气

五、油气水分布及油气藏类型

1. 油气水分布特征

受江桥逆冲走滑断层、阿拉新断层和平洋控陷断层控制，西部斜坡油气主要分布在白音诺勒鼻状构造、二站鼻状构造、阿拉新鼻状构造、江桥鼻状构造及西部地层超覆带5个构造带上，油气分布在萨尔图油层和高台子油层，且萨尔图油层发现的油气数量明显多于高台子油层，由于地处斜坡区，沉积相变快，油气分布复杂，已发现油气田油气水分布重力分异作用明显，从西到东含油层位逐渐加深。位于超覆带上的富拉尔基油田纵向上只发育萨二、三组，油水在砂体中的分异受构造高程控制。油藏上倾部位含油饱和度较高，下倾部位含油饱和度变低，直至演变为水层。泰康隆起带鼻状构造上阿拉新气田、二站油气田和泰康油田含油气层位为萨二、三组及萨一组、萨零组。萨零组为气层，萨一组主要为油气同层，萨二、三组主要为油层。其中，萨零油层组砂体分散，油气聚集条件受岩性及局部高点制约，形成零星分布的透镜状或条带状油气藏，以气层为主，局部为油水同层。萨一组砂体分布受北部物源影响，区内北部以分流河道沉积为主，南部为席状砂，局部发育沙坝，砂体厚度一般为1～3m，砂体平面上错叠分布，油气分布最为广阔，主要受鼻状构造的控制。萨二、三组油气分布在油层组的上部，油气富集受岩性及构造的控制，高部位以气为主，向低部位过渡为水层，个别砂体内以油水同层出现。东部的白音诺勒油气田主要含油气层位为高二组、高四组，杜402区块油气藏单砂层各具气水界面，垂向上无统一的气水界面。

2. 油气藏类型

油气在砂体、不整合面及断层的输导作用下长距离向西运移，在北东向鼻状构造和砂体尖灭带易于聚集成藏，油气的局部富集多受控于砂体类型、构造及断裂，地层超覆油藏和岩性—构造油气藏为主要油藏类型。

1）地层超覆油藏

富拉尔基油田发育于单倾斜坡构造上，河流砂体直接超覆于青山口组之上，通过横贯富拉尔基油田东西走向的剖面看，萨二、三油层组分布受砂岩发育的控制，即油层向西砂岩逐渐变薄直至消失（图1-9-26），向东则逐渐演变为明显的油水边界。分析认为，泰康齐家—古龙凹陷生成的油气沿河道砂体向西运移，河道砂体配置和两侧泥岩带的遮挡使油气于富722—富718井曲流河段聚集保存，形成富拉尔基油藏。

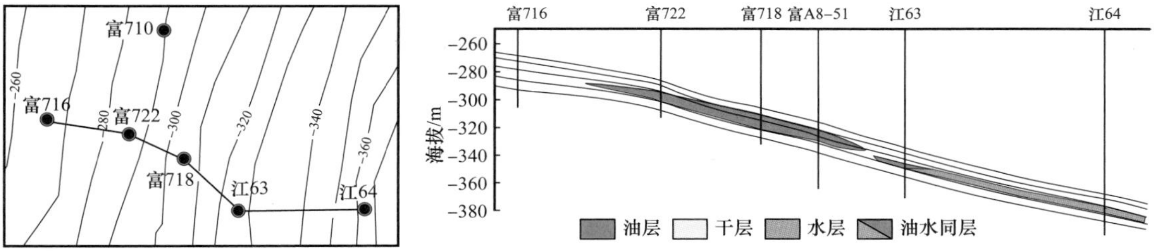

a. 油藏剖面位置图　　b. 萨尔图油层油藏剖面图

图1-9-26　富拉尔基油田油藏剖面图

2）层状构造油气藏

阿拉新气田、二站油气田、泰康油田和白音诺勒油气田位于松辽盆地西部斜坡区泰康隆起带上，成藏受控于鼻状构造，形成鼻状构造背景下的层状构造油气藏。主要含油气层位为萨零组、萨一组及萨二、三组，各含油气层位形成独立的油水系统。其中，萨零油层组砂体分散，油气聚集条件受岩性及局部高点制约，以气层为主，构造翼部以含油为主。萨一组油气水分布主要受构造和岩性共同控制，构造高部位油气相对富集，构造斜坡及低部位也含油，受砂体规模的控制以油气同层为主。从构造高部位到翼部分别为气层（如杜Ⅱ-2井）—油气同层（如杜Ⅴ-3井）—油层（如杜Ⅰ-3井）—油水同层（如杜Ⅰ-7井），局部构造低部位为水层（如杜Ⅰ-4井）。萨二、三组油气分布在油层组的上部，油气富集受岩性及构造的控制，高部位以气为主，向低部位过渡为水层，个别砂体内以油水同层出现（图1-9-27）。

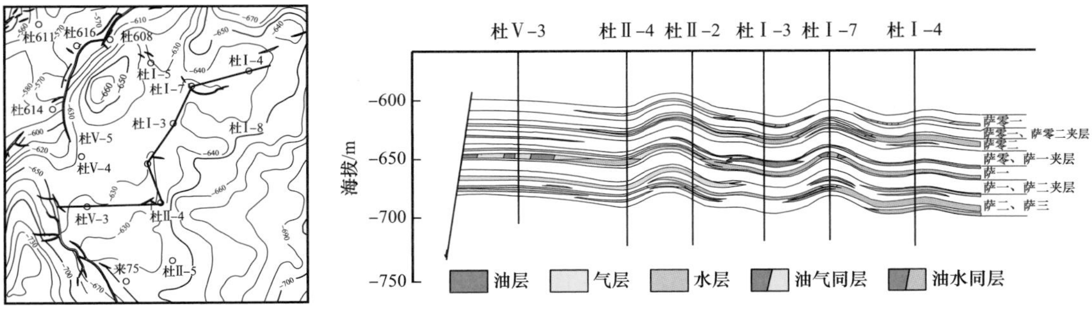

a. 油藏剖面位置图　　b. 萨尔图油层油藏剖面图

图1-9-27　二站油气田油藏剖面图

3. 油层压力、温度

根据探井、评价井实测温度、压力资料，萨尔图油层温度变化范围在18～37℃之间，地温梯度为3.3～5.8℃/100m，平均为4.6℃/100m，属于较高地温梯度油藏。压力变化范围在4.79～8.31MPa之间，压力系数在1.01～1.09之间，平均为1.039，属于正常压力系统。

高台子油层在测压深度1174.0m时，地层压力为11.99MPa，压力系数为1.02，温度为58℃，地温梯度为4.94℃/100m，属于较高地温梯度、正常的压力系统。

六、产能评价

西部斜坡区 5 个油气区试油 32 口井，获工业油流井 11 口 13 层，获工业气流井 16 口 29 层，单井日产油为 0.5～12.71t，日产气为 1337～455100m^3（表 1-9-27）。

表 1-9-27 西部斜坡油气区试油数据统计表

油（气）田	层位	井数 / 口	试油或措施	油 /t			气 /m^3		
				最小	最大	平均	最小	最大	平均
富拉尔基	萨尔图	3	提捞		0.5	0.5			
	萨尔图	2	热采	0.6	1.9	1.3			
阿拉新	萨尔图	16	气举、提捞、溢流	0.64	9.58	3.08	2888	455100	149202
二站	萨尔图	8	气举、提捞、溢流	1.3	12.71	5.39	1337	135213	61263
泰康	萨尔图	1	MFE		3.64	3.64			
白音诺勒	高台子	2	自喷、气举		1.29	1.29	1337	247000	123526

七、油田开发简况

西部斜坡油气区的富拉尔基、泰康油田已经投入开发，阿拉新、二站和白音诺勒 3 个油气田均属于未开发油气田。

1. 富拉尔基油田

1988 年富拉尔基油田开辟了开发试验区 A 区，按井距 100m × 100m 井网完钻开发井 21 口，同时开展了蒸汽吞吐热采试验。1994 年开始以滚动开发形式在油田北块富 701—富 717 井区开辟了开发试验区 B 区，按井距 100m × 100m 井网 4 年间共完钻开发井 64 口。该油田共有热采开发井 118 口，其中水平井 12 口。截至 2018 年 12 月，累计产油 11.53 × 10^4t，采出程度 0.73%。

2. 泰康油田杜 66 区块

杜 66 区块目的层为萨一组，含油面积 1.7km^2，地质储量 82.39 × 10^4t。区块共有 32 口井，其中 26 口直井、6 口水平井，2011 年底投产，采用天然能量开采，共投产 29 口井（23 口直井，6 口水平井）。2015 年 7 月转入热水驱开发，转注水井 10 口。区块初期日产油 68t，综合含水 36%。2018 年 6 月因位于扎龙自然保护区整体关停，累计产油 4.66 × 10^4t，采出程度 5.66%。

泰康油田江 77 区块江 37 井区目的层为萨二组和高一组，含油面积 0.22km^2，地质储量 16.96 × 10^4t。区块共有 23 口井，其中采油井 20 口、注入井 3 口，2007 年底投产，初期采用蒸汽吞吐方式开采，2012 年 5 月转入蒸汽驱开发，转注蒸汽井 3 口。区块初期日产油 19t，综合含水 46.6%。截至 2018 年 12 月，开井 12 口。日产油 2.1t，综合含水 87.6%，累计产油 3.17 × 10^4t，采出程度 17.6%。

3. 阿拉新气田

阿拉新气田目的层为萨零组、萨一组及萨二、三组，含气面积 34.9km^2，地质储量

表 1-9-28　西部斜坡油气区开发基础数据统计表

油（气）田	类型	层位	投产时间	开发面积 / km^2	动用地质储量		井数 / 口			年产油（气）/ 10^4t（10^8m^3）	综合含水 / %	累计产油（气）/ 10^4t（10^8m^3）	采油速度 / %	采出程度 / %
					油 / 10^4t	气 / 10^8m^3	油（气）井	水井	合计					
富拉尔基	油	萨	1988	16	1578	—	118		118	0.2331	66	11.53	0.01	0.73
泰康油田杜 66	油	萨	2011	1.7	82.39	—	19	10	29	位于扎龙自然保护区 2018 年 6 月关停				5.66
泰康油田江 37	油	萨、高	2007	0.22	16.96	—	23		23	0.1	87.6	3.17	0.59	17.6
合计	油	—	—	17.92	1677.35	—	160	10	170	0.3331	—	14.51	—	—
阿拉新	气	萨	1991	34.9	—	23.57	14	—	14	0.098	—	5.02	0.42	21.3
二站	气	萨	1992	22.5	—	22.26	3	—	3	0.055	—	1.25	0.25	5.6
白音诺勒	气	高	1986	1.5	—	4.12	1	—	1	0.046	—	2.14	1.12	51.9
合计	气	—	—	58.9	—	49.95	18	—	18	0.1997	—	8.41	—	—

$23.57 \times 10^8 m^3$。自 1991 年开始陆续投产，目前共投产 14 口井。截至 2018 年 12 月，开井 11 口，日产气 $12.0 \times 10^4 m^3$，累计产气 $5.02 \times 10^8 m^3$，地质储量采出程度 21.3%。

4. 二站气田

二站气田目的层为萨零组、萨一组及萨二、三组，含气面积 $22.5km^2$，地质储量 $22.26 \times 10^8 m^3$。自 1992 年开始陆续投产，目前共投产 3 口井。截至 2018 年 12 月，开井 2 口，日产气 $3.0 \times 10^4 m^3$，累计产气 $1.25 \times 10^8 m^3$，地质储量采出程度 5.6%。

5. 白音诺勒气田

白音诺勒气田目的层为高台子油层，含气面积 $1.5km^2$，地质储量 $4.12 \times 10^8 m^3$。区块内 1 口气井杜 402 于 1986 年投产，初期日产气 $4.0 \times 10^4 m^3$。截至 2018 年 12 月，日产气 $2.5 \times 10^4 m^3$，累计产气 $2.14 \times 10^8 m^3$，地质储量采出程度 51.9%。

第六节　徐家围子气区

徐家围子气区位于黑龙江省大庆市、安达市和肇东市之间，构造位置包括深层徐家围子断陷及周边隆起区，气区内包含了深层基底、火石岭组、沙河子组、营城组和登娄库组等不同层位的气藏，区内探明昌德、升平和徐深共三个深层气田，其中，昌德气田包括芳深 1、芳深 2、芳深 6 和芳深 9 井区共四个气藏，升平气田包括升深 1 登娄库组 1 个气藏，其余气藏均划归徐深气田，是松辽盆地主要含气区，面积约 $6000km^2$（图 1–9–28）。

一、勘探简史

徐家围子地区天然气勘探经历了三个阶段，第一阶段从 1976 年开始，以勘探断陷周边隆起区为主，最早的天然气发现是 1977 年徐家围子西侧古中央隆起带钻探的肇深 1 井，该井于 2864.0m 钻入花岗岩基底 51.4m，为验证花岗岩风化壳含油气性，1979 年对基底 2869～2870m 井段射孔试气，获日产 $217m^3$ 天然气，经过两次酸化、三次压裂，在 1987 年获得了日产 $11822m^3$ 天然气流，并于 1987 年首次在深层提交了控制储量，坚定了深层找气的信心。

1986 年古中央隆起带昌德地区登娄库组、基底兼探部署的芳深 1 井于登娄库组见到较好的含气显示，1987 年对登娄库组 2926～2940.2m 射孔测试，获日产天然气 $2000m^3$，1988 年通过压裂改造获得日产 $40814m^3$ 工业气流，深层天然气勘探取得突破，发现昌德气田。展开部署的芳深 2、芳深 4、芳深 5、芳深 6、芳深 7 等井分别在登娄库组、营城组获得工业气流，于 1998 年首次在深层提交探明储量 $117.08 \times 10^8 m^3$。昌德气藏发现后围绕徐家围子断陷周边中内泡、模范屯、汪家屯、升平和东侧朝阳沟等几个大型构造重点针对登娄库组展开部署勘探，1993 年汪家屯构造钻探的汪 9–12 井于登娄库组 2638.6～2818m 试气获日产气 $14.45 \times 10^4 m^3$，日产水 $34.69m^3$，获高产工业气流，展开部署的汪 901、汪 902 井在基底和泉一段也获工业气流。1994 年升平构造钻探的升深 1 井也在登娄库组 2645.2～2824.2m 试气获得日产 $10.0 \times 10^4 m^3$ 高产工业气流，展开部署的升深 2 井于营城组四段凝灰质砂岩获得日产 $326972m^3$ 高产工业气流，泉一段获得日产

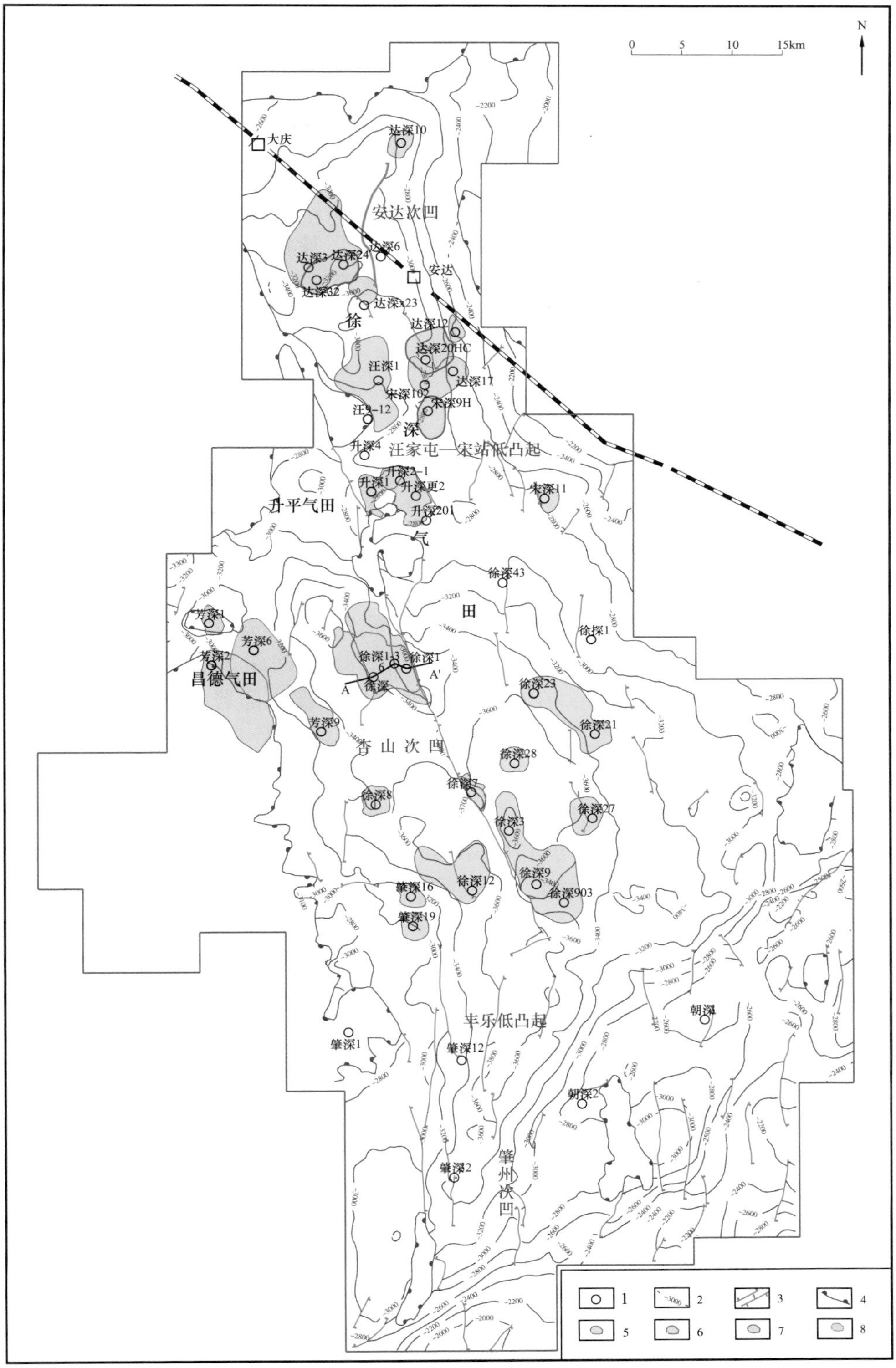

图 1-9-28 徐家围子地区营城组顶面构造与气田分布叠合图

1—井位；2—营城组顶面构造等值线 /m；3—正、逆断层；4—超覆线；5—登娄库组气藏含气范围；6—营城组砂砾岩气藏含气范围；7—营城组火山岩气藏含气范围；8—沙河子组气藏含气范围

22821m^3 工业气流，发现汪家屯和升平深层气藏。1996 年汪家屯、升平气藏提交了控制储量，2000 年升平气田提交探明储量 $57.6 \times 10^8 m^3$。这一时期围绕徐家围子断陷周边隆起区发现一批以登娄库组为主要产气层位的气藏，但规模都比较小。

在勘探隆起区登娄库组的同时，于断陷斜坡部位部署的芳深 5、芳深 6、汪 903、升深 4 等井陆续发现营城组砂砾岩和火山岩含气层，于是勘探转变思路，在 2000 年前后下凹陷找凹中隆，找超覆砂砾岩体、火山岩体圈闭，勘探进入第二个阶段。通过反复论证，在徐家围子断陷中部兴城鼻状隆起区部署了徐深 1 井。徐深 1 井于 2001 年 6 月 26 日开钻，2002 年 5 月 7 日完钻，断陷期钻遇营城组、沙河子组、火石岭组，在火石岭组完钻，完钻井深 4548m。营城组钻遇火山岩和砂砾岩储层，火山岩岩性主要是流纹质晶屑凝灰岩、流纹质含角砾熔结凝灰岩、角砾岩等酸性喷发岩，火山岩解释气层 2 层 253.6m，砂砾岩解释气层 3 层 139.4m。徐深 1 井在 2001 年钻过营城组砂砾岩刚钻入火山岩气层顶部时就进行了中途测试，获得日产 15976m^3 低产气流，2002 年对 149 号 3460～3470m 井段火山岩气层测试，获得日产 301m^3 低产气流，压后自喷日产气 195698m^3，对 150 号 3592～3624m 井段火山岩气层压裂，获日产气 530057m^3，计算无阻流量 $118.48 \times 10^4 m^3/d$ 的高产工业气流。2003 年又对徐深 1 井营城组 145 号 3364～3379m 井段砂砾岩气层测试，获日产气 9m^3，压后自喷，获日产气 54758m^3，营城组砂砾岩也获得工业气流，发现徐深气田。徐深 1 井突破后部署实施了兴城、丰乐等三维地震，向兴城的南部和西部部署了徐深 3、徐深 4、徐深 5、徐深 6、徐深 7、徐深 8、徐深 9、徐深 12 等一批探井，在徐深 1 井西侧较低部位部署的徐深 6 井，火山岩气层压后日产气 105689m^3，日产水 124.8m^3，砂砾岩气层压后日产气 522676m^3。新发现徐深 7、徐深 8、徐深 9 等新的含气区块，徐家围子断陷火山岩、砂砾岩获高产工业气流，深层天然气勘探进入一个新的阶段。同时受兴城地区勘探经验的启示，加强了徐家围子断陷北部安达、汪家屯地区的研究和部署，优选火山岩岩性圈闭部署实施预探井汪深 1 井获得日产 171670m^3 工业气流，开发控制井升深 2-1 井在营城组火山岩获得日产 $30.789 \times 10^4 m^3$ 的高产工业气流。2005 年在徐家围子断陷以营城组火山岩为主，包括部分营城组砂砾岩，提交探明储量 $1018.68 \times 10^8 m^3$。2005 年之后继续展开，在徐中地区扩大了徐深 9 区块含气面积，发现徐深 28 等区块，徐东地区部署徐深 21、徐深 22 和徐深 23 井，安达北部部署达深 3、达深 4 等井，发现徐东徐深 21 区块和汪深 1 区块达深 3 井区气藏，含气场面进一步扩大，2007 年再次提交探明储量 $1198.91 \times 10^8 m^3$。这一时期 2003 年在昌德气田营城组火山岩还提交二氧化碳气探明储量 $65.18 \times 10^8 m^3$。

但随着火山岩勘探程度的提高，位于构造高部位，特征明显的大型火山岩体圈闭基本钻探完毕，急需新的勘探接替领域。2011 年开始，在精细勘探火山岩的同时，重点针对沙河子组致密砂砾岩展开勘探，深层勘探进入第三个阶段即非常规天然气勘探阶段。徐家围子断陷沙河子组为扇三角洲、辫状河三角洲与湖泊体系沉积的砂砾岩与泥岩互层，暗色泥岩和煤层发育，是本区主要烃源岩层系。2012 年针对沙河子组致密砂砾岩部署的水平井宋深 9H 井钻遇大套厚层砂砾岩气层，该井水平段长度 1135m，综合解释气层 30 层 1004m，通过压裂改造，获得日产 208102m^3 高产工业气流，新层系、新领域取得突破，其后在安达展开勘探，分别部署水平井宋深 12H、达深 20HC、达深 21HC、达深 22H 和宋深 16、宋深 18 等直井，多口井获得工业气流，形成大面积连片含气场面，

2015 年、2016 年和 2017 年在安达地区沙河子组提交了预测、控制储量，2018 年局部升级探明储量 $189.24 \times 10^8 m^3$。同时向徐家围子其他地区拓展，徐东地区徐探 1、徐西地区徐深 6–302、徐南地区肇深 32 等井在沙河子组也获得工业气流，徐家围子断陷沙河子组展现良好勘探场面。这一时期，精细火山岩勘探，发现肇深 16、达深 17 等小型火山口和近火山口致密火山岩气藏，加上徐深 1 区块扩边，截至 2018 年底，徐深气田营城组再提交探明储量 $526.49 \times 10^8 m^3$。

二、构造

徐家围子气区所在的主体构造位置是徐家围子断陷，断陷为受徐西、徐中两条断裂控制的箕状断陷，为松辽盆地深层规模较大的断陷。断陷近南北向展布，南北向长 95km，中部最宽 60km，断陷主体面积 $4300km^2$。断陷周边 T_5 反射层海拔高程 −2500～−3500m，断陷内高程低于 −5000m。断陷西部为断坡带，中部为深洼带，东部为斜坡带。西侧与古中央隆起带结合部为一大型的基底断裂面，该断裂面高差达 3000～5000m，宽 6～13km。断陷向东逐步抬升进入肇东—朝阳沟隆起带。

断陷内汪家屯—宋站低隆起与丰乐低隆起把该断陷分隔成安达次凹、杏山次凹和肇州次凹。后期发育的徐中断裂贯穿全区，断层延伸长度大于 30km，走向为北北西向，断距自北向南由 1000m 减小到 50m，中部断距 200m 左右。与徐中断裂相伴的火山岩构造带，自升平凸起深入断陷中部，向南连接丰乐低隆起，将中部杏山次凹又分割为东西两个洼槽，使得徐家围子断陷整体表现为东西分带、南北分块的构造格局。

徐家围子气区登娄库组气藏多数具有背斜构造背景，如昌德、汪家屯和升平深层气藏，少数登娄库组气藏无明显构造背景，如安达达深 16 井区登娄库气藏等。营城组火山岩气藏除徐深 1 井区和升深 2–1 井区发育在大型的构造背景区，大多数为火山喷发形成的丘形火山口形态，如徐深 21 井区气藏、达深 3 井区气藏等，有些火山岩气藏发育在构造斜坡区，如昌德芳深 9 井区气藏、达深 10 井区气藏。营城组砂砾岩气藏多数叠置发育在火山岩气藏上部，有些发育在构造斜坡区。沙河子组气藏则发育在坳陷区、斜坡区等各种构造背景，正向构造对天然气富集程度起一定的控制作用。

三、储层

徐家围子气区在基底、火石岭组、沙河子组、营城组、登娄库组和泉一段都有气藏发育，以登娄库组、营城组和沙河子组为主要储气层段。基底气藏储层岩性为花岗岩和变质岩的风化壳，火石岭组气藏已揭示储层为火山岩，沙河子组气藏储层为砂砾岩、砂岩，以砂砾岩为主，营城组气藏储层包括火山岩和砂砾岩两类，登娄库组和泉一段气藏储层为砂岩（图 1–9–29）。

基底花岗岩、变质岩风化壳为裂缝孔隙双重介质储层，基质孔隙度较低，一般为 1%～4%，但裂缝比较发育，基岩上部风化程度高，含气性好，内幕也发育一定的裂缝，但含气性差。

沙河子组砂砾岩、砂岩储集空间类型主要为粒间孔、粒内溶孔，同时发育晶间孔及微裂缝等多种储集类型。砂砾岩孔隙度主要集中在 3.0%～9.0% 之间，平均为 5.7%；空气渗透率主要集中在 0.05～0.3mD 之间，平均为 0.147mD。砂岩孔隙度集中

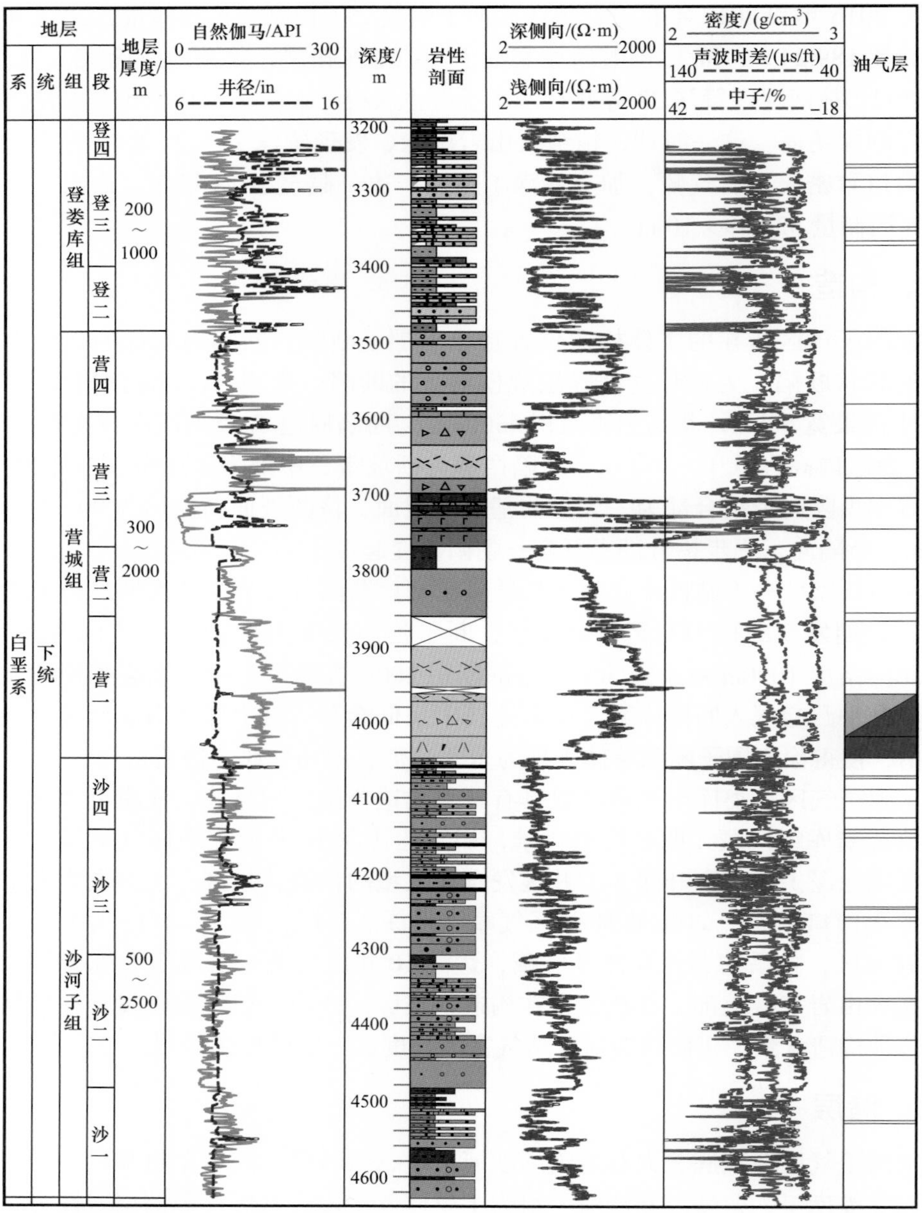

图 1-9-29　徐家围子气区气层综合柱状图

在 2.0%～7.0%之间，平均为 3.5%；空气渗透率主要集中在 0.05～0.2mD 之间，平均为 0.07mD。沙河子组砂砾岩、砂岩储层的物性变化大，非均质性强。物性主要受原始沉积环境、成岩作用及后期改造影响。

营城组气藏储集类型主要为火山岩和砂砾岩储层。营城组火山岩储层按结构分火山熔岩和火山碎屑岩两大类，按成分从酸性岩、中酸性岩、中性岩、中基性岩均有分布。

火山岩储层主要储集空间类型有气孔、气孔被充填后的残余孔、杏仁体内孔、球粒流纹岩中流纹质玻璃脱玻化产生的微孔隙、长石溶蚀孔、火山灰溶蚀孔、碳酸盐溶蚀孔、石英晶屑溶蚀孔、砾间孔、球粒周边及粒间收缩缝、裂缝及微裂缝等类型。

断陷南部徐深1等区块酸性火山岩孔隙度为1.8%～18.8%，平均孔隙度为5.3%；渗透率为0.01～13mD，平均渗透率为0.35mD。储层物性以流纹岩最好，其次为熔结角砾岩。断陷北部安达地区酸性火山岩孔隙度变化范围在0.7%～19.3%之间，平均为9.0%；渗透率变化范围在0.001～95.79mD之间，平均为0.41mD。

中性、基性火山岩储层主要发育在安达地区，中性火山岩孔隙度变化范围在0.9%～20.1%之间，平均为9.1%；渗透率变化范围在0.004～4.29mD之间，平均为0.338mD。基性火山岩孔隙度在1.1%～16.9%之间，平均为5.0%；渗透率范围在0.001～51.1mD之间，平均为0.163mD。

火山岩储层的物性变化大，非均质性强，其中基性火山岩储层表现更加明显。物性主要受火山岩岩相、成岩作用及后期改造影响，岩性与物性关系密切，裂缝发育情况对渗透率影响大。

不同岩性、不同层位火山岩储层下限标准不同，岩石密度是划分储层的重要参数，一般酸性岩储层密度小于2.53g/cm^3，营一段酸性火山岩深侧向电阻率一般大于110Ω·m，气测比值大于2.6；营三段气层深侧向视电阻率大于70Ω·m。安山岩储层密度小于2.65g/cm^3，气层深侧向视电阻率大于16Ω·m，玄武岩储层密度小于2.69g/cm^3，气层深侧向视电阻率大于45Ω·m，气水同层深侧向视电阻率在15～45Ω·m之间。火山岩单井有效厚度变化范围很大，一般在20～100m之间，徐深1区块厚度在25.6～189m之间，徐深28井可达214.6m。

营四段砂砾岩储层的储集空间按孔隙的几何形态和成因可划分为粒间孔、溶蚀孔隙、砾内微孔及裂缝共四大类。孔隙度为0.8%～10.1%，平均为4.7%；渗透率为0.04～5.88mD，平均为0.57mD，与火山岩储层相比，具有低孔隙度、高渗透率的特点。营四段砂砾岩密度下限小于2.58g/cm^3，深侧向电阻率大于40Ω·m，单井有效厚度在24.3～119.6m之间。

登娄库组、泉一段为河湖相砂岩储层，砂岩主要成分为岩屑、长石及石英，属混合砂岩类型，以细粒砂岩为主，分选较差，砂岩胶结类型以薄膜—再生式为主，碎屑颗粒多具次生加大现象，孔隙类型一般为缩小的线状粒间孔。孔喉半径为0.1～0.75μm，孔隙度一般为5.0%～10.0%，渗透率一般为0.01～1.0mD。

四、气藏类型

徐家围子气区泉一段、登娄库组砂岩气藏构造控制作用大，以构造和岩性—构造气藏为主，局部发育岩性气藏。营城组砂砾岩气藏、火山岩气藏均以岩性和构造—岩性复合气藏为主。以徐深气田徐深1区块为例，营城组在鼻状构造背景上含气，上气下水，但气水界面不一致且远大于构造圈闭，形成构造—岩性复合气藏（图1-9-30）。沙河子组砂砾岩气藏为非常规致密岩性气藏。

徐家围子气区深层天然气以沙河子组为主要烃源岩，基底、火石岭组、沙河子组、营城组和登娄库组为主要储气层位。沙河子组形成的天然气侧向沿不整合面运移至基底和火石岭组，形成上生下储成藏组合，沙河子组源储一体，形成自生自储成藏组合，沙河子组形成的天然气沿不整合和断层向上覆营城组、登娄库组聚集成藏，形成下生上储成藏组合（图1-9-31）。

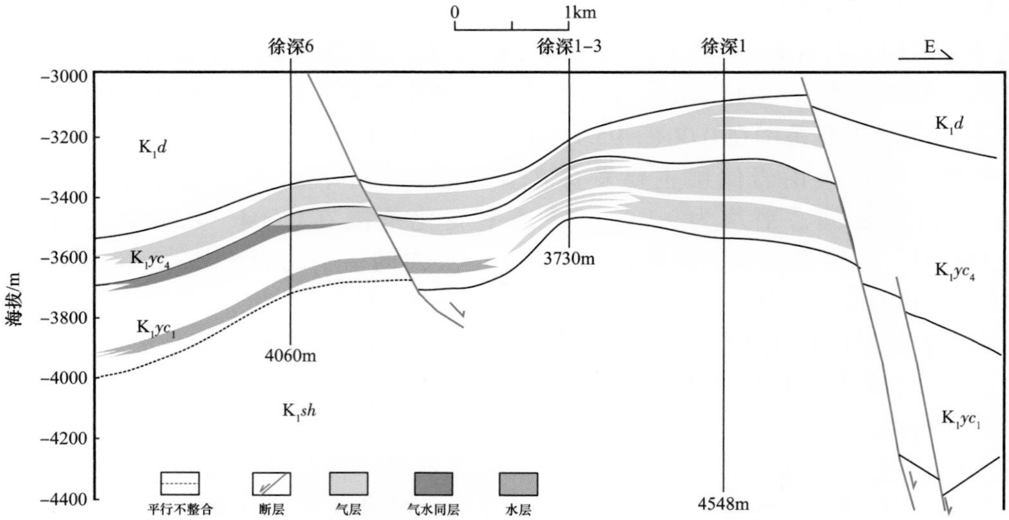

图 1-9-30 徐深气田徐深 1 区块徐深 6—徐深 1 气藏剖面

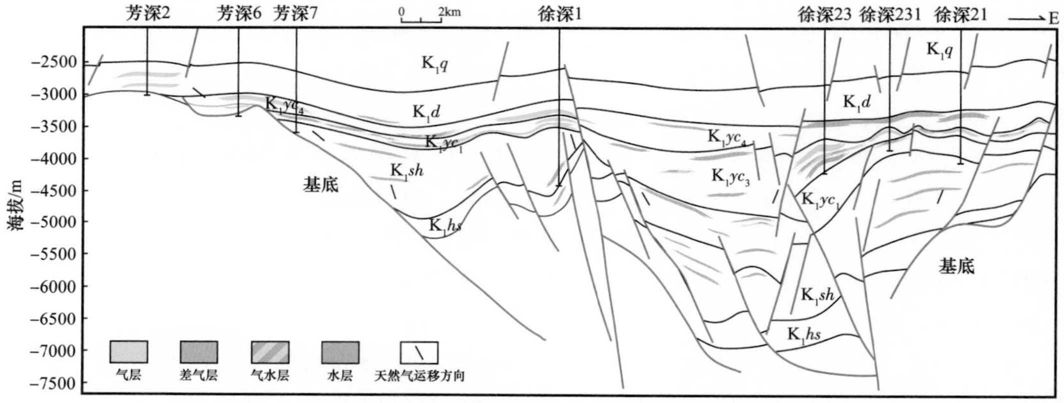

图 1-9-31 徐家围子气区深层天然气成藏模式图

五、流体

徐家围子气区天然气包括两大类，一类是以甲烷等烃类气体为主的天然气，甲烷含量为 89.24%～95.66%，二氧化碳含量为 0.26%～5.71%，相对密度为 0.5826～0.6381，如徐深 1 井区营城组火山岩和砂砾岩气藏、昌德登娄库组气藏，安达沙河子组致密砂砾岩气藏，是徐家围子气区主要的天然气类型；另一类是以二氧化碳为主的天然气，二氧化碳含量为 88.06%～94.97%，甲烷含量为 3.91%～11.08%，相对密度为 1.4164～1.4845，如徐深 28 井区营城组火山岩气藏、昌德芳深 9 井区火山岩气藏等；也存在二者的过渡类型，二氧化碳比较高，甲烷含量较低，如肇深 19 井区营城组火山岩气藏。一般高含二氧化碳气藏主要发育在营城组，又以营城组酸性火山岩为主。

徐家围子断陷深层各层位地层水性质有一定差异，登娄库组地层水氯离子（Cl^-）含量在 1000mg/L 左右，总矿化度为 2000～3500mg/L。营城组四段砂砾岩和营城组一段、三段火山岩地层水性质比较接近，氯离子（Cl^-）含量在 1000mg/L 左右，但总矿化度比较高，一般在5000～10000mg/L之间，相对于登娄库组，营城组地层水钾、钠离子（K^+、Na^+）和碳酸氢根离子（HCO_3^-）含量较高。沙河子组致密砂砾岩未见明显产水层，基底、火石岭组试气层段少，尚未取得可靠的水性资料。

六、气层压力、温度及产能

徐家围子气区深层气层温度为109.4～164.4℃，地温梯度为3.109～4.449℃/100m，多数在3.9～4.2℃/100m之间，地温梯度偏高（表1-9-29）。

表1-9-29 徐家围子气区气藏温度、压力特征及产能表

气田	层位	地层温度/℃	地温梯度/℃/100m	平均地温梯度/℃/100m	地层压力/MPa	压力系数	平均压力系数	压后产能/m^3/d
昌德	K_1d	118.9～132.8	4.137～4.449	4.350	26.74～29.67	0.919～1.016	0.977	20202～40814
	K_1yc_4	133.3～141.1	4.135～4.332	4.204	33.45～36.44	1.027～1.094	1.061	42361～138401
	K_1yc_1	138.3～141.7	3.893～4.104	3.969	38.18～38.96	1.057～1.074	1.065	50938（自然产能）～60682
升平	K_1q_1	109.4	4.317	4.317	24.33	0.96	0.96	22821
	K_1d	113.3	4.192	4.192	26.25	0.971	0.971	100014（自然产能）
徐深	K_1yc_4	132.2～135.6	3.785～3.963	3.874	32.69～38.48	0.955～1.102	1.044	54758～522676
	K_1yc_3	116.9～134.0	3.834～4.155	3.986	30.7～35.58	1.044～1.120	1.061	41044～300789（自然产能）
	K_1yc_1	123.5～164.4	3.109～4.132	3.783	36.53～44.69	1.016～1.124	1.054	41872～530057
	k_1sh	132.21～145.7	3.842～4.047	3.945	32.69～48.93	0.950～1.359	1.155	62036～208102

各层位气层地层压力为24.33～44.69MPa，压力系数为0.919～1.359。不同层位具有不同的压力特征，泉一段、登娄库组气藏压力系数为0.919～1.016，属正常压力系统，但压力系数整体偏低。营城组压力系数为0.955～1.124，多数压力系数在1～1.1之间，总体上也属于正常压力系统。沙河子组压力系数为0.950～1.359，由于沙河子组多数井为压裂求产，取得有效的压力资料较少，但多口井钻井过程中为平衡地层压力采用了较高的钻井液密度，有的井如达深22H钻井过程中发生气侵并多次后效，钻井液密度加重到1.56g/cm^3以平衡地层压力。沙河子组整体地层压力系数较高。

泉一段、登娄库组气藏一般压后日产气在2×10^4～$4\times10^4m^3$之间，个别井如升深1井自然产能可达100014m^3。营城组砂砾岩需要压裂改造才能达到工业气流，压后日产气在4×10^4～$10\times10^4m^3$之间。营城组火山岩压后日产气量也在4×10^4～$10\times10^4m^3$左右，高产井如徐深1井压后日产气可达$53\times10^4m^3$，个别井如升深2-1井自然产能可达$30\times10^4m^3$。沙河子组致密储层产量低，一般都需要通过水平井和大型压裂改造才能获得工业气流，储量区压后产能为6×10^4～$10\times10^4m^3$，宋深9H井压后日产气达到$20.8\times10^4m^3$。

七、开发简况

徐家围子气区开发始于升平开发区。徐深气田中升深2-1、徐深1、徐深8—徐深9—徐深21等区块陆续完成开发方案编制，投入开发，方案设计动用地质储量$758.32\times10^8m^3$（表1-9-30）。截至2018年底，升深2-1、徐深1、徐深8—徐深9—徐深21等区块共投产气井84口，高峰月产气$1.97\times10^8m^3$、月产水$0.96\times10^4m^3$，累计采气$123.49\times10^8m^3$，累计产水$55.72\times10^4m^3$，油压11.77MPa，套压11.54MPa（表1-9-30）。

表1-9-30　徐家围子气区开发方案

区块	储量 /10^8m^3		设计井数 / 口	投产井数 / 口	累计采气 / 10^8m^3	累计建成产能 / 10^8m^3
	提交探明	方案动用				
升深2-1	128.32	128.32	12	12	31.59	4.61
徐深1	459.84	311.33	38	49	65.30	13.48
徐深8—徐深9—徐深21	592.73	318.67	29	23	26.59	8.21
合计	1180.89	758.32	79	84	123.49	26.3

2002年为落实升深2井区营城组气藏开发潜力（2000年该区申报Ⅲ类天然气探明地质储量$31.45\times10^8m^3$，含气面积$8.5km^2$），在距该井2.25km处部署实施开发评价井升深2-1井，完钻层位营城组，钻遇营城组厚335m，未钻遇升深2井营城组四段的凝灰质粗砂岩，却在升深2井高产气层下部发现了新火山岩气层。2003年对该井2860.0～2995.0m井段（测井解释93-Ⅰ、Ⅲ、Ⅴ、Ⅶ层），四层合试（射开67m），采用12mm油嘴、64mm挡板求产，获得自然产能日产气$30.789\times10^4m^3$的高产工业气流，从而揭开了徐家围子气区火山岩气藏有效开发的序幕。

2003年对升深2-1井进行了试采，累计采气$0.55\times10^8m^3$，气井自然产能高、压降小，显示了较好的开发前景。2004年8月为进一步剖析火山岩气藏，部署了6口开发井（升深2-6、升深2-7、升深2-12、升深2-25、升深2-17、升深更2井），加深对火山岩储层的认识。原升深2井2000年提交的火山岩探明储量经升深更2井取心证实为营四段凝灰质粗砂岩储量。2006年编制《徐深气田升平开发区升深2-1区块初步开发方案》，2007年正式投入开发。升深2-1区块开采层位为营三段火山岩储层。方案设计井数12口，设计动用地质储量$128.32\times10^8m^3$，区块方案设计年产气$3.05\times10^8m^3$，日产气$92.30\times10^4m^3$，年采气速度为2.30%，稳产9年，稳产期末累计采气$31.11\times10^8m^3$，稳产期末采出程度为23%，预测20年末累计采气$57.45\times10^8m^3$，采出程度42.60%。2011年产能达到$3.71\times10^8m^3/a$，实际开发过程中，年产气介于2.20×10^8～$2.83\times10^8m^3$，日产气90×10^4～$100\times10^4m^3$，年采气速度1.72%～2.21%。截至2018年12月底，区块年产能$2.90\times10^8m^3$，年产气$3.49\times10^8m^3$，累计产气$31.59\times10^8m^3$，年采气速度2.78%，采出程度23.76%。原始地层压力31.5MPa，2018年底平均地层压力28.38MPa。

2004年为了落实兴城开发区火山岩、砾岩储层展布和连通情况及天然气分布规律，部署实施了5口开发控制井：徐深1-1井、徐深1-2井、徐深1-3井、徐深6-1井和徐深6-2井。2006年编制《徐深气田兴城开发区徐深1区块初步开发方案》，开采层位为营一段火山岩和营四段砾岩储层。初步开发方案设计井数38口，设计动用地质储量$311.34\times10^8m^3$（砾岩$87.7\times10^8m^3$，火山岩$223.64\times10^8m^3$）。区块方案设计年产气$7.90\times10^8m^3$，日产气$240\times10^4m^3$，年采气速度为2.55%，稳产10年，稳产期末累计采气$84.9\times10^8m^3$，稳产期末采出程度27.3%，预测20年末累计采气$130.9\times10^8m^3$，采出程度42.1%。2008年全面投入开发，2010年产能$7.9\times10^8m^3/a$，达到方案设计要求。实际开发过程中，年产气介于1.32×10^8～$6.77\times10^8m^3$，年采气速度0.42%～2.17%，截至2018年12月底，区块年产能$8.99\times10^8m^3$，年产气$7.62\times10^8m^3$，累计产气$65.30\times10^8m^3$，采气速度1.7%，采出程度13.78%。原始地层压力38.40MPa，2018年底平均地层压力24.1MPa。

2010年为了加快徐深气田徐深8、徐深9、徐深21等区块开发节奏，按时完成产能、基建指标，深入研究徐深气田徐深8、徐深9、徐深21等区块深层火山岩气藏地质特征和产能规模，编制完成《徐深气田徐深8、徐深9、徐深21等区块初步开发方案》，徐深8、徐深9、徐深21等区块开采层位为营一段火山岩层，方案设计总井数29口，建产井24口，接替井5口。设计动用地质储量$318.67\times10^8m^3$，区块方案设计年产气$6.43\times10^8m^3$，日产气$194.96\times10^4m^3$，年采气速度为2.02%，稳产6.05年，稳产期末累计采气$41.69\times10^8m^3$，稳产期末采出程度13.09%，预测20年末累计采气$93.67\times10^8m^3$，采出程度29.39%。

2009年1月区块开始试采，2010年气井陆续投产。实际开发过程中，年产气介于0.66×10^8～$4.31\times10^8m^3$，日产气40.8×10^4～$201.9\times10^4m^3$，年采气速度0.21%～1.35%。截至2018年12月底，已投产23口，区块年产能$6.22\times10^8m^3$，年产气$4.91\times10^8m^3$，累计产气$26.59\times10^8m^3$，年采气速度0.86%，采出程度4.78%。原始地层压力41.2MPa，2018年底平均地层压力35.07MPa。

第十章　典型油气勘探案例

油气勘探是实践性很强的创造性工作，思维决策和部署、认识技术和创新、成功做法和经验、失败教训和启示都体现和来自具体的勘探案例之中。松辽盆地60年勘探实践，这些典型案例，再现了勘探工作者依靠科学、创新实践的探索历程，展现出实践—认识—再实践—再认识的客观复杂过程，对油气勘探工作具有非常重要的指导作用和借鉴意义。

第一节　大庆油田——特大型构造油田勘探

大庆油田位于黑龙江省西部的松嫩平原中部，处于松辽盆地中央坳陷区中部，大庆长垣上的7个油田习惯统称为大庆油田。1955年，松辽盆地以油气为目的开始了地质普查工作。1958年，党中央做出了石油勘探重点战略东移重大部署。1959年，以松基三井为标志发现了大庆油田。1960年，大庆石油会战全面展开，只用一年零三个月时间，在大庆长垣高台子、葡萄花和萨尔图油层探明了一个世界级特大型油田，探明石油地质储量23.36×10^8t。1985年，对长垣北部的喇嘛甸、萨尔图、杏树岗油田已开发探明地质储量复算地质储量达41.74×10^8t。1987年，对长垣南部的太平屯、高台子、葡萄花和敖包塔油田重新计算的地质储量为2.24×10^8t。为大庆油田长期稳定开发提供了可靠的资源基础。进入21世纪后，长垣油田开发滚动扩边新增储量部分已投入开发动用，杏树岗油田及其以南部分地区发现下部扶余油层致密油正在进一步探明和开采试验中。另外，浅层黑帝庙油层局部构造上也有油气发现。至2018年底，大庆长垣探明石油地质储量47.12×10^8t，累计产油22.38×10^8t，实现了大庆油田高产稳产（图1–10–1）。

一、勘探历程与发现

回顾大庆油田的发现过程，从区域勘探圈定有利的沉积盆地、综合勘探选定有利凹陷和区带，到综合研究有利构造的关键部位钻探基准井获得发现，从整体部署南部找到大面积含油区，到战略北移找到高产油区，再到以会战方式高效探明大油田，以致老油田滚动扩边挖潜增储和深部探索发现新层的勘探开发一体化的实践，促进了陆相生油理论的发展，总结出以生油区控制油气田分布为核心的石油地质理论与生、储、盖、圈、运、保六大油气藏形成要素的油气藏形成理论和二级构造带控制油气藏分布的勘探理论，形成了综合勘探方法和技术以及勘探经验，对油气勘探工作具有普遍指导意义。探索形成的致密油有效勘探开发工作模式和方法，推进了非常规致密油气的勘探开发进程。

图 1-10-1　松辽盆地北部长垣油田油藏分布及含油面积图

1. 大庆油田的发现

中华人民共和国成立前，松辽盆地从未进行过石油勘探工作。中华人民共和国成立初期至 1954 年，国民经济发展急需东部地区找到油气田。陆相生油和大地构造理论推断，东北各地油苗调查表明具有良好的含油前景，逐步建成了多工种地球物理勘探队伍，可以胜任覆盖区的勘探。这些情况为在东北地区继续开展油气勘探提供了依据。

1955 年 8 月，地质部东北地质局松辽盆地地质概查队沿盆地边缘松花江进行了路线地质勘探，随后组织开展了石油地质普查和重磁力、电法普查和航空磁测，对松辽平原含油前景进行了肯定评价，推动了对其的进一步调查、勘探。1957 年，石油工业部西安地质调查处 116 队进行了地质调查和资料收集工作，配合进行了 150～1000m 的钻探。圈定了松辽盆地的范围，初步建立了盆地内部的地层层序，发现了可能生油层，指出中央坳陷带和东南隆起区是最有利的含油气区，应及早开展基准井工作。

1）战略东移，松基三井位的提出和确定

1958 年 2 月，党中央做出了把石油勘探的重点放到东部地区，选择突破方向的重大部署，大大加速了我国石油勘探战略东移的进程。当年在松辽盆地的勘探工作进展很快。石油工业部松辽石油勘探局负责的详查和基准井钻探工作进展较快，在详查的基础上钻了松基一井、松基二井。按照以往勘探经验，沿着盆地边部，寻找构造圈闭的勘探原则，将松基一井布于东北隆起区任民镇构造上，7 月开钻，遇到变质岩，钻井过程未见含油显示。松基二井布于东南隆起带登楼库构造轴部，8 月开钻，见含油砂岩，试油未见工业油流。了解了地层层序，发现了优质生油层和多套生、储油气层，大大提高了对松辽盆地的评价。1958 年 4 月以后，地质部松辽石油普查大队在吉林省前郭旗南 17 孔见到油砂，接着又在 30 多口浅井中见到油气显示，其中怀德县杨大城子构造南 14 孔见到含油层 20 多层，厚 60m，但试油仍是出水，带些油花。证实松辽盆地含油，有过石油生成、运移的过程。下一步的目标是要选准方向，找到更有利的地区和构造，突破工业油流关。

通过全盆地各个地区的对比分析，最终选定了面积有 $6\times10^4km^2$ 的中央坳陷区为含油有利的重点地区，因而使勘探工作重点逐步向盆地中心转移。1958 年 7 月，石油工业部玉门会议上松辽石油勘探局提出 1959 年计划在 8 个局部构造上部署探井，其中第一位的就是黑龙江省肇州县大同镇高台子电法隆起的参数井。8 月石油工业部地质技术人员到地质部东北石油物探大队收集资料，并提出在高台子隆起顶部钻探松基三井的建议。9 月，根据对各项资料的综合分析和反复讨论，选定大同镇以北的高台子电法隆起为突破口，提出松基三井确定在高台子构造高点上，依据有以下 5 条：

（1）松辽平原西部没有深井资料，迫切需要一口基准井，以了解西部含油气情况及地层岩性，并了解地球物理参数，以指导西部的勘探部署。

（2）该井与松基一井、松基二井各相距 90km 以上，约构成一等边三角形，符合基准井均匀分布的原则。

（3）井位于中央坳陷区的高台子电法隆起上，生油条件有利，据电法资料解释沉积岩厚约 2650m，可钻达基岩，又起到探油气作用。

（4）电法剖面上有 3 个隆起，高台子隆起是居中的一个，通过松基三井钻探，对另两个电法隆起的含油情况可作出评估，并指导今后工作。

（5）交通方便，靠近哈尔滨—齐齐哈尔铁路，松基一井完钻后可就近搬迁。

在拟定井位过程中，依据的资料和对石油地质特征的认识是逐步加深的。根据当时对地质、物探资料的综合解释，认为松辽盆地是一个面积达 $26\times10^4km^2$ 的大型中—新生代沉积盆地，其最深部位在盆地的中西部，基底埋深达5000m以上，在这个深坳陷中可能具备较好的生油条件，大同镇附近的电法高点与重力高带基本上叠合，可能是隆起构造的反映，在有利生油凹陷中的构造圈闭是油气聚集的有利部位，故在电法高点上初步拟定了松基三井井位。9月15日，松辽石油勘探局首次向石油工业部呈报了《松基三井井位意见书》。在随后补做完成的区域大剖面上，高台子附近地震资料显示为一隆起，证实这个“电法隆起”的可靠性。9月24日，第二次向石油工业部呈报了这些补充资料和证据。10月，地质部长春物探大队现场提交了最新的地震构造图证明高台子构造是盆地中央一个大型构造带上的一个局部圈闭。依据新的地震图对原井位做了小的移动，随后又到高台子进行现场踏勘，立桩定下井位。11月14日第三次上报石油工业部，11月29日石油工业部以油地第333号文件批复，同意松基三井的井位设计（图1–10–2）。

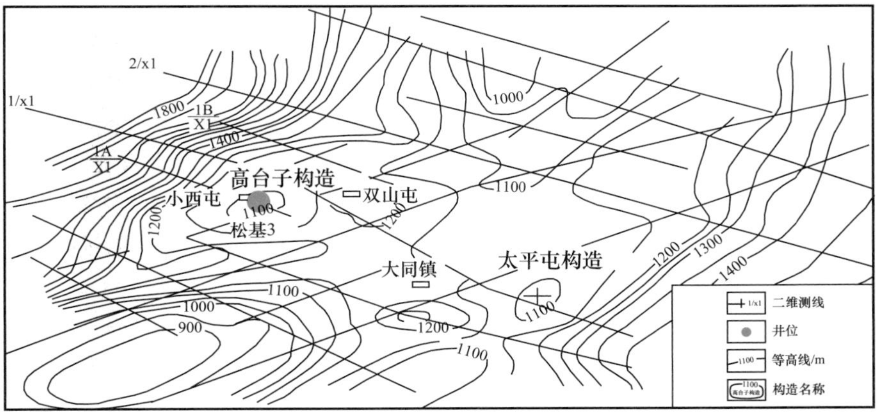

图1–10–2 松基三井第三次井位设计图

2）果断决策，松基三井提前完钻和喜喷工业油流

松基三井于1959年4月11日开钻，原设计井深3200m。在姚家组岩心中见到油浸、含油粉细砂岩3.15m，油砂含油饱满，油气味浓烈。划眼时，两次从钻井液中返出原油和气泡，收集气泡用火可点燃。鉴于已见到较好的含油显示，同时井斜5°～6°继续钻进也有困难，如钻达设计井深还需要一两年，并会由于浸泡时间过长而造成油层伤害。经石油工业部同意，松基三井在井深1461.76m完钻。没有完成的地质任务，改在其他新井完成。

1959年9月6日，第一次射开松基三井青山口组（1357.01～1382.44m）的3个薄油层，在将井筒内钻井液替成清水后提捞过程中见油花，采用下深捞筒，只捞水不捞油，降低液面，疏通油层。经过近20天的试油工作，于1959年9月26日喷出了工业油流。采用8mm油嘴测试，日产油 $14.93m^3$，揭开了发现大庆油田的序幕。

为纪念在新中国成立十周年前夕松基三井喜喷原油，将大同镇长垣改名为大庆长垣，在这个构造带上找到的油田命名为大庆油田。

2. 长垣主体的探明

1）甩开南部，迅速扩大战果

松基三井进行钻探的同时，东北物探大队对长垣展开地震勘探，南部的葡萄花地区已显示出一个完整的穹隆背斜，面积达 300km^2 以上。石油普查大队进行葡萄花构造浅井钻探，同 7 井获少量油流。因此决定首先向南甩开，在葡萄花、高台子和太平屯构造上展开钻探。1959 年 5 月，提出葡萄花构造预探总体设计，部署 3 条剖面共 9 口探井，以控制含油面积和储量。10 月 1 日葡 1 井开钻。国庆前夕地质部现场地震队送来的地震资料进一步反映出葡萄花、高台子和太平屯这些局部构造在整体上被更大的二级构造带所控制。决定调整勘探部署，集中解剖坳陷中的隆起，立足长垣构造带，坚持甩开勘探，在整个长垣上部署探井 56 口，形成一纵四横的 5 条大剖面，其中萨尔图、杏树岗各 5 口，葡萄花 19 口，高台子 16 口，太平屯 11 口，分为剖面探井、联络探井、面积探井和深探井 4 种类型。从井数上明显反映出以长垣南部为主战场的部署思想，并要达到两个目的：一要全面了解各构造是否都出油，二要在高台子、葡萄花两个地区各圈出一块含油面积，算出地质储量，以便尽快投入开发。第一批部署 22 口探井，集中在葡萄花、高台子和太平屯 3 个构造。为了既保证取得准确的资料又加快钻速，在石油工业部领导的主持下，制定了“三点合一”的方针，即把探井分成三类统筹安排。第一类井不取心快速钻进、加强综合录井，迅速控制油田面积；第二类井在油层井段全部取心，为储量计算取得参数；第三类井是油田的探边井，进行分组试油以确定油田边界。此外，在每个油田上还有一两口长期试采井，以取得产量和压力递减资料，为制定油田开发方案提供依据。

为了早日探明含油情况，石油工人克服了缺少运输和吊装设备、供水不足和寒冷季节施工等许多困难。1960 年元月，葡 7 井首先喷油，4mm 油嘴日产油 15.5t，继之各井也陆续获工业油流，发现了葡萄花油田和太平屯油田，初步显示出大庆长垣南部的葡萄花地区是一个储油面积 200km^2，储量上亿吨的大油田。

2）挥师北上，三点定乾坤

1959 年 11 月，松基三井与葡 1 井对比发现松基三井向南的葡萄花地区油层变薄，地质人员分析认为向北有油层变厚、含油变好的趋势，建议向北推进勘探。12 月，地质部长春物探大队已完成了长垣北部构造图编制，面积达 800km^2 的杏树岗、萨尔图、喇嘛甸构造的总面貌已完整显现。证实从葡萄花构造向北和向南延伸存在着一个走向北北东、圈闭面积达 2500km^2、闭合高度为 392.8m 的大型长垣二级构造带，由 8 个局部构造高点组成。因此，松辽石油勘探局确定了新的勘探方针，以大庆长垣二级构造带为整体对象，甩开钻探，大井距探边，快速探明油田边界和规模，尽快拿下油田储量。再次调整探井部署，部署了第二批 26 口探井，增加了喇嘛甸、敖包塔两个构造探井（图 1–10–3）。

1960 年 1 月、2 月，趁大地封冻运输方便的有利条件，不失时机地向北甩开，在长垣南北 120km 长的大范围内，进一步扩大钻探。2 月 20 日石油大会战拉开了序幕，萨尔图构造高点上的第一口探井萨 66 井开钻。3 月 11 日，萨 66 井用 4～10.5mm 油嘴测试，日产油 22.7～112.4t。鉴于萨尔图油田油层厚、面积大、产量高、交通方便，更有利于开发建设，3 月 16 日会战领导小组当机立断，决定“挥师北上”。接着，在萨 66 井以南

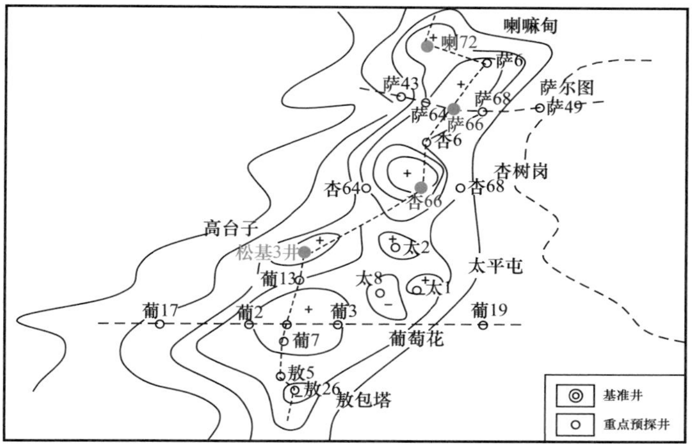

图 1-10-3　大庆长垣构造探井部署图

杏树岗构造上的杏 66 井和以北喇嘛甸构造上的喇 72 井分别在 3 月 17 日和 23 日陆续开钻，4 月 25 日杏 66 井 4～9mm 油嘴测试，日产油 27.2～90.36t。4 月 8 日喇 72 井 5mm 油嘴测试，日产油 48t。萨 66 井、杏 66 井、喇 72 井三口关键的探井喷出高产油流，证实了油层厚度大、产量高的部位在大庆长垣北部，找到油田的主体部分——高产区，当时被誉为“三点定乾坤”。同时，这些重要的发现对于石油会战的部署和石油工业的发展都起着巨大的作用。当时，根据首先发现商业油流的地区，命名了高台子油层、葡萄花油层和萨尔图油层。此外，4 月 7 日大庆长垣南端敖包塔构造上的敖 26 井在葡萄花油层喷出工业油流，从喇嘛甸到敖包塔 7 个构造高点均获工业油流，展示出长垣构造带整体含油的宏观面貌。

3）大庆长垣的基本探明

发现了长垣北部高产区后，为了集中力量首先拿下高产区，将参加石油会战的队伍大部分调到长垣北部，圈定含油面积、查清油田特征、概算地质储量，是会战的首要任务。一方面按照整体勘探部署，了解含油范围和生产情况，取得储量计算的各项参数。另一方面在萨尔图油田开辟一块生产试验区。同时，又作出新的部署，重点进行了探鞍、探边、成排钻剖面井和长期试采四项工作，通过对长垣北部各构造间鞍部和边部的钻探，证实不仅是构造高点油气富集，高点之间也含油连片，即大型长垣二级背斜构造带控制油气富集。了解了各组油层的含油边界，圈定含油范围。在萨尔图和杏树岗构造安排了 9 条大剖面，全面解剖油田，查明了油田的基本特征，为储量计算提供资料。选择 33 口井进行试采，取得稳定可靠的试采资料。1960 年，大庆长垣完成探井 93 口，按要求取全取准 20 项资料 72 项数据，为认识油田地下、算准储量提供了可靠的科学依据。1961 年 1 月 1 日，大庆油田第一次向国家呈报了喇萨杏油田储量：油田面积 887km^2，地质储量 23.36×10^8t，可采储量 5.26×10^8t。1963 年 5 月，再次计算储量，面积不变，储量修改为 22.68×10^8t。至此，完成了大庆主力油田的勘探工作，为油田开发提供了资源保障。

1985 年，长垣北部的喇嘛甸、萨尔图、杏树岗油田储量复算地质储量为 41.74×10^8t，至 2018 年储量为 42.43×10^8t。1987 年，长垣南部的太平屯、高台子、葡萄花和敖包塔油田计算地质储量为 2.24×10^8t，至 2018 年储量为 4.74×10^8t。三肇、齐家—古龙两大富烃凹陷供烃，面积巨大的大庆长垣构造与盆地长轴方向大型的河流三角洲体系形成的良好空间叠置，构成了大油田形成的两个条件（图 1–10–4）。长垣油田累计探明石油地质储量 47.17×10^8t。为大庆油田高产稳产奠定了坚实的资源基础。

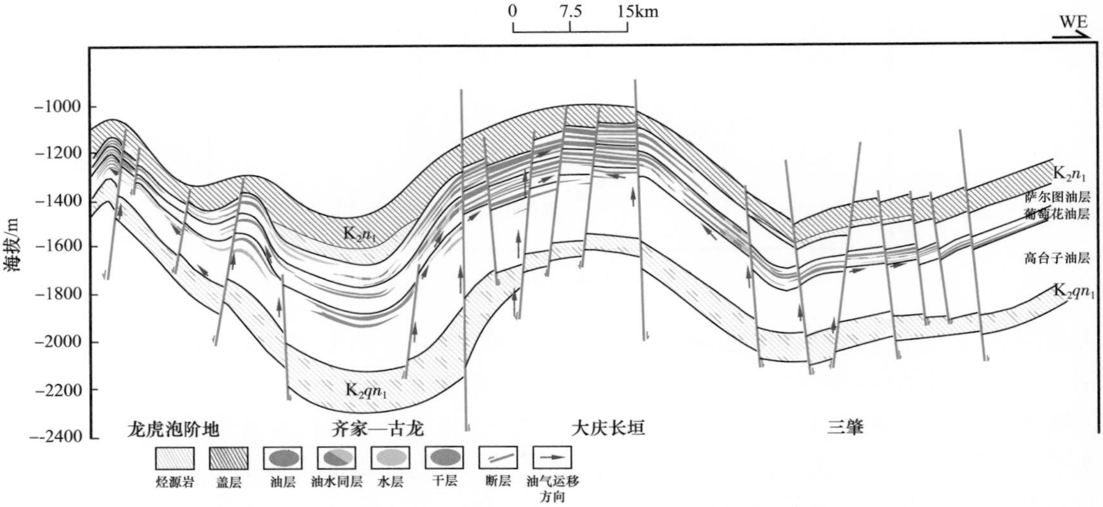

图 1–10–4　大庆长垣萨尔图—葡萄花—高台子油层东西向油藏剖面模式图

3. 扶余油层的拓展

1）探索长垣扶余油层，构造勘探获得发现

扶余油层是大庆长垣主力油层萨尔图、葡萄花、高台子油层以下 300～700m 的另一套含油层系。20 世纪 50 年代末至 60 年代初，按照较稀的井网控制，部分探井加深探索扶余油层，限于当时技术条件，认为油层岩性致密，未获工业油流。70 至 80 年代，在凹陷周边寻找埋藏浅、物性好的有利构造，开展构造油藏勘探。为此，在长垣局部构造高点扶余油层勘探相继获得发现，钻于太平屯构造的太 3 井，1977 年压后气举产油 1.759t/d。在大庆长垣首获工业油流之后，针对长垣扶余油层陆续开展勘探工作。杏树岗构造的萨 9 井，1985 年中途测试自然产能获工业油流，压裂后气举产油 11.79t/d，是压裂后产能较高的探井。至 1988 年，长垣已有 5 个构造在扶余油层获得工业发现，成为长垣上仅次于主力油层的重要勘探层系。

2）加强成藏条件分析，岩性勘探扩大场面

20 世纪 90 年代，随着地震储层预测技术、钻井技术和油层增产改造技术的进步和应用，扶余和杨大城子油层成为重点勘探评价层系。通过地质研究和油藏综合描述，长垣扶余油层沉积时期受北部和南部双向物源的控制，以河流相为主，河道砂是主要储集体。扶余油层错叠连片的砂体被北西向断层切割，形成复杂化的岩性油藏。长垣南部埋藏浅、砂体好，开展预探评价，发现了葡 31 区块大面积含油区。西部齐家—古龙凹陷生烃范围大，长垣西侧的萨西、杏西、葡西鼻状构造含油富集程度好，有利的高断块和鼻状构造对油气富集起到一定的作用，由于中部组合萨尔图、葡萄花、高台子油层北部巨厚的三角洲砂体和断层输导作用、扶余油层主要受北部沉积体系控制，这种相带变化造成长垣上扶余油层自北向南储层物性逐渐变差，而含油性逐渐变好。加强岩性油藏勘探，目标由长垣南段转向长垣中段、杏树岗地区和西侧的鼻状构造，多口井获得工业油流，但总体砂体薄、物性差、产量低。1998 年在葡萄花—敖包塔地区提交控制石油地质储量 1.3×10^8t，从长垣南的葡萄花构造到北部的杏树岗构造扶余油层已呈现出含油连片的可能。逐步掌握了低渗透油藏的地质规律，勘探成效进一步提高（图 1-10-5）。

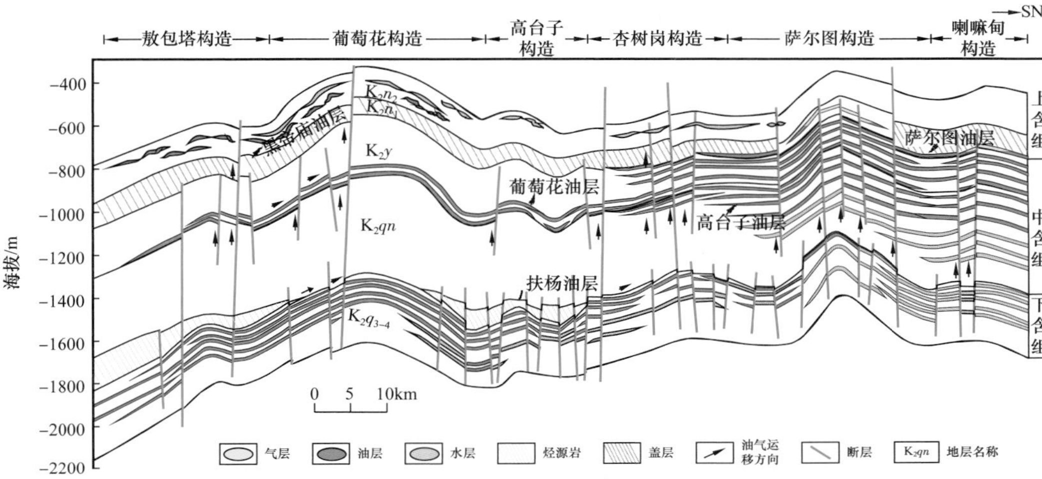

图 1-10-5　大庆长垣黑帝庙—扶余油层南北向油藏剖面模式图

3）实施勘探开发一体化，精细勘探致密油找到效益可动用储量

21 世纪初，以效益储量为目标，按照整体描述，逐步优选，重点解剖的勘探开发一体化评价原则，评价葡 31 井区块，扶余油层基本达到了当年探明、当年优选开发动用的商业储量。“十五”期间，为解决油层顶面复杂的构造、断层问题，并尝试提高储层预测精度的可能性，大庆长垣老油区开展了葡南—杏树岗三维地震勘探。针对制约扶杨油层勘探的河道砂体预测和油藏规律认识不清问题开展攻关，系统研究表明，大庆长垣扶杨油层沉积时期受控于北部、西部、南部三支沉积体系，储层主要为条带状分流河道砂体，砂体沉积类型及埋深是影响储层物性的主要因素，油气下排厚度范围内有效储层普遍含油，受储层岩性、物性、断裂的影响，油藏类型以岩性、断层—岩性油藏为主，长垣中南部是有利含油气区带。加强预探的同时，实施开发“百井加深”工程，扩大了含油面积，取得了较好效果。“十一五”期间，坚持整体研究、整体认识、整体勘探，坚持立足扶杨油层、立足长垣中南部、立足周边低勘探程度区，从效益角度考虑，坚持先中部后南部、先浅后深、先富后贫的工作思路，组织开展了大庆长垣三维地震联合攻关，实现 19 个三维工区整体成图。精确构造解释，长垣主体圈闭面积 2473km^2，发育 6 个局部构造，以北西向和近南北向断层为主，西侧发育 6 个鼻状构造。深化研究表明，扶余油层含油性长垣两侧西好东差、南好北差，发育曲流河、网状河、浅水三角洲沉积，有利砂体类型为曲流河点坝、分流河道、前缘席状砂，沉积新认识为寻找砂体发育带提供了新思路。地震攻关，发展基于保幅高分辨率处理的砂体预测技术和叠前 AVO 有效储层预测技术，有效支撑了勘探部署。为提高资源发现效益，调整了管理模式，成立大庆长垣一体化项目经理部，形成了预探打认识、评价打规模、采油厂打滚动的一套

一体化运行做法。长垣西侧带预探实现产能上的突破，证实扶余油层在2400m仍有勘探潜力。优选评价长垣主体杏树岗地区，提高了储量升级的品质。在长垣南部葡萄花地区新增石油探明地质储量3967×10^4t，老油田挖潜与先导性试验，葡333等四个试验区为开发的可行性提供了有利的依据。

“十二五”时期，转变观念，明确了致密油气勘探的工作思路。秉承“水平井+体积压裂提产，用高产量证实资源有效性”的理念，遵循搞清资源、准备技术、突破重点、稳步推进的工作原则，按照先简单后复杂、先好后差、先浅后深的勘探思路，分类评价、逐步展开、突出重点、探索技术、一体化推进，工程地质紧密结合，逆向思维、反向设计、正向施工的致密油气工作思路。通过深化成藏规律研究，认识到源下扶余油层致密油普通含油，资源潜力大，是规模增储的现实领域。北东向雁列式反转构造带是扶余油层油气富集运移指向区，受南北物源控制，储层物性北部好、中部差、南部中等，油气富集主要受北西向断裂体系控制，油源、构造、断裂、河道砂四位一体控制扶余油层油气富集。探索资源分类评价标准，夯实扶余油层致密油资源基础。开展地质地震联合攻关，发展了河道砂体对比技术，形成了河流相层序地层划分与对比技术及河道砂体等时对比思路。完善了大比例尺沉积微相制图方法，扶余油层划分7个四级层序，29期河道。研发并推广了表层Q补偿技术，目的层原始单炮地震资料频带展宽20～30Hz，成果资料频带展宽15～20Hz。黏弹性叠前时间偏移技术，进一步拓宽成果剖面有效频带10～20Hz。薄层阻抗直接反演技术（Z反演），砂体识别率在黏弹偏50%基础上提高到75%。扶余油层3～5m窄小河道单砂体识别率75%，形成了一套适合低渗透薄储层地震处理技术和流程，在勘探部署中发挥了关键作用。直井多层缝网压裂，提高单井产量。攻关大位移水平井配套技术，实现水平井分段多簇大规模压裂，形成了“三优二精一配套”水平井部署设计+体积压裂配套技术，有效指导了水平井实施。探索低品位储量有效动用新途径，工程与地质一体化，预探推进，水平井增产，促进储量提档升级，在长垣葡萄花、太平屯、高台子和杏树岗地区新增石油探明地质储量9243×10^4t。动用与增储一体化，评价展开，试验区跟进，加快储量升级动用。大庆长垣突出预探与评价一体化，通过连井地质分析确定目标层，地震沉积学研究确定河道砂体，工程分析确定最佳钻探方向，多学科设计确定垣平1井实施方案。建立一体化的攻关组织，确保工程顺利实施。在大庆长垣砂泥岩交互层中钻成大位移长水平段的垣平1井，砂岩钻遇率达96.8%，油层钻遇率达78.2%，采用复合桥塞分段多簇大规模压裂，螺杆泵排液产油71.26t/d。进一步完善“直井+缝网压裂”和“水平井+体积压裂”两种开发方式，工厂化作业模式，建立垣平1试验区，设计初期稳产12.8t/d，实际为12.6t/d，设计产能3.97×10^4t，建成产能4.29×10^4t，累计产油9.25×10^4t，开发效益较好。

在加强下部扶杨油层预探与评价的同时，解放思想，突破“开发这么多年油水边界已经清楚，没必要评价”的传统认识束缚，深化老油田扩边潜力，老区滚动外扩成为增储又一重要途径。一是精细油藏描述，发现新的储量空白区，扩大油藏含油面积；二是深化成藏认识，多层位兼顾，挖掘上下新层位潜力；三是精细解剖开发区，搞清老油田油藏边界，重新落实长垣过渡带潜力；依靠认识创新和技术进步，开发滚动外扩新增石油探明地质储量9988×10^4t，逐步投入开发动用。开展长垣整体精细地质研究，拓展浅层油气藏，在黑帝庙油层探明石油地质储量 448×10^4t，天然气地质储量 $114.65 \times 10^8m^3$。

二、经验做法与启示

回顾大庆油田从区域勘探、发现油田到探明油田的整个过程，都充分体现了重视实践、勇于探索、尊重科学、发展理论（杨继良等，2002）。根据不同时期的主要矛盾，坚持独立自主、自力更生的艰苦创业精神，讲究科学、“三老四严”的科学求实精神，奋发进取、勇于开拓的创新精神，制定正确的勘探部署，采取适用的技术方法，总结出了自己的找油理论、找油技术、工作做法、经验启示。

1. 勘探做法

1）针对不同阶段的目标和主要地质问题，制定正确的勘探部署

在对大庆油田进行勘探的各个阶段中，都要针对着这个阶段中所要解决的主要地质问题，紧紧抓住这个阶段的核心目标，采用适当的技术，制定正确的勘探部署，并根据新出现的情况，及时调整部署，以便较快地达到核心目标和取得更加丰硕的成果。

首先，区域勘探阶段重点搞清六个地质问题。区域勘探阶段要重点搞清基岩性质、埋藏深度和起伏情况，沉积岩的时代、厚度和岩性、岩相变化，构造情况，生油条件，储集条件，区域水文地质条件、油气水运移、聚集条件等六个地质问题，目标是查明盆地内含油气远景最好、最有利的区带。

老一辈地质学家，根据区域地质和大地构造研究，提出了在我国东部的松辽等地区开展油气勘探的建议，为此从 1955 年以后逐步加强了对松辽盆地的勘探工作。对松辽盆地勘探，从一开始就注意到三个方面：一是从盆地的全局出发，普查或概查区的范围要覆盖整个盆地，区域性大剖面既要跨越不同构造带，又要能控制全盆地；二是主要采用施工速度快，能从宏观上反映出全盆地的地质特征的勘探方法，如航空磁测、重力等，又在重点部位布设少量的资料质量较高但施工进度较慢成本较高的地震、钻井等工作；三是多种勘探方法的工区相叠合，区域大剖面的关键地段多种勘探方法相叠合可使各项资料能互相验证，综合解释。地质部和石油工业部紧密配合，在松辽盆地地表覆盖区，从盆地的全局出发，采用施工进度较快的物探技术进行普查，配合少量地震、地质浅井和区探井，迅速完成了盆地的普查。从 1955 年冬到 1958 年，仅用两年多的时间就对上述六个地质问题取得了初步的认识，从宏观上查明了盆地的全貌，明确了中央坳陷及其附近是含油气远景最好的地区。

其次，预探阶段重点搞清四个地质问题。预探阶段要重点搞清圈闭的形态和构造发育史、生储盖组合和岩相变化、油气水层的四性特征、油气水性质等四个地质问题，目标是尽快获得工业油气流。

从工作安排上，依次完成了落实圈闭，拟定井位；安全钻进，发现油层；通过测试，获工业油气流三项任务。从松基三井和大庆长垣其他构造高点上的第一口预探井钻探情况看，十分明显地体现出为实现尽快地获得工业性油气流这个核心目标。在勘探部署上，在施工的许多环节上，采用的一些做法和经验主要有 7 点：一是松基三井既是区域勘探阶段部署的基准井，又是圈闭预探井，它的钻探成功大大缩短了获得工业油流的过程，提前实现了预探阶段的目标；二是以电法和重力高为线索，指导地震测线的部署，发现隆起及时加密测线，落实圈闭形态和高点位置，加速圈闭准备过程；三是钻探

部署紧跟构造落实，完成长垣南部葡萄花构造地震详查后，立即钻探葡萄花构造，完成长垣北部地震详查后，迅速组织预探萨尔图、杏树岗、喇嘛甸构造，发现各构造高点均含油；四是松基三井在井深 1050m 以内不取岩心，加快了钻探速度；五是松基三井见较好的含油显示后，完钻试油，减轻了对油层的伤害，比按原计划提前一两年喷油；六是大庆长垣其他构造高点第一口预探井，均不取岩心快速钻进，加强岩屑录井和井壁取心，取得油层资料，钻穿主要含油层位即完钻，缩短了建井周期，为早日出油赢得了时间；七是对第 1 口预探井，首先大段射开有把握的油层了解产能，缩短了测试的时间。

大庆油田的发现是着眼全盆地，进行区域地质、地球物理与钻井综合勘探的结果。是我国第一次贯彻以盆地为整体部署、在广泛的覆盖区开展区域综合勘探的一次成功尝试。其做法是以地质调查、重磁电方法搞清盆地轮廓和基底结构，以浅钻和基准井搞清地层和生储盖组合，以地球物理和地质研究相结合方法准备预探构造。总结出油气勘探不能沿用中国西部的经验，按照打凹陷、不打高隆起，打凹陷中的隆起来选择突破口。仅用两年多时间就明确了中央坳陷区是含油气最有利的地区，进而优选了大庆长垣为钻探目标。对于一个新区的勘探，基准井井位的拟定是关系到发现油气田的大事，既探地层，又探油气，从第一口基准井钻探到松基三井出油发现油田，只用了 1 年零 3 个月的时间。

再次，详探阶段重点搞清九个地质问题。详探阶段要重点搞清主要含油层系准确的构造形态，沉积相带和储层分布，储层物性和孔隙结构，油气水地面和地下性质，地层压力和温度，油气界面和油水界面以及含气和含油边界，初期测试和长期试采的油气水产量，油层有效厚度的四性标准和厚度变化，储量计算的各项参数等九个地质问题，目标是落实储量和产能。

这个阶段的主要做法有三点：一是选择有利圈闭抓紧开展详探，发现富集区后及时调整，优选详探富集区；二是全面规划、统筹安排、整体解剖二级构造带，控制含油面积，取全取准资料；三是每个构造选 1 口井长期试采，了解产能稳定情况。从二级构造带上第 1 口井喷油到找到高产区仅用 7 个月，从第一口井喷油到完成油田主体部分的详探仅用一年零 3 个月。

松辽盆地的勘探工作，从整体着眼了解全貌，既看到了全面又看到了局部，防止了工作中的局限性和片面性，明确了主攻方向。结合不同阶段重点解决的地质问题，勘探阶段互相衔接交叉又并举，重点勘探与甩开钻探相结合，准确把握宏观的盆地油气地质规律，防止了对客观事物认识的片面性，快速地找到了油田。因此，不同阶段之间既有联系，又分别有本阶段的关键性工作和需要取得的主要成果，都有取得较好或较差成果以及成功或失败两种可能性。在发现油田的全过程中，忽视或降低任何阶段的必要性都是不恰当的。

2）重视基础工作，为部署决策提供依据

必须在齐全准确的第一性资料的基础上，才可能作出正确的判断，从而制定出正确的决策，主要做法有四点：

一是制定纲目和标准。1960 年初，根据探明油田的需要，提出了要“四全、四准”录取地质资料的要求，并规定了每钻一口探井必须取全取准的 20 项资料和 72 项数据。1962 年又提出了需要收集的 8 类 38 项资料要求，提出工作方法和质量标准的具体要求，陆续编制了录井、钻井地质等方面的操作规程或具体要求，使录取资料工作有所遵循。

二是认真做好资料收集工作。地质资料收集和整理工作的某一个环节，往往是少数人甚至只有一个人独自完成的，某项资料收集工作是否认真地按照规定执行了，某项数据记录是否准确，主要靠本人是否认真负责。从大庆石油会战开始，就反复进行“三老四严”“四个一样”的教育，要求每一个职工都要自觉从严做好各自岗位的资料收集工作。

三是对质量问题严格审查。大庆会战初期，因在某个探井上工作的地质员漏掉了油页岩标准层而召开了大会进行教育，因井斜超过标准而填井另钻等都对认真收集地质资料和坚持提高施工质量起了重要的作用。更重要的是严格贯彻执行了对资料质量进行逐级审核的措施，许多差错和低标准在没有造成严重后果之前就得到了纠正。

四是综合研究要深入细致。松辽盆地勘探，不同时期组织了多工种、作风过硬的综合研究队伍，对所取得的资料及时、长期地进行研究，摸索搞清了盆地基底、地层、构造、生油、储层和油气水分布与运移聚集规律六个核心问题的一套研究方法，做到科研与生产、地质与地球物理、专业队伍与群众研究、当前的研究与长远的研究、成果研究与方法研究五方面的紧密结合，从而大大提高了研究效率和科研水平。发扬技术民主，发挥群众智慧，经常召开现场三结合会、定期召开技术座谈会，有力地推动了勘探工作。

3）坚持理论认识主导，发展先进技术方法指导勘探工作

大庆油田高速度、高水平勘探发现大油田，充分体现了科学技术是第一生产力。

坚持用科学理论指导重要的生产实践。在大庆油田发现的过程中，我国的老一代地质家从大地构造研究出发，为松辽平原石油普查项目提出、立项和部署实施提供了重要依据，从而促使了松辽盆地油气勘探工作的全面展开。

一是在陆相生油理论的指导下，树立了在松辽盆地白垩系河流—湖泊相中找油的信心。通过在鄂尔多斯、酒泉、柴达木等盆地开展勘探工作，已在陆相沉积盆地中发现了一些小型油田和广泛见到含油显示；从我国广泛分布陆相沉积出发，潘钟祥教授等已提出陆相地层中能够生油的理论，尽管由于当时在分析手段方面不足等原因，但这个理论确实增强了在陆相沉积中找油的信心；从松辽盆地白垩系中见到大量古生物化石和暗色泥岩的分布状况看，表明松辽盆地能够生成油气，在浅钻孔广泛见到含油显示后，生油能力已经肯定，主要问题是在什么部位可能聚集油气。

二是在坳陷成油理论的指导下，根据对现代湖泊沉积的观察和其他盆地的勘探经验，湖盆中心部位沉积物最细，也是生物发育的部位，认为应是生油最有利的地区。而持续沉降的坳陷区沉积厚度最大，一般也是湖盆的沉积中心。故深坳陷区一般是有利的生油区。陆相沉积砂体连通情况较差，油气以近距离运移为主，故深坳陷及其周围也是有利的油气聚集区。找油首先要找坳陷，这些是在 20 世纪 50 年代末期我国石油地质工作者的共同认识。根据区域勘探成果，圈定了松辽盆地轮廓，进行了大地构造单元划分。石油勘探综合研究明确了勘探方向，勘探重点由边部隆起逐步转向中央坳陷区。

三是在构造找油理论和陆相成油理论的指导下，认为圈闭良好的背斜构造、特别是大型背斜构造带是捕集油气的最有利圈闭。在松辽盆地深坳陷附近的高台子背斜构造上拟定松基三井的井位，从而发现了大庆油田。长垣整体评价，高效探明了陆相大油田。

四是在岩性油藏和致密油成藏理论的指导下，长垣构造由源上萨尔图、葡萄花、高台子油层向源下扶余油层拓展，由背斜构造油藏向断块、断层—岩性油藏拓展，建立了“研究与部署、地质与工程、上产与增储”三个一体化工作模式和方法，形成与发展了三维高分辨精细地震勘探技术、“甜点”识别与评价技术、水平井加大规模体积压裂改造等工程技术，找到了扶余油层叠合连片分布的含油区。

2. 经验启示

在油气勘探实践过程中，理论认识创新和技术发展进步是油气勘探持续发展的不竭动力。首先创新发展了石油地质理论和勘探理论。认识了盆地基底结构和性质，基底结构影响盖层构造面貌；明确盆地内长期稳定持续下沉的深水相、深坳陷是生油的最有利区，有利于油气藏的形成，总结出生油区控制油气分布的石油地质理论；二级构造对油气水的分布有很大的作用，古构造对油气分布聚集也起很大作用，提出了二级构造带控制油气藏分布的勘探理论，在生油范围内的二级构造带与有利砂岩相带叠合地区，则可以形成高产油气田；查明了上中下三个含油组合及其与油气储集的关系，掌握了三大油层储层在盆地内的展布特点和其在纵向、横向上的组合形式及结构特征；系统研究了生油、运移、聚集问题，使陆相生油理论系统化。以坳陷发育史为纲，将生、储、盖、圈、保等条件和运移、聚集综合进行动态分析，提出了“成油系统”的概念，油气也可以作较远距离的运移而分布在深坳陷以外的地带。在实践、认识、再实践、再认识的过程中，不断发展石油地质理论认识，不断指导勘探实践，创新发展大型陆相盆地勘探技术和方法。松辽盆地是大型现代沉积覆盖的盆地。这种盆地的勘探，当时在全国尚属首次。在实践中摸索，创造出许多新的做法，使勘探工作实现高速度、高水平。

1）着眼于全盆地，从全局到局部，逐步选准主攻方向

在松辽盆地勘探一开始，借鉴在其他盆地勘探中的经验教训，有步骤、有计划地通过不同的勘探阶段，查明整个盆地地质条件和含油气情况。通过区域勘探工作，把勘探目标从 $40 \times 10^4 km^2$ 的广大平原，收缩到 $5 \times 10^4 km^2$ 的中央坳陷及其附近。松基三井出油后，立即对大庆长垣进行地震详查，查清构造面貌，把钻探力量集中到大庆长垣。在解剖大庆长垣二级构造带时，发现萨尔图构造产量较高，油层增多，于是把大庆长垣的勘探重点，由葡萄花转移到萨尔图，这样就很快证实发现了构造大、油层多、产量高、能自喷的大油田。

2）从现代沉积广泛覆盖的地理特点出发，实施物探先行，开展综合勘探

松辽盆地地表广泛覆盖区，必须很好地使用不同的地球物理方法，综合各种物探成果，配合地质钻探，正确地判断地下地质情况，研究油和气在地下存在的情况，地质和地球物理的综合勘探就发挥着重要的作用。首先采用重力测量和航磁测量，在不到两年的时间内就基本掌握了松辽平原区域地质的概貌，迅速作出了对盆地含油气远景的评价。其次采用电法大剖面测量、局部地震和地质浅井，建立了系统的地质剖面，研究了岩性、岩相的变化，发现了浅层构造和油气显示，直接证实了盆地内的含油性。会战开始，在大范围内进行了连片地震测量，采用大井距甩开钻探，与重点解剖相结合，以较少的探井，控制了大面积的地下地质情况，这样互相配合联合作战，互相依赖、互相促进，有先有后，交叉并举，通过点、线、面的有机结合，从而比较清楚地了解到松辽盆地全面的石油地质情况。

3）正确的勘探程序同灵活的勘探战术结合，大力提高勘探速度

正确的战略部署在实施中也会发生意外情况，需要从实际出发，采取灵活的战术。在钻探松辽基准井时，按照常规应把井位定在盆地最深的地区，以取得最完整的地层剖面。而实际是选在有完整构造而非最深的地方，有利于找油；松基三井因为发现了油气显示层，同时因为井斜，提前完钻也是为了及早发现石油；为了不影响深层资料的录取，把松基三井下部地层录取资料的任务转移到葡1井，并没有因为松基三井提前完钻而放弃取全取准资料的任务。事实证明，松基三井提前完钻试油使大庆油田的发现大大提前了。在盆地普查尚未完成时，就决定在葡萄花构造进行解剖会战；葡萄花会战刚刚开始，又移师北上，这些都使松辽勘探加快了进程。这种灵活战术，在松辽勘探中多处体现。

4）观念理念更新和认识技术创新发展，助推老油田深挖效益资源的潜力

长垣主力油田萨尔图、葡萄花、高台子油层发现和投入开发后，延缓产量递减，落实和寻找新的储量资源成为主要矛盾。伴随20年勘探开发的地质认识和技术进步，喇萨杏油田复算储量达41.74×10^8t，比1963年计算的探明地质储量增加19.06×10^8t，占1963年地质储量的84%，为大庆油田高产稳产提供了资源保障；为解决资源接替问题，积极探索长垣扶余油层，构造勘探获得了发现。改变传统的“背斜找油”勘探观念，岩性勘探又扩大了场面。为解决扶余油层产量低、升级动用难题，利用开发井加深和勘探开发一体化方式提升效益增储。不断地解放思想，采取全新的理念、技术和模式，建立了致密油勘探“四个精细”研究工作方法，发展了低渗透—致密储层油气勘探理论技术，创立了陆相非均质致密油气“2+3”整体勘探开发模式，探索出低油价下非常规油气高效勘探新路径；突破传统认识束缚，深化老油田扩边潜力，老区滚动外扩成为增储又一重要途径。

大庆油田的发现雄辩地证明了陆相油气藏的形成不但是可能的，而且可以存在很大规模的油气聚集，可形成大中型乃至特大型油田。大庆油田是我国地质工作者破除对西方石油地质理论的迷信，在一整套独创的关于石油生成、运移、聚集、成藏理论体系的指导下发现的。从不同大地构造学说预测油气远景，陆相生油理论指导了中国石油勘探工作，油气聚集、油气藏形成与分布规律的认识直接决定和影响石油勘探的效果。它的发现在中国石油史上具有转折性的意义，这一过程告诉我们，没有任何宏观理论可以成为教条，勘探技术也有局限性的一面，在寻找油气资源的实践中，必须根据具体情况进行具体分析。由于油气勘探的复杂性和局限性，不可避免出现失误和挫折，但不断总结经验和教训，克服主观思想认识的局限性和片面性，发扬民主和集体智慧，遵循必要的勘探程序，坚持实事求是和科学勘探，在特殊性中寻找普遍性，认识事物发展规律，就会不断取得发现和突破。

松辽盆地和大庆油田油气勘探的理论与经验，是根据我国实际地质情况，从实践中总结出来的，而且在我国中—新生代陆相盆地得到广泛验证。它创建和发展了我国陆相盆地的成油理论，形成了我国自己的有效勘探方法和程序，标志着我国油气勘探工作进入了成熟阶段。

伴随勘探工作的不断深入，勘探对象日趋复杂，由简单油气藏转向复杂类型油气藏，由常规油气藏转向非常规油气藏，需要持续不断地解放思想、实事求是，以理念创

新、理论创新、技术创新和管理创新，实现理念和模式的质变。突破观念禁区，走出认识、技术和管理的误区，遵循地下油气规律，找到更大的油气发现，成为石油勘探工作者的工作中心和主题，全力推进油气勘探，不断开创新时代油气勘探工作的新局面。

第二节　三肇地区——葡萄花油层构造—岩性油藏一体化勘探

三肇地区位于松辽盆地北部中央坳陷内，西接大庆长垣，东邻朝阳沟阶地，北接明水阶地，面积5575km^2，囊括了卫星油田、宋芳屯油田、升平油田、肇州油田、永乐油田、徐家围子油田和榆树林油田，主要产油层位为姚家组一段葡萄花油层。三肇凹陷总的构造面貌呈现“四鼻三凹”构造格局。其中，四个正向构造为由西北向东南倾没的宋芳屯鼻状构造；由东南向西北倾没的肇州—模范屯鼻状构造；由北向南倾没的升平鼻状构造；由东北向西南倾没的尚家—榆树林鼻状构造。“三凹”或者称“三向斜”，即为升西、徐家围子和永乐向斜。以三角洲前缘相沉积为主，油藏类型为构造—岩性复合油藏。

一、勘探历程与发现

1. 背斜控藏理论指导下，发现一系列低幅度鼻状构造油田

1960年，在三肇油气区的升平鼻状构造上完钻了第一口探井——升1井，9—11月该井在葡萄花油层1457.6～1475.8m试油，日产油13t，从而肯定了葡萄花油层的工业价值，发现了升平油田。也拉开了三肇油气区葡萄花油层构造油藏发现史的序幕。

1975年宋芳屯鼻状构造上完钻以扶杨油层为目层的肇3井，扶杨、葡萄花油层合层试油，气举求产日产油8.34m^3，证实了宋芳屯鼻状构造南部葡萄花油层具有工业开采价值。同年芳1井完钻并在葡萄花油层试油获得工业油流，证实了北部地区葡萄花油层具有工业开采价值，从而发现了宋芳屯油田。

2. 突破构造控藏认识，探索构造—岩性复合油藏及岩性油藏展现“满凹含油”

早在1976年处于向斜区的永乐地区就完成了第一口探井——肇8井，未获得工业油流。由于该井位于宋芳屯鼻状构造和永乐向斜的相交部位，当时认为该区的油水分布主要受构造的控制，在下倾的永乐低部位为含水区，勘探工作也随之减慢。随着对构造—岩性及岩性油藏认识的加深，重新开始了向斜区岩性油藏的勘探。1990年在永乐向斜中心附近完钻了芳463井，葡萄花油层MFE测试获得8.71t/d的工业油流，发现了永乐油田，迎来了三肇凹陷油气区第二个储量增长高峰期。

3. 一体化滚动评价，实现三肇地区葡萄花油层含油大连片

自2003年实施滚动勘探评价开发一体化以来，通过地震资料连片重新处理解释、沉积特征和油水分布规律再认识、建立复杂油水层解释标准、老井复查等工作，对该区葡萄花油层含油富集规律认识不断深化。建立采油厂“滚动评价直接探明直接建产”的工作模式，滚动勘探评价开发接连取得新突破，三肇地区葡萄花油层实现含油大连片，使储量和产量双增长。自2003年以来，累计新增探明储量23026.26×10^{4}t，年产油由2003年的220×10^{4}t上升到2010年的302.32×10^{4}t，并在300×10^{4}t以上持续稳产。

二、经验做法与启示

1. 深化成藏规律认识，指导老区滚动勘探开发

三肇地区油气整体具有沿凹陷“环状分布”和“满凹含油”特征，以分流河道砂体和沙坝砂体为骨架，辅以相对连续发育的席状砂体，形成葡萄花油层低幅度鼻状构造控制下的大面积岩性油藏。受构造样式、储层发育特征、断层和砂体匹配样式、源储配置关系影响，可分为“三带五区”，即鼻状构造带包括鼻状构造主体油藏区和构造翼部油藏区，斜坡带包括西部斜西坡区和东南斜坡区，以及向斜区带。在各区带成藏主要控制因素存在明显差异，根据各区带成藏主要控制因素，开展针对性研究，指导老区滚动勘探开发（表 1–10–1）。

表 1–10–1　三肇地区葡萄花油层油藏类型及部署对策表

平面分布	富油区		控藏因素	技术手段及部署对策	油藏类型
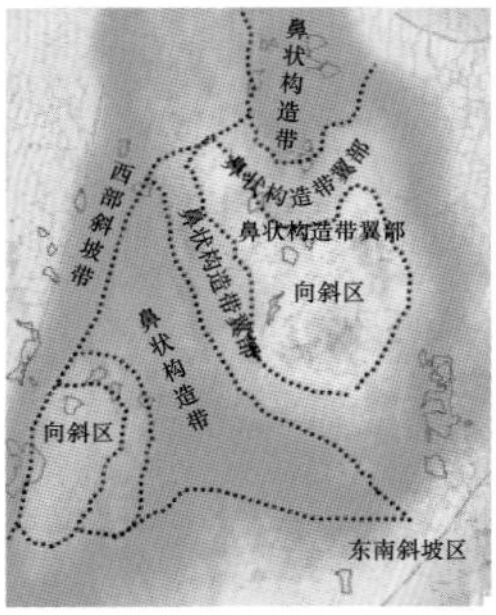	鼻状构造带	鼻状构造带主体	构造控藏，全井纯油	地震储层预测、沉积微相分析，寻找河道砂岩发育带	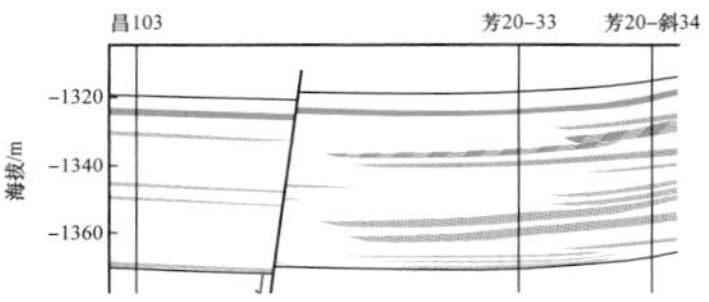
		鼻状构造带翼部	构造控藏，上砂岩组含油、下砂岩组含水	地震储层预测、沉积微相分析、老井复查，寻找上砂岩组砂岩发育带	
	斜坡带	西部斜坡区	断层遮挡及砂岩上倾尖灭控藏，油水关系复杂	精细构造解释、地震储层预测，寻找有利圈闭	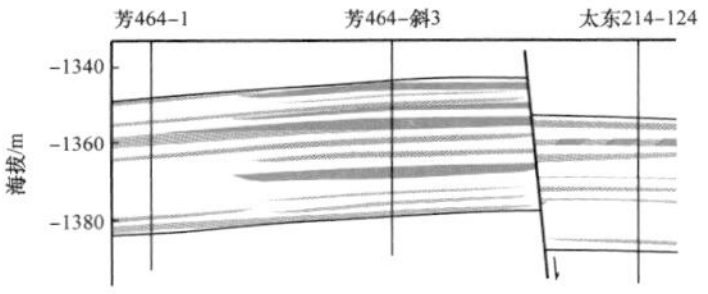
		东南斜坡区	岩性控藏，油水关系简单，以纯油为主	井震结合刻画单砂体，寻找稳定的席状砂部署	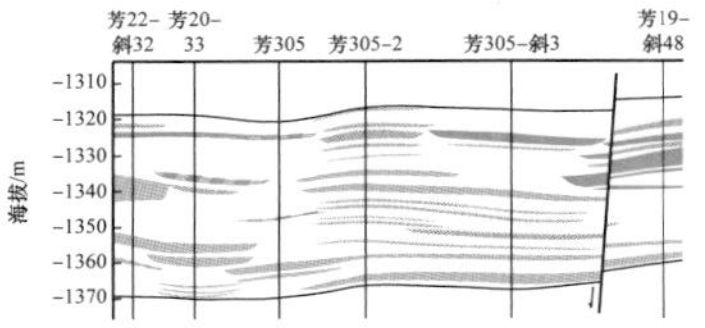
	向斜区		砂体和断层大角度交叉匹配控藏	精细地震储层预测、沉积微相分析，寻找砂体和断层有效匹配带	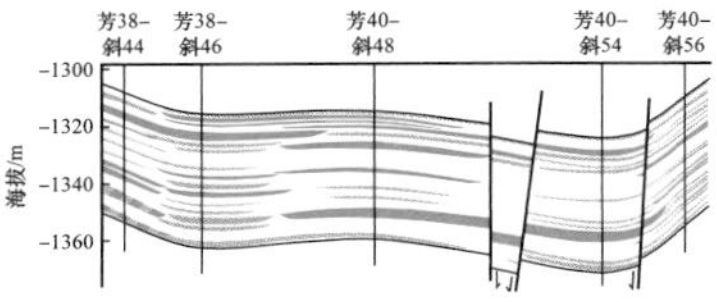

1）鼻状构造带

近源鼻状构造区受继承性鼻状构造隆起、油源断层近距离侧向输导、多方位断层分割和三角洲相储层砂地比低影响，鼻状构造轴部多为纯油区，油底较深，鼻状构造两翼油底抬升，下砂岩组多产水，主体部位具备整体含油特征。根据鼻状构造带油水分布特征确定相应部署对策为，构造主体油藏区主要通过地震预测和沉积相研究寻找河道砂体发育带，构造带两翼主要是通过地震预测和沉积相研究寻找上砂岩组砂体发育带，同时

加强结合老井复查工作。

2）斜坡带

斜坡带位于三肇凹陷西部和东南部边缘地带，西部斜坡构造较陡，称为西部陡坡区；东南部斜坡构造平缓，称为东南缓坡区。西部陡坡区处在油气运移通道上，由于油远距离侧向运移供给不足和断层侧向封闭性差异，平面上不同断阶带由低到高具有东西分带、逐级减少和“互补式”分布特征，且反向断层由于顶部萨葡泥岩夹层对接遮挡和断层下盘诱导裂缝带不发育，断层切割砂体形成的断层遮挡油藏规模更大，油水分布复杂，油藏主要受断层遮挡和砂体上倾尖灭控制。部署对策为通过构造精细解释和地震预测寻找有利圈闭。东南缓坡区地层厚度向南逐渐减薄到10m以下，受三角洲外前缘储层物性差、多边断层分割、顶底大套泥岩夹持和源外远距离侧向运移影响，在厚度较大和物性较好的主体席状砂形成岩性油藏。油水分布简单，以纯油层为主。评价部署主要通过井震结合刻画单砂体，寻找相对稳定席状砂体部署水平井。

3）向斜带

向斜带受油层埋藏深、储层物性差、油选择性充注、油源断层短距离垂向输导和断层密集带晚期反转呈负花状背形构造的影响，下伏烃源岩生成的油，首先沿着断层密集带边界断层向上运移进入葡萄花油层，然后直接在断层密集带内及两侧聚集成藏。低隆的背斜构造、近南北向展布的油源断层、较低的储层砂地比、近平行的断砂匹配样式以及窄条带状分布在断层密集带背形构造内的高孔渗分流河道砂体均是油气聚集的有利场所。评价部署主要通过精细地震储层预测、沉积相分析，结合构造解释，寻找砂体和断层大角度交叉匹配带开展部署。

2. 开展“四个精细”研究，落实钻探目标

在钻探目标落实上，抓住“三带五区”油藏主控因素，开展“四个精细”研究，利用评价井外扩和开发首钻井外甩，落实钻探目标。

1）精细构造研究，落实小断层、微幅度构造

通过对30个面积共计3366.41km^2的二维、三维地震工区（其中13个三维、17个二维）资料进行重新解释，采用井震联合地层对比、精细小断层识别、细分层精细解释及高精度速度场建立等技术，识别5m以上断距的小断层及4m微幅度构造。通过精细解释，编制油层组顶面构造图，多种方法结合精细刻画圈闭，确保4m以上微幅度构造圈闭识别准确。新解释断层219条，新发现圈闭89个，面积139.9km^2，进一步落实了整体和局部构造特征，找到了新潜力，解决了以前油水分布关系的一些疑难认识。

2）精细沉积分析，解剖砂体发育特征

首先是精细分层，葡萄花油层全区纵向8分，每层3～6m，井控程度高的地区细分13分，每层2～4m；其次是大比例尺制图明确沉积微相展布，利用12573口井资料，密井网解剖，分层开展沉积微相研究，建立相模式，大比例尺成图，刻画沉积微相展布特征，三肇地区以三角洲前缘相为主，北部发育分流河道，南部发育水下分流河道、河口坝和席状砂。

3）精细储层预测，落实单砂体展布

多参数、多角度、多层次的综合预测思路是精细储层预测的一个重要特征。采用地震属性储层预测、井震联合反演储层预测和三维储层建模预测共三种手段，从不同尺度

对研究的储层进行了预测。其中基于地震属性的储层预测以地震属性与井点储层厚度的关系为基础，采取模糊神经网络的方法进行预测，反映了地震资料尺度上储层预测结果，其预测精度要低于井震联合反演的精度，在精细沉积微相研究成果基础上，分 13 个小层，通过自然伽马、孔隙度和深侧向电阻率的逐步反演，逐步预测砂岩、储层、油气层的空间展布，逐层分层刻画单砂体，预测符合率达 73%。

4）精细评价部署，落实钻探目标

（1）精细解剖开发区，指导外扩部署。

部署上突出个性特点，分类整体部署，叠合成藏要素分析，通过开发区与评价区“内外结合”，抓住“三带五区”油藏主控因素开展三方面精细解剖。一是利用 12573 口开发井资料编制沉积微相平面图，确定评价区砂体规模；二是利用地震解释技术精细解释微幅度构造和小断层；三是利用地震反演精细刻画单砂体。并按照构造主体找砂体，斜坡部位找圈闭的工作思路，落实有利区块 190 个，开展评价部署，扩大含油面积 306.6km^2，新增探明储量 7673.2$\times10^4$t。如芳 135 区块位于构造主体部位，应用地震储层预测及已开发区储层精细研究成果，寻找砂岩较发育区进行扩边部署，完钻评价控制井 3 口，平均钻遇砂岩厚度 12.4m，有效厚度 2.1m；又如肇 38 区块位于斜坡部位，分小层开展精细地震属性预测，寻找断层遮挡及砂岩上倾尖灭圈闭，优选有利目标部署，肇 13-1 和肇 38-1 两口评价井完钻后，测试日产油分别为 5.4t、2.4t。

（2）重新认识报废井，捡回“失利区”。

在富油凹陷整体再评价认识的基础上，重新认识油藏，摆脱失利井束缚求新突破。一方面是树立油藏概念，把握地质规律，重新认识“失利区”地质特征，还原“失利区”油藏形态，重新优选有利区部署；另一方面，针对松辽盆地富油凹陷低阻油层发育的特点，重新认识油藏潜力，自主研制低阻油层识别标准，释放“失利井”潜力。“十二五”以来共有 28 口井获得 10t 以上的高产工业油流，滚动增储 952$\times10^4$t，面积 38.1km^2。以宋芳屯油田芳 114-92 井区为例，区块发育微幅度构造和断层圈闭，成藏条件有利，4 口老井均因储层钻遇差报废，通过精细储层预测，优选砂体发育区部署 12 口井，均获工业油流，日产油 1.7～46.8t，平均日产油 14.8t。

（3）依靠工艺进步，盘活“低产区”。

工艺技术的进步，总会带来油藏认识的进一步深化。随着水平井应用规模和领域的不断扩大、大规模压裂技术的进步，获得了很多的成功案例，大幅度提高了单井产量。基于此认识，重新落实“低产区”的潜力，对主力层薄的井，应用水平井开发、直井缝网压裂技术提产；对常规措施产量低的井，加大压裂规模提产；对无自然产能的井，在油藏新认识的基础上，压裂改造后再试油提产。如芳 605 井，1978 年全井射孔，测试日产油 0.35t，水 1.75m^3，2017 年老井复查后二次试油，1、2 号层压后日产油 5.73t，根据新的试油成果，南北甩开各部署 1 口井，测试日产油 4.53、19.75t，增加地质储量 200$\times10^4$t。应用新的提产提效工艺技术，复查 57 口井，试油 49 口，30 口井获工业油流，盘活储量 908.5$\times10^4$t。通过工艺技术进步，降低了技术下限和经济门槛，三肇凹陷葡萄花油层渗透率标准由 30mD 到 8mD 至目前 1mD；开发井地质报废标准由全井有效厚度 2.0m 降到 1.0m。

3. 建立勘探开发一体化滚动评价模式，实现了快速增储、效益开发

通过一体化研究、一体化部署、一体化组织，打破三级储量顺序提交程序，一批区块实现当年滚动外扩、当年提交探明，当年建成投产，提高了勘探、评价整体效率和效益。同时，进一步健全一体化的组织机构，编制完成《勘探与开发一体化管理办法》，建立一体化信息管理及协同工作平台，打破系统界限、部门界限、专业界限，大幅提升了研究工作效率。在方案设计与实施方面，创建了以种子区块和种子井为中心的两种滚动增储模式，一种是基于种子区块，通过构造精细解释、沉积模式分析和储层特征认识，利用整体建模技术结合成藏规律认识开展区块综合评价；另一种是基于种子井，通过概率分析法、蒙特卡洛法和模糊评判优选目标探井，利用井—震相模式预测和试井综合解释技术开展单井评价，实现滚动增储目标。

4. 启示

受资料、研究深度和工艺技术等制约，对复杂油藏的认识必然有个过程，用动态和发展的眼光分析问题。解放思想，通过精细的构造、地质综合研究，全面深化成藏富集规律认识，实行滚动勘探开发一体化，是效益增储上产的有效手段，是实现老油田滚动增储的必由之路。

第三节　三肇扶杨——向斜区断层—岩性油藏精细勘探

三肇及周边地区位于松辽盆地北部大庆长垣东侧，包括三肇凹陷、朝阳沟阶地、长春岭背斜带、王府凹陷等 4 个二级构造单元，面积 16219km^2，其中三肇凹陷面积主要勘探目的层为葡萄花、扶杨油层，是松辽盆地北部油气勘探开发的重点地区之一。

一、勘探历程与发现

松辽盆地北部扶余、杨大城子油层发现始于大庆油田会战时期，1961 年冬—1962 年，重点勘探三肇凹陷和朝阳沟阶地，同时侦察长岭凹陷，发现了朝阳沟含油气区，明确了 6 套含油层系，把在泉头组四段中见到的含油层命名为扶余油层，把在泉头组三段中见到的含油层命名为杨大城子油层。

松辽盆地北部扶余、杨大城子油层油气勘探经历了由构造高部位构造油气藏，逐渐向三肇凹陷向斜区岩性油气藏的拓展过程，岩性等复合油气藏形成认识的不断深化，地震储层预测，以及压裂增产改造等关键技术的进步推动了油气储量大幅度增长，为形成松辽盆地北部油气储量增长第二个高峰起到了重要支撑作用。

截至 2018 年底，三肇凹陷、朝阳沟阶地、长春岭背斜带、王府凹陷共 4 个二级构造单元完成三维地震采集 6979km^2，完钻探井 1248 口，获工业油气流井 707 口，探明石油地质储量 104295×10^4t。其中三肇凹陷向斜区扶杨油层累计探明石油地质储量 37561×10^4t，是松辽盆地北部石油勘探开发重要的领域。

二、经验做法与启示

1. 压裂增产改造技术应用证实扶、杨油层具有勘探开发价值

1963 年，朝 1 井在葡萄花油层获日产 0.82t 工业油流，扶余油层见到良好显示。由

于受当时技术条件限制，认为扶杨油层不具备开发能力。1970年朝35井应用新技术对扶余油层进行压裂获日产0.83t工业油流，区域单井产能在0.62～59.38t之间，平均产能5.54t，首次证实了扶余油层具备勘探开发潜力。

20世纪70年代末到80年代初期，以扶余油层为主要目的层，重点解剖朝阳沟—长春岭地区，认识到扶杨油层虽然储层物性差，但砂层较厚，且广泛分布。在应用压裂技术对油层改造以后，可成为有开采价值的大面积工业油藏。在以扶余、杨大城子油层为主要目的层对朝阳沟构造继续进行评价钻探的同时，继续向邻近的长春岭背斜带甩开预探，70年代末期，明确了朝阳沟是储量超亿吨的大油田，还发现了长春岭、大榆树、薄荷台等9个含油气地区，1985年探明储量达到1.56×10^{8}t，成为大庆长垣以外第一个亿吨级油田。三肇凹陷芳26井经压裂改造，首次在向斜区获工业油流。

2. 深化向斜区断层—岩性油藏认识，攻关地震储层预测和压裂增产改造技术，大面积含油连片场面基本形成

20世纪80年代中期至90年代中期，在朝阳沟地区开展评价钻探启示下，逐步认识到大庆长垣以东的三肇地区扶余油层和朝阳沟地区相似，葡萄花油层探井经加深钻穿扶余油层，见到较厚的含油层，储量丰度高，只是储层物性差。

在由构造油藏向岩性油藏勘探思路转变的指导下，借助地震地层学方法，开展了三肇地区扶余、杨大城子油层沉积相研究，认识到扶余、杨大城子油层主要发育浅水湖泊三角洲沉积，曲流河点坝、分流河道砂体为主要的砂体类型。成岩作用研究揭示，扶余、杨大城子油层为低渗透、特低渗透储层，发育有次生孔隙，储层敏感性强。

扶余、杨大城子油层油气来自上覆青山口组有效烃源岩。研究表明，松辽盆地北部青山口组总有机碳大于2%的烃源岩厚度大于80m，总有机碳在1%～2%之间的烃源岩厚度为40～80m，成熟烃源岩面积达$2.03\times10^{4}km^{2}$。其中，R_o在1.0%～1.3%之间的面积大于$8000km^{2}$，R_o在0.8%～1.0%之间的面积为$4000～8000km^{2}$。有效烃源岩主要分布在中央坳陷区，控制了扶余、杨大城子油层油藏分布范围。

三肇地区扶余、杨大城子油层三角洲前缘沉积与青山口组有效烃源岩形成良好匹配组合，形成了典型的上生下储配置，断裂对于沟通源储关系起到重要作用。扶余油层顶面发育了多期断裂，其中以青山口组沉积末期在区域性伸展应力场作用下，为调节基底断裂伸展作用而产生的张性断层最发育。断层主要为近南北向密集状展布，平面分布不均，使扶杨油层顶面构造复杂化，呈现地垒、地堑或抬斜断块相间的构造格局。断层不但使烃源岩和储层横向对接，而且为超压烃源岩直接向更深层的储层排烃提供了通道。理论计算及实际统计分析表明，青一段、青二段的暗色泥岩厚度、异常高压大小控制了向下排烃距离，即超压泥岩段以下的油气显示最大高度，有效烃源岩的超压平面分布范围控制了扶杨油层致密油平面分布。坳陷边部因青一段、青二段暗色泥岩厚度较薄，生烃强度和超压较低，烃源岩不存在超压，油气以侧向运移为主，表现为常规油特征。

在烃源岩、沉积、储层、油气运移、圈闭、油水分布等研究成果基础上，认识到三肇地区扶余、杨大城子油层具有形成低渗透薄互层大面积含油场面，油藏以断层—岩性为主，小幅度构造、断块高部位等可进一步富集，形成了向斜区低渗—特低渗透薄互层断层—岩性油藏成藏认识，有效指导了邻近物源区大型构造隆起带，如头台、榆树林、肇州、宋芳屯、升平等地区勘探部署与储量评价。

技术进步为提高钻探成功率、提高单井产量起到了重要作用。从20世纪80年代开始，三肇地区完成了大规模二维精细数字地震勘探，局部进行了三维地震采集。为提高地震资料的品质和分辨率，加强以地震为主的系统工程管理，从资料采集开始，到综合解释应用，各个环节严格按照系统工程来管理，确保资料采集丰富可靠，解释处理准确。在储层预测方面，应用地震地层学，结合V-log、D-log、Seslog、马尔科夫—贝叶斯等定量储层预测方法，为钻探目标优选提供了有效技术支撑。探索了适合于低渗—特低渗储层低伤害的储层保护和压裂增产改造技术，优化了钻完井液，特别是清洁压裂液优选，系统完善了适合于薄互层的不动管柱一次压裂2层、限流法、多裂缝以及CO_2泡沫压裂新技术，压裂设计全部晋级优化，形成了适合不同地区的压裂设计软件，油层单井提产效果明显。

经过加深钻探，三肇地区先后证实宋芳屯、模范屯（深层为肇州）、肇源、头台、茂兴和榆树林地区扶余油层大面积含油。此外，榆树林地区的树103井在泉三段中下部的杨大城子油层杨Ⅲ组见到较厚油层，该井在2070.0～2073.8m压裂改造后进行试油，气举获日产油14.7t。榆树林地区经过普遍加深钻探，证实杨大城子油层大面积含油，有的达到在泉二段顶部含油。与此同时，朝阳沟地区加深钻探，也在杨Ⅲ组—杨Ⅴ组见油层。在朝阳沟扩大勘探开发场面的同时，1987年首次在三肇向斜区内升平地区升22井区块探明石油地质储量1486×10^4t。1986—1993年在榆树林地区探明石油地质储量9798×10^4t，1990—1995年在肇州地区探明石油地质储量6426×10^4t，1995年在头台地区探明石油地质储量6651×10^4t，1996—1997年在肇州地区探明石油地质储量2861×10^4t，1998年在宋芳屯地区探明石油地质储量2241×10^4t，整体形成3×10^8t储量规模，迎来了油田第二个储量增长高峰。

3. 精细勘探，一体化滚动，带动特低渗透油藏有效动用

20世纪90年代末期至21世纪初期，应用层序地层学理论，开展盆地范围扶、杨油层内沉积体系和沉积相分析，进一步明确了扶余、杨大城子油层受盆地周边6大体系物源控制。泉三、泉四段确定了4个三级层序、11个体系域，井震结合建立了等时层序地层格架，认为泉三、泉四段沉积时期，在缓坡、浅水的沉积环境下，受北部依安、南部保康长轴物源及西部短轴物源控制，形成了呈环带状展布的河流、三角洲分流平原、三角洲前缘和浅湖相带。主要砂体类型为曲流河点坝、网状河道及分流河道等砂体，单砂层厚度一般为2～5m，砂地比一般为10%～20%，连通性较差，纵向上错叠连片，水驱系数一般在60%左右。砂岩孔隙度主要分布在5%～12%之间，渗透率多小于1mD。随着埋藏深度增加，砂岩成岩作用增强，岩石致密，孔隙度、渗透率明显降低，储层物性变差。

从2003年起，针对三肇地区扶杨油层低渗透薄互层特点，开展新一轮油气成藏主控要素及富集规律研究，通过对典型开发区块密井网精细解剖和区域油层对比，认识到扶杨油层单砂体厚度薄、垂向非均质性强，但平面错叠连片，油藏总体上为上油下水特征。分析表明，扶余、杨大城子油层底界存在一个相对连续的油水包络面，上部基本上整体含油。因此，针对扶杨油层的勘探，主要对策是寻找有效砂体，向斜低部位为有利的增储挖潜方向。

借助新采集三维地震资料，系统完善了保幅保真地震资料处理技术，开展细分油层组砂体预测和展布规律分析，深化断层—岩性油藏认识，在已探明区周边相对埋藏

较浅部位优选高产区块，滚动评价，先后在宋方屯地区扶余油层新增探明石油地质储量 761×10^4t，在卫星地区扶余油层新增探明石油地质储量 1499×10^4t，在肇源南地区扶余油层新增探明石油地质储量 2030×10^4t，在榆树林地区扶杨油层滚动扩边新增探明石油地质储量 1337×10^4t，累计新增探明石油地质储量达 5000×10^4t，开发动用程度明显提高。

4. 转变勘探思路，借鉴致密油勘探开发理念，搞清资源，准备技术，优选“甜点”区，扶余油层勘探开发取得重大进展

针对松辽盆地北部扶余、杨大城子油层致密油储层整体上具有纵向不集中、横向不连续、“甜点”单体规模小、物性变化大、含油性差异大的特征，2011 年以来，开展了三肇地区扶余油层细分层大比例尺精细制图研究，将扶余油层制图单元从过去的 5 个油层组细化为 12 个砂层组，地层厚度 10～15m，每个砂层组包括 1～2 个单砂体，分别编制了各砂层组沉积微相、砂岩厚度、孔隙度、油层厚度等相关图件，砂体和油层分布认识更加精细。

应用含油产状及试油统计法，确定扶余油层含油物性下限为孔隙度 5%、渗透率 0.03mD，结合常规油储量下限进一步细化致密油资源分类标准。其中Ⅰ类储层孔隙度为 8%～12%，渗透率为 0.1～1mD，喉道半径大于 100nm，以油浸和油斑为主，部分为富含油、油迹；Ⅱ类储层孔隙度为 5%～8%，渗透率为 0.03～0.1mD，喉道半径为 50～100nm，以油斑和油迹为主。分类、分层、分区计算松辽盆地北部扶余油层致密油资源量 11.16×10^8t，三肇地区扶余油层致密油资源量达 5.3×10^8t。

加强研究，认清资源、“甜点”分布，遵循“先简单后复杂，先好后差，先浅后深”的工作原则，明确了“落实长垣、齐家；展开三肇；准备齐家—古龙”三个勘探层次，推进“研究与部署、地质与工程、上产与增储”三个一体化。一是研究部署一体化，预探在分类落实资源基础上，精细刻画“甜点”，实现油层钻遇高水平，预探突破后，探井直接交给开发进行生产；二是工程地质一体化，多专业联合，配套完善技术，实现水平井单井高产量，实现提产效果最大化；三是上产增储一体化，预探“甜点”优选与开发试验区建设同步展开。

2011 年在大庆长垣葡萄花构造部署垣平 1 井获得重大突破，该井水平段长 2660m，钻遇砂岩 1484m，钻遇油层 1159m，经大规模体积压裂获得日产油 71.26t 高产工业油流，为松辽盆地北部特低渗透油藏勘探开发提供了有效途径。受垣平 1 井启示，2013 年在三肇主体昌德地区优选部署了肇平 1 井。该井水平段长 901m，钻遇砂岩 819m，钻遇油层 769m，经大规模体积压裂，获得日产油 17.6t 工业油流，展示了三肇向斜区致密油勘探潜力。“十二五”期间在三肇地区共完钻水平井 7 口，完成试油井 5 口，日产量大于 10t 的高产工业油流井 4 口，其中肇平 6 井压裂改造后获日产 75.66t。

形成了非常规储层地震响应特征分析及井震标定、纵横波联合观测近地表结构调查与表层吸收衰减场建立、分频接收的宽频地震采集、表层 Q 补偿技术、黏弹性叠前时间偏移处理技术、储层预测技术等多项核心技术，地震采集、处理、解释技术成型配套，分辨率提高 15～20Hz，3～5m 薄层砂体识别能力预测符合率由 65% 提高到 75%。与此同时，建立了窄小河道砂体井震结合精细砂体刻画技术，完善了“三优、二精”水平井优化设计与跟踪调整方法，优选靶区、优选靶层、优选轨迹，精细分析准确入靶、精细

跟踪防止脱靶。

创建了“地质工程一体化”引领，依据低成本高效“工厂化”实施，带动致密油勘探开发“配套工程技术”“水平井单井高产量”和致密油“整体有效益”的致密油“2+3”模式。“逆向思维、反向设计、正向实施”，大规模体积压裂求产技术成型配套。先后研制了适合致密油储层改造的压裂液体系，建立了致密油储层压裂优化设计、施工诊断控制、水平井多次分段测试等多项核心技术，以及大规模工厂化体积压裂作业方式，形成了多段切割体积压裂、缝网体积压裂、穿层压裂三种针对性压裂方式。

“十二五”以来，在三肇地区扶余油层落实“甜点”110个，资源量1.54×10^8t，其中Ⅰ类“甜点”102个，资源量1.4×10^8t。指导完钻水平井7口，平均水平段长897m，平均钻遇砂体738m，钻遇油层686m，完成5口水平井压裂增产改造，日产量4.75～75.66t，平均单井日产量27.5t，比邻近直井一般提高15倍左右。在榆树林油田滚动探明1137×10^4t常规油储量基础上，致密油新增预测储量17482×10^4t。分类、分梯次开辟水平井+体积压裂、直井+缝网压裂两类芳38、州602-4、源151共3个致密油开发试验区建设，三肇地区扶余、杨大城子油层整体进入了致密油勘探开发新的历史阶段。

5. 启示

地质认识的不断深化、勘探技术的不断进步、科学的部署是三肇地区扶余、杨大城子油层低渗—特低渗油藏勘探开发取得重大历史成果的重要保证。对一个地区油气资源潜力认识是有限的，无论它勘探程度有多高，精细到什么程度，仍然存在着资料盲区、地质认识盲区和技术盲区，只要解放思想，尊重客观规律，持之以恒，实施精细勘探，就一定能够不断取得新发现和新突破。

第四节　古龙南地区——低丰度油藏效益勘探

古龙南地区位于黑龙江省肇源县，南起新站油田，北至新肇油田，东与大庆长垣葡萄花油田相接。构造位置处于古龙凹陷区南部，勘探面积1180km^2。区内发育新站和新肇两个北北东向鼻状构造。沉积类型为受西部和北部物源双重控制的三角洲前缘相。储层类型主要有砂岩、泥质粉砂岩、泥岩裂缝。主要含油气层位为白垩统姚家组一段的葡萄花油层和下白垩统嫩江组三段的黑帝庙油层。油气藏类型为构造—岩性油气藏。

一、勘探历程与发现

1.“点片结合”勘探方针，实现凹陷区含油大连片场面

“七五”到“八五”期间，向斜区找油理论勘探与实践、对古龙凹陷及周边的认识有了历史性飞跃，高含泥、高含钙储层油气水层的识别技术，试油及油层改造技术等低渗透薄互层油藏的勘探技术系列进一步完善，勘探部署由“东部找片、西部找点”，逐渐发展成为“东部找片要扩大成果，西部找点要点片结合”，1985年新肇鼻状构造先后钻探了古601、古62、古63等一批探井，有5套工业油层（黑帝庙、葡萄花、高台子、扶余、杨大城子）获得了工业油流，形成错叠连片的含油特征。估算石油储量超

过 4000×10^4t；1993 年新站鼻状构造首先钻探了英 41 井，该井于黑帝庙油层获得工业气流，嫩五段获含水工业油流，葡萄花油层解释两层差油层厚度为 1.4m；后续钻探了大 401、大 402、大 403 等 10 口探井，发现了黑帝庙、葡萄花两套工业油气层，含油面积近 200km^2，估算石油储量将超过 7000×10^4t。使薄互层储层的勘探出现了含油连片的场面。

2. 勘探开发一体化评价，实现储量和产量双高峰

1995 年实施勘探开发一体化评价程序，先后优选出葡萄花油层储量丰度相对高、产能相对高的新站油田大 401 区块和新肇油田古 634 区块作为生产试验区，开展先导性开发试验。新站油田大 401 区块设计试验井 49 口，其中，代用井 2 口，实际钻井 47 口，报废 1 口。新肇油田古 634 区块设计试验井 104 口开发井，实际钻井 103 口。试验结果表明，新站油田和新肇油田具有较好的经济效益。1997—2003 年按照大庆外围油田坚持以经济效益为中心，评价勘探与开发产能建设一体化的开发方针，进一步开展油藏评价和产能建设工作，完钻评价井 27 口，获工业油流井 9 口，提交石油探明储量 7131×10^4t。完钻开发井 916 口，油田年产油于 2002 年达到高峰，为 35.73×10^4t。

3. 水平井穿层压裂技术效益开发低丰度储量，实现年产油回升 20%

随着古龙南地区新站鼻状构造和新肇鼻状构造两个正向构造区持续开发，2002 年达到年产油高峰后，逐年递减，至 2011 年降至 10×10^4t。而此时油田剩余储量已由构造高部位转移至构造低部位，这部分储量动用难度较大，主要是油藏埋藏深，平均埋深为 1800m；油层厚度薄，平均单井有效厚度在 2.7m 左右；储层物性差，平均孔隙度为 13.7%，平均渗透率为 3.1mD；储量丰度低，平均丰度为 15×10^4t/km^2。属于中浅层低渗透特低丰度储量，类似的油田开发实践表明，直井开发单井产量低，经济效益差。为了探索这部分储量经济有效动用途径，按照“典型示范引领，超前介入试验”的原则，优选茂 15-1 区块为示范区，按照“充分利用水平井技术优势，通过井网井型以及井距的优化，最大限度降低井网密度，达到少井高产目的；充分利用穿层压裂新技术，通过射孔和压裂方案优化，进一步提高单井产量和储层动用程度”的总体思路，攻关特低丰度薄油层储量经济有效动用配套技术，实现了特低丰度薄油层储量经济有效动用。2012 年开辟茂 15-1 试验区，完钻开发试验井 77 口（油井 43 口，其中水平井 16 口，水井 34 口），初期单井产量高，平均单井日产液 7.4t，单井日产油 6.9t，含水 6.7%，其中水平井平均单井日产油 10.6t，直井平均单井日产油 3.6t。此后，试验规模不断扩大，至 2016 年共完钻开发试验井 356 口（其中水平井 89 口），动用地质储量 885×10^4t，年产油两次由 10×10^4t 回升到 12×10^4t，回升了 20%，有效延缓了油田产量递减，同时，新增特低丰度探明储量 3029×10^4t。

二、经验做法与启示

1. 向斜成藏找油理论与实践，发现两个亿吨级含油气区

在向斜成藏理论的指导下，借鉴三肇向斜区找油的思想，深化古龙南地区沉积、成藏规律认识，认为葡萄花油层局部构造高点油气富集，且构造高点间易形成大面积岩性油藏。主要具备如下三个条件：

（1）大面积岩性背景上正向构造带对油气运移起诱导作用，油气相对富集。主要依

据：一是古龙南地区发育大安鼻状构造和大庆长垣西部边缘的新肇鼻状构造及其相关的构造带。二是北北东、北东东正向构造带形成期与烃源岩生、排烃期相匹配，成为油气运移的主要指向。三是正向构造砂体发育，储层物性好，含油丰度高。

（2）三角洲前缘相砂体纵向错叠连片，具备了形成大面积岩性油藏的地质条件。葡萄花油层低位体系域三角洲前缘河道砂、席状砂和透镜状砂伸入古龙凹陷，直接覆于青山口组烃源岩之上，从而决定了大面积下生上储岩性油藏的形成。

（3）生储盖组合关系，决定了大面积岩性油藏的形成。在古龙地区葡萄花油层三角洲外前缘砂体上下的萨尔图油层、高台子油层为半深湖—深湖沉积，建造了非常有利的生储盖组合，从而决定了大面积岩性油藏的形成。

在上述认识的基础上，坚定“点片结合”的勘探方针，不断实践认识，再实践再认识，先后在新肇和新肇两个鼻状构造及周边已发现了 2 个储量上亿吨的含油气区，并形成了点片结合的局面。

2. 攻克复杂油水层测井解释技术，发现一批低阻油层

针对古龙南地区含泥高、含钙高、储层薄、地层水矿化度变化大，加上油水分异差，常形成高阻水层和低阻油层，油水层识别难的问题，研制了高含泥、高含钙、薄油层识别技术。消除或减小高含泥、高含钙对储层电性响应的影响，分区和分层位建立了油水层解释标准，提高了新井解释符合率，解放了老井油气层。根据已试油的 12 口井 41 层的资料验证，含钙砂泥岩薄互层测井解释成功或符合的 35 层，综合解释符合率达到 85.4%。低电阻率油层测井解释 16 口井，有可参加统计的试油资料 9 口井 36 层，符合 33 层，解释符合率为 91.6%。同时应用新标准开展老井复查。找回了老井中由于受当时工艺技术条件和地质认识局限，被漏失的部分油气层。如古 64 井葡萄花油层 42～45 号、补 3 号层，原解释均为干层，经含泥、含钙、薄层校正后，42～45 号层复查改判为差油层，该段压后获得了日产 2.46t 工业油流。

3. 创新水平井穿层压裂技术，形成低丰度储量有效开发模式

1）完善薄层水平井随钻导向技术，提高砂岩钻遇率

针对储层薄、微幅度构造变化大、随钻测录井信息滞后影响钻井效果的实际，在水平井钻井过程中，不但要钻前精细设计水平井轨迹，而且钻进过程中尤其注重水平井随钻导向预测，及时调整水平钻井轨迹。主要做法：一是搭建水平井着陆对比模型，钻井过程中，实时将随钻测井曲线校正并加入对比模型，逐个“沉积旋回”进行对比，实现了由以往的单一标志点对比向连续对比转变，确保水平井精确着陆。二是建立水平井前导模型，在随钻测井响应机理研究的基础上，开展完钻水平井与周围斜直井电性特征关系分析研究，结合已完钻井资料和地震资料，建立目标区电性模型，模拟水平井设计轨迹在模型中的电性响应特征，钻井过程中，实时将随钻信息与电性模型对比，判断钻头位置，实现预判的超前性。同时，为解决导向过程中人工计算效率低的问题，建立了水平井导向模式识别及计算系统，实现了由“手工计算、设计”向“计算机智能识别、设计”转变，提高水平井轨迹计算的精度和工作效率。通过水平井精细导向，使薄层水平井钻遇率达到 82.4%。

2）创新薄层水平井穿层压裂开发技术，提高油田储量动用率和采收率

（1）穿层压裂优化设计，单井储量动用程度由 56.5% 提至 78.3%。通过优化裂缝在纵

向的整体布置，对压裂位置、压裂工艺、施工参数进行了优化，实现储量动用程度的最大化。一是为了提高井筒附近的导流能力，依据水平井实钻情况，优选岩性纯、物性好、含油性好的位置压裂，测井显示自然伽马值不大于142API，中子密度不大于2.57g/cm^3。同时，考虑纵向上砂体叠合关系，为了实现储量动用最大化，按照“纵向上兼顾各小层”的原则，优化压裂位置，正对注水井投影部位100m内不射孔。二是为实现穿透储隔层，增强造缝功能，前置液比例由30%提高到50%，采用段塞式加砂。三是为保证缝宽，形成有效支撑，根据不同穿层方式采取针对性的工艺对策。对于裂缝穿透下部储层的压裂方式，压后采取延时扩散使支撑剂下沉；对于裂缝穿透上部储层压裂方式，使用纤维压裂液和密度较小的支撑剂，防止支撑剂沉降；对于裂缝穿透上下储层的压裂方式，采用大排量段塞式加砂，压后强制闭合，确保各层段全部有效支撑。

（2）平直联合、缝网匹配的井网优化，使井网密度由13.1口/km^{2}下降到6.6口/km^2。一是针对低渗透油藏水平井压裂投产的特点，调研并优选了压裂投产水平井产能计算公式，对水平段长度与产量及经济效益的关系进行了研究，确定合理水平段长度。水平段越长，产量越高。但从经济效益看，水平段长度为500～700m时，效益最好。最终确定水平段长度为700m。二是考虑裂缝半缝长，将以往井与井之间建立有效驱替转变为井与裂缝之间建立有效驱替，通过缝网结合，实现拉大井距、降低井网密度的目的，最终确定井距排距为300m×300m（图1–10–6）。三是考虑水平井方位与人工裂缝的匹配关系，设计了六套井网形式（图1–10–7），应用地质建模和数值模拟技术进行对比分析上述六套井网，数值模拟结果表明：采用井网形式四开发，含水率为85%时，采出程度18.5%，效益最好。

3）优化地面工艺和劳动组织，降低投资生产成本

（1）地面工艺技术优化，地面建设投资节省降低34.4%。采取“丛、简、合、利”优化简化技术，降低投资。丛：即丛式布井，针对地面条件复杂的实际，量化投资与平台数及平台井数之间关系，依托道路进一步优化布井方式，减少占地、减少道路及各类线路。简：简化工艺，将三相分离处理工艺及多台设备进行整合，采用“四合一”处理流程简化站内流程，较常规工艺减少工程投资35%，占地面积减少70%。合：即三线合一、岗位合一，将原来的钻井、试油、基建分别征地、征路等多线并行模式整合为一线运行，减少重复征路、征地；将油岗、水处理岗、注水岗三岗合一，建立统一的中控室，降低劳动强度，减少人员配置。利：即利用老站剩余能力，建设转油站将产液外输至老联合站处理，充分利用老站内设备剩余能力，减少新建站脱水设备的同时，提高老站运行负荷率。通过“丛、简、合、利”地面工艺优化技术，地面建设投资降低34.4%。

（2）劳动组织优化，单井综合用人由0.5人降至0.24人。按照“大工种、复合型、协作化、自主式”模式，优化劳动组织。大工种：将采油、测试、夜巡、资料、计量、维修6个工种整合为一个“大工种”，由“流水线”作业变为采油工独立完成一整套作业；复合型：一人多能，单元内每名员工都胜任3个以上工序的技术操作，实现多工序一体化作业；协作化：油水井日常管理保持4～5人的“短平快”配合，变单兵作战为协同工作，形成高效执行团队，降低安全风险；自主式：适度授权，使单元成为油田生产的运转核心和责任主体，充分释放管理能量。通过劳动组织优化，单井综合用人由0.5人降至0.24人。

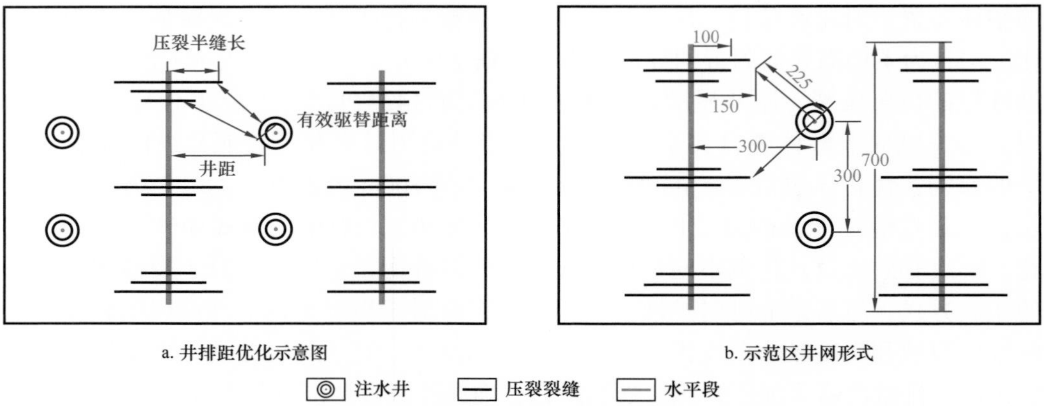

图 1-10-6　平直联合、缝网匹配设计井网形式图

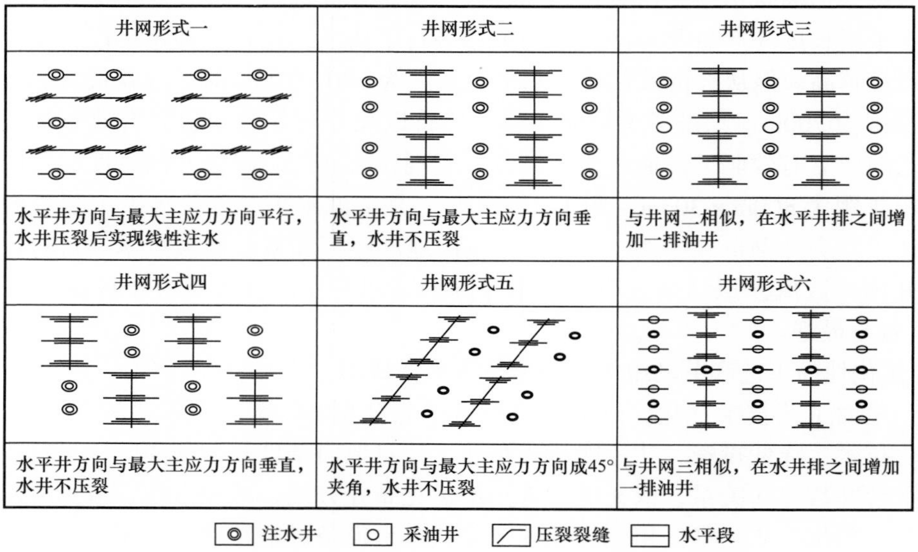

井网形式一
井网形式二
井网形式三
水平井方向与最大主应力方向平行，水井压裂后实现线性注水
水平井方向与最大主应力方向垂直，水井不压裂
与井网二相似，在水平井排之间增加一排油井
井网形式四
井网形式五
井网形式六
水平井方向与最大主应力方向垂直，水井不压裂
水平井方向与最大主应力方向成45°夹角，水井不压裂
与井网三相似，在水井排之间增加一排油井
注水井
采油井
压裂裂缝
水平段

图 1-10-7　水平井穿层压裂试验井排、井距优化示意图

4. 启示

一是解放思想，转变观念是低丰度油藏效益勘探的根本。按照传统思维，示范区这类低丰度储量难以经济有效开发，还需长期搁置。随着水平井压裂技术的发展，尤其是穿层压裂技术取得突破后，带来了开发理念的转变。通过水平井规模化应用，辅以纵向穿层压裂，能够使低丰度难采储量得到经济有效动用。

二是研究的精细化是低丰度油藏效益勘探的基础。通过实施“两提一降”的做法，有效降低了井网密度、增加了储量动用程度、降低了产能建设投资、提高了劳动效率，在油田开发、管理和效益等方面切实发挥了示范作用。

三是精心组织和精细管理是低丰度油藏效益勘探的重要保障。在示范区建设过程中，面对时间紧、任务重的实际，油田公司从管理、技术、实施三个层面整体联动，一体化组织，建立了例会制度，研究解决生产和技术难题。充分发挥了多方优势，保证了示范区建设顺利实施。

第五节 齐家油田——高台子致密油勘探

齐家地区位于松辽盆地北部齐家—古龙凹陷北段，包括齐家凹陷以及龙虎泡阶地的部分区域，勘探面积近 $4000km^2$。截至 2018 年底，完成三维地震采集 $2698.2km^2$，完钻探井 427 口，获工业油气流井 268 口，探明石油地质储量 28584.02×10^4t。主要勘探目的层为萨尔图、葡萄花、高台子、扶杨油层，其中高台子油层探明储量 5924.65×10^4t。

一、勘探历程与发现

齐家地区油气勘探总体上以岩性油藏勘探为主。2010 年，借助致密油勘探理念，探索高台子油层三角洲外前缘相带致密砂岩储层的提产效果，针对纵向上集中度较高的高四油层组致密油层部署了齐平 1 井，采用分段、分簇大规模体积压裂增产改造技术，压后水力泵求产获日产油 10.2t，证明该类储层具有较好的勘探潜力。2012 年进一步明确“甜点”目标及资源规模，针对三角洲内前缘亚相河口坝砂体部署了齐平 2 井，水平段进尺 1186.8m，砂岩钻遇率 100%，含油砂岩 1167.8m，孔隙度在 4.6%～13.2% 之间，平均孔隙度为 10%，平均渗透率为 0.4mD，全井完成 10 段 39 簇压裂，共打入支撑剂 $1082.5m^3$、压裂液 $14849.8m^3$，试油日产油 31.96t，证实了致密油资源可有效动用。

2013—2014 年进一步针对不同“甜点体”类型先后部署了齐平 3 井、齐平 5 井，继续利用水平井结合体积压裂技术提高产能。齐平 3 井目的层为物性相对变差的远沙坝砂体，水平段进尺 1230m，含油砂岩 1218m，平均孔隙度为 9.5%，平均渗透率约 0.3mD，压后水力泵求产，日产油 16.088t。齐平 5 井针对多层叠置的远沙坝砂体，水平段进尺 1418m，含油砂岩 1415m，储层平均孔隙度为 9.0%、平均渗透率为 0.13mD，压后螺杆泵 + 水力泵求产，日产油 25.932t，进一步证实了水平井结合大规模体积压裂技术对解放该区资源的有效性。2014 年，齐家高台子油层高三、高四油层组亿吨级预测储量实现升级，提交石油控制储量 6036×10^4t。

2015 年，在齐家地区建成齐平 2、龙 26 两个致密油水平井先导现场试验区，探索致密油水平井参数优化技术和特色开发模式。两个现场实验区共完钻水平井 57 口（包括龙 26 外扩 35 口水平井），平均单井水平段长度 1484m，钻遇砂岩 1380m、含油砂岩 1302m，砂岩、油层钻遇率分别为 92.9% 和 87.7%。应用成熟的配套工艺技术，采用“工厂化”施工模式，初步形成多层位立体水平井开发井网模式，实现多套储层的有效动用，储量动用程度达到 70% 以上，达到了降本增效的目的。

二、经验做法与启示

1. 科研攻关为先导，明确致密砂岩油富集主控因素，落实不同品质资源的规模

1）开展烃源岩内致密砂岩油富集主控因素研究，深化致密砂岩油富集规律认识，明确致密砂岩油“甜点区”分布

齐家地区位于松辽盆地北部齐家凹陷主力生烃凹陷内部，油源充足，高台子油层储层受北部物源体系控制（图 1–10–8）。北部地区主要发育三角洲前缘分流河道沉积，砂体厚、物性好，受向北抬升的斜坡构造背景控制，油水关系相对复杂。南部地区位于高

台子油层三角洲外前缘相带，分布范围广，主要发育河口坝、远沙坝砂体。砂体单层厚度一般在 2～4m 之间，泥岩隔层一般小于 2m，纵向呈互层状分布；三角洲外前缘相带席状砂体发育，厚度一般为 0.2～1.5m，泥岩隔层厚度一般大于 2m。三角洲前缘相带砂体横向连续性好、纵向层数多，内前缘相带砂体纵向集中度高，外前缘相带存在砂体集中发育段，砂体与成熟烃源岩呈指状交互接触，为形成广泛分布的源储一体致密油创造了有利地质条件。

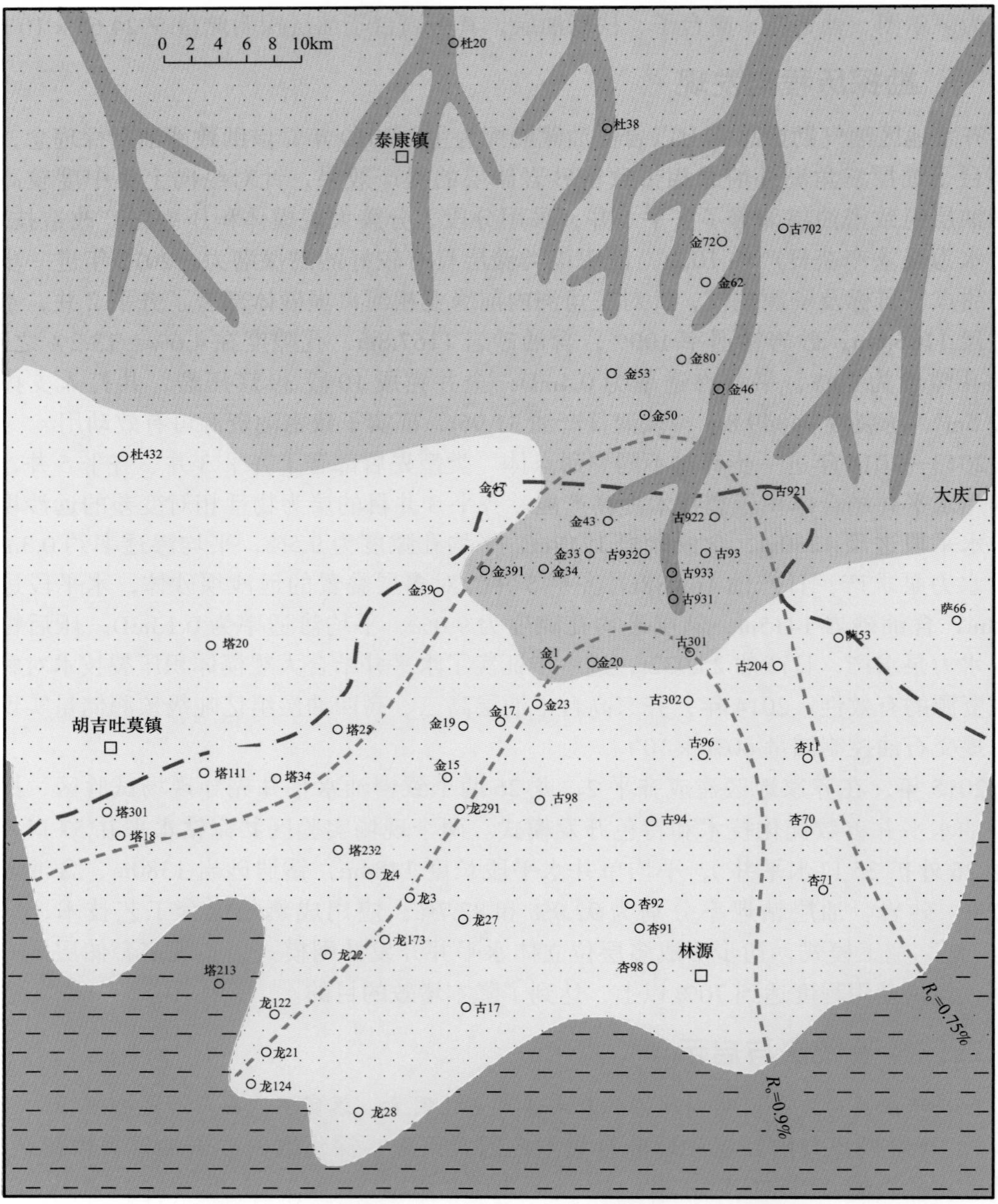

图 1-10-8　齐家地区高台子油层沉积微相与致密油分布平面图

实验样品分析表明，齐家地区高台子油层致密砂岩储层孔隙度一般在4%～12%之间、地面渗透率一般小于1mD，物性特征控制了齐家地区致密砂岩油整体分布范围。残余原生孔隙及次生溶蚀孔隙构成致密砂岩储层的主要储集空间，孔隙直径一般为10～100μm；河口坝和远沙坝砂岩储层孔径相对较大，一般在20～100μm之间，物性好，孔隙度一般在8%～12%之间，为油气富集提供了良好的储集空间。席状砂体储层孔隙度整体小于8%，物性较差。致密砂岩储层喉道半径主要分布在30～500nm之间，岩心见油迹以上油气显示的储层喉道半径总体大于30nm，喉道半径越大，物性越好，含油显示级别越高。

高台子油层储层成岩演化过程研究表明，受沉积及成岩作用控制，明水组沉积初期储层孔隙度整体小于12%，进入致密阶段。有机包裹体特征表明高台子油层致密油主要为三期石油充注过程，分别为嫩江组沉积末期（78—72Ma）、明水组沉积末期（67—65Ma）和古近纪沉积中晚期（39—28Ma）。烃源岩生排烃模拟研究表明，齐家凹陷高台子油层在四方台子组—嫩江组沉积末期烃源岩开始成熟，明水组沉积末期达到生烃高峰期，石油大量生成并向砂岩充注，明水组沉积末期应为油气聚集的主要时期。

总体来看，齐家地区高台子油层致密油属于先致密后成藏的聚集过程，烃源岩生烃能力强、源储配置关系优越使砂体普遍含油，且储层以纯油层为主。受有利沉积微相、成岩作用及烃源岩发育特征的控制，石油富集于三角洲内前缘的河口坝、远沙坝砂体，这些储层单层厚度大、物性好，含油级别高，平面上大面积连续分布，是致密油勘探的最有利“甜点区”；向齐家南部三角洲外前缘相带储层单层薄、物性变差，含油级别降低，局部干层增多，是致密油下一步探索的地区。

2）开展地层细分层、储层细分类研究，分层分类进行“甜点”资源潜力评价，落实不同品质“甜点”资源空间分布位置及规模

针对高台子油层致密油横向连续性好、纵向非均质性强的地质特点，以层序地层学理论为指导，开展全区地层细分层划分与对比研究，高三—高四油层组可进一步划分为15层砂层组。通过细分层沉积微相研究，不同沉积时期，沉积相带展布有所不同，结合相标志综合研究，明确了不同砂层组不同沉积微相类型砂岩分布规律。通过大量分析化验资料，开展致密储层七性评价研究，可将高台子油层致密储层划分为两类。以已钻井为基础，结合地球物理预测技术，明确不同储层类型在三维空间上的分布及规模，结合储层分类评价标准，对其进行资源潜力评价，落实了不同品质资源规模及其分布位置。

2. 工程地质一体化，优化设计提产方案，实现有效工程技术配套应用

1）地质与地球物理相结合，精细刻画优质储层空间展布，寻找“地质上甜、工程上脆”的最有利水平井钻探目标体，优化水平井轨迹

在明确致密油“甜点区”的基础上，针对致密油富集的“甜点体”进行地球物理精细刻画及地应力预测，明确“甜点体”空间展布特征及其可压裂性，优选靶层、优化井轨迹走向。按工厂化设计考虑，采用“逆向思维、正向设计”的方式，兼顾安全、质量、规模和成本，持续优化施工设计，坚持钻井施工中地质分析和设计优化相结合，坚持完井施工后技术措施和设计简化相结合，从井身结构、井眼轨道、钻井液体系和技术措施四方面入手进行优化。

2）地质工程紧密结合，应用好钻测录井资料，精细跟踪水平井轨迹，最大化提高“甜点体”钻遇率

钻进过程中，根据现场钻井进度、测录井分析数据，实时跟踪水平井轨迹走向、砂体钻遇及含油情况，制定跟踪调整方案，形成了以小层精细对比、地球物理实时预测为依据的水平井井轨迹精细控制技术，使水平井准确入靶及优质储层钻遇率都达到95%以上，为后期工程改造提供良好的井筒环境，为单井高产提供基础。

3）开展致密储层工程品质评价，优化增产改造技术，最大限度地解放低品位资源，实现致密油资源的可动用

综合应用岩石物理分析、X射线衍射实验分析、力学参数等信息，开展储层工程品质评价，明确井筒不同位置储层的工程评价参数，制定合理的增产改造技术方案。针对不同储层工程品质，形成了切割体积压裂及缝网体积压裂两种体积改造模式，改造之后水平井单井产量是周围直井产量的6～17倍以上，实现致密油资源的可动用。

3. 勘探开发一体化，建立工厂化开发模式，带来致密油整体有效益开发

致密油效益开发是首要目标。2010年以来，在致密油勘探实践过程中，形成了以“甜点体”精细刻画、水平井轨迹精细控制和增产改造设计优化为核心的地质工程“一体化设计”技术系列，依此建立了差异型和灵活型2种低成本、高效率的“工厂化”实施模式，完善了预测“甜点”目标、钻成优质井眼、评价“甜点”层段、提供工程参数和提高单井产量共5项致密油勘探开发配套工程技术。单井高产量使致密油整体有效益初步显示成效，建成2个水平井先导开发试验区，新增致密油储量超过1×10^8t，其中龙26先导试验区投产12口水平井，初期一年单井日产油16t，3年单井累计产油1.13×10^4t，截至2018年底累计产油14.82×10^4t。龙26开发试验区建立，不仅解放了原有难动用致密油储量，而且为其后的规模开发储备了配套工程技术。

4. 启示

齐家油田高台子致密油勘探，对致密油资源产量突破和规模上产带来重要启示。

1）创新理论、发展技术是致密油资源产量突破的关键

致密油地质条件的特殊性，导致其富集机理及开发方式都不同于常规油藏，现有技术不能够使资源得到有效开采，效益更是无法体现。随着近年对致密油富集成藏理论的创新，认清了致密油宏微观储层特征及含油富集规律，有效落实“甜点区”发育位置，使得井位目标得到夯实。水平井结合大规模体积压裂技术的完善使致密油资源得以有效开采，在此过程中，形成了针对致密储层的钻井、完井、测井、录井、增产改造、试油试采共六个方面工艺技术。

2）“一体化”的设计及组织管理模式是致密油规模上产的保障

致密油勘探的“一体化”设计是立足于“勘探、开发、工程、管理”等环节而提出的项目综合运行模式，整合优势资源和成熟技术，以地质评价中的“甜点区”地表及地下地质条件为基础，整体优化设计钻井平台的分布模式、井网设计和增产改造方案，实施过程中根据新资料及时跟踪、动态调整，最大化实现油藏整体有效动用，实现效益开发。

第六节　徐深气田——火山岩气藏勘探

徐深气田位于黑龙江省大庆市、安达市境内，地质构造上处于深层徐家围子断陷。大庆探区从20世纪70年代末期开始对深层开展勘探，勘探首先是针对断陷周边的隆起带展开，截至1995年底，发现了一批小型气藏，提交探明天然气地质储量$174.68\times10^8m^3$。2002年，转变勘探思路，以断陷内营城组火山岩为主要目标，部署的徐深1井获得高产工业气流，发现了徐深大气田。股份公司决策加快勘探，经过两轮加快部署，2005年，在徐中火山岩隆起带探明地质储量$1018.68\times10^8m^3$。2004—2006年，甩开勘探徐东斜坡、安达和汪家屯地区相继取得突破，2007年提交探明地质储量$1198.91\times10^8m^3$。仅用了5年多时间，探明两个千亿立方米规模储量。徐深大气田的发现是中国东部天然气勘探的重大突破，也为大庆油田公司实施稳油增气战略提供了资源保障。截至2018年底，大庆油区深层探明气田3个，探明天然气地质储量$2959.48\times10^8m^3$（其中探明火山岩天然气地质储量$2669.11\times10^8m^3$），累计产气$123.49\times10^8m^3$。

回顾徐深气田的勘探历程，面对火山岩储层全新领域，边实践边攻关，创新地质认识，敢于转变勘探思路，是实现大发现的基础。没有成型的配套工艺技术，大胆实践、攻克技术瓶颈是实现大发现的关键。这些实践经验和研究成果，对油气勘探工作者具有一定的借鉴意义。

一、勘探历程与发现

1. 转变思路，发现徐深大气田

大庆勘探工作者从20世纪70年代末期开始，就对深层开展了研究和探索，并于1983年成立了以深层为主要目标的勘探项目组。勘探首先是针对徐家围子断陷周边的隆起带展开，1986年，钻探古中央隆起带上的继承性披覆构造——宋芳屯背斜；1988年，登娄库组砂岩气层压裂后获得工业气流，发现第一口工业气流井，但产能较低。截至1995年底，徐家围子断陷周边的一系列构造圈闭钻探完毕，只发现了昌德、汪家屯、升平三个登娄库组砂岩构造气藏，含气面积小，储量丰度低。

为了寻找突破方向，1994年底将徐家围子地区中浅层石油勘探的地震资料针对深层进行重新处理解释，首次展示出徐家围子断陷的整体面貌。在此基础上，技术人员依据断陷盆地的构造及其控制下的沉积建造模式，钻探由边部向断陷内探索，有两口井获得工业气流，数口井获得低产气流。通过这一阶段的勘探发现，这些探井的产气层几乎都是营城组的火山岩储层。其间其他圈闭完成的预探井或者评价井也发现营城组火山岩产气层。

“九五”以来，通过对松辽盆地天然气富集地质规律的系统攻关研究，取得了对深层天然气资源条件、构造演化规律、储层条件、天然气分布规律较为全面的认识，认识到徐家围子断陷烃源岩发育，资源丰富；深层存在致密砂岩、砂砾岩、火山岩、变质岩等多种储层，其中火山岩受埋深影响小，是深层重要的储层。徐家围子断陷中心近气源区是最有利的勘探地区。

基于上述认识，1997 年，以部署科探井为契机，科研人员转变勘探思路，以断陷内营城组火山岩为主要目标。利用徐家围子油田 1990 年三维地震资料针对深层处理解释，发现升平鼻状构造向南进一步延伸进入徐家围子断陷中心——兴城以南地区，形成“凹中隆”的构造格局。2000 年部署采集了兴城北工区 $67.2km^2$ 针对深层的三维地震，进一步确定了鼻状构造的存在，而且初步确定该区东部有一条北西—南东向的深大断裂，是深部岩浆上侵的通道。在营城组沉积时期发生了大规模的岩浆喷发，形成了厚度为 300m 左右的火山岩覆盖，是有利的钻探目标。

徐深 1 井的部署讨论经历了多达 7 次的反复论证，最后油田公司决定针对“坳中隆”南段实施徐深 1 井的钻探。

2001 年 6 月 26 日徐深 1 井开钻，2002 年 11 月 16 日对徐深 1 井火山岩储层进行压裂，获得 $53 \times 10^4m^3/d$ 高产工业气流，计算无阻流量 $118.48 \times 10^4m^3/d$，发现了徐深大气田。

2. 加快勘探，三年探明千亿立方米大气田

徐深 1 井的成功标志着深层天然气勘探由断陷的边部走到了断陷的中部，勘探目标转到了断陷中部大面积发育的火山岩，展现了徐家围子断陷良好的勘探前景。随即开展了整体部署，扩大勘探成果，向南部署了徐深 2 井、徐深 5 井，向西部二台阶扩展部署徐深 6 井、徐深 4 井共 4 口探井。实施结果，3 口井与徐深 1 井火山岩相当层段获得工业气流，而且徐深 6 井与徐深 1 井相同的砾岩层段获得了日产气 50 多万立方米的高产工业气流。同时，也出现复杂的情况，徐深 2 井在欠平衡工艺钻井条件下显示很好但没有获得工业气流，其他火山岩工业气井气水界面高于徐深 1 井气层底界，显示出非常复杂的气水关系。

松辽盆地北部徐家围子断陷相继在火山岩和砾岩储层获得天然气产能突破，股份公司高度重视，2004 年 4 月，勘探与生产分公司组织国内知名专家来大庆，针对松辽盆地北部深层勘探进行专题研讨，形成了徐家围子断陷具有形成大气田的基础条件、火山岩是主要勘探目标的共识。股份公司及时做出了“加快深层天然气勘探开发步伐，早日形成我国陆上第五大气区”的重大决策。

2004 年 6 月 18 日完成了加快钻探 9 口探井的井位部署，钻机严重不足，吉林、大港、华北等兄弟油田鼎力支持，参战队伍发扬大庆会战精神，克服雨季带来的重重困难，保证了施工正常进行。9 口探井 7 月底—8 月初按时开钻，2004 年 11 月至年底陆续完井。

2005 年 1 月 31 日接到第二轮加快批示，2 月 14 日完成了第一批 7 口评价井的设计，打破冬季不新开井的常规，赶制 2 个保温大棚，1 月—2 月战严寒、24 小时连续抢时间打基础、搬家安装，3 月下旬加快探井全部开钻。

勘探与生产分公司多次组织专家，对部署、钻井、压裂试气、试采、开发等方面给予了及时指导，为加快勘探起到了重要推动作用。

通过两轮加快勘探部署，系统地组织实施，截至 2005 年 11 月 20 日，共完钻探井评价井 40 口，全气田试气 23 口，其中探明含气范围内 24 口井试气 20 口，获工业气流井 19 口，低产气井 1 口。已获得多个下限层试气资料。徐深 1 井进行了 8.56m 密闭取

心，取得了24块火山岩样品的含气饱和度资料。气田部署实施开发控制井11口，完钻9口、试气5口，均获得工业气流。在升深2-1井区火山岩和徐深1井区的火山岩和砾岩，先后开展了系统试采评价，试采井4口，单井稳产3×10^4～$20\times10^4m^3/d$。

2015年12月3日，向国家申报天然气探明地质储量$1018.68\times10^8m^3$，通过评审。

3. 甩开突破，探明第二个千亿立方米

研究表明，徐家围子断陷发育徐中、徐东、安达西三个火山岩构造带，都是有利勘探区带。在整体探明徐中隆起带的同时，积极甩开预探徐东斜坡带和安达、汪家屯地区。2004年汪家屯的汪深1井，2005年安达的达深3井，2006年徐东的徐深21井，相继获得突破。随后展开部署的徐深23井和达深X5、汪深101井等井先后得手。截至2007年11月，探明储量区内共完钻探井评价井16口，均获得工业气流。开发及时跟进，先后部署了11口开发控制井，实施钻探9口、完钻6口，见到了不同程度的含气显示。在徐深12井区、徐深21井区、达深3井区和汪深1井区火山岩先后开展了系统试采评价，试采井8口，单井稳产2×10^4～$15\times10^4m^3/d$。

2007年12月20日，在安达地区汪深1井和达深3井区，丰乐地区徐深9井区和徐深12井区，徐东地区徐深21井区和徐深27井区，完成探明天然气地质储量$1198.91\times10^8m^3$。

截至2007年底，徐深气田探明天然气地质储量$2457.45\times10^8m^3$，成为中国陆上第五大气区。

4. 精细研究，新增探明$500\times10^8m^3$

2007年以后，特征明显、规模较大的火山岩体基本勘探完毕，但火山岩仍有一定的剩余资源潜力，主要分布于小型火山口和远火山口区溢流相致密火山岩储层中，目标隐蔽性更强，勘探难度加大。从2009年开始相继开展了针对火山岩的精细研究，纵向上细分期次，平面上细化相带，精细刻画火山岩目标，火山岩进入精细勘探阶段。

2010年钻探的达深10、达深12井，2011—2016年钻探的肇深16、肇深19、宋深11和达深X23等井获得工业气流，发现了一批规模小但产能较高的小型火山岩气藏，2017年通过精细气藏描述，再次提交探明储量$502.03\times10^8m^3$。

二、经验做法与启示

在勘探突破、加快部署和组织实施的同时，面对全新的火山岩勘探领域，边实践边攻关。对松辽盆地北部深层天然气勘探形成了三个新认识、三个识别技术和三项配套工艺技术，时称“三个三”，为大气田的发现提供了理论和技术支持。

1. 创新地质认识，明确了资源潜力和勘探方向

1）资源的重新认识，坚定了发现大气田的信心

通过重新分析评价，对烃源岩有了更加深入的认识，不但沙河子组是重要的烃源岩层位，而且火石岭组、营城组以及基底石炭系—二叠系对天然气藏的形成都具有重要贡献；不仅暗色泥岩是烃源岩，煤层的生烃潜力也很大，煤层单位生气强度是泥岩的6.7倍；重新落实暗色泥岩和煤层厚度，徐家围子断陷大于50m分布面积$3291km^2$，生气强度大于$20\times10^8m^3/km^2$的面积$1770km^2$，计算徐家围子断陷资源量$6772\times10^8m^3$，是寻找大气田的有利勘探领域。

2）储层的重新认识，坚定了在断陷深部寻找大气田的决心

以砂岩为主要储层的勘探，其埋深超过 3000m 则十分致密，已不具有工业价值，严重制约了勘探领域的扩展。深入研究揭示，火山岩储层物性受埋藏深度影响小，裂缝发育，物性下限低，因此，确定火山岩储层为主要勘探目标。钻探也证实，在深层中部发育较好的砾岩储层，砾岩分布面积广、厚度大，是下步勘探的重要领域，进一步拓宽了勘探视野。这样由外向里、由浅入深，勘探转向了广大的断陷中部地区。

3）成藏规律的重新认识，明确了天然气勘探的大场面

“九五”以前认为深层气藏主要分布于生气断陷区周边隆起和斜坡区，呈环带状展布。通过对生储盖组合和生储运聚的时空配置分析，认识到深层天然气主要来源于断陷内沙河子组、火石岭组的煤层和泥岩；天然气以垂向运移为主、侧向运移为辅；凹陷内是有利烃源岩发育区，也是寻找大气田的主要目标区。断陷中心存在火山岩、砾岩岩性、构造岩性气藏的认识，明确了天然气勘探的大场面。

2. 发展配套技术，为井位部署提供了依据

1）创新地震火山岩识别技术，提高了钻探成功率

应用地震属性分析与井相结合预测火山岩相分布；应用地震反演建模技术，刻画出火山岩的外部形态和内部结构；应用频谱成像技术、岩性解释技术与地震速度反演技术结合，识别出火山岩体，并预测出厚度变化；应用构造趋势面分析和三维体切片技术识别火山口位置。根据预测结果，火山岩钻遇率 100%，火山岩储层厚度预测误差平均为 10.9%，钻井成功率达到 71.4%。

2）创新测井火山岩岩性识别技术，提高了储层评价准确率

取心段通过岩心观察、薄片鉴定确定结构，结合全岩分析进行综合命名。未取心段利用 ECS 等测井定组分，成像等测井定结构，利用取心段标定未取心段，通过神经网络方法进行综合分析，输出连续岩性剖面。TAS 分类对比符合率 88%，岩心对比符合率 89%。

3）创新气水层综合识别技术，提高了解释符合率

确定准确的岩石骨架参数是气水层识别的基础。火山岩矿物成分复杂，不同岩性具有不同骨架参数，导致孔隙度计算困难。为此，通过与斯伦贝谢公司合作，首次应用元素测井新技术对火山岩的骨架参数进行了计算。利用岩石骨架参数计算出的孔隙度与岩心分析孔隙度进行对比，平均孔隙度误差 1.0%，一致性较好。火山岩岩石类型多样，电阻率值变化极大，常规砂岩储层的饱和度计算方法——阿尔奇公式不适用，探索并首次利用核磁测井计算火山岩的含气饱和度。

3. 完善配套工艺，为大气田发现提供了保障

1）地震技术进步极大地改善了资料品质，使钻探目标更加明晰

采集上，通过优化设计、更新装备，原始资料品质显著提高；叠前时间偏移和深度偏移处理技术实现了深层复杂地质目标准确成像，地震剖面品质大幅度提高，为地质结构解释和目标识别评价提供了良好的条件。

2）钻井技术进步大幅度提高了钻井速度，加快了勘探节奏

开展了以提高钻速为核心的钻井工程技术攻关；研制了新型钻井液，过去的油基钻井液能够满足深井高地温的要求，但影响气测和电成像测井，性能不稳定、污染环境，成本高。为解决上述问题，2002 年，研制出了有机硅钻井液，并于 2003 年在深井上全

部推广。通过采用上述配套技术，见到了明显钻井提速和气层保护效果。2004 年，11 口深探井平均井深 4332m，平均机械钻速 3.28m/h，平均建井周期 167.7 天，比以往平均建井周期缩短 20 天。保证了深井施工进度按时完成，为完井后试气争取了时间。2005 年，钻井周期又有缩短，已完井 6 口统计，平均井深 3967m，平均机械钻速 3.52m/h，平均建井周期 141.5 天。

3）增产改造技术进步降低了储层下限，使勘探领域不断扩大

研制高温测试管柱，提高了测试成功率，施工 40 井层，井深 3800m 以内的试气层工艺成功率达到 95%；研制新型压裂管柱，实现了一次压裂二层；研制成功了耐高温、抗剪切、低摩阻的新型压裂液，在 170℃条件下，剪切 2.5h，黏度大于 100mPa·s，满足了深井压裂要求；针对火山岩储层厚度大的特点，选择低应力段优化射孔，保护隔层；研究每一个井层的物性特征，通过室内模拟加砂剖面，确定加砂强度和压裂规模，以及压裂排量和砂比等施工参数，实现个性化设计。在主压裂前先进行测试压裂，搞清天然裂缝发育程度，确定粉砂、胶塞、柴油等降滤剂用量，调整主压裂设计参数；在现场施工过程中，跟踪施工压力的变化，及时调整排量、砂比等施工参数，确保主压裂成功。通过攻关，深层增产改造配套技术取得了长足进步，加砂量由 30～40m^3 提高到 100m^3 以上，压后单井产量由不足 $10\times10^4m^3$ 到超过 $100\times10^4m^3$，砂砾岩物性下限孔隙度由 5% 降低到 3%，火山岩物性下限由 5% 降低到 4%，为拓展深层天然气勘探领域提供了有力支撑。

4. 启示

徐家围子断陷火山岩大气田的发现，给我们带来重要启示。

1）转变勘探思路，是发现大气田的前提

按照传统认识，火山岩是勘探禁区，断陷内对天然气成藏不利。如果不考虑勘探对象的特殊性，不敢大胆探索，就不会有新类型、新领域的勘探突破。解放思想，转变观念是发现大气田的前提。

2）攻关配套技术，是发现大气田的保障

面对火山岩这一特殊岩性气藏，边实践边攻关。地质认识不断深化、瓶颈技术不断攻克，为大气田的发现和快速探明提供了有力的技术支撑。

3）发扬大庆精神、铁人精神，是快速探明大气田的坚强保障

天然气勘探队伍面对雨季内涝、冬季严寒等艰难局面，不等不靠，发扬创造条件也要上的光荣传统，为钻井、压裂施工、试油试采等生产顺利运行作出了巨大的贡献。兄弟单位鼎力相助、密切配合，油田公司广大员工发扬大庆精神、铁人精神，是大气田建设如期实现的坚强保障。

第七节　安达地区——沙河子组致密砂砾岩气藏勘探

徐家围子断陷营城组火山岩探明两千亿立方米天然气储量后，明显的火山口区已钻探完毕，剩余规模较大的火山口多位于构造低部位，以含水为主，或规模小、隐蔽性强，识别困难。近火山口区主要是岩性更致密的中基性岩形成的岩性气藏，岩性复

杂，岩性及储层预测难度大，试气产量低，深层天然气勘探进入困难时期，迫切需要发现新的接替领域。徐家围子断陷沙河子组分布广，面积3731km^2，厚度大，地层厚度一般为500～2000m，最厚超过2900m。顶面埋深一般在2800～4500m之间，最大埋深超过6000m。沙河子组为一套煤系地层，砂砾岩、砂岩与泥岩互层，局部夹煤层，探井普遍见气显示，但砂砾岩储层致密，试气只获得低产气流，以往作为烃源岩层对待。层序地层学研究表明，沙河子组纵向划分4个三级层序，发育完整的沉积旋回，每个层序储层与烃源岩间互发育，源储一体，形成良好的生储盖组合，具有形成致密气藏的有利条件。面对营城组火山岩现实领域增储难度大、接替领域不明朗的困难局面，解放思想，转变思路，深化认识，攻关技术，明确了成藏地质特征，探索发展了致密储层评价、“甜点”预测和直井多层与水平井多段大规模压裂技术，勘探取得了重大突破。

一、勘探历程与发现

安达地区勘探面积900km^2，埋藏相对较浅，沙河子组埋深为2500～4000m，地层厚度较大，一般为500～2000m，烃源岩发育，西侧扇三角洲、东侧辫状河三角洲为有利相带，在凹陷中部叠置发育，储层物性相对较好、成藏条件相对优越，是首选的有利勘探地区。

1. 积极探索沙河子组致密气，实现新层系、新类型勘探突破

2011年首选埋藏相对较浅，砂砾岩发育，以往钻井显示较好的安达地区开展勘探工作，首先对原来勘探营城组火山岩，揭示下部沙河子组显示较好的老井宋深5、达深15井进行直井压裂改造。宋深5井是2006年部署的探井，虽然沙河子组只钻入163m，但钻遇6层47.6m砂砾岩含气层，气层厚度大且集中，埋深在2957～3047m之间，埋藏又浅，是理想的改造对象。通过压裂改造，获得日产3580m^{3}低产气流。达深15井也是针对营城组火山岩的探井，2011年完钻，钻入沙河子组530m，埋深为3430～3960m，钻遇差气界限层7层60.2m，设计压裂6层，实际压开3层，获得日产5113m^{3}低产气流。其后在2012—2013年，又对针对火山岩部署的探井达深16、达深17和达深303井沙河子组进行压裂改造，受工艺条件限制，均没有获得理想效果。

受吉林油田登娄库组水平井和中浅层致密油水平井垣平1井大规模压裂成功的启示，2012年针对安达西侧扇三角洲平原亚相层序4厚层砂砾岩体，优选宋深1井区埋藏浅、物性相对好、气层厚度大的“甜点区”部署水平井宋深9H井。根据导眼井揭示的砂砾岩特征，设计水平井轨迹，完钻水平段长度1135m，综合解释差气层15段613.4m，差气界限层15段390.6m，合计1004m，储层钻遇率达88.5%。压裂12段，打入压裂液17868.2m^3，加砂907.5m^3，12.7mm油嘴控制放喷，油压11.2MPa，产气$20.8\times10^4m^3/d$，沙河子组致密砂砾岩勘探首获工业突破，与宋深1井相比，水平井增产近20倍，展示了沙河子组致密气巨大的勘探潜力。

2. 评价展开，东西两侧四种相带均获突破，形成大面积含气场面

2013年，优选东部辫状河三角洲沉积体系相带好、埋藏浅、构造相对平缓的有利目标区宋深4井区，部署宋深12H井，目标层为宋深4井163号层，该层顶部埋深2769m，厚度14m。通过地震反演，精细刻画163号目标层砂体，在宋深4井西侧部署宋深12H井。该水平井设计水平段长度1150m，钻进过程中由于砂砾岩规模变小，进入

泥岩段提前完钻。实钻水平段长度 493m，水平段砂砾岩长度 398m，储层钻遇率 80.7%，水平段解释气层 6 段 395.8m，差气层 3 段 43.4m。裸眼滑套分段压裂，压裂 9 段，打入压裂液 14937.9m^3，支撑剂 780m^3，9.53mm 油嘴，油压 19.4MPa，产气 $15.1\times10^4m^3/d$。安达地区东、西两带均获突破，展示了沙河子组致密气良好的勘探前景。

继东、西两侧平原相带获得突破后，2014 年进一步展开，在前缘相带部署达深 20HC 井、达深 21HC 井，落实资源规模。达深 20HC 井位于西侧扇三角洲前缘相带，单砂层厚度在 10m 左右，达深 21HC 井位于东侧辫状河三角洲前缘相带，单砂层厚度在 10m 左右。达深 20HC 井水平段钻遇砂岩累计 734.1m，砂岩钻遇率 80.7%，压裂改造获得 79575m^3/d 工业气流。达深 21HC 井水平段钻遇砂岩累计厚度约 135m，砂岩钻遇率 13.2%，虽砂砾岩储层钻遇率低，但压裂后也获得 41930m^3/d 的工业气流，东、西两侧前缘相带含气性也得到证实。

四口水平井分别探索四类不同相带砂体，均获得成功，展现了沙河子组致密砂砾岩大面积含气、“甜点”富集的含气特征，具有良好的勘探潜力。2015—2018 年，安达沙河子组勘探中部评价，南北拓展，相继部署达深 22H、达深 24、宋深 10 和宋深 18 等以直井为主的探评井 9 口，有 5 口获得工业气流。安达沙河子组形成大面积连片含气的场面，在 2015 年和 2016 年提交预测储量的基础上，2018 年局部升级了探明储量 $189.24\times10^8m^3$。

二、经验做法与启示

针对沙河子组短物源、近物源、相变快，间夹高阻抗薄煤层的岩性组合，粗相带砂砾岩埋深大岩性致密的储层特点，在层序划分对比、储层预测和评价、勘探部署思路和气层改造等方面初步形成了勘探技术方法和部署思路，指导和促进了勘探工作的展开。

1. 开展精细层序划分与沉积相研究，深化了成藏规律的认识

沙河子组钻井少、分布不均，充分利用已知井，将单井精细分析与地震格架解释相结合，开展层序地层格架划分。层序划分遵从 4 个原则：构造不整合界面；符合断陷盆地模式；界面为地震相的突变面；在井上表现为岩性变化面，电测曲线上特征明显。全区对比分析，明确不同层序界面的识别标志。地震剖面上，全区沙河子组内部识别出 3 个比较明显的不整合面，将沙河子组划分为四个三级层序，在此基础上依据岩性组合和旋回变化，精细井震标定对比，进一步将安达沙河子组划分为 9 个四级层序。

精细沉积研究，通过对砾石成分、砂岩类型、岩性组合特征、重矿物变化和古水流方向的研究进行物源体系分析。通过岩心观察、成像测井岩性分析，结合测井曲线分析形成沉积相模式；井震标定建立岩性组合—地震特征图版，解释地震相平面展布，结合属性和岩性预测分析平面沉积相展布。沉积相研究注重成像资料的应用，一方面是进行详细准确的岩性标定，分析岩性组合变化和砂砾岩砾径变化；另一方面通过成像资料解释古水流方向，对沉积相研究起重要指导作用。沉积相研究也注重了原型盆地结构下的沉积展布特征研究，沙河子组各层序受北西—南东向挤压，形成多个局部剥蚀区，采用地层厚度趋势法，进行了剥蚀量恢复，在此基础上的沉积展布分析更符合实际。

通过开展精细的层序沉积和成藏条件研究，对安达地区沙河子组致密砂砾岩含气富集规律形成以下认识。

1）四套层序发育四套烃源岩，源储一体，控制气藏分布

钻井揭示，烃源岩有机质丰度高、厚度大、分布面积广，最大生气强度超过 $400\times10^8m^3/km^2$，源储一体，烃源岩分布范围基本上控制了气藏的分布，生气强度大的区带，探井产气量高。

2）相带控制储层，辫状河（扇）三角洲平原、前缘储层均发育，前缘物性更好

沙河子组为断陷湖盆沉积，安达地区东西两侧发育辫状河（扇）三角洲，平原、前缘砂（砾）岩体厚度大，延伸距离远，埋藏相对浅，形成有利的储层发育区。

沉积相带控制储层物性，扇（辫状河）三角洲前缘亚相物性最好，孔隙度一般为5%～7%，平原亚相砂体孔隙度一般为3%～6%。有利储层主要发育在扇三角洲、辫状河三角洲前缘相带，以含砾砂岩、砂质砾岩为主。通过岩心样品统计分析，渗透率小于0.1mD的样品超过60%，大于1mD占5%左右，总体呈现致密储层特征。

3）有利储层大面积分布，优质储层控制气藏富集

钻探表明，有利储层大面积分布，优质储层控制气藏富集。依据物性、孔隙结构等分析结果，安达地区有利储层分布面积大，是勘探重点区。

整体评价，安达地区相序发育齐全，烃源岩好，储层发育，源储一体，埋藏浅，按照“由浅到深、由易到难”的原则，进行分带、分类探索，获得勘探突破。

2. 注重致密储层微观结构表征研究，分类评价储层，明确有利储层分布

沙河子组含气储层以砂质砾岩、砂岩、含砾砂岩为主，储集空间类型以砾内溶孔、长石（岩屑）粒内溶孔、砾（粒）缘缝为主，其次为火山碎屑溶孔、黏土矿物晶间孔，少量原生粒间孔及裂缝等。沙河子组储层总体致密，孔隙度平均为4.3%，但局部仍发育好储层，溶蚀作用是改善储层物性的关键。沙河子组储层物性和微观孔隙结构特征是产能重要的影响因素，为此开展了致密储层的微观结构表征研究。

对沙河子组致密砂砾岩、砂岩储层进行高压压汞、CT和核磁分析。高压压汞分析认为沙河子组致密储层喉道半径多小于0.5μm，（含砾）粗砂岩喉道半径较大，而粉、细砂岩喉道半径最小，砾岩局部发育较大喉道。CT分析认为含砾砂岩大孔比例高、孔隙连通性好，砂岩主要为晶间孔，孔隙连通性差；砾岩主要为砾间孔、砾内缝，储层物性较差。核磁分析认为储层孔隙分布在2nm～100μm之间，以纳米级孔隙为主，含砾砂岩、砂质砾岩孔隙半径最大，储层物性更好。

以微观孔喉结构分析为基础，进行致密储层分类评价。水膜法确定临界孔喉下限为40nm，确定砂砾岩储层下限渗透率为0.02mD，再依据孔隙度与渗透率关系确定砂砾岩孔隙度下限为2.7%，砂岩孔隙度下限为4.8%；沙河子组致密储层渗透率上限为0.6mD，砂质砾岩和砂岩的孔隙度上限为8.5%、10.5%。依据核磁孔隙体积与喉道关系的分析，将致密储层划分为两类，Ⅰ类储层最大连通喉道半径大于300nm，Ⅱ类储层小于300nm，以300nm为界线，确定两类储层渗透率界线为0.05mD，砂砾岩孔隙度界线为5.2%，砂岩孔隙度界限为7.3%。Ⅰ类、Ⅱ类储层在试气产量上存在差异，Ⅰ类储层单位厚度日产气量平均为 $1876m^3$，Ⅱ类储层平均为 $166.1m^3$。平面上Ⅰ类储层主要分布在安达，埋藏浅、产气量高；Ⅱ类储层分布在徐东、徐西构造高部位。

在精细沉积解释和储层评价基础上，井震结合开展致密储层“甜点”预测，落实有利甜点目标，指导了勘探部署。

3. 分相带类型探索，形成了直井水平井结合的探井部署方法

安达地区沙河子组为辫状河（扇）三角洲—湖泊沉积体系，辫状河三角洲、扇三角洲的平原、前缘具有不同的岩性组合特点和储层发育特征。在勘探部署上，采用了分相带类型探索，直井水平井结合的探井部署方法，取得了较好的效果。2012—2013 年，首先针对西部、东部两侧砂砾岩层厚度大的扇、辫状河三角洲平原分别部署水平井宋深 9H 和宋深 12H 取得成功，2014 年继续向凹陷中部探索以薄层砂砾岩层和泥岩互层的扇三角洲、辫状河三角洲前缘，部署水平井达深 20HC 和达深 21HC，也获得成功，证实了不同相带砂砾岩储层均具有勘探价值。针对沙河子组以大套薄层砂砾岩与泥岩互层为主的岩性分布特点，为更有效的提高储层动用和勘探效益，在水平井取得成功的基础上，攻关直井致密储层改造试气技术，2015 年部署在东侧辫状河三角洲前缘的直井宋深 10 井也取得了成功。其后整体评价安达沙河子组，以部署直井为主，利用直井控制含气面积，形成了分相带类型探索、直井水平井结合的探井部署方法。

4. 针对沙河子组特殊致密砂砾岩储层特点，形成了一套有效的致密砂砾岩储层压裂改造技术

大庆油田致密气储层以往采用直井凝胶增大压裂施工规模方式进行增产，单层最大加砂量达到 $130m^3$，比平均加砂量高 $50m^3$，均无法实现压裂后达到 $4\times10^4m^3/d$ 以上的工业目标，增产效果不明显。通过对储层低产原因分析，结合脆性特征实验，明确了以增大储层改造体积为前提的增产方向，并采用扩展有限元建立压裂平面模型，结合模拟结果，优化了裂缝间距，在保证施工安全的前提下，扩大裂缝的改造体积，形成了一套致密气储层复杂裂缝压裂工艺技术。

安达致密砂砾岩气藏的勘探发现，得益于勘探思路的转变，勘探认识的深化，勘探技术的提高。勘探思路上，改变过去只把沙河子组当作烃源岩去认识、去对待，把沙河子组作为主要目的层勘探，积极探索分析沙河子组致密气成藏条件，思路的转变是沙河子组取得勘探突破、发现致密砂砾岩气藏的关键；通过细化层序深入研究沉积相展布，认识到各层序均发育烃源岩，烃源岩发育控制气藏分布范围，辫状河（扇）三角洲平原、前缘是致密砂砾岩储层发育的有利相带，有利储层发育区控制致密气富集，明确了安达地区是致密气勘探最有利区，认识的深化是安达致密气藏勘探发现的基础；配合致密气勘探部署和储量评价，开展致密砂砾岩储层七性评价研究，建立了致密储层分类评价标准。开展地球物理预测技术攻关，形成了针对沙河子组致密储层测井储层“甜点”解释和叠前反演有利致密储层预测评价方法，同时逐步完善了水平井钻井、测录井和压裂改造配套工艺技术，技术水平的提高是安达致密气藏勘探发现的重要保证。

第十一章 油气资源潜力与勘探方向

随着资源评价技术的不断进步完善，各类地质资料的丰富，松辽盆地北部共开展四次油气资源评价，评价结果越来越客观、科学、贴近勘探实际。尤其是第四次油气资源评价，不但重新落实了常规油气资源，而且同时也开展了非常规油气资源的评价工作，为近期及以后的油气规划战略部署提供了重要依据。

分析表明，松辽盆地北部油气资源分布广、类型多，虽然目前勘探程度相对较高，但仍是大庆探区剩余资源潜力最大的领域，也是“十三五”期间储量增长的重要基础。通过对剩余资源潜力、勘探领域等方面的系统分析，指出中央坳陷区的常规油和致密油、徐家围子的火山岩常规气和砂砾岩致密气是深化勘探的主要方向。

第一节 油气资源量预测结果

松辽盆地北部共开展过四次油气资源评价，完成的年度分别是1985年、1994年、2003年和2015年。20世纪80年代初由杨继良等主持开始全国第一次油气资源评价，这一阶段大庆油田在油气资源评价方面开展了大量的工作，总体思路是以盆地为基本评价单元，采用烃类法、体积法、地球化学法和圈闭加和法开展油气资源评价，其中1985年杨继良等采用残烃法、沉积岩体积法、沉积速度法、油田规模序列法、齐波福法等方法预测资源量最具代表性（表1–11–1）。

表1–11–1 松辽盆地北部第一次油气资源评价预测结果数据表

资评轮次	资源类别	方法	预测资源量 /10^8t	资源类别	方法	预测资源量 /10^8m^3
1	石油	残烃法	75.92～212.65	天然气	地球化学方法	10.89～21.96
		沉积岩体积法	47.73～99.39			
		沉积速度法	158.26			
		油田规模序列法	110			
		齐波福法	57.59～234.42			
		裂解烃法	86.10～193.71			

1991—1994年间由郭占谦等主持开展全国第二次油气资源评价，此次评价建立了以盆地分析模拟为主的盆地评价、以人工智能和数理统计为主的区带评价和以早期油气藏描述为主的圈闭评价的油气资源评价序列。盆地模拟中加强了油气形成的物质条件和油气成藏条件的认识，充分利用地震、物化探和地球化学资料，建立盆地地质模型，计

算松辽盆地北部总生油量为 1023×10^8t，总生气量为 113.3×10^{12}m^3，石油地质资源量为 94.3×10^8t，天然气地质资源量为 1347.5×10^8m^3（表 1–11–2）。

表 1–11–2　松辽盆地北部第二至第四次油气资源评价预测结果数据表

<table>
<tr><th>资评轮次</th><th>资源类别</th><th>方法</th><th>石油地质资源量 / 10^8t</th><th>资源类别</th><th>方法</th><th>天然气地质资源量 / 10^8m^3</th></tr>
<tr><td>2</td><td>石油</td><td>盆地模拟法</td><td>94.3</td><td>天然气</td><td>盆地模拟法</td><td>1347.5</td></tr>
<tr><td rowspan="5">3</td><td rowspan="5">石油</td><td>成因法</td><td>102.4～126.7，
113.3（期望值）</td><td rowspan="5">天然气</td><td rowspan="2">成因法</td><td rowspan="2">15312
11740（深层）
3572（浅层）</td></tr>
<tr><td>类比法</td><td>91.1</td></tr>
<tr><td>油藏规模序列法</td><td>84.6</td><td>类比法</td><td>11337.1（深层）</td></tr>
<tr><td>发现过程法</td><td>104.2</td><td rowspan="2">取值</td><td rowspan="2">15312
11740（深层）
3572（浅层）</td></tr>
<tr><td>取值</td><td>80.6～109.3，
86.3（期望值）</td></tr>
<tr><td rowspan="3">4</td><td rowspan="3">石油</td><td>成因法</td><td>101.96</td><td rowspan="3">天然气</td><td>成因法</td><td>16465.74
15345.74（深层）
1120（浅层）</td></tr>
<tr><td>类比法</td><td>101.47
88.75（常规油）
12.72（致密油）</td><td>类比法</td><td>15785.67（深层）
10040.15（常规气）
5745.52（致密气）</td></tr>
<tr><td>取值</td><td>101.47
88.75（常规油）
12.72（致密油）</td><td>取值</td><td>16905.67
15785.67（深层）
1120（浅层）</td></tr>
</table>

2000—2003 年开展了第三次油气资源评价，引入了含油气系统的研究思路，以盆地评价为基础，以区带评价为重点，首次建立类比刻度区，类比法、成因法及统计法多方法综合评价松辽盆地北部油气资源。计算石油地质资源量为 80.6×10^8～109.3×10^8t，期望值为 86.3×10^8t；天然气地质资源量为 15312×10^8m^3，深层天然气资源量为 11740×10^8m^3，中浅层天然气资源量为 3572×10^8m^3（表 1–11–2）。

2013—2015 年开展了第四次油气资源评价。此次注重有效烃源岩评价，以层区带评价为基础，采用成因法宏观把控，类比法精细评价，首次精细落实了层区带资源，并开展了非常规资源评价。多方法评价石油地质资源量为 101.47×10^8t，其中常规油地质资源量为 88.75×10^8t，致密油地质资源量为 12.72×10^8t；天然气地质资源量为 16905.67×10^8m^3，其中中浅层地质资源量为 1120×10^8m^3，深层天然气地质资源量为 15785.67×10^8m^3（包括常规天然气地质资源量 10040.15×10^8m^3，致密气地质资源量 5745.52×10^8m^3）（表 1–11–2）。

一、成因法评价油气资源

成因法为一类特殊的体积资源量评价方法，也可称之为体积生成法或地球化学物质平衡法。其基本思想是从研究油气在地壳中的生成、运移、聚集直到形成油气藏的成因条件出发，来预测油气资源量。通过对烃源岩中烃类的生成量、排出量和吸附量、运移量和散失损耗量等计算，确定研究区的油气聚集量。它的准确性和可靠性主要依赖于对生烃、运移和聚集等主要石油地质问题的全面理解以及对地球化学参数的正确选取。成因法适用于油气勘探的各个阶段，可分为氯仿沥青“A”法、干酪根裂解烃产率法、盆地模拟法等，对于勘探程度较高的盆地或地区，主要采用盆地模拟法。

1. 方法原理

盆地模拟法是以一个油气生成、运移聚集单元为对象，在对模拟对象的地质、地球物理和地球化学过程深入了解的基础上，根据石油地质的物理化学机理，建立地质模型，乃至数学模型，运用相应软件，在时空概念下，动态模拟各种石油地质要素演化及石油地质作用过程，定量计算和评价油气资源量的一种方法。该方法通过对研究区的地史、热史、生烃史、排烃史和油气运聚史进行研究，根据沉积物的沉积压实原理、盆地中的热传递原理、有机质热降解成烃的化学动力学原理和油气渗流力学原理，结合流体势分析法、运聚动平衡模拟法和可供聚集量模拟法等方法，建立研究区地质模型，开展盆地模拟，计算出生排烃量，进而模拟出油气的聚集位置和聚集量。

2. 关键参数研究

1）生排模式

收集松辽盆地生烃动力学模拟实验样品数据，开展了生烃动力学模拟实验。利用生烃动力学模拟技术，分时代、分母质类型建立松辽盆地烃源岩生排烃模式；松辽盆地Ⅰ型和Ⅱ型烃源岩具有相同的生烃模式，反映烃源岩有效生烃组分相同，均表现为生烃晚、生烃范围窄的特点，为晚白垩世湖相藻类生烃特征。

2）生排量

统计各套烃源岩生排烃门限和生烃高峰埋深数据，明确烃源岩演化程度及生排烃门限深度；通过综合研究有效烃源岩分布、油气生成史、成藏过程分析，总结成藏特征规律，科学准确构建盆地模拟格架。通过盆地模拟，计算松辽盆地北部中浅层烃源岩总生油量为 1032.55×10^8t，总排油量为 687.58×10^8t，总生气量为 $112.88\times10^{11}m^3$，总排气量为 $91.70\times10^{11}m^3$；深层烃源岩总生气量 $576.57\times10^{11}m^3$，总排气量为 $548.4\times10^{11}m^3$（表 1–11–3、表 1–11–4）。

表 1–11–3　松辽盆地北部第四次资源评价中浅层油气总资源数据表

运聚单元	生油量 / 10^8t	排油量 / 10^8t	生气量 / $10^{11}m^3$	排气量 / $10^{11}m^3$	油运聚系数	气运聚系数	油资源量 / 10^8t	气层气资源量 / 10^8m^3
西部带运聚单元	423.72	282.45	52.54	44.40	0.035	0.012	14.83	—
中部带运聚单元	462.73	306.18	50.12	40.18	0.16	0.067	74.04	—
东部带运聚单元	101.7	72.6	6.68	4.62	0.11	0.047	11.19	—
北部带运聚单元	18.08	11.05	2.02	1.50	0.025	0.0021	0.45	—
南部带运聚单元	26.32	15.3	1.52	1.00	0.055	0.0118	1.45	—
合计	1032.55	687.58	112.88	91.70	0.099	0.038	101.96	1120

表 1-11-4 松辽盆地北部第四次资源评价深层天然气总资源数据表

断陷	生气量/$10^{11}m^3$	排气量/$10^{11}m^3$	气运聚系数	气层气资源量/10^8m^3
徐家围子断陷	313.8	299.5	0.0327	10269.26
双城断陷	8.3	8	0.023	190.9
莺山断陷	104.3	100.5	0.023	2398.9
古龙断陷	110.8	105.8	0.017	1883.6
林甸断陷	6.3	5.8	0.017	107.1
任民镇断陷	0.195	0.1	0.015	2.93
兰西断陷	2.64	2	0.015	39.6
中和断陷	4.03	3.3	0.015	60.45
绥化断陷	26.2	23.4	0.015	393
合计	576.57	548.4		15345.74

3）运聚系数

在盆地模拟基础上，以关键时刻烃源层顶面油势为基础，结合构造、沉积特征等进行综合分析，划分油气运聚单元，进一步划分出刻度区供油范围，计算出刻度区的生烃量，再利用刻度区资源量比生烃量即得出运聚系数。

3. 资源评价结果

第四次与第三次资源评价相比，由于本次采用生烃动力学模拟实验的生排烃模式，烃源岩生排烃晚，有效烃源岩范围较小；同时本次对烃源岩进行了精细评价，剔除了泥岩中的非烃源岩，烃源岩厚度减小；明确青山口组为松辽盆地生油主体，沙河子组为生气主体，评价结果更可靠。运聚系数的选取根据刻度区研究成果，确定石油运聚系数为2.5%～16%，天然气运聚系数为0.21%～6.7%。根据成因法评价原理，将松辽盆地北部划分了14个评价单元，计算石油总地质资源量为101.96×10^8t（含致密油），中浅层天然气地质资源量为$1120\times10^8m^3$（表1-11-3）。深层划分8个断陷计算天然气地质资源量为$15345.74\times10^8m^3$（表1-11-4）。

二、类比法评价常规油气资源

地质类比法主要以类比分析为依据对研究区进行资源量估算与分析。其基本思想是相同地质条件具有相似的油气聚集规律，成藏条件好的地区资源丰度较高，反之资源丰度较低。类比刻度区的选择是类比评价中最重要的一环。

1. 刻度区建立

资源评价过程中建立类比刻度区的主要目的是给评价单元提供类比参数及标准。刻度区解剖是以含油气系统研究思路为指导，以大量成熟含油气区的各项基础资料统计分析为依托，遵循刻度区“三高、三不同、一有利”的基本选择原则：三高即勘探程度高、地质规律认识程度高和资源落实程度高；三不同即涵盖不同层系、不同资源、不同油气藏；一有利即有利于类比评价，在松辽盆地北部的不同层系优选适合的区带（或区块）建立。

通过开展对不同油藏类型刻度区的地质条件分析，从烃源岩条件、储层条件、盖层条件、圈闭条件、运聚条件及保存条件等方面确定了资源评价的基本参数；在此基础上，通过油气富集主控因素的分析，进一步优选控制油气富集的关键参数，建立不同资源类型的评价参数体系及取值标准。通过刻度区解剖综合确定不同类型刻度区关键参数累计 45 项。其中，松辽中浅层常规油刻度区关键参数包括沉积相、储层厚度、孔隙度、圈闭类型、盖层、烃源岩厚度、TOC、成熟度、供烃方式、输导条件及生储盖组合共 11 项；松辽深层火山岩刻度区关键参数包括火山岩相、孔隙度、渗透率、储层厚度、孔隙类型、烃源岩厚度、生烃强度共 7 项。然后，采用油藏规模序列法、油藏发现序列法等多方法准确计算刻度区资源量，确定刻度区资源量、资源丰度、运聚系数等研究参数（表 1–11–5），为采用资源丰度类比法计算资源提供高精度标尺，确保评价结果真实、可靠。

表 1–11–5　松辽盆地北部常规油气刻度区研究参数表

盆地	类型	刻度区名称	资源量 / 10^4t 或 10^8m^3	丰度 / 10^4/km^2	油（气）运聚系数	计算方法
松辽北部中浅层	岩性型	常家围子刻度区（H）	643.2	2.26	0.001	油藏规模序列法、发现序列法
	岩性型	江桥—平洋刻度区（S）	6041.1	5.91	0.012	油藏规模序列法、发现序列法
	岩性型	古龙南刻度区（P）	21248.9	18.1	0.016	容积法、油藏规模序列法、油藏发现序列法
	岩性型	敖南刻度区（P）	5057.1	19.7	0.017	油藏规模序列法、容积法
	岩性型	齐家北刻度区（G）	2000.6	5.59	0.007	油藏规模序列法、发现序列法
	岩性型	齐家北刻度区（F）	5639.1	5.88	0.022	有效储层预测法、油藏规模序列法
松辽北部深层	岩性型	安达西（营城组火山岩）	864	3.9	0.032	容积加和法、油藏规模序列法
	构造型	徐中北（营四段砂砾岩）	333	0.86	0.006	容积法
	构造型	昌德（登娄库组砂岩）	46	0.54	0.002	容积法

2. 参数选取及资源评价结果

综合研究松辽盆地北部油气地质特征及成藏条件表明，松辽盆地北部中浅层各层系油藏整体受优质烃源岩分布控制，油气聚集主要受沉积体系、储层、圈闭、输导体系等因素影响；松辽盆地北部深层火山岩气藏主要受优质烃源岩的分布、火山岩相、优质储层以及生储盖配置和输导条件等因素影响；通过对上述油气成藏地质参数特征的研究，结合不同类型刻度区解剖建立油气资源评价地质类比参数标准4套，其中包括中浅层常规油砂岩储层地质类比评价体系及评价标准（表1-11-6）、深层营城组火山岩地质类比评价体系及评价标准、深层登娄库组砂岩地质类比评价体系及评价标准和深层砂砾岩地质类比评价体系及评价标准等。

通过分析各含油气组合油气藏成藏条件和分布规律可知，不同构造位置、不同含油气组合油气藏主控因素各有不同，因此通过对地质类比参数优选确定出其中的重点参数，并对其赋予相对较大的权重，以保证类比结果的准确性。

表1-11-6　松辽盆地北部中浅层常规油地质类比评价体系及评价标准表

参数类型	参数名称	评价系数			
		0.75～1.0	0.5～0.75	0.25～0.5	0～0.25
圈闭条件	圈闭类型	断背斜、断块	断块、岩性	地层	岩性
	圈闭幅度/m	＞100	50～100	10～50	＜10
	圈闭面积系数/%	＞50	10～50	2～10	＜2
盖层条件	盖层厚度/m	＞250	100～250	50～100	＜50
	盖层岩性	泥岩、页岩	泥岩、粉砂质泥岩	粉砂质泥岩、含粉砂泥岩	砂泥岩互层
	盖层面积系数/%	＞1.2	1～1.2	0.8～1	＜0.8
	盖层以上的不整合数	0	1～2	3～4	≥4
	断裂破坏程度	无破坏	破坏弱	破坏较强	破坏强烈
储层条件	储层沉积相	三角洲前缘相或重力流	三角洲平原相	河流相	滨浅湖相
	储层平均厚度/m	＞50	20～50	10～20	＜10
	储层百分比/%	＞60	40～60	20～40	＜20
	储层孔隙度/%	＞24	18～24	12～18	＜12
	储层渗透率/mD	＞250	60～250	10～60	＜10
	储层埋深/m	＜500	500～1000	1000～1500	＞1500
油气源岩条件	烃源岩厚度/m	＞150	60～150	40～60	＜40
	TOC/%	＞2.0	1.0～2.0	0.5～1.0	＜0.5
	有机质类型	Ⅰ	Ⅰ—$Ⅱ_1$	$Ⅱ_2$—Ⅲ	Ⅲ
	成熟度/%	0.9～1.2	0.7～0.9	0.5～0.7	＜0.5
	供烃面积系数	＞1.5	1.0～1.5	0.5～1.0	＜0.5

续表

参数类型	参数名称	评价系数			
		0.75～1.0	0.5～0.75	0.25～0.5	0～0.25
油气源岩条件	供烃方式	汇聚流供烃	平行流供烃	发散流供烃	线形流供烃
	生烃强度 /（$10^4m^3/km^2$）	>400	200～400	50～200	<50
	生烃高峰时间	古近纪—新近纪	白垩纪	三叠纪、侏罗纪	古生代
	运移距离 /km	<10	10～25	25～50	>50
	输导条件	储层 + 断层 + 不整合	储层 + 断层或储层 + 不整合面	储层或断层	不整合
配套史条件	区带形成时间与生烃高峰时间的匹配	早或同时（0.5～1.0Ma）		晚（0～0.5Ma）	
	运移方式	网状	侧向	垂向	线形
	生储盖配置	自生自储	下生上储	上生下储	异地生储

以含油气组合为基本单位，根据各层系的油气成藏特征，含油层系相同、构造位置相同、油气藏类型相同的评价单元（区带）与刻度区优选类比，含油层系不同、构造位置不同、油气藏类型相同的评价单元（区带）与刻度区可以类比；不同含油气组合的评价单元（区带）与刻度区不进行类比。由此确定各评价单元的相似系数，计算各油层常规油资源量。

根据上述类比原则分别计算出松辽盆地北部中浅层五个层系 37 个评价单元石油地质资源量 88.75×10^8t 和深层 4 个断陷 2 个层系 9 个评价单元的天然气地质资源量 $10040.15\times10^8m^3$（表 1-11-7）。

表 1-11-7　松辽盆地北部常规油气资源数据表

资源类型	层系	评价单元	地质资源量 / 10^4t	资源类型	断陷	层系	评价单元	地质资源量 / 10^8m^3
石油	H	4	18939.2	天然气	徐家围子	2	6	5886.32
	P	7	377960.8		莺山—双城	1	1	1790
	S	7	267708.0		绥化	1	1	393
	G	7	115900.9		林甸—古龙	1	1	1990.7
	FY	12	106968.7		合计			10040.15
	合计		887477.5					

三、类比法评价致密油气资源

松辽盆地北部存在丰富的非常规油气资源，近年来随着常规油气进入勘探的中后期，剩余资源多以隐蔽性强的“三低”油藏或隐蔽火山口气藏为主，储层厚度薄，物性差，使得非常规油气资源逐渐进入人们视野，成为油气勘探的接替领域。松辽盆地北部的非常规资源主要有致密油气、泥岩油、油页岩、基岩潜山气藏和铀矿等；已投入勘探开发的以致密油气为主，其中致密油主要分布于中浅层的扶余油层和高台子油层，以源内和源下两种类型存在；致密气主要分布于深层沙河子组，为源内自生自储的砂砾岩致密气。

非常规油气资源评价方法与常规油气藏完全不同。但因目前我国非常规油气勘探开发还处于起步阶段，对这些非常规油气资源评价方法的研究、规范和标准的制定还处于初级阶段，还需要深入、系统地开展非常规油气资源评价方法研究。股份公司级课题"全国第四次油气资源评价"根据现有的评价条件和实际需要，初步建立了几种非常规油气资源评价方法，即体积法或容积法、分类资源丰度类比法、EUR 类比法、小面元容积法、资源空间分布预测法和成藏数据模拟法等。受勘探程度限制，松辽盆地北部主要采用分级资源丰度类比法开展非常规油气资源评价。

油气资源丰度类比法是一种由已知区资源丰度推测未知区资源丰度的方法，是目前国内常规油气资源评价最常用、最重要的方法之一。致密油气资源丰度类比法与常规油气资源丰度类比法的原理基本相同，但在实际实施过程中存在很大差异，主要原因是致密油气地质资源量质量差别较大，需根据评价区（块）带石油地质特征的差异，将资源分级进行类比评价。

1. 致密油气刻度区建立

根据刻度区选取的"三高"原则，分别在高台子油层、扶余油层、沙河子组不同构造位置优选了不同类型致密油气刻度区 4 个，其中，一个源内致密油刻度区——齐家南刻度区，两个不同构造位置的源下致密油刻度区——长垣南、肇州刻度区，一个源内致密气刻度区——安达西刻度区。通过对致密油气藏烃源岩、储层等成藏主控因素分析，分别建立了致密油气的地质类比评价体系和评价标准。采用小面元容积法计算长垣南刻度区资源量为 21109.2×10^4t，可采资源量为 2322×10^4t，平均资源丰度为 35.3×10^4t/km^2，平均可采资源丰度为 5.3×10^4t/km^2；肇州刻度区资源量为 27440.1×10^4t，平均资源丰度为 26.7×10^4t/km^2；齐家南刻度区资源量为 26100×10^4t，资源丰度为 24.8×10^4t/km^2；沙河子组安达西刻度区资源量为 723×10^8m^3，资源丰度为 2.2×10^8m^3/km^2。详细分析了刻度区油气成藏地质条件及不同类型致密油的油气成藏特征，确定了刻度区重点类比参数（表 1–11–8）。

2. 关键参数研究

1）评价区边界

由于松辽盆地北部致密油是与常规油共生，为了更正确地评价致密油资源量，综合考虑有效烃源岩和致密储层的叠合面积，并结合储层物性及油水关系确定扶余油层致密油评价面积为 13232.1km^2，高台子油层致密油评价面积为 2303.7km^2，其他边界以二级构造单元的边界为界。深层沙河子组致密气则以盆地边界及油气运聚单元为界。

2）评价单元分类（分级）

由于松辽盆地北部致密储层的含油性和储层物性具有正相关性，因此致密油分级以孔隙度 9% 为界线，将孔隙度大于 9% 的范围界定为资源核心区（Ⅰ类），孔隙度小于 9% 的范围界定为资源扩展区（Ⅱ类）。深层沙河子组致密气受认识程度限制未进行资源的分级划分。

表 1-11-8 松辽盆地北部致密油气刻度区类比参数表

参数项	各项参数	长垣南刻度区	肇州刻度区	齐家南刻度区	安达西刻度区
重点地质参数	储层厚度 /m	12.2	8.4	3.25	57.04
	有效孔隙度 /%	9.8	9.5	9.83	6.6
	烃源岩厚度 /m	69.1	57.2	190.5	200
	烃源岩 TOC/%	2.2	2.9	1.98	3.1
	烃源岩成熟度 /%	0.9	0.9	0.85	2.6
研究参数	油气地质资源丰度 /（$10^4t/km^2$）	35.3	26.68	12.11	2.2
	油气可采资源丰度 /（$10^4t/km^2$）	3.88	2.93	0.97	1.0
	可采系数 /%	11	11	8	45

3）相似系数计算

将致密油气评价区与刻度区类比，则可得到各评价单元对应的相似系数。

计算公式如下：

$$a=R_f/R_c$$

式中 a——评价区与刻度区类比的相似系数；

R_f——评价区油气成藏条件地质评价结果，即把握系数；

R_c——刻度区油气成藏条件地质评价结果，即把握系数。

3. 致密油气资源评价结果

根据相似系数和刻度区的面积资源丰度，可求出评价区地质资源量。将评价区资源量乘以刻度区致密油平均可采系数，即可求出评价区可采资源量。最后计算松辽盆地北部高台子油层致密油地质资源量为 15678.2×10^4t，可采资源量为 1252.2×10^4t（表 1-11-9）；扶余油层致密油地质资源量为 111578.46×10^4t，可采资源量为 12273.64×10^4t（表 1-11-10）。

深层致密气总地质资源量为 $5745.52\times10^8m^3$，其中徐家围子断陷营四段及沙河子组、莺山—双城断陷带沙河子组、古中央隆起带石炭系—二叠系资源量分别为 $821.72\times10^8m^3$、$3514\times10^8m^3$、$799.8\times10^8m^3$、$610\times10^8m^3$，分别占总资源量的 14.3%、61.2%、13.9%、10.6%（表 1-11-11）。

表 1-11-9 松辽盆地北部高台子油层致密油资源量数据表（类比法）

评价单元	地质资源量 /10^4t	可采资源量 /10^4t
大庆长垣	214.42	17.15
齐家南	12747.9	1019.8
龙虎泡阶地	2871.6	215.25
合计	15678.2	1252.2

表 1-11-10　松辽盆地北部扶余油层致密油资源量数据表（类比法）

区带	Ⅰ类 /10^4t		Ⅱ类 /10^4t		全区 /10^4t	
	地质资源量	可采资源量	地质资源量	可采资源量	地质资源量	可采资源量
长垣背斜带	27682.28	3045.05	2667.21	293.39	30349.49	3338.44
古龙凹陷	678.01	74.58	2110.49	232.15	2788.5	306.74
三肇凹陷	26126.26	2873.89	8985.21	988.37	35111.46	3862.26
龙虎泡阶地	6679.94	734.79	12794.49	1407.39	19474.44	2142.19
朝阳沟背斜带	9095.21	1000.47	2627.07	288.98	11722.28	1289.45
齐家凹陷	2111.52	232.27	3469.58	381.65	5581.09	613.92
安达凹陷	565.72	62.23	88.97	9.79	654.69	72.02
长春岭背斜带	2090.24	229.93	604.38	66.48	2694.62	296.41
王府凹陷	649.61	71.46	2552.28	280.75	3201.89	352.21
合计	75678.79	8324.67	35899.68	3948.95	111578.46	12273.64

表 1-11-11　松辽盆地北部致密砂岩气资源量汇总表

构造单元	含油层位	剩余资源量 / 10^8m^3	总资源量 / 10^8m^3	可采资源量 / 10^8m^3	地质资源丰度 / （10^8m^3/km^2）	可采资源丰度 / （10^8m^3/km^2）
徐家围子断陷	营四段	621.61	821.72	369.77	0.21	0.10
	沙河子组	3514.00	3514.00	1581.30	1.08	0.49
莺山—双城断陷	沙河子组	799.80	799.80	359.91	0.62	0.28
古中央隆起带	基底	610.00	610.00	274.50	0.31	0.14
合计		5545.41	5745.52	2585.48		

第二节　石油资源潜力分析及勘探方向

松辽盆地北部石油资源主要分布于坳陷期地层的五大含油层系，地质资源量为 101.47×10^8t。截至目前已发现石油三级储量 70.29×10^8t，平面上主要分布于大庆长垣、三肇凹陷、古龙凹陷和朝阳沟阶地，纵向上主要分布于葡萄花油层、扶余油层和萨尔图油层。剩余待发现资源量 31.18×10^8t，平面上主要分布在中央坳陷区内，其中大庆长垣剩余资源量 9.71×10^8t，齐家—古龙凹陷剩余资源量 7.31×10^8t，三肇凹陷剩余资源量 4.16×10^8t，龙虎泡阶地剩余资源量 3.87×10^8t，朝阳沟阶地剩余资源量 1.86×10^8t；另有西部斜坡区泰康隆起带剩余资源量 1.58×10^8t，其他地区受地质条件的影响资源量较少，具体见表 1-11-12。纵向上则主要集中在中下部含油组合，其中扶杨油层剩余资源量 9.1×10^8t，高台子油层剩余资源量 4.57×10^8t，葡萄花油层剩余资源量 9.77×10^8t，萨尔图油层剩余资源量 6.36×10^8t，黑帝庙油层剩余资源较少，为 1.37×10^8t，如图 1-11-1 所示。

表 1-11-12　松辽盆地北部中浅层资源分布表（10^8t）

领域	构造单元	资源量	探明储量	控制储量	预测储量	剩余资源量
松辽盆地北部中浅层	大庆长垣	58.11	47.22	1.18		9.71
	古龙凹陷	7.92	3.40	0.43	0.26	3.83
	齐家凹陷	4.4	0.18	0.74		3.48
	三肇凹陷	14.46	7.13	1.43	1.74	4.16
	泰康隆起带	1.98	0.06	0.34		1.58
	龙虎泡阶地	6.01	1.78	0.31	0.06	3.87
	朝阳沟阶地	5.49	3.18	0.46		1.86
	长春岭背斜带	0.8	0.13		0.06	0.61
	王府凹陷	0.58	0.05			0.53
	西部超覆带	0.67		0.17		0.50
	黑鱼泡凹陷	0.3				0.30
	明水阶地	0.13				0.13
	绥棱背斜	0.21				0.21
	绥化凹陷	0.4				0.40
	合计	101.47	63.13	5.05	2.12	31.18

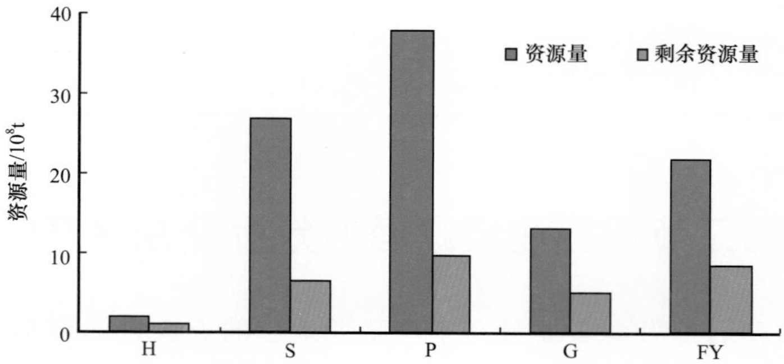

图 1-11-1　松辽盆地北部中浅层不同层位资源分布直方图

从剩余资源丰度上看，各油层剩余资源丰度低于已发现储量丰度，普遍小于 10×10^4t/km^2。纵向上，葡萄花油层、高台子油层和扶余油层要好于萨尔图油层和黑帝庙油层，但差别不大。平面上，各区带剩余资源丰度基本一致，只是在大庆长垣、龙虎泡阶地等构造背景下的有利区，以及已提交规模储量区的周边地区丰度稍高，见表 1-11-13。

表 1-11-13　松辽盆地北部中浅层评价单元分油层资源丰度统计表（$10^4t/km^2$）

评价单元	H				S			P				G				FY			
	探明丰度	控制丰度	预测丰度	剩余丰度	探明丰度	控制丰度	剩余丰度	探明丰度	控制丰度	预测丰度	剩余丰度	探明丰度	控制丰度	预测丰度	剩余丰度	探明丰度	控制丰度	预测丰度	剩余丰度
长垣	149.33		49.92	0.9	210.0	17.06	21.9	148.5	35.22		20.5	153.53			8.1	50.91	32.11	23.05	11.2
古龙凹陷	30.92	15.00		2.6		10.63	0.7	26.35	15.72	17.46	9.3				1.3		29.10		2.9
齐家凹陷				1.3	12.24		3.0	23.50			2.7	27.36	23.35	22.62	5.0	22.55			4.5
三肇凹陷								28.05	22.60		7.5				1.7	30.71	26.66	19.58	4.5
泰康隆起带					36.58	54.67	3.0					29.33			1.9				0.5
龙虎泡阶地	19.06			1.8	24.38		3.6	44.45	21.65	14.83	3.3	16.48			4.9	36.13	31.45		3.3
朝阳沟阶地								28.27	6.41		1.6					59.95	28.27		5.6
长春岭背斜带																23.73		40.31	3.4
王府凹陷																			2.7
西部超覆带						31.22	1.2												
黑鱼泡凹陷															1.7				

一、常规油资源潜力分析

以青山口组、嫩江组为主力烃源岩的常规油主要分布在葡萄花、萨尔图和黑帝庙油层及盆地边部的高台子和扶余油层。从剩余资源分布特点看，具有油水分布复杂、油藏分散、规模小、“一井一层一藏”的特点。

1. 葡萄花油层

葡萄花油层是松辽盆地北部中浅层勘探程度最高的一个层位，资源量 37.8×10^8t，提交石油探明储量 27.39×10^8t，控制储量 0.27×10^8t，预测储量 0.36×10^8t。已发现油藏主要分布在中央坳陷区，基本呈现满坳含油特征，剩余资源潜力大，为大庆油田主要开发层系和精细勘探的主力层系。

葡萄花油层为上部超层序低位体系域沉积，主要受北部和西部物源的控制，在坳陷中心部位形成大面积分布的低位域三角洲复合体，中央坳陷区由内及外整体呈现湖相—三角洲相的环带状分布格局。葡萄花油层普遍含砂，储层厚度一般在 4～20m 之间，长垣—齐家—古龙地区及三肇北部地区厚度普遍大于 12m。三肇地区储层物性优于齐家—古龙地区，孔隙度一般在 10%～20% 之间。成藏分析表明，葡萄花油层具有相带控藏特征，由凹陷周边到凹陷内划分三个油藏类型带，即构造油藏带、构造—岩性复合油藏带和岩性油藏带，复合岩性油藏带油水关系复杂，岩性油藏带储层较薄、以纯油为主。葡萄花油层未发现资源 9.77×10^8t，主要分布在已发现油田间的零散空白区，孔隙度一般为 10%～20%，东部好于西部；油层厚度西厚东薄，西部厚度为 4～8m，东部普遍小于 2m。综合烃源岩、储层等地质要素，葡萄花油层剩余勘探有利区主要有龙西—杏西、古龙、长垣—三肇、肇源等 4 个地区。开展圈闭识别评价，计算圈闭资源 1.85×10^8t，圈闭面积 1009km^2。

2. 萨尔图油层

萨尔图油层资源量 26.77×10^8t，已提交探明储量 19.55×10^8t，控制储量 0.8×10^8t，预测储量 0.06×10^8t；已发现油藏主要分布在大庆长垣、古龙凹陷、龙虎泡阶地、西部斜坡等地区，除大庆长垣发育大型的构造油藏，其他地区的油气藏分布零散，规模较小。

萨尔图油层位于青山口组、嫩江组两套烃源岩之间，成藏条件优越，是效益勘探的重点层系。萨尔图油层沉积时期，是湖进形成的大型湖泊与退积型三角洲沉积，纵向上呈现由水进到高位体系域的沉积变化，盆地范围内主要发育北部、西北部及西部沉积水系。齐家—龙虎泡、西部斜坡区砂体发育，齐家—龙虎泡北部砂岩厚度普遍大于 20m，西部斜坡及龙虎泡南部一般为 10～30m；孔隙度齐家—龙虎泡地区为 10%～15%，西部斜坡大于 20%，储层物性好；成藏受构造控制，具有“小而肥”油藏群分布特征，北东向断裂构造带、鼻状构造带及砂岩尖灭带是油气富集有利区。萨尔图油层未发现资源为 6.36×10^8t，剩余资源主要分布在长垣以西，油藏类型主要为鼻状构造背景下微幅度构造与砂体匹配的复合油藏，局部发育岩性上倾尖灭油藏。综合储层及已有勘探成果优选有利区，位于成熟烃源岩区外的有利区为泰康地区，烃源岩区内的有利区为齐家—龙虎泡地区。开展圈闭识别评价，计算圈闭资源 1.28×10^8t，圈闭面积 647km^2。

3. 黑帝庙油层

黑帝庙油层是松辽盆地北部中浅层石油储量发现较少的油层，资源量 1.89×10^8t，

探明石油地质储量 3349.87×10^4t，待发现资源 1.37×10^8t。已提交的已发现油藏主要分布在大庆长垣南部至古龙凹陷内，由 22 个小油田组成，油藏具有埋藏浅、规模小、油藏分布较零散、易动用的特点。

黑帝庙油层表现为东部物源进积型三角洲沉积特征，砂体沉积微相以三角洲前缘分流河道、河口坝及远沙坝为主，砂体发育且埋藏浅，每期前积的前缘相带逐渐由东向西迁移，主要分布在古龙地区。受东部物源大型三角洲沉积体控制，油气主要分布在嫩江组成熟烃源岩范围内，三角洲前积砂体与有效烃源岩匹配，具备形成小规模岩性油藏的条件。油藏类型以鼻状构造背景下构造、岩性—构造油藏，斜坡背景下的上倾尖灭岩性油藏为主，分布零散、规模小，油水关系复杂。受晚期断裂改造作用，黑帝庙油层发育次生油气藏，主要分布在东部和葡南、茂兴地区。黑帝庙油层原油主要来源于嫩江组和青山口组，综合主力烃源岩分布、砂体发育、断裂等成藏条件，古龙地区较其他地区更有利于油气聚集。综合考虑断裂与砂体的匹配关系，开展圈闭识别评价，计算圈闭资源量 1600×10^4t，圈闭面积 130km^2。

4. 高台子油层

高台子油层常规油资源 11.59×10^8t，已提交石油探明储量 7.73×10^8t。已发现油藏主要分布在长垣北及齐家—古龙凹陷、泰康隆起带等地区，是大庆油田勘探多类型探索的重点层系。

高台子油层为高位体系域沉积，发育北部和西部三角洲沉积体系，北部三角洲沉积较大，主要分布在齐家—长垣北部地区；西部三角洲沉积规模相对较小，主要分布在齐家—古龙等地区。高台子油层主要发育构造岩性油藏和岩性油藏，常规油藏主要分布于长垣北、齐家北、古龙西等地区，这些地区埋藏浅、物性好，孔隙度大于 12%，油水关系复杂，斜坡部位发育构造—岩性油藏，向斜区发育岩性油藏。开展圈闭识别评价，计算圈闭资源 5521×10^4t，圈闭面积 362.4km^2。

5. 扶杨油层

扶杨油层属于上白垩统泉头组三段、四段，中央坳陷区主体发育源下致密油，边部及长垣北部等地区发育常规油。目前，扶杨油层常规油资源 10.7×10^8t，已提交石油探明储量 6.91×10^8t，控制储量 0.39×10^8t，未发现资源 3.32×10^8t。

扶杨油层位于青山口组一段主力烃源岩之下，具有形成源下大面积油藏的基本条件。同时，扶杨油层发育大型河流—三角洲沉积体系，具有“满盆砂”的特点，发育多物源体系，向齐家—古龙凹陷会聚，为油气成藏提供了储集空间。上覆青山口组一段暗色泥岩既是主力烃源岩，也是区域盖层，源储匹配关系优越，中央坳陷区砂体普遍发育，有效烃源岩内普遍含油，但由于埋藏较深，储层致密，主要发育致密油；常规油主要发育在中央坳陷区周边埋深较浅的地区，油水关系复杂，主要发育构造油藏和构造—岩性油藏。构造背景下砂体和宏观油水界面之上的渗透性储层是扶杨油层成藏的主控因素，油气运移波及的范围内，有效储层普遍含油。综合烃源岩、储层、孔隙度和油水关系等地质要素，常规油剩余勘探有利区主要分布在齐家凹陷北部、三肇凹陷东部的尚家—太平川等地区，开展圈闭识别评价，计算圈闭资源 1×10^8t，圈闭面积 335km^2。

二、致密油资源潜力分析

松辽盆地北部致密油勘探始于“十二五”初，以2011年垣平1井的钻探为标志。2011年以来，按照“先易后难、先好后差”的顺序，开展了致密油的勘探开发工作，分为三个阶段。第一阶段（2011年）为探索突破阶段。按照“先浅后深”的原则，优选长垣葡萄花构造钻探垣平1井，探索水平井+大规模体积压裂技术，实现了产能的新突破。第二阶段（2012—2013年）为扩大规模阶段。预探扩大规模，完钻水平井12口，长垣、齐家、龙西、三肇致密油均获得突破；配套了“甜点”刻画、轨迹控制技术和“8优化”增产改造设计技术；评价跟进，开辟了水平井体积压裂和直井缝网压裂试验区，探索整体开发的可行性。第三阶段（2014年以来）为一体化增储上产阶段。预探全面展开，完钻21口水平井，水平段平均长958m，砂岩和含油砂岩钻遇率分别为86.8%、81.3%，平均试油日产19.2t。评价扩大试验规模，共建15个致密油开发试验区，累计产油34.54×10^4t。

经过“十二五”和“十三五”前期的攻关，形成了大型坳陷浅水湖泊—三角洲致密砂岩油富集规律认识，建立了以致密油“甜点”识别和增产改造技术为核心的致密油勘探配套技术，开辟了开发试验区，逐步实现了建产增储。截至2018年底，已探明石油地质储量1.19×10^8t，剩余石油控制储量3.13×10^8t、预测储量1.62×10^8t。

扶余油层致密油的分布总体上受青山口组有效烃源岩的控制，在大庆长垣中南部、三肇及齐家—古龙地区普遍发育，面积13000km^2，资源量11.16×10^8t。致密油富集主要受控于油源、砂体、物性及构造条件，具体为：有效烃源岩决定物质基础——青一段有效烃源岩奠定了源下扶余油层致密油的资源基础；河道砂体决定储层类型——广泛分布的浅水三角洲分流河道砂是主要储层；储层物性决定富集程度——孔隙度大于8%、渗透率大于0.1mD的储层以富含油、油浸为主；油源—断裂—砂体—构造匹配控制富集——有效烃源岩控制范围内，构造高部位、断裂、有利砂体匹配控制“甜点”分布。通过喉道半径、孔隙度、渗透率与含油性的关系分析，建立致密油储层分类标准（表1–11–14）。基于以上认识，通过细分研究单元，将扶一、扶二油层组细分12层，结合勘探部署重新落实不同区带致密油资源量（表1–11–15），明确致密油待发现资源量5.23×10^8t。三肇、长垣、龙西地区资源相对富集，勘探工作已全面展开，并开展了一体化建产工作。三肇及齐家—古龙地区剩余潜力较大。

表1–11–14　松辽盆地北部致密油储层分类标准

分类	岩性	孔隙度/%	渗透率/mD	喉道半径/nm	含油性
Ⅰ类	细砂岩	10～12	0.1～1	≥200	含油、油浸为主
	粉砂岩	8～10	0.05～0.1	150～200	
Ⅱ类	粉砂岩	6～8	0.03～0.05	60～150	油斑、油迹为主
	泥质粉砂岩	5～6	0.02～0.03	50～60	

表 1-11-15　松辽盆地北部扶余油层致密油资源潜力表（截至 2018 年底）

区带	总资源量 /10^8t			储量 /10^8t				剩余资源量 /10^8t		
	Ⅰ	Ⅱ	小计	探明	剩余控制	剩余预测	小计	Ⅰ	Ⅱ	小计
三肇	3.7	0.5	4.2	0.02	1.32	1.56	2.9	0.8	0.5	1.3
长垣	2.06	0.3	2.36	0.79	0.86	—	1.65	0.41	0.3	0.71
齐家—古龙	2.29	1.3	3.59	0.38	0.66	—	1.04	1.25	1.3	2.55
安达	0.14	0.07	0.21	—	—	—	—	0.14	0.07	0.21
双城	0.63	0.18	0.81	—	0.29	0.06	0.35	0.28	0.18	0.46
小计	8.81	2.35	11.16	1.19	3.13	1.62	5.94	2.88	2.35	5.23

三、石油资源勘探方向

松辽盆地北部石油资源为以葡萄花、萨尔图、黑帝庙油层为主的常规油、扶余油层致密油和青山口组、嫩江组泥页岩油。

从现有领域看，剩余资源主要分布于中央坳陷区。尽管随着勘探程度的提高，常规油资源品位逐渐变差，可发现的优质储量逐渐减少，但依然是近期勘探的重要领域；扶余油层致密油具有一定的资源规模，是近期增储上产的现实领域；页岩油资源潜力巨大，勘探前景广阔，是战略接替的首选领域。

1. 常规油

常规油资源剩余主要赋存于葡萄花、萨尔图、黑帝庙油层中，油藏规模小、油水关系复杂。葡萄花油层是近期增储的主力层系，古龙、长垣、三肇等地区的复合油藏带是主要的勘探地区；萨尔图油层在西斜坡和齐家—古龙地区仍具有一定的增储潜力，油藏类型主要为河道砂体与构造背景、断层匹配的复合油藏。黑帝庙油层油藏以次生油藏为主，分布零散、规模小，潜力不明朗，需要进一步精细研究认识；齐家北部及三肇东部的尚家、榆树、太平川地区等的扶余油层常规油，成藏条件较为复杂，富集规律尚需深入研究。因此，常规油需要加强精细勘探、多层位立体勘探、一体化滚动勘探，继续推广以精细构造、精细沉积、精细储层、精细成藏研究为核心内容的“四个精细”研究做法，实现效益增储。

2. 致密油

扶余油层致密油是近期勘探的重点层系，也是一体化增储上产的重要领域。三肇、长垣、龙西地区Ⅰ类致密油富集区仍是展开勘探、增储建产的重点；长垣以西Ⅱ类致密油的“甜点”层段是进一步探索的有利目标；双城、安达地区致密油是下步探索的有利方向。扶余油层致密储层河道砂体规模小、纵向集中度差、横向变化快，非均质性极强。剩余“甜点”的单砂层厚度主要为 3m 左右，预测难度大。推广、发展以黏弹性叠前时间偏移处理技术为基础的“甜点”识别配套技术，提高厚度 2～3m 单砂层及多层叠置砂岩的预测精度，是“甜点”识别、刻画的关键，也是目前深化致密油勘探的关键之一。

3. 页岩油

从资源类型来看，虽然常规油和致密油目前仍是石油勘探的主要领域，但资源潜力有限；从战略接替的角度看，对资源潜力巨大的生油层系的探索成为必然。松辽盆地北部页岩油资源丰富，主要赋存于青山口组和嫩江组。青山口组和嫩江组发育优质烃源岩，青山口组烃源岩总体成熟，嫩江组烃源岩处于未成熟—低成熟阶段。受成熟度的控制，青山口组以成熟页岩油为主，嫩江组以未成熟—低成熟页岩油为主。

多年来，大庆油田针对页岩油进行了不懈的探索，经历了三个阶段，取得了阶段性认识和进展。一是发现阶段，1981 年古龙凹陷英 12 井在青一段、青二段泥岩裂缝油藏首获工业发现，日产油 3.83t、气 441m^3。二是试验阶段，1983—1991 年建立了英 12 井泥岩油藏试验区，先后钻探了英 18 等 5 口井，其中英 18、哈 16 井获得工业油流。三是拓展阶段，1998 年完成古平 1 井，水平段 1001.50m，筛管完井抽汲日产油 1.51t；2010 年哈 18 井采用纤维转向压裂获得日产油 3.58t 的工业油流；2011 年齐平 1 井日产油 10.2t，实现页岩油产量突破；2017 年松页油 1、松页油 2 井青一段页岩日产油 3.22t、4.93t，进一步证实了页岩油的勘探潜力。

目前，针对页岩油富集条件、“甜点”识别与评价、压裂改造技术的研究攻关仍在进行中。地质研究取得了以下几方面的阶段认识。一是青山口组和嫩江组沉积时期，广泛发育的湖相优质烃源岩奠定了松辽盆地页岩油形成的基础。二是受烃源岩成熟度的控制，青山口组以成熟页岩油为主，嫩江组以未成熟—低成熟页岩油为主。三是青山口组沉积相带的展布，控制了三种类型页岩油的分布。Ⅰ类页岩油（纯砂岩型）位于青二段三角洲内前缘，砂地比大于 30%，砂岩单层厚度大于 2m；Ⅱ类页岩油（砂页互层型）位于青二段三角洲外前缘，砂地比为 10%～30%，砂岩单层厚度为 0.2～2m；Ⅲ类页岩油（纯页岩型）位于青一段、青二段半深湖—深湖相，砂地比小于 10%，TOC 大于 2%，R_o 大于 0.75%。四是通过储集性、含油性、流动性、可压性等四性参数评价，识别了青一段中下部稳定展布的四套“甜点层”，特别是古龙地区北部青一段下部“甜点层”，单层厚度大、含油性好、压力系数大、脆性程度较好，是目前最好的“甜点”层段。五是预测了页岩油分布有利区：Ⅰ类页岩油分布在龙虎泡—齐家地区，资源量 1.57×10^8t，截至 2018 年底，探明储量 0.02×10^8t，剩余石油控制储量 0.58×10^8t，待发现资源量 0.97×10^8t。Ⅱ类页岩油主要分布在齐家南和古龙西，为重点探索区。Ⅲ类页岩油主要分布在齐家—古龙至三肇地区，古龙地区为Ⅲ类页岩油探索重点区。

针对未成熟—低成熟页岩油，前期开展了针对油页岩的调查和研究工作，2017 年开始从原位改质开采的角度开展研究工作。阶段研究成果认为，松辽盆地北部发育 4 套高丰度页岩“甜点层”，嫩江组 3 套低成熟、青山口组 1 套部分低成熟。嫩二段底部“甜点层”分布广、均质性好、TOC 高，最高为 14%、平均为 4%～6%，厚度一般为 8～15m，为Ⅰ类“甜点层”；嫩一段深湖相分布范围缩小，纵向上划分 2 套“甜点层”。嫩一中部 TOC 平均为 2%～4%，累计厚度 10～30m，为Ⅱ类“甜点层”；嫩一段底部“甜点层”厚度薄、丰度低，潜力较小；青一段底部发育 3 套稳定的油页岩，厚度为 20～30m，TOC 最高为 13%、平均为 4%～6%，为Ⅰ类、Ⅱ类“甜点层”。从评价结果看，嫩二段底部及青一段下部“甜点层”品质最优，是进一步评价优选试验区的重点层位。

页岩油是大庆油田油气资源的战略接替领域，是目前及今后一段时期的探索重点。随着页岩油富集条件认识的深化、“甜点”识别技术及压裂改造技术的建立和发展，页岩油必将成为大庆油田增储上产的主力。

第三节　天然气资源潜力分析及勘探方向

松辽盆地北部天然气资源丰富，从上部的坳陷期地层至深部的断陷期地层均有分布，储层类型多样、分布广泛，由上到下发育多种类型天然气气藏。浅层气以黑帝庙油层为主，包括部分萨尔图、葡萄花、高台子、扶余、杨大城子油层。火山岩气藏为营城组；深层致密砂砾岩气藏以沙河子组为主，包括营四段及登娄库组。第四次资源评价确定松辽盆地北部天然气总地质资源量为 $16905.67\times10^8m^3$，其中，中浅层天然气地质资源量为 $1120\times10^8m^3$，深层天然气地质资源量为 $15785.67\times10^8m^3$。

一、中浅层天然气资源潜力分析

松辽盆地北部浅层主要指埋深小于 1500m 的扶杨、高台子、葡萄花、萨尔图、黑帝庙油层（一般对应 R_o 小于 0.7%）。按照其成因包括生物气、低成熟气和次生气。松辽盆地北部浅层气资源丰富、分布广泛，盆地各个二级构造单元、各个含油层系均有发现，平面上主要分布在大庆长垣、西部斜坡区、长春岭背斜带等二级构造带，纵向上主要分布在黑帝庙油层、扶杨油层和萨尔图油层。资源量 $1120\times10^8m^3$。截至 2018 年底，已提交天然气探明储量 $451.89\times10^8m^3$，预测储量 $17.06\times10^8m^3$，待发现资源 $651.05\times10^8m^3$，是天然气勘探的潜在领域。

通过分析已发现浅层气气藏，松辽盆地北部中浅层天然气气藏主要为原油菌解生物气藏、烃源岩菌解生物气藏和低成熟气藏三种类型；气藏受烃源岩、砂体和断裂三种因素控制，多为构造—岩性气藏类型。剩余资源主要分布于大庆长垣的黑帝庙油层和西部斜坡区的萨尔图油层。西部斜坡区为宽缓的斜坡带，多形成岩性、构造控制的次生气藏，气源主要来源于下伏及周边的原油生物降解，萨一组是主要油气产层，属于滨湖沙洲和沙坝亚相，单砂层厚度一般小于 4m，横向分布范围小，储层分布的局限性易于形成气藏多而分散的分布格局。萨一组顶部近 12m 厚的泥质岩为天然气提供了直接盖层，为浅层气有利区。黑帝庙油层为“二凹一凸二斜坡”构造格局，埋藏浅，埋深为 400～1700m，储层砂体发育。砂体沉积类型好，沉积微相类型为分流河道、河口坝及远沙坝；砂岩厚度为 2～10m，砂地比为 10%～50%，孔渗物性好，孔隙度为 10%～36%，渗透率为 0.3～4600mD，大庆长垣位于古龙凹陷与三肇凹陷之间，断背斜等构造圈闭发育，有利于油气聚集成藏。已获工业突破或者开发井见显示较多，为有利勘探区，面积为 $3537km^2$。

二、深层天然气资源潜力分析

松辽盆地北部深层总面积 $31459km^2$，勘探主要针对泉头组二段以下地层，主要赋存天然气资源，资源量为 $15785.67\times10^8m^3$；截至 2018 年底，深层已提交天然气探明储量 $3026.46\times10^8m^3$，控制储量 $318.96\times10^8m^3$，预测储量 $992.99\times10^8m^3$，所提交的三级储量主要集中在徐家围子断陷，为主要勘探领域。

从剩余资源分布情况看，主要勘探断陷徐家围子断陷探明率仅 29.7%，剩余资源量 $5908.31\times10^8m^3$，莺山—双城、林甸—古龙、绥化断陷、古中央隆起带等外围断陷均未提交储量。松辽盆地北部深层具有较大的勘探前景，具体见表 1-11-16。

表 1-11-16　松辽盆地北部深层资源量汇总表

领域	构造单元	资源量 / 10^8m^3	探明储量 / 10^8m^3	控制储量 / 10^8m^3	预测储量 / 10^8m^3	剩余资源量 / 10^8m^3
松辽盆地北部	徐家围子断陷	10202.17	3026.46	297.51	969.89	5908.31
	莺山—双城断陷	2589.8				2589.8
	林甸—古龙断陷	1990.7				1990.7
	绥化断陷	393				393
	古中央隆起带	610		21.45	23.10	565.45
	合计	15785.67	3026.46	318.96	992.99	11447.26

从资源丰度看，徐家围子断陷丰度最高为 $2.58\times10^8m^3/km^2$，其次为莺山—双城断陷的 $2.01\times10^8m^3/km^2$，林甸—古龙等断陷丰度较低。纵向上，资源丰度大部分小于 $2\times10^8m^3/km^2$。营城组火山岩丰度较高为 $1.44\times10^8m^3/km^2$，安达凹陷及徐西斜坡为 $2.05\times10^8m^3/km^2$ 和 $2.19\times10^8m^3/km^2$，且徐西地区剩余丰度为 $1.37\times10^8m^3/km^2$，仍具有较大潜力，徐东地区和安达地区剩余丰度为 $0.72\times10^8m^3/km^2$ 和 $0.53\times10^8m^3/km^2$，表明徐东及安达仍具有一定潜力。沙河子组资源丰度 $1.08\times10^8m^3/km^2$，为新领域，其中安达地区 $1.46\times10^8m^3/km^2$，潜力最大，是勘探重点区。具体见表 1-11-17。

表 1-11-17　松辽深层评价单元分层资源丰度统计表

构造单元	层位	区带名称	资源丰度 / $10^8m^3/km^2$	探明丰度 / $10^8m^3/km^2$	控制丰度 / $10^8m^3/km^2$	预测丰度 / $10^8m^3/km^2$	剩余丰度 / $10^8m^3/km^2$
徐家围子断陷	沙河子组	安达	1.46	4.38	2.64	2.39	1.23
		徐东	0.98				0.98
		徐西	0.86				0.86
	营城组火山岩	安达	2.05	7.21	2.79	3.64	0.53
		徐东	1.38	6.33	6.87		0.72
		徐西	2.19	8.23		2.80	1.37
	营四段	徐东	0.17	2.91			0.17
		徐西	0.26	2.64	2.34	1.2	0.11
	登娄库组	昌德	0.53	0.74			0.33
		升平—汪家屯	0.38	1.99	2.73		0.18
莺山—双城			2.01				2.01
绥化			0.23				0.23
林甸—古龙			0.31				0.31
古中央隆起带			0.59				0.59

从地质特征来看，松辽盆地北部深层的主力烃源岩为沙河子组暗色泥岩和煤层，综合深层各断陷规模、烃源岩厚度及地球化学参数来看，东部断陷带徐家围子、莺山—双城断陷烃源岩最好，中部断陷带林甸、古龙断陷次之。围绕主力烃源岩发育下生上储、自生自储、上生下储共三套成藏组合；主要勘探层系为营城组火山岩、沙河子组致密砂砾岩、营城组四段砂砾岩、登娄库组、基底等。从各层位资源分布来看，松辽盆地北部深层资源主要分布在营城组火山岩和沙河子组，其中营城组火山岩占总资源的62.4%，沙河子组致密砂砾岩占总资源量的27.3%。从剩余资源看，营城组火山岩剩余资源占80%，营城组火山岩仍然是下一步勘探的重要领域，沙河子组致密气已获得突破，资源量较大，是近年来勘探的重点，具体如图1-11-2所示。

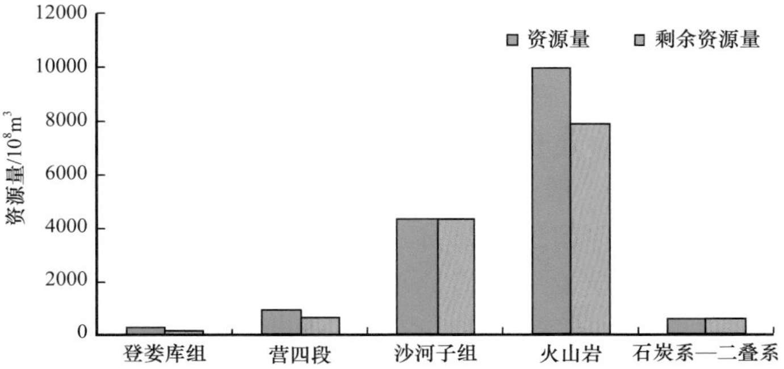

图1-11-2　松辽盆地深层分层系资源量对比柱状图

1. 徐家围子断陷火山岩

松辽盆地北部徐家围子断陷营城组火山岩覆于沙河子组、火石岭组及基底之上，其下部具备断陷中央最有利的气源岩，登二段泥岩是优质的盖层，为形成火山岩气藏提供了优越的地质条件。2003年徐深1井火山岩勘探获得突破，开启了火山岩勘探的新篇章。营城组火山岩在持续勘探投入的基础上，不断深化地质规律认识，搞清了火山岩分布规律与喷发机制、储层发育控制因素、气藏类型及特征、成藏规律及气藏分布特点。整体上在主力烃源岩与主断裂带的凹中隆起带叠合区上火山口爆发相区气藏最为富集，酸性岩储层好于中基性岩，近火山口储层好于远火山口。在直井钻探认清气藏展布规律以后，针对中基性溢流相火山岩开展水平井增产实验又获得突破，打开了中基性溢流相火山岩领域的勘探枷锁。勘探成果显示，火山岩勘探成效较高，资源落实程度高，目前仍是深层天然气勘探下步精细勘探的重点层系。

营城组火山岩紧邻沙河子组主力烃源岩，普遍含气，是徐家围子断陷深层天然气的主要储集层段之一。徐家围子断陷为徐东、徐中和徐西三条北北西向断裂控制的复式箕状断陷，断裂带控制火山岩分布，形成了三个气藏富集带，火山口区主要分布在断裂带上，已基本探明，近火山口区分布在断裂带间；发育营一段、营三段两套火山岩，厚度一般为500～2500m，面积为3521km^2，其中营一段分布在断陷中南部，以酸性岩为主，局部发育中基性岩；营三段主要分布在北部的安达—宋站地区，以中基性岩为主，徐西地区也有发育，以酸性岩为主，源上广覆式发育的火山岩为大面积含气奠定了储层基础。

目前火山岩勘探已经进入到精细阶段，徐家围子断陷累计探明天然气地质储量

$2559.5\times10^8m^3$，探井成功率42.45%，明显的火山口目标已基本钻探完毕，剩余目标主要为隐蔽火山口和近火山口区。通过成藏主控因素分析，火山口区以构造气藏为主，产量高、效益好，明显的火山口基本探明，剩余主要为层间隐蔽火山口；近火山口区以岩性气藏为主，多为中基性岩，产量低，大面积分布；酸性岩近火山口区气藏主要受构造控制，为岩性—构造气藏，远火山口区发育致密岩性气藏，中基性岩气藏整体为致密岩性气藏。通过细化期次和岩相，针对酸性岩火山机构窄而厚、中基性岩火山机构薄而广的特点，建立不同相模式；在相模式指导下，逐层拉平精细刻画，结合地震属性，识别各期火山岩相，分别识别隐蔽火山口（层间发育，隐蔽性强，规模小，产量高）有利区面积$83.6km^2$，圈闭资源量$674.66\times10^8m^3$；近火山口中基性岩（普遍含气，分布范围广，物性差，直井产量低）有利区面积$757.17km^2$，圈闭资源量$1268\times10^8m^3$，主要分布在安达、徐西、宋站、丰乐等地区。

2. 徐家围子断陷沙河子组致密气

徐家围子断陷沙河子组分布面积广、厚度大，分布面积为$3731km^2$，是深层主要的烃源岩层，地层厚度一般为500～2000m，最厚超过2900m。顶面埋深一般在2800～5000m之间，最大埋深超过6000m。该套地层砂砾岩储层也比较发育，由于储层处于主力烃源岩内，与烃源岩交互发育，生储盖条件得天独厚，具有形成“源储一体”致密气藏的基本条件。截至2018年底，徐家围子断陷沙河子组资源量为$3514\times10^8m^3$，提交天然气探明储量$189.46\times10^8m^3$，控制储量$268.1\times10^8m^3$，预测储量$463\times10^8m^3$，呈现满洼含气场面，是规模增储的主要层系。

沙河子组以扇三角洲、辫状河三角洲、湖相沉积为主，垂向上划分为4个三级层序，形成完整的沉积旋回，具有良好的生储盖匹配关系，在陡坡带发育扇三角洲，缓坡带发育辫状河三角洲，断陷东西两侧各层序砂砾岩储层发育，具备形成大面积致密气藏的基础，层序3、层序4位于最大湖泛面附近，成藏条件有利。有利储层主要发育在扇三角洲、辫状河三角洲等相带，以砾岩、砂砾岩为主，物性差，平均孔隙度4.29%，渗透率大部分小于0.1mD。沙河子组各相带孔隙度分布统计分析表明，前缘相带储层物性最好，是最有利的成藏区带。

沙河子组致密砂砾岩气藏具有“源控区、相控储、储控藏”的特点，各层序均有烃源岩发育，最大生气强度超过$200\times10^8m^3/km^2$，泥岩生气强度大于$50\times10^8m^3/km^2$，累计面积为$13676km^2$，有效烃源岩控制气藏分布，不同层序烃源岩叠置分布，奠定沙河子组“满洼含气”的物质基础。同时，广泛发育的扇三角洲和辫状河三角洲沉积砂体为致密气藏的形成提供了储集空间，储层发育程度控制气藏富集。沙河子组致密储层可分为两类，Ⅰ类储层孔隙度大于5.2%，渗透率大于0.05mD，纵向上发育在上部层序4，气井产量高，直井有望获工业气流，主要分布在安达及徐东、徐西构造高部位，埋藏浅，物性好，累计面积为$963km^2$。Ⅱ类储层孔隙度为2.7%～5.2%，渗透率为0.02～0.05mD，全区均有分布，水平井提产有效益，累计面积为$5392km^2$。

依据成藏规律认识，划分两类有利区带，Ⅰ类区面积$475km^2$，主要分布在安达及徐东、徐西构造高部位，为勘探主攻区，资源量$2244\times10^8m^3$，丰度$4.72\times10^8m^3/km^2$，圈闭资源量$5211\times10^8m^3$，丰度$3.2\times10^8m^3/km^2$；Ⅱ类区面积$1130km^2$，主要分布在安达、徐东、徐西，资源量$2967\times10^8m^3$，丰度$2.63\times10^8m^3/km^2$。

3. 徐家围子断陷营四段

徐家围子断陷营四段是在断陷末期火山群的古地貌背景之上发育的一套以砂砾岩为主的粗碎屑岩沉积建造，地层分布面积近 4000km^2，地层厚度一般为 100～200m，最大厚度超过 500m。徐家围子断陷营城组四段以辫状河和辫状河三角洲前缘沉积为主，在徐家围子断陷内部形成了大面积分布的砾岩，砾岩残余厚度最大 290m、最小 40m，一般在 100～250m 之间，断陷中部厚度大、边部薄。营四段砂砾岩沉积储层在空间上连续分布，具有较有利的储集条件，是徐家围子断陷重要的接替层系。

营四段可划分为上下两个三级旋回，上部旋回岩性以块状砂砾岩为主，下部旋回岩性以薄互层状砂砾岩为特征。营四段主要发育辫状河—辫状河三角洲体系、扇三角洲和河流三角洲体系。其中营四段下部在北部主要发育扇三角洲和前三角洲沉积体系，南部主要发育冲积扇和泛滥盆地；营四段上部在宋站、兴城和徐东地区发育来源于北部安达地区的辫状河及辫状河三角洲砂砾岩体，厚度大，储层相对较好；西部陡坡发育了一系列的小型扇三角洲砂砾岩体；南部肇源地区发育了河流三角洲砂体。根据岩心分析统计结果，营四段砂砾岩孔隙度主要分布在 2%～6%之间，个别井可达 8%以上；渗透率主要分布在 0.1～0.5mD 之间，总体上储层较致密。据钻井资料统计，辫状河三角洲前缘相带孔隙度一般为 3%～8%，岩性主要为含砾砂岩，物性较好，为主要储层发育相带。营四段砂砾岩覆于营一段火山岩、沙河子组、火石岭组之上，其下部具有最有利的气源岩，登二段泥岩是优质的盖层，成藏条件有利，砾岩大面积含气，主要形成岩性气藏。

2008—2009 年水平井的部署和分级压裂技术的实施成功，使产量达到同类直井的 6 倍，打开了深层天然气致密砾岩储层的勘探场面。目前徐家围子断陷营四段资源量为 $821.72\times10^8m^3$，已提交三级地质储量 $308.85\times10^8m^3$，其中探明储量 $224.57\times10^8m^3$，控制储量 $8.09\times10^8m^3$，预测储量 $76.19\times10^8m^3$。剩余资源 $512.87\times10^8m^3$，分布于徐西北部、兴城地区、徐南西部和徐东北部，依据有效烃源岩范围之内（生烃强度大于 $20\times10^8m^3/km^2$）、有利储层发育区（孔隙度大于 2.7%）、火山岩气藏发育区、沟通烃源岩的断裂带及凹中隆起带、斜坡微幅度构造带、断阶带等条件，划分有利区面积 540km^2，主要分布于埋藏浅、前缘相带发育的断陷边部，其中一类区面积 80km^2，资源潜力为 $120\times10^8m^3$；二类区面积 460km^2，资源潜力为 $276\times10^8m^3$。

4. 徐家围子断陷登娄库组

徐家围子断陷登娄库组受盆地古构造格局和火山岩原始古地貌影响，以三角洲沉积为主，发育砂岩储层，其孔隙度一般为 5%～13%，渗透率为 0.01～10mD，物性条件与原始沉积环境和后期埋藏压实作用有关，以原生粒间孔或在原生粒间孔基础上形成的粒间溶蚀扩大孔为主。一般在靠近物源区粒度粗、砂层厚、物性条件好，而随埋藏深度加大，孔隙度迅速降低。因此，砂岩储层有利储集地区主要是埋藏较浅、靠近物源的地区，主要发育于北部的安达和古中央隆起区两侧的地区。登娄库组的天然气主要来源于徐家围子断陷的沙河子组、营城组和登娄库组。登娄库组气藏主要是受生烃断陷控制的覆盖于古隆起上的构造气藏，气藏形成模式主要是深层天然气沿着基底控陷断裂向上运移到登娄库组储层，进入储层后按照流体势的大小由高势区向低势区运移，然后聚集到有利的圈闭中形成气藏。

登娄库组的勘探主要集中于 20 世纪 90 年代，发现的油气藏主要分布于昌德、汪家屯、升平等地区，累计提交三级储量 $74.25 \times 10^8 m^3$，其中探明储量 $52.93 \times 10^8 m^3$，控制储量 $21.32 \times 10^8 m^3$。目前，徐家围子断陷登娄库组资源量 $186.43 \times 10^8 m^3$，剩余资源量 $112.18 \times 10^8 m^3$，根据成藏主控因素分析，登娄库组储层在大庆长垣以东地区普遍存在次生孔隙发育带，储集条件较为有利。泉一段、泉二段和青山口组区域盖层为登娄组气藏提供了良好的保存条件。储层物性是油气能否聚集的关键，因此，分布在中央古隆起带上部的构造圈闭是登娄库组天然气的有利成藏地区。

5. 古中央隆起带

古中央隆起带是长期继承性发育的古隆起，位于徐家围子断陷和古龙断陷之间，距离气源近，南北高中部低，南部宽缓、北部狭窄，自南向北发育肇州西、昌德和卫星—汪家屯共 3 个低凸起，隆起区面积 $2900km^2$。1995 年汪 902 井于汪家屯基岩凸起石炭系—二叠系的杂色砂砾岩及杂色动力变质岩风化壳储层压后获得日产气 $33875m^3$，此外还有 5 口井获得低产气流，8 口井见显示，1996 年提交天然气控制储量 $21.45 \times 10^8 m^3$，展现了良好的勘探前景，是目前松辽盆地北部深层天然气重点探索的风险领域之一。综合分析构造、烃源岩、风化壳、基岩内幕等条件，估算风化壳资源量为 $610 \times 10^8 m^3$。

6. 深层外围断陷

松辽盆地北部深层主要由以徐家围子断陷为代表的 18 个大小不一、相互独立的断陷组成，外围断陷由 17 个断陷群组成，面积达 $28365km^2$，平均厚度为 700～800m，受北北东向、北东向基底大断裂控制，大致沿西部、中部和东部三个沉降带展布，总体上呈北北东向展布，外围断陷除莺山—双城断陷有勘探突破外，其他断陷勘探程度均较低。

莺山—双城断陷位于松辽盆地北部东南断陷区，是深层天然气勘探的重点突破领域，勘探面积 $5076km^2$。断陷期地层最大厚度 2400m，一般厚度在 500～1000m 之间。莺山—双城断陷由西部的莺山凹陷、中部对青山凸起和东部双城凹陷组成。2008 年莺深 2 井于营城组火山岩获得 $46094m^3/d$ 的工业气流，实现了莺山—双城断陷勘探的突破。截至目前，莺山—双城断陷天然气资源量为 $2589.8 \times 10^8 m^3$，获工业气流井 1 口，低产气流井 6 口，尚未提交储量。

莺山—双城断陷受四条近北北东走向的“S”形断裂控制，由莺山和双城两个凹陷组成，呈现“两凹一凸”的构造格局。莺山—双城断陷沙河子组和营城组均发育较好的烃源岩。莺山凹陷中部的莺深 2 井钻遇营城组暗色泥岩 56m/9 层，平均 TOC 含量为 1.24%，钻遇沙河子组暗色泥岩 92m/42 层，平均 TOC 含量为 2.24%，两套烃源岩有机质类型均为Ⅲ型，处于成熟阶段。莺山—双城断陷储层岩性复杂，主要发育火山岩、砂砾岩两大类，火山岩孔隙度一般为 0.2%～7%，渗透率一般在 0.01～0.34mD 之间，均较徐家围子断陷要小，后期改造对储层的发育具有一定的改善作用，形成了孔隙型、孔隙—裂缝型两种储集空间类型。钻井揭示沙河子组内部具有多个正旋回的岩性组合特征，划分为 5 个层序。沉积相初步研究认为，沙河子组沉积时期发育多个物源，形成滨浅湖、深湖—半深湖、扇三角洲等沉积相带，沙河子组砂砾岩孔隙度一般为 0.2%～3.4%，渗透率一般在 0.01～0.4mD 之间，物性普遍较差，受相带控制，推测在断陷边部的扇三角洲相带可能发育好储层。

莺山—双城断陷营城组火山岩资源量为 $1790 \times 10^8 m^3$，凹陷中部源储叠置，断裂发育，气源条件好，具有“凹中隆”构造背景，圈闭条件好，后期改造弱，保存条件好，为勘探有利区带，面积 141km^2。沙河子组资源量为 $799.80\times10^8m^3$，烃源岩发育，边部发育（扇）三角洲沉积相带，具有形成“源储一体”致密砂砾岩气层的地质条件，埋藏浅，有利区面积 210km^2。

林甸—古龙断陷古深 1 井在营城组火山岩储层压裂改造后获得低产气流，日产气 1455m^2，气体组分以烃类为主，CH_4 含量为 92.3%，CO_2 含量为 0.926%；古深 2 井揭示了较厚的沙河子组，烃源岩品质为中等—较好。林甸—古龙断陷天然气资源量为 $1990.7\times10^8m^3$，具有较好的勘探前景，有利区分布于沙河子组烃源岩与营城组构造叠合区，面积 1460km。

三、天然气资源勘探方向

松辽盆地北部天然气资源主要为深层天然气、致密气、页岩气和浅层气。根据资源评价结果和勘探实践认识，松辽盆地北部深层天然气具有很大潜力，徐家围子断陷是目前勘探的主要领域。通过这些年勘探，徐家围子断陷主体部位基本都已钻探，剩余资源主要位于斜坡区和洼陷带，剩余资源量大，仍是近期勘探重点。从各勘探层系的剩余资源分布来看，营城组火山岩气藏、沙河子砂砾岩的致密气仍将是主要的勘探层系。

1. 营城组火山岩气藏

徐家围子断陷营城组火山岩剩余资源主要分布于隐蔽火山口和近火山口区溢流相中。隐蔽火山口识别难，近几年虽有针对隐蔽火山口的探井获工业气流，但规模小，提交的探明储量分布零散；溢流相储层也有工业发现，但有效储层预测受地震属性和反演的多解性以及精度的限制，其预测精度存在一定的偏差。同时，莺山、古龙等外围断陷火山岩广泛发育，剩余资源较大，但目前井揭示火山岩储层发育差，储地比低，虽有工业发现，但难以有效展开，储层的形成演化及控制规律认识不清，储层预测难。因此，营城组火山岩应深入探索火山岩形成机理，持续开展火山岩精细刻画技术攻关，提高火山岩有效储层预测精度。通过精细勘探寻找隐蔽火山口“甜点”目标、优选溢流相有利区，部署水平井提产以实现各断陷火山岩勘探的突破，带动资源升级。

2. 沙河子组致密气

徐家围子断陷沙河子组致密气资源大面积分布，具有物性差、丰度低、勘探目标更隐蔽等特点，是深层储量接替的现实领域。由于断陷盆地岩性组合厚度差异较大，单砂层厚度一般为 5～10m，单层砂体预测精度满足不了水平井钻井的要求；同时，多属性融合与叠前反演方法虽可预测岩性分布，但有效储层预测符合率仅为 55%～60%，这些都制约了致密气储层“甜点”的精细识别；因此，有必要加强高精度高分辨率地震成像、高频层序解释及分期次分类型断裂特征分析以及致密气“甜点”精细刻画等方面的科技攻关，提高水平井大规模压裂等配套技术，使沙河子组致密气在立足安达地区的规模场面、实现徐西等地区的突破之后，实现效益增储的华丽转身，使良好的资源前景适时地转换为储量，为下游市场开发奠定基础。

3. 石炭系—二叠系

石炭系—二叠系为松辽盆地基底，是在前震旦系基底上发育起来的。1977 年史若珩等结合全盆地钻至基底探井的岩性资料，应用重磁进行了异常与岩性判别图版的自做，并以此对全盆地的基底岩性进行了预测，获得了盆地首张基底岩性分布预测图，同时对松辽盆地的主要断裂进行了划分，指出盆地内广泛分布石炭系—二叠系，并存在大量的华力西期和燕山期花岗岩等。对基底地层、石炭系—二叠系的分布、沉积有机相和岩性特征进行了系统研究，通过生烃热解模拟实验，证实石炭系—二叠系烃源岩中的有机质仍具有进一步生烃的潜力，主要烃源岩包括泥板岩、千枚岩和石灰岩，其可提供天然气资源量为 $3565 \times 10^8 m^3$。

1978 年在肇深 1 井花岗岩风化壳中获得压后日产 $1.18 \times 10^4 m^3$ 天然气，1985 年在二深 1 井糜棱化花岗岩风化壳中获得酸化后日产气 $196 m^3$。随后 1990 年在肇深 3 井花岗岩风化壳中获得压后 $4193 m^3/d$ 天然气，1991 年在昌 102 井千枚岩风化壳中获得压后日产气 $608 m^3$，1992 年在昌 401 井糜棱岩风化壳及碎斑花岗岩风化壳中射孔后获得日产气 $2072 m^3$，1995 年在汪 902 井砾岩及动力变质岩风化壳中获得压后日产气 $3.39 \times 10^4 m^3$ 的工业气流，由此揭开了松辽盆地基岩石炭系—二叠系油气勘探的面纱。2015—2016 年间，再次针对中央古隆起带基底储层及成藏特征开展研究，部署的隆探 1、隆探 2 井分别在基底风化壳和内幕见到气层，隆探 2 井针对基底进行测试，动态日产气 $2.43 \times 10^4 m^3$，累计产气 $463759 m^3$，进一步展现了基底良好的勘探前景。

目前石炭系—二叠系的勘探程度、认识程度依然很低，勘探方向不明朗，应加大勘探投入，部署三维地震，提高地震处理解释预测技术，搞清外围断陷和石炭系—二叠系基本地质条件，落实新区新类型的资源潜力，为松辽盆地北部天然气勘探准备后备勘探领域。

第二篇
海拉尔盆地

第一章 概　　况

海拉尔盆地位于内蒙古自治区呼伦贝尔市西南部，向南延伸至蒙古人民共和国境内的塔木察格盆地，总面积达 79610km^2，盆地在我国境内面积为 44210km^2，大庆油田具有探矿权的 8 个区块，包括 11 个凹陷，勘探面积 9943.65km^2。盆地属于呼伦贝尔高原，盆地内河流、湖泊比较发育，属大陆性中温带干旱气候，风沙较大，盆地内有多种矿产资源。海拉尔盆地是大庆探区松辽外围盆地中最大的一个含油气盆地，已成为大庆油田后备储量的战略接替地区之一。盆地内目前有 6 个油田，年产量在 43×10^4t 左右。海拉尔盆地目前面临严峻的勘探形势，亟待转变勘探观念，探索泥页岩油及岩性油藏。

第一节 自 然 地 理

海拉尔盆地位于内蒙古自治区呼伦贝尔市西南部，东起伊敏河，西达呼伦湖西岸及巴彦呼舒一线，北自海拉尔河以北，南至贝尔湖并向南延伸至蒙古人民共和国境内（塔木察格盆地），境内面积为 44210km^2，地理位置处东经 115°30′—120°00′，北纬 46°00′—49°40′（图 2-1-1）。

宏观地势，盆地属于呼伦贝尔高原，平均海拔 640m。盆地东和东南缘为北东向延伸的大兴安岭，山势较为陡峻壮观，小平山、帽子山等海拔均在 1000m 以上，东南部最高达 1371m。盆地西缘为丘陵发育、山峰孤立的丘陵群山区，它系俄罗斯境内的别别左氏雅里瓦山脉在我国境内的延伸，山丘北高南低，海拔一般在 800m 左右，高者可达 942～1010m，形状呈羽状排列，走向为 45° 左右，与盆地边界呈斜交趋势。盆地北缘，大致在 49°30′ 以北地区，为近于平行展布的、呈北东向的海拉吐山、阔空多鲁山和嘎罗索山，山高 809～826m，向北插入大兴安岭，向南倾伏潜没于开阔平坦的草原区。这里河谷深切，地形陡险，有着较好的地层露头，如头站等地。盆地中部为波状起伏的开阔平原区，地势由东、东南部向西北部渐次下降，坡峰常呈宽缓背脊状，坡谷常有沼泽和平缓陆地，地表为草地覆盖，是全国闻名的草原区，海拔 530～650m，东部巴彦山一带高达 750m 以上。

在海拉尔盆地内，河流、湖泊比较发育，北部的海拉尔河横贯盆地，东部有海拉尔河支流伊敏河、辉河，它们均发源于大兴安岭，河宽 10～50m，最大流速 1.75m/s。盆地中部有乌尔逊河，发源于大兴安岭的伊尔施附近，上游称哈拉哈河，沿中蒙国界向西北流至五一牧场分为两支，北支称下里津河，南支仍称哈拉哈河。南支与贝尔湖北端相连并转向北西，称乌尔逊河，这两支河流在巴彦塔拉一带会合并向北流去，途经乌兰湖最终汇入呼伦湖（达赉湖）。其河漫宽 100m 左右，水深 1.5m 左右，年均流量 31.0m^3/s。两侧沼泽和小湖泊群星罗棋布。盆地西部有发源于蒙古肯特山的克鲁伦河，河长超过 1000km，流入呼伦湖。

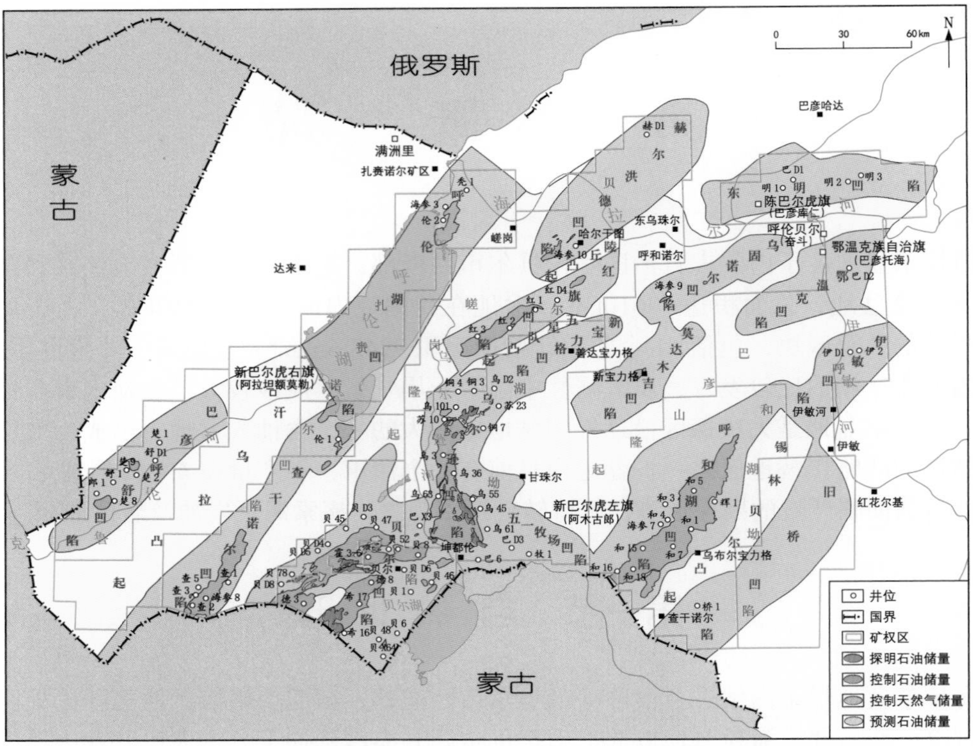

图 2-1-1　海拉尔盆地勘探成果图

盆地内湖泊有呼伦湖、贝尔湖、乌兰湖、阿尔山查岗湖、呼和湖、库库湖等，以前两个湖最为著名。贝尔湖为中蒙边界湖泊，大部分在蒙古境内，湖面积约 640km²。呼伦湖在扎赉诺尔南面，新巴尔虎右旗东北，长 84km、宽 30km，面积约 2500km²，其西岸陡峻，东岸有平行岸边的沙带分布，四边平直呈一矩形，湖水清澈、微咸，水深 8m 左右，鱼产丰富。

盆地属大陆性中温带干旱气候，风沙较大，年平均气温在 –2.9℃，7 月份最高平均气温为 19.4℃，1 月份最低平均气温为 –27.3℃，7 月、8 月份为雨季，年平均降雨量 339.8mm。

盆地内行政区划分，包括呼伦贝尔市的海拉尔区和扎赉诺尔区、鄂温克旗、新巴尔虎右旗、新巴尔虎左旗、陈巴尔虎旗的一部分。市、旗间均有公路相通，盆地北部有滨洲铁路线通过，交通比较方便。

盆地内有多种矿产资源，主要有煤炭、石油及多种金属矿产。煤炭工业较发达，煤炭探明储量超过辽宁、吉林、黑龙江三省的总和，较大的煤矿有扎赉诺尔煤矿、伊敏煤矿、陈旗煤矿等；目前盆地内有 6 个油田，年产量在 43×10^4t 左右；盆地内草原资源丰富，以多年生草本植物为主，畜牧业和皮草工业较为繁荣。

第二节　油 气 勘 探

海拉尔盆地属于断陷型盆地，地质条件比较复杂。自 1958 年起开始盆地早期的勘探评价工作，目前已经进入精细勘探阶段。截至 2018 年底，获工业油流井 134 口，工业气流井 11 口；已探明石油地质储量 1.63×10^8t，塔木察格盆地 19 和 21 区块已探明石油地质储量 3.36×10^8t；在贝尔凹陷和乌尔逊凹陷发现 6 个油田，年产量 43×10^4t 左右。

一、盆地地质概况

海拉尔盆地属东北亚晚中生代裂谷系的一部分，为叠置在海西褶皱基底上的、含碎屑岩和火山岩建造的、多期叠合和多期改造的断陷盆地，地质条件比较复杂。

盆地划分为三坳两隆五个一级构造单元，分别为扎赉诺尔坳陷、嵯岗隆起、贝尔湖坳陷、巴彦山隆起和呼和湖坳陷。共发育 16 个凹陷和 4 个凸起。其中扎赉诺尔坳陷划分为呼伦湖凹陷、查干诺尔凹陷、巴彦呼舒凹陷和汗乌拉凸起；贝尔湖坳陷划分为赫尔洪德凹陷、陵丘凸起、红旗凹陷、五星队凸起、新宝力格凹陷、乌尔逊凹陷和贝尔凹陷；巴彦山隆起划分为五一牧场凹陷、东明凹陷、乌固诺尔凹陷、莫达木吉凹陷和鄂温克凹陷；呼和湖坳陷划分为伊敏凹陷、呼和湖凹陷、锡林贝尔凸起和旧桥凹陷。盆地 16 个凹陷面积为 25260km^2，目前大庆油田具有探矿权的 8 个区块，包括 11 个凹陷，勘探面积为 9943.65km^2（图 2-1-1）。经过 60 年的勘探，已经在多个凹陷发现了油气或油气显示。

盆地从下到上发育的地层有基底（古生界），中—上侏罗统塔木兰沟组，下白垩统铜钵庙组、南屯组一段和二段、大磨拐河组一段和二段、伊敏组一段和二 + 三段、上白垩统青元岗组，新生界新近系呼查山组和第四系。盆地油气勘探的主要目的层是南屯组和铜钵庙组。盆地沉积地层岩性主要为火山碎屑岩、砂岩、泥岩和煤层。

南屯组暗色泥岩为主要烃源岩，大磨拐河组及铜钵庙组暗色泥岩为次要烃源岩，部分凹陷（如东部的呼和湖凹陷）的南二段及大磨拐河组二段发育煤层，也可以作为烃源岩；主要储层为南屯组和大磨拐河组砂岩、砂砾岩，铜钵庙组部分砂砾岩，由于凝灰质的普遍存在，主要为中孔低渗和低孔低渗储层；油气区域盖层主要为大磨拐河组一段，南屯组一段为主要局部盖层；油气圈闭以断块、断鼻为主，还有断背斜、基底潜山隆起及岩性圈闭。评价认为，乌尔逊凹陷和贝尔凹陷是相对有远景的含油气地区。

二、勘探工作量与勘探程度

海拉尔盆地自 1958 年起开始盆地早期的勘探评价工作，目前已经进入精细勘探阶段。已完成的物化探工作量如下。

重力勘探：1976 年剖面 8334.0km；1991 年 1680 点，1992 年 6985 点，2007 年 1529 点，合计 10194 点。

磁力勘探：1976 年剖面 8334.0km，1985 年剖面 31000km；1991 年 240 点，1992 年 973 点，2007 年 1529 点，合计 2742 点。

大地电流：1984 年 1709km。

大地电磁：2007 年 89 点。

氧化还原电位：1999 年 3000 点，2000 年 3000 点，合计 6000 点。

复电阻率：2001 年 140.40km，2002 年 146.20km，合计 286.60km。

近地表化探：1986 年 627 点，1999 年 3000 点，2000 年 5000 点，2001 年 2510 点，

2002 年 2350 点，2004 年 3182 点，合计 16669 点。

石油地质调查工作：1989—2009 年共完成地质浅井 25 口，进尺 29424.48m。密闭取心井 2 口，位于乌尔逊凹陷，1999 年苏 131 井南屯组二段，2000 年苏 302 井南屯组一段。

截至 2018 年底，共完成二维地震 34302.56km，三维地震 6423.2km^2，探井及评价井 411 口，进尺 100.14×10^{4}m，其中，区域探井 19 口，进尺 4.97×10^{4}m，预探井 322 口，进尺 77.17×10^{4}m，评价井 70 口，进尺 18.0×10^{4}m。其中乌尔逊凹陷二维地震 4529km，三维地震 2667.09km^2，探井 172 口，进尺 42.34×10^{4}m；贝尔凹陷二维地震 7106.2km，三维地震 2568.95km^2，探井 174 口，进尺 43.0×10^{4}m；呼和湖凹陷二维地震 5704.83km，三维地震 787.6km^2，探井 20 口，进尺 5.1×10^{4}m；巴彦呼舒凹陷二维地震 1855.43km，三维地震 399.56km^2，探井 11 口，进尺 2.32×10^{4}m；其他区域二维地震 15107.5km，探井 34 口，进尺 7.38×10^{4}m（表 2-1-1）。

三、勘探主要成果

盆地内勘探主要目的层为下白垩统铜钵庙组、南屯组、大磨拐河组和基底。截至 2018 年底，获工业油流井 134 口、工业气流井 11 口。油气流产出层位主要分布在南屯组一段、南屯组二段和铜钵庙组，其次为大磨拐河组一段和基底，少量井在大磨拐河组二段和伊敏组一段也有发现。平面上，主要分布在乌尔逊凹陷、贝尔凹陷和外围的呼和湖凹陷和巴彦呼舒凹陷（图 2-1-1）。

据第四轮资源评价，石油总资源量 10.2×10^{8}t，潜在资源量 7.92×10^{8}t，已探明石油地质储量 1.63×10^{8}t，可采石油地质储量 0.31×10^{8}t（表 2-1-1），控制石油地质储量 0.21×10^{8}t，预测石油地质储量 0.22×10^{8}t；天然气总资源量 792.5×10^{8}m^3，天然气控制地质储量 113.30×10^{8}m^3。

此外，大庆油田在蒙古境内的塔木察格盆地 19 和 21 区块提交了石油探明地质储量 3.36×10^{8}t。

已在贝尔凹陷和乌尔逊凹陷发现 6 个油田（贝尔油田、乌尔逊油田、呼和诺仁油田、苏德尔特油田、苏仁诺尔油田、巴彦塔拉油田），2002 开始，当年产量达到 5.6×10^{4}t，2009 年最高达到 55.5×10^{4}t。

表 2-1-1　海拉尔盆地勘探工作量及勘探成果统计表（截至 2018 年底）

构造单元			地震工作量		完成探井、评价井			油气资源量		油气储量	
一级	二级	面积 / km^2	二维 / km	三维 / km^2	井数 / 口	进尺 / 10^{4}m	工业油（气）流井 / 口	石油 / 10^{8}t	天然气 / 10^{8}m^3	探明 / 10^{8}t	可采 / 10^{8}t
扎赉诺尔坳陷	查干诺尔凹陷	1400	2700.62		5	1.2004		0.31			
	呼伦湖凹陷	3510	1146.6		4	1.0515	（1）	1.28			
	巴彦呼舒凹陷	1500	1855.43	399.56	11	2.3217	2	0.99			
	汗乌拉凸起	4500	58.7								

续表

构造单元			地震工作量		完成探井、评价井			油气资源量		油气储量	
一级	二级	面积 / km^2	二维 / km	三维 / km^2	井数 / 口	进尺 / 10^4m	工业油（气）流井 / 口	石油 / 10^8t	天然气 / 10^8m^3	探明 / 10^8t	可采 / 10^8t
贝尔湖坳陷	乌尔逊凹陷	2240	4529	2667.09	172	42.338	60（8）	2.52		0.41	0.07
	贝尔凹陷	3010	7106.2	2568.95	174	43.0013	71	3.56		1.22	0.24
	新宝力格凹陷	640	560.3								
	五星队凸起	190	169.1								
	陵丘凸起	190	14.2								
	赫尔洪德凹陷	1500	1942.2		2	0.3401		0.11			
	红旗凹陷	840	2524.2		8	2.0491	1	0.43			
巴彦山隆起	东明凹陷	850	1834.7		8	1.4968		0.27			
	莫达木吉凹陷	1000	657.1								
	乌固诺尔凹陷	790	490.3		1	0.2552					
	鄂温克凹陷	1140	240.3		1	0.0929					
	五一牧场凹陷	620	271.7		2	0.3646					
	隆起部分	8140	423.2								
呼和湖坳陷	呼和湖凹陷	2500	5704.83	787.6	20	5.0954	（2）	0.46	792.5		
	锡林贝尔凸起	2050	506.9								
	旧桥凹陷	2600	313.3		1	0.126					
	伊敏凹陷	1120	1084.08		2	0.4109		0.27			
嵯岗隆起	嵯岗隆起	4100	169.6								
盆地凹陷合计		25260	34302.56	6423.2	411	100.1439	134（11）	10.20	792.5	1.63	0.31

第二章 勘探历程

海拉尔盆地的地质工作始于1865年。中华人民共和国成立前，1928年王恒升、1932年侯德封等人在满洲里至扎赉诺尔一带进行过石油地质和沥青矿的调查工作，并著有《黑龙江省扎赉诺尔沥青矿及褐炭矿地质》报告。中华人民共和国成立后到1957年，盆地内进行了较大规模的煤田地质普查。1954年，陈勤对扎赉诺尔油苗做了调查。1956年，中苏考察队也进行了路线调查，煤田147队也做了较多的工作。1957年，地质部完成了盆地的航空磁测。这一阶段主要成就是初步探索了地层层序，但对盆地地质面貌的认识所取得的资料较少。

海拉尔盆地的石油地质勘探工作从1958年开始进行，至今大致可划分为三个阶段。

第一节 区域普查早期评价阶段（1958—1981年）

中华人民共和国成立初期，为满足我国社会主义经济建设需要，对油气远景地区进行了石油地质普查和勘探评价工作。1958年油气勘探战略东移，加快了东北地区的石油勘探工作。海拉尔盆地的区域普查早期评价阶段可划分为1958—1963年区域石油地质普查和1975—1981年盆地石油地质调查两个小的阶段。

一、区域石油地质普查

从1958年开始，地质部物探局、石油工业部松辽石油勘探局等多家单位，采用多工种联合勘探，系统了解区域地层构造及含油气情况，对海拉尔盆地含油性远景做出了初步评价。

这一阶段完成了全盆地1∶100万区域重力和航磁测量，局部贝尔—乌尔逊等地区1∶20万航磁普查，7条电测深大剖面，地震反射法和折射法剖面106.75km，1∶20万石油地质普查，并钻浅井17口。初步建立了地层层序，将扎赉诺尔群置于兴安岭群之上，时代归入晚侏罗世，对兴安岭群及其以下地层也有所涉及。了解了区域构造面貌、盆地基岩埋藏深度和断裂情况，认识到盆地属于地堑式断陷，初步确定了呼伦湖、乌尔逊—贝尔和呼和湖凹陷的存在，沉积岩厚度为2000～3000m。发现了扎赉诺尔地区5口煤田浅井见到油砂显示，贝尔地区贝1孔钻到548.35m时溢出大量天然气体和水，测试日产气155～181m^3，表明海拉尔盆地有油气烃源岩存在。

二、盆地石油地质调查

1964年初，勘探队伍转战华北地区而停止了一段时间的工作。随着大庆油田全面开发，后备储量的需要，1974年，提出“大庆油田外围找大庆”，决定对海拉尔盆地开展油气勘探早期评价工作。1975年，对海拉尔盆地进行第2次系统的石油勘探，由石油化学工业部物探局、长庆油田和胜利油田所属5个重、磁力队和大庆油田研究院地质综合队，组成大庆油田海拉尔勘探会战前线指挥部，对乌尔逊河以东、伊敏河以西及海拉尔河以南直至中蒙边境，进行1∶20万重、磁力普查。完成重、磁力线8334km，路线踏勘2500km。

在地质研究上，认识到盆地基底为前中生界变质岩系和海西期花岗岩，盖层为侏罗系、白垩系和较薄的古近系—新近系、第四系，厚度最大达3000m。1977年盆地构造格局划分为5个一级构造单元，其中包括17个凹陷和3个凸起，面积约40550km^2。落实了16处油苗，推测扎赉诺尔群是主要生储油层，指出贝尔、乌尔逊凹陷为最有利含油气区。

通过上述两个阶段的工作，基本搞清了盆地的轮廓和基本地质特征。采取地球物理勘探与野外地质调查相结合的方法，成为盆地早期评价最有效的手段，为进一步开展盆地评价、选择重点勘探靶区提供了科学依据。

第二节　盆地评价区带突破阶段（1982—2000年）

1982年，遵照中央领导要开阔视野，加强后备资源的勘探，探明一些新产油区，开辟第二战场的指示和石油工业部打主动仗、打进攻仗的总体要求，加快二次勘探步伐，甩开外围新盆地的勘探工作。由此，海拉尔盆地石油勘探工作进入了一个崭新阶段。可划分为1982—1984年盆地发现、1985—1994年区域勘探和1995—2000年区带突破三个小的阶段。

一、盆地初探获得发现

按照地震先行、定凹选带的勘探思路，1982年6月在海拉尔盆地首次开展二维地震勘探试验。至1984年，在乌尔逊和贝尔凹陷完成了2km×4km和1km×2km测线3448.25km，1∶20万盆地电法面积普查，剖面4580km。

1984年，大庆油田提出了区域展开，在2～3年内争取有重大突破的勘探指导思想，海拉尔盆地按照选陷定凹思路，依据地质和地震初步成果，动用两部钻机打参数井，同年5月29日、6月20日海参1井和海参4井先后开钻，均见到了较好的油气显示。海参4井钻遇厚逾千米的烃源岩，于1984年9月28日—30日中途测试，日产油3.65t。也被称为海拉尔油田标志性的发现井，由此海拉尔盆地勘探进入了一个新阶段。

通过这一阶段的工作，明确了该盆地是一个断陷型盆地，由北东向的3个坳陷带和2个隆起带组成，细分为20个二级构造单元，其中凹陷17个，面积16400km^2。基底为古生代褶皱，断裂发育，沉积岩最大厚度超过5000m。初步建立了盆地地层层序和岩性剖面。生油岩为扎赉诺尔群的中部，生油门限为1500～1800m不等，贝尔、乌尔逊、呼伦湖和呼和湖凹陷面积大于2000km^2，含油远景好，预测盆地资源量为2.7×10^8～6.84×10^8t。

二、区域勘探进展缓慢

海参4井获得发现后，为扩大勘探领域，全面评价各断陷的含油性与优选区带。

采用的主要手段是以地震勘探为主，综合其他物探资料，搞清断陷结构，找出沉积岩构造带，综合评价圈闭和构造带，对有利区块进行圈闭预探，力争发现较大的油气田。

1985—1990 年，从区域勘探入手，完成了 1：20 万高精度航磁测量，5 条横穿盆地的地震大剖面及 4km × 8km 到 0.5km × 1km 不同测网测线 13840.65km。1989 年、1990 年分别在乌尔逊西南部乌 4 井一带和北部乌 1 井到乌尔逊河一带完成了三维地震 $266.3km^2$。

1985 年，按照定凹选带、大构造找油思路，在乌尔逊凹陷针对缓坡埋藏较浅的大构造展开预探，同时动用 5 部钻机，由于与地震普查同步进行，虽见到含油显示，但效果不理想。在贝尔凹陷大构造上钻探的贝 1 井、贝 2 井见到含油显示并未有大突破，定凹的海参 2 井选在向斜中的微幅度构造上，未见生油岩，提前钻遇基底，“一箭双雕”的目的没有达到。3 年钻探井 19 口，4 个凹陷 5 口参数井基本实现预期目的，15 口预探井只有新乌 1 井获 1.05t/d 工业油流，勘探陷入困境。勘探节奏快，没有认识到断陷盆地的复杂性，由坳陷找油到断陷找油还有不适应性。因此，勘探对象、客观环境的改变，须及时转变思路、改变方法，做好细致的地质研究工作。严格按勘探程序办事，对一个新盆地，从全局着眼，先定凹、后定带，从有利的含油带中选出最优的局部圈闭进行钻探，决不能一上来就着眼局部构造，要坚持整体着眼，全局解剖，总体评价，逐步优选。只有这样才能会很快取得效果，取得较好的经济效益。

从 1985 年起，注重按盆地、圈闭、油气藏三个评价要求，坚持区域展开，用地震方法了解各凹陷和隆起的地质情况，对不同断陷钻探区域地质井，进行比较，再开展比较大规模的预探工作。改变以预探和圈闭钻探为主，开始从局部断陷评价中解脱出来，安排了区域性地震大剖面，进行全盆地概貌的认识。

1988—1990 年，放慢勘探节奏，总结经验教训，深化地质研究，加强地震准备和凹陷定凹工作。1988 年 5 月设立海拉尔盆地石油地质综合研究课题，与成都地质学院合作，设立 13 个子课题。经过 3 年研究，认为盆地形成与发展受控于德尔布干断裂带，属中地温场低热流，具有走滑性质的拉张叠置型断陷盆地。南屯组为主要生油岩层，局部高地温场是油气生成条件较好的地区，初步计算盆地的生油量为 120×10^8t，估算煤成气的生气量为 $45 \times 10^{12}m^3$。确定了 3 种沉积体系、16 种亚相、3 种断陷的沉积模式，储层以多物源、近物源的长石岩屑砂岩、砂砾岩为主，中孔低渗，确定了 2 个次生孔隙发育带。圈闭以断块、断鼻和断背斜为主，划分了正常叠置型、倒置型和层内型 3 种生储盖组合，预测了 3 种不同结构断陷的含油模式，对各断陷的含油性进行了预测评价，认为乌尔逊、呼伦湖和贝尔等 3 个凹陷有较大含油远景，有远景的为呼和湖、红旗、查干诺尔和新发现的巴彦呼舒等 4 个凹陷，对海拉尔盆地的石油地质认识有了明显提高。

1988 年 7 月—8 月，首次在海拉尔盆地开展压裂会战，共完成 5 口井。其中乌 4 井大磨拐河组获得油 3.8t/d，比压裂前的 0.57t/d 有大幅度提高。海参 4 井获得油 0.035t/d，酸化压裂改造技术有待改进。贝 3 井等 6 口预探井见到含油显示，海参 10 井等 3 口定凹井发现烃源岩，说明小凹陷也具有生油潜力。为解决基底不清和断层、圈闭不落实的难题，选择有利构造带实施三维地震，地震技术攻关取得较好效果。1990 年 4 月，邀请大庆石油管理局局内外专家 57 人组织召开了海拉尔盆地地层讨论会，制定了地层划分方案。同时，组织技术人员到华北油田学习二连盆地勘探经验，结合海拉尔盆地特点，找油气地区应在生油凹陷临近大断裂的构造带上进行，立足多凹、多层、多块、多类型找油，以此指导油气勘探工作。

1991 年开始，勘探重点转向深入研究工作。1991—1994 年，完成三维地震 $144.3km^2$，钻探井 11 口。贝 3 井南屯组获得油 0.012t/d，呼和诺仁构造可成为油藏。依据三维地震和地质研究成果，巴彦塔拉构造带钻探的乌 10、乌 11 和乌 13 井，发现了铜钵庙组和基岩风化壳含油气层，乌 10 井铜钵庙组获得气 $105m^3/d$，乌 13 井基岩获得气 $2233m^3/d$，CO_2 含量分别为 97.86%、61.05%。苏仁诺尔构造带苏 2 井南屯组发现厚层含气砂岩，获得气 $2321m^3/d$，CO_2 含量 96.2%，发现以二氧化碳为主的天然气藏。苏 1 井南屯组首次自然产能获得油 1.093t/d，看到了海拉尔油气勘探的希望。

1991 年 5 月，针对复杂的地质情况，设立了管理局“八五”科技攻关海拉尔盆地勘探配套技术项目。1994 年未投入工作量，但研究工作仍在进行。经过又一轮研究，完善了地层划分对比方案，确定了南屯组和铜钵庙组属下白垩统。1991 年重新划分了构造单元，一级构造单元由 3 个坳陷带和 2 个隆起带组成，细分为 20 个二级构造单元，其中凹陷 16 个，盆地面积有所扩大，为 $44210km^2$。盆地具有早期纯剪、中期张扭及晚期反转性质，油气藏的分布受生油洼槽控制，四种构造样式成带分布是油气聚集的有利场所。老井复查确认了 12 口井 31 个层为油气层，划分出 5 种油气藏类型和成藏模式，评价优选出 5 个 Ⅰ 类凹陷和 18 个有利区带，盆地模拟预测石油资源量 5.3×10^8t，天然气资源量 $1471\times10^{12}m^3$，具有良好的勘探前景。

1992 年 11 月，中国石油天然气总公司决定对外招标海拉尔盆地；1994 年 1 月，总公司举行中国第二轮勘探开发对外招标新闻发布会，海拉尔区块是其中之一，没有国外公司购买。回顾盆地发现后的 10 年勘探，钻井 36 口，2 口工业油流井最高日产不到 4t。经过系统研究，地质分布规律取得了新认识，三维地震勘探获得新的发现，树立了勘探的信心。在 1994 年大庆石油管理局勘探技术座谈会上，提出要考虑海拉尔盆地进一步工作问题，争取有所突破。这一阶段的工作，为以后的油气勘探奠定了基础。

勘探证实，通过深化研究，发展技术，坚持勘探，必然有所发现。实践说明，任何事物都是一分为二的，用辩证的思维审视现实，勘探顺利时要保持清醒，遇到挫折时更要坚定信念。节奏可以加快，程序不能逾越。面对复杂对象，必须运用新技术解决瓶颈问题。

三、区带预探获得突破

1995 年 3 月，中国石油天然气总公司决定将海拉尔盆地转入国内由大庆油田继续负责勘探。4 月，管理局确定勘探基本思路是以对老井的试油、压裂改造为主，力争有所突破，取得油气勘探新认识。重新一轮勘探，认识到最大问题是探井产量低。老井复查，精细优选出压裂试油井 5 口。采用瓜尔胶压裂液、兰州石英砂和 2000 型车组等新工艺，苏 1 井限流法压裂南屯组产油从 1.09t/d 提高到 20.7t/d，贝 3 井多裂缝压裂南屯组产油从 0.012t/d 提高到 9.59t/d。找准突破口，选择新技术，实现产量的大突破，打开了勘探的局面。

“九五”时期，以油田稳产对储量的需求为目标，保持合理的资源储量序列的勘探方针，确定了海拉尔盆地以区带、圈闭预探为主，以油气藏评价为辅，甩开外围凹陷，争取有新发现的勘探思路，加大三维地震勘探和重新处理力度，精细解释，落实断层、构造，开展储层预测及油气藏描述，对苏仁诺尔构造带进行油气藏解剖。以构造带研究为基础，从断块区入手，寻找油气富集区，加强了工程技术攻关。在此期间完成三维地震 1344.6km^2，钻探井 53 口，获工业油气流井 16 口，取得了发现和突破，勘探成效明显提高。

重上霍多莫尔构造带，三维地震精细解释落实断层与断块，霍 1 井大磨拐河组自然产能获得 25.44t/d 的高产工业油流。霍 3 井压裂后气举获得油 7.41t/d，原油密度 0.8g/cm^3，零下 12° 时原油仍然不凝固，深度突破 2000m。勘探证实，大凹陷中比较开阔的深洼槽边部断裂构造带聚油，断块区控制油气聚集。实践表明，在区域储层物性差和地层压力偏低的背景下可以找到较好储层发育区，早生早排烃源岩生成原油低密度、低黏度有利因素弥补了盆地热演化程度低和储层物性差的不足，改变了十多年来 1800m 以上难以找到好储层的传统认识，拓宽了勘探空间。针对油质轻、易挥发特点，油气显示级别低的低阻油层识别难问题，采用现场地球化学录井技术，为霍 1 井等勘探突破提供了重要保证。呼和诺仁构造贝 3 井取得突破后，在构造中低部位的贝 301 井南屯组间喷获得 8.28t/d 的工业油流，这是海拉尔盆地的第一口自喷井，说明构造翼部中、低部位砂体发育，有利于油气富集。

解剖苏仁诺尔构造带，上升盘一侧中部苏 13 井南屯组产油 18.09t/d，第一口密闭取心井苏 131 井南屯组获得油 33.54t/d，东部苏 21 井南屯组获得油 41.59t/d，自然产能突破 40t/d。西部苏 2 井南屯组获得气 22191m^3/d，是深源无机成因气，具有东油西气的特征。下降盘一侧西部低断块苏 301 井南屯组获得油 21.33t/d，将是深洼槽中寻找构造—岩性和岩性油藏的一个转折点。首次提交石油预测地质储量 2936×10^4t，天然气预测地质储量 208.25×10^8m^3。勘探表明，油藏含油性与控藏断层封闭性有关，断裂构造带是油气富集带，受二级、三级断裂控制、分割的断块区控制油气富集区，同一断块区上的不同断块含油情况不尽相同，反向断块有利于油气富集，目的层由浅部大磨拐河组转向中部南屯组。由此，转变勘探思路，改变二维地震概查到精查落实圈闭方式，获得发现后采用直接部署三维地震和断块区评价方法等适用手段，整体研究，滚动评价，减少了工作量和投入，取得了事半功倍的效果。

预探巴彦塔拉构造带，乌 11 井铜钵庙组发现工业油流，乌 13 井基岩复合压裂获得油 3.23t/d、气 32487m^3/d。东部呼和湖凹陷和 2 井南屯组获得 0.06t/d 的低产油流，原油密度为 0.8059g/cm^3，黏度为 2.5mPa·s，饱和烃含量为 80.1%，δ^{13}C 为 −25.77‰，Pr/Ph 为 5.42，具煤成油特征，将成为煤成烃勘探的地区。西部巴彦呼舒凹陷舒 1 井取心见油砂，发现了新的含油气凹陷。勘探证实，针对多凹陷、多生油洼槽特点，以三维地震勘探为手段，以凹陷为勘探单元、生油洼槽为聚油单元进行勘探，不但能找油而且可以找气。

近 20 年的勘探实践说明，对任何事物的认识不是能够一次性完成的，任何主观愿望都不能代替客观事实，实践是认识客观世界的唯一途径。对于复杂断陷盆地，坚定地下有油的信念，突破固有思想的束缚，不断创新发展地质规律认识，形成科学勘探程序和有效方法，勇于探索新区新领域，只有这样才能实现久攻不克地区勘探的突破。

第三节　区带预探油藏评价并举增储阶段（2001—2018 年）

2001 年以来，海拉尔盆地按照中国石油天然气集团公司以经济效益为中心，以寻找商业可采储量为目标的勘探指导思想，油田公司提出了努力实现以油气勘探为主体的多种资源综合勘探新突破的工作思路，加快推进海拉尔盆地勘探工作，取得了丰硕的成果。可划分为 2001—2005 年首次提交探明储量实现亿吨目标、2006—2011 年海塔会战规模增储和 2012—2018 年精细勘探获得突破三个小的阶段。

一、区带预探获得重要发现，加快勘探实现亿吨目标

2001 年，根据以滚动勘探开发和外围凹陷优选为重点，新区带、新凹陷积极甩开预探的工作思路，勘探重点由乌尔逊凹陷转到贝尔凹陷。按照以断块油藏为主，探索潜山、岩性油藏的勘探思路，认识到富油洼槽相邻的反向断块是构造油气藏的重要分布区，钻探的贝 302 井获得了 135.84t/d 的高产油流，突破百吨大关，现场地球化学录井和核磁测井技术为及时发现油层提供了重要手段。及时把钻探工程量调整到高效益区块，在未提交预测、控制储量情况下，直接探明石油地质储量 1336×10^4t，发现呼和诺仁高产高丰度区块，当年投入开发。寻找储量接替新区，锁定苏德尔特构造带为主攻目标。贝 10 井基底在录井岩屑中见 10% 荧光浅变质砂砾岩，气测见低异常，井壁取心 2 颗有荧光显示的情况下，精心选层，优化压裂设计，改造后获得 39.769t/d 的高产工业油流，发现了潜山油藏。这启示我们，任何小的显示都可能带来新的发现，细节决定成败，转变观念至关重要。呼伦湖凹陷海参 3 井获得 24972m^3/d 的工业气流和 0.072t/d 少量油流，发现了一个新的含油气凹陷。巴彦呼舒凹陷舒 1 井获 0.6t/d 的低产油流，需要重视和加强外围凹陷勘探。

2002 年，充分认识到断陷盆地的复杂性，油田公司设立了海拉尔盆地复杂断块区高产富集区预测及勘探目标评价勘探重点攻关课题，分 6 个专题开展联合攻关。按照构造—岩性油藏勘探思路，乌尔逊凹陷北部地区细化沉积相研究，下洼探索岩性油藏，苏 15 井获得 3.7t/d 的工业油流。一体化实施，新增石油探明地质储量 737×10^4t。乌南地区建立了主要目的层层序的沉积模式，寻找有利的低水位扇或楔的发育区，配合有利的构造部位，实施了乌 16 等 3 口井，见到了较好的效果。贝尔凹陷实施滚动勘探，苏德尔特构造带基底低部位一断阶贝 10 井突破后，按照潜山勘探思路，坚持有目的层但不唯目的层，二、三断阶扩大了基底潜山油藏含油面积，三断阶贝 14 井新发现铜钵庙组油藏。两片三维拼接成图发现构造差异大，基底相差 800m。采取当时最先进的叠前深度偏移处理技术，重新认识苏德尔特，揭示带内发育多种圈闭类型，具有复式聚集成藏条件。甩开部署贝 16 井，于兴安岭群（2007 年后划归为南屯组和铜钵庙组）解释油层 53 层 176.2m，合试求产获得 125t/d 的高产工业油流。改变了传统认识，新发现了兴安岭群储层。全国第三轮资源评价，石油资源量为 8.39×10^8t，天然气资源量为 $2783 \times 10^{12}m^3$，具备了加快勘探的条件。

2003 年 6 月，中国石油天然气集团公司提出到 2005 年要实现“115”工作目标的决

策部署，即“探明 1×10^8t 地质储量，建成 100×10^4t 产能，产量达到 50×10^4t”。围绕目标，战略展开贝尔、乌尔逊两大凹陷，战略突破、战略准备外围凹陷。深化三个层次研究，加强勘探技术的应用与发展，推进勘探开发一体化。经过四年攻关，一是建立复杂断陷盆地综合地质研究方法，地质规律认识指导了部署。在铜钵庙组、南屯组发现热河生物群重要化石，重新厘定并建立了等时地层层序，为盆地整体认识奠定了基础。构建了下部伸展断陷、中部走滑拉分和上部坳陷三期盆地组成的叠合盆地及构造模式。盆地原型初步研究，早期断陷期构造层由多个小断陷构成的断陷群，沉积了一套富含火山物质的扇三角洲—湖泊沉积，是主要勘探目的层。大量生排烃期生成的酸性流体与深源烃碱流体是次生孔隙发育的主控因素，成熟烃源岩区控制了油气藏的分布，不整合面上下油气富集，以短距离横向运移为主，断裂构造带和构造转换带为有利油气聚集带，生烃次凹与缓坡带是有利岩性油气聚集区。二是发展地震圈闭识别和储层预测技术，准确识别出一批断块、岩性等圈闭。开发了叠前深度偏移处理技术，形成了复杂断块地震精细解释技术，得到了工业化应用。三是建立了复杂岩性和双重介质油气层识别评价技术，使油气层识别符合率大幅度提高。综合评价，优选出苏德尔特等 9 个有利含油气区。

通过联合攻关，深化成藏规律认识，发展适用技术，在苏德尔特构造带勘探过程中，勘探思路由单一目的层南屯组或基底风化壳向多层兼顾铜钵庙组、兴安岭群（2009年后称为塔木兰沟组）和基底内幕转变，由简单构造或断块油藏勘探向复杂断块、断层—岩性复合油藏转变，由单一类型油藏向多类型油藏立体勘探转变。在认识、实践反复过程中，发展三维地震精细刻画目标，研发低伤害的乳化压裂液体系，攻克了含凝灰质储层产能关。高位潜山贝 30 井压裂后获得油 34.00t/d，发现双重孔隙介质高产高丰度潜山油藏，从而改变了对潜山储层的认识。认识到大断裂是油气运移的主要通道和多层位复式油气聚集规律，勘探重点由初期西部外扩向中东部发展，又转向加强西部与中部并重，发现了西部贝 28 井区多层系高产富油区块。探索北部低位潜山，3 口井钻遇厚油层，压裂后均获得了较高产的工业油流。滚动评价实施的德 112-227 井获得日产油 170.2t 高产工业油流。三年加快勘探，累计探明石油地质储量 6159.54×10^4t，发现了东北中生代裂谷盆地群中较大规模的高产高丰度潜山油藏。没有思想的解放，发展就没有新思路，这正是合理制定部署、正确执行部署和及时调整部署在追求勘探最佳效果上的高度统一结果。

苏仁诺尔地区岩性勘探，苏 20 井获得油 4.36t/d，证实了岩性油藏的潜力。实施一体化评价，新增石油探明地质储量 927.26×10^4t。巴彦塔拉构造带过去利用二维地震钻井 12 口，4 口井、4 个层位、低产油流，多年勘探久攻不下，利用加快勘探新采集的三维地震，精细解释复杂断块，落实断陷期构造格局。改变了原有认识，提出西部构造区发育早期洼槽，构造、烃源岩、储层配置有利。打高点，探多层，巴斜 2 井南屯组砂岩与铜钵庙组安山岩压裂后分别获得油 44.22t/d 和 34.16t/d，整带新增石油探明地质储量 1272.36×10^4t。说明在复杂地质条件久攻不克情况下，强化地质研究并结合先进的工程技术最终获得突破。

乌东斜坡带构造—岩性油藏探索，钻探 5 口井，出现上倾方向高断块钻探厚层砂体见水，下倾方向钻探薄层砂体见含油显示的不利状况。深化斜坡区坡折带认识，沉积弯折带和构造坡折带控制的低位体系域砂体为岩性油气藏的有利带，三维可视化技术精细刻画扇体，使斜坡带沉积物源体系由东部继承性短轴沉积到东北部与东部长短轴多期叠置沉积认识的改变，乌 27 井南屯组获得 50.46t/d 高产油流。勘探说明，坚持的是信念，改变的是思路。在有争议的情况下，加强宏观成藏条件的科学判断，打开了勘探的局面。

贝中次凹小洼槽探索，主体勘探面积只有 100km^2，沉积岩最大厚度可达 4600m。加快勘探部署三维地震 379.72km^2，第三轮资源评价仅为 0.05×10^8～0.2×10^8t，重新评价石油资源量为 0.7×10^8～1.0×10^8t，坚定了找油的信心。三维地震常规解释，主要目的层基本没有构造圈闭。精细目标解释，层间构造圈闭发育，分为三个带，为构造—岩性复合油藏有利区，西部断阶带钻探的希 3 井南屯组压裂后产油 31.48t/d，突破 2400m 以下储层产能关。勘探说明，要重视小洼槽的勘探，盆地不在大小，有盆就可能成藏。

呼伦湖凹陷位于扎赉诺尔坳陷北部，面积约 3700km^2，沉积岩厚度最大可达 5800m，石油资源量为 1.28×10^8t，天然气资源量为 440.9×10^8m^3。2001 年对海参 3 井铜钵庙组水力压裂获得 24972m^3/d 的工业气流和 0.072t/d 的少量油流，发现了新的含工业油气凹陷。

“十五”期间，完成三维地震 1419.8km^2，钻探井 97 口，获工业油气流井 41 口，加快勘探带来了重大突破。到 2005 年底，累计新增石油探明地质储量 1.06×10^8t，实现了三年加快勘探 1×10^8t 储量目标。开发建成产能 76.8×10^4t，踏上了年产油 50×10^4t 的步伐。

勘探表明，坚持实践论和矛盾论的观点，认识具有阶段性和局限性，所有认识都将被实践进一步完善和否定。不受已有观念束缚，理论认识的深化使勘探领域不断拓展，工艺技术的进步实现了增储上产，保证了储量的有效动用。

二、整体勘探获得重大突破，海塔会战实现规模增储

2006 年初，按照以乌尔逊、贝尔凹陷勘探为重点，外围凹陷甩开勘探，力争获得新突破的勘探思路，三维地震采集 242.9km^2，完钻探井 13 口，新获工业油气流井 7 口。贝中次凹希 4 井基底压裂后获得油 15.26t/d，实现了新层位的突破。乌东地区乌 30 等 3 口井南屯组获工业油流，实现由点到线的扩展。同时，2005 年收购的同属一个盆地的蒙古国塔木察格区块，取得了显著的勘探效果，具备了整体加快勘探的基本条件。

2006 年 9 月，中国石油天然气集团公司做出了加快海拉尔—塔木察格盆地勘探的决策部署。从 10 月开始，加快前期准备工作，明确境内外区别对待，加快地震部署研究和井位研究，加强风险和投资效益分析。将海拉尔—塔木察格盆地整体划分为 3 个断陷带、2 个隆起带的构造格局，总面积 79610km^2，划分出 22 个凹陷，面积 36000km^2。编制了油气勘探五年加快发展规划，落实了 2007 年第一批勘探重点区、地震勘探区块和具体的井位目标，为加快勘探奠定了基础。

2007 年开始海塔会战，按照五年加快总体指导思想，明确了海拉尔—塔木察格盆地“突出整体、突出重点、突出境外和探索东西两带”的部署原则，提出了立足中带，集中四个探区，16 个重点区带，50 个目标，努力寻求勘探大发现的部署要求，确定了以“洼槽”为中心，多类型立体勘探的工作思路。海拉尔盆地突出贝尔、乌尔逊凹陷的

8 个重点区带，尽快控制储量规模。加强巴彦呼舒、呼和湖凹陷，准备其他外围凹陷，寻找接替领域。为支撑快速勘探部署，设立生产研究课题，并在 2008 年设立的中国石油天然气集团公司大庆油田 4000×10^4t 持续稳产关键技术研究重大专项下设置海拉尔探区综合地质研究及勘探配套技术和岩性地层油气藏富集规律研究两个大课题。同时，按照“科研必须服从生产、必须和生产相结合、必须到现场”的要求，大庆油田研究院、北京勘探开发研究院和东方地球物理公司在海拉尔前线设立了研究中心。按照“近期与长远相结合、盆地与区带研究相结合、工程与地质相结合”的原则，组成了联合攻关团队。随着前三年整体加快勘探，领域、目标减少，后两年转为精细勘探。2007—2011 年，海拉尔盆地完成三维地震 1970.7km^2，探井 156 口，获工业油气流井 47 口，贝尔、乌尔逊凹陷新增石油探明地质储量 1.22×10^8t。呼和湖、巴彦呼舒凹陷取得突破，成为新的储量接替区。同时，在塔木察格盆地找到两个超亿吨油田，盆地整体新增石油探明地质储量 4.58×10^8t，为开发上产奠定了资源基础。

开展盆地整体研究，创新了复式箕状断陷地质规律认识，为部署决策提供了科学依据。野外调查与盆内研究结合重新厘定了地层序列，为盆地整体地质规律认识奠定了基础。原型盆地研究，多期构造运动控制了盆地的构造格局，北东、北东东向早期构造带控油，断陷期断裂构造带为勘探的突破方向；发育 3 种类型的烃源岩，南一段含钙泥岩段发育优质烃源岩层是主力生油层，其上下油气富集，确定了勘探的主力层位；早期断陷控制烃源岩分布，断坳转换期控制了烃源岩的成熟，中部断陷带 5 个洼槽区是勘探的重点靶区；沉积演化揭示了缓坡长轴扇三角洲砂体发育，与断陷期末形成的古构造相匹配，形成大规模油藏的有利区带，确定了勘探的主要储集体；富含火山碎屑物质储层次生孔隙发育，“有机酸改造”和“大气水淋滤”作用形成优质储层，提供了良好的储油空间；建立了主洼槽供源、长轴扇体供砂、断层—斜坡控圈、多层油藏叠合的复式箕状断陷成藏模式；明确了断裂隆起带和缓坡断阶带两带富油是勘探主攻区带。贝尔、乌尔逊凹陷预测了 8 个有利勘探区带和 24 个重点勘探目标，以及外围巴彦呼舒和呼和湖 2 个重点凹陷，地质规律认识指导了勘探部署。针对复杂断陷盆地瓶颈难题，建立了“五定三步走”立体勘探流程与方法，立体同步勘探。发展形成了原型盆地恢复技术，再现了盆地原型特征，为准确把握宏观地质规律奠定了基础。建立了快速预测扇体的地质—地球物理技术方法，精细确定目标和预测储层。建立发展了凝灰质划界、测井岩性流体识别、低伤害压裂液、测试一体化技术，形成了复杂岩性工程配套技术，为快速增储提供了技术保证。

深化成藏再认识，发现贝中小洼槽富油。2007 年，整体研究，贝中次凹处于贝中—南贝尔—塔南开阔的深洼槽带内，为早期宽缓、后期稳定的深洼槽，南屯组优质烃源岩与扇三角洲的前缘砂体错叠分布，形成岩性及复合油藏。研究部署与实施一体化，开发紧跟预探提前进入，南一段勘探取得规模突破的同时，又在南二段、基底勘探获得突破，形成了多层位叠置连片的满凹含油场面。2008 年，一体化评价，新增石油探明地质储量 6591.15×10^4t，已投入开发。

深化研究再认识，呼和诺仁构造西南发现高产断块。2002 年呼和诺仁油田投产后，西南部开发井外扩不理想，一直未投入工作量，分析抬升剥蚀严重、顺向断层发育，成藏条件不利。近几年深化研究，认为早期北东东向断裂控油，南屯组沉积期、伊敏组沉积期沉积改造过程中有油源断层沟通形成反向断块有利于油气富集。老二维、三维地震联合解释，北东东向控藏断层向西仍然发育，解释发现和落实了高部位的反向断块。2010年贝D8井自喷获得油61.85t/d，2011年滚动评价，新增优质石油探明地质储量100.52×10^4t。

细分层成藏再认识，霍多莫尔发现高产富油区块。通过原型恢复，贝尔凹陷南一段沉积时期复式箕状断陷为统一湖盆，南屯组沉积末期抬升改造为多凸多凹的残留分割洼槽。原型恢复带来了认识和思路的转变，霍多莫尔构造带早期为北东东向低凸起水下沉积，被晚期北东向改造局部剥蚀，残留部分南屯组下部地层。改变了过去早期北东向古凸起、水上沉积、整体剥蚀的认识。利用二次覆盖三维地震，进行了新一轮精细构造解释，断裂上升盘构造4个断阶带的中带Ⅱ、Ⅲ断阶有利于油气富集。2009年，Ⅱ断阶霍3-2井南一段首次获得工业油流。2010年，一体化实施，勘探评价打认识，油藏评价开发首钻井控规模，Ⅱ、Ⅲ断阶2口预探井和4口开发首钻井见到厚油层的好效果。2011年，Ⅲ断阶带霍3-6井自喷求产获得382.1t/d高产油流。整体评价，新增石油探明地质储量1507.13×10^4t，已投入开发。

深化斜坡成藏规律认识，乌东扩大场面规模增储。2007年，认识到斜坡古鼻状构造背景控制了油气成藏，砂体成因类型控制了油藏类型和规模。确定了下洼探岩性、上坡找构造的勘探思路。在洼槽区东北物源沉积体系的鼻状构造背景下钻探的乌39井南一段获得油3.46t/d，深洼槽区乌32井南一段3300多米发现凝析油气藏，实现由线到面的拓展，打开了岩性和深部勘探局面。东南部物源沉积体系断块构造区乌51井南二段获得油1.4t/d。2008年，滚动外扩评价，新增石油探明地质储量4086.19×10^4t。预探又取得好效果，南二段成为储量接替层系。

深化原型恢复成藏条件认识，巴彦呼舒取得重要发现。2007年，实施盆地级区域大剖面和外围重点凹陷二维地震重新采集，为整体研究与落实资源潜力奠定了基础。2008年，外围凹陷研究与类比，西部断陷带早厚晚薄优于东带，巴彦呼舒凹陷生油条件全盆地最好，次凹是控制油气的基本单元，反转构造带是有利的油气聚集带。2009年，二维、三维地震联合解释，重新落实构造特征。原型恢复，受三条北东向断裂控制的雁列式复式箕状断陷，巴中次凹存在优质烃源岩，陡坡带扇三角洲前缘砂体发育，反转构造有利于油气成藏。转变思路，探索近生油洼槽封闭条件较好的陡坡带低断阶，钻探了楚5井。2010年，楚5井压裂后水力泵抽汲南屯组获得油13.2t/d，稠油蒸汽吞吐热采获得油36t/d，舒1井蒸汽吞吐后水力泵抽汲获得油5.76t/d，打开了外围凹陷勘探的新局面。

加强区带评价再认识，呼和湖获得重要突破。2009年，呼和湖凹陷研究认为发育煤系和湖相烃源岩，均具有较好的成烃条件。针对多期构造改造叠加有效圈闭识别和含煤系地层有效储层预测难题，开展细分层精细构造解释和沉积相研究，重新落实有利砂体分布与构造，构建了低幅度缓坡带油气成藏模式，预测出3个有利含油气区带。探索近生油洼槽的下断阶带断层—岩性圈闭，和10井压裂改造后放喷获得气$4.067\times10^4m^3$/d、油2.71t/d，有望成为新的增储领域。

通过反复实践、反复认识，霍多莫尔构造带1985年海参2井获低产油流，1997年霍1井获发现到2011年找到高产富油区块；贝中次凹洼槽小、埋藏深，一度不被看好，改变传统认识，发现整装规模油藏；乌东斜坡带勘探1985年、2003年两次受挫，但锲而不舍、坚持找油，终究获得了由点、线到面的突破；外围凹陷持续探索，不言放弃找油希望，甩开勘探取得重要突破。勘探证实，在以往评价很高、久攻不克、勘探程度比较高的非常复杂的老探区、以往评价很低的小探区以及勘探程度很低的新区，坚持勘探，陆续取得了重要发现和突破。这些实例虽然地质条件、储量规模千差万别，但对油气勘探工作都具有重要的借鉴意义。

开展海塔石油会战，是实现快速突破的有效做法。把握整体规律认识，是选准勘探方向和目标实现勘探突破的根本。坚持整体勘探的工作思路，是复杂地质条件下规模增储的前提。解放思想、持续探索，是勘探不断取得发现的源泉。创新认识、转变思路，是实现勘探突破的基础。创新技术、科学决策，是实现勘探突破的关键。科学组织、聚智合力，是勘探攻坚克难的保障。

三、精细勘探取得重要进展，非常规勘探展现新前景

随着海塔石油会战的结束，海拉尔勘探工作转入稳步推进阶段。按照精细勘探乌尔逊、贝尔凹陷，拓展巴彦呼舒、呼和湖凹陷，研究其他外围凹陷的勘探思路，设立了海拉尔—塔木察格盆地综合地质研究及勘探配套技术攻关课题，发展完善了复式箕状断陷盆地勘探理论与配套技术，完成三维地震 686.4km^2，探井 39 口，获工业油气流井 16 口，新区块和油田扩边新增石油探明地质储量 1008.29 × 10^{4}t。

深化成藏认识，指导了老区精细挖潜。通过精细研究，南屯组由 8 分细化为 12 分，明确了不同期次残留扇体分布特征，建立了 8 种断坡控砂模式，预测了有利相带分布。指出了南屯组 1～5 小层是全区对比标志层，是盆地重要的优质烃源岩。建立了早期北东东向构造带控油模式，提出了“源储一体、断扇匹配、复合成藏”是洼槽区油藏的控藏特征，丰富了断陷盆地油气成藏理论认识。发展了细分层精细研究和煤系烃源岩热解生烃动力学模拟等复杂断陷盆地勘探配套技术，为精细勘探提供保证。

老区重新认识，多层位获得重要进展。2011 年，乌尔逊北部地区新一轮研究认为南洼槽古构造背景下的缓坡带有利于油气聚集，断裂带和扇体控制复合油藏分布。铜钵庙组发育构造与不整合油藏，南屯组扇三角洲前缘砂体控制油气富集，为岩性—构造和断层—岩性油藏，大磨拐河组受油源断层控制形成次生构造油藏，具有多层位成藏特点。2012 年，重上乌北，苏 46 井在三个层位均获工业油流，铜钵庙组获得油 9.6t/d。2015 年，新增石油预测地质储量 612 × 10^{4}t。乌南地区，重新认识老井，2012 年试油 2 口井均获工业油流，新增石油预测地质储量 5228 × 10^{4}t。2015 年，多层位新增石油控制地质储量 2407 × 10^{4}t。

深化精细研究，多类型勘探取得新进展。贝西斜坡带南部埋藏浅、改造弱，反向断层和砂体控藏，分带探索不同类型油藏。缓坡断块油藏勘探，贝 70 井南一段获得油 15.59t/d，南二段获得油 16.16t/d，新增石油预测地质储量 1526 × 10^{4}t。按照致密油的勘探思路，缓坡断层—岩性复合油藏勘探，2014 年采用直井缝网压裂提产，贝 X69 井缝网压裂获得 6.78t/d 工业油流，2017 年贝 X80 井压后水力泵排液求产获得油 43.58m^3/d、气 6253m^3/d 的高产工业油流，展示了致密储层良好的勘探前景。贝东小洼槽贝 X64 井南二段获得 1.58t/d 工业油流，小洼槽勘探又获突破。霍多莫尔构造带低部位霍 20-2 井获得 80.5t/d 高产油流，新增石油探明地质储量 68.31 × 10^{4}t。

深化成藏认识，南二段低渗透油藏获新进展。2003—2008 年，贝中次凹以南一段为主要目的层，勘探见好效果，已经投入开发。南二段作为兼探层系普遍含油，但单井产量低。2014 年，按照致密油的勘探思路，老井复查希 39-61 井缝网压裂获得工业油流，坚定了勘探的信心。通过三年深化成藏研究，改变了以往南屯组二段粗粒沉积和烃源条件一般的认识，不但发育有好的烃源岩条件，而且有分布广泛的细碎屑沉积，储层厚度大，普遍含油，形成“源储一体”的低渗透岩性油藏。老井复查，多口井压裂改造获得工业油流。细分层地震精细解释及地质统计学反演预测砂体展布，2017 年希 38- 平 1 井缝网压裂获得 55.2m^3/d 高产工业油流，水平井提产取得好效果，带动了低品位资源升级动用。

地质地震联合攻关，呼和湖凹陷勘探获新进展。和 10 井突破后，至 2012 年相继钻探的 5 口井均未成功，主要问题是受煤层影响，成像不清楚，构造落实难，储层预测精度低，制约了油气勘探进程。放慢节奏不打井，开展联合攻关，一是原型盆地恢复，提出了鼻状、反向断裂、陡坡断裂和缓坡断裂四种类型构造带。二是开展烃源岩精细评价，南屯组煤系及湖相泥岩两类烃源岩，具有早生、早排特征；和 10 井煤系烃源岩既可生油又可生气，气为油型气与煤型气的混合气，油为凝析油；第四轮资源评价，油资源量为 0.46×10^8t，气资源量为 $792.5\times10^8m^3$。三是开展三维地震采集、处理解释攻关，采用多方法组合技术，提高信噪比，改善成像品质。应用攻关处理资料，将南屯组细分为六层，开展精细构造解释，转变思路，探索东部陡坡带规模较大的断鼻构造含油气性，2016 年和 17 井压后自喷获得 14036m^3/d 工业气流，证实鼻状构造有利于油气聚集，展示出呼和湖凹陷良好的勘探前景。

地震攻关原型盆地恢复，红旗凹陷获新拓展。红旗凹陷勘探始于 20 世纪 80 年代初，多年勘探见到油气显示，但始终未获突破。以往以南屯组为主要目的层，烃源岩有机质丰度高但不成熟，而原油为成熟油，推测铜钵庙组及以下地层可能发育成熟烃源岩。在 1997 年、2002 年、2007 年地震地质综合研究成果基础上，2017 年开展又一轮地质地震联合攻关，通过开展地震资料重新处理解释，落实构造特征及圈闭。开展原型盆地恢复研究，落实了原始沉积中心和生烃中心。研究表明，铜钵庙组沉积时期发育东、中、西三个洼槽，中部洼槽西部是洼槽原始沉积沉降中心，洼槽规模较大。铜钵庙组古埋深表明，埋深 2150m 对应 R_o 为 0.7%，烃源岩发育，源储匹配关系较好，明确了成藏有利区。2018 年，中部洼槽低隆起上钻探的红 7 井铜钵庙组获得 3.42t/d 的工业油流，实现了红旗凹陷勘探突破。洼中鼻状构造上钻探的红 6 井发现了铜钵庙组和塔木兰沟组两套成熟烃源岩，并在塔木兰沟组获得低产油流，原油主要来自塔木兰沟组成熟烃源岩。塔木兰沟组全盆地普遍分布，带来了全新的勘探领域。

勘探实践说明，勘探有高潮，就会有低潮。宏观的规律性，局部的差异性，单体的不确定性，建造与改造使其复杂的多元性，决定了认识盆地与油藏是一个“实践、认识、再实践、再认识”的过程。事物的发展总是曲折式前进，螺旋式上升。辩证思维，解放思想，“非此即彼”、认识论的“一点论”的习惯思维的错误判断，极易错过勘探发现石油的机会，需要用“亦此亦彼”“两分法”的认识，才可能真正了解复杂的客观世界。触类旁通，用它山之石攻玉不失为勘探的重要途径。追本溯源，方可认识事物的本质。

第三章 地 层

盆地基底为前古生界、古生界和中生界三叠系—侏罗系中下统，沉积盖层为中生界侏罗系中上统、白垩系和新生界新近系及第四系。沉积层总厚度超过6000m。

第一节 地层层序

盆地盖层各组段分布差异大：塔木兰沟组在扎赉诺尔、贝尔湖和呼和湖坳陷均有揭露；兴安岭群铜钵庙组和南屯组主要分布在盆地一级坳陷部位，在隆起上的凹陷沉积薄而不全；扎赉诺尔群全盆地分布，在隆起部位基本缺失；贝尔湖群主要分布在嵯岗隆起以东的广大地区。

一、地层研究沿革

自1865年起就有中外地质工作者对海拉尔盆地进行地质调查工作（叶得泉等，1995）。但对地层系统建立有贡献的第一位学者是侯德封，其于1932年将海拉尔盆地煤系地层命名为扎赉诺尔煤系，时代定为第三纪（即古近纪和新近纪）。此后地层工作者又陆续提出过几十种不同的地层划分意见。例如，1943年森田义人将扎赉诺尔煤系时代定为晚白垩世。1937年吉泽甫将伊敏地区煤系地层命名为伊敏层，时代定为白垩纪（叶得泉，1988）。1951年刘国昌等人认为扎赉诺尔煤系时代为第三纪，并为侏罗纪煤系另创大磨拐河煤系一名（李文国等，1996）。1953年地质部103队将煤系地层时代定为中侏罗世（叶得泉等，1989）。宁奇生等（1959）、斯行健等（1962）在本区进行考察时，对中生界做了较为详细的划分。地质部第二普查大队（1961）在本区建立了贝尔湖群，自下而上分为雪乡岗组、八达图组和青元岗组，将扎赉诺尔群划分为北煤沟组、灵泉组和砂子山组。伊敏煤田会战指挥部（1973）将煤系及相关地层自下而上划分为中酸性熔岩碎屑岩组、大磨拐河组和伊敏组。1974年东北三省中生代地层会议总结了前人地层研究成果，建立了能为当时大多数科研单位及学者接受的统一地层系统，被《东北地区区域地层表黑龙江省分册》（1979）采纳，成为海拉尔盆地地层研究者的经典，对本区后续的地层研究具有重要的影响，可以看成是本区第一次规模、意义较大的地层研究总结。

但当时的研究区主要限于盆地边缘，一些煤田钻孔和水文钻孔均较浅，都无法全面揭示盆地内部地层。1984—1990年，大庆石油管理局在盆地内钻了几十口探井，系统揭示了盆地内部地层，原有的地层划分方案已经无法满足钻井地层划分对比的需要，为此，1990年4月，大庆石油管理局邀请国内14个单位57名地层方面的专家参加海拉尔盆地地层研讨会，总结了前人的地层研究成果，确立了一套新的地层划分对比方案，自下而上划分为前侏罗系布达特群，上侏罗统兴安岭群中酸性火山岩段、中基性火山岩夹煤段、中基性火山岩段，上侏罗统—下白垩统扎赉诺尔群的上侏罗统铜钵庙组（分一段、二段、三段）和南屯组（分下段、上段）、下白垩统大磨拐河组（分下段、上段）和伊敏组（分一段、二段、三段），贝尔湖群的上白垩统青元岗组，第三系呼查山组，第四系（子仁，1990）。海拉尔盆地地层研讨会将贝 1、贝 2、海参 2、海参 5 井钻遇的胶结坚硬的杂色砾岩，蚀变较重的轻微变质的火山岩、火山碎屑岩，蚀变和轻变质的砂砾岩，似砂状结构的火山碎屑岩笼统归到布达特群，没有指定建群的标准剖面以及上述四组岩性的上下关系，只是依据这四套岩性与盆地内及盆地外兴安岭群难以对比，与兴安岭群之下的中—下侏罗统有相似之处，因此置于兴安岭群之下，称之为布达特群。也有研究者认为该套地层是兴安岭群的同时异相，或者是基底地层。与会者一致认为需要今后进一步研究确定，并将已钻的 25 口探井进行统一地层划分对比，该方案在《大庆石油地质与开发》期刊上做了简要报道，《中国石油地质志》首版第二卷上册采用了该方案。这次会议讨论成果是本区第二次规模、意义较大的地层研究总结。

随着钻井数量的增加（至 2015 年底，已钻探井 393 口），与盆缘地层对比的资料增多，对地层划分方案又有新的认识。王成善等（1992）将海拉尔盆地地层自下而上划分为上三叠统布达特群，上侏罗统塔木兰沟组、木瑞组、上库力组、伊利克得组、铜钵庙组、南屯组，下白垩统大磨拐河组、伊敏组，上白垩统青元岗组，第三系呼查山组。1994 年万传彪等将海拉尔盆地地层自下而上划分为下侏罗统东宫组，下白垩统阿尔公组、铜钵庙组、南屯组、大磨拐河组、伊敏组、呼伦组，上白垩统青元岗组，第三系呼查山组，第四系。《内蒙古自治区岩石地层》一书将海拉尔盆地地层自下而上划分为中侏罗统塔木兰沟组、土城子组，上侏罗统满克头鄂博组、玛尼吐组、白音高老组，下白垩统梅勒图组、大磨拐河组、甘河组、伊敏组，上白垩统二连组，第三系呼查山组，第四系。任延广（2004）将海拉尔盆地地层自下而上划分为前侏罗系基底，下白垩统苏德尔特组、铜钵庙组、南屯组、大磨拐河组、伊敏组，上白垩统青元岗组，第三系呼查山组，第四系，将前人的布达特群依据岩性一部分归为苏德尔特组及上部地层，一部分归为古生界基底。万传彪等（2006）依据钻井揭示的接触关系将布达特群自下而上细分为深色砂泥岩组、杂色砂泥岩组和火山碎屑岩组；依据铜钵庙组和南屯组岩性、古生物及同位素资料与兴安岭西坡的兴安岭群上库力组对比，将盆地内兴安岭群划分为塔木兰沟组（存疑归入）、铜钵庙组、南屯组和伊列克得组；扎赉诺尔群由大磨拐河组和伊敏组组成，保持与盆缘扎赉诺尔群划分含义一致；贝尔湖群仍由青元岗组、呼查山组、第四系组成。2007 年以来，海拉尔盆地地层序列在生产上的使用趋于一致，自下而上是，基底为前古生界、古生界、上三叠统—下侏罗统布达特群，盖层为中侏罗统—下白垩统兴安岭群塔木兰沟组、铜钵庙组、南屯组，下白垩统扎赉诺尔群大磨拐河组、伊敏组，贝尔湖群上白垩统青元岗组、上新统呼查山组及第四系。

近年来的研究成果表明（蒙启安等，2013b），盆地基底为前古生界、古生界和中生界三叠系—侏罗系中下统，沉积盖层为中生界侏罗系中上统、白垩系和新生界新近系及第四系。布达特群解体，依据岩性、古生物及同位素等新资料分别归属到上古生界（Pz_3）基底，中生界上三叠统查伊河组（T_3c）、中侏罗统南平组（J_2np）、中—上侏罗统塔木兰沟组（$J_{2-3}tm$），下白垩统兴安岭群铜钵庙组（K_1t）。沉积盖层自下而上为中生界侏罗系中—上统塔木兰沟组（$J_{2-3}tm$），下白垩统兴安岭群铜钵庙组（K_1t）、南屯组（K_1n，分一段、二段），下白垩统扎赉诺尔群大磨拐河组（K_1d，分一段、二段）、伊敏组（K_1y，分一段、二段、三段），贝尔湖群上白垩统青元岗组（K_2q）、新近系上新统呼查山组（N_2h）和第四系（Q）。沉积层总厚度超过6000m。上述地层各组间均有不同程度的沉积间断，而以铜钵庙组与塔木兰沟组之间、南屯组与铜钵庙组之间、大磨拐河组与南屯组之间、伊敏组与大磨拐河组之间、青元岗组与伊敏组之间的不整合接触最为明显（图2-3-1）。

二、地层充填序列

1. 前寒武系（An€）

零星出露于嵯岗以南乌兰陶老商鄂博一带和依后山以北，岩性为一套灰色、浅褐色及浅红色片麻岩、花岗片麻岩、眼球状片麻岩及片麻砾岩、石墨质片岩、石英片岩等深变质、强烈褶曲的岩系，有后期花岗岩侵入和“吞食”，厚度不详。在巴彦山隆起的核部，出露黑云母片麻岩，可能属于古元古界兴华渡口群（Pt_1x）。在巴彦山隆起可见黑云、长英、石榴石变粒岩、片岩、浅粒岩、石英岩及变质英安岩等，出露厚度约200m，呈单斜地层产出，从岩性上可归于1996年内蒙古地层清理小组定义的青白口系佳疙疸组（Qn*j*），该组在鄂温克旗胡山、牙克石塔尔其—全胜林场分布，以黑云母片岩、黑云石英片岩、二云石英片岩、斜长角闪片岩为主，夹阳起石片岩，片理化石英岩，下部出现斜长角闪片岩、次闪斜长片岩，厚度335～3060m。在牙克石塔尔其铁矿见有各种片岩和条带状大理岩组合，1996年内蒙古地层清理小组将其划归为震旦系额尔古纳河组。类似地层在巴伦查拉山西北也有零星露头。

2. 下古生界（Pz_1）

盆地及盆缘尚未发现寒武系，仅零星出露奥陶系，自下而上见有铜山组（O_1t）、多宝山组（O_1d）和裸河组（$O_{2-3}lh$）。

铜山组（O_1t）：在巴日图东见有370m厚的绢云母板岩和砾质板岩，被多宝山组火山岩覆盖。

多宝山组（O_1d）：在牙克石市扎敦河林场主要为安山岩、熔结凝灰岩、凝灰熔岩、岩屑晶屑凝灰岩夹板岩、泥质粉砂岩、细砂岩等；新巴尔虎右旗为板岩、砂岩、亮晶灰岩等与蚀变安山岩、玄武安山岩、安山玢岩、酸性熔岩等呈互层或夹层；在新巴尔虎左旗的巴日图林场为安山岩和砾质板岩。

裸河组（$O_{2-3}lh$）：在大兴安岭及其西坡分布广泛，岩性较稳定，以变质粉砂岩、绢云母板岩、石英砂岩为主，沉积于多宝山组火山岩之上，在海拉尔盆地边缘的牙克石市扎敦河林场，裸河组厚度为855m，在新巴尔虎左旗的巴日图林场为砾质板岩，上部夹凝灰质粉砂岩。本组化石丰富，前人采集过腕足类 *Hesperorthis* 等、三叶虫 *Isalauxina* 等以及珊瑚和介形虫化石等。

3. 中古生界（Pz_2）

研究区尚未发现志留系。仅在盆地及盆缘零星出露泥盆系，自下而上见有泥鳅河组（$D_{1-2}n$）、大民山组（D_3d）和安格尔音乌拉组（D_3a）。

界	系	统	群	组	段	厚度/m	岩性剖面	岩性特征	地震反射层	古生物学特征	古地磁 极性	古地磁 古纬度(N)	硼元素/μg/g	同位素/Ma	伊利石结晶度	代表井
新生界	第四系		贝尔湖群			7.5～69.5		腐殖土、砂质黏土、砂砾石及风积砂			无样品					
	新近系	上新统		呼查山组		24.5～120		灰白灰褐色砂岩、黏土岩、泥岩互层、杂色砂砾岩		禾本科—蓼科组合			25.0			海参1
	古近系	古新统								裸粉—粗糙无患子粉组合			无样品			红D1
中生界	白垩系	上统	贝尔湖群	青元岗组		40～461		杂色砂砾岩与紫红色、灰绿色泥岩，含砾砂岩		光型希指蕨孢—辐射条纹华丽粉组合 宏伟中华女星介—青元岗类女星介组合 弧形阿尔泰金星介—三角类女星介组合 乌兰奇异轮藻—安广栾青轮藻组合			63.7			贝2
		下统	扎赉诺尔群	伊敏组	三+二段	170～842		绿灰色砂岩与泥岩互层	T_{04}	毛发刺毛孢—斑点隐藏孢—弗氏哈门粉组合 有突肋纹孢—变形无口器粉—星形星粉组合 网纹三孔孢—古老坚实孢—小双束松粉组合 薄鳞鱼类	正反极性频繁出现	51.05	24.92			苏20
					一段	167～483		绿灰色砂岩与泥岩互层，常产煤层	T_1	敷粉非均饰孢—小囊单束松粉组合 拟蝙蝠藻（未定种B）—易变雷肯藻— 葛伯特鲁福德蕨—东方尼尔桑组合 五边蝙蝠藻组合			13.4		0.51	
				大磨拐河组	二段	210～563		砂泥岩（常含煤层）	T_2	澳洲无突肋纹孢—卵形光面单缝孢组合 反角拟蝙蝠藻—枝状蝙蝠藻组合 费尔干蚌	正极性为主，反极性偶见	54.39	16.6		0.52～0.56	乌16
					一段	182～478		大段黑色泥岩，盆缘边部岩性变粗	T_{21}	哈氏三角孢—微细云杉粉组合 红旗土星介—具槽纹刺星介组合 贝尔蝙蝠藻—光面拟蝙蝠藻组合			20.5		0.50	
			兴安岭群	南屯组	二段	170～410		火山碎屑岩、沉积岩为主，偶尔出现粗面岩、凝灰岩、油页岩、煤、泥灰岩、粗面岩、流纹岩球粒流纹岩，顶部偶尔出现玄武岩。特殊岩类和玄武岩等	T_{22}	狼鳍鱼、腹足类化石 圆湖生蚬和色楞格湖生蚬 东方叶肢介、热河叠饰叶肢介 近中费尔干蚌、西伯利亚费尔干蚌 克拉梭粉—多变假云杉粉—多云云杉粉组合 巴达拉湖女星介—白垩海拉尔介组合 近梯形湖女星介—良好海拉尔介组合 最大拟蝙蝠藻—原椭球藻组合	正极性为主，反极性偶见	55.44	45.4	119.1～128.0	0.50	巴D2 苏3 巴3 苏132 贝39 楚2 霍12 巴13
					一段	150～330			T_{23}				34		0.59～0.65	
				铜钵庙组 / 上库力组		210～530		火山碎屑岩和沉积岩为主，常见中酸性火山岩组合。特征岩类：砂砾岩、油页岩、泥灰岩、凝灰岩、流纹岩、安山岩、英安岩等	T_3	无突肋纹孢—紫萁孢—海拉尔孢组合 桫椤孢—脊缝孢—罗汉松粉组合 直线叶肢介、叠饰叶肢介、 中华延吉叶肢介 骨舌鱼类、昆虫	反极性罕见	55.29	23.5 47 73.6	125.0～142.8	0.48	贝16 德106－203a 和3 海参10 德6 楚3
	侏罗系	上统		塔木兰沟组		280～510		中基性火山岩(偏基性)、火山碎屑岩和沉积岩组合。特征岩类玄武岩、安山玄武岩和玄武安山岩等	T_4	紫萁孢—金毛狗孢—旋脊孢组合	正极性	55.90	无样品	150.3～169.0	0.51	秃1 伦1 查1 楚4 贝53 贝D5
		中统		南平组（基底）		670～1247		泥岩、粉砂质泥岩与泥质粉砂岩、粉砂岩、凝灰质粉砂岩、含砾粉砂岩、细砂岩、凝灰质细砂岩、含砾细砂岩及砂质砾岩呈不等厚互层，偶见凝灰岩和薄煤层，未变质或极低级变质	T_5	穿孔环圈孢—小托第蕨孢—假云杉粉未定种组合 自流井真叶肢介、海房沟真叶肢介	反极性偶见	28.70	50		0.28～0.40	贝48
	三叠系	上统		查伊河组（基底）		220～1070		凝灰质细砂岩、凝灰质砂岩、安山岩、安山玢岩、流纹质凝灰熔岩、砂砾岩及砾岩等		苏铁杉、卡勒莱新芦木、海堡枝脉蕨、纤柔枝脉蕨、假纤柔枝脉蕨（相似种）、尼尔桑（未定种）、长叶松型叶、中华篦羽叶（相似种）、矢部篦羽叶、日本篦羽叶等	无样品		无样品	214.4～231.8	无样品	查5
古生界	（基底）							蚀变火山岩、板岩类、千枚岩、灰岩、硅质岩、片岩、片麻岩、糜棱岩和肉红色花岗岩等岩类等		（略）	反极性偶见	32.52	无样品	269.3～356.3	无样品	贝2贝41 海参9 德4希9

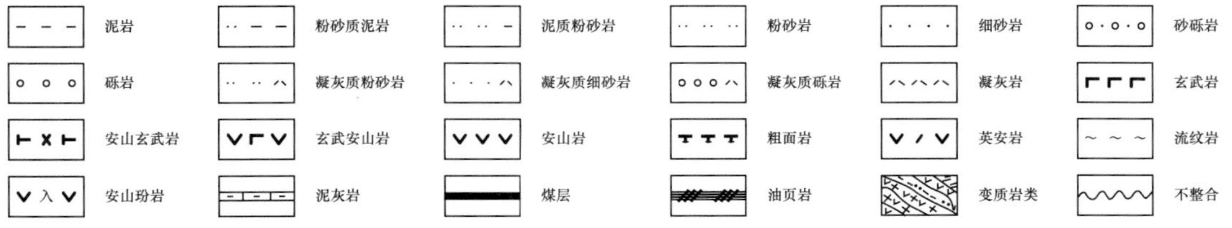

图 2-3-1 海拉尔盆地地层综合柱状图

泥鳅河组（$D_{1-2}n$）：岩性为灰绿色、黄绿色、灰黑色长石石英砂岩、粉砂岩、泥质粉砂岩、凝灰质粉砂岩，夹生物碎屑灰岩、珊瑚礁灰岩透镜体，下部偶夹少量火山岩。上界多被第四系覆盖，仅在牙克石地区见与大民山组呈平行不整合接触，下界在牙克石扎敦河林场西北见其不整合在裸河组之上。附属于本组的乌奴耳灰岩是一个珊瑚礁，分布在牙克石乌奴耳地区，下界不整合覆盖于裸河组之上，上界被大民山组平行不整合覆盖。岩性上主要是一套石灰岩，生物上发育大量的四射珊瑚 *Lyrielasma*、*Heterophrentis*、*Leptoinophyllum* 和 *Tryplasma hercynica* 等为特征。

大民山组（D_3d）：分布于大兴安岭大民山一带，岩性为海相中基性、酸性火山岩、火山碎屑岩及碎屑岩、碳酸盐岩及硅质岩、放射虫硅质岩等。厚度百米到数千米不等。纵横向岩性、岩相变化较大。与下伏泥鳅河组平行不整合接触，其上多被第四系覆盖，仅在布格图北被安格尔音乌拉组整合覆盖。主要出露于牙克石扎敦河林场、乌奴耳一带，呈北北东方向断续带状展布。下部以砂砾岩、凝灰质含砾粗砂岩为主，碎屑粒度较粗，向上粒度变细，以细碎屑岩为主，构成一个正粒序沉积旋回。火山活动较弱，偶有酸性熔岩，以平行不整合覆于泥鳅河组之上。上部发育了多层中酸性熔岩、石英角斑岩、流纹岩等，说明火山活动的增强。在海盆的浅水区，生物繁盛。在沉积岩层中产珊瑚 *Temnophyllum*、*Tabulophyllum* 和 *Thamnopora* 等，腕足类 *Atrypa*、*Productella*、*Cytospirifer* 和 *Cariniferella* 等，牙形刺 *Polygnathus varcus* 和 *Icriodus dificilis* 等，以及海百合茎、红藻等。在较深的海域则形成放射虫硅质岩。在顶部的紫红色砂质灰岩、生物碎屑灰岩中产菊石 *Sporadoceras*、*Prionoceras*、*Cheiloceras* 和 *Platyclymenia* 等，角石 *Michelinoceras* 和 *Hesperoceras* 等，珊瑚 *Nalivkinella* 和 *Peneckiella* 等，三叶虫 *Trimerocephalus* 等，及海百合茎和层孔虫等。

安格尔音乌拉组（D_3a）：分布于鄂温克旗布格图北，整合沉积于大民山组之上，为一套含植物 *Lepidodendropsis cyclostigmatoides* 和 *Sublepidodendron* sp. 等的灰黑色、暗灰绿色泥质粉砂岩。

4. 上古生界（Pz_3）

在盆地及盆缘零星出露石炭系，自下而上见有红水泉组（C_1h）、莫尔根河组（C_1m）、新伊根河组（C_2x）。在盆缘扎兰屯出露下二叠统大石寨组（P_1d），贝尔凹陷见有大石寨组蚀变火山岩，乌尔逊凹陷见有中二叠统蚀变火山岩，乌固诺尔凹陷见有下二叠统花岗岩和英云闪长岩。

红水泉组（C_1h）：属于海相正常碎屑岩、石灰岩，局部夹凝灰岩的岩石组合。常被中生界覆盖，整合于安格尔音乌拉组之上。零星出露于陈巴尔虎旗哈达图牧场及牙克石市大南沟、乌奴耳等地，产腕足类 *Fusella ussiensis* 和 *Ovatia* sp. 等及珊瑚 *Hapsiphyllum* sp. 等。

莫尔根河组（C_1m）：属于海相火山岩地层，自下而上见有暗绿色具斜长石斑晶的安山玢岩，灰色块状结晶灰岩中产海百合茎、苔藓虫、腕足类及珊瑚 *Bradyphyllum* sp.，黑色粉砂岩，暗绿色具中长石斑晶的安山玢岩，未见顶和底。

新伊根河组（C_2x）：平行不整合覆盖于红水泉组之上的陆相或海陆交互相碎屑岩组合，含安格拉型植物化石，常被中生界火山岩覆盖，岩性稳定，零星见于加格达奇至海拉尔一带。

大石寨组（P_1d）：在盆缘东部扎兰屯一带出露的大石寨组原称高家窝棚组，主要是一套中酸性火山岩，即安山玢岩、流纹斑岩夹火山碎屑岩，部分为正常沉积岩。

5. 中生界（Mz）

盆地内尚未发现证据确凿的下—中三叠统和下侏罗统，上三叠统查伊河组仅见于呼伦湖凹陷，中侏罗统南平组和中—上侏罗统塔木兰沟组主要见于盆地西部的扎赉诺尔坳陷和贝尔凹陷，下白垩统兴安岭群铜钵庙组、南屯组和扎赉诺尔群大磨拐河组、伊敏组全盆地均十分发育，上白垩统仅发育有贝尔湖群青元岗组。盆缘缺失中三叠统，自下而上见有下三叠统老龙头组，上三叠统查伊河组，中侏罗统南平组，中—上侏罗统塔木兰沟组，下白垩统兴安岭群上库力组、伊列克得组和扎赉诺尔群大磨拐河组、伊敏组，上白垩统青元岗组。

1）三叠系（T）

盆地内及盆缘缺失中三叠统，盆内探井见有上三叠统花岗岩、查伊河组流纹质凝灰熔岩，盆缘见有下三叠统老龙头组、盆地内及盆缘均见有上三叠统查伊河组。

老龙头组（T_1l）：在龙江县济沁河乡孙家坟东山建立的老龙头组延伸至海拉尔盆地东缘的扎兰屯刘家葳子、哈拉苏、小栾沟、龙头北山及华他营子一带，岩性以湖相细碎屑岩、中酸性火山碎屑岩和少量中酸性火山熔岩为主，横向不稳定，厚度变化大，自西向东、自南向北逐渐变薄，火山物质由少变多，产双壳类 *Palaeanodonta* sp.、*Palaeomutela* sp. 等，叶肢介 *Diaplexa* sp.、*Notocrypta* sp.、*Bipemphygus* sp. 等，以及植物化石。盆内尚未发现这套地层。

查伊河组（T_3c）：在扎兰屯柴河下游右岸山脊建组的查伊河组，主要分布于柴河（曾经称为查伊河）下游及兴安盟扎赉特旗的西巴音乌兰一带。由中性熔岩和酸性喷出岩夹沉积碎屑岩组成。下部以玢岩为主，底部为厚层砾岩，厚 400～600m；上部为中酸性喷出岩和沉积碎屑岩，厚约 300m。总厚度为 220～1070m。产植物 *Podozamites* sp.，*Neocalamites carrerei*，*Pelourdea* ? sp.，*Cladophlebis haiburnensis*，*C. raciborskii* ?，*C.delicatula*，*C.*cf.*pseudodelicatula*，*Nilssonia* sp.，*Pityophyllum longifolium*，*Ctenis* cf.*chinensis*，*C.yabei*，*C.japonica* 等。与上覆中侏罗统南平组接触关系不清，与下伏古生界呈不整合接触。盆地内在呼伦湖凹陷查 5 井见到上三叠统查伊河组流纹质凝灰熔岩等，其 LA—ICP—MS 锆石 U—Pb 同位素年龄为（214.4 ± 4.3）Ma（陈崇阳等，2016）；在乌尔逊凹陷铜 12 井见到上三叠统花岗岩［1830.0m，（231.8 ± 1.6）Ma］。分布在盆缘东部的查伊河组曾被划归为下侏罗统红旗组，但前者不产煤，岩性及植物化石特征与建立在吉林省红旗煤矿的红旗组有较大区别（吉林省地质矿产局，1997），研究区恢复使用查伊河组，代表上三叠统火山碎屑岩。

2）侏罗系（J）

盆地内及盆缘均缺失下侏罗统，均见有中侏罗统南平组和中—上侏罗统塔木兰沟组。

南平组（J_2np）：本组由黑龙江省煤田公司 109 队于 1973 年在扎兰屯市太平川煤田建立，由砾岩夹薄层砂岩、粉砂岩、泥岩及薄煤层组成，厚 200～1000m，产叶肢介、植物及孢粉化石，顶部常与上库力组火山岩平行不整合接触，下伏地层常为上古生界变质火山岩，在海拉尔盆地盆缘分布较为广泛，盆地内在贝尔凹陷也有揭露（未见底）。本组在盆地西缘新巴尔虎右旗至中蒙边境一带分布广泛，向西延入蒙古境内，厚度大于966m，主要岩性为灰色砾岩、粗粒岩屑砂岩、中细粒岩屑砂岩、褐黄色硅泥质粉砂岩、细粒岩屑砂岩、泥质粉砂岩等，在鄂布德格乌拉一带地层产状平缓，水平层理发育，北侧希林好来音一带地层倾斜，希林好来音剖面产植物 *Sphenobaiera angustiloba*、*Schizoneura* sp. 等，以及叶肢介 *Euestheria ziliuingensis*、*E. haifanggouensis* 等。在盆地北缘主要分布于额尔古纳市，以灰黄色、灰色粗碎屑岩为特点，基本不含煤层，局部夹煤线及少许酸性凝灰岩，厚度小于400m。本组在盆地东缘出露于牙克石市的免渡河地区，在扎兰屯市则分布于太平川、惠丰川一带，向南延伸至扎赉特旗的二道关门山、新林大队，向东延伸至龙江县的小湾四队、丰荣车站等地，由砾岩夹薄层砂岩、粉砂岩、泥岩及薄煤层组成。厚200～660m，产植物 *Coniopteris* cf.*burejensis*，*Cladophlebis* sp.，cf.*Raphaelia diamensis*，*Phoenicopsis angustifolia*，*P.* sp.，*Czekanowskia rigida*，*Cladophlebis* cf.*argutula*，*Raphaelia* sp.，*Podozamites lonceolatus*，*Equisetites* sp.，*Coniopteris* sp. 等。这套地层东北地区区域地层表称之为南平组和太平川组，因这两组岩性相似，且太平川组分布局限不如南平组分布广泛，合并称为南平组。本组向南部延伸进入兴安盟境内煤层逐渐加厚，称之为万宝组。本组在盆地内主要见于贝尔凹陷贝48井区，岩性组合为泥岩、粉砂质泥岩与泥质粉砂岩、粉砂岩、凝灰质粉砂岩、含砾粉砂岩、细砂岩、凝灰质细砂岩、含砾细砂岩及砂质砾岩呈不等厚互层，局部见凝灰岩，产 *Annulispora perforate*–*Todisporitesmimor*–*Pseudopicea* sp. 孢粉组合。

塔木兰沟组（$J_{2\text{-}3}tm$）：黑龙江省区调二队王荣富等1981年创名，命名地点在呼伦贝尔盟牙克石市绰尔镇塔木兰沟。为中基性火山熔岩夹火山碎屑岩及不稳定的沉积岩，横向上有从北向南由基性逐渐向中性过渡的特点。其下与南平组平行不整合接触，其上被铜钵庙组平行不整合或铜钵庙组（上库力组）中酸性火山岩不整合覆盖。各地区厚度一般为400～800m。在中基性火山熔岩的沉积夹层中含少量植物化石 *Pityophyllum* sp.，*Podozamites* sp. 等及孢粉化石。在额尔古纳左旗木瑞农场为灰绿色、灰黑色、灰紫色橄榄玄武岩、辉石玄武岩、玄武岩，厚度为609.8m；哈达图牧场和七一牧场为灰绿色、灰褐色辉石安山岩、玄武安山岩夹凝灰岩及砂砾岩，厚度为416m；满洲里市至新巴尔虎右旗地区为灰绿色、灰黑色气孔杏仁状橄榄玄武岩、玄武岩、安山玄武岩、英安岩夹凝灰岩及杂砂岩，厚度为441m；向南延至东乌珠穆沁旗地区为褐紫色伊丁玄武岩，厚度小于100m；霍林河地区为灰色、灰绿色安山玄武岩、安山岩夹凝灰岩，厚度为858.8m。盆地内扎赉诺尔坳陷和贝尔凹陷部分钻井钻遇本组，岩性为玄武岩夹砂泥岩、安山岩及凝灰岩等，最大揭露厚度为686m（秃1井），产中侏罗世晚期—晚侏罗世孢粉组合。内蒙古自治区地质矿产局1991年和1996年发表的火山岩同位素年龄为144Ma（K—Ar等时线年龄）、145.1Ma（Rb—Sr等时线年龄）、152～158Ma（4个K—Ar全岩年龄）。黑龙江省地质矿产局1993年发表的二根河等地剖面K—Ar同位素年龄为157.41Ma（$W_{27}P_{10}JD$）、160.17Ma（$W_{28}P_{15}JD_{60}$）和166.06Ma（$W_{27}P_{10}JD_5$），在二十三站剖面取样年龄为154Ma。黑龙江省地质矿产局1997年发表的Rb—Sr等时线同位素年龄值为150.2～160.8Ma。满洲里灵泉地区塔木兰沟组辉石安山岩LA—ICP—MS锆石U—Pb同位素年龄为（166±2）Ma（孟恩等，2011）。大兴安岭北段新林区塔木兰沟组玄武安山岩LA—ICP—MS锆石U—Pb同位素年龄为（153.2±1.1）～（153.6±1.2）Ma，扎兰屯塔木兰沟组玄武安山岩锆石SHRIMP U—Pb同位素年龄为（146.7±2.2）Ma

（杨华本等，2016）。扎鲁特旗塔木兰沟组安山岩全岩激光 $^{40}Ar/^{39}Ar$ 同位素年龄为（165.2 ± 1.3）～（172.2 ± 2.0）Ma（丁秋红等，2015）。盆地内井下本组火山岩 LA—ICP—MS 锆石 U—Pb 同位素年龄为（150.3 ± 6.5）～（169.0 ± 3.5）Ma。同位素和古生物资料支持本组时代为中—晚侏罗世。

3）白垩系（K）

盆地内下白垩统发育齐全，自下而上划分为兴安岭群铜钵庙组、南屯组（分上段、下段），扎赉诺尔群大磨拐河组（分上段、下段）、伊敏组（分一段、二段、三段），上白垩统仅发育贝尔湖群下部青元岗组。盆缘自下而上见有下白垩统兴安岭群上库力组（与铜钵庙组和南屯组相当）、伊列克得组（与南屯组上部或顶部相当）和扎赉诺尔群大磨拐河组、伊敏组，上白垩统青元岗组。

铜钵庙组（K_1t）：1990 年海拉尔盆地地层研讨会命名的铜钵庙组指定海参 3 井 2061.0～2936.0m 井段为铜钵庙组井下层型剖面，细分为三段，但没有剖面描述。万传彪等（1994）对铜钵庙组进行了修订，将含凝灰岩的火山碎屑岩部分划归到兴安岭群，并指定海参 6 井 1700.0～2506.0m 井段为铜钵庙组井下层型剖面，细分为三段，有详细描述。上述工作成果没有见到正式发表资料。本次工作沿用大家熟悉的铜钵庙组，但所使用的铜钵庙组含义在岩性上有所扩大，依据等时对比的年代地层学原理，重新定义铜钵庙组含义，即界定铜钵庙组的核心标准是地震反射面 T_3 和 T_4 之间的一套地层，以深色砂泥岩、杂色砂砾岩为主，在沉降中心部位常出现油页岩、泥灰岩层，且普遍含凝灰质砂泥岩和凝灰质砂砾岩的岩系，经常出现流纹岩、英安岩、凝灰岩等中酸性火山岩、火山碎屑岩。与下伏塔木兰沟组或前侏罗系呈不整合接触。视电阻率曲线高阻，厚度一般为 200～400m。盆地内广泛分布。本组下部产 *Cyathidites–Biretisporites–Podocarpidites* 孢粉组合，上部产 *Cicatricosisporites–Osmundacidites–Hailaerisporites* 孢粉组合；叶肢介见有 *Orthestheria* sp.，*Diestheria* sp.，*Yanjiestheria* cf.*sinensis*（Chi），*Yanjiestheria*？ sp. 等热河生物群典型分子；鱼化石见有可能属于热河生物群典型分子亚洲鱼 *Asiatolepis* 的骨舌鱼类化石；昆虫见有特征近似于热河生物群中重要的 *Ephemeropsis trisetalis*。满洲里呼伦湖东岸上库力组下部（相当铜钵庙组）流纹岩 LA—ICP—MS 锆石 U—Pb 同位素年龄为（144.3 ± 0.6Ma）（黄明达等，2016）；呼伦湖西岸上库力组下部英安质熔结凝灰岩相同方法所测同位素年龄为（141 ± 1）Ma、粗面英安岩同位素年龄为（142 ± 1）Ma（孟恩等，2011）；满洲里南部上库力组下部流纹岩同位素年龄为（139 ± 1）～（141 ± 1）Ma（苟军等，2010）；盆地北缘的温库吐地区上库力组火山岩形成年龄为（141.3 ± 1.7）Ma；盆缘柴河地区上库力组下部安山岩和英安岩同位素年龄为（141 ± 2）～（145 ± 3）Ma（司秋亮等，2015），流纹岩同位素年龄为（134.5 ± 1.5）Ma（李世超等,2013），流纹质晶屑凝灰岩同位素年龄为（131 ± 1）Ma（张乐彤等，2015）；来自盆地内井下铜钵庙组安山岩和流纹质凝灰岩的 14 块标本的同位素年龄范围为（125.0 ± 1.0）～（142.8 ± 4.0）Ma，与盆缘上库力组年龄相近似，具有可比性。指定贝 16 井 1328.0～1825.5m 井段为兴安岭群铜钵庙组井下层型剖面，指定德 106-203A 井 1335.5～1833.1m 井段、和 3 井 960.5～1187.5m 井段、海参 4 井 2238.0～2814.7m 井段为次层型剖面。

南屯组（K_1n）：系东煤地质局 109 队于 1987 年在鄂温克凹陷南屯地区 81-33、81-34、86-5 孔综合剖面创建。该队据扎赉诺尔群的古生物组合面貌及沉积旋回具三分性，将大磨拐河组下部命名为南屯组。1990年海拉尔盆地地层研讨会基本采纳上述划分意见，但将该组下部砂砾岩段划出另立一组（铜钵庙组），故海拉尔盆地地层研讨会的南屯组相当于109队南屯组的中上段。但东煤地质局109队定义的南屯组迄今为止没有正式发表。万传彪等指定海参3井1289.0～3061.0m井段补充为南屯组井下次层型剖面。南屯组的定义是，位于地震反射层 T_{22} 和 T_3 之间的一套受火山活动影响的陆源碎屑岩组合，表现为深色砂泥岩互层，在边部多夹粗砂岩，经常出现泥灰岩、油页岩、凝灰质砂泥岩、凝灰岩，局部井区出现煤层或煤线，部分井见有霏细岩、球粒流纹岩及粗面岩等。视电阻率曲线呈锯齿状起伏，厚度一般为280～420m，全区广泛分布。依据地震反射层特征，可将南屯组自下而上划分为一段、二段。南屯组一段（K_1n_1）为灰黑色泥岩夹浅灰色砂泥岩，或与浅灰色粉砂岩、泥质粉砂岩互层，部分地区产有油页岩、含油砂岩，边部粗砂岩含量增高，偶见粗面岩。双侧向曲线高阻，一般厚度为150～260m。该段位于 T_{23} 和 T_3 之间，与铜钵庙组呈不整合接触。南屯组二段（K_1n_2）岩性为浅灰色细—粉砂岩、灰黑色砂泥岩，或与泥质粉砂岩互层。位于地震反射面 T_{22} 和 T_{23} 之间，其底界与南一段为整合接触，局部为不整合接触。双侧向曲线呈锯齿状，一般厚度为150～300m，主要分布在深凹部位，隆起区大部分缺失。孢粉产 *Classopollis* sp.—*Pseudopicea variabiliformis*—*Piceaepollenites multigrumus* 组合，沟鞭藻在南一段产 *Protoellipsodinium* 组合（万传彪等，1997）、南二段产 *Vesperopsis maximus* 组合（万传彪等，1990），介形类产 *Limnocypridea subscalara*–*Hailaeria dignata* 组合（南一段）和 *Cypridea badalahuensis*–*Hailaeria cretacea* 组合（南二段），叶肢介 *Eosestheria* sp.、*Diestheria jeholensis* 和 *D*.sp.，双壳类 *Ferganoconcha subcentralis*、*Ferganoconcha sibirica*、*Limnocyrena* cf.*rotunda* 和 *Limnocyrena* cf.*selenginensis* 等，腹足类 *Lioplacodes* cf. *cholndyi*、*Vivparus* sp.、*Probaicalia vitimensis*、*Pleurolimnaea* cf. *shelingensis*、*Zaptychius* cf.*delicatus*、*Phytophorus* cf.*fuxinensis* 等，鱼类 *Lycoptera* sp.，植物 *Dicksonia concinna*、*Brachyphyllum* sp. 和 *Carpolithus* sp. 等。满洲里呼伦湖西北部上库力组上部（相当于南屯组）安山岩和辉石安山岩同位素年龄为（125±2）Ma，呼伦湖西岸上库力组上部流纹岩同位素年龄为（125±1）Ma，满洲里达石莫北西上库力组上部粗面英安岩同位素年龄为（127±3）Ma，灵泉地区井下上库力组上部玄武质粗面岩同位素年龄为（123±2）Ma（孟恩等，2011）。盆地东缘扎兰屯地区上库力组上部流纹岩同位素年龄为（129±5）Ma（张亚明等，2014）；扎兰屯西南地区上库力组上部流纹岩同位素年龄为（125.80±0.94）～（129.70±2.0）Ma（秦涛等，2014）。来自盆地内井下南屯组霏细岩、细粒英安质晶屑凝灰岩、流纹质玻屑晶屑岩屑凝灰岩和球粒流纹岩的4块标本同位素年龄范围为（119.1±4.8）Ma～（128±2）Ma，与盆缘上库力组上部同位素年龄相近，具可比性。指定乌尔逊凹陷苏8井1669.00～2197.0m井段为南屯组层型剖面，巴3井2036.0～2870.0m井段、苏132井1415.0～1708.0m井段为次层型剖面。

张文才等（1981）在兴安岭北段西坡建立伊列克得组（梅勒图组），为玄武岩、安山玄武岩、凝灰岩和粗安岩，在盆地西缘、北缘和东缘均有分布，多直接出露地表，或为第四系覆盖。盆内仅在鄂温克凹陷巴D2井见有伊列克得组玄武岩伏于大磨拐河组之下（厚98.4m，未见底），呈平行不整合接触。牙克石市南部伊列克得组钾玄岩Rb—Sr等时线年龄为（125±2）Ma（葛文春等，2000，2001），盆地北缘上护林—向阳盆地伊列克得组（梅勒图组）玄武岩 LA—ICP—MS 锆石 U—Pb 同位素年龄峰值为 125Ma（徐美君等，2011），相同方法所测满洲里达石莫北西伊列克得组玄武岩同位素年龄为（129±2）Ma（孟恩等，2011）。同位素数据表明，盆缘分布的上库力组上部（相当盆内南屯组上部）碱性流纹岩在层位上与伊列克得组有重叠，与伊列克得组玄武岩构成双峰式岩石组合（葛文春等，2000，2001），据此理念，将盆内大磨拐河组之下局部分布的玄武岩划归南屯组上部（主要分布在顶部），相当于盆缘的伊列克得组（梅勒图组）和上库力组上部。

大磨拐河组（K_1d）：建组剖面位于喜桂图旗大磨拐河右岸的五九煤田。位于地震反射层 T_2 和 T_{22} 之间，下部以湖相泥岩为主，上部为砂泥岩，夹较多煤层的湖沼沉积。视电阻率曲线下部低平，上部锯齿状含中高阻异常。厚度一般为 300～550m。全区广泛分布。一段（K_1d_1）以厚层黑色泥岩为主，夹泥质粉砂岩及中、薄层细砂岩。视电阻率曲线低平，夹小锯齿及块状较高阻层，底部为 30Ω·m 小起伏段，一般厚 200～350m。位于地震反射层 T_{21} 和 T_{22} 之间，与南屯组呈整合接触或上超接触。二段（K_1d_2）为黑色泥岩与灰色粉、细砂岩、泥质粉砂岩互层，呈反韵律，夹煤层，泥质岩含量达 70% 左右，视电阻率低平，间夹锯齿。厚 140～300m，位于地震反射层 T_2 和 T_{21} 之间，与大一段呈整合接触。孢粉产 *Deltoidospora hallii–Piceaepollenites exilioides* 组合（大一段）和 *Cicatricosisporites australiensis–Laevigatosporites ovatus* 组合（大二段），沟鞭藻产 *Nyktericysta beierensis beierensis–Vesperopsis glabra* subsp.1（大一段）和 *Vesperopsis contrangularia–Nyktericysta ramiformis aspera* 组合（大二段），介形类产 *Ilyocyprimorpha hongqiensis–Rhinocypris rivulosus* 组合（大一段），在盆地煤田钻孔本组产 *Neimongolestheria* cf. *guyanensis*、*N.gongyiminensis*、*Eosestheria* sp. 等叶肢介，双壳类见有 *Ferganoconcha sibirica*、*F.subcentralis*、*Sibireconcha* cf.*golovae*、*Corbicula anderssonia* 等。乌 16 井 1760.0～2151.0m 井段为海拉尔盆地井下本组次层型剖面。

伊敏组（K_1y）：系伊敏煤田会战指挥部地质室 1973 年建立，建组剖面在鄂温克族自治旗伊敏煤田第三、第十七勘探线 73-299、73-29 孔。全区分布，以湖相沉积为主，岩性为砂泥岩、煤层呈不等厚互层，一般厚 600～1400m。视电阻率值低，曲线呈低平小起伏或小棒状异常形态。位于地震反射面 T_{04} 和 T_2 之间。与下伏大磨拐河组呈整合或平行不整合接触，顶部被上白垩统青元岗组或新生界不整合覆盖。自下而上可分为一段、二段、三段。伊敏组一段（K_1y_1）为灰、深灰、黑灰色泥岩，灰白色粉砂岩、中粗砂岩、含砾砂岩，灰绿色过渡岩，呈不等厚互层，夹煤层。盆地边缘变粗，煤层发育。双侧向曲线呈齿形，煤层呈刺刀状尖峰，厚 120m。与大磨拐河组呈整合或平行不整合接触。伊敏组二段 + 三段（K_1y_{2+3}）为灰、深灰色泥岩，灰绿色泥质粉砂岩夹砂岩薄层。近底部常为砂泥岩过渡岩性。双侧向曲线呈齿形，煤层为尖峰状，呈笔架形，泥岩为 5Ω·m，砂岩为 20～25Ω·m。一般厚 150m。与下伏伊一段整合接触。孢粉产 *Impardecispora purveruleta–Abietineaepollenites microalatus* 组合（伊一段），*Triporoletes reticulates–Stereisporites antiquasporites–Pinuspollenites minutus* 组合（伊二段），*Appendicisporites* sp.–*Inaperturopollenites dubius–Asteropollis asteroides* 组合（伊三段中下部）和 *Pilosisporites trichopapillosus–Crybelosporites punctatus–Hammenia fredericksburgensis* 组合（伊三段上部）；藻类产 *Vesperopsis* sp. B–*Lecaniella proteiformis–Nyktericysta pentaedrus* 组合（Wan，2005）；在海拉尔市北宝日希勒 1548

孔本组中见有 *Orthestheriopsis* cf. *tongfosiensis*，*Orthestheria* sp. 等叶肢介；在盆地煤田钻孔本组产 *Sphaerium* sp.，*Corbicula* sp. 等双壳类；在灵泉煤矿伊敏组剖面，见有薄鳞鱼类（Leptolepididae）化石；伊一段见有 *Ruffordia goepprti*，*Acanthopteris onychioides*，*Nilssonia orientalis*，*Nilssoniopteris hailarensis*，*Ginkoadian toides*，*Ginkgoites sibiricus*，*Pagiophyllum* sp.，*Onychiopsis* sp.，*Coniapteris onychiopsis* 和 *C.bureiensis* 等植物化石。苏 20 井 320.0～1094.0m 井段为盆内本组次层型剖面。

青元岗组（K_2q）：系地质部第二普查大队于 1961 年在新巴尔虎右旗贝尔湖地区贝 4 孔建立，盆地内每个凹陷均有不同程度分布。岩性为紫红、灰绿色砂泥岩、砂砾岩，富含钙质，位于地震反射面 T_{04} 之上。视电阻率曲线低平具有小起伏。与下伏伊敏组呈不整合接触，上部被古近系或新近系不整合覆盖，厚 150～340m。贝尔凹陷贝 2 井为本组井下次层型剖面。介形类产 *Altanicypris obese–Talicypridea triangulata* 组合（本组下部）和 *Chinocypridea augusta–Talicypridea qingyuangangensis* 组合（本组上部），孢粉产 *Schizaeoisporites laevigataeformis–Callistopollenites radiatostriatus* 组合，轮藻产 *Atopochara ulanensis–Hornichara anguangensis* 组合。

6. 新生界（Cz）

盆地内钻井和盆缘露头见有古近系、新近系和第四系。

1）古近系（E）

本区古近系厚度不大，盆地内钻井仅在红旗凹陷红 D1 井，海参 6 井揭露了贝尔湖群古近系的古新统，缺失始新统和渐新统。由于分布范围小，故暂不建组，以古新统（E_1）称之。岩性为灰色砂泥岩和杂色砂砾岩，产 *Nudopollis* sp.–*Sapindaceidites asper* 孢粉组合。

2）新近系（N）

本区新近系厚度不大，仅见有上新统呼查山组，缺失中新统。

呼查山组（N_2h）：系黑龙江省地质矿产局地质矿产研究所于 1978 年在新巴尔虎右旗贝尔湖地区贝 4 孔建立，分布范围与青元岗组相似，岩性为较疏松的灰白、灰褐色砂岩，棕黄、红色泥质岩，绿灰、灰色泥岩互层，底部常具杂色砂砾岩，成岩性差，胶结松散，以河流相为主。孢粉产 Gramineae–Polygonum 组合，贝尔凹陷贝 4 孔见有腹足类化石 *Cathaica* aff.*hipparonum*、*Planorbis chihlinensis* 等。视电阻率曲线上部低平下部较高，厚 30～90m。与下伏古新统或青元岗组呈不整合接触。海参 1 井 26.5～100.0m 井段为海拉尔盆地井下本组次层型剖面。

3）第四系（Q）

第四系自下而上包括：白土山组（Q_1b）、中更新统（Q_2）、海拉尔组（Q_3h）、达布逊组（Q_3d）。

白土山组（Q_1b）：分布较广。为灰白色夹棕黄色、铁锈色的含水砂、砾石，间夹窝状白黏土透镜体。厚 10～50m。与下伏新近系泥岩呈平行不整合接触，或不整合覆盖在前第四系之上。与上覆红色黏土层为一明显的区域性波状剥蚀面相隔。

中更新统（Q_2）：本地层在盆地内普遍分布。由砖红色亚黏土、黏土或砖红色砂、砾组成，见冰积现象：有冻析、冻囊和冻球。厚一般为 4～5m，个别达 20～30m。与白土山组假整合接触。

海拉尔组（Q_3h）：广泛分布于海拉尔河沿岸及高平原上。下部由浅绿黄色、浅灰白色的含砾中、细砂组成，夹灰绿色黏土和粉土透镜体。厚4～15m。上部由黄白色、黄色—褐黄色的黄土状亚砂土、粉土组成，含白色钙质斑点，具大孔隙和垂直节理。厚2～23m。与下伏地层呈平行不整合接触。含哺乳动物化石：*Equus caballus*，*Equus henmionus*，*Bison* sp.，*Cervus* sp.，*Gazella* sp.，*Marmota* sp.，*Ochotona* sp，*Mammuthus* sp. 和 *Bison exiguus*。

达布逊组（Q_3d）：分布在盐湖中及各水系附近，主要为盐类堆积与含盐淤泥或砂层成互层。顶部为风积砂、沼泽堆积的砂质黏土、泥质粉砂，或河流、河漫滩沉积的砂、粉砂质黏土砂砾石等。厚一般为4～13m。含盐、芒硝、天然碱等。与下伏上更新统呈平行不整合接触。

第二节　地层划分与对比

盆地基底为中生界三叠系—侏罗系中下统、古生界和前古生界，盖层由中—上侏罗统—第四系构成。现将盆地内钻井揭露的基底及盖层地层自下而上与盆缘相关地层对比如下（图2-3-2）。

一、基底

1. 前寒武系（An€）

贝尔凹陷贝D4井1539～1543m井段白云岩，可与分布在盆地北缘额尔古纳河流域和牙克石一带的震旦系额尔古纳河组对比，额尔古纳河组由大理岩、白云岩和结晶灰岩夹少量变质碎屑岩的碳酸盐岩组合构成。红旗凹陷红D3井797.30～850.15m井段变粒岩、红3井2245.0～2350.0m井段灰黑色片岩，伊敏凹陷伊D1井1586～1693m变质流纹质凝灰岩与变质玄武安山岩不等厚互层夹石英岩，可与分布在巴彦山隆起一带由变粒岩、片岩、浅粒岩、石英岩及变质英安岩等构成的青白口系佳疙疸组（Q*nj*）大致对比。因此盆地内井下所产白云岩、变粒岩、片岩、变质火山岩和石英岩的层位可称为前寒武系（An€）基底。

2. 下古生界（Pz_1）

贝尔凹陷贝302井（1415～1450m，未见底）黑色板岩，海参5井（2852～3510m，未见底）泥板岩，贝尔凹陷与乌尔逊凹陷过渡带巴2井（1780～1940m）黑色泥板岩，巴4井（1486～1670m）黑色板岩，乌尔逊凹陷乌9井（1586～1966m）泥板岩，乌13井黑色及灰白色板岩和闪长玢岩可以与盆缘由绢云母板岩和砾质板岩构成的铜山组（O_1t）或由变质粉砂岩、绢云母板岩、石英砂岩构成的裸河组（$O_{2-3}lh$）大致对比，后者在大兴安岭及其西坡分布广泛，岩性较稳定，故盆地内见到的板岩与之关系更为密切，因此盆地内产板岩为主的地层可称为下古生界（Pz_1）基底。

3. 中古生界（Pz_2）

乌尔逊凹陷乌5井（2821.0～2909.43m，未见底）硅质岩可以与盆缘由海相中基性、酸性火山岩、火山碎屑岩及碎屑岩、碳酸盐岩及硅质岩、放射虫硅质岩等构成的大民山组（D_3d）大致对比。盆地内产厚层硅质岩或其他岩性与硅质岩为主构成的地层可以称为中古生界（Pz_2）基底。

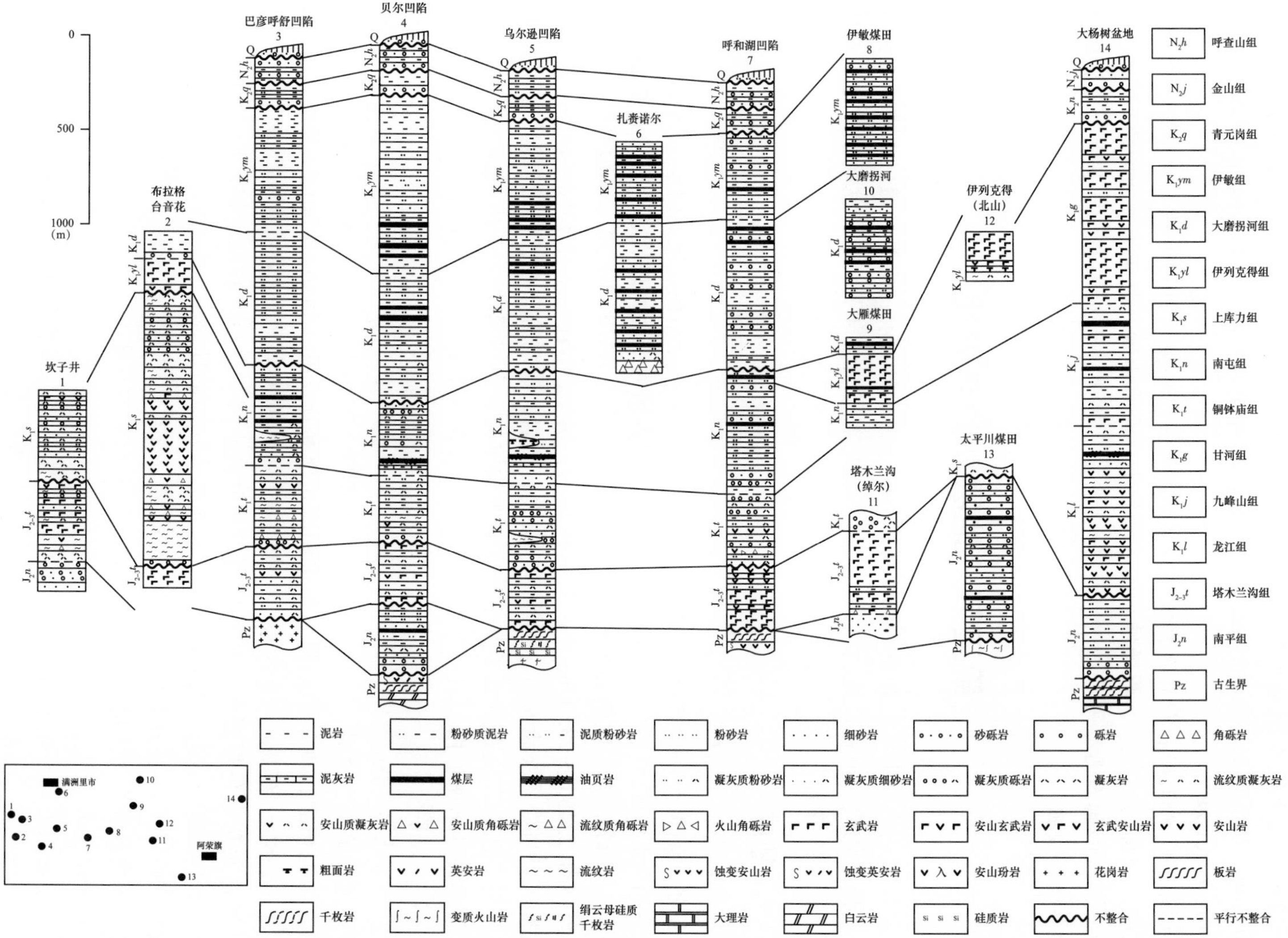

图 2-3-2　海拉尔盆地与邻区地层对比图

4. 上古生界（Pz_3）

希9井2668～2774.63m[2675.29m，（348.5±4.5）Ma；2694.44m，（356.3±4.5）Ma]酸性凝灰岩和砂泥岩井段可以与分布于陈巴尔虎旗哈达图牧场，牙克石市大南沟、乌奴耳一带由下石炭统海相正常碎屑岩、石灰岩，局部夹凝灰岩构成的红水泉组（C_1h）对比。贝2井1788.5～3022.0m[2123.76～2124.96m，（312.5±6.2）Ma；2400.10～2402.60m，（313.9±3.3）Ma]蚀变火山岩夹砂泥岩井段，海参9井1782～2552.32m[2304.87～2307.37m，（312.2±2.8）Ma]火山岩、少量煤层和角砾岩井段在岩性上可与出露在陈巴尔虎旗莫勒格尔河左岸由下石炭统海相火山岩构成的莫尔根河组（C_1m）大致对比，但同位素年龄为晚石炭世，年代地层学特征可以与岩石组合不同的新伊根河组（C_2x）大致对比，后者由陆相或海陆交互相碎屑岩组成。

贝尔凹陷德4井1936～2139m[1992.65～1997.02m，（297.7±3.6）Ma；2000.0m，（284±3）Ma]蚀变火山岩井段、贝41井2412～2950m[2751.28m，（284.7±2.2）Ma]蚀变英安岩夹凝灰岩井段、乌尔逊凹陷乌27井2335.5～2400.0m[2382.55m，（269.3±4.5）Ma]变质流纹岩井段，可与盆缘扎兰屯一带出露的下二叠统大石寨组（P_1d）中酸性火山岩及正常沉积岩组合对比。乌固诺尔凹陷海参10井[2318.0m，（282.7±2.4）Ma；2318.0～2322.65m，（294.5±3.2）Ma]见有下二叠统花岗岩。

推测盆地内钻井揭露的部分原布达特群火山碎屑岩应属于红水泉组、莫尔根河组或新伊根河组和大石寨组。因此盆地内有同位素年龄数据支持划归为石炭系—二叠系蚀变火山岩夹砂泥岩（含少量煤层）组合的地层可称为上古生界（Pz_3）基底。

二、中生界

海拉尔盆地中生界见有上三叠统、中侏罗统—上侏罗统及白垩系，缺失下三叠统—中三叠统和下侏罗统。现将盆地内钻井揭露的中生界自下而上与盆缘相关地层对比如下。

1. 三叠系（T）

查伊河组（T_3c）：查干诺尔凹陷查5井2110.5～2175.0m原布达特群流纹质凝灰熔岩井段所测同位素年龄为（214.4±4.3）Ma，属于晚三叠世，地质时代及岩性可与分布在盆缘东部柴河（曾经称为查伊河）下游及兴安盟扎赉特旗西巴音乌兰一带由中性熔岩和酸性喷出岩夹沉积碎屑岩组成的查伊河组（T_3c）大致对比。乌尔逊凹陷铜12井见到上三叠统花岗岩[1830.0m，（231.8±1.6）Ma]。

2. 侏罗系（J）

南平组（J_2np）：贝尔凹陷贝48井698.5～1946m（原布达特群）井段为泥岩、粉砂质泥岩与泥质粉砂岩、粉砂岩、凝灰质粉砂岩、含砾粉砂岩、细砂岩、凝灰质细砂岩、含砾细砂岩及砂质砾岩呈不等厚互层，局部见凝灰岩，孢粉产 *Annulispora perforate–Todisporites mimor–Pseudopicea* sp. 组合（中侏罗世），可与盆缘广泛分布的产中侏罗世叶肢介和植物的南平组对比。贝尔凹陷部分井原划分为布达特群深色砂泥岩组的层位应为南平组。与兴安盟境内万宝组岩性相似，生物化石确定的地质时代相同（中侏罗世），故可与对比。

塔木兰沟组（$J_{2-3}tm$）：海拉尔盆地扎赉诺尔坳陷和贝尔凹陷部分钻井钻遇塔木兰沟组，岩性为玄武岩夹砂泥岩、安山岩及凝灰岩等，秃1井产 *Osmundacidites–*

Cibotiumspora-Duplexisporites 孢粉组合（中侏罗世晚期—晚侏罗世），LA—ICP—MS 锆石 U—Pb 同位素年龄为（150.3 ± 6.5）～（169.0 ± 3.5）Ma（表 2-3-1）。前述盆缘塔木兰沟组大量同位素数据范围是 145.1～172.2Ma。同位素及古生物资料表明，盆地内和盆缘塔木兰沟组时代均为中—晚侏罗世，两者在岩性上也可对比。

表 2-3-1　海拉尔盆地探井塔木兰沟组 LA—ICP—MS 锆石 U—Pb 同位素测年数据表

序号	井号	深度 /m	薄片鉴定	年龄结果 /Ma
1	秃 1 井	1659～1667	玄武岩	152.3 ± 3.1
2	伦 1 井	2088.15～2091.25	安山岩	160 ± 1.1
3	查 1 井	1880～1885	安山质凝灰角砾岩	158.3 ± 3.8
4	楚 4 井	2051.68	绿泥石化（皂石化）安山岩	150.3 ± 6.5
5	贝 53 井	3282.00	斜长安山岩	168 ± 5
6	贝 53 井	3284.30	碎裂斜长安山岩	159 ± 10
7	贝 D5 井	1146.20	富铁质安山岩	169.0 ± 3.5

3. 白垩系（K）

1）兴安岭群铜钵庙组（K_1t）和南屯组（K_1n）

海拉尔盆地井下铜钵庙组产叶肢介 *Orthestheria* sp.、*Diestheria* sp.、*Yanjiestheria* cf.*sinensis*、*Yanjiestheria* ？ sp. 等，所产昆虫化石与 *Ephemeropsis* 比较接近。南屯组产叶肢介 *Eosestheria* sp.、*Diestheria jeholensis* 和 *D*.sp. 等，双壳类 *Ferganoconcha subcentralis*、*Ferganoconcha sibirica*、*Limnocyrena* cf.*rotunda*、*Limnocyrena* cf.*selenginensis* 等，以及鱼化石 *Lycoptera* sp.。上述化石均是热合生物群的主要分子，广泛分布于兴安岭北段西坡和海拉尔盆地周边露头的上库力组，故海拉尔盆地井下铜钵庙组和南屯组无论在岩性变化规律上还是古生物化石的成分上均与兴安岭北段西坡和海拉尔盆地周边露头的上库力组基本相当。

兴安岭东坡的光华组常与下伏龙江组相伴出露，以灰白色酸性凝灰岩、沉凝灰岩和黏土岩为主，夹灰绿色杂砂岩和紫灰色安山岩。灰白色酸性凝灰岩和沉凝灰岩中产叶肢介 *Plocestheria damiaoensis*、*Longjiangestheria opima*、*Pseudograpta murchisoniae* 等，昆虫 *Ephemeropsis trisetalis*、*Coptoclava longipoda* 等，双壳类 *Ferganoconcha sibirica*、*F.subcentralis*、*Sphaerium* cf.*pusilla* 等，介形虫 *Darwinula contracta*、*Ziziphocypris* cf. *simakovi*、*Z.* sp.、*Cypridea* sp. 等。九峰山组产鱼类 *Lycopteradavidi* 等，昆虫类 *Ephemeropsis trisetalis* 等，叶肢介 *Eosestheria middendorfii*、*E.intermedia*、*E.chii*、*E.elongata*、*Diestheria jeholensis* 等，是典型的热河生物群特征，与海拉尔盆地井下铜钵庙组和南屯组热河生物群有许多共有的分子，与兴安岭北段西坡和海拉尔盆缘上库力组的热河生物群有许多共有的分子。九峰山组与海拉尔盆地井下铜钵庙组和南屯组所产孢粉组合均属于早白垩世贝里阿斯期—瓦兰今期。

上库力组上部（相当于南屯组上部）碱性流纹岩在层位上与伊列克得组玄武岩有

重叠构成双峰式岩石组合，因此盆地内南屯组上部的玄武岩相当于盆缘的伊列克得组和上库力组上部。甘河组同位素年龄（123.1 ± 1.1）Ma 与伊列克得组大致相当（李永飞等，2013）。在龙江县山泉乡剖面用 K—Ar 法测得龙江组安山岩的同位素年龄为（141.3 ± 1.7）Ma，流纹质晶屑凝灰岩的同位素年龄为（144.1 ± 2.4）Ma，在邵家窝棚剖面测得龙江组流纹质凝灰岩的同位素年龄为（143.7 ± 2.3）Ma，安山岩的同位素年龄为（142.2 ± 2.0）Ma，安山质凝灰岩的同位素年龄为（141.5 ± 1.8）Ma。因此龙江组大致相当海拉尔盆地铜钵庙组（表 2–3–2）。

表 2–3–2　海拉尔盆地兴安岭群 LA—ICP—MS 锆石 U—Pb 同位素数据表

序号	井号	井深 /m	薄片鉴定	层位	年龄结果 /Ma
1	德 6 井	1133.0	流纹质凝灰岩	铜钵庙组	137.0 ± 3.0
2	海参 10 井	2003.77～2008.52	流纹质角砾凝灰岩	铜钵庙组	130.9 ± 1.6
3	海参 10 井	2004.57	英安质晶屑岩屑熔结凝灰岩	铜钵庙组	137.9 ± 1.5
4	海参 3 井	3040～3045.3	杏仁安山岩	铜钵庙组	138.3 ± 3.3
5	巴 6 井	1096.3～1105.0	蚀变安山岩	铜钵庙组	142.0 ± 2.0
6	和 9	2463.95	流纹质玻屑岩屑凝灰岩	铜钵庙组	138.6 ± 1.7
7	贝 16	1742.90	蚀变安山岩	铜钵庙组	134.0 ± 2.0
8	贝 36–50	1290.55	安山岩	铜钵庙组	130.3 ± 7.6
9	希 11	2436.00	流纹质玻屑岩屑凝灰岩	铜钵庙组	142.8 ± 4.0
10	楚 3 井	1611.90	球粒流纹岩	铜钵庙组	127.0 ± 4.0
11	楚 3 井	1616.53	球粒流纹岩	铜钵庙组	125.0 ± 1.0
12	楚 3 井	2178.82	硅化流纹岩	铜钵庙组	125.0 ± 1.0
13	楚 3 井	2179.27	硅化流纹岩	铜钵庙组	126.0 ± 1.0
14	贝 13	1819.63	绢云母化晶屑流纹岩	铜钵庙组	128.3 ± 1.3
15	楚 2 井	1606.92	球粒流纹岩	南屯组	128.0 ± 2.0
16	贝 39 井	2380.77	流纹质玻屑晶屑岩屑凝灰岩	南屯组	127.8 ± 2.3
17	霍 12 井	2603.95	细粒英安质晶屑（岩屑）凝灰岩	南屯组	123.2 ± 3.6
18	巴 13 井	1448.50	霏细岩	南屯组	119.1 ± 4.8

因此海拉尔盆地井下兴安岭群铜钵庙组和南屯组整体上相当于兴安岭北段西坡的上库力组和伊列克得组，相当于东坡的广义龙江组、九峰山组和甘河组。时代为贝里阿斯期—瓦兰今期。

2）扎赉诺尔群大磨拐河组（K_1d）和伊敏组（K_1y）

大磨拐河组所产的 2 个孢粉组合均出现了大量早白垩世早中期特征分子，表现为海金砂科的孢子自下而上不但数量增加，而且类型也逐渐呈现多样化的趋势，没有出现侏罗纪特有的分子，仅在塔木察格盆地塔南凹陷塔 19–36 井见有零星的早期被子植物花粉 *Clavatipollenites* sp.，其组合面貌可与大磨拐河组次层型剖面对比，也可与兴安岭地区伊敏、扎赉诺尔、大雁、免渡河、锡林浩特、黑河等煤田的大磨拐河组对比，可与松辽盆地营城组、三江盆地城子河组、辽西地区沙海组对比，所产沟鞭藻类可与三江盆地城子河组对比，时代为欧特里夫期—巴雷姆期。

伊一段所产藻类组合可与松辽盆地登娄库组、三江盆地穆棱组、阜新盆地及开鲁盆地阜新组巴雷姆期的藻类组合对比。伊敏组中下部所产的 3 个孢粉组合以蕨类植物孢子占优势，海金砂科分子空前繁盛，均出现少量原始被子植物花粉 *Clavatipollenites*、*Asteropollis asteroides* 等，可与松辽盆地登娄库组、三江盆地穆棱组孢粉组合对比，孢粉组合时代为巴雷姆期—早阿尔布期。伊敏组上部孢粉组合在海金砂科分子仍空前繁盛的基础上，被子植物花粉含量突然升高，出现了有时代对比意义的重要被子植物花粉：*Clavatipollenites hughesii*、*C.minutus*、*Asteropollis asteroides*、*A. vulgaris*、*Hammenia fredericksburgensis*、*Polyporites asper*、*P. psilatus*、*Tricolpites* sp.，特别是 *H. fredericksburgensis* 的出现，证明海拉尔盆地伊敏组一直到阿尔布期仍接受沉积，其组合特征可与二连盆地赛汉塔拉组三沟粉带中的网面三沟粉亚带和多孔粉亚带对比，组合中被子类花粉演化阶段特征相当于松辽盆地泉头组一段、二段。伊敏组层型剖面孢粉组合中未见到 *H. fredericksburgensis*，证明盆地内伊敏组上部比层型剖面的伊敏组层位高，也比海拉尔盆地周边地区煤田的伊敏组层位高，伊敏组上部曾被称为呼伦组，因分布面积小，岩性与伊敏组不易区分，本书将其归入伊敏组。古生物资料确定本组的地质时代为早白垩世巴雷姆期—阿尔布期。

3）贝尔湖群青元岗组（K_2q）

本组孢粉组合中出现了重要的被子植物花粉化石：*Tricolporopollenites*、*Callistopollenites*、*Beaupreaidites*、*Proteacidites*、*Tricoipites*、*Wodehouseia*、*Cranwellia* 和 *Retitricolpites* 等，同时蕨类植物孢子中 *Schizaeoisporites* 空前繁盛，组合特征可与松辽盆地四方台组对比（高瑞祺等，1999），也可与三江盆地雁窝组下部对比。本组所产的介形类组合、轮藻组合，可与松辽盆地四方台组对比。古生物指示的地质时代均为晚白垩世坎潘期—早马斯特里赫特期。

三、新生界

海拉尔盆地井下仅见到局部分布的古近系古新统和分布较为广泛的新近系上新统呼查山组，对比如下（第四系略）。

1. 古近系古新统

红 D1 井 32.49m 处所产 *Nudopollis* sp.—*Sapindaceidites asper* 孢粉组合中的 *Sapindaceidites asper*、*Sapindaceidites triangulus* 有相当含量，见于新疆古新统齐姆根组、青海及内蒙古古新统郭家川组，*Proteacidites microverrucosus* 在青海郭家川组也有发现（张一勇等，1991），并见到了典型特征分子正型粉中的 *Nudopollis*。一般认为正型粉在我国于古新世早期才在新疆、青海和内蒙古等地出现，因此红 D1 井古新统可以与新疆齐姆根组、青海及内蒙古郭家川组对比。

2. 新近系呼查山组

本组产的 *Gramineae–Polygonum* 孢粉组合中，以被子植物花粉为主，裸子植物花粉和蕨类植物孢子含量低。被子植物花粉中乔木植物花粉有 *Salix*，*Betula*，*Corylus*，*Ulmus* 和 *Fraxinus* 等；草本植物花粉占主导地位，见有 *Potamogeton*、*Gramineae*、*Cyperaceae*、*Solanaceae*、*Polygonum*、*Chanopodiaceae*、*Artemisia*、*Compositae*、*Retitricolpites* 和 *Tricolporopollenites* 等，具有上新世的典型特征。其组合面貌可与松辽盆地泰康组、虎林地区的道台桥组孢粉组合对比（万传彪等，2014a），时代上与二连盆地宝格达乌拉组相当。

第四章　构　　造

在《中国石油地质志》首版完成后，海拉尔构造研究取得了很大的进展，主要体现在两个方面：一是贝尔凹陷苏德尔特构造带的重新认识，原来认为苏德尔特为一个古凸起，缺少沉积地层，现在认为苏德尔特构造带为一个反转构造带，在其上发现了中等规模的油田；二是认为贝尔凹陷断陷期受北东东向断裂体系的控制，改变了原来只受北北东向断裂体系控制的观点。

第一节　区域构造背景

海拉尔盆地属于巨大的中亚—蒙古地槽的一部分，以德尔布干断裂为界，西面属于萨彦—额尔古纳褶皱区的额尔古纳褶皱系，其下部为早加里东期的兴凯运动褶皱，镶嵌在西伯利亚地台边缘，古生代地槽向南迁移，额尔古纳处于长期隆起状态。晚古生代经海侵形成上部地层，受海西运动强烈影响，这些地层大多数被海西期花岗岩所吞没，破坏了前期的构造面貌。上古生界轻度变质，构造走向略呈北东向。东面属天山—兴安褶皱区的内蒙—大兴安岭褶皱系，海西运动为其主旋回，区内主要出露中—上古生界，褶皱走向呈弧形褶皱面貌，海拉尔盆地即处在两个褶皱系的接壤部位，盆地基底的形成是由西伯利亚板块与塔里木—中朝板块近南北向的相向运动造成的，使其间的地槽缩小，最后封闭，其结果呈现出：

（1）德尔布干断裂带是两个褶皱系的缝合线，此沿线一带发育绿片岩和蛇绿岩，存在着一系列金属矿产。

（2）形成一系列复背斜和复向斜，海拉尔盆地西部为额尔古纳复背斜，盆地中部为海拉尔复向斜，盆地东部为兴安复背斜，东南为阿尔山复背斜，直到松辽盆地西缘的富拉尔基复背斜。

（3）海拉尔复向斜及其以东地区褶皱形成时间晚、变质程度弱、固化程度差，在南北向水平力作用下，应力易于集中，对深部物质的活动来讲是个薄弱带，所以中生代以来构造活动较为强烈，基底特征对盖层的控制作用明显。

盆地的深部结构为一个莫霍面隆起。在整个东北地区有两个较明显的莫霍面隆起带：一是吉雅—松辽—下辽河隆起带，莫霍面深 29～32km；二是海拉尔隆起带，莫霍面深 40～44km。其间为幔坳区，深度 44～50km，海拉尔盆地莫霍面深 42～43km，其 43km 等值线大致与盆地的轮廓相吻合，略具镜像反映。至于盆地断陷、隆起同莫霍面的关系有待进一步研究。

一、盆地的基底结构

盆地基底由两个复背斜和一个复向斜组成。根据航磁 ΔT 上延 3km 异常图分析，其磁场走向分两部分，嵯岗隆起及其以西地区走向以 28°～35° 为主，以东地区为 45°～55°，但在皇德—拉然宾庙一带有相交趋势。这些磁异常走向与盆地周缘的古生代背向斜褶皱轴线可以连接，表明这些磁异常的区域性走向反映了基岩构造的大致面貌。

从构造轴线分析，嵯岗到圣山一带为额尔古纳复背斜向南延伸的部分，海拉尔盆地主体部位为海拉尔复向斜，而内部又可细分为陈旗—陵丘向斜、东乌珠尔—英根庙背斜、鄂温克—甘珠尔庙向斜、巴彦山背斜、伊敏—辉索木向斜共 5 个次级构造，盆地东部为兴安复背斜部分，次级构造为新托布—锡林贝尔背斜和旧桥向斜。

基底岩性西部主要为前古生界深变质岩，东部主要为古生界变质岩，从磁场特征分析，以嵯岗隆起东侧为界，其西部为正磁场面貌，ΔT 一般为（100×10^{-9}）～（350×10^{-9}）特斯拉，为古老变质岩的反映。3CK28 井钻遇的前寒武系花岗片麻岩（ΔT 为 280×10^{-9} 特斯拉）也证实了这一点。东为区域性负磁场，ΔT 一般为（-50×10^{-9}）～（150×10^{9}）特斯拉，为中—上古生界轻变质岩的反映。这些岩性在巴彦山一带已有出露。在莫达木吉（ZK2904）、巴彦山（3CK4、M89、M94、M95、M96 等井孔）、锡林贝尔（M84、ZX07、ZK08 等井孔）、乌固诺尔（ZK359-1）等地也被钻孔钻遇。此外，在复背斜轴部和基底断裂部位，常有花岗岩侵入。据重力、磁力资料解释大致有 5 个条带、38 个花岗岩体、面积大于 $9475km^2$，约占盆地总面积的 23.4%。

二、基底岩性

海拉尔盆地基底岩性以古生界变质岩为主，并广泛发育海西期花岗岩（图 2-4-1）。嵯岗隆起上，在其正磁异常背景上发育很多局部高值异常。对应着这些局部异常地面出露有海西期花岗岩及被 M49、M50、6-2- 西 1 等钻孔揭露的燕山期花岗岩。在嵯岗北有前寒武系变质岩出露，嵯岗附近的 3CK27 也钻到前寒武系变质岩，因而推测嵯岗隆起为较早的隆起带，并被花岗岩岩体侵入。

盆地东南部的贝尔、新巴尔虎左旗、伊敏煤矿等广大地区，航磁异常以低频磁异常为背景，其上发育数处高频正磁异常。该区于巴彦山周围地区见到石炭系—二叠系和寒武系等古生界，对应于负磁场区有 3CK4、ZK2904、M84、ZK07、ZK08、M98 等钻孔钻穿新生界见到古生界。因而推测该区大面积的负磁异常主要反映古生界变质岩系，即其基底为古生界变质岩。在负磁异常背景上于巴彦山区、辉索木东南、将军庙等处分布有强度和梯度都较大的正磁异常块体。对应于巴彦山、辉索木东南的正磁异常块体的地区有大面积的海西期花岗岩岩体出露。在露头附近有 M102、M77、M79 等钻孔见到海西期花岗岩，因而推断该区强度和梯度较大的正磁异常主要为花岗岩岩体的反映。扎赉诺尔坳陷的低频负磁异常与上述大面积的负磁异常可对比，为古生界变质岩系的反映。

从出露的岩性来看，乌奴尔西南基底为泥盆系碳酸盐化和绿帘石化的辉石安山岩；嵯岗隆起的基底是兴华渡口群混合岩化黑云母角闪变粒岩。海拉尔盆地周边，除嵯岗隆起北部出露元古宇加疙瘩群片岩、片麻岩和兴华渡口群外，古生界沉积岩和火山岩普遍已遭受蚀变，均为低变质岩。由于断陷内基岩埋深大，虽能在地震剖面上识别出基底变质岩系，但反射界面不明显。在乌尔逊凹陷南部巴 2、巴 4、巴 6、乌 13 和乌 9 等探井均钻遇基岩，岩性为古生界黑色泥质板岩。贝尔地区为极低级变质的砂岩、凝灰质泥岩和安山质晶屑凝灰岩。地震剖面上表现为上部平行反射和下部杂乱反射的特征，测井曲线出现明显的台阶，岩性特征也明显。海拉尔盆地是在与二连盆地相似的海西褶皱基底上发育的中—新生代断—坳陷盆地，以德尔布干断裂为界，东部属大兴安岭—内蒙褶皱系，西部属额尔古纳褶皱系。

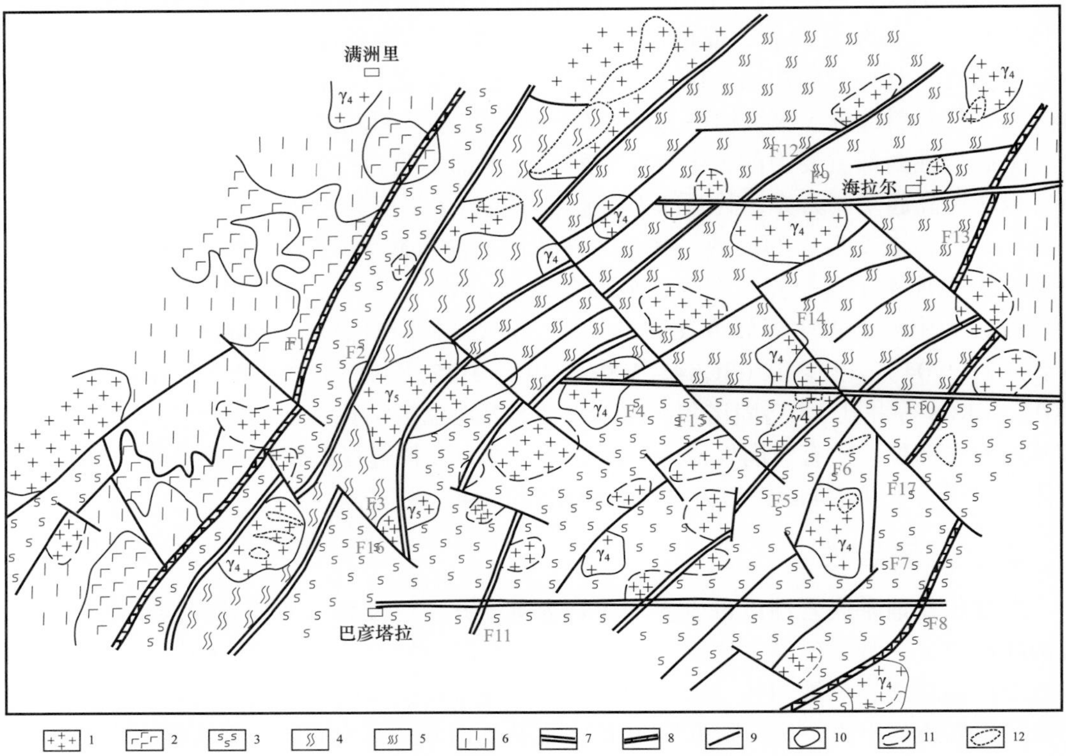

图 2-4-1　海拉尔盆地基底断裂及岩性分布预测图（据张晓东，1985）

1—花岗岩；2—中基性火山岩；3—古生界变质岩；4—前寒武系变质岩；5—火山岩覆盖变质岩；6—中酸性火山岩；7—大断裂；8—盆地边界断裂；9——般断裂；10—花岗岩范围；11—未定期花岗岩；12—已出露地质界限；F1—扎赉诺尔；F2—阿尔公；F3—德扎根呼热；F4—伊敏河；F5—红山；F6—巴彦布尔；F7—锡林贝尔；F8—哈克—巴日图；F9—海拉尔；F10—牧场扎和庙；F11—哈拉哈；F12—完工—铜钵庙；F13—河锡尼河；F14—二道沟牧场—红花尔基；F15—辉索木新宝力格；F16—巴音塔拉；F17—红花尔吉

乌尔逊断陷的正磁异常背景上的局部峰值推测为花岗岩体的反映。在扎和庙的东南，航磁异常呈鼻状向东北延伸，从航磁异常总的形态上看可能与其西侧由 M49、M50、66-2- 西 1 浅井揭露的花岗岩体属同一岩体，其间被断层切割。铜 1 井钻到基底花岗岩，因而推测该鼻状正异常为燕山期花岗岩体引起。

在扎和庙—伊敏河牧场断裂以北地区，航磁异常频率较高，对应于火山岩出露区的异常频率则更高。该区的海拉尔、乌固诺尔两处存在规模和强度都很突出的等轴状正磁异常，与地面出露的海西期花岗岩正好对应，因而认为这些正磁异常主要由海西期花岗岩引起。该区的 ZK641、ZK647、ZK649、ZK4553、3CK25、85-6、85-8、81-34、81-38、86-19 等钻孔都到了塔木兰沟组火山岩，在上延图上，该区与东南的大面积负磁异常连成一片，综合推断该区基底以古生界变质岩系为主，有花岗岩体侵入，其上又被塔木兰沟组火山岩覆盖。

综上所述，海拉尔盆地基底以古生界变质岩系为主，有海西期花岗岩广泛侵入。花岗岩岩体多沿断裂或其交叉处分布并具北东向。盆地的西部及北部塔木兰沟组火山岩发育，而乌尔逊和呼和湖等断陷则发育较少。

第二节 断裂体系

基底大断裂为海拉尔盆地形成的先存构造，在断陷盆地发育过程中，先存的基底大断裂部分重新活动发育为控陷断裂。控陷断裂决定了海拉尔盆地各个凹陷的形成和发育，而海拉尔盆地发育过程中又经历了多期构造运动，多期构造运动伴生了大量盖层断裂，因此通过对海拉尔盆地基底大断裂、控陷断裂和盖层断裂的研究，可以揭示海拉尔盆地建造和改造过程。

一、基底断裂

基底大断裂为海拉尔盆地形成的先存构造，在盆地发育过程中往往重新活动，因此对盆地的形成具有控制作用。根据重磁力异常的梯度带、串珠状异常的有规则分布、异常的扭曲或方向变化、异常轴线的错动、区域重磁力场的分界线等标志，结合反射法地震资料，共判断出基底大断裂和较大的断裂 26 条（表 2-4-1）。

表 2-4-1 海拉尔盆地基底断裂特征表

序号	断裂名称	走向	延伸长度 / km	重力场特征	航磁场特征	其他资料反映情况
1	扎赉诺尔	35°	＞200	重力异常梯度带	不同特征磁场分界线亦为航磁异常梯度带	总纵电导 S 梯度带
2	阿尔公	35°	＞200	重力异常梯度带	不同特征磁场分界线亦为航磁异常梯度带	总纵电导 S 梯度带
3	皇德—扎根呼热	30°～35°	＞220	重力异常梯度带，被北西梯度带错动	不同特征磁场分界线亦为航磁异常梯度带	总纵电导 S 梯度带
4	完工—铜钵庙	40°～60°	170	重力异常梯度带	线性异常不同特征场界	总纵电导 S 梯度带
5	巴彦山	40°	140	重力异常梯度带	不同特征场界异常梯度带	总纵电导 S 梯度带
6	哈克—巴日图	30°～50°	200	重力异常梯度带，被北西梯度带错动	异常梯度带等值线扭曲	总纵电导 S 梯度带
7	锡林贝尔	20°～45°	100	重力异常梯度带	异常梯度带	总纵电导 S 梯度带
8	巴彦布尔德	10°～40°	100	重力异常梯度带	异常梯度带不同特征场界	总纵电导 S 梯度带

续表

序号	断裂名称	走向	延伸长度/km	重力场特征	航磁场特征	其他资料反映情况
9	锡尼河	310°	65	重力异常梯度带两侧异常走向不一	异常梯度带	
10	二道沟牧场—红花尔基	320°	95	重力异常梯度带异常轴线错动		
11	嵯岗—辉索木	320°	105	重力异常梯度带异常轴线错动	异常梯度带	
12	英根庙	310°	65	重力异常梯度带	不同特征场界	
13	甘珠尔庙	290°	25	重力异常梯度带	异常线扭曲	
14	巴彦哈达	315°	40	重力异常梯度带	异常梯度带	
15	东庙	310°	45		串珠状异常	
16	赫尔洪德东	45°	55	重力异常梯度带		
17	红旗牧场西	45°	30	重力异常梯度带	异常梯度带	
18	五星队西	45°	40	重力异常梯度带	不同特征场界	
19	五星队东	45°	40	重力异常梯度带	不同特征场界	
20	乌固诺尔南	50°	40	重力异常梯度带	异常梯度带	
21	莫达木吉北	50°	50	重力异常梯度带	不同特征场界	
22	浩勒包西	55°	35	重力异常梯度带	不同特征场界	
23	浩勒包东	50°	35	重力异常梯度带	异常梯度带	
24	海拉尔河	近东西	125	南北异常差异	异常梯度带	
25	扎和庙—伊敏河牧场	近东西	145	不同特征场界异常轴线的错动，异常梯度带	异常梯度带	
26	哈拉哈河	东西	210	重力异常轴扭曲	磁性体深度的变化带	

按断裂走向分析大致可分为4组，即北北东向4条、北东和北东东向12条、东西向3条、北西向7条。从它们相互切割关系分析，北北东向发育最早，其次为北东东向和东西向，北西向最晚，切割了其他方向的断裂，从断裂长度分析，北北东向和东西向断裂一般大于140km，北西向和北东、北东东向断裂都小于100km。

基底断裂控制了盆地的结构，北北东向的断裂控制了盆地的东西分界和盆地内一级构造的界限，也控制了盆地的发生和发展。东西向断裂与扎和庙—伊敏河牧场断裂均为北盘上升、南盘下降，构成宏观的台阶状，两断裂之间有塔木兰沟组发育，早期火山活动较强烈，而且伊敏组和南屯组上段较发育。扎伊断裂以南恰有相反趋势。而北东和北东东向的中小型断裂则往往构成二级断陷的边界断裂，它往往制约着各断陷南屯组及其以上地层的沉积；北西向断层多数起着断陷间和断陷内地质构造复杂化的作用。

二、控陷断裂

在断陷盆地发育过程中，先存的基底大断裂部分重新活动发育为控陷断裂。控陷断裂决定了海拉尔盆地各个凹陷的形成和发育，随着二维、三维地震勘探程度的加大，控陷断裂的分布及其剖平面特征更加清晰。总体上看，各凹陷的控陷断裂具有分段和交割特征，平面上呈左阶或右阶斜列式展布（图 2-4-2）。

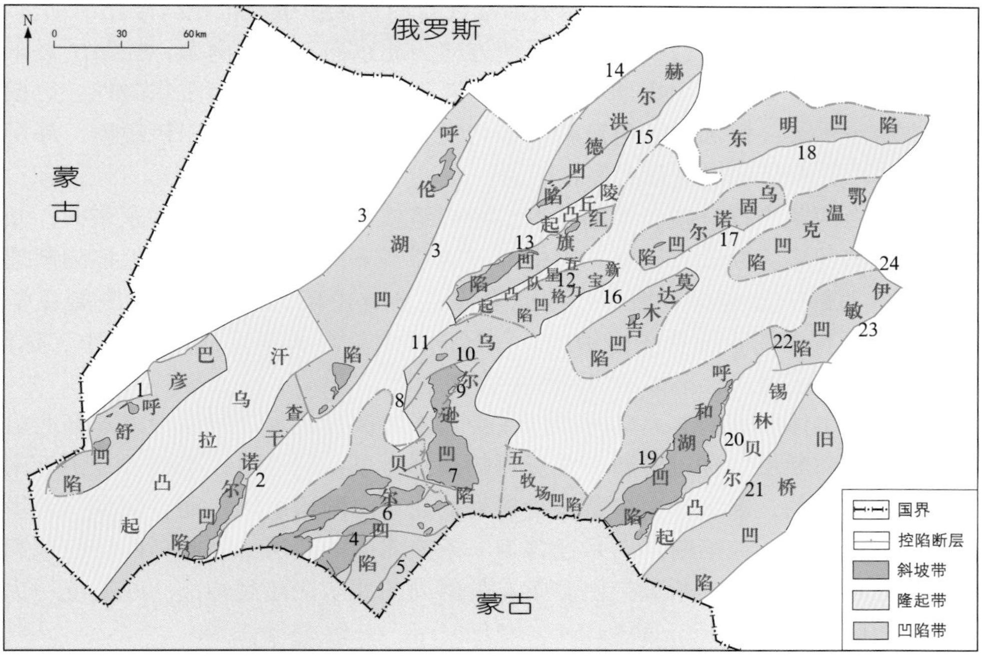

图 2-4-2 海拉尔盆地控陷断裂分布图

1—阿敦楚鲁；2—查东；3—呼伦湖；4—贝中；5—贝东；6—贝北；7—巴彦塔拉；8—乌西；9—铜钵庙；10—苏仁诺尔；11—乌北；12—五星队东；13—红西；14—赫西；15—赫中；16—莫达木吉北；17—乌固诺尔南；18—东明；19—呼西；20—呼东；21—旧桥西；22—伊西；23—伊东；24—伊北

阿敦楚鲁断裂为巴彦呼舒凹陷的西界断裂，是一条区域性伸展断裂，该断裂控制了凹陷的发育和演化。阿敦楚鲁断裂总体走向北东，倾向南东，倾角 35° 左右。T_5 层延伸长度 92km，最大断距 4200m，最大水平断距 8.3km。依据断裂走向及断面特征，平面上阿敦楚鲁断裂可分为六段，北东向主控陷断裂与北北东向控陷断裂交割出现，平面上呈左阶斜列式展布。

查东断裂为查干诺尔凹陷的东界控陷断裂，与其倾向相反的调节断裂组成了一个不对称的地堑。查东断裂是一条区域性伸展断裂，控制了查干诺尔凹陷的发育和演化，总体走向北北东，倾向南东东，倾角 40°～70°，断层面北段较陡南段较缓。依据断裂走向及断面特征，平面上断裂可分为 4 段，北北东向主控陷断裂与北东向控陷断裂交割出现，平面上呈左阶斜列式展布。

呼伦湖断裂由呼伦湖西断裂和呼伦湖东断裂（阿尔公断裂）组成，是区域性伸展断裂，控制了呼伦湖凹陷的发育和演化，断裂总体走向北北东，倾向南东东，倾角 60°。T_5 层延伸长度 43km，最大断距 2800m，最大水平断距 4.7km。呼伦湖东断裂北段依据断裂走向及断面特征，可分为3段，平面上呈左阶斜列式展布。

贝尔凹陷铜钵庙组、南屯组沉积时期主要受贝中、贝东和贝北断裂（带）的控制，主要控制了贝东次凹、贝中次凹、希林敖包隆起带、苏德尔特构造带和贝西次凹的形成。

贝中断裂由两条北东向对倾断裂组成，两条断裂控制了贝中次凹的沉积，形成双断式断陷盆地。断裂在早期形成，后期继承发育，向上终止于伊敏组，深层断距大、延伸长，浅层断距小、延伸短，由早到晚断裂活动性减弱，至伊敏组沉积后停止活动。

贝东断裂为贝东次凹西边界断层，延伸方向为北东向，倾向南东，控制了贝东次凹断陷构造层的沉积。该断层为多期活动断层，断裂形成于铜钵庙组沉积时期，后期继承发育，在南屯组、大一段和伊敏组沉积末期均发生活动，向上终止于伊敏组，深层断距大、浅层断距小，至伊敏组沉积后停止活动。

贝北断裂由两条平行且倾向相同的控陷断裂组成，其延伸方向为北东东向，倾向北北西。贝尔北部凹陷为断阶式凹陷，由中部向北节节下掉。贝西次凹靠近控陷断裂的地区接受沉积，西部隆起成为斜坡带，因此形成了单断式箕状断陷盆地。断裂在早期形成，后期继承发育，向上终止于伊敏组，深层断距大、延伸长，浅层断距小、延伸短，由早到晚断裂活动性减弱，至伊敏组沉积后停止活动。

乌尔逊凹陷主体呈近南北向延伸，以往受其影响认为乌尔逊凹陷中南部乌西边界断层为一条近南北向断层。经过对新三维资料的解释，早期的乌西控陷断裂是由近南北向展布的断裂带形成的，断裂带由多条左阶斜列的北东向断层组成。而在晚期，即伊敏组二段、三段沉积时期，控陷断层向东迁移为一条南北向的断层。因此乌西控陷断裂早期为近南北向展布的断裂带，断裂带由多条左阶斜列的北东向断裂构成；晚期统一为一条南北向控陷断层。

断陷期乌尔逊凹陷主要发育乌西、乌北、苏仁诺尔、铜钵庙和巴彦塔拉5条控盆和控陷断裂（带），近南北向展布的乌西断裂带由6条左阶斜列的北东走向断裂组成，乌北由两条平行的北东走向断裂组成，铜钵庙断裂也为北东走向；而巴彦塔拉断裂走向为北西西向，苏仁诺尔断裂走向为北东东向。铜钵庙组、南屯组沉积时期的控盆和控陷断裂的发育具有较好的继承性。

随着南屯组沉积末期的压扭变形，乌尔逊凹陷的区域构造应力发生了变化，盆地的性质也由断陷盆地转变为断坳盆地。构造层发育的控陷断裂也表现出极大的变异性，在大磨拐河组沉积时期只有巴彦塔拉断裂、乌北断裂和铜钵庙断裂具有继承性，而整个乌西断裂带上的北东向断裂均停止了活动，取而代之的是乌西断裂带内侧近南北向断裂。

伊敏组二段、三段沉积时期与大磨拐河组沉积时期相似，只有乌北的内断裂和铜钵庙断裂具有继承性，乌西断裂带内侧同样发育近南北向控陷断裂，同时，在乌北新生一条近南北向断裂。发育于不同构造层中的控陷断层具有极大的变异性，近南北向的控陷断裂只发育于大磨拐河组和伊敏组二段、三段，而北东向控陷断裂主要发育于铜钵庙组和南屯组。控盆断层只有北东向的断裂，北东东向、北西西向、近南北向断裂只为控陷断层（表2–4–2）。

表 2-4-2　海拉尔盆地控陷断裂统计表

断裂名称	构造位置	断层条数	断穿层位	断层要素					发育史	组合形式
				走向	长 /km	宽 /km	倾角 /（°）	性质		
阿敦楚鲁	巴彦呼舒	6	T_2—T_5	北东	92	8.3	30～40	正	长期	斜列式
查东	查干诺尔	4	T_1—T_5	北东	95	4.5	40～70	正	长期	斜列式
呼伦湖	呼伦湖	2	T_1—T_5	北东	43	4.7	60	正	长期	双断式
贝中	贝尔	2	T_2—T_5	北东	9～28	2～4	30～40	正	长期	双断式
贝东	贝尔	1	T_2—T_5	北东	29～32	3～4	35～45	正	长期	单断式
贝北	贝尔	2	T_{22}—T_5	北东东	50～80	3～5	30～40	正	断陷期	断阶式
乌西	乌尔逊	6	T_{22}—T_5	近南北	52	4～6	25～40	正	断陷期	斜列式
乌北	乌尔逊	2	T_{04}—T_5	北东东	22	2～4	25～40	正	长期	断阶式
苏仁诺尔	乌尔逊	1	T_1—T_5	北东东	15	1～2	35～50	正	断陷期	单断式
铜钵庙	乌尔逊	4	T_1—T5	北东	39	2～3	30～40	正	长期	单断式
巴彦塔拉	乌尔逊	1	T_1—T_5	北西西	25.5	1～2	40～50	正	断陷期	单断式
红西	红旗	2	T_{22}—T_5	北东	81	5.2	60	正	断陷期	斜列式
赫西	赫尔洪德	1	T_{22}—T_5	北东	28	2	40～60	正	长期	单断式
赫中	赫尔洪德	2	T_{22}—T_5	北东	79	2	40～60	正	长期	斜列式
呼东	呼和湖	3	T_1—T_5	北北东	106	3.9	20～40	正	长期	斜列式
呼西	呼和湖	2	T_1—T_5	北北东	7～18	2.4	20～40	正	长期	单断式
伊东	伊敏	2	T_{22}—T_5	近东西	17～20	3.4	50～80	正	断陷期	单断式
伊西	伊敏	2	T_{22}—T_5	北北东	28	0.8	30～50	正	长期	单断式
伊北	伊敏	2	T_{22}—T_5	北西	10～18	2.2	60～80	正	长期	单断式

经过对乌西断阶地震剖面的解释，认为乌西近南北向的断层在伊敏组二段、三段沉积时为同沉积断层，从横切乌南的地震剖面可以看出，近南北向断层的上盘地层明显地表现出生长性，即远离近南北向断层的上盘伊敏组二段、三段明显减薄，地层的形状成楔状。

红旗凹陷为北东向延伸的断陷盆地，凹陷内断层走向主要为北东和北北东向。红西断裂为红旗凹陷的西界断裂，是一条区域性的伸展断裂，该断裂控制了凹陷的基本构造格局。红西断裂总体走向北东，倾向南东，倾角 60° 左右，断错层位 T_5—T_{22}。根据断裂走向及断面特征，红西断裂可分为南北两段，北段后期改造形迹比较明显。红西断裂南北两段在平面上呈左阶斜列式展布。断层面上陡下缓，呈犁式，具有伸展断裂的特征。断陷内铜钵庙组等厚分布，南屯组在靠近断层部位显著增厚，反映了同沉积的特点，大磨拐河组超覆充填。剖面上为典型的“西断东超”型箕状断陷结构。

赫尔洪德凹陷格局受赫西和赫中两个北东向断裂控制，赫中断裂由两条斜列的断裂构成，走向北东，倾向南东，倾角40°～60°，断错层位T_5—T_{22}。赫西和赫中断裂长期活动，具有生长性质，奠定了凹陷的整体格局，控制局部断陷的发育演化。受赫西和赫中断裂的控制形成了三个“西断东超”箕状断陷，各自控制了一个沉降中心。铜钵庙组在全区都有分布，而南屯组和大磨拐河组只分布在三个箕状断陷内部，南屯组越靠近控陷断层厚度越大，受断层控制作用明显，伊一段仅在凹陷的南部沉积。说明铜钵庙组在凹陷中稳定沉积，南屯组是同沉积作用形成的，后期大磨拐河组超覆充填。

呼和湖凹陷受呼东和呼西两个北北东向断裂控制。依据断裂走向及平面特征，呼东断裂可分为南、北、中三段，平面上呈左阶斜列式展布，断裂总体走向北北东，倾向北西，倾角20°～40°，断错层位T_5—T_1。T_5层延伸长度106km，最大断距3900m，向上断距减小。呼西断裂由两条断裂组成，只发育在南部，平面上呈右阶斜列式展布。该断裂具有长期活动的特点，不但对早期南屯组的沉积厚度控制作用较大，同时对伊敏组的沉积厚度也具有一定控制作用。

伊敏凹陷发育伊东、伊西和伊北控陷断裂。伊东断裂分为四段，近东西向与北北东向的断裂交割发育，平面上呈右阶斜列式展布。伊东断裂是伊敏凹陷的控陷断层，是一条区域性伸展断裂，控制了断陷的发育和演化。伊西断裂是伊敏凹陷的一条伸展性控陷断裂，走向北北东向，倾向南东，倾角30°～50°，断开层位T_5—T_{22}。伊北断裂是伊敏凹陷北界的控陷断层，是一条区域性伸展断裂，控制了伊敏凹陷的发育和演化。

三、盖层断裂的分布特征

海拉尔盆地是在先存的深大断裂基础上发育而成的，经历了多期构造运动，盖层断裂主要是次一级断裂和一般断层。它们具有多种断层性质、多组展布方向、多种组合类型和多期发育等特点。断裂十分发育，导致了构造的复杂性，现今的盆地为16个孤立断陷组成的断陷盆地群，每个凹陷的形成和演化都受其边界断层的控制，凹陷内构造带的形成及展布主要受边界断层和次级控陷断层的控制，三级断层对构造群具有控制作用，其余的断层则控制着构造圈闭的形成。

（1）海拉尔盆地的盖层断层可分为早、晚两套体系。各断陷盆地在铜钵庙组及南屯组沉积时期发育的同沉积断层以北东东、北东向为主，而大磨拐河组沉积时期发育的同沉积断层则出现北北西、北西向偏多的趋势。从剖面上可以看出，盖层断层呈现出两套体系，晚期的断层悬浮在早期断层之上，尽管晚期断层大部分没有与早期断层沟通，但仍可看出早期断层对晚期断层的控制，这主要因为早、晚期断层被大一段泥岩隔开，晚期断层大部分收敛于大一段泥岩中，早期断层对晚期断层的控制主要表现在早、晚期断层的位置对应，晚期断层是早期断层再次活动的响应，只不过是早、晚期断层没有穿透塑性层而已。

盖层断层的延伸走向以T_{22}层为界，由深层的北北东、北东向转为北北西、北西向。海拉尔盆地盖层断层的走向由深至浅表现出由北北东、北东向向北北西、北西向旋转的特征。

（2）海拉尔盆地盖层断层的垂直断距、延伸长度随深度呈现出规律性的变化。海拉尔盆地盖层断层的垂直断距随深度也呈现出规律性的变化，总的看来，由浅层至深层断层断距逐渐增大，T_5层断距超过100m以上的明显增多，T_{22}层及其上的各层断距大部分都在50m以内，断距由浅至深表现出增大的趋势，也是断陷盆地演化的特点之一。海拉尔盆地在初始张裂阶段和强烈拉张阶段，基底的块体升降量相对较大，因此在断距上表现出南屯组以下的断层断距较大，同时继承性张裂活动也导致深层断层垂直断距的叠加，断距的叠加结果也必然出现上小下大的结果。海拉尔盆地在南屯组沉积后，开始转为断坳、坳陷及萎缩反转阶段，所发育的断层垂向断距自然减小，但断层的数量却很多。

海拉尔盆地盖层断层的延伸长度与垂直断距表现出同样的变化规律，即由浅层至深层断层延伸长度由小变大。

第三节　构造演化

构造演化研究以构造运动为宗旨、划分演化阶段为目标，构造层序界面是区域构造运动作用在地层中留下自己的痕迹面，每个一级构造层序代表了沉积盆地的一个构造演化阶段，因此增加了构造层序界面特征的描述。海拉尔盆地由中—晚侏罗世盆地和白垩纪—新近纪盆地叠置而成。由于海拉尔盆地经历了多期建造和多期改造，现今的断陷是同期建造、多期叠加和改造的结果，因此增加了断陷的复合和改造期特征分析。

一、构造层序界面特征

通过对构造层序界面进行识别和分类，不但为区域性统层奠定了基础，而且是层序地层学及其他学科研究的前提。构造层序界面的纵向、横向分布构成了盆地的地层格架。通过对构造层序界面纵向组合的分析可恢复海拉尔盆地的沉积构造演化史。

海拉尔盆地经历了不同级次的幕式构造作用，形成了不同级次的构造层序界面。一级构造层序顶底以区域性不整合面为界，每个构造层序代表了沉积盆地的一个构造演化阶段。构造层序界面识别与划分的重要性在于：首先，它代表一系列依次发生的地质事件，即从原来沉降地的隆起、褶皱变形、侵蚀夷平到再次沉陷接受新的堆积的综合结果，代表着地质历史发展中的一个质变阶段，以及应力场格局的一次重大改革，而绝不应是一次偶然的突发事件；其次，运动面还是区域性岩石地层单位划分和对比的一个重要依据，是进行地层层序研究的重要的层序界面。

海拉尔盆地盖层发育两个区域性构造层序界面即T_4、T_{04}，为一级构造层序界面；T_{22}、T_{02}为亚一级构造层序界面。区域性构造层序界面在地震剖面上表现为区域性不整合面，将海拉尔盆地基底之上的地层分为5个构造层：中—晚侏罗世断陷构造层（塔木兰沟组）、早白垩世断陷构造层（上库力组、铜钵庙组、南屯组）、断坳构造层（大磨拐河组、伊敏组）、坳陷构造层（青元岗组）、萎缩构造层（新生界）（表2-4-3）。每个构造层序代表了沉积盆地的一个构造演化阶段。

二、断陷的复合特征

以往只是从静态的角度考察断陷结构，海拉尔盆地经历了多期建造和多期改造，现今的断陷是同期建造、多期叠加和改造的结果。海拉尔盆地是由多个孤立狭窄的小型断陷复合、叠加构成的大型“复式断陷”组成（蒙启安等，2012）。

表 2-4-3 海拉尔盆地一级构造层序界面特征统计表

地震层位	同相轴	上下波组	地层接触关系	界面特征	测井
T_{04}	多为1～2个高振幅、强连续反射轴	上强下弱	削截、上超	区域性角度不整合、掀斜处和褶皱顶常被削蚀	测井曲线形态发生突变
T_{22}	中振幅、连续—较连续反射	上下均弱	削截、上超	区域性角度不整合、断裂变形的终止和滑脱面	上为高伽马、低电阻，下为低伽马、高电阻
T_4	下为高振幅强—中连续平行反射，上为中振幅连续—较连续反射	上弱下强	削截、上超	区域性角度不整合	测井曲线发生突变，变化幅度大
T_5	下为杂乱反射，上为高振幅强—中连续平行反射	上强下弱	削截现象明显、上超	区域性角度不整合	测井曲线发生突变，变化幅度大

从下白垩统的厚度分布及其控制性断层之间的关系看，每个凹陷实际上都是由多个小型半地堑复合而成的相对独立的构造—沉积单元。依据控制小型半地堑的基底断层的组合关系，可以将若干个小型半地堑复合成为较大规模断陷的形式，可以分为串联式、并联式、斜列式和交织式四大类。不同于简单的半地堑，复式断陷（区）的沉降—沉积作用是由主边界断层及复式断陷内部的次级基底断层共同控制的。扎赉诺尔坳陷、贝尔湖坳陷的凹陷多数是由东断西超（翘）的半地堑复合而成的，呼和湖坳陷中的凹陷则包括地堑复合型和同向半地堑复合型多种形式（表 2-4-4）。铜钵庙组沉积期巴彦呼舒凹陷、查干诺尔凹陷、红旗凹陷、新宝力格凹陷、乌古诺凹陷、莫达木吉凹陷、鄂温克凹陷、东明凹陷和旧桥凹陷以多个孤立串联式半地堑复合而成，南屯组沉积期多个孤立狭窄的小型断陷复合成统一的大型半地堑。铜钵庙组沉积期乌尔逊凹陷以多个孤立斜列式半地堑复合而成，南屯组沉积期多个孤立狭窄的小型断陷复合成统一的大型半地堑；铜钵庙组沉积期呼伦湖凹陷和赫尔洪德凹陷以多个孤立的串联式地堑和半地堑复合而成，南屯组沉积期多个孤立狭窄的小型断陷复合形成统一并联式地堑。而贝尔凹陷、五一牧场凹陷、呼和湖凹、伊敏凹陷在铜钵庙组沉积期和南屯组沉积期盆地的规模变化不大。

海拉尔盆地在早白垩世至少发育了铜钵庙组沉积期和南屯组沉积期两期断陷，按照南屯组沉积期同沉积断层与铜钵庙组沉积期同沉积断层的关系可以将断陷的叠加形式分为继承型叠加、利用型叠加、新生型叠加三种类型。海拉尔盆地中的复式断陷主要是继承性叠加和利用型叠加，个别凹陷也具有新生型叠加特征。

表 2-4-4 海拉尔盆地早白垩世复式断陷的复合与叠加形式简表

凹陷编号	凹陷名称	铜钵庙组沉积期	南屯组沉积期	叠加形式
（1）	巴彦呼舒凹陷	串联式半地堑复合	半地堑复合	利用型叠加
（2）	查干诺尔凹陷	串联式半地堑复合	半地堑复合	利用型叠加
（3）	呼伦湖凹陷	串联式地堑和半地堑复合	并联式地堑复合	利用型叠加
（4）	贝尔凹陷	并联式半地堑复合	并联式半地堑复合	继承型叠加

续表

凹陷编号	凹陷名称	铜钵庙组沉积期	南屯组沉积期	叠加形式
（5）	乌尔逊凹陷	斜列式半地堑复合	半地堑复合	利用型叠加
（6）	红旗凹陷	串联式半地堑复合	半地堑复合	利用型叠加
（7）	新宝力格凹陷	串联式半地堑复合	半地堑复合	继承型叠加
（8）	赫尔洪德凹陷	串联式地堑和半地堑复合	并联式地堑复合	利用型叠加
（9）	五一牧场凹陷	并联式地堑和半地堑复合	并联式地堑和半地堑复合	新生型
（10）	乌古诺凹陷	串联式半地堑复合	半地堑复合	新生型
（11）	莫达木吉凹陷	串联式半地堑复合	半地堑复合	继承型叠加
（12）	鄂温克凹陷	串联式半地堑复合	半地堑复合	利用型叠加
（13）	东明凹陷	串联式半地堑复合	半地堑复合	利用型叠加
（14）	伊敏凹陷	并联式地堑复合	并联式地堑复合	新生型
（15）	呼和湖凹陷	串联式地堑和半地堑复合	串联式地堑和半地堑复合	利用型叠加
（16）	旧桥凹陷	串联式半地堑复合	半地堑复合	利用型叠加

三、构造演化阶段的划分

以往不同学者只是从建造角度对海拉尔盆地的演化进行了研究，对盆地的演化阶段进行了多种划分（刘树根等，1992；张吉光等，1992；张晓东等，1994）。海拉尔盆地由中—晚侏罗世盆地和白垩纪—新近纪盆地叠置而成。海拉尔盆地经历了多期的建造和改造过程，从盆地的建造和改造角度出发，将海拉尔盆地中—晚侏罗世盆地划分出中—晚侏罗世断陷期和塔木兰沟组沉积末期挤压改造期（图 2-4-3）；白垩纪—新近纪盆地划分出 4 个形成期和 3 个改造期，4 个形成期包括早白垩世断陷期（上库力组—铜钵庙组—南屯组沉积期）、断坳期（大磨拐河组—伊敏组沉积期）、坳陷期（青元岗组沉积期）和萎缩期（新生代）。其中断陷期进一步可分为初始张裂阶段（上库力组—铜钵庙组沉积期）、强烈拉张阶段（南一段沉积期）、稳定拉张阶段（南二段沉积期）。3 个改造期包括压扭变形期（南屯组沉积末期）、压扭变形期（伊敏组沉积末期）、反转变形期（青元岗组沉积末期）（图 2-4-4）。

1. 中—晚侏罗世盆地

1）中—晚侏罗世断陷期——塔木兰沟组沉积期（T_5—T_4）

中生代侏罗纪中晚期（J_3），海拉尔盆地在地壳（岩石圈）拱曲最大的区域发生张性断裂并逐渐活跃，以大量的塔木兰沟组火山岩喷发为代表，盆地进入裂谷断陷的初始裂陷。裂陷初期发育的大量火山岩包括了中国东部地区在内的几乎所有的裂谷盆地的共同特征，也是指示裂谷发育阶段的重要标志。此时海拉尔盆地部分新断裂发生，老断裂复活，伴随大量火山岩喷发，尤其是盆地两侧和北部（海参 3、海参 9、海参 10 井等），这也正是海拉尔盆地在晚侏罗世塔木兰沟组沉积时期发育了大于千米的巨厚火山岩、火山碎屑岩和沉积岩的重要原因，但分布比较局限。

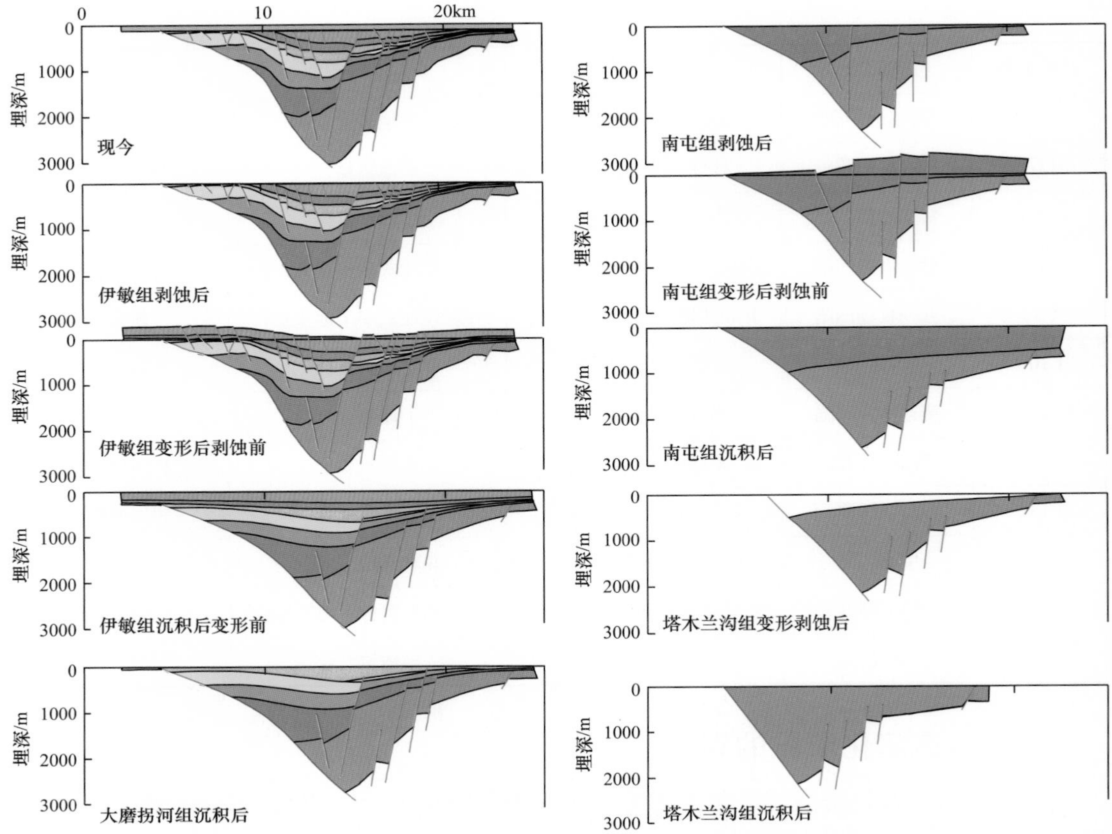

图 2-4-3　巴彦呼舒凹陷 1855 线构造发育史剖面图

盆地内塔木兰沟组的岩性特征以乌固诺尔断陷中的海参 9 井为例，上部为大段灰、紫红、灰黑色安山岩夹杂色砂岩及紫灰色闪长岩；下部为紫灰、灰色安山岩及灰黑色泥质粉砂岩、角砾岩和煤层；底部为深灰色、黑灰色角砾岩。表明塔木兰沟组为局部含煤火山碎屑岩建造，构成一些断陷的雏形，如盆地西部地区因德尔布干断裂的活动，扎赉诺尔坳陷和嵯岗隆起这时可能已有雏形。嵯岗隆起以东，在扎和庙—伊敏河断裂以北的红旗断陷、莫达木吉断陷、乌固诺尔断陷、赫尔洪德断陷和伊敏断陷也有雏形。扎和庙—伊敏河断裂以南的地区，包括现今乌尔逊断陷、贝尔断陷、呼和湖断陷所在的地区无塔木兰沟组，显示为隆起区。该期盆地的构造分异不大，未形成今日见到的二隆三坳的构造格局。盆地内局部发育几个断陷，但其范围与现今相比要小。

2）塔木兰沟组沉积末挤压变形期

塔木兰沟组沉积末海拉尔盆地发生了强烈的挤压作用，塔木兰沟组褶皱变形强烈，背斜部位遭受剥蚀形成削截不整合面，向斜形成上超不整合面，T_4 是一个区域不整合面。

2. 白垩纪—新近纪盆地

1）早白垩世断陷期（上库力组—铜钵庙组—南屯组沉积期）

（1）上库力组—铜钵庙组沉积期——初始张裂阶段（T_4—T_3）。

塔木兰沟组火山岩喷发以后，地壳一度上升遭受剥蚀，使其后形成的上库力组—铜钵庙组（T_4—T_3）与下伏老地层呈不整合接触。

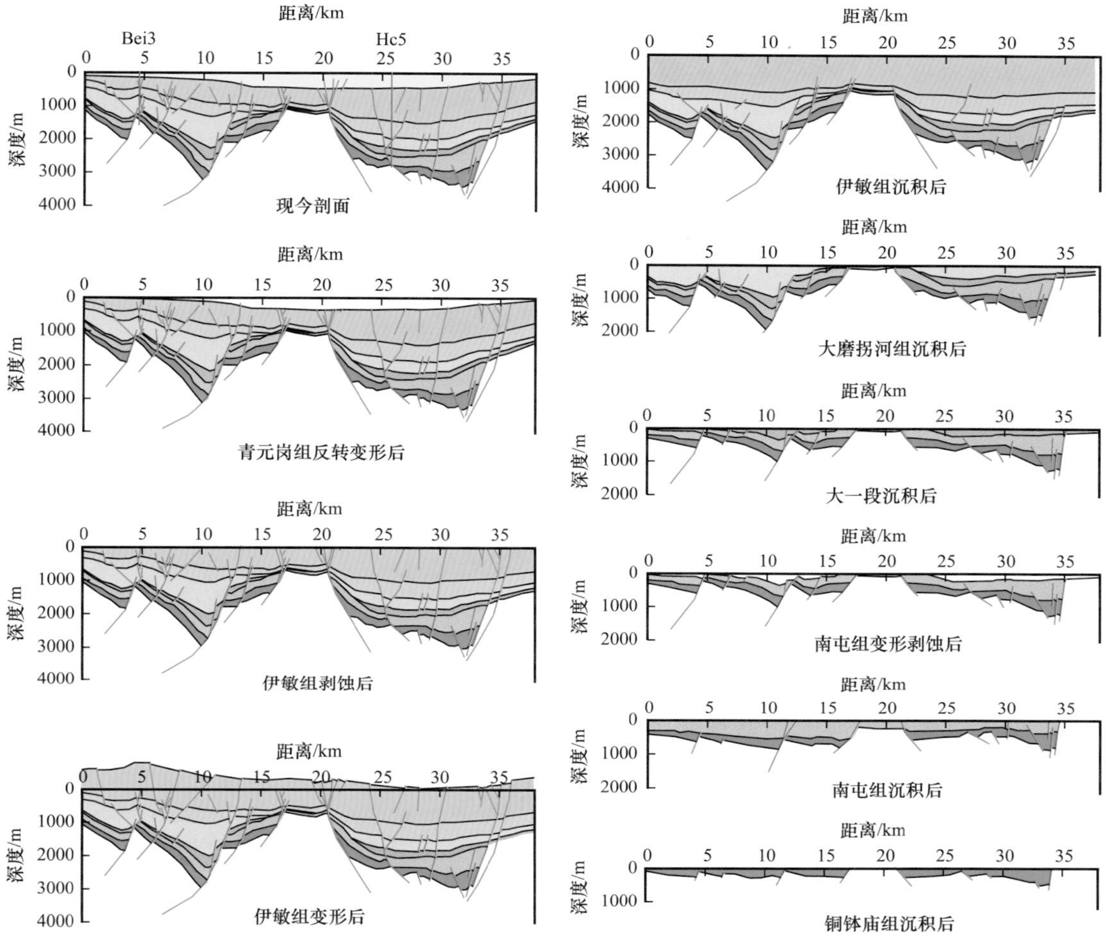

图 2-4-4　贝 3 井—海参 5 井构造发育史剖面图

上库力组为初始孕育期产物，以中酸性火山岩为主体，主要形成于早白垩世，主体时代范围在 145—111Ma 之间，以流纹质火山角砾岩或火山集块岩为主，局部含流纹岩。

铜钵庙组沉积时期，海拉尔地区在区域性拉张背景下，乌尔逊凹陷开始沿乌西断层向近东西向初始拉张断陷；贝尔凹陷苏德尔特西侧断层北段活动较强，沿北西方向形成拉张断陷，苏德尔特东断层这时可能没有活动。当时，地貌反差大，快速堆积了很厚的磨拉石沉积建造，钻遇最大厚度 875m（海参 3 井）。铜钵庙组在盆地内分布不均，在贝尔断陷、呼和湖断陷和乌尔逊凹陷的新乌 4 井均未钻到铜钵庙组。由于断裂活动强烈，古地貌反差大，铜钵庙组大多以扇体的形式存在。各种扇体尤其在扎赉诺尔坳陷中发育，如查干诺尔 1542.0 线发育有断崖扇，1510 线发育有近岸水下扇。构造活动以边隆边拉、无岩浆活动为特征。但除扎赉诺尔继承塔木兰沟组喷发时的构造格局外，嵯岗隆起以东的南北差异有所减弱，在扎和庙—伊敏河断裂北部新形成了鄂温克断陷，前期形成的断陷有所扩大。这时盆地的构造格局仍为二隆二坳，巴彦山隆起的范围有所减小，但仍比现今巴彦山隆起的范围大。在铜钵庙组沉积时形成了北北东向和北东向盆地。

（2）南屯组一段沉积期——强烈拉张阶段（T_3—T_{23}）。

南屯组一段（T_3—T_{23}）沉积期，海拉尔地区发生了强烈拉张，盆地充填地层厚度大，沉积物以黑色泥质岩为主，局部有油页岩。T_{23}是一个区域不整合界面，连续性一般，斜坡带部位的地震反射轴为一系列上超终止；向凹陷部位，上超特征逐渐消失，取而代之的为一整合接触。

（3）南屯组二段沉积期——稳定拉张阶段（T_{23}—T_{22}）。

南屯组二段（T_{23}—T_{22}）沉积期，海拉尔地区构造作用变弱，南二段各凹陷沉积范围变大，盆地充填地层厚度变小。主要为一套灰色、灰绿色、灰白色细砂岩和泥质粉砂岩，局部夹有灰色、灰绿色砾岩和厚层灰黑色泥岩。

2）断坳期（大磨拐河组—伊敏组沉积期）

进入大磨拐河组（T_{22}—T_2）沉积时期，海拉尔盆地的拉张强度再次加大，在拉张的过程中伴随着振荡，表现在沉积上，在大磨拐河组下段为黑色泥岩夹薄层粉砂岩、细砂岩；上段为灰色粉砂岩、砂岩夹黑色泥岩，顶部见有煤层、煤线。大磨拐河组遍布全盆地，沉降最大幅度为1033.5m（海参1井）。这一阶段盆地内各断陷沿袭前一阶段西强东弱和南强北弱的构造格局发展，如呼伦湖断陷北部拉长1.5km，拉张率12%，拉张强度较大。对于海拉尔盆地中的大多数断陷而言，这一阶段是拉张量较大的时期。

大磨拐河组沉积末期，盆地沉降结束，大磨拐河组顶部地层遭受剥蚀，进入伊敏组（T_2—T_{04}）沉积时期海拉尔盆地整体隆升萎缩，由前期的湖相变为以河流沼泽相为主，沉积了一套含煤地层，在盆地内伊敏组钻遇最大厚度1446m（海参1井）。伊敏组沉积遍布全区，使不少凹陷相互连通。如贝尔断陷经乌尔逊断陷北接赫尔洪德断陷，东接呼和湖断陷；鄂温克和莫达木吉断陷也连在一起；伊敏与旧桥断陷、伊敏和鄂温克断陷也都连通。因此，在嵯岗隆起以东的地区构成了一个较大的伊敏期含煤盆地，使早期孤立断陷发育的历史趋于结束，具有断陷向坳陷过渡的特征。德尔布干断裂控制的扎赉诺尔坳陷和嵯岗隆起上没有伊敏组。

铜钵庙组、南屯组、大磨拐河组和伊敏组（T_4—T_{04}）属于下白垩统，全套地层的展布及保留厚度主要取决于控陷断裂。

3）坳陷期（青元岗组沉积期）

青元岗组沉积时为坳陷阶段，青元岗组底界的T_{04}界面在海拉尔盆地的演化过程中是一个非常重要的界面，标志着从断陷向坳陷的转化。T_{04}界面是一个具有强烈削截的不整合面，下伏地层以较大的角度与该界面交截，沉积上也有突变，从伊敏组的湖沼相转化为青元岗组的内陆河湖相，其底部还充填砂砾岩。在乌尔逊、贝尔凹陷，青元岗组为一套河湖相紫红、棕红、灰绿色泥岩夹杂色砂砾岩、砂岩、粉砂岩，厚度变化不大，一般为200～300m。其下与伊敏组呈不整合接触，明显地具有中央厚向凹陷边缘减薄的坳陷沉积特点。乌尔逊凹陷沿中央由北而南发育了苏103井区（厚271m）、铜5井区（厚281m）和乌5井区（301.5m）三个沉降中心，向凹陷边缘逐渐减薄。贝尔凹陷的沉降中心位于凹陷的中央希1井区（厚440.5m），向凹陷的边缘逐渐减薄。

青元岗组属于上白垩统，由于该套地层厚度不大，在白垩系中所占的比例也很小，以至于海拉尔盆地白垩系厚度与下白垩统厚度极为相似。

4）萎缩期（新生代）

新生代，古近纪盆地处于隆升、剥蚀阶段，未接受沉积。新近纪沉积了呼查山组河流相。其岩性为灰白、灰褐色砂岩与棕黄、红色黏土岩及绿灰色泥岩互层，底部常见厚层杂色砂砾岩。新近纪末又经历了一次抬升剥蚀。第四系在全盆地发育，分布较稳定，沉积厚度变化不大，为泛滥平原相，以季节性河流充填为主，处于低水位沉积时期，同时控陷断层又开始活动，显示为坳陷期低水位沉积时期特征。在乌尔逊、贝尔凹陷，除了铜 2 和苏 21 井缺失外，其余均有分布，一般厚 50～70m。

3. 白垩纪—新近纪盆地 3 个改造期

1）南屯组沉积末期压扭变形期

由于南屯组沉积末期应力场背景发生了较大的改变，导致铜钵庙组—南屯组沉积时期的盆地构造格局与大磨拐河组沉积时期的构造格局发生了较大的变化。铜钵庙组—南屯组沉积过程中，盆地的伸展方向为近东西向，这样，与主伸展力方向垂直的北北东向断层响应强烈，而北东东向、北西西向断层反应较弱，因此，该期发育北北东向断陷盆地。铜钵庙组—南屯组是受近南北向控陷断层的控制，南屯组沉积末期挤压变形过程中，北东东向的断层响应强烈，导致铜钵庙组沉积时期北北东向的盆地被切割成北东东向断垒，大磨拐河组沉积时期盆地格局为铜钵庙组沉积末期张扭变形的再现。

2）伊敏组沉积末压扭变形期

在伊敏组沉积末期，海拉尔盆地构造应力场发生转变，海拉尔盆地再次受到压扭作用的改造，使部分的早期构造发生滑脱反转，其中南北向断层受变形改造最强，北东向构造次之，北东东向构造最弱，在海拉尔盆地新形成了近南北向分布的滑脱褶皱，另外还使早期形成的南北向、北西向负花状构造受到会聚型走滑作用的改造。伊敏组顶界面 T_{04} 为强烈的削截不整合面，下伏地层以较大的角度与该界面交截。这个阶段重要特点是断陷开始反转，形成了较多的浅部反转构造，如反转背斜、断层等。同时，伊敏组沉积末期隆起遭受剥蚀。

3）青元岗组沉积末反转变形期

在海拉尔盆地随处可见挤压反转后留下的迹象，在盆地内可识别出多条逆断层，它们大多数断穿了 T_{04} 地震反射层。大部分逆断层和反转构造在剖面上都可以看出青元岗组参与其中，因此可以断定海拉尔盆地的构造反转期在青元岗组沉积后至新近纪之间（陈均亮等，2007）。由于以往的常规地震资料处理时，大部分切除量都在 150～300ms 之间，而青元岗组顶界面埋深在 100m 以内，这样青元岗组顶界面往往被切除，因此，从常规的地震剖面上，很难确定出构造反转的准确时间。通过最大限度保存浅层信息，在保证信噪比的同时，使得切除量在 80ms 以内，这样就揭示了青元岗组顶界面。通过重新处理新宝力格凹陷剖面可见，青元岗组参与了褶皱变形，上覆地层与青元岗组顶界面为上超不整合接触，说明古近系是在青元岗组反转变形后进行的。在贝尔东二维老资料重新处理后，可以看到整套青元岗组参与了构造反转变形，但在该区形成了一系列断穿青元岗组的张性地层。青元岗组底界为削截不整合，这主要是青元岗组反转变形后遭受剥蚀所致。因此，将海拉尔盆地的反转变形期界定为青元岗组沉积末，这样就与大兴安岭以东松辽盆地的构造反转相吻合，即这两个盆地的构造反转期均为白垩纪末期。

第四节　构造单元划分

一、划分原则

按石油地质学的观点，对于断裂型盆地的区域构造划分主要考虑以下5个方面：

（1）基岩结构，包括基岩岩性、基岩起伏和区域性的基岩断裂；

（2）沉积岩厚度及各沉积层的分布；

（3）构造层特征及构造运动的分区不均匀特点，包括构造线方向及其构造发展特点；

（4）岩浆活动情况；

（5）生储盖组合的发育程度。

在划分一级构造单元时全面综合参考上述几点，具体界限又特别注意了断裂的分布及特点；二级单元划分重点考虑盖层构造特点、分布和生储盖组合发育等方面。

二、二级构造单元划分

无论从卫星图片资料、重磁力等地球物理资料，还是地震勘探的结果，以及基岩大断裂与断陷的关系，均能将盆地分成三部分：（1）嵯岗隆起及其以西地区为近北北东向（28°～35°）的隆起和断陷地区；（2）北东和北东东向的巴彦山隆起；（3）前二者之间的过渡地带，各断陷走向与嵯岗一带明显相交。基底的二组构造线与上述描述基本一致，趋向在额尔古纳复背斜东侧相交；以德尔布干断裂为界，在海西晚期作左旋错动，具走向滑动特点。中生代断陷特点分析与上述特点基本相似。将地震勘探资料与重力资料相对比可以看出，重力的梯度带基本上是基岩断裂的反映，重力一般反映了断陷的存在，而两者具有明显的伴随性。断陷的轴向在扎伊断裂以北与嵯岗隆起即与德尔布干断裂东支相交为20°左右。而其以南的乌尔逊断陷由于巴彦塔拉的北西向断层和布达特群潜山硬块相抵使其成为向南西突出的弧形，从力学机制分析，该时期仍为南北向挤压力，但方向却成为右旋的特点，形成与前期方向相反的走向滑动特点。此外，海拉尔有16个扎赉诺尔群沉积时期的断陷，除呼伦湖为双断的地堑型断陷外，绝大多数为箕状断陷，大断裂一侧为地堑陡带，断层面也是基岩面，呈现断陷的滑动特点，向隆起一侧平缓超覆。贝尔湖坳陷和扎赉诺尔坳陷中的断陷，都表现出北浅南深，也反映出右旋走向滑动特点。根据地质面貌可将盆地划分为2个隆起区和3个坳陷区，并细分为20个二级构造单元。

盆地的断陷特征如下（表2-4-5）：

（1）断陷走向西部为近北北东向，中西部为北东向和近南北向，东部为北东、北东东向、即由西向东断陷走向明显向东偏转。这与前述应力旋扭有关。

（2）断陷规模西部大，多数在2000km^{2}左右；东部小，多数在1000km^{2}左右。而大至以扎伊断裂为界北部规模小，南部规模大，沉积岩厚度即沉降幅度上也有类似趋势。

（3）发育时间上，西部断陷地层发育较全，形成较早；而东部地区断陷往往缺失铜钵庙组，而且各层厚度较薄，形成略晚。

表 2-4-5　海拉尔盆地断陷要素表

构造单元名称		轴向	轴长 / km	轴宽 / km	面积 / km^2	沉积地层①	最大厚度 / m	断陷结构	断裂 / 条		构造数
一级	二级								主断裂	小断裂	
扎赉诺尔坳陷	巴彦呼舒凹陷	NE	＞92.4	19.6	1240	Qydnt	4000	单断	3	9	8
	汗乌拉凸起	NE	＞143.5	28.3	4350		＜200	单断凸			
	查干诺尔凹陷	NE	＞95.7	13.0	1330	Qydnt	6200	单断	2	13	65
	呼伦湖凹陷	NE	148.9	28.3	3500	Qydnt tm	8700	地堑	4	8（局部）	13（陆上）
嵯岗隆起		NE	185	17.5	4100		＜200	双断隆			
贝尔湖坳陷	贝尔凹陷				3010	QRqydnt	4600	有中央隆起的断陷	6	147	111
	乌尔逊凹陷	SN	71.7	32.6	2240	QRydnt	7000	有中央隆起的单断	7	291	115
	红旗凹陷	NE	71.6	13.0	840	QRqydnt tm	4500	单断	3	24	58
	五星队凸起	NE	53.5	3.3	190		＜500	单断凸			
	新宝力格凹陷	NE	38.0	9.8	720	Qdnt	2500	单断	2		13
	陵丘凸起	NE	56.5	6.5	450		＜500	单断凸			
	赫尔洪德凹陷	NE	80.4	32.6	1500	QRydnt tm	4000	有中央隆起的断陷	1	5	6
巴彦山隆起	五一牧场凹陷	EW	32.6	14.1	620	QRyd	1500	单断	?	5	4
	莫达木吉凹陷	NE	63.0	23.9	1000	Qydt	4200	单断	3	5	13
	乌固诺尔凹陷	NE	67.4	15.2	790	QRqydnt tm	3000	单断	2	13	20
	鄂温克凹陷	NE	65.2	16.3	1140	Qydt tm	2700	单断	1	6	12
	东明凹陷	EW	69.6	16.3	850	Qydt tm	4700	单断	2	5	6

续表

构造单元名称		轴向	轴长 / km	轴宽 / km	面积 / km^2	沉积地层①	最大厚度 / m	断陷结构	断裂 / 条		构造数
一级	二级								主断裂	小断裂	
呼和湖坳陷	呼和湖凹陷	NE	＞97.8	27.2	2500	QRqydnt	＞2500	有中央隆起的断陷	4	16	8
	锡林贝尔凸起	NE	103.3	21.7	2050						
	旧桥凹陷	NE	＞97.8	25.0	2600	Qydnt	2700		2	5（局部）	6
	伊敏凹陷	NE	60.9	17.4	1120	Qydnt	2700	单断	2	8	11

① 地层代号：Q—第四系，R—古近系—新近系，q—上白垩统青元岗组，y—下白垩统伊敏组，d—下白垩统大磨拐河组，n—下白垩统铜钵庙组，tm—上侏罗统塔木兰沟组。

（4）生储盖组合的发育上，西部有 3 套生储盖组合，而东部埋深较浅，大磨拐河组多数未进入生油门限，仅有南屯组为主的生储盖组合。从沉积上东部地区大磨拐河组和伊敏组含煤层发育，西部较少，北部也含较多煤层。呈现出西部应以找油为主，而东部和北部可能以找气和部分煤成油为主。

三、亚二级构造单元划分

在一级、二级构造单元划分的基础上，对凹陷内亚二级构造单元进行了划分。亚二级构造单元术语见表 2–4–6（陈均亮等，2007）。

表 2–4–6　海拉尔盆地构造单元划分术语

一级	二级	亚二级
隆起（区） 坳陷（区）	凸起 凹陷	斜坡、断坡、断凹（洼陷）、断垒、次隆

斜坡：基底倾斜斜坡，地层超覆于其上。

断坡：为低角度控陷断层的断面构成的斜坡，在断面以上地层超覆沉积，盖层中有小断层（同倾向断层为主）发育。较长的断坡，构成断坡带。

洼陷或断凹：一边或双边（乃至三边）为断层边界的下降断陷，盆地发育过程中长期为负地形或沉积中心。

断垒：两侧或周边为断层边界的上升断块，在盆地沉积过程中常为高地形。

次隆：凹陷（断陷盆地）内部的次级隆起地形，一般两侧的断裂作用不明显或不明确。在凹陷发育过程中常表现为分隔洼陷的横向次级隆起。

海拉尔盆地 16 个凹陷中共划分 50 个亚二级构造单元，除东明凹陷外，每个凹陷的亚二级构造单元都具有东西带状展布的特征，而东明凹陷亚二级构造单元则表现为南北带状展布的特征（图 2–4–5）。

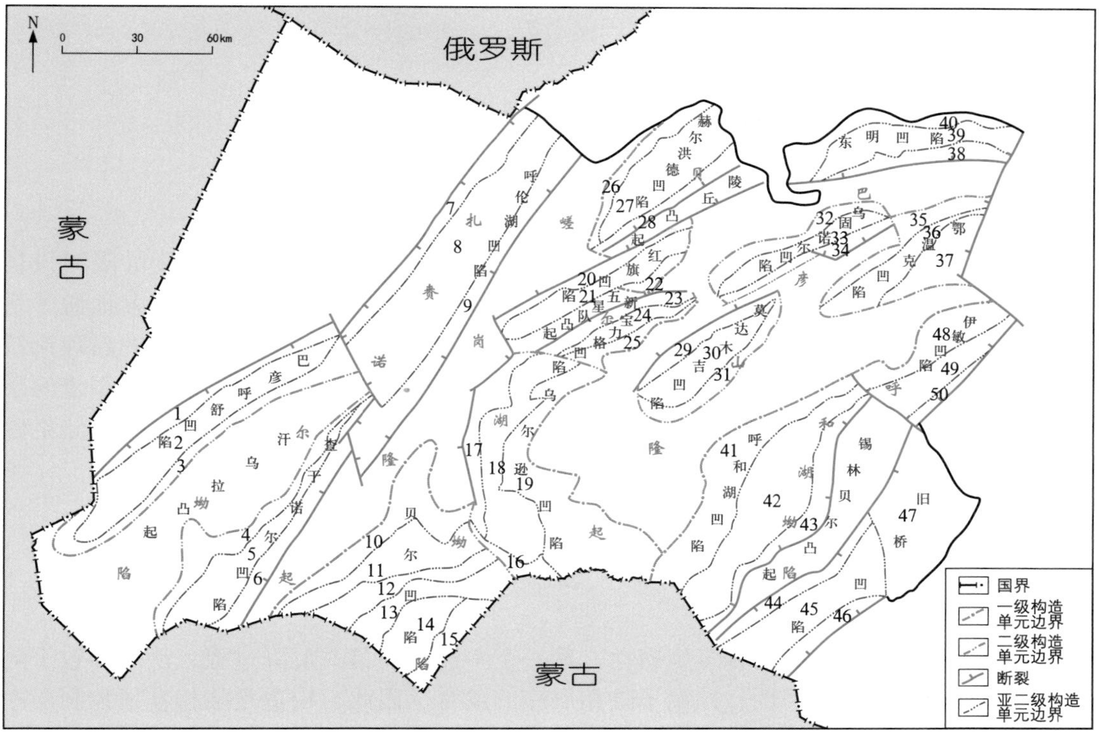

图 2-4-5　海拉尔盆地构造单元划分

1—巴彦呼舒西部断坡；2—巴彦呼舒断凹；3—巴彦呼舒东部斜坡；4—查干诺尔西部斜坡；5—查干诺尔断凹；6—查干诺尔东部断坡；7—扎赉诺尔西部断坡；8—扎赉诺尔断凹；9—扎赉诺尔东部断坡；10—贝尔西部斜坡；11—包尔陶勒—黑呼都格断凹；12—塔巴汗—苏德尔特断隆；13—敖瑙海—多尔博勒金断凹；14—希林敖包断垒；15—贝尔东部断凹；16—巴彦塔拉横向次隆；17—乌尔逊西部断坡；18—乌尔逊断凹；19—乌尔逊东部斜坡；20—红旗西部断坡；21—红旗断凹；22—红旗东部斜坡；23—新宝力格西部断坡；24—新宝力格断凹；25—新宝力格东部斜坡；26—赫尔洪德西部斜坡；27—赫尔洪德断凹；28—赫尔洪德东部断坡；29—莫达木吉西部断坡；30—莫达木吉断凹；31—莫达木吉东部斜坡；32—乌固诺尔西部斜坡；33—乌固诺尔断凹；34—乌固诺尔东部断坡；35—鄂温克西部斜坡；36—鄂温克断凹；37—鄂温克东部断坡；38—东明南部断坡；39—东明断凹；40—东明北部斜坡；41—呼和湖西部斜坡；42—呼和湖断凹；43—呼和湖东部断坡；44—旧桥西部断坡；45—旧桥断凹；46—旧桥东部断坡；47—旧桥北部斜坡；48—伊敏西部斜坡；49—伊敏断凹；50—伊敏东部断坡

第五章　沉积环境与相

《中国石油地质志》首版第二卷有关沉积相的编写由于资料和研究程度的限制只是作为地层一章的一节，对沉积相和沉积面貌简单的描述。近几十年对海拉尔盆地做了系统研究，尤其是应用层序地层学、构造地层学、沉积地质学及盆地分析学科的新理论新方法，综合应用三维地震、钻测井及岩心资料，多学科交叉，开展整体性的、系统的层序地层、构造地层及沉积充填演化研究，揭示层序格架中的沉积体系和沉积相、储集砂体的构成和分布样式，断陷盆地的形成多旋回性特征。

第一节　层序划分

由于断陷盆地的形成具有多旋回性，是一个不连续的幕式沉降过程，从而导致了陆相湖盆沉积充填的多旋回性，控制了陆相层序的发育。因此，构造是陆相盆地控制层序的主导因素（池英柳等，1996；解习农等，1996；林畅松等，2004）。任建业等（1999）在二连盆地层序地层研究中指出幕式构造运动是盆地内高级别层序发育的主控因素，与盆地的沉积充填具有良好的响应关系。

一、层序级别

一个完整的裂陷期与盆地内的一级层序相对应，并控制盆地原型的构成，裂陷期内的裂陷幕控制了盆地内二级层序的发育，三级层序发育受控于低级别的幕式伸展事件。

由于构造是控制层序充填的主控因素，层序划分即以盆地构造运动级别控制层序界面（表2-5-1）。前面论述的盆地构造演化特征表明，盆地的构造演化明显控制着沉积充填演化，不同演化时期层序的构成样式和沉积体系类型都体现出旋回变化的特点，反映出盆地充填演化具有多期幕式的特点。一级层序边界往往是盆地范围分布的构造不整合面，在裂谷盆地中，裂陷期与坳陷期之间的不整合面可作为一级或二级层序超层序组的界面；盆地内部分布范围较大的不整合面构成二级层序边界，二级层序地层单元表现出一个较完整的水进到水退的沉积旋回；三级层序界面与湖平面的变化相关，有时断陷盆地中的三级层序界面与断块的掀斜旋转作用有关；三级以下的高频层序与湖平面的变化相关。每一个幕式的断陷构造活动对应着一个二级层序，代表了一个断陷构造幕的沉积充填。乌尔逊—贝尔凹陷早白垩世盆地建造过程具有多个沉降阶段，分别为断陷期（140.2—131.0Ma）、断坳转换期（131.0—125.0Ma）和坳陷期（125.0—88.5Ma）。其中断陷期可以进一步细分为断陷Ⅰ期——初始张裂期、断陷Ⅱ期——强烈拉张期和断陷Ⅲ期——稳定拉张期。每一个断陷期对应一个二级层序。

表 2-5-1 乌尔逊—贝尔凹陷层序级次划分表

层序级别	层序界面特征	地质含义和层序结构	时间跨度
一级（巨）层序	盆地范围内可追踪对比的角度或微角度不整合面	盆地或单一盆地从形成到衰亡的整体沉积序列	40～60Ma
二级（超）层序	盆地较大范围内可追踪的角度或微角度不整合面、区域性沉积间断面，沿界面发育规模较大的下切谷充填或底砾岩层	由与盆地构造作用有关的区域性（二级）沉积旋回构成（幕式裂陷作用、多期盆地构造反转或区域应力场转化、区域岩浆—热事件等）	10～50Ma
三级层序	由局部（盆地边缘）不整合和与其对应的整合面所限定。界面具有冲刷下切的水道砂砾岩或下切谷沉积、沉积体系叠置样式的转化或沉积环境的突变	由盆内三级的沉积旋回构成，与盆内构造作用、湖平面变化或沉积基准面等周期性变化有关，包括气候引起的湖平面变化、断块掀斜作用、基底差异沉降、同沉积断裂活动等	1～10Ma
四级层序	较明显的湖进界面，以湖相泥质沉积层为标志，盆地边缘有时具湖侵内碎屑泥砾沉积	由盆内四级的沉积旋回构成，主要与湖平面或沉积基准面变化有关	0.08～1Ma

二、层序特征

1. 层序界面特征

1）一级层序及其界面特征（中—上侏罗统底、顶的区域性不整合界面；下白垩统顶、底的区域性不整合界面）

海拉尔盆地由中—晚侏罗世盆地和白垩纪—新近纪盆地叠置而成。盆内中—上侏罗统底界面为盆地的底界（T_5），广泛呈角度不整合上覆于三叠系轻变质的布达特群和古生界浅变质岩之上。当基底不清楚有时无法准确确定其底界标志时，可据不整合面上下地层倾角关系进行判断，此界面上下地层倾角多在 40°～60° 之间，有时近于直立，在断陷的边部可以见到明显的角度不整合。该界面在地震剖面上为 T_5 反射界面，常显示为不十分连续的强反射轴，可见到区域性分布的明显的角度不整合接触关系，界面上、下地层结构明显不协调。在地震剖面上边界下为明显的杂乱反射，削截现象明显，边界上多为高振幅强—中连续平行反射。该界面在测井曲线上特征明显，界面下伏地层的测井曲线背景值与上覆的白垩系发生突变，变化幅度大，易于识别。值得指出，在盆地深部依据地震剖面追踪有时不易确定。

中—上侏罗统顶界面亦是下白垩统底界（T_4 反射界面），是区域性不整合界面。从区域构造背景上看，塔木兰沟组沉积末海拉尔盆地发生了强烈的挤压作用，塔木兰沟组褶皱变形强烈，背斜部位遭受剥蚀形成削截不整合面，向斜形成上超不整合面。大部分地区显示为微角度不整合接触，单轨，高—中振幅、连续—断续反射，常呈起伏状。

下白垩统的顶界（T_{04} 反射界面）也属于盆地范围的角度不整合面，界面上覆青元岗组，下伏的下白垩统局部轻微褶皱变形，褶皱顶常被削蚀。地震剖面上显示为一相连续的中—强反射轴，可观察到明显的角度不整合接触或削截现象，在凹陷部位表现为平行不整合接触。该界面在测井曲线上特征明显，界面之上青元岗组底部为一套含砾的粗碎屑沉积，与下伏伊敏组呈明显的不整合接触，测井曲线形态发生突变，易于识别。

下白垩统事实上是一个区域性的较为典型的一级沉积旋回，从盆地的初始形成，湖盆水进，到最后抬升，充填淤浅的演化过程，可看作是一个一级沉积层序。

2）二级层序及其界面特征

将由较大范围（盆地大部分地区）可识别的、角度或微角度不整合界面为界的地层单元作为二级层序，其内一般显示出一个区域性的沉积旋回。

中—上侏罗统作为一个单独二级层序，为地震剖面上 T_4 与 T_5 反映界面所限定的一套层序，底界为盆地底的角度不整合（Sbg）。这套地层是早白垩世早期裂陷初期的火山岩和粗碎屑沉积。贝尔凹陷不发育，乌尔逊凹陷北部及红旗等其他凹陷发育，沉积了一套盆地初始裂陷期冲积—火山碎屑岩型层序，发育近岸洪积扇、冲积扇、扇三角洲、河流—浅湖、火山熔岩及火山碎屑岩，地层揭露程度较低，其内部没有作进一步划分，有待以后的深入研究。

下白垩统内划分出的二级层序Ⅰ至Ⅳ，大体与铜钵庙组、南屯组、大磨拐河组、伊敏组相当。

二级层序Ⅰ：底界大体与地震剖面上的 T_4 反射界面相一致或略偏低，是一明显的区域不整合界面，大部分地区显示为微角度不整合接触，单轨，高—中振幅、连续—断续反射，常呈起伏状。界面上、下地层的反射结构和波阻特征存在较明显的差异，较易识别，其上砾岩呈杂乱或中—低振幅、断续—较连续反射。该层序与铜钵庙组基本相当，但在底部发育有下切谷或大型下切水道充填时，层序的界面比 T_4 界面稍下，T_4 界面有时为初始水进面。该层序的粒度粗，以冲积扇和扇三角洲沉积为主，中部可出现一级、二级湖进，沉积半深湖泥岩或砂质泥岩。总体上由水进到水退的、不清晰的区域性沉积旋回组成。

二级层序Ⅱ：底界与地震剖面上的 T3 反射面基本一致，也是一较明显的区域性角度或微角度不整合。在地震剖面上，边界下地震反射终止多为微削截现象，边界上上超现象明显，单轨，高—中振幅、连续—断续反射，常呈起伏状（低位体系域存在）。其上砾岩呈杂乱或中—低振幅、断续—较连续反射。在凹陷中部的低洼带，表现为平行不整合或整合接触，并可观察到低位体系域的底超或双向底超。该层序与南屯组基本相当，在洼陷带底界比 T_3 界面略偏低。中下部粒度较粗，中上部变细，显示出不对称的、总体水进的一个二级沉积旋回。值得指出的是，在测井曲线上，突变的界面是位于该层序底部略靠上的区域性水进面上；层序界面则位于区域水进面向下的一个相对明显的突变面上，常为下切谷或低位体系域河道充填的底界面上。但由于下伏 SQ Ⅱ沉积较粗，界面有时不十分清晰。

二级层序Ⅲ：大体相当于大磨拐河组，底界在相对高部位的斜坡、隆起区与 T_{22} 地震反射界面一致；在低部位的洼陷区与低位体系域的底超面一致。该层序的底界面是一区域性的较为明显的不整合或角度不整合，地震剖面上高振幅、连续性强，表现为削截、下切或上超等不整合接触关系，特别是大面积的上超不整合是该界面的基本特征。该二级层序底部的三级层序的低位体系域较为发育，以砂岩、砂质泥岩为主，向上粒度变细，顶部为全盆广布的细粒湖泊三角洲沉积。总体具有深湖盆地沉积背景。总体上也具有一个区域性的沉积旋回结构。在测井曲线上，底部的低位体系域底界显示突变，界面易于识别。

二级层序Ⅳ：相当于伊敏组，其底界相当于地震剖面上的 T_2 反射界面，双轨或多轨，高—中振幅、连续—较连续反射，是一个区域性的平行不整合和局部的微角度不整合，具有削截或顶超标志。在相对隆起区和贝尔西部次凹内可观察到较明显的角度不整合接触。这一界面多表现为大磨拐组顶部大套三角洲顶积层顶部的平行不整合，具有区域性的冲刷下切特征，注意该界面与下伏三角洲前积结构的关系有助于正确识别这一不整合面分布。这一界面是湖盆被淤浅充填后的一个相对的水平层面。以这一界面拉平可较好的进行等时旋回结构对比。

以上层序界面特征和层序划分表明，构造旋回控制层序边界，以角度不整合或平行不整合为顶底界的构造旋回，限制层序的形成与发展；层序边界是能够将其上部所有岩层与下部所有岩层分开的唯一广泛分布的面，界面上下沉积相、岩性组合特征、地震反射特征发生突变；层序边界的形成不受沉积物供应条件的限制，如果基准面快速下降、大量沉积物快速供应时，形成的层序边界以强烈的削截现象为标志；如果沉积物供给量少、扩散很慢时，形成的层序边界以广泛的暴露现象为标志；层序边界以有意义的区域侵蚀作用和地层上超终止为标志，控制了体系域和沉积相带的分布。

3）三级层序及其界面特征

在上述二级的层序内，进一步可依据局部不整合及其对应的整合面为界，划分三级层序或沉积旋回。一般来说，在盆地边缘和相对隆起区，三级层序界面变化为下切或削蚀不整合面，向洼陷区过渡为整合接触。事实上，在盆地内进行追踪时，情况是相当复杂的，界面的表现形式是多样的，与古构造、古地貌及沉积作用等的变化有关。

Sbn1、Sbn2、Sbd1 等三级层序界面上常可观察到下切水道，或低位体系域湖底扇沉积，在测井曲线上呈现突变界面；三维地震剖面上可观察到削截、下切，或底超、上超等反射接触关系。在垂直沉积倾向的剖面上，低位体系域的含砾粗砂岩充填常显示下切、充填结构。

一些三级层序界面主要表现为三级旋回的水退—水进沉积转换面，即沉积体系或准层序叠置样式的转换面往往代表了三级层序界面。Sbn2、Sbd1、Sbd2 等层序界面多显示为沉积体系转换面。界面下为深湖—半深湖泥岩，向上突变为三角洲体系，三角洲前缘水下分流河道砂直接覆盖在深湖泥岩上。测井曲线由平直低幅的基值突变为中—高阻、高异常的箱形曲线。三级层序界面有时可追踪到高位体系域的顶超面或上超面，往往与以水进体系域的底界面相一致，显示为上超面。

需要特别强调，各三级层序的界面特征、旋回结构及体系域的沉积相构成随着盆地背景的变化而显著不同。从铜钵庙组到大磨拐河组下部的三级层序，构成一个区域性的水进序列，沉积背景从浅水粗碎屑断陷湖盆到相对深水的坳陷湖盆演化，层序的界面和沉积构成发生了相应的变化。不同层序的发育和沉积中心的分布随着盆地的演化也发生了明显变化，主要受盆地古构造格架及其演化的控制。

2. 三级层序特征

1）SQt（铜钵庙组）层序

SQt 层序与铜钵庙组大体相当。由于钻井揭露程度低，暂作一个层序看待，其内未作进一步划分。这一层序早期有酸性火山喷发，发育有角砾岩、流纹岩、凝灰岩而后为沉积岩，沉积粒度粗，以冲积扇、河流和部分扇三角洲砂岩、砂砾岩为主，局部地带发育浅湖、半深湖相砂质泥岩和泥岩。层序中部一段可识别出相对水进的泥质沉积段，层序的下部和上部均以粗碎屑岩为主。底界是一个区域性的不整合面，具有下切、削蚀不整合接触特征。

2）SQn1（南屯一段）层序

SQn1 与南屯组一段大体相当，底界与 T_3 反射界面基本一致，是一个分布范围较广的不整合层序界面。SQn1 具有较为明显的水进—水退三级旋回结构，但总体显示出水进的盆地背景。层序下部碎屑沉积以扇三角洲、辫状河三角洲及冲积扇等浅灰色、灰色砂砾岩为主，层序中部发育大范围的湖进体系域，以浅湖—半深湖沉积为主，上部发育扇三角洲、辫状河三角洲或湖底扇沉积。这一层序发育期是盆地从冲积浅水湖盆背景向深水湖盆转化的阶段，盆地边缘和隆起区地层广泛上超。层序的底界削蚀现象多见，局部发育下切谷充填，可见冲刷充填结构，属二级层序界面。

3）SQn2（南屯二段）层序

SQn2 层序的底界面是一局部的不整合界面，与反射界面 T_{23} 基本一致。可观察到削蚀等不整合接触关系，但主要为整合接触。底界面上发育下切水道充填、湖底扇砂体和低位三角洲沉积等，测井曲线上具突变界面。层序中上部以湖泊细粒沉积为主，总体上显示出水进序列或水进—弱水退沉积旋回结构，以广泛分布的深湖泥质沉积为主。沿盆地边缘和相对隆起区地层上超；在相对洼陷带，可观察到低位体系域的底超或双向底超等反射结构。

4）SQd1（大磨拐组一段）层序

SQd1 层序与大磨拐组一段相当，其底界为一明显的不整合界面，在前面已讨论过。该层序显示出较清晰的水进—水退三级沉积旋回，但层序上部水退不明显，高位体系域不十分发育。因此，整个层序从区域上看是具有水进的特点，在盆地边部或隆起斜坡整个层序是不断上超的。层序中上部以深湖泥质沉积和薄层浊积砂岩为主，中下部主要为湖底扇沉积和湖相泥岩等。

5）SQd2（大磨拐河组二段）层序

二级 SQ Ⅳ（大磨拐河组）内一般可进一步划分为两个三级层序。上部的三级层序 SQd2 大体与大磨拐河组二段相当。该三级层序的底界在斜坡和相对隆起带大体与地震剖面上 T_{21} 反射界面相当。地震反射界面 T_{21} 事实上是一初始水进面，而不是一些研究认为的最大水进面或层序界面。在深洼带，T_{21} 反映界面为低位体系域的顶界，由高振幅、强连续性反射层组成，区域上容易追踪。层序界面位于其下的一个具有局部削蚀或低位体系域的底超面。从斜坡到相对隆起区，其底界与 T_{21} 合并，为一上超不整合层序界面。但在测井曲线上，由于沉积粒度细，这一界面有时是不易识别的。在发育下切水道或湖底扇时，界面上测井曲线形态突变，可追踪对比。

该三级层序的最大水进面偏于层序的中下部，其上发育了由多期前积朵体构成的、十分壮观的河流三角洲复合体系。关于这套河流三角洲的内部结构，前人开展过较多的研究。一些研究成果在前积层内划分出所谓的斜坡扇等沉积体系。这种规模的倾斜层显然不能与被动大陆边缘的陆架斜坡等同，在倾斜层斜坡上不可能发育有实际意义的斜坡扇。故而把这套倾斜层还是解释为湖泊三角洲的前积层。倾斜层内的一些砂岩透镜体事实上是水下水道充填，这种现象在湖泊三角洲中是广泛出现的，许多野外剖面上都可观察到前积层中的水下河道充填，其强烈冲刷可造成三角洲前缘沉积中出现正粒序层序。

在贝西凹陷，SQd2 内存在一个可追踪对比的较为明显的水退界面，一般位于三角洲前积层顶部，并显示一定的冲刷特征，因而可把大二段划分为成两个层序，分别由两套具有明显前积体的三角沉积序列组成。在乌尔逊凹陷，SQd2 内发育三套三角洲前积复合体或准层序组，可依据同期的前积层的底超面区分开。这三套前积层在乌北次洼最为典型。SQd2 上部层序结构样式的这一特征对建立盆地的层序格架有特殊意义。研究表明，目前分层中 T_2 反射界面从乌北次凹到贝尔各次洼的对比存在不统一现象，这将导致该层序以下各旋回或层序的对比错误。因此，明确 SQd2 的内部结构对正确标定其顶界 T_2 界面具有重要意义。

该层序的底界常表现为薄层浊积或湖底扇或水下水道的冲刷面，仅在局部地带可观察到削截不整合或上超不整合接触关系。底界上局部的湖底扇显示双向底超不整合接触关系。

3. 主要层序的沉积厚度和沉降中心分布

（1）铜钵庙组层序（SQt）一般厚 300～400m，最大厚度达 500 多米。较厚的沉积中心位于贝西次凹中部及中北部、乌南次凹中部和乌北次凹的中北部。在贝尔凹陷内，西北部为最大的沉降带，呈北东向展布，主要受深洼东侧北东向断裂的控制；另一较明显的地层加厚带位于苏德尔特断隆北段贝 12 井至贝 22 井一带。与北东、北东东向断阶带的活动有关。因此，从贝西北洼陷到苏德尔特北断阶带形成一近南北或北北西向展布的相对沉降带，受控于北东东向展布的断阶带。贝南次凹南部沉积厚度也较大，位于次级地堑的中部。乌尔逊凹陷的乌南和乌北次凹沉积厚度大，而其间存在一低凸起（乌中低凸起），厚度变厚。乌南次凹沉积厚度大，厚度带近南北向分布，是这一时期最明显的沉降中心之一。最大沉降带主要受到近南北向和北东东向断裂活动的控制。乌北次凹的最大沉降带呈北北东或北东向展布，与北东向的同沉积断裂活动有关。

（2）南一段层序（SQn1）一般厚 200～500m，总体的沉积厚度分布与 SQt 层序（铜钵庙组）的厚度分布相似，但分异性变小。在贝尔凹陷中西部，包括贝西次凹和苏德尔特断裂带北段连成一片相对沉降大的沉积区，最大厚度常位于贝西次凹北部的洼陷带，达 500～600m。乌南次凹的沉降中心位于乌 12 井至乌 22 井之间的断洼带，最大厚度达 500m。往北至乌 6 井、往南至贝 8 井一带沉积厚度也较大，与局部同沉积断裂的活动有关。乌北次凹的最大沉降带地层厚度为 500 多米，呈北东向展布，受北东向同沉积断裂的控制。

（3）南二段层序（SQn2）厚度分布的总体格局与 SQn1 基本一致。乌北次凹的沉积厚度相对较小，为 200～300 余米，乌南次凹厚 200～400 多米。中南部沉积厚度相对较大。贝尔凹陷中西部仍然是相对沉降带，厚 300～500 多米。贝西北洼陷沉积厚度也较大，为 300～400 余米。

（4）大一段层序（SQd1）的沉积厚度分布与现今的构造格局关系密切。最大厚度分布于贝西次凹、贝南次凹、乌南和乌北次凹。贝西次凹内地层厚 300～700m，最大厚度带呈北东向展布，与现今的贝西次凹的深洼带一致，苏德尔特断裂带的北段沉积厚度变薄，为一相对隆起区，并与贝北低凸起相连，形成北东—北东东向展布的地层缺失或变薄带，并分隔了贝西次凹与贝南次凹。后者呈北东向展布，也是一相对沉降带，SQd1 厚

300～400 余米。乌尔逊凹陷总体格局与南屯组沉积期相似。乌南次凹中南部和乌北次凹中北部沉积厚度较大，SQd1 层序分别厚 200～400m 和 150～300m。不难看出，SQd1 层序的厚度分布和沉积格局与南屯组沉积期发生了明显变化，突出表现在贝尔凹陷苏德尔特隆起的形成导致了沉积中心和地层厚度分布的显著差异。

（5）大二段层序（SQd2）的地层分布格局与 SQd1 相似，但沉积范围扩大，明显向隆起或低凸起区上超。贝西次凹内地层厚 700m，向东到苏德尔特断隆地层减薄到 100m。贝南次凹一般厚 600m，贝东和贝北低凸起上厚 200m。乌尔逊凹陷的乌北次凹最厚达 900m，最大沉降带仍然为北东向展布。乌南次凹最厚为 1000m，位于凹陷的中南部。

综上所述，乌尔逊凹陷各层序的厚度分布和变化趋势相对稳定，乌南和乌北次凹中的断洼带沉积厚度较大，两次凹中部的乌中低凸起上地层厚度明显变薄。因此，整个早白垩世乌尔逊凹陷的沉积、沉降中心分布稳定，反映出盆地的古构造格局没有发生过显著变化。贝尔凹陷各层序的沉积厚度和分布则发生了明显的变迁。SQt 至 SQn1 层序发育期，贝西次凹以东至现今苏德尔特断隆中北段为一相对开阔的沉积区，地层厚度较大，构成一近南北向的断阶沉降带。

第二节 沉积充填与演化

海拉尔盆地经历了多期的建造和改造过程，盆地的形成过程控制着盆地的沉积充填演化过程。海拉尔盆地的构造演化明显控制着沉积充填演化，不同演化时期的沉积体系类型、堆积样式都体现出旋回变化的特点，反映出盆地充填演化具有多期幕式的特点。每一个幕式的断陷构造活动对应着一个二级层序，代表了一个断陷构造幕的沉积充填。综合运用岩心、录井、钻井、测井、地震及古生物等资料，以层序地层学理论为指导，将下白垩统划分为 2 个二级层序组、4 个二级层序和 7 个三级层序（图 2–5–1）。海拉尔盆地由中—晚侏罗世盆地和白垩纪—新生代盆地叠置而成，白垩纪—新生代盆地包括断陷期（铜钵庙组—南屯组沉积期）、断坳期（大磨拐河组—伊敏组沉积期）、坳陷期（青元岗组沉积期）和萎缩期（新生代）4 个形成期。其中断陷期进一步可分为初始张裂（T_4—T_3）、强烈拉张阶段（T_3—T_{23}）、稳定拉张阶段（T_{23}—T_{22}）。断陷期和断坳期沉积充填演化与油气的生成、聚集关系密切，故将其作为重点阐述，其他不做论述。

一、断陷期（铜钵庙组—南屯组沉积期）沉积充填与演化

1. 初始张裂阶段——铜钵庙组沉积期

Sq1 沉积充填时期，地壳拉张、断层强烈活动，断块之间差异沉降大，沉积了一套裂陷期粗碎屑岩浅湖盆层序，发育河流、冲积扇、扇三角洲、浅湖和局部半深湖沉积。在深洼部位半深湖湖相泥岩亦是有利烃源岩，扇三角洲等粗碎屑沉积砂体为油气成藏提供了有利储层。铜钵庙组在乌尔逊凹陷沉积厚度较大、贝尔凹陷沉积相对较薄，局部缺失，地层厚度大的部位可明显划分出三个段，并形成三个水进—水退沉积旋回。

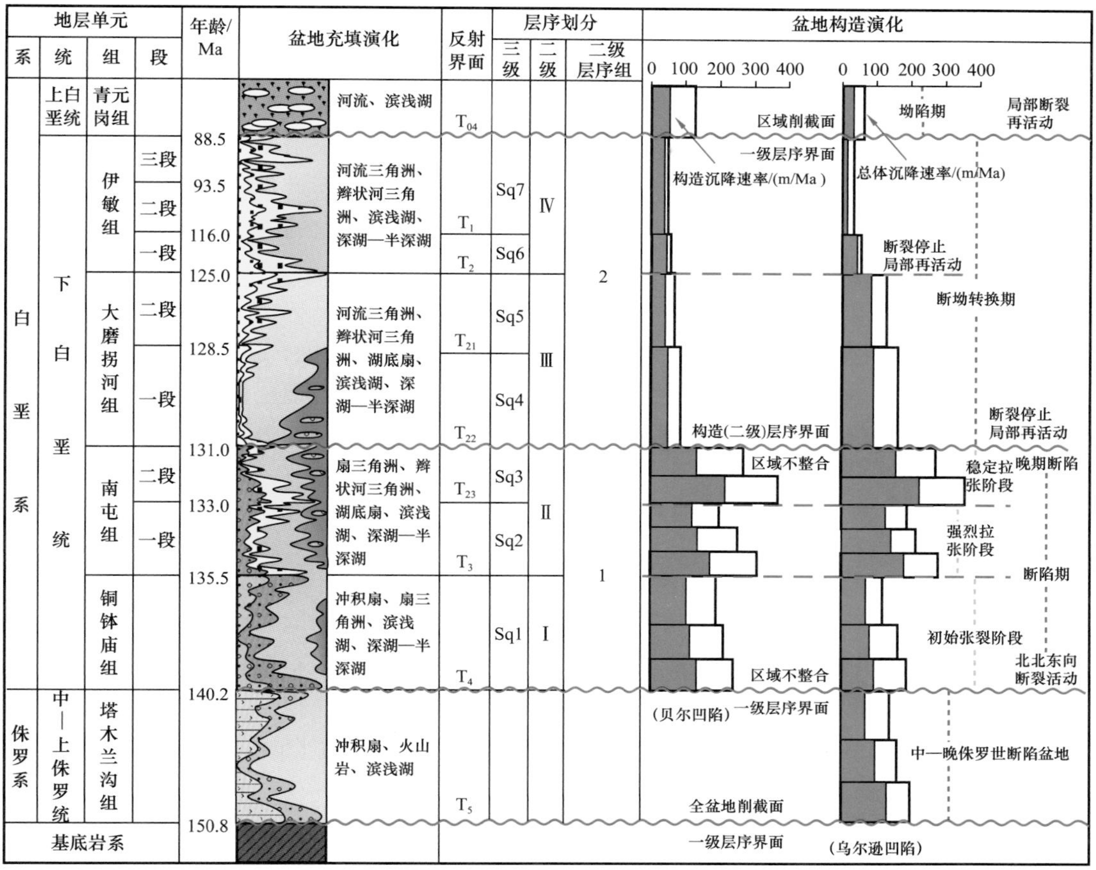

图 2–5–1　乌尔逊—贝尔凹陷构造演化与沉积充填序列

2. 强烈拉张阶段——南一段沉积期

Sq2 时期海拉尔地区发生了强烈拉张，盆地充填地层厚度大，湖盆面积扩大，可容空间变大。形成了一套裂陷滨浅湖—半深湖—深湖盆型层序，沉积物以黑色泥质岩为主，局部有油页岩。乌尔逊—贝尔凹陷优质烃源岩发育于该时期，优质烃源岩的形成为研究区形成优质储量奠定了物质基础。发育辫状河三角洲、扇三角洲、湖底扇、近岸水下扇和浅湖—深湖沉积，构成了区内最重要的储层并形成了有利生、储、盖组合。T_{23} 是一个区域不整合界面，连续性一般，斜坡带部位的地震反射轴为一系列上超终止；向凹陷部位，上超特征逐渐消失，取而代之的为一整合接触。

3. 稳定拉张阶段——南二段沉积期

Sq3 时期海拉尔地区构造作用变弱，南二段各凹陷沉积范围变大，盆地水体相对变浅。主要为一套灰色、灰绿色、灰白色细砂岩和泥质粉砂岩，局部夹有灰色、灰绿色砾岩和厚层灰黑色泥岩。南二段沉积之后盆地隆起，受挤压作用构造发生反转，伴随断块的区域性掀斜翘倾，盆地遭受剥蚀规模大，形成区内最重要的区域不整合界面（T_{22}）。

二、断坳期（大磨拐河组—伊敏组沉积期）沉积充填与演化

1. 大磨拐河组沉积期

Sq4+Sq5 时期大磨拐河组是盆地总体处于断—坳沉降期形成的沉积充填，同时伴有

走滑拉伸作用，断裂在局部地区持续继续活动，热衰减沉降作用加强，沉积了一套断—坳期半深湖—深湖盆型层序，发育三角洲、河流三角洲、曲流河三角洲、前三角洲浊积、半深湖及深湖沉积。大磨拐河组总体构成了一个三级的水进—水退旋回，大一段底部层序界面为盆地内区域不整合面 T_{22} 界面或 T_{22} 之下的一个反射轴；大二段总体为一套三角洲—滨浅湖—浅湖沉积体系，三角洲前缘砂体是乌尔逊—贝尔凹陷大二段局部油气成藏有利的储层，大二段地层沉积厚度大，依据大磨拐河组内的一个主要水进—水退沉积转换界面可进一步将其划分出 2 个三级层序。

2. 伊敏组沉积期

Sq6+Sq7 时期盆地沉降结束，大磨拐河组顶部地层遭受剥蚀，进入伊敏组（T_2—T_{04}）沉积时期，海拉尔盆地整体隆升萎缩，形成断—坳期滨浅湖盆型层序，发育三角洲、前三角洲浊积、浅湖，该套地层埋藏较浅，成藏条件差。伊敏组划分出 2 个三级层序，分别是伊一段和伊二、三段。

第三节　沉积相与沉积体系特征

断陷湖盆沉积充填主要发育冲积扇、扇三角洲（浅湖或深湖）、水下扇或湖底扇、辫状河三角洲、轴向大型河流三角洲、滨浅湖、深湖泥岩及浊积岩等多种沉积体系或沉积相组合。它们的发育和空间分布受到盆地构造、气候、湖平面及物源补给等因素的控制。

一、沉积相类型与沉积特征

1. 扇三角洲相

扇三角洲是冲积扇直接入湖而形成的沉积体系。首先，扇三角洲一般发育在厚层暗色泥岩指示的半深湖—深湖沉积背景；其次，发育了多类型的灰色砾岩、砂砾岩岩性组合，包括碎屑流砾岩、颗粒流砾岩，具大型交错层理的水下河道砂岩或砂砾岩等。由于堆积速度较快，往往发育同生变形构造、重荷模。主要由扇三角洲平原、扇三角洲前缘和前扇三角洲亚相组成（表 2–5–2）。

1）扇三角洲平原

沉积旋回一般以多个粗—中—细粒正向旋回为主，夹少量红色、杂色及灰绿色细砂岩、粉砂岩、泥质粉砂岩，砂岩中常见槽状交错层理，具有冲刷面。在测井曲线上表现为钟形或者箱形，夹或有锯齿状的特点。

2）扇三角洲前缘

主要发育席状砂、河口坝及较小的水道沉积，岩性为灰色、灰黑色砂砾岩、砾岩与薄层灰绿、灰色泥岩组成。一般具有下粗上细的正旋回特点，磨圆、分选较差—中等，发育大型或者小型槽状交错层理、波状交错层理及变形层理等，底部具有明显冲刷特征。测井曲线呈现出典型的指状、钟形和漏斗形组合。垂向上准层序具有前积式特点。主要发育水下分流河道、水下分流河道间、河口坝、前缘席状砂等微相。

表 2-5-2 乌尔逊—贝尔凹陷下白垩统主要沉积体系类型及特征

沉积体系			岩性描述	沉积构造	定向组构
湖泊体系	半深湖—深湖		以暗色泥岩为主	水平、块状层理	植物碎片顺层分布
	滨浅湖	泥滩	灰绿、灰绿杂紫红色泥岩、粉砂质泥岩、钙质泥岩	水平、透镜状层理	
		砂泥混合滩	泥岩、粉砂质泥岩、钙质泥岩与粉砂岩、细砂岩薄互层	波纹、透镜状层理	泥砾、砾石定向排列
		砂质滩坝	中砂岩、细砂岩、粉砂岩，可向上变细（湖扩）或向上变粗（湖缩）	波纹、波纹交错层理	
近岸水下扇	内扇	主沟道	杂色杂基或颗粒支撑复成分砾岩，具粗砂岩等粗组分夹层，少见粉砂岩等细组分	块状层理，递变层理	复成分砾岩混杂
	中扇及外扇	辫状沟道	黑灰色等深色泥岩包裹砾岩、粗砂岩、细砂岩、粉砂岩多组分砂岩互层	递变层理、泄水构造、重荷膜等变形层理	可见砾石定向排列
		浊积岩	薄层砂砾岩、细砂岩等单砂体嵌入暗色泥岩	包卷层理、沙球构造、水成岩脉	定向性差
扇三角洲	根部	泥石流	砾石、砂、泥混杂，分选极差	正、反递变层理	砾石杂乱分布
		水道	砾岩、砂砾岩，砾石叠瓦状排列或定向排列	斜层理、交错层理	泥砾、砾石定向排列
	前缘	近端坝	砾岩、砂砾岩、含砾粗砂岩	斜层理、交错层理	
		远端坝	含砾粗砂岩、粗砂岩、中砂岩、细砂岩与暗色泥质岩不等厚互层	波纹、波纹交错层理	
	前扇三角洲		暗色粉砂岩、泥岩	水平、块状层理	
辫状河三角洲	平原	河道间	灰绿色、紫红色粉砂岩、泥岩	块状层理	
		河道	砂砾岩、含砾粗砂岩、粗砂岩、中砂岩	交错层理	泥砾、砾石定向排列
	前缘	河口坝	砂砾岩、含砾粗砂岩、粗砂岩、中砂岩、细砂岩	交错层理	
		远沙坝	中、细砂岩，与暗色粉砂岩、泥质岩不等厚互层	波纹、波纹交错层理	
	前三角洲		暗色粉砂岩、泥岩	水平、块状层理	
湖底扇	碎屑流		砂砾岩、含砾粗砂岩、粗砂岩、中砂岩、细砂岩	正、反递变层理	泥砾、砾石杂乱分布
	浊流		细砂岩、粉砂岩、泥岩	正递变层理	

（1）水下分流河道：扇三角洲沉积相中，水下分流河道微相占有重要的地位。主要由灰色、灰黑色含砾砂岩和砂岩构成，分选中等—较好。具有下粗上细的正韵律特点，底部有冲刷面，发育充填构造。垂向沉积结构特征与水上分流河道类似，但砂岩所夹泥岩不是红色而是黑色，沉积构造以中—小型槽状交错层理为主，由于受波浪和后期水流

的改造，有时可能出现脉状层理。电测曲线特征表现为中—高阻值钟形或箱形。砂体呈条带状分布，垂直河道展布方向往往呈透镜状的特点。

（2）水下分流河道间：发育在水下分流河道的侧翼，由互层状的浅灰色、灰色、灰绿色泥岩夹粉砂岩及细砂岩。一般发育波状层理、水平层理及透镜状层理。水下分流河道间微相生物扰动程度高，发育较多的生物潜穴，波浪的改造作用明显。

（3）河口沙坝：一般位于扇三角洲入湖的地方，发育在水下分流河道分叉的位置。扇三角洲河口沙坝的沉积范围和规模相对河控三角洲较小，但含砂量高。岩性以分选较好的细粒粉砂岩—细砂岩为主，沉积旋回呈现反韵律特点。受季节性影响，常发育泥质夹层，沉积构造主要为小型交错层理，偶见板状交错层理。在较细的粉砂质泥岩中，可见生物扰动或滑动作用形成的扰动构造或变形层理。

（4）前缘席状砂：为更加远岸沉积，是沉积物进一步向湖推进形成的，紧邻前三角洲。岩石成熟度较高，分选、磨圆较好，岩性较细，一般呈现反韵律的粒序沉积特点，表现为砂泥互层，沉积构造可见变形层理、波状层理。

按离湖岸的距离远近，扇三角洲前缘可进一步分为扇三角洲外前缘和扇三角洲内前缘两类。内前缘一般以水下分流河道、河口坝等砂质沉积为主，外前缘以半深湖—深湖相暗色泥岩为主，夹有前缘浊积砂或前缘席状砂等砂体。

3）前扇三角洲

前扇三角洲主要是黑色泥岩夹粉细砂岩或粉砂质泥岩，泥岩厚度大、质纯。测井曲线总体为低阻平缓特点，偶见小锯齿状，横向上与深水泥质沉积呈过渡关系，在实际操作中一般与深湖—半深湖相难以区分开来。

2. 辫状河三角洲相

辫状河三角洲一般发育在断陷盆地的缓坡，是辫状河流入到湖泊中，在河口区形成的鸟足状或朵叶状的三角形沉积体，是河流和湖泊相互作用的结果。

乌尔逊—贝尔凹陷辫状河三角洲沉积体系即发育在低位体系域中，又发育在高位体系域和湖侵体系域中，一般为建设型辫状河三角洲，主要是由来自斜坡带远源河流携带碎屑物质流入开阔的湖泊中所形成的沉积体系，主要发育中型、小型槽状交错层理、板状交错层理、波状交错层理或水平层理等。

辫状河三角洲前缘朵叶砂体不断向凹陷中心方向推进，在剖面上可看到粗相带前积在细相带之上，表现为反旋回特点，在测井曲线上为指形或齿化漏斗形。在地震剖面上，顺物源方向的地震反射特征为斜交型、S 型、斜交型—S 型复合前积结构，表现为连续性较好的中高振幅特征。

辫状河三角洲沉积体系可进一步分为三角洲平原、三角洲前缘和前三角洲三个亚相，各个亚相又发育多种类型微相。

1）辫状河三角洲平原亚相

平原亚相是三角洲沉积的陆上部分，是辫状河三角洲沉积的顶积层。由泥岩、粉砂岩和砂岩互层组成，具有大型槽状交错层理。地震剖面上表现为高振幅反射特征、连续性较好、亚平行或平行反射，垂向上为岩性向上变细的正向旋回。主要发育分流水道及水道间微相。

（1）分流水道微相：岩性以灰色粉砂岩、细砂岩为主，多呈向上变细的正旋回特点。粒度分选较好，磨圆度为次棱角状—次圆状。一般发育大型槽状交错层理，底部具冲刷面。电测曲线常呈齿化箱形及钟形特点。

（2）分流水道间微相：岩石以泥质粉砂岩、粉砂质泥岩及泥岩为主。泥质岩颜色多样，有灰绿色、紫红色及紫红夹灰绿色。电测曲线为低阻小起伏的特点。

2）辫状河三角洲前缘亚相

岩性以灰色细砂岩、粗砂岩及粉砂岩为主，局部夹泥岩。研究区在地震剖面上顺水流方向表现为斜交前积、连续性较好中—高振幅的反射特征。前缘相带是辫状河三角洲的主体，发育富油气储层，可细分为分流间湾、水下分流水道、远沙坝、河口坝、席状砂等微相。

（1）水下分流水道：分流水道入湖后的水下延伸部分。向盆地中心推进的过程中，水下分流水道具有深度减小、流速减缓、分叉增多等特点。岩性由粉砂岩、细砂岩及粗砂岩组成，粒度分选、磨圆较好。一般发育冲刷面、充填构造和小型交错层理。顺水流方向一般呈条带状展布，垂直水流方向上呈透镜状。

（2）分流间湾：发育在水下分流水道之间与湖相通的湖湾地区，分流间湾以黏土、泥岩为主，局部发育泥质粉砂和粉砂夹层。洪水期河床漫溢时沉积砂岩，常呈薄透镜状或黏土夹层，发育透镜状层理和水平层理。

（3）河口坝：河口坝是由辫状河入湖携带的沉积物质在河口处因流速降低堆积而成，沉积物由粉砂岩、中—细砂岩，局部泥质粉砂岩和粉砂质泥岩组合而成，分选中等—好，砂层呈厚层状，水退型河口坝微相多呈向上变粗的反旋回沉积特点，水进型河口坝微相多呈向上变细的正旋回沉积特点。电测曲线主要为中—高阻值的漏斗形、钟形和漏斗形—箱形。沉积构造发育大型槽状交错层理、小型槽状交错层理和斜层理。

（4）席状砂：分布于辫状河三角洲前缘呈席状或带状分布的砂体，是由河口坝砂岩受岸流和波浪的淘洗改造后发生侧向迁移而形成。席状砂分选、磨圆好，沉积构造发育小型交错层理或水平层理，砂体具有向岸方向加厚、向湖方向减薄特点。

（5）远沙坝：又称为末端沙坝，位于河口前方较远部位。沉积物以细砂岩、粉砂岩为主，有少量泥质粉砂岩和黏土沉积，砂岩粒度与河口坝相比较细，发育小型斜层理、水流波痕和浪成波痕等。

3）辫状河前三角洲亚相

是辫状河三角洲的底积层，出现在三角洲复合旋回的底部，厚度较薄，岩性较细。岩性以深灰色和灰色泥岩、粉砂质泥岩为主，夹极薄层的泥质粉砂岩和粉砂岩，一般发育水平层理。电测曲线呈低阻齿形。在地震剖面中为弱振幅、低—中连续反射。很难与浅湖相泥岩区分，但可据其位于三角洲旋回的底部，可与远沙坝、河口坝一起构成向上变粗的连续沉积的特征来加以区别。乌尔逊—贝尔凹陷缓坡带一般发育辫状河三角洲。

3. 曲流河三角洲

曲流河三角洲主要见于大二段，它是湖泊末期逐步充填的产物，砂体较细，以细砂为主，不含砾，这也是大磨拐河组沉积期坳陷面积较大、古地形相对平缓、碎屑物经过较长距离搬运的结果。大二段中上部发育了常见的碳质泥岩、粉砂质泥岩等漫滩、沼泽沉积，夹分流河道砂体，反映了三角洲平原化的古地形特征，在地震剖面上，三角洲体系主要表现为斜交型、S 型、复合 S 型—斜交型前积结构。测井曲线上，总体具有反旋回沉积特征。三角洲体系可进一步分为三角洲平原、三角洲前缘和前三角洲。

三角洲平原是三角洲沉积体的顶积层，为高振幅、连续性较好、平行或亚平行反射。由砂岩、粉砂岩与泥岩互层组成，具有大型交错层理。垂向上显示为向上变细的正向或反向旋回。发育分流河道、河道间漫流沉积。

三角洲前缘顺水流方向的地震反射特征为斜交前积型，具有中—高振幅、连续性较好的反射结构，由砂岩、泥岩互层组成。三角洲前缘是三角洲的主体。前三角洲是三角洲的底积层，在地震剖面中为低振幅、中—低连续性反射。主要由泥岩组成，夹薄层粉砂岩。

4. 湖底扇

湖底扇是一种砂、砾、泥混杂的重力流沉积，由阵发性洪水作用或滑塌事件所产生，一般在半深水—深水沉积背景下发生的一种直插湖底的粗—中碎屑岩沉积体系，在湖盆陡岸或缓坡、三角洲、扇三角洲前缘区域，具有足够的坡角，均可形成湖底扇沉积体系。岩性为粗碎屑砂砾岩夹于半深湖相暗色泥岩中，具下粗上细的正韵律或发育鲍马序列，发育水平层理、包卷层理、递变层理、波状交错层理等。电阻率曲线为高阻箱形特点，具底部突变接触、顶部渐变的正旋回特点。乌尔逊凹陷主要发育在南北两个洼槽部位，而贝尔凹陷主要发育在贝西洼槽，贝中次凹局部有发育。

5. 湖泊

1）半深湖—深湖相

大一段是半深湖—深湖相最发育的层段，尤其在乌尔逊—贝尔凹陷的沉积中心深水特征尤为明显，岩性以厚层深灰、灰黑色及黑色泥岩夹薄层钙质粉砂质泥岩为主。沉积构造一般发育页理和水平层理，反映了浪基面之下能量较低的沉积环境。测井曲线上表现为低幅平直的特点。

南一段、南二段也发育半深湖—深湖相暗色泥岩，但由于与浊积成因的粉砂岩频繁互层，属于扇三角洲、三角洲外前缘向深水过渡的地带，故未在南一段、南二段中划分出明显的半深湖—深湖相带。换言之，南一段、南二段划分出的扇三角洲、三角洲外前缘亚相，基本属于常规的半深湖—深湖沉积。

2）滨浅湖

滨浅湖亚相一般发育于大二段，其他组段在缓坡带也常见滨浅湖沉积，岩性以灰色泥岩与纹层状粉砂岩互层。乌尔逊—贝尔凹陷湖盆水域不是很宽广，地形相对较陡，物源供给充足，滨湖区与浅湖区分异程度较差，故合为滨浅湖亚相。滨浅湖亚相是指在最高水位面之下与浪基面之上的浅水沉积，发育水平层理和波状层理。

二、沉积体系特征与展布

海拉尔盆地早白垩世的沉积充填演化经历了从初始裂陷冲积—火山岩盆地充填（塔木兰沟组）、早期裂陷冲积河流—浅湖盆充填（铜钵庙组）、中期裂陷浅湖—半深湖和深湖盆地充填（南屯组）到断坳期开阔浅湖—半深湖（大磨拐河组）、坳陷期开阔浅湖盆地的沉积演化。通过横跨凹陷的不同方向的连井剖面层序—体系域划分和沉积体系对比表明（图 2-5-2），不同原型盆地发育期各种沉积体系的发育和空间分布，受到了盆地古构造、湖平面变化及物源供给的控制作用。从总体上，盆地沉积相的组合分布可划分为下列几个沉积相域：平面上，各组在各断陷均为多物源、近物源，边缘有冲积扇相、扇三角洲相，中部为湖相，在较为开阔的地带则发育有三角洲相。

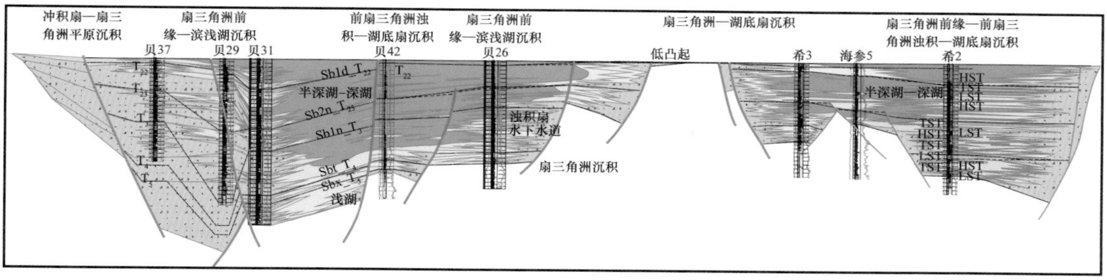

图 2-5-2　贝尔凹陷贝 37—贝 29—贝 31—贝 42—贝 26—希 3—海参 5—希 2 井连井剖面层序—沉积剖面图

贝尔—乌尔逊凹陷内存在四个相对深水的沉积域，即贝西次凹北部洼陷、乌南次凹中南部洼陷、乌北次凹中部洼陷和规模较小的贝中次凹中南部洼陷。这些区带是长期发育半深湖—深湖环境的沉积区，发育厚层的湖相泥岩和前三角洲浊积、湖底扇等沉积，是贝尔—乌尔逊凹陷的主要烃源岩发育区。

凹陷西北缘的边缘冲积扇、扇三角洲沉积相带。凹陷西北侧的嵯冈隆起长期向盆内供给大量的粗碎屑物，长期发育扇三角洲沉积，最主要的砂分散体系主要沿贝西次凹西北缘的断阶斜坡和乌北次凹的西北陡坡断裂带注入凹陷，形成了包括乌北次凹西北缘的扇三角洲—近岸水下扇砂砾岩相带、贝西次凹西北缘的冲积扇—扇三角洲砂砾岩相带等。

乌尔逊凹陷东缘的扇三角洲、辫状河三角洲沉积相带。来自凹陷东侧的巴彦山隆起陆缘碎屑向西分别注入乌南和乌北次凹，乌北次凹东部断阶边缘和乌南次凹东北断阶边缘形成两个长期发育的扇三角洲、辫状河三角洲沉积中心。

贝东断隆带西缘扇—辫状河三角洲沉积相带。贝东断隆是一长期提供物缘的低凸起带，沿西侧的断坡带长期发育向西推进的扇三角洲或辫状河三角洲沉积。

苏德尔特断隆断坡边缘的扇三角洲沉积相带。该断隆带一直是相对隆起区，南段为长期隆起的物源区，隆起边缘的断坡长期发育扇三角洲或近岸水下扇沉积；中北段为断阶状低凸起，早期断阶控制着扇三角洲沉积的发育，后期演化成水下低凸起带。

贝北—巴彦塔拉低凸起西北缘扇三角洲沉积相带。该凸起带在盆地裂陷早期（铜钵庙组和南一段层序）提供物源，其北缘断坡带发育扇三角洲和辫状河三角洲沉积复合体，东段向乌南次凹注入，西段的物源可能向贝西北次凹注入，形成规模较大的扇—辫状河三角洲砂砾岩沉积相带。

1. 铜钵庙组沉积期沉积体系展布特征

铜钵庙组沉积期构造活动较强，断陷处于初始拉张时期，粗碎屑杂乱堆积为沉积特点，主要发育冲积扇、扇三角洲、滨浅湖等沉积相类型，总体上的砂岩百分含量高和砂体厚度大，砂地比在 45%～80% 之间。古地貌高差相对较小，发育有浅湖—冲积层序，以粗碎屑的冲积扇和扇三角洲沉积体系为主。

沿贝尔凹陷和乌尔逊凹陷的西缘断裂带发育了宽 5～7km 的冲积扇—扇三角洲砂砾岩扇裙。乌北次凹西北缘扇三角洲较为发育，呈南东方向推进到中部洼陷区，沉积厚度和相带展布受到陡坡断裂带活动的控制。乌北次凹东缘也发育扇三角洲体系。东坡边缘在早期主要是受到铜钵庙断裂控制的断阶状斜坡，控制着扇三角洲沉积体系的展布。断裂带以北东东向为主，形成多个次级洼陷。凹陷的洼槽区为浅湖环境，局部发育半深湖环境。乌南次凹相对乌北次凹埋藏较深，洼槽范围较大，为半深湖和浅湖环境，主要粗碎屑扇三角洲沉积体系、缓坡带北部长轴物源体系和南部物源体系。东斜坡扇三角洲复合体的规模较大，在地震剖面上具有大型扇三角洲前积结构和楔状特点的沉积体形态（图 2-5-3）。

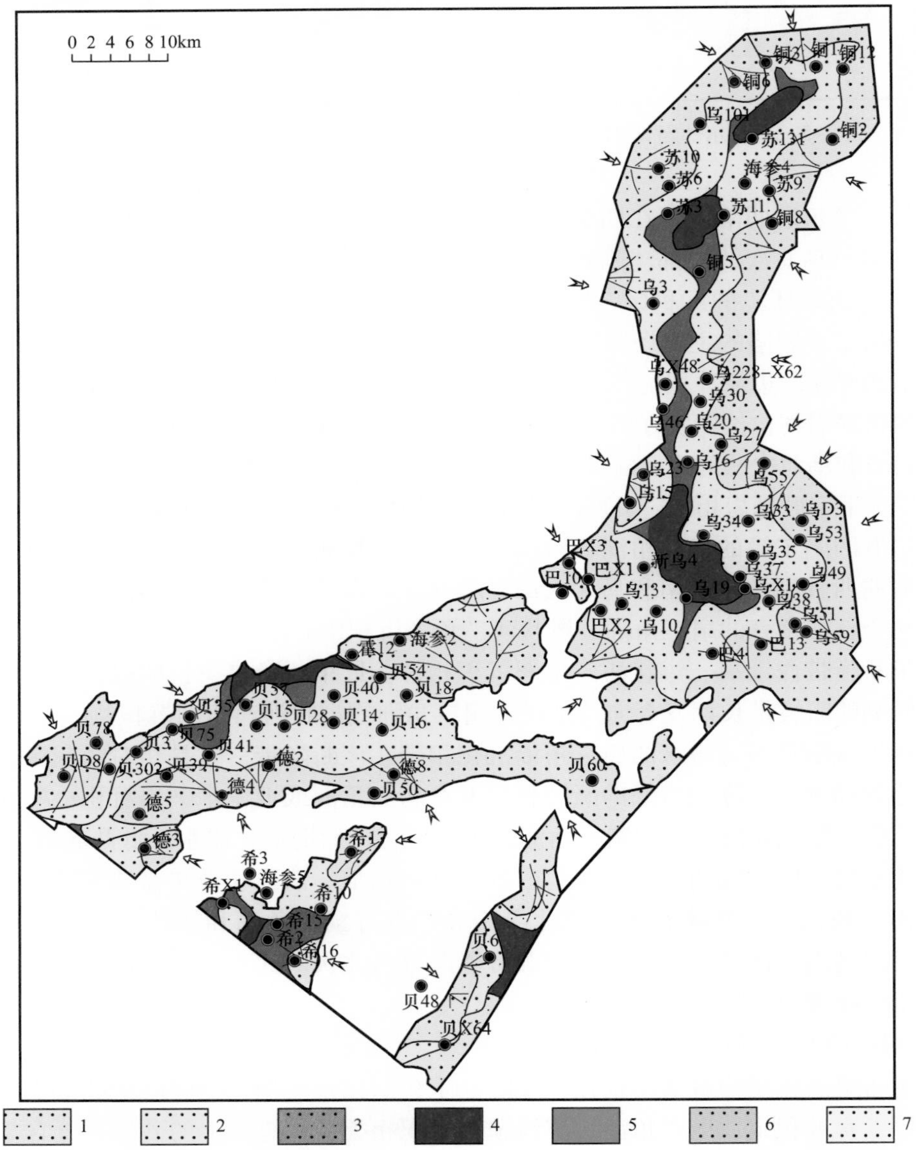

图 2-5-3　乌尔逊—贝尔凹陷铜钵庙组沉积相图

1—扇三角洲平原；2—扇三角洲前缘；3—辫状河三角洲平原；4—半深湖—深湖；5—滨浅湖；6—辫状河三角洲前缘；7—湖底扇

贝尔凹陷的沉积体系分布相对复杂。最深水区位于贝西次凹南部地区至苏德尔特断裂带的北段，为浅湖—半深湖沉积，物源来自塔拉汗低凸起、贝东隆起带和西侧嵯岗隆起。沿贝东低凸起西北缘至塔拉汗低凸起的西北缘，发育一个较宽的扇三角洲—滨浅湖沉积体系，沉积体系的沉积中心受同沉积断裂控制。贝西斜坡带发育了厚层的扇三角洲砂砾岩相带，特别是贝西北地区扇体规模较大，以粗粒碎屑岩为主。贝南次凹为一相对独立的深洼，周边都发育有一定规模的扇三角洲体系。

西部断陷带的巴彦呼舒凹陷西部陡坡带发育一系列以粗碎屑为主的扇三角洲扇体，数个扇体相互叠置，沿主断裂呈裙带状分布，规模很大，砂岩百分含量普遍较高，最大可达 90% 以上，扇体向洼槽延伸距离较短，相带较窄。楚 1 井砂地比高达 99%，但所夹持泥岩为还原色，所以确定为扇三角洲前缘亚相。在东部根据地震相分析也同样发育扇三角洲前缘亚相。

东部断陷带呼和湖凹陷主要发育粗碎屑的冲积扇、扇三角洲平原、扇三角洲前缘、滨浅湖和分布局限、连通性不好的深湖—半深湖等沉积相类型。在凹陷边缘带以滨浅湖沉积环境为主，发育了滨浅湖砂质滩坝沉积体系。西北缓坡带和东南陡坡带发育了冲积扇—扇三角洲扇体，分别推进到南部洼槽区，大面积的湖泊被充填淤浅，沉积厚度和相带展布受其断裂带活动的控制。在北部斜坡带和东南陡坡带也各发育了冲积扇—扇三角洲沉积体系，扇体规模均较大，向北部洼槽区推进到深湖—半深湖沉积环境中。在南部洼槽区形成另一个湖泊中心，为深湖—半深湖环境，主要碎屑体系来自西北缓坡带。

2. 南屯组沉积时期沉积体系展布特征

1）南屯组一段（Sq_2）层序形成期沉积体系

南屯组一段层序沉积期，海拉尔盆地中部断陷带乌尔逊凹陷乌南次凹两个区带发育粗碎屑沉积体系，一是乌 6—乌 26 井一带的大型扇三角洲—前三角洲湖底扇复合体，扇三角洲前缘分布面积在 180km^2 以上，由北东方向向西南推进到乌 32 井一带的湖盆中心。另一个扇三角洲沉积相带是沿贝北凸起以北的巴彦塔拉斜坡带分布，物源来自东部巴 6 井一带和西侧巴 7 井以北的隆起带。扇三角洲前缘相带分布很广，从东斜坡的乌 9 井至西缘的巴 10 井一带，面积 220km^2。乌北次凹东西两侧的扇三角洲体系也很发育，西缘断坡铜 7 井以东至苏 131 井、苏 2 井以东至新乌 1 井一带发育两个规模较大的扇三角洲—前三角洲湖底扇复合体，它们推进到了湖盆中部。乌北次凹东部斜坡发育的辫状河三角洲沉积体规模较小，沿铜 5 井—苏 39 井一带和苏 46 井—苏 21 井发育辫状河三角洲—湖底扇沉积复合体，整个斜坡带发育滨浅湖相沉积背景（图 2-5-4）。

贝尔凹陷粗碎屑沉积体系主要包括：贝西斜坡的扇三角洲沉积体系，在贝 7 井、贝 37 井、贝 75 井—贝 61 井一带为扇三角洲沉积中心；苏德尔特北段断阶带的扇三角洲沉积体系，受早期同沉积断层控制，物源来自近源断隆及贝北、贝东隆起；发育在贝南次凹东、西两侧的扇三角洲体系，扇体推进到洼槽区的中部。另外，苏德尔特断隆西侧的扇三角洲—辫状河三角洲沉积体系的规模也较大，前缘相带沿德 1 井—德 2 井一带分布。

海拉尔盆地西部断陷带巴彦呼舒凹陷南屯组一段沉积时期断陷边沉降边拉张，导致湖盆面积增大，湖水环境扩大，此时滨浅湖发育，半深湖—深湖在断陷的东部也开始发育，中部地区砂岩百分含量在 30% 以下；此时期断陷东西两侧扇三角洲相互叠置，西部陡坡带沿主断裂展布的裙带状扇体，从南向北发育多个，砂岩百分含量高值区一般在 60%～90% 之间；东部斜坡带以三角洲前缘沉积为主，沿斜坡带呈扇状分布且分布范围很小。砂岩百分含量小于 30% 地区发育了大面积的湖泊相。

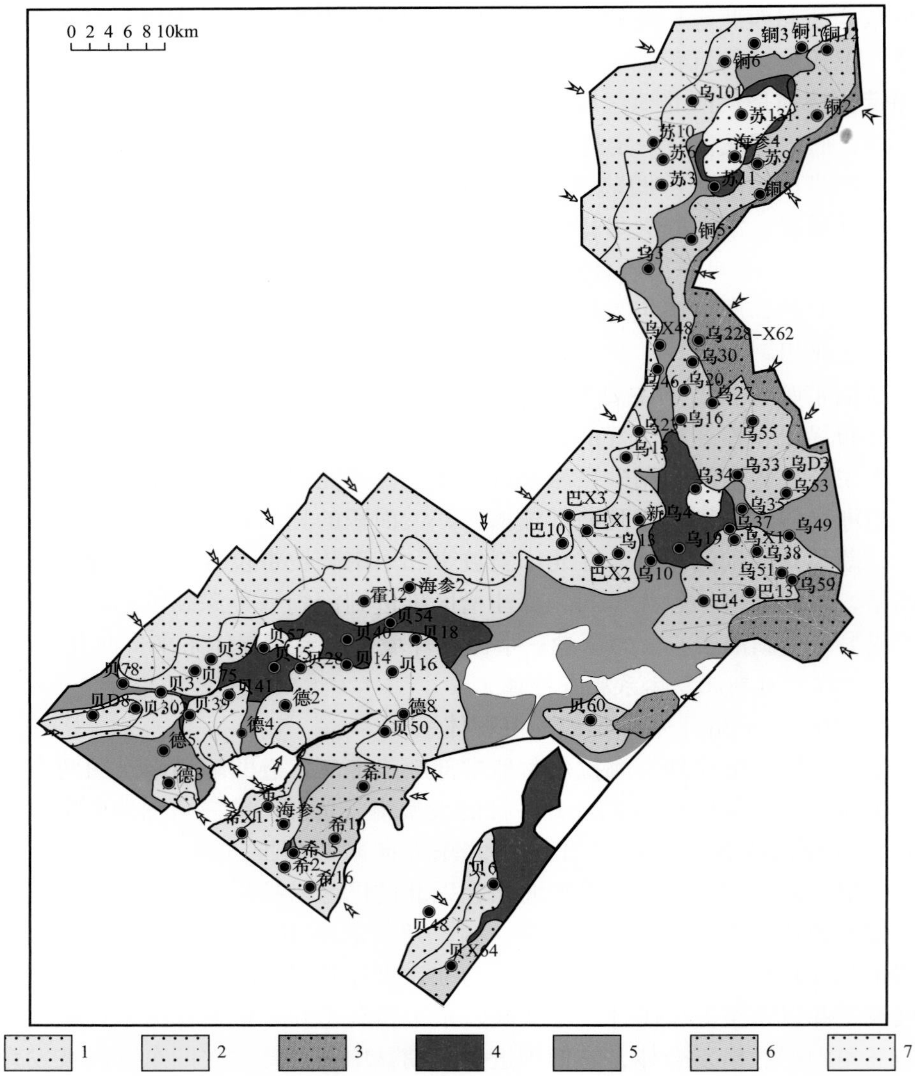

图 2-5-4　乌尔逊—贝尔凹陷南屯组一段沉积相图

1—扇三角洲平原；2—扇三角洲前缘；3—辫状河三角洲平原；4—半深湖—深湖；5—滨浅湖；
6—辫状河三角洲前缘；7—湖底扇

海拉尔盆地东部断陷带呼和湖凹陷南一段沉积时期处于强烈断陷期，控陷断层开始强烈活动，地壳发生沉降，在主控断层及其诱发的次级断层共同控制下，主要发育扇三角洲及湖相沉积体系。扇三角洲沉积体系主要发育在西部斜坡带及东部陡坡带，湖相主要分布在洼槽区，在洼槽沉降中心部位分布半深湖—深湖亚环境。南次凹扇体规模比北次凹大，半深湖—深湖亚环境集中分布在南次凹。

2）南屯组二段（Sq_3）层序形成期沉积体系

南屯组二段层序沉积期，中部断陷带乌尔逊凹陷沉积格局继承了南屯组一段层序期的沉积特点，除了扇三角洲边界及湖底扇分布位置有所迁移外，沉积格局变化不大。乌北西北部的扇三角洲—湖泊体系向东南方向推进，发育前三角洲浊积砂体或湖底扇。苏46、苏42井一带的扇三角洲—湖泊复合沉积体系较发育。乌南次凹的粗碎屑沉积体系主要来自东北部斜坡带，发育长轴沉积体系，乌 28、乌 26 井及乌 130–100 井一带仍然是大型扇三角洲及湖底扇的发育部位。乌南次凹南部斜坡乌 59、巴 13 井一带和陡坡带巴 16、乌 23 井一带都有近岸水下扇沉积体系分布，而南缘的贝东低凸起南屯组基本表现为超覆特点，发育滨浅湖相（图 2–5–5）。

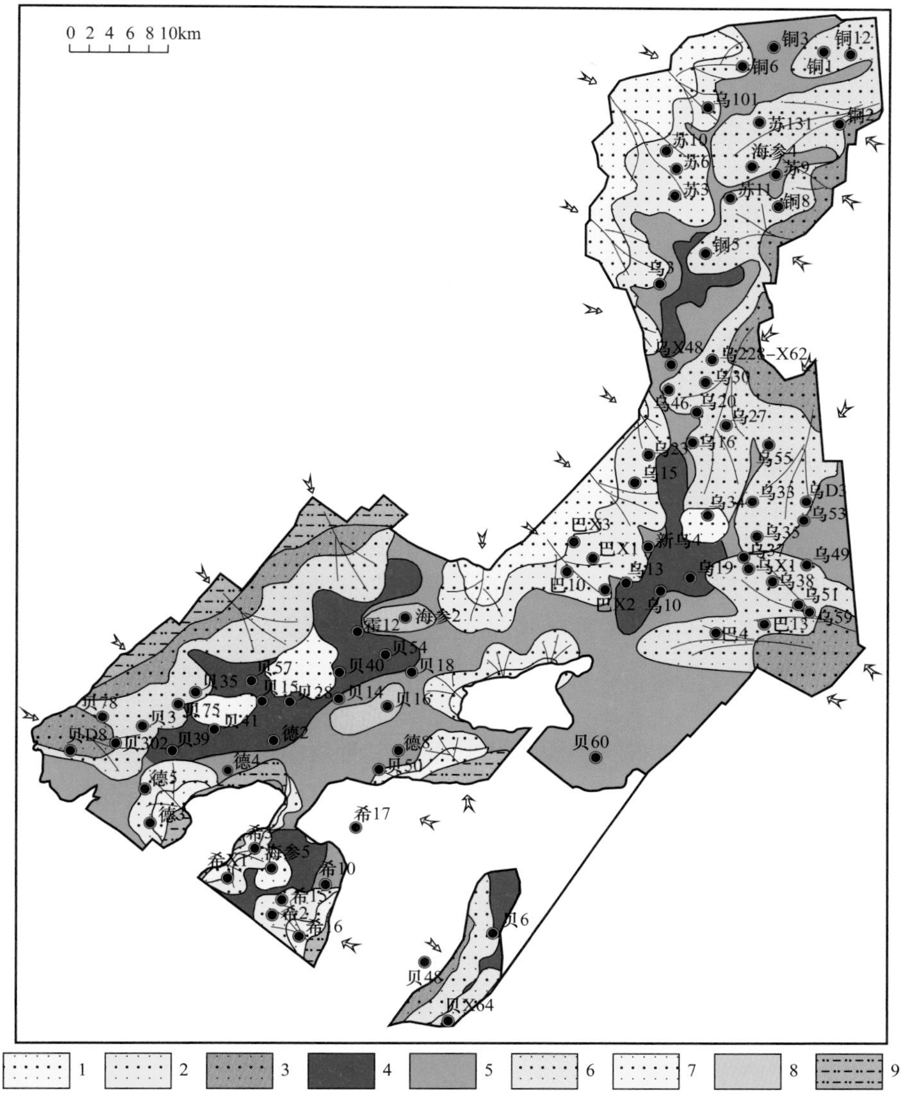

图 2–5–5　乌尔逊—贝尔凹陷南屯组二段沉积相图

1—扇三角洲平原；2—扇三角洲前缘；3—辫状河三角洲平原；4—半深湖—深湖；5—滨浅湖；6—辫状河三角洲前缘；7—湖底扇；8—滨浅湖滩坝；9—低凸起带冲积平原

贝尔凹陷的沉积格局继承了南一段的特点，但是沉积扇体分布范围相对南一段来说变小。贝东低凸起被超覆，出露面积减小，物源供给不充足，来自北东隆起带的物源体系变小。苏德尔特断裂带中北段抬升，南二段沉积时水体扩张，主要为浅湖环境，发育砂质滩坝沉积微相。深湖、半深湖环境向西退却，沿现今北东向展布的贝西中部洼槽带分布。贝西斜坡带的扇三角洲十分发育，斜坡北部贝 7 井至南部贝 37 井、下一断阶贝53井至贝70井以及贝D8井一带都发育有规模较大的扇三角洲沉积。沿贝西洼槽南部发育的半深湖和深湖区，局部发育湖底扇，在霍12井至霍42井一带的湖底扇比较发育。贝南次凹也发育半深湖—深湖相，希14、希16井一带以发育来自东侧断隆的扇三角洲沉积体系为主，为贝中次凹形成规模储量奠定了物质基础。

海拉尔盆地西部断陷带巴彦呼舒凹陷南屯组二段沉积时期，初期继承了南屯组一段沉积性质，湖水进一步扩张，滨浅湖亚相普遍发育，断陷南部的半深湖—深湖亚相扩大，总体地层含砂量降低，中部地区砂岩百分含量低于20%，局部低于10%；西部陡坡带扇三角洲沿主断裂呈断续的裙带状展布，砂岩含量一般在40%以上；东部斜坡带砂体砂地比一般为30%～50%。

海拉尔盆地东部断陷带呼和湖凹陷南二段沉积时期，控陷断层持续活动且相对减弱，沉积补偿趋于平衡，整体水体变浅，湖盆呈“泛盆浅水”环境，沼泽化严重，煤层广泛分布。此时期在西部缓坡带分布辫状河三角洲沉积体系，东部陡坡带分布扇三角洲沉积体系，洼槽区以滨浅湖亚环境为主。南次凹物源体系延伸较长，扇体规模大；北次凹物源体系延伸较短，扇体规模小。

3. 大磨拐河组沉积时期沉积体系展布特征

1）大磨拐河组一段（Sq4）层序形成期沉积体系

南二段沉积后盆地经历强烈的构造运动，盆内普遍遭受了抬升、剥蚀及断裂反转，大一段层序的底界就是发育在这广泛分布的微角度不整合面上。在贝尔凹陷形成了北东向展布、贯穿凹陷中部的苏德尔特隆起带、霍多莫尔隆起带及贝北低凸起带，分隔了贝西次凹和贝东洼槽群。乌尔逊中部转换带也遭受了抬升及剥蚀，乌尔逊凹陷西部缓坡和东部陡坡发生了抬升和剥蚀。这一沉积期以滨浅湖相大面积分布和低位—水进体系域扇三角洲沉积较发育为特征。

贝尔凹陷发育北东向展布的半深湖区，而在东西两侧均发育辫状河三角洲—滨浅湖沉积体系。乌北次凹西缘辫状河三角洲较为发育，洼槽中部半深湖区发育湖底扇或前三角洲浊积沉积。乌南次凹为滨浅湖和半深湖沉积，砂质粗碎屑沉积包括滩坝和局部的辫状河三角洲和湖底扇沉积。总之，大磨拐河组一段层序是经历一次较明显的构造运动的抬升变革后，从断陷向坳陷转换的初始沉积，同时，物源区与盆地的地形高差变小，周边物源区向后迁移，湖盆范围向外扩大。

西部断陷带巴彦呼舒凹陷大一段沉积时期继承了南屯组一段沉积性质，湖水进一步扩张，滨浅湖亚相普遍发育，断陷南部的深湖—滨浅湖亚相扩大，总体地层含砂量降低，砂岩百分含量低于20%，占据凹陷50%以上面积，南部出现小范围滨浅湖沉积；断陷东西两侧扇体规模进一步减小，西部陡坡带扇三角洲沿主断裂呈断续的裙带状展布，扇体数量及规模明显小于南一段，砂岩含量一般为20%～40%；东部斜坡带三角洲砂体面积大，重叠的多，砂地比一般为30%～60%，相带明显宽于陡带。

东部断陷带呼和湖凹陷大磨拐河组一段沉积时为区内第二次区域性大规模水进期，湖泊水域面积进一步扩宽、水体稳定加深，分别在南部洼槽和北部洼槽带的中央深凹地带发育了范围广阔的半深湖—深湖亚环境，连通性很好。湖水在湖盆边缘快速上超，物源区后退，陆源物质供给欠充分。全区主要发育辫状河三角洲沉积体系，扇体规模较南屯组沉积期明显缩小。南北洼槽区的深凹地带深水环境下由于同沉积断裂的发育，控制了水下重力流沉积的空间分布，形成湖底扇和深水浊积砂。

2）大磨拐河组二段（Sq5）层序形成期沉积体系

进入大磨拐河组二段沉积期，湖泊进一步扩展，可容空间变大，物源向凹陷边缘后退，出现了宽阔的坳陷浅湖—半深湖盆。发育了沿凹陷轴向前积的大型轴向细粒三角洲—前三角洲浊积复合沉积体系。主要物源体系来自乌南次凹的东斜坡带缓坡长轴物源体系，向南沿轴向进积，超过贝东低凸起和中部隆起带沿贝西次凹轴部向贝西南方向推进到凹陷的南部斜坡。乌北次凹大二段前积体，来自轴向三角洲体系的物源体系可能来自乌3井以西的嵯岗隆起，沿乌北次凹轴部由南向北进积，超过苏仁诺尔转换带，推进到乌北次凹的北端（图2-5-6）。

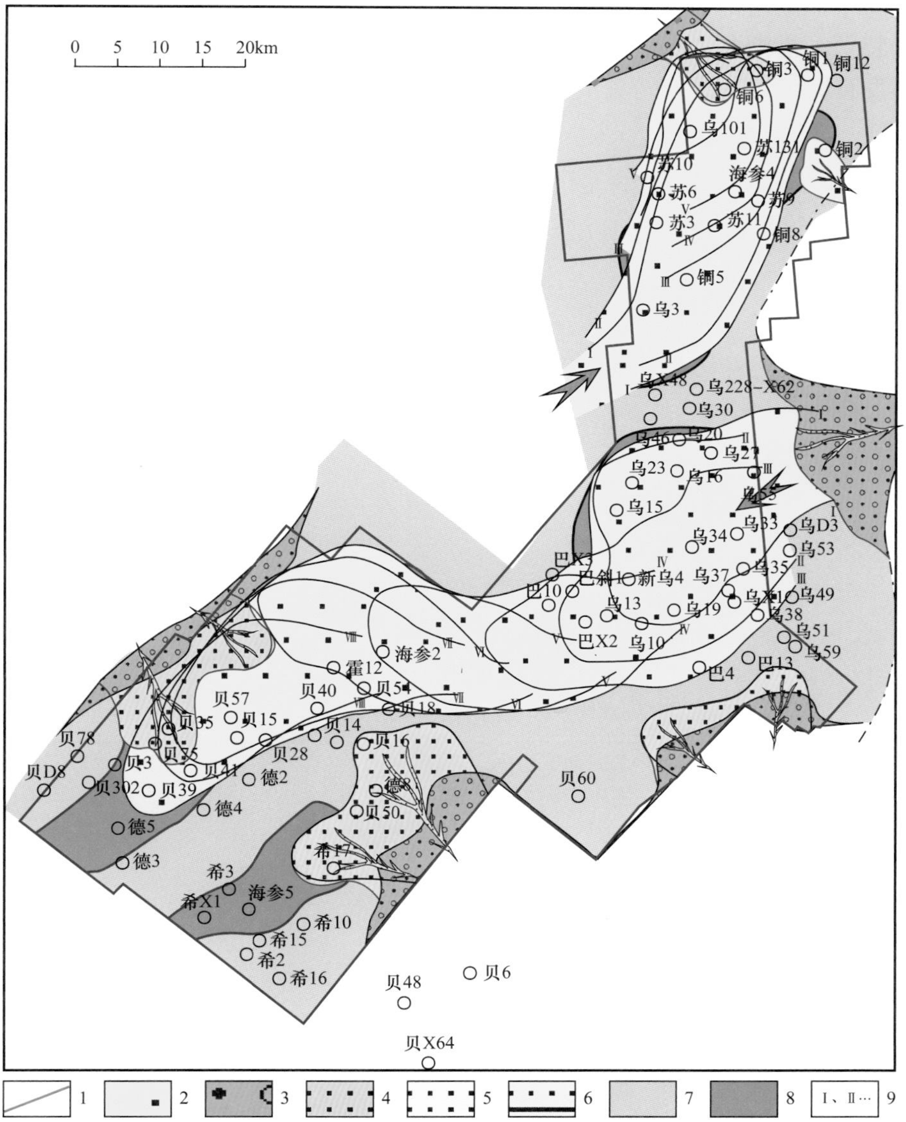

图2-5-6　乌尔逊—贝尔凹陷大磨拐河组二段沉积相图

1—同沉积断层；2—曲流河三角洲前缘；3—辫状河三角洲平原／冲积平原；4—辫状河三角洲前缘；5—湖底扇；6—滨岸、沿岸沙滩沙坝；7—滨浅湖；8—浅湖、半深湖；9—第Ⅰ、Ⅱ…期前积体西部断陷带巴彦呼舒凹陷大二段沉积时期湖水面积减少，砂进湖退，平原与前缘相普遍发育。总体地层含砂量增加，区内砂岩百分含量普遍大于30%，低于30%湖泊区域不足三分之一。缓坡砂岩百分比高，变化缓慢，陡坡变化快。

东部断陷带呼和湖凹陷大二段沉积时期仍以多旋回、震荡性沉降为主，但沉降幅度相对大一段较小，沉积环境发生了变化，以滨浅湖、扇三角洲和辫状河三角洲相为主。湖泊面积缩小、水体变浅，连通性变差，半深湖—深湖沉积环境发育较差。以水退型沉积体系为主，由于沉积物不断充填湖盆，湖泊范围逐渐缩小，由于河道的废弃、湖泊被充填淤浅等因素，泥炭沼泽沉积环境异常发育，有厚煤层沉积。在西北缓坡带和东南陡坡带分别发育了沿凹陷轴向进积充填的规模较大的辫状河三角洲和扇三角洲的粗碎屑沉积体系，其中凹陷南部以辫状河三角洲沉积为主，而中部、北部以扇三角洲沉积体系广泛发育为特征。沿湖盆周缘发育滨浅湖相，局部深洼槽地区发育半深湖沉积，浅水重力流沉积不发育。

第六章　烃源岩

海拉尔盆地以古生界和前古生界变质岩为基底，其沉积层为中生界侏罗系、白垩系和新生界古近系、新近系、第四系。主力烃源层为下白垩统南屯组，其次是铜钵庙组和大磨拐河组。由于海拉尔盆地各个凹陷的沉积环境不同，有淡水环境、微咸水环境、咸水环境和沼泽环境，形成的烃源岩类型较多，有湖相泥岩、油页岩、煤及煤系泥岩等；烃源岩有机质类型多样，Ⅰ型—Ⅲ型有机质都有，母质来源有水生藻类、高等植物生源的孢子体、角质体、镜质体等，烃源岩生烃潜力大小取决于有效生烃组分比例多少。淡水—微咸水沉积环境的烃源岩以乌尔逊凹陷和贝尔凹陷为代表，这两个凹陷是目前海拉尔盆地两大主力富油凹陷，还有红旗凹陷、乌固诺尔凹陷、莫达木吉凹陷、新宝力格凹陷和东明凹陷等；半咸水—咸水沉积环境的烃源岩以巴彦呼舒凹陷最为典型，钻探已获得工业油流，还有赫尔洪德凹陷等；淡水—沼泽沉积环境的烃源岩以呼和湖凹陷为代表，在凹陷南部已发现凝析油气藏，还有呼伦湖凹陷、查干诺尔凹陷、旧桥凹陷、鄂温克凹陷和五一牧场凹陷等。海拉尔盆地面积较大、凹陷多，烃源岩在整个盆地均有分布，范围较广，复杂性强，不同凹陷烃源岩的厚度和有机质的丰度、类型、成熟度差异较大。

第一节　烃源岩分布特征

海拉尔盆地纵向上发育铜钵庙组、南屯组和大磨拐河组三套下白垩统烃源岩，以暗色泥岩和煤为主。平面上，以嵯岗隆起两侧的贝尔湖坳陷和扎赉诺尔坳陷的烃源岩最为发育，其中贝尔凹陷的贝西次凹暗色泥岩厚度大，其次是呼和湖凹陷和呼伦湖凹陷，呼和湖坳陷的伊敏凹陷和旧桥凹陷暗色泥岩厚度明显减薄。区域性分布的煤层和碳质泥岩主要在呼和湖凹陷和呼伦湖凹陷的南屯组和大磨拐河组。盆地内16个凹陷，各凹陷的暗色泥岩分布情况详见表2-6-1。

一、铜钵庙组

铜钵庙组沉积处于断陷初始拉张时期，物源充足，表现为“广盆、浅水”的沉积水体环境。受钻井资料所限，由于钻穿铜钵庙组探井较少，统计的暗色泥岩厚度应比实际厚度偏小。铜钵庙组在乌尔逊凹陷沉积厚度较大、贝尔凹陷沉积相对较薄，局部缺失，地层厚度大的部位可明显划分出三个水进—水退沉积旋回。乌尔逊凹陷铜钵庙组暗色泥岩主要分布于洼槽区，厚度一般在100～150m之间。乌南洼槽最大厚度在凹陷东部边缘，达到300m以上；乌北洼槽厚度相对较小，最厚的地方在苏1-1井一带，达到130m，厚度自中心向边部减薄。在贝尔凹陷，铜钵庙组暗色泥岩主要分布在贝西次凹、贝18井洼槽、贝20井区及贝东次凹，在主要的洼槽区内厚度一般在150m以上，其他地方一般在50～100m之间，贝西北断陷边缘暗色泥岩更加发育，最大厚度达到200m

以上。而西部带巴彦呼舒凹陷的铜钵庙组暗色泥岩较薄，主要在西部斜坡带楚 5 井区，厚度最大为 150m，凹陷北部厚度为 100m；呼和湖凹陷铜钵庙组暗色泥岩也较薄，主要分布在中部和西南部，最大厚度为 140m。

表 2-6-1　海拉尔盆地各凹陷暗色泥岩厚度统计表

<table>
<tr><th rowspan="2">海拉尔盆地</th><th rowspan="2">凹陷</th><th rowspan="2">凹陷面积 / km²</th><th rowspan="2">铜钵庙组泥岩厚度 /m</th><th colspan="2">南屯组泥岩厚度 /m</th><th rowspan="2">大磨拐河组泥岩厚度 /m</th></tr>
<tr><th>南一段</th><th>南二段</th></tr>
<tr><td rowspan="3">扎赉诺尔坳陷</td><td>巴彦呼舒凹陷</td><td>1426.5</td><td>25～150/85</td><td>25～350/185</td><td>25～375/200</td><td>20～320/170</td></tr>
<tr><td>呼伦湖凹陷</td><td>3510</td><td>10～450/230</td><td>10～340/175</td><td>20～550/285</td><td>20～182/100</td></tr>
<tr><td>查干诺尔凹陷</td><td>912.7</td><td>50～350/200</td><td>50～350/200</td><td>50～400/225</td><td>30～150/90</td></tr>
<tr><td rowspan="5">贝尔湖坳陷</td><td>乌尔逊凹陷</td><td>2007</td><td>50～300/175</td><td>50～250/150</td><td>50～300/175</td><td>100～600/350</td></tr>
<tr><td>贝尔凹陷</td><td>2488.2</td><td>20～200/110</td><td>100～650/350</td><td>50～600/325</td><td>50～700/375</td></tr>
<tr><td>红旗凹陷</td><td>1134.5</td><td>50～200/125</td><td>50～350/200</td><td>50～300/175</td><td>20～330/175</td></tr>
<tr><td>赫尔洪德凹陷</td><td>1500</td><td>10～90/50</td><td colspan="2">10～130/70</td><td>10～136/75</td></tr>
<tr><td>新宝力格凹陷</td><td>640</td><td>10～50/30</td><td colspan="2">50～150/100</td><td>50～350/200</td></tr>
<tr><td rowspan="5">巴彦山隆起</td><td>东明凹陷</td><td>964.5</td><td>—</td><td colspan="2">20～772/370</td><td>10～150/80</td></tr>
<tr><td>乌固诺尔凹陷</td><td>790</td><td>10～50/30</td><td colspan="2">50～350/200</td><td>50～398/225</td></tr>
<tr><td>鄂温克凹陷</td><td>1140</td><td>—</td><td colspan="2">50～120/85</td><td>50～200/125</td></tr>
<tr><td>五一牧场凹陷</td><td>620</td><td>1～13/7</td><td colspan="2">50～300/175</td><td>50～150/100</td></tr>
<tr><td>莫达木吉凹陷</td><td>1000</td><td>50～100/75</td><td colspan="2">100～500/300</td><td>50～450/250</td></tr>
<tr><td rowspan="3">呼和湖坳陷</td><td>呼和湖凹陷</td><td>1846</td><td>20～140/80</td><td>60～420/240</td><td>50～550/300</td><td>50～800/425</td></tr>
<tr><td>伊敏凹陷</td><td>746.2</td><td>—</td><td>20～151/85</td><td>20～84/50</td><td>20～130/75</td></tr>
<tr><td>旧桥凹陷</td><td>2600</td><td>—</td><td colspan="2">50～100/75</td><td>50～400/225</td></tr>
</table>

注：最小值～最大值/平均值。

二、南屯组

南屯组暗色泥岩是海拉尔盆地的主力烃源岩层，烃源岩有机质丰度高，类型相对较好，且成熟度多处于生油气窗内，是海拉尔盆地油气的主要贡献者，其特征是分布面积较大，多为滨浅湖相、半深湖—深湖相，好的烃源岩较薄，以薄饼状为主，这与南屯组沉积的基准面不断升降有关，其基准面上升，湖盆面积扩大，水体变深，藻类等水体生物发育，从而造成优质的烃源岩层呈薄层状发育。南屯组分为南二段和南一段上下两段。

乌尔逊凹陷南一段的暗色泥岩厚度乌南洼槽高于乌北洼槽，最大厚度在巴 16 井、乌 17 井一带，达到 250m 以上，总体厚度自凹陷中心向边缘变薄（图 2-6-1）；在南二段暗色泥岩主要集中分布在苏仁诺尔断裂带南北两个洼槽和乌南洼槽地区，洼槽区内厚度一般在 200m 以上。贝尔凹陷南一段暗色泥岩的分布面积和厚度相对比南二段大一些，平面上看，在贝西次凹厚度最大，贝中次凹暗色泥岩厚度相对较薄，贝中次凹是一个相对独立的沉积体系，可能没有与北部洼槽和西部洼槽连成一体，烃源岩沉积独具特征（图 2-6-2）。巴彦呼舒凹陷南一段泥岩厚度中心在凹陷中部地带，厚度达到 350m，总体上厚度差异不大，西南和东北部最大厚度也达到 250m 以上（图 2-6-3）；南二段暗色泥岩分布范围虽然也较广，但厚度差异较大，凹陷中部厚度达到 375m，而西南和东北部泥岩厚度只有 50m。呼和湖凹陷南一段和南二段暗色泥岩分布在凹陷中部和南部，范围广、厚度大，厚度一般在 300m 以上，而凹陷北部泥岩分布面积小、厚度小（图 2-6-4）；由于呼和湖凹陷南二段沉积时期，控陷断层活动相对减弱，整体水体变浅，湖盆呈“泛盆浅水”环境，沼泽化严重，煤层广泛分布，南二段煤层厚度比南一段大，最大厚度为 140m，而南一段煤层为 25m 左右。

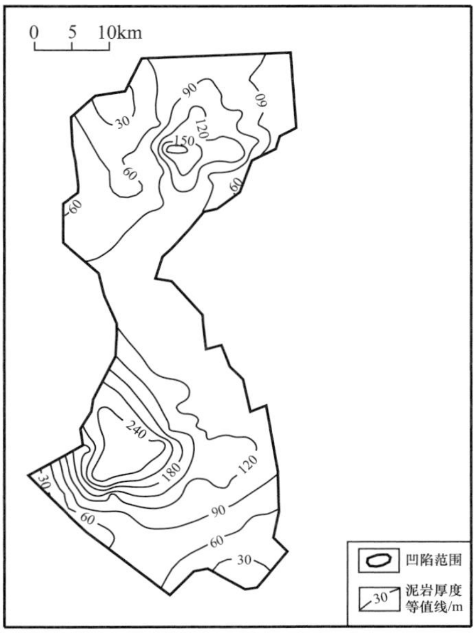

图 2-6-1 乌尔逊凹陷南一段泥岩厚度分布图

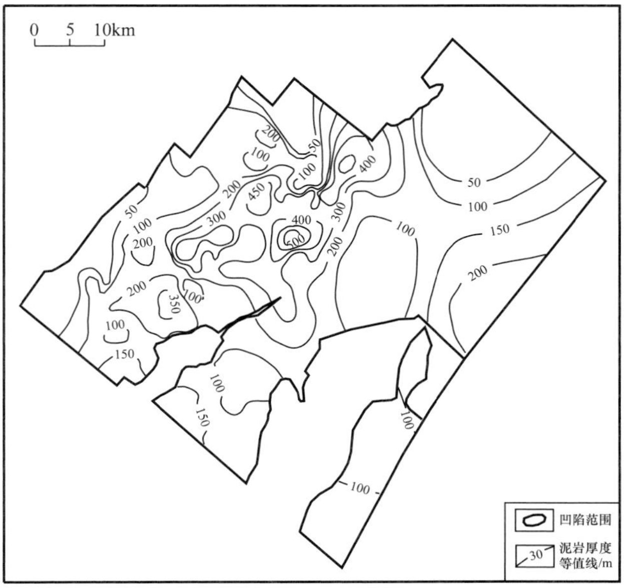

图 2-6-2 贝尔凹陷南一段泥岩厚度分布图

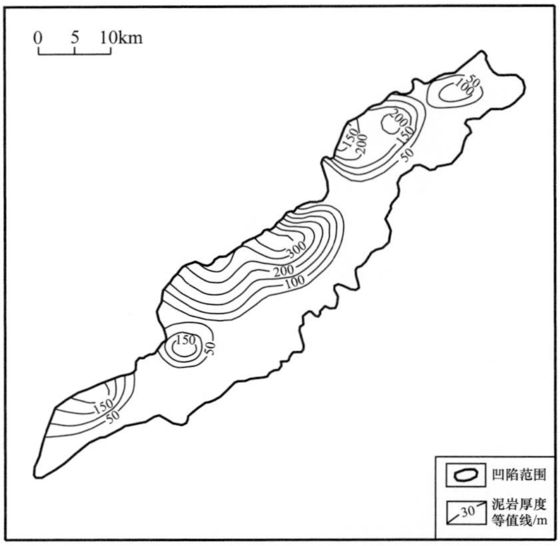

图 2-6-3　巴彦呼舒凹陷南一段泥岩厚度分布图

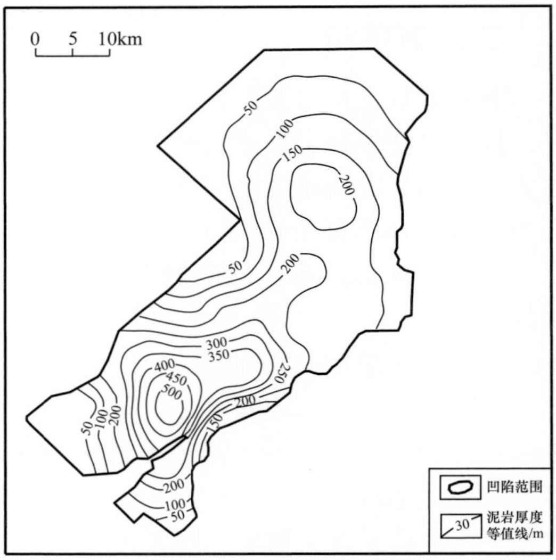

图 2-6-4　呼和湖凹陷南二段泥岩厚度分布图

三、大磨拐河组

大磨拐河组沉积时为水进体系，湖水相对较深，暗色泥岩在各洼槽中均非常发育，由于该层段的泥岩沉积晚，埋深较浅，有效烃源岩分布面积有限，不过可作为良好的区域性盖层。乌尔逊凹陷暗色泥岩厚度略小于贝尔凹陷，乌北洼槽中暗色泥岩的最大厚度达到 600m，乌南洼槽最大厚度达到 550m。贝尔凹陷暗色泥岩在靠近苏德尔特构造带西部的地区厚度最大，最厚可达 700m 以上，贝中次凹和贝东洼槽的厚度相对薄些，一般在 200m 以上。巴彦呼舒凹陷暗色泥岩分布范围广，但厚度差异大，泥岩呈带状分布，凹陷中部最厚，最大厚度可达 320m，其余地方泥岩厚度都不超过 80m。呼和湖凹陷的暗色泥岩在凹陷南部东侧厚度最大，为 800m，凹陷北部暗色泥岩分布范围相对小；煤主要分布在南部，最大厚度为 60m。

第二节　烃源岩有机地球化学特征

海拉尔盆地以南屯组烃源岩品质最好，以Ⅱ型为主，部分为Ⅰ型，其次是铜钵庙组和大磨拐河组的烃源岩。平面上，以中部带贝尔湖坳陷的乌尔逊凹陷和贝尔凹陷烃源岩有机质丰度、类型和成熟度特征表现最好；其次是巴彦呼舒凹陷和红旗凹陷烃源岩，其有机碳含量较高，大多数样品有机碳值分布在大于 2% 的区域，为有机质丰度较高的优质烃源岩。

一、有机质丰度

1. 铜钵庙组

铜钵庙组烃源岩是海拉尔盆地主要烃源岩层之一，其烃源岩的有机质丰度较高（表 2-6-2）。乌尔逊凹陷烃源岩有机碳含量一般在 0.5%～2% 之间，乌南洼槽和乌北洼槽有机质丰度相差不大，分布比较均匀，其中乌南洼槽有机碳含量平均值为 1.04%，乌北洼槽有机碳含量平均值为 1.65%。贝尔凹陷烃源岩有机质丰度相对较低，有机碳含量平均值只有 0.47%，个别样品有机碳含量大于 2%。巴彦呼舒凹陷铜钵庙组烃源岩样品少，但丰度较高，有机碳含量平均值为 1.96%，有机碳含量高值位于凹陷中心。呼和湖凹陷煤系烃源岩的有机质丰度较高，有机碳含量平均值为 3.71%，有机碳含量高值区在凹陷中部。

表 2-6-2　海拉尔盆地铜钵庙组泥质烃源岩有机地球化学数据统计表

地区	TOC/%	S_1+S_2/（mg/g）	氯仿沥青"A"/%	R_o/%	类型
乌北洼槽	$\frac{0.14\sim4.46}{1.65}$	$\frac{0.03\sim6.99}{1.52}$	$\frac{0.036\sim0.289}{0.111}$	$\frac{0.57\sim1.26}{0.99}$	$Ⅱ_2$、$Ⅱ_1$
乌南洼槽	$\frac{0.03\sim4.19}{1.04}$	$\frac{0.02\sim77.57}{3.46}$	$\frac{0.001\sim0.677}{0.115}$	$\frac{0.50\sim1.32}{0.86}$	$Ⅱ_2$、$Ⅱ_1$
贝尔凹陷	$\frac{0.05\sim2.46}{0.47}$	$\frac{0.01\sim16.78}{1.31}$	$\frac{0.0004\sim0.065}{0.009}$	$\frac{0.65\sim1.10}{0.81}$	$Ⅱ_2$、Ⅲ
巴彦呼舒凹陷	$\frac{0.36\sim3.48}{1.96}$	$\frac{14.58\sim27.97}{19.92}$	$\frac{0.048\sim0.248}{0.129}$	0.9	Ⅰ
呼和湖凹陷	$\frac{0.20\sim18.69}{3.71}$	$\frac{0.03\sim42.31}{6.93}$	$\frac{0.005\sim0.072}{0.036}$	—	$Ⅱ_2$、Ⅲ

注：$\frac{最小值\sim最大值}{平均值}$。

2. 南屯组

南屯组烃源岩是海拉尔盆地最好的烃源岩，也是分布最广的烃源岩层，自下而上分为南一段和南二段（表 2-6-3）。乌尔逊凹陷乌北洼槽南屯组烃源岩的有机质丰度高于乌南洼槽，在南一段尤其明显，乌北洼槽南一段有机碳平均值为 2.17%，乌南洼槽南一段有机碳含量平均值为 1.64%，有机质丰度最大值在乌北洼槽的苏 6、苏 102 井区一带，有机碳含量可达 4.00% 以上。贝尔凹陷南屯组烃源岩有机碳含量高值分布在贝西次凹和贝中次凹的半深湖—深湖相带，为该区的优质烃源岩，贝西次凹和贝中次凹南一段烃源岩有机碳含量大于 2% 的分布面积大于南二段，德 8 井一带有机碳含量达到 3%，贝中次凹希 8 井一带达到 2% 以上，整体上有机碳含量从各次凹中心向边部逐渐减小。巴彦呼舒凹陷南屯组烃源岩有机质丰度高，南一段烃源岩有机碳含量平均值为 3.57%，南二段烃源岩有机碳含量平均值为 3.47%；凹陷中部有机碳含量比较高，最高值在楚 4 井一带，有机碳含量达到 4.5%。呼和湖凹陷南二段暗色泥岩有机质丰度明显高于南一段，平面上看凹陷南部有机质丰度高；煤层的有机碳含量平均值为 56%。

3. 大磨拐河组

大磨拐河组烃源岩有机质丰度比铜钵庙组高，与南屯组相近（表 2-6-4）。乌尔逊凹陷乌北洼槽的有机质丰度略高于乌南洼槽，有机碳含量以乌南洼槽巴 2 井一带相对最高，乌北洼槽最大值在铜 6 井一带。贝尔凹陷该层烃源岩有机质丰度低于乌尔逊凹陷，有机碳含量高值区主要集中在贝西北洼槽和贝中次凹地区。巴彦呼舒凹陷烃源岩样品少，有机质丰度高，平均为 4.03%，高值出现在凹陷中心。呼和湖凹陷烃源岩有机碳含量平均值为 2.6%，有机碳含量最高值分布在凹陷中部，向凹陷边缘有机碳含量逐渐降低，均在 1.8% 以下。

表 2-6-3　海拉尔盆地南屯组泥质烃源岩有机地球化学数据统计表

地区	层位	TOC/%	S_1+S_2/（mg/g）	氯仿沥青“A”/%	R_o/%	类型
乌北洼槽	K_1n_1	$\frac{0.08\sim5.95}{2.17}$	$\frac{0.01\sim30.89}{5.60}$	$\frac{0.022\sim1.922}{0.255}$	$\frac{0.43\sim1.12}{0.78}$	Ⅰ、II_1
	K_1n_2	$\frac{0.54\sim5.98}{2.78}$	$\frac{0.01\sim32.94}{4.71}$	$\frac{0.001\sim4.748}{0.137}$	$\frac{0.37\sim0.90}{0.54}$	II_1、II_2
乌南洼槽	K_1n_1	$\frac{0.13\sim4.25}{1.64}$	$\frac{0.07\sim25.91}{6.56}$	$\frac{0.001\sim0.432}{0.101}$	$\frac{0.42\sim1.07}{0.61}$	Ⅰ、II_1
	K_1n_2	$\frac{0.27\sim5.85}{2.44}$	$\frac{0.08\sim17.08}{6.23}$	$\frac{0.004\sim4.748}{0.175}$	$\frac{0.49\sim0.88}{0.70}$	II_1、II_2
贝尔凹陷	K_1n_1	$\frac{0.07\sim15.69}{1.65}$	$\frac{0.01\sim319.97}{7.04}$	$\frac{0.0004\sim0.788}{0.090}$	$\frac{0.37\sim1.6}{0.74}$	Ⅰ、II_1
	K_1n_2	$\frac{0.67\sim9.09}{1.96}$	$\frac{0.04\sim285.63}{6.06}$	$\frac{0.006\sim0.214}{0.059}$	$\frac{0.42\sim1.12}{0.67}$	II_1、II_2
巴彦呼舒凹陷	K_1n_1	$\frac{0.31\sim9.65}{3.57}$	$\frac{0.24\sim72.54}{28.57}$	$\frac{0.013\sim1.001}{0.396}$	$\frac{0.45\sim0.88}{0.65}$	Ⅰ、II_1
	K_1n_2	$\frac{0.23\sim9.28}{3.47}$	$\frac{3.87\sim156.78}{43.67}$	$\frac{0.004\sim1.395}{0.273}$	$\frac{0.68\sim0.70}{0.71}$	II_1、II_2、Ⅰ
呼和湖凹陷	K_1n_1	$\frac{0.14\sim19.09}{2.22}$	$\frac{0.02\sim61.93}{3.68}$	$\frac{0.003\sim0.388}{0.065}$	$\frac{0.61\sim1.99}{1.38}$	II_1、II_2
	K_1n_2	$\frac{0.33\sim19.93}{4.23}$	$\frac{0.14\sim57.18}{7.63}$	$\frac{0.009\sim0.930}{0.140}$	$\frac{0.43\sim1.59}{0.90}$	II_1、II_2

注：$\frac{\text{最小值}\sim\text{最大值}}{\text{平均值}}$。

表 2-6-4　海拉尔盆地大磨拐河组泥质烃源岩有机地球化学数据统计表

地区	TOC/%	S_1+S_2/（mg/g）	氯仿沥青“A”/%	R_o/%	类型
乌北洼槽	$\frac{0.30\sim4.98}{2.21}$	$\frac{0.01\sim13.65}{1.79}$	$\frac{0.009\sim0.124}{0.043}$	$\frac{0.37\sim0.84}{0.56}$	Ⅲ、II_1
乌南洼槽	$\frac{0.15\sim24.59}{1.93}$	$\frac{0.01\sim101.02}{3.87}$	$\frac{0.001\sim3.516}{0.111}$	$\frac{0.31\sim1.05}{0.63}$	Ⅲ、Ⅱ
贝尔凹陷	$\frac{0.15\sim12.31}{1.92}$	$\frac{0.01\sim137.30}{3.71}$	$\frac{0.001\sim0.389}{0.031}$	$\frac{0.35\sim1.15}{0.64}$	Ⅲ
巴彦呼舒凹陷	$\frac{1.74\sim8.97}{4.03}$	$\frac{1.64\sim51.71}{21.50}$	$\frac{0.004\sim0.385}{0.110}$	$\frac{0.46\sim0.77}{0.67}$	Ⅱ
呼和湖凹陷	$\frac{0.75\sim11.53}{2.60}$	$\frac{0.22\sim23.04}{4.01}$	$\frac{0.001\sim0.648}{0.056}$	$\frac{0.35\sim0.87}{0.59}$	II_2、Ⅲ

注：$\frac{\text{最小值}\sim\text{最大值}}{\text{平均值}}$。

二、有机质类型

1. 铜钵庙组

铜钵庙组烃源岩有机质类型以Ⅱ型和Ⅲ型为主，个别样品为Ⅰ型。乌尔逊凹陷铜钵庙组烃源岩的类型比贝尔凹陷相对好，乌尔逊凹陷以Ⅱ型为主，氢指数平均为278.11mg/g，而贝尔凹陷以$Ⅱ_2$型和Ⅲ型为主，氢指数平均只有70.76mg/g，与南二段和南一段相比，干酪根类型相对较差。巴彦呼舒凹陷样品少，烃源岩类型好，烃源岩热解氢指数平均为742.61mg/g，以Ⅰ型为主。呼和湖凹陷烃源岩热解氢指数平均为84mg/g，有机质类型主要为$Ⅱ_2$和Ⅲ型。

2. 南屯组

南屯组烃源岩有机质类型以Ⅰ型和Ⅱ型为主，少量Ⅲ型，各凹陷普遍是南一段烃源岩类型好于南二段。

乌尔逊凹陷南一段烃源岩热解氢指数平均为284.58mg/g，有机质类型从Ⅰ型到Ⅲ型均有分布，Ⅰ型和$Ⅱ_1$型为主要类型（图2-6-5），呈长条状分布在凹陷中部。南二段烃源岩热解氢指数平均为275.62mg/g，干酪根类型主要为$Ⅱ_1$型，部分为$Ⅱ_2$型，个别为Ⅰ型和Ⅲ型（图2-6-5）。乌南洼槽以$Ⅱ_2$型和Ⅰ型为主，乌北洼槽以$Ⅱ_2$型和Ⅲ型为主，局部为$Ⅱ_1$型，总体看乌南洼槽干酪根类型好于乌北洼槽。

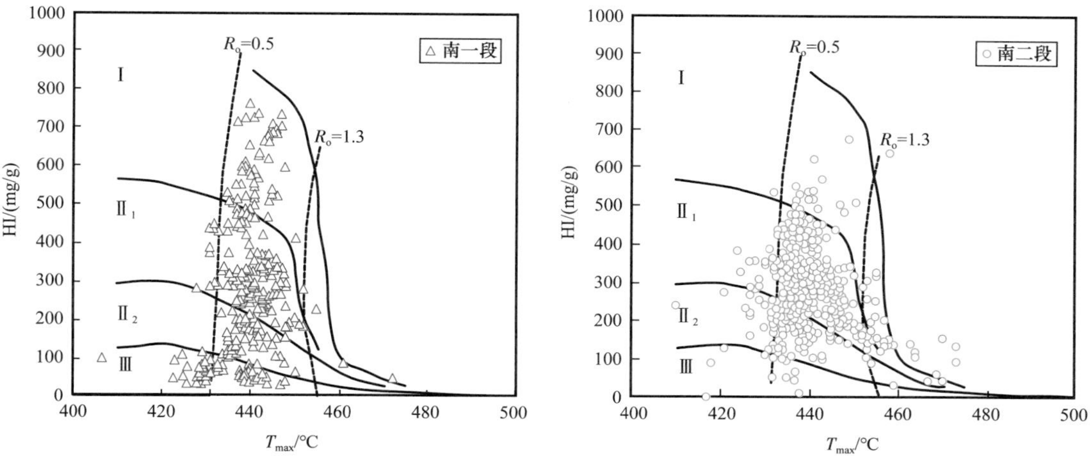

图2-6-5　乌尔逊凹陷南屯组泥岩有机质类型划分图（据邬立言等，1986）

贝尔凹陷南一段烃源岩热解氢指数平均为326.92mg/g，比乌尔逊凹陷高，有机质类型从Ⅰ型至Ⅲ型均有分布，Ⅰ型—$Ⅱ_1$型为主要类型，母质类型较好（图2-6-6），贝西北洼槽干酪根类型最好，以$Ⅱ_1$型和Ⅰ型为主。南二段烃源岩热解氢指数平均为205.59mg/g，有机质类型以$Ⅱ_1$型—$Ⅱ_2$型为主，部分为Ⅲ型，少量Ⅰ型（图2-6-6），贝西次凹和贝中次凹相对较好，特别是贝西北洼槽，部分为Ⅰ型。

巴彦呼舒凹陷南一段烃源岩热解氢指数平均为679.80mg/g，是海拉尔盆地各凹陷中最高的，有机质类型以Ⅰ型为主，少量Ⅱ型（图2-6-7）。南二段样品少，烃源岩热解氢指数平均为618.58mg/g，有机质类型以Ⅰ型—$Ⅱ_1$型为主（图2-6-7）。总之南屯组烃源岩有机母质类型均好。

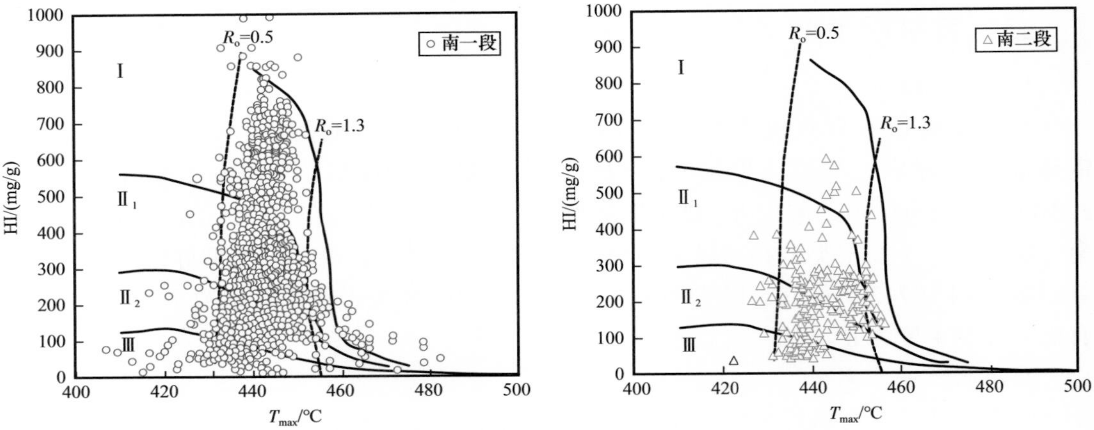

图 2-6-6　贝尔凹陷南屯组泥岩有机质类型划分图

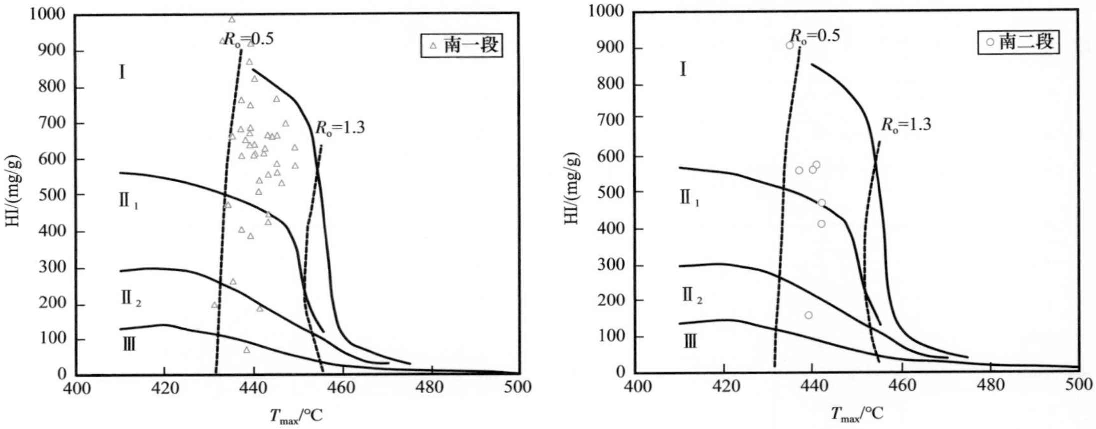

图 2-6-7　巴彦呼舒凹陷南屯组泥岩有机质类型划分图

呼和湖凹陷南屯组属于淡水沼泽相，为煤系烃原岩，镜下多富氢镜质体。南二段类型好于南一段，有机质类型从Ⅰ型至Ⅲ型均有分布，以$Ⅱ_2$型为主，其次为$Ⅱ_1$型，南一段氢指数平均为101.6mg/g，南二段氢指数平均为138.4mg/g（图2-6-8）。

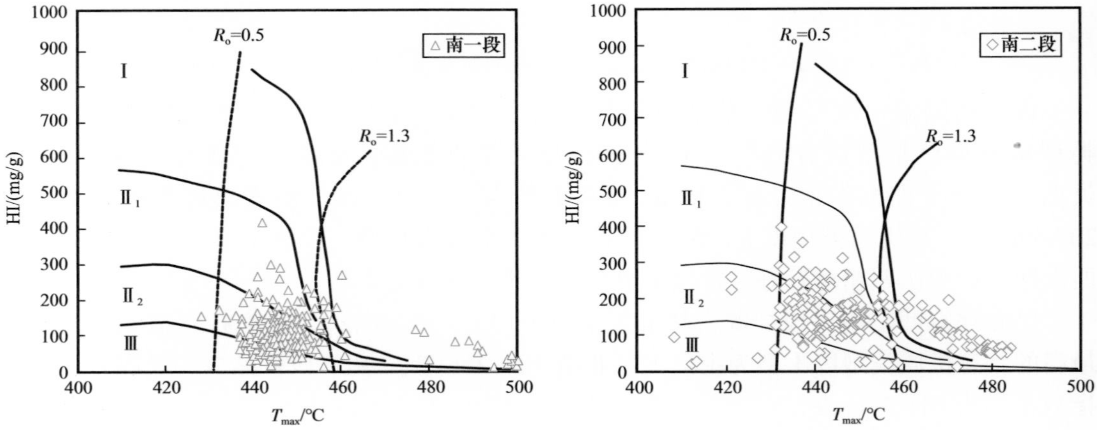

图 2-6-8　呼和湖凹陷南屯组泥岩有机质类型划分图

3. 大磨拐河组

大磨拐河组各个凹陷的有机质类型研究比较少，样品也较少，总的来看大磨拐河组有机质类型相对比南屯组和铜钵庙组较差。乌尔逊凹陷烃源岩干酪根类型较差，以Ⅲ型为主，少量$Ⅱ_1$型和$Ⅱ_2$型，没有Ⅰ型。乌北洼槽和乌南洼槽相差不大，$Ⅱ_1$型分布在两个次凹的中部。贝尔凹陷烃源岩类型也比较差，绝大部分地区以Ⅲ型为主，其中，贝西次凹和贝中次凹有机母质类型相对较好，部分为$Ⅱ_2$型。

三、有机质成熟度

1. 铜钵庙组

各凹陷铜钵庙组烃源岩普遍成熟度较高（表 2–6–2）。乌尔逊凹陷烃源岩镜质组反射率为 0.5%～1.32%，成熟度高值区呈长条状分布在凹陷中部，尤其乌南洼槽中心已达到高成熟演化阶段。贝尔凹陷与乌尔逊凹陷相似，烃源岩镜质组反射率为 0.65%～1.1%。巴彦呼舒凹陷样品少，推测大部分也都是成熟烃源岩。呼和湖凹陷该层段缺少样品数据，根据南屯组的镜质组反射率数据推断，全区主体都已进入了成熟演化阶段。

2. 南屯组

各凹陷南屯组烃源岩的成熟演化程度差异较大（表 2–6–3）。乌尔逊凹陷南一段烃源岩大部分都已达到成熟演化阶段，高值区域呈长条状分布在凹陷中心；南二段乌南洼槽成熟度高于乌北洼槽，已进入成熟阶段，而乌北以低成熟为主，局部达到成熟阶段。贝尔凹陷烃源岩的热演化程度与乌尔逊凹陷相似，南一段烃源岩在大部分地区达到成熟阶段，贝西北洼槽成熟度最高，镜质组反射率达到 1.6% 以上；南二段同样在贝西北洼槽成熟度最高，镜质组反射率最高达到 1.1% 以上，贝中次凹与贝西南洼槽有部分区域达到成熟演化阶段。巴彦呼舒凹陷样品少，目前钻探的井都在构造高部位，实测的镜质组反射率值都较低，属于低成熟烃源岩，凹陷中部埋深大，应该存在成熟烃源岩。呼和湖凹陷南屯组烃源岩成熟演化程度高，南一段烃源岩大部分进入成熟演化阶段，凹陷南部镜质组反射率最大值达到 1.6%，已进入高成熟演化阶段；南二段镜质组反射率主要分布在 0.5%～1.4% 之间，整体上凹陷中部成熟度要高于边部。

3. 大磨拐河组

各凹陷大磨拐河组烃源岩总体上成熟度不高，有效烃源岩的面积有限（表 2–6–4）。乌尔逊凹陷乌北洼槽以低成熟为主，乌南洼槽从北到南部从低成熟逐渐过渡到成熟，以乌 22 井一带成熟度最高，镜质组反射率达到 0.8% 以上。贝尔凹陷烃源岩大部分处于未成熟—低成熟阶段，贝西北洼槽成熟度相对较高，处于低成熟—成熟阶段。巴彦呼舒凹陷和呼和湖凹陷烃源岩成熟度均较低，大部分处于未成熟—低成熟阶段。

第三节　油气地球化学特征

海拉尔盆地工业性油气藏主要分布在盆地中部贝尔湖坳陷的乌尔逊凹陷和贝尔凹陷，在盆地西部扎赉诺尔坳陷的巴彦呼舒凹陷、呼伦湖凹陷和盆地东部呼和湖坳陷的呼和湖凹陷、伊敏凹陷也有油气发现或油气显示。纵向上，油气主要分布在南屯组和铜钵庙组，其次为大磨拐河组和基底，伊敏组也有少量发现。

一、石油地球化学特征❶

由于海拉尔盆地各凹陷烃源岩的母质类型和成熟度差异，发现的原油中既有常规原油，也有挥发油、轻质油和稠油，原油的地球化学特征差异较大。下面主要对原油的地球化学特征进行对比和分类研究。

1. 原油物性特征

1）原油密度

目前已发现多种物性的原油，包括挥发油、轻质油、中质油和重质油。原油密度变化范围在 0.7934～0.9754g/cm^3 之间，多数属于轻质油—中质油（图 2-6-9）。

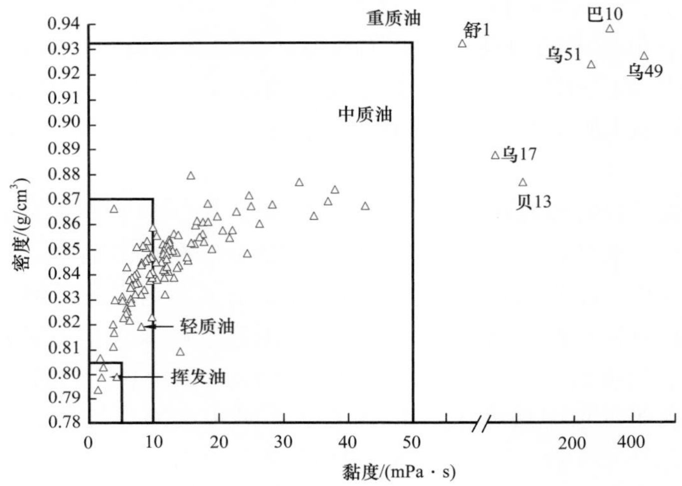

图 2-6-9　海拉尔盆地原油黏度与密度关系图（据 SY/T5735—1995）

从区域上看（表 2-6-5），盆地中部除贝尔凹陷的霍 10 井和霍 3 井原油密度（小于 0.805g/cm^3）较低，乌南洼槽的乌 49、乌 51（K_1t）、巴 10 井原油密度（0.93g/cm^3 左右）较高外，其他原油的密度基本都在 0.81～0.87g/cm^3 之间，以 0.83～0.85g/cm^3 之间为最多。盆地最西部巴彦呼舒凹陷舒 1 井的两个原油为稠油，但楚 4 井的油为正常油；盆地西部的呼伦湖凹陷海参 3 井原油和盆地东部呼和湖凹陷的和 2 井原油属于挥发原油。

表 2-6-5　海拉尔盆地原油物性统计表

坳陷	凹陷	层位	密度 /（g/cm^3）	黏度 /（mPa·s）	凝固点 /℃	备注
扎赉诺尔坳陷	巴彦呼舒凹陷	南二段	0.9328	57.75	17	舒 1 井
		南一段	0.9401	—	21	舒 1 井
		南一段	0.8552	7.7	26	楚 4 井
	呼伦湖凹陷	南一段	0.8025	2.03	4	海参 3 井

❶ 霍秋立等，2005，海拉尔盆地乌尔逊贝尔凹陷油气生成、运移和聚集研究，内部资料。

续表

坳陷	凹陷	层位	密度 / (g/cm³)	黏度 / (mPa·s)	凝固点 /℃	备注
贝尔湖坳陷	乌尔逊凹陷	大磨拐河组—基底	$\frac{0.8061 \sim 0.9754}{0.8569}$	$\frac{1.69 \sim 461.46}{30.82}$	$\frac{3 \sim 35}{25}$	
	贝尔凹陷	大磨拐河组—基底	$\frac{0.7934 \sim 0.8793}{0.8421}$	$\frac{1.31 \sim 108.6}{14.82}$	$\frac{3 \sim 38}{24.6}$	
呼和湖坳陷	呼和湖凹陷	南一段	0.7984	1.93	19	和 2 井
	伊敏凹陷	南二段	0.8689	36.92	33	伊 D1 井

注：$\frac{\text{最小值} \sim \text{最大值}}{\text{平均值}}$。

从盆地现有原油的密度统计资料看，盆地中部乌尔逊凹陷南部原油的密度略低于乌尔逊凹陷北洼槽的原油，贝尔凹陷原油的密度低于乌尔逊凹陷南部原油。总体上存在由西向东、由北向南原油密度降低的趋势。这可能是由于烃源岩的成熟度和母质类型双重因素控制的结果，烃源岩的成熟度总体上是西低东高、北低南高，烃源岩的母质类型西好东差、北好南差。

2）原油黏度

原油的黏度与原油的组成、成熟度、含蜡量、生物降解等密切相关，大部分集中在4.0～18.0mPa·s之间，属于中—高黏度油。一般情况下，原油的成熟度越低，非烃和沥青质含量越高，含蜡量越高，其黏度就越高。生物降解作用通常使非烃和沥青质含量相对增高，从而使得原油的黏度大大增高。

3）原油凝固点

海拉尔盆地原油凝固点除少数较低外，一般在 20～33℃之间（表 2-6-5），属于中凝油，与松辽盆地原油凝固点基本相当。凝固点与原油组成、成熟度密切相关，油质越轻、成熟度越高，凝固点就越低；蜡含量越高凝固点也越高。此外，生物降解作用可以使原油的凝固点降低。

4）原油含蜡量

海拉尔盆地原油含蜡量在 2%～40% 之间，多数在 8%～20% 之间，属于中—高蜡原油。与松辽盆地相比，海拉尔盆地原油的含蜡量要略低一些，尤其是呼和湖凹陷和巴彦呼舒凹陷原油含蜡量更低一些，主要为中等含蜡量原油。此外原油的含蜡量与原油的密度、黏度均存在一定的正相关关系，含蜡量高，密度和黏度也高一些，但有些井（舒 1、乌 49、巴 10 等井）原油属于例外，尽管密度高，其含蜡量并不高，可能表明该原油的成因与其他原油是有差异的。

2. 原油地球化学特征

原油的基本地球化学特征包括原油的族组成特征、元素构成特征、碳同位素组成特征等。这些基本地球化学特征受控于烃源岩中有机质的类型、成熟度和原油在运载层和储层中的变化。

1）盆地中部乌尔逊—贝尔凹陷原油地球化学特征

海拉尔盆地中部断陷带乌尔逊、贝尔凹陷的原油一般为淡水—微咸水沉积环境的常规成熟油，该类原油碳同位素组成也比较轻，$\delta^{13}C$ 在 −30‰左右，正构烷烃分布大部分呈现单峰型，奇偶优势不明显，基本上为成熟油，Pr/Ph 一般大于 1.0，变化在 1.29～1.99 之间，反映生油的有机质来源于弱氧化—弱还原沉积环境，Ts、C_{29}Ts、C_{30} 重排藿烷和重排甾烷含量较丰富。

（1）原油族组成特征。

乌尔逊、贝尔凹陷绝大部分原油的饱和烃含量在 55%～80% 之间，芳香烃含量基本在 16%～21% 之间，非烃和沥青质含量在 8%～22% 之间。其中乌北的铜 7 井，乌南洼槽的巴 10 井、乌 49 井、乌 51 井原油的饱和烃含量较低，非烃和沥青质含量较高，推测有两种原因：一是原油的成熟度比较低；二是原油遭受了生物降解。

（2）原油气相色谱特征。

乌尔逊、贝尔凹陷原油色谱一般呈现单峰型（图 2−6−10），奇偶优势不明显，OEP 在 0.9～1.2 之间，Pr/Ph 一般大于 1，变化范围在 0.92～2.20 之间，反映原油为弱还原—还原的淡水—微咸水沉积的成熟油。主峰碳为 nC_{19} 或 nC_{21}，反映原油的母质类型较好，以低等水生生物来源为主，而以高等植物输入为特征的 nC_{29} 以后的重烃含量低。

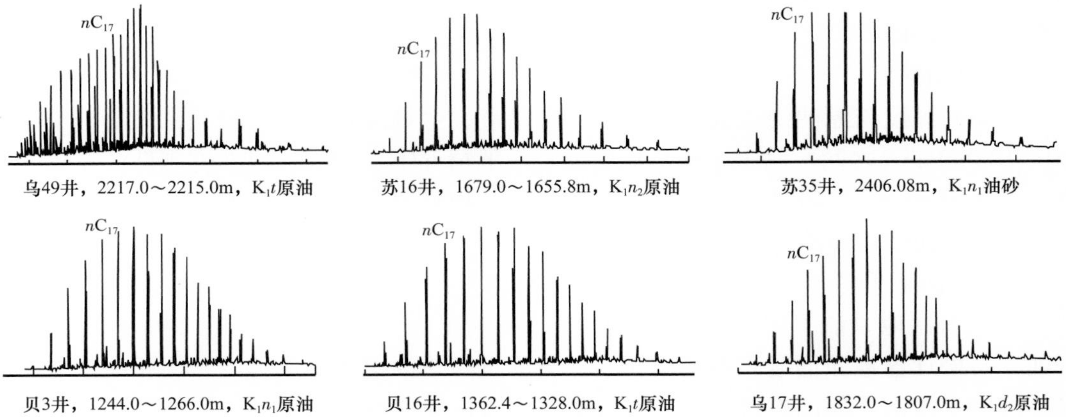

图 2−6−10　乌尔逊—贝尔凹陷原油饱和烃色谱图

（3）原油碳同位素特征。

乌尔逊凹陷北部饱和烃碳同位素变化范围为 −30.0‰～−32.5‰，芳香烃碳同位素变化为 −27.0‰～−31.5‰，说明原油的生油母质较好。乌尔逊凹陷南部原油饱和烃碳同位素变化范围为 −27.0‰～−34.5‰，芳香烃碳同位素变化范围为 −24.0‰～−31.5‰，个别井碳同位素值偏重，如乌 18 井、乌 22 井、乌 32 井原油，饱和烃碳同位素为 −27.18‰～−28.94‰，芳香烃碳同位素为 −24.5‰～−26.6‰，说明原油的有机质成熟度高或生油母质性质偏差；而乌 4 井、乌 49 井、乌 51 井原油碳同位素轻，饱和烃碳同位素为 −31.06‰～−34.35‰，芳香烃碳同位素为 −28.84‰～−30.56‰，反映原油的生油母质性质较好或原油成熟度偏低。其次，巴彦塔拉地区原油碳同位素也偏轻，说明原油母质性质相对较好。

贝尔凹陷原油饱和烃碳同位素变化范围为 −26.84‰～−33.58‰，芳香烃碳同位素变化范围为 −25.78‰～−30.82‰，大约可以分为三类：第一类为霍多莫尔和贝西斜坡北部原油，该类原油饱和烃和芳香烃碳同位素明显偏重，饱和烃碳同位素变化范围

为 –26.84‰～–30.10‰，芳香烃碳同位素变化范围为 –25.78‰～–28.48‰，反映有机质成熟度高或母质性质偏差；第二类为苏德尔特及贝 3 井区大部分原油，该类原油饱和烃和芳香烃碳同位素偏轻，饱和烃碳同位素变化范围为 –30.52‰～–32.37‰，芳香烃碳同位素变化范围为 –27.41‰～–30.82‰，反映有机质母质性质较好；第三类原油以贝 13 井原油为主，还包括贝 23 井和贝 17 井，以轻碳同位素为特征，贝 13 井原油的饱和烃碳同位素为 –33.58‰，芳香烃碳同位素为 –30.82‰，反映该原油来源于母质性质较好或成熟度相对较低的烃源岩。

（4）生物标志化合物特征。

乌尔逊、贝尔凹陷原油在生物标志化合物特征上具有相似性，原油中的三环萜烷含量很低，五环三萜烷较丰富；在萜烷分布上以 C_{30} 藿烷的含量最高，其次含量相对较高的为 C_{29} 降藿烷及 C_{31}—C_{35} 升藿烷，且在升藿烷系列中，随着碳数的增加，即从 C_{31} 到 C_{35}，含量逐渐降低，原油中三环萜烷的含量非常低。大部分原油的 Ts 大于 Tm，反映原油为成熟原油，原油中伽马蜡烷的含量相对较低，伽马蜡烷 /C_{30} 藿烷值一般小于 0.20，指示烃源岩原始沉积环境为淡水—微咸水环境。原油中含有一定数量的孕甾烷，C_{27}- 重排甾烷系列的含量也相对较高，甾烷 C_{27}20（R）、C_{28}20（R）、C_{29}20（R）呈近不对称“V”形分布，基本不含有四甲基甾烷，C_{29} 甾烷的 $\alpha\alpha\alpha$20S 与 20R 含量大致相当，反映原油为成熟原油；大部分原油不含 β- 胡萝卜烷，只在贝尔的贝中、乌南的巴彦塔拉地区和乌 49 井、乌 51 井原油中发现含有 β- 胡萝卜烷，说明在同一凹陷的不同地区原油的生源与沉积环境有所差异。

2）盆地西部巴彦呼舒凹陷原油地球化学特征

巴彦呼舒凹陷在舒 1 井和楚 4 井见到含油显示，原油碳同位素组成都比较轻，在 –33‰左右，Pr/Ph 比值小于 0.8，以 C_{21} 或 C_{23} 为主峰，C_{21-}/C_{22+} 比值小于 1.0，伽马蜡烷和 β- 胡萝卜烷含量高，指示为还原性较强的咸水环境。舒 1 井饱和烃含量低，仅为 38%～46%，而非烃和沥青质含量在 40%～50% 之间，且其中非烃的含量在 30% 左右，沥青质在 10%～20% 之间。低碳数正构烷烃含量相对较低，高碳数部分正构烷烃略呈奇偶优势，OEP 为 1.24～1.28，表明舒 1 井原油成熟度较低，Ts、C_{29}Ts、C_{30} 重排藿烷含量低，不含重排甾烷。楚 4 井原油饱和烃含量比舒 1 井高一些，为 63%，OEP 为 1.09，表明楚 4 井原油比舒 1 井原油成熟度高，Ts、C_{29}Ts、C_{30} 重排藿烷含量也比舒 1 井高一些，表现出淡水—微咸水沉积环境的常规成熟油特征。

3）盆地东部呼和湖凹陷原油地球化学特征

呼和湖凹陷和 2 井原油饱和烃含量较高，达到 80% 左右，非烃和沥青质含量较低，碳同位素组成也比较重，在 –26‰～–25‰之间，Pr/Ph 比值高（通常大于 3.0），Ts、C_{29}Ts、C_{30} 重排藿烷和重排甾烷含量十分丰富，C_{27} 甾烷含量低，伽马蜡烷含量很低，指示原油为陆源有机质来源。

二、天然气地球化学特征

1. 天然气组分特征

1）二氧化碳气藏的天然气组分特征 [1]

海拉尔盆地二氧化碳气藏主要分布在乌尔逊凹陷，以乌北洼槽最为典型。乌尔逊凹

[1] 陈践发等，2009，海拉尔—塔木察格盆地中部断陷带 CO_2 气成因与成藏控制因素研究，内部资料。

陷天然气的二氧化碳含量为65.06%～98.35%，一般大于90%，并与烃类气共存，其中甲烷含量为0.04%～20.22%，除乌13井油气层上部含甲烷较多外，一般甲烷含量小于3%，重烷含量为0.176%～1.49%，主要为乙烷。此外，还含有一定的氮气、氦气等，其中氦气含量为0.00%～0.20%。烃类气的干燥系数大部分都小于0.95，说明这些烃类气主要处于湿气阶段。

2）呼和湖凹陷气藏的天然气组分特征[1]

呼和湖凹陷天然气主要分布在南二段，天然气组分以甲烷为主，含量在65%～82%之间（表2-6-6）；重烃气含量高，在15.6%～30.4%之间，属于湿气；非烃类气体含量较多的是二氧化碳，含量在0.54%～5.991%之间，还见到少量的氮气、氦气和氢气。

表2-6-6　呼和湖凹陷南二段天然气组分统计数据表

井号	深度/m	甲烷/%	乙烷/%	丙烷/%	异丁烷/%	正丁烷/%	异戊烷/%	正戊烷/%	无空气相对密度
和10	1825～1831	82.004	7.644	5.272	1.15	1.087	0.276	0.167	0.7018
和斜1	2286.2～2449	65.088	10.525	11.291	3.197	3.616	1.121	0.638	0.8997
和18	2634～2639.6	74.246	9.802	5.197	1.04	1.425	0.493	0.414	0.7778
和18	2634～2639.6	79.064	9.526	4.563	1.013	1.331	0.479	0.369	0.7261
和18	2536～2639.6	72.984	10.192	5.676	1.105	1.533	0.482	0.391	0.7865

2. 天然气碳同位素特征

1）二氧化碳气藏的天然气碳同位素特征

海拉尔盆地二氧化碳气藏中二氧化碳的$\delta^{13}C$值为-8.2‰～-13.1‰，普遍轻于-8‰无机二氧化碳界限值，说明二氧化碳是有机成因。盆地中典型的二氧化碳气井的同位素见表2-6-7，不同井中烃类组分的碳同位素值变化不大，说明二氧化碳气藏的烃类气为同一成因。

表2-6-7　海拉尔盆地天然气组分碳同位素统计表

井位	CO_2/%	$\delta^{13}C_{CO_2}$/‰（PDB）	$\delta^{13}C_1$/‰（PDB）	$\delta^{13}C_2$/‰（PDB）	$\delta^{13}C_3$/‰（PDB）
苏2	97.6	-11.4	-47.7	-41.2	-31.6
	96.2	-8.2	—	—	—
苏6	98.8	-10.2	-47.9	—	—
苏8	92.25	-13.1	—	—	—
乌10	94.51	-11.4	-49.3	-37.6	-40.0
乌13	76.08	-8.8	-46.4	-39.8	—
乌208-54	92.66	-12.2	-45.3	-30.0	-29.7
	91.32	-12.7	-48.2	-35.9	-32.1

❶ 李敬生等，2016，呼和湖凹陷油气成藏条件及目标优选研究，内部资料。

2）呼和湖凹陷气藏的天然气同位素特征

呼和湖凹陷南二段见到的天然气组分以甲烷为主（表2-6-8），碳同位素 $C_1<C_2<C_3$，呈正碳系列，碳同位素值相近，表明成因和来源相同。

表2-6-8　呼和湖凹陷南二段天然气组分碳同位素统计表

井号	深度/m	甲烷碳同位素/‰（PDB）	乙烷碳同位素/‰（PDB）	丙烷碳同位素/‰（PDB）	异丁烷碳同位素/‰（PDB）	正丁烷碳同位素/‰（PDB）	异戊烷碳同位素/‰（PDB）	正戊烷碳同位素/‰（PDB）
和10	1825～1831	-39.689	-27.151	-25.96	-25.671	-26.839	-24.828	-25.911
和斜1	2286.2～2449	-39.695	-27.436	-27.755	-28.922	-28.617	-26.68	-27.541
和18	2634～2639.6	-39.081	-25.896	-25.49	-24.117	-25.09	-23.777	-25.181
和18	2536～2639.6	-39.457	-26.048	-24.523	-23.868	-25.086	-24.282	-24.046

第四节　油 源 对 比

海拉尔盆地油气主要来自南屯组烃源岩，其次是铜钵庙组，此外在乌尔逊凹陷北部还发现无机成因的二氧化碳气藏。

一、原油族群划分与油源对比

1. 原油族群划分

根据原油的碳同位素特征、姥鲛烷/植烷、β-胡萝卜烷、γ-蜡烷、补身烷等一系列能够反映原油母质类型、沉积环境、成熟度和次生变化的地球化学指标，将海拉尔盆地原油划分了四类族群（表2-6-9），分别是Ⅰ型、Ⅱ型、Ⅲ型、Ⅳ型，以及16个组群。

1）Ⅰ型原油

该类原油主要分布在盆地中部乌尔逊凹陷北部、南部东斜坡的北部和贝尔凹陷的呼和诺仁构造带及苏德尔特构造带，是目前海拉尔探区最主要的原油类型。Pr/Ph一般为1.0～2.0，姥鲛烷优势，组分碳同位素相对偏轻，不含β-胡萝卜烷，补身烷含量低。反映为淡水—微咸水的弱还原—还原沉积环境，生油母质以藻类等低等水生生物为主。

2）Ⅱ型原油

该类原油主要分布在盆地中部乌尔逊凹陷南洼槽中部的乌18井区和贝尔凹陷霍多莫尔构造带及贝西斜坡带北部。Pr/Ph一般大于2.0，姥鲛烷优势明显，组分碳同位素相对偏重，不含β-胡萝卜烷，补身烷含量较高。反映为淡水—微咸水的弱氧化—氧化沉积环境，生油母质以高等植物的输入为主。

3）Ⅲ型原油

该类原油分布在盆地中部乌尔逊凹陷的巴彦塔拉地区和乌南洼槽东斜坡南部的乌49、乌51井、贝尔凹陷贝中次凹以及盆地西部巴彦呼舒凹陷的舒1井和楚4井。分类特征上，Pr/Ph一般小于0.8，植烷优势明显，组分碳同位素相对偏轻，含较高的β-胡萝卜烷，补身烷含量低或没有。反映为高盐、咸水强还原沉积，生油母质以藻类低等生物的输入为主。

表 2-6-9　海拉尔盆地原油族群组群划分结果表

原油族群	分布地区		代表井	组群	主要特征
Ⅰ型	乌尔逊凹陷	乌尔逊凹陷北部	苏 301	成熟	含腐殖腐泥型母质，淡水—微咸水湖相，弱还原—还原环境
			苏 8	气洗	
		乌尔逊凹陷南部 东部斜坡带北部	乌 16	成熟	
	贝尔凹陷	呼和诺仁构造带	贝 301	成熟	
			贝 13	低成熟	
		苏德尔特构造带	贝 20	成熟	
Ⅱ型	乌尔逊凹陷	乌尔逊凹陷南部	乌 18	成熟	生油母质以高等植物为主，淡水氧化环境
	贝尔凹陷	霍多莫尔构造带	霍 1	成熟	
		贝尔凹陷西部 斜坡北部	贝 37	成熟	
Ⅲ型	乌尔逊凹陷	巴彦塔拉构造	巴 10	成熟	腐泥型母质，咸水，强还原环境
			巴 7	低成熟	
		乌尔逊凹陷南部 东部斜坡带南部	乌 49	低成熟	
	贝尔凹陷	贝中地区	希 7	成熟	
	巴彦呼舒凹陷		楚 4	成熟	
			舒 1	低成熟	
Ⅳ型	呼和湖凹陷		和 2	成熟	腐殖型母质，沼泽湖相沉积

4）Ⅳ型原油

该类原油分布在盆地东部呼和湖凹陷的和 2 井。从分类特征上看，Pr/Ph 一般小于 2.8，为植烷优势，组分碳同位素相对重。指示原油的有机质应该是沉积于弱氧化条件下的陆源有机质。

2. 油源对比

油源关系研究是油气运移和成藏研究的基础，也决定着盆地勘探思路。20 世纪 90 年代前由于勘探程度较低，油源对比主要以单井油岩对比为主，目前油源分析主要是针对不同地区不同含油气系统的油岩综合分析。

1）贝尔凹陷

利用组分碳同位素饱和烃生物标志化合物对贝尔凹陷不同地区的原油进行了油岩对比（图 2-6-11），贝尔凹陷的原油主要来自南一段和铜钵庙组烃源岩，部分地区的原油有南二段烃源岩的贡献。

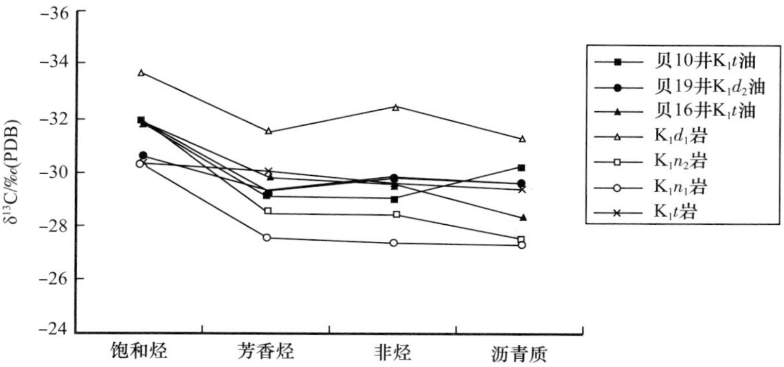

图 2-6-11　贝尔凹陷油岩组分碳同位素对比图

2）乌尔逊凹陷

（1）乌尔逊北部。

利用组分碳同位素饱和烃生物标志化合物对该地区的原油进行了油岩对比研究，原油与南屯组一段和二段的烃源岩之间相关性较好，而与铜钵庙组的烃源岩相关性差于南屯组，反映原油主要来源于南屯组。

（2）乌尔逊南部。

① 巴彦塔拉地区原油对比。

巴彦塔拉地区的原油成熟度偏低，通过饱和烃色谱质谱和同位素进行油源对比可以看出，原油主要来自本地区的南屯组烃源岩（图 2-6-12）。

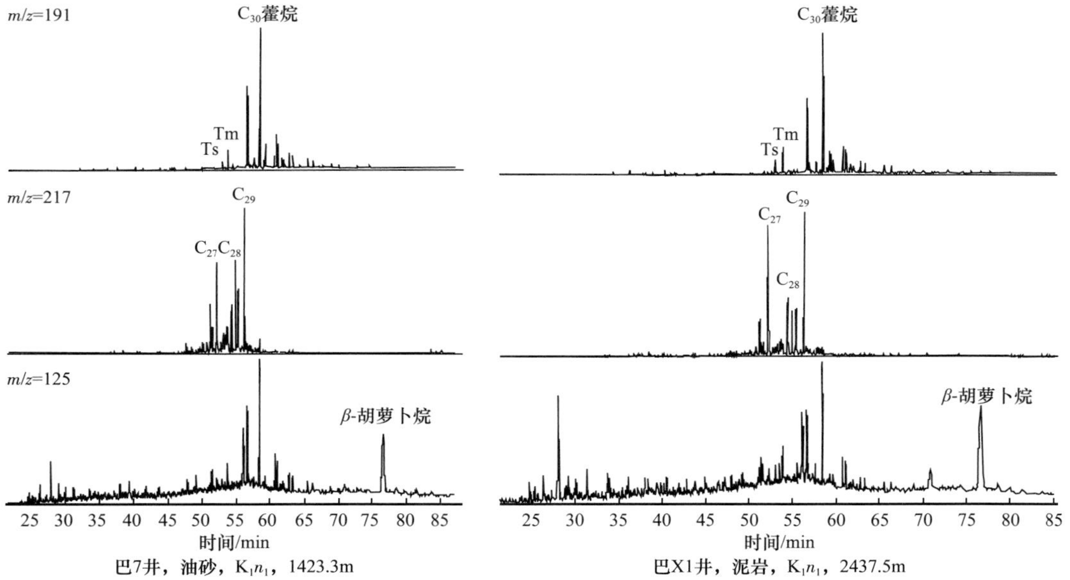

图 2-6-12　巴彦塔拉地区油岩生物标志物质量色谱对比图

② 乌 18 井油源对比。

乌 18 井位于乌南次凹中心地带，在该井南二段所见原油与本井大一段及相邻的乌 22 井南屯组泥岩样品具有较好的相似性，均表现为姥姣烷优势明显，一般姥植比大于 2，Ts 较 Tm 含量高，表现为成熟特征；含有少量的伽马蜡烷，C_{27}—C_{28}—C_{29} 甾烷分布近似为“V”形指纹特征，重排甾烷含量较高。乌 18 井南二段原油可能为南屯组与大一段双向供烃的特征。

3）巴彦呼舒凹陷

利用组分碳同位素饱和烃生物标志化合物对巴彦呼舒凹陷的舒 1 井和楚 4 井的原油进行油源对比，舒 1 井南屯组原油主要来自本地南屯组低成熟的烃源岩，楚 4 井原油主要来自凹陷深部南一段成熟的烃源岩。

4）呼和湖凹陷

呼和湖凹陷和 9 井油砂藿烷含量占绝对优势，$\alpha\alpha\alpha$-20R 甾烷 C_{27}、C_{28}、C_{29} 呈反“L”形，C_{29} 含量远高于 C_{28} 和 C_{27}，伽马蜡烷含量低，具典型的煤成油特点，这些特征与南二段的煤和南二段煤系地层中夹的碳质泥岩有较好亲缘关系。

呼和湖凹陷和 2 井南一段原油母质类型较好（图 2-6-13），C_{27}—C_{29} 甾烷呈不对称“V”形分布，伽马蜡烷含量较低，表征淡水湖相沉积环境，水生生物贡献比和 9 井明显增多；对比看，南一段暗色泥岩和南二段的暗色泥岩与和 2 井南一段原油的峰型很相似，表现出较好的亲缘关系。

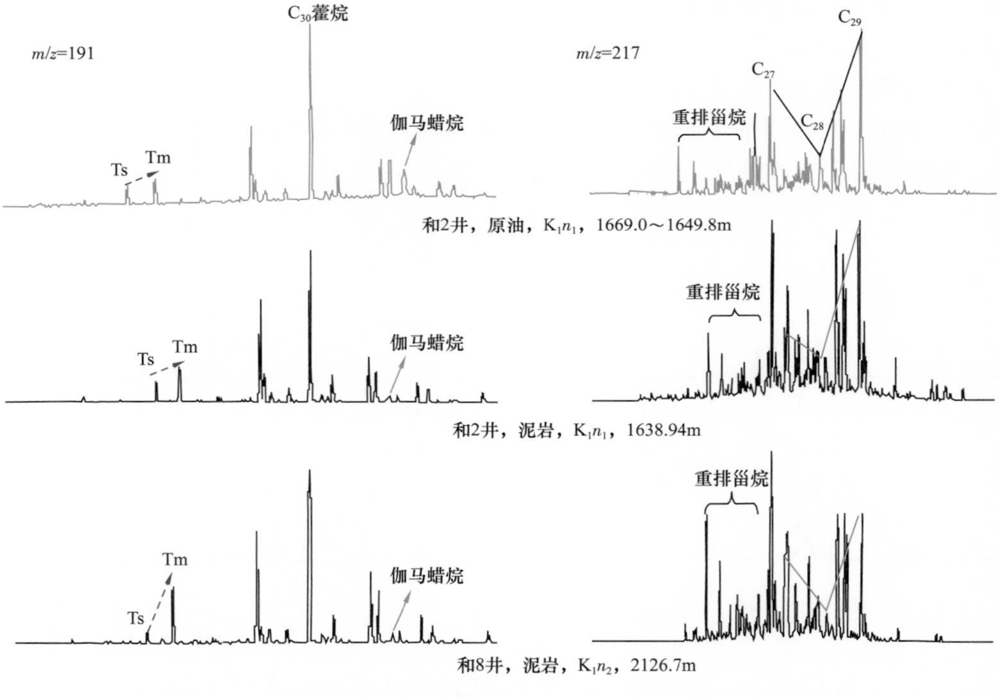

图 2-6-13　呼和湖凹陷和 2 井油源对比图

从饱和烃和芳香烃碳同位素关系上看，呼和湖凹陷原油来自混源的特征较为明显，与南二段煤层及泥岩同位素数值比较接近，反映该区原油主要来自南二段煤系烃源岩。

二、天然气成因类型划分和气源分析

1. 二氧化碳气藏的成因和来源分析

根据海拉尔盆地二氧化碳同位素数据及与二氧化碳气有关的稀有气体同位素数据，

综合二氧化碳成因判别图版（图 2-6-14、图 2-6-15）可以看出，海拉尔盆地二氧化碳主要为壳幔混合成因。

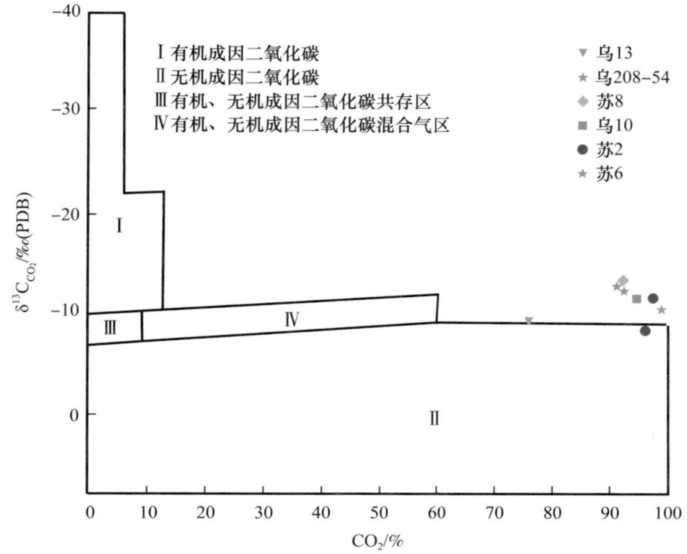

图 2-6-14　苏仁诺尔气田二氧化碳成因类型划分图（图版据戴金星，2000）

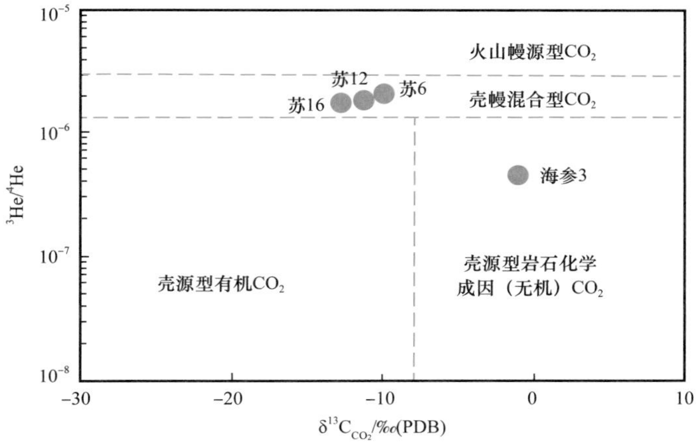

图 2-6-15　天然气中氦与碳同位素划分成因类型图（图版据戴金星等，1995）

海拉尔盆地二氧化碳气藏二氧化碳含量普遍较高，一般大于 60%，$\delta^{13}C$ 一般大于 -15‰。无机成因二氧化碳的碳同位素一般介于 -2‰～-10‰，平均在 -5‰左右，虽然海拉尔盆地二氧化碳的碳同位素值偏轻，但综合海拉尔盆地的地质背景，可以确定海拉尔盆地二氧化碳为岩浆成因和幔源成因。在 $\delta^{13}C_{CO_2}$ 和 *R*/*Ra* 组合图版上可以看出，海参 3 井氦气为壳源成因，苏 6、苏 12 和苏 16 井气藏中氦气为壳幔混合成因。

戴春森等（1996）研究认为气藏中的 $^3He/^4He$（*R*）与大气中的 $^3He/^4He$（*Ra*）的比值大于 1 时，表明气藏中的氦主要为幔源成因；小于 1 时，则表明气藏中的氦为壳幔混合成因。海拉尔盆地 *R*/*Ra* 一般大于 1（表 2-6-10），说明气藏中的氦主要为幔源成因氦，而海参 3 井中的氦为壳幔混合成因。

表 2-6-10 海拉尔盆地天然气中氦、氩同位素测试结果

样品名	井深 /m	层位	分析数据			
			$R={}^{3}He/{}^{4}He$	R/Ra	$^{38}Ar/^{36}Ar$	$^{40}Ar/^{36}Ar$
海参 3	2068～2094	T	$(3.31\pm0.09)\times10^{-7}$	0.24	0.189（9）	591（1）
苏 12	1508.6～1491.8	N_1	$(1.76\pm0.05)\times10^{-6}$	1.26	0.1907（9）	966（6）
苏 16	1771.4～1655.8	N_2	$(1.68\pm0.05)\times10^{-6}$	1.2	0.1900（9）	916（5）
苏 6	2010.0～2024.0	N_1	2.08×10^{-6}	1.49	0.1837×10^{-6}	289.6×10^{-5}

从平面上看，海拉尔盆地中部凹陷带具有三个高二氧化碳气富集区块（带）：苏仁诺尔裂造带、乌南洼槽地区和巴彦塔拉断裂构造带。在二氧化碳聚集区带中不同区块之间二氧化碳含量变化平面不明显，均具有高的二氧化碳含量。

2. 呼和湖凹陷天然气藏的成因和来源分析

根据甲烷碳同位素与组分关系图版，呼和湖凹陷的天然气介于油型气与煤型气，属于混合气（图 2-6-16）。探井揭示在地层条件下气藏呈单一气相，在地面为凝析油，颜色呈淡黄透明状，原油族组成以饱和烃为主，饱和烃为 70.83%～74.21%，平均为 72.52%；芳香烃为 27%～14.876%，平均为 20.938%；非烃和沥青质为 2.16%～10.915%，平均为 6.5375%；密度为 0.7047～0.8177g/cm^3（20℃），平均为 0.7612g/cm^3；地面原油黏度 0.42～2mPa·s（20℃），平均为 1.21mPa·s；凝固点为 −25～21℃，含硫量为 0.067%，含蜡量为 9.8%。凝析气藏气油比的变化范围一般分布在 1000～25000m^3/m^3 之间，南部地区气油比介于 1450～10389m^3/m^3。依据产出的气油比将凝析气藏划分为低含凝析油、中含凝析油、高含凝析油和特高含凝析油凝析气藏，南部地区地区属于中等—高含凝析油气藏。

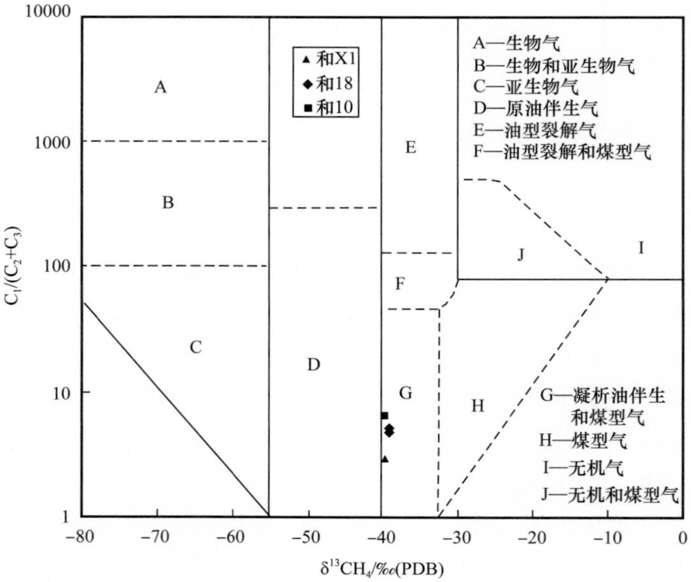

图 2-6-16 呼和湖凹陷天然气成因类型划分图（图版据戴金星等，1992b）

第七章　储　　层

《中国石油地质志》首版第二卷完成后，海拉尔盆地储层研究的进展主要集中在20世纪90年代和21世纪初的一批研究成果中，重点体现在六个方面：一是对碎屑岩储层岩石学特征的系统研究；二是碎屑岩储层孔隙类型和孔隙结构研究；三是碎屑岩储层物性及影响因素研究；四是碎屑岩储层成岩作用与孔隙演化研究；五是碎屑储层分布特征研究；六是新增了基岩储层特征的研究。

第一节　储层类型

海拉尔盆地储层岩石类型主要由正常普通砂岩、含片钠铝石砂岩、凝灰质砂岩、凝灰岩和沉凝灰岩组成。贝尔凹陷铜钵庙组以凝灰岩、凝灰质砂岩为主，其次为沉凝灰岩和熔结凝灰岩；南屯组主要由砂岩和沉凝灰岩组成，其次为凝灰岩和凝灰质砂岩（图2-7-1）。从目前掌握的资料看，贝尔凹陷的铜钵庙组为凝灰质砂岩较发育的层位，表现为铜钵庙组下部以凝灰质砂岩为主，上部以凝灰质砂岩和凝灰岩为主，到南屯组则过渡为凝灰质砂岩及砂岩。乌尔逊凹陷储层岩石类型以正常普通砂岩、含片钠铝石砂岩为主，凝灰质砂岩、凝灰岩和沉凝灰岩发育较少（图2-7-2）。砂岩储层主要分布于铜钵庙组、南一段和南二段，砂岩类型为岩屑砂岩、长石岩屑砂岩、岩屑长石砂岩和长石砂岩。

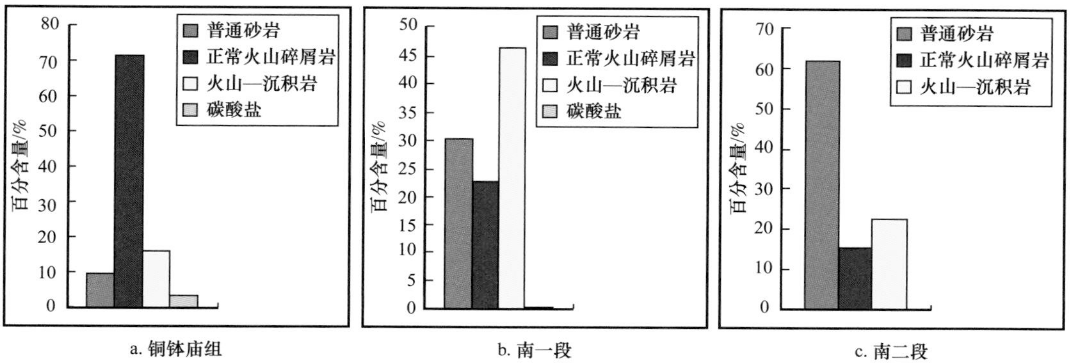

图2-7-1　贝尔凹陷储层岩石类型组成直方图

巴彦呼舒凹陷南屯组储层由砂岩、凝灰质砂岩及凝灰岩组成，从南屯组各砂层组储层类型来看，南一段凝灰质储层比重大于南二段凝灰质储层比重。

呼和湖凹陷南屯组储层由砂岩、凝灰质砂岩及沉凝灰岩组成，从南屯组各砂层组储层类型来看，南二段凝灰质储层比重较小，南一段凝灰质储层比重大。

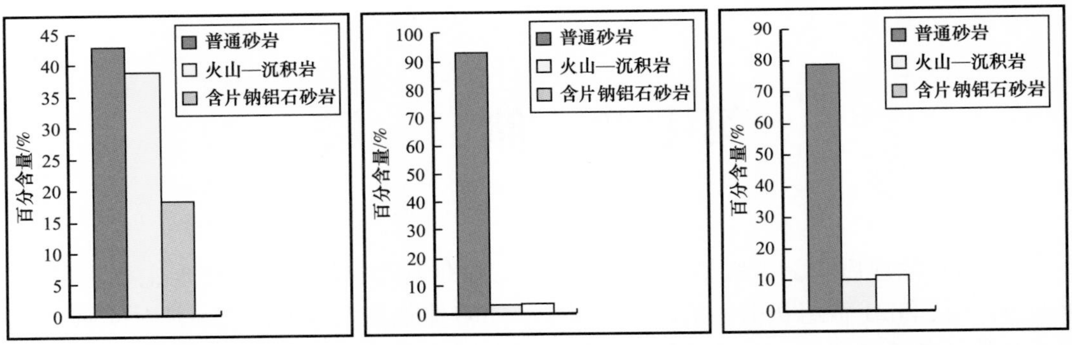

a. 铜钵庙组　　b. 南一段　　c. 南二段

图 2-7-2　乌尔逊凹陷储层岩石类型组成直方图

第二节　碎屑岩储层特征

一、岩石学特征

1. 铜钵庙组

铜钵庙组含片钠铝石砂岩分布零星。普通砂岩主要分布在乌尔逊凹陷中，在贝尔凹陷中，普通砂岩少量分布。正常火山碎屑岩主要包括凝灰岩和熔结凝灰岩以及少量火山角砾岩和熔结角砾岩，主要分布在贝尔凹陷。

火山碎屑岩组分主要由玻屑、晶屑和岩屑等组成。按火山碎屑的粒径，火山碎屑可分为集块结构（大于 64mm）、火山角砾结构（2～64mm）和凝灰结构（小于 2mm）等。按照成因，火山碎屑岩可进一步划分为碎屑熔岩类、正常火山碎屑岩类和火山—沉积岩类（表 2-7-1）。

表 2-7-1　火山碎屑岩分类（据孙善平等，2001）

<table>
<tr><td colspan="2">类</td><td rowspan="2">碎屑熔岩类</td><td colspan="2">正常火山碎屑岩类</td><td colspan="2">火山—沉积岩类</td><td rowspan="2">ϕ</td></tr>
<tr><td colspan="2">亚类</td><td>熔结火山碎屑岩亚类</td><td>普通火山碎屑岩亚类</td><td>沉积火山碎屑岩亚类</td><td>火山碎屑沉积岩亚类</td></tr>
<tr><td colspan="2">火山碎屑含量 /%</td><td>10～90</td><td colspan="2">占绝对优势，大于 90</td><td>占多数（50～90）</td><td>占少数（10～50）</td><td></td></tr>
<tr><td colspan="2">成岩作用方式</td><td>熔浆胶结</td><td>熔结状</td><td>以压紧胶结为主，也有部分为火山灰分解物</td><td colspan="2">化学沉积物及黏土物质胶结</td><td></td></tr>
<tr><td colspan="2">结构构造特征</td><td>火山碎屑一般不定向</td><td>具有明显的假流纹构造</td><td>层状构造一般不明显</td><td colspan="2">一般成层构造明显</td><td></td></tr>
<tr><td rowspan="3">基本名称</td><td>集块级</td><td>集块熔岩</td><td>熔结集块岩</td><td>集块岩</td><td>沉集块岩</td><td>凝灰质砾岩（或角砾岩）</td><td>2^6</td></tr>
<tr><td>角砾级</td><td>角砾熔岩</td><td>熔结角砾岩</td><td>火山角砾岩</td><td>沉火山角砾岩</td><td rowspan="2">凝灰质砂岩、凝灰质粉砂岩、凝灰质泥岩、凝灰质化学岩</td><td rowspan="2">2
2^{-4}
2^{-8}</td></tr>
<tr><td>凝灰级</td><td>凝灰熔岩</td><td>熔结凝灰岩</td><td>凝灰岩</td><td>沉凝灰岩</td></tr>
</table>

根据火山碎屑岩划分方案和薄片鉴定结果，钻遇的岩石类型包括熔结角砾岩、熔结凝灰岩、火山角砾岩、凝灰岩、沉凝灰岩、凝灰质砾岩和凝灰质砂岩。

2. 南屯组

在南二段沉积时期，火山碎屑岩的岩石类型主要为凝灰质砂岩，凝灰岩少见。普通砂岩在贝尔凹陷和乌尔逊凹陷中均有分布。含片钠铝石砂岩在乌尔逊凹陷南二段分布比较集中。含片钠铝石砂岩的结构—成因类型为岩屑长石砂岩和长石岩屑砂岩（图 2-7-3）。含片钠铝石砂岩既可以作为 CO_2 气储层（徐衍彬等，1995；宋荣华等，2000；孙玉梅等，2000；高玉巧等，2005b），又可以作为油气储层（杜韫华，1982；黄善炳，1996；吴新民等，2001；薛永超等，2005）。关于片钠铝石砂岩构成 CO_2 气储层的实例报道较多。例如，乌尔逊凹陷在含片钠铝石的新乌 1 井、苏 2 井、苏 16 井、苏 8 井、乌 10 井等井获 CO_2 气流（徐衍彬等，1995；高玉巧等，2005a，2005c）。

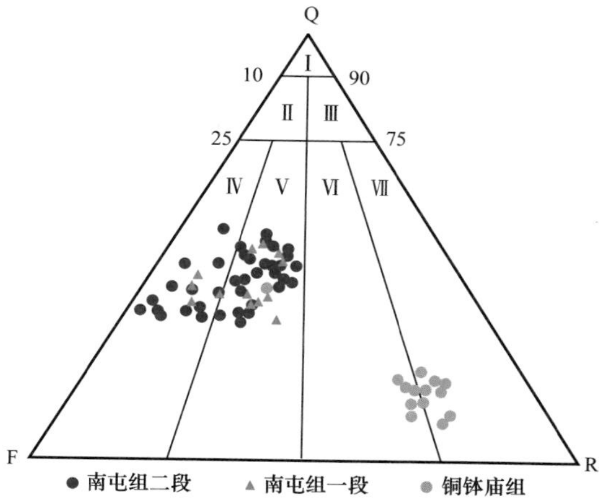

图 2-7-3　乌尔逊凹陷含片钠铝石砂岩 QFR 图解
Ⅰ—石英砂岩；Ⅱ—长石石英砂岩；Ⅲ—岩屑石英砂岩；Ⅳ—长石砂岩；Ⅴ—岩屑长石砂岩；Ⅵ—长石岩屑砂岩；Ⅶ—岩屑砂岩

在南屯组一段沉积时期，火山活动减弱，表现为火山碎屑岩、含片钠铝石砂岩与普通砂岩共同堆积。含片钠铝石砂岩主要分布于苏仁诺尔断裂带、乌北次凹和乌南次凹。普通砂岩是南屯组一段的主力储层，在贝尔凹陷和乌尔逊凹陷中均有分布。

贝尔凹陷普通砂岩主要为岩屑砂岩和长石岩屑砂岩（图 2-7-4），其中，岩屑主要为火山岩岩屑。乌尔逊凹陷普通砂岩类型比较复杂，岩屑砂岩、长石岩屑砂岩、岩屑长石砂岩和长石砂岩皆有所发育（图 2-7-5），砂岩中的碎屑主要为单晶石英、钾长石、花岗岩岩屑、凝灰岩岩屑以及少量沉积岩岩屑及变质岩岩屑。

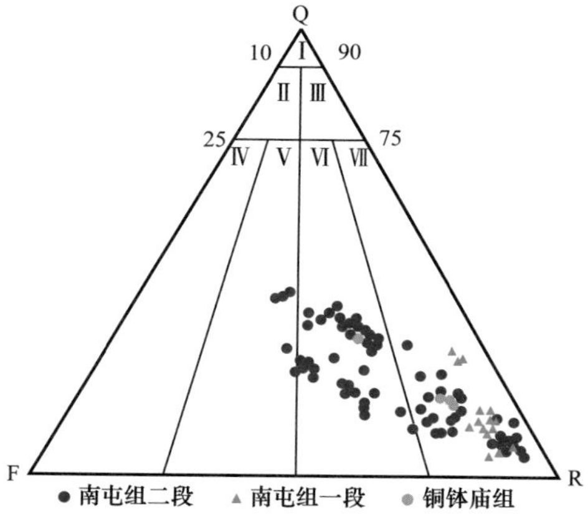

图 2-7-4　贝尔凹陷普通砂岩 QFR 图解
Ⅰ—石英砂岩；Ⅱ—长石石英砂岩；Ⅲ—岩屑石英砂岩；Ⅳ—长石砂岩；Ⅴ—岩屑长石砂岩；Ⅵ—长石岩屑砂岩；Ⅶ—岩屑砂岩

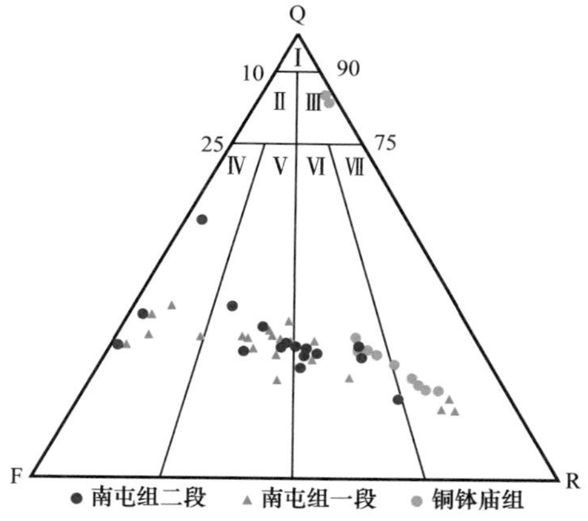

图 2-7-5　乌尔逊凹陷普通砂岩 QFR 图解
Ⅰ—石英砂岩；Ⅱ—长石石英砂岩；Ⅲ—岩屑石英砂岩；Ⅳ—长石砂岩；Ⅴ—岩屑长石砂岩；Ⅵ—长石岩屑砂岩；Ⅶ—岩屑砂岩

巴彦呼舒凹陷南屯组岩石的成分成熟度低，石英、长石等单矿物含量极低，而岩屑组分含量极高，岩石类型主要为长石岩屑砂岩。

呼和湖凹陷南屯组岩石的成分成熟度不高，石英、长石等单矿物含量极低，而岩屑组分含量极高，即使在陆相盆地中也是较为少见的，岩石类型主要为岩屑长石砂岩及长石岩屑砂岩。

二、孔隙类型与孔隙结构

1. 孔隙类型

铸体薄片鉴定和扫描电镜图像观察表明，乌尔逊和贝尔凹陷的原生孔隙类型主要为粒间孔、粒内孔及填隙物内孔，次生孔隙包括溶蚀粒内孔、溶蚀粒间孔、铸模孔、超大孔及收缩缝和溶蚀裂缝（表 2–7–2、图 2–7–6、图 2–7–7）。巴彦呼舒和呼和湖凹陷南屯组孔隙类型以次生孔为主，其次为原生孔，次生孔隙包括粒内孔、裂隙孔、构造裂缝、颗粒溶孔及微裂缝。

表 2–7–2　乌尔逊—贝尔凹陷储层孔隙类型

<table>
<tr><th colspan="3">孔隙类型</th><th>孔隙特征</th></tr>
<tr><td rowspan="4">原生孔隙</td><td rowspan="2">粒间孔</td><td>完整粒间孔</td><td>粒间孔呈三角形、四边形和长条状</td></tr>
<tr><td>剩余粒间孔</td><td>次生加大石英、片钠铝石、菱铁矿、高岭石、伊 / 蒙混层、微晶石英等自生矿物充填后剩余的孔隙空间</td></tr>
<tr><td colspan="2">粒内孔</td><td>浮岩岩屑中保留的气孔</td></tr>
<tr><td colspan="2">填隙物内孔</td><td>杂基或高岭石、绿泥石、片钠铝石等自生矿物集合体中的晶间空间</td></tr>
<tr><td rowspan="7">次生孔隙</td><td colspan="2">收缩缝</td><td>不规则、延伸短，仅发育于凝灰岩中</td></tr>
<tr><td colspan="2">溶蚀粒间孔</td><td>孔隙壁的碎屑颗粒或早期形成的胶结物部分溶解</td></tr>
<tr><td rowspan="2">溶蚀粒内孔</td><td>长石粒内孔</td><td>长石沿解理面开始溶解形成的弥漫状次生孔隙</td></tr>
<tr><td>火山岩屑粒内孔</td><td>塑性玻屑、火山岩屑内部弥漫性溶解形成</td></tr>
<tr><td colspan="2">铸模孔</td><td>由长石、塑性玻屑、火山尘等颗粒内部完全溶解形成</td></tr>
<tr><td colspan="2">超大孔</td><td>由多个碎屑颗粒溶解形成</td></tr>
<tr><td colspan="2">溶蚀缝</td><td>收缩缝或构造缝沿边部溶解扩容形成</td></tr>
</table>

2. 孔隙结构

1）铜钵庙组

铜钵庙组储层孔隙结构总体为中—差级别。苏德尔特地区的铜钵庙组储层孔隙结构级别为中—差，其压汞曲线平台位于右上方，出现两个平台，排驱压力相对较小，反映储层孔隙、喉道大小分布不均匀，储层孔隙的连通性受小孔的影响；孔隙分布范围较宽，形态呈双峰型，孔隙峰位分布于 0.025μm 和 0.63～2.5μm，对应峰值分别为 15.4% 和 9.5%；渗透率分布峰位为 0.63～1.60μm，其贡献值为 40%～50%（图 2–7–8）。敖脑海地区储层孔隙结构级别较差，孔隙分布形态呈单峰型，储层孔隙结构以小孔、细喉道为特征。

图 2-7-6　原生粒间孔
贝 16 井，1358.89m，铜钵庙组

图 2-7-7　次生粒内溶孔
铜 6 井，1560.2m，南二段

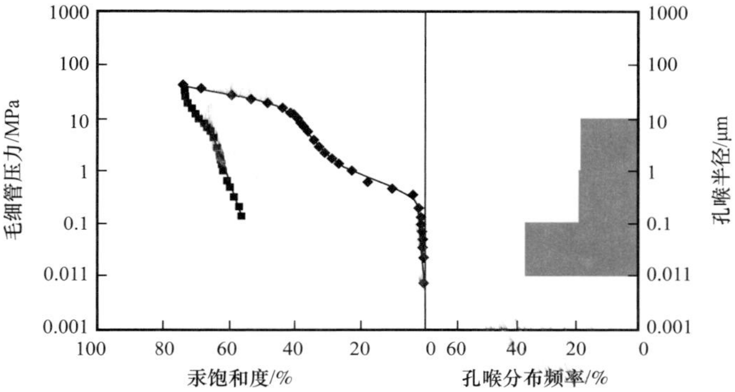

图 2-7-8　贝 20 井铜钵庙组典型毛细管压力曲线及孔隙分布直方图

2）南屯组

南屯组储层孔隙结构级别总体以差为主。敖脑海地区南一段储层孔隙结构好的、差的皆有。较好储层的压汞曲线平台位于右下方，排驱压力低，反映储层孔隙大、喉道粗。孔隙分布范围宽，形态呈单峰型，孔隙峰位分布于 6.3～10.0μm，对应峰值为 19.4%。渗透率分布峰位为 10.0μm，其贡献值为 66.5%（图 2-7-9），储层渗透性主要是大孔贡献的。霍多莫尔南一段储层孔隙结构较差，主要为小孔、细喉道，峰值出现在细孔一侧，其储层物性较差。

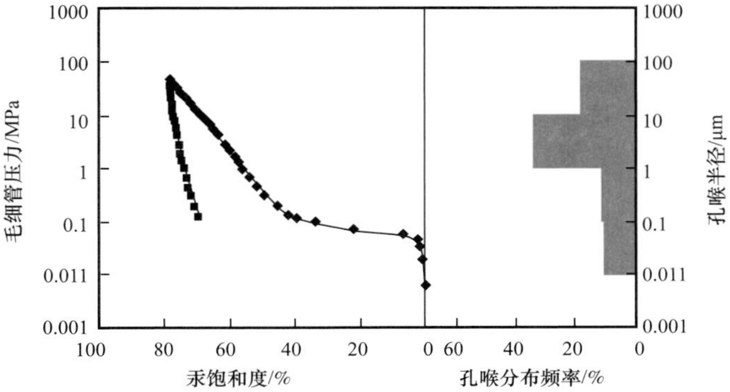

图 2-7-9　希 55-51 井南一段典型毛细管压力曲线及孔隙分布直方图

南二段孔隙结构较好的储层主要分布于贝西斜坡和苏德尔特地区。贝西斜坡较好储层的压汞曲线平台位于右下方，排驱压力低，反映储层孔隙大、喉道粗。孔隙分布范围宽，形态呈单峰型，孔隙峰位分布于6.3～10.0μm，对应峰值为17.2%。渗透率分布峰位为10.0μm，其贡献值为59%（图2-7-10），储层渗透性主要是大孔贡献的。苏德尔特地区较好储层的压汞曲线与贝西斜坡相似，但其储层孔隙分布呈双峰型。南二段孔隙结构差的储层主要分布于敖脑海和霍多莫尔地区，以小孔、细喉道为特征。巴彦呼舒和呼和湖凹陷南屯组各砂组的孔隙结构以差和较差级别为主。

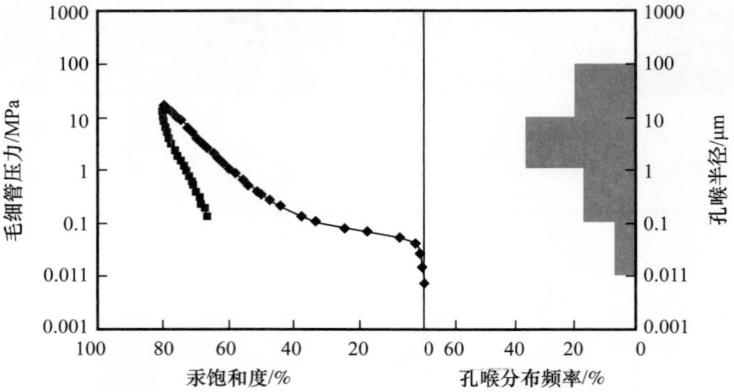

图2-7-10　贝3-8井南二段典型毛细管压力曲线及孔隙分布直方图

三、储层物性及影响因素

1. 储层物性

贝尔凹陷铜钵庙组的孔隙度为0.70%～32.20%，平均为10.80%，整体属于低孔隙度；渗透率为0.01～170.00mD，平均为2.55mD，整体属于低孔低渗型储层。

南一段的孔隙度为0.30%～30.60%，平均为10.54%，属于低孔隙度；渗透率为0.01～1898.00mD，平均为10.31mD，属低孔低渗型储层。南二段孔隙度为0.40%～29.50%，平均为11.45%，属于中低孔隙度；渗透率为0.01～1728.00mD，平均为14.95mD，属中低孔低渗型储层。在纵向上，贝尔凹陷铜钵庙组—南屯组储层发育两个异常高孔隙带，埋深分别为1300～1800m和2400～2700m（图2-7-11）。

乌尔逊凹陷铜钵庙组储层的孔隙度为1.30%～25.20%，平均为9.50%，属于低孔隙度；渗透率为0.01～104.00mD，平均为2.65mD，属低孔低渗型储层。

南一段的孔隙度为0.90%～23.00%，平均为11.05%，比铜钵庙组孔隙度略好，属于中低孔隙度；渗透率为0.01～704.00mD，平均为9.76mD，属低孔低渗型储层。

南二段的孔隙度为0.46%～27.10%，平均为13.61%，属于中等孔隙度；渗透率为0.01～4369.00mD，平均为95.88mD，整体属中孔低渗型储层。

在纵向上，乌尔逊凹陷铜钵庙组—南屯组储层发育三个异常高孔隙带，其埋深依次为1200～2000m、2200～2500m和2700～2740m（图2-7-12）。

2. 储层影响因素

主要存在5种储层影响因素，分别为凝灰质含量、碎屑颗粒包壳、大气水淋滤、沉积相带及无机CO_2注入。

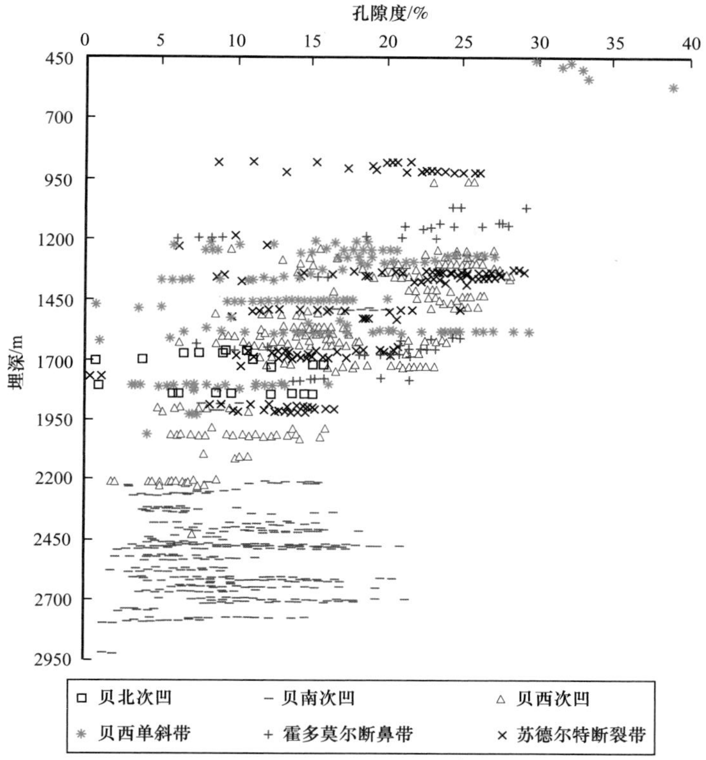

图 2-7-11 贝尔凹陷孔隙度随埋深变化

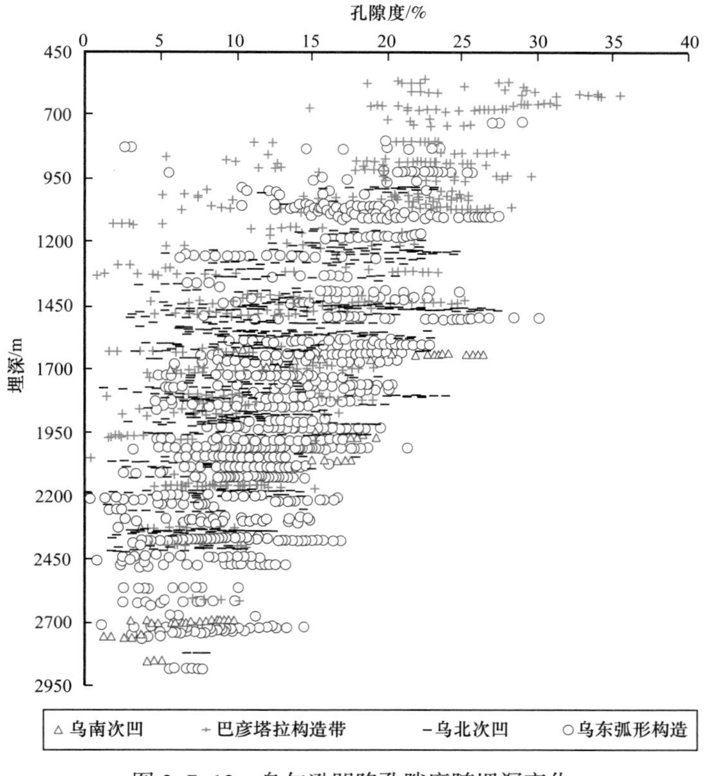

图 2-7-12 乌尔逊凹陷孔隙度随埋深变化

1）凝灰质对储层物性影响

火山碎屑岩储层主要发育于贝尔凹陷。火山碎屑岩储层物性好于普通砂岩的原因包括：（1）熔结凝灰岩与凝灰岩对埋藏压实作用不敏感。凝灰岩的压结作用在埋藏前即完成，在尔后的埋藏成岩过程中对上覆载荷不再敏感。另外，在熔结凝灰岩之下经常出现松散层。其成因是由于熔结凝灰岩底部散热快，凝灰物质未经熔结而形成（曾允孚等，1986）。（2）火山碎屑岩中含有较多的多孔状的火山碎屑，其包括浮岩岩屑、浆屑和玻屑。（3）凝灰岩中发育收缩缝，其主要发育于玻屑凝灰岩及细粒凝灰岩中。（4）凝灰质成分在流通性好的酸性水条件下，易于发生溶解，形成次生孔隙。

2）碎屑颗粒包壳发育层段储层孔隙度较高

铜钵庙组—南屯组储层碎屑颗粒包壳较发育，包壳主要有绿泥石包壳、伊利石包壳和微晶石英包壳等。包壳存在抑制了次生加大石英的生长，有效保护了储层的孔隙。

3）大气水淋滤作用改造储层物性

盆地的基岩顶部、铜钵庙组顶部、南屯组顶部、大磨拐河组顶部、伊敏组顶部均为不整合接触。南屯组一段与二段也为不整合接触，这就为大气水沿不整合面下渗、改造储层物性提供了契机。大气水改造储层的主要证据为：（1）不整合界面之下高岭石含量高，例如乌28井南屯组上段顶部1244～1264m井段的高岭石的绝对含量达7%～13%，并且愈靠近不整合面（1244m），高岭石含量愈高。（2）不整合面下伏储层孔隙度相对较高。

4）沉积相带对储层的控制作用

沉积环境控制着砂岩的碎屑成分、粒度、分选、单层厚度、杂基含量和沉积构造等，也间接控制着储层砂岩的物性，铜钵庙组—南屯组优质储层主要发育在扇—辫状河三角洲平原、扇—辫状河三角洲前缘及滨浅湖等亚相内。

5）无机 CO_2 注入对储层的控制

由于石油与储集砂岩之间为非有效反应关系，石油注入一般不会引起储集砂岩物理性质的改变。CO_2 则不同，CO_2 是一种可以溶解于水、进而形成酸性流体的“活性气体”。当 CO_2 以天然方式或人工方式注入含水砂岩时，成岩流体将转变成弱酸性流体，引起砂岩中不稳定矿物（如碳酸盐矿物、长石等）的分解和新矿物的沉淀，进而使砂岩的孔隙度和渗透率发生改变。显然，CO_2 注入既可以形成次生孔隙，也可引起片钠铝石等自生矿物的沉淀，堵塞孔隙，使储层物性变差。

四、成岩作用及孔隙演化

1. 成岩作用

通过对海拉尔盆地铜钵庙组—南屯组储层岩石的镜质组反射率、最高热解温度及代表性自生矿物等标志特征研究表明，铜钵庙组—南屯组储层主体均处于中成岩阶段A期，只是早成岩B期与中成岩A期的转换深度有所区别。

乌尔逊凹陷铜钵庙组—南屯组储层主体处于中成岩阶段A期（图2-7-13）。其主要标志是，埋深为1383～3776m，镜质组反射率为0.5%～1.3%，最高热解温度为435～460℃。代表性自生矿物为次生加大石英、片钠铝石和高岭石。在黏土矿物中，蒙皂石逐渐消失，高岭石含量降低，绿泥石大量形成，贴附状伊利石开始向自生伊利石转变。长石发生强烈溶蚀、溶解作用。孔隙类型以次生孔隙为主。早成岩阶段B期与中成岩阶段A期的转变深度为1400m左右。

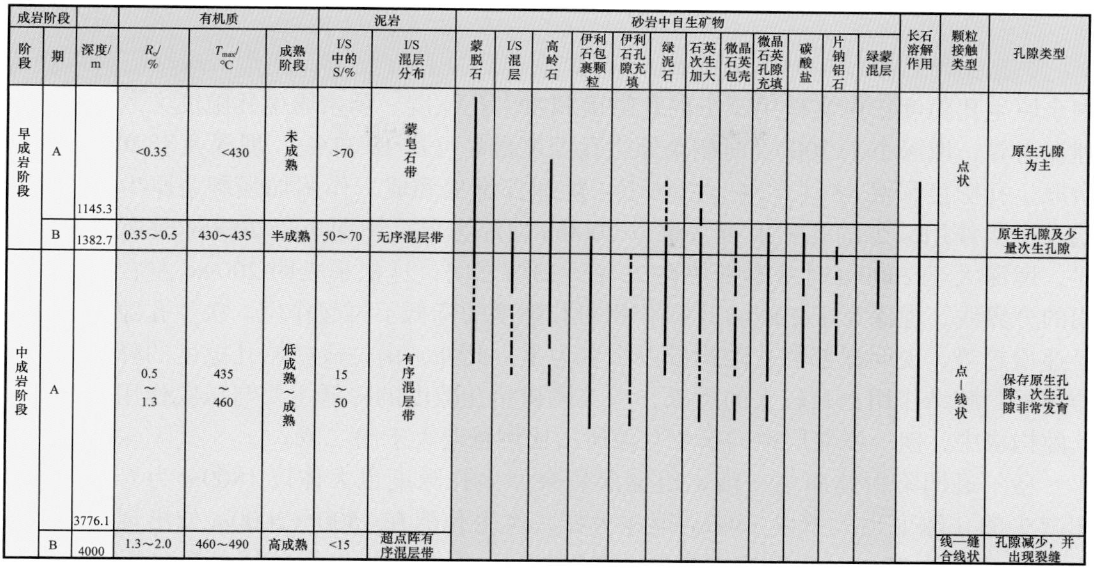
成岩阶段
阶段
期
深度/m
有机质
R_o/%
T_{max}/℃
成熟阶段
泥岩
I/S中的S/%
I/S混层分布
砂岩中自生矿物
蒙脱石
I/S混层
高岭石
伊利石包裹颗粒
伊利石孔隙充填
绿泥石
石英次生加大
微晶石英包壳
微晶石英孔隙充填
碳酸盐
片钠铝石
绿蒙混层
长石溶解作用
颗粒接触类型
孔隙类型
早成岩阶段
A
<0.35
<430
未成熟
>70
蒙皂石带
1145.3
点状
原生孔隙为主
B
1382.7
0.35～0.5
430～435
半成熟
50～70
无序混层带
原生孔隙及少量次生孔隙
中成岩阶段
A
0.5～1.3
435～460
低成熟～成熟
15～50
有序混层带
3776.1
点—线状
保存原生孔隙，次生孔隙非常发育
B
4000
1.3～2.0
460～490
高成熟
<15
超点阵有序混层带
线—缝合线状
孔隙减少，并出现裂缝

图 2-7-13　乌尔逊—贝尔凹陷成岩阶段综合划分

贝尔凹陷铜钵庙组—南屯组储层主体也处于中成岩阶段 A 期。其主要标志是，埋深为 1503～2685m，镜质组反射率为 0.5%～1.3%，最高热解温度为 435～460℃。代表性自生矿物为碳酸盐矿物、微晶石英和绿泥石及蒙皂石。在该成岩阶段，蒙皂石逐渐消失，高岭石含量降低，绿泥石大量形成，贴附状伊利石开始向自生伊利石转变。长石晶屑、火山碎屑物质发生强烈溶蚀、溶解作用。孔隙类型以次生孔隙为主。早成岩阶段 B 期与中成岩阶段 A 期的转变深度为 1500m 左右。

微观成岩作用研究表明火山碎屑岩成岩共生序列为：（1）熔结作用和蚀变作用形成于地表；（2）脱玻化作用开始于埋藏之前并延续于浅埋过程中；（3）机械渗滤作用形成于机械压实之前；（4）连生方解石为最早形成的自生矿物；（5）蒙皂石形成于绿泥石、伊利石之前；（6）伊利石、绿泥石形成于微晶石英之前；（7）方沸石的形成晚于绿泥石；（8）火山碎屑和长石溶蚀、溶解作用与高岭石、自生石英微晶可能同时形成；（9）孔隙充填方解石及方解石交代作用早于铁白云石，铁白云石形成最晚。

含片钠铝石砂岩中发育的成岩作用类型与自生矿物的顺序为：（1）机械渗滤作用形成的贴附状伊利石发育最早；（2）机械压实作用晚于机械渗滤作用；（3）碎屑伊利石向自生伊利石转化以及自生伊利石在孔隙溶液中沉淀；（4）长石的溶蚀、溶解作用与高岭石、次生加大石英和自生石英微晶的沉淀几乎同时；（5）片钠铝石的形成晚于次生加大石英；（6）方解石的沉淀晚于片钠铝石；（7）铁白云石形成最晚。

普通砂岩的成岩作用以乌东地区为代表，其成岩共生序列为：（1）机械渗滤作用形成的贴附状伊利石发育最早；（2）机械压实作用晚于机械渗滤作用；（3）伊 / 蒙混层形成碎屑颗粒包壳，在包壳不发育部位沉淀自生石英微晶；（4）菱铁矿早于石英次生加大，表现为石英次生加大边与碎屑石英之间分布有菱铁矿包裹体；（5）高岭石与自生石英微晶、石英次生加大共生；（6）孔隙充填方解石赋存于次生加大石英沉淀后剩余的孔隙空间；（7）长石溶蚀溶解同时沉淀自生石英微晶；（8）白云石交代孔隙充填方解石；（9）白云石晚于溶蚀、溶解作用，表现为白云石零星充填在溶蚀粒间孔中。

2. 孔隙演化

根据初始孔隙度（34%）、图像分析数据和薄片鉴定数据，计算贝尔凹陷南屯组的剩余原生孔隙度、压实作用减少的孔隙度和次生孔隙度。剩余原生孔隙度大致以2000m埋深为界，埋深小于2000m时剩余原生孔隙度最高可达18.37%；埋深大于2000m时剩余原生孔隙度最高为11.01%。总体上，随埋深增加和成岩作用加强剩余原生孔隙度降低。压实作用减少的孔隙度也大致以2000m埋深为界，埋深小于2000m时递减规律明显，埋深大于2000m时基本维持在20%～33%之间，这似乎表明2000m左右是压实作用的分界线，埋深大于2000m压实作用对孔隙度的降低不再起作用。次生孔隙度随埋深呈递增趋势，说明深部的孔隙构成以次生为主。此外，南一段初始孔隙度的降低除压实作用外，胶结作用也具较大的贡献，南二段初始孔隙度的降低主要与压实作用有关；在孔隙构成中，南一段储层中的次生孔隙所占比例普遍大于南二段。

乌尔逊凹陷铜钵庙组—南屯组储层剩余原生孔隙度也大体以1800m为界，压实作用减少的孔隙度也大致以1800m埋深为界，次生孔隙在1800～2000m处出现高峰，次生孔隙最高达23%，此后快速降低至7%左右。铜钵庙组进行铸体薄片分析的深度段为1805.33～2287.15m，该深度段胶结物含量虽然较低，但始终存在，说明该深度段初始孔隙度的降低以压实作用为主，其次为胶结作用。南屯组进行铸体薄片分析的深度段为1202.39～2406.17m，埋深小于1800m时，剩余原生孔隙度最高达16.87%，一般都在10%以上，初始孔隙度降低是由压实作用和胶结作用共同贡献的；埋深大于1800m时，剩余原生孔隙度一般均在10%以下，压实作用为初始孔隙度降低的主要因素。

五、储层分布特征

1. 储层评价参数的选取

根据储层控制因素分析和数据量，选取碳酸盐含量、孔隙度和渗透率的平均值作为评价参数，根据它们对储层的影响程度，把“权”系数依次定为0.1、0.6和0.3。将各项参数的得分以给定的“权”系数权衡后即得综合评价分值，分值分类标准为，1～0.7划为Ⅰ类（好），0.7～0.33划为Ⅱ类（中），0.33～0.10划为Ⅲ类（差），小于0.10划为Ⅳ类（极差）。

2. 储层评价结果平面分布特征

1）铜钵庙组

铜钵庙组砂岩分布如图2-7-14所示，其储层由Ⅱ类和Ⅲ类组成，主要为Ⅲ类（图2-7-15）。其中贝尔凹陷全区为Ⅲ类储层，仅在贝东和苏德尔特构造带的局部发育Ⅱ类储层；乌尔逊凹陷的Ⅱ类和Ⅲ类储层分布相近，Ⅱ类储层分布于巴彦塔拉构造带和乌北次凹，其余为Ⅲ类储层。

2）南屯组一段

南一段砂岩分布如图2-7-16所示，其储层类型同样以Ⅲ类为主（图2-7-17）。仅在贝尔凹陷的贝西和贝东的局部，以及乌尔逊凹陷乌东弧形构造带的中部发育Ⅱ类储层。

3）南屯组二段

南二段砂岩分布如图2-7-18所示，其储层明显好于南一段和铜钵庙组，其储层类型以Ⅱ类为主（图2-7-19），少部分为Ⅲ类。仅在贝尔凹陷的贝西北和贝南的局部发育Ⅲ类储层，在乌尔逊凹陷的乌南次凹和乌北次凹的局部发育Ⅲ类储层。

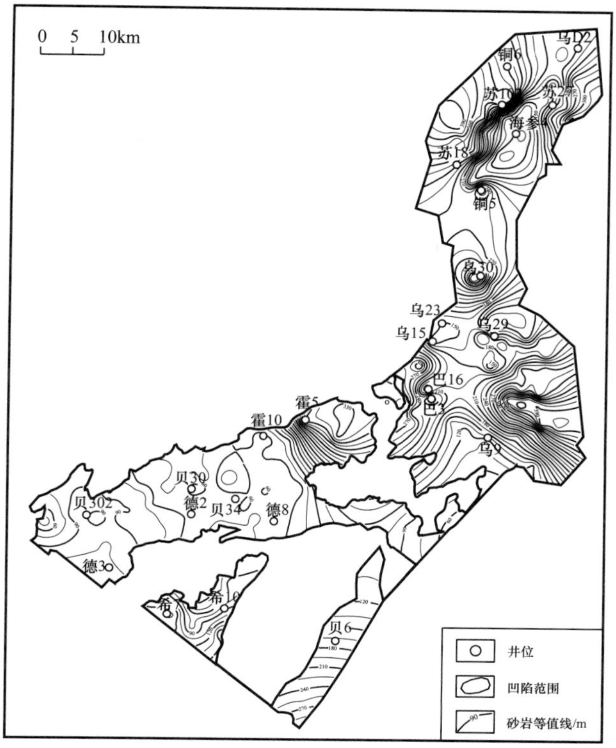

图 2-7-14 乌尔逊—贝尔凹陷铜钵庙组砂岩厚度分布图

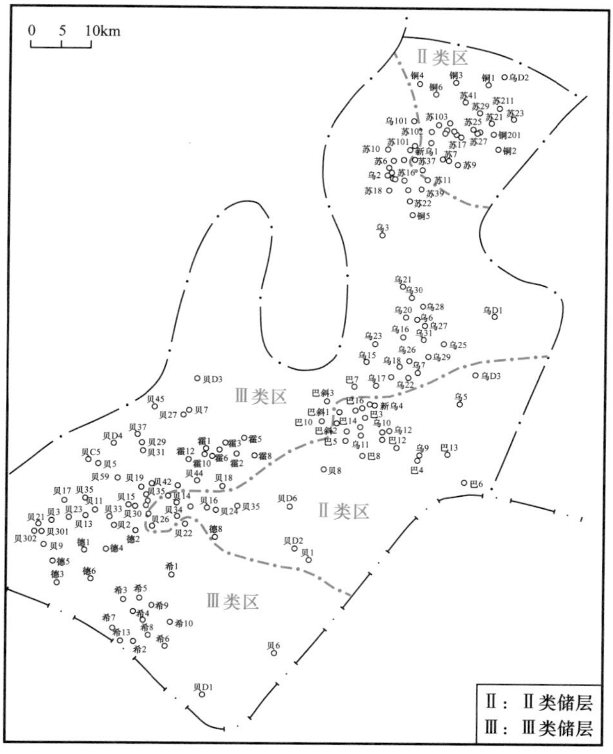

图 2-7-15 乌尔逊—贝尔凹陷铜钵庙组储层类型分布图

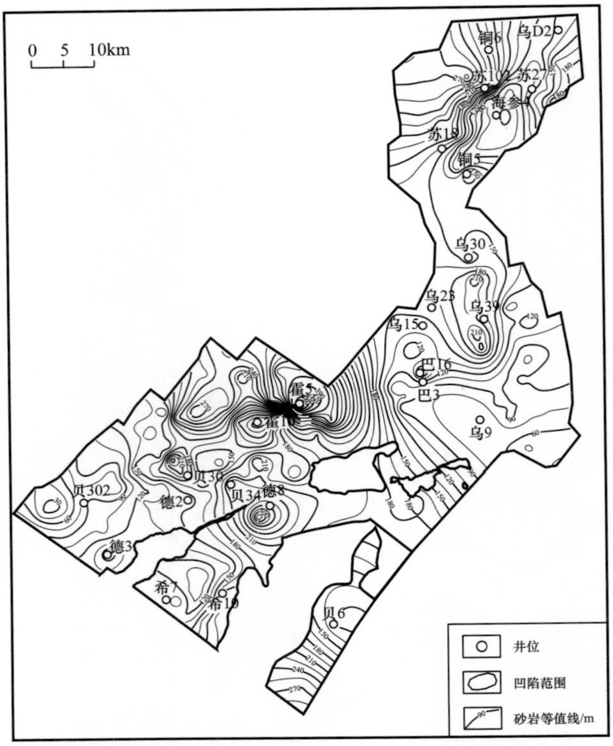

图 2-7-16　乌尔逊—贝尔凹陷南一段砂岩厚度分布图

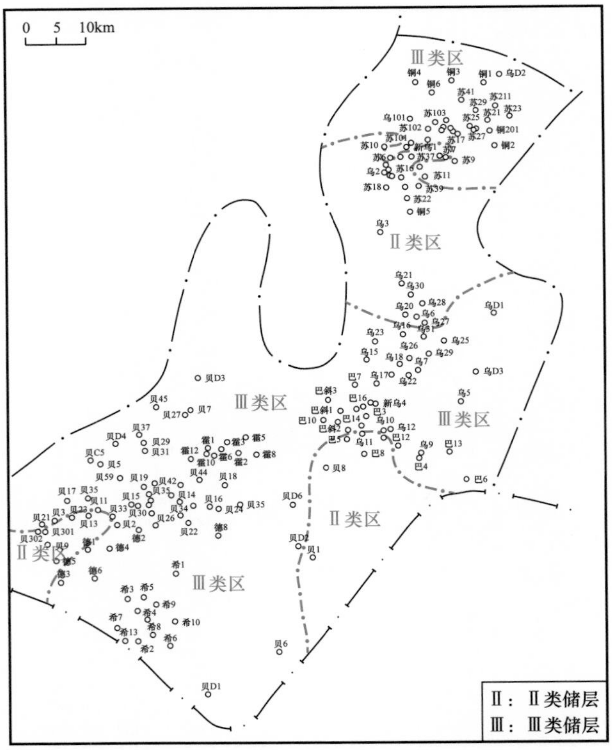

图 2-7-17　乌尔逊—贝尔凹陷南一段储层类型分布图

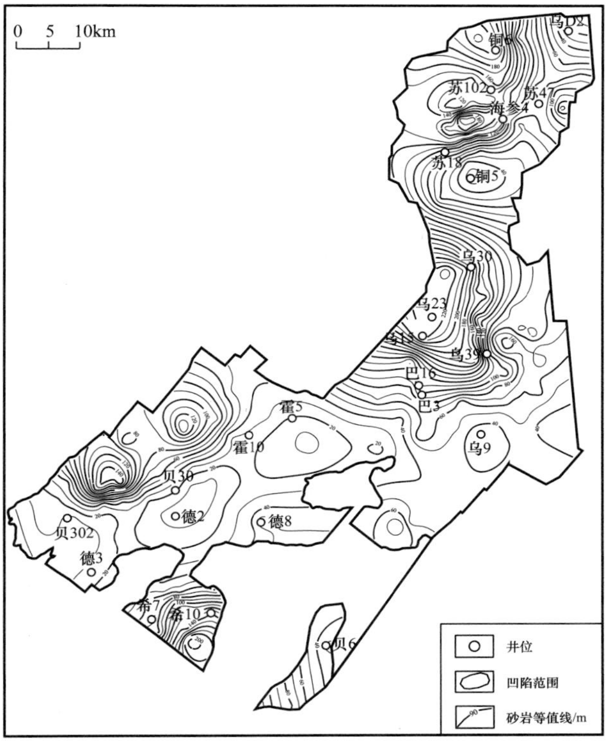

图 2-7-18 乌尔逊—贝尔凹陷南二段砂岩厚度分布图

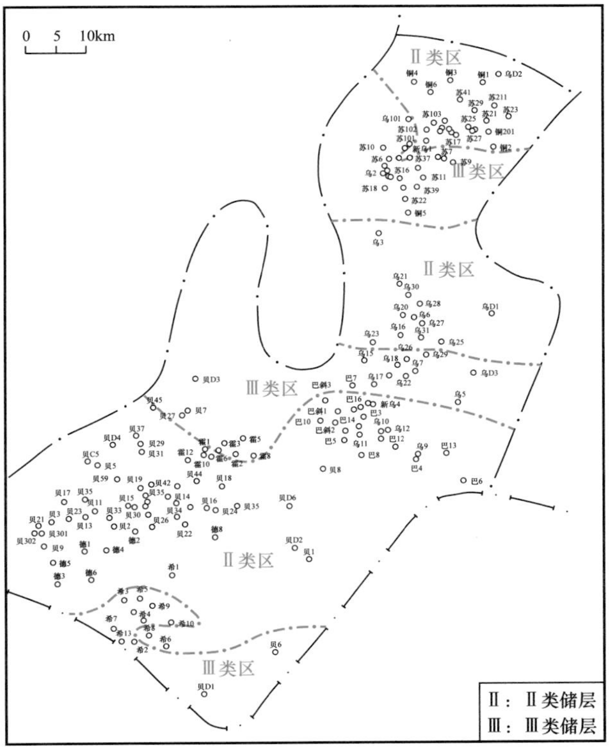

图 2-7-19 乌尔逊—贝尔凹陷南二段储层类型分布图

第三节 基岩储层特征

一、岩石学特征及储层空间类型

南平组主要由陆源碎屑岩、火山碎屑岩和石灰岩组成。岩石普遍遭受极低级变质作用和低温热液蚀变作用，原生孔隙消失殆尽，储层空间以裂缝和裂缝充填物的溶蚀孔洞为主（图 2-7-20、表 2-7-3）。岩心观察裂缝储层在南平组比较发育（埋深大于 1700m），以 1900～2000m 以下最为发育。裂缝宽度一般在 1～30mm 之间变化，最常见的范围是 1～7mm 之间，裂缝的倾角主要分布在两个峰值区间：15°～35° 和 65°～80°。

图 2-7-20 南平组见有裂缝、溶蚀裂缝—孔洞

表 2-7-3 苏德尔特构造带南平组储集空间分类表

形态分类	成因分类	成因及控制因素
裂缝	构造缝	构造应力作用形成，受应力性质、岩性、围岩等因素影响
	溶蚀缝	沿裂缝溶蚀扩大而形成，受裂缝发育程度、岩性和水介质的性质控制
	层理缝	沉积作用形成，受沉积物质及环境控制
	闭合缝（裂纹）	应力或沉积作用形成
孔洞	粒间溶孔	溶蚀形成，受岩性、水介质等因素控制
	粒内溶孔	埋藏成岩过程中的溶解作用形成
	角砾间溶孔	溶蚀、破裂等作用形成，受岩性、断裂、水介质等因素控制
	裂缝内残留孔（洞）	充填沉淀作用
	裂缝内溶孔（洞）	孔缝溶解作用

二、储层发育的控制因素

1. 影响裂缝的因素分析

1）裂缝发育程度与岩性有关

不同岩性其力学性质不同，因而其破裂发育情况也存在区别。在泥质岩中，随着粉

砂质、碳质和钙质含量的增加，构造缝密度呈增加趋势。在粉砂岩中，随着泥质、凝灰质含量的减少，构造缝密度呈增加趋势。在凝灰岩中，碳酸盐化使构造缝密度呈增加趋势。因此，岩性与裂缝的发育具有明显关系。裂缝常常终止于岩性界面附近，也说明由于不同岩性具有不同的力学性质，导致岩性界面往往是裂缝发育层的力学层界面。

2）岩层厚度

裂缝的发育程度还受岩层厚度制约，在一定厚度范围内，随着岩层厚度增加，裂缝间距相应增大，裂缝间距与层厚之间表现出较好的线性相关关系。对苏德尔特构造带7口探评井成像测井资料进行裂缝统计，结果证实随着砂岩、泥岩单层厚度的减小其裂缝发育程度有逐渐增大的趋势。

3）沉积环境

经岩心裂缝观察、成像裂缝统计和试油显示，发现苏德尔特构造带扇三角洲前缘扇末端，席状砂微相中裂缝最为发育，试油效果最好，间湾微相、分流河道侧缘微相、河口坝微相、水下分流河道微相裂缝发育依次变差，半深湖—深湖亚相裂缝发育差或不发育。

4）裂缝发育程度与断层密切相关

断裂带往往也是破裂带，在苏德尔特构造带内发育许多断层，往往这些断裂带附近也是裂缝发育带。随着井到断层距离的增大，裂缝密度有逐渐减小的趋势。如距断层较近的贝20井、贝14井裂缝线密度为20.36条/m、18.18条/m，而距断层稍远的贝26井裂缝线密度为3.29条/m。

2. 影响溶蚀孔洞的因素分析

1）岩石成分

从矿物成分看，火山碎屑含量高，岩石塑性强，压实作用对储层的影响非常大，原生孔隙不发育。从填隙物的结构上看，岩石中大小矿物颗粒杂乱分布，岩石分选差—中等，磨圆度为次圆状，接触关系为点—线接触，胶结方式以孔隙式胶结为主，孔隙发育较差。因此，南平组基质原生孔隙不发育，物性较差。

2）成岩作用

苏德尔特构造带南平组储层物性受成岩作用影响显著。其中强烈的裂缝作用和溶解作用改良储集物性、提高孔渗性，起建设性的作用；而压实作用和胶结作用，缩小或堵塞孔喉，所以大大降低了孔渗性，破坏了储层的物性；重结晶作用和交代作用也很普遍，它们对储集物性的影响相对较小。

3）继承性发育的古隆起

由地层发育及演化特征看出，南平组沉积后该区整体抬升遭受不同程度的风化剥蚀，其中北部、南部隆起较高，剥蚀程度较强，至兴安岭群沉积初期，其北部、西部及东部大部分地区为隆起的环山带，部分南平组出露地表，接受大气降水的淋滤溶蚀。因此，在长期处于抬升状态的部位由于接受大气降水的淋滤作用时间较长，溶蚀孔洞发育（如贝40井和贝38井），在其对应的地震提取方差体纵向切片上也看出继承性发育的古隆起上，方差体值较大，表明溶蚀孔洞较为发育。

4）裂缝

晚期尤其是伊敏组沉积末期活动的断层、裂缝沟通基质孔隙，使得介质流体沿断层、裂缝发育带附近对基质进行溶蚀。苏德尔特构造带南平组储层的孔隙（洞）大多与裂隙有关。

三、储层孔隙结构特征及储层分布特征

南平组总体上储层孔隙结构比较差，缺少中及其以上级别孔隙结构。差类孔隙结构的压汞曲线平台位于右上方、平台长度短、排驱压力大、最大汞饱和度小，反映储层孔隙低、喉道细。孔隙分布集中，呈单峰型，孔隙半径小（0.016～0.05μm）。渗透率分布峰位为0.025μm，其贡献值为40%～50%（图2-7-21）。总之，南平组储层孔隙结构为小孔、细喉道特征，小孔为主要储集空间，又充当其孔隙之间的连通作用，使得储层有效储集空间小，孔隙之间的连通性差。

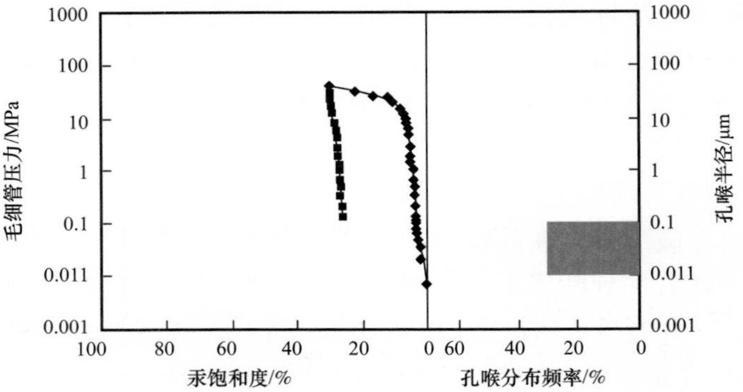

图2-7-21　贝12井南平组典型毛细管压力曲线及孔隙分布直方图

在贝15区块、贝30区块和贝38井区以裂缝型储层为主。储集空间类型以裂缝为主，孔隙和孔洞较少，裂缝既作为主要的储集空间，又是油气的运移通道。主要分布在大断层附近。

在贝12区块、贝14区块和贝14井区储层类型主要为微裂缝—孔隙型。其储层溶蚀孔隙为主要储集空间，微裂缝系统是主要渗流通道。

苏德尔特地区大多数区块以孔隙—裂缝型储层为主，如北部断阶带的贝42、贝40井区，中部断垒带的贝16、贝14、贝28区块和南部断阶带。该类储层其储集空间类型以裂缝、裂缝沟通的基质次生孔隙及少量的风化溶蚀孔隙为主。主要受断层、风化剥蚀作用影响。

第八章　油气藏形成与分布

海拉尔盆地在《中国石油地质志》首版编写时还处于断陷评价阶段，没有对油气藏的形成与分布规律进行总结。本次在编写过程中，对油气藏的形成条件、生储盖组合关系进行了论述，对油气藏的类型进行了划分，总结了断陷陡坡带、断陷缓坡带、继承性洼槽带和洼槽区中央构造带的油气聚集成藏模式，进而从烃源岩、不整合面、构造带等不同角度总结油气富集规律，反映海拉尔盆地近年来的研究成果。

第一节　油气藏形成基本条件

自 2005 年以来在海拉尔盆地先后发现了一批规模整装的岩性—地层油藏。通过成藏特征分析，认为海拉尔盆地主要发育 3 套主力烃源岩、6 种沉积体系、4 种类型储层及多个异常高孔隙带，经历了 5 期构造运动及形成 6 次沉积间断，共发育 3 套生储盖组合，为油气藏的形成提供了有利的地质条件。

一、发育 3 套烃源岩层

海拉尔盆地自下而上主要发育铜钵庙组、南屯组和大磨拐河组一段三套烃源岩层，其中南屯组一段是主力烃源岩。烃源岩分析表明，铜钵庙组：有机碳含量 1.65%，氯仿沥青“A”含量 0.25%，生烃潜量 4.45mg/g，干酪根类型以Ⅱ型为主，综合评价为中等—好烃源岩。南屯组：有机碳含量 2.16%，氯仿沥青“A”含量 0.17%，生烃潜量 4.65mg/g，干酪根类型以Ⅱ型为主，综合评价达到好烃源岩标准。大一段：有机碳含量 1.75%，生烃潜量 1.66mg/g，氯仿沥青“A”含量 0.082%，干酪根类型以Ⅲ型为主，综合评价达到中等烃源岩标准。其中以乌南次凹、乌北次凹、贝西次凹和贝中次凹为最佳生油区。资源评价表明，3 套烃源岩层油气总资源量为 5.01×10^8t，这为该区白垩系岩性—地层油藏的形成提供了重要的物质基础。

二、发育 6 种沉积体系类型

盆地具有沉积洼槽小、多物源、近物源、相带窄、相变快的特点，主要发育冲积扇、扇三角洲、辫状河三角洲、河流三角洲、湖底扇和湖泊相 6 种沉积体系。受边界断层和凹陷内同生断层的控制，不同构造单元砂体类型分布有所区别。陡坡带受边界断层控制，坡度大，沉积物快速入湖，形成冲积扇、扇三角洲和深水浊积扇等砂体，单个砂体分布面积不大，但数量多，厚度大，故也可形成规模较大的岩性油气聚集。缓坡带一般受多级断裂坡折控制，砂体延伸距离较远，一般发育辫状河三角洲或扇三角洲砂体，部分凹陷的缓坡带还发育滨浅湖沙坝砂体。由于坡度较缓砂体展布范围比较大，故可形成大型岩性—地层油藏。洼槽带发育的湖底扇、深水浊积砂等砂体，与烃源岩直接接触，有利于形成自生自储型透镜体油气藏。

三、发育 4 种类型储层和多个异常高孔隙带

海拉尔盆地油气储层主要为下白垩统铜钵庙组—南屯组，储层岩石类型多样，主要由火山碎屑岩（熔结凝灰岩和凝灰岩）、火山—沉积岩（沉凝灰岩和凝灰质砂岩）、含片钠铝石砂岩和普通砂岩组成。

贝尔凹陷铜钵庙组—南屯组储层由火山碎屑岩、火山—沉积岩和普通砂岩组成，其中，铜钵庙组储层岩石类型主要由火山碎屑岩及火山—沉积岩和砂岩组成（图 2–8–1a），南屯组一段储层岩石类型主要由火山—沉积岩、砂岩和火山碎屑岩组成（图 2–8–1b），南屯组二段储层岩石类型主要由砂岩、火山—沉积岩和正常火山碎屑岩组成（图 2–8–1c）。在纵向上储层自下而上（从铜钵庙组到南屯组）表现为火山碎屑物质含量逐渐降低，最后过渡为砂岩的演变趋势。而乌尔逊凹陷主要由砂岩、火山—沉积岩和含片钠铝石砂岩组成，火山碎屑岩发育较少。其中，铜钵庙组储层岩石类型主要由砂岩、火山—沉积岩及含片钠铝石砂岩组成（图 2–8–2a）；南屯组一段储层岩石类型主要为砂岩（图 2–8–2b）；南屯组二段储层岩石类型主要为砂岩，其次为含片钠铝石砂岩和火山—沉积岩（图 2–8–3c）。

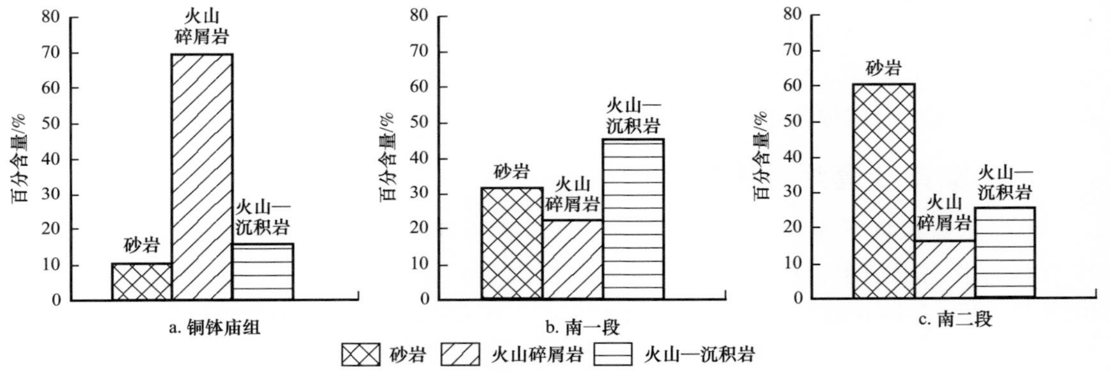

图 2–8–1　海拉尔盆地贝尔凹陷储层岩石类型组成直方图

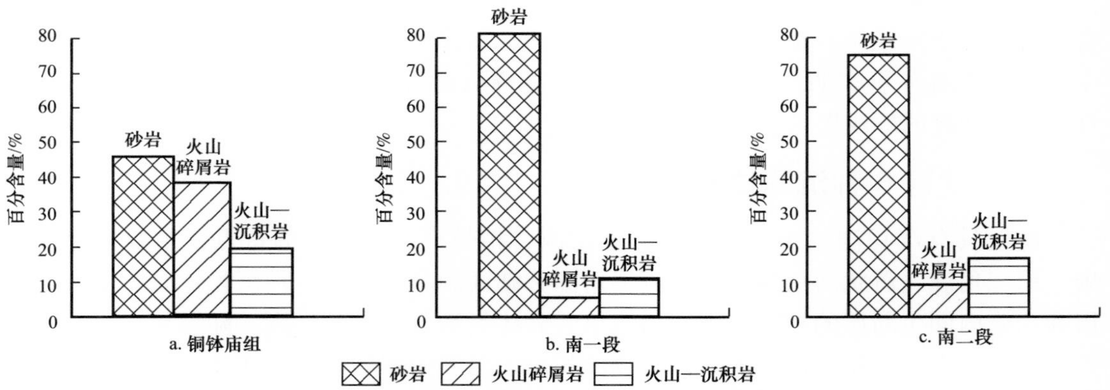

图 2–8–2　海拉尔盆地乌尔逊凹陷储层岩石类型组成直方图

储层中次生孔隙的形成与分布是决定岩性地层油气藏产能和规模大小的关键。研究表明，在纵向上，贝尔凹陷铜钵庙组—南屯组发育 2 个异常高孔隙带，其中贝尔

凹陷的第一个异常高孔隙带的埋深为1300～1800m，第二个异常高孔隙带的埋深为2400～2700m；而乌尔逊凹陷有3个异常高孔隙带，第一个异常高孔隙带的埋深为1200～2000m，第二个异常高孔隙带的埋深为2200～2500m，第三个异常高孔隙带的埋深为2700～2740m。储层孔隙度主要受储层岩石类型、碎屑颗粒包壳、大气水淋滤、沉积相带及无机 CO_2 注入等因素控制。

四、经历了5期构造运动形成6次沉积间断

海拉尔盆地经历了5期构造运动、7个构造演化阶段，主要形成了6次沉积间断。其中区域性沉积间断有3次，即伊敏组与上青元岗组之间、大磨拐和组与南屯组之间、铜钵庙组与下伏地层之间的沉积间断；局部沉积间断有3次，分别是伊敏组与大磨拐河组之间、大二段与大一段之间、铜钵庙组与南屯组之间的沉积间断。不但为油气运移提供了有利通道，而且在油气运移结束后对油气起到了封堵作用。

五、发育3套成藏组合

受控于盆地构造演化的阶段性，海拉尔盆地沉积演化表现出明显的差异性，经历了断陷初期、强烈断陷期、断—坳转换期三个明显的沉积演化阶段，由于受构造、气候、沉积物供给等变化的影响，且随着湖盆周期性的扩展与收缩，沉积体系也出现周期性的变化。南屯组沉积时期强烈裂陷沉降幕期和大磨拐河组沉积时期断—坳转换幕期两次大的湖盆扩张，形成两期大的湖泛面，成为海拉尔盆地最重要的烃源层和区域盖层，构成大套有利的含油气组合配置关系。内部裂陷初期（铜钵庙组沉积期）浅水湖盆扇三角洲与上部强烈伸展期（南屯组沉积期）以深水为主的沉积，形成不同的沉积充填类型，纵向上发育多级次层序，低位、水进、高位体系域相对完整，致使多套砂岩储层、多套烃源岩层和多套盖层相互叠置，从而构成了多套生储盖组合。自下而上分别为上生下储型成藏组合、自生自储型成藏组合和下生上储型成藏组合。据此，海拉尔盆地纵向上主要发育三套含油气组合（图2-8-3）。

1. 上生下储型

该套生储盖组合主要分布于铜钵庙组、基底。烃源岩为南屯组，铜钵庙组砾岩与砂岩为油气储集空间，而铜钵庙组和南屯组发育良好盖层，断裂和不整合为运移通道。

2. 自生自储型

这套组合方式是研究区最重要的生储盖组合形式，主要分布于南屯组。烃源岩为南屯组的泥岩，南屯组砂岩、砂砾岩为油气储集空间，大磨拐河组一段为良好盖层，南屯组是较好的局部盖层，断裂和不整合为主要运移通道。

3. 下生上储型

南屯组、大磨拐河组发育此类组合。该类组合的特点是储集体晚于生油岩形成，二者一般不接触，下部生油岩排出的油气沿着断层或者不整合面运移到上部储集体的圈闭内。该类生储盖组合主要以南屯组半深湖—深湖相泥岩为烃源岩，以上部的南屯组和大磨拐河组扇三角洲、辫状河三角洲、湖底扇等砂体为储层，以大磨拐河组一段为良好的区域性盖层，南屯组为较好的局部盖层。这种生储盖组合是研究区有利的组合之一。

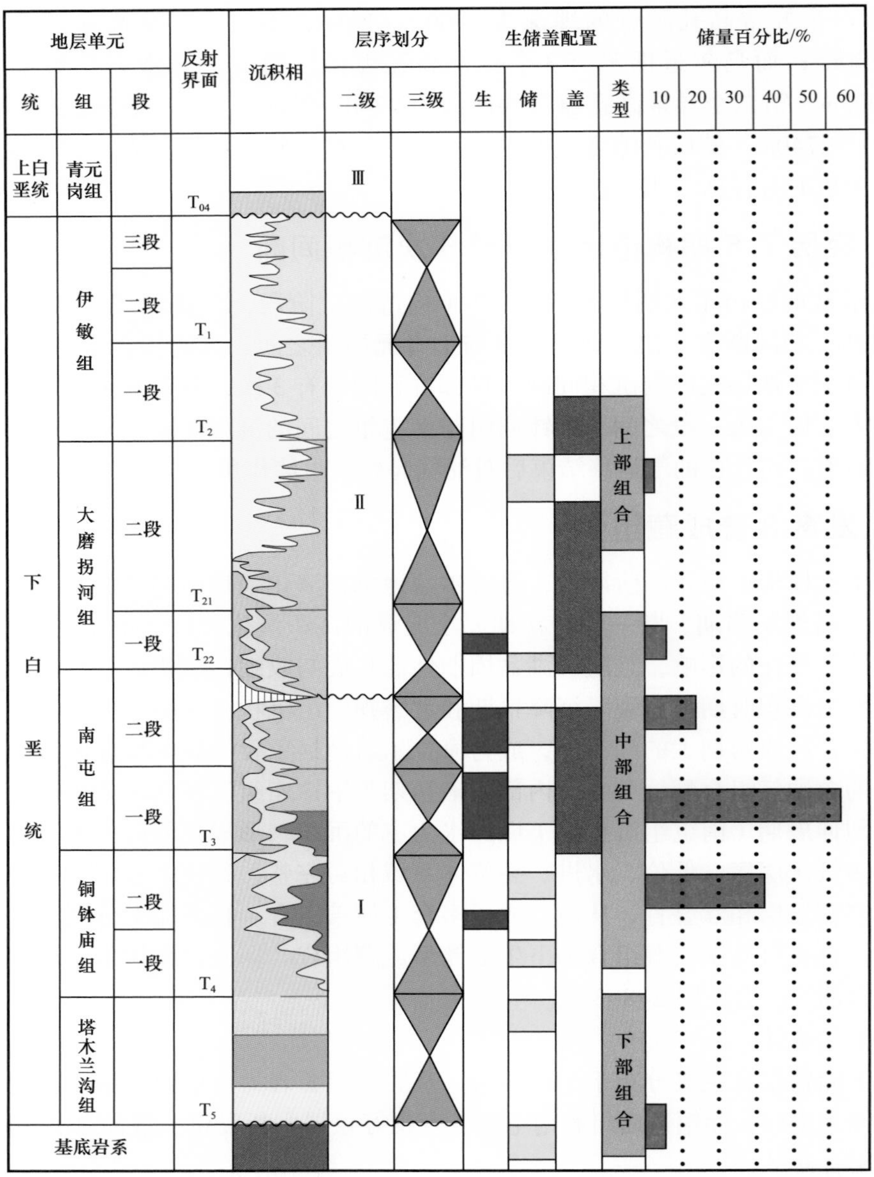

图 2-8-3　海拉尔盆地生储盖组合关系配置图

第二节　油气藏类型及特征

一、构造油气藏

构造油气藏多分布于二级断裂构造带上，以断块、断鼻、断背斜圈闭为主。构造两面临洼，油源丰富，其周缘控陷断层长期活动，成为油气运移的良好通道，埋深中等，储层物性较好，易形成大油田，成为最有利的复式油气聚集带，如苏德尔特、呼和诺仁、苏仁诺尔油田等。构造油气藏主要包括背斜油气藏和断块油气藏（图 2-8-4）。

类型	亚类	细分	平面模式图	剖面模式图	实例
构造型油藏	背斜型油藏		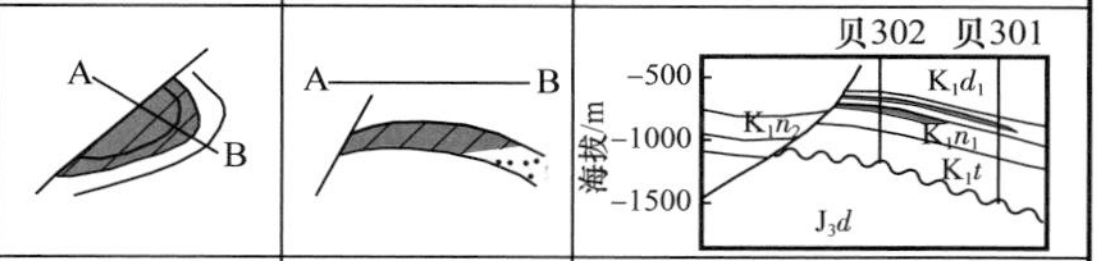		
	断块型油藏		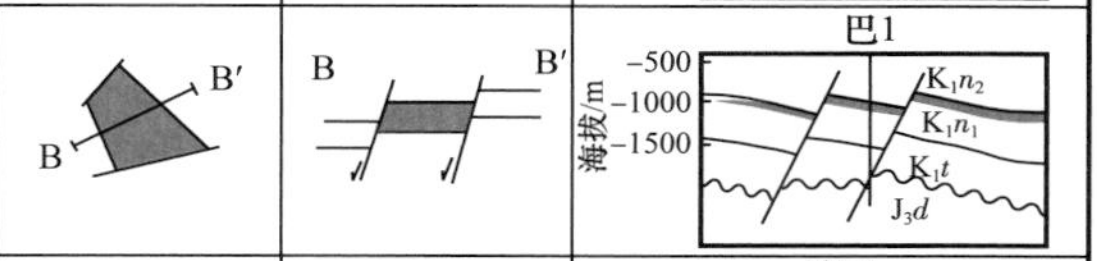		
岩性型油藏	砂岩上倾尖灭型		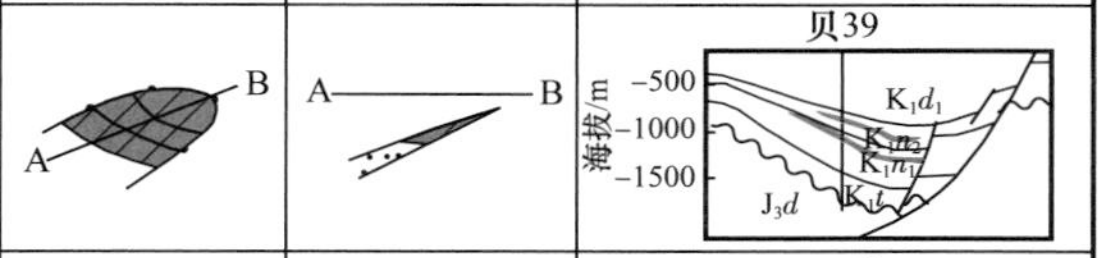		
	透镜体型		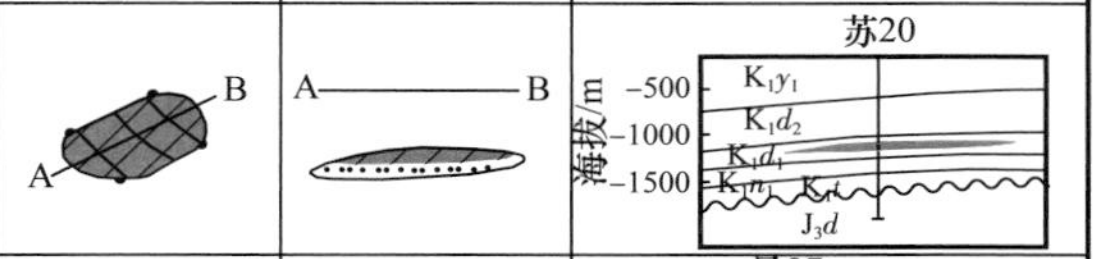		
地层型油藏	不整合遮挡型		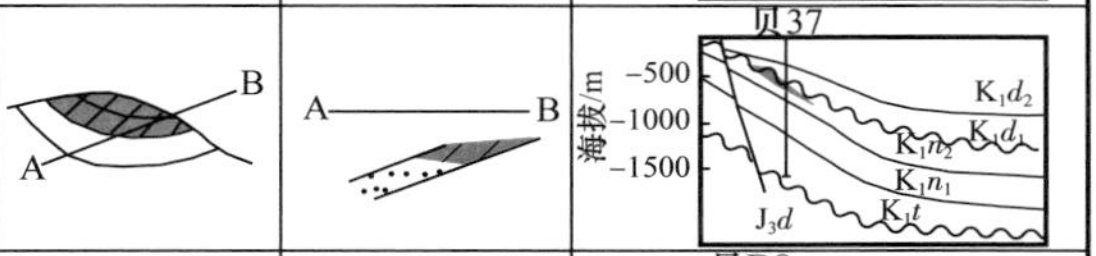		
	超覆型		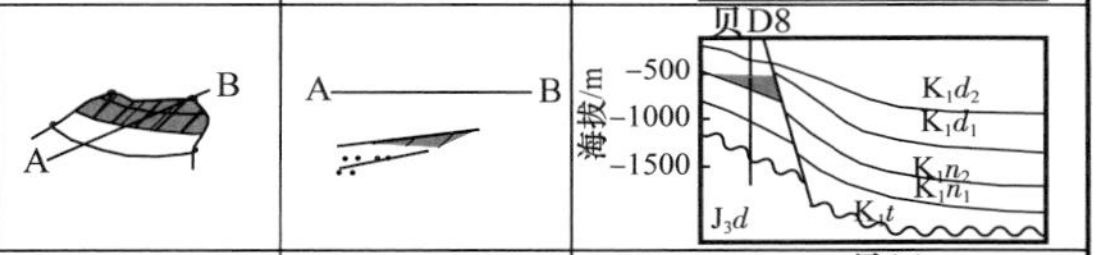		
	潜山型	基岩风化壳型	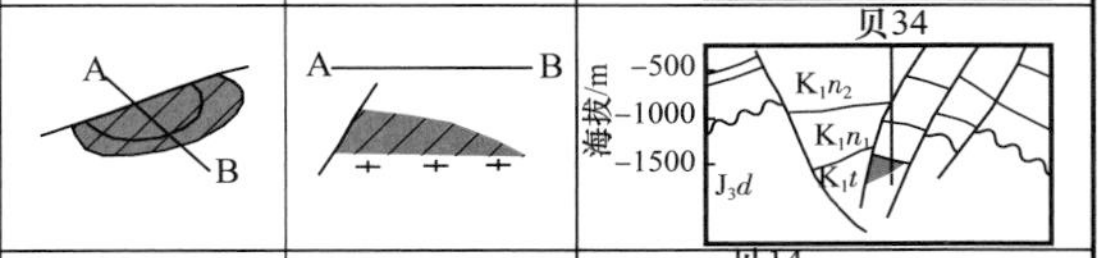		
		基岩裂缝型	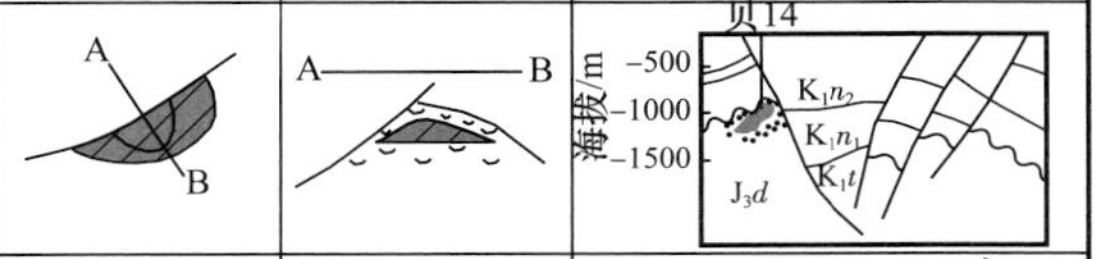		
复合型油藏	构造—岩性型	顺向断层—岩性型	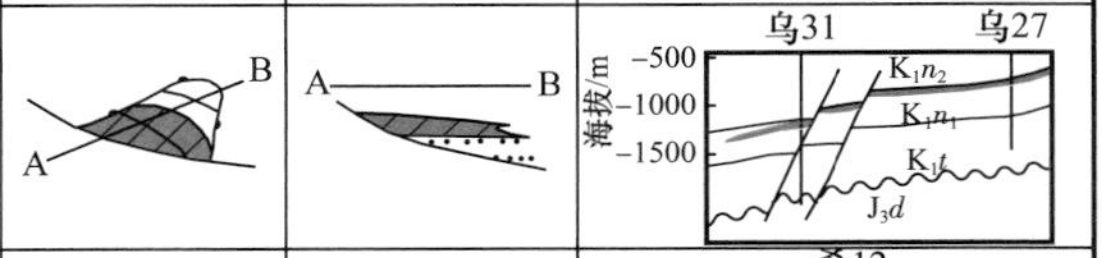		
		反向断层—岩性型	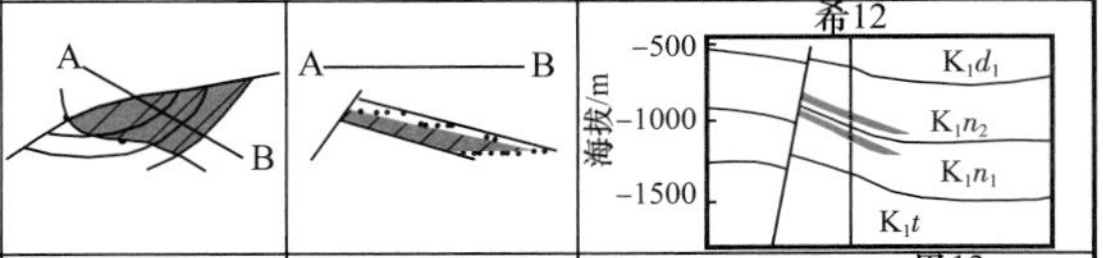		
		背斜—岩性型	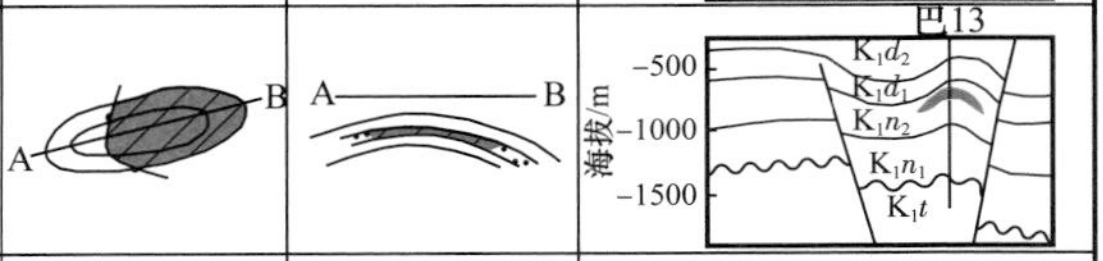		
	断层—地层型		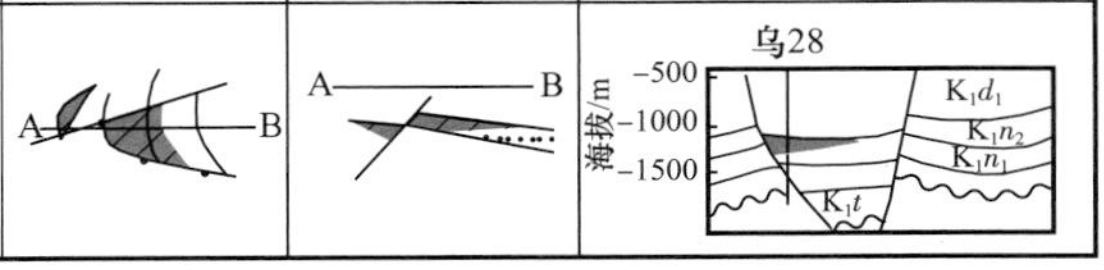		

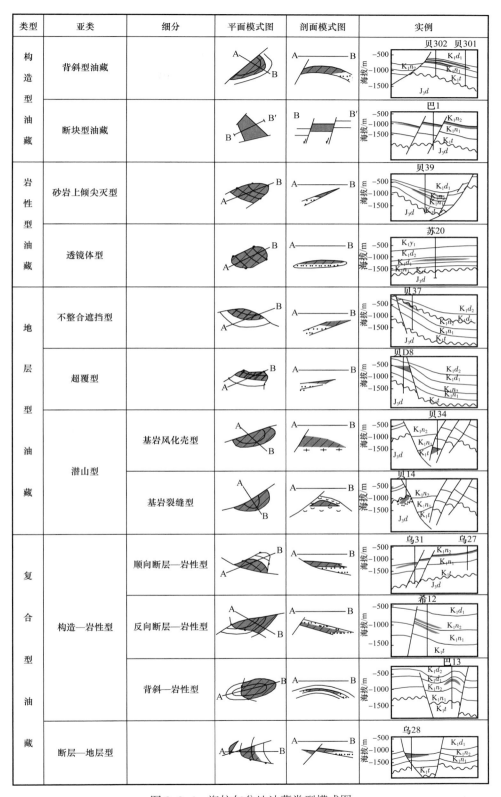

图 2-8-4　海拉尔盆地油藏类型模式图

1. 背斜油气藏

背斜油气藏是由于底层发生弯曲，向四周倾覆而形成的圈闭中的油气聚集。海拉尔盆地背斜型油气藏主要发育两种，一种是以巴 10 井为代表的穹隆背斜油气藏；另一种是以巴 13 井、北 302 井为代表的断层复杂化背斜油气藏。

2. 断块油气藏

断块圈闭中聚集烃类流体后即成为断块油气藏。由于断层发育使油气藏复杂化，断块油气藏常具有多、杂、乱、散的特点。即在构造复杂的断裂带，断块油气藏形式、个数较多，油气水关系复杂，各断块含油层位、含油高度和含油面积都不一致，含油断块分散，分割性强。

海拉尔盆地断块油气藏类型较多，如多断层组合地垒断块油藏（贝 16 井），地堑断块油藏（乌 31 井），顺向阶状断块油藏（苏 29–45—苏 13–1 井），反向阶状断块油藏（巴 1—巴 16 井），弧形断块油藏（贝 301 井），掀斜断块油藏（乌 134–92 井）和陡坡反转断鼻油藏（楚 5 井）。

二、岩性油藏

岩性油藏包括砂岩上倾尖灭油藏、岩性透镜体油藏（图 2–8–4）。

1. 岩性上倾尖灭油藏

主要分布于洼陷两侧的斜坡上，沉积背景为水进水退较频繁变化的湖岸或古地貌变化地带。砂岩储层沿上倾方向发生尖灭或侧向变化，并被不渗透岩层所围限，往往穿插于泥质岩中。如贝 39 井、乌 16 井油藏。

2. 岩性透镜体油藏

岩性透镜体油藏是由透镜状的储集岩体或其他不规则储集岩体四周被非渗透岩层包围而形成的油藏。由于岩性透镜体位于烃源岩内，其生成的油气可直接通过渗透层运移至岩性透镜体圈闭中聚集成藏，如苏 15 井、苏 20 井油藏。

三、地层油藏

地层油藏又可分为地层超覆油藏、地层不整合油藏和潜山油藏（图 2–8–4）。

1. 地层超覆油藏

生油洼陷中生成的油气从两侧沿不整合面、断层或砂体侧向运移到圈闭中聚集成藏，运移距离较长，油藏一般分布在盆地边缘斜坡带上部或凸起上。以贝 D8 井、乌 59 井油藏为代表。

2. 地层不整合油藏

地层不整合油藏指在储层沿上倾方向被剥蚀，后来又为新沉积的非渗透岩层遮挡的构造背景下，在不整合面之下构成的剥蚀不整合型圈闭中形成的剥蚀不整合油藏。地层不整合遮挡油藏主要分布在凹陷的斜坡带、盆地内部的古隆起、古凸起的周缘。如苏 33 井、贝 37 井、霍 3 井等油藏。

3. 潜山油藏

潜山油藏又细分为基岩风化壳型油藏和基岩裂缝型油藏两种。基岩风化壳型油藏指断陷内烃源岩层生成的油气沿不整合面侧向或沿断层面垂向运移至基岩风化壳型圈闭中形成的油藏，如乌 13 井、贝 34 井油藏。基岩裂缝型油藏是指以泥质岩类为基质、以泥质岩中发育的裂缝和孔隙为主要储集空间和渗滤通道的岩性圈闭。以贝 14、贝 16 井油藏为典型代表。

四、复合油藏

复合油藏主要包括断层—岩性油藏、断层—地层油藏两类（图 2-8-4）。该油藏类型控制因素较复杂，既受构造条件控制也受岩性和地层条件控制，主要形成于断层较发育且地层和岩性变化较大的地区。

1. 断层—岩性油藏

断层—岩性油藏主要受岩性和断层两种因素封闭和控制，可细分为顺向断层—岩性型、反向断层—岩性型、断鼻—岩性型和背斜—岩性型 4 种类型。顺向断层—岩性型油藏，指断层倾向与地层倾向一致，断层倾角大于地层倾角，上倾受顺向断层遮挡、侧翼受岩性因素控制的油藏。如苏 6 井、苏 8 井、乌 31 井等油藏。反向断层—岩性型油藏断层倾向与地层倾向相反，上倾受反向断层遮挡、侧翼受岩性因素控制的油藏，如希 12 井等。断鼻—岩性型油藏是在鼻状构造背景下岩性侧向尖灭而形成的油藏，以贝 301、贝 302 井油藏为代表。背斜—岩性油藏是在背斜构造背景下岩性侧向尖灭而形成的油藏，如巴 13 井油藏等。

2. 断层—地层油藏

断层—地层油藏主要受断层和地层两种因素封闭和控制，其在上倾方向主要靠地层不整合面遮挡（或不整合面和断层共同遮挡），侧向靠断层遮挡封闭。主要发育在断层比较发育的斜坡带高部位，如乌 28、乌 55 井油藏。

第三节　油气藏分布规律及控制因素

海拉尔盆地白垩系岩性地层油气藏的分布主要受古地形、有效储层的分布范围、有效烃源岩的分布范围、地层不整合面和构造等因素的控制，油气主要富集在沉积洼槽带边缘、大型缓坡坡折带、洼槽区内低凸起带和断阶型陡坡坡折带，并围绕洼槽呈环状分布。

一、油气分布规律

海拉尔盆地从平面上看油气多围绕生油洼槽分布，纵向上沿不整合面及不同级次湖泛面上下分布，横向上不同区带发育的岩性油藏类型不同。

1. 平面上围绕生油洼槽分布

平面上，海拉尔盆地内发育多个生油洼槽，为油藏形成提供了丰富、优质的资源基础，烃源层生成油气通过砂体、断裂或不整合等向周边各类型圈闭运聚，凹陷内构造、岩性等多种油藏类型共生存在，形成了横向叠加连片的复式油气聚集区带，油藏主要分布在生烃洼槽内或周边断裂构造带上（图 2-8-5）。面积较大的生烃洼槽一般油气储量规模较大，如苏仁诺尔、乌南、贝中等油田；发育在凹陷中部的洼槽（凹中洼）易形成“满凹含油”的富油洼槽，如贝中次凹油藏。

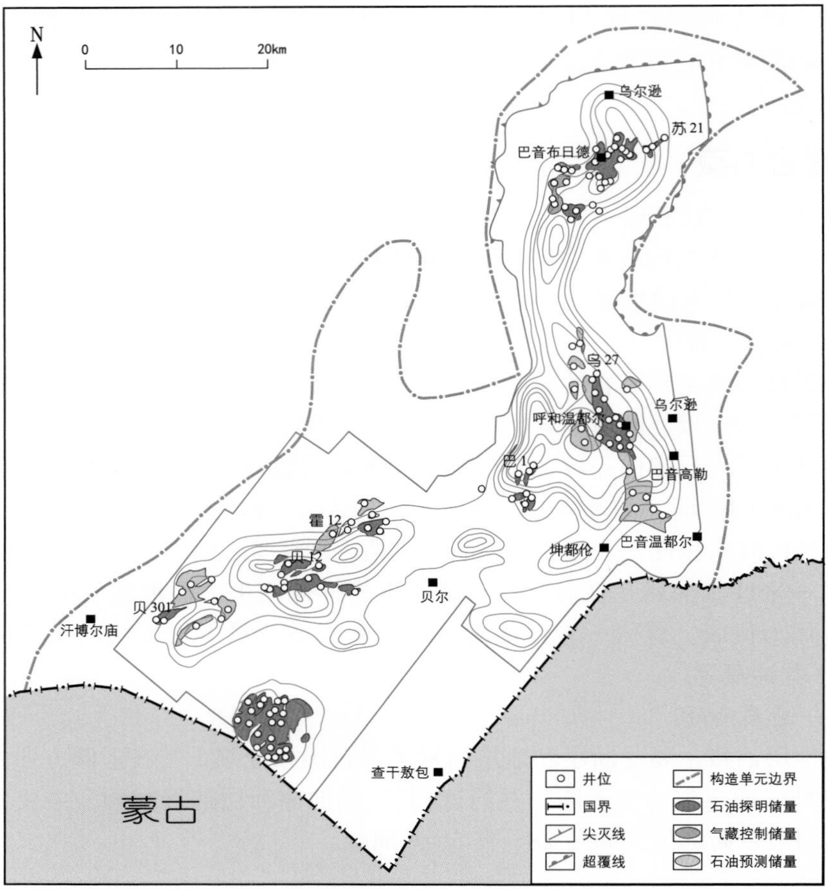

图 2-8-5　海拉尔盆地乌尔逊—贝尔凹陷烃源灶与油藏叠合图

2. 纵向上沿不整合面及不同级次湖泛面上下分布

海拉尔盆地经历了 5 期构造运动，主要形成了 6 次沉积间断。其中区域性沉积间断有 3 次，即伊敏组与青元岗组之间、大磨拐和组与南屯组之间、铜钵庙组与下伏地层之间；局部沉积间断有 3 次，分别是伊敏组与大磨拐河组之间、大二段与大一段之间、铜钵庙组与南屯组之间（图 2-8-3）。

这 6 次沉积间断形成的 6 个不整合面不但为区域性油气运移提供了有利通道，而且在油气运移结束后对油气起到了封堵作用。尤其是南屯组上、下的不整合面是最有利的“聚油面”。特别是铜钵庙组、南屯组和大磨拐河组一段 3 套成熟生油层上、下的不整合面是最有利的“聚油面”。目前海拉尔盆地已提交的探明储量中有 39% 发现于铜钵庙组，54.6% 发现于南屯组。这些油藏主要分布在南屯组最大湖泛面上下及 T_3、T_{23}、T_{22} 不整合面附近。

3. 横向上不同区带发育的岩性油藏类型不同

构造带类型与岩性油藏的形成和分布有密切的联系，不同的构造部位岩性油藏的发育特征存在明显的差别。在箕状断陷盆地中，陡坡带、缓坡带、继承性洼槽区及中央构造带上都不同程度地发现了岩性油藏。

1）断控陡坡带的断层下降盘

在断控陡坡带的断层下降盘，沉积了较厚的低位体系域砂体，且储层物性良好，而发育在低位体系域砂体之上的湖侵体系域和高位体系域早期优质烃源岩既是其直接的油源岩，也是低位体系域砂体的盖层，构成了良好的生储盖组合。而且断控断层的生长指数大，并易形成断面泥质涂抹层，造成侧向封堵，形成有利的断层封闭。因此，在断控陡坡带附近容易形成断层—岩性和岩性油藏，可多点成藏富油，单个油藏油柱高度不大，油水系统多，油水分异不彻底，但油藏复合体范围内总的油层厚度较大，如贝西斜坡油藏（图 2–8–6）。

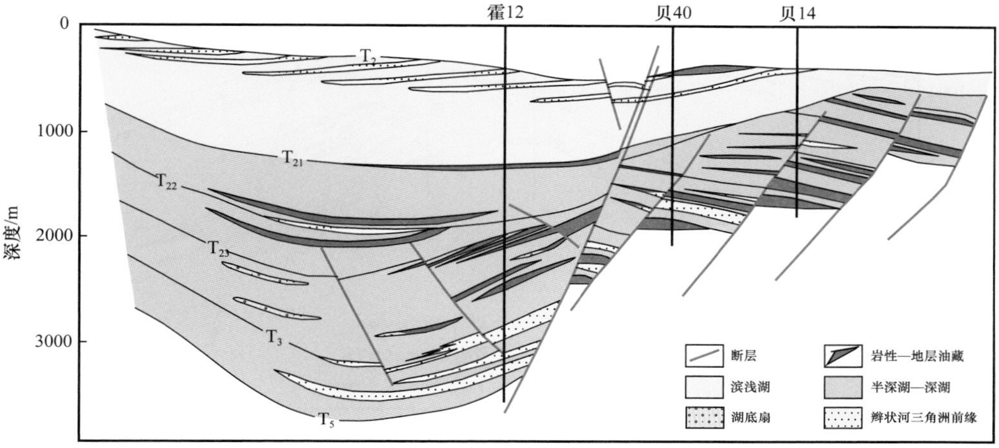

图 2–8–6　海拉尔盆地断阶型陡坡坡折带油气成藏模式图

2）继承性深、小洼槽带（盆地沉积中心）

继承性深、小洼槽带一般是盆地的沉积中心，也是凹陷的油源中心，岩性圈闭最发育。洼槽带广泛发育着低位扇三角洲或辫状河三角洲前缘砂体，直接被生油岩所包围或侧向交叉接触，具备优先捕获油气的先决条件，洼槽内构造复杂化，发育断阶带和低凸起带，有利的生储盖组合配置关系使得在断阶陡坡坡折带、洼槽区内低凸起带形成以断层—岩性、构造—岩性和砂岩透镜体等油藏为主的油气聚集带，如贝中次凹油藏（图 2–8–7）。

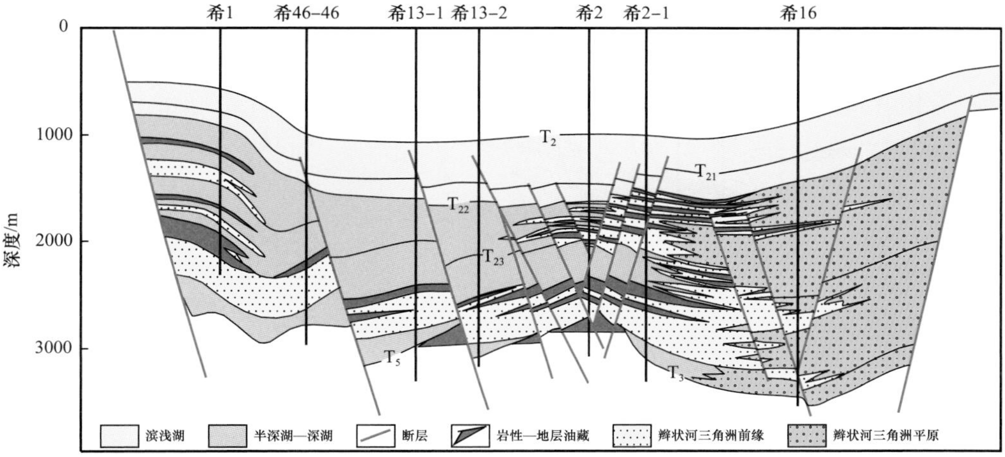

图 2–8–7　海拉尔盆地继承性深洼槽区油气成藏模式图

3）洼槽区的中央构造带

洼槽区的中央构造带，左右逢源，是油气运移的指向。加之构造带上的断块、断鼻等圈闭与洼槽区烃源岩形成良好的运聚组合关系，因此洼槽区内发育的断裂构造带易于形成以构造或构造—岩性等复合油藏为主的油气聚集区带，如霍多莫尔构造带油藏等（图 2–8–8）。

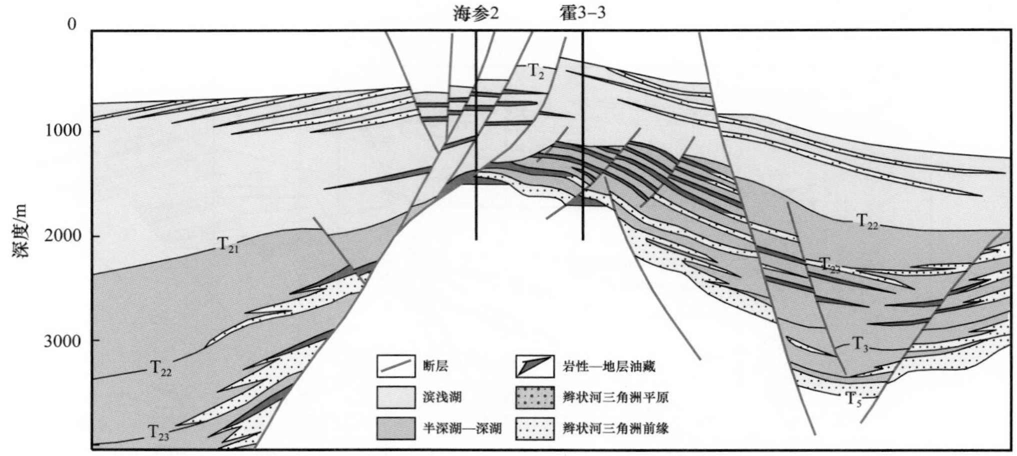

图 2–8–8　海拉尔盆地洼槽区中央构造带油气成藏模式图

4）缓坡断阶带

在缓坡断阶带上，受同沉积断裂的控制，辫状河三角洲或扇三角洲砂体发育，储层物性良好，且由于缓坡带是低势区，紧邻生油中心，是油气运移的指向区，发育的低位体系域砂体与湖侵体系域和高位体系域早期的厚层泥岩组合，容易形成断层—岩性和岩性油藏，油层分布较稳定，厚度大，产能高，油藏规模大，如乌东斜坡油藏（图 2–8–9）。

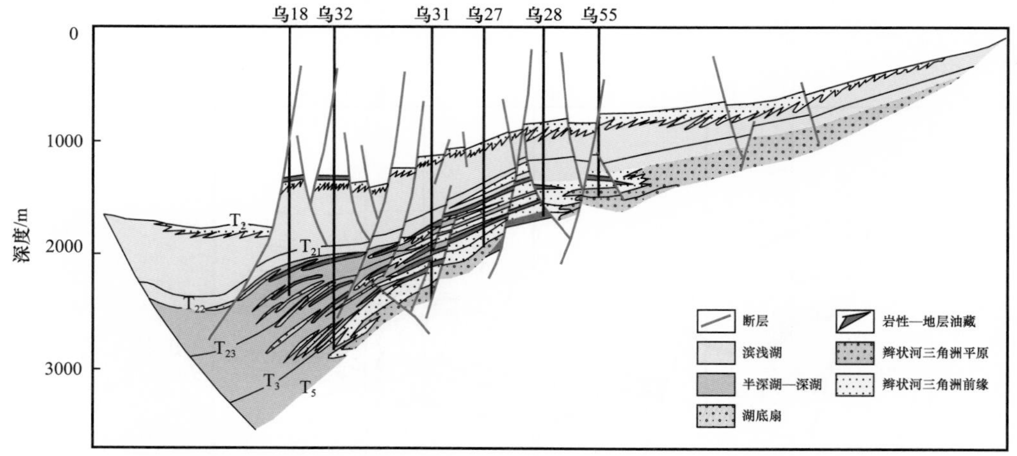

图 2–8–9　海拉尔盆地断阶型大型缓坡坡折带油气成藏模式图

二、油气藏形成主控因素

目前认为海拉尔盆地油气藏形成主控因素主要有三点，一是区域性盖层及其断层的变形机制控制油气富集层位，二是优质烃源岩和优质储层控制油气平面分布范围，三是反向断层、翘倾隆起和扇体前缘控制油气聚集的部位。

1. 区域性盖层及其断层的变形机制控制油气富集层位

区域性盖层及局部盖层控制着油气富集的层位，特殊岩性段既是烃源岩层，又是上生下储式油气富集的区域性盖层，它对上生下储式储盖组合起到了重要作用。特殊岩性段和南一段湖泛泥岩是自生自储式油气富集的区域性盖层，特殊岩性段和南一段顶部湖泛泥岩区域性盖层距烃源岩层最近，地质储量最大，这是自生自储式生储盖组合目前油气最丰富的条件之一。大一段泥岩是下生上储式油气富集的区域性盖层，虽然大一段泥岩盖层距南一段烃源岩距离相对另两套区域性盖层要远些，但是其下所封闭的工业油流井数和地质储量多于和大于上生下储式生储盖组合，但小于自生自储式生储盖组合，其对下生上储式生储盖组合油气富集起到了重要作用（图 2-8-10）。

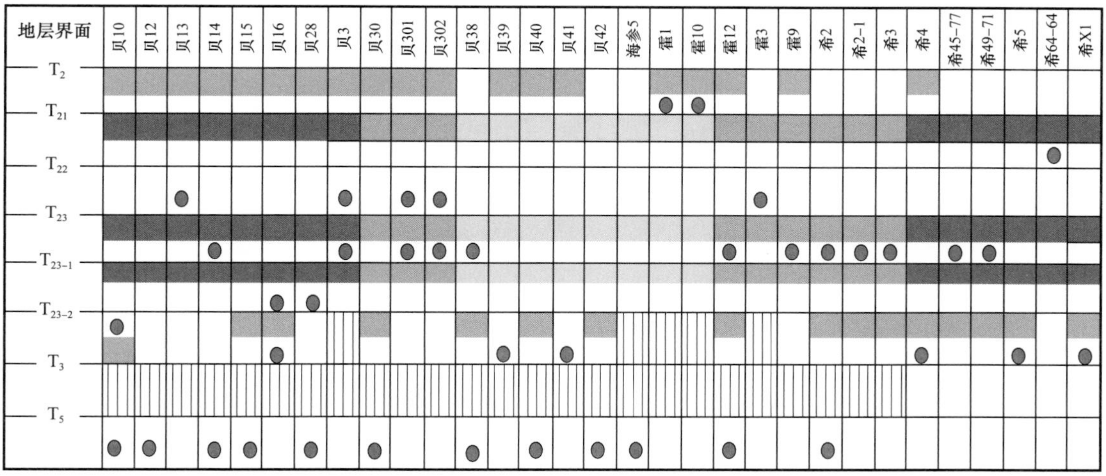

图 2-8-10　海拉尔盆地中部断陷带盖层与油藏显示分布图

海拉尔盆地油气分布与断裂有着密切关系。但并不是所有断裂均对油气成藏与分布起着重要作用。由地震解释结果可知海拉尔盆地中主要发育 4 种类型的断裂，即早期伸展断裂、中期走滑断裂、晚期反转断裂和长期发育断裂。通过 4 种类型断裂分布与油气分布之间关系研究得到，只有早期伸展断裂和长期发育断裂对油气成藏与分布起着重要作用。

海拉尔盆地自生自储式和上生下储式生储盖组合油气分布与早期伸展断裂有着密切关系，均分布在早期伸展断裂附近。这是因为早期伸展断裂对自生自储式和上生下储式生储盖组合油气成藏起到了遮挡作用。南一段烃源岩在伊敏组沉积末期进入大量生烃期，开始向外排烃，此时早期伸展断裂已停止活动，在上覆沉积载荷的作用下形成封闭，遮挡断块形成圈闭使油气聚集成藏，早期伸展断裂越发育，形成的封闭断块越多，聚集的油气越多；反之则越少。

下生上储式油气聚集主要受到长期发育断裂的控制，海拉尔盆地下生上储式油气分布与长期发育断裂关系密切，主要分布在长期发育断裂附近，这是因为长期发育断裂对下生上储式生储盖组合油气成藏与分布起到了运移输导作用。由于南二段和大磨拐河组储层与南一段烃源岩之间被多套泥岩层相隔，南一段烃源岩生成的油气难以通过孔隙直接向南二段和大磨拐河组储层中运移，只能通过长期发育断裂向上覆南二段和大磨拐河组储层中运移，沿长期发育断裂运移进入南二段和大磨拐河组储层中的油气便在其附近聚集成藏，长期发育断裂越发育，从南一段烃源岩运移上来的油气越多，富集的油气越多，反之越少。

综上所述，长期发育断层附近次生油气聚集控制上部含油气系统的分布，该类断层在盖层段（大一段泥岩盖层）具有分段扩展特征，当晚期反转活动时，下部油气输导到大磨拐河组中，断层和砂体配合形成断层—岩性和断层遮挡油藏，早期断层控制下部含油系统的分布，控制着铜钵庙组和南屯组油气藏的分布（图 2–8–11）。

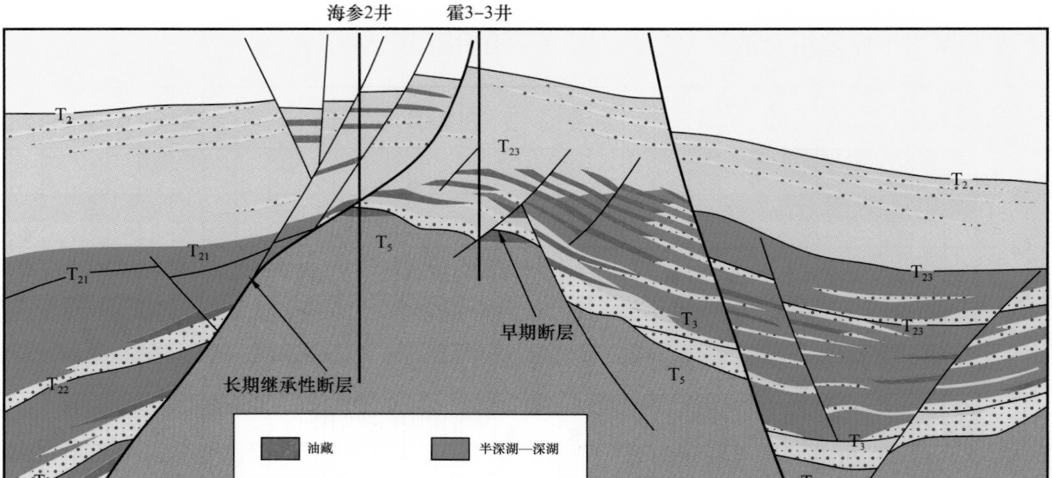

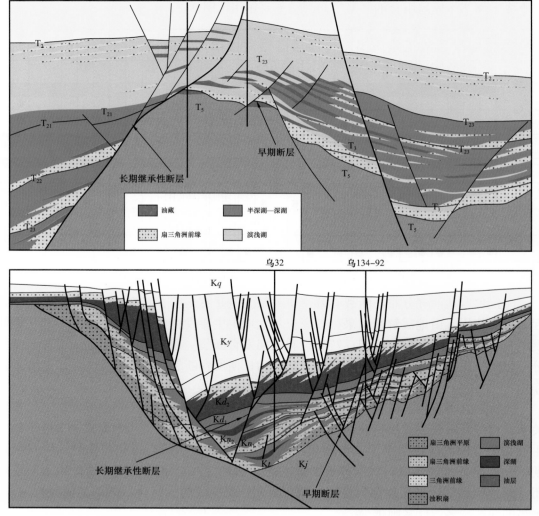

图 2–8–11　海拉尔盆地中部断陷带盖层与油藏显示分布图

2. 优质烃源岩和优质储层控制油气平面分布范围

油气分布受有效烃源岩中心的控制，主要分布在油源区内或其周边的断裂构造带上。从有效烃源岩分布范围与油藏分布关系看，油气分布受有效烃源岩中心的控制，目前所发现的含油区带及已提交油气储量地区均围绕着有效烃源岩灶分布，且均处于有效烃源岩分布范围内（图 2-8-12）。对海拉尔盆地中部断陷带乌尔逊—贝尔凹陷现已发现的油藏与有效烃源岩中心距离统计资料表明：98% 的油气层井和油藏在有效烃源岩中心的 25km 范围内，95% 以上的石油探明地质储量分布在距有效烃源岩中心 10km 范围内，95% 以上试油见油井距有效烃源岩中心的距离也小于 25km，由此可见，距有效烃源岩中心 25km 范围是本区找油的主要场所，显示了有效烃源岩中心对于油藏分布的控制作用。

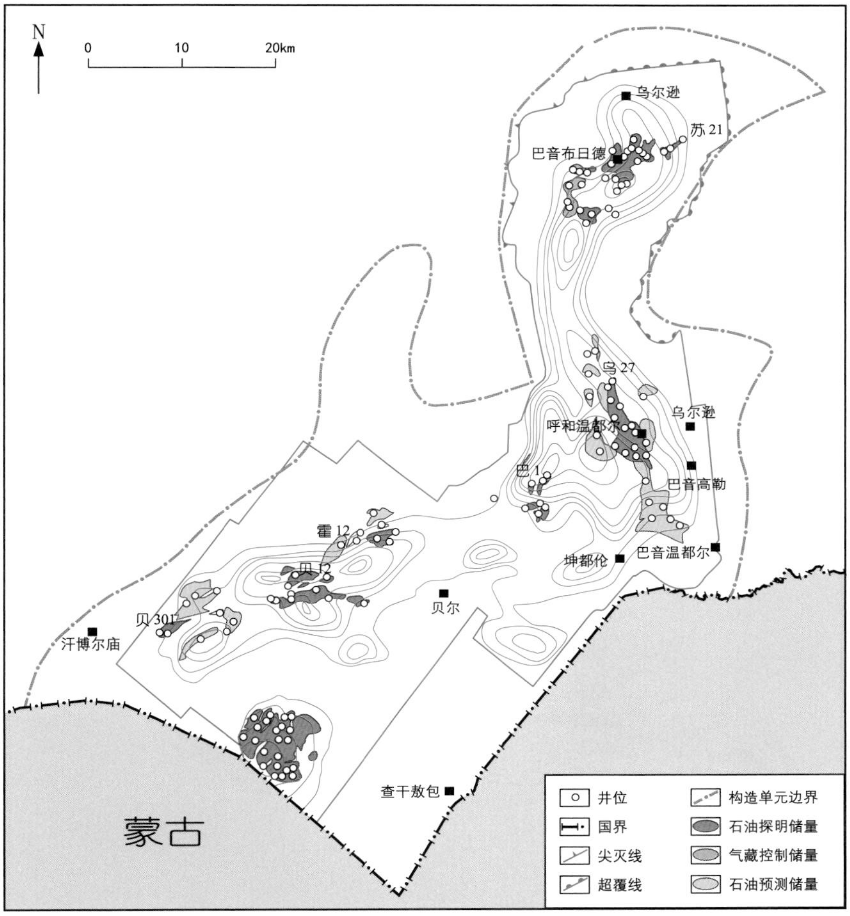

图 2-8-12　海拉尔盆地乌尔逊—贝尔凹陷南一段优质烃源岩与油气分布图

储层中次生孔隙的形成与分布是决定岩性—地层油藏产能和规模大小的关键。一般来说，埋藏越深，其成岩作用就越强烈，岩石孔隙的发育程度极其连通性就越差。但由于储集体本身的特性不同，以及埋藏后所经历的各种成岩环境不同，最终导致它们的储集性能差别很大。研究表明，乌尔逊凹陷铜钵庙组、南屯组发育两个相对高孔隙发育带，在 1450～1800m 与 2000～2100m 之间；贝尔凹陷铜钵庙组、南屯组在 1300～1800m 之间与 2400～2600m 之间亦发育两个高孔隙发育带。碎屑颗粒包壳对异常高孔隙发育带原生孔隙的保存具有一定的贡献，有机酸对异常高孔隙带发育具有较大的贡献，溶蚀、溶解作用是异常高孔隙发育带形成的主要原因。

随着勘探步伐的不断加快，地质认识的深化与勘探技术的不断进步，勘探思路由浅部构造勘探转向深部次凹岩性勘探。基于上述储层特点，具备下洼勘探的储层条件。有效储层深度由2000年前的1800～2000m，2001—2005年的2300～2500m，到近两年突破2600～3000m，拓展了洼槽深部勘探领域。特别是近两年，在乌南、贝西地区，下洼寻找岩性目标主要目的层大于2800m的探井有30口，有7口井获得工业油流。相同类型的扇（辫状河）三角洲前缘砂体，优质储层是油气富集高产的重要因素，优质储层控制了油气藏的分布范围，已发现的油藏均位于优质储层发育带内部或者边缘（图2-8-13）。

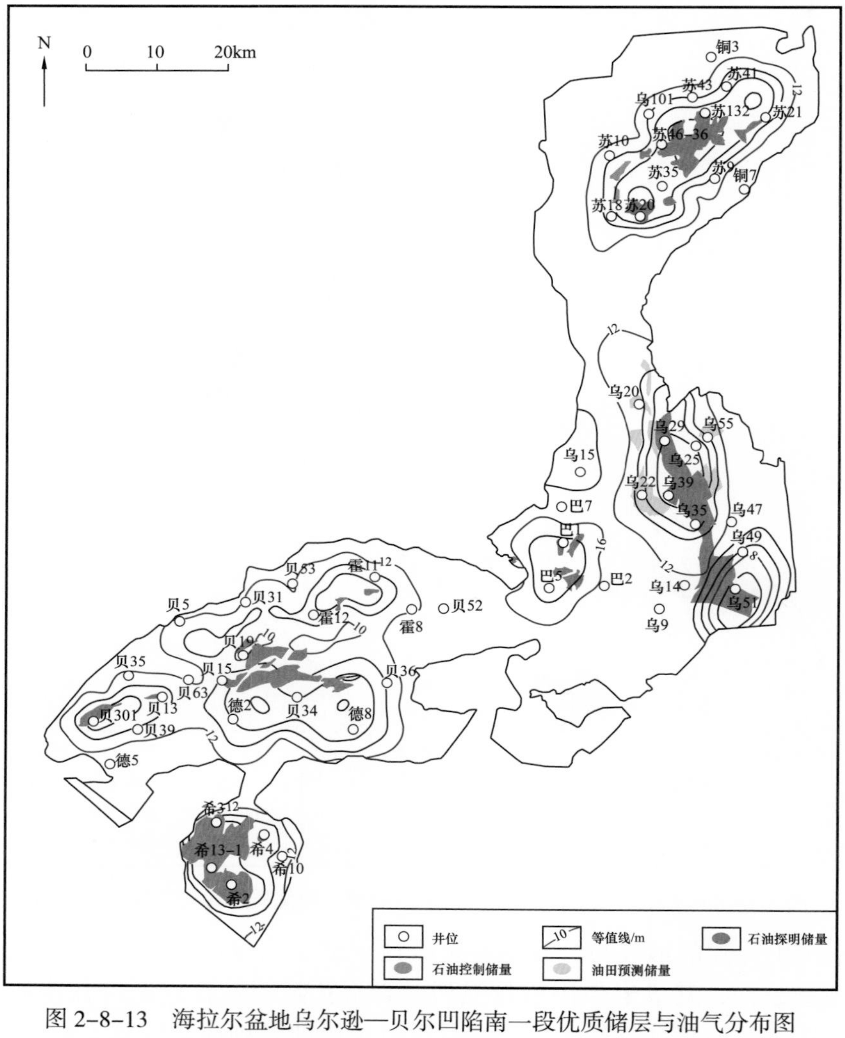

图2-8-13　海拉尔盆地乌尔逊—贝尔凹陷南一段优质储层与油气分布图

3. 反向断层、翘倾隆起和扇体前缘控制油气聚集的部位

反向断层形成时伴随着下盘的隆升，反向断层下盘翘倾，间歇的暴露地表，遭受风化剥蚀作用，在南屯组一段、二段顶界面出现局部或者区域削截不整合，长期大气水淋滤改造，形成支撑型砾岩，孔隙度为20%～30%，渗透率为10～500mD，比凹陷内储层物性好得多，反向断层、下盘隆起、局部削截型不整合和支撑型砾岩发育4种现象，表

明抬升、剥蚀和淋滤作用3期同步，形成优质储层。油气沿着不整合面和砂体侧向运移，受反向断层和不整合面侧向遮挡，受三级层序界面之上的区域盖层封盖聚集成藏，自下而上形成了3种类型的油气藏：断层遮挡型油气藏、不整合遮挡型油气藏和岩性上倾尖灭型油气藏。通过对已发现的油藏解剖，反向断层下盘翘倾隆起带控制的石油探明储量占总探明储量的60.04%（图2–8–14）。

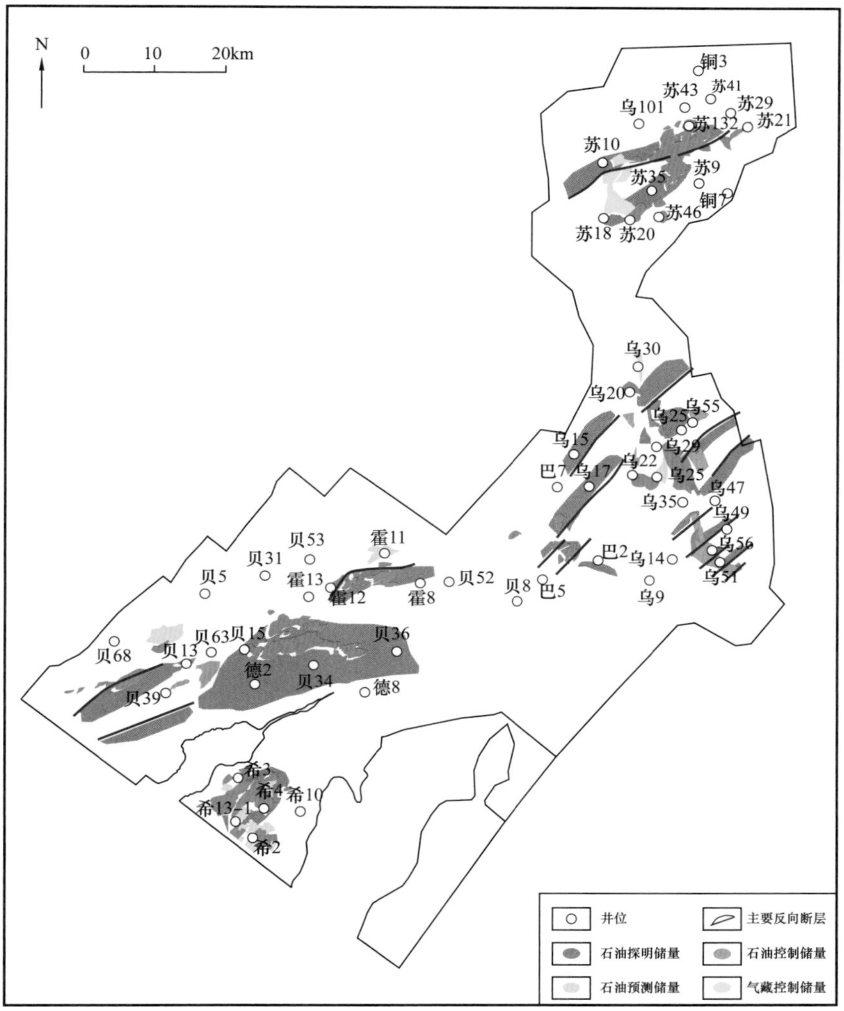

图2–8–14　海拉尔盆地乌尔逊—贝尔凹陷反向断层、翘倾隆起与油藏叠合图

沉积相带是影响油气富集的重要因素，铜钵庙组沉积时期处于初始裂陷期，为浅湖盆层序，发育扇三角洲—滨浅湖沉积体系。沉积物来自四周物源，广泛发育扇三角洲平原和扇三角洲前缘砂体，下部地层为杂色砂砾岩与红色泥岩互层的冲积扇沉积体系，上部地层为扇三角洲沉积体系，厚层砾岩、砂岩发育，岩石成分成熟度低，扇体成群成带、叠加连片，砂地比一般大于70%，是形成构造油气藏的主要含油层位。南屯组沉积时期处于强烈裂陷期，为半深湖—深湖盆层序，发育扇三角洲、水下扇—湖泊沉积体系，下部地层以近岸水下扇和湖底扇沉积为主，岩性变化较大，是岩性油气藏的主要发育层段，上部以河流三角洲、扇三角洲沉积为主，储层物性好，多形成岩性—构造油气

藏。总之，（扇）三角洲前缘、水下扇扇中及远岸水下扇相带发育良好的储集砂体，砂体分选较好，储层物性好，为铜钵庙组构造油气藏和南屯组岩性、复合油气藏聚集提供了优质的储集体及输导通道，从已发现的如贝中及乌南等油田和从目前已发现的油气藏沉积相带统计证实扇三角洲前缘、三角洲前缘及水下扇中扇相带是最有利的含油相带（图 2–8–15）。

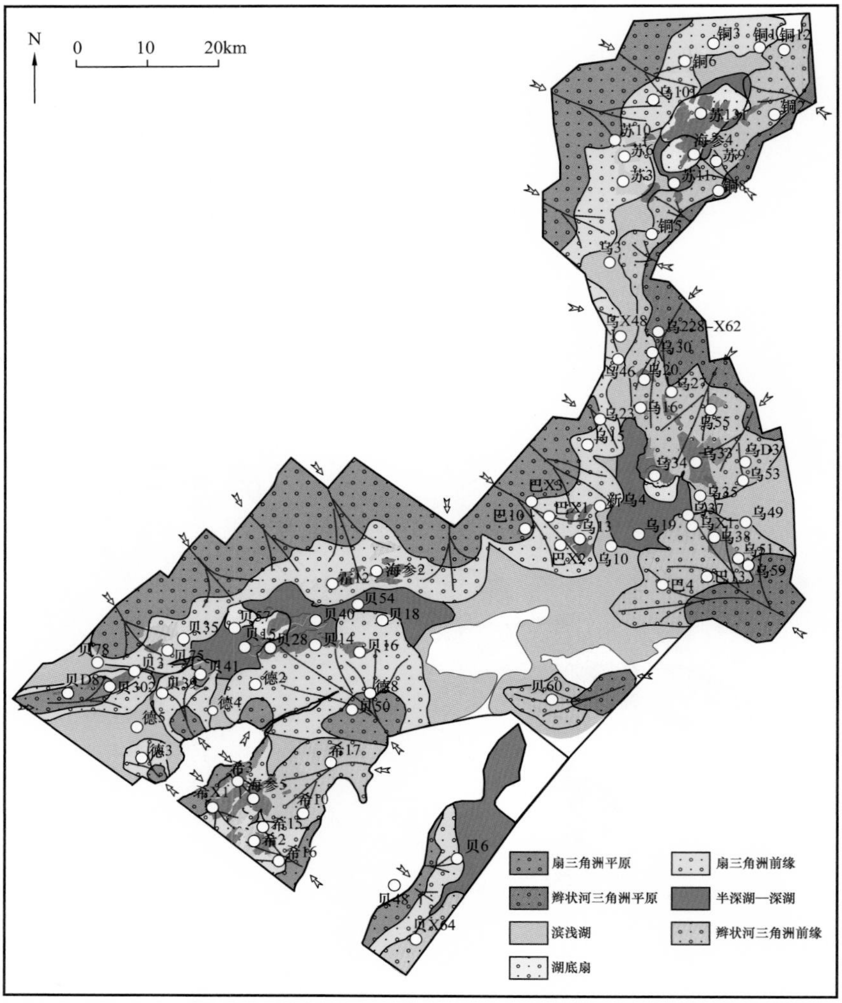

图 2–8–15　海拉尔盆地乌尔逊—贝尔凹陷南屯组一段沉积亚相与油藏叠合图

第九章 油田各论

截至 2018 年底，海拉尔盆地已发现 6 个油田，主要集中在海拉尔盆地中部断陷带的乌尔逊凹陷和贝尔凹陷内（图 2–9–1）。其中乌尔逊凹陷内有 3 个油田，分别是苏仁诺尔油田、乌尔逊油田和巴彦塔拉油田；贝尔凹陷发育 3 个油田，分别为苏德尔特油田、贝尔油田和贝尔呼和诺仁油田（表 2–9–1）。主要含油层位为下白垩统扎赉诺尔群和兴安岭群以及基底。现将海拉尔盆地的 6 个油田地质情况分述如下。

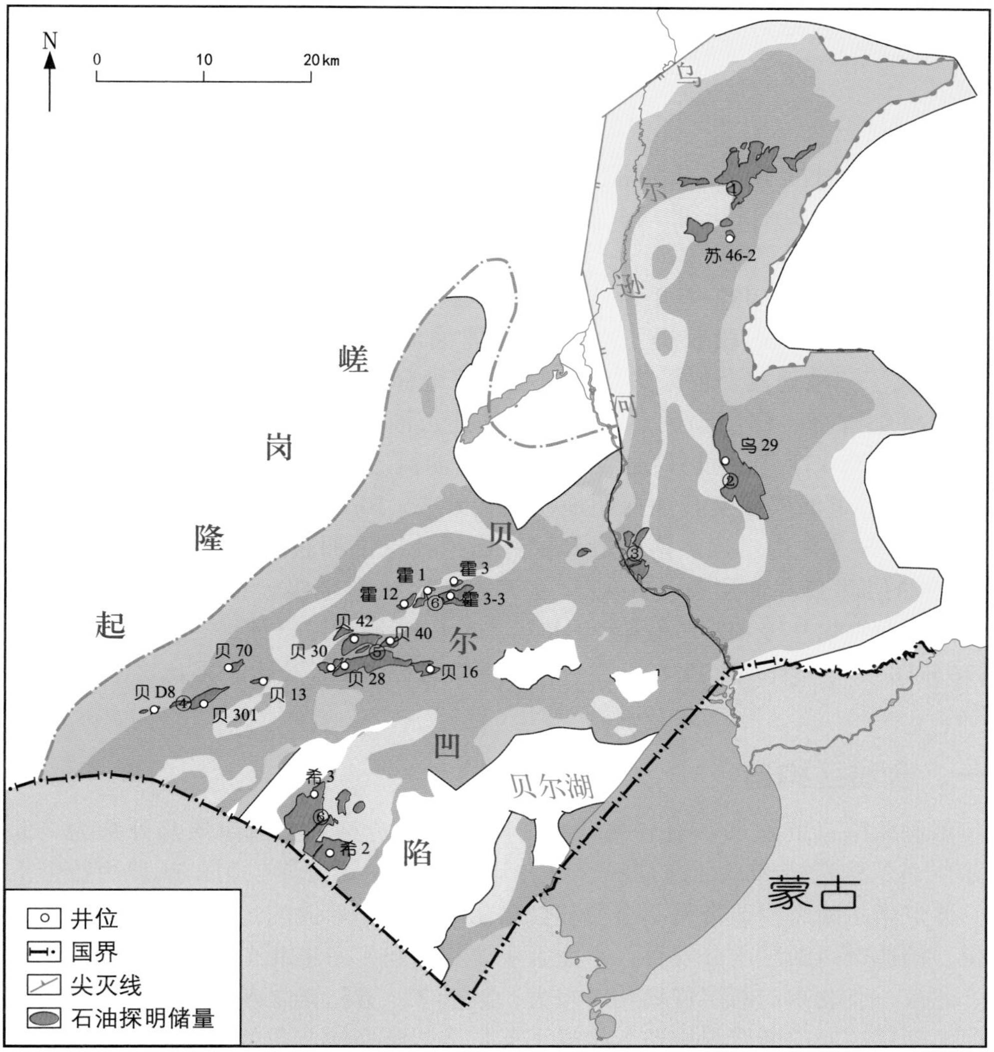

图 2–9–1 海拉尔盆地油田分布图

① 苏仁诺尔油田；② 乌尔逊油田；③ 巴彦塔拉油田；④ 呼和诺仁油田；⑤ 苏德尔特油田；⑥ 贝尔油田

表 2-9-1　海拉尔盆地油气田基本数据表

序号	油气田名称	构造单元	层位	埋深/m	探明石油储量/10^4t	发现井	发现时间
1	苏仁诺尔油田	乌尔逊凹陷	K_1n、K_1t	1220～2460	1732.1	海参 4	1984.09
2	乌尔逊油田		K_1n、K_1t	1840～2930	940.98	乌 27	2005.10
3	巴彦塔拉油田		K_1n、K_1t	893～2238	1272.36	乌 4	1985.08
4	呼和诺仁油田	贝尔凹陷	K_1n	1147～1280	1636.77	贝 3	1995.07
5	苏德尔特油田		K_1n、基岩	1730～1910	6473.86	贝 10	2001.05
6	贝尔油田		K_1d、K_1n、基岩	2090～2783	23.67.23	希 3	2005.07

第一节　苏仁诺尔油田

苏仁诺尔油田位于内蒙古自治区呼伦贝尔市新巴尔虎左旗境内。区域构造上位于海拉尔盆地乌尔逊凹陷北部的乌北次凹内，面积约 $200km^2$，是海拉尔盆地最早发现的油田。

苏仁诺尔油田从 1982 年开始进行二维地震普查，1984 年在乌尔逊凹陷北部次凹钻探的海参 4 井在南二段获得了 3.55t/d 工业油流，并发现了苏仁诺尔含油构造带。1997 年完成了三维地震资料采集、处理和联片解释工作，油田已被全三维覆盖。通过开展构造精细解释、储层预测、断块油藏描述、油层保护及油层改造工程技术攻关，苏 1、苏 13、苏 131 等一批井获得较高产工业油流。2002 年在苏仁诺尔构造带苏 1—苏 21 井区南屯组油层提交石油探明地质储量 673×10^4t。其后相继部署的苏 15-1、苏 35、苏 13-2 等井在南二段、南一段和铜钵庙组油层试油获工业油流，新增了南一段、铜钵庙组油层两套含油层位。2005 年在海参 4 区块南屯组、铜钵庙组油层新增探明石油地质储量 938.97×10^4t。截至 2018 年，苏仁诺尔油田累计提交探明石油地质储量 1684.76×10^4t，含油面积 $39.45km^2$，年产油 3.04×10^4t，累计注采比 2.39，综合含水 52.61%。

一、含油区构造

乌尔逊凹陷乌北次凹具有“两洼夹一隆”的构造格局，由南向北分别为乌北南洼槽、苏仁诺尔构造带和乌北北洼槽。苏仁诺尔油田主要沿苏仁诺尔断裂构造带上下盘分布。苏仁诺尔断裂构造带是一个受苏仁诺尔断裂控制形成的走向近东西向的长条带状构造带。构造带内断层十分发育，平面上主要有两组，一组北东—北北东向，一组近南北向。北东—北北东向断层规模相对较大，数量多。苏仁诺尔断裂上升盘表现为一个北东东向大断层控制的断背斜构造，构成了苏仁诺尔断裂构造带的主体。苏仁诺尔断裂下降盘表现为受苏仁诺尔断裂、乌西断裂和铜钵庙断裂共同控制的洼槽，呈北东东向展布，构造形态呈西北高东南低的构造趋势，向东北方向抬升为单斜。由于断裂对构造控制作用明显，所以局部构造在平面上具有分带性，构造类型以断块、断背斜为主，它们多沿断裂带展布。这些构造带多位于主干断层的两侧，多数是主干断层与其次级断层交会产生的局部断块、断鼻和断背斜构造。它们多沿断裂带展布，与断层关系密切（图 2-9-2）。

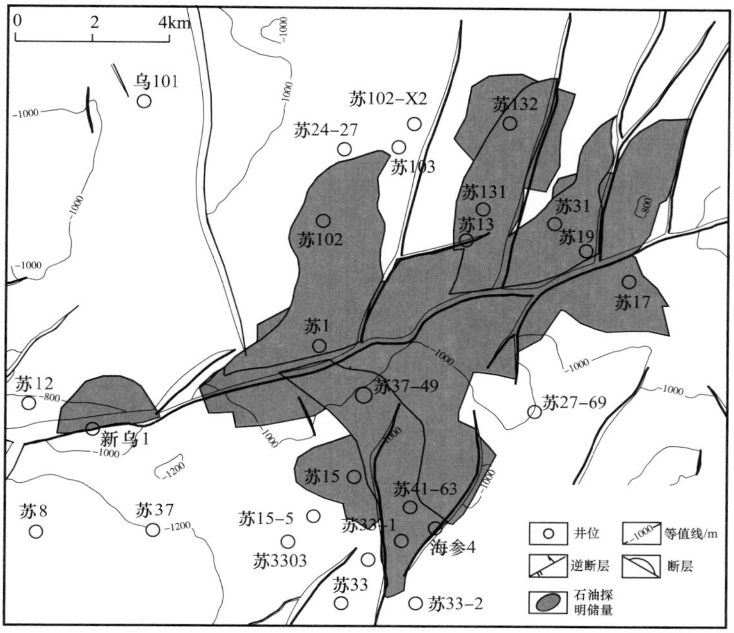

图 2-9-2　苏仁诺尔油田油藏分布图

二、油藏与油层

苏仁诺尔油田具有纵向上多层位、多油藏类型的特点。主要发育断块构造油藏、构造—岩性油藏和岩性—构造油藏（图 2-9-3）。平面上苏仁诺尔断裂上升盘以断块构造油藏和岩性—构造油藏为主；苏仁诺尔断裂下降盘以构造—岩性油藏和岩性油藏为主。纵向上，南二段油层以岩性—构造油藏为主，南一段油层以构造—岩性油藏为主，铜钵庙组油藏以构造—岩性油藏为主。

苏仁诺尔油田油水分布主要受构造、岩性、断层三方面控制。油层油水垂向分布总的规律是上油下干或上油下水。各块各层油水系统相对独立，全区无统一的油水界面。平面上，一般构造高部位为油层，向构造低部位油层变薄，出现干层，油水过渡带不明显，主要受构造和岩性变化控制。同一区块内油水界面接近，受岩性、构造倾角等影响界面不完全统一。

苏仁诺尔油田平均地温梯度为 4.13℃ /100m，属正常地温梯度；地层压力系数变化范围为 0.92～1.08，平均压力系数为 0.99，为正常压力油藏。

苏仁诺尔油田主要含油层位为南二段，其次是南一段、铜钵庙组油层（图 2-9-4）。南二段油层分为 2 个油组，主力含油层位为南二段油层Ⅰ油组，Ⅱ油组个别井点发育，油层零星分布。南一段分为 3 个油组。油藏主要分布于铜钵庙组顶面，因此，铜钵庙组油层没有进一步划分油组。

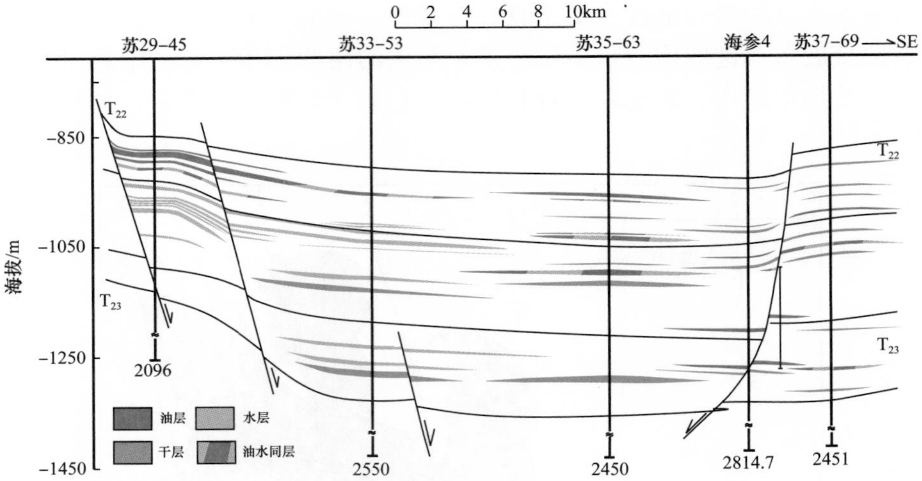

图 2-9-3　苏仁诺尔油田油藏剖面图

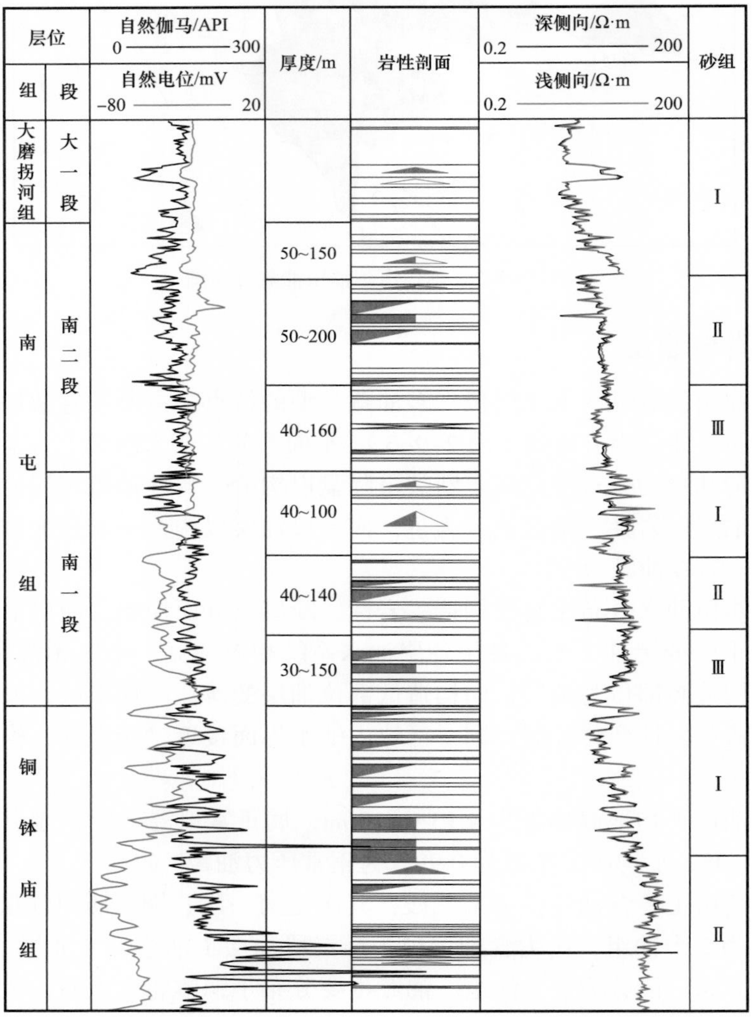

图 2-9-4　苏仁诺尔油田综合柱状图

三、油水性质

苏仁诺尔油田原油具有密度低、黏度低、凝固点低的特点。油田水为 $NaHCO_3$ 水型（表 2-9-2）。

表 2-9-2　苏仁诺尔油田油、水性质特征表

油层	地面原油性质					地层原油性质		油田水性质		
	原油密度 / g/cm^3	黏度 / mPa·s	凝固点 / ℃	含蜡 / %	含胶质 / %	原油密度 / g/cm^3	黏度 / mPa·s	氯离子含量 / mg/L	矿化度 / mg/L	pH 值
南二段	0.847	9.5	24	16.5	13.2	0.8039	5.43	736.13	11456.2	8.74
南一段	0.850	10.5	21.5	14.7	14.8	0.7989	3.03	843.45	13700.3	8.15
铜钵庙组	0.836	5.78	19	14.8	13.7	0.653	0.50	1055.0	12886.0	7.6

四、储层特征

苏仁诺尔油田主要储层发育在南二段、南一段和铜钵庙组，大一段也有局部发育。

南二段油层主要为扇三角洲前缘砂体，局部发育滑塌浊积扇砂体。砂岩类型为中—细粒长石砂岩，碎屑成分主要为长石、石英，岩屑含量较少。长石含量最高，平均为 41.0%，石英含量平均为 28.3%，岩屑以酸性喷出岩为主，平均含量为 14.4%。填隙物以泥质为主，泥质含量平均为 6.3%，另含少量高岭石、方解石、碳酸盐矿物，胶结类型主要为孔隙式、再生—孔隙式胶结。孔隙类型主要为原生粒间孔、长石粒内溶孔，少量铸膜孔、缩小粒间孔。平均孔隙度为 14.1%，平均渗透率为 31.9mD。

南一段油层主要为扇三角洲前缘砂体。砂岩为细粒长石砂岩，碎屑成分为长石、石英和岩屑；长石含量高，为 47.3%；石英为 31.5%；岩屑为 10.8%，岩屑成分主要为陆源岩屑，含少量安山岩岩屑、酸性喷出岩岩屑。填隙物以泥质为主，泥质含量平均为 5.3%，另有白云石等碳酸盐矿物和黏土矿物，胶结类型以孔隙、再生—孔隙、薄膜—孔隙式胶结为主。南一段储层孔隙类型主要为原生粒间孔、长石粒内溶孔。平均孔隙度为 13.0%，平均渗透率为 3.35mD，属于低孔特低渗透储层。

铜钵庙组油层主要为扇三角洲前缘砂体。岩性主要为砂质砾岩、砂砾岩和不等粒长石砂岩，碎屑物含量平均为 88.5%，填隙物含量平均为 11.5%。砾石成分主要为花岗岩、片岩等，颗粒排列较紧密，颗粒大小不一，分选性差，为次磨圆或角砾状。泥质含量平均为 5.6%，碳酸盐胶结物含量为 2.1%。胶结类型以孔隙式胶结为主。储层孔隙类型主要为原生粒间孔，其次为长石、岩屑粒内孔，缩小粒间孔，另见少量粒间、粒内微裂隙。平均孔隙度为 9.3%，平均渗透率为 1.98mD。属于特低孔特低渗透储层。

第二节　巴彦塔拉油田

巴彦塔拉油田位于内蒙古自治区呼伦贝尔市新巴尔虎左旗巴彦塔拉乡境内（局部属新巴尔虎右旗贝尔乡），勘探面积约 $400km^2$。油田的发现井是位于巴彦塔拉构造带西部的乌 4 井。巴彦塔拉油田石油地质勘查工作始于 1982 年，在该区完成了 1km×2km 测网的地震详查工作，1985 年在构造带西部部署了该区第一口预探井——乌 4 井，对该井大二段油层压后气举获 3.8t/d 的工业油流，从而展示了巴彦塔拉构造带的勘探前景。先后部署了乌 10、乌 11、乌 13 井等井，乌 11 井在铜钵庙组获得了工业油流，乌 13 井在基岩风化壳中首获工业油气流是该区的一个突破。2003 年完成巴彦塔拉地区三维地震勘探野外采集工作，资料面积 400.42km^2，根据新采集、处理、解释的资料，先后部署了 11 口预探井。其中巴 X2 井于南一段、铜钵庙组分别压后获得 44.224t/d、34.16t/d 的高产工业油流。截至 2018 年底，累计提交石油探明地质储量 1272.36×10^4t，含油面积 9.45km^2。

一、含油区构造

巴彦塔拉油田位于海拉尔盆地乌尔逊、贝尔凹陷结合部位巴彦塔拉构造带的西部断阶带，巴彦塔拉构造带是受巴彦塔拉断裂控制的走向近东西的构造带。构造格局具有较好的继承性，整体趋于平缓，表现为东西高、南北低的特点，南北低凹的鞍部呈现西南倾的鼻状构造形态。复杂的构造格局和长期演化史形成了丰富多样的圈闭类型。大多数的构造圈闭分布于古隆起之上或断阶带内，构造圈闭按形态划分为断块、断背斜、背斜等类型，其中以断块为主。

二、油藏与油层

巴彦塔拉地区油藏主要受构造、断层和岩性控制。油藏主要沿断裂带发育，构造和断层对主力油层起主要控制作用，油藏类型主要为断块及构造油藏。油田西部断阶带巴 1 区块南屯组、铜钵庙组油藏多数分布在巴彦塔拉断裂上升盘一侧，并且集中在早期断层控制的断块上。油层油水垂向分布总的规律是上油下干或上油下水，各块各层油水系统相对独立，全区无统一的油水界面。平面上，一般构造高部位为油层，向构造低部位油层变薄，出现干层，油水过渡带不明显，主要受构造和岩性变化控制。

地层压力系数变化范围为 0.94～0.98，平均压力系数为 0.96，属正常压力油藏。平均地温梯度为 3.89℃ /100m，属正常地温梯度。

巴彦塔拉地区含油层系纵向上主要分布在南二段、南一段和铜钵庙组，大二段和基岩风化壳也有不同程度的含油气显示，主力油层为南屯组一段油层和铜钵庙组油层。

三、油水性质

巴彦塔拉油田南二段属于稠油油藏，南一段和铜钵庙组属于正常轻质油油藏。巴彦塔拉油田水型为 $NaHCO_3$（表 2-9-3）。

表 2-9-3　巴彦塔拉油田油、水性质特征表

油层	地面原油性质					地层原油性质		油田水性质		
	原油密度 / g/cm^3	黏度 / mPa·s	凝固点 / ℃	含蜡 / %	含胶质 / %	原油密度 / g/cm^3	黏度 / mPa·s	氯离子含量 / mg/L	矿化度 / mg/L	pH 值
南二段	0.9408	315.2	15.0	7.6	35.5	0.7564	2.65	1184.75	5429	8.58
南一段	0.857	19.2	26.5	14.4	21.8					
铜钵庙组	0.855	20.0	27.5	16.7	14.2	0.8020	6.03			

四、储层特征

南一段油层岩性主要为长石岩屑砂岩，碎屑成分为长石、石英和岩屑，长石含量一般为19%～25%，石英一般为15%～20%，岩屑为35%～55%，为陆源岩屑，主要为花岗岩岩屑，少量安山岩岩屑、酸性喷出岩岩屑、变质岩岩屑。泥质含量一般为5%～20%，方解石为3%～18%，以孔隙式胶结为主。孔隙类型主要为原生粒间孔、缩小粒间孔、长石粒内溶孔、铸模孔。平均孔隙度为13%，平均渗透率为2.89mD。属于低孔特低渗透储层。

铜钵庙组油层发育陆源碎屑岩和火山岩。陆源碎屑岩主要为砂质砾岩、砂砾岩和不等粒长石岩屑砂岩。主要粒径为0.4～13mm，分选性差，颗粒排列中等紧密，孔隙发育差。大小颗粒杂乱分布。泥质具重结晶呈薄膜状分布，含量较高，为18%～30%。碳酸盐胶结物含量为2%～20%。高岭石呈微晶集合体状充填孔隙。孔隙类型主要为原生粒间孔，其次为长石、岩屑粒内孔，缩小粒间孔，另见少量粒间、粒内微裂隙。平均孔隙度为9.9%，平均渗透率为0.18mD。属于低孔特低渗透储层。火山岩主要发育在铜钵庙组上部，主要岩性为碳酸盐化安山岩、安山岩。交织结构、斑状结构、杏仁构造发育。孔洞中具有油斑、油迹的含油显示。岩石中斑晶主要为斜长石。基质为斜长石微晶（少量板条状）呈平行排列，中夹火山玻璃、铁质矿物。气孔中充填碳酸盐（菱铁矿、方解石等）、高岭石等黏土矿物、硅质（石英和玉髓）。岩石碳酸盐化强烈。岩石受力后产生的裂隙中充填碳酸盐、硅质、铁质等矿物。

第三节　乌尔逊油田

乌尔逊油田位于内蒙古自治区呼伦贝尔市新巴尔虎左旗境内。乌27井是乌尔逊油田的发现井。乌尔逊凹陷从20世纪50年代即开始了地质调查，到1984年完成了2km×4km、1km×2km测网的地震勘探和二十万分之一的重、磁力及电法普查。1984年乌南洼槽内部署了该区第一口参数井——海参1井，在大磨拐河组油层获得低产，证实了乌南洼槽的含油性，为了进一步加强乌南地区勘探，2000年部署三维地震339.95km^2，在构造精细解释基础上，部署的乌16井、乌20井、乌21井、乌25井、乌28井等尽管见到较好的油气显示，但南屯组一段、二段均未获得大的突破和发现。2005年在乌南次凹上部署了乌27井，该井在南一段合试获50.47t/d高产工业油流。2006年继续向东部署三维地震243.4km^2，整体部署了3口探井及6口评价井，试油5口，获工业油流井2口。2007年于南一段、南二段合计提交石油预测地质储量5433×10^{4}t。2008年部署三维地震428km^2，同时在南一段、铜钵庙组油层新增石油探明地质储量4012.91×10^{4}t。截至2018年底，累计提交石油探明储量1140×10^{4}t，含油面积19.9km^2，年产油3.20×10^{4}t，累计注采比1.85，综合含水54.80%。

一、含油区构造

乌尔逊油田位于乌尔逊凹陷乌南次凹乌东斜坡带上。乌东构造带呈现为西南倾的单斜带构造形态，受多期形成的南北向、北北西向、北东东向断裂系统的切割，使西南倾的乌东斜坡带构造形态复杂化，多期多方向断层发育，形成了多种类型的构造圈闭，其中断块、断鼻圈闭是乌尔逊油田油藏的主要圈闭类型（图 2-9-5）。

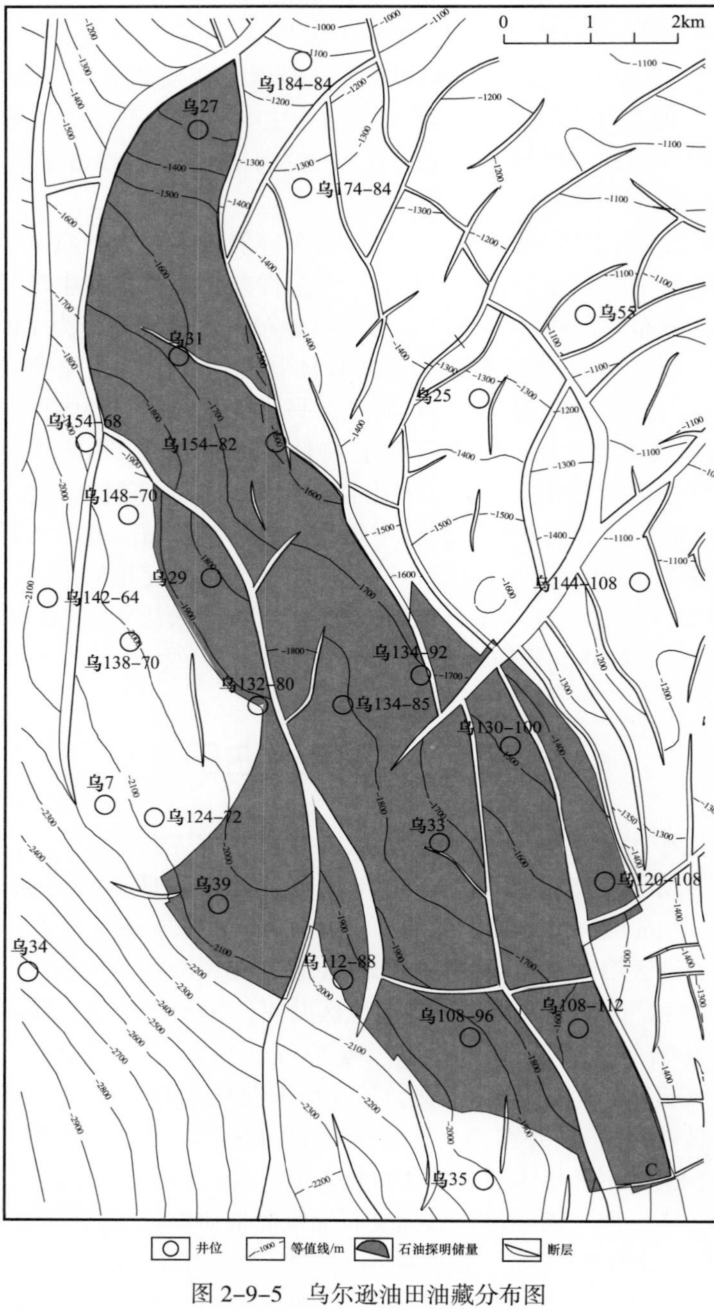

图 2-9-5 乌尔逊油田油藏分布图

二、油藏与油层

乌尔逊油田主要存在构造油藏（断块油藏）、断层—岩性油藏和岩性油藏共 3 种类型（图 2-9-6）。油藏解剖表明，砂地比大于 40% 的区域所发育的油藏类型主要为构造油藏（断块油藏），断块的含油气性主要受断层侧向封堵能力控制；砂地比介于 10% 和

40% 区域所发育的油藏类型为断层—岩性油藏，含油气性受二者联合控制；而砂地比小于 10% 的区域主要发育岩性油藏，含油气性仅受砂体控制。油藏分布规律为上油下干、上油下水中间发育油水过渡带，南一段油藏纵向上总体表现出上油下水、上油下干、上下油层中部油水、油干互层的特点。铜钵庙组油藏纵向上上油下水，中间发育油水过渡带。

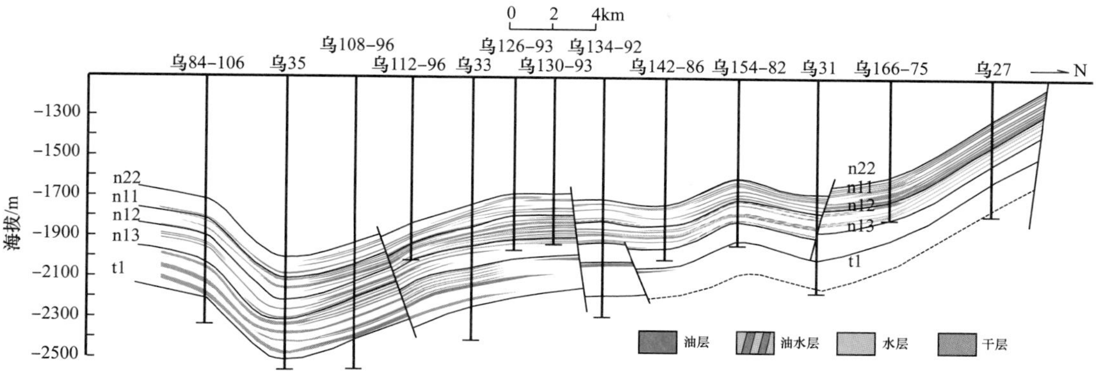

图 2–9–6　乌尔逊油田油藏剖面图

油层实测地温梯度平均为 3.67℃ /100m，属正常地温梯度。油层实测地层压力系数为 0.84～1.09，平均为 0.97，属正常压力系统油藏。

三、油水性质

乌尔逊油田油层的原油密度平面上差异较小，构造高部位原油密度相对较大，凹陷中心原油密度相对较小。油田水型为 $NaHCO_3$ 型（表 2–9–4）。

表 2–9–4　乌尔逊油田油、水性质特征表

油层	地面原油性质					油田水性质		
	原油密度 / g/cm^3	黏度 / mPa·s	凝固点 / ℃	含蜡 / %	含胶质 / %	氯离子含量 / mg/L	矿化度 / mg/L	pH 值
南一段	0.8473	9.0	28.6	15.0	15.5	880	13257	8.1
铜钵庙	0.8241	9.5				760	6494	7.7

四、储层特征

南一段储层砂岩成分成熟度低，以岩屑长石砂岩为主。石英含量平均为 24.5%，长石含量平均为 34.7%，岩屑含量平均为 28.0%。胶结方式为泥质胶结和碳酸盐胶结，泥质含量一般为 25%～20%，方解石为 3%～24%。孔隙类型主要为原生粒间孔、溶蚀粒间孔隙、溶蚀粒内孔隙、裂缝溶蚀孔隙和铸模溶蚀孔隙。储层物性孔隙度平均为 7.80%，空气渗透率平均为 6.20mD，以低孔低渗透储层为主。

铜钵庙组岩性主要为杂色砂砾岩、灰色粉—细砂岩与灰黑色泥岩互层。孔隙度主要分布在 8%～15% 之间，渗透率主要分布在 0.1～4mD 之间。

第四节 呼和诺仁油田

呼和诺仁油田位于内蒙古自治区呼伦贝尔市新巴尔虎右旗境内，区内为平坦草原。呼和诺仁油田石油地质勘查始于1958年，1985年完成了地震详查工作，1996年完成二维地震精查工作，发现了呼和诺仁构造。1990年部署了贝3井，1995年该井在南屯组压后抽汲获6.96t/d的工业油流，从而发现了呼和诺仁油田。1997年部署贝301井获自然产能8.28t/d。在1999年采集的三维地震资料基础上，2000年部署钻探了贝302井压后获日产油135.844t的高产油流。2001年首次实现了提交石油探明储量1336×10^4t。2005年在油藏评价过程中发现了贝301区块塔木兰沟组油层，提交石油探明储量120.25×10^4t。截至2018年底，累计提交石油探明储量1536.25×10^4t，含油面积$5.56km^2$。

一、含油区构造

油田位于贝尔凹陷贝西次凹呼和诺尔构造带。呼和诺尔构造带是在西部斜坡背景下，受上倾方向早期发育的北东向反向正断层遮挡而形成的平缓断鼻构造。断鼻构造展布方向为北东，长轴20km、短轴3.0km。构造带长期发育，有明显的继承性，伊敏组沉积后期随着反向断层停止活动而消失。东部发育了一组性质与该断层一致的北东向断层，受这几组断层的影响，在该构造带形成了一系列断块、断鼻圈闭，由南向北沿主断裂依次分布（图2-9-7）。

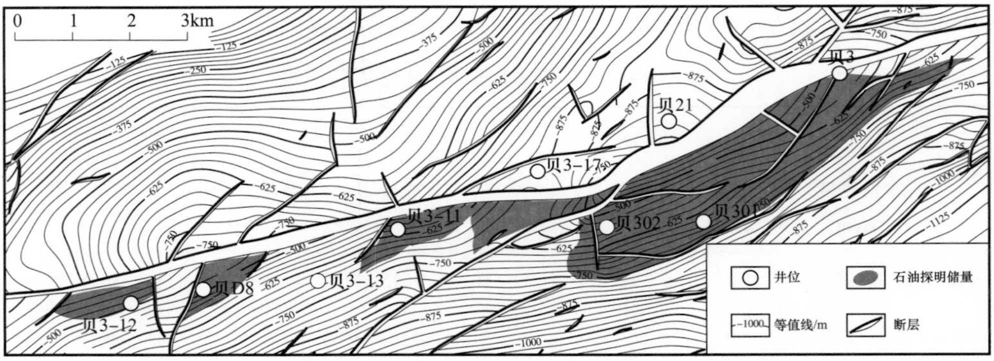

图2-9-7 呼和诺仁油田油藏分布图

二、油藏与油层

呼和诺仁油田类型主要为受构造控制的边水层状断块构造油藏（图2-9-8）。油藏地层温度和压力属于正常地温梯度和正常压力系统。

油田内主要含油层位为南一段和塔木兰沟组。南一段油层为油田主要含油层，自上而下分为Ⅰ、Ⅱ两个油层组。其中，南部、中部南一段油层主要集中在Ⅰ、Ⅱ两个油层组，北部贝13区块油层仅分布在Ⅰ油层组。油层地温梯度在3.85～4.10℃/100m之间，平均为3.94℃/100m；油藏地层压力在9.78～12.71MPa之间，平均压力系数为 0.98。塔木兰沟组油层温度梯度变化范围为 4.04～4.13℃ /100m，平均温度梯度为 4.08℃ /100m，压力系数平均为 0.96。

南一段油层油水分布在纵向上有三种形式：（1）油层—干层—水层；（2）油层—水层；（3）油层—干层。中部的贝 301 井区基本为上油下水特征，油水分布主要受构造控制，油藏具有相对统一的油水界面。北部的贝 13 井区油水分布主要受构造控制，基本为上油下水特征，区块被次级断层分隔为两个次级断块，分别具有独立的油水界面。南部贝 D8 井区油藏油水垂向分布以上油下干为主，局部为上油下水。受北东向次级断层分割成多个局部构造，各断块相互独立，没有统一油底界面。

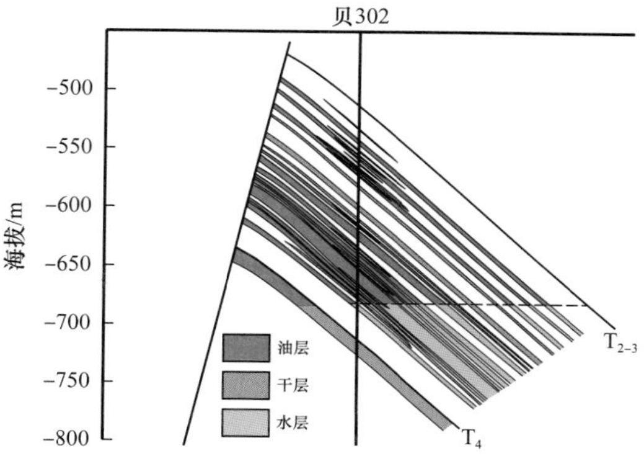

图 2–9–8　呼和诺仁油田油藏剖面

塔木兰沟组油层油水分布在纵向上有两种形式：（1）油层—水层；（2）油层—干层。总体上基本为上油下水特征。油水平面分布主要受构造控制，油藏具有相对统一的油水界面。

油层分布深度在 1055～1510m 之间，含油高度在 5.3～100m 之间。南一段有效厚度在 2.7～9.9m 之间，平均有效厚度为 5.26m，塔木兰沟组平均有效厚度为 13m。

三、油水性质

南一段和塔木兰沟组油层原油性质具低密度、低黏度和低凝固点特点。地层水属 $NaHCO_3$ 型（表 2–9–5）。

表 2–9–5　呼和诺仁油田油、水性质特征表

油层	地面原油性质					地层原油性质		油田水性质		
	原油密度 / g/cm^3	黏度 / mPa·s	凝固点 / ℃	含蜡 / %	含胶质 / %	原油密度 / g/cm^3	黏度 / mPa·s	氯离子含量 / mg/L	矿化度 / mg/L	pH 值
南一段	0.8278	5.4	19	11.9	13.8	0.773	2.0	3261.81	466.18	8.37
塔木兰沟组	0.8307	5.5	20.2	14.6		0.7756	2.46	未见水		

四、储层特征

南一段陆源碎屑储层以扇三角洲前缘亚相为主。油层岩性以砾岩、砂砾岩、砂岩为主，具不等粒结构、砂砾状结构。岩石类型以长石岩屑砂岩、岩屑砂岩和凝灰质砂岩为主。长石含量为 6%～49%，石英含量为 4%～23%，岩屑含量为 20%～76%，岩屑以岩浆岩、沉积岩为主，有少量变质岩。储层孔隙类型以原生孔隙为主，次生孔隙为缩小粒间孔，少量粒内溶孔等。部分凝灰质中砂质粗砂岩储层孔隙以缩小粒间孔和微裂缝为主，连通性相对较好。南一段储层平均孔隙度为 20.2%，平均空气渗透率为 76.5mD，属于中孔中渗透储层。

塔木兰沟组油层以灰色玄武岩为主，岩性较为致密，镜下具斑状结构，斑晶主要为斜长石、辉石、橄榄石，含量依次减少，斜长石含量为15%～26%，辉石含量为1%～5%，橄榄石含量一般小于1%。基质由在斜长石组成的骨架中充填橄榄石、辉石、火山玻璃、磁铁矿等组成。气孔中为绿泥石、方解石等充填。本区玄武岩属于火山裂隙式喷发成因，岩浆沿主干大断层溢出地表，覆盖于下部地层不整合面之上，形成覆盖面较广、产状相对平缓、厚度及成分较为稳定的泛流式玄武岩岩席，熔岩席侧翼或局部顶面发育火山碎屑岩。纵向岩相特征具有三分性，即溢流相致密玄武岩、岩流自碎碎屑岩及火山碎屑沉积岩。灰色玄武岩孔隙度一般为16.6%～18.8%，渗透率一般为0.09～0.25mD，属于中孔特低渗透储层。

第五节　苏德尔特油田

苏德尔特油田位于为内蒙古自治区呼伦贝尔市新巴尔虎右旗贝尔苏木（乡）境内，地面海拔为580～600m，自然环境较差。

苏德尔特油田石油地质勘查始于1982年，到1985年在该区完成了2km×4km测网的地震详查工作，发现了苏德尔特构造带。1996年在苏德尔特构造带上部署了贝10井，1997年对该井南一段油层测试，获日产油0.024t的低产油流，从而展示苏德尔特构造带的勘探前景。1999年完成了三维地震406km^2，进一步查清了苏德尔特构造带的构造形态和断层展布。2002年部署了贝16井。该井于南一段压裂后泵举获得125.82t/d的高产工业油流，从而发现南一段油藏。2003先后部署了一批探井和评价井及开发试验井，2004年在南一段油层贝14、贝16、贝28三个区块共提交石油探明储量3324×10^4t。截至2018年底，苏德尔特油田累计探明石油地质储量6405.67×10^4t，含油面积36.67km^2。该油田2003年底投产开发，截至2015年底，南一段油层开发井总数330口，综合含水30.4%。

一、含油区构造

油田位于海拉尔盆地贝尔凹陷的苏德尔特构造带上。苏德尔特构造带是在古隆起背景上发育的大型构造，整体呈北东东—南西西向展布，面积约20km^2。构造带内的断裂系统非常复杂，断层展布方向大致为北东东向，断面宽度大、断距横向变化快，大断层普遍能够搭接，区内小断层也非常发育，反映受多次构造运动的影响。东西受北东向和近东西向断层切割分为几个大的断块，断块走向为北东东向。在构造带中部，由北东东向和北北东向内部断层进一步切割，形成了大小不等的复杂断块、断背斜、断鼻等构造圈闭（图2-9-9）。

二、油藏与油层

油田以构造油藏为主，主要分布在大断裂的上升盘。在断裂下降盘发育构造—岩性油藏。主要含油层位是南一段和基底，其中南一段以断块构造油藏为主，基底为基岩潜山构造油藏。油田主体部位油层连续含油，南一段和基底形成统一的油藏系统。各块因构造部位的不同，油水分布差别很大，无统一的油水界面，总体表现为上油下干（水）。南一段油藏属于正常温压系统，油藏地温梯度平均为3.95℃/100m，地层平均压力系数为 0.93。基底油藏油层地温梯度较高，属较高地温梯度油藏，平均为 4.08℃ /100m；地层平均压力系数为 0.96，为正常压力系统油藏。

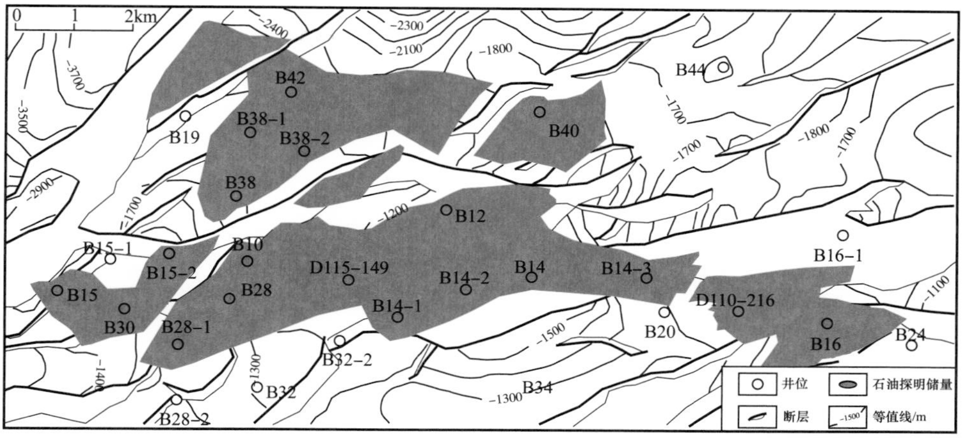

图 2-9-9　苏德尔特油田油藏分布图

南一段油层从上至下划分为 4 个油组，基岩油层划分为 3 个油组。各油组地层厚度在平面上变化很大，贝 16 断块各油组地层发育较全、厚度较大，往西各油组地层厚度变薄的同时断失、剥失现象严重。

三、油水性质

南一段油层地面原油性质具有低密度、低黏度、低凝固点的特点，为普通原油。基岩油层属于常规轻质油。油田水型为 $NaHCO_3$ 型（表 2-9-6）。

表 2-9-6　苏德尔特油田油、水性质特征表

油层	地面原油性质					地层原油性质		油田水性质		
	原油密度 / g/cm^3	黏度 / mPa·s	凝固点 / ℃	含蜡 / %	含胶质 / %	原油密度 / g/cm^3	黏度 / mPa·s	氯离子含量 / mg/L	矿化度 / mg/L	pH 值
南一段	0.8362	7.2	25	15.80	12.96	0.769	4.32	348	4972	8.6
基底	0.8459	10.40	27	17.7	14.8	0.7534	3.05	658.9	4742.4	7.48

四、储层特征

南一段油层包含陆源碎屑岩和火山碎屑岩。火山碎屑由玻屑、晶屑及火山灰组成。陆源碎屑为石英、长石及酸性喷发岩岩块。泥质具重结晶，与火山灰相混合充填孔隙。岩石多具碳酸盐化。孔隙类型为铸膜孔、溶孔、粒间孔和收缩线状缝等。平均孔隙度为 16.3%。平均渗透率为 3.72mD。

基岩储层岩石类型主要为碎裂含钙中砂岩、碎裂细粒长石岩屑砂岩、碎裂碳酸盐质砾岩。成分以岩屑、长石为主。胶结物为碳酸盐和方解石，填隙物泥质含量占 3%～66%，泥质含量较高，分选好—中等，磨圆度为次圆状，接触关系为点—线接触。属于薄膜式胶结。基岩储层类型复杂，有孔隙型，裂缝、孔洞及溶孔型，属于缝洞、孔隙双孔介质储层，孔隙度平均为 4.9%。渗透率平均为 0.03mD。

第六节 贝尔油田

贝尔油田位于内蒙古自治区呼伦贝尔市新巴尔虎右旗境内，区内为平坦草原。贝尔油田是位于海拉尔盆地贝尔凹陷内除呼和诺仁油田、苏德尔特油田以外油藏的统称，以贝中次凹和霍多莫尔构造带上的油藏为主，还包括在其他构造带上零星分布的油藏和已发现油田的滚动扩边油藏。截至 2018 年底，贝尔油田累计探明石油地质储量 4303.24×10^4t，含油面积 42.97km^2。由于贝尔油田油藏所处的构造背景、油藏类型差异较大，因此，重点论述具有代表性的贝中区块和霍多莫尔区块。

一、贝尔油田贝中区块

贝尔油田贝中区块位于内蒙古自治区呼伦贝尔市新巴尔虎右旗境内。构造位置位于海拉尔盆地贝尔凹陷中部的贝中次凹。贝尔凹陷在 20 世纪 60 年代初进行过煤田勘探工作，70 年代完成了针对石油地质勘查的重磁普查工作。1982 年贝尔凹陷开始进行地震勘探，1985 年完成了 2km × 4km 测网的地震详查。1996 年夏进行了 0.5km × 1km 二维地震精查工作。根据二维资料在贝中次凹部署了海参 5 井、希 1 井。2006 年对 1987 年完钻的海参 5 井进行重新复查，在基岩重新试油获得日产 3.24t 工业油流。2003 年完成三维地震资料采集、处理、解释工作，进一步认清了贝中次凹的构造格局和构造发育特征。2005 年部署了发现井——希 3 井。该井在南屯组进行压裂试油，获得了 31.48t/d 的工业油流，证实了贝中是一个富油次凹。总体上，贝尔油田希 3 区块具有整体含油的特点，截至 2018 年底，提交石油探明地质储量 2367.23×10^4t，含油面积 32.03km^2。共投产开发井 422 口，建设产能 35.35×10^4t。

1. 含油区构造

油田位于贝中次凹南部。贝中次凹呈东深西浅不对称双断结构，在 T_2—T_1 反射层表现为断陷边界断层活动减弱，以坳陷式构造形态为主，整体趋于平缓，表现为东西高、南北低、南宽北窄勺状凹槽的构造特点，南北低凹的鞍部呈现向西南倾的鼻状构造形态。在 T_3—T_{22} 反射层的构造格局具有较强的继承性，东西向为受边界断裂控制的不对称双断式结构，平面上呈“两洼一隆一斜坡”的构造格局，东深西浅、南低北高。西部斜坡带为北北东向断层控制的断阶带，南部为继承性隆起带，中部为向南倾没的鼻状构造形成的低隆带。大多数的构造圈闭分布于低隆起之上或断阶带内，构造圈闭按形态划分为断块、断背斜、背斜等类型，其中以断块为主。整体上北部圈闭比南部圈闭多，位于断层上升盘的圈闭比下降盘圈闭多（图 2–9–10）。

2. 油藏与油层

贝尔油田贝中区块油藏主要受古潜山、构造、断层、古地貌和沉积相带控制。油藏类型主要为构造—岩性油藏、岩性油藏和基岩潜山构造油藏（图 2–9–11）。

贝尔油田贝中区块含油层系纵向上主要分布在大一段、南二段、南一段和基底（图 2–9–12）。大一段分为两个油层组，Ⅰ油层组发育厚层状砂岩，发育含油性好油层；Ⅱ油层组储层不发育，只在东南部局部砂岩发育含油性较好油层。南二段划分为两个油层组，Ⅱ油层组为主力油层发育段。南一段划分为三个油层组，Ⅱ、Ⅲ油层组为主力油层发育段。

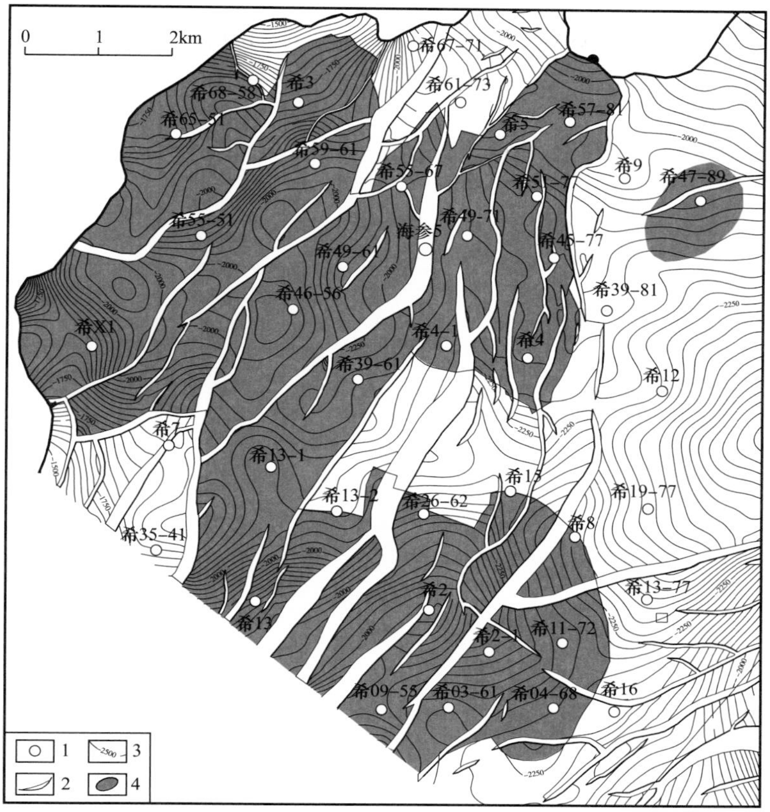

图 2-9-10 贝尔油田贝中区块油藏分布图

1—井位；2—断层；3—等值线 /m；4—石油探明储量

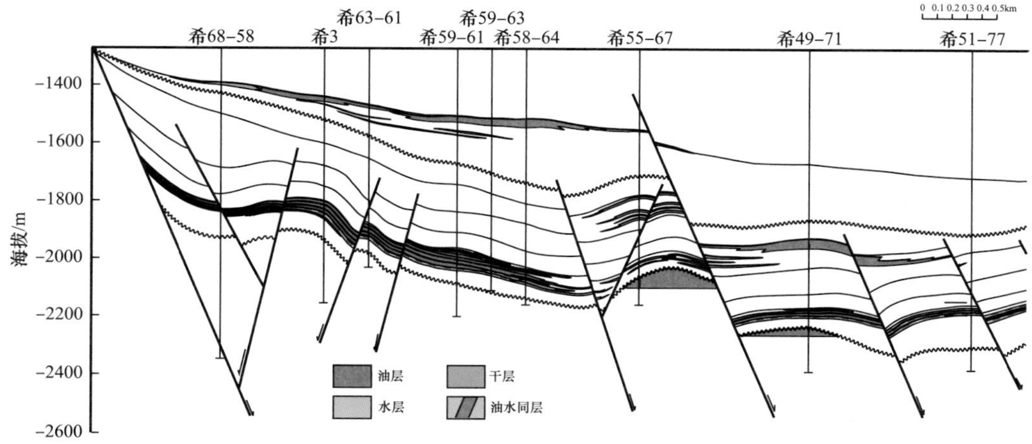

图 2-9-11 贝尔油田贝中区块油藏剖面图

贝尔油田贝中区块油藏油水垂向分布总的规律以上油下干或上油下水为主。大一段油藏纵向上油水分布以油—干为主，油—同—水、油—水形式次之。南二段油藏纵向上油水分布以油—干为主，油—同—水、油—水形式次之。南一段油藏受构造和岩性双重控制油水分布，纵向上具有油—干、油—同—水、油—水等分布形式。基岩油藏油气分布受早期构造形态控制，油水具有上油下干的特点，油气主要集中在上部，试油底部未见水层。

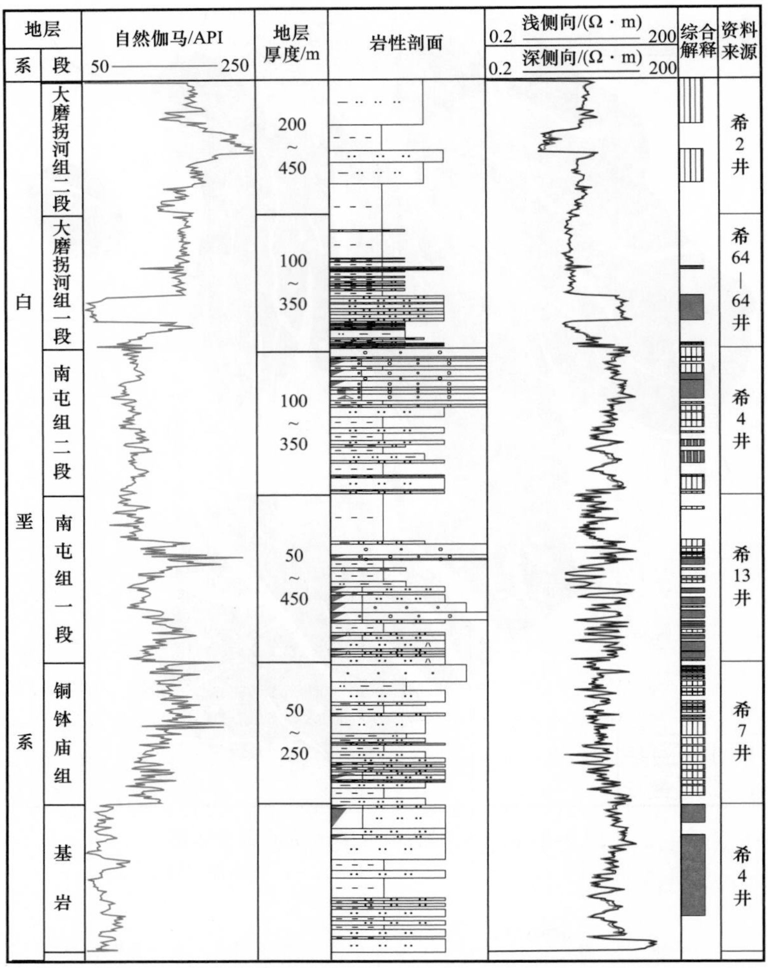

图 2-9-12　贝尔油田贝中区块综合柱状图

贝尔油田贝中区块地温梯度平均为 3.5℃ /100m，属正常地温梯度。地层平均压力系数为 0.95，为正常压力系统。

3. 油水性质

贝尔油田贝中区块原油属于常规轻质原油，水型为 $NaHCO_3$ 型（表 2-9-7）。

表 2-9-7　贝尔油田贝中区块油、水性质特征表

油层	地面原油性质					地层原油性质		油田水性质		
	原油密度 / g/cm^3	黏度 / mPa · s	凝固点 / ℃	含蜡 / %	含胶质 / %	原油密度 / g/cm^3	黏度 / mPa · s	氯离子含量 / mg/L	矿化度 / mg/L	pH 值
大一段	0.8553	4.35	24.0	—	—	0.797	4.79	647.14	5787.65	7.51
南二段	0.8575	9.51	27.55	18.28	18.33	0.803	2.99	413.11	5976.84	8.2
南一段	0.8746	28.73	33.58	20.93	21.73	0.792	4.04	610.56	6066.32	8.0
基底	0.8476	14.20	32.0	21.73	12.86	0.731	2.00	—		

4. 储层特征

大一段储层主要为辫状河三角洲前缘相，岩性主要为大套深灰、黑灰、灰黑色泥岩、粉砂质泥岩夹灰色泥质粉砂岩、粉砂岩。南屯组发育扇三角洲前缘亚相，主要由陆源碎屑岩类、凝灰质砂岩类、凝灰岩类、沉凝灰岩类四种岩石类型组成。南一段孔隙类型主要为粒间溶蚀孔、粒内溶蚀孔、长石粒内溶孔、铸模孔等。平均孔隙度为 12.5%，平均空气渗透率为 6.03mD，属于低孔特低渗透储层。南二段油层孔隙类型主要为粒间溶蚀孔、粒内溶蚀孔、长石粒内溶孔、铸模孔等。平均孔隙度为 10.21%，平均渗透率为 2.67mD，属于低孔特低渗透—特低孔特低渗透储层。基岩储层岩性为碎裂碳酸盐化、黄铁矿化砂岩、泥质粉砂岩、粉砂质泥岩、碎裂沉凝灰岩、碎裂菱铁矿化沉凝灰岩、碎裂安山质凝灰岩。基岩孔隙类型复杂，有孔隙型，裂缝、孔洞及溶孔型，属于双孔隙介质储层。裂缝较发育，高角缝、网状缝并存，顶部多为网状裂缝，裂缝部分有岩脉充填。基质平均孔隙度为 4.11%，平均渗透率为 0.33mD，属于特低孔特低渗透储层。

二、贝尔油田霍多莫尔区块

贝尔油田霍多莫尔区块位于内蒙古自治区呼伦贝尔市新巴尔虎右旗境内。构造位置位于海拉尔盆地贝尔凹陷霍多莫尔构造带，南部与苏德尔特构造带相邻，西部为贝西次凹，东部为巴彦塔拉构造带。

1982 年首次在贝尔凹陷内进行地震勘探工作发现霍多莫尔构造带，至 1985 年完成了凹陷内 2km × 4km 测网的地震详查工作，1986 年在构造高点部署了海参 2 井，在大磨拐河组钻遇较厚的砂岩，试油结果为低产油水层。1995 年完成霍多莫尔地区三维地震资料采集、处理工作。2005 年，霍多莫尔区块霍 1、霍 3 区块在大二段、南一段共提交石油探明地质储量 92.56×10^4t。2010 年，为进一步评价该区块，部署霍 3-3 井在南一段试油获日产油 5.8t，进一步证实了霍多莫尔构造带的勘探价值并初步落实了构造带储量规模。2011 年部署的霍 3-6 井，南一段顶部敞口自喷，获日产油 382.1t 的高产工业油流。同时，实施勘探开发一体化，部署的 11 口开发首钻井均见到好的效果，多口井获得高产油流。2011 年南一段提交石油探明地质储量 1507.13×10^4t。截至 2018 年底，累计探明石油地质储量 1727.34×10^4t，含油面积 10.79km^2。2012 年开始分批投产，开发目的层为南一段、南二段油层。共有油水井 84 口。

1. 含油区构造

霍多莫尔区块位于霍多莫尔构造带上。霍多莫尔构造带早期为水下低凸起，沉积地层较厚。在南屯组沉积末期受到区域挤压应力作用抬升遭受剥蚀，南二段及南一段上部地层均遭受剥蚀缺失，仅残留南一段下部地层。大磨拐河组、伊敏组沉积时期以稳定沉降为主，地层沉积稳定，厚度较大。伊敏组沉积末期受区域张扭性作用力，沿着北东向断裂带发生剪切变形形成走滑断裂带，在构造带顶部断裂复杂化。青元岗组沉积时期，受到区域挤压应力发生反转变形，构造带进一步复杂化。纵向上明显分为两套断裂系统，晚期构造活动形成的断层极少切穿到早期地层。局部构造较发育，其中断块数目最多，受地层剥蚀影响，地层不整合圈闭较发育（图 2-9-13）。

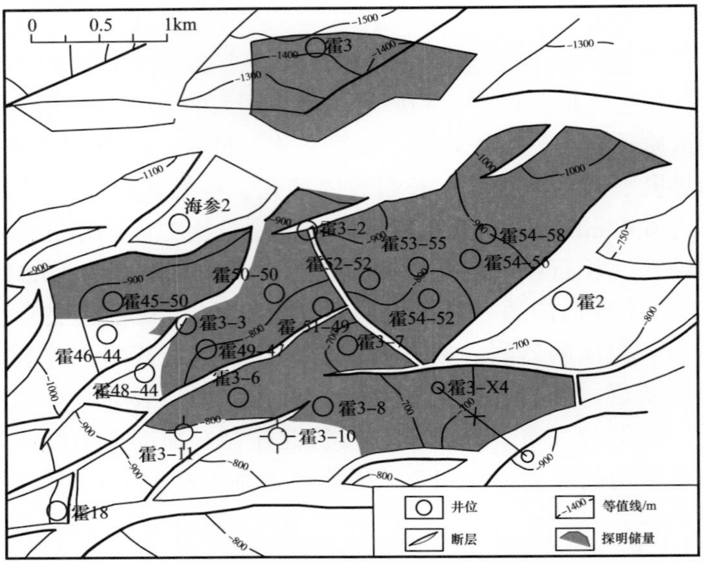

图 2-9-13　贝尔油田霍多莫尔区块油藏分布图

2. 油藏与油层

油田主要发育断块构造油藏和岩性—构造油藏（图 2-9-14）。其中南一段油藏主要受断层、不整合面和砂体共同控制，主要为断块油藏。大二段油藏主要发育在深大断裂附近的构造圈闭上，岩性对油藏起着一定的控制作用，为岩性—构造油藏。

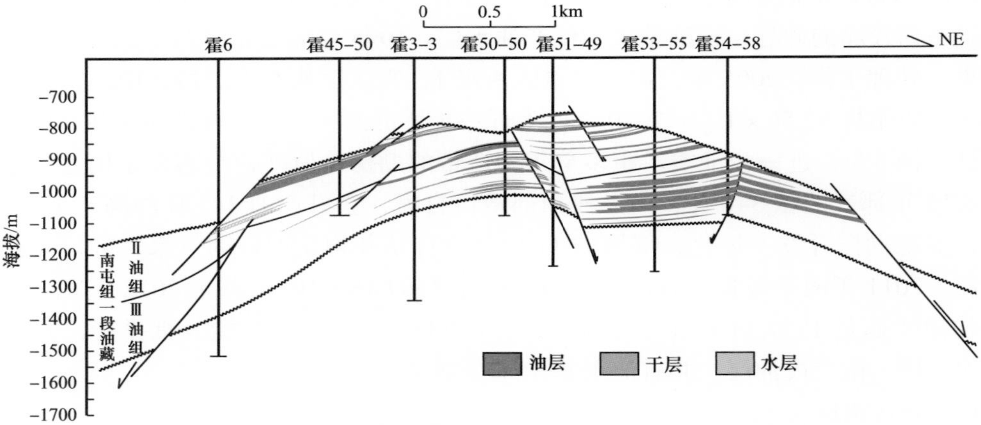

图 2-9-14　贝尔油田霍多莫尔区块油藏剖面图

霍多莫尔区块油藏油水垂向分布总的规律以上油下水为主、局部上油下干，由于构造、断层组合与砂体展布特征不同，各断块相互独立，且没有统一油水界面。

南一段油层地层温度平均为 3.82℃ /100m，属于正常地温梯度。地层平均压力系数为 0.93，为正常压力系统。大二段油层地温梯度平均为 4.18℃ /100m，属较高地温梯度油藏。地层平均压力系数为 0.97，为正常压力油藏。

霍多莫尔区块油层主要分布在大二段和南一段。由于大二段油层厚度小，油层比较集中，因此，没有进行细分油层组。南一段划分为三个油层组，Ⅱ、Ⅲ油层组为主力油层发育段（图 2-9-15）。

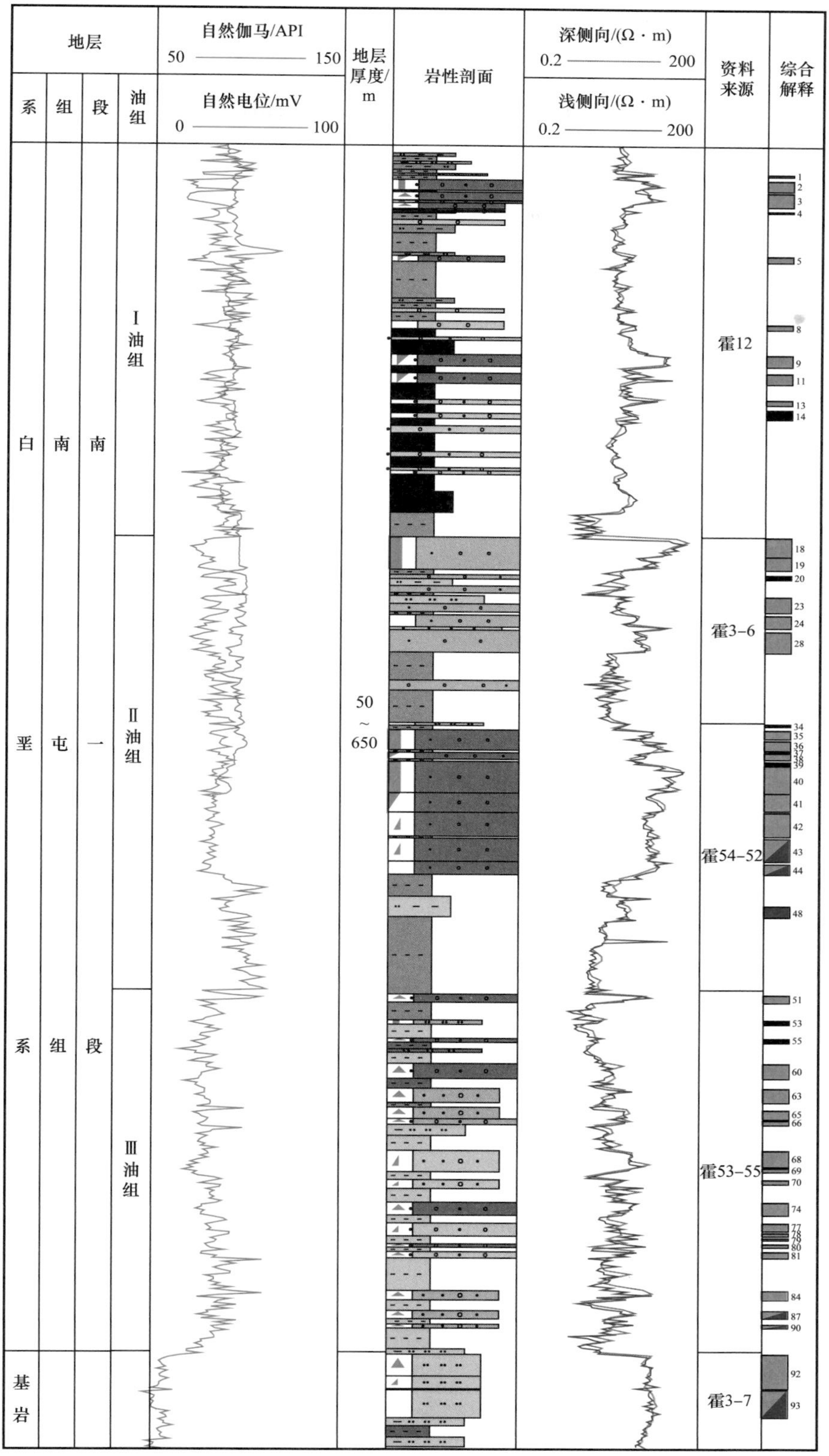

图 2-9-15　贝尔油田霍多莫尔区块综合柱状图

3. 油水性质

霍多莫尔区块原油属于常规轻质原油。油田水型为 $NaHCO_3$ 型（表 2–9–8）。

表 2–9–8 霍多莫尔区块油、水性质特征表

油层	地面原油性质					地层原油性质		油田水性质		
	原油密度 / g/cm^3	黏度 / mPa·s	凝固点 / ℃	含蜡 / %	含胶质 / %	原油密度 / g/cm^3	黏度 / mPa·s	氯离子含量 / mg/L	矿化度 / mg/L	pH 值
大二段	0.8228	4.7	16			0.7949	5.3			
南一段	0.813	4.6	18	11.4	7.3	0.757	1.88	200.12	4622.16	7.6

4. 储层特征

大二段储层以浅湖、滨浅湖沉积体系为主发育薄层湖泊砂体。岩石类型主要为陆源碎屑岩，其次为火山碎屑岩，其主要岩石类型有长石岩屑砂岩、岩屑砂岩、含泥粉砂岩、泥岩等。平均有效孔隙度为 20.6%，平均空气渗透率为 92.69mD。

南一段储层主要发育有三角洲前缘砂体。岩石具不等粒结构、粉砂状结构等。以长石岩屑砂岩或岩屑长石砂岩为主。以原生粒间孔为主，次生孔隙主要是长石粒内溶孔和岩屑粒内溶孔，少量铸模孔。南一段Ⅱ油层组平均孔隙度为 21.5%，平均空气渗透率为 98.6mD。南一段Ⅲ油层组平均孔隙度为 20.2%，平均空气渗透率为 92.7mD，属中渗透储层。

第十章 油气资源潜力与勘探方向

海拉尔盆地经过近40年石油勘探，乌尔逊—贝尔富油凹陷已进入精细勘探阶段，但外围凹陷勘探程度仍较低，剩余资源潜力仍较大，预示着广阔的勘探前景，这也正是大庆油田在“十四五”乃至更长一段时间内的主要勘探方向。

第一节 油气资源预测方法及结果

据《中国石油地质志》首版，应用氯仿沥青“A”法，海拉尔盆地总石油资源量为10.91×10^8t，其中乌尔逊—贝尔凹陷为4×10^8t左右；2002年全国第三次油气资源评价，海拉尔盆地石油资源量为8×10^8t，其中乌尔逊为3.39×10^8t，贝尔为1.63×10^8t。

2015年的全国第四次油气资源评价，是最近一次大规模的资源评价工作。主要采用盆地模拟法评价了乌尔逊凹陷、贝尔凹陷、巴彦呼舒凹陷、呼和湖凹陷、查干诺尔凹陷、红旗凹陷、依敏凹陷、东明凹陷8个凹陷；其中乌尔逊凹陷、贝尔凹陷勘探程度较高，还采用类比法、油藏规模序列法、油气藏发现过程模型法，分层系、分区带评价资源潜力；赫尔洪德、乌固诺尔、新宝力格、莫达木吉、旧桥、五一牧场、鄂温克、呼伦湖8个凹陷沿用全国第三次资源评价结果。全国第四次油气资源评价应用盆地模拟法，主要评价的层位是南屯组和铜钵庙组，包括泥岩和煤两种类型的烃源岩，计算的生排油气量见表2-10-1，乌尔逊凹陷和贝尔凹陷的排油量相对较大，分别为15.68×10^8t和16.76×10^8t。累计石油地质资源量10.09×10^8t，天然气资源量$792.5 \times 10^8 m^3$（表2-10-2），煤层气资源量$4792.1 \times 10^8 m^3$。贝尔凹陷石油地质资源量3.56×10^8t、乌尔逊凹陷石油地质资源量2.52×10^8t；外围凹陷计算结果小于1000×10^4t未统计，巴彦呼舒凹陷石油地质资源量9930.7×10^4t，呼伦湖凹陷12800×10^4t，查干诺尔凹陷石油地质资源量3114.175×10^4t，红旗凹陷石油地质资源量4254.4×10^4t，东明凹陷石油地质资源量2741.7×10^4t，伊敏凹陷石油地质资源量2677.2×10^4t，呼和湖凹陷石油地质资源量4599.0×10^4t。

表2-10-1 海拉尔盆地各凹陷烃源岩生排烃量统计表

盆地	层位	烃源岩面积/km^2	生油量/10^8t	生气量/$10^{11}m^3$	排油量/10^8t	排气量/$10^{11}m^3$
乌尔逊凹陷	南二段	1716.35	13.89	3.40	6.86	2.25
	南一段	1582.37	10.60	3.02	6.38	2.41
	铜钵庙组	1454.67	3.97	1.13	2.43	0.91
	合计		28.47	7.55	15.68	5.57

续表

盆地	层位	烃源岩面积 / km^2	生油量 / 10^8t	生气量 / $10^{11}m^3$	排油量 / 10^8t	排气量 / $10^{11}m^3$
贝尔凹陷	南二段	1709.3	5.66	0.97	3.06	0.61
	南一段	2041.34	18.24	3.55	11.40	2.65
	铜钵庙组	1235.98	3.67	0.69	2.30	0.51
	合计		27.57	5.21	16.76	3.77
巴彦呼舒凹陷	南二段	1074.3	1.93	0.06	0.0007	0
	南一段	979.75	5.12	0.71	1.50	0.18
	铜钵庙组	344.53	2.88	0.57	1.98	0.39
	合计		9.93	1.35	3.48	0.56
呼和湖凹陷	南二段泥岩	1512.08	7.72	5.39	0.05	3.80
	南二段煤	1577.37	34.55	19.83	1.05	14.22
	南一段泥岩	1692.13	2.96	5.38	0.04	4.61
	南一段煤	376.94	0.76	1.14	0.05	1.00
	合计		45.99	31.74	1.19	23.63
查干诺尔凹陷	南二段	691.77	1.50	0.11	0.09	0.02
	南一段	912.66	3.78	0.43	0.49	0.20
	铜钵庙组	838.89	7.18	1.43	1.55	1.00
	合计		12.46	1.97	2.13	1.23
红旗凹陷	南二段	671.36	1.16	0.10	0	0
	南一段	315.66	1.95	0.36	0.25	0.06
	铜钵庙组	762.24	2.21	0.46	0.93	0.26
	合计		5.32	0.92	1.18	0.32
依敏凹陷	南二段	575.73	0.65	0.004	0	0
	南一段	501.2	2.70	0.195	0.86	0.15
	合计		3.35	0.20	0.86	0.15
东明凹陷	南屯组	617.73	2.74	0.15	0.99	0.08
合计			135.83	49.09	42.26	35.28

与全国第三次资源评价相比（表 2-10-3），贝尔凹陷石油资源增幅最大，增加了 1.93×10^8t 的石油资源量，乌尔逊凹陷石油资源减幅最大，减少了 0.87×10^8t 石油资源量。贝尔凹陷增加主要是因为该凹陷发现优质烃源岩，主力烃源岩层认识清楚，以南屯组为主，有机质类型好，成熟度高，此外盆地原型认识清楚，有效烃源岩范围增加，贝尔凹

陷贝西洼槽全国第三次资源评价以来岩性油藏勘探获重要进展，勘探潜力大。乌尔逊凹陷减少主要是因为评价层位由全国第三次资源评价的 4 层减少为全国第四次资源评价的 2 层，此外烃源岩生排烃晚，有效烃源岩范围变小，后期构造活动强烈，有效圈闭变少。

表 2–10–2　海拉尔盆地各凹陷原油和天然气资源量汇总表

领域	凹陷	类比法	成因法		最终取值	
		石油资源量 / 10^8t	石油资源量 / 10^8t	天然气资源量 / 10^8m^3	石油地质资源量 / 10^8t	天然气地质资源量 / 10^8m^3
海拉尔盆地	贝尔	3.59	3.77	3.31	3.56	
	乌尔逊	2.59	2.12	2.85	2.52	
	巴彦呼舒		0.99		0.99	
	呼和湖		0.46	792.5	0.46	792.5
	红旗		0.43		0.43	
	东明		0.27		0.27	
	伊敏		0.27		0.27	
	查干诺尔		0.31		0.31	
	呼伦湖				1.28（三次）	
	合计		8.62	798.66	10.09	792.5

表 2–10–3　海拉尔盆地全国第四次资源评价与全国第三次资源评价油气资源量对比表

领域	凹陷	油 /10^8t			气 /10^8m^3	备注
		全国第三次资源评价	全国第四次资源评价	差异	全国第四次资源评价（气层气）	
海拉尔盆地	贝尔	1.63	3.56	1.93		一是由于优质烃源岩的发现，主力烃源岩层认识清楚，以南屯组为主，有机质类型好，成熟度高；二是盆地原型认识清楚，有效烃源岩范围增加；三是贝西洼槽岩性油藏勘探获重要进展，勘探潜力大
	乌尔逊	3.39	2.52	−0.87		一是评价层位由全国第三次资源评价的 4 层减少为全国第四次资源评价的 2 层；二是烃源岩生排烃晚，有效烃源岩范围变小；三是后期构造活动强烈，有效圈闭变少
	巴彦呼舒	0.32	0.99	0.67		一是烃源岩品质好，有机质类型以 I 型为主，烃源岩成熟；二是发育陡坡鼻状构造带及缓坡断阶带两个油气聚集带，已获工业发现
	呼和湖	0.97	0.46	−0.51	792.5	为倾气型烃源岩，排油量少

续表

领域	凹陷	油 /10^8t			气 /10^8m^3	备注
		全国第三次资源评价	全国第四次资源评价	差异	全国第四次资源评价（气层气）	
海拉尔盆地	红旗	0.07	0.43	0.36		烃源岩厚度、分布等认识提高
	东明	0.01	0.27	0.26		
	伊敏	0.16	0.27	0.11		
	查干诺尔	0.64	0.31	−0.33		为倾气型烃源岩，成熟度低（实测 R_o 最大小于 %），排油气量小
	呼伦湖	1.28	1.28			沿用全国第三次资源评价结果，本次不参与统计
	赫尔洪德	0.11		−0.11		
	旧桥	0.02		−0.02	27% 矿权内	
	新宝力格	0.01		−0.01		
	鄂温克	0.01		−0.01	79% 矿权内	
	五一牧场	0.01		−0.01		
	莫达木吉	0.03		−0.03	没有矿权	
	乌固诺尔	0.02		−0.02	没有矿权	
	合计	8.39	10.04		792.5	

第二节　油气资源潜力分析及勘探方向

陆相盆地由于沉积相变快，油气多以近烃源岩的短距离运移为主，因此确定陆相湖盆有利勘探区带时，生烃凹陷的确定是关键，有利勘探区带多围绕生烃凹陷呈环带分布。因此，在进行有利区带预测时，主要以资源潜力（油源条件）为基础，以构造背景和沉积体系为核心，以岩性地层油藏分布规律为依据，围绕生油洼槽及周边进行岩性—地层油藏有利勘探区带的优选。

一、贝尔凹陷油气资源潜力及勘探方向

贝尔凹陷面积 3010km^2，已提交石油探明地质储量 1.5894 × 10^8t。贝尔凹陷经历三期改造，形成北东向展布的三凹两隆一单斜的构造格局，断陷期地层是主要勘探层系。古构造控制油气富集，基底卷入型反向断层控藏。三条北东东向断裂控制断陷期凹陷的展布和有效烃源岩分布，反向断层形成的古构造是油气最有利的富集区带，油气在主控断裂及次级断裂形成的高点富集。具有多种油藏类型、多层位立体含油的特点。贝尔凹陷优选四个有利勘探区带，贝西地区、贝中次凹、塔拉汗—霍多莫尔隆起带、贝东次凹整体具有 1.55 × 10^8t 的资源潜力。

1. 贝西地区

贝西洼槽构造对油气聚集带的控制作用很强，体现在西部构造圈闭长期发育为有利的油气聚集区；中部为复式构造带，形成复式油气聚集区；东侧受岩性控制作用明显，形成构造—岩性和地层—岩性有利油气聚集区。控陷断层和古隆起斜坡部位控制沉积充填演化，进而控制生烃、排烃、运移和聚集。南一段东、西部物源低位体系域扇三角洲及辫状河三角洲的前缘砂体广泛分布，是主力的含油层系。南二段沉积时期受东部物源控制明显，前缘相带发育滑塌浊积扇体，有利于形成岩性油藏，具有以构造—岩性油藏为主、多层位含油连片的场面。大一段沉积时期，整个贝尔凹陷开始进入断坳期，该沉积时期由于断层活动较小，以整体沉降运动为主，贝尔凹陷连成一个大的湖泊，物源区分布在相对较高的斜坡和凸起部位，进入以湖泊—三角洲沉积体系为主的沉积时期。大部分地区为浅湖—半深湖背景下发育的三角洲前缘沉积，以粉砂岩、泥质粉砂岩和灰色、灰黑色泥岩为主，局部有砂砾岩，有利于形成岩性复合油藏。贝西洼槽在斜坡区和洼槽区共识别圈闭 33 个，面积 161km^2，整体具有 5600×10^4t 圈闭资源量。

2. 贝中次凹

贝中次凹位于贝尔凹陷南部，勘探面积约 260km^2。主体面积只有 100km^2。目的层为南屯组、布达特群。研究表明，贝中次凹为受东西两侧断层控制的双断型断陷，断陷期断层发育，在断阶、低隆起背景下，形成多个圈闭；继承性深断陷有利于烃源岩演化与成熟，南屯组暗色泥岩累计厚度为 100～300m，有机碳含量为 1.8%～3.3%、氯仿沥青“A”含量为 0.06%～0.18%、热解生烃潜量为 2.5～15.1mg/g，有机质丰度较高，有机质类型以腐殖—腐泥型为主，兼少量腐泥型，评价为中等—好烃源岩，为主要烃源岩层；上覆超千米大磨拐河组及以上地层，泥岩发育，断层不发育，构成良好的封闭体系，具备较好的成藏条件。近年来开展贝中次凹再认识研究，实现勘探—评价—开发一体化研究，加快勘探节奏，连续获得工业突破。贝中次凹南一段已提交规模储量，南二段优质烃源岩与储层交互发育，源储一体，易形成低渗透岩性油藏，希 38- 平 1 井获 43.58t/d 高产油流，证实具有较大潜力，希 x4002 井获 6.6t/d 工业油流，南二段整体展现出较大勘探潜力。南二段目前新识别未钻探圈闭 18 个，面积 49.6km^2，整体具有 2000×10^4t 圈闭资源量。

3. 贝东次凹

贝东次凹和贝中次凹具有相似地质特征，洼槽面积 150km^2，沉积岩最大厚度为 3000m，南一段的烃源岩有机质类型为 II_2 型—Ⅰ型，有机质丰度中等—好，受晚期构造反转强烈影响，地层剥蚀严重，生油门限为 850m，排烃高峰为 1370m。反向断块高部位是有利的勘探部位，部署的贝 X64 井南二段试油获工业油流，标志贝东次凹小洼槽勘探获得历史性突破，以构造、复合及岩性油藏为主。目前勘探程度较低，钻井揭示具有多层位含油特点，纵向上发育基底、铜钵庙组、南一段及南二段含油层系，勘探潜力较大，具有 3000×10^4t 资源潜力。

4. 塔拉汗—霍多莫尔隆起带

中部隆起带是贝尔凹陷油气最为富集的有利勘探区带，纵向上发育基底、南一段及大二段油藏，南屯组是主要含油层系。早期控陷断裂控制凹中隆起带构造油藏分布，构造主体已探明，剩余目标区分布在塔拉汗、霍多莫尔及苏德尔特构造带。北东东向断裂控制沉积体系和烃源岩分布，凹中隆起带是构造油藏的有利勘探区。具有“埋藏浅、产量高、丰度高”的特点，断层和不整合面控藏，发育断块油藏。苏德尔特和霍多莫尔共提交优质石油探明储量 7666.67×10^4t，隆起带北部霍多莫尔、中部苏德尔特目前勘探程度较高，进入精细挖潜勘探阶段，南部塔拉汗构造带勘探程度较低，勘探潜力较大，是下步重点探索目标区。在塔拉汗、苏德尔特及霍多莫尔三个隆起带开展精细构造解释，共识别圈闭 29 个，面积 63.9km^2，圈闭资源 4900×10^4t。

二、乌尔逊凹陷油气资源潜力及勘探方向

乌尔逊凹陷面积 2240km^2，已提交石油探明地质储量 4314.6×10^4t。乌尔逊凹陷是海拉尔盆地贝尔湖坳陷带上的大型断陷之一，北邻新宝力格凹陷，南接贝尔凹陷，西以乌西断裂与嵯岗隆起为界，东侧与巴彦山隆起超覆过渡，呈箕状样式。根据断裂特征及沉积充填结构，将乌尔逊凹陷构造格局分为乌北次凹和乌南次凹。油气富集的主控因素有以下几点：乌尔逊凹陷存在乌南及乌北两大烃源岩中心，两大烃源岩中心控制乌南、乌北油气藏分布；物源体系控制了储层的分布、决定了形成圈闭的关键环节，是油气藏形成的主要因素；有利沉积相、盖层与烃源岩的配置关系、断层的形成和发育共同制约着油气藏的形成和分布；多期次的构造运动形成的区域性不整合面控制了油气藏的纵向分布。根据乌尔逊凹陷的油藏类型和特点，优选四个有利勘探区带，即乌南洼槽区、乌北洼槽区、乌南斜坡区和乌北斜坡区，整体具有 8000×10^4t 的资源潜力。

1. 乌北洼槽区

乌北洼槽是乌北地区的烃源岩中心，南一段烃源岩发育、埋深大，已达到生油高峰期，南二段也已进入成熟生油阶段，油源供给充足。南屯组主要发育扇三角洲前缘沉积相带，形成了众多的砂岩储层，与湖相泥岩形成“泥包砂”的岩性组合，生储盖配套条件好。南洼槽的南屯组发育大量岩性圈闭，在垂直于物源方向的地震剖面上，表现为大量的透镜体，易于识别和追踪。这些透镜体上部和下部均发育大段泥岩，具备形成自生自储自盖油气藏的构造—岩性油藏有利条件，苏 46 井、苏 X50 井的成功进一步证明了该地区具有较好的勘探前景。油藏分布主要受来自东部铜钵庙构造带的砂体控制，具有厚度大、产能高的特点，苏 46 井在大一段、南二段、铜钵庙组三个层位获得工业油流，整体具有 2000×10^4t 的勘探潜力。下步将进一步在细分层的基础上刻画砂体，落实勘探目标。

2. 乌南洼槽区

乌南洼槽区烃源岩发育，有机质丰度和有机质类型均表现为较好—好烃源岩，南一段埋深大多超过 2800m，南二段埋深大多超过 2300m，均已超过生油门限，达到生油高峰期，油源供给充足。主要目的层为南二段和南一段，兼探大二段，目标区已在大二段、南二段获工业油流，南一段获低产油气流。南屯组油藏为自生自储自盖型油藏，成藏的关键是能否找到有利储层，地震剖面上的透镜状地震异常体为扇三角洲前缘滑塌形成的湖底扇，是有利储层发育区，易形成岩性油藏。乌 34 井南二段已经获得工业油流，乌 34 井发育具有重力流沉积特征的湖底扇，证实乌南洼槽区能够形成岩性油藏。该地区油气显示较多，以低产或见油气显示为主，储层物性差，泥质含量高，整体具有 2500×10^4t 勘探潜力。南屯组沉积时期主要为来自东部物源区的水下扇砂体，具有重力

流特征，下步主要工作为洼槽区砂体的精细刻画。

3. 乌南斜坡带

南屯组沉积时期乌南地区整体表现为近东西向展布的湖盆，湖盆中心在乌 19—乌 35—乌 D3 井一线。斜坡带在湖盆南北两侧均发育扇三角洲前缘沉积体系，南屯组沉积末期遭受抬升剥蚀，储层物性好，大一段泥岩发育，是良好的区域盖层。从整体构造背景来看，乌东斜坡带是油气运移的主要指向区，且圈闭面积大，具有储量规模大的潜力。乌东斜坡带南部断层发育，紧邻乌南洼槽发育西掉顺向断层，可以作为油气运移的有效通道，将洼槽区生成的油气运移至东部斜坡高部位。主要目的层为南二段和铜钵庙组，众多的断层控制形成了大量的构造圈闭，这些圈闭作为油气聚集的场所对成藏十分有利，同时还可以与岩性尖灭、地层不整合形成构造—岩性圈闭。东部斜坡发育反向断层，使南二段储层与大一段泥岩对接，封堵条件好，有利于油气聚集成藏。在南一段烃源岩成熟区域，断层使烃源岩与铜钵庙组储层对接，易于形成构造油气藏。该区带部署目的是扩大储量含油面积，根据剩余圈闭评价情况，剩余资源量为 2500×10^4t。

4. 乌北斜坡区

铜钵庙构造带紧临乌北南洼槽，南洼槽为乌北最重要的生烃中心，目前已经钻探的铜 7 井、铜 8 井均见到一定的油气显示，说明油气能够长距离运移到铜钵庙构造带上部。整体具有 1000×10^4t 的勘探潜力，下步主要工作是精细构造解释，落实圈闭有效性。

三、外围凹陷油气资源潜力及勘探方向

1. 巴彦呼舒凹陷

巴彦呼舒凹陷位于海拉尔盆地扎赉诺尔坳陷西南部，是一个孤立的呈北东向展布的二级负向构造单元，沉积岩最大厚度大于 3500m，凹陷西部为额尔古纳褶皱带，东部为汗乌拉凸起。巴彦呼舒凹陷是受阿敦楚鲁断裂控制的北东向箕状断陷，具有“东西分带、南北分块”的构造格局。发育巴南、巴中、巴北三个次凹。以中部次凹地层最为发育，沉积厚度大，南北两个较浅，面积约 1500km^2。现有二维地震 21325.66km，三维地震 199.56km^2。已钻探井 10 口，地质井 1 口，有 2 口井获得工业油流。巴彦呼舒凹陷是受西部阿敦楚鲁断层控制的西断东超的箕状凹陷。阿敦楚鲁断层并不是一条完整的边界断层，根据断层走向及断面特征，可以划分为三段，各段活动强度具有较大的差异性，在南北方向上形成“三凹夹两隆”的构造形态。由于西部边界断层在南北段活动较弱，中部活动较强，导致了巴南巴北两个次凹沉积地层相对较薄，巴中次凹地层厚。巴彦呼舒凹陷南一段烃源岩是海拉尔盆地最好的烃源岩，有机质类型为Ⅰ型干酪根，有机碳含量平均为 3.46%，氯仿沥青“A”含量为 0.3593%，生烃潜量为 26.92mg/g，综合评价为很好烃源岩。凹陷陡坡带发育两期构造反转，自南向北形成尧道毕、哈尔达郎、哈北、阿墩楚鲁 4 个不同规模的鼻状构造，哈尔达郎、哈北构造已获得突破，其他两个是下步探索重点目标区。

2. 呼和湖凹陷

呼和湖凹陷位于内蒙古自治区呼伦贝尔盟新巴尔虎左旗，南与蒙古接壤，在构造上属于呼和湖坳陷的次一级构造单元，西部为巴彦山隆起，东部为锡林贝尔凸起，西南与五一牧场相连，东北部为伊敏凹陷。凹陷呈北东向展布，东北窄、西南宽，长

90～100km，宽 10～40km，面积约为 2500km^2，沉积岩最大埋深约 6000m。主要含油层系为铜钵庙组和南屯组。现有二维地震 3620.62km，三维地震 667km^2。已有探井 18 口，2 口井获得工业油气流，3 口井获得低产油气流，多口井见到油气显示，展现出良好的勘探前景。呼和湖凹陷发育南一段湖相及南二段煤系两种类型烃源岩。南一段湖相泥岩有机碳含量平均为 1.13%，生油潜量平均为 2.7mg/g，氯仿沥青“A”含量平均为 0.02%，氢指数平均为 66.47mg/g，氢 / 碳平均为 0.76，综合评价为中等—差烃源岩，有机质类型为 II_2 型。南二段碳质泥岩有机碳含量平均为 2.72%，生油潜量平均为 4.46mg/g，氯仿沥青“A”含量平均为 0.1%，氢指数平均为 125.01mg/g，氢 / 碳平均为 0.78，综合评价为中等—好烃源岩，有机质类型为 II_1 型。南二段煤有机碳含量平均为 60.5%，生油潜量平均为 124.5mg/g，氯仿沥青“A”含量平均为 0.65%，氢指数平均为 229.15mg/g，氢 / 碳平均为 0.92，综合评价为中等—好烃源岩，有机质类型为Ⅲ型。和 10 井南二段获得气 $4\times10^4m^3/d$、油 2.71t/d 工业油气流，证实南二段煤系烃源岩既可生油又可生气，为凝析油气藏。南屯组发育上、下两套成藏组合，上部储盖组合以南二段砂岩为储层，下部储盖组合以南一段砂岩为储层，为自生自储型。呼和湖凹陷纵向上在南二段、南一段不同程度见到油气显示，其中南二段油气显示活跃为勘探重点，整个凹陷具有 $1000\times10^8m^3$ 天然气勘探潜力。西部缓坡带和洼中低凸起是有利的构造带，这两个构造带邻近生油条件较好的洼槽区，油源供给充足，南屯组沉积时期东部、西部短轴物源扇体发育，分布广泛，砂体物性较好，易于捕集油气，形成油气藏，是下步勘探的重点区带。

3. 红旗凹陷

红旗凹陷位于海拉尔盆地贝尔湖坳陷北部，北部为陵丘凸起，南部为五星队凸起，西部为嵯岗隆起的北端，东部为巴彦山隆起的西北端，是一个受红西断裂控制的北东东方向展布的狭长箕状凹陷，面积约 840km^2，沉积岩最大埋深约 4000m。凹陷基岩为中—上古生界（Pz_2—Pz_3）黑色片岩，沉积盖层自下而上发育侏罗系塔木兰沟组，白垩系铜钵庙组、南屯组、大磨拐河组、伊敏组、青元岗组和古近系、新近系、第四系。主要勘探目的层为铜钵庙组、塔木兰沟组和基岩。该凹陷总体勘探程度较低，目前红旗凹陷拥有二维地震 2102km。钻探海参 6、红 1、红 2 等 5 口探井，红 D1、红 D3、红 D4 等 3 口地质浅井，4 口探井见到好的油气显示，证实红旗凹陷展现出良好的勘探潜力。铜钵庙组暗色泥岩为主力烃源岩，有机碳含量平均为 2.16%，生油潜量平均为 6.09mg/g，氯仿沥青“A”含量平均为 0.2469%，综合评价为中等—好烃源岩；干酪根类型以Ⅱ型为主，生烃门限埋深一般在 1450m 左右，烃源岩的排烃门限为 1750m，据全国第四次资源评价结果，该凹陷具有石油资源量 0.43×10^8t，洼中隆起带最有利于油气聚集。

4. 东明凹陷

东明凹陷呈近东西向展布，是南断北超的箕状凹陷，断陷期勘探面积 1000km^2，已有二维地震 1841.8km，钻井 5 口，4 口井见到油气显示，证实为一含油凹陷。东明凹陷烃源岩条件好，南屯组烃源岩丰度高，类型以Ⅱ型为主，达到中等—好烃源岩标准，生烃门限为 819m，排烃门限为 1100m，暗色泥岩厚度普遍大于 100m，最厚达 700m，R_o 大于 0.7% 面积 230km^2，集中分布在东次凹，具有形成规模油藏的物质基础。明 3 井揭示洼槽区南一段发育高丰度泥岩，地震上呈空白弱反射特征，有机质类型为Ⅰ型—II_1 型，埋深一般超过 820m，厚度为 50～300m，总面积 140.6km^2，成熟面积 126.5km^2，烃源岩条件优越。南屯组储层岩石类型以长石岩屑砂岩为主，物性较差，孔隙度小于10%，渗透率小于1mD。纵向上，发育三套成藏组合，中部成藏组合为勘探重点，明2井获得0.016t/d的低产油流，展现了良好的勘探前景。据全国第四次资源评价结果，该凹陷具有石油资源量0.27×10^8t。东次凹缓坡带发育一系列源储与构造匹配好的反向断块圈闭，值得探索。

5. 伊敏凹陷

伊敏凹陷与南部呼和湖凹陷相连，面积为1180km^2，沉积岩最大厚度超过2900m。该凹陷总体油气勘探程度低，已有二维地震300.9km。已钻探伊D1井及伊2井，2口探井均见到好的油气显示，凹陷内分布的两口油页岩井及煤田钻井也见到好的油气显示，证实该凹陷虽面积较小但具有良好的勘探前景。伊敏凹陷整体具有“东、西分带，南、北分块”的构造格局，分布6个构造带，发育南、北两个次凹。伊敏凹陷以煤系烃源岩为主，暗色泥岩有机碳含量平均为2.61%，生油潜量平均为9.17mg/g，氯仿沥青“A”含量平均为0.077%，综合评价为中等—好烃源岩；碳质泥岩有机碳含量平均为14.1%，生油潜量平均为77.62mg/g，氯仿沥青“A”含量平均为1.5%，综合评价为中等—好烃源岩；煤岩有机碳平均为39.79%，生油潜量平均为212.96mg/g，氯仿沥青“A”含量平均为1.61%，综合评价为中等—好烃源岩。南一段以湖相烃源岩为主，暗色泥岩有机碳含量平均为3.73%，生油潜量平均为22.15mg/g，氯仿沥青“A”含量平均为1.28%，综合评价为中等—好烃源岩。生烃门限为981m左右，排烃门限为1580m，南屯组烃源岩已进入高成熟阶段。据全国第四次资源评价结果，该凹陷具有石油资源量0.27×10^8t，集中分布在北次凹陷，北次凹西部缓坡带发育的一系列反向断块有利于油气聚集。

6. 呼伦湖凹陷

呼伦湖凹陷位于盆地西北部，是海拉尔盆地扎赉诺尔坳陷的一个负向二级构造单元，凹陷总体为东断西超的箕状断陷。共有探井3口，均见到好的油气显示，其中海参3井压后自喷获得日产气24972m^3，日产油0.067t的工业气流，证实该凹陷具有较好的勘探潜力。呼伦湖凹陷南屯组发育煤系烃源岩，南屯组暗色泥岩为主力烃源岩，南二段有机碳含量平均为1.75%，生油潜量平均为2.42mg/g，氯仿沥青“A”含量平均为0.168%，综合评价为中等—好烃源岩；南一段有机碳含量平均为1.833%，生油潜量平均为7.93mg/g，氯仿沥青“A”含量平均为0.1014%，综合评价为中等—好烃源岩；烃源岩的生烃门限埋深一般在1037m左右，南屯组泥岩最大厚度为550m，集中分布在洼槽区。据全国第四次资源评价结果，该凹陷具有石油资源量1.28×10^8t，总体来看南屯组具有源、储一体成藏特征，洼槽区岩性—构造油气藏及东部断隆带构造油气藏是主要的勘探区域。

第三篇

其他外围盆地

第一章 概 况

第一节 油气勘探

一、自然地理概况

大庆探区地跨内蒙古呼伦贝尔盟、黑龙江省北部及东部和吉林省延边朝鲜族自治州境内，区内北部和东部与俄罗斯的阿穆尔州及滨海边疆区接壤。总体地势为西北部高、中部低。西部为蒙古高原和大兴安岭山地，大兴安岭山脉整体以北北东向延伸约1400km，海拔1000～1300m，最高峰2034m，它与南部的努鲁儿虎山脉相连，构成蒙古高原与松辽平原的分水岭。中部为松辽平原，北部为小兴安岭，东部除北段的三江平原外，其余主要为陆缘山地、丘陵与山间盆地。区内主要河流有松花江、嫩江、黑龙江等。工作区除大、小兴安岭北部的森林、沼泽地区外，公路、铁路、航空交通及通信发达，能源和矿产资源丰富。

大庆探区除松辽盆地北部和海拉尔盆地外，尚有漠河、根河、呼玛、拉布达林、大雁、大杨树、孙吴—嘉荫、伊春、东兴、木耳气、嫩北、三江、依—舒、鹤岗、双鸭山、佳木斯、虎林、红卫、勃利、林口、鸡西、柳树河、伊林、宁安、东宁、老黑山、珲春、延吉等28个盆地，盆地总面积约$18.8\times10^4km^2$（图3-1-1、表3-1-1）。其中面积大于$5000km^2$的盆地包括三江盆地等9个盆地，面积$2000～5000km^2$的盆地包括鸡西盆地等6个盆地。按照盆地所处地理和构造位置，划分为西部、中部和东部三大盆地群，其中漠河和大杨树等6个盆地属于西部盆地群；孙吴—嘉荫和嫩北等5个盆地属于中部盆地群；三江和延吉等17个盆地属于东部盆地群。

二、盆地群地质概况

外围盆地发育中—上侏罗统、下白垩统、上白垩统和古近系四套勘探层系，其中下白垩统最发育，其次为中—上侏罗统和上白垩统。古近系分布在依舒地堑、宁安盆地、鸡西盆地东部和虎林盆地中。从烃源岩的发育、演化程度和油气发现上看，下白垩统和古近系是最有利的勘探层系。

大庆探区东部和西部盆地群地层岩性组合存在较大差异，其中东部盆地群发育砂泥岩含煤地层，夹有海相地层和火山岩地层，沉积岩十分发育；西部盆地群为火山岩夹沉积岩地层，火山岩十分发育，说明两大盆地群具有不同的形成和演化机制。

外围盆地发育单断型、叠合型和残留型3种类型盆地。单断型盆地以方正、汤原断陷、虎林盆地为代表，提交了油气储量；叠合型盆地以孙吴—嘉荫盆地、大杨树盆地为代表，见油气显示；残留型盆地以鸡西、三江等盆地为代表，煤层气有发现。

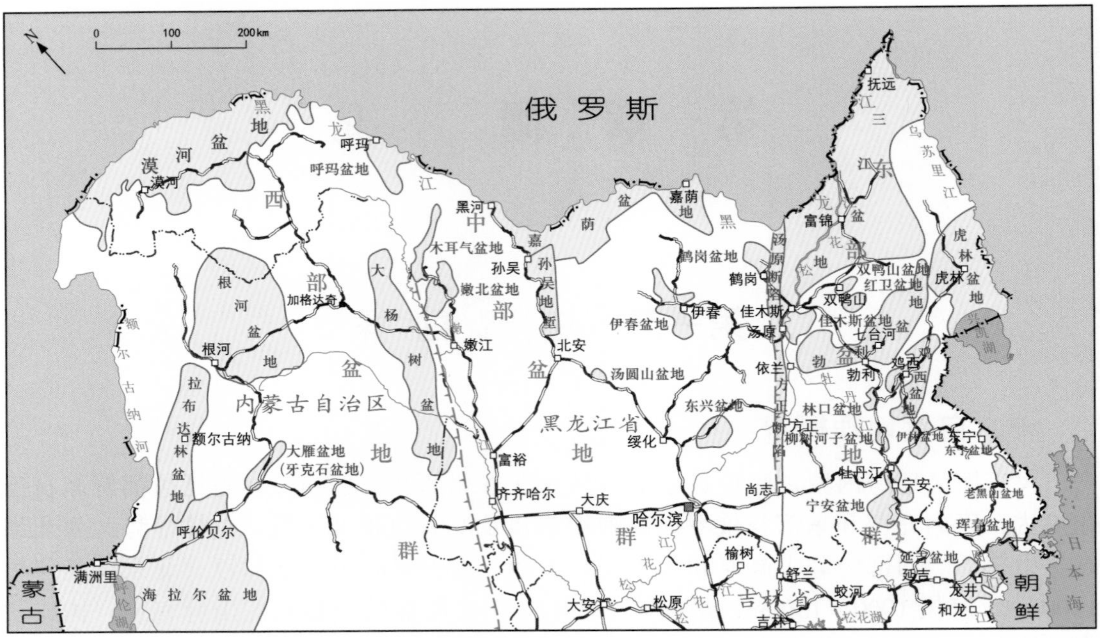

图 3-1-1　大庆探区外围中—新生代盆地分布图

表 3-1-1　大庆探区其他外围中—新生代沉积盆地基本情况表

序号	盆地群	盆地名称	盆地走向	面积 /km^2
1	西部盆地群	大杨树盆地	北北东	15460
2		拉布达林盆地	北东	14660
3		根河盆地	北东	26630
4		漠河盆地	近北东	21340
5		大雁盆地	北东东	980
6		呼玛盆地	北东	2650
7	中部盆地群	孙吴—嘉荫盆地	近东西	22810
8		伊春盆地	北东	2200
9		东兴盆地	东西	1170
10		木耳气盆地	北东	720
11		嫩北盆地	北东	1520
12	东部盆地群	三江盆地	北东	33730
13		依舒地堑	北东	6480
14		鹤岗盆地	近东南	1200
15		双鸭山盆地	东西	537
16		虎林盆地	北东	9510

续表

序号	盆地群	盆地名称	盆地走向	面积 /km^2
17	东部盆地群	红卫盆地	东西	500
18		佳木斯盆地	北北西	1600
19		勃利盆地	北东	9020
20		林口盆地	东西	2000
21		鸡西盆地	北东	3780
22		柳树河盆地	北东	240
23		伊林盆地	北北东	750
24		宁安盆地	北东	2910
25		东宁盆地	北北东	1310
26		老黑山盆地	北北东	740
27		珲春盆地	北东	2200
28		延吉盆地	南北	1670

三、勘探工作量与勘探程度

大庆油田已在依舒地堑等外围盆地先后开展了不同程度的非地震、地震和钻井等实物性勘探工作。截至目前，在方正断陷等地累计完成探井 103 口，总进尺 25.42033×10^4m；地质井 61 口，总进尺 6.3082×10^4m；完成二维地震 27394.36km，三维地震 1390.49km^2。在方正、汤原断陷和延吉、虎林及大杨树盆地见到了良好的油气显示，累计获工业油流井 8 口、工业气流井 9 口。方正断陷 6 口井（方 6、方 4、方 402、方 12、方 X14、方 15）获工业油流，2 口井（方 3、方 401）获工业气流，汤原断陷 6 口井（吉 1、互 1、望 2、汤参 2、汤 3、汤 4）获工业油气流，延吉盆地延 4 井、延 402 井获工业气流，延 10 井和延 14 井获工业油流，大杨树盆地杨 3 井获得工业油流。此外汤原断陷汤 1 井、大杨树盆地杨参 1 井、虎林盆地虎 1 井获低产油流，展示了外围盆地良好的油气勘探前景。

第二节　勘 探 历 程

依据对盆地的地质认识、勘探工作量投入和油气及非常规发现的情况，大庆外围盆地划分为区域地质概查勘探阶段（1959—1981 年）、盆地探索局部发现勘探阶段（1982—2000 年）和深凹找油及石油突破勘探阶段（2001—2018 年）共三个阶段。

一、区域地质概查勘探阶段（1959—1981 年）

研究区自 1865 年开始有俄罗斯、日本和我国个别学者进行零星的地质踏察。中华人民共和国成立后，沿滨洲线的地质调查，第一次提出大兴安岭地区较完整、但简略的地层柱状剖面。1956—1957 年，中苏合作的大兴安岭区域地质测量大队在大、小兴安岭中、北部开展了本区最早的1：20万区域地质调查。

20世纪60年代初，北方各省（区）区调队相继建立，陆续开展了1：20万和1：5万地质调查，到目前为止，除大兴安岭北部尚有近$12\times10^4km^2$空白区外，已全部完成1：20万地质调查，并在此基础上编写出版了《中国区域地质志》和相应的系列图件。这些工作使我们对研究区的地质构造有了较系统和全面的认识。

本阶段重点了解各盆地地层及生储盖特征，重点开展野外地质调查并实施了少量的重磁化探和基准井钻探工作，部署重磁11169个点，钻探基准井3口，进行全区区域概况普查，勘探程度极低。通过对主要盆地进行侦查，优选出有利远景盆地，为后续工作奠定基础。

二、盆地探索局部发现勘探阶段（1982—2000年）

外围盆地大规模的基础地质综合研究工作是1981年以后开始的，以省、自治区为单位编写《中国区域地质志》，到1994年全部出版。20世纪90年代初期，结合国际岩石圈计划，进行了地壳深部地球物理剖面的研究。这些研究工作深化了某些大地构造方面的认识，但由于自然条件和地面基础地质研究程度依然偏低等某些因素的影响，尚存在大量重要地质问题未得到解决。已经获得的深部地球物理调查成果还需要结合地面地质调查工作的深入，不断进行评价和深化。

为了解优选出的盆地凹陷分布，生储盖层及含油气情况，实施了二维地震、少量三维地震和探井，部署重磁电23639个点、二维地震17593.5km、三维地震$535.3km^2$、钻井56口。依舒地堑汤原断陷汤参2井于1991年获得$72742m^3/d$的工业气流，标志着外围断陷勘探获得新发现；1993年钻探的吉1井和互1井获得工业气流，发现了汤原气田并于2001年提交探明天然气地质储量$26.21\times10^8m^3$；方正断陷1996年钻探方3井获得工业气流，发现了方正气田并于2001年提交预测天然气地质储量$38.86\times10^8m^3$。同时方正断陷和汤原断陷见到含油显示，方正断陷的方参1井，钻井取心于新安村组+乌云组底部见到灰色油迹粉砂岩；汤原断陷的汤参2井，钻井取心于达连河组和新安村组+乌云组见到含油砂岩，推测依舒地堑可能还是一个含油盆地。另外延吉盆地延4井获日产$11563m^3$工业气流、延10井获日产2.24t工业油流。

三、深凹找油及石油突破勘探阶段（2001—2018年）

2001年随着依舒地堑天然气勘探的突破和见到石油勘探的苗头，分别在方正断陷和汤原断陷有利区实施了三维地震$855.19km^2$，三维地震资料精细构造解释、储层预测和层序地层学等技术得到应用，深化了外围盆地地质认识，明确深凹陷是外围中小盆地的勘探方向和勘探目标，勘探目标开始向深凹主体部位转移。2007年方正断陷西部柞树岗地区方6井获得大发现，日产8.9t工业油流，实现依舒地堑油气勘探的突破；同年方4井压后日产油78.79t，日产气$22522m^3$，获得产能的突破，扩大了勘探场面。通过深化地质研究，发现方正断陷东部为主力生油凹陷，2011年在方正断陷东部大罗密构造带上部署方15井在宝一段和新安村组+乌云组获日产油15.3t、气$54940m^3$，展示了多层系立体含油的特点。同时大杨树盆地和虎林盆地也见到好的苗头。以上勘探成果充分展示了外围盆地良好的油气勘探前景。

为寻找资源接替，为大庆油田可持续发展奠定资源基础，大庆探区开展非常规油页岩和煤层气的资源调查工作。其中油页岩调查发现松辽盆地北部及虎林、大杨树、依兰、柳树河、东宁、老黑山等其他外围盆地发现含油率大于5%的工业品位油页岩。煤层气调查在鸡西、鹤岗、勃利、三江和海拉尔盆地发现煤层含气量较高的工业品位煤层气，其中鸡西盆地鸡气1井获日产2470m^3的煤层气工业气流。

截至2018年底，外围盆地累计完成探井103口，总进尺25.42033×10^4m；地质井61口，总进尺6.3082×10^4m；完成二维地震27394.36km、三维地震1390.49km^2，勘探工作量的实施，为外围盆地的油气发现奠定了基础。

第三节 主要成果

大庆外围盆地经过近60年的地质研究和勘探，在地层、构造、烃源岩、沉积和储层、资源潜力、成藏及有利区带的综合地质认识和油气、非常规勘探取得重要的成果认识。

一、地质研究成果

通过对资料的研究，对大庆探区外围28个沉积盆地的基本地质特征有以下认识。

烃源岩赋存于下白垩统和古近系沉积地层中。其中下白垩统烃源岩发育在城子河组、穆棱组，主要为滨浅湖相泥岩和煤层，地球化学特征表现为暗色泥岩有机质丰度较高，有机质类型为$Ⅱ_2$型—Ⅲ型，R_o介于0.5%～2.46%，烃源岩为成熟—高成熟，综合评价为中等—较好烃源岩。而古近系烃源岩主要发育在新安村组、达连河组，主要为滨浅湖—半深湖相泥岩和煤层，暗色泥岩有机质丰度高，有机质类型为$Ⅱ_1$型—$Ⅱ_2$型，R_o介于0.3%～1.46%，烃源岩低成熟—成熟，综合评价为较好—好烃源岩。

大庆探区外围盆地以断陷沉积为主，广泛发育扇三角洲和辫状河三角洲沉积，相带窄、相变快，储层物性变化大。下白垩统和古近系储层物性存在较大差异，其中下白垩统穆棱组、城子河组储层早期埋深大，加上具有较高的古地温，造成物性较差，孔隙度一般小于10%，渗透率一般小于1mD，属于特低孔超低渗储层；古近系储层物性较好，孔隙度一般大于10%，渗透率一般大于1mD，属于低孔低渗储层。

大庆探区具有常规油气、油页岩和煤层气三种资源类型，常规油气主要分布在东部盆地群依舒地堑、延吉盆地，中部盆地群孙吴—嘉荫盆地和西部盆地群大杨树盆地中，全国第四次资源评价油资源量为10.87×10^8t，天然气资源量为$3194.6\times10^8m^3$。油页岩分布在松辽盆地北部、依舒地堑、柳树河盆地、老黑山盆地、东宁盆地、大杨树盆地和宁安盆地，其中松辽盆地北部页岩油约300×10^8t；外围6个油页岩有利勘探地区页岩油约1.03×10^8t。煤层气富集在三江、鸡西、鹤岗、勃利和海拉尔盆地中，煤层气资源评价资源量为$12359\times10^8m^3$。

二、发现和储量成果

1. 油气、油页岩及煤层气发现

大庆探区外围盆地目前在依舒地堑的方正、汤原断陷及延吉盆地、虎林盆地、大杨树盆地有油气发现（图3-1-2）。

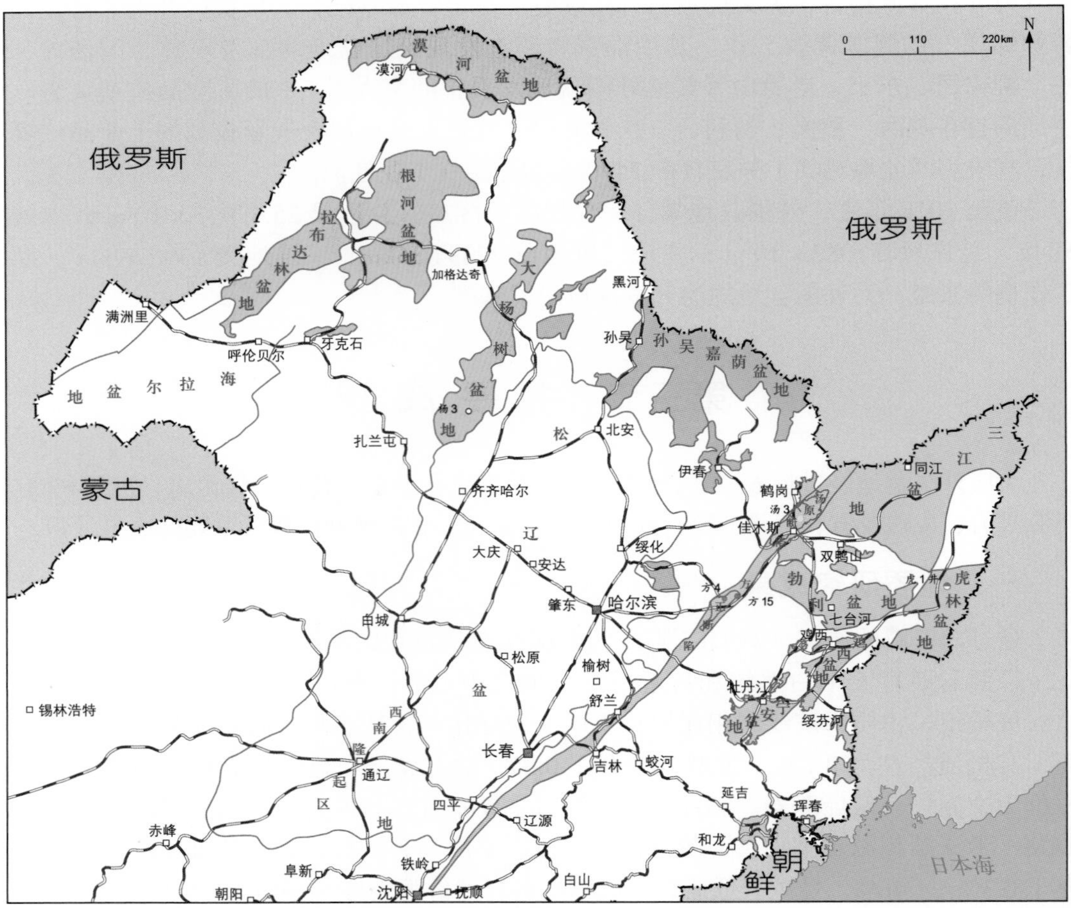

图 3-1-2 大庆其他外围中—新生代盆地勘探成果图

方正断陷主要含油气层系是古近系，西部的方 3 井、方 401 井分别获日产 54340m^3、84655m^3 的工业气流；方 6 井获日产 8.89t 的工业油流，方 4 井获日产油 75.79t、气 22522m^3 的工业油气流；东部的方 15 井获日产油 15.3t、气 54940m^3 的工业油气流。此外白垩系、花岗岩也发现油藏，方 6HC 井白垩系致密砂砾岩获日产 8.232t 的工业油流。方 12 井花岗岩获日产 1.744t 的工业油流，原油密度（20℃）0.78～0.84g/cm^3，为轻质原油。

汤原断陷吉 1 井获日产气 71587～100893m^3 的工业气流，互 1 井获日产气 14033～17761m^3，汤 1 井见到 439m 长井段含油显示，试油获少量轻质油，原油密度（20℃）0.775g/cm^3。汤 4 井在达连河组获日产油 3.8t，实现了汤原盆地石油勘探的突破。

延吉盆地延 4 井获日产 11563m^3 工业气流、延 10 井获日产 2.24t 工业油流。

其他外围盆地油气勘探也见到好的苗头，大杨树盆地杨 3 井九峰山组沉积岩段压后水力泵求产获得 2.4t/d 工业油流，杨参 1 井在九峰山组火山岩中获日产油 0.034t，气 550m^3 的低产油气流；虎林盆地虎 1 井在古近系虎林组获日产油 1.618t 的低产油流。

非常规油页岩和煤层气勘探取得进展。松辽盆地北部、宁安盆地、柳树河盆地、东宁盆地、老黑山盆地、依舒地堑和大杨树盆地发现工业品位油页岩，其中松辽盆地北部油页岩含油率在3.525%～14.50%之间，平均为5.44%；外围盆地其他矿化点油页岩含油率较高，如柳树河盆地古近系八虎力组含油率为3.5%～24.8%，平均为11.56%。鸡西盆地煤层气钻井鸡气1井获得日产2471m^3的工业气流。

2. 储量成果

大庆探区外围盆地发现了方正、汤原、延吉等气田和方正油田等四个油气田。其中方正断陷于2001年在西部柞树岗地区提交预测天然气地质储量$38.86 \times 10^8 m^3$，2011年提交石油探明储量$309.86 \times 10^4 t$，2016年在东部大罗密构造带提交石油控制储量$532 \times 10^4 t$；汤原断陷于2001年在中央隆起的吉祥屯和互助村构造上提交天然气探明储量$26.21 \times 10^8 m^3$；延吉盆地于2008年提交天然气探明储量$3.0 \times 10^8 m^3$。

第二章　地　　层

第一节　地层特征

一、地层的沿革

外围盆地行政区划属于黑龙江省及吉林省与内蒙古自治区的部分地区，是指除松辽盆地和海拉尔盆地以外，面积大于 200km^2 的 28 个沉积盆地。总体来说，各盆缘地层研究开展早，随研究规模和精度的不断提高，地层序列变动频繁。20 世纪 70 年代开展了全国范围地层研究，并以各省区域地层表的形式将研究成果正式发表，解决了当时大部分地层争议问题；80 年代再次开展全国范围地层研究，研究成果以各省区域地质志的形式发表，有力地指导了各地地层划分对比工作；而 90 年代的第三次全国范围的地层清理工作，运用多重划分对比理论开展地层研究，基本上统一了各地层大区的划分方案，并以各省岩石地层的形式发表，成为目前国内各地区地层研究的标准。外围盆地群地层序列的建立是在各盆缘前人研究的地层序列基础上引进到盆内的。

外围东部盆地群地层研究开始较早，1924 年谭锡畴就在东部盆地群的鹤岗、汤原、依兰一带进行与地层研究有关的煤田地质调查；西部盆地群地层研究始于前苏联学者 M.C. 纳吉宾娜，1951 年她在漠河盆地开展地层划分工作（黑龙江省地质矿产局，1997）；中部盆地群地层研究相对较晚，直到 1959 年在孙吴—嘉荫盆地开展区域地质和水文地质调查时才对地层有初步涉及。大庆油田在以石油勘探为目标的外围盆地地层研究中，借鉴了前人盆缘的地层序列研究成果，也参考了盆地内煤田地质和水文地质部门的探井资料，结合石油勘探新钻井资料，先后经过多次微调，建立起与全国地层标准基本相适应但又适合盆地群内石油勘探的地层序列。

配合外围盆地石油勘探，大庆油田开展多项地层专题研究，如三江盆地白垩纪—第三纪孢粉组合研究（1981）、外围盆地（海拉尔、汤原）地层古生物研究（1986）、虎林盆地地层古生物研究（1988）、黑龙江省区域地层划分对比（1988）、中国北方含油气区白垩系（1990）、延吉盆地地层古生物研究（1992）、依兰—伊通地堑北部中新生代地层划分对比研究（1992）、中国油气区第三系（Ⅲ）东北油气区分册（1994）、依舒地堑北部地层划分对比（1995）、松辽及外围盆地藻类地层学研究（1997）、黑龙江省东部龙爪沟地区侏罗系划分对比（1998）、外围盆地侏罗系地层划分对比研究（1999）、外围东部盆地群中新生代地层划分对比研究（2001）、松辽盆地及周边地区石炭—二叠系划分对比古环境及油气远景评价（2003）、依舒地堑地层划分对比研究（2012）等。此外《中国石油地质志》首版第二卷上册对外围盆地群地层格架做过高度概括性的描述，而大庆探区外围盆地基础地质研究（2010）、外围盆地评价优选及勘探部署研究（2003）及东北中新生代断陷盆地群油气资源战略调查及评价（2007）中，对外围盆地群地层纵向划分及横向展布特征均有不同程度的研究。但上述专题研究各有侧重，均未深入开展整个外围盆地群地层划分对比的专题性研究。据上述地层研究成果，以及生产上使用的各盆地地层系统，对外围盆地群中—新生界地层格架特征做综合性阐述。

二、区域地层对比

1. 三叠系

外围盆地群缺失三叠系，仅在西部盆地群的大杨树盆地南缘阿荣旗一带发育下三叠统老龙头组，该组还出露于龙江、嫩江、黑河和逊克等地区。在东部盆地群的虎林、宝清和密山出露的南双鸭山组产晚三叠世双壳类、腕足类和腹足类等海相化石，可与东宁及鸡东县一带出露的同位素年龄为227.22Ma且产晚三叠世植物 *Cycadocarpidium-Taeniopteris* 组合的罗圈站组大致对比（黑龙江省地质矿产局，1997）。

2. 侏罗系

分布在完达山区的大秃山组产植物化石，时代上可与分布在虎林一带产早侏罗世海相双壳类和菊石的大架山组大致对比。分布在漠河盆地的秀峰组及其上的二十二站组和漠河组，相互间为整合接触，均产 *Coniopteris-Phoenicopsis* 植物群，前两组还产 *Margaritifera-Ferganoconcha* 双壳类组合，时代至中侏罗世（秀峰组可下延至下侏罗统），时代上可与广泛分布于大兴安岭地区产中侏罗世植物和孢粉组合的南平组大致对比，可与分布于三江盆地的产中侏罗世孢粉组合及海相沟鞭藻组合的绥滨组对比（何承全等，1997），也可以与分布在虎林县一带 K—Ar 同位素年龄为167.5Ma的南大塔山组大致对比。分布于三江盆地产菊石、箭石、双壳类和沟鞭藻的东荣组，时代为晚侏罗世，可与虎林盆地产晚侏罗世植物、腹足类的裴德组，以及产晚侏罗世植物、菊石的七虎林组对比，时代上大致相当于西部盆地群的塔木兰沟组中上部。分布在西部盆地群的塔木兰沟组，在盆缘露头剖面多种方法所测同位素年龄为145～166.06Ma，并显示出从南到北、从西到东，时代由中—晚侏罗世向晚侏罗世演变的趋势，海拉尔盆地井下LA—ICP—MS 锆石 U—Pb 同位素年龄为（150.3 ± 6.5）～（169.0 ± 3.5）Ma，产中侏罗世晚期—晚侏罗世早期的孢粉组合。

3. 白垩系

分布在西部盆地群的上库力组产有热河生物群典型分子，与海拉尔盆地产大致相同热河生物群的兴安岭群铜钵庙组和南屯组整体上相当。热河生物群还分布于兴安岭东坡兴安岭群的广义龙江组、九峰山组，松辽盆地沙河子组，因此层位也应大致相当。海拉尔盆地铜钵庙组和南屯组，大杨树、嫩北、木耳气盆地九峰山组，松辽盆地沙河子组，东部盆地群滴道组和下云山组，以及延吉盆地屯田营组的孢粉组合可以对比，故这些组大致相当。西部盆地群伊列克得组与甘河组岩性及同位素年龄可以对比，故这两组大致相当，其同位素年龄值可与海拉尔盆地南屯组上部同位素年龄对比。宁远村组与光华组的岩性及同位素值相当，属于同期火山活动产物。铜钵庙组、龙江组与火石岭组同位素也可以大致对比。这些组时代为早白垩世贝里阿斯期—瓦兰今期。

西部盆地群大磨拐河组、中部盆地群孙吴—嘉荫盆地淘淇河组下部和延吉盆地的长财组、松辽盆地营城组、东部盆地群城子河组所产孢粉组合中，均属海金砂科孢子繁盛，并出现早期被子植物花粉 *Clavatipollenites* sp. 这样特征，因此可以跨区对比，地质时代是欧特里夫期—巴雷姆期，也可与虎林盆地产欧特里夫期—巴雷姆期海相沟鞭藻组合的上云山组在时代上对比。

孙吴—嘉荫盆地淘淇河组上部孢粉组合出现的早期被子类花粉演化阶段，与松辽盆地登娄库组和泉头组、海拉尔盆地伊敏组相当，时代为早白垩世巴雷姆期—阿尔布期。东部盆地群穆棱组、珠山组早期被子类花粉演化阶段，与海拉尔盆地伊敏组及松辽盆地登娄库组下部相当。延吉盆地大拉子组、中部盆地群淘淇河组上部的被子类花粉处于早期演化阶段，与东部盆地群东山组、猴石沟组，松辽盆地泉头组及海拉尔盆地伊敏组上部相当，地质时代为早白垩世阿尔布期。

延吉盆地龙井组双壳类、叶肢介和孢粉组合综合特征与松辽盆地青山口组、姚家组可以对比，中部盆地群永安村组介形类可以与松辽盆地姚家组对比，地质时代为晚白垩世早期。

中部盆地群的太平林场组孢粉组合可与松辽盆地嫩江组对比，东部盆地群海浪组所产叶肢介可与松辽盆地嫩江组对比，在三江盆地东基 3 井建立的七星河组为一套红色砂泥岩组合（赵传本，1985），岩性上与盆缘的海浪组一致，所产 *Aquilapollenites-Inaperturopollenites-Cyathidites* 孢粉组合可与松辽盆地嫩江组对比，因此后出的七星河组与海浪组为同物异名应取消，保留海浪组（万传彪，2018）。时代为晚白垩世圣通期—坎潘期。

中部盆地群渔亮子组、西部盆地群青元岗组孢粉组合可与松辽盆地四方台组对比，时代为晚白垩世早马斯特里赫特期。中部盆地群富饶组与松辽盆地明水组孢粉组合相当，时代为晚马斯特里赫特期。东部盆地群雁窝组孢粉组合可与松辽盆地四方台组、明水组（高瑞祺等，1999），以及中部盆地群渔亮子组、富饶组孢粉组合对比。

4. 古近系

中—东部盆地群分布的乌云组产有古新世孢粉组合，可与辽宁抚顺盆地老虎台组古新世孢粉组合对比（宋之琛等，1976）。建于舒兰断陷的新安村组已于 1997 年变更为棒棰沟组，依舒地堑井下新安村组孢粉组合特征与达连河组建组剖面下部含煤段相当（万传彪等，2014b）。出露于牡丹江和宁安地区的黄花组，K—Ar 同位素年龄为 42～44Ma，产始新世孢粉组合（黑龙江省地质矿产局，1993），可与达连河组对比。东部盆地群的宝泉岭组孢粉组合可与松辽盆地渐新统依安组对比。鸡西盆地永庆组、勃利盆地八虎力组、虎林盆地虎林组及延吉盆地珲春组均产始新世—渐新世孢粉组合，故可对比。

5. 新近系

东部盆地群富锦组、土门子组和中部盆地群孙吴组产中新世孢粉组合，可与松辽盆地大安组对比（赵传本等，1994）。中—东部盆地群船底山组 K—Ar 法同位素年龄范围大多分布在 3.26～16.85Ma 之间（吉林省地质矿产局，1997），汤原断陷汤参 3 井玄武岩中泥岩夹层产上新世孢粉组合，可与松辽盆地泰康组对比（万传彪等，2014a）。西部盆地群金山组产中—上新世孢粉组合，与延吉盆地土门子组和船底山组、松辽盆地大安组和泰康组、东部盆地群富锦组和船底山组大致相当。

第二节 中 生 界

一、西部盆地群

包括拉布达林、大雁、根河、漠河、呼玛和大杨树等6个盆地（表3–2–1）。三叠系仅在大兴安岭东坡分布，为一套正常沉积碎屑岩为主夹中酸性火山岩地层，侏罗系—白垩系为含煤地层、火山岩及碎屑岩。

表3–2–1 大庆外围西部盆地群及邻区地层对比表

<table>
<tr><th colspan="3">地层系统</th><th>海拉尔盆地</th><th>大雁盆地</th><th>拉布达林盆地</th><th>根河盆地</th><th>漠河盆地</th><th>呼玛盆地</th><th>大杨树盆地</th><th>孙吴—嘉荫盆地</th></tr>
<tr><td rowspan="6">新生界</td><td>第四系</td><td></td><td>第四系</td><td>海拉尔组</td><td>第四系</td><td>第四系</td><td>第四系</td><td>第四系</td><td>第四系</td><td>第四系</td></tr>
<tr><td rowspan="2">新近系</td><td>上新统</td><td>呼查山组</td><td rowspan="11">缺失</td><td rowspan="12">缺失</td><td rowspan="13">缺失</td><td rowspan="2">金山组</td><td rowspan="2">金山组</td><td rowspan="2">金山组</td><td>缺失</td></tr>
<tr><td>中新统</td><td rowspan="3">缺失</td><td>孙吴组</td></tr>
<tr><td rowspan="3">古近系</td><td>渐新统</td><td rowspan="11">缺失</td><td rowspan="11">缺失</td><td rowspan="5">缺失</td><td rowspan="2">缺失</td></tr>
<tr><td>始新统</td></tr>
<tr><td>古新统</td><td>古新统</td><td>乌云组</td></tr>
<tr><td rowspan="22">中生界</td><td rowspan="12">白垩系</td><td rowspan="5">上统</td><td>缺失</td><td>富饶组</td></tr>
<tr><td>青元岗组</td><td>渔亮子组</td></tr>
<tr><td rowspan="4">缺失</td><td>嫩江组</td><td>太平林场组</td></tr>
<tr><td rowspan="5">缺失</td><td>永安村组</td></tr>
<tr><td>缺失</td></tr>
<tr><td rowspan="7">下统</td><td rowspan="3">淘淇河组</td></tr>
<tr><td>伊敏组</td><td>伊敏组</td></tr>
<tr><td>大磨拐河组</td><td>大磨拐河组</td><td>大磨拐河组</td></tr>
<tr><td rowspan="2">南屯组</td><td>伊列克得组</td><td>伊列克得组</td><td>伊列克得组</td><td>伊列克得组</td><td>甘河组</td><td>甘河组</td><td rowspan="2">缺失</td></tr>
<tr><td rowspan="3">上库力组</td><td rowspan="3">上库力组</td><td rowspan="3">上库力组</td><td rowspan="3">上库力组</td><td>九峰山组</td><td>九峰山组</td></tr>
<tr><td rowspan="2">铜钵庙组</td><td>光华组</td><td>光华组</td><td>宁远村组</td></tr>
<tr><td>龙江组</td><td>龙江组</td><td rowspan="11">缺失</td></tr>
<tr><td rowspan="7">侏罗系</td><td>上统</td><td rowspan="2">塔木兰沟组</td><td rowspan="10">不详?</td><td rowspan="2">塔木兰沟组</td><td rowspan="2">塔木兰沟组</td><td>塔木兰沟组</td><td rowspan="10">缺失</td><td>缺失</td></tr>
<tr><td rowspan="4">中统</td><td>开库康组</td><td rowspan="4">南平组</td></tr>
<tr><td rowspan="3">南平组</td><td rowspan="3">南平组</td><td rowspan="3">南平组</td><td>漠河组</td></tr>
<tr><td>二十二站组</td></tr>
<tr><td rowspan="2">秀峰组</td></tr>
<tr><td rowspan="2">下统</td><td rowspan="2">缺失</td><td rowspan="5">缺失</td><td rowspan="5">缺失</td><td rowspan="4">缺失</td></tr>
<tr><td rowspan="4">缺失</td></tr>
<tr><td rowspan="3">三叠系</td><td>上统</td><td>查伊河组</td></tr>
<tr><td>中统</td><td rowspan="2">缺失</td></tr>
<tr><td>下统</td><td>老龙头组</td></tr>
</table>

（1）三叠系：老龙头组（T_1l）。

（2）侏罗系：秀峰组（$J_{1-2}x$）、二十二站组（J_2e）、漠河组（J_2m）、南平组（J_2n）、开库康组（J_3k）、塔木兰沟组（J_3t）。

（3）白垩系：上库力组（K_1s）、龙江组（K_1l）、光华组（K_1g）、九峰山组（K_1j）、依列克得组（K_1y）、甘河组（K_1gh）、嫩江组（K_2nj）。

二、中部盆地群

包括孙吴—嘉荫、伊春、东兴、嫩北、木耳气等以白垩系为主的盆地（表 3-2-2）。在西部盆地群介绍过的岩石地层单元，在本单元不在介绍。

表 3-2-2　外围中部盆地群及邻区地层对比表

地层系统			大杨树盆地	孙吴—嘉荫盆地	伊春盆地	木耳气盆地	嫩北盆地	松辽盆地	三江盆地
新生界	第四系		第四系	第四系	第四系	第四系	第四系	第四系	第四系
	新近系	上新统	金山组	缺失	缺失	船底山组	船底山组	泰康组	缺失
		中新统		孙吴组	孙吴组	金山组	金山组	大安组	富锦组
	古近系	渐新统	缺失	缺失	缺失	缺失	缺失	依安组	宝泉岭组
		始新统						缺失	缺失
		古新统		乌云组					
中生界	白垩系	上统		富饶组		福民河组	福民河组	明水组	雁窝组
				渔亮子组		缺失	缺失	四方台组	
			嫩江组	太平林场组	嫩江组	嫩江组	嫩江组	嫩江组	海浪组
			缺失	永安村组	缺失	姚家组	姚家组	姚家组	缺失
				缺失		缺失	缺失	青山口组	
		下统		淘淇河组	淘淇河组			泉头组	猴石沟组
									东山组
								登娄库组	穆棱组
								营城组	城子河组
			甘河组	缺失	甘河组	甘河组	甘河组		
			九峰山组		缺失	九峰山组	九峰山组	沙河子组	滴道组
			光华组	宁远村组	宁远村组	光华组	光华组		
			龙江组	缺失	缺失	龙江组	龙江组	火石岭组	
	侏罗系	上统	缺失			缺失	缺失	缺失？	东荣组
		中统	南平组		太安屯组			中侏罗统	绥滨组
		下统	缺失					缺失	缺失
									大秃山组
	三叠系	上统							南双鸭山组
		中统							缺失
		下统	老龙头组		老龙头组				

（1）侏罗系：太安屯组（J_2t）。

（2）白垩系：宁远村组（K_1n）、淘淇河组（K_1t）、永安村组（K_2yn）、姚家组（K_2y）、太平林场组（K_2tp）、渔亮子组（K_2yl）、富饶组（K_2fr）、福民河组（K_2fm）。

三、东部盆地群

包括三江、依舒、鹤岗、双鸭山、佳木斯、红卫、勃利、林口、鸡西、柳树河、伊林、宁安、东宁、老黑山、珲春、延吉和虎林盆地等（表 3-2-3）。中生界在东部盆地群分布广泛，为一套海相和非海相沉积。对比良好、普遍含煤。

（1）三叠系：南双鸭山组（T_3n）、南村组（T_3nc）、罗圈站（T_3lq）。

表 3-2-3　大庆外围东部盆地群及邻区地层对比表

<table>
<tr><th colspan="3">地层系统</th><th>孙吴—嘉荫盆地</th><th>延吉盆地</th><th>宁安盆地</th><th>松辽盆地</th><th>三江盆地</th><th>依舒地堑</th><th>鸡西盆地</th><th>勃利盆地</th><th>虎林盆地</th></tr>
<tr><td rowspan="6">新生界</td><td colspan="2">第四系</td><td>第四系</td><td>第四系</td><td>第四系</td><td>第四系</td><td>第四系</td><td>第四系</td><td>第四系</td><td>第四系</td><td>第四系</td></tr>
<tr><td rowspan="2">新近系</td><td>上新统</td><td>缺失</td><td>船底山组</td><td>船底山组</td><td>泰康组</td><td>缺失</td><td>船底山组</td><td>船底山组</td><td>船底山组</td><td>船底山组</td></tr>
<tr><td>中新统</td><td>孙吴组</td><td>土门子组</td><td rowspan="2">缺失</td><td>大安组</td><td>富锦组</td><td>富锦组</td><td>富锦组</td><td>富锦组</td><td>富锦组</td></tr>
<tr><td rowspan="3">古近系</td><td>渐新统</td><td rowspan="2">缺失</td><td rowspan="2">珲春组</td><td>依安组</td><td>宝泉岭组</td><td>宝泉岭组</td><td rowspan="2">永庆组</td><td rowspan="2">八虎力组</td><td rowspan="2">虎林组</td></tr>
<tr><td>始新统</td><td>黄花组</td><td rowspan="2">缺失</td><td rowspan="2">缺失</td><td>达连河组</td></tr>
<tr><td>古新统</td><td>乌云组</td><td rowspan="4">缺失</td><td rowspan="3">缺失</td><td>乌云组</td><td rowspan="3">缺失</td><td rowspan="3">缺失</td><td rowspan="6">缺失</td></tr>
<tr><td rowspan="21">中生界</td><td rowspan="13">白垩系</td><td rowspan="5">上统</td><td>富饶组</td><td>明水组</td><td rowspan="2">雁窝组</td><td rowspan="5">缺失</td></tr>
<tr><td>渔亮子组</td><td>四方台组</td></tr>
<tr><td>太平林场组</td><td>海浪组</td><td>嫩江组</td><td>海浪组</td><td>海浪组</td><td>海浪组</td></tr>
<tr><td>永安村组</td><td rowspan="2">龙井组</td><td rowspan="2">缺失</td><td>姚家组</td><td rowspan="2">缺失</td><td rowspan="2">缺失</td><td rowspan="2">缺失</td></tr>
<tr><td>缺失</td><td>青山口组</td></tr>
<tr><td rowspan="8">下统</td><td rowspan="5">淘淇河组</td><td rowspan="2">大拉子组</td><td>猴石沟组</td><td rowspan="2">泉头组</td><td>猴石沟组</td><td>猴石沟组</td><td>猴石沟组</td><td>猴石沟组</td><td>猴石沟组</td></tr>
<tr><td>东山组</td><td>东山组</td><td>东山组</td><td>东山组</td><td>东山组</td><td>东山组</td></tr>
<tr><td>铜佛寺组</td><td rowspan="2">穆棱组</td><td rowspan="2">登娄库组</td><td rowspan="2">穆棱组</td><td rowspan="14">缺失</td><td rowspan="2">穆棱组</td><td rowspan="2">穆棱组</td><td rowspan="2">珠山组</td></tr>
<tr><td>头道组</td></tr>
<tr><td rowspan="2">长财组</td><td rowspan="2">城子河组？</td><td rowspan="2">营城组</td><td rowspan="2">城子河组</td><td rowspan="2">城子河组</td><td rowspan="2">城子河组</td><td rowspan="2">上云山组</td></tr>
<tr><td>缺失</td></tr>
<tr><td>宁远村组</td><td rowspan="2">屯田营组</td><td rowspan="2">滴道组？</td><td>沙河子组</td><td rowspan="2">滴道组</td><td rowspan="2">滴道组</td><td rowspan="2">滴道组</td><td rowspan="2">下云山组</td></tr>
<tr><td rowspan="9">缺失</td><td>火石岭组</td></tr>
<tr><td rowspan="7">侏罗系</td><td rowspan="2">上统</td><td rowspan="8">缺失</td><td rowspan="8">缺失</td><td rowspan="2">缺失？</td><td rowspan="2">东荣组</td><td rowspan="8">缺失</td><td rowspan="8">缺失</td><td>七虎林组</td></tr>
<tr><td>裴德组</td></tr>
<tr><td rowspan="3">中统</td><td rowspan="3">中侏罗统</td><td rowspan="3">绥滨组</td><td>缺失</td></tr>
<tr><td>南大塔山组</td></tr>
<tr><td>缺失</td></tr>
<tr><td rowspan="2">下统</td><td rowspan="3">缺失</td><td>缺失</td><td>白鹤山组</td></tr>
<tr><td>大秃山组</td><td>大架山组</td></tr>
<tr><td>三叠系</td><td>上统</td><td>南双鸭山组</td><td>南双鸭山组</td></tr>
</table>

（2）侏罗系：大秃山组（J_1dt）、永福桥组（J_1yf）、大架山组（J_1dj）、白鹤山组（J_1bh）、绥滨组（J_2sb）、南大塔山组（J_2nd）、东荣组（J_3dr）、裴德组（J_3pd）、七虎林组（J_3qh）。

（3）白垩系：滴道组（K_1dd）、下云山组（K_1xy）、屯田营组（K_1t）、城子河组（K_1ch）、上云山组（K_1sy）、长财组（K_1c）、穆棱组（K_1m）、珠山组（K_1zs）、头道组（K_1td）、铜佛寺组（K_1tf）、东山组（K_1ds）、猴石沟组（K_1hs）、大拉子组（K_1d）、海浪组（K_2hl）、雁窝组（K_2yw）、龙井组（K_2l）。

第三节　新 生 界

新生界主要发育在依舒断裂带、敦密断裂带及大和镇断裂两侧的依舒地堑、虎林盆地南部、三江盆地东部及勃利盆地的桦南坳陷等盆地中。西部盆地群、中部盆地群及东部盆地群中则主要以侏罗系—白垩系为主，其新生界不发育，且分布零星。

（1）古新统新安村组 + 乌云组（E_1wy）。

（2）始新统达连河组（E_2dl）、始新统黄花组（E_2hh）。

（3）始新统—渐新统珲春组（$E_{2-3}hc$）、始新统—渐新统虎林组（$E_{2-3}hl$）、始新统—渐新统八虎力组（$E_{2-3}bh$）、始新统—渐新统永庆组（$E_{2-3}yq$）。

（4）渐新统宝泉岭组（E_3b）。

（5）中新统富锦组（N_1f）、中新统土门子组（N_1t）、中新统孙吴组（N_1s）。

（6）中新统—上新统金山组（$N_{1-2}j$）。

（7）上新统船底山组（N_2ch）。

（8）第四系。

综上所述，外围盆地分布的地层有明显不同。西部盆地群在以下古生界为主的基底上发育了侏罗系及上白垩统，是以非海相中—上侏罗统—下白垩统含煤地层为主的盆地群。中部盆地群在以上古生界为主的基底上发育了白垩系和新生界，成为非海相以白垩系复理石沉积地层为主的盆地群。东部盆地群在上古生界基底之上发育了有海相及海陆交互相环境向陆相环境演化的中生界侏罗系—白垩系及新生界，形成以海相、海陆交互相下白垩统含煤地层为主的盆地群。东部盆地群中的边缘盆地则是以新生界含煤地层为主的盆地群落。由于四个盆地群中所保存的地层性质不同，导致了石油天然气形成的物质基础差异和生、储、盖组合岩性上的差异，由此决定了它们具有不同的石油地质条件，这在勘探中应予以注意。

第三章 构 造

大庆探区外围盆地大地构造位置位于西伯利亚板块与华北板块之间，古亚洲洋构造域与滨太平洋构造域的叠加转换部位，经历了多阶段不同属性的构造演化。现今地质构造上属于滨太平洋构造域。其南部为中朝板块，北部为兴蒙褶皱带。区域上由多个微板块主体在前中生代拼合成统一的复合板块，并在中—新生代，北部受古亚洲洋域蒙古—鄂霍茨克海缝合带俯冲—碰撞作用的多重影响，在板块的东缘受到环太平洋板块拼贴和洋壳俯冲作用。

多阶段的区域构造演化，决定了研究区基本构造格局与构造演化具有其特殊性和复杂性。区域上早期板块同碰撞造山作用决定了研究区主要造山带总体展布和基本构造样式，后期板内变形控制了研究区造山带的拆离、伸展塌陷和逆冲、走滑作用改造。晚古生代，随着古亚洲洋剪刀式地向东逐渐闭合，区域地壳总体呈抬升趋势。广泛发育的浅海沉积环境由北而南逐渐向陆相环境转变。复合造山区的强烈构造运动依然伴随有火山岩浆活动，形成大量火山碎屑岩和滑塌堆积体，以及成分和结构成熟度较低的陆源碎屑沉积物，地质体多以构造岩片的形式叠覆出现。

总体上，前中生代属于古亚洲洋东段，基本构造格局与构造的发育受古亚洲洋闭合作用制约，表现出东西延伸和南北分异的基本构造格局；中生代以来，古亚洲洋闭合与西太平洋—欧亚大陆两大板块间的相互作用强烈，区域构造—岩浆活动受此制约，发育一系列北北东向的区域性断裂构造（嫩江断裂、依—舒断裂和敦密断裂）、半地堑式箕状盆地（松辽盆地）和北东向岩浆岩带（大兴安岭火山岩），并形成宏伟壮观的区域——东亚盆山构造体系。

第一节 基 底 特 征

东北构造特点在于不同地质时代构造属性的巨大差异，表现为前中生代以板块活动和板块间相互作用为特色，而晚中—新生代以来，主要表现为板内活动显著。依据块体边界主缝合带构造特征和块体内部构造演化，将东北地区主要构造单元划分为东部盆地群所在的布列亚—佳木斯—兴凯地块、中部盆地群所在的松嫩板块和西部盆地群所在的额尔古纳—兴安地块（图 3-3-1）。

一、布列亚—佳木斯—兴凯地块

布列亚—佳木斯—兴凯地块由南北向纵列的 3 个地块拼合而成。其中北部的布列亚地块主要为以云母石英片岩、石英片岩、角闪绿帘片岩为主的浅变质黑龙江群；中部的佳木斯地块主要由麻山群、黑龙江群构造混杂岩和花岗质侵入岩组成；东南部兴凯地块由角闪岩相和低麻粒岩相伊曼群组成。

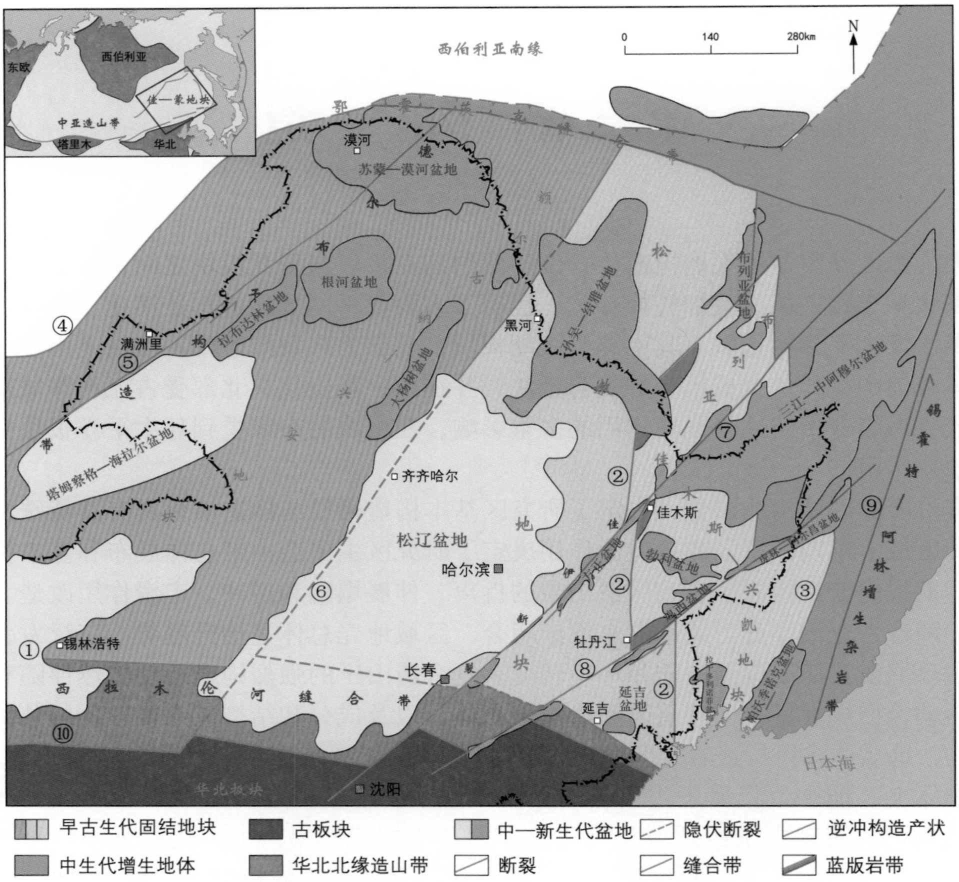

图 3-3-1　东北地区大地构造单元划分图

① 西拉木伦河—长春—延吉缝合带；② 牡丹江缝合带；③ 同江—密山缝合带；④ 蒙古—鄂霍茨克缝合带；⑤ 德尔布干断裂；⑥ 嫩江—开鲁断裂；⑦ 佳木斯—伊通断裂；⑧ 敦化—密山断裂；⑨ 锡霍特—阿林中央断裂；⑩ 赤峰—开元断裂

二、松嫩地块

松嫩地块东邻佳木斯地块，二者之间为嘉荫—牡丹江断裂；西侧为兴安地块，二者之间为黑河—嫩江—贺根山断裂。基底岩石主要出露在张广才岭和小兴安岭地区。基底岩石主要有三类：（1）浅变质的板岩、千枚岩、石灰岩及少量火山岩；（2）较深变质的石英片岩、黑云母片麻岩及大理岩，盆地北部发现有硅线石榴石片麻岩；（3）花岗岩类。基底时代为晚古生代—中生代。

三、额尔古纳—兴安地块

额尔古纳加里东褶皱带位于东北含油气区北部，得尔布干深断裂以西，南、北两端均伸出境外，构造线呈北东走向。该带出露最老地层为前寒武系兴华渡口群，由一套深变质岩系组成。寒武系由片岩、千枚岩、大理岩及变质火山岩组成，总厚可逾 4000m，为典型地槽型沉积建造。兴安地块位于额尔古纳地块之东南。该带北部有古元古界深变质岩零星分布。寒武系与震旦系均为槽型沉积，且为连续沉积整合接触，说明古生代地槽是继承震旦纪地槽发展而来。

第二节　中—新生代盆地类型及分布

东北地区发育嫩江—开鲁断裂、牡丹江断裂、佳伊断裂、敦密断裂等深大断裂，断裂走向为北北东向，控制中—新生代盆地的分布，以嫩江—开鲁断裂和佳伊断裂为界，划分了西、中和东部共三大盆地群（图 3-1-1），这些盆地绝大多数具有北北东展布的规律，与深大断裂及其派生断裂的共同作用密不可分。

一、主要断裂特征

1. 嫩江断裂

嫩江断裂位于大兴安岭东缘至冀北的平坊—桑园一线。在大兴安岭东缘地区始于黑龙江省呼马一带，向南经嫩江流域，由扎鲁特旗以东的白音诺尔、平庄八里罕与河北的平坊—桑园断裂相连，长度约 1200km 以上，为晚侏罗世—新生代长期活动的西抬东降的以正断层为主的断裂带。该断裂所造成的地貌特征极为清楚，它控制了现今大兴安岭山地与松辽盆地的构造格局，断裂带以西为大兴安岭山脉，以东为松辽断陷盆地，构成大兴安岭山区与平原的天然分界线。卫星照片上线性影像要素极为醒目，在冀北段的平坊—桑园一线，在晚侏罗世—早白垩世具有明显的走滑和正断层的双重性质。

嫩江断裂是一条长时期活动的区域性断裂构造，其发育时间早、活动时间长、规模宏大，是一条重要的断裂构造。大量的地质和地球物理资料也证实，大兴安岭与松辽盆地之间存在重要的构造界线。突出表现在，这里不但是我国大陆东、西地势分界线，位场特征表现为明显的重力梯度带和串珠状强磁异常带，而且以松辽盆地和大兴安岭之间（甘南附近）为界，东、西两侧的深部速度结构也明显不同。主要表现在西部地区的莫霍面深度较东部地区深 3～5km。这一特点在穿越大兴安岭—太行山重力梯度带的其他地学断面中均有类似的反映。

嫩江断裂带控制了断裂两盘的沉积作用。从钻孔资料看，断裂两侧沉降幅度有明显差异。例如，在富拉尔基 2 号钻孔所见地层厚度，第四系为 158m，古近系—新近系大于 74m，白垩系为 440m；而在其西面的龙江 2 号钻孔所见地层厚度为：第四系为 80m，直接与白垩系接触，缺失古近系—新近系。反映前者沉降幅度大，后者沉降幅度小。

在布格重力异常图上，泰来—齐齐哈尔局部有 20km 宽的正负相间的布格重力异常带，呈串珠状沿北东向分布。齐齐哈尔—讷河—嫩江为正异常带，呈北东向延伸。嫩江以北，在布格重力图上有两条显示：一条为嫩江—北师河，另一条为嫩江—红旗农场。嫩江—北师河一线虽然有些偏东，但可能更接近嫩江断裂的位置。在黑龙江省莫霍面等深图上，松辽平原中央幔凹区与龙江凸起的界线为北北东向梯级带，也恰好为嫩江断裂所在位置。区域磁场在断裂以东以平缓的负磁场为主；断裂以西表现为一系列强烈变化的南北向线性磁异常。

嫩江断裂走向为北北东或北东向，根据重力异常西高东低的形态及据重磁场确定的断裂位置明显偏东分析，该断裂倾向东。断裂西侧（下盘）抬升，东侧（上盘）下降，属于断阶式断裂（黑龙江省地矿局，1993），即表现为正断层特征。根据满洲里—绥芬河地壳结构构造大剖面，嫩江断裂表现为向东倾斜的低角度铲状正断层。断层以低角度向下延深达20～23km。断层的底部为近水平状特征。它并非传统意义上的深达莫霍面甚至切过莫霍面的深大断裂，而是控制松辽盆地发育的拆离断层。该断层从大兴安岭构造带的东缘向东一直延伸到松辽盆地的东缘，在松辽盆地的基底表现为基底拆离断层。

从前面的讨论可以看出，嫩江断裂是一条分隔性的控盆断裂，它至少控制着古近纪以来松辽盆地及周边盆地的发育与展布格局，且破坏和改造了白垩纪沉积盆地的原型，包括大杨树盆地。当然，尽管不少学者提出嫩江断裂的形成时间可能起始于白垩纪或更早，但迄今为止，还没有充分的证据证明它的存在对于大杨树等白垩纪盆地具有显著的控制意义。

2. 牡丹江断裂

牡丹江断裂主要指大体沿嘉荫向西南经汤原然后沿牡丹江河谷展布的具有西向仰冲性质的逆断层。断裂在依兰附近被北东向的依舒断裂及东西向的呼兰—虎林断裂切割，航卫片上显示为线形影像带，断裂在航磁上表现为南北向分布的负磁异常带，两侧磁场形成强烈的反差。牡丹江断裂大致沿南北向分布，为松嫩地块与佳木斯地块早古生代末的构造拼接边界（张梅生等，1998）。沿该带分布的黑龙江岩系即两个地块间洋壳俯冲、地块拼接的构造混杂岩带。由黑龙江岩系中蓝片岩年龄（664—599Ma）和410～440Ma的变质变形事件年龄，显示该带发生两次洋壳俯冲、碰撞事件，而该带西侧出露的大规模南北向分布的加里东期花岗岩的形成，也与后一次俯冲事件有关（张梅生等，1998）。

由于它具有控制黑龙江群的西界，并且是东部老爷岭早古生代隆起和西部前古生代小兴安岭陆块的界限，根据沿断裂带反映的陆陆碰撞特征及断裂向西仰冲的性质，该断裂被认为是陆陆之间的缝合带。该缝合带使佳木斯地块与松嫩地块在晚志留世—早泥盆世完全拼合到一起。这次拼合作用规模极大，把早期形成的蛇绿岩、蓝片岩和周围的岩石混杂在一起，构成南北向的混杂岩带，与此同时，在混杂岩带西侧的小兴安岭—张广才岭陆缘带形成规模巨大的南北向展布的加里东期花岗岩带，该花岗岩带将佳木斯地块和松嫩—张广才岭地块焊接为一体。从牡丹江断裂的形成演化过程看，该断裂带是研究区成生最早、活动时间最长，对区内的构造发展起重要作用的断裂带，根据最新的地质资料，鹤岗盆地和依舒地堑内的白垩系与三江盆地同时代的地层沉积特征完全可以对比，依舒断裂带并未构成三江盆地和鹤岗盆地的沉积边界，而牡丹江断裂可能控制了黑龙江东部盆地群的西延，构成了黑龙江东部盆地群的西侧地理边界。在宁安盆地，断裂对盆地的盖层组成方面有重要的控制作用，其东为穆棱组、猴石沟组与古近系—新近系分布区，而西南侧只分布海浪组，未发育穆棱组，可见牡丹江断裂对上中生界的展布具一定的控制作用。此外沿断裂有新生界玄武岩活动。可见其形成的时代久远，继承性活动的影响一直不断，是一条持续活动的区域性大断裂。

3. 依舒断裂（佳伊断裂）

依舒断裂为中国东部郯庐断裂的北延分支之一，呈北东向展布，地表由两条主干断裂组成，形成宽8～20km的地堑式断裂带。由于受后期北西向断裂的切割，断裂带沿走向方向出现隆坳相间的构造格局，由北而南依次为汤原断陷、依兰断隆、方正断坳、尚志断隆、胜利断坳、舒兰断坳、伊通断坳和叶赫断隆。近年来的研究表明，依舒地堑在横剖面上呈不对称的地堑式盆地，一侧断裂陡而深，沉积厚度大；另一侧断裂较浅，沉积厚度小，说明在裂谷发展过程中仅有一侧断裂起主导作用。沿地堑走向，不对称盆地的断超方向左右变位，大致以方正断陷为界，北东段地堑的主滑断裂位于东侧，出现东断西超；南西段地堑的主滑断裂位于西侧，出现西断东超。这种不对称盆地特征被解释为盆地形成与演化受控于伸展和走滑双重机制，即深陡断裂一侧以走滑作用为主，浅缓一侧以正断裂为主。边缘断裂一般由2～3条北东向断裂组成。根据野外地质特征以及地震剖面和重力反演资料，存在于依舒地堑中的走向断层，按其特征主要有高角度压扭性断层、外倾对冲断层及同沉积生长正断层，这些断层的不同性质显然是在地堑发展不同阶段的表现形式。

断裂带在重、磁场方面表现为一条明显的重、磁异常梯度带，走向北东向，宽为几千米到十几千米。在磁力异常中表现为负异常值 -300～-50nt 的北东向异常带，而两侧总体都在航磁正负异常近于零值线附近。在重力场中，依舒断裂带两侧边界表现为密集的重力梯度带，为正负异常的分界线，沿断裂分布有一系列串珠状重力正负异常。这在吉林省的伊通—双阳一线表现明显，其水平变化梯度大于 $-1 \times 10^{-5} m/s^2/km$。在断裂带西侧总体为重力高，异常值在 $0 \sim 10 \times 10^{-5} m/s^2$ 之间，长轴方向为北东向；在东侧相对于西侧重力低，异常值在 $-10 \times 10^{-5} \sim 20 \times 10^{-5} m/s^2$ 之间，长轴方向以近东西向为主。

依舒断裂带两侧的地壳厚度也有很大不同，在东侧地壳厚34～37km，在西侧地壳厚33.5～35km，而依舒断裂带本身是两侧地壳厚度变换的陡变带，在卫片解译图上，依舒断裂带的线性呈北东向清晰可见。

关于依舒地堑及其相关盆地的形成时间和演化历史存在较大的分歧，在断裂初始形成时代上，有印支期、晚印支期、晚印支期—早燕山期的转换时期、侏罗纪、中侏罗世、晚侏罗世、早白垩世以及白垩纪末—古近纪初期等多种认识。印支期是我国华北板块与扬子板块及其他陆块最终强烈拼接形成造山带的时间。内蒙古西拉木伦河北部蛇绿岩带硅质岩中发现了中二叠世放射虫也可以说明华北板块与黑龙江板块可能在印支期碰撞造山。而北东向的郯庐断裂带错开了这些近东西向的造山带，说明它可能形成于燕山期。作为郯庐断裂的北延断裂，依舒断裂也可能形成于燕山期，即在晚侏罗世—早白垩世。依据依舒断裂带内控制的沉积地层发育特点，可以看出该断裂带切过了早白垩世的三江地区，并没有控制盆地沉积。从沉积充填序列上，依舒断裂东侧的鸡西盆地、勃利盆地和西侧的鹤岗盆地的充填序列可以对比，完全不受依舒断裂的控制。所以，可以认为它应该形成于早白垩世之后。根据现有的地质事实，沿依舒断裂带分布的古近系严格受断裂带控制，无论是与中生代构造层或是与古生代构造层及其以前的构造层均呈不整合接触，为地堑式盆地，沉积厚度可以达3500～4000m，岩性主要为碎屑岩、油页岩及煤系夹玄武岩。沿依舒断裂带，新生代早期的火山活动为中心式喷发，喷发部位多为依舒断裂带与北西向和东西向断裂的交会部位。由此可见，依舒断裂带强烈活动时代应在古近纪及以后，区域上与太平洋板块俯冲方向的变化和日本海扩张有直接关系。

依舒断裂带还表现为强烈的挤压属性（孙晓猛等，2006）。它在早白垩世及古近纪表现为断陷盆地的同时，在断陷盆地的北西缘和南东缘及断裂带内又均存在强烈的挤压作用，形成众多的逆断层，其中在断裂北西缘的逆冲断层比南东缘发育。在地震剖面解译图中，依舒断裂带内的桦皮厂附近，其北西缘表现为一种明显的逆冲构造（刘茂强，1993）。在地表，依舒断裂带上的逆断层发育，其北西缘以北西倾为主。宏观上，多处可见前下白垩统逆冲覆盖于上白垩统及古近系；在地震剖面解译中，新近系也常被较早地层逆冲覆盖，可见逆冲作用主要发生在古近纪及以后。

4. 敦—密断裂

敦—密断裂带作为郯—庐断裂系北段的主要分支之一，在研究区的盆山体系形成和演化中具有重要地位。

敦—密断裂带走向近北东向，其中在辽宁的抚顺—清原一线走向为北东东，吉黑两省走向近北东向。野外宏观上看，断裂带由两条主断裂组成，即北西支和南东支，两断裂相距 10～20km，其内充填地层有下白垩统和古近系—新近系。其中的北西支产状稳定，以北西或北西西向倾（外倾）为主，倾角 30°～70° 不等；南东支连续性差，倾向不定。两断裂之间为中—新生界。在抚顺—清原—山城—桦甸一线主要为晚中生代（J_3—K）及古近纪沉积，形成了几千米宽的沿带分布的中—新生代沉积盆地。在桦甸到鸡西附近沿带有大规模的喜马拉雅期玄武岩喷发。从鸡西沿断裂带向北至中俄边界一线多为第四系覆盖。

敦—密断裂在重力场低背景上表现为一条明显的重力梯度带，断裂北西侧异常梯度线较缓，东南侧异常梯度陡。航磁上特征明显，北西侧水平梯度变化较小，南东侧磁场复杂，正负异常交替出现。

断裂带的性质具多期活动的特点。在穆棱乡、马河侨乡、八棱乡水库、知一镇黑台等地可观察到这些性质的变化。早期敦—密断裂可能是高角度左行压扭性断层，后期并经过张裂和对冲。宏观上，华北板块北缘的古生代构造线被切割，东西向断裂带被左行错开，在断裂带北西侧断裂见于开原—山城镇南，在断裂带东南侧见于桦甸—和龙一线。另外中生代构造线也被错开，在黑龙江完达山地区，地层主要为三叠系—白垩系的海相地层，构造作用强烈，完达山地体拼接带被左行平移（张世红等，1991；邵济安等，1991，1992；孙革等，1992，1999）。至于断裂的平移断距，不同的地质学家依据不同的地质事实所得结论相差很大。徐嘉伟（1992）认为敦—密断裂错开布列亚—兴凯地块与那丹哈达岭—锡霍特—阿林地块的边界约 200km；万天丰（1995）根据华北地块北缘断裂及古生代构造线被错断的距离分析，左行平移 133～160km；赵春荆等（1996）根据断裂被西侧鸡西附近的麻山群与断裂南东侧虎林附近及俄罗斯境内的新太古界伊曼群是一致的，其位移量约 250km。王小风等（2000）认为敦—密断裂的左行平移在不同地段是不同的，从南到北的位移量是逐渐减小的，中生代的最大总平移量不小于 200km。

关于敦—密断裂的形成时代争论很大，分别有形成于中元古代、早古生代、三叠纪—晚侏罗世、晚侏罗世—早白垩世、早白垩世以后等不同认识。现有的资料表明，敦—密断裂的走滑时间主要在晚侏罗世—早白垩世。黑龙江东部的完达山造山带由南东东向北西西推覆作用结束于晚侏罗世，而敦—密断裂带与完达山北北东向构造线斜切，所以，敦—密断裂带左行平移活动应发生在晚侏罗世或其之后。古地磁的研究表明，以敦—密断裂为界，其北西侧勃利盆地中生界沉积岩的古地磁基本没有变化，而敦—密断裂东侧宁安县等地中生界的古地磁明显北移。值得注意的是晚白垩世及其之后的地层即使在断裂以东也是基本稳定的，不具明显的位移现象，故敦—密断裂的走滑时间应在晚白垩世之前。

敦—密断裂的形成可能在晚侏罗世发生了左旋走滑，但对鸡西盆地、勃利盆地和虎林盆地的晚侏罗世—白垩纪的沉积并没有明显的控制作用。古近纪—新近纪的右行张扭作用显然对盆地有较大的改造和破坏作用。

二、盆地群地质特征

中—新生代存在晚侏罗世—白垩纪和新生代二个成盆期。按盆地原型和叠合盆地的观点，划分两种基本类型，即长期发育叠合盆地和单层系盆地（单型盆地）。叠合盆地指盆地发育的历史较长，后期改造微弱，含油岩系保存较好。这类盆地往往沉积巨厚，成油条件优越，油气保存条件也佳，常成为有经济价值的含油气盆地，这类盆地主要分布在西部盆地群和中部盆地群。单型盆地系指发育历史相对较短，而后期抬升较剧，遭受剥蚀破坏严重，盆地发育早期沉降幅度可以很大或较小，基本上只有一个完整的沉积旋回，一个含油组合。这类盆地主要分布在佳伊断裂和敦密断裂的方正、汤原断陷和虎林盆地，沉积地层主要为古近系。

中生代初期，由于太平洋板块与亚洲大陆板块的碰撞，大陆边缘下弯引起褶皱。褶皱后产生了软流圈上隆，形成一系列的深大断裂，包括松辽盆地西侧的嫩江断裂，东部的牡丹江断裂、东北部的大和镇断裂以及具有走滑性质的依兰—伊通断裂、敦化—密山断裂，它们将大庆探区外围分成沉积地层性质、盆地性质等石油地质特点不同的三大盆地群。

嫩江断裂以西的西部盆地群，包括漠河、根河、呼玛、拉布达林、大雁、大杨树等6个盆地，沉积岩分布面积 $8.17\times10^4km^2$，发育下白垩统的陆相含煤断陷沉积。活跃的深大断裂导致同沉积和后期岩浆作用活跃，大杨树、漠河、根河、拉布达林和呼玛等5个盆地下白垩统为大面积火山岩覆盖，其中大杨树盆地下白垩统甘河组玄武岩厚度达1500～2000m，盆地类型为火山岩夹沉积岩型盆地。

介于嫩江断裂和牡丹江、依兰—伊通断裂的中部盆地群包括孙吴—嘉荫、伊春、东兴、木耳气、嫩北等5个盆地，沉积岩分布面积约 $2.8\times10^4km^2$，发育下白垩统的含煤断陷沉积和上白垩统复理石沉积的断坳复合型盆地，除孙吴—嘉荫盆地外，其他盆地面积较小，基底埋深一般在2500m左右。

牡丹江断裂、依兰—伊通断裂以东、敦化—密山断裂以西的东部盆地群包括三江、依舒、鹤岗、双鸭山、佳木斯、虎林、红卫、勃利、林口、鸡西、柳树河、伊林、宁安、东宁、老黑山、珲春、延吉等17个盆地，沉积岩分布面积约 $7.8\times10^4km^2$，主要发育下白垩统海陆交互相和陆相的含煤断陷沉积、上白垩统红层沉积和新生界含煤断陷沉积。依据盆地地层和构造特征，可以将东部盆地群划分为残留型和单断型两种盆地类型。其中残留性质盆地位于牡丹江断裂、依兰—伊通断裂以东，大和镇断裂以西、敦化—密山断裂以北，包括鹤岗盆地、三江盆地绥滨坳陷、双鸭山盆地、佳木斯盆地、鸡西盆地西部、勃利盆地，盆地主要发育下白垩统含煤断陷沉积，盆地在中生代末期的燕山运动褶皱隆起，地层遭受改造剥蚀，盆地形态由于改造发生强烈变化，钻探揭示残留盆地以滨浅湖—半深湖相为主，缺乏边缘相。单断型盆地位于依兰—伊通断裂和敦化—密山断裂带上，主要为在残留白垩系基础上，叠合了新生界走滑拉分形成的古近系—新近系沉积，包括依舒地堑的方正、汤原断陷、宁安盆地、三江盆地前进坳陷和虎林盆地。依舒地堑古近系断陷沉积堆积了厚度超过 3000m 的补偿沉积盖层，形成了一套成分和结构成熟度均不高的粗相带沉积。

第三节　油气勘探层系及分布

大庆探区油气勘探层系具有分带性。纵向上赋存四个层位：上侏罗统、下白垩统、上白垩统、古近系（吴河勇等，2004，2014；杨建国等，2006）。在空间上自西向东可分三个不同的油气富集带：西带北起漠河盆地、经海拉尔至大杨树盆地，为上侏罗统、下白垩统油气富集带；中带以松辽盆地代表，油气于下白垩统和上白垩统富集；东带是三江盆地和依舒地堑，古近系为其主要目的层，次为下白垩统。这三个带的出现是与区域构造分带、构造活动强度迁移相一致的。尽管勘探层系具有分层、分带的特征，但目前具有勘探发现的盆地均发育深水湖相含油建造和湖泊—沼泽相含煤建造，烃源岩条件优越。

第四章　盆地各论

大庆探区外围盆地以嫩江断裂和依兰—伊通断裂为分区断裂，自西向东分为西部盆地群、中部盆地群和东部盆地群共 3 个盆地群。

第一节　东部盆地群

一、概述

东部盆地群分布在依兰—伊通断裂以东地区，包括三江、依舒、鹤岗、双鸭山、佳木斯、虎林、红卫、勃利、林口、鸡西、柳树河、伊林、宁安、东宁、老黑山、珲春、延吉等 17 个盆地，盆地总面积约 $7.8\times10^4km^2$（图 3-4-1）。

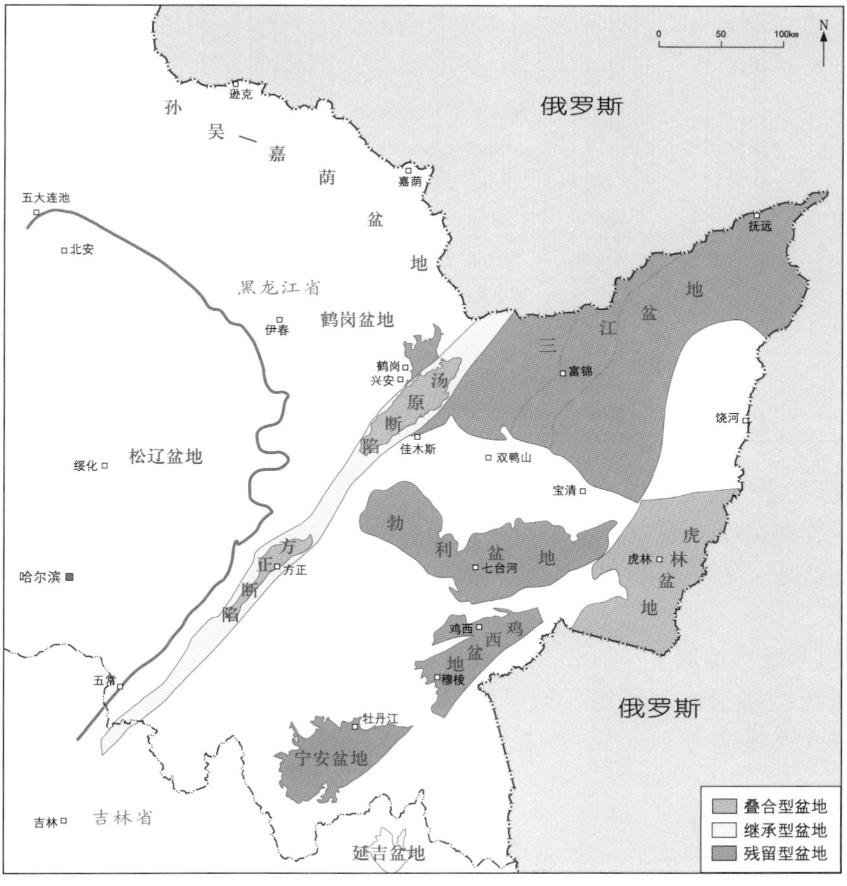

图 3-4-1　东部盆地群分布图

二、地层层序与岩相古地理

1. 地层层序

根据地层组合、岩浆活动及其变形变质特征，将东部盆地群中—新生界划分为4个构造层（表3-4-1）。

表3-4-1　东部盆地群各盆地构造层划分表

系	统	方正断陷	汤原断陷	鹤岗盆地	三江盆地	双鸭山盆地	勃利盆地	鸡西盆地	虎林盆地
新近系	上新统							道台桥组	道台桥组
	中新统	富锦组	富锦组		富锦组				富锦组
古近系	渐新统	宝泉岭组	宝泉岭组		宝泉岭组				虎林组
	始新统	达连河组 新安村组	达连河组 新安村组						
	古新统	乌云组	乌云组						
白垩系	上白垩统			猴石沟组	雁窝组 七星河组 海浪组 猴石沟组		海浪组 猴石沟组	海浪组 猴石沟组	
	下白垩统		东山组	东山组	东山组	东山组	东山组	东山组	东山组
		穆棱组	穆棱组	穆棱组	穆棱组	穆棱组	穆棱组	穆棱组	珠山组
				城子河组	城子河组	城子河组	城子河组	城子河组	上云山组
					滴道组			滴道组	下云山组
侏罗系	上侏罗统				东荣组 绥滨组				七虎林组 裴德组

1）上侏罗统构造层

上侏罗统构造层主要由绥滨组、东荣组和裴德组、七虎林组构成，主要分布于三江盆地、虎林盆地，为一套陆相—海相—海陆交互相陆源碎屑岩，以快速堆积和岩石成熟度低为特征。

2）下白垩统构造层

下白垩统构造层由滴道组、城子河组、穆棱组及东山组构成，主要由两套建造组成，一套以含煤建造为主沉积，一套以火山岩和火山碎屑岩为主，夹有正常碎屑岩建造的东山组。

3）上白垩统构造层

该构造层包括猴石沟组、海浪组、七星河组、雁窝组，由一套河流—冲积扇相粗碎屑岩组成，为分布局限的山间盆地沉积地层。

4）古近系构造层

东部地区形成以依兰—伊通断裂和前进坳陷为代表的古近纪地堑系，普遍发育了以煤和油页岩为代表的湖沼相。

2. 岩相古地理

东部盆地群白垩纪主要发育冲积扇相、河流相、三角洲相、湖泊相、湖底扇相，沉积相类型复杂而齐全❶。

1）下白垩统滴道组（云山组）沉积期岩相古地理特征

下白垩统滴道组（云山组）沉积时期，三江盆地绥滨坳陷、勃利盆地、鸡西盆地和虎林盆地为各自独立的沉积体系，发育以陆相碎屑岩和火山岩为主体的煤系地层。绥滨坳陷西南部形成三角洲—滨浅湖沉积。勃利盆地和鸡西盆地发育冲积扇—三角洲—湖泊沉积体系（图 3-4-2）。

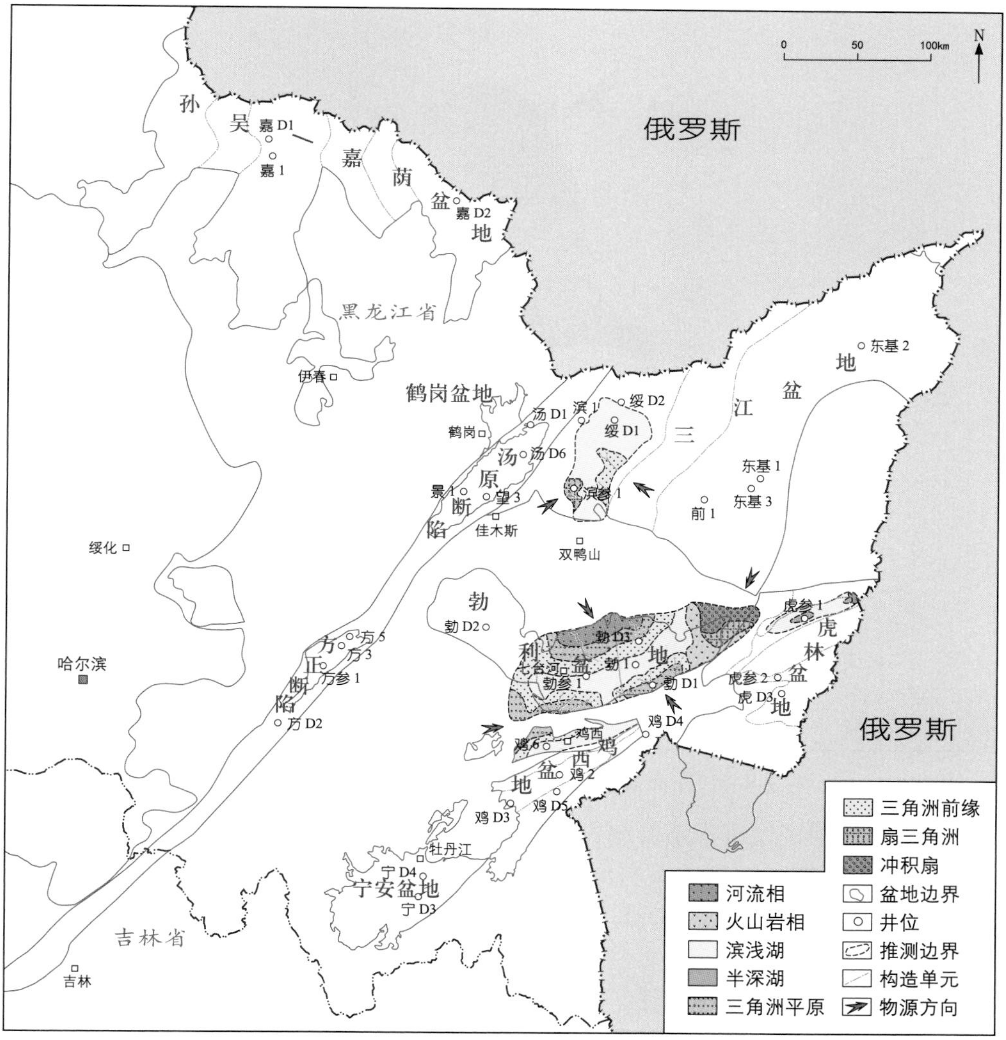

图 3-4-2　东部盆地群早白垩世滴道组（云山组）沉积时期古地理图

---

❶ 浙江大学，2010，大三江地区构造沉积演化及盆地恢复研究，内部科研报告。

2）下白垩统城子河组沉积期岩相古地理特征

城子河组沉积时期，三江地区由数个相互孤立的断陷盆地逐渐合并为统一沉积盆地，总体上构成三角洲平原—三角洲前缘—滨浅湖的沉积体系，以滨浅湖沉积为主，水体较浅（图 3-4-3）。

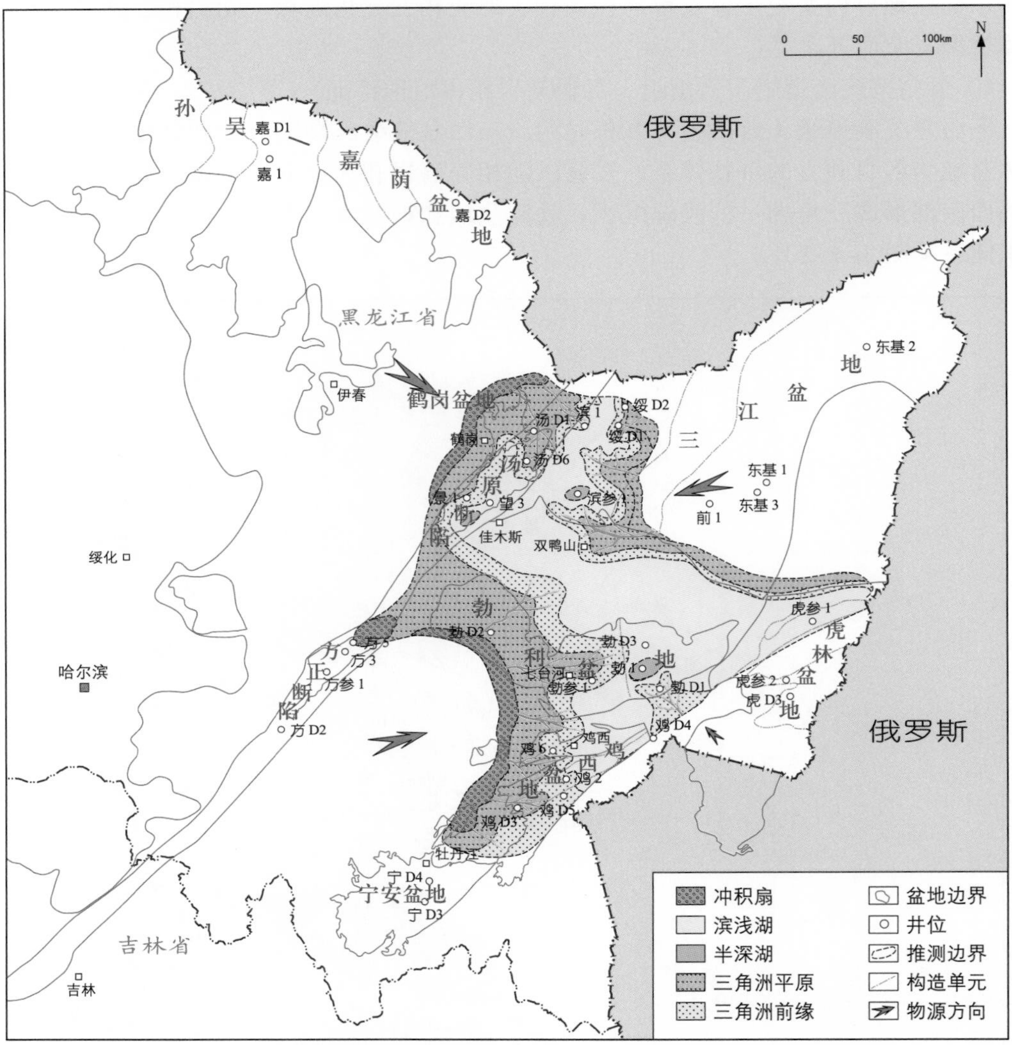

图 3-4-3　东部盆地群早白垩世城子河组沉积时期古地理图

3）下白垩统穆棱组沉积期岩相古地理特征

穆棱组沉积时期，沉积体系与城子河组沉积时期基本一致，只是沉积范围扩大，盆地的主体依然是滨浅湖沉积，总体上构成了三角洲平原—三角洲前缘—滨浅湖—半深湖的沉积格局（图 3-4-4）。

4）晚白垩世岩相古地理特征

东山组沉积之后，研究区内发生大规模的构造抬升剥蚀作用，湖水整体变浅，在此基础之上沉积上白垩统，主要发育冲积扇—辫状河—三角洲—湖泊相沉积体系（图 3-4-5）。

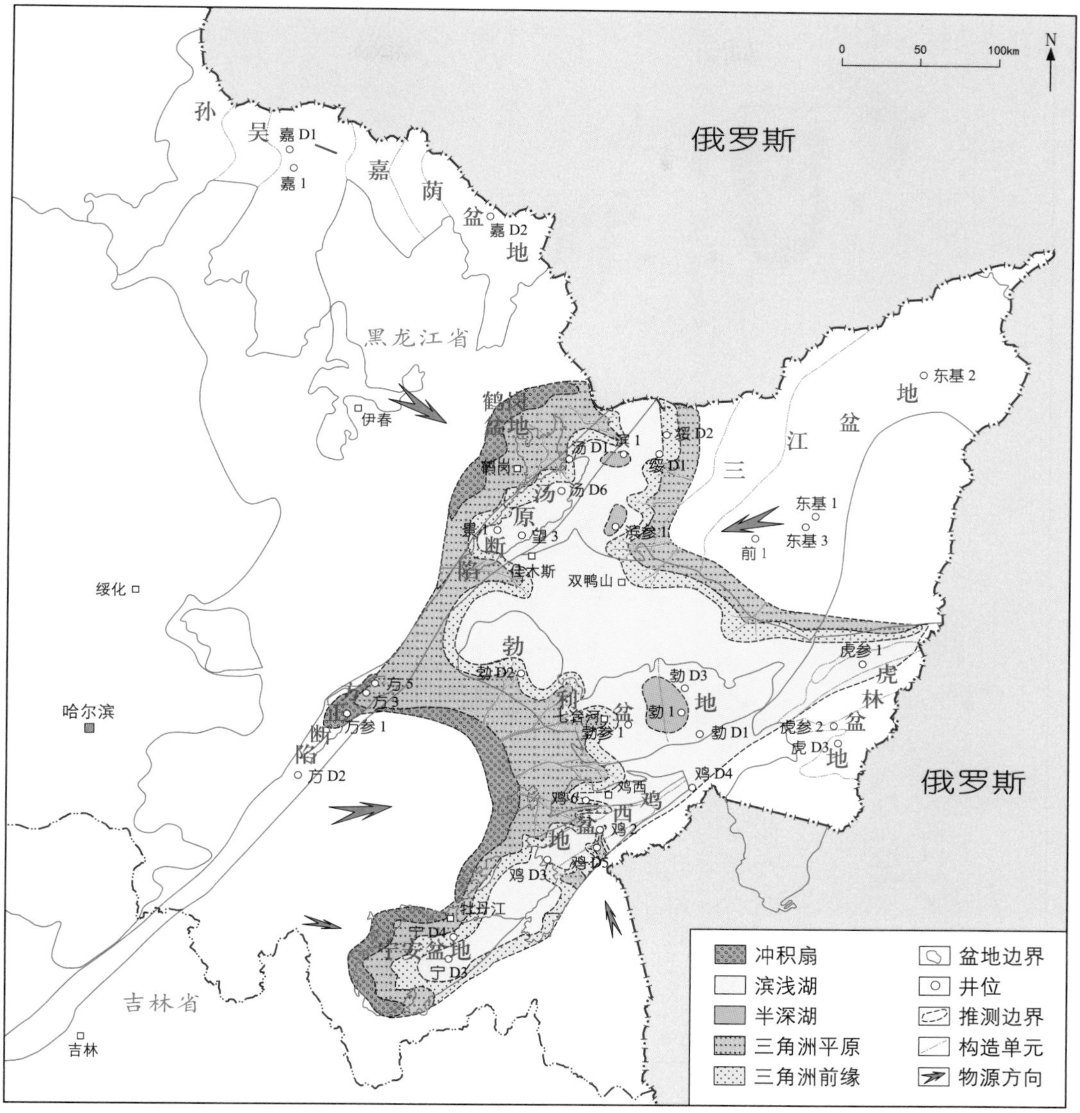

图 3-4-4 东部盆地群早白垩世穆棱组沉积时期古地理图

5）古近纪岩相古地理特征

古近系主要分布在汤原断陷、方正断陷、三江盆地前进坳陷、虎林盆地，整体受依兰—伊通断裂、敦—密断裂控制。由盆地四周向中心沉积相以三角洲平原—三角洲前缘—滨浅湖过渡为特征。该时期沉积中心位于汤原断陷、方正断陷和虎林盆地的七虎林河坳陷。总体上该时期整体水体较浅，沉积环境以冲积扇—河流—沼泽—滨浅湖—半深湖为主（图 3-4-6）。

三、油气成藏条件

1. 烃源岩特征

东部盆地群中—新生代主要经历了四期成盆过程，相应地发育了四套烃源岩，分别为中—上侏罗统烃源岩、下白垩统烃源岩、上白垩统烃源岩和古近系烃源岩。

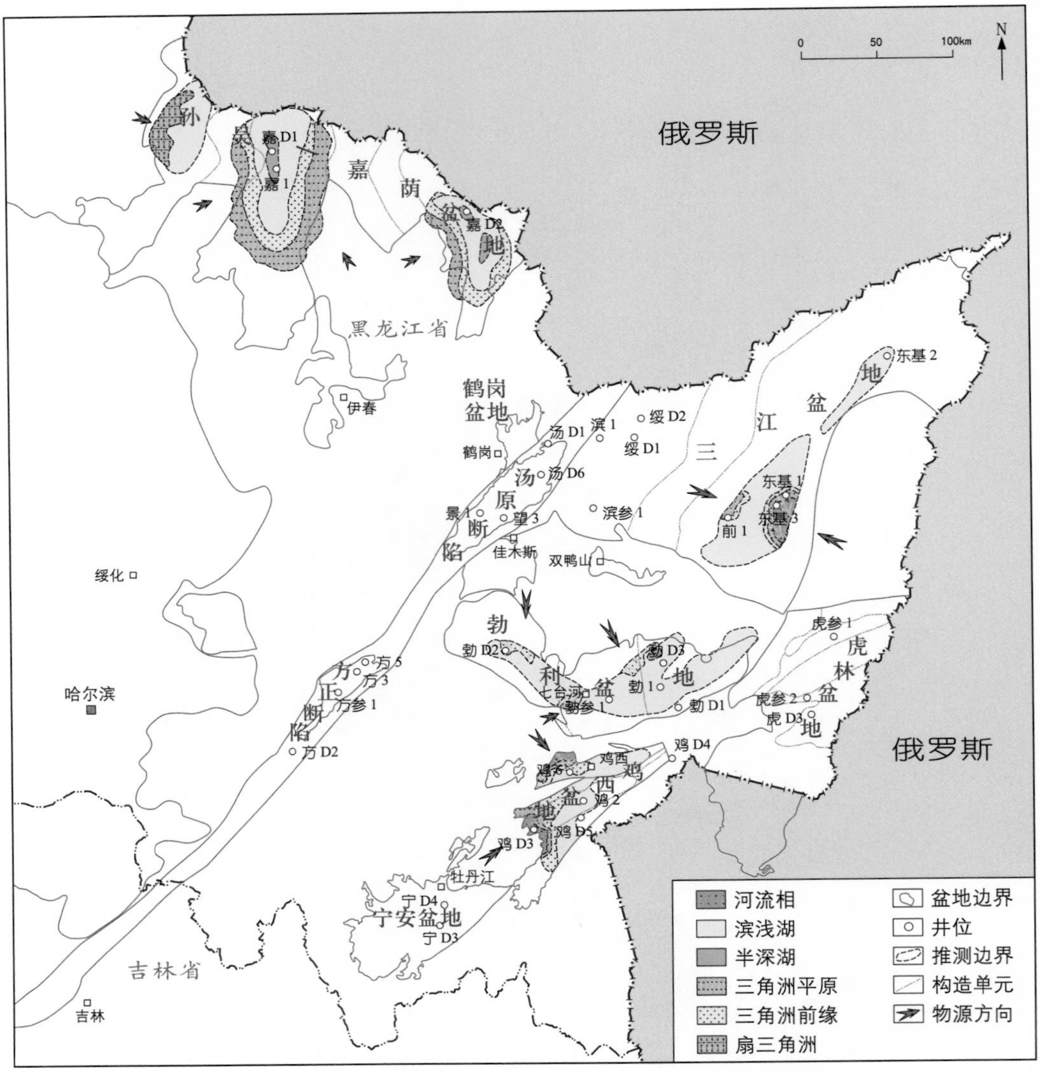

图 3-4-5　东部盆地群晚白垩世古地理图

1）中—上侏罗统烃源岩

分布于三江盆地绥滨坳陷的绥滨组和东荣组暗色泥岩厚 15～217m，单层最大厚度达 144m。东荣组有机碳含量平均为 0.579%，氯仿沥青“A”含量为 0.0169%。综合评价为较差—中等生油岩。

2）下白垩统烃源岩

下白垩统城子河组、穆棱组烃源岩发育，主要分布在三江盆地绥滨坳陷、鸡西、勃利盆地等地区。烃源岩有机质类型均为Ⅱ型—Ⅲ型。不同盆地有机质丰度存在差别，鸡西盆地城子河组、穆棱组生烃潜量大于 6mg/g，氯仿沥青“A”含量为 0.05%～0.1%，属于好—较好烃源岩；三江盆地绥滨坳陷城子河组、穆棱组氯仿沥青“A”含量平均为 0.0074%～0.0169%，生油潜量平均为 0.28～1.14mg/g，综合评价为差—中等烃源岩。不同盆地有机质成熟度存在差别，鸡西盆地成熟度为 0.7%～1.3%，处于生油窗；三江盆地绥滨坳陷成熟度为 0.85%～3.77%，达到成熟—过成熟阶段，以生气为主。

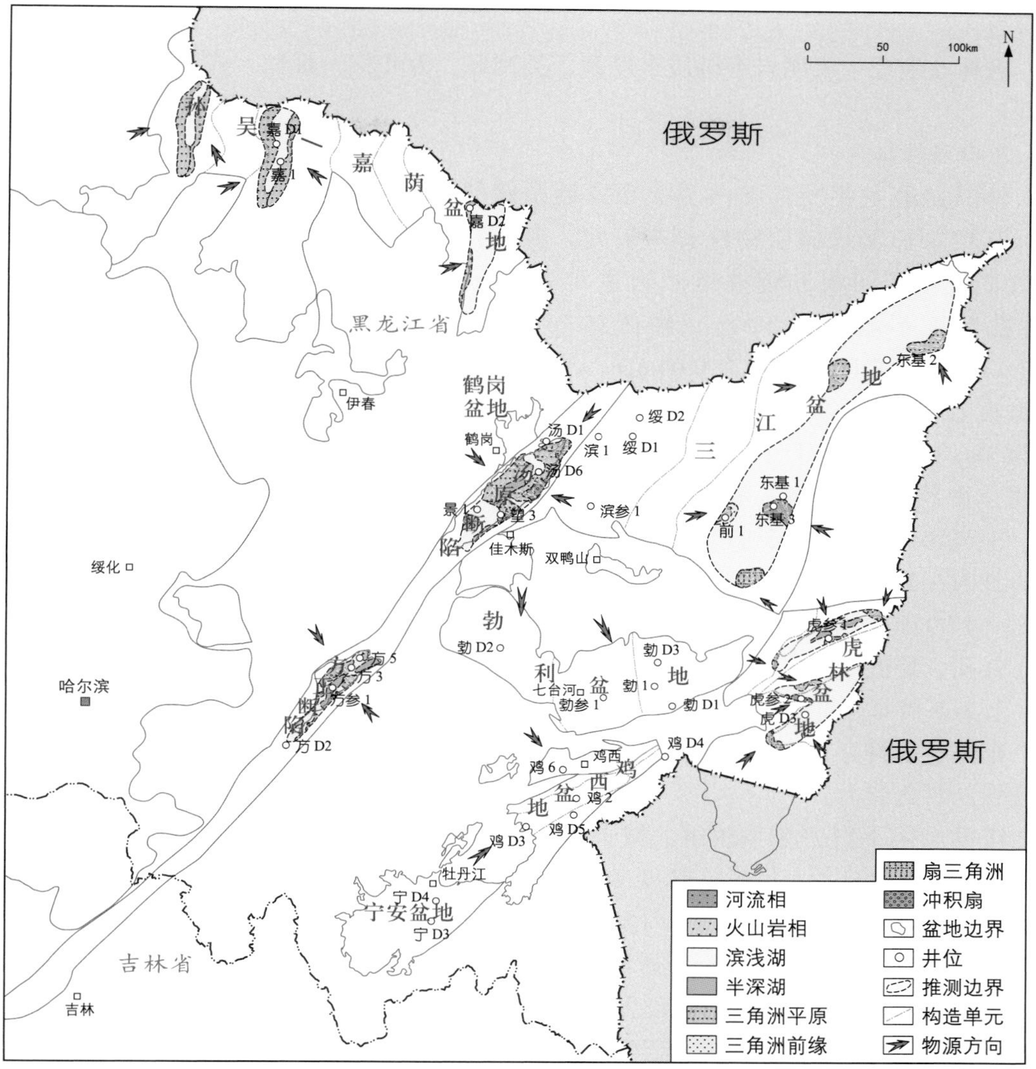

图 3-4-6　东部盆地群古近纪古地理图

3）上白垩统烃源岩

晚白垩世东部地区构造运动相对活跃，上白垩统发育差异大，其地层多有缺失或发育不全，且多表现为一套红色、紫红色碎屑岩沉积建造，烃源岩不发育。

4）古近系烃源岩

古近系分布在依兰—伊通断裂带和敦化—密山断裂带，包括方正断陷、汤原断陷、虎林盆地和三江盆地东部前进坳陷。

方正断陷宝泉岭组泥岩有机质丰度低，类型差，属于较差生油岩；达连河组泥岩有机质丰度中等，类型为Ⅱ型—Ⅲ型，成熟度较低；新安村组 + 乌云组烃源岩有机质丰度高，类型好，处于早期生烃阶段，具备较大的生烃潜力。

汤原断陷暗色泥岩有机质干酪根类型以Ⅲ型为主，II_1 型次之，宝泉岭组、达连河组、新安村组、乌云组有机碳含量较高，均值分别达到 1.52%、1.90%、1.74%、1.12%，从热演化角度看，达连河组深部及新安村组 + 乌云组已经处于成熟阶段，具有较好的生烃潜力。

虎林盆地虎一段泥岩有机质丰度高，类型好，为Ⅱ型—Ⅲ型，成熟度较低，生烃潜力好。

2. 储层特征

外围盆地主要发育下白垩统和古近系储层，这两套层系的储层物性存在较大差异，其中下白垩统储层物性普遍较差，多为特低孔特低渗透性。三江盆地绥滨坳陷下白垩统城子河组和穆棱组砂岩主要为长石岩屑砂岩，岩屑长石砂岩次之，滨参1井孔隙度不超过8.12%，一般在3%～6%之间，平均在4%左右；渗透率一般在0.01～0.06mD之间，平均为0.04mD。古近系储层物性变化大。汤原断陷宝泉岭组储层孔隙度在1.68%～33.63%之间，平均为22.707%，渗透率在0.03～2567mD之间，平均为396.86mD，属于中高孔、中高渗储层；达连河组储层孔隙度在1.57%～32.2%之间，平均为19.82%，渗透率在0.01～1543mD之间，平均为136.19mD，属于中高孔、中高渗储层；新安村组储层孔隙度在2.8%～27.9%之间，平均为17.771%，渗透率为0.01～2453mD，平均为106.66mD，属于中孔、中渗储层；乌云组储层孔隙度在2.3%～17.92%之间，平均为10.759%，渗透率在0.01～160mD之间，平均为5.454mD，属于低孔、特低渗储层。古近系储层物性要远远好于白垩系的储层物性。

3. 盖层特征

东部盆地群存在两种性质的盖层，一种是暗色泥岩，另一种是凝灰岩，两种盖层均有较强的封盖能力。

绥滨坳陷下白垩统穆棱组、城子河组均发育了一定厚度的泥岩。滨参1井穆棱组泥岩厚度468.4m，最大单层厚度24.0m；城子河组泥岩厚度542.5m，最大单层厚度13.3m，可作为局部盖层。盆地内发育凝灰岩，常存在于泥岩中间，使封盖性更强。滨参1井见1.38m的凝灰岩与凝灰质泥岩互层，凝灰岩具有一定的封盖能力。

方正断陷和汤原断陷等古近纪盆地，宝泉岭组一段的泥岩一般厚度为100～500m，分布广泛，汤原断陷的汤参3井泥岩为433.5m，汤参2井单层最大厚度为52.5m，可作为区域盖层。达连河组、新安村组+乌云组的泥岩在局部地区发育较厚，也可作为局部盖层。

四、有利盆地优选

依据东部盆地群中—新生代盆地生储盖组合、保存条件及油气勘探发现情况等综合分析，油气勘探划分为勘探有利区、较有利区和远景区三个层次，预测了3个有利区、1个较有利区和3个勘探远景区（图3-4-7）。

第一层次为勘探有利区，主要包括方正断陷和汤原断陷，主勘探层系为古近系，同时兼探下白垩统和基岩。

第二层次为勘探较有利区，主要为三江盆地，绥滨坳陷主勘探层系放在下白垩统，同时可以兼探中—上侏罗统；前进坳陷的主勘探层系应为古近系，同时兼顾下白垩统。

第三层次为勘探远景区，包括鸡西盆地、勃利盆地等，主勘探层系为下白垩统。对鸡西盆地可以重点考虑选择构造圈闭、大型逆冲断层掩盖之下或者向斜区岩性圈闭。

下面就第一层次的方正断陷、汤原断陷及第二层次的三江盆地绥滨坳陷分别论述。

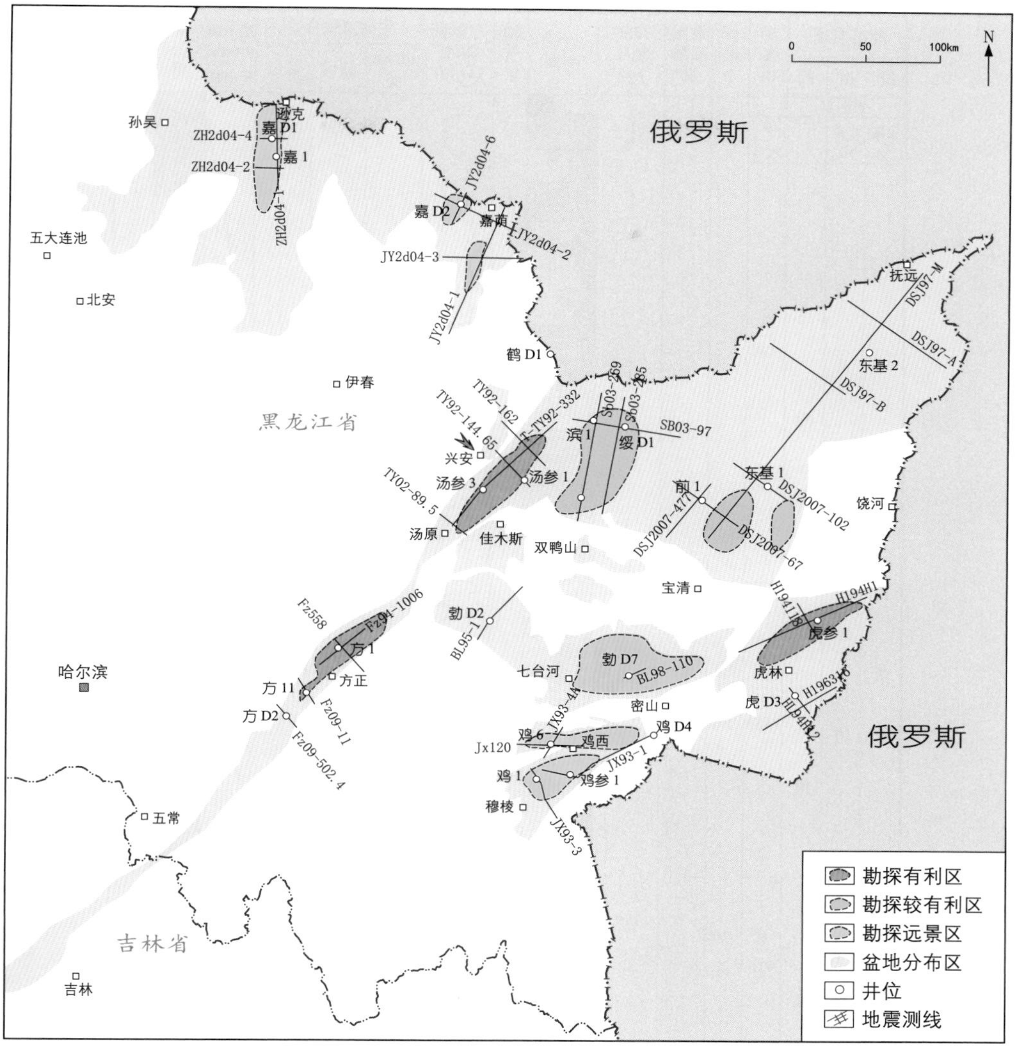

图 3-4-7　东部盆地群油气勘探有利区预测图

1. 方正断陷

方正断陷位于郯庐断裂带北段西半支依兰—伊通断裂带内，为断裂带内一系列呈北东向展布的狭长形新生代裂陷之一（金玮等，2014），整体处于断裂带中段，南面紧邻尚志断隆，北与依兰断隆相接，西抵小兴安岭、大青山，东面紧靠张广才岭，面积约 $1460km^2$。目前在方正断陷西部的柞树岗地区提交了石油探明储量、天然气预测储量，东部的大罗密地区提交了石油控制储量[❶❷]。

1）地层序列

方正断陷在中生界结晶基底上主要发育下白垩统穆棱组，古近系古新统—始新统新安村组 + 乌云组和达连河组一段、二段，渐新统宝泉岭组一段、二段、三段，新近系中新统富锦组（图 3-4-8）（万传彪等，2014b）。

❶ 王洪伟，2011，方正断陷石油地质特征及成藏条件研究，内部科研报告。

❷ 金玮，2013，方正断陷构造演化及成藏综合评价，内部科研报告。

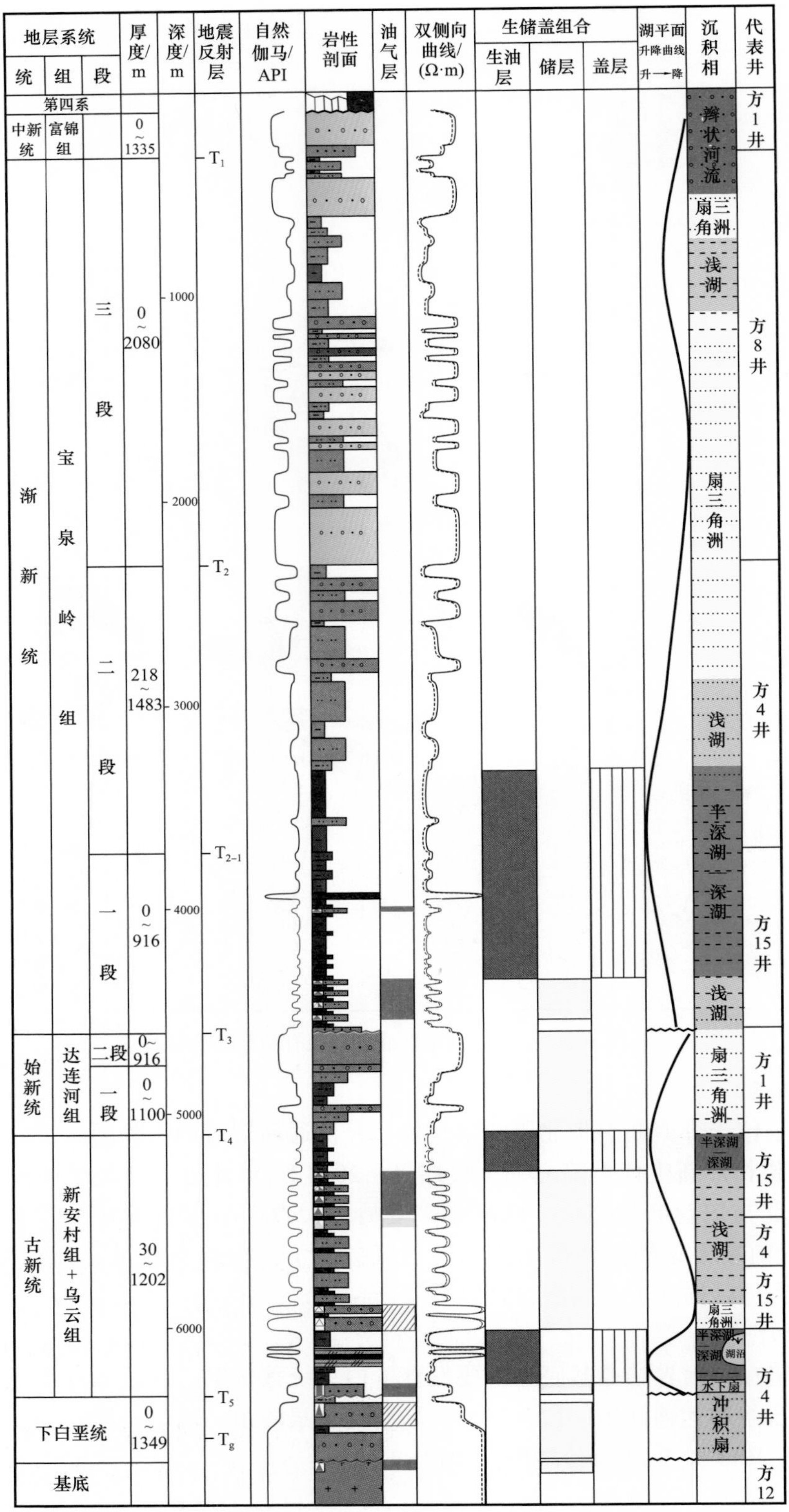

图 3-4-8　方正断陷地层综合柱状图

2）构造特征

方正断陷整体划分为以中央低凸起分割的东部断陷带和西部断陷带两个二级构造单元（图 3–4–9）；东部断陷带进一步划分为李家店次凹、德善屯次凹、腰屯鼻状构造、大林子次凹、大罗密构造带和兴旺次凹六个三级单元；西部断陷带进一步划分为小兰屯构造带、柞树岗次凹、祥顺断隆带三个三级构造带。

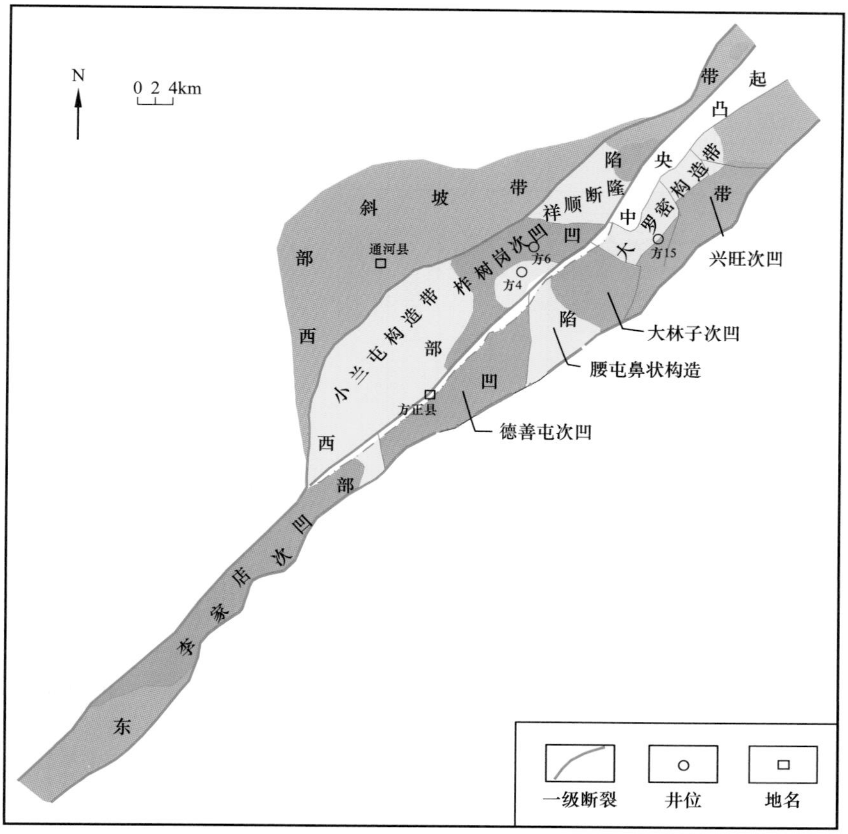

图 3–4–9 方正断陷构造单元划分图

3）沉积特征

新安村组 + 乌云组底部沉积初期，为盆地早期填平补齐阶段沉积。在此阶段盆地西北缘以发育扇三角洲为特点，而盆地东南缘则以发育水下扇为特点。中晚期水体逐渐加深，进入湖泊沉积阶段，沉积物输入和分散受盆内古地形、南北和东西向基底次级断裂的控制，扇三角洲、水下扇总体呈北东向、南北向、北西向展布。随着湖侵体系域的进一步扩张，方 4 井区、方 6 井区扇体前缘形成水下重力流砂体。

新安村组 + 乌云组中上部沉积时期，水体缓慢加深，但这一时期盆缘两侧物源广泛发育，物源供应明显增强，粗碎屑含量明显增加，地层厚度也同时加大，以含砾砂岩、砂砾岩夹细碎屑岩为主，沉积范围向湖泊中心大面积推进。方 4 井区和方 6 井区受古地形和西北缘断裂双重影响，以发育扇三角洲平原和前缘沉积为主。位于盆地东南缘的方 14、方 10 等井区以发育水下扇为主。

宝泉岭组一段沉积时期，受东南缘主控断裂剧烈活动和伊汉通断裂差异沉降控制，经历了一次由北东向进入水体的大面积湖扩过程，盆地东南缘广泛发育近岸水下扇沉积体系，沿水体侵入方向（方 15 井区）发育扇三角洲沉积体系，方 12 井区受古地形影响，局部发育水下扇沉积体系。

4）油气成藏条件分析

方正断陷发育三套生储盖组合（图 3-4-10），烃源岩分布在新安村组 + 乌云组和宝泉岭组，其中新安村组 + 乌云组是主力烃源岩发育段。储层包括古近系碎屑岩、白垩系致密砂砾岩和花岗岩；区域盖层为宝一段、宝二段。

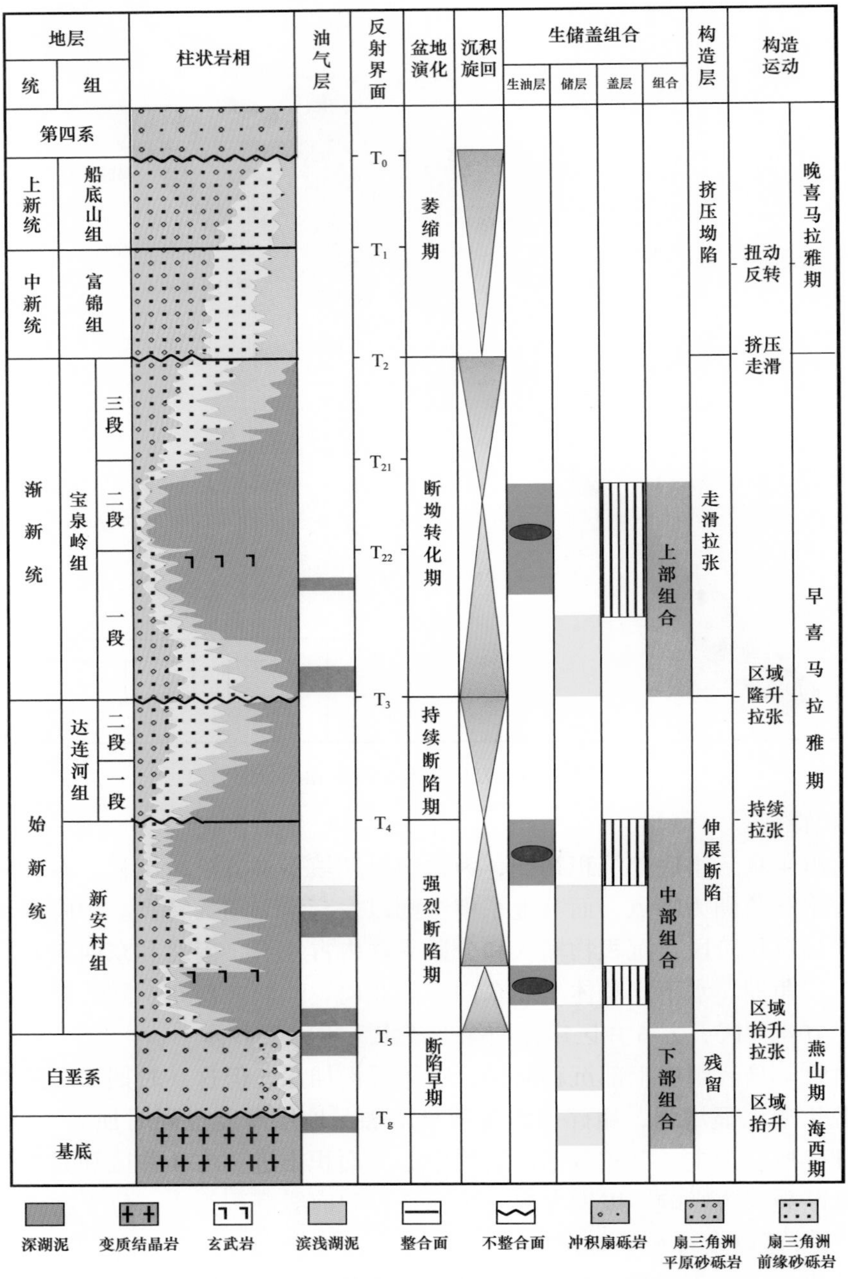

图 3-4-10　方正断陷构造层序及生储盖组合划分图

（1）烃源岩特征及分布。

新安村组：烃源岩有机质丰度较高，总有机碳含量在1%～12.8%之间，生烃潜量S_2在8～50mg/g之间，属于好—优的级别，总体为高有机质丰度优质烃源岩（图3-4-11）。新安村组泥岩以混合型干酪根为主，有机质类型为Ⅱ$_1$型—Ⅱ$_2$型，以藻类和陆源高等植物生油为主。镜质组反射率在0.5%～0.73%之间，已进入低成熟—成熟阶段（何星等，2011）。

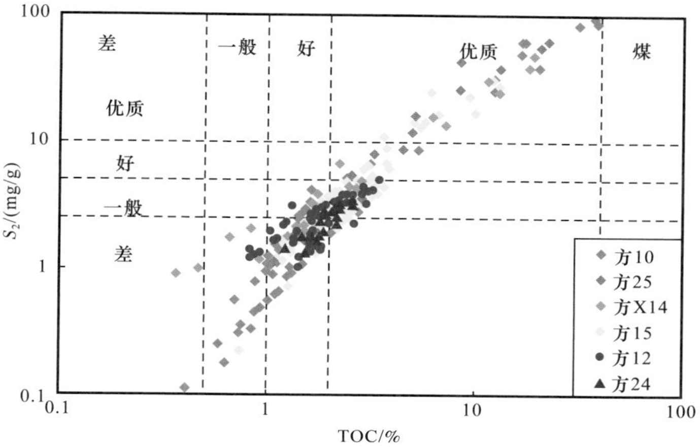

图3-4-11　方正断陷新安村组+乌云组烃源岩有机质丰度评价

方正断陷内各烃源岩发育区生烃条件存在一定的差别，柞树岗次凹新安村组+乌云组存在高丰度泥岩，总有机碳含量平均达4.45%，有机质类型较好，为Ⅱ$_1$型，但成熟度较低；大林子次凹新安村组泥岩有机质丰度较高，总有机碳含量平均达1.8%，有机质类型为Ⅱ$_1$型—Ⅱ$_2$型，凹陷深部位成熟，具有较好的生烃潜力（表3-4-2）。

新安村组+乌云组泥岩分布广泛，下部泥岩厚度较大，厚度最大约157m，厚度大于50m的分布面积为560km^2（图3-4-12）。

（2）储层特征。

方正断陷主要发育三类四套储层：第一类储层为古近系碎屑岩储层，主要包括新安村组+乌云组和宝一段，岩性为砂岩、砂砾岩，孔隙类型以基质孔隙为主，裂缝孔隙为辅；第二类储层为白垩系致密砂砾岩储层，孔隙类型以裂缝及部分粒内溶孔为主；第三类为花岗岩风化壳储层，孔隙类型以裂缝为主。

古近系碎屑岩储层主要赋存在新安村组+乌云组和宝泉岭组一段。埋藏压实作用是影响储层物性的关键因素。储层在4600m以下基本为特低孔、特低渗，在3300m以上发育中孔—特高孔储层（图3-4-13、图3-4-14）。

① 新安村组+乌云组。

储层主要为扇三角洲前缘水下分流河道及滩坝砂体，岩性主要为粉砂岩、细砂岩、含砾细砂岩、粗砂岩、砂砾岩。砂体累计厚度169～400m，单层最大厚度15～30m。以岩屑砂岩和岩屑长石砂岩为主，结构成熟度中等。

新安村组+乌云组主要为中低孔、中低—特低渗储层，不同构造带由于埋深和储集相带的差异，储层物性稍有差别。小兰屯构造带储层孔隙度为13.3%～19.6%，渗透率为4.41～174.84mD，属于中孔、中低渗储层，局部发育高孔、中渗储层；柞树岗次凹储

表 3-4-2　方正断陷烃源岩综合评价数据表

区带	面积 / km^2	层位	有机质类型	丰度						R_o/%		泥岩		
				TOC/%		氯仿沥青"A" /%		S_1+S_2/（mg/g）				厚度 /m		泥地比 / %
				最小 / 最大	平均值	最小 / 最大	平均值	最小 / 最大	平均值	最小 / 最大	平均值	最小 / 最大	平均值	
兴旺	90	宝泉岭组	$Ⅱ_2$	0.72/6.17	2.3	0.002/0.045	0.03	0.07/8.5	2.9	0.36/0.78	0.55	60/320	190	0.51
		X1 砂组	$Ⅱ_2$	0.78/3.107	2.1	0.023/0.065	0.04	1.59/5.33	3.1	0.6/1.3	0.95	60/120	90	0.63
		X2—X5 砂组	$Ⅱ_1$—$Ⅱ_2$	0.407/23.54	1.5	0.001/0.361	0.10	0.12/86.09	14.2	0.6/1.3	0.95	100/400	250	0.37
大罗密	70	宝泉岭组	$Ⅱ_2$、Ⅲ	0.52/5.579	2.1	0.004/0.147	0.03	0.03/10.55	2.8	0.41/0.61	0.49	180/38	280	0.55
		X1 砂组	$Ⅱ_1$—$Ⅱ_2$	0.833/6.153	1.9	0.007/0.128	0.05	0.25/7.07	2.7	0.45/0.66	0.56	25/125	75	0.36
		X2—X5 砂组	$Ⅱ_1$—$Ⅱ_2$、Ⅲ	1.333/9.445	3.1	0.012//0.305	0.09	1.38/31.83	8.3	0.49/0.58	0.52	50/200	125	0.23
大林子	125	宝泉岭组	$Ⅱ_2$	0.414/6.16	1.9	0.004/0.263	0.05	0.14/11.033	2.7	0.38/0.72	0.6	60/300	180	0.57
		X1 砂组	$Ⅱ_2$	1.238/19.19	2.2	0.019/0.06	0.04	1.49/16.713	2.9	0.65/0.86	0.75	50/400	225	0.4
		X2—X5 砂组	$Ⅱ_2$	0.47/17.87	2.9	0.008/0285	0.07	0.13/63.8	6.4	0.68/0.88	0.73	100/250	175	0.3
德善屯	120	宝泉岭组	$Ⅱ_1$—$Ⅱ_2$	0.423/2.93	1.0	0.0236/0.052	0.04	0.14/8.21	1.9	0.58/0.85	0.68	60/380	220	0.43
李家店	160	宝泉岭组	$Ⅱ_2$	0.456/2.63	1.2	0.007/0.162	0.05	0.15/4.22	1.6	0.55/0.777	0.68	40/200	120	0.19
		X1 砂组	$Ⅱ_2$	0.438/1.946	1.0	0.018/0.335	0.09	0.11/3.92	1.5	0.74/0.77	0.75	10/600	305	0.37
柞树岗	120	宝泉岭组	$Ⅱ_2$—Ⅲ	0.421/5.396	1.2	0.002/0.6	0.04	0.03/9.28	1.4	0.402/0.66	0.52	40/280	160	0.46
		X2—X5 砂组	$Ⅱ_1$—$Ⅲ_2$	0.403/20.033	3.3	0.004/1.432	0.15	0028/37.94	8.1	0.47/0.73	0.6	40/200	120	0.29
小兰屯	245	宝泉岭组		0.498/1.345	0.6	0.008/0.013	0.01	0.15/2.01	0.8	0.34/0.68	0.46			0.27
		X2—X5 砂组	$Ⅱ_1$—$Ⅲ_2$	0.428/27.41	5.4	0.003/0.334	0.07	0.2/24.48	1.8	0.29/0.52	0.45	20/120	70	029
达连河	60			2.186/67.19	12.8	0.0526/1.6269	0.31	3.47/161.01	50.9	0.45/0.58	0.52			

层孔隙度为 7.5%～12.5%，渗透率为 0.44～123.58mD，属于中低孔、中低渗储层；李家店次凹孔隙度为 1.1%～12.7%，渗透率为 0.01～8.1mD，属于低孔、特低渗储层；大林子次凹孔隙度为 5.0%～10.1%，渗透率为 0.16～6.39mD，属于中低孔、特低渗储层。

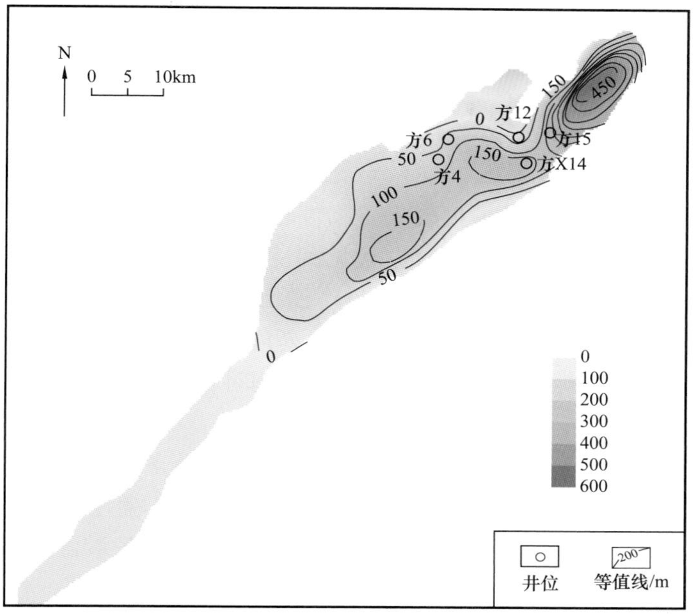

图 3-4-12　方正断陷新安村组 + 乌云组泥岩厚度图

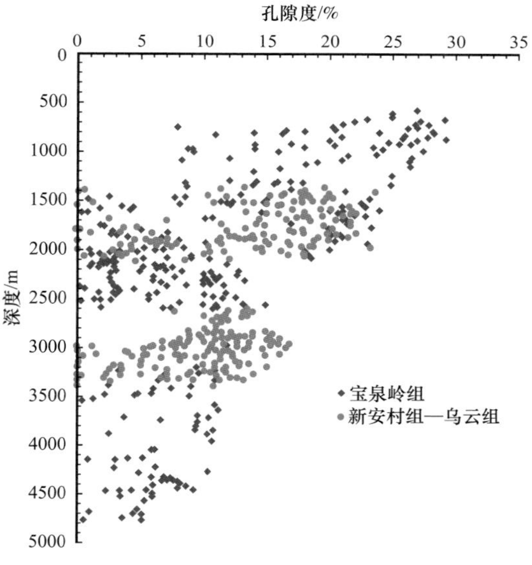

图 3-4-13　方正断陷孔隙度随深度变化关系图

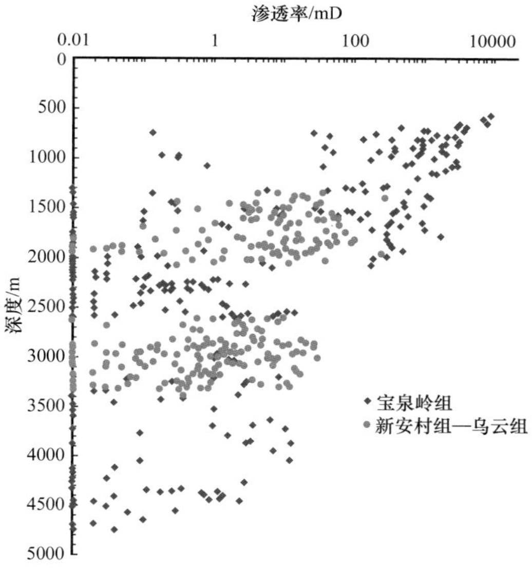

图 3-4-14　方正断陷渗透率随深度变化关系图

② 宝泉岭组一段。

宝泉岭组一段储层主要为扇三角洲分流河道和浊积砂体，岩石类型主要为长石砂岩。宝一段储层埋藏浅，物性较好，孔隙度一般为 8%～25%，渗透率一般为 3.6～261.58mD，属于中低孔、中低渗储层。

宝一段储层仅分布在大林子次凹东北部，岩性主要为粉砂岩、含砾细砂岩、砂砾岩，最厚可达500m，一般厚度在200～400m之间，单砂层厚一般在5.0m以下，最大为25.6m。

③ 白垩系致密砂砾岩储层。

白垩系砂砾岩储层物性较差，基质孔隙度为2%～6%，渗透率为0.1～0.5mD，难以形成有效储集空间，但是白垩系发育高、低角度裂缝和网状裂缝，可以形成裂缝型储层，多口探井揭示白垩系砂岩裂缝发育，并在裂缝型储层中获得低产油流或良好的油气显示。

④ 花岗岩风化壳储层。

方正断陷基岩顶面存在一套厚度较大、物性较好的风化壳储层，方10井揭示基岩孔隙度为2～8%，渗透率为0.1～0.3mD，并且见到良好的油气显示；方12井揭示基岩孔隙度为8～12%，渗透率为0.4～10mD，压后日产油2.56m^3，证实方正断陷基岩潜山具有较好的勘探前景。研究表明：花岗岩基岩风化壳以高角度裂缝为主，高潜山风化强度大，发育一套厚度大、物性好的风化壳，低潜山风化强度相对较小，风化壳的物性相对较差。

（3）含油气系统。

方正断陷从剖面上划分为两个含油气系统，即白垩系含油气系统和古近系含油气系统。通过对方正断陷含油气系统静态因素（烃源岩、储层、盖层等）和动态事件（油气生成、运移、聚集保存和圈闭形成）的综合分析，确定了白垩系含油气系统和古近系含油气系统的关键时刻（图3-4-15、图3-4-16）。

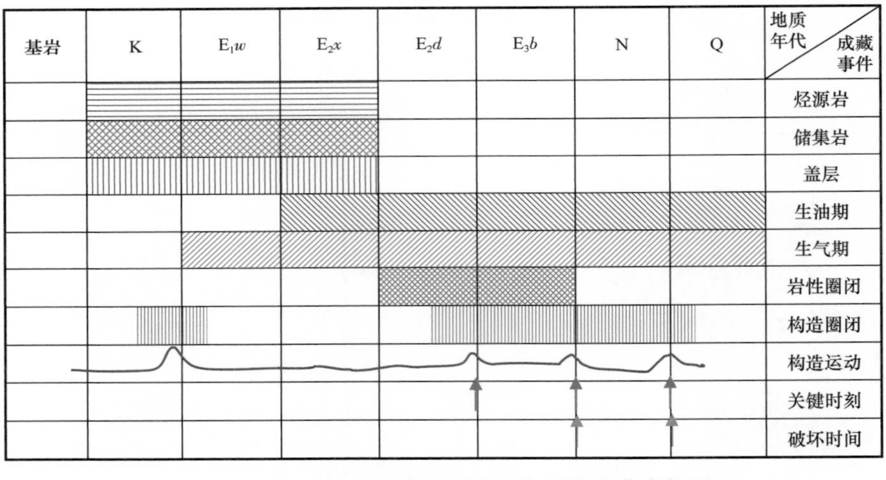

图3-4-15　方正断陷白垩系含油气系统成藏事件图

白垩系含油气系统烃源岩主要为新安村组＋乌云组烃源岩，白垩系本身也具有一定的生油气能力，白垩系及上覆的新安村组＋乌云组作为储层，白垩系致密层和新安村组＋乌云组下部泥岩作为盖层。生油期是新安村组＋乌云组沉积以后的时期，生气期是从新安村组＋乌云组沉积开始至今。岩性圈闭的形成主要在达连河组和宝泉岭组沉积时期。构造圈闭的形成主要发生在白垩纪末期、达连河组沉积末期、宝泉岭组沉积末期和新近纪末期的四次构造运动时期。确定白垩系含油气系统的关键时刻为达连河组沉积末期、宝泉岭组沉积末期及新近纪末期。油气藏可能由于宝泉岭组沉积末期及新近纪末期的构造运动遭到破坏。

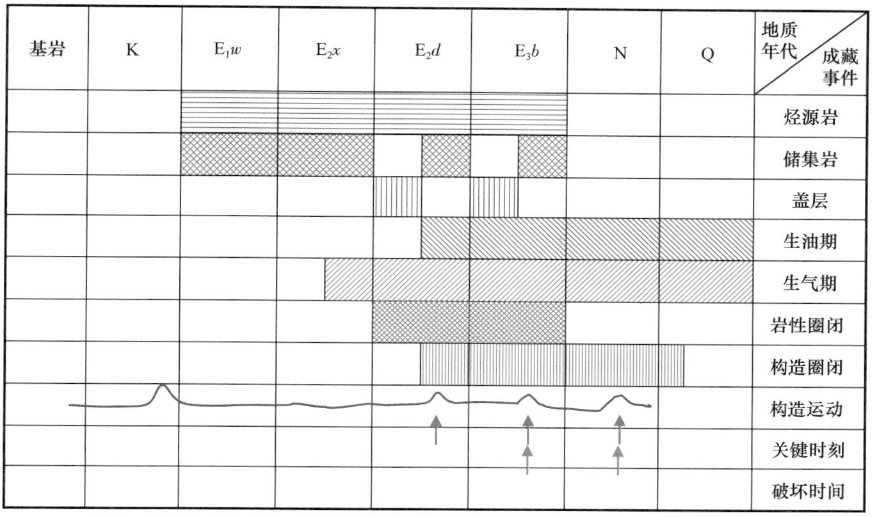

图 3-4-16　方正断陷古近系含油气系统成藏事件图

古近系含油气系统烃源岩为古近系的新安村组 + 乌云组至宝泉岭组烃源岩，新安村组 + 乌云组、达连河组上部和宝泉岭组上部可以作为储层，新安村组下段和宝泉岭组下段泥岩可以作为盖层。生油期是从达连河组下部沉积以后至今，生气期是从新安村组 + 乌云组沉积后期开始至今。岩性圈闭的形成主要在达连河组和宝泉岭组沉积时期。构造圈闭的形成主要发生在达连河组沉积末期、宝泉岭组沉积末期和新近纪末期的三次构造运动时期。确定古近系含油气系统的关键时刻为达连河组沉积末期、宝泉岭组沉积末期及新近纪末期。油气藏可能由于宝泉岭组末期及新近纪末期的构造运动遭到破坏。

通过对典型油气藏解剖，综合分析方正断陷主要有 6 种类型油气藏，分别是反向断层遮挡型油气藏、断层—微幅度油藏、断鼻油气藏、不整合遮挡型油气藏、断层—岩性油气藏和岩性上倾尖灭油藏。在方正断陷东部大罗密隆起油气藏类型主要是反向断层遮挡型油气藏，仅在方 X14 井区存在着断层—微幅度油藏；在方正断陷西部柞树岗次凹的油气藏类型存在着多种类型：在方 4 井区发育反向断层遮挡型油藏、断背斜油气藏、不整合遮挡气藏，而岩性上倾尖灭油藏仅在方 6 井区存在（表 3-4-3）。

表 3-4-3　方正断陷油气藏统计

油气藏类型	特征	剖面示意图	分布区域	代表井
反向断层遮挡型油气藏	有统一的油水界面，位置取决于断层侧向封闭能力； 边水和底水发育； 靠近断层油井产能较高； 分布在缓坡翘倾部位	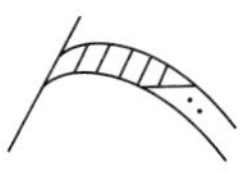	方正断陷东部大罗密隆起， 方正断陷西部柞树岗次凹	方 15 方 12
不整合面遮挡油气藏	有统一的油水界面； 断层和不整合面共同控制油藏分布； 油水横向变化较快； 分布在 T_3 和 T_5 不整合面附近，且多位于古隆起上		方正断陷西部柞树岗次凹	方 402

续表

油气藏类型	特征	剖面示意图	分布区域	代表井
断鼻油气藏	有大致统一的油底； 边水和底水发育； 构造高点油井产能较高	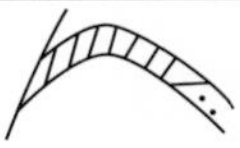	方正断陷西部柞树岗次凹	方 4
岩性上倾尖灭油气藏	无统一的油水界面； 岩性尖灭线控制油藏分布； 油水横向变化较快； 分布于斜坡向隆起过渡的部位	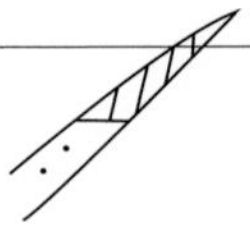	方正断陷西部柞树岗次凹	方 6
断层—岩性油气藏	无统一的油水界面； 断层和岩性尖灭线控制油藏分布； 无明显的边水和底水，油水横向变化较快	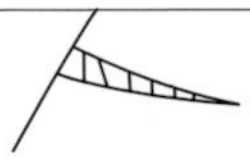	方正断陷西部柞树岗次凹	方 401
断层—微幅度油气藏	有大致统一的油底； 边水和底水发育； 构造高点油井产能较高		方正断陷东部大罗密隆起	方 X14

（4）典型油气藏。

方 4 区块位于方正断陷西部凹陷带柞树岗次凹上，区内地层平缓，断裂较少，顶面构造形态总体上表现为北高南低、中部高、东西低的特点。方正油田方 4 区块是受北东向、北北东向和北西向展布的断层切割形成的断块构造，是典型的凹中隆。地层倾角东西向较陡，南北向相对较缓，地层倾角为 5°～12°。圈闭落实可靠，近油源（邻近柞树岗次凹和大林子次凹烃源岩区）、储盖组合条件好、处于构造高部位的圈闭发育区为油气成藏的有利区，尤其后期抬升区更为有利，在油气运移过程中，断块圈闭控藏作用明显，形成断层遮挡断块含油富集区，往方 6 井区砂体尖灭，具有岩性油藏特征（图 3-4-17、图 3-4-18）。

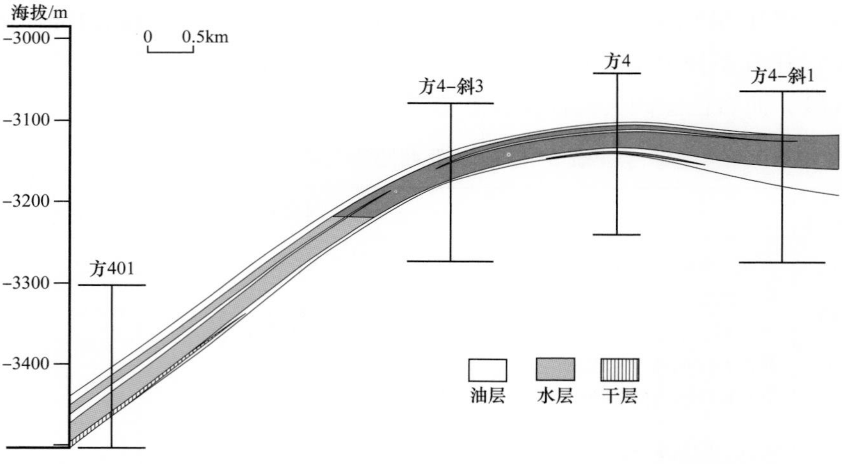

图 3-4-17　方 401—方 4- 斜 3—方 4—方 4- 斜 1 井油藏剖面图

新安村组 + 乌云组生成的油气在差异压实（脱水）作用及断层垂向沟通作用下向储层垂向运移，然后在流体势作用下沿断层侧向运移。分别向北运移至方 6 井区，向西运移至方 4 井区。方 4 区块新安村组油藏的形成主要受构造条件控制，具有一定的构造幅度，同时早期或继承性发育的断裂对油气具有一定的侧向封堵性，油藏上油下水，具有统一的油水界面，是典型的受构造控制的断块油藏。

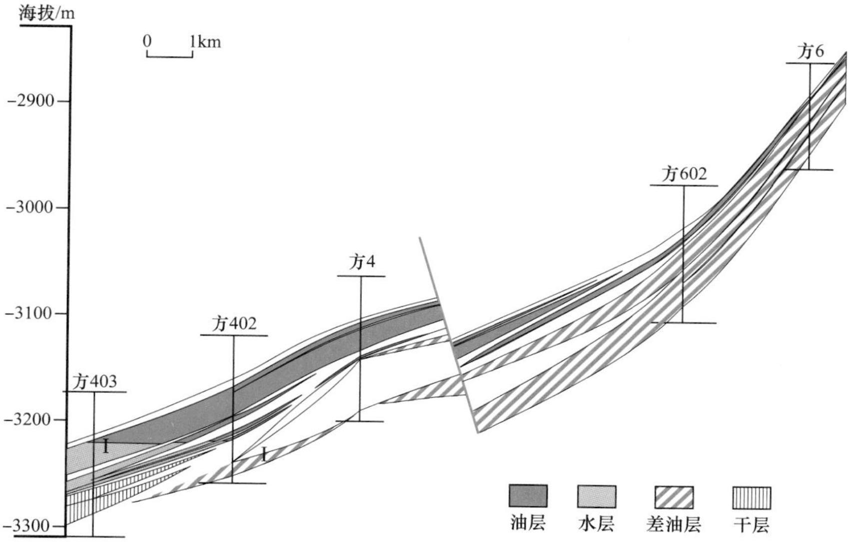

图 3-4-18　方 403—方 402—方 4—方 602—方 6 井油藏剖面图

方正油田方 4 区块地面原油密度在 0.7845～0.821g/cm^3 之间，平均为 0.8056g/cm^3，属于轻质油；原油黏度（50℃）在 1.3～2.6mPa・s 之间，平均为 1.63mPa・s；凝固点为 9～19℃，平均为 14.4℃；含蜡量在 5.0%～17.2% 之间，平均为 10.8%；含胶质量在 7%～12.3% 之间，平均为 9.9%。从地面原油性质看，该区原油油质较轻，具有低密度、低黏度、低凝固点、含蜡量中等的特点。天然气甲烷含量为 67.445%～81.651%，平均为 74.489%，乙烷含量为 0.882%～17.908%，平均为 9.389%，丙烷含量为 5.637%～10.417%，平均为 8.484%，氮气含量为 0～1.895%，平均为 0.583%，二氧化碳含量为 0.087%～10.085%，平均为 1.033%，相对密度为 0.7109～0.8835g/cm^3，平均为 0.7862g/cm^3，为湿气。

2. *汤原断陷*

汤原断陷南北长 120km，东西宽 5～24km，一般为 18～20km，总面积约 3320km^2。区域构造上，汤原断陷是北东向条带状展布的依舒地堑最北部的一个次级负向构造单元，其西北侧为鹤岗盆地，东南为佳木斯盆地，东邻三江盆地。汤原断陷在中央隆起带的吉祥屯和互助村构造提交 26.21×10^{8}m^3 天然气探明储量，且汤 1 井等多口井见到含油显示，证实了汤原断陷的油气勘探前景[1]。

1）地层序列

汤原断陷基底为古生界变质岩、花岗岩，其上覆的中生界及新生界沉积盖层共充填了 4 套沉积序列，即白垩系、古近系、新近系和第四系（图 3-4-19）。

2）构造特征

汤原断陷在中—新生代经历了拉张和挤压多期的构造运动，形成了现今凹凸相间，断裂构造极其发育的构造格局，总体表现为东西分带、南北分块的特点（图 3-4-20）。

[1] 任军虎，2013，汤原断陷构造演化及沉积充填特征研究，内部科研报告。

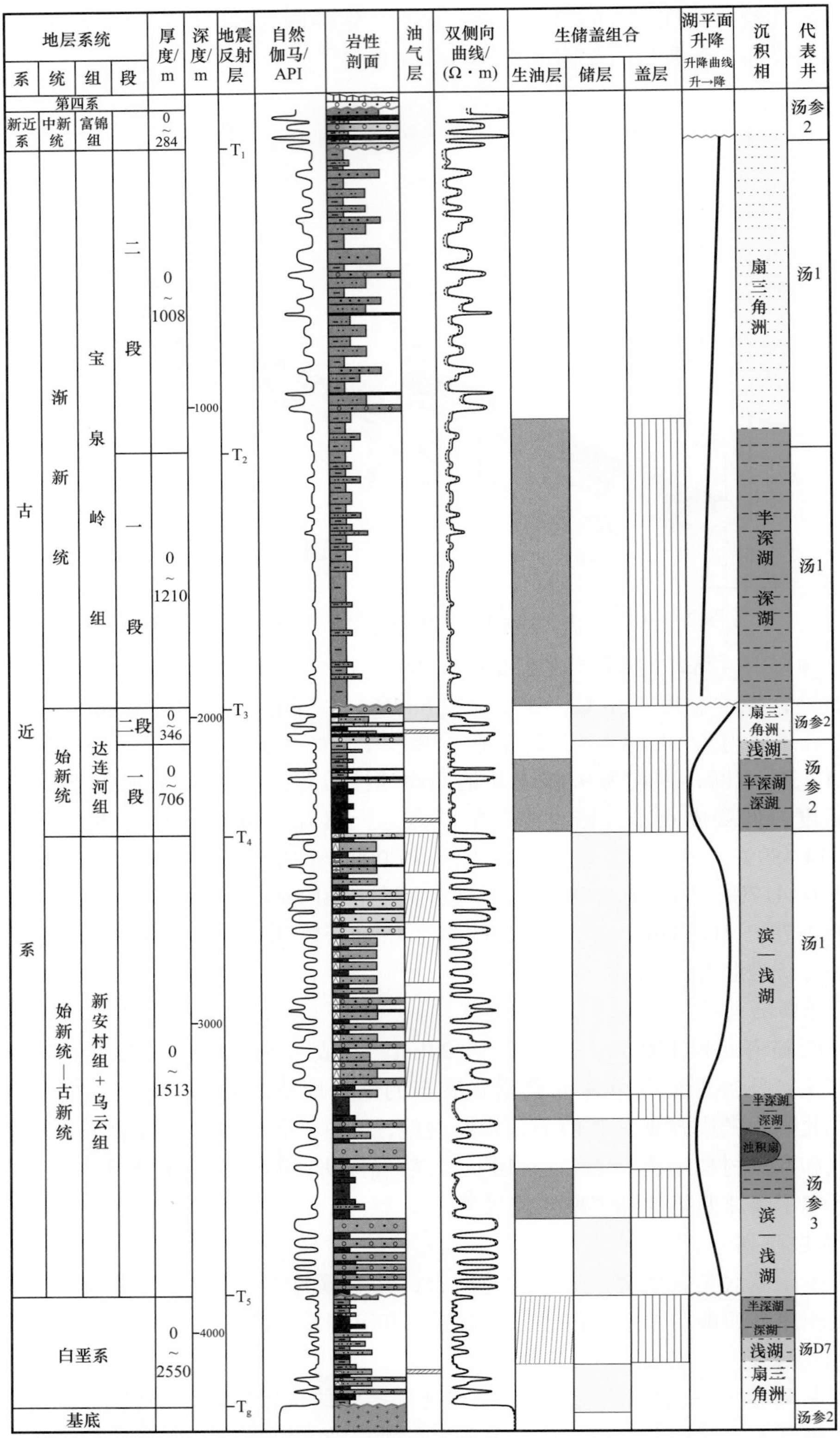

图 3-4-19　汤原断陷地层综合柱状图

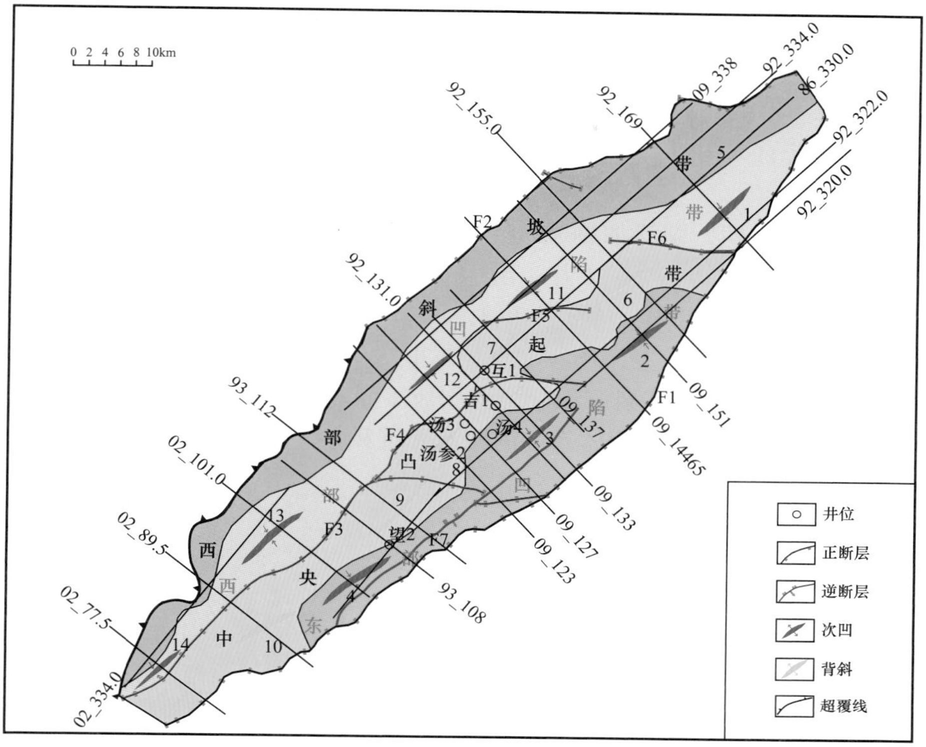

图 3-4-20　汤原断陷构造单元划分图

1—梧桐河次凹；2—双兴次凹；3—东兴次凹；4—东发次凹；5—军校屯构造；6—龙王庙构造；7—互助村构造；8—吉祥屯构造；9—望江构造；10—胜利构造；11—新华次凹；12—鹤立次凹；13—荣丰次凹；14—新民次凹

3）沉积特征

根据单井相、地震相及重矿物、古水流资料分析，结合地震属性预测、砂地比、泥地比分析及连井沉积剖面分析，对主要目的层段进行了沉积相平面预测，其展布特征如下。

（1）新安村组 + 乌云组。

以扇三角洲前缘、滨浅湖沉积为主，其次发育半深湖、湖底扇中扇、扇三角洲平原亚相。新安村组 + 乌云组沉积时期，本区共发育了 6～7 个规模不等的扇三角洲沉积水系，即东侧的汤参 1—黄 1 井区、新 2- 汤 1 井区横向扇三角洲水系，东北侧的军汤 D6-庙 1 井区纵向扇三角洲水系，西侧的永 2—互 2—汤 D4 井区以西横向扇三角洲水系，以及吉 5—汤参 2—望 3 井区纵向扇三角洲水系。另外，在新安村组 + 乌云组沉积早期，盆地中部的汤参 3 井—互 4 井区及黄庙 1 井区形成了两个具一定规模的半深湖—深湖沉积，新安村组 + 乌云组沉积晚期则变为滨浅湖相。其他区域以滨浅湖及半深湖相为主。总体构成了以控盆断裂控制为主、中部凸起控制为辅的扇三角洲—湖相沉积体系。新安村组沉积早期沉积中心位于盆地中、北部，为有利的烃源岩发育区。新安村组沉积晚期以滨浅湖、扇三角洲前缘亚相为主，沉积较粗。

（2）达连河组。

主要发育半深湖、湖底扇中扇、三角洲前缘、滨浅湖亚相。达连河组沉积时期，扇体继承性发育，来自盆缘侧向物源供给较充足，东侧能量加大，军 1—汤参 1—新 2 井区扇三角洲沉积水系叠加连片，西侧扇三角洲水系有所退缩，来自中央凸起的吉 5—望 3 井区的扇三角洲规模也有所减小，在断陷的中部地区，半深湖沉积规模扩大，在互 1—互 2 井区和吉 101—新 1 井区形成了多个小规模的湖底扇沉积，其他地区以滨浅湖沉积为主。总体构成了一个两侧扇三角洲比较发育的断陷湖盆沉积体系。

（3）宝泉岭组。

宝泉岭组沉积时期，湖泛加剧，物源向北有所迁移，南部物源供给减少，北部物源供给较充足，东西两侧以汤参 1 井、汤 D4 井两个横向扇三角洲沉积水系为主，来自中部凸起的吉 5—望 3 井区扇三角洲水系消失，北部军 1 井纵向扇三角洲水系加大，盆地的中南部以半深湖沉积为主，汤参 5—新 2 井区形成了扇三角洲前缘沉积，新 1—新 2 井区形成了一定规模的湖底扇沉积。总体构成了一个东北部物源及东部物源占主导的半深湖—扇三角洲—湖底扇沉积体系。汤原断陷沉积沉降中心主要位于东兴、双兴、新华、鹤立次凹。

4）油气成藏条件分析

（1）烃源岩特征。

汤原断陷烃源岩主要赋存在达一段和新安村组中，这两套烃源岩有机质丰度综合评价为中等—好（表 3-4-4），有机质类型以Ⅲ型为主，部分为Ⅱ$_2$型（表 3-4-5）。这两套烃源岩成熟度存在差异，达连河组暗色泥岩在汤原断陷北部大部分已经进入生油门限，各凹陷的深部位都已经成熟，进入了生油高峰，成熟烃源岩面积 264km^2；新安村组暗色泥岩均已进入生油门限，而且大部分地区成熟，成熟烃源岩面积 1067km^2，因此新安村组暗色泥岩具有较好的生烃潜力（图 3-4-21）。

表 3-4-4　汤原断陷有机质丰度统计表

层位	氯仿沥青“A”/%	生烃潜量 S_1+S_2/（mg/g）	有机碳 TOC/%	总烃 HC/（μg/g）	综合评价
宝二段	0.006～0.199	0.100～3.23	0.403～4.357	332.032～563.63	差—中等
	0.047（9）	0.857（9）	1.361（9）	468.481（5）	
宝一段	0.002～0.402	0.050～12.23	0.274～4.73	65.464～3565.221	差—好
	0.052（70）	1.612（71）	1.362（65）	481.655（31）	
达二段	0.008～0.251	0.150～36.69	0.169～13.664	163.895～1120.922	中等—好
	0.051～（34）	3.339（40）	1.964（40）	554.991（6）	
达一段	0.005～0.132	0.020～8.930	0.406～2.877	40.541～975.360	中等—好
	0.063（52）	2.113（64）	1.407（53）	362.108（20）	
新安村组＋乌云组	0.023～1.971	0.02～53.92	0.28～23.08	37.484～1847.744	中等—好
	0.106（83）	3.246（131）	1.982（100）	617.297（25）	
白垩系	0.002～0.517	0.04～15.68	0.337～20.11	114.311～985.304	中等—好
	0.051（16）	2.005（23）	2.236（23）	549.807（2）	

注：最小值～最大值、平均值（样品数）。

表 3-4-5　汤原断陷干酪根元素组成统计表

层位	元素含量					KTI	样品数	类型
	C/%	H/%	O/%	H/C	O/C			
宝二段	58.27	4.07	18.99	0.83	0.25	18.84	5	Ⅲ
宝一段	63.56	4.69	17.69	0.88	0.19	24.12	57	Ⅲ、$Ⅱ_2$
达二段	63.58	4.81	15.13	0.91	0.18	25.53	26	Ⅲ、$Ⅱ_2$
达一段	62.37	4.52	14.90	0.87	0.18	24.04	39	Ⅲ、$Ⅱ_2$
新安村组	65.58	4.65	13.58	0.85	0.16	25.15	65	Ⅲ、$Ⅱ_2$
白垩系	74.28	4.21	12.03	0.69	0.13	19.52	4	Ⅲ、$Ⅱ_2$

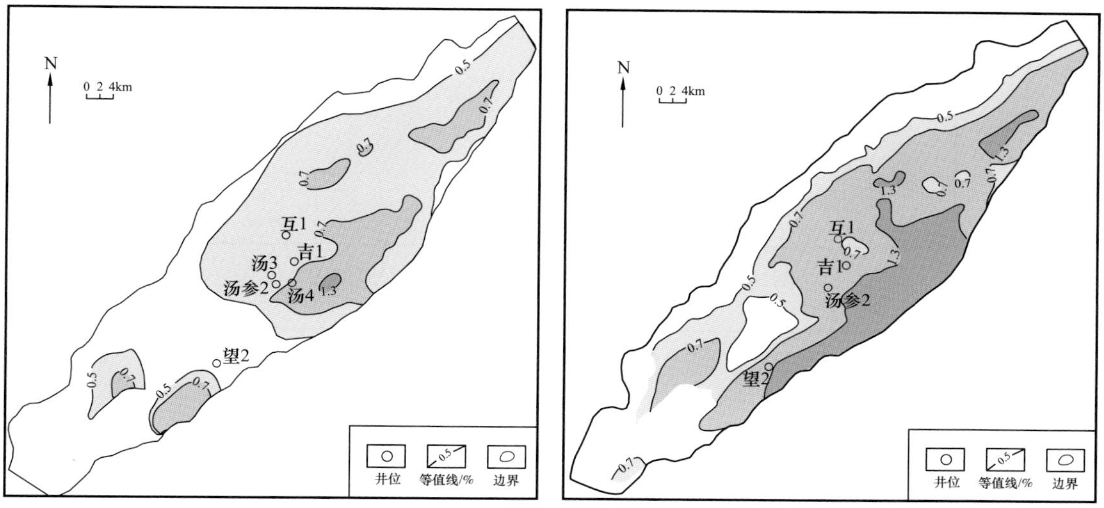

a. 达连河组　　b. 新安村组

图 3-4-21　汤原断陷烃源岩 R_o 等值线图

达连河组暗色泥岩分布广泛，在汤原断陷中部厚度较大，一般为 250～400m，生油气潜力较大（任军虎等，2014）（图 3-4-22）。

新安村组暗色泥岩在东发次凹、东兴次凹和双兴次凹厚度较大，是汤原断陷有利的生油凹陷。其中东发次凹和东兴次凹新安村组暗色泥岩累计厚度在 1000m 左右，双兴次凹厚度最大可达 1300m（图 3-4-23）。

（2）储层特征。

汤原断陷储层物性变化大，达连河组储层孔隙度在 1.57%～32.2% 之间，平均为 19.82%；渗透率在 0.01～1543mD 之间，平均为 136.19mD，属于中高孔、中高渗储层。新安村组储层孔隙度在 2.8%～27.9% 之间，平均为 17.771%；渗透率在 0.01～2453mD 之间，平均为 106.66mD，属于中孔、中渗储层。乌云组储层孔隙度在 2.3%～17.92% 之间，平均为 10.759%；渗透率在 0.01～160mD 之间，平均为 5.454mD，属于低孔、特低渗储层（图 3-4-24）。

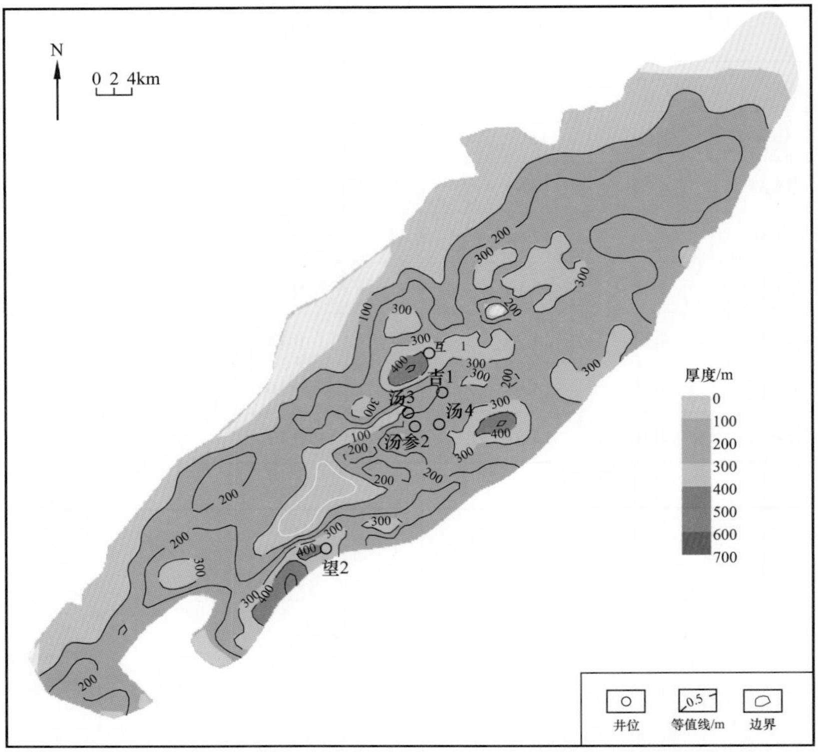

图 3-4-22　汤原断陷达连河组暗色泥岩厚度图

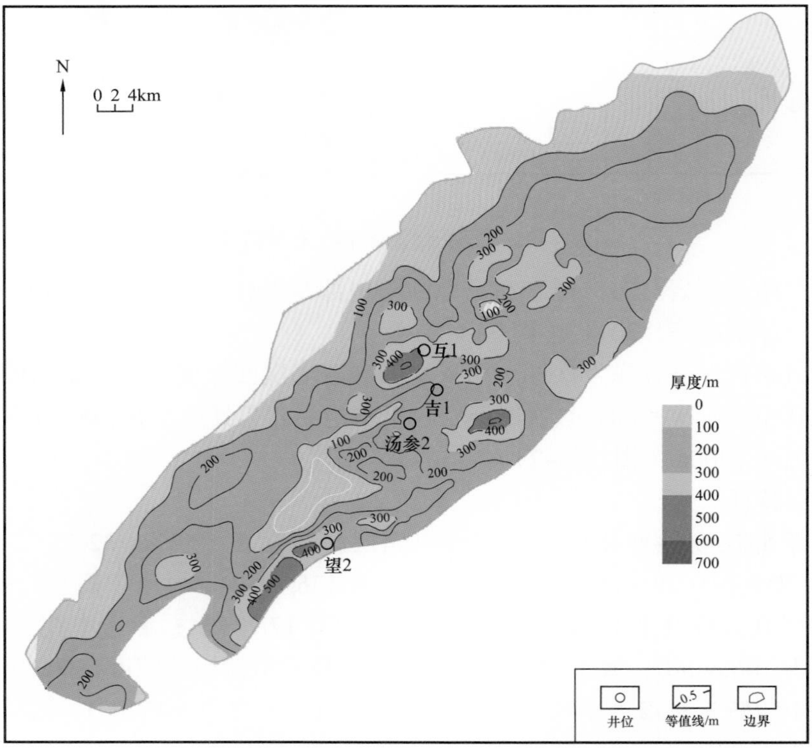

图 3-4-23　汤原断陷新安村组暗色泥岩厚度图

达连河组砂岩较发育，除了在汤D7井区和胜利构造附近缺失，吉101井附近较薄外，在其他地区厚度相差不大，一般在200～600m左右，可作为较好的储层。

新安村组和乌云组砂岩也比较发育，在靠近断陷东部断层附近和北部梧桐河向斜地区厚度较大，尤其在望江构造带东部，累计厚度最大超过2000m，在汤参1井东部累计厚度最大也可达到1800m。在工区的中部和西部，该套砂岩较薄，在互助村构造—吉祥屯构造附近和汤D2井区，该套砂岩甚至不发育。从全区来说，新安村组和乌云组砂岩厚度较大，可作为较好的储层。

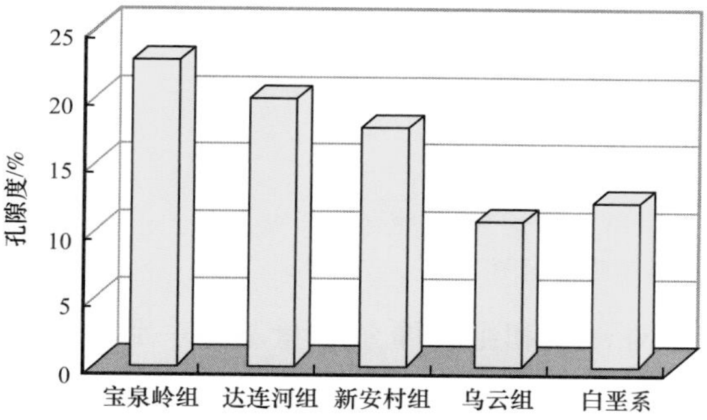

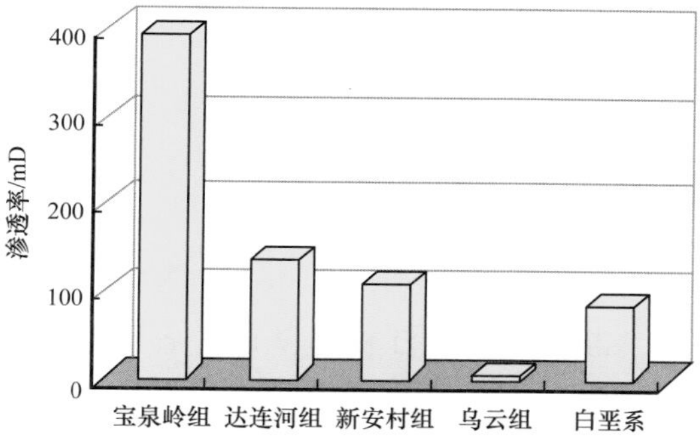

图3-4-24　汤原断陷各层段平均孔隙度、渗透率直方图

（3）气藏特征。

吉祥屯和望江三维区目前已发现5个气藏，即吉1气藏、互1气藏、汤3气藏、汤参2气藏、望2气藏。统计每个气藏发现无统一的气水界面，吉1气藏气水界面为−985m，互1气藏气水界面为−740m，汤3气藏气水界面为−750m，汤参2气藏气水界面为−1095m，望2气藏气水界面为−770m。

气藏类型主要为构造气藏，其次为岩性—构造气藏。根据各井区气水关系、气藏特征等，各气藏类型有所不同。吉1井区气藏为受构造控制的边底水气藏（图3-4-25），互1井区气藏为受构造控制的边水层状气藏（图3-4-26），汤参2井气藏为受构造控制的边水层状气藏，汤3井气藏为受构造控制的边底水气藏，望2井气藏为受构造控制的边水层状气藏。

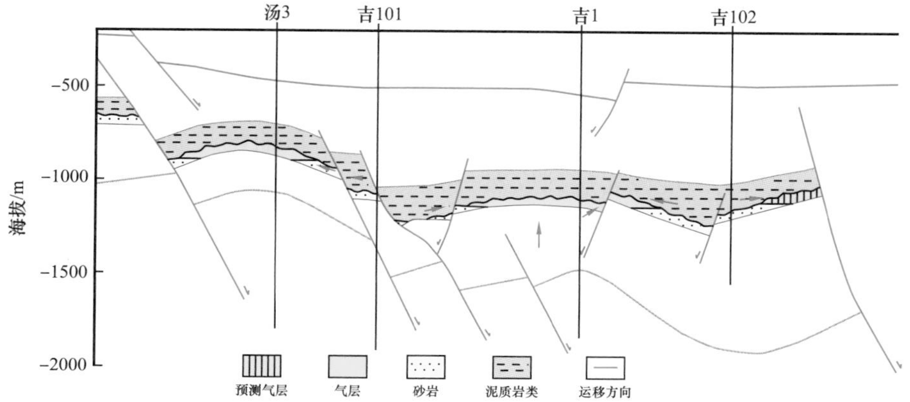

图3-4-25　吉1井区气藏剖面图

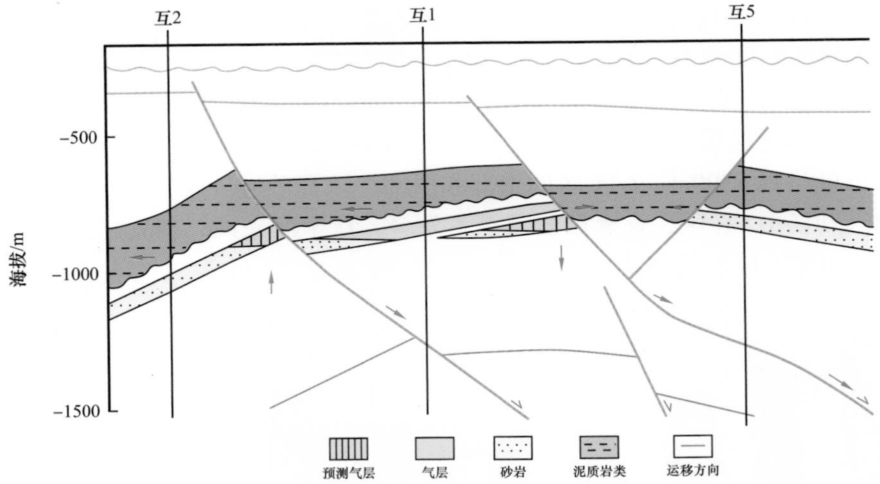

图 3-4-26　互 1 井区气藏剖面图

吉祥屯、望江构造 7 口井各样品天然气相对密度和组分摩尔分量基本一致，天然气组分：甲烷平均为 95.548%，乙烷平均为 1.412%，二氧化碳气含量平均为 0.235%，天然气相对密度平均为 0.5758，天然气为干气，不含硫化氢。互 1 井甲烷含量为 81.883%，乙烷含量为 0.345%，二氧化碳气含量为 2.584%，天然气相对密度为 0.6446，天然气为湿气。

汤原断陷工业气流井达连河组实测地层温度、压力 12 层，地层温度在 25～61.1℃之间，温度梯度在 3.29～5.25℃ /100m 之间，平均为 4.42℃ /100m，属正常温度梯度；压力在 6.8～11.28MPa 之间，压力系数在 0.9～1.11 之间，压力系数平均为 1.0，属正常压力系统。从地层压力和测试深度关系可以看出，吉祥屯气田没有统一的压力系统。汤原气田存在底水，水体具有一定的活跃性，但气层在开采过程中其主要作用仍然是干气弹性膨胀驱动，气藏为弱水驱弹性气驱气藏。

（4）油藏类型及其特征。

东兴围斜带位于汤原断陷中部，包括吉祥屯凸起带、东兴次凹围斜带及东兴次凹，面积约 175km^2，为北东走向狭长形的构造带，表现为由反向断层遮挡的单斜构造被北东向断裂复杂化的断块群。东兴围斜带发育数量众多的构造圈闭，高部位为气藏，围斜带为油藏，低部位为水层或干层，总体受构造控制，具有油气水分异的油气藏，主要原因是不同构造位置的反向断层遮挡及成熟烃源岩分布的控制。通过盆地模拟认为，东兴围斜带宝泉岭圈闭形成期，油源内和油源下圈闭有利于形成油藏，油源外圈闭有利于天然气成藏。东兴—双兴次凹烃源岩达到成熟—高成熟演化阶段，是有利生油凹陷，有利生烃范围内发育大面积三角洲前缘相，生储盖匹配关系较好，围斜带为有利的油气运移指向区，东兴次凹围斜带周边有 6 口井在达连河组和新安村组见含油显示，北部的汤 4 井在达连河组见到较好的油气显示，获 3.8t/d 工业油流，3 口井获工业气流，是汤原断陷构造最有利的区域，也是下步勘探的有利区带。

3. 三江盆地绥滨坳陷

三江盆地位于黑龙江省东北部，西起佳木斯，东至乌苏里江，南抵完达山麓，北临黑龙江，与俄罗斯隔江相望。区域上地跨中俄两国，自我国佳木斯至俄罗斯的共青城，呈北东方向延伸，长约500km、宽约200km，总面积约为90370km^2。我国境内位于黑龙江、松花江与乌苏里江“三江”汇合之处，故得其名，面积约33730km^2，是外围盆地中面积最大的盆地❶。绥滨坳陷是三江盆地的一个负向构造单元，面积6640km^2（王建军，2007）（图3-4-27）。

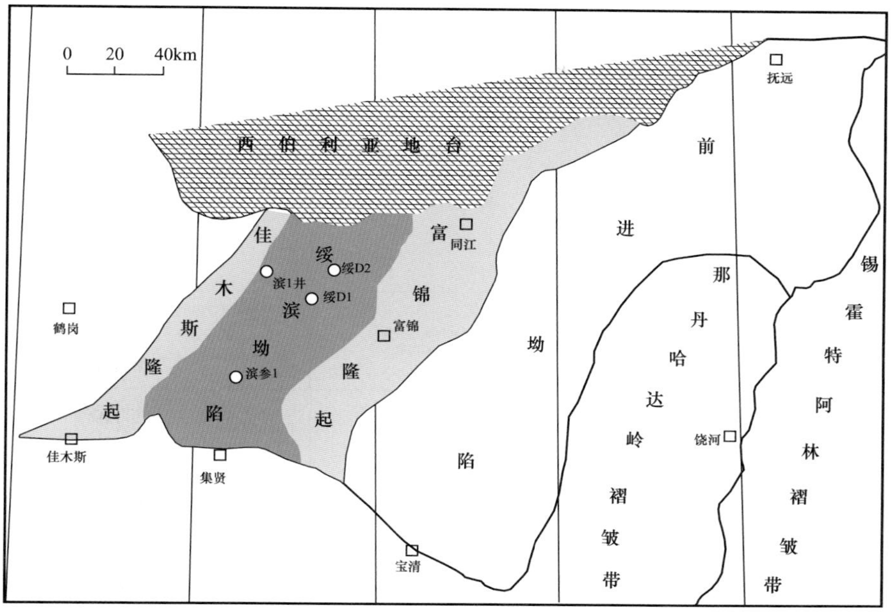

图3-4-27　三江盆地绥滨坳陷构造位置示意图

1）地层序列

三江盆地在古生界基底之上发育的中—新生界盖层，自下而上分别为中侏罗统绥滨组，上侏罗统东荣组，下白垩统滴道组、城子河组、穆棱组、东山组，上白垩统猴石沟组、海浪组、雁窝组，古近系渐新统宝泉岭组，新近系中新统富锦组（杨建国，2000；孙学坤等，1992；何承全等，1997，2003）（图3-4-28）。

2）构造特征

（1）构造演化。

绥滨地区与中国东部其他地区类似，经历了复杂的中—新生代构造演化。绥滨坳陷是在古生代所形成的基底构造的基础上，从早白垩世开始形成的，中生代的构造作用主要为伸展作用，新生代的构造作用主要为走滑拉分（马小刚等，2000），构造演化经历了如下四个阶段（图3-4-29）。

① 造山后裂陷阶段（滴道组沉积时期）。

早白垩世早期，由于受燕山构造运动的影响，西部的军川断裂开始活动，产生了强烈的断陷活动，绥滨地区下沉形成滴道组断陷盆地。军川断裂控制了本区的沉积，沉积中心在本区西部，位于南大林子凹陷一带。东北部古锡霍特—鄂霍茨克海沿断陷侵入，在本区形成了一套以滴道组陆相为主的沉积。早期沉降速度较快，表现为沉积物粒度较粗。

❶ 薛林福，王东坡，1999，三江盆地绥滨坳陷沉积—构造演化特征及油气远景研究，内部科研报告。

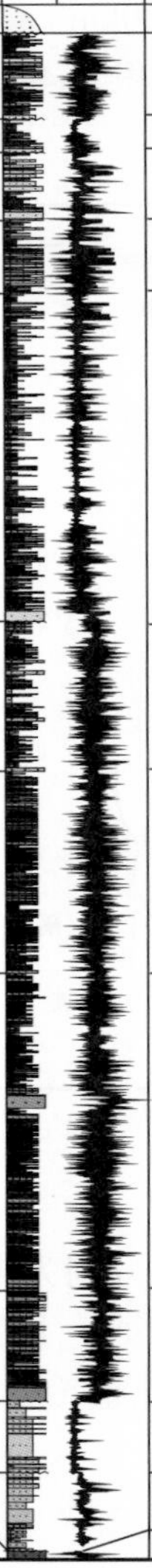

系	统	组	最大厚度/m	岩性剖面	测井曲线	岩性特征	曲线类型及电性特征	生物特征	事件特征	代表井段
第四系						腐殖土、砂岩、砂砾岩				
新近系	中新统	富锦组	609.5			浅灰色泥岩、粉细砂岩、砂砾岩互层夹煤层	2.5m视电阻曲线表现为低平细锯齿状低阻值夹刺刀状或尖峰状中高阻值	*Betulaceoipollenites*–*Sporotrapoidites*–*Caryapollenites*组合	构造事件 构造事件	东基3井 160.0～644.0m井段
古近系	渐新统	宝泉岭组	320.5			灰、灰黑色粉细砂岩、砂砾岩夹泥岩	2.5m视电阻曲线表现为低平细锯齿状低阻值，夹刺刀状中高阻值	*Pinaceae*--*Ulmipollenites*–*Cupuliferoidaepollenites*组合	显著降温事件	东基3井644.0～928.0m井段
白垩系	上白垩统	雁窝组	298.0			紫红、灰、灰绿色泥岩、粉砂质泥岩夹杂色砂砾岩	2.5m视电阻曲线表现为低阻值细锯齿状，中高阻值刺刀状或尖峰状	*Aquiapollenites*--*Cyathidites*--*Cicatricosisporites*组合	构造事件	东基3井 928.0～1226.0m井段
		七星河组	312.0			紫红、灰、灰绿色泥岩、粉砂质泥岩夹杂色砂砾岩	2.5m视电阻曲线表现为以低平细锯齿状低阻值为主夹刺刀状或尖峰状中高阻值	*Taxodiaceaepollenites*--*Inaperturopollenites*组合		东基3井 1226.0～1538.0m井段
		海浪组	998.0			大段紫红、灰绿色泥岩、粉砂质泥岩夹粉细砂岩及杂色砂砾岩	2.5m视电阻曲线表现为以低阻值为主呈细锯齿状，中下部偶夹刺刀状或尖峰状中高阻值	*Cyathidites*--*Cicatricosisporites*--*Cupressaceae*组合	构造事件	东基3井 1538.0～2536.0m井段
	下白垩统	东山组	675.0			灰黑色泥岩、灰绿色粉细砂岩与蚀变安山岩、蚀变玄武岩夹砂砾岩	双侧向曲线表现为梳状中高阻值	*Piceapollenites*--*Pinuspollenites*--*Verrucosisporites*组合 *Nyktericystacf.Dictyophora*组合	火山事件	滨参1井 195.0～870.0m井段
		穆棱组	822.0			深灰、灰黑色泥岩、泥质粉砂岩与灰绿色粉细砂岩互层夹薄层煤	双侧向曲线表现为梳状中高阻值	*Cicatricosisporites*--*Pinuspollenites*--*Piceapollenites*组合 *Vesperopsis*--*Nyktericysta*--*Lacaniella*组合	构造事件	滨参1井 870.0～1692.0m井段
		城子河组	1322			深灰、灰黑色泥岩、粉砂质泥岩与灰绿色粉细砂岩互层夹安山岩煤及砂砾岩	双侧向曲线表现为梳状或锯齿状中高阻值	*Pinuspollenites*--*Grannulatisporites*--*Abietineapollenites*组合 *Cicatricosisporites*--*Pilosisporites*组合 *Oligosphaeridium*--*Nyktericysta*--*Vesperopsis*组合	升温潮湿事件 火山事件 正极性为主反极性频繁出现 海侵事件	滨参1井 1692.0～3014.0m井段
		滴道组	450.0			深灰、灰黑色泥岩、粉砂质泥岩与灰绿色粉细砂岩互层，上部安山岩发育、中部煤层发育、下部砂砾岩发育	双侧向曲线表现为锯齿状中高阻值，偶夹尖峰状或倒刺刀状低阻值	*Cyathidites*--*Cicatricosisporites*--*Laevigatosporites*组合	火山事件 正极性为主反极性频繁出现 构造事件	滨参1井 3014.0～3464.0m井段
侏罗系	上侏罗统	东荣组	292.1			灰白、灰、深灰色粉细砂岩夹灰绿色凝灰岩	2.5m视电阻曲线表现为低阻值呈细锯齿状，偶夹尖峰状中高阻值	*Gonyaulacystajurassica*--*Amphorula delicata*组合 *Buchiaconcetrica*--*Buchiatenustriata*--*Buchiamosquensis*--*Buchiarugosa*组合带	海侵事件 构造事件	86-11孔 481.3～773.4m井段
	中侏罗统	绥滨组	132.2			中上部以粉细砂岩为主，下部为细砂岩夹含砾粗中砂岩	2.5m视电阻曲线表现为低阻值呈细锯齿状，偶夹尖峰状中高阻值	*Cyathidites*--*Asseretospora*--*Classopollis*组合 *Pareodiniaceratophora*--*Chytroeisphaeridiascabrata*组合	海侵事件 构造事件	绥D2井 380.15～512.3m井段
基底						花岗岩				滨参1井3464.0～3500.0m井段

图 3-4-28　三江盆地地层综合柱状图

② 断陷阶段（城子河组—穆棱组沉积时期）。

滴道组沉积之后，那丹哈达造山带进一步隆升，封闭了绥滨坳陷在东北方向上的海水入口，将海水阻挡于绥滨断陷盆地之外。城子河组沉积期，由于区域性的伸展断陷作用，军川断裂进一步活动，控制着本区的沉积，滴道组沉积期形成的断陷盆地继承性活动，断陷形成了一个陆相湖盆。此时气温潮湿温暖、植物茂盛、浮游生物繁衍，造成此时期沉积物多夹煤层和黑色泥岩的特点。随着断陷作用的持续进行，绥滨断陷盆地不断沉降，水深增大，沉积物粒度变细，泥岩沉积加厚，此时为断陷发展的鼎盛时期。

③ 挤压回返阶段（晚白垩世）。

晚白垩世，由于太平洋板块对东北亚大陆边缘的挤压作用，区域构造应力场以挤压作用为主，上升占了主导地位，断裂活动较强，火山作用十分活跃，沿断裂上升喷发的火山岩在差异升降运动的相对下降地域中堆积，形成了上白垩统火山岩建造。

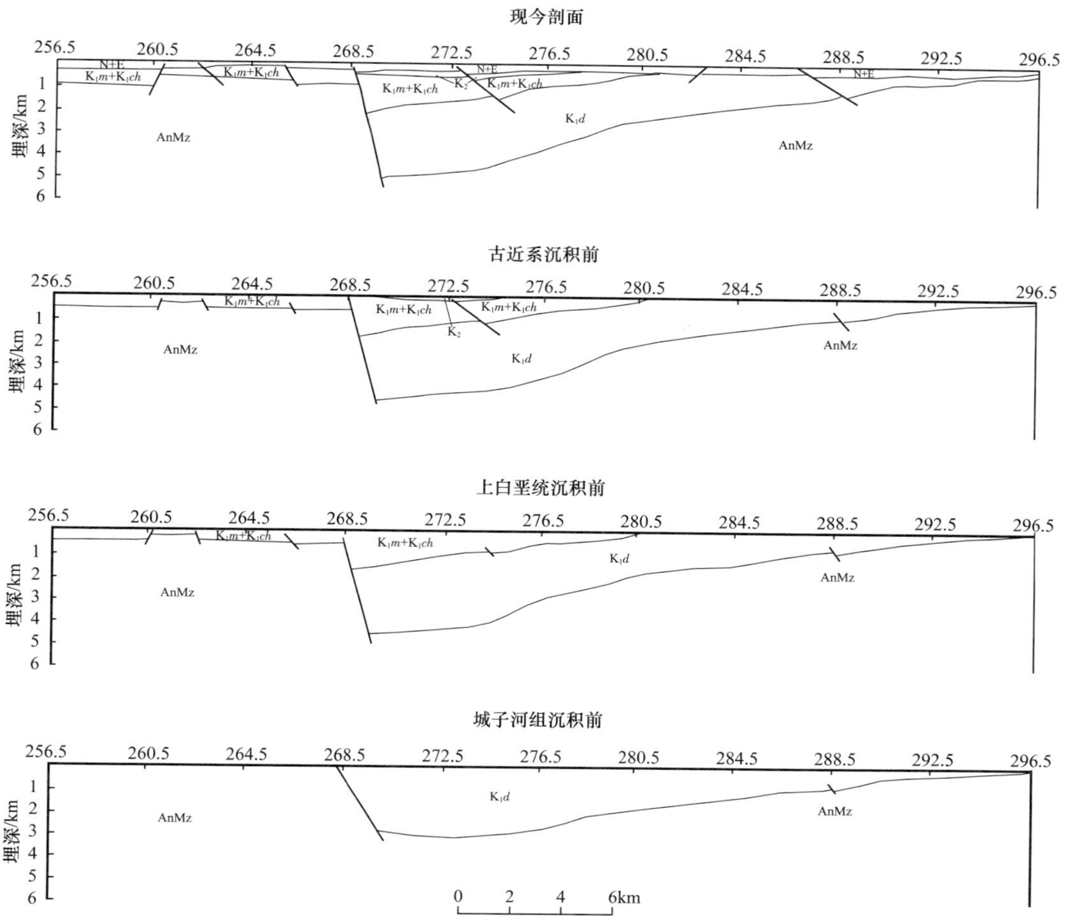

图 3-4-29 绥滨坳陷构造演化史剖面图

穆棱组沉积之后的挤压作用较强，这次挤压作用使滴道组—穆棱组发生轻微褶皱，强度不大的褶皱运动形成了盆地内褶曲宽缓的特点。隆升幅度在不同地区有所不同，从剥蚀量恢复结果看，研究区东部东侧隆起的幅度比西部大，北部地区抬升幅度比南部抬升幅度大，在抬升区产生了强烈的剥蚀作用。此时期古地貌是东高西低。

④ 走滑伸展阶段（E+N）。

古近纪—新近纪，中国东北地区的应力体制主要为右旋走滑，在此应力系统下，三江地区在依兰—伊通和敦化—密山两大断裂的夹持下，发生拉分断陷，形成了三江盆地的古近纪—新近纪盆地格局，现代莫霍面的起伏状态是三江盆地古近纪—新近纪以来构造活动的反映。这一时期的沉降幅度不大，沉积面积广，广泛超覆，形成了广泛分布的河湖相。

古近纪仅在三江盆地部分地区，主要在中部形成面积不大的水域，接受了以砂泥岩为主的河流—浅湖相的充填沉积。此后发生的喜马拉雅运动比较微弱，但产生了较明显的沉积间断，间断之后运动的主要形式表现为范围更大的沉降。新近纪，绥滨坳陷发生大面积下沉运动，接受了细碎屑岩夹褐煤，偶有油页岩的河流、泛滥平原及沼泽相。

（2）构造单元划分。

根据基底形态、盖层特征及主干断裂分布，将绥滨坳陷划分为五个二级构造单元：普阳南大林子凹陷、东辉凹陷、东荣—集贤凸起、炮校—果树通断阶带、福兴凸起（图 3-4-30）。

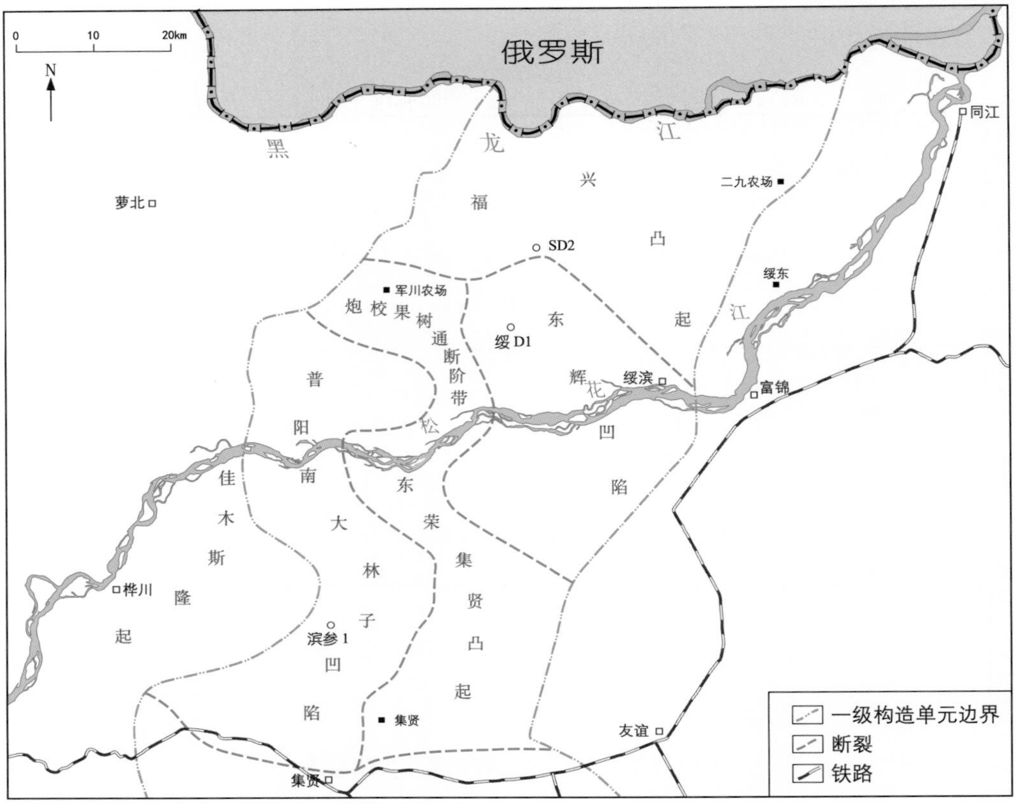

图 3-4-30 绥滨坳陷构造分区图

3）沉积特征

城子河组是继东荣组沉积末期海退后形成的一套陆相河湖沉积，初期为小规模冲积扇体系，在局部形成了粗碎屑堆积，其后，随着断陷的进一步加剧，河水泛滥，湖水扩张，在全区范围内形成了多个沉积环境比较稳定、富含煤层的三角洲加积体，根据地层岩性及厚度变化并结合地震相分析看，物源应来自北东、东及南东几个方向，自物源方向向盆地依次形成三角洲平原—三角洲前缘—前三角洲—半深湖等亚相。冲积平原亚相由东向西推进，占工区面积近一半，在冲积平原范围内，发育大套砂岩、泥岩夹煤层及煤线沉积，局部出现决口扇及天然堤；另一半为水下部分，发育三角洲前缘—前三角洲—半深湖亚相，碎屑岩粒度逐渐变细，在滨参 1 井以南—滨 1 井以东的狭长区域内，湖水变深，泥岩含量增加，是本区烃源岩主要发育区。

穆棱组以湖相为主，由东向西依次发育滨湖—浅湖—半深湖—深湖亚相沉积。早期，松 1 断裂以北地区抬升幅度大，致使盆地萎缩、湖水变浅，仅在南大林子凹陷及其周边发育一些滨浅湖沉积，碎屑相对较粗；中晚期，湖盆再次整体下沉，坳陷呈向北开放的近南北向狭长状，为本区最大湖泛期。全区南北均接受了稳定的湖相沉积，深水区位于南大林子凹陷，碎屑粒度明显变细；末期，湖盆北侧及东侧持续抬升遭受剥蚀，沉积中心向西南迁移，湖盆再一次萎缩。从总体上看，穆棱组沉积时期盆地的西侧并未发现有重要的物源供给迹象，物源主要来自东侧及南侧。从穆棱组的主要物源供给方向的东部河床下切了城子河组来分析以及穆棱组在坳陷中部与城子河组呈冲刷削蚀接触来看，说明这期间曾发生过地壳上隆或不均的沉降。

4）石油地质条件分析

坳陷发育了下白垩统穆棱组、城子河组的暗色泥岩夹煤层的生油岩系。下白垩统穆棱组、城子河组生油岩系有机质丰度以差—中等生油岩级别为主，有机质类型以Ⅲ型为主，少量$Ⅱ_2$型，有机质热演化程度高，滨参1井R_o为0.63%～2.15%、滨1井R_o为1.06%～2.40%，进入成熟—高成熟阶段，以生成天然气为主（表3-4-6）。

表3-4-6　滨参1井和滨1井暗色泥岩有机质丰度

井号	层位	平均有机碳含量/%	平均氯仿沥青“A”/%	平均生烃潜量（S_1+S_2）/mg/g	综合评价
滨参1	东山组	1.0435（25）	0.0074（5）	0.075（2）	差
	穆棱组	1.2662（54）	0.0191（12）	0.1137（12）	差—中等
	城子河组	1.4307（65）	0.0127（27）	0.415（6）	差—中等
滨1	穆棱组	1.2376（5）	0.0066（5）	0.18（4）	差
	城子河组	0.9528（13）	0.0087（13）	0.08（5）	差

注：括号中的数值为样品数。

下白垩统发育暗色泥岩夹煤层组合，煤层主要分布于城子河组下部，暗色泥岩发育于城子河组、穆棱组。

据滨参1井统计，城子河组暗色泥岩最大单层厚度为13.3m，一般单层厚度为0.5～2.5m，累计厚度542.5m，占地层总厚度的35.8%，此外，还发育有8层8.05m煤层；穆棱组暗色泥岩最大单层厚度为24m，一般单层厚度为0.5～2.0m，累计厚度468.4m，占地层总厚度的43.4%。

绥滨坳陷穆棱组、城子河组中的砂岩非常发育。砂地比分布范围在40%～82.5%之间，大部分砂岩都占地层总厚度的50%以上。砂岩是该区的主要储集岩石类型。储层与暗色泥质岩（烃源岩）在纵向上为间互层，砂岩单层厚度普遍薄，一般为0.5～6m；东山组孔隙度平均值为13.45%（最大值为18.65%），向深部逐渐降低，至埋藏在3025m以下的滴道组降为2.3%（最小值为1.19%）。除东山组外，穆棱组、城子河组、滴道组的砂岩储层均为致密砂岩。绥滨坳陷砂岩储集性能差，属于低孔低渗的储集砂岩。

依据主要生烃层系生烃有利区和较有利区的分布及主要储层有利相带如三角洲、扇三角洲等的展布，综合评价认为，三江盆地含油气最有利区（Ⅰ区）是绥滨坳陷南部紧邻普阳—南大林子生烃有利区的西侧扇三角洲沉积发育区，有利区（Ⅱ区）是绥滨坳陷的中、北部以及坳陷的东侧。

第二节 中部盆地群

一、概述

中部盆地群分布在嫩江断裂以东、依兰—伊通断裂以西地区，包括孙吴—嘉荫、木耳气、嫩北、东兴和伊春共5个盆地，盆地总面积约 $2.8 \times 10^4 km^2$。

二、岩相古地理特征

松辽盆地北部沙河子组沉积时期，孙吴—嘉荫盆地发育宁远村组，在盆地西部沾河断陷嘉D1井中，以一套杂色、灰色砂砾岩、含砾粗砂岩夹灰黑色泥岩、粉砂质泥岩的湖底扇内扇、中扇沉积体系为主，上部除了发育一套以深灰色粉细砂岩、泥岩为主的湖底扇外扇及半深湖沉积体系外，还发育一定厚度的流纹质凝灰岩及安山岩；而在盆地东部嘉荫断陷内嘉D2井中宁远村组为一套以流纹质凝灰熔岩、安山岩为主的中酸性火山岩组合。总体来看，在宁远村组沉积时期，盆地充填主要为盆地局部伸展形成的中酸性火山岩—湖底扇沉积体系，该时期盆地处于张裂断陷阶段，且断陷盆地规模较小。

登娄库组沉积期，孙吴—嘉荫盆地沉积形成了淘淇河组沉积岩系。在盆地西部沾河断陷内的嘉D1井中，淘淇河组由大套灰色、杂色中细砾岩、含砾粗砂岩夹灰黑色、深灰色泥岩、粉砂质泥岩组成的湖底扇和半深湖沉积体系组成，属于盆地断陷层序，在沾河断陷地震剖面淘淇河组与上覆永安村组呈明显的角度不整合接触，证明盆地在淘淇河组沉积之后、永安村组沉积之前受到了挤压抬升，在该时期存在一次规模较大的沉积间断；在盆地东部嘉荫断陷内的嘉D2井中，淘淇河组由一套厚层灰色中粗砂岩为主夹灰色、灰绿色粉砂质泥岩、泥岩的扇三角洲前缘和浅湖沉积体系组成，属于盆地坳陷层序，与上覆的永安村组为整合接触关系。所以盆地在淘淇河组沉积时期处于断坳转换阶段。孙吴—嘉荫盆地缺失相当于松辽盆地泉头组—青山口组之间的地层。

姚家组分布范围逐渐加大，外围除泛三江地区外，孙吴—嘉荫盆地也有发育。在孙吴—嘉荫盆地，永安村组沉积体系较为复杂，在沾河断陷与下伏淘淇河组为不整合接触关系，在嘉荫断陷与下伏淘淇河组为整合接触关系，并且与上覆太平林场组呈整合接触关系。在盆地西部沾河断陷嘉D1井中，永安村组沉积类型较为复杂：下部以一套厚层深灰色、灰黑色泥岩为主，局部夹薄层含砾砂岩，为半深湖夹重力流沉积体系；上部以灰色、灰绿色厚层泥岩、泥质粉砂岩和灰色粉细砂岩为主，局部发育少量灰色含砾砂岩，为扇三角洲及滨浅湖沉积体系。而在盆地东部嘉荫断陷嘉D2井中，永安村组以大套灰黑色、深灰色泥岩、粉砂质泥岩半深湖沉积体系为主，在嘉荫断陷黑龙江江边的剖面中，永安村组主要岩性为中厚层黄灰色、灰绿色、黄绿色细砂岩及青灰色、灰黑色薄层粉砂质泥岩、粉砂岩，为三角洲前缘和滨浅湖沉积体系。

嫩江组沉积时期，孙吴—嘉荫盆地为太平林场组。在嘉D1井、嘉D2井都不同程度地受到剥蚀，其与上覆的新近系孙吴组呈角度不整合接触。在盆地西部的嘉1井中，太平林场组下部以由中厚层灰黄色、灰色细砂岩、凝灰质粉细砂岩组成的滨浅湖沉积体系为主；上部以厚层灰色泥岩、凝灰质泥岩、凝灰质粉砂岩为主，局部夹薄层灰绿色泥岩及凝灰质粉细砂岩，主要为半深湖及滨浅湖沉积体系。在盆地东部嘉荫断陷内的嘉 D2 井中，太平林场组下部以一套厚层紫红色泥岩为主，为滨浅湖沉积体系；上部为大套中厚层灰色、灰黑色泥岩、粉砂质泥岩及灰色中薄层粉细砂岩，为半深湖夹重力流及三角洲前缘沉积体系。在嘉荫断陷黑龙江边太平林场组剖面中，太平林场组的主要岩性为中厚层深灰色、灰黑色泥岩夹薄层灰黄色、青灰色砂岩，为半深湖夹重力流沉积体系。在大杨树盆地，嫩江组呈小片分布于莫力达瓦达斡尔族自治旗的达拉滨、萨马街和诺敏河小二沟以北及西南一带。大杨树盆地嫩江组沉积时期，盆地水体与松辽盆地连为一体，同属于湖相沉积环境；而大杨树盆地属于滨浅湖相的深灰色松散泥岩、泥质粉砂岩，灰绿、灰黄色的粉砂岩、细砂岩，底部可见砂砾岩。厚度约 100m。

四方台组沉积期，孙吴—嘉荫盆地渔亮子组在盆地内出露十分局限，在嘉 D1 井、嘉 D2 井中都未见到，仅在盆地东部嘉荫断陷的嘉荫地质公园内有小规模出露。渔亮子组主要岩性为灰色中厚层砂砾岩、含砾粗砂岩夹灰色中薄层泥质粉砂岩、粉砂岩、细砂岩，为辫状河沉积体系。

三、孙吴—嘉荫盆地

孙吴—嘉荫盆地位于黑龙江省北部，和俄罗斯境内的结雅—布列亚盆地连成一体，总面积 75102km^2。其中我国境内的孙吴—嘉荫盆地长约 225km，宽约 309km，面积 22810km^2。大地构造位置上位于松辽地块北端，东与佳木斯地块相邻，西南与松辽盆地相接。沉积地层以白垩系为主，为断陷改造型盆地。

1. 地层序列

孙吴—嘉荫盆地发育的地层有下白垩统宁远村组、淘淇河组，上白垩统永安村组、太平林场组、渔亮子组，古近—新近系乌云组、孙吴组，第四系（表 3-4-7）。

表 3-4-7　孙吴—嘉荫盆地地层简表

界	系	统	组	厚度 /m	主要岩性
新生界	第四系			0～62.6	浅黄色黏土、亚黏土，棕黄、褐黄色细砂，含粗砂及砂砾石
	古近—新近系	中新统	孙吴组	206	砂岩、粗砂岩、砂砾岩
		古新统	乌云组	429	砂岩、泥岩、泥页岩、砂砾岩、煤层
中生界	白垩系	上统	富绕组	119.2	凝灰质泥岩、凝灰质粉砂岩、泥质粉砂岩、粉砂岩含砾砂岩
			渔亮子组	287	砂砾岩、含砾砂岩、泥质粉砂岩、灰黑色泥岩
			太平林场组	635	灰黑色泥岩、泥质粉砂岩、细粒长石砂岩、泥质页岩、油页岩
			永安村组	548	灰黑色泥岩、长石砂岩、细砂岩
		下统	淘淇河组	1723	上段浅黄色、灰色中细砂岩、浅绿色粉砂岩夹藻层砾岩、凝灰岩、灰黑色泥岩、煤线。下段暗紫色、黄褐色巨砾岩、粗—中砾岩夹黄褐色含砾粗砂岩
			宁远村组	872.6	流纹质凝灰熔岩、安山岩夹泥岩、粉砂岩、凝灰岩
古生界			五道岭组		中性火山岩

2. 构造特征

孙吴—嘉荫盆地位于松辽地块的北部，东临佳木斯地块，西为大兴安岭褶皱带，西南与松辽盆地相接，向北过黑龙江延伸至俄罗斯，是结雅—布列亚盆地的南延部分，具有“三凹夹两凸”的“W”型盆地构造格局，属于具有断陷和坳陷双重特点的复合型断坳盆地（朱彦平，2011）（图3–4–31）。孙吴—嘉荫盆地共划分五个一级构造单元，由西向东依次为：孙吴断陷、茅栏河隆起、逊克—沾河断陷、富饶隆起、嘉荫断陷❶（图3–4–32）。

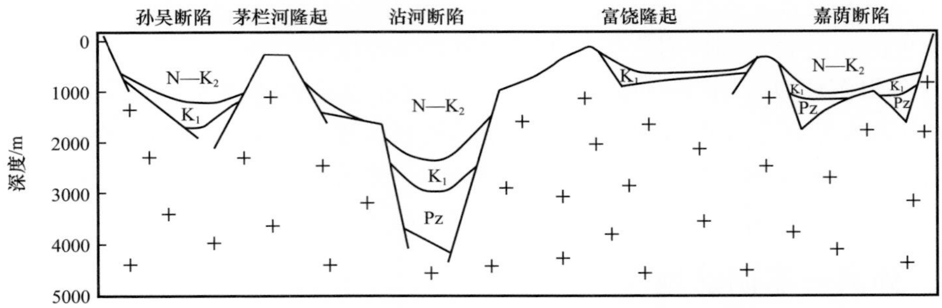

图3–4–31　孙吴—嘉荫盆地结构剖面图

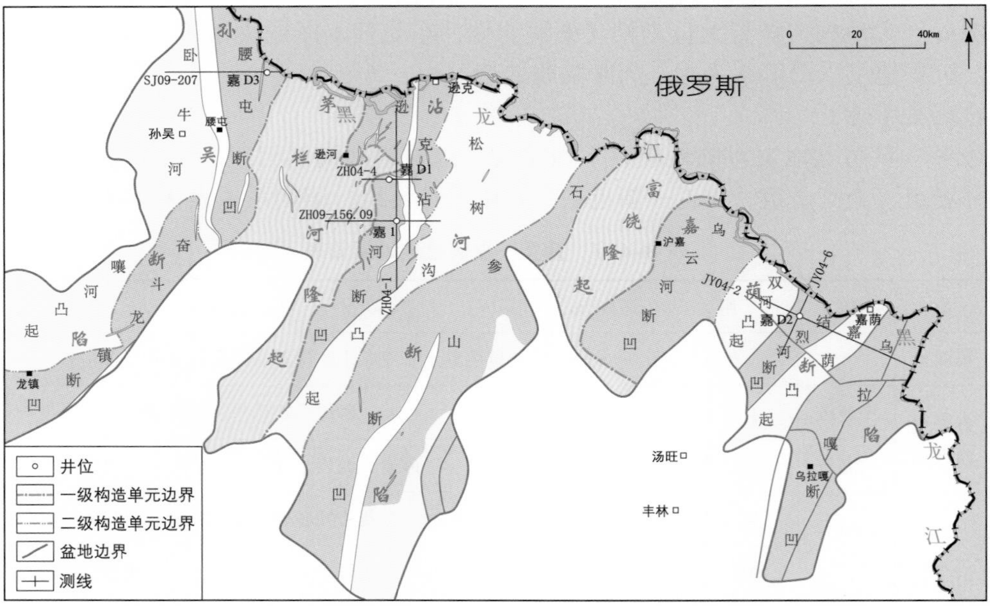

图3–4–32　孙吴—嘉荫盆地构造单元划分图

3. 沉积特征

从已知井目的层的地震响应特征分析入手，得到了地震相与沉积相的对应关系，完成了重点目的层段太平林场组、永安村组、淘淇河组和宁远村组沉积相预测成果。成果显示永安村组和淘淇河组发育有一定规模的、有利于烃源岩发育的湖相沉积环境；宁远村组发育了一定规模的火山岩。

❶ 金玮，2011，三江、孙吴—嘉荫盆地石油地质特征研究，内部科研报告。

4. 石油地质条件分析

1）烃源岩特征

孙吴—嘉荫盆地的主要烃源岩层发育在淘淇河组、永安村组、太平林场组，暗色泥岩最大厚度分别达 104m、258m 和 254m，总厚度达 616m。

淘淇河组有机质丰度相对较高，有机碳含量平均为 1.628%，氯仿沥青“A”含量平均为 0.0186%，生烃潜量 S_1+S_2 平均为 1.75mg/g。永安村组和太平林场组有机质丰度相对较低，有机碳含量平均分别为 0.778% 和 0.843%，氯仿沥青“A”含量平均值分别为 0.071% 和 0.0553%，生烃潜量 S_1+S_2 平均值分别为 1.70mg/g 和 0.85mg/g。综合评价为差—中等烃源岩（表 3-4-6）。永安村组干酪根类型以Ⅰ型、Ⅱ型为主，淘淇河组以Ⅱ型为主，宁远村组以Ⅱ型、Ⅲ型为主。

表 3-4-8　孙吴—嘉荫盆地烃源岩有机质丰度统计表

层位	TOC/%	S_1+S_2/（mg/g）	氯仿沥青“A”/%
淘淇河组	0.435～4.507 1.628（32）	0.43～12.83 1.75（28）	0.0028～0.0356 0.0186（18）
永安村组	0.162～2.814 0.778（6）	0.05～9.68 1.7（6）	0.0386～0.1033 0.071（2）
太平林场组	0.195～3.399 0.843（24）	0.04～11.07 0.85（24）	0.0058～0.192 0.0553（9）

镜质组反射率为 0.5%～0.6%，处于未成熟—低成熟阶段；岩石热解峰温较低（429～440℃），也显示了未成熟—低成熟的特征。

2）储层特征

淘淇河组碎屑岩储层孔隙度最大值为 32.8%，最小值为 3.4%，平均值为 16.50%，主要分布范围在 10%～25% 之间；渗透率最大值为 209.00mD，最小值为 1.01mD，平均值为 16.98mD，属于中低孔、中低渗储层。

永安村组碎屑岩储层孔隙度最大值为 30.9%，最小值为 4.7%，平均值为 17.80%；渗透率最大值为 786.00mD，最小值为 0.08mD，平均值为 393.04mD，属于中低孔、中低渗储层。

3）含油气远景评价

通过对各个断陷的规模、烃源岩发育程度、生储盖组合关系和石油地质特征等分析认为，沾河断陷是本区目前最有利的含油气有利区带，孙吴断陷次之，嘉荫断陷由于烃源岩不发育，勘探潜力较小（表 3-4-9）。

逊克—沾河断凹是孙吴—嘉荫盆地内规模最大、生储盖条件最好、烃源岩也最为发育的断凹。通过对逊克—沾河断凹生、储、盖、运、圈、保及油气聚集规律认识等几方面的分析，得出如下认识：

（1）生、储、盖条件较好，烃源岩较为发育，储层、盖层物性条件较好，为油气运移、保存提供了可能，具备了油气成藏的有利条件。

（2）火山岩沿断裂侵入现象明显，火山岩侵入造成地温升高，存在由煤生气的可能，并且生、储、盖配置关系较好。

（3）断凹内存在断背斜构造，在其西侧还发现了多个由地层尖灭线控制的地层圈闭，存在形成构造油气藏的可能。

（4）断层起主要连通作用，作为油气运移的通道。

（5）宁远村组火山岩发育，从岩石物性分析看，可作为储层，其与上部淘淇河组烃源岩直接接触，油气有可能向下运移聚集成藏。

表 3-4-9　孙吴—嘉荫盆地勘探潜力评价表

<table>
<tr><td>二级断凹</td><td>腰屯断凹</td><td>逊克—沾河断凹</td><td>结烈河断凹</td><td>乌拉嘎断凹</td></tr>
<tr><td>断凹面积 /km^2</td><td>1380</td><td>1920</td><td>485</td><td>1985</td></tr>
<tr><td>最大深度 /m</td><td>3250</td><td>3350</td><td>3150</td><td>3950</td></tr>
<tr><td>烃源岩发育情况</td><td>淘淇河组烃源岩一般厚度为200～500m，最大厚度达700m，厚度大于400m的区域达180km^2，资源量比较可观，宁远村组泥岩也是良好的烃源岩</td><td>淘淇河组烃源岩一般厚度为200～1000m，最大厚度可达1100余米，厚度大于400m的区域接近150km^2，资源量最为可观，宁远村组泥岩也是潜在的良好烃源岩</td><td>无</td><td>发育很少，厚仅几十米，且范围小</td></tr>
<tr><td>烃源岩有机地球化学指标</td><td>有机碳含量：K_1t 为 0.41%～4.98%；K_1n 为 0.59%～5.93%；镜质组反射率 R_o：K_1t 为 0.51%～0.59%；K_1n 为 0.63%～0.72%（以上数据来源于断凹边缘的嘉D3井，断凹深部烃源岩指标更好）</td><td>有机碳含量：K_1t 为 0.435%～1.93%（嘉D1井）；镜质组反射率 R_o：K_1t 为 0.45%～0.55%（嘉D1井），K_1t 为 0.54%～1.30%（嘉1井）（断凹深部嘉1井更好）</td><td></td><td></td></tr>
<tr><td>生储盖组合发育情况</td><td colspan="2">生储盖组合发育良好。
生：淘淇河组泥岩及煤层，且基本达到低成熟—成熟阶段；
储：太平林场组、永安村组、淘淇河组砂岩、砂砾岩及宁远村组火山岩；
盖：太平林场组、永安村组、淘淇河组泥岩</td><td>烃源岩不发育</td><td>烃源岩欠发育</td></tr>
<tr><td>沉积相特征</td><td colspan="2">淘淇河组沉积时期断凹中部湖相发育，利于烃源岩发育。周围扇三角洲发育，上覆永安村组及太平林场组湖相及三角洲相发育，提供良好的储层及盖层</td><td colspan="2">白垩纪大范围湖相，利于烃源岩发育，但由于埋深浅，未成熟</td></tr>
<tr><td>勘探程度</td><td>勘探程度较低，测线线距一般大于10km，地质井1口</td><td>勘探程度相对较高，测线密度基本达到了2km×4km。地质井1口，探井1口</td><td colspan="2">勘探程度较低，断陷内地震测线仅7条，测线线距一般大于10km，地质井1口</td></tr>
<tr><td>构造成果可靠性</td><td>测线较稀，仅能勾绘出大体构造格局</td><td>测线密度高，构造落实，并找出了多个构造圈闭和地层圈闭</td><td colspan="2">测线较稀，仅得到了断陷大体构造格局</td></tr>
<tr><td>勘探潜力</td><td>较大</td><td>大</td><td colspan="2">小</td></tr>
</table>

第三节 西部盆地群

一、概述

西部盆地群分布在嫩江断裂以西地区，包括漠河、根河、呼玛、拉布达林、大雁、大杨树共6个盆地，沉积岩分布面积为$8.17\times10^4km^2$，发育下白垩统陆相含煤断陷沉积。

自中生代以来，西部盆地群经历了多期变形作用，形成了复杂的构造样式。既有晚侏罗世南北向挤压作用形成近东西向展布的前陆盆地，更多地是在白垩纪早期、构造体制发生了重大变化之后，形成的近北东东向伸展构造，它们叠加在早期近东西向构造带之上。

早白垩世北西西—南东东向伸展作用及其所形成的区域性伸展断陷盆地是西部盆地群的主要构造样式。后期的同向收缩，叠加在早期伸展构造之上，使得成盆构造发生反转，并形成一系列反转构造。

在早白垩世晚期的区域近东西向挤压作用，使得西部盆地群发育区发生强烈的隆升作用，大部分地区处于剥蚀状态，并进而致使西部盆地群与中部松辽盆地构造演化的分化。

二、岩相古地理特征

大杨树盆地龙江组主要分布在盆地南部坳陷中，中部和北部也有大片分布，阿荣旗那克塔地区有露头。其上部为中酸性熔岩和碎屑岩，碎屑岩中产动物、植物化石；下部为中性熔岩夹碎屑岩和薄层酸性熔岩。杨参1井钻揭厚度812m，尚未钻穿。与下伏上侏罗统南平组呈假整合接触。

在漠河地区，塔木兰沟组分布在樟岭—盘古以北、卡山林场—龙河林场以东、二十二站—二十七站等地。主要为一套杂色（紫、灰绿、灰黑色等）块状、杏仁状或气孔状玄武岩，底部有中、细粒砾岩及玄武质角砾凝灰岩或含砾晶屑熔岩。平行或角度不整合覆于开库康组之上。

漠河盆地的上库力组，主要在图强—绿河—阿木尔、一字岭—三河口、二十五站—依陵、樟岭之北及二十一站西南等地出露。为一套酸性—中酸火山—碎屑沉积岩，如凝灰岩、英安质凝灰岩、少量泥灰岩及砂岩，晚期为酸性火山喷发岩。与下伏塔木兰沟组为整合接触。

大杨树盆地九峰山组，在盆地内岩相的展布继承了早白垩世龙江组沉积期的基本格局，岩相类型呈近南北向的条带状展布。东部发育爆发相＋冲积扇相；中部发育爆发相＋湖泊相；西部发育溢流相＋爆发相，其中以溢流相为主。盆地西侧溢流相以火山熔岩为主夹有少量火山碎屑岩，东侧以火山碎屑岩和冲积相砾岩（如杨D2井K_1j_2段）、砂岩及泥质岩为主，中部坳陷带内岩性为火山碎屑岩和长石岩屑细砂岩、粉砂岩以及灰黑色泥岩，局部含有煤层。在中部坳陷带中，正常碎屑岩与火山熔岩和火山碎屑岩的比值较龙江组明显增加，且在中部坳陷带的南部以湖泊相为主，局部发育半深湖—深湖沉积，盆地西南端小索尔奇附近也有残留的半深湖—深湖相钙质泥岩和油页岩。根据九峰山组正常的碎屑岩沉积相展布特征可知九峰山组沉积时期湖泊相的分布面积扩大，且整个盆地内均有分布，显示该时期大杨树盆地形成为统一的汇水盆地。

漠河地区，依列克得组分布于盆地的中南部，岩性为一套中基性溶岩，由灰黑色玄武岩、灰绿色气孔杏仁状玄武岩、灰褐、紫等杂色溶渣状玄武岩、角砾熔渣状玄武岩组成。下部为凝灰岩、英安质凝灰岩，少量泥灰岩及碎屑岩；顶部为酸性火山喷发岩。

在大杨树地区，甘河组沉积时期南部坳陷的岩相展布特征仍然具有南北向条带状展布的特征。盆地西侧以溢流相火山熔岩为主，东侧以爆发相火山碎屑岩和溢流相火山熔岩为主，中带为爆发相火山碎屑岩、溢流相火山熔岩和湖泊相长石岩屑细砂岩、粉砂岩、泥岩。甘河组沉积时期正常沉积的碎屑岩与火山熔岩和火山碎屑岩之比较九峰山组沉积时期明显变小。盆地的范围也较九峰山组沉积时期缩小。

登娄库组沉积期，兴安地区主体上未有沉积发育，缺失相应时期的地层，仅在拉布达林盆地局部发育有大磨拐河组。在拉布达林盆地内仅分布在拉布达林至上库力一带的断陷盆地和特兰图坳陷内。大磨拐河组分为三段：一段（K_1d_1）约有 174.15m 厚，主要为砂砾岩、砂岩与泥岩互层，含有多层褐煤和碳质泥岩，煤层厚度不大；二段（K_1d_2）约有 163m，主要为泥岩段，夹有薄层砂岩；三段（K_1d_3）约有 102m，主要为砂岩段，以细砂岩为主，夹有粉砂质泥岩。大磨拐河组下伏地层为上库力组凝灰熔岩。

三、大杨树盆地

大杨树盆地位于内蒙古自治区东部的阿荣旗、莫力达瓦达斡尔自治旗、鄂伦春自治旗和黑龙江省甘南县境内，面积 16800km^2。在大地构造上属于内蒙—兴安岭褶皱系的大兴安岭海西中期褶皱带南部的中—新生代改造型盆地。

1. 地层序列

盆地内出露的地层由下至上划分为前中生界基底，中侏罗统南平组，下白垩统龙江组、九峰山组、甘河组，上白垩统嫩江组，中新统金山组，上新统五叉沟玄武岩和第四系（图 3-4-33）。

2. 构造特征

大杨树盆地在区域构造上西接大兴安岭，东邻松辽盆地，其西部边界为北北东向大兴安岭断裂带，东部边界为北北东向松辽盆地西界断裂带。发育于大杨树盆地西侧的大兴安岭断裂带，对大杨树盆地形成、演化具有重要影响。盆地东西两侧均以深大断裂为界，盆地内断裂十分发育，形成一系列北东向正断层，并呈阶梯状向盆地深凹方向跌落，构成盆地的西缓东陡、南深北浅，“东西分带、南北分块”的构造格局。

通过对地震资料并结合盆地的高精度重磁成果综合研究认为：构成盆地主体的是三个较大规模的一级构造单元，即北部坳陷、中部隆起和南部坳陷。各构造单元具有较独立的构造面貌和断裂体系。控制盆地构造形态的主要是北北东向（控盆断裂）和北西向（控陷断裂）两组断裂。北部坳陷是一个基底平缓、被南北向分割的隆坳相间的构造单元，面积为 5050km^2，基底最大深度 2.2km；中部隆起是相对抬升受断层控制的构造单元；南部坳陷是断裂密集的呈断阶状的构造单元，面积为 9836km^2，基底最大深度 4.2km（图 3-4-34）。

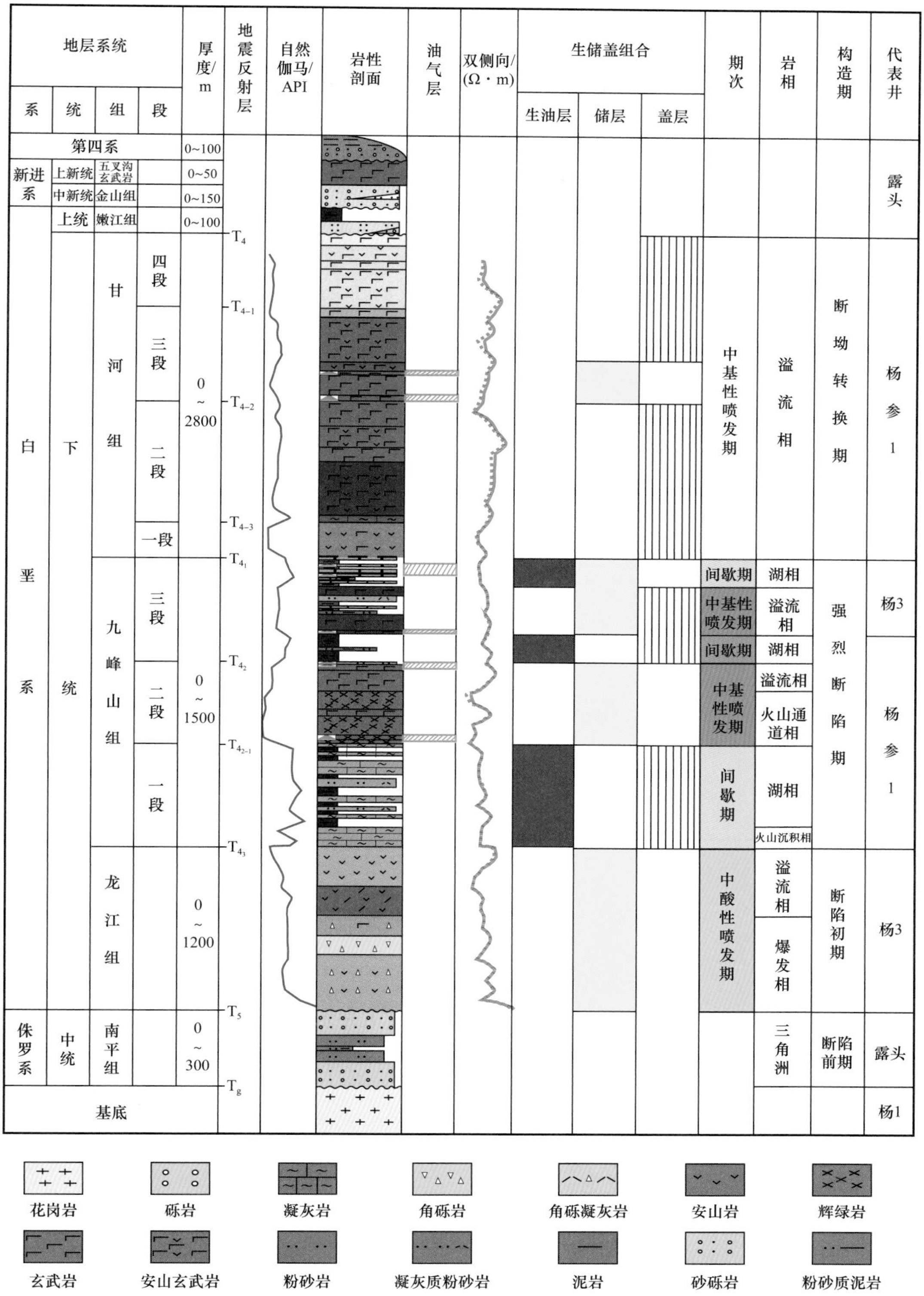

图 3-4-33　大杨树盆地地层综合柱状图

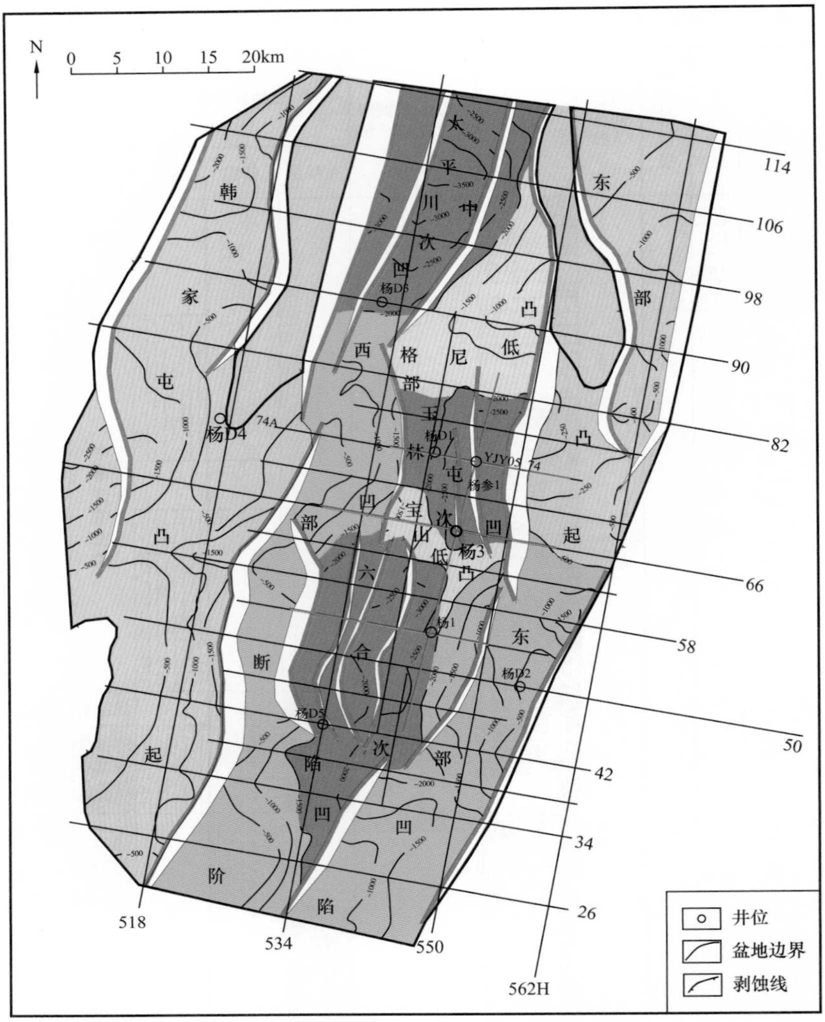

图 3-4-34　大杨树盆地构造单元划分图

3. 沉积特征

根据钻探、煤田钻孔及露头资料揭示大杨树盆地发育的地层自下而上为下白垩统龙江组、九峰山组和甘河组，上白垩统嫩江组，新近系金山组和五叉沟玄武岩和第四系。杨参 1 井钻遇了大杨树盆地主要目的层，利用杨参 1 井资料做了井震标定，进行地层展布研究，确定了目的层的厚度和分布范围。

1）龙江组（K_1l）

该套地层在坳陷区大部都有分布，仅在西部基岩断隆区局部缺失。该地层在后沃尔奇断陷分布最厚，最大厚度为 1800m，一般厚度为 800～1600m，胜利屯断陷、那吉屯断陷、五家子断陷、乔家屯向斜地层厚度都较大，一般厚度为 800～1200m。其他区域地层厚度一般为 100～700m。该套地层岩性为中性及酸性火山喷发岩，沉积相主要为火山喷溢相和喷发相夹浅湖相。

2）九峰山组（K_1j）

该套地层在南部坳陷均有分布，东南侧由于抬升剥蚀，范围较其下伏龙江组略有减小。该地层在后沃尔奇断陷分布最厚，最大厚度为1100m，一般厚度为700～900m；在西部断阶带南段和中部断陷带胜利屯断陷较厚，一般厚度为800～1000m；其他区域地层厚度一般为100～600m，为主要生油层和含油层。杨参1井上部综合解释3层差油层，下部2层油气同层。本组岩性为一套中基性熔岩、火山碎屑岩夹沉积岩，上部沉积岩发育，为火山喷溢相和喷发—浅湖相。

3）甘河组（K_1g）

该地层的分布与九峰山组的分布大体相似，最大厚度可达1900m以上，一般厚度为500～1500m。主要由中、基性熔岩、火山碎屑岩夹碎屑沉积岩组成。沉积相为火山溢流及火山喷发相和喷发沉积相。

*4. 石油地质条件分析*❶

大杨树盆地主体岩石类型为火山岩，烃源岩主要由九峰山组暗色湖相泥岩组成。野外露头及两口钻井见到了较好的油气显示，表明在大杨树盆地内存在油气的生成、运移和聚集历史。

1）烃源岩

盆地内钻遇的两口有油气显示的井中，杨1井九峰山组上部发育沉积岩37m，泥岩18.4m，单层最大10.5m、泥地比3.7%，泥岩类型为滨浅湖泥岩夹半深湖—深湖相泥岩。对应于杨参1井九峰山组上部沉积岩段110.74m，泥岩71.69m，单层最大10.3m，泥地比9.1%，岩石类型主要为半深湖—深湖相泥岩及滨浅湖相泥岩。烃源岩有机质丰度：杨1井九峰山组泥岩有机碳含量岩心样品平均值为2.791%，岩屑样品平均值为0.783%，达到中—较好生油岩标准；氯仿沥青“A”岩屑样品的含量平均值为0.082%；生烃潜量岩心样品平均值为10.457%，为中—较好生油岩标准。烃源岩有机质类型：杨1井选送6块样品做了干酪根显微组分鉴定，烃源岩有机质类型鉴定结果为II_1型、Ⅰ型偏腐泥型干酪根。烃源岩有机质成熟度：杨1井九峰山组烃源岩5块岩屑样品R_o值平均为0.73%，处于成熟阶段。

综合评价生油岩有机质含量较高，生油岩母质类型主要为偏腐泥型，生油岩有机质转化程度较高，处于成熟阶段（图3-4-35）。

根据地震反演结果，九峰山组沉积时期杨参1井处在大杨树盆地断陷型湖泊的边部，杨参1井以南偏西方向20km处的断陷型湖泊中心部位半深湖—深湖相泥岩更为发育。电震联合预测沉积岩分布技术可以较好地解决大杨树火山岩盆地沉积岩预测难的问题。电震联合预测太平川、玉林屯和六合次凹沉积岩发育，是主力生油凹陷。

2）储层

大杨树盆的储层主要为火山岩、火山碎屑岩和碎屑岩。从杨参1和杨1井钻遇情况来看，盆地九峰山组主要发育孔隙、裂缝型储层，对杨1井取心井段进行了岩心观察与描述，九峰山组火山岩原生气孔、裂隙发育，气孔受构造应力作用扭转拉张呈线状，为较好的油气储层。综合评价盆地储层，甘河组为Ⅱ类、Ⅲ类，九峰山组为Ⅲ类、Ⅳ类储层。

九峰山组火山岩储层以孔缝型为主，孔缝大小分布不均匀，形状不规则，连通性

❶ 陈春瑞，2018，大杨树盆地南部坳陷石油地质条件分析及勘探目标优选，内部科研报告。

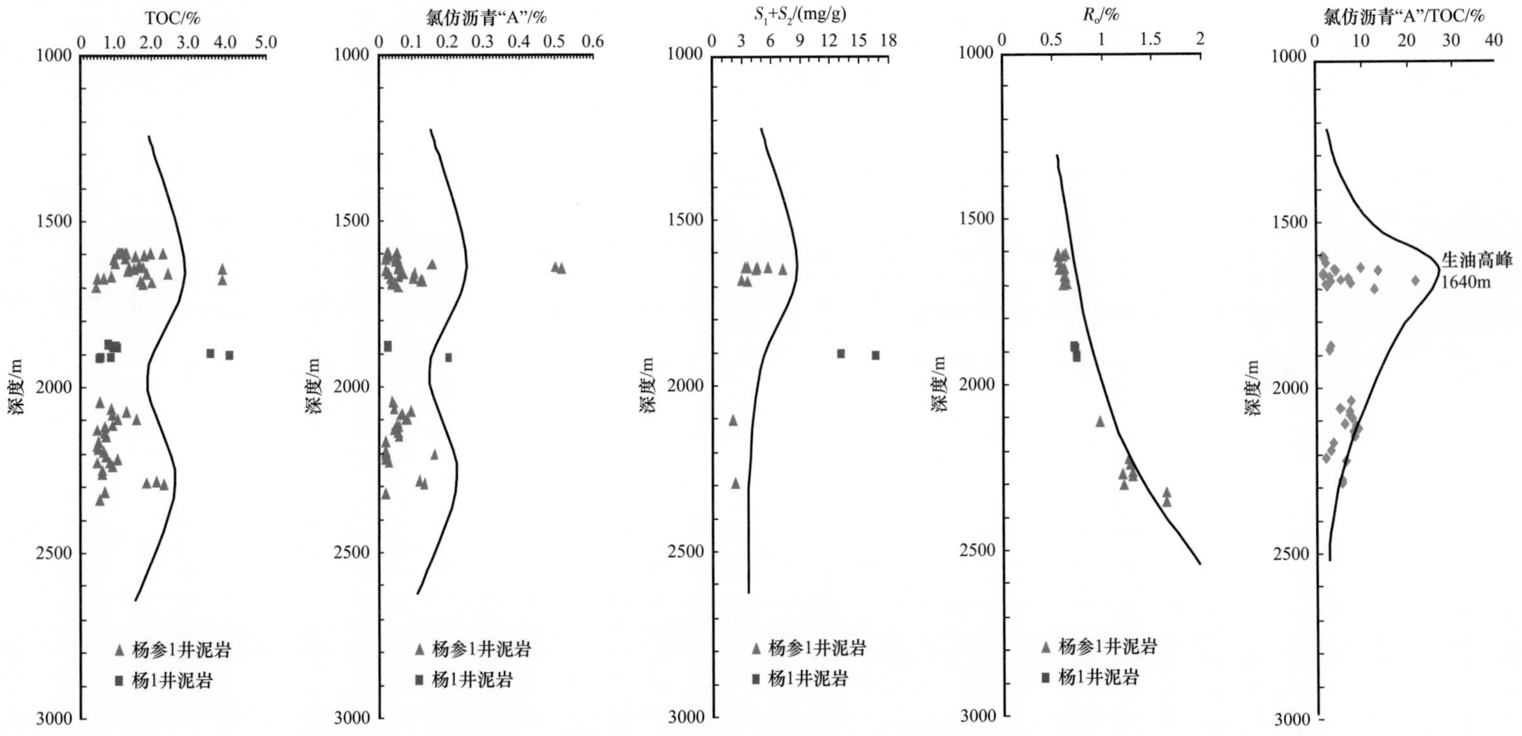

图 3-4-35　大杨树盆地杨 1 井、杨参 1 井烃源岩综合评价图

较差。火山角砾岩孔隙度为 9.1%、23.8%，属于中—低孔储层；安山岩孔隙度为 8.7%、8.8%、10.3%，属于特低孔—低孔储层；而凝灰岩和玄武岩孔隙度在 0.3%～2.2% 之间变化，属于超低孔储层，渗透率整体较低，为 0.01～0.35mD，属于非渗透储层。甘河组玄武岩孔隙度为 1.8%；火山角砾岩孔隙度为 8.9%，渗透率为 2.14mD，属于特低孔特低渗储层。

3）盖层

大杨树盆地地面出露的地层主要为火山岩和泥岩，其中火山岩占出露面积的 75% 以上。根据大杨树盆地目前显示情况，含油层的上覆地层为致密块状玄武岩。这两套地层可能构成了盆地的区域盖层。

九峰山组具有自生自储的成藏组合特点，发育高位体系域岩性—构造复合油气藏及水进体系域的岩性油气藏、火山岩油气藏三种油气藏类型。

四、漠河盆地

漠河盆地位于黑龙江省的西北部，区域构造上隶属兴安—内蒙地槽褶皱带额尔古纳地块中的上黑龙江中生代断（坳）陷带，南部受德尔布干岩石圈断裂控制。盆地呈东西向展布，长约 300km、宽约 80km。在我国境内面积为 21500km^2，与北部俄罗斯境内的乌舒蒙盆地（17000km^2）相连为同一盆地（吴河勇等，2003a）。

1. 地层序列

漠河盆地为中生代断陷盆地，由于经历了较强烈的后期抬升和剥蚀，造成了中央坳陷区二十二站组和漠河组大范围出露（其和日格，1995；吴河勇，2003b；辛仁臣等，2003）。古元古界兴华渡口群、古生界下泥盆统霍龙门组和古生界花岗岩等构成盆地基底（图 3-4-36）。

2. 构造特征

通过对航磁、重力、MT、地震等勘探成果的综合分析，漠河盆地断陷发育、埋藏深、范围大，其中深度大于 1.5km 的范围达 7000km^2，局部达 4500m。

漠河盆地是兴安岭盆地群中独特的一个盆地，主要的不同表现在以下三方面：一是盆地的展布方向不同，漠河盆地呈近东西向展布，而兴安岭盆地群中其他盆地的展布方向主要为北东—北北东向；二是主要成盆期不同，漠河盆地主要成盆期为中—晚侏罗世，沉积的二十二站组和额木尔河组厚度可达 5000m，而其他盆地的成盆期主要为晚侏罗世以后；三是断裂的展布方向不同，漠河盆地主要断裂的走向可分为四组，即近东西向、北东向、北西向和南北向，其他盆地的断裂走向主要为北东—北东东向。

分析认为这些差异的形成主要是由于该盆地所处的大地构造位置和基底构造演化不同，因为沉积盆地所处的大地构造决定着盆地的类型，而基底的构造演化制约着盆地的演化类型。

漠河盆地的基底主要由古元古界兴华渡口群、古生界下泥盆统泥鳅河组、霍龙门组，以及澄江期侵入岩、加里东期侵入岩和海西期侵入岩等组成。兴华渡口群为一套遭受变质作用和区域混合岩化作用的变质岩组合，主要分布在盆地的西南部和东南部。产状近东西走向，倾角较陡。泥盆系主要分布在盆地北部，该套地层以“飞来峰”的形式零星分布。

地层				厚度(m)	岩性柱	岩性特征	生物特征
界	系	统	组				
新生界	第四系			45.5		浅黄色黏土、亚黏土、细砂，偶夹砾石	
	新近系	中—上新统	金山组	89.5		黄褐色巨砾层、砾石层、含砾砂岩、砂砾岩互层、夹红褐色亚黏土	
中生界	白垩系	下统	伊列克得组	533.4		浅黄色、暗绿紫色、暗灰色杏仁状玄武岩及灰黑玄武岩	
			上库力组	470.7		砾岩、含砾粗砂岩、砾岩、粉砂岩夹凝灰岩及煤层；凝灰岩、英质凝灰岩、少量泥灰岩及碎屑、晚期为酸性火山喷发岩；深红、紫、黄褐色砾岩、灰色砂岩、细、中砂岩及少量凝灰质砂岩	昆虫：*Ephemeropsis trisetalis* 双壳类：*Ferganoconcha* 叶肢介：*Eosestheria*、*Sentestheria* 植物：*Ruffordia*、*Equisetites*
	侏罗系	上统	塔木兰沟组	1161		紫色、灰绿色、灰黑色、块状杏仁状或气孔状玄武岩、底部为中细粒砾岩及玄武质角砾凝灰岩	K-Ar全岩同位素年龄： 145~166.06Ma
			开库康组	741.1		灰、黄褐、灰黑色砂岩、长石石英砂岩、岩屑石英砂岩、含砾砂岩及粉砂质泥岩夹煤线	植物： *Coniopteris*、 *Sphenozamites*
			额木尔河组	2712		灰黑、黑色中粗、中细粒岩屑长石砂岩、粉砂岩、细砂岩、泥质岩、夹杂色砾岩、煤线及煤层	植物： *Phoenicopsis*、*Czkanowakia*、 *Podozamites*、*Acanthopteris* 孢粉： *Osmnudacidites*、*Biretisporites*、 *Abietineaepollenites* 双壳类：*Martinsonella* 腹足类： *Lioplacodes cholokyia*、 *Viviparus matsumotoi* 介形类： *Cypridea*、*Rhinocypris*、 *Darwinula*
			二十二站组	890		灰黄色、浅灰色、绿灰、灰黑、深灰、灰色泥岩粉砂质泥岩灰色岩屑长石、长石岩屑砂岩、砂岩、砂砾岩夹细砂岩、粉砂岩泥岩及煤线	植物：*Phoenicopsis*、*Acanthopteris*; 孢粉：*Cibotiumspora*、*Dictyotriletes*、*Cycadopites* 双壳类：*Plicatounio* 腹足类：*Viviparus*、*Gyraulus* 介形类：*Cypridea*、*Darwinula*
			绣峰组	1453		上、下部以砂砾岩、砾岩夹细砂岩为主，中部以岩屑长石砂岩、夹砂质凝灰岩及煤线为主	植物： *Desmiophyllum*、*Acanthopteris* 孢粉： *Lycopodiumsporites*、 *Jiaohepollis*、 *Cycadopites*
古生界	泥盆系	下统	霍龙门组			变质岩	

图 3-4-36　漠河盆地地层综合柱状图

按照前陆盆地的常规分带方法及断裂特征、应力分布、火山岩分布及地层特征，将漠河盆地由西向东划分为 4 个一级构造带，即额木尔河冲断带、盘古河断坳带、二十二站隆起区和腰站断坳带（图 3-4-37）。

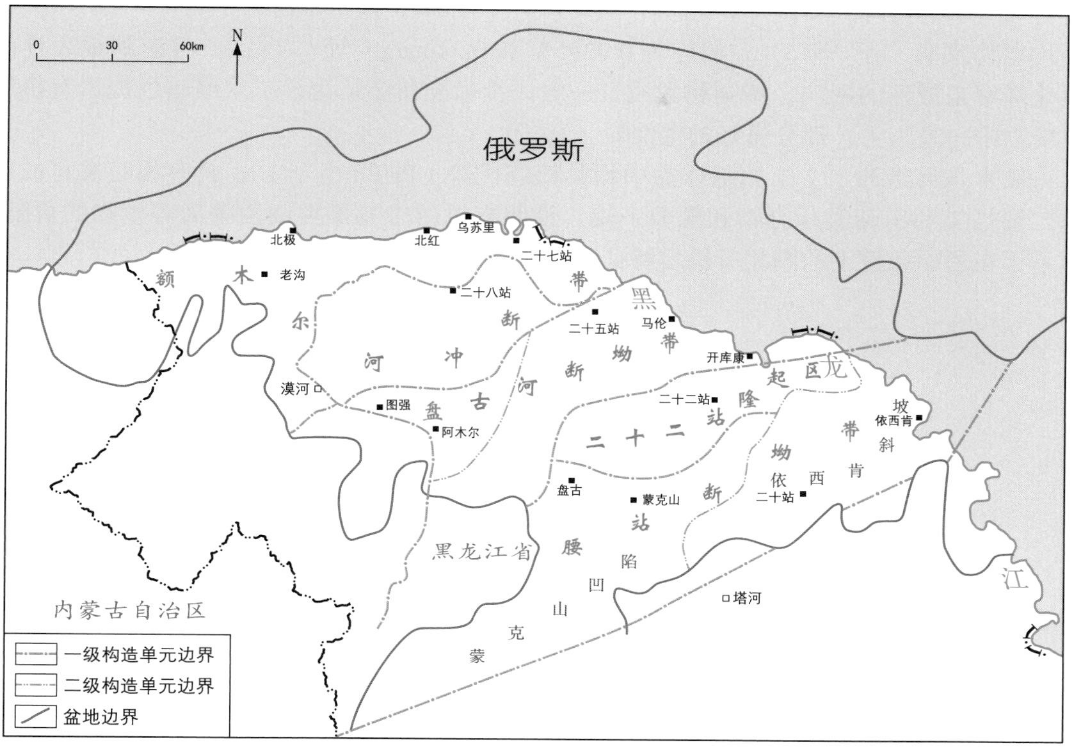

图 3-4-37　漠河盆地构造单元划分图

3. 沉积特征

通过层序地层与沉积相分析，漠河盆地有湖泊沉积存在，而且有半深湖、深湖沉积（湖底扇往往发育于这些环境中），这就必然有暗色烃源岩形成，从而使漠河盆地有了形成油气藏的物质基础；该盆地的侏罗系各组中均有湖泊沉积存在，但以二十二站组和额木尔河组的湖相沉积更发育、更普遍一些。因此这两个组是主要烃源岩层；从宏观来看，由二十二站组和额木尔河组暗色泥岩和开库康组—塔木兰沟组玄武岩共同组成一个巨大的下生上储盖的生储盖组合。此外在二十二站组与额木尔河组中，除了泥岩之外，还发育大量砂砾岩，由这些砂砾岩和泥岩，还可构成许多小的自生自储生储盖组合，这些组合可能是更有利的勘探目的层。

4. 石油地质条件分析

漠河盆地主要的可能烃源层，即二十二站组和额木尔河组中暗色泥岩发育，动植物化石丰富。其两组地层泥岩厚 300～450m，占地层总厚度的 18%～24%，二十二站组最大单层厚 114m。在这两组地层的暗色泥岩中发育丰富的双壳类、介形虫、瓣鳃类等动物化石及真蕨、苏铁、银杏等植物化石。

二十二站组和额木尔河组暗色泥岩有机质丰度以中—差为主，发育Ⅲ型湖相有机质（也有少量Ⅱ型），总体上已进入成熟—高成熟热演化阶段。

经过对漠河盆地主要目的层额木尔河组和二十二站组地球化学指标分析：二十二站组和额木尔河组的有机质丰度相对较高。二十二站组（包括地表和漠 D1 井）平均 TOC、氯仿沥青“A”、S_1+S_2 分别为 0.64%～1.05%、0.0081%～0.0133%、0.09～0.16mg/g（烃 / 岩石），大部分样品 TOC 大于 0.6%，最高可大于 3.0%，额木尔河组平均 TOC 为 1.05%，平均氯仿沥青“A”和 S_1+S_2 相应为 0.0295% 和 0.31mg/g（烃 / 岩石）。考虑到地表样品风化降解未成熟的影响，按湖相泥质岩一般评价标准初步认为该二层组暗色泥岩有机质丰度以中—差为主，部分属好的生油岩。

额木尔河组和二十二站组样品中均具植烷优势（Pr/Ph 小于 1），具有相对发育的异戊二烯烃类和甾萜类化合物和胡萝卜烷，说明有机质中有藻类细菌等低等生物的贡献，显示了在还原条件下的湖相有机质特征，因此，仍然有一定的生油潜力。

第五章　油气资源潜力与勘探方向

第一节　油气资源潜力分析

外围盆地通过优选排队，选出试油地质条件好的地质单元进行资源评价，共评价方正断陷、汤原断陷、虎林盆地、大杨树盆地、孙吴—嘉荫盆地、勃利盆地、三江盆地绥滨坳陷、鸡西盆地、延吉盆地 9 个单元，包括常规油气、煤层气、致密砂岩气的资源潜力。其中方正断陷资源量落实到区带、层系，其他盆地计算盆地—坳陷资源量。相应资源评价方法为对方正断陷采用精细的类比法，其他盆地的常规油气和致密砂岩气采用成因法，煤层气采用体积法。

一、方正断陷——类比法及评价结果

方正断陷勘探程度相对较高，平面上评价单元划分遵循“盆地——一级坳陷—构造区带”的原则，纵向上主要评价白垩系成藏组合。以含油气系统理论为指导，以聚油单元为核心，结合各油层油气成藏主控因素，分层系划分评价单元。主要落实三套成藏组合的资源潜力，其中方正断陷划分 9 个评价单元，分别是李家店坡折带、李家店凹陷带、德善屯凹陷带、大林子凹陷带、兴旺构造带、大罗密构造带、小兰屯构造带、柞树岗凹陷带、柞树岗坡折带，优选类比解剖区，采用类比法评价（表 3-5-1）。

表 3-5-1　方正断陷常规油资源量数据表

评价区带	层位	面积 / km^2	相似系数	地质资源量 / 10^4t	资源丰度 / $10^4t/km^2$	可采资源量 / 10^4t
兴旺构造带（刻度区）	新安村组 + 乌云组	75	1	2116	28.21	529
	宝一段			2058	27.44	514.5
大林子凹陷带	新安村组 + 乌云组	137.5	0.77	2990	21.75	747.5
	宝一段		0.85	3213.5	23.37	803.4
大罗密构造带	新安村组 + 乌云组	60	0.85	2043.4	24.05	510.85
德善屯凹陷带	新安村组 + 乌云组	213	0.84	5071.1	23.8	1267.8
李家店凹陷带	新安村组 + 乌云组	130	0.34	1260	9.69	315
李家店坡折带	新安村组 + 乌云组	93.5	0.09	240	2.56	60
柞树岗凹陷带（刻度区）	新安村组 + 乌云组	58.5	1	507	8.67	126.8

续表

评价区带	层位	面积 / km^2	相似系数	地质资源量 / 10^4t	资源丰度 / $10^4t/km^2$	可采资源量 / 10^4t
柞树岗坡折带	新安村组 + 乌云组	68	0.96	567.1	8.33	141.8
小兰屯构造带	新安村组 + 乌云组	230	0.35	708	3.07	177
柞树岗地区	白垩系	280	—	1233	4.4	308

根据不同评价单元成藏规律分析选择与其构造位置、油气藏类型相同或相近的刻度区进行类比，西部各评价单元与柞树岗凹陷刻度区对比，东部各评价单元与兴旺刻度区对比。确定相似系数，乘以刻度区的地质资源丰度和可采资源丰度，计算各个评价单元的资源量。

二、其他外围盆地的常规油气和致密砂岩气——成因法及评价结果

虎林盆地、大杨树盆地、孙吴—嘉荫盆地、勃利盆地、三江盆地绥滨坳陷、延吉盆地等6个外围盆地（坳陷），勘探程度低，利用盆地模拟法计算资源量。

本次评价，依舒等外围盆地累计计算石油资源量10.87×10^8t，天然气资源量$3194.6\times10^8m^3$，煤层气资源量$1962.53\times10^8m^3$。其中方正断陷计算石油资源量2.12×10^8t、天然气资源量$315.7\times10^8m^3$，汤原断陷计算石油资源量2.34×10^8t、天然气资源量$592.2\times10^8m^3$。虎林盆地、大杨树盆地、孙吴—嘉荫盆地、勃利盆地、三江盆地绥滨坳陷、延吉盆地等6个外围盆地（坳陷），勘探程度低，利用盆地模拟法计算资源量，计算石油资源量6.41×10^8t、天然气资源量$2286.7\times10^8m^3$（表3–5–2）。

表3–5–2 依舒等外围盆地油气资源评价汇总表

领域	凹陷	成因法		最终取值	
		石油资源 / 10^8t	天然气资源 / 10^8m^3	石油地质资源量 / 10^8t	天然气地质资源量 / 10^8m^3
依—舒等外围盆地	方正断陷	2.00	315.7	2.12	315.7
	汤原断陷	2.34	592.2	2.34	592.2
	虎林盆地	1.09		1.09	
	大杨树盆地	2.07		2.07	
	孙吴—嘉荫盆地	0.67		0.67	
	勃利盆地		511.2		511.2
	三江盆地绥滨坳陷	0.78	1013.5	0.78	1013.5
	鸡西盆地	0.58	762	0.58	762
	延吉盆地			1.22（三次）	
	合计		3194.6	10.87	3194.6

三、其他外围盆地的煤层气——体积法及评价结果

煤层气资源评价选择体积法作为主要的评价方法。采用下面公式计算煤层气地质资源量：

$$G_i=\sum_{i=1}^{n}C_{rj}\cdot\overline{C_j}$$

式中 n——计算单元中划分的次一级计算单元总数；

G_i——第 i 个计算单元的煤层气地质资源量，10^8m^3；

C_{rj}——第 j 个次一级计算单元的煤炭储量或资源量，10^8t；

$\overline{C_j}$——第 j 个次一级计算单元的煤储层平均原地基含气量，m^3/t。

评价结果：评价计算鸡西盆地煤层气资源量为 $1423.61\times10^8m^3$，鹤岗盆地为 $538.92\times10^8m^3$，海拉尔呼和湖凹陷为 $4792.1\times10^8m^3$（表 3-5-3）。

表 3-5-3 鸡西盆地、鹤岗盆地、呼和湖凹陷煤层气资源量计算表

区带		煤层气地质资源量 /10^8m^3
名称	埋深 /m	合计
鸡西盆地	<1000	430.3
	1000～1500	429.11
	1500～2000	546.2
	小计	1423.61
鹤岗盆地	<1000	258.59
	1000～1500	94.34
	1500～2000	185.99
	小计	538.92
海拉尔呼和湖凹陷	<1000	1150.8
	1000～1500	1058.2
	1500～2000	2583.1
	小计	4792.1
总计		6754.63

第二节 油气勘探方向

针对前面的认识，本节重点介绍已有油气发现的方正断陷、汤原断陷、大杨树盆地、虎林盆地及鸡西盆地的油气勘探方向。

一、方正断陷

1. 方正断陷白垩系砂岩裂缝油藏

方正断陷白垩系残留分布在断陷西部，面积约 280km^2，地层残余厚度 500～2400m，南厚北薄。白垩系油藏是以新安村组 + 乌云组烃源岩为生油层，裂缝为储层，新安村组 + 乌云组泥岩或其自身致密层段为盖层的一套生储盖组合。方正断陷白垩系裂缝油层受圈闭控制弱，主要是储层分布影响资源分布，预测裂缝储层主要分布在西北部方 6—方 4 井区。已有方 6 井、方 16 井在白垩系获得低产。

方 4 井白垩系油层为典型的层状构造油气藏，白垩系油藏与古近系油藏属于一套油水系统，具有统一的边底水，从方 4—方 402—方 403 连井对比看，3325m 处为油水界面，方 4 井浅于 3325m 的白垩系为差油层，方 403 井 3325m 处的新安村组为油水层，深于 3325m 的白垩系不含油。该类油气藏的形成具有圈闭形成时期早于油气运移时期的特点。同时，其构造位置优越，也是柞树岗次凹的“洼中之隆”，伊汉通断裂或区域不整合面均具有沟通油源的作用，使油气在纵向及横向上运移，从而形成了具有一定规模的油气藏。方 401 井也位于方 4 井区，通过典型油藏剖面看，方 401 井含气层位是新安村组 + 乌云组顶部，其在白垩系未见到油气显示，这是由于其构造位置处于方 4 区块构造圈闭的边缘位置，上部由于不整合面削截作用形成岩性上倾尖灭，因此来自于生烃洼槽中心的气沿着不整合面侧向运移至断层—岩性圈闭中成藏，在新安村组 + 乌云组形成断层—岩性气藏，由于白垩系物性的因素未在白垩系聚集。

方 6 井白垩系油藏为典型的不整合地层油气藏，油藏的有效储层为白垩系顶部不整合面之下的高渗透储层，储集类型为孔缝型砂砾岩。油藏主要受储层物性控制，距离不整合面越近含油性越好，通过方 602—方 6—方 601 连井分析，发现距离不整合面 50m 为差油层，沿砂体上倾方向油气显示井段逐渐减少，靠近伊汉通油源断裂油气显示井段较长，油气运移和聚集主要在不整合面附近。方 6 井在白垩系顶部含油是受不整合因素控制的。通过连井剖面可发现方 6 井与方 4 井的油是同源的，因此方 6 井的油也是来自生烃洼槽中心在烃源岩大量排烃期生成的油，沿着不整合面长距离运移至方 6 井的岩性圈闭中聚集成藏，进而形成地层不整合油藏。通过对柞树岗次凹白垩系油藏类型进行研究和总结，得出主要油气藏类型有断鼻型油气藏、反向断层遮挡型油藏、地层不整合遮挡型油气藏。

方 16 井白垩系油藏为典型的岩性油气藏，发育在白垩系内幕，为致密砂岩中的高渗储层段，含油井段 3340～3440m，储层岩石类型以细砾岩为主，孔隙类型以基质孔隙为主，孔隙度小于 8%，渗透率小于 3mD；上下围岩岩性为砂砾岩，孔隙度小于 5%，渗透率小于 1mD，为高致密层，对油层起到遮挡作用。方 16 井原油来自德善屯次凹，属于源外近源成藏，伊汉通断层对油气具有纵向输导作用，在高渗透储层段油气向小兰屯构造高部位进行侧向运移，白垩系内幕储层物性是油气成藏的主控因素。

2. 方正断陷主力次凹及其周边构造为有利的勘探区带

方正断陷获得石油勘探突破，多口井获得工业油流。通过不断深化油气成藏条件认识，结合剩余资源分布，优选以下三个有利目标区作为下步勘探部署主攻方向。

（1）柞树岗次凹及其周缘。指柞树岗次凹及其邻近的斜坡或二台阶，区内扇三角洲前缘砂体、水下扇扇中砂体发育，孔隙度和渗透率较高，具有较好的储集物性。新安村组底部砂岩与下部含煤泥岩、中上部砂岩与中上部局部发育的泥岩或宝泉岭组泥岩以及白垩系裂缝型储层与新安村组底部泥岩等都可以形成较好的储盖组合条件，已有方6、方4、方402井在新安村组获工业油气流，是已知的含油气区带。

（2）大林子次凹及其周缘。指大林子次凹及其邻近的斜坡或二台阶，该区带位于大林子主力烃源岩发育区，盆内沟通油源的次级断裂发育，区内扇三角洲前缘砂体、水下扇扇中砂体较发育，孔隙度和渗透率较高，具有较好的储集物性。新安村组底部砂岩与下部含煤泥岩，中上部砂岩与中上部局部发育的泥岩或宝泉岭组泥岩，宝泉岭组一段、二段砂岩与其间发育的厚层泥岩，以及基岩裂缝型储层与新安村组底部泥岩等都可以形成较好的储盖组合条件，已有方15、方12、方14井获工业油流，方17井也有较好油气显示，是已知的含油气区带。

（3）腰屯断鼻带。主要是大林子次凹和德善屯次凹之间的鼻状构造带。该区带紧邻大林子和德善屯主力烃源岩发育区，并有东南缘深大断裂等沟通油源，油源较为充足，新安村组和宝泉岭组水下扇砂体发育，与互层的湖相泥岩能够形成较好的储盖组合条件，基岩裂缝型储层与新安村组泥岩也是较好的储盖组合，方10、方13井都有很好的油气显示，是潜力较大的含油气区带。

二、汤原断陷

汤原断陷环东兴凹槽为下步勘探主攻目标区。汤原断陷9口井在古近系达连河组、新安村组＋乌云组见到不同程度的含油显示。汤1井从2806～4222m井段共1416m均见不同程度油气显示，显示厚度439m；互6井新安村组＋乌云组见到1.2m油浸砂岩，展示了汤原断陷良好的石油勘探前景。油气显示集中在环东兴—双兴凹槽带，根据剩余圈闭情况，优选环东兴—双兴凹槽带西部发育的一系列断块、断鼻及断背斜圈闭带为下步勘探主攻目标区，该带延伸至凹槽的断层具备沟通生油岩和储层的能力。构造、储层、有效烃源岩、运移通道匹配，且发现油气显示，构造位置有利。在围斜带部署的汤4井在达连河组见到良好的油气显示，试油获得3.8t/d的工业油流，证明了环东兴凹槽是主要的勘探目标区。

三、大杨树火山岩盆地

玉林屯凹陷是下步勘探的重点潜力区。大杨树盆地由于火山岩覆盖，烃源岩的识别和预测难度大，落实烃源岩分布也是当前勘探的重点。近年来，通过束线三维地震和三维重磁电的联合攻关，落实了烃源岩主要分布在南部坳陷的玉林屯凹陷，该凹陷同时发育较落实的圈闭，该区是下步勘探的重点潜力区。

大杨树盆地南部坳陷玉林屯次凹，地震主测线34–82线、联络线534–550线之间，面积约970km^2；凹陷北邻太平川次凹、东接韩家屯凸起、往西过渡到东部凹陷带，整体呈现双断的结构特征，受断层差异性沉降影响，凹陷北部东深西浅，凹陷南部则转变为西深东浅，基底最大埋深4100m。凹陷主要发育下白垩统龙江组、九峰山组和甘河组沉积盖层；其中烃源岩分布在九峰山组上、下沉积岩段中；储层主要包括九峰山组砂岩、辉绿岩、玄武岩及甘河组玄武岩；区域盖层为厚层的甘河组致密玄武岩，局部盖层为九峰山组泥岩；发育三套成藏组合，其中下部龙江组为上生下储型、中部九峰山组为自生自储型、上部甘河组为下生上储型，目前中上部组合有油气发现。大杨树盆地南部坳陷第四次资源评价油资源量为 2.07×10^8t、气资源量为 $173 \times 10^8 m^3$，其中玉林屯次凹油资源量为 1.4×10^8t、气资源量为 $119 \times 10^8 m^3$，是大杨树盆地的主力生烃凹陷；玉林屯凹陷主要发育由北东向主干断裂与其派生的北西断裂组成的断块和断鼻构造，组成凹陷储油圈闭，是主要的勘探目标。部署的杨 3 井在九峰山组沉积岩段压后水力泵求产获得 2.4t/d 工业油流，实现了大杨树盆地石油勘探的突破。

四、虎林盆地

虎林盆地七虎林河坳陷 3 口探井见油气显示，其中虎 1 井获 1.618t/d 的低产油流，展示了盆地良好的油气勘探前景。七虎林河坳陷主体具有“两坳一隆”的构造格局，由西至东分别为西次凹、中央低凸起、东次凹，其中西次凹古近系最大埋深 2560m，东次凹最大埋深 2500m。

七虎林河坳陷在富锦组沉积后，开始遭受抬升剥蚀，其中东部剥蚀强度明显大于西部，最大剥蚀厚度达 500m 左右。在剥蚀量预测基础上，恢复富锦组沉积后的古埋深，根据虎一段烃源岩热演化规律，预测虎一段烃源岩的成熟分布规律。七虎林河凹陷 R_o 大于 0.5% 的烃源岩成熟区面积大约为 $270km^2$，R_o 大于 0.7% 的烃源岩成熟区面积大约在 $150km^2$，成熟烃源岩主要分布在东西两个次凹的主体及其中央低凸起，其中东次凹烃源岩成熟度最大可达 1.0%，而西次凹仅达 0.8%，因此东次凹是下步重点突破区。

五、鸡西等盆地煤层气勘探方向

鸡西盆地自 1983 年开始进行井下瓦斯抽放以来现已形成了完整的抽放系统。每年抽放出约千万立方米的瓦斯尚未有效利用而排空。建议在大矿（矿井现生产能力大）试用地面采动区井，与井下抽放结合起来，将受采动影响区、采空区和抽放的煤层气综合加以利用。建议在南部鸡气 1 井区建立实验区。该区位于矿井深部的背斜部位，在煤田勘探中有气显示，87–20 号孔曾发生喷水喷气现象。据估算该区近 $300km^2$ 范围内，2000m 以浅的煤层气资源量超过 $350 \times 10^8 m^3$，其中小于 1500m 为 $300 \times 10^8 m^3$。该区可形成井网开发的示范工程。

参 考 文 献

彼得斯 K.E，莫尔鑫万 J.M，1995. 生物标记化合物指南——古代沉积物和石油中分子化石的解释［M］. 姜乃煌，张水昌，林永汉，等译 . 北京：石油工业出版社，79–82.

蔡东梅，孙立东，齐景顺，等，2010. 徐家围子断陷火山岩储层特征及演化规律［J］. 石油学报，31（3）：400–407.

陈崇阳，高有峰，吴海波，等，2016. 海拉尔盆地火山岩的锆石 U–Pb 年龄及其地质意义［J］. 地球科学，41（8）：1259–1274.

陈均亮，吴河勇，朱德丰，等，2007. 海拉尔盆地的构造演化及油气勘探前景［J］. 地质科学，42（1）：147–159.

陈丕基，施泽龙，叶宁，等，1998. 松花江生物群与东北白垩系地层序列［J］. 古生物学报，37（3）：380–385.

陈丕基，2000. 中国陆相侏罗、白垩系划分对比评述［J］. 地层学杂志，24（2）：114–119.

陈树民，张元高，姜传金，2011. 徐家围子断陷火山机构叠置关系解析及其数字化模型参数建立［J］. 地球物理学报，54（2）：499–507.

陈中红，查明，2005. 东营凹陷烃源岩排烃的地质地球化学特征［J］. 地球化学，34（1）：79–87.

池英柳，张万选，1996. 陆相断陷盆地层序成因初探［J］. 石油学报，17（3）：19–26.

崔同翠，1987. 松辽盆地白垩纪叶肢介化石［M］. 北京：石油工业出版社 .

大庆油气勘探 50 年编委会，2009. 大庆油气勘探 50 年［M］. 北京：石油工业出版社 .

大庆油田开发研究院，1976a. 松辽盆地晚白垩世孢粉化石［M］. 北京：科学出版社 .

大庆油田开发研究院，1976b. 松辽盆地白垩纪介形类化石［M］. 北京：科学出版社 .

大庆油田志编纂委员会，2009. 大庆油田志［M］. 哈尔滨：黑龙江人民出版社 .

戴春森，宋岩，戴金星，1996. 中国两类无机成因 CO_2 组合、脱气模型及构造专属性［J］. 石油勘探与开发，（2）：1–5.

戴金星，宋岩，戴春森，1995. 中国东部无机成因气及其气藏形成条件［M］. 北京：科学出版社 .

戴金星等，1992a. 中国天然气地质学（卷一）［M］. 石油工业出版社 .

戴金星等，1992b. 各类烷烃气的鉴别［J］. 中国科学：B 辑 化学 生命科学 地学，（2）：185–193.

邓宏文，吴海波，王宁，等，2007. 河流相层序地层划分方法——以松辽盆地下白垩统扶余油层为例［J］. 石油与天然气地质，28（5）：621–627.

丁秋红，李晓海，姚玉来，等，2015. 内蒙古扎鲁特旗地区中侏罗统塔木兰沟组的厘定［J］. 地质与资源，24（5）：402–407.

杜金虎，2010. 松辽盆地中生界火山岩天然气勘探［M］. 北京：石油工业出版社 .

杜韫华，1982. 一种次生的片钠铝石［J］. 地质科学，17（4）：434–437.

冯志强，2009. 技术进步是油气勘探持续发展的不竭动力［J］. 大庆石油勘探与开发，28（5）：6–12.

冯子辉，方伟，李振广，等，2011a. 松辽盆地陆相大规模优质烃源岩沉积环境的地球化学标志［J］. 地球科学，41（9）：1253–1267.

冯子辉，王成，邵红梅，等，2015. 松辽盆地北部火山岩储层特征及成岩演化规律［M］. 北京：科学出版社 .

冯子辉，印长海，冉清昌，等，2016. 松辽盆地北部火山岩气藏特征与分布规律［M］. 北京：科学出版社 .

冯子辉，朱映康，张元高，等，2011b. 松辽盆地营城组火山机构—岩相带的地震响应［J］. 地球物理学报，54（2）：556−562.
付秀丽，张顺，王辉，等，2014. 古龙地区青山口组重力流储层沉积特征［J］. 大庆石油地质与开发，33（5）：56−62.
付秀丽，2014. 松辽盆地北部齐家地区高台子油层沉积体系展布及其成藏分析［J］. 成都理工大学学报，41（4）：422−427.
高福红，许文良，杨德彬，等，2007. 松辽盆地南部基底花岗质岩石锆石 LA—ICP—MSU—Pb 定年：对盆地基底形成时代的制约［J］. 中国科学：D 辑 地球科学，37（3）：331−335.
高玲，上官志冠，魏海泉，等，2006. 长白山天池火山近期气体地球化学的异常变化［J］. 地震地质，28（3）：358−366.
高瑞祺，萧德铭，1995. 松辽及其外围盆地油气勘探新进展［M］. 北京：石油工业出版社.
高瑞祺，蔡希源，等，1997. 松辽盆地油气田形成条件与分布规律［M］. 北京：石油工业出版社.
高瑞祺，何承全，乔秀云，等，1992. 松辽盆地白垩纪非海相沟鞭藻、绿藻及疑源类［M］. 南京：南京大学出版社.
高瑞祺，张莹，崔同翠，1994. 松辽盆地白垩纪石油地层［M］. 北京：石油工业出版社.
高瑞祺，赵传本，乔秀云，等，1999. 松辽盆地白垩纪石油地层孢粉学［M］. 北京：地质出版社.
高瑞祺，1982. 松辽盆地白垩纪被子植物花粉的演化［J］. 古生物学报，21（2）：217−224.
高玉巧，刘立，蒙启安，等，2005a. 海拉尔盆地与澳大利亚 Bowen−Gunnedah−Sydney 盆地系片钠铝石碳来源的比较研究［J］. 世界地质，24（4）：344−349.
高玉巧，刘立，曲希玉，2005b. 海拉尔盆地乌尔逊凹陷片钠铝石及研究意义［J］. 地质科技情报，24（2）：45−50.
高玉巧，刘立，曲希玉，2005c. 片钠铝石的成因及其对 CO_2 天然气运聚的指示意义［J］. 地球科学进展，20（10）：1083−1088.
葛文春，李献华，林强，等，2001. 呼伦湖早白垩世碱性流纹岩的地球化学特征及其意义［J］. 地质科学，36（2）：176−183.
葛文春，林强，李献华，等，2000. 大兴安岭北部伊列克得组玄武岩的地球化学特征［J］. 矿物岩石，20（3）：14−18.
苟军，孙德有，赵忠华，等，2010. 满洲里南部白音高老组流纹岩锆石 U—Pb 定年及岩石成因［J］. 岩石学报，26（1）：333−344.
顾红英，2004. 测井曲线标定有机碳方法在苏北盆地的应用［J］. 江苏地质，28（3），166−169.
顾知微，于菁珊，1999. 松辽地区白垩纪双壳类化石［M］. 北京：科学出版社.
郭双兴，1984. 松辽盆地晚白垩世植物［J］. 古生物学报，23（1）：85−90.
郝诒纯，苏德英，李友桂，等，1972. 松辽平原白垩—第三纪介形虫化石［M］. 北京：地质出版社.
何承全，黄冠军，1997. 黑龙江绥滨地区中侏罗世晚期绥滨组沟鞭藻类的发现［J］. 微体古生物学报，14（1）：21−40.
何承全，祝幼华，2003. 黑龙江省东北部绥滨地区东荣组最上部的沟鞭藻组合——兼论该地区侏罗—白垩系界线［J］. 古生物学报，42（3）：328−345.
何星，李映雁，冯子辉，2011. 方正断陷烃源岩评价与油源对比［J］. 内江科技，32（1）：138−139.
黑龙江省地矿局，1993. 黑龙江省区域地质志［M］. 北京：地质出版社.

黑龙江省地质矿产局，1997. 全国地层多层划分对比研究：黑龙江省岩石地层［M］. 武汉：中国地质大学出版社，1–298.
黑龙江省区域地层表编写组，1979. 东北地区区域地层表——黑龙江省分册［M］. 北京：地质出版社.
侯德封，1932. 黑龙江省扎赉诺尔沥青矿及褐炭矿地质［M］. 实业部地质调查所地质汇报第 19 号.
侯读杰，黄清华，孔庆云，等，1999. 松辽盆地白垩纪海侵事件与油气的早期生成［J］. 江汉石油学报，21（1）：26–28.
侯启军，冯志强，冯子辉，等，2009. 松辽盆地陆相石油地质学［M］. 北京：石油工业出版社.
胡朝元，1999. 石油天然气地质文选［M］. 北京：石油工业出版社.
胡见义，黄第幡，等，1991. 中国陆相石油地质理论基础［M］. 北京：石油工业出版社.
胡见义，徐树保，刘淑萱，等，1986. 非构造油气藏［M］. 北京：石油工业出版社.
胡见义，等，2002. 石油地质学前缘［M］. 北京：石油工业出版社.
胡明毅，肖欢，马艳荣，等，2010. 缓坡坳陷型盆地层序界面识别标志——以松辽盆地下白垩统扶杨油层为例［J］. 石油天然气学报（江汉石油学院学报），32（2）：26–34.
胡硕，韩景江，卢书东，等，2010. 地震沉积学在喇嘛甸油田扶余油层中的应用［J］. 科学技术与工程，10（34）：8389–8393.
黄明达，崔晓庄，裴圣良，等，2016. 兴安地块白音高老组流纹岩锆石 U—Pb 年龄及其构造意义［J］. 中国煤炭地质，28（11）：30–37.
黄清华，吴怀春，万晓樵，等，2011. 松辽盆地白垩系综合年代地层学研究新进展［J］. 地层学杂志，35（3）：250–257.
黄清华，张文婧，贾琼，等，2009. 松辽盆地上、下白垩统界线划分［J］. 地学前缘，16（6）：77–84.
黄善炳，1996. 金湖凹陷阜宁组砂岩中片钠铝石特征及对物性的影响［J］. 石油勘探与开发，23（2）：32–34.
霍秋立，曾花森，张晓畅，等，2012. 松辽盆地北部青山口组一段有效烃源岩评价图版的建立及意义［J］. 石油学报，33（3）：379–384.
霍秋立，李振广，曾花森，等，2010. 松辽盆地北部晚白垩系青一段源岩中芳基类异戊二烯烃的检出及意义［J］. 沉积学报，28（4）：815–820.
吉林省地质矿产局，1997. 全国地层多层划分对比研究：吉林省岩石地层［M］. 武汉：中国地质大学出版社.
吉林省区域地层表编写组，1978. 东北地区区域地层表——吉林省分册［M］. 北京：地质出版社.
姜传金，卢双舫，张元高，2010. 火山岩气藏三维地震描述——以徐家围子断陷营城组火山岩勘探为例［J］. 吉林大学学报，40（1）：203–208.
解习农，程守田，陆永潮，1996. 陆相盆地幕式构造旋回与层序构成［J］. 地球科学：中国地质大学学报，21（1）：27–33.
金强，2001. 有效烃源岩的重要性及其研究［J］. 油气地质与采收率，3（1）：1–4.
金玮，王世辉，高春文，等，2014. 方正断陷油气成藏主控因素及有利区带预测［J］. 大庆石油地质与开发，33（5）：168–173.
靳雪燕，张革，蔡雨薇，等，2017. 大庆长垣浅层气形成条件与分布规律［J］. 大庆石油地质与开发，36（3）：7–12.
黎文本，李建国，2005. 吉林榆树 –302 孔阿尔布期孢粉组合［J］. 古生物学报，44（2）：209–228.

黎文本，2001. 从孢粉组合论证松辽盆地泉头组的地质时代及上、下白垩统界线［J］. 古生物学报，40（2）：153−176.
李景坤，方伟，等，2011. 徐家围子断陷烷烃气碳同位素反序机制［J］. 石油学报，32（1）：54−61.
李明诚，1994. 石油与天然气运移 . 北京：石油工业出版社 .
李世超，徐仲元，刘正宏，等，2013. 大兴安岭中段玛尼吐组火山岩 LA—ICP—MS 锆石 U—Pb 年龄及地球化学特征［J］. 中国地质，32（Z1）：399−407.
李守军，王纪存，郑德顺，等，2004. 东营凹陷沙河街组一段沉积时期的湖泊古生产力［J］. 石油与天然气地质，25（6）：656−658.
李守军，郑德顺，耿福兰，2002. 定量再造湖泊古生产力的尝试［J］. 高校地质学报，8（2）：215−219.
李文国，李庆富，姜万德，等，1996. 内蒙古自治区岩石地层［M］. 北京：中国地质大学出版社 .
李贤庆，1997. 低熟源岩中矿物沥青基质的特征与成因［J］. 江汉石油学报，19（2）：29−35.
李星学，1995. 中国地质时期植物群［M］. 广州：广东科技出版社 .
李永飞，卞雄飞，郜晓勇，等，2013. 大兴安岭北段龙江盆地中生代火山岩激光全熔 40Ar/39Ar 测年［J］. 地质通报，32（8）：1212−1223.
林畅松，张燕梅，李思田，等，2004. 中国东部中生代断陷盆地幕式裂陷过程的动力学响应和模拟模型［J］. 地球科学，29（5）：583−588.
刘彩燕，王建功，2011. 松辽盆地北部英台—他拉哈地区青一段、青二段深水湖底扇的识别及其油气地质意义［J］. 物探化探计算技术，33（6）：606−611.
刘刚，周东升，2007. 微量元素分析在判别沉积环境中的应用——以江汉盆地潜江组为例［J］. 石油实验地质，69（3）：307−314.
刘赫，李军辉，张相国，2011. 海拉尔盆地乌尔逊凹陷下白垩统层序构成样式分析及油气藏预测［J］. 地质科学，46（4）：983−993.
刘立，汪筱林，刘招君，等，1994. 满洲里—绥芬河地学断面域内中新生代裂谷盆地的构造—沉积演化［M］//M−SGT 地质课题组，中国满洲里—绥芬河地学断面域内岩石圈结构及其演化的地质研究 . 北京：地震出版社 .
刘茂强，1993. 伊通—舒兰地堑地质构造特征及其演化［M］. 北京：地质出版社 .
刘牧灵，1990. 东北地区晚白垩世—第三纪孢粉组合序列［J］. 地层学杂志，14（4）：277−285.
刘树根，罗志立，龙学明，1992. 内蒙古海拉尔盆地拉张史分析［J］. 成都地质学院学报，19（1）：34−41
刘永江，张兴洲，金巍，等，2010. 东北地区晚古生代区域构造演化［J］. 中国地质，37（4）：943−951.
马宝林，王琪，1997. 青海湖现代沉积物的元素分布特征［J］. 沉积学报，15（3）：120−125.
马明侠，马金龙，2000. 松辽盆地两江地区沉积体系分布规律［J］. 大庆石油地质与开发，19（3）：4−6.
马小刚，王东坡，薛林福，等，2000. 三江盆地绥滨坳陷构造特征及其与油气的关系［J］. 吉林大学学报：地球科学版，30（1）：46−60.
蒙启安，白雪峰，梁江平，等，2014. 松辽盆地北部扶余油层致密油特征及勘探对策［J］. 大庆石油地质与开发，33（5）：23−29.
蒙启安，黄清华，万晓樵，等，2013a. 松辽盆地松科 1 井嫩江组磁极性带及其地质时代［J］. 地层学杂志，37（2）：139−143.

蒙启安，万传彪，朱德丰，等，2013b. 海拉尔盆地“布达特群”的时代归属及其地质意义［J］. 中国科学：D 辑 地球科学，43（5）：779-788.

蒙启安，朱德丰，陈均亮，等，2012. 陆内裂陷盆地的复式断陷结构类型及其油气地质意义［J］. 地学前缘，19（5）：76-85.

孟恩，许文良，杨德斌，等，2011. 满洲里地区灵泉盆地中生代火山岩的锆石 U—Pb 年代学、地球化学及其地质意义［J］. 岩石学报，27（4）：1209-1226.

内蒙古自治区地质矿产局，1996. 全国地层多层划分对比研究：内蒙古自治区岩石地层［M］. 武汉：中国地质大学出版社.

宁奇生，唐克东，1959. 大兴安岭区域地质及其成矿远景［J］. 地质月刊，（8）：37-43.

潘树新，郑荣才，卫平生，等，2013. 陆相湖盆块体搬运体的沉积特征、识别标志与形成机制［J］. 岩性油气藏，25（2）：9-18.

裴福萍，许文良，杨德彬，等，2006. 松辽盆地基底变质岩中锆石 U—Pb 年代学及其地质意义［J］. 科学通报，51（24）：2881-2887.

彭海艳，陈洪德，向芳，2006. 微量元素分析在沉积环境识别中的应用——以鄂尔多斯盆地东部二叠系山西组为例［J］. 新疆地质，24（2）：202-205.

其和日格，1995. 黑龙江漠河地区中侏罗统二十二站组的遗迹化石［J］. 中国区域地质，3：243-244.

秦涛，郑长青，崔天日，等，2014. 内蒙古扎兰屯地区白音高老组火山岩地球化学—年代学及其地质意义［J］. 地质与资源，23（2）：146-153.

秦月霜，王彦辉，姜宏章，等，2006. 大庆外围油田河道砂体储层预测技术及应用［J］. 石油学报，27：66-70.

邱中建，龚再升，1999. 中国油气田勘探［M］. 北京：石油工业出版社.

任建业，林畅松，李思田，等，1999. 二连盆地乌里亚斯太断陷层序地层格架及其幕式充填演化［J］. 沉积学报，17（4）：553-559.

任军虎，王世辉，陈春瑞，等，2014. 汤原断陷天然气特征［J］. 大庆石油地质与开发，33（3）：14-19.

SimonAWilde，吴福元，张兴洲，2001. 中国东北麻山杂岩晚泛非期变质的锆石年龄证据及全球大陆再造意义［J］. 地球化学，30（1）：35-50.

上官志冠，白春华，2000. 腾冲热海地区现代幔源岩浆气体释放特征［J］. 中国科学：D 辑 地球科学，30（4）：407-414.

邵济安，唐克东，王成源，等，1991. 那丹哈达地体的构造特征及演化［J］. 中国科学，21（7）：744-751.

邵济安，王成源，唐克东，1992. 乌苏里地区构造新探索［J］. 地质论评，38（1）：33-39.

舒萍，丁日新，纪学雁，等，2007. 松辽盆地庆深气田储层火山岩锆石地质年代学研究［J］. 岩石矿物学杂志，26（3）：239-246.

舒巧，辛仁臣，章伟，2008. 松辽盆地他拉哈西地区下白垩统青山口组下部沉积微相分析［J］. 沉积与特提斯地质，28（2）：69-75.

司秋亮，崔天日，唐振，等，2015. 大兴安岭中段柴河地区玛尼吐组火山岩年代学、地球化学及岩石成因［J］. 吉林大学学报（地球科学版），45（2）：389-403.

斯行健，周志炎，1962. 中国中生代陆相地层［M］. 北京：科学出版社.

宋荣华，王军，何艳辉，等，2000. 荧光显微图像技术判断储层流体性质研究［J］. 油气井测试，9（4）：28-32.
宋之琛，曹流，1976. 抚顺煤田的古新世孢粉［J］. 古生物学报，15（2）：147-162.
宋之琛，郑亚惠，李曼英，等，1999. 中国孢粉化石——晚白垩世和第三纪孢粉（第一卷）［M］. 北京：科学出版社.
孙革，郑少林，姜剑红，等，1999. 黑龙江鸡西含煤盆地早白垩世生物地层研究新进展田［J］. 煤田地质与勘探，27（6）：1-3.
孙革，郑少林，孙学坤，等，1992. 黑龙江东部侏罗—白垩纪界限附近地层研究新进展［J］. 地层学杂志，16（1）：48-54.
孙革，郑少林，2000. 中国东北中生代地层划分对比之新见［J］. 地层学杂志，24（1）：60-64.
孙善平，刘永顺，钟蓉，等，2001. 火山碎屑岩分类评述及火山沉积学研究展望［J］. 岩石矿物学杂志，20（3）：313-317.
孙晓猛，龙胜祥，张梅生，等，2006. 佳木斯—伊通断裂带大型逆冲构造带的发现及形成时代讨论［J］. 石油与天然气地质，5：637-643.
孙学坤，何承全，1992. 黑龙江绥滨地区晚侏罗世东荣组的沟鞭藻［J］. 古生物学报，31（2）：190-205.
孙玉梅，郭西燕，王彦，2000. 莺—琼气区天然气主气源及注入历史分析［J］. 中国海上油气（地质），14（4）：240-247.
谭锡畴，1924. 黑龙江汤原县鹤岗煤田地质矿产［J］. 地质汇报，第六号：1-11.
万传彪，乔秀云，孔惠，等，2002. 黑龙江北安地区早白垩世孢粉组合［J］. 微体古生物学报，19（1）：83-90.
万传彪，乔秀云，王仁厚，等，1997. 海拉尔盆地红旗凹陷白垩纪非海相微体浮游藻类［J］. 微体古生物学报，14（4）：405-418.
万传彪，孙跃武，薛云飞，等，2014a. 松辽盆地西部斜坡区新近纪孢粉组合及其地质意义［J］. 中国科学：D 辑 地球科学，44（7）：1429-1442.
万传彪，薛云飞，金玉东，等，2014b. 依舒地堑中、新生代地层划分对比与研究新进展［J］. 大庆石油地质与开发，33（5）：179-185.
万传彪，张艳，薛云飞，等，2018. 黑龙江三江盆地晚白垩世海浪组孢粉组合［J］. 世界地质，37（4）：991-1003.
万传彪，张莹，1990. 海拉尔盆地早白垩世沟鞭藻类和疑源类的发现及其意义［J］. 大庆石油地质与开发，9（3）：1-14.
万天丰，1995. 郯庐断裂带的演化与古应力场［J］. 地球科学，20（5）：526-534.
汪品先，刘传联，1993. 含油盆地古湖泊学研究方法［M］. 北京：海洋出版社.
王成，范铁成，1998. 湖相碳酸盐岩储层孔隙特征［J］. 大庆石油地质与开发，17（3）：12-14.
王成，邵红梅，洪淑新，等，2004. 松辽盆地北部深层碎屑岩浊沸石成因、演化及与油气关系研究［J］. 矿物岩石地球化学通报，23（3）：213-218.
王成文，金巍，张兴洲，等，2008. 东北及邻区大地构造属性的新认识［J］. 地层学杂志，32（2）：119-136.
王成文，孙跃武，李宁，等，2009. 中国东北及邻区晚古生代地层分布规律的大地构造意义［J］. 中国科学：D 辑 地球科学，39（10）：1429-1437.

王贵文，朱振宇，朱广宇，2002. 烃源岩测井识别与评价方法研究［J］. 石油勘探与开发，29（4）：50–52.

王鸿祯，杨式溥，朱鸿，等，1990. 中国及邻区古生代生物古地理及全球古大陆再造［M］.// 王鸿祯，杨森南，刘本培，等，中国及邻区构造古地理和生物古地理 . 武汉：中国地质大学出版社 .

王建功，王天琦，张顺，等，2009. 松辽坳陷盆地水侵期湖底扇沉积特征及地球物理响应［J］. 石油学报，30（3）：361–366.

王建军，2007. 东北三江地区绥滨拗陷上侏罗统—下白垩统沉积相研究［D］. 北京：中国地质大学（北京）.

王璞珺，迟元林，刘万洙，等，2003. 松辽盆地火山岩相：类型、特征和储层意义［J］. 吉林大学学报（地球科学版），（4）：449–456.

王璞珺，吴河勇，庞颜明，等，2006. 松辽盆地火山岩相：相序、相模式与储层物性的定量关系［J］. 吉林大学学报，36（5）：805–812.

王淑英，1989. 吉林省营城组孢粉组合［J］. 地层学杂志，13（1）：34–39.

王树恒，吴河勇，辛仁臣，等，2006. 松辽盆地北部西部斜坡高台子油层三砂组沉积微相研究［J］. 大庆石油地质与开发，25（3）：10–12.

王先彬，郭占谦，妥进才，等，2006. 非生物成因天然气形成机制与资源前景［J］. 中国基础科学，4：14–22.

王先彬，郭占谦，妥进才，等，2009. 中国松辽盆地商业天然气的非生物成因烷烃气体［J］. 中国科学：D 辑 地球科学，39（5）：602–614.

王翔飞，周鑫，孟德福，等，2012. 徐家围子断陷火山机构类型及其地质指示意义［J］. 科学技术与工程，12（5）：1115–1118.

王小风，李中坚，陈柏林，2000. 郯庐断裂带［M］. 北京：地质出版社 .

王颖，王晓州，王英民，等，2009. 大型坳陷湖盆坡折带背景下的重力流沉积模式［J］. 沉积学报，27（6）：1066–1083.

王玉华，2014. 大庆油田勘探形势与对策［J］. 大庆石油地质与开发，33（5）：1–8.

王振，卢辉楠，赵传本，1985. 松辽盆地及其邻区白垩纪轮藻类［M］. 哈尔滨：黑龙江省科学技术出版社 .

王卓卓，谢晓云，官艳华，2011. 松辽盆地英台大安地区青一段沉积相研究［J］. 国外测井技术，183（3）：35–37.

邬立言，顾信章，盛志纬，1986. 生油岩热解快速定量评价［M］. 北京：科学出版社 .

吴福元，孙德有，李惠民，等，2000. 松辽盆地基底岩石的锆石 U—Pb 年龄［J］. 科学通报，45（6）：656–660.

吴河勇，辛仁臣，杨建国，等，2003a. 漠河盆地中侏罗统沉积岩演化及含油气远景［J］. 石油实验地质，25（2）：116–121.

吴河勇，杨建国，黄清华，等，2003b. 漠河盆地中生代地层层序及时代［J］. 地层学杂志，27（3）：193–198.

吴河勇，杨建国，金玮，等，2014. 大庆外围中新生代盆地油气勘探领域及潜力［J］. 大庆石油地质与开发，33（5）：162–167.

吴河勇，王世辉，杨建国，等，2004. 大庆外围盆地勘探潜力［J］. 中国石油勘探，4：23–30+1.

吴新民，康有新，张宁生，2001. 吉林油田大26井区储层潜在伤害因素分析［J］. 西安石油学院学报（自然科学版），5：29–32.
萧德铭，1999. 大庆岩性油藏勘探辩证思维与实践［M］. 北京：石油工业出版社.
谢家荣，2008. 谢家荣文集第四卷：石油地质学［M］. 北京：地质出版社.
辛仁臣，吴河勇，杨建国，2003. 漠河盆地上侏罗统层序地层格架［J］. 地层学杂志，27（3）：199–204.
邢大全，刘永江，唐振兴，等，2015. 松辽盆地上古生界构造格局及演化探究［J］. 世界地质，34（2）：396–407.
邢顺洤，姜洪启，1992. 松辽盆地陆相砂岩储集层性质与成岩作用［M］. 哈尔滨：黑龙江省科学技术出版社.
徐美君，徐文良，孟恩，等，2011. 内蒙古东北部额尔古纳地区上护林—向阳盆地中生代火山岩LA—ICP—MS锆石U—Pb年龄和地球化学特征［J］. 地质通报，30（9）：1321—1338.
徐衍彬，冯子辉，要丹，1995. 海拉尔盆地二氧化碳气藏成因［J］. 大庆石油地质与开发，14（1）：9–11.
许晓宏，黄海平，卢松年，1998. 测井资料与烃源岩有机碳含量的定量关系研究［J］. 江汉石油学院学报，20（3）：8–12.
序健德，张茂盛，康素芳，2003. 准噶尔盆地原油中微量元素的分布特征及其应用［J］. 广西师范大学学报（自然科学版），21（1）：132–133.
薛永超，彭仕宓，朱红卫，等，2005. 新立油田泉三、四段储层成岩作用及储集空间演化［J］. 西安石油大学学报（自然科学版），20（4）：10–16.
杨华本，王文东，闰永生，2016. 大兴安岭北段新林区塔木兰沟组火山岩成因及地幔富集作用［J］. 地质论评，62（6）：1471–1486.
杨继良，张淑英，张爱玲，2002. 大庆油田［M］.// 张文昭. 中国大油气田勘探实践. 北京：石油工业出版社.
杨继良，1985. 大庆油田的油藏特征和松辽盆地构油气聚集规律［M］.// 杨万里. 松辽陆相盆地石油地质. 北京：石油工业出版社.
杨建国，吴河勇，刘俊来，2006. 大庆探区外围盆地中、新生代地层对比及四大勘探层系［J］. 地质通报，Z2：1088–1093.
杨建国，2000. 黑龙江东部三江盆地中侏罗世孢粉新发现［M］.// 朱宗浩. 中国含油气盆地孢粉学论文集. 北京：石油工业出版社.
杨万里，高瑞祺，郭庆福，等，1985. 松辽盆地陆相油气生成运移和聚集［M］. 哈尔滨：黑龙江科学技术出版社.
杨万里，1985. 松辽陆相盆地石油地质［M］. 北京：石油工业出版社.
叶得泉，黄清华，张莹，等，2002. 松辽盆地白垩纪介形类生物地层学［M］. 北京：石油工业出版社.
叶得泉，张莹，1989. 海拉尔盆地大磨拐河组介形类化石的发现及其地层意义［J］. 微体古生物学报，6（1）：17–30.
叶得泉，赵传本，万传彪，1995. 海拉尔盆地地层划分与对比［M］.// 大庆石油管理局勘探开发研究院. 大庆油田勘探开发研究论文集. 北京：石油工业出版社.
叶得泉，钟筱春，1990. 中国北方含油气区白垩系［M］. 北京：石油工业出版社.
叶得泉，1988. 海拉尔盆地大磨拐河组介形类化石的首次发现及其意义［J］. 大庆石油地质与开发，7（2）：

1-4.
尹秀珍，万晓樵，司家亮，2008. 松辽盆地 G-12 井晚白垩世青山口组沉积晚期古湖泊学替代指标分析［J］. 地质学报，82（5）：1-7.
袁文芳，曾昌民，陈世悦，等，2008. 济阳坳陷古近纪咸化层段甲藻甾烷和 C31 甾烷特征［J］. 沉积学报，26（4）：683-687.
岳炳顺，黄华，陈彬，等，2005. 东濮凹陷测井烃源岩评价方法及应用［J］. 江汉石油学院学报，27（3）：351-354.
曾允孚，夏文杰，1986. 沉积岩石学［M］. 北京：地质出版社.
张革，杨庆杰，戴国威，等，2014. 大庆长垣扶余油层成藏特征及勘探潜力［J］. 大庆石油地质与开发，33（5）：44-49.
张吉光，1992，海拉尔盆地构造特征与含油气性探讨［J］. 大庆石油地质与开发，1：14-20+5.
张乐彤，李世超，赵庆英，等，2015. 大兴安岭中段白音高老组火山岩的形成时代及地球化学特征［J］. 世界地质，34（1）：44-54.
张林晔，孔祥星，张春荣，等，2003. 济阳坳陷下第三系优质烃源岩的发育及其意义［J］. 地球化学，32（1）：35-42.
张梅生，彭向东，孙晓猛，1998. 中国东北区古生代构造古地理格局［J］. 辽宁地质，2：91-96.
张庆国，鲍志东，郭雅君，等，2007. 扶余油田扶余油层的浅水三角洲沉积特征及模式［J］. 大庆石油学院学报，3（13）：4-7.
张世红，施央申，孙岩，等，1991. 黑龙江完达山造山带及其与那丹哈达地体的关系［J］. 南京大学学报（地球科学），3：287-294.
张顺，付秀丽，张晨晨，2012. 松辽盆地大庆长垣地区嫩江组二段滑塌扇的发现及其石油地质意义［J］. 地质科学，47（1）：129-138.
张文堂，陈丕基，沈炎彬，1976. 中国的叶肢介化石［M］. 北京：科学出版社.
张晓东，刘光鼎，王家林，1994. 海拉尔盆地的构造特征及其演化［J］. 石油实验地质，2：119-127.
张兴洲，杨宝俊，吴福元，等，2006. 中国兴蒙—吉黑地区岩石圈结构基本特征［J］. 中国地质，33（4）：816-823.
张亚明，杜玉春，崔天日，等，2014. 扎兰屯地区白音高老组火山岩特征及成因［J］. 金属矿山，256（6）：101-104.
张一勇，詹家祯，1991. 新疆塔里木盆地西部晚白垩世至早第三纪孢粉［M］. 北京：科学出版社.
张义纲，1991. 天然气的生成聚集和保存［M］. 江苏：河海大学出版社.
张志诚，1985. 东北北部白垩纪被子植物的基本发展阶段［J］. 古生物学报，24（4）：453-460.
章凤奇，陈汉林，董传万，等，2008. 松辽盆地北部存在前寒武纪基底的证据［J］. 中国地质，35（3）：421-428.
赵传本，叶得泉，魏德恩，等，1994. 中国油气区第三系（Ⅲ）东北油气区分册［M］. 北京：石油工业出版社，1-156.
赵传本，1976. 大庆油田巴尔姆孢的发现及其意义［J］. 古生物学报，15（2）：132-146.
赵传本，1985. 黑龙江省东部晚白垩世地层及孢粉组合新发现［J］. 地质论评，31（3）：204-212.
赵春荆，彭玉鲸，党增欣，等，1996. 吉黑东部构造格架及地壳演化［M］. 沈阳：辽宁大学出版社.
赵翰卿，1987. 松辽盆地大型叶状三角洲沉积模式［J］. 大庆石油地质与开发，6（4）：1-10.

《中国地层典》编委会，2000a. 中国地层典·侏罗系［M］. 北京：地质出版社.
《中国地层典》编委会，2000b. 中国地层典·白垩纪［M］. 北京：地质出版社.
钟其权，马力，石宝珩，1985. 关于松辽盆地构造发育特征的探讨［M］.// 杨万里. 松辽陆相盆地石油地质. 北京：石油工业出版社.
周建波，石爱国，景妍，2016. 东北地块群：构造演化与古大陆重建［J］. 吉林大学学报（地球科学版），46（4）：1042–1055.
周建波，张兴洲，Simon A Wilde，等，2011. 中国东北 500Ma 泛非期孔兹岩带的确定及其意义［J］. 岩石学报，27（4）：1235–1245.
朱德丰，吴相梅，林铁峰，2003. 松辽盆地及邻区基底结构及其对中生代盆地的控制作用［J］. 吉林大学学报（地球科学版），33：1–7.
朱筱敏，刘媛，方庆，等，2012. 大型坳陷湖盆浅水三角洲形成条件和沉积模式：以松辽盆地三肇凹陷扶余油层为例［J］. 地学前缘，19（1）：89–99.
朱彦平，2011. 孙吴—嘉荫盆地孙吴断陷重磁研究进展［J］. 科学技术与工程，15：3527–3530.
子仁，1990.《海拉尔盆地地层讨论会》在大庆召开［J］. 大庆石油地质与开发，9（2）：12.

附录　大事记

一、大庆油田发现的石油地质勘探工作（1959 年前）

1940 年

日本“满洲石油株式会社”在海拉尔盆地达赉湖旁进行过坑探和钻探，并用一台 R 式钻机钻井 2000m，在岩心中见沥青和原油，认为希望不大而停止工作。

1947 年

阮维周在《地质评论》Z2 期发表《东北石油资源及石油工业》的文章，讨论了东北地区的石油资源。

1948 年

翁文波发表《从定碳比看中国石油远景》一文，用定碳比研究了中国油气远景。文中把松辽盆地划为含油远景地区。

1953 年

毛泽东主席、周恩来总理就我国东部能不能找到油田的问题询问了地质部部长李四光。李四光分析了石油形成和储存的地质条件，深信中国具有丰富的天然油气资源。

是年　谢家荣在《探矿的基本知识与我国地下资源的发现》一书中，预测华北平原、松辽平原可能蕴藏石油。

10 月至次年 2 月　特拉菲姆克等 6 名苏联地质专家应邀来中国开展工作，在考察报告中认为“松辽平原无疑值得高度重视，并应开展区域普查，对最有远景的构造进行详查”。

1954 年

3 月 1 日　地质部部长李四光在燃料工业部石油管理总局作了题为《从大地构造看我国石油资源勘探远景》的报告，认为中国石油勘探远景最大的区域有三个：一是青康滇缅大地槽；二是阿拉善—陕北盆地；三是东北平原—华北平原。提出华北平原、松辽平原的摸底工作值得进行。

12 月　谢家荣在《石油地质》第 12 期发表《中国的产油区和可能含油区》一文，认为松辽盆地“从大地构造推断希望很大”“有发现大量油气矿床的可能”。

1955 年

1 月　燃料工业部石油管理总局在北京召开“第六次全国石油勘探会议”。翁文波在《中国大陆按油气藏的分区域划分》的报告中，划分出包括松辽盆地在内的十三个主要含油远景区。

8 月下旬　地质部东北地质局派出由韩景行等 4 人组成的松辽盆地石油地质踏勘组，

开展地质踏勘和油苗调查。踏勘路线主要是沿松花江（吉林—老少沟）、哈尔滨—沈阳铁路线两侧和锦州—阜新一带。通过地质剖面测图，对松辽盆地东部边缘地层出露情况及构造概况有了初步了解。

1956 年

1 月 24 日至 2 月 4 日　石油工业部（以下简称“石油部”）在北京召开第一届石油勘探会议。正在苏联考察的康世恩提交书面发言，其中提出“要学习苏联综合勘探，应集中力量在大的盆地内和地台上勘探石油，打基准井……等经验”，并建议对松辽盆地开展石油地质普查工作。

2 月　石油部《第一届全国石油勘探会议文件汇集》中“对当前石油普查和勘探的意见（提纲）”，将“松辽平原”列入重点地区之一，并提出“工作以物探为主，配合地质普查和油苗检查，希望在 1957 年打基准井”。

是月　地质部召开第二次石油普查工作会议，决定成立松辽石油普查大队（又称地质部第二石油普查大队），开展石油概查工作。当年派出 157 地质队在松辽盆地边缘的公主岭、长岭和杨大城子等地进行石油地质概查，并完成一批浅层钻孔。

3 月 26 日　由地质部、石油部、中国科学院联合成立全国石油地质委员会，由李四光担任主任委员，副主任委员由许杰、武衡、康世恩担任，作为全国石油地质的咨询机构。

4 月　石油部党组给陈云副总理的报告中，提出了争取在两三年内，在华北地区和松辽平原等地找到一二个大油区。

12 月　地质部物探局 112 物探队在松辽盆地南部完成区域重力预查。904 队在松辽平原南部及盆地周边开始进行航磁测量。

1957 年

3 月　石油部决定开展松辽盆地石油地质调查。由西安地质调查处派出邱中建等 7 人组成的 116 地质调查队（全名为松辽平原地质专题研究队）。任务是：收集以往地质、地球物理资料，并进行地面地质调查，采集新资料；开展综合研究，整理汇编各种地质综合图件；做出初步含油评价，提出下步工作意见。22 日，116 队到达北京，分别前往石油部、地质部、中国科学院、煤炭部、国家测绘局等部门收集资料。

是月　黄汲清在石油普查工作会议上所作的《对我国含油气远景分区的初步意见》报告中，将松辽平原划入含油远景区，并谈到在 4～5 年内，将鄂尔多斯、四川、华北平原、松辽平原四大地区作为重点。

6 月至 10 月底　石油部 116 地质调查队在松辽平原现场开展工作。系统观察研究白垩系，采集生油、储油岩层标本，并去地质部松辽物探大队了解收集航磁、重力及电法大剖面成果。

12 月　地质部 904 队和 903 队完成松辽盆地和海拉尔盆地航磁测量；松辽石油普查大队完成松辽石油地质概查。经过综合研究，编制出松辽盆地构造分区图，初步建立地层层序，发现的第一个构造是杨大城子构造。提出了盆地中央含油希望最大。

是年　关佐蜀在《我国石油普查的回顾与展望》一文中指出：“华北平原和松辽平原，中、新生代地层是主要找油对象”。

是年　陈贲在石油部勘探会议上发言《七年来勘探工作的经验与今后的方向》中，提出第二个五年计划石油勘探的任务及工作部署建议，“在塔里木、吐鲁番、黔桂、松辽、六盘山五个地区安排一定的钻探工作，进行区域勘探”。

1958 年

2 月 27 日　国务院副总理邓小平在中南海听取石油部汇报。即将离任的部长李聚奎，即将上任的部长余秋里，勘探司司长唐克和翟光明等人参加。邓小平指出：“对松辽、华北、华东、四川、鄂尔多斯五个地区，要好好花一番精力，研究考虑……”。选择突击方向是石油勘探的第一个问题。

是月　石油部 116 地质调查队完成松辽盆地石油地质调查总结报告，提出在 1958 年钻探基准井 2～3 口，并根据重力高提出井位建议。

3 月初　石油部召开党组会议，贯彻邓小平指示，决定石油勘探战略东移，并把松辽盆地作为主战场。撤销了西安地质调查处，成立松辽、华北、鄂尔多斯、贵州四个石油勘探处，在全国建立十个战略勘探区，其中松辽和苏北是重点。

4 月中旬　石油部在吉林公主岭成立松辽石油勘探大队。5 月改为松辽石油勘探处；6 月在长春成立松辽石油勘探局。

4 月 17 日　地质部松辽石油普查大队在吉林前郭尔罗斯钻的南 17 孔姚家组中，首次发现含油砂岩。接着又相继在公主岭、登娄库、长春岭、德惠、青山口、华字井等六个构造 30 余口井中见到油气显示，展现了松辽盆地的含油远景。

7 月 9 日　松辽盆地第一口基准井——松基一井开钻。该井位于黑龙江省安达县任民镇以东 14km 处，设计井深 3200m，由松辽石油勘探局 32118 钻井队施工。

是月　地质部从西北和西南地区抽调大批人员和设备到松辽加强勘探工作，共从西安、玉门、青海调来一千多名职工。

是月　地质部 116 物探队（中匈技术合作队）与 112 队、205 队及石油物探大队合并，组成地质部物探局东北物探大队，下设 4 个地震队、3 个重磁力队、3 个电法队，开展松辽物探工作。

8 月 6 日　松辽盆地第二口基准井——松基二井开钻。设计井深 3200m，井位在吉林省前郭旗登娄库构造轴部。由松辽石油勘探局 32115 钻井队施工。

9 月 15 日　松辽石油勘探局地质室张文昭、杨继良、钟其权等人设计形成松基三井井位意见书，提出将井位定在地质部普查时发现的大同镇电法隆起上，并说明五点依据。经松辽石油勘探局报石油部审查，石油部要求补充资料后再审。

10 月　地质部物探四分队在松辽盆地做的地震大剖面 6 线和 11 线发现龙虎泡构造，同时证实高台子电法隆起是个局部构造。

11 月 14 日　松辽石油勘探局第三次向石油部呈报松基三井井位。

11 月 29 日　石油部发出“油地字〔第 333 号〕”文件，批准松基三井井位设计。

12 月 22 日至 27 日　“全国地层会议油田地层组松辽现场会议”于长春召开。会上研究了松辽盆地含油地层的划分，初步将松辽盆地中、新生界松花江群白垩系划分为 A（泉头）、B（青山口）、C（姚家）、D（伏龙泉）、E（四方台）、F（明水）六套层组。

是月　松辽石油勘探局 9 个重磁力队，组成 3 个联队，在北起黑龙江省望奎，南至吉林省四平、长岭一带约 $7 \times 10^4 km^2$ 范围内，开展了 1∶10 万重磁力详查。发现大同镇重力高及其他几个局部构造。

是月　地质部物探四分队在大同镇一带开展地震详查，发现葡萄花、太平屯和敖包塔构造；物探三分队在萨尔图一带开展地震详查，发现喇嘛甸、萨尔图和杏树岗构造。

是月　松辽石油勘探局 101、105、106 研究联队，通过野外踏勘和资料收集，在进行地层与构造分析基础上，形成了《松辽平原石油地质研究阶段总结报告》，指出“松辽平原面积大、沉积厚，有着良好的储油层和盖层，油气藏聚集和保存条件相当完善。因此松辽平原有着极大的含油远景”；“大同镇——乾安背斜带是最有希望的油气聚集带，应予以钻探”。

是月　苏联专家布罗德教授到松辽盆地考察，介绍了苏联俄罗斯地台覆盖区开展区域综合勘探的做法和经验。认为松辽盆地中央坳陷是含油最有希望的地区，建议横贯盆地覆盖区部署 4 条综合大剖面，开展区域综合勘探。

是年　石油部松辽石油勘探局黑龙江省勘探大队 109 队对海拉尔盆地开展石油地质调查，提交了“海拉尔盆地及其边缘地区资料收集阶段总结报告”。

1959 年

1 月　石油部和地质部联合编制完成《松辽盆地 1959 年石油勘探总体设计》，有 4 项重点部署内容：作 4 条物探综合大剖面；以地震和浅井详查大同、扶余等 10 个构造；钻探公主岭、登娄库两个构造；在大同镇、大赉、长岭共钻 3 口基准井。

2 月 11 日　石油部和地质部召开协作会议，批准了《松辽盆地 1959 年石油勘探总体设计》，并明确了两个部门的分工。

是月　石油部召开党组会议，听取松辽石油勘探局汇报勘探成果和部署。会议基本同意松辽局部署，认为构造比较落实，勘探大有希望，并总结出勘探十大有利条件。

3 月上旬　石油部在四川南充召开地质勘探专业会议，决定加强松辽勘探局研究力量，派石油科学研究院总地质师余伯良带领部分科研人员到松辽组成地质综合研究大队。

3 月 11 日　松基一井完钻。完钻井深 1879m，井底为基底变质岩。3 月 22 日固井，试油后没有发现油气。

4 月 11 日　松基三井开钻。设计井深 3200m。

7 月 20 日至 9 月 26 日　根据松基三井在钻井划眼时两次从钻井液中返出原油和气泡的显示情况，康世恩副部长决定于井深 1461.76m 提前完钻，下套管试油。射开青山口组中的 1357.01～1382.44m 井段（后划归高台子油层），3 个薄砂层共 1.7m 厚，经过艰苦细致的试油工作，于 9 月 26 日喷油。采用 4.15～8mm 油嘴系统测试，其中用 8mm 油嘴测试，自喷日产油 $14.9m^3$。从而发现了大庆油田，向国庆十周年献了一份厚礼。

10 月 8 日　黑龙江省委第一书记欧阳钦等同志亲临现场祝贺松基三井喷油。在肇州县大同镇召开的石油职工大会上，欧阳钦提出把大同镇改名为大庆，以庆祝在新中国成立十周年大庆前夕发现了大油田。随后，黑龙江省委发出了“关于成立大庆区和将大同镇改大庆镇的决定”。大庆油田由此得名。

是月　射开松基三井姚家组中的 1144.06～1172m 井段（后划归葡萄花油层），6 个小层共 9.8m 厚，经过抽吸诱喷后，实现自喷，采用 5.15～9.2mm 油嘴测试，日产油 13.75～33.8t。证明葡萄花油层是产量更高的油层。

是月　松辽石油勘探局首次组成 3 个地震队，开始在林甸、依安和登娄库开展野外工作。

11 月 27 日　松基二井钻达 2787.63m 完井。钻井液和岩屑均见油气显示，试油未获油气。

是月　石油部在京召开局厂领导干部会议。余秋里部长在报告中指出："集中力量，保证重点，是发展石油工业的指导方针"。会议为大庆会战作了思想准备。

是月　张文昭、钟其权、杨继良等地质技术人员根据松基三井与葡 1 井油层对比结果，推断长垣北部油层厚度更大，建议向北推进勘探。松辽石油勘探局接受建议，编制出新的勘探部署：以大庆长垣二级构造带为对象，部署 56 口探井，预探葡萄花、太平屯、杏树岗、宝山、萨尔图五个构造；探明葡萄花、高台子构造含油面积和储量。

12 月　石油部决定自四川等地调动 23 台钻机，加快大庆长垣葡萄花油田的探明工作。

二、大庆石油会战（1960—1964 年）

1960 年

1 月 7 日　大庆长垣葡萄花构造第一口完成探井——葡 7 井喷油。在姚家组一段射开 939.6～946.9m 井段中的 3 个小层 4.8m 油层，采用 4mm 油嘴自喷，日产油 15.5t，首次证实葡萄花构造含油。将姚家组一段地层命名为葡萄花油层。

1 月至 2 月　相继有葡 20、葡 11、葡 4、太 2 等井于葡萄花油层获工业油流，还有一批探井钻遇油层，初步控制大庆长垣南部含油面积 $200km^2$，储量 1×10^8t。

2 月上旬　石油部党组在北京召开了 8 天党组扩大会议，讨论并决定开展大庆石油会战。

2 月 12 日　石油部召开全国石油系统电话会议宣布：决定在大庆地区开展石油会战，部党组亲临前线指挥，部机关以一半力量参加会战。将大庆长垣划分为葡萄花、高台子、太平屯、杏树岗、萨尔图共五个战区，分别由松辽、青海、玉门、四川、新疆五个石油管理局负责。要求各地参加会战人员限期到达大庆。

2 月 13 日　石油部党组向中央呈报在东北松辽地区组织石油会战的报告。提出"打算集中石油系统一切可以集中的力量，用打歼灭战的方法，来一个声势浩大的大会战"。

2 月 20 日　中共中央批示，同意石油部提出的在东北松辽地区开展石油大会战，并要求各地各部门予以支援。

2 月 21 日　石油部党组在哈尔滨召开松辽石油会战第一次筹备会议，并成立会战领导小组，康世恩任组长。会议确定三项任务：在 $2000km^2$ 的大庆长垣内，争取用 200 口探井甩开勘探，探明面积，拿下 1×10^8t 储量；开辟生产试验区；大庆长垣以外，开展地震工作，争取找到新油田。机构设置上，在大庆长垣五个战区外，另组建 2 个勘探大队和一个地调处，开展外围勘探。

2 月 22 日　中共中央决定，从解放军当年退伍军人中动员 3 万人参加松辽石油会战。

2 月 24 日　太平屯构造第一口探井——太 2 井喷油。太 2 井射孔井段为葡萄花油层 1129.2～1184m，共射开 11 层 11.7m，采用 5.5mm 油嘴测试间喷，日产油 9t，证明太平屯构造是含油构造。

3 月 9 日　薄一波副总理召开国务院有关部门和东北协作区省、市负责人参加会议，讨论支援松辽石油会战事项。

3 月 11 日　大庆长垣北部萨尔图构造第一口探井——萨 1 井（即后来改称的萨 66 井）喷出高产油流。射开嫩江组一段和青山口组二段、三段的 773～1002m 井段，共 38 个小层 56.9m 厚，采用 4～10.5mm 油嘴测试，日产油 22.7～112.4t，从而发现大庆长垣的高产区。决定将本井产油层命名为萨尔图油层。

3 月 16 日　会战领导小组分析萨 66 井出油后的形势，根据大庆长垣北部油层厚、产量高，且交通便利，决定调整勘探部署，把会战中心由葡萄花转移到萨尔图地区。会战队伍挥师北上。

3 月 25 日　石油部党组决定，部机关干部和松辽石油勘探局机关联合组成大庆石油会战领导机关，办公地点由长春迁移到黑龙江省安达县。机关设五个大组：工程组、油田组、研究组、办公室和群工组。其中油田组内又设地质室、油田开发室、试油试采室、试验研究室、矿场地球物理室和测绘室等。同时成立地质调查指挥部。

4 月 8 日至 25 日　杏 66 井自喷获 90.4t/d 的工业油流；喇 72 井自喷获 48t/d 的工业油流。萨 66、杏 66、喇 72 这三口井的钻探成功，找到了大庆长垣的含油富集高产区，油田大局已定，被誉为“三点定乾坤”。

4 月 9 日至 20 日　大庆第一次油田技术座谈会在安达召开。石油部部长余秋里到会讲话，提出要在“两论”（毛主席的《矛盾论》和《实践论》）指引下，狠抓第一性资料，每口探井要取全取准 20 项资料、72 个数据，并规定了油田地质数据“四全、四准”的具体要求。

4 月 10 日　大庆长垣最南部敖包塔构造上的第一口探井——敖 26 井喷油。射开葡萄花油层 1125.5～1144m 井段中的 6 个小层 7.7m 厚，气举后自喷，采用 3～6mm 油嘴测试，日产油 5.7～10.3t。证明敖包塔构造是含油构造。

4 月 16 日　会战领导小组决定，将五个战区调整为三个探区：第一探区，负责长垣南部葡萄花、高台子、太平屯、敖包塔等构造的勘探，由松辽局人员组成；第二探区，负责杏树岗构造的勘探，由四川、青海两局人员组成；第三探区，负责萨尔图构造的勘探，由新疆、玉门两局人员组成。

4 月 24 日　会战领导小组扩大会议确定“勘探与开发并举”和“边勘探，边开发，边建设”的方针，同时决定在萨尔图构造中部开辟 22km^2 生产试验区，年底扩大到 60km^2。

4 月 29 日　会战领导小组在萨尔图召开“大庆石油大会战”誓师动员大会——万人大会，宣布“大庆石油大会战”第一战役从 5 月 1 日正式开始。

5 月 16 日　大庆第一口采油井——萨尔图油田中区 7-11 井投产采油。

6 月 1 日　装载大庆 600t 原油的第一列火车，经石油部副部长康世恩剪彩后，于 8 时 45 分从萨尔图火车站开出，发往锦西石油五场。

7 月 19 日　第三探区决定成立钻井、采油、油建、工程、基建、水电、运输八大指挥部。其中钻井指挥部下设探井大队、钻井一大队、钻井二大队和测井大队等。

8 月 20 日　龙虎泡构造第一口探井——龙 1 井出油，发现了龙虎泡油田。龙 1 井在萨二组、三组和葡一组射开 1484.57～1605.2m 井段的 9 层 16.7m，提捞排液后进行无油嘴间歇放喷，平均日产油 1.47t，同时日产水 0.62t，达到工业油流标准。

9 月 23 日　升平构造第一口探井——升 1 井出油，发现升平油田。升 1 井射开葡萄花油层 1457.6～1475.8m 井段的 3 层 7.4m，经抽汲诱喷后，间歇自喷。1961 年 4 月采用深井泵抽汲，日产油 19.12t。

10 月 1 日　会战领导小组决定，将地质综合研究大队（三号院）和地质试验室（八号院）合并，称北京石油科学研究院松辽研究站。全站设地质、地球物理、油田开发、采油工艺、机械等五个研究室，以及油层、化验、古生物、岩矿、高压物性、岩电、电模型、试井、注水、水力模型等十个实验室，另外设立一个试验工厂。形成了比较完整的勘探开发综合研究机构。

截至 1960 年底，在大庆长垣上两年共完成探井 95 口，其中 1960 年当年完成探井 94 口。在勘探部署上贯彻“三点合一”的方针，在整个大庆长垣的七个局部构造上均获得了工业油流。当年生产原油 97.1×10^4t。

1961 年

1 月 1 日　大庆首次向国务院上报油田石油地质储量，萨尔图、杏树岗、喇嘛甸三油田合计地质储量为 23.36×10^8t，可采储量 7.19×10^8t，含油面积 887km^2。

1 月 15 日　会战领导小组决定，撤销第二、第三探区，在第一探区基础上，并入第二探区部分队伍，成立勘探指挥部，勘探指挥部机关设在泰康县。下设四个勘探处和一个地质调查处，共有 16 个钻井队、11 个地震队。同时设立综合研究大队。

是日　石油部党组提出“发展勘探，四路进军，油田成对，储量翻番”的口号。确定的勘探方针是：“撒开大网，甩开勘探，在大庆外围寻找新的高产油田”。

是日　会战领导小组决定，把松辽研究站改名为地质指挥所（设在萨尔图，称一号院）。指挥所下设研究站和地质室两部分：研究站是勘探开发研究机构，设油田地质、油田开发、地球物理、地质试验等研究室；地质室是地质技术管理部门，下设油田室、勘探室、地球物理室等。

4 月 9 日　泰康隆起带阿拉新构造上的第一口探井——杜 6 井，于萨尔图油层萨二组、三组 737.0～746.0m 井段射开 2 层 3.0m，采用 10～25mm 挡板，获日产天然气 7.9×10^4～37.3×10^4m^3。

4 月 19 日　泰康隆起带一心构造上的第一口探井——杜 1 井，于扶余油层 1460.25～1465.15m 井段射开 1 层 4.2m，采用提捞方法测试，获日产油 1.22t 工业油流，同时产水 5.2m^3。

9 月 17 日　根据石油部党组“关于今冬在松辽盆地开展地震大会战的决定”，康世恩副部长在泰康县勘探指挥部主持召开筹备会。确定会战任务有三条：在松辽盆地进行连片测量，把夏季不能施工的地方，利用冬季一扫而光；交流提高工作方法，形成统一的地震勘探规程；锻炼队伍，提高水平。要求各局队伍 10 月 20 日前到达工地。

10 月 29 日　对齐齐哈尔西南部富拉尔基地区的富 7 井萨尔图油层 491.2～493.4m

井段，射开 1 层 2.2m 油层，提捞求产，日产油 0.465t，同时产水 1.755m³，发现了富拉尔基油藏。

11 月 1 日　石油部决定，撤销松辽石油会战领导小组，成立松辽石油会战指挥部，康世恩任总指挥。

1962 年

1 月 1 日　大庆第二次向国家上报油田石油地质储量。萨尔图、杏树岗、喇嘛甸三油田合计地质储量 22.74×10^8t，含油面积 865km²。主要储量参数：孔隙度不小于 23%，渗透率不小于 150mD，比 1961 年 1 月 1 日上报储量中的孔隙度 22%、渗透率 100mD 的标准有所提高。

5 月　松辽地震大会战结束地震野外施工，完成地震测线 9806km，按上级指示，来自玉门、银川、青海、新疆和四川的地震队统一划归松辽勘探指挥部地调处，并重新组合为五个大队 25 个地震队。

6 月 21 日　周恩来总理视察大庆油田，并提出“工农结合，城乡结合，有利生产，方便生活”的矿区建设“十六字方针”。

8 月 8 日至 9 月 5 日　在泰康召开勘探技术座谈会。总结松辽盆地基本地质规律和勘探工作经验，并确定今后的勘探方针为：全面搞清盆地的含油气情况，以二级构造带为对象，彻底解剖，尽快找到高产油气田。同时强调寻找深部气层。

10 月　开始第二次冬季地震大会战。以东南隆起和西部斜坡为重点进行连片测量，同时对其他地区进行普查和详查。共有 25 个地震队参加。

是月　大庆第一口油基泥浆取心井——北 1 区 6–28 井取心成功，取得可靠的油层含油饱和度数据。

1963 年

3 月 31 日　松辽盆地当时最深的基准井——松基 6 井开钻，设计井深 5000m。

5 月　第二次松辽地震大会战结束野外工作，共完成地震测线 5512km。至此，松辽地震共完成测线 41544km，完成了全盆地连片普查，建立了盆地六大标准层，确切划出盆地六大一级构造单元和 31 个二级构造带，发现了 130 个局部构造，并统一制订出地震操作规程。

是月　大庆第三次上报萨尔图、杏树岗、喇嘛甸油田石油地质储量计算结果。随着资料的增多，平均厚度略有减少，面积不变，地质储量改为 22.68×10^8t。这一数据一直沿用到 1973 年喇嘛甸油田详探结束。

6 月 19 日　周恩来总理第二次到大庆油田视察。充分肯定“四个一样”的工作要求，并说：“‘四个一样’好，我要向全国宣传！”

7 月 15 日　勘探指挥部成立完井作业处，下设测井、固井、射孔等中队。

8 月　康世恩副部长在泰康的大庆勘探指挥部主持召开松辽盆地勘探技术座谈会。会议认为，松辽盆地大规模普查勘探可以暂告一段落，但深入细致的勘探仍是长期的，寻找中低产油田大有可为。会议决定，大庆勘探主力将向关内转移，开辟新场面。

9 月 12 日　大庆长垣西侧的葡西鼻状构造第一口探井——古 1 井获得工业油流，发现了葡西油藏。对古 1 井 1830.71～2494.73m 井段的高台子和扶余油层射开 79 个小层共

76.4m，采用 3mm 油嘴测试，自喷日产油 1.59～2.39t；以后又对葡萄花油层射开 7 层 11.6m，采用 3mm 油嘴测试，自喷日产油 3.39t、日产气 5028m^3。证明葡西是多层含油的复杂油藏。

10 月　大庆勘探指挥部主力队伍开始向华北转移。

11 月 6 日　朝阳沟构造上的第一口探井——朝 1 井出油，在葡萄花油层对 441～448m 井段射孔，采用提捞方法获日产油 0.82t。证实朝阳沟油田浅部葡萄花油层可形成浅层油田。

12 月 3 日　周恩来总理在全国人大二届四次会议上宣布：“我国需要的石油，过去绝大部分依靠进口，现在已经可以基本自给了。”

1964 年

1 月 25 日《人民日报》在一版头条通栏刊发毛泽东主席“工业学大庆”的号召。大庆成为全国工业战线的一面旗帜。

4 月 28 日　松辽会战工委决定，以地质指挥所为基础，成立大庆勘探开发研究院，设立地质、开发、动态、流体、地质试验、情报等研究室以及地球物理研究所。原勘探指挥部转移华北后，留下的部分技术人员调入研究院，成立区域地质研究室。

是日　大庆研究院内成立地球物理研究所。

5 月 15 日　会战工委提出：“人人出手过得硬，台台在用设备完好，项项工程质量全优，事事做到规格化，处处注意勤俭节约。”

8 月　在萨尔图召开勘探技术座谈会，重点研究松辽盆地深层勘探问题。

9 月　石油部党组决定，将松辽石油会战指挥部改为大庆石油会战指挥部，对外仍称松辽石油勘探局。

11 月 17 日　决定在会战机关设立地下参谋部，负责地质工作的长远规划，重大地下问题的调研，向会战工委提出参谋意见。12 月 1 日，油田地下参谋部成立。

12 月下旬　国家科委在大庆研究院召开石油地质组扩大会议，对松辽盆地的石油地质及区域勘探工作做了全面总结。

三、以构造油藏为主要对象的勘探开发（1965—1985 年）

1965 年

7 月　测井开始使用西安仪器厂生产的 JD-581 型多线测井仪，逐步取代苏联生产的 AKC-50 和 AKC-51 型测井仪。

8 月　喇嘛甸油田详探中，钻井取心和试油证实，构造顶部存在气顶。

12 月　大庆勘探开发研究院地球物理研究所成功研制自动定位射孔仪，减少了人工丈量误差。此项成果获得石油工业部技术革新奖。1967 年开始试用，1969 年全面推广，1971 年正式由西安石油仪器厂批量生产。

12 月底　大庆油田年产原油 834.2×10^4t，占全国原油年产量 1131×10^4t 的 73.8%。

1966 年

12 月 3 日　国内当时最深的探井——松基六井完井。井深 4718.77m，井底地层为侏罗系。主要取得三项成果：一是在登娄库组二段发现深部生油层；二是发现深部地层中有巨厚致密储层，不利于储油，但可以储气；三是在深度4500m处，温度达150℃，使液态烃难以存在，所以深层主要是找气。同时反映出，钻井机具以及测井、射孔、试油等仪器设备不适应深层高温。

1967年

3月　按照石油部指示，由大庆油田成立673厂，到辽宁省辽河盆地开展油气勘探工作。参战队伍由5个地震队、3个钻井队、2个试油队、1个综合研究队共710人组成。

7月　葡萄花构造浅层探井葡浅1井经试油证实，在黑帝庙油层产工业气流。该井在401.8～411.2m井段射开1层9.4m厚的气层，使用7mm油嘴测试，日产天然气$1.13\times10^4m^3$。

1968年

6月　大庆射孔弹研究室成功研制第一种无枪身聚能射孔弹——文革一号射孔弹（后改名为WD67–1型射孔弹），解决了57–103射孔弹枪身来源不足和成本过高的问题。同时，射孔弹研究室改名为射孔弹厂。

10月11日　大庆长垣西侧高西鼻状构造第一口探井——古5井出油，发现了高西油田。对该井葡萄花油层1540.55～1577.75m井段射开2层3.4m油层，气举试油，获日产1.8t工业油流。

1969年

10月22日　杏西鼻状构造的第一口探井——古4井产出油气，发现了杏西油气田。对该井萨尔图、葡萄花油层1332.8～1517.8m井段射开22个小层共28m油层，使用6～10mm油嘴、25mm挡板系统测试，获日产油23.1～45.3t，同时日产天然气3.53×10^4～$7.27\times10^4m^3$，日产水10～13m^3。

1970年

2月　为发展地方工业，石油部要求重新钻探朝阳沟构造。经分析，决定新部署探井都要钻穿扶余油层。当年钻探的朝31、朝33、朝35井都在扶余油层发现了油气。

3月　周恩来总理批示："大庆要恢复两论起家的基本功。"

5月4日　大庆革委会通过关于"学习两论，大练继续革命基本功"的决定。

6月　国产声幅测井仪投入使用，代替了测量井温检查固井质量的方法。

1971年

1月16日　朝阳沟构造朝35井扶余油层出油。该井首先射开扶余油层下部的912.0～922.8m井段，共4层7.6m油层，气举求产，日产油0.83t；然后射开扶余油层上部872.6～879.2m井段6.6m气层，采用3～9mm油嘴、25mm挡板测气，日产天然气5380～8300m^3。证实朝阳沟油田的主要含油层位是扶余油层。

5月　大庆地震队开始更新装备。把使用十余年的苏联制造的"五一型"光点记录地震仪更换为DZ–701型模拟磁带地震仪。

1972年

1月6日　泰康地区敖古拉断裂带的塔2井产出油气，发现了敖古拉油气田。对该井萨零组1144.4～1168.8m井段射开6层12.6m油层，使用3～7mm油嘴测试，自喷日产油 3.25～8.87t，日产天然气 185～530m^3。

5月　地震野外资料开始使用模拟磁带回放仪进行处理，结束了人工处理方式。

6月6日　首次在外围探井使用压裂技术。对朝64井进行压裂改造获得成功，使单井日产油量由 0.14m^3 增加到 15m^3。

11月26日　泰康地区新店构造上的第一口探——杜202井获产工业油流，发现了新店油气田。对该井高台子油层 1392.8～1471.2m 井段射开13层11.8m油层，采用气举方法测试，日产油 7.94t、日产水 1.2m^3。以后又对萨尔图、葡萄花油层进行测试，均产获工业油气流。

1973年

3月　勘探指挥部对地震队野外设备加强配套。由“五大件”（仪器车、钻机车、水罐车、爆炸车、测量车）改为“七大件”（新增水罐车、钻机车各一台）。到1975年把12个地震队更新配套完毕。

7月11日　长春岭构造上的长3井产出工业气流，发现长春岭气藏。对该井扶余油层 433.2～440.8m 井段射开3层6.0m，采用10～20mm挡板测气，日产气 1230～1860m^3。

7月13日　泰康地区的杜402井产气，发现了白音诺勒气藏。对该井高台子油层 1183.6～1250.6m 井段射开7层13.0m气层，采用6～14mm油嘴，18mm和20mm挡板测气，日产天然气 6.8×10^4～$23.5\times10^4m^3$，无阻流量为 $66\times10^4m^3$，是当时松辽盆地高台子油层产气量最高的探井。

9月13日至20日　召开大庆外围勘探技术座谈会。基本搞清了升平、龙虎泡、朝阳沟、杏西四个构造的含油状况。对其中3个油田计算了地质储量：升平油田葡萄花油层含油面积 39.4km^2，储量 1527×10^4t；龙虎泡油田萨葡油层含油面积 39.5km^2，储量 2085×10^4t；杏西油田萨葡油层含油面积 7.3km^2，储量 724×10^4t。

1974年

5月　根据黑龙江省地层编表会议的安排，大庆参加了黑龙江省白垩系、第三系研究小组，决定将原“伏龙泉组”更名为“嫩江组”；经研究确定了松辽盆地中—新生界地层表。自下而上，其层序为：侏罗系；下白垩统登娄库组、泉头组、青山口组、姚家组、嫩江组；上白垩统四方台组、明水组；第三系依安组、大安组、泰康组；第四系。

7月16日　燃料化学工业部在北京石油科学研究院召开全国石油勘探工作会议。大庆提出“大庆底下找大庆，大庆外围找大庆”的口号。

是月　按探井测井解释需要，开始使用新的测井系列：简化“老横向”，加测三侧向、声速等项目，以适应对外围薄层的勘探评价。

10月　地震野外采集技术开始改变，有两个地震队把单次接收改为6次覆盖。当年在三肇P6测线进行试验成功，次年开始推广。到1976年12个地震队全部采用6次覆盖技术。

1975年

2月24日　大庆勘探指挥部成立探井大队，大队机关设在古城子，下辖8个钻井队。

3 月 8 日　大庆革委会决定，把勘探开发研究院和油田建设设计院合并为油田科学研究设计院。

5 月　大庆勘探指挥部成立三江盆地勘探前线指挥所。石油化学工业部组织物探局等单位当年在三江东部开展 1: 20 万重磁力普查。在研究院区域室内成立野外地质队，开展三江盆地地质踏勘。

7 月 23 日　三肇凹陷模范屯鼻状构造上的肇 3 井出油，发现了模范屯油田。对该井葡萄花油层 1444.8～1470.6m 井段射开 7 层 11.8m，气举获日产油 7.3t。

9 月 21 日　三肇凹陷宋芳屯构造上的芳 1 井出油，发现了宋芳屯油田。对该井葡萄花油层 1470.6～1507.6m 井段，射开 9 层 11.4m，提捞获日产油 3.72t。

12 月 5 日至 10 日　召开大庆勘探成果讨论会，并提出 1976 年勘探 4 项任务及部署：通过地震和探井作大剖面，解剖三肇凹陷；对三肇深层开展地震勘探，查明古中央隆起；继续对滨北黑鱼泡、讷河、克山等地进行钻探；部署探气井，了解朝阳沟构造含气情况。

1976 年

5 月　石油化学工业部从物探局抽调 5 个重磁力队，到海拉尔盆地开展重磁力普查。大庆研究院野外地质队也着手开展海拉尔盆地地面地质调查。

是月　大庆研究院从上海无线电十三厂购进 TQ–6 计算机，准备开展地震资料处理工作。6 月，开始使用计算机处理地震资料，但只能进行水平叠加处理。

10 月　大庆射孔弹厂研制出耐高温 120℃、耐高压 40MPa，适合深层探井需要的 WD73–400 型射孔弹。此项成果获 1978 年全国科学大会奖。

12 月底　大庆油田原油产量首次突破 5000×10^4t，达到 5030×10^4t。

1977 年

4 月 20 日　“全国工业学大庆会议”在大庆召开，5 月 13 日在北京闭幕，会议期间举办了全国工业学大庆展览。华国锋主席作大会讲话，要求“大庆要向更高的目标进军”“石油部门要为创建十来个‘大庆油田’而奋斗”。

5 月 20 日　三肇凹陷最深部位徐家围子向斜低点处的徐 1 井出油，发现了徐家围子油田。对该井葡萄花油层 1592～1621m 井段射开 6 层 4.6m，提捞获日产油 2.32t。

9 月 15 日　大庆长垣西侧喇西鼻状构造上的第一口探井——古 7 井出油，证实喇西鼻状构造是含油构造。对该井高台子油层 1767.2～1772.2m 井段射开 1 层 4.6m，气举获日产油 2.98t、日产水 4.35m^3。

10 月 7 日　大庆勘探指挥部成立试油大队，大队机关设在林源。下设 4 个试油小队。

10 月 23 日　大庆长垣南部太平屯构造上的太 3 井在泉三段（扶杨油层）产出工业油流，首次证明大庆长垣萨尔图、葡萄花、高台子油层以下的扶杨油层仍有勘探开发价值。对该井扶杨油层 1754.6～1794.4m 井段气举求产，日产油 1.76t。

是月　大庆派出 3 个地震队和 1 个钻井队开展三江盆地勘探工作。12 月 3 日，三江盆地第一口探井——东基 1 井开钻。

11 月 16 日至 25 日　召开大庆油田钻井勘探会议。会议根据“大庆还要向更高的目标进军”和“石油部门要为创建十来个‘大庆油田’而奋斗”的指示，具体研究了大庆的钻井勘探工作，提出了实现钻井速度翻番的目标。总结认为，三肇地区葡萄花油层大面积分布，普遍含油，属于岩性背景油田。

1978 年

3 月　大庆研究院的“松辽陆相沉积盆地油气田勘探方法”“松辽盆地白垩纪介形类化石”“松辽盆地晚白垩世孢粉组合”等勘探科研成果获全国科技大会奖。由大庆研究院地球物理研究所研制的“能谱测井仪”和“井下声波电视仪”及大庆射孔弹厂研制的“中深井无枪身聚能射孔弹，雷管和导爆索项目”也同时获奖。

4 月　石油部给大庆调拨 5 台 SDZ–751B 型国产数字地震仪，使 5 个地震队更换掉模拟磁带地震仪。

7 月　大庆研究院设立石油地质研究所，负责勘探研究工作。下设勘探室、岩心资料室、地质试验室、中心化验室和野外地质队。同时成立计算中心站。

10 月 1 日　三肇地区芳 16 井获得当时松辽盆地北部扶余油层最高自然产能。射开该井扶余油层 1 层 3.2m，气举获日产油 $2.2m^3$。

10 月 29 日　大庆钻井指挥部与勘探指挥部合并为钻探指挥部。同年 12 月，钻探指挥部将原勘探、钻井两指挥部的地质室合并成立地质大队，行使探井井位部署、设计以及物探、地质录井、测井、试油等地质管理职能。

11 月　大庆研究院对喇嘛甸、萨尔图、杏树岗油田储量进行核实，含油面积和储量均比 1962 年增多，原因是喇嘛甸和杏树岗油田经证实油层厚度增加。此次计算喇嘛甸、萨尔图、杏树岗油田合计面积 $917km^2$，地质储量 25.703×10^8t。其中，喇嘛甸油田含油面积 $100km^2$，储量 6.0143×10^8t；萨尔图油田含油面积 $462.9km^2$，储量 14.6748×10^8t；杏树岗油田含油面积 $354.1km^2$，储量 5.0139×10^8t。

12 月底　大庆油田年产原油 5037.5×10^4t。全国原油年产量超过 1×10^8t，达到 10368×10^4t。

1979 年

1 月 1 日　大庆上报朝阳沟油田储量。含油面积 $141.2km^2$，地质储量 5363×10^4t。其中，扶余油层储量 5189×10^4t，葡萄花油层储量 174×10^4t。

4 月 10 日　根据石油部指示，大庆组建二连勘探指挥部。当年有 10 个地震队投入工作。

5 月 26 日　三肇凹陷榆树林地区树 1 井获工业油流，发现了榆树林油田。对该井葡萄花油层 1363～1368.8m 井段射开 3 小层共 1.8m，气举获日产油 15.2t，产水 $1.06m^3$。9 月 21 日，又对该区树 2 井扶杨油层 1906～1944.4m 井段压裂后气举试油，日产油 3.6t。证实榆树林油田为葡萄花、扶余两套油层含油。

是月　石油部从胜利油田调拨给大庆一套德莱赛 3600 系列数字测井仪。

1980 年

1 月 21 日　三江盆地第三口探井——东基 3 井完钻。至此，在三江盆地已钻探的三口井均未发现油层，决定暂停勘探工作。

2 月　大庆上报宋芳屯油田和模范屯油田储量。其中，宋芳屯油田葡萄花油层含油面积 136.5km^2，地质储量 3230×10^4t；模范屯油田葡萄花油层含油面积 164.3km^2，地质储量 3350×10^4t。两油田之间没有自然界限。

7 月 18 日　古龙凹陷“凹间脊”部位上的古 17 井获得工业油流，发现了哈尔温油藏。对该井葡萄花油层 1892.4～1918.2m 井段射开 5 层 13.8m，提捞获日产油 5.8t。

8 月 26 日　古中央隆起带肇州西地区的肇深 1 井深层产气，证实松辽盆地深层具有天然气藏。对该井基岩风化壳地层 2860～2870m 井段酸化，采用 20mm 挡板测试，日产气 5800m^3。后对该井段多次酸化压裂改造，于 1982 年 12 月获日产气 1.36×10^4m^3，实现松辽盆地北部深层首次获得工业气流。1982 年底计算肇州西气田天然气控制地质储量为 23.1×10^8m^3。

10 月　大庆在二连盆地投入 10 个地震队完成当年勘探任务。按照石油部决定，大庆队伍退出二连盆地勘探，由华北油田接替继续开展工作。

1981 年

3 月　大庆又引进 5 台数字地震仪。其中美国 DFS–V 型 1 台，法国 SN338B 型 2 台、SN338HR 型 2 台。至此，大庆 10 个地震队配备了数字地震仪。

6 月 4 日　物探队伍从钻探公司中独立出来，成立大庆物探公司。所属地震队有 20 个，分为四个大队，同时设立研究所和仪修站。

9 月 9 日　卫 1 井获工业油流，发现了卫星油田。对该井葡萄花油层 1489.2～1493.8m 和 1523.8～1525.8m 井段射开 5.4m，气举获日产油 31.45t、日产水 11.3m^3。

10 月　大庆物探公司引进可控震源设备 4 套，当年调试并培训人员。1983 年 4 月，首次使用可控震源在海拉尔盆地开展地震资料采集。

11 月 22 日　古龙凹陷他拉哈地区的英 12 井于青山口组泥岩裂缝出油，发现他拉哈油藏，并证实生油岩内存在超高压油气藏。该井下筛管完井，对 2033.7～2083.65m 井段气举试油，日产油 3.8t。

是月　首次对方正地区开展地震概查。由大庆物探公司 2284 地震队施工。

1982 年

1 月 4 日　按专业化原则将钻探公司分解，分别组建钻井一公司、钻井二公司、钻井技术服务公司、试油试采公司。其中，钻井一公司负责探井工程，下设 26 个钻井队、地质大队等；钻井技术服务公司下辖固井、钻修、测井大队，其中测井大队拥有 18 个测井队，并设仪修站、绘解室等；试油试采公司负责各类钻井的射孔和试油，下设 8 个试油队、5 个射孔队、1 个地质大队及 1 个射孔弹厂。

2 月　物探公司开始使用 Timap 计算机处理地震资料。当年完成 7219km。除常规处理外，还可以进行三瞬、频率分析等特殊处理。

5 月　大庆首次使用美国江斯顿地层测试器。大庆钻井一公司与江汉油田测试公司合作，在古 20 井和塔 18 井进行中途测试成功。

6 月　首次对海拉尔盆地开展地震勘探试验，由大庆物探公司 2122 地震队施工。

7 月　大庆钻井技术服务公司测井大队引进 3220 系列数字处理计算机。

9 月　大庆石油管理局地质处分解为勘探处和开发处。

12 月　“大庆油田发现过程中的地球科学工作”荣获 1982 年度国家自然科学奖一

等奖。获奖人员有23人：其中，地质部有李四光、黄汲清、谢家荣、韩景行、朱大绶、吕华、王懋基、朱夏、关士聪等9人；石油部有张文昭、杨继良、钟其权、翁文波、余伯良、邱中建、田在艺、胡朝元、赵声振、李德生等10人；中国科学院有张文佑、侯德封、顾功叙、顾知微等4人。

1983年

1月　对大庆勘探工作实行项目管理。当年设立大庆长垣以东、大庆长垣以西、大庆深层3个勘探项目。1984年5月，对大庆勘探项目管理进行完善，在局勘探部成立齐家、朝长、西部超覆带、外围与深层4个勘探项目，分别设立勘探项目经理，负责本项目内的勘探部署设计、生产运行、成果分析等工作。

7月27日　台1井获工业油流，发现了头台油田。对该井扶余—杨大城子油层1714～1825m井段压裂改造，日产油1.8t。

8月19日　依兰—伊通地堑方正断陷第一口探井——方参1井开钻。

9月　对龙虎泡油田储量开展复算。经过地震细测和钻探详查，构造和油层有了新的变化。同1973年计算结果相比，含油面积由39.5km^{2}变为44.8km^2，地质储量由2085×10^4t变为831×10^4t。

10月　对升平油田主体部分储量开展复算。同1973年计算结果相比，含油面积由39.4km^{2}变为39.0km^2，地质储量由1527×10^4t变为1360×10^4t。包括新增的升13井断块、升32井断块及升102井区后，升平油田含油面积达到52.4km^2，地质储量为1850×10^4t。

11月11日　石油部批准大庆石油管理局机关机构改革方案，对原有处室进行调整合并，成立九部一室。原勘探处改为勘探部。

12月　对翻身屯和薄荷台构造的扶余油层储量进行计算。其中翻身屯油藏含油面积44.7km^2，石油地质储量2502.8×10^4t；薄荷台油藏含油面积56.5km^2，石油地质储量3061.3×10^4t。由于同朝阳沟油田相连，统一使用朝阳沟油田名称，使朝阳沟油田总含油面积达到242.4km^2，储量达到10927×10^4t，成为大庆长垣以外第一个亿吨级大油田。

1984年

1月14日　齐家凹陷北部的金6井出油，发现了齐家油田。对该井高台子油层1740～1756m井段射开16m，以6mm油嘴自喷测试，日产油44.2m^3，创大庆外围探井产油量的最高纪录。

2月21日　齐家凹陷中部的金2井出油，发现了金腾油藏。该井在三个层位产油：萨尔图油层1771～1805m井段，油层厚10.2m，气举日产油18.34m^3；葡萄花油层1902.4～1905.4m井段，油层厚3m，间歇自喷日产油4.8m^3；高台子油层1970.4～1995.8m井段，油层厚7.8m，压裂后抽汲日产油1.37m^3，同时产水3.43m^3。

4月1日　测井队伍从钻井技术服务公司分离出来，成立大庆测井公司。下有18个测井队和绘解室、研究所、仪修站等。

8月2日　大庆长垣西侧的古301井出油，发现了萨西油藏。对该井萨二组1765～1770.2m井段射开5.2m，使用江斯顿测试仪求产，日产油1.4m^3。

8月18日　大庆长垣以西英台地区英16井嫩二段泥岩裂缝出油。这是继英12井在青山口组泥岩裂缝出油后，新发现的含油层位。对该井1319.4～1368.4m井段射开2层6m厚裂缝较发育的泥岩，日产油5.33m^3、水0.62m^3。

9月30日　海参4井获工业油流，实现海拉尔盆地勘探突破。对该井大磨拐河组1643～1666.4m井段测试，获日产原油4.36m^3。

12月6日　大庆油田首次雇用斯仑贝谢测井服务队在同深2井开展裸眼测井。该队在大庆服务历时一年零十个月，共测井51口。经对比，探井解释符合率比国产测井系列提高5～10个百分点。

12月12日　大庆在依兰—伊通地堑方正断陷钻探的第一口探井——方参1井完井。通过本井建立起了地层层序，证明本区有生油层，并发现了荧光砂岩。

是月　大庆物探首次大面积推广使用24次覆盖地震技术。在1983年进行69km试验的基础上，1984年在齐家地区正式开展24次覆盖施工，完成测线1061km。

12月底　全年完成探明储量3134×10^4t。其中朝阳沟油田因新增大榆树、长43井区和朝39井区三个区块储量共2048×10^4t，使朝阳沟油田探明储量达到12975×10^4t。

1985年

1月　西方地球物理公司的两个高分辨率地震队（370队和371队）分别开始在齐家凹陷开展野外作业的试验工作。

8月13日　三肇地区北部汪家屯构造上的升61井试出较高产量天然气流，发现了汪家屯气田。对该井杨大城子油层1877～1886m井段射开2层3.8m气层，使用4mm油嘴、16mm挡板，日产天然气$2.68\times10^4m^3$。

9月16日　大庆钻井一公司地质大队从钻井一公司分离，成立独立的大庆地质录井公司。其主要职能是：承担探井井位测量；负责探井资料井的地质录井；受局勘探部委托对探井钻井行使地质监督职责。

10月　物探公司各地震队均由模拟仪器换装为数字仪，全面实现地震仪器数字化。

11月27日　宋站构造上的宋2井获高产天然气流，发现了宋站气田。对该井扶余油层1081～1104m井段射开3层10m厚气层，用12～18mm油嘴、22mm挡板测试，日产天然气9.3×10^4～$10.5\times10^4m^3$。

12月23日　三肇凹陷北部羊草地区的升81井产出高产天然气流，发现了羊草气田。对该井扶余油层1271.4～1321m井段射开6层14.8m气层，用12～18mm油嘴、22mm挡板测试，日产天然气15.5×10^4～$16.7\times10^4m^3$。

12月底　大庆油田原油年产量达到5528.88×10^4t，连续10年实现5000×10^4t以上原油高产。本年全国原油产量为1.2457×10^8t。

四、以构造—岩性油藏为主要对象的勘探开发（1986—2000年）

1986年

4月1日　大庆物探公司组建VSP垂直剖面测井队（2196队）。此前已完成对引进仪器的验收，并进行了七口井的试测。

5月8日　大庆利用世界银行贷款从西方引进的CYBER180—830计算机在大庆研究院完成性能测试，双方签字后投入使用。这套设备在1月2日开始安装。由大庆研究院负责使用。

5月21日　海拉尔盆地首次出气。对乌尔逊凹陷的新乌1井大磨拐河组1544.1～1571.3m井段开展中途测试，获日产气2300m^3。

8月18日　石油部射孔技术交流会在大庆召开。这是全国射孔专业首次会议，会期6天。大庆射孔弹厂生产的YD-114大孔径射孔器通过了部级鉴定。

1987年

1月16日　在大庆东风宾馆召开1986年度勘探技术座谈会。会议主题为“进行科学勘探，实现良性循环，为再找一个大庆油田而努力”。并概括提出科学勘探的七方面内涵：采用先进适用的评价技术；严格按勘探程序办事；坚持地震先行；认真做好科学打探井工作；加强决策研究，搞好规划编制工作；实行现代化管理。

3月23日　大庆研究院按照大庆石油管理局决定，设立勘探规划研究室。

5月17日　大庆地质录井公司首次投产2台引进的综合录井仪。

6月22日　大庆首次在葡西鼻状构造上的古109井获得凝析油。对该井葡萄花油层1645.6～1648.6m井段射开3m厚油气层，用8～12mm油嘴、20mm挡板测试，日产凝析油12.4～15.4t，同时日产天然气11.05×10^4～15.07×10^4m^3。

10月16日　大庆测井公司从斯仑贝谢公司引进的三套CSU数字测井设备完成验收，投入生产使用。

是月　在全国油气勘探会议上，石油部领导提出大庆在松辽盆地东部勘探要实现“四个一”：在10000km^{2}勘探范围内，找到1000km^{2}含油气面积，10×10^8t石油地质储量，1000×10^8m^{3}天然气地质储量。另外，在松辽盆地西部地区要找到100个高产点。

11月　大庆油田首次开展三维地震勘探。大庆物探公司在三肇榆树林地区开展三维地震，施工面积49.7km^2，地下T_3层满20次覆盖面积26.5km^2，地下面元20m×40m。

1988年

2月8日至10日　在东风宾馆召开大庆勘探工作会议。会议明确大庆勘探要发展完善薄互层、低渗透油层、天然气、深层等四个勘探技术系列。同时，要准备泥岩裂缝油层、稠油油藏等两个勘探技术系列。

5月　三肇地区西部的肇30井出油，发现了永乐油田。对该井杨大城子油层1795.3～1802.4m井段射开1层厚7.2m的油层，压裂后气举试油，日产油2.44t。

8月10日　三肇地区南部的州1井出油，发现了肇州油田。对该井杨大城子油层1868.2～1956.0m井段射开油层7m，采用MFE测试，日产油3.44t。

8月12日　三肇地区深层昌德构造上的芳深1井出气，是松辽盆地深层的第二口工业气流井，产气量大幅度超过肇深1井。对该井登娄库组2926.0～2940.2m井段射开气层11m厚，压裂后求产、使用24mm挡板，日产天然气40814m^3。

8月31日　榆树林油田北部的新东2井出气，在松辽盆地东部首次发现了萨尔图油层的天然气藏。对该井萨尔图油层469～475m井段射开泥岩段6m，使用6～12mm油嘴、12mm挡板测试，获日产气15193～19156m^3。同时，该井扶余油层获日产气

81264～98109m^3。

12月　三肇地区西南部的源15井出油，发现了肇源油田。对该井扶余油层1616.4～1678.2m井段射开15.6m厚油层，压裂后气举，日产油1.6t。

1989年

9月27日　经国务院批准，中国石油天然气总公司在大庆隆重召开大庆油田发现30周年庆祝大会，并在松基三井建立纪念碑。

1990年

5月　杜23井扶余油层发现气藏，这是大庆长垣以西地区扶余油层的第一口产气井。对该井扶余油层1312.2～1325.6m井段射开2层12.4m气层，使用4～7mm油嘴、12mm挡板测试，日产气16471～21723m^3，同时产水0.34m^3。

10月　新肇鼻状构造上的古62井出气，首次证实本区存在气藏。对该井黑帝庙油层进行中途测试，日产气10762m^3，同时产水15.45m^3。

11月　昌德气藏芳深4井首次实现深层气自然产能达到工业气流标准。对该井登4段2825.5～2869.0m井段射开2层6m气层，使用20mm挡板测气，日产气$2.06\times10^4m^3$。

1991年

7月　长春岭背斜带三站构造上的三4井于泉头组二段首获工业气流，发现了新的含气层位。对该井泉头组二段1213.8～1256.8m井段MFE测试，日产气15300m^3。另外对该井扶余油层721.6～819.2m井段测试，日产气30700m^3。

11月14日　由国家自然科学基金会主持的国家“八五”重大科研项目“陆相薄互层油储地球物理理论和方法研究”开题讨论会在大庆油田勘探开发研究院召开。

11月21日　汤原断陷吉祥屯断块上的汤参2井产气，实现了大庆外围盆地勘探的新发现。对该井古近系1168～1170.4m井段试气，日产天然气$7.27\times10^4m^3$，同时产水132m^3。

1992年

1月16日　大庆油田勘探开发研究院和原勘探指挥部两个单位被授予“全国地质勘查功勋单位”荣誉称号。

4月11日　大庆射孔弹厂研制的YD89-3型射孔弹，穿透深度突破500mm。在标准混凝土靶测试10发，平均穿深580mm、单发最深659mm。大大缩小了同国际先进水平的差距。

6月13日　延吉盆地第一口井——延参1井见油流。对该井大垃子组1712.4～1846.0m井段射开4层18.4m含油层，经MFE测试，日产油20kg。

8月1日至26日　由独联体引进的高能气体压裂技术在大庆敖6、古104、古108和塔9井进行现场试验取得成果。

是月　三肇凹陷永乐地区芳463井首次在葡萄花油层产出工业油流，证明永乐油田具有扶杨、葡萄花两套工业油层。对该井葡萄花层1530.6～1549.6m井段射开4.6m油层，经MFE测试，日产油8.71t。

10月16日　三肇凹陷太平川地区川3井首次获得工业油流，发现了太平川油藏。

对该井葡萄花油层797.5～801.2m井段射开1层3.6m油层，气举获日产油4.43t。

11月　三江盆地绥滨坳陷第一口参数井——滨参1井钻到3500m，进入基底完钻。在侏罗系中发现有600多米厚暗色泥岩，其有机碳平均含量高达1.34%，并见到50多层煤层及7处钻井中的气测显示。

12月　朝阳沟油田主体部位加深钻探到泉头组三段，发现广泛存在杨大城子第三、四、五组油层，有效厚度达13m，从而新增探明石油地质储量2631×10^4t，使朝阳沟油田总储量达到20808×10^4t，成为大庆长垣以外储量最多的外围油田。

1993年

1月4日至11日　大庆油田1992年度勘探技术座谈会在大庆研究院召开。会议确定大庆勘探方针由之前的“东部找片，西部找点”改变为“东部扩大连片，西部点片结合，稳步向深层发展，继续向外围盆地展开”，以实现西部对东部的接替和深层与外围盆地的突破。会议明确大庆坚持科学勘探的方向，并强调科学勘探的五个方面：一是最新的理论指导，二是推广先进适用的新技术，三是合理的运筹（如三个评价的程序和地震先行），四是科学的管理，五是现代化的工具。提出科学勘探要引向现代化，就是把预测、部署、描述、验证实现序列化和一体化，使地质成果更直观、更准确。

3月13日　新站地区英41井见工业油气流，发现了新站油气田。对该井黑帝庙组油层976.2～996.7m井段中途测试，日产油2.59t、日产天然气$9.0376\times10^4m^3$。

4月29日　昌德东地区芳深6井提高了侏罗系天然气产量。对该井3302.2～3409.8m井段测试2层35.2m，日产气$8006m^3$。这是继1992年昌401井后第二口在侏罗系出气的深层探井。昌401井日产气$2072m^3$。

9月29日　大庆石油管理局召开局机关机构改革动员大会，宣布原勘探部更名为勘探处，下设计划规划、信息管理、经营管理、生产管理等5个科室；自原勘探部分离出的人员，成立勘探公司，下设勘探项目、技术监督、财务等五个科室。

10月15日　中国石油天然气总公司在大庆射孔器材检测中心组织国内四个厂家射孔产品进行统一检测。大庆射孔弹厂生产的YD127型三种射孔弹在标准实验靶上穿孔深度分别达到885.1mm、821.0mm和743.1mm，实现国内领先，提前两年达到总公司攻关目标。

11月12日　射孔弹厂开发的DQ50YD-2S型射孔弹研制成功。

是月　头台油田设立原油生产试验区取得实效。在茂505井区$4.5km^2$面积内，钻生产井47口，平均单井油层有效厚度13.1m，经压裂后投产。初期单井日产油8t。证明头台油田具有开采价值。

1994年

1月17日　中国石油天然气总公司举行“中国第二轮勘探开发对外招标新闻发布会”。大庆探区海拉尔盆地被列为对外招标区块。根据要求，大庆暂停了海拉尔盆地油气勘探的野外施工，继续开展室内研究工作。

3月4日　汪家屯构造上的汪9-12井取得深层勘探以来最高产气量。对该井登三段2638.6～2764.8m井段射开16层69.4m，无油嘴、使用28.1mm挡板测试，日产天然气$15.13\times10^4m^3$，日产水$38.76m^3$。

7月　在敖南地区由地震烃检测技术发现的“亮点”处，部署钻探敖浅1井。对该井黑帝庙油层769.2～775.2m井段射开2层5.2m，经MFE测试，日产气$26.25\times10^4m^3$。证明新法找气有效。

9月　三肇凹陷东部太平川地区首次在川4井扶杨油层获工业油流，使三肇凹陷含油范围向东扩大。继1992年在川3井葡萄花油层获工业油流后，对川4井扶杨油层1231.8～1240.9m井段射开3层6.2m，压裂后抽汲求产，日产油3.7t。

10月31日　昌德东深层构造上的芳深5井经大型压裂产出工业气流，为深层勘探提供了新技术。该井登一段3186.4～3209.8m井段，自然产能日产气$2128m^3$，经常规压裂产量提高到$18763m^3$。本次大型压裂，加砂$100m^3$、耐高温压裂液$701m^3$，压裂后用38mm挡板、无油嘴测试，日产气$49191m^3$。

11月　延吉盆地勘探首次在延4井获得工业气流。对该井497～522m井段进行中途测试，日产天然气$11563m^3$。

12月　松辽盆地东南隆起区宾县—王府凹陷北部万家构造首次在万11井获得天然气，发现了一个新的含气构造。对该井杨大城子油层1261.4～1269.2m井段射开1层7.8m，压裂后经测试，日产天然气$13200m^3$。

1995年

3月15日　中国石油天然气总公司决定海拉尔盆地勘探不再对外招标，仍由大庆石油管理局负责油气勘探。

4月5日　三肇地区北部升平深层构造上的第一口探井——升深1井产出高产工业气流，发现了升平深层含气构造。对该井登娄库组2645.2～2824.2m井段射开20层共67m，使用4～10mm油嘴、38mm挡板测试，日产气4.8×10^4～$10\times10^4m^3$。

4月7日　中美合作勘探开发大庆深层油气资源的合同在北京签字。合作地区为大庆长垣以西深层，面积$2.99\times10^4km^2$。合同于1995年6月7日经外贸部批准，1995年7月1日生效。

5月　大庆首次在齐家、宋芳屯、茂兴三个区块完成高分辨率地震大规模试验生产作业，测线长1799.9km，57996炮。并总结出一套高分辨地震采集的“五高”（1ms的高时间采样率，15～20m的高空间采样率，30～60次的高覆盖，高仪器低截频，高自然频率检波器）、“二小”（小偏移距，小组合距）、“二措施”（深埋检波器，风力大于二级不施工）的科学方法。

6月15日　宾县—王府凹陷的双30井产出工业油流，取得了本区石油勘探新突破。对该井扶余油层1020.2～1117.5m井段射开6层16.3m，压裂后抽汲求产，日产油33.64t。

7月12日　昌德地区深层勘探首次在芳深7井3000m以下产出气流，并发现地层超覆气藏。对该井登一段2988.2～3321.6m井段射开2层22.6m砾岩储层，大型压裂后，采用38mm挡板，日产气$42361m^3$。

7月30日　海拉尔盆地乌尔逊凹陷苏仁诺尔构造上的苏1井实现试油产量新突破。对该井南二段1406.2～1721.4m井段压裂后求产，日产油20.7t，是原来产量1.09t的19倍。

8月2日　海拉尔盆地贝尔凹陷贝3井产出工业油流，成为该凹陷内的第一口工业油流井，发现了呼和诺仁油藏。对该井大磨拐河组1188.5～1327.0m井段压裂，日产油量由之前的12kg提高到9.59t。

8月8日　大庆油田勘探专业会议上，讨论形成了大庆“九五”油气勘探的总方针：立足松辽盆地中浅层找油，强化深层勘探找气，加快外围盆地勘探，积极探索和开辟国内外合作勘探的新路。

8月25日　升深2井深层试出高产量天然气流，实现大庆深层勘探天然气产量新突破。对该井侏罗系火山凝灰岩地层2880～2904m井段射开2层17m，经MFE测试，采用30mm挡板，日喷气$32.69\times10^4m^3$。

9月　为纪念松辽盆地油气勘探40年和大庆油田开发建设35周年，大庆勘探系统组织编写、并由石油工业出版社出版了《大庆油气勘探论文集》一书。

10月9日　大庆地质录井公司从美国哈里伯顿公司引进的第一台SDL–900型综合录井仪到货，并开始验收。

11月23日至28日　中国石油天然气总公司在塔里木油田召开的西部油气勘探工作会议上，确定由大庆负责塔里木盆地西南部阿瓦提风险区块$29042km^2$面积的油气勘探工作。

12月　在虎林盆地完成第一口参数井——虎参1井钻探，完钻井深2800m。本井在古近系见53个、合计厚度104.8m的煤层，并在侏罗系和基底风化壳见气测显示。

是月　汪家屯深层构造汪902井首次证实泉一段产气。继该井基岩风化壳2280～2904m井段加大压裂规模，获日产气$10.66\times10^4m^3$后，又在泉一段2240.8～2509.4m井段压裂后获日产气$34159m^3$。

12月底　大庆油田在肇州地区葡萄花、扶杨油层新增石油探明地质储量8897×10^4t，使肇州油田总储量达到17675×10^4t，成为继朝阳沟、榆树林和头台油田之后，大庆外围第四个储量超亿吨的新油田。

12月底　大庆油田原油产量达到5600.68×10^4t，实现了5000×10^4t以上高产稳产20年的目标。全国原油产量为1.4906×10^8t。

1996年

4月8日　国家自然科学基金“八五”重大项目“陆相薄互层油储地球物理学理论和方法研究”成果汇报会在大庆召开。

5月24日　葡西鼻状构造轴部上的古104井获大庆长垣外围最高产油量。该井钻探于1970年，经多次试油，效果不佳。此次对葡萄花油层1741～1756m井段4层6.6m油层再行压裂，用6mm油嘴、25mm挡板测试，自喷日产油99.1t，同时日产天然气$9225m^3$。

8月　海拉尔盆地巴彦塔拉地区的乌11井铜钵庙组获工业油流，既证实了一个新的含油区带，又在海拉尔盆地发现了新的含油层组。对该井铜钵庙组1826.4～1896.0m井段射开6层16m，压裂后气举求产，日产油1.38t。

10月23日　方正断陷首次在方3井产出天然气。对该井达连河组一段2871～2939m井段射开4层33.6m，用26mm挡板测气，日产天然气$54340m^3$。

11月　大庆物探公司赊购美国I/O公司的I/O–Ⅱ 1440道地震仪投产，在升平—汪家屯地区进行三维地震采集，在台105、龙26、古105等井区开展二维地震采集。

12月26日　大庆射孔弹厂引进的油井导爆索和射孔弹自动生产线均完成安装调试，并通过总公司和国家兵器总公司专家组联合验收。这两项生产技术填补了国内空白。

1997年

1月8日　大庆石油管理局机构改革。局勘探处和勘探公司合并成立勘探事业部。原局勘探系统所属二级单位中的物探公司、地质录井公司、测井公司划归钻探工程服务总公司，试油试采公司、射孔弹厂划归采油工程服务总公司，射孔器材检测中心划归局技术监督与安全环保部。

6月25日　松辽盆地深层徐家围子断陷昌德东气藏的芳深9井发现高产量二氧化碳气流，获得深层找气的新类型。对该井侏罗系3602～3632m井段火山碎屑岩1层30m厚气层开展地层测试，日产天然气50938m^3，其中二氧化碳占93.1%，甲烷占6.2%。

是月　海拉尔盆地苏仁诺尔地区的苏2井首次发现以二氧化碳为主要成分并具有工业价值的天然气流。对该井南屯组1434～1449m井段射开1层15m，日产天然气22191m^3。天然气组分中二氧化碳占97.8%。

7月10日　塔里木盆地大庆勘探区块上的第一口探井——巴东4井开钻，设计井深6600m。

7月29日　海拉尔盆地乌尔逊凹陷西南侧的乌13井首次在基岩中找到较高产量天然气。对该井基岩段1732.5～1747.0m井段压裂，获日产油3.23t、天然气32487m^3、水2.75m^3。天然气中二氧化碳占80.2%，甲烷占15.1%，乙烷占0.6%。

8月7日　塔里木盆地大庆勘探区块上的第二口探井——丰南1井开钻，设计井深6800m。

9月20日　海拉尔盆地霍多莫尔构造上的霍1井出油，又发现一个新的含油区带，并成为当时海拉尔盆地自然产能最高的探井。对该井大磨拐河组1017.8～1027.2m井段射开3层5.8m，经MFE测试，日产油25.44t。使霍多莫尔成为盆地内继苏仁诺尔、呼和诺仁、巴彦塔拉之后的第四个含油区带。

10月2日　延吉盆地首次在延10井获得工业油流。该井位于盆地东部坳陷西断阶带兴安南断块构造上，对大垃子组二段827.4～1024.6m井段内11个小层22.2m油层压裂后提捞求产，获日产油1.1t。1998年10月11日，又对该井重复压裂，日产油量提高到2.56t。

11月5日　大庆石油管理局恢复原局机关有关处室和局各系统等机构设置。恢复成立勘探处等有关处室，将勘探事业部中原勘探公司部分定名为勘探项目经理部。物探公司、地质录井公司、测井公司、试油试采公司、射孔弹厂、射孔器材检测中心等6家二级单位仍划归勘探系统管理。

11月19日　松辽盆地升平地区升深201井于侏罗系和登三段获得地热水资源。对该井2929.4～3630.0m井段测试，日产水量316.36m^3，在井深2885m处测得温度为117.5℃。

1998年

3月11日　松辽盆地深层昌德地区芳深8井在3500m以下获得天然气。对该井侏罗系3541.6～3723.6m井段射开2层23m，压裂后，日产天然气77359m^3。

6月　英台地区英14井发现当时埋藏最深的产油层。对该井扶余油层2331.8～2403.0m井段射开5层19.8m，压裂后气举求产，日产油3.24t。据此，对以往探井开展复查。

7月18日　中美合作松辽深层勘探项目葡深1井开钻。

8月12日　海拉尔盆地呼和诺仁构造的贝301井南屯组油层自然产能实现突破，成为海拉尔盆地第一口自喷井。对该井南屯组1261.8～1266.0m井段射开1层4.2m，MFE测试，获日产油8.28t。

10月31日　汤原断陷望江构造上的望2井于古近系始新统三段产出天然气，发现了新的含气层位。对该井始新统三段840.5～844.5m井段和847.4～849.8m井段分别测试，获日产气95896m^3和77683m^3。

12月底　大庆油气勘探专业技术标准化工作取得全面发展，已建立形成10大类38个系列489项标准，对主要技术和管理工作实现了全面覆盖。

1999年

3月12日　大庆石油管理局成立“柴达木盆地柴北缘大庆区块勘探项目经理部”。该区块勘探面积10307km^2，其中，东块面积5440km^2、西块面积4867km^2。

4月12日　海拉尔盆地苏仁诺尔地区苏6井试出当时最高产量二氧化碳气体。对该井南屯组1963～2024m井段射开2层，压裂后日产二氧化碳气57660m^3。

5月5日　大庆油田第一口大位移水平井探井——古平1井完井。该井位于松辽盆地西部他拉哈向斜西北部，钻探目的是横穿青山口组泥岩裂缝储层段。该井于1998年4月22日开钻，斜深3192m，造斜点在1743.95m，水平段长1001.5m。上下波动幅度在2.2～3.0m之间。

8月23日　海拉尔盆地苏仁诺尔地区苏131井获该盆地当时最高自然产量。对该井南屯组二段1460.2～1471.6m井段射开3层7.4m，抽汲测试，日产油33.445t。

9月9日　大庆石油管理局召开处级以上干部大会，宣布大庆石油管理局重组改制分为两部分，以勘探、采油部门为主的勘探开发主体部分组成大庆油田有限责任公司（以下简称大庆油田公司），其余仍为大庆石油管理局。原局机关勘探处、勘探项目经理部、地质录井公司及试油试采公司等单位划归大庆油田公司，分别更名为勘探部、勘探分公司、地质录井分公司、试油试采分公司；油田射孔器材质量监督检验测试中心划归大庆油田公司，单位名称不变；原物探公司、测井公司、射孔弹厂、钻井一公司仍属大庆石油管理局。

9月10日　根据中美合作勘探大庆深层资源合同而钻探的葡深1井，在登娄库组4005.0～4010.4m井段见到良好气测显示：全烃值由0.2047%上升到8.4823%，比值达41倍，起钻时有气侵和溢流。

11月27日　海拉尔盆地巴彦呼舒凹陷的舒1井完井并见含油砂岩，发现了新的含油凹陷。该井于南屯组1265.9～1513.6m井段取心见含油砂岩，其中富含油砂岩2.92m，油气显示累计6.53m。

2000年

5月10日　海拉尔盆地苏仁诺尔地区苏21井获该盆地当时最高自然产量。对该井南屯组1188.8～1193.0m井段射开1层4.2m，采用“MFE Ⅱ + 抽汲”方法试油，日产油 41.59t。

11 月 3 日　大庆油田首次应用欠平衡技术钻探的宋深 101 井完井。欠平衡井段为 2969～3380m，在钻至井深 3217.33m 时，循环钻井液并在井口点火成功。火苗高 1.5m、宽 0.8～1m，点火 13min。根据火苗高度和时间，折算日产天然气量 7368～11040m^3。

12 月底　大庆油田原油产量 5300.09×10^4t，在 5000×10^4t 以上已经稳产了 25 年。全国原油年产量为 1.60×10^8t。

12 月底　大庆油田从 1959 年发现以来至今，共探明油气田 42 个，其中油田 29 个、气田 13 个。累计探明石油地质储量 55.5173×10^8t，探明天然气地质储量 $490.62\times10^8m^3$。累计生产原油 16.2446×10^8t。

五、以中浅层岩性油藏与深层火山岩气藏为主要对象的勘探开发（2001—2010 年）

2001 年

1 月 7 日　大庆长垣以西新肇区块古 63 井获该区当前最高产油量。对该井葡萄花油层 1391.40～1434.4m 井段压后自喷求产，日产油 51.12t、日产气 2294m^3。

3 月 7 日　松辽盆地西部斜坡区泰康隆起带杜 53 井获该区当前最高产气量。对该井萨尔图油层 1074.00～1080.00m 井段采用 10mm 油嘴、51mm 挡板求产，获日产油 0.54t、气 $14.83\times10^4m^3$，计算无阻流量 $37.51\times10^4m^3/d$。

6 月 17 日　海拉尔盆地苏德尔特区带的贝 10 井，首次在布达特新层系获得工业油流，并发现了苏德尔特含油区带。对该井南屯组 32 号层和布达特群 33 号层 1935.00～1956.00m 井段压裂后获日产油 39.769t。

6 月 21 日　海拉尔盆地贝尔湖坳陷贝 302 井获该盆地当前最高产油量。对该井南屯组油层 1153.40～1273.00m 井段压后自喷求产，日产油 135.844t。

2002 年

4 月 6 日　海拉尔盆地苏乃诺尔构造带上的贝 17 井获工业油流，又发现一个新的含油区带。对该井南屯组二段 1438.0～1457.0m 井段压裂试油，获日产油 2.53t 的工业油流。

4 月 16 日　大庆长垣以西地区英 205 井青一段获高产工业油流新突破。对该井 1829.0～1842.6m 井段压裂后抽汲求产，日产油 22.01t。

5 月 1 日　英台地区英 51 井葡萄花油层发现凝析油。对该井葡萄花油层 1818.0～1822.6m 井段射开厚度 4.6m，MFE Ⅱ + 自喷，10mm 油嘴、16mm 挡板获得日产油 5.19t、日产气 88522m^3 的工业油气层。该原油密度为 0.648g/cm^3，主峰碳为 nC_5。

7 月 6 日　松辽盆地北部深层卫深 5 井登娄库组获当前砂泥岩储层压裂改造后最高产气量。对该井登娄库组 3082.0～3112.0m 井段 12.6m 进行大型压裂，采用 14.29mm 油嘴、76.2mm 挡板试气，获日产气 $46.1432\times10^4m^3$，计算压裂后无阻流量为 $102.3\times10^4m^3/d$。

10 月 5 日　长垣南部敖南地区茂 71 井葡萄花油层压裂获工业油流。对该井葡萄油层 1288.0～1290.6m 井段射开厚度 2.6m，压后抽汲获日产油 13.419t，发现敖南油田。

10 月 18 日　杨参 1 井试油证实大杨树盆地为含油气盆地。对该井龙江组和九峰山组 1950.0～2057.4m 井段射开厚度 44m，压后抽汲获日产油 0.034t、日产气 $550m^3$。

11 月 5 日　海拉尔盆地贝 16 井获该盆地当前最高产油量。对该井大磨拐河组、南屯组 1393.4～1677.6m 井段 85.6m 厚储层压后泵举，日产油 125.82t。

11 月 20 日　长垣以西地区古 708 井实现扶杨油层自然产能新突破。对该井扶杨油层 2136.6～2143.2m 井段射开厚度 6.6m，MFE－Ⅱ抽汲，获得日产油 19.244t 的工业油流。

12 月 2 日　徐家围子断陷北部升平—兴城构造带上的徐深 1 井，获松辽盆地北部深层当时最高产气量。对该井营城组 3592.0～3600.0m 和 3620.0～3624.0m 井段 12m 火成岩储层压裂，采用 14.29mm 油嘴、76.2mm 挡板测试，日产气 $53.01\times10^4m^3$，估算无阻流量 $112\times10^4m^3/d$。

12 月底　大庆油田原油产量 5012.65×10^4t，实现 5000×10^4t 以上稳产 27 年。

2003 年

6 月 13 日至 17 日　中国石油天然气集团公司领导到油田调研，集团公司副总经理、股份公司总裁陈庚提出了海拉尔盆地 2005 年要实现“115”工作目标，即“探明 1×10^8t 储量、建成 100×10^4t 产能、产量达到 50×10^4t”。

9 月 12 日至 30 日　汪深 1 井获高产工业气流，证实安达断陷具有良好的天然气勘探前景。对该井营城组 2989～2998m 井段压后放喷后期用 12mm 油嘴、64mm 挡板测试，获日产气 $20.219\times10^4m^3$。

10 月 18 日　德 112-227 井获高产工业油流，显示了布达特群油层的勘探开发潜力。对该井布达特群 1760.4～1860m 井段射开厚度 29m，MFE Ⅱ + 自喷，用 19.2mm 油嘴测试，获得日产油 170.2t。

12 月 1 日　齐家—古龙坳陷他拉哈—常家围子向斜区的古 88 井，获葡萄花油层 2000m 井深当前最高产油量。对该井葡萄花油层 1987.4～2013.0m 井段压裂后求产，获日产油 92.28t、日产气 $5520m^3$。

2004 年

3 月 12 日　古龙凹陷的英 852 井获高产油流。对该井葡萄花油层 1756～1775.8m 井段压裂后求产，获日产油 40.26t。

3 月 23 日　三肇凹陷的达深 2 井获工业气流。对该井营城组 87 号层 3093～3102m 井段压裂，自喷，获日产气 $4.2\times10^4m^3$。

3 月 31 日　中油股份公司松辽深层研讨会在大庆油田设计院新科苑宾馆召开。

5 月 26 日　徐家围子断陷兴城鼻状构造上的徐深 6 井获高产气流。对该井营城组 174 Ⅰ 号层 3629～3637m 井段压裂，日产气 $10.57\times10^4m^3$；对营城组 170 号层 3561～3570m 井段压裂，采用 14mm 油嘴、76.2mm 挡板测试，日产气 $52.27\times10^4m^3$，计算无阻流量 $92.29\times10^4m^3/d$。

6 月 3 日　三肇凹陷的肇 35 井获高产油流。对该井葡萄花油层 1518.2～1520.2m 井段射开厚度 2m，MFE Ⅱ + 抽汲，获日产油 25.38t。

6月9日　贝尔凹陷的贝28井获高产油流，显示了兴安岭群油层良好的勘探前景。对该井兴安岭群69、76、79号层1661～1715m井段射开厚度13m，压后抽汲，获日产油46.588t。

6月16日　油田公司召开徐家围子断陷兴城—升平地区加快天然气勘探的9口深探井运行安排会议，会议听取了勘探分公司关于加快天然气勘探的9口深探井运行的初步意见，并围绕在2004—2005年初完成$1000\times10^8m^3$探明天然气储量进行了研究。

10月9日　徐家围子断陷的徐深5井获高产工业气流。对该井营城组140号层3611～3629m井段射开厚度8.5m，压裂后，获日产气$12.2\times10^4m^3$。

10月15日 贝尔凹陷贝42井获高产工业油流。对该井布达特群2548～2555m井段射开厚度4.5m，压后抽汲，获得日产油31.32t。

12月8日　徐家围子断陷的徐深4井获工业气流。对该井营城组107号层3881～3873m井段射开厚度8m，压裂后，获日产气$7.07\times10^4m^3$。

12月22日　大庆油田举行徐深1井投产仪式，标志着大庆深层天然气勘探开发进入新阶段。

2005年

3月23日　徐家围子断陷的徐深7井获高产工业气流。对该井营城组107 Ⅰ号层3874～3880m井段射开厚度6m，压裂后，采用10mm油嘴、76.2mm挡板求产，获日产气$21.74\times10^4m^3$。

7月21日　贝尔凹陷的希3井获高产油流，发现贝中油田。对该井南屯组一段80号层2415～2426.6m井段射开厚度11.6m，压裂后求产，获日产油31.48t。

8月15日　徐家围子断陷的徐深9井获高产工业气流。对该井营城组59 Ⅱ、60 Ⅳ号层3592～3675m井段射开厚度17.5m，压裂后，采用14mm油嘴、63.5mm挡板求产，获日产气$20.9\times10^4m^3$。

8月23日　大庆油田公司与英国SOCO国际公司交割仪式在蒙古乌兰巴托举行。至此，大庆油田公司完全拥有所收购的蒙古塔木察格3个区块的勘探、开发、经营、财务、法律等相关权益。

9月9日　徐家围子断陷的汪深101井获高产工业气流。对该井营城组65 Ⅰ、65 Ⅱ号层3094～3114m井段射开厚度9m，压裂后，获日产气$22.3\times10^4m^3$。

10月18日　乌尔逊凹陷的巴斜2井获高产油流。对该井南屯组36 Ⅰ号层1835～1839.8m井段射开厚度4.8m，压裂后求产，获日产油44.224t；对该井铜钵庙组85号层2094～2114m井段射开厚度5m，压裂后求产，获日产油34.16t。

10月23日　乌尔逊凹陷的乌27井获高产油流，发现乌东油田。对该井南屯组一段1901.8～1997.4m井段射开厚度47m，MFE（Ⅰ）+抽汲，获日产油50.466t。

11月23日　古龙凹陷的古80井获高产油流。对该井葡萄花油层89号层2065～2067.6m井段射开厚度2.6m，压裂后求产，获日产油10.64t。

12月1日　由国土资源部矿产资源储量评审中心石油天然气专业评审办公室组织，对大庆油田公司申报的天然气探明储量进行评审，评审确认大庆油田新增天然气探明地

质储量 $1000 \times 10^8 m^3$。至此，我国东部最大气田——庆深气田在松辽盆地诞生。

2006 年

5 月 31 日　徐家围子断陷徐东斜坡带上的徐深 21 井获高产气流。对该井营一段火山岩 223 Ⅱ号层 3674.0～3703.0m 井段射开厚度 10.0m，MFE-Ⅰ测试，获日产气 $2.60 \times 10^4 m^3$；该段经大型压裂后，采用 14mm 油嘴、76.2mm 挡板求产，日产气 $41.42 \times 10^4 m^3$，计算无阻流量 $58.47 \times 10^4 m^3/d$。

10 月 22 日　海拉尔盆地贝尔凹陷的希 13 井获得工业油流。对该井南屯组一段 79、80、82、86 号层 2466.5～2503.5m 井段射开厚度 11m，压后水力泵排液求产获 33.24t/d 的工业油流。

11 月 20 日　海拉尔盆地乌尔逊凹陷的乌 33 井首次在乌东地区南屯组二段获得工业油流。对该井南屯组一段 71、76a、76b、77 号层 2429.0～2471.0m 井段射开厚度 7.7m，压后水力泵排液求产获 11.28t/d 的工业油流；于南屯组二段 59、62、63 号层 2363.0～2378.0m 井段射开厚度 5.5m，压裂后抽汲获 13.6t/d 的工业油流。

2007 年

3 月 19 日　古龙凹陷的茂 23 井获得工业油流。对该井葡萄花油层 1723.5～1725.6m 井段射开厚度 2.1m，压后自喷求产，获 16.08t/d 的工业油流。

6 月 3 日　齐家凹陷的金 51 井获得工业油流。对该井萨尔图油层 5 号层 1611.6～1613.8m 井段射开厚度 2.2m，MFE Ⅱ + 抽汲求产，获 19.52t/d 的工业油流。

8 月 27 日　安达次凹的达深 401 井获得工业气流。对该井营城组 128 Ⅲ、128 Ⅴ号层 3177.5～3197m 井段射开厚度 9m，TCP+MFE Ⅱ，获 $13.24 \times 10^4 m^3$ 工业气流。

8 月 31 日　方正断陷北部凹陷的方 4 井获得高产工业油流。对该井乌江组 42a、42b 号层 3214～3234m 井段射开厚度 13m，压后自喷，获 78.79t/d 的工业油流，获 $2.25 \times 10^4 m^3$ 工业气流。

12 月 17 日　三肇凹陷的徐 32 井获得工业油流。对该井葡萄花油层 2 号层 1582.6～1585.4m 井段射开厚度 2.8m，MFE Ⅱ + 抽汲求产，获 16.53t/d 的工业油流。

2008 年

1 月 15 日　中国地调局与大庆油田在哈尔滨市签署《关于加强推进松辽盆地及外围油气基础地质调查合作协议》。根据协议，中国地质调查局负责开展区域性基础地质调查和综合研究、基础地质调查成果综合集成等，向大庆油田提供公益性、区域性基础地质资料；大庆油田负责开展松辽盆地外围主要盆地点上的油气勘查及油气资源评价，所获成果双方共享。

10 月 30 日　三肇凹陷的达 25 井获得工业油流。对该井扶余油层 48、49 号层 1885.3～1890m 井段射开厚度 2.6m，压裂后抽汲获 5.04t/d 的工业油流。

12 月 19 日　齐家凹陷的杏 98 井获得工业油流。对该井葡萄花油层 87、88 号层 1615.4～1637.8m 井段射开厚度 6.4m，压裂后抽汲获 7.84t/d 的工业油流。

12 月底　大庆油田分别在松辽盆地北部卫星、宋芳屯地区的葡萄花、扶余油层以及永乐地区的葡萄花油层合计新增石油探明地质储量 $4160.16 \times 10^4 t$；在延吉盆地龙井气田大砬子组新增天然气探明地质储量 $3.00\times10^8m^3$。

2009 年

1 月 10 日　在北京召开的国家科技大会上，大庆油田公司的“酸性火山岩测井解释理论、方法与应用”和“聚合物驱油工业化应用技术”两个科研项目，获国家科学技术进步二等奖。

2 月 13 日　由大庆油田勘探开发研究院承担的国家重点基础研究发展计划（973）“火山岩油气藏的形成机制与分布规律”项目，在北京大学博雅国际会议中心正式启动。

4 月 8 日　虎林盆地的虎 1 井实现该盆地首次出油。对该井虎一段 2255.4～2259.6m 和 2320.9～2322.9m 井段射开 6.2m，压后抽汲求产，获日产油 0.511t。

9 月 23 日　回到大庆油田参加油田发现 50 周年纪念活动的一批油田发现者、创业者和老领导，与油田勘探系统相关人员进行座谈。

11 月 13 日　海拉尔盆地呼和湖凹陷的和 10 井，获得工业油气流。对该井南屯组二段 1824～1831.2m 井段射开 7.2m，压后抽汲求产，获日产气 $4.067\times10^4m^3$、日产油 3.28t。

12 月 2 日　大庆油田第一口深层砾岩水平井——徐深平 32 井实现了徐西地区致密砂砾岩天然气勘探的新突破，为下步深层致密砂砾岩储层的增产找到了切实有效方法。该井采用欠平衡水平井钻井方式，完钻井深 4764m、砾岩水平段长 745m。对该井营四段砾岩储层 4364.0～4406.0m 和 4552.0～4622.2m 井段采用裸眼分段压裂，获得日产气 $19.24\times10^4m^3$。

2010 年

6 月 22 日　大庆长垣杏树岗构造西翼的萨 951 井，于 2000m 以下获高产工业油流，打开了长垣西侧带的勘探新局面。对该井扶余油层 2335.6～2338.0m 井段射开厚度 2.4m，MFE+TCP+ 抽汲求产，获日产油 3.89t；对该层采用 CO_2 泡沫压裂，获日产油 16.72t。

9 月 1 日　徐家围子断陷的达深 10 井获得工业气流。对该井营城组 38 Ⅱ、41 Ⅱ号层 3078.68～3369.13m 井段射开 290.5m，自喷求产，获日产气 $4.9\times10^4m^3$。

11 月 13 日　齐家凹陷的金 80 井获工业油流。对该井高台子油层 70 号层 2129.8～2133.40m 井段射开厚度 3.6m，MFE Ⅱ + 抽汲求产，获日产油 23.76t。

是日　齐家凹陷的杏 82 井获工业油流。对该井葡萄花油层 46 号层 1660.4～1662.4m 井段射开厚度 2m，压后抽汲求产，获日产油 16.08t。

六、以多类型油气藏为主要对象的精细勘探开发（2011—2020 年）

2011 年

1 月 14 日　在北京人民大会堂隆重召开的国家科学技术奖励大会上，“大庆油田高含水后期 4000 万吨以上持续稳产高效勘探开发技术”等 3 项成果荣获国家科学技术进步奖特等奖。

5 月 11 日　中国石油天然气股份有限公司油勘函［2011］86 号印发“关于办理羌

塘盆地矿权移交的通知”，将中油集团公司西藏羌塘盆地探矿权的管理由大庆油田有限责任公司变更为青海油田分公司。

5月29日　贝尔凹陷的霍3-6井获得高产工业油流。对该井南屯组南一段油层23II号层1374～1378.2m井段射开厚度4.2m，获日产油382.1t。

6月21日　松辽盆地北部西部斜坡区泰康隆起带江桥鼻状构造上的江77井采用蒸汽吞吐试油，取得稠油区的产能突破。对该井萨尔图油层572.0～581.0m井段射开9.0m，日产油51.84t。

7月8日　齐家凹陷的杜37井获得工业油流。对该井扶余油层65、66号层1815.5～1834m井段射开厚度8m，获日产油34.32t。

10月21日　大庆长垣杏树岗构造上的杏浅11井展现了大庆长垣浅层气的良好前景。对该井黑帝庙油层526.0～545.6m井段射开8.6m，采用MFE-I自喷+TCP试气，日产气13452m^3；对黑帝庙油层370.0～380.4m井段射开4.9m，采用TCP+自喷试气，日产气100490m^3。

12月8日　方正断陷大林子次凹的方15井获工业油气流。对该井宝泉岭组宝一段—新安村组+乌云组1782～1969m井段射开19m，压后自喷，获日产油15.3t、日产气54940m^3。

12月20日　大庆长垣葡萄花构造北侧垣平1井获高产工业油流，实现了松北致密油单井产能突破。对该井扶余油层1605.0～3623.3m采用套管复合桥塞限流压裂，施工7段（2245.6～3631m，油层673.2m），加液量9608m^3、加砂量1084m^3，压后螺杆泵排液日产油71.26t，产能取得重大突破，初步实现了“千立方米砂、万立方米液”压裂规模，证实致密油压裂提产技术可行。

12月25日　根据中国石油天然气集团公司安排，大庆油田公司与塔里木油田分公司战略联盟合作协议签订仪式在大庆油田举行。在签订仪式上，塔里木油田分公司将塔东区块$12.6\times10^4km^2$探矿权区的实施主体移交给大庆油田公司。

2012年

9月6日　大庆油田塔东项目开工暨古城7井开钻仪式在古城7井井场举行。该井是大庆油田开展塔东勘探以来开钻的第一口井，位于塔里木盆地北部坳陷古城低凸起带，设计井深6588m、完钻层位奥陶系鹰山组。

9月18日　分别由大庆钻探物探一公司2288地震队和2284地震队承担的塔东地区古城西504.832km^2的三维地震采集项目和阿南构造带满覆盖长度465km的二维地震采集项目，通过开工验收。大庆油田塔东地震勘探项目开始全面运行。

10月17日　对齐家地区齐平1井青山口组，采用大庆油田当前最大规模压裂，获较高产工业油流，实现了泥质粉砂岩和粉砂质泥岩类型的致密油产能新突破，证实了三角洲外前缘亚相的致密层含油潜力。对该井高四段2480.00～3463.60m井段射开916.6m，分11段压裂，累计打入地层压裂液20232.9m^3，加砂1101m^3，获日产油10.2t。

10月23日　国土资源部印发《关于表扬全国模范地勘单位的通报》，共有176个单位获得“全国模范地勘单位”称号，大庆油田勘探事业部等8家中国石油所属单位入榜。

11月16日　大庆长垣葡萄花构造上的葡平1井实现了长垣扶余油层二类区产能的新突破。对该井扶余油层1818～2616m井段射开462.8m，压裂获日产油34.2t。

2013年

1月22日　齐家凹陷的齐平2井获得工业油流。对该井高台子油层21～28号层2537～3490m井段射开水平段长度864m，压后水力泵+螺杆泵，获日产油32.028t。

10月9日　松辽盆地北部徐家围子断陷宋深9H井在沙河子组获高产气流。该井为徐家围子断陷沙河子组致密气发现井，水平段长度1135m，对3600.6～4469.0m井段采用12.7mm油嘴、分12段进行压裂试气，射开868.4m，压后自喷$20.81\times10^4m^3$。致密气成为火山岩后又一现实增储领域。

12月8日　龙虎泡阶地的龙平1井获得工业油流。对该井扶余油层2155～3079m井段射开水平段长度185.8m，压后TCP+自喷，获日产油26.634t。

12月13日　齐家凹陷的齐平3井获得工业油流。对该井高台子油层69～80、82号层2339～3475m井段射开水平段长度632.45m，压后螺杆泵+水力泵，获日产油16.088t。

2014年

7月5日　松辽盆地北部徐家围子断陷风险探井徐探1井在沙河子组获工业气流，该井成为继安达凹陷宋深9H井后在徐东区带直井再次获得突破。对徐探1井沙河子组3940～4048m井段射孔9.5m，采用7.94mm油嘴，压后自喷获日产气$9.1\times10^4m^3$。发现了新的含气区带，逐渐展现出致密气多区带满凹含气特点。

9月23日　塔东区块古城地区古城9井获百万立方米高产气流，实现该区产能突破。对古城9井鹰二段、鹰三段5990.8～6116.4m井段酸化压裂13mm油嘴求产，日产气$107.8\times10^4m^3$，继古城6井风险勘探成功后，又获高产工业气流，展现了鹰三段白云岩规模含气场面。

2015年

4月5日　齐家凹陷的齐平5井获得工业油流。对该井高台子油层190～193、195、197、200号层2932～3747.6m井段射开水平段长度297.2m，压后螺杆泵+水力泵，获日产油25.932t。

4月25日　龙虎泡—大安阶地的塔35井获得工业油流。对该井葡萄花油层74、76III号层1676～1690.6m井段射开6m，MFE-Ⅱ自喷+TCP，获日产油19.164t。

7月14日　三肇凹陷的肇平6井获得高产工业油流。对该井扶余油层23、24、26、28、31号层2120～3389.4m井段射开19.25m，压后螺杆泵+弹性泵，获日产油75.66t。

是日　龙虎泡阶地的塔46井获得工业油气流。对该井萨尔图油层18号层1211.8～1213.2m井段射开1.4m，MFE-Ⅱ抽汲+TCP，获日产油3.48t；对该井萨尔图油层3～9号层1162.4～1190.4m井段射孔13m，自喷+TCP，日产天然气$11.3\times10^4m^3$。

2016年

8月9日　双城断陷上的双66井获工业油流新突破，开拓了在松辽盆地北部断陷期地层找油的新领域。对该井登楼库组 1140.0～1150.5m 井段射孔 8m，压后抽汲求产，日产油 10.02t。

是日　位于龙虎泡阶地的龙 45 井获得高产工业油流。对该井葡萄花油层 85、86、91 号层 1727.8～1772m 井段射开 4.3m，压后自喷，获日产油 44.34t。

是日　位于龙虎泡阶地的塔 66 井获得高产工业油流。对该井萨尔图油层 9～12、14、15 号层 1210.8～1232.6m 井段射开 13.8m，压后自喷 +TCP，获日产油 52.5t。

11 月 13 日　海拉尔盆地呼和湖凹陷和 17 井首次获得工业气流，实现了该盆地新区勘探新突破。对该井南屯组二段 1927.8～2046.8m 井段射孔 12.8m，压后自喷求产，日产天然气 $1.4 \times 10^4 m^3$。

2017 年

3 月 24 日　位于齐家向斜的金 91 井获得高产工业油流。对该井扶余油层 95、97 号层 1763.2～1769.7m 井段射开 1m，压后抽汲，获日产油 28.2t。

是日　汤池桥鼻状构造的江 93 井获得高产工业油流。对该井萨尔图油层 4I 号层 626.6～632.4m 井段射开 5.8m，MFE–I 抽汲 +TCP，获日产油 32.3t。

9 月 1 日　西南油气田公司与大庆油田公司在成都市联合召开合川—潼南、西昌—喜德两区块矿权内部流转工作对接会。根据集团公司深化上游体制改革要求，将四川盆地合川—潼南区块 $5012km^2$ 矿权、西昌盆地西昌—喜德区块 $3494.537km^2$ 矿权内油气勘探开发的组织实施，由西南油气田公司转交给大庆油田公司。西南油气田公司常务副总经理钱治家，副总经理谢军、何骁，大庆油田公司常务副总经理万军、副总经理王玉华，以及双方有关部室领导参加了会议。

9 月 19 日　位于海拉尔盆地苏乃诺尔构造带的贝 X80 井获得高产工业油流。对该井扶余油层 65、69II、70、74 号层 2510～2586m 井段射开 11.6m，压后水力泵求产，获日产油 43.584t。

9 月 30 日　位于古中央隆起带上的风险探井隆探 2 井获得工业气流，展示了该区带良好的勘探前景。对该井登楼库组 2827.0～3116.0m 井段射孔 17.0m，压后自喷求产，日产天然气 $2.4 \times 10^4 m^3$。

11 月 19 日　海拉尔盆地贝中次凹的希 38– 平 1 井获得高产工业油流。对该井南屯组二段 2518～3606.65m 井段射开 25.05m，压后水力泵求产，获日产油 46.62t。

2018 年

5 月 13 日　松辽盆地北部双城断陷上的双 68 井获特高产油流，这是该区在断陷期地层继双 66 井后原油产量的重大突破。对双 68 井登楼库组 1150.0～1187.0m 井段射孔 14.3m，采用 MFE–I 抽汲 +TCP+ 自喷方式求产，日产油 90.97t，成为大庆长垣以外自然产能最高的探井。

9 月 5 日　潼探 1 井开钻，2019 年 1 月 30 日钻至井深 5086m 完钻，完钻层位寒武系沧浪铺组，该井在栖霞组二段和茅口组一段 4295～4362m 井段合试，经射孔、酸化压裂获高产工业气流，12mm 油嘴、油压 18.6MPa，日产气 $31.1 \times 10^4 m^3$，在茅口组二段 4213.0～4227.0m、4237.0～4245.0m 钻遇一层含云灰岩，经射孔、酸化压裂获工业气流，

13mm 油嘴、孔板直径 24mm 下获得日产气 $8.6 \times 10^4 m^3$。

9 月 8 日　海拉尔盆地红旗凹陷的红 7 井，首次获得工业油流突破，证实了该凹陷的有利勘探前景。对该井铜钵庙组 2183.8～2217.0m 井段射孔 10.4m，压后抽汲求产，获日产 3.43t 油流。

12 月 6 日　汤原断陷汤 4 井首次获得工业油流突破，这是在依舒地堑继方正断陷后又发现一个新的含油断陷。对该井达连河组 1939.4～1943.6m 井段射孔 4.2m，采用 TCP+MFE-Ⅱ方式求产，日产油 3.8t、水 $5.6m^3$。

12 月 12 日　大杨树盆地杨 3 井首次获得工业油流，实现了火山岩覆盖盆地找油新突破。对该井九峰山组 1787.4～1895.8m 井段射孔 12.6m，压后水力泵排液求产，日产油 2.4t。

12 月 31 日　松辽盆地北部深层中央古隆起带上的隆平 1 井获得天然气产量新突破，进一步证实该区带产气的现实潜力。对该井登楼库组及其下伏基岩风化壳 2798.0～4173.0m 井段射孔 106.5m，采用泵送射孔复合桥塞分段压裂工艺分 25 段压裂，压后自喷求产，采用 11.91mm 油嘴、三相分离器测气，日产气 $11.5 \times 10^4 m^3$。隆平 1 井的重大发现，使得古中央隆起带基岩成为深层天然气勘探的重要接替领域。

2019 年

8 月 9 日　川渝流转区块风险探井潼探 1 井获高产工业气流，川中地区下二叠统茅口组获重大突破。该井是四川盆地大庆流转区块的首口风险探井和首口突破井，对该井茅一段 4297～4362m 井段射开厚度 51.7m，采取 1 次层间暂堵、两级交替注入，压裂后 12mm 油嘴求产，日产气 $31.05 \times 10^4 m^3$；同时对该井茅二段、茅三段 4152.6～4245m 井段射开厚度 49.8m，采取两次层间暂堵、6 级交替压裂，12mm 油嘴求产，获日产 $8.6 \times 10^4 m^3$ 的工业气流。

9 月 9 日　松北古龙凹陷古页油平 1 井获高产工业油气流，实现了陆相泥级页岩的工业突破。古页油平 1 井是大庆油田真正意义上探索页岩油非常规领域的一口水平井，对该井青一段 2742～4214m 井段采用大排量冻胶 + 滑溜水 + 冻胶交替逆混合压裂工艺、增能助排、暂堵转向等技术，可溶桥塞压裂 35 段 138 簇，平均簇间距 10m。压后 7mm 油嘴放喷最高获日产油 30.5t、日产气 $13032m^3$ 的工业油气流，在松辽盆地勘探史上具有里程碑意义。

2020 年

6 月 11 日　川渝流转区块合深 4 井获百万立方米高产工业气流，创下二叠统茅口组产量新高，展现出该区千亿立方米探明规模。对该井茅口组二段 4337.0～4350.0m 井段射开厚度 13.0m，酸化压裂求产，11mm 油嘴，日产气 $113.3 \times 10^4 m^3$，油压 53.5MPa，压力系数 1.76；栖霞组 4509.0m～4537.0m 井段射开厚度 15.0m/2 层，酸化压裂求产，8mm 油嘴，日产气 $45.6 \times 10^4 m^3$，油压 52.0MPa，压力系数 1.77。

10 月 16 日　海拉尔盆地贝东次凹贝 X62 井获高产油流，实现了新洼槽产能突破。对该井南屯组 1084～1108.6m 井段射开厚度 9.2m，采用复合桥塞套管三段缝网压裂，压后水力泵排液求产，日产油 66.54t。

10月25日　海拉尔盆地赫尔洪德凹陷赫1井塔木兰沟组首次获得工业油流，实现新凹陷、新层系双突破。对该井南屯组3433～3428m井段射孔5m，TCP+压后水力泵排液求产，日产油5.28t。

12月底　大庆油田累计探明石油地质储量685548.16 × 10^4t，累计探明天然气地质储量3658.51 × 10^8m^3；累计原油产量243307.46 × 10^4t，累计天然气产量（气层气）225.74 × 10^8m^3。

《中国石油地质志》

（第二版）

编辑出版组